# C++

## HOW TO PROGRAM

### NINTH EDITION

# Deitel Series Page

## How To Program Series
Android How to Program
C How to Program, 7/E
C++ How to Program, 9/E
C++ How to Program, Late Objects Version, 7/E
Java How to Program, 9/E
Java How to Program, Late Objects Version, 8/E
Internet & World Wide Web How to Program, 5/E
Visual Basic 2012 How to Program
Visual C# 2012 How to Program, 3/E
Visual C++ 2008 How to Program, 2/E
Small Java How to Program, 6/E
Small C++ How to Program, 5/E

## Simply Series
Simply C++: An App-Driven Tutorial Approach
Simply Java Programming: An App-Driven
   Tutorial Approach
Simply Visual Basic 2010, 4/E: An App-Driven
   Tutorial Approach

## CourseSmart Web Books
www.deitel.com/books/CourseSmart/

C++ How to Program, 7/E, 8/E & 8/E
Simply C++: An App-Driven Tutorial Approach
Java How to Program, 7/E, 8/E & 9/E

Simply Visual Basic 2010: An App-Driven
   Approach, 4/E
Visual Basic 2012 How to Program
Visual Basic 2010 How to Program
Visual C# 2012 How to Program, 5/E
Visual C# 2010 How to Program, 4/E

## Deitel Developer Series
C++ for Programmers, 2/E
Android for Programmers: An App-Driven
   Approach
C# 2010 for Programmers, 3/E
Dive Into iOS 6: An App-Driven Approach
iOS 6 for Programmers: An App-Driven Approach
Java for Programmers, 2/E
JavaScript for Programmers

## LiveLessons Video Learning Products
www.deitel.com/books/LiveLessons/

Android App Development Fundamentals
C++ Fundamentals
C# Fundamentals
iOS 6 App Development Fundamentals
Java Fundamentals
JavaScript Fundamentals
Visual Basic Fundamentals

---

To receive updates on Deitel publications, Resource Centers, training courses, partner offers and more, please register for the free *Deitel Buzz Online* e-mail newsletter at:

   www.deitel.com/newsletter/subscribe.html

and join the Deitel communities on Twitter

   @deitel

Facebook

   facebook.com/DeitelFan

and Google+

   gplus.to/deitel

To communicate with the authors, send e-mail to:

   deitel@deitel.com

For information on government and corporate *Dive-Into Series* on-site seminars offered by Deitel & Associates, Inc. worldwide, visit:

   www.deitel.com/training/

or write to

   deitel@deitel.com

For continuing updates on Prentice Hall/Deitel publications visit:

   www.deitel.com
   www.pearsonhighered.com/deitel/

Visit the Deitel Resource Centers that will help you master programming languages, software development, Android and iPhone/iPad app development, and Internet- and web-related topics:

   www.deitel.com/ResourceCenters.html

# C++

## HOW TO PROGRAM

### NINTH EDITION

**Paul Deitel**
*Deitel & Associates, Inc.*

**Harvey Deitel**
*Deitel & Associates, Inc.*

**PEARSON**

Boston  Columbus  Indianapolis  New York  San Franciscoa  Upper Saddle River
Amsterdam  Cape Town  Dubai  London  Madrid  Milan  Munich  Paris  Montréal  Toronto
Delhi  Mexico City  São Paulo  Sydney  Hong Kong  Seoul  Singapore  Taipei  Tokyo

Vice President and Editorial Director: *Marcia J. Horton*
Executive Editor: *Tracy Johnson*
Associate Editor: *Carole Snyder*
Director of Marketing: *Christy Lesko*
Marketing Manager: *Yezan Alayan*
Marketing Assistant: *Jon Bryant*
Director of Production: *Erin Gregg*
Managing Editor: *Scott Disanno*
Associate Managing Editor: *Robert Engelhardt*
Operations Specialist: *Lisa McDowell*
Art Director: *Anthony Gemmellaro*
Cover Design: *Abbey S. Deitel, Harvey M. Deitel, Anthony Gemmellaro*
Cover Photo Credit: © *Shutterstock/Sean Gladwell*
Media Project Manager: *Renata Butera*

Credits and acknowledgments borrowed from other sources and reproduced, with permission, in this textbook appear on page vi.

The authors and publisher of this book have used their best efforts in preparing this book. These efforts include the development, research, and testing of the theories and programs to determine their effectiveness. The authors and publisher make no warranty of any kind, expressed or implied, with regard to these programs or to the documentation contained in this book. The authors and publisher shall not be liable in any event for incidental or consequential damages in connection with, or arising out of, the furnishing, performance, or use of these programs.

Many of the designations by manufacturers and sellers to distinguish their products are claimed as trademarks. Where those designations appear in this book, and the publisher was aware of a trademark claim, the designations have been printed in initial caps or all caps.

Library of Congress Cataloging-in-Publication Data on file.

10 9 8 7 6 5 4 3 2 1
ISBN-10: 0-13-337871-3
ISBN-13: 978-0-13-337871-9

**PEARSON**

*In memory of Dennis Ritchie,*
*creator of the C programming language—*
*one of the key languages that inspired C++.*

*Paul and Harvey Deitel*

## Trademarks

国外计算机科学教材系列

# C++ 大学教程

## （第九版）

## C++ How to Program

### Ninth Edition

［美］　Paul Deitel　　著
　　　　Harvey Deitel

张　引　等译

电子工业出版社
**Publishing House of Electronics Industry**
北京·BEIJING

## 内 容 简 介

本书是一本 C++ 编程方面的优秀教程，在前几版的基础上进行了全面的更新与修订，详细介绍了过程式编程与面向对象编程的原理和方法，细致地分析了各种性能问题、移植性问题和可能出错的地方，介绍了如何提高软件工程质量，并提供了丰富的自测练习和项目练习。可以说本书是非常好的学习 C++ 语言的教程，是学习 C++ 的"宝典"。

本书可作为高等院校进行编程语言和 C++ 教学的教材，也是软件设计人员进行 C++ 程序开发的宝贵参考资料。

**图书在版编目(CIP)数据**

C++ 大学教程：第九版／（美）保罗·戴特尔（Paul Deitel），（美）哈维·戴特尔（Harvey Deitel）著；张引等译.
北京：电子工业出版社，2016.7
（国外计算机科学教材系列）
书名原文：C++ How to Program，Ninth Edition
ISBN 978-7-121-29001-5

I. ①C… Ⅱ. ①保… ②哈… ③张… Ⅲ. ①C 语言-程序设计-高等学校-教材 Ⅳ. ①TP312

中国版本图书馆 CIP 数据核字(2016)第 125931 号

策划编辑：冯小贝
责任编辑：周宏敏
印　　刷：三河市华成印务有限公司
装　　订：三河市华成印务有限公司
出版发行：电子工业出版社
　　　　　北京市海淀区万寿路 173 信箱　邮编　100036
开　　本：787×1092　1/16　印张：49　字数：1588 千字
版　　次：2001 年 7 月第 1 版（原著第 2 版）
　　　　　2016 年 7 月第 4 版（原著第 9 版）
印　　次：2023 年 11 月第 8 次印刷
定　　价：118.00 元

凡所购买电子工业出版社图书有缺损问题，请向购买书店调换。若书店售缺，请与本社发行部联系，联系及邮购电话：(010)88254888，88258888。
质量投诉请发邮件至 zlts@phei.com.cn，盗版侵权举报请发邮件至 dbqq@phei.com.cn。
本书咨询联系方式：fengxiaobei@phei.com.cn。

# 前　　言

*"The chief merit of language is clearness...?"*

—Galen

欢迎走进 C++ 计算机编程语言世界，开始学习《C++ 大学教程（第九版）》。这本书为读者呈现了最前沿的计算技术。根据 ACM 和 IEEE 这两大专业组织就课程设置的建议，它非常适合作为入门课程的教材。对于还未意识到这点的读者，请阅读封底和封底内页，其凝练了本书的精髓。同时，此前言为学生、教师和专业人士提供了更多的相关细节。

本书的核心是 Deitel 式的大量"活代码"（Live-code）。也就是说，所有的概念都在完整的可运行的 C++ 程序中得以阐述，而非通过一些零碎的代码片段。每个例程的代码之后都提供了一个或多个运行实例。为了顺利地运行这些数以百计的例程，请阅读在线章节"开始之前"（Before You Begin）（www.deitel. com/ books/cpphtp9/cpphtp9_BYB. pdf），以了解安装有 Linux、Windows 或苹果公司的 OS X 等操作系统的计算机设置问题。在 www.deitel.com/books/cpphtp9 和 www.pearsonhighered.com/中可以获取所有的源代码①。通过这些源代码，可以边运行边理解每一个程序。

我们相信这本教材及其辅助材料使大家的 C++ 学习之旅既内容充实，又具有挑战性和趣味性。在阅读教材的过程中若有问题，请随时联系 deitel@ deitel. com，我们将在第一时间给予解答。此外，通过访问 www.deitel.com/books/cpphtp9，或者加入 Facebook（www.deitel.com/DeitelFan）、Twitter（@ deitel）、Google +（gplus. to/deitel）和 LinkedIn（bit. ly/DeitelLinkedIn）等社交媒体社区，以及订阅 Deitel Buzz Online 新闻组（www.deitel.com/newsletter/subscribe.html），可以及时了解到关于这本教材的最新消息。

## C++11 标准

2011 年发布的新的 C++11 标准在很大程度上激发了我们撰写《C++ 大学教程（第九版）》的积极性。《C++ 大学教程（第九版）》具有如下所列的一些关键 C++11 特性：

- **符合新的 C++11 标准**。广泛覆盖了图 1 所示的新的 C++11 标准特性。
- 书中代码在业界三种主流 C++11 编译器上进行了全面的测试。所有代码示例均在 GNU C++ 4.7、Microsoft Visual C++ 2012 和 Apple LLVM in Xcode 4.5 上通过测试。
- **智能指针**。智能指针通过提供内置指针之外的额外功能来帮助大家避免动态内容管理方面的错误。unique_ptr 将在本书第 17 章而 shared_ptr 和 weak_ptr 将在第 24 章分别进行讨论。
- **尽早涵盖标准库中的容器、迭代器和算法，并用 C++11 进行功能增强**。本书将前版中到第 22 章才开始讲述的标准库中的容器、迭代器和算法等内容，提前到了第 15 章和第 16 章，并且用一些 C++11 特性来增强。对数据结构的绝大多数需要可以通过重用这些标准库功能来满足。在第 19 章我们将展示如何为您量身定做自己的数据结构。
- **在线的第 24 章"C++11：其他主题"**。这一章将介绍另外一些关于 C++11 的话题。新的 C++11 标准自 2011 年以来就可以采用了，但并不是所有的 C++ 编译器已经完全实现了相应特性。如果在本书撰写时，前述的三种主流编译器均实现了某个 C++11 特性，那么我们一般会将该特性融入到一个活代码例子中并展开讨论。如果没有编译器实现这个特性，那么通过一个粗斜体标题，其后对它进行简要的讨论。随着 C++11 特性的实现，许多相关的讨论在在线的第 24 中展开。这一章包括对正则表达式、shared_ptr 和 weak_ptr 智能指针、转移语义等更多特性的描述。

---

① 相关在线章节和源代码可登录华信教育资源网（www.hxedu.com.cn）免费注册下载。

- **随机数生成、模拟和游戏**。为了使程序更加安全，本书添加了 C++11 新的不确定性随机数生成功能的应用内容。

《C++ 大学教程(第九版)》中的 C++11 特性

| | | |
|---|---|---|
| all_of 算法 | 继承基类的构造函数 | 不确定性随机数生成 |
| any_of 算法 | insert 容器成员函数返回迭代器 | none_of 算法 |
| array 容器 | is_heap 算法 | 数值转换函数 |
| auto 类型推导 | is_heap_until 算法 | nullptr |
| begin/end 函数 | C++11 中新的关键词 | override 关键词 |
| cbegin/cend 容器成员函数 | lambda 表达式 | 基于范围的 for 语句 |
| 模板类型中 ≫ 的编译器修复 | 键-值对的列表初始化 | 正则表达式 |
| copy_if 算法 | 对象的列表初始化 | 右值引用 |
| copy_n 算法 | 返回值的列表初始化 | 作用域限定的枚举类型 enums |
| crbegin/crend 容器成员函数 | 列表初始化一个动态分配的数组 | shared_ptr 智能指针 |
| decltype | 列表初始化一个 vector | shrink_to_fit vector/deque 成员函数 |
| 函数模板中默认类型参数 | 构造函数调用中的列表初始化器 | 指定一个枚举其常量的类型 |
| Defaulted 成员函数 | long longint 类型 | 针对文件名的 static_assert 对象 |
| 委托构造函数 | 具有 initializer_list 参数的 min 和 max 算法 | 针对文件名的 string 对象 |
| deleted 成员函数 | minmax 算法 | swap 非成员函数 |
| explicit 转换运算符 | minmax_element 算法 | 函数的尾随返回值类型 |
| final 类 | move 算法 | tuple 可变参数模板 |
| final 成员函数 | 移动赋值运算符 | unique_ptr 智能指针 |
| find_if_not 算法 | move_backward 算法 | 无符号的 long long int |
| forward_list 容器 | 移动构造函数 | weak_ptr 智能指针 |
| 关联容器中的不可变键 | 类内初始化器 | noexcept |

图 1　《C++ 大学教程(第九版)》中的 C++11 特性列表

## 面向对象编程

- **尽早接触对象的教学方法**。本书在第 1 章就介绍对象技术的基本概念和术语，在第 3 章开始开发自定义的类及对象。较早地接触对象和类，可以使学生直接"考虑对象"和更彻底地掌握这些概念。

- **C++ 标准库的 string 类**。C++ 提供两种类型的字符串——string 类对象(将在第 3 章开始使用)和 C 风格的字符串。我们已经将大多数出现的 C 字符串替换为 C++ 的 string 类对象，这样可以使程序更加鲁棒，并可以消除由操作 C 的字符串而引起的安全问题。在本书中，我们仍继续讨论 C 字符串，以便做好今后应对业界遗留代码中 C 字符串的准备。而在新的开发中，应当首选 string 类的对象。

- **C++ 标准库的 array 类**。对于数组，我们现在直接使用 C++ 标准库的 array 类模板，而非内置的 C 风格的基于指针的数组。由于内置的 C 风格数组在 C++ 中仍有用武之地，并且还有不少遗留代码需要处理，因此本书还是会介绍内置的 C 风格数组。C++ 提供三种类型的数组——array 类模板对象、vector 类模板对象(这两者将在第 7 章开始使用)和 C 风格的基于指针的数组(将在第 8 章讨论)。根据情况，我们在这整本书中将使用 array 类模板来代替 C 风格的数组。当然，在新的开发中，大家应当首选 array 类模板对象。

- **精心实现有价值的类**。本书的一个关键目标就是为构建有意义的类做好准备。在第 11 章的实例研究中，将介绍如何构建用户自定义的 Array 类。接着在第 18 章的练习题中，则要求将该类转换成一个类模板。这样的安排可以使学习者真正领悟和欣赏类这个概念。并且，在第 10 章的开篇部分，通过一个关于 string 类模板的例程，使大家在实现自定义的具有重载运算符的类之前，有效地了解重载运算符的精妙用法。

- **面向对象编程的实例研究**。本书提供了横跨多个章节、覆盖软件开发整个生命周期的若干实例研究，包括第 3～7 章中的 GradeBook 类、第 9 章中的 Time 类、第 11～12 章中的 Employee 类。第 12 章还包含了关于 C++ 内部如何实现多态性、virtual 函数和动态绑定的一张非常详细的图示，以及相应的解释。
- **可选学的实例研究**：使用 UML 进行 ATM 系统面向对象的设计及其 C++ 实现。UML（统一建模语言）是面向对象系统建模的行业标准图形化语言。我们将在本书比较靠前的章节引入 UML 的内容。在线的第 25 章和第 26 章中包含一个可选学的关于使用 UML 进行面向对象设计的实例研究，设计和实现一个简单的自动取款机（ATM）软件。我们对一份说明待建系统的典型需求文档进行仔细分析，确定实现系统所需要的类、类所拥有的属性和类所要展示的行为，并详细说明类必须如何相互作用才能满足系统的需求。根据这样的设计我们产生一个完整的 C++ 实现。据学生的普遍反馈，该实例研究能够帮助他们"理顺所有的问题"，真正理解面向对象。
- **异常处理**。我们在本书较早地介绍基本的异常处理概念。教师可以很容易地把第 17 章（异常处理的深入剖析）中的更多内容根据情况提前介绍。
- **自定义基于模板的数据结构**。本书在多章提供丰富的数据结构处理内容——参见图 6 所示的各章之间依赖关系示意图中的数据结构模块。
- **三种编程范型**。我们讨论结构化编程、面向对象编程和泛型编程三种编程范型。

## 教学特色

- C++ 基础知识内容丰富。本书通过两章来透彻地介绍控制语句和算法的开发。
- 第 2 章提供 C++ 程序设计的简单介绍。
- 实例。我们从计算机科学、商务、模拟、游戏和其他主题等方面，选择和设计了范围广泛的一些例程（如图 2 所示），并纳入到本书中。

| 实例 | |
| --- | --- |
| Array 类实例研究 | generate 算法 |
| Author 类 | GradeBook 类 |
| 银行账户计划条形图 | 在声明中初始化一个数组 |
| 打印程序 | 由 istringstream 对象进行输入 |
| BasePlusCommissionEmployee 类 | 阶乘的迭代解法 |
| 二叉树的创建和遍历 | lambda 表达式 |
| BinarySearch 测试程序 | 链表操作 |
| 洗牌和发牌 | map 类模板 |
| ClientData 类 | 标准库的数学算法 |
| CommissionEmployee 类 | maximum 函数模板 |
| 编译和链接过程 | 归并排序程序 |
| 使用 for 的复利计算 | multiset 类模板 |
| string 对象向 C 字符串的转换 | new 失败抛出 bad_alloc |
| 计数器控制的循环 | PhoneNumber 类 |
| 掷骰子游戏的模拟 | 投票分析程序 |
| 信用查询程序 | 多态性示范 |
| Date 类 | 前置自增和后置自增 |
| 向下类型转换和运行时类型信息 | priority_queue 适配器类 |
| Employee 类 | queue 适配器类 |
| explicit 构造函数 | 随机访问文件 |
| fibonacci 函数 | 随机数生成 |
| fill 算法 | 递归函数 factorial |
| 函数模板 printArray 的函数模板特化 | 投掷六面骰子 6 000 000 次 |

图 2　《C++ 大学教程（第九版）》中的实例列表

| 实例 | |
|---|---|
| SalariedEmployee 类 | 标准库 string 类程序 |
| SalesPerson 类 | 流操纵符 showbase |
| 标准库的搜索和排序算法 | string 赋值和连接 |
| 顺序文件 | string 成员函数 substr |
| set 类模板 | 使用 for 语句对整数求和 |
| shared_ptr 程序 | Time 类 |
| stack 适配器类 | 管理动态分配内存的 unique_ptr 对象 |
| Stack 类 | 使用正则表达式验证用户输入 |
| 堆栈展开 | vector 类模板 |

图 2(续)　《C++ 大学教程(第九版)》中的实例列表

- **受众**。本书的实例非常适合于那些上初级和中级 C++ 课程的计算机科学、信息技术、软件工程和商科等专业的学生。同时，这本书也适于专业编程人员使用。
- **自测题及答案**。每章都包含了为自学而精心设计的自测题及其答案。
- **有趣和富于挑战性的练习题**。每章最后都提供了大量的练习题，包括对一些重要术语和概念的回顾，找出在代码实例中的错误，编写单条的 C++ 语句，编写一小部分的 C++ 类、成员和非成员函数，编写完整的 C++ 的函数，以及实现大的项目。图 3 列出了本书中的一些练习题名称，包括社会实践练习题，它们鼓励大家使用计算机和互联网去研究和解决一些有意义的实际问题。我们希望通过自身的价值观、政治观和信仰完成这些练习题。
- **插图和图表**。本书包含了大量的表格、线绘图、UML 图、程序及程序输出。图 4 列出了书中的插图和图表。

| 练习题 | | |
|---|---|---|
| 机票预订系统 | 德摩根定律 | 儿童黑话游戏 |
| 高级的字符串操作练习 | 掷骰子 | 使用账户层次的多态银行程序 |
| 冒泡排序 | 八皇后问题 | 毕达哥拉斯的三元组 |
| 构建自己的编译器 | 应急响应 | 薪金计算器 |
| 构建自己的计算机 | 使用加密系统增强隐私 | 爱拉托逊斯筛法 |
| 薪金计算 | Facebook 用户基数增长 | 简单解密 |
| "低碳经济"的抽象类：多态性 | 斐波那契数列 | 简单加密 |
| 洗牌和发牌问题 | 汽油哩数 | SMS 语言 |
| 计算机辅助教学 | 全球变暖事实测验 | 垃圾邮件扫描器 |
| 计算机辅助教学：难度等级 | 猜数字游戏 | 拼写检查程序 |
| 计算机辅助教学：监控学生表现 | 猜字游戏 | 目标心率计算器 |
| 计算机辅助教学：消除学生疲劳 | 健康记录骑士巡游 | 税收计划备选方案；"公平税" |
| 计算机辅助教学：问题分类 | 打油诗 | 电话号码数字生成器 |
| 用更健康的配料烹饪 | 迷宫遍历：随机生成迷宫 | 歌曲"圣诞节的十二天" |
| 掷双骰子游戏的改进 | 莫尔斯代码 | 龟兔赛跑模拟 |
| 信用额度问题 | 工资发放系统修正 | 汉诺塔问题 |
| 纵横字谜游戏生成器 | 彼得·米纽伊特问题 | 世界人口增长 |
| 密码问题 | 网络钓鱼扫描器 | |

图 3　《C++ 大学教程(第九版)》中的练习题列表

**主要正文的插图和图表**

| | | |
|---|---|---|
| 数据层次结构 | Withdrawal 交易的活动图 | 程序的按值传递和按引用传递的分析 |
| 多个源文件程序的编译和链接过程 | While 循环语句 UML 活动图 | 继承层次图 |
| 二次多项式的求解顺序 | for 循环语句 UML 活动图 | 函数调用栈和活动记录 |
| GradeBook 类图 | do…while 循环语句 UML 活动图 | 函数 fibonacci 的递归调用 |
| if 单路选择语句的活动图 | switch 多路选择语句活动图 | 指针算术运算图 |
| if…else 双路选择语句的活动图 | 单入/单出的 C++ 顺序、选择和循环语句 | CommunityMember 继承层次 |
| public，protected 和 private 继承 | 列表的图形表示 | Shape 继承层次 |
| Employee 层次结构的 UML 类图 | 以图形化方式表示的运算 insertAtFront | 以图形化方式表示的运算 removeFromBack |
| virtual 函数调用的工作机制 | 以图形化方式表示的运算 insertAtBack | 单向循环链表 |
| I/O 流的模板层次结构 | 以图形化方式表示的运算 removeFromFront | 双向链表 |

**两个链接在一起的自引用类对象**

| | | |
|---|---|---|
| ATM 实例研究的插图和图表 | ATM 系统中具有属性和操作的类 | 双向循环链表 |
| 从用户角度来看 ATM 系统的用例图 | 执行余额查询的 ATM 系统的通信图 | 二叉树的图形化表示 |
| 表示类间关联关系的类图 | 执行余额查询的通信图 | 表示类 Car 的组合关系的类图 |
| 表示组合关系的类图 | 对 Withdrawal 的执行进行建模的顺序图 | 对于包含类 Deposit 的 ATM 系统建模的 |
| ATM 系统模型的类图 | 允许用户在账户间转账的 ATM 系统修 | 类图 |
| 具有属性的类 | 改版的用例图 | Deposit 交易的活动图 |
| ATM 系统的状态图 | | 对 Deposit 的执行进行建模的顺序图 |
| 余额查询交易的活动图 | | |

图 4　《C++ 大学教程(第九版)》中的图示列表

## 其他特性

- 指针。本书对内置指针的功能，以及它们与 C 风格的字符串和内置数组之间的密切关系做了十分全面的阐述。
- 搜索和排序算法的可视表示，并提供大 O 算法复杂度的简单分析。
- 纸质出版的书包含核心内容，附加内容以在线方式发布。
- 关于调试器的附录。在本书的同步学习网站中提供了三个关于调试器的附录——附录 H"Using the Visual Studio Debugger"(使用 Visual Studio 调试器)、附录 I"Using the GNU C++ Debugger"(使用 GNU C++ 调试器)和附录 J"Using the Xcode Debugger"(使用 Xcode 调试器)。

## 安全的 C++ 编程

要想构建能够经得起病毒、蠕虫和其他形式的"恶意软件"攻击的强有力系统是非常困难的。特别是在今天，通过互联网，这些攻击瞬时可发，且可作用于全球。因此，从软件开发生命周期的一开始就必须构建安全的软件，这样才能大大降低软件的脆弱性。

CERT 协调中心(www.cert.org)的创建就是为了对系统攻击进行分析和做出迅速响应。CERT(计算机紧急响应小组，the Computer Emergency Response Team 的缩写)是在卡耐基·梅隆大学软件工程研究所内的一个政府资助的机构。CERT 发布和推广各种流行程序设计语言的安全编码标准，从而帮助软件开发人员避免重蹈那些使系统无法抵御攻击的不良编程实践，实现工业级强度的系统。

在此，我们非常感谢 Robert C. Seacord。他是 CERT 的安全编码主任和卡耐基·梅隆大学计算机科学学院的兼职教授。Seacord 先生是我们编写的《C++ 大学教程(第七版)》教材的技术审阅专家。他从安全的角度出发，详细检查书中的 C 程序，并建议我们遵循《CERT C 安全编码标准》。

在《C++大学教程(第九版)》中我们仍采用《CERT C 安全编码标准》,该标准可以在下面的网站中获得:

www.securecoding.cert.org

令人高兴的发现是,我们的书中已经在推荐这样的编码实践。我们根据这些实践标准升级书中的代码和讨论,使本书更适合作为入门/中级水平的教材。如果想构建工业级强度的 C++ 系统,可以考虑阅读由 Addison-Wesley Professional 出版社出版、Robert Seacord 所著的 *Secure Coding in C and C++*, *Second Edition* 一书。

## 在线内容[①]

本书同步的学习网站访问地址是:

www.pearsonhighered.com/deitel

该网站包含如下的章节和附录,它们是可以搜索的 PDF 格式:

- 第 24 章, C++ 11:其他主题
- 第 25 章, ATM 实例研究(第 I 部分):使用 UML 进行面向对象的设计
- 第 26 章, ATM 实例研究(第 II 部分):实现一个面向对象的设计
- 附录 F, C 遗留代码问题
- 附录 G, UML 2:其他的示图类型
- 附录 H, 使用 Visual Studio 调试器
- 附录 I, 使用 GNU C++ 调试器
- 附录 J, 使用 Xcode 调试器
- 附录 K, Mac OS X 环境下的 C++ 程序试运行(关于 Windows 和 Linux 环境的试运行见第 1 章)

## 各章之间依赖关系示意图

图 5 显示的是各章之间的相互依赖关系示意图,这有助于教师安排自己的教学进度。《C++ 大学教程(第九版)》一书适合于计算机科学一年级和二年级的教学。该图表展示了本书的组织结构。

## 教学方法

《C++ 大学教程(第九版)》含有大量丰富的实例。我们强调程序的清晰性,专注于构建设计精良的软件。

**采用活代码方式**。本书拥有大量的"活代码"实例。对于绝大多数新的概念,都用完整的、能实际运行的 C++ 程序进行介绍,程序代码之后直接附有一个或者多个运行示例,用于展示程序的输入/输出。在有些情况下,书中使用了代码片段。但是,为了确保其正确性,我们首先在一个完整的可运行程序中对它进行测试,然后再复制并粘贴到本书中。

**学习目标**。在开篇的名人名言之后,列出了本章的一系列学习目标。

**编程提示**。本书还包含很多编程提示,目的在于帮助学生将学习重点放在程序开发的关键部分。这些提示和实践经验是我们 70 年来教学和业界经验的总结。

**良好的编程习惯**

良好的编程习惯关注的技术将有助于编写出更加清晰、更易理解和更易于维护的程序。

**常见的编程错误**

指出这些常见的编程错误可以减少犯类似错误的可能性。

---

① 也可登录华信教育资源网(www.hxedu.com.cn)免费注册下载。

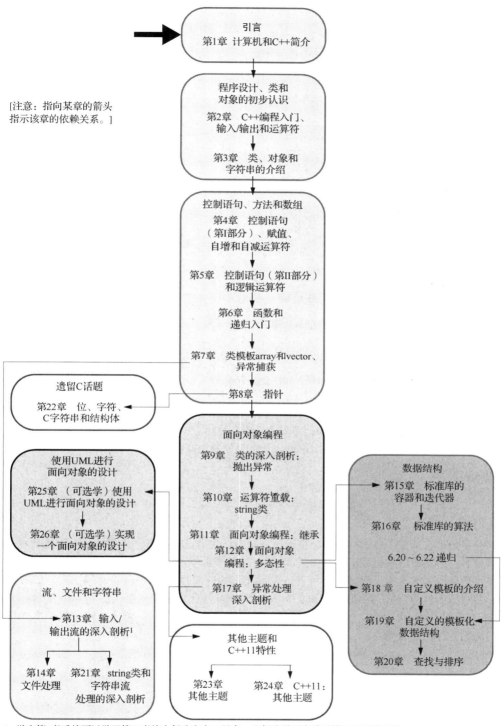

[注意：指向某章的箭头指示该章的依赖关系。]

引言
第1章 计算机和C++简介

程序设计、类和对象的初步认识
第2章 C++编程入门、输入/输出和运算符
第3章 类、对象和字符串的介绍

控制语句、方法和数组
第4章 控制语句（第I部分）、赋值、自增和自减运算符
第5章 控制语句（第II部分）和逻辑运算符
第6章 函数和递归入门
第7章 类模板array和vector、异常捕获
第8章 指针

遗留C话题
第22章 位、字符、C字符串和结构体

面向对象编程
第9章 类的深入剖析：抛出异常
第10章 运算符重载：string类
第11章 面向对象编程：继承
第12章 面向对象编程：多态性
第17章 异常处理深入剖析

使用UML进行面向对象的设计
第25章 （可选学）使用UML进行面向对象的设计
第26章 （可选学）实现一个面向对象的设计

流、文件和字符串
第13章 输入/输出流的深入剖析[1]

第14章 文件处理
第21章 string类和字符串流处理的深入剖析

其他主题和C++11特性
第23章 其他主题
第24章 C++11：其他主题

数据结构
第15章 标准库的容器和迭代器
第16章 标准库的算法
6.20～6.22 递归
第18章 自定义模板的介绍
第19章 自定义的模板化数据结构
第20章 查找与排序

1. 学完第7章后就可以学习第13章的大部分内容，只有一少部分需要先学习第11章和第18章。

图5　各章之间依赖关系示意图

**错误预防技巧**

这些提示包含发现和消除程序错误的各种建议。事实上，许多这样的提示描写的是如何在开始编写 C++ 程序的第一时间防止错误的方方面面。

**性能提示**

这些提示提供了一些强调提高程序性能的方法，使程序运行得更快，或者使它们所占用的内存最少。

**可移植性提示**

这些可移植性提示将有助于编写出可以运行在不同平台上的代码。

**软件工程知识**

软件工程知识这一部分的提示突出了关于软件体系结构和设计的问题。这些问题往往影响到整个软件系统的构建，特别是对一些大型的系统而言。

**摘要。**在每章，我们都以清单的形式逐节汇总了本章要点。

**索引。**本书包含了规模庞大的索引。

## 《C++ 大学教程(第九版)》使用的软件资源

《C++ 大学教程(第九版)》的代码示例采用如下的 C++ 开发工具进行编写：

● 微软公司免费的 Windows 桌面版 Visual Studio Express 2012，包括了 Visual C++ 和其他的微软开发工具。该工具运行在 Windows 7 和 Windows 8 上，可以从下面的地址免费下载：

```
www.microsoft.com/visualstudio/eng/downloads#
    d-express-windows-desktop
```

● GNU 免费的 GNU C++（gcc. gnu. org/install/binaries. html），大多数 Linux 系统都已经预装了 GNU C++，它同样可以在 Mac OS X 和 Windows 系统上安装。

● 苹果公司的免费 Xcode，OS X 的用户可以从苹果的应用商店下载它。

## 教师辅助资料①

具备申请资格的老师只可以通过 Pearson Education 的教师资源中心( www. pearsonhighered. com/irc)来获取以下的辅助资料：

● **解答手册。**它涵盖了各章后大部分练习题的解答。我们已经新增了许多社会实践练习题，大多数有解答。请不要给我们写信请求访问 Pearson 教师资源中心。对该中心的访问仅限于采用这本书进行教学的大学教师。教师只能联系 Pearson Education 的相应代理获得访问权限。如果你还不是一名注册的教师会员，可以联系你的 Pearson Education 代理或者也可以访问 www. pearsonhighered. com/ educator/replocator/。对于“项目”性质的练习没有提供解答。建议大家有机会多查看一下我们的编程项目资源中心：

```
www.deitel.com/ProgrammingProjects
```

在那里，可以获得更多的额外练习和项目实践的锻炼机会。

● **多项选择题的测验文件**(大概每节两题)。

● **可定制的 PowerPoint 幻灯片**，涵盖了书中的所有代码和图表，还包括了总结书中各个要点的摘要。

## 使用 MyProgrammingLab 进行在线实践和评估

MyProgrammingLab 可以帮助学生充分掌握程序设计的逻辑、语义和语法。通过实践练习和即时且个

---

① 具体申请方式请参见目录后的“教学支持说明”，或联系 Te_service@ phei. com. cn。

性化的反馈，MyProgrammingLab 对于常常纠结于基本概念和主流高级程序设计语言的初学者而言，能够提高他们的编程能力。

作为一个自学和作业工具，一门 MyProgrammingLab 课程包括数以百计的小型实践问题，这些问题的组织围绕着本教材的结构。对于学生，该系统自动检测他们所提交的代码之中的逻辑和语法错误，并提供有针对性的提示，使学生能够弄明白错在何处和出错原因。对于教师，系统提供一个综合的成绩簿，可以全面跟踪正确和不正确的答案，并保存了学生输入的代码以进行评阅。

如果想了解教师和学生对 MyProgrammingLab 的反馈，或者欲在课程教学中采用 MyProgrammingLab，请访问：www.myprogramminglab.com，可以获得充分的示范。

## 致谢

首先感谢来自 Deitel & Associates 公司的 Abbey Deitel 和 Barbara Deitel，她们为此项目投入了大量的时间。Abbey 参与了第 1 章的撰写，她和 Barbara 花费了很大的精力研究 C++11 的新功能。

我们深感荣幸能与 Pearson Education 里一支才华横溢的专业出版队伍共同合作。特别感谢计算机科学执行主编 Tracy Johnson 的指导、智慧和活力，感谢 Carole Snyder 为组织审阅队伍和管理审阅过程所做的非凡工作，感谢 Bob Engelhardt 为本书的出版所做的出色工作。

### 审阅专家

衷心地感谢我们这本书的每位审阅专家！这些专家既有制定 C++11 的 C++ 标准委员会的现任和前任委员们，又包括从事 C++ 教学的学者和行业专家。他们在极其有限的时间内，认真审阅了本书，提出了许许多多多宝贵的意见，从而更好地保证了书中内容的质量。如果本书还存在瑕弊，一定是我们自身的水平问题。

第九版审阅专家：Dean Michael Berris（Google，ISO C++ 委员会成员），Danny Kalev（C++ 专家，注册系统分析员和 C++ 标准委员会前任成员），Linda M. Krause（Elmhurst College），James P. McNellis（Microsoft 公司），Robert C. Seacord（SEI/CERT 安全编码主任，*Secure Coding in C and C++* 一书的作者）和 José Antonio González Seco（Parliament of Andalusia）。

其他最近版审阅专家：Virginia Bailey（Jackson State University），Thomas J. Borrelli（Rochester Institute of Technology），Ed Brey（Kohler Co.），Chris Cox（AdobeSystems），Gregory Dai（eBay），Peter J. DePasquale（The College of New Jersey），John Dibling（SpryWare），Susan Gauch（University of Arkansas），Doug Gregor（Apple，Inc.），Jack Hagemeister（Washington State University），Williams M. Higdon（University of Indiana），Anne B. Horton（Lockheed Martin），Terrell Hull（Logicalis Integration Solutions），Ed James-Beckham（Borland），Wing-Ning Li（University of Arkansas），Dean Mathias（Utah State University），Robert A. McLain（Tidewater Community College），Robert Myers（Florida State University），Gavin Osborne（Saskatchewan Inst. of App. Sci. and Tech.），Amar Raheja（California State Polytechnic University，Pomona），April Reagan（Microsoft），Raymond Stephenson（Microsoft），Dave Topham（Ohlone College），Anthony Williams（作家和 C++ 标准委员会成员），以及 Chad Willwerth（University Washington，Tacoma）。

我们也真诚地感谢广大读者，能够在阅读的同时对于本书的改进提出宝贵的评论、批评和建议。来函请发送至：
deitel@deitel.com
我们会及时给与答复。希望大家能在阅读《C++ 大学教程（第九版）》的过程中获得乐趣，就像我们在编写这本书时一样。

Paul Deitel

Harvey Deitel

## 作者简介

**Paul Deitel** 是 Deitel & Associates 公司的 CEO 和首席技术官，毕业于麻省理工学院，主修信息技术。在 Deitel & Associates 公司，他已向业内客户讲授了几百次程序设计课程。客户主要包括思科、IBM、西门子、Sun Microsystems、戴尔、高保真公司(Fidelity)、位于肯尼迪航天中心的 NASA、美国国家强风暴实验室(the National Severe Storm Laboratory)、白沙导弹射程公司(White Sands Missile Range)、流浪者漂流软件公司(Rogue Wave Software)、波音、SunGard 高等教育、北电网络(Nortel Networks)、彪马(Puma)、iRobot、Invensys 和其他许多机构等。他和他的合作者 Harvey M. Deitel 博士，是世界最畅销程序设计语言的教材、专业书和视频的作者。

Harvey Deitel 博士是 Deitel & Associates 公司的董事长和首席战略官。在计算机领域 50 年的勤奋工作，使他具有极其丰富的工业界和学术界经验。Detiel 博士拥有麻省理工学院电气工程学士和硕士学位，波士顿大学数学博士学位。他具有丰富的大学教学经验。在 1991 年与其子 Paul Deitel 成立 Deitel & Associates 公司之前，已是波士顿大学的终身教授，并担任计算机科学系的系主任。Deitel 父子的出版物受到全球一致好评，已翻译成中文、韩文、日文、德文、俄文、西班牙文、法文、波兰语、意大利文、葡萄牙文、希腊文、乌尔都文和土耳其文。Deitel 博士已为公司、学术、政府和军事方面的客户讲授程序设计课程达数百次之多。

## Deitel & Associates 公司的企业培训

由 Paul Deitel 和 Harvey Deitel 创建的 Deitel & Associates 公司是一家国际公认的创作和企业培训机构，专业从事计算机程序设计语言、对象技术、移动应用开发、Internet 和 Web 软件技术的培训。公司的客户包括全球多家大型公司、政府部门、军事单位及学术机构。公司在全球范围的客户网站上，提供主要的计算机程序设计语言和平台的教师指导式课程，包括 C++、Visual C++、C、Java、Visual C#、Visual Basic、XML、Python、对象技术、Internet 和 Web 编程、Android 应用开发、objective-C 和 iPhone 应用开发，以及其他不断增加的程序设计和软件开发的相关课程。

通过与 Prentice Hall/Pearson 长达 36 年的出版合作，Deitel & Associates 公司连续出版了大量引领时代的程序设计教材、专业书籍、直播课堂视频课程。读者可通过 deitel@ deitel. com 与 Deitel & Associates 公司和作者联系。

想要进一步了解 Deitel 的 *Dive-Into* 系列企业培训课程情况，请访问：

www.deitel.com/training

如果你所在的机构有全球现场性的教师指导式培训的需要，请通过电子邮件与 deitel@ deitel. com 联系。

希望购买 Detiel 书籍、直播课堂视频培训课程的个人请访问 www. deitel. com。如果有公司、政府、军队或学术机构需要批量订购，请直接与 Pearson 联系。欲了解更多信息，请访问：

www.pearsonhighered.com/information/index.page

---

  *参与本书翻译的还有张弦、张文轩、张美莉、钱宏泽、胡直峰、李哲蓉、张月娇、张锐、申晨、王一兵、姚亮、凌超、黎磊、任晓琳、金哲等。——译者注

# 目　　录

**Pearson**

尊敬的老师：

您好！

为了确保您及时有效地申请培生整体教学资源，请您务必完整填写如下表格，加盖学院的公章后传真给我们，我们将会在 2-3 个工作日内为您处理。

请填写所需教辅的开课信息：

| 采用教材 | | | □中文版 □英文版 □双语版 |
|---|---|---|---|
| 作　者 | | 出版社 | |
| 版　次 | | **ISBN** | |
| 课程时间 | 始于　年　月　日 | 学生人数 | |
| | 止于　年　月　日 | 学生年级 | □专　科　　□本科 **1/2** 年级<br>□研究生　　□本科 **3/4** 年级 |

请填写您的个人信息：

| 学　校 | | | |
|---|---|---|---|
| 院系/专业 | | | |
| 姓　名 | | 职　称 | □助教 □讲师 □副教授 □教授 |
| 通信地址/邮编 | | | |
| 手　机 | | 电　话 | |
| 传　真 | | | |
| **official email**(必填)<br>(eg:XXX@ruc.edu.cn) | | **email**<br>(eg:XXX@163.com) | |
| 是否愿意接受我们定期的新书讯息通知： | □是　　　□否 | | |

系／院主任：＿＿＿＿＿＿＿＿　　（签字）

（系／院办公室章）

＿＿＿年＿＿＿月＿＿＿日

资源介绍：

—教材、常规教辅（PPT、教师手册、题库等）资源：请访问www.pearsonhighered.com/educator；　　（免费）

—MyLabs/Mastering 系列在线平台：适合老师和学生共同使用；访问需要 Access Code；　　（付费）

100013　北京市东城区北三环东路 36 号环球贸易中心 D 座 1208 室
电话：（8610）57355003　　传真：（8610）58257961

Please send this form to:

# 第1章　计算机和C++简介

*Man is still the most extraordinary computer of all.*

—John F. Kennedy

*Good design is good business.*

—Thomas J. Watson, Founder of IBM

*How wonderful it is that nobody need wait a single moment before starting to improve the world.*

—Anne Frank

## 学习目标

在本章中将学习：

- 计算机领域令人激动的最新进展
- 计算机硬件、软件和网络基础知识
- 数据的层次结构
- 不同类型的程序设计语言
- 对象技术的基本概念
- 互联网和万维网的一些基础知识
- 一个典型的C++程序开发环境
- 试运行C++应用程序
- 最新的一些关键软件技术
- 计算机如何有助于社会实践

## 提纲

## 1.1　简介

欢迎进入 C++ 的世界! C++ 是一种强大的计算机程序设计语言,它适合没有或只有很少编程经验的面向技术的人员及有经验的程序员,用于建造实际的信息系统。相信在今天,大家都已经非常了解计算机执行强大任务的能力。有了这本书,将学会如何编写命令计算机执行这些任务的指令。我们看到的计算机通常称为硬件,而人们编写的指令也就是软件,由软件来控制硬件。

通过这本教材,将学习当今非常重要的编程方法——面向对象编程,并创建对现实世界事物进行建模的许多软件对象。

C++ 是今天最流行的软件开发语言之一。本教材介绍了符合 C++ 11 的编程,C++ 11 是国际标准化组织(International Organization for Standardization, ISO)和国际电工委员会(IEC)通过的最新 C++ 标准。

目前,通用计算机的使用量已超过十亿,而普通手机、智能手机和手持设备(如平板电脑)更超过数十亿。根据 eMarketer 的一项研究,移动互联网用户的数量到 2013 年达到约 1.34 亿。[①] 在 2011 年智能手机销量超过了个人电脑销量。[②] 平板电脑的销量预计到 2015 年将占个人电脑销量的20%以上。[③] 到 2014 年,智能手机应用程序市场预计将超过 400 亿美元。[④] 如此爆炸性的增长为移动应用程序的编程开发创造了非常多的重要机会。

## 1.2　计算机和互联网在工业和研究领域中的应用

现在是计算机领域最激动人心的时刻! 在过去的 20 年里,许多最具影响力和成功的企业是技术公司,包括苹果、IBM、惠普、戴尔、英特尔、摩托罗拉、思科、微软、谷歌、亚马逊、Facebook、Twitter、Groupon、Foursquare、雅虎!、eBay 等在内的更多公司。这些企业成为计算机科学、计算机工程、信息系统或其他相关专业人才的主要用人单位。在撰写本书的时候,苹果公司是世界上最有价值的公司。图 1.1 列举了一些计算机在研究、行业和社会等领域提高人民生活质量的具体例子。

| 名称 | 描述 |
| --- | --- |
| 电子健康记录 | 电子健康记录可包括病人的病历、处方、免疫接种、实验室结果、过敏、保险信息和更多的内容。这些信息通过一个安全的网络提供给保健医疗提供者,使他们可以改善对病人的护理水平,降低出错的概率,提高卫生保健系统的整体效率 |
| 人类基因组计划 | 人类基因组计划旨在识别和分析人类 DNA 中的 20 000 + 基因。该项目利用计算机程序分析复杂的基因数据,确定构成人类 DNA 的数十亿个化学碱基对的序列,并将信息存储到已经可以通过互联网供许多领域的研究人员使用的数据库中 |
| AMBER 警报 | AMBER(America's Missing: Broadcast Emergency Response 的缩写,意为"美国失踪人员:广播应急响应")警报系统用于发现被拐卖儿童。执法机构将警报通知到电视和无线电台的广播者,以及国家交通部官员,然后由他们在电视、广播、计算机化的道路指示牌、互联网和无线设备上广播警报。最近,AMBER 警报系统与 Facebook 建立了合作伙伴关系,Facebook 的用户可以通过新闻订阅功能接收到由 AMBER 警报页面推送过来的警报信息 |
| 世界共同体网格计划 | 通过安装一个免费的安全软件程序,全世界的人们都可以捐出闲置的计算机处理能力,从而允许世界共同体网格计划(www. worldcommunitygrid. org)利用这些未利用的计算资源。通过互联网的访问,这种计算资源代替昂贵的超级计算机,用于执行一些能为全人类带来福音的大型科学研究项目,包括为第三世界国家提供清洁的水,征服癌症,为饥饿而战的地区栽培更具营养的水稻,等等 |

图 1.1　计算机的作用

①　www. circleid. com/posts/mobile_internet_users_to_reach_134_million_by_2013/.

②　www. mashable. com/2012/02/03/smartphone-sales-overtake-pcs/.

③　www. forrester. com/ER/Press/Release/0,1769,1340,00. html.

④　Inc., December 2010/January 2011, pages 116-123.

| 名称 | 描述 |
| --- | --- |
| 云计算 | 云计算允许使用软件、硬件和存储在"云"中的信息,也就是说通过互联网在远程计算机上访问,并按需可用,而不是将它们存储在本地个人计算机中。这些服务允许增加或减少资源以满足你在任何给定时间的需要,因此与通过购买昂贵的硬件,以确保有足够的存储和处理能力来最高水平地满足需求相比,这些服务可以具有更高的成本效益。使用云计算服务可以将管理这些应用程序的负担从企业转移到服务提供商,节省企业的费用 |
| 医学成像 | X 射线计算机断层扫描(CT),也叫 CAT(计算机轴向断层扫描),从数以百计的不同角度接收透过身体的 X 射线。计算机用于调整 X 射线的强度,优化对每种类型组织的扫描,然后结合所有的信息来创建一个 3D 图像。MRI 扫描仪使用了一种叫作磁共振成像的技术,也可以无创性地产生内部图像 |
| GPS | 全球定位系统(GPS)设备使用卫星网络获取基于位置的信息。多个卫星向 GPS 设备发送带时间戳的信号,GPS 设备根据信号离开卫星的时间和信号到达的时间,计算到每颗卫星的距离。该信息用于确定该设备的确切位置。GPS 设备可以提供一步步的指示,帮助你定位到附近的商家(餐厅、加油站等),以及其他感兴趣的地点。GPS 广泛应用于众多的基于位置的互联网服务,例如签到应用(如 Foursquare 和 Facebook)来帮助你找到朋友,运动应用如 RunKeeper 可记录你户外慢跑的时间、距离和平均速度,交友应用帮助你在附近找到合适的人,以及动态更新变化的交通状况的应用程序 |
| 机器人 | 机器人可以用于日常工作(例如 iRobot 的 Roomba 吸尘机器人)、娱乐(例如机器人宠物)、军事作战、深海和太空探索(例如美国宇航局的好奇号火星探测器)和更多的应用。RoboEarth(www.roboearth.org)是一个"机器人的万维网"。它可以让机器人通过分享信息来互相学习,从而提高自身执行任务、导航、识别对象和其他更多方面的能力 |
| 电子邮件、即时消息、视频聊天和 FTP | 基于互联网的服务器支持你所有的在线消息传递。电子邮件消息通过邮件服务器,邮件服务器同时也存储消息。即时通讯(IM)和视频聊天应用程序(例如 AIM、Skype、Yahoo! Messenger、Google Talk, Trillian,微软的 Messenger 和其他工具)允许用户经服务器通过发送消息和视频直播实时地与别人交流。FTP(文件传输协议)允许用户通过互联网在多个计算机之间[例如,客户端计算机(如用户的台式计算机)和文件服务器之间]交换文件 |
| 互联网电视 | 互联网电视机顶盒(诸如苹果电视、谷歌电视和 TiVo 等)允许用户按需访问大量的电视内容,例如游戏、新闻、电影、电视节目及更多。并且,它们有助于确保流式内容顺畅到达电视 |
| 流媒体音乐服务 | 流媒体音乐服务(例如 Pandora、Spotify、Last. fm 及更多)可令用户通过网络听到大量的音乐,创建定制的"电台"和发现基于用户反馈的新音乐 |
| 游戏编程 | 分析师预计全球视频游戏收入在 2015 年将达到 910 亿美元(www. vg247. com/2009/06/23/global-industry-analysts-predicts-gaming-market-to-reach-91-billion-by-2015/)。最复杂的游戏的开发费用可高达 1 亿美元。Activision 公司的"使命的召唤:黑色行动(*Call of Duty:Black Ops*)"一直是最畅销的游戏之一,仅一天就赚了 3. 6 亿美元(www. forbes. com/sites/insertcoin/2011/03/11/call-of-duty-black-ops-now-the-best-selling-video-game-of-all-time/) |
| | 在线社交游戏正在快速增长,该类游戏使全球的用户能够在互联网上互相竞争。Zynga 公司是非常受欢迎的在线游戏[例如"填字游戏(Words With Friends)"、"城市小镇(CityVille)"和其他游戏]的创造者,成立于 2007 年,每月的用户量已超过 3 亿(www. forbes. com/sites/insertcoin/2011/03/11/call-of-duty-black-ops-now-the-best-selling-video-game-of-all-time/) |
| | 在线社交游戏(使全球用户可以在互联网上互相竞争)正在快速增长。zynga cre ator 热门的网络游戏(如单词与朋友、CityVille 和其他人)成立于 2007 年,已经有超过 3 亿个月度用户。为了适应这种通信量的增长,Zynga 每周都加入近 1000 个服务器(techcrunch. com/2010/09/22/zynga-moves-1-petabyte-of-data-daily-adds-1000-servers-a-week/) |

图 1.1(续)　计算机的作用

## 1.3　硬件和软件

计算机能够以比人类快得多的惊人的速度执行计算和做出逻辑判断。今天许多个人计算机可以在一秒内执行数十亿次的运算,而这是一个人一生都做不完的事情。超级计算机已经能每秒执行数千万亿甚至亿亿条的指令。IBM 的超级计算机"红杉"每秒可以执行超过 1.6 亿亿的计算(每秒 16.32 千万亿次浮点运算)。①换个角度形象地看,该超级计算机在 1 秒内相当于为地球上的每个人执行了 150 万次计算!并且,现在这些计算速度的"上限"正在快速升高。

计算机在一系列指令的控制下处理数据,这一系列的指令称为计算机程序。计算机程序通过由计算机程序员规定好的一组组有序动作来操纵计算机。计算机上运行的程序称为软件。在本书中,大家将学习一种非常重要的程序设计方法——面向对象编程,该方法可以提高程序员的生产力,从而可以降低软件开发成本。

一台计算机由各种设备组成,如键盘、显示器、鼠标、硬盘、内存、DVD 和处理单元等。这些设备总称为硬件。由于硬件和软件技术发展迅速,计算成本急剧下降。在数十年前也许要占据很大房间和花费数百万美元的计算机,如今被每个有可能只有几美元且比指甲盖还小的硅芯片所取代。具有讽刺意味的是,硅是地球上最丰富的材料之一,是常见的沙子的主要成分。硅芯片技术使计算如此经济,使得计算机已经成为一种商品。

### 1.3.1　摩尔定律

每一年,我们都可能会预料到将为不少产品和服务至少要多开销一点。然而,在计算机和通信领域情况却恰恰相反,尤其就支持这些技术的硬件费用而言。几十年来,硬件费用下降迅速。每年或每两年,计算机的性能可以毫不费力地翻一番。这个显著的趋势通常被称为摩尔定律,该定律用其发现者戈登·摩尔(Gordon Moore)的名字命名。他在 20 世纪 60 年代提出摩尔定律,并且他也是当今计算机处理器和嵌入式系统的领先生产商 Intel 公司的共同创立者。摩尔定律及相关的观点特别适用于预测计算机为运行程序而拥有的内存量、可以长期保存程序和数据的辅助存储器(如磁盘存储器)的容量、计算机处理器的速度——即计算机执行其程序(也就是完成它们的工作)的速度等的增长趋势。类似的增长模式已出现在通信领域。因对通信宽带(即信息传送能力)的巨大需求,该领域竞争非常激烈,使得费用骤降。此刻,还没有其他领域能像计算机和通信领域一样,技术能够发展得如此快,费用降得如此低。这种惊人的进步在真正促进着信息革命(Information Revolution)。

### 1.3.2　计算机的组成

若不考虑外表上的不同,其实计算机都可以被想象成由不同的逻辑单元(logical unit)或部分构成(如图 1.2 所示)。

| 逻辑单元 | 描述 |
| --- | --- |
| 输入单元(input unit) | 这是计算机的"接收"部分,它从各种输入设备那里得到信息(数据和计算机程序),并将这些信息交给其他单元处理。大部分信息是通过键盘、触摸屏和鼠标等设备输入到计算机的。当然,信息也可以通过很多其他途径输入计算机,包括接收语音命令、扫描图像和条形码,从辅助存储设备(诸如硬盘、DVD 驱动器、蓝光光盘驱动器以及 USB 闪存驱动器——也称"指状储存器"或"记忆棒")中读取信息,由网络摄像头接收视频,或者让计算机通过 Internet 接收信息(例如从 YouTube 上下载视频流,从 Amazon 或其他网站上下载电子书)。新的输入形式包括从 GPS 设备获得位置数据,通过智能手机或游戏控制器(例如 MicrosoftKinect、Wii Remote 和索尼的 PlayStationMove)的加速计得到位置和方向信息 |
| 输出单元(output unit) | 这是计算机的"运输"部分,它取得计算机处理好的信息并将其输送到各种输出设备上,以便用户在计算机外部使用。如今,计算机输出的信息大部分显示在屏幕上,打印在纸上(不受"绿色环保"鼓励),以音频或视频形式在个人电脑、媒体播放器(如苹果公司受欢迎的 iPod)和体育场馆的大型屏幕上播放,通过互联网传播,或者用于控制其他设备,例如机器人和"智能"器械 |

图 1.2　计算机的逻辑单元

---

① 　www.top500.org/.

| 逻辑单元 | 描述 |
| --- | --- |
| 内存单元(memory unit) | 这是计算机进行快速存取但容量不大的"仓库"部分,它用来存储从输入单元输入的信息,这样在需要处理它们时就能马上用到。而且,内存单元能一直保存处理好的信息,直到输出单元将它们传至输出设备上。内存单元里的信息是不稳定的,典型地它会随着计算机关机而丢失。内存单元通常称为内存或主存储器。台式计算机和笔记本电脑中的主要内存容量一般高达16GB(GB 代表千兆字节;1 千兆字节大约是 10 亿字节) |
| 算术逻辑单元(arithmetic and logic unit,ALU) | 这是计算机的"生产"部分,它负责执行加、减、乘、除等计算。另外,它还包含一些判断机制,例如使计算机可以比较内存单元中的两个数据项,从而判断它们是否相等。在当今的系统中,ALU 通常实现为接下来要描述的逻辑单元 CPU 的一部分 |
| 中央处理器(central processing unit,CPU) | 这是计算机的"行政管理"部分,负责协调和监督其他各个部分的操作。CPU 会告诉输入单元何时将信息读入内存单元,告诉 ALU 何时将内存单元的信息应用于计算,还会告诉输出单元何时将信息从内存单元输出到相应的输出设备。当前的许多计算机具有多个 CPU,因此可以同时执行很多操作。多核处理器在一块集成电路芯片上实现多个处理器——一个双核处理器具有两个 CPU,而一个四核处理器则有 4 个 CPU。今天的台式计算机所具有的处理器每秒可以执行数十亿条指令 |
| 辅助存储单元(secondary storage unit) | 这是计算机中长期性的、大容量的"仓库"部分。其他单元不常用的程序或数据一般放在辅助存储设备(例如用户的硬盘驱动器)中,直到再次需要它们。这可能是几小时、几天、几个月甚至几年后的事情了。因此,辅助存储器上的信息可以永久保存,当电脑关机时,它仍然存在。与主存储器相比,辅助存储单元中信息存取的时间要长很多,但是单位成本要低很多。辅助存储设备的例子包括 CD 驱动器、DVD 驱动器以及闪存驱动器,有些这样的设备其容量甚至可高达 768GB。台式计算机和笔记本电脑中典型的硬盘驱动器容量可达到 2TB(TB 代表兆兆字节;1 兆兆字节大约是一万亿个字节) |

图 1.2(续)　计算机的逻辑单元

## 1.4　数据的层次结构

计算机处理的数据项构成了一个数据层次结构。随着由位到字符再到字段,……,诸如此类地展开,该数据层次结构变得越来越庞大,结构也越来越复杂。图 1.3 举例说明了一部分的数据层次结构,图 1.4 总结性地对数据层次结构的各层进行了描述。

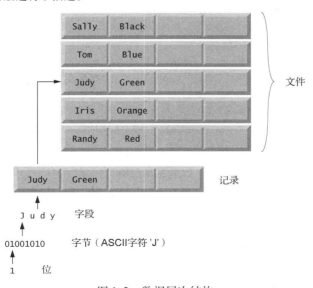

图 1.3　数据层次结构

| 层次 | 描述 |
|------|------|
| 位（Bit） | 计算机中最小的数据项可以假定是数值 0 或者数值 1。这样的一个数据项称作 1 个位（是"二进制数字（binary digit）"的简称，一个二进制数字只能是 0 和 1 两个数值之一）。值得注意的是，计算机那些令人印象深刻的功能，在执行时仅仅涉及对 0 和 1 组成数据的最简单的操作——检查一个位的值、设置一个位的值和对一个位的值求反（由 1 到 0 或者由 0 到 1） |
| 字符（Character） | 对于人来说，在以位这种低级形式的数据上工作是非常乏味和痛苦的事。相反，人们更喜欢使用十进制数字（0~9）、字母（A~Z 和 a~z）和特殊符号（例如 $ 、@ 、% 、& 、* 、( 、) 、－ 、+ 、" 、: 、? 和/）。我们称数字、字母和特殊符号为字符。计算机的字符集是用于编写程序和表示数据项的所有字符的集合。计算机只处理 0 和 1 组成的数据，因此每个字符也被表示成 0 和 1 组合的形式。Unicode 字符集包含了世界上的许多种语言。C++ 支持多个字符集，包括 16 位 Unicode 字符。这种字符每个由两个字节构成，每个字节是 8 位。关于 ASCII（美国信息交换标准代码）字符集的更多信息请参阅附录 B。该字符集非常流行，是 Unicode 的子集，由大小写字母、数字和一些常用的特殊字符组成 |
| 字段（Field） | 正如字符是由位构成的一样，字段则是由字符或字节组成的。一个字段是一组能表达意义的字符或字节。例如，由大写和小写字符组成的一个字段可用于表示一个人名，而由十进制数字组成的一个字段则可以表示一个人的年龄 |
| 记录（Record） | 若干相关的字段可用于组成一个记录。例如，在一个工资管理系统中，一位员工的记录可能由下面的几个字段组成（在括号中说明了这些字段可能的数据类型）： <br>● 员工的身份证号码（一个整数）<br>● 姓名（一个字符串）<br>● 地址（一个字符串）<br>● 每小时工资（一个小数）<br>● 年初至今的收入（一个小数）<br>● 代扣的税金（一个小数）<br>由此可见，一个记录是一组相关的字段。在上述例子中，所有的字段都属于同一员工。一个公司可能拥有许多员工，而每位员工都有一个工资记录 |
| 文件（File） | 一个文件是一组相关的记录。【注意：更一般地，一个文件包含任意格式的任意数据。在一些操作系统中，一个文件可以被简单地视作是一个字节序列——对于一个文件而言，其中字节的任何组织形式，例如将数据组织成记录，都是由应用程序员所创建的一个数据视图。】对于一个机构来说，其拥有很多文件，一些文件包含数十亿、甚至数万亿的字符信息量，这都是很正常的事 |
| 数据库（Database） | 一个数据库是一个电子化的数据集合，对它的组织要便于访问和操作。最受欢迎的数据库模型是关系型数据库，在关系型数据库中数据存储在简单的表中，每张表包括若干记录和若干字段。例如，一张关于学生的表可能包括姓名、专业、入学年份、学生的 ID 号以及总平均成绩等。每个学生的这些数据是一个记录，每个记录中单独的信息片段就是字段。基于与多个表或数据库之间的关系，可以对这些数据进行搜索、排序和操纵。例如，一所大学可以结合学生数据库、课程数据库、校园用房数据库和用餐计划等来使用数据 |

图 1.4　数据层次结构的各个层

## 1.5　机器语言、汇编语言和高级语言

程序员用不同的程序设计语言编写指令，其中有些可以被计算机直接理解，有些就需要中间的翻译步骤了。

**机器语言**

任何计算机都可以直接明白它自己的机器语言（也称作机器代码），其是由其硬件体系结构所定义

的。机器语言一般由数字字符串组成(最终简化为由 1 和 0 组成的数字字符串)。但是,对于人类而言,这样的语言实在令人费解。

### 汇编语言

对于大多数程序员,使用机器语言编程简直是又慢、又单调乏味。因此,程序员开始采用类似英语缩写的指令来表示基本操作。这些缩写构成了汇编语言的基础。另外,人们开发出了称为汇编器(assembler)的翻译程序,它们将汇编语言程序转换成机器语言。虽然这种代码对人类来说要容易理解,但在它被翻译成机器语言之前,计算机是无法理解的。

### 高级语言

为了进一步加快编程的速度,人们又开发出了高级语言,其中的单条语句可以完成实质性的很多任务。高级语言(诸如 C++、Java、C#和 Visual Basic)的使用,可以让程序员采用类似于日常用语并包含常用数学符号形式的指令来编写程序。高级语言的翻译程序称为编译器(compiler),能够将高级语言程序转换成机器语言。

将大型高级语言程序编译为机器语言的过程相当耗时。为此,人们又开发了解释器(interpreter),它可以直接执行高级语言程序(没有编译的延迟),但是这样的执行过程要比编译后的程序的运行慢很多。脚本语言(例如流行的 web 语言 JavaScript 和 PHP)就是由解释器来处理的。

**性能提示 1.1**

解释器在网络应用脚本编写方面优于编译器。待解释的程序一下载到客户的机器,就可以开始执行,而不需要经编译后才能执行。当然,不利的一面是解释的脚本通常比编译的代码运行速度要慢。

## 1.6　C++

C++ 是由 C 发展而来的,而 C 又是由贝尔实验室的 Dennis Ritchie 研制而成的。C 语言目前可用于大多数计算机,它与硬件无关。只要精心设计,就有可能编写出在多数计算机上可移植的 C 程序。

C 广泛使用在各种各样的计算机(有时称为硬件平台)上,遗憾的是它衍生了许多变体。因此,C 语言迫切需要一个标准化的版本。美国国家标准组织(ANSI)与国际标准化组织(ISO)携手致力于 C 的全球标准化普及工作,在 1990 年公布了联合标准文档,也就是 ANSI/ISO 9899:1990。

C11 是 C 语言的最新 ANSI 标准。它用于推进 C 语言,使其与不断发展的硬件和不断增长的用户需求保持同步。C11 同时也令 C 更加与 C++ 一致。大家可以在《C++ 大学教程(第七版)》以及 C 资源中心(www. deitel. com/C)中查看到更多的信息。

C++ 是对 C 的一个扩展,由贝尔实验室的 Bjarne Stroustrup 在 1979 年推出。最初这种语言被称作"带类的 C(C with Classes)",而在 20 世纪 80 年代早期改名为 C++。C++ 提供了许多使 C 语言"焕然一新"的特性。不过更重要的是,C++ 提供了面向对象编程(object-oriented programming)的能力。

大家在第 3 章"类、对象和字符串的介绍"中,开始开发自定义的、可重用的类和对象。这本书从头到结束,在可能的地方都是面向对象的。

我们还在第 25 章和第 26 章提供了一个可选学的自动取款机(ATM)研究实例,它包含完整的 C++ 实现。这个研究实例循序渐进地介绍如何使用 UML 语言进行面向对象的设计。UML 是为面向对象系统开发而设计的一种行业标准的图形建模语言,我们通过友好的设计体验来指导初学者入门。

### C++ 标准库

C++ 程序由一系列称为类和函数的构件组成。大家可以编写构成一个 C++ 程序所需的每个构件。不过,大多数 C++ 程序员都会利用 C++ 标准库(C++ Standard Library)所提供的丰富而现成的类和函数。所以,要想了解"C++ 世界",实际上需要学习两方面的知识:一是学习 C++ 语言本身;二是学习使用 C++ 标准库所提供的各种类和函数。我们在这本书里会讨论很多类和函数。对于程序员,若想要深入理解包括在 C++ 中的 ANSI C 库函数，思考如何实现它们，以及如何利用它们编写可移植代码，那么 P. J. Plauger 的 *The Standard C Library*(Upper Saddle River, NJ: Prentice Hall PTR, 1992)是必读之书。标准类库一般是由编译器厂商提供的，很多特殊用途的类库则由独立的软件商提供。

**软件工程知识 1.1**

使用"构建块"方法来创建程序。避免重复工作，尽量利用现有的构件。这就是软件重用(software reuse)，也是面向对象编程的核心思想。

**软件工程知识 1.2**

在进行 C++ 编程时，通常会用到以下构建块：源自 C++ 标准库中的类和函数、你和你的同事自己创建的类和函数、一些知名的第三方软件商提供的类和函数。

　　自己创建函数和类的优点是可以确切地知道它们是怎样工作的，而且可以检查 C++ 代码。不过，缺点是保证新函数和类的设计、开发、维护的正确性及操作有效性，是十分费时且代价高昂的。

**性能提示 1.2**

因为 C++ 标准库函数和类是为了保证高效运行而经过精心设计才编写出来的，所以采用 C++ 标准库函数和类而不是自己编写相应的版本，可以有效地提高程序的性能。这个小技巧也可以缩短程序开发的时间。

**可移植性提示 1.1**

因为每个 C++ 实现方案中都包含了 C++ 标准库函数和类，所以使用 C++ 标准库函数和类而不是自己编写相应的版本，可以提高程序的可移植性。

## 1.7　程序设计语言

　　在这一小节，我们简要地介绍一下几种很有影响力的程序设计语言。

| 程序设计语言 | 描述 |
| --- | --- |
| Fortran | Fortran(英文"FORmula TRANslator"的缩写，译为"公式翻译器")是在 20 世纪 50 年代中期，由 IBM 公司开发的一种程序设计语言，用于需要复杂数学计算的科学和工程应用领域。目前，FORTRAN 仍然被广泛使用，它的最新版本支持面向对象编程 |
| COBOL | COBOL(英文"COmmon Business Oriented Language"的缩写，译为"面向商业的通用语言")是在 20 世纪 50 年代后期，由计算机制造商、美国政府和计算机企业用户以 Grace Hopper 开发的一种语言为基础而联合开发的一种程序设计语言。Grace Hopper 是一名职业美国海军军官和计算机科学家。COBOL 仍广泛用于需要精确且有效地处理大量数据的商业应用中，它的最新版本支持面向对象编程 |
| Pascal | 在 20 世纪 60 年代的研究最终导致了结构化编程方法(structured programming)的形成。结构化编程方法是一种编写程序的规范化方法。与以往编写大型程序的技术相比，使用这种方法编写的程序更清晰、更易测试和调试，并且更易修改。这项研究更切实的成效之一就是 Niklaus Wirth 教授在 1971 年开发了 Pascal 程序设计语言。由于 Pascal 语言的设计初衷就是为了讲授结构化编程方法，因此数十年来它一直是高校课程普遍采用的程序设计语言。 |
| Ada | Ada 是一种基于 Pascal 的，于 20 世纪 70 年代至 80 年代初，在美国国防部(Department of Defense, DOD)的资助下而开发的程序设计语言。DOD 想要一种可以满足其绝大多数需求的专用语言。此基于 Pascal 的语言是以著名诗人 Lord Byron 的女儿 Ada Lovelace 的名字命名的。Lovelace 女士因在 19 世纪初期编写了世界上第一个计算机程序(为 Charles Babbage 设计的分析引擎机械计算设备而编写的)而载入史册。Ada 同样支持面向对象编程 |
| Basic | Basic 是为了让初学者熟悉编程技术，而由 Dartmouth 大学于 20 世纪 60 年代开发的一种程序设计语言。它最新的许多版本都是面向对象的 |
| C | C 是由贝尔实验室的 Dennis Ritchie 在 1972 年实现的一种程序设计语言。它最初以 UNIX 操作系统的开发语言而著称。如今，大多数通用操作系统的代码都是用 C 或 C++ 编写的 |

图 1.5　一些程序设计语言

| 程序设计语言 | 描述 |
| --- | --- |
| Objective-C | Objective-C 是基于 C 的一种面向对象程序设计语言。它在 20 世纪 80 年代早期开发，之后 NeXT 公司获得了 Objective-C 语言授权，接着苹果公司又收购了 NeXT 公司。Objective-C 已成为 OS X 操作系统和所有 iOS 设备（诸如 iPod、iPhone 和 iPad 等）的主要程序设计语言 |
| Java | Sun Microsystems 公司在 1991 年投资启动了一个由 James Gosling 领导的内部合作研究项目。该项目最终开发出了一种基于 C++ 的面向对象程序设计语言——Java。Java 的关键目标是要能够编写出可运行在各种各样计算机系统和计算机控制设备上的程序，有时候称之为"一次编译、到处执行"的跨平台特性。现在，Java 可以用于开发大规模的企业级应用软件、可增加网络服务器（即为我们提供网络浏览器上的所见内容的计算机）的功能、可为消费设备（如智能手机、平板电脑、电视机机顶盒、电器、汽车及更多设备）和许多其他应用提供应用程序等。Java 也是开发 Android 智能手机和平板电脑应用程序的主要语言 |
| VisualBasic | 微软公司在 20 世纪 90 年代早期推出了 Visual Basic 程序设计语言，目的是简化微软公司的 Windows 应用软件的开发。它的最新版本支持面向对象编程 |
| C# | 微软公司的三种主要程序设计语言是 Visual Basic（基于最初的 Basic）、Visual C++（基于 C++）和 Visual C#（一种为把互联网和万维网集成到计算机应用中，而开发的基于 C++ 和 Java 的语言） |
| PHP | PHP 是一种受一群用户和开发者支持的面向对象、"开源"（参见 1.11.2 节）的"脚本编写"语言。包括维基百科和 Facebook 在内的众多网站都使用该语言。PHP 是平台独立的，对于所有主要的 UNIX、Linux、Mac 和 Windows 操作系统，其脚本实现都可以运行。PHP 还支持许多数据库，包括 MySQL |
| Perl | Perl（英文"Practical Extraction and Report Language"的缩写，译为"实用报表提取语言"）是 Larry Wall 在 1987 年开发的一种程序设计语言，它是关于万维网编程的使用最广泛的面向对象脚本编写语言之一，其特性在于具有强大的文本处理能力和灵活性 |
| Python | Python 是另一种面向对象脚本编写语言，于 1991 年公开发布，其创始人是荷兰阿姆斯特丹的国家数学和计算机科学研究学会（CWI）的 Guido van Rossum。Python 主要受到了 Modula-3（一种系统程序设计语言）的影响，并且它是"可扩展的"——它可以通过类和编程接口进行扩展 |
| JavaScript | JavaScript 是使用最广泛的脚本编写语言，它主要用于向 web 页面添加可编程性，例如增加动画和加强与用户的交互。所有主流的 web 浏览器都提供对它的支持 |
| Ruby on Rails | Ruby 是在 20 世纪 90 年代中期由 Yukihiro Matsumoto 创建的一种开源、面向对象的程序设计语言，它具有类似于 Perl 和 Python 的简单语法。Ruby on Rails 有机结合了 37signals 公司开发的脚本编写语言 Ruby 和 Rail web 应用程序框架。关于它们的 *Getting Real* 是 web 程序开发者必读的一本书，你可以免费在 getingreal.37signals.Com/toc.php 中阅读。很多 Ruby on rails 开发者称在开发数据库密集型的 web 应用程序时，使用 Ruby on rails 比使用其他语言开发效率会提高很多。Ruby on Rails 已用来构建 Twitter 的用户界面 |
| Scala | Scala（www.scala-lang.org/node/273）是英文"scalable language（可伸缩语言）"的缩写，由瑞士 Polytechnique Fédérale de Lausanne（EPFL）教授 Martin Odersky 设计，于 2003 年发布。Scala 同时采用了面向对象编程和结构化编程两种编程范型，并在设计时考虑到与 Java 的集成。用 Scala 编程可以大幅减少应用程序的代码量。Twitter 和 Foursquare 的开发使用了 Scala |

图 1.5（续） 一些程序设计语言

## 1.8 对象技术介绍

在对新的且更加强大的软件之需求如此猛增的时代，快速、正确和经济地构建软件一直是一个可望而不可及的目标。我们在第 3 章将看到的对象，更确切地说应该是对象来自的类，本质上是可重用的软件组件。存在数据对象、时间对象、音频对象、视频对象、汽车对象、人类对象等对象。实际上，几乎所有的名词都能合理地用属性（例如名称、颜色和大小等）和行为（例如计算、移动和通信等）表示成软件对象。软件开发者发现，可能与早期的开发方法相比，采用模块化的、面向对象的设计与实现方法，可以显著提高软件开发小组的生产效率——面向对象的程序往往更易于理解、纠正和修改。

**小汽车作为对象**

我们通过一个简单的类比开始此话题。假设你现在想要驾驶一辆小汽车，并想通过踩压它的加速踏板使小汽车加速。那么，在你可以这样做之前还有什么事必须发生呢？下面让我们来看看。首先在能够驾驶小汽车之前，必须有人设计小汽车。通常，一辆小汽车是从工程图纸开始的，它们类似于设计房屋用的蓝图。这些设计图中包含了使车加速的加速器踏板的设计。对于驾驶员来说，加速器踏板向他隐藏了使小汽车实际加速的复杂内部结构，就像刹车踏板隐藏了使小汽车减速的内部结构、方向盘隐藏了使小汽车方向变动的内部结构一样。这意味着，即使我们不知道或者甚少了解小汽车发动机、制动系统和方向操纵装置在内部是如何工作的，毫无疑问也可以轻松容易地驾驶小汽车。

其次，在能够驾驶小汽车之前，小汽车必须根据描绘它的工程图纸制造出来。一辆完工的小汽车具有一个真实的使小汽车加速的加速器踏板，但是这样还不够，小汽车并不能自己加速自己（当然，希望如此！）。因此，最后还是必须由驾驶员去踩压加速器踏板才能使小汽车加速。

### 成员函数和类

现在，我们以小汽车的例子继续介绍一些关键的面向对象编程概念。执行程序中的任务需要成员函数。成员函数拥有实际执行其任务的程序语句。它向用户隐藏了这些语句，就如同小汽车的加速器踏板向驾驶员隐藏了使小汽车加速的复杂内部结构一样。在 C++ 中，我们创建称为类的程序单元。类包含了执行该类自己任务的成员函数集合。例如，一个表示银行账户的类可能包含一个向账户存款的成员函数、一个从账户取款的成员函数和一个查询账户当前余额有多少的成员函数。类在概念上与小汽车工程图纸相似，后者包含了加速器踏板、方向盘等装置的设计。

### 实例化

就像在你能够实际驾驶一辆小汽车之前，必须得有人根据工程图纸制造出它一样，我们也必须在程序可以执行一个类的方法所定义的任务之前，由这个类创建一个对象。此构建对象的过程称作实例化（instantiation）。于是，一个对象也叫作它的类的一个实例。

### 重用

既然可以多次重用同一份小汽车工程图纸制造出许多辆小汽车，那么我们也可以多次重用一个类去构建很多的对象。构建新的类和程序的时候，重用已有的类可以节省时间和精力。重用还有助于构建更加可靠和有效的系统，因为已有的类和组件常常经过了大量的测试、调试和性能改进。就像概念"可替换部件"对工业革命是至关重要的，"可重用的类"对由对象技术促进的软件革命也是极其关键的。

### 消息和成员函数调用

在驾驶一辆小汽车的时候，踩压它的加速器踏板意味着向小汽车发送了一条执行加速任务的消息。类似地，可以向对象发送消息。每条消息都被实现为一次成员函数调用，告诉对象的成员函数去执行它的任务。例如，程序可能会调用一个特别的银行账户对象的存款成员函数来增加该账户的余额。

### 属性和数据成员

一辆小汽车除了有能力执行任务外，它还具有许多属性，例如颜色、门的数目、油箱中的汽油量、当前的速度和驾驶的总里程记录（也就是小汽车里程表的读数）等。和小汽车的任务能力一样，小汽车的这些属性也作为小汽车工程图纸中的一部分设计被表示出来，例如包括里程表和燃料计量器等。当你驾驶实际的小汽车时，这些属性总是与小汽车相伴的。每辆小汽车维护着自己的属性。例如，每辆小汽车知道自己油箱中的油量还有多少，却对其他小汽车的油量一无所知。

类似地，一个对象在程序中使用时，也具有伴随它的属性，这些属性被详细说明为对象的类的一部分。例如，一个银行账户对象具有一个余额属性，表示该账户中的资金量。每个银行账户对象知道它所表示的账户中的余额，但是不知道银行中其他账户的余额。属性由类的数据成员来详细说明。

### 封装

类将属性和成员函数封装（encapsulate）（也就是打包）在对象中——一个对象的属性和成员函数是密切相关的。对象之间可以进行相互通信，但是通常不允许它们知道其他对象是怎么实现的——也就是说，实现的细节隐藏在对象自身中。我们将看到，这种信息隐藏（information hiding）对良好的软件工程是至关重要的。

**继承**

我们可以通过继承(inheritance)快速和方便地创建一个新的对象类——该新的类吸收已有类的特性,有可能定制和添加它自己独特的特性。在前面的小汽车类比中,"敞篷车"类的一个对象当然是更一般性的类"小汽车"的一个对象,只是更特殊的是,它的车顶能张能收。

**面向对象分析与设计(OOAD)**

大家很快就要开始编写 C++ 程序了。你将如何创建代码(也就是程序指令)呢? 或许和很多程序员一样,你会迫不及待地打开计算机,然后就开始打字。这种方法对于小程序(像我们在本书的前几章演示的那些小程序)也许还行。但是,如果要求你为一家大型银行创建一个能控制数千部自动提款机的软件系统呢? 或者,如果要求你率领一支有数千名软件开发人员的队伍构建下一代的美国空中交通控制系统呢? 对于诸如此类庞大而复杂的项目,可不能简单地坐下来就开始编写程序呀!

为了得到最佳的解决方案,确定项目的需求(即定义该系统应该做什么)和开发出满足这些需求的一份设计(即决定系统应该怎样做)应该遵循一个详细的分析过程。理想情况下,在编写代码之前要履行这个过程,并认真检查你的设计(或者让其他软件专业人员检查)。如果此过程中分析和设计系统是从面向对象的角度来考虑的,那么就称为面向对象分析与设计(OOAD)。C++ 之类的语言是面向对象的,使用这样的语言编程称为面向对象编程(object-oriented programming, OOP),它可以让计算机程序员将一个面向对象的设计实现成为一个可工作的软件系统。

**UML(统一建模语言)**

尽管系统建模者可以自由使用各种各样的 OOAD 过程,但是任何 OOAD 过程的结果都可以统一用一种广泛使用的图形语言来表达和交流。这种语言称作统一建模语言(Unified Modeling Language, UML),是目前应用最广泛的、用于面向对象系统建模的图形建模语言。本书在第 3 章和第 4 章中首次出现 UML图,然后在第 12 章对面向对象编程更深入的介绍中使用它们。在第 25 章和第 26 章可选学的 ATM 软件工程实例研究中,随着指导大家进行面向对象的设计,呈现了 UML 图的一个简明子集。

## 1.9　典型的 C++ 程序开发环境

C++ 系统一般由程序开发环境、语言和 C++ 标准库三个部分组成。通常,C++ 程序要经历六个阶段,它们是编辑(edit)、预处理(preprocess)、编译(compile)、链接(link)、载入(load)和执行(execute)。下面的内容详细说明了一种典型的 C++ 程序开发环境。

**第 1 阶段:编辑程序**

第 1 阶段指用编辑器程序(如图 1.6 所示,通常简称为编辑器)编辑文件。使用编辑器可以键入 C++ 程序(一般称为源代码),进行任何必要的修改,以及将程序保存到硬盘之类的辅助存储设备中。C++ 源代码文件的名字常常以.cpp、.cxx、.cc 或者.C 作为扩展名(请注意此处的 C 是大写的),这样表明了该文件包含 C++ 源代码。通过查阅所用 C++ 编译器附带的文档,便可以获取关于文件扩展名的更多信息。

图 1.6　典型的 C++ 环境——编辑阶段

UNIX 系统中广泛使用的两种编辑器是 vi 和 emacs。微软公司 Windows 环境下的 C++ 软件包如 Microsoft Visual C++(microsoft. com/express),已经在编程环境中集成了编辑器。大家也可以用像 Windows自带的记事本(Notepad)这样的简单文字编辑器编写 C++ 代码。

对于开发实际信息系统的组织机构而言,可以从许多软件供应商那里获得集成开发环境(IDE)。集成开发环境提供支持软件开发过程的工具,包括书写和编辑程序的编辑器,定位造成程序执行不正确的逻辑错误的调试器。主流的集成开发环境有 Microsoft Visual Studio 2012 Express Edition、Dev C++、Net-Beans、Eclipse，苹果公司的 Xcode 和 CodeLite。

### 第 2 阶段：预处理 C++ 程序

在第 2 阶段，程序员发出编译程序的命令(如图 1.7 所示)。在 C++ 系统中，预处理器程序在编译器的翻译阶段开始前会自动执行(正因为如此，我们称预处理为第 2 阶段，编译为第 3 阶段)。C++ 预处理器执行一些称为预处理器指令的命令，它们指示了在编译之前要先对程序进行的某些处理。这些处理通常是包含其他要编译文件的文本和实现各种文本替换。在本书前面的章节中将讨论最常见的预处理指令，而在附录 E "预处理器" 中将对预处理的方方面面进行详细的论述。

图 1.7 典型的 C++ 环境——预处理器阶段

### 第 3 阶段：编译 C++ 程序

在第 3 阶段，编译器将 C++ 程序翻译成机器语言代码——也就是目标代码(如图 1.8 所示)。

图 1.8 典型的 C++ 环境——编译阶段

### 第 4 阶段：链接

第 4 阶段是链接阶段(如图 1.9 所示)。C++ 程序一般都包含了在别处定义的函数和数据的引用。例如，对在标准库或者私有库(由参与某特定项目的程序员小组所创建)中定义的函数和数据的引用。由于缺少这些引用的定义，C++ 编译器产生的目标代码通常包含了"洞"。链接器则将目标代码和这些缺少的函数代码连接起来，形成可执行程序(其中不再有缺失的部分)。如果程序编译和链接都没有问题，就会生成可执行程序。

图 1.9 典型的 C++ 环境——链接阶段

### 第 5 阶段：载入

第 5 阶段称为载入。在一个程序可以执行之前，必须先将它放入内存中(如图 1.10 所示)。这由载入器来完成。载入器首先从磁盘中取得可执行程序，然后将其传输到内存。支持该程序的其他共享库组件在需要时载入器也会载入。

### 第 6 阶段：执行

最后，在中央处理器的控制下，计算机以每次一条指令的方式执行程序(如图 1.11 所示)。一些现代计算机体系结构可以并行地执行多条指令。

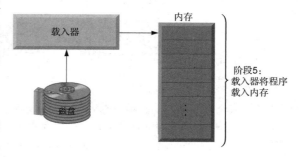

图 1.10 典型的 C++ 环境——载入阶段

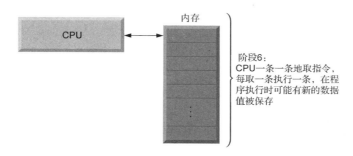

图 1.11　典型的 C++ 环境——执行阶段

**执行时可能会发生的问题**

程序并不总是一次成功的。前面的每个阶段都可能因为我们在本书中讲过的各种错误而失败。例如，如果一个正在执行的程序可能试图用 0 作为除数（在 C++ 中这是非法的整数算术运算），将导致 C++ 程序显示一条错误消息的结果。如果真发生了这种情况，程序员就必须返回到编辑阶段，进行必要的修改，再继续其他阶段以确定修改是否正确。【注意：大多数 C++ 程序都要输入或者输出数据。某些 C++ 函数从 cin（标准输入流）取得它们的输入数据。最常见的 cin 是键盘，但是它也可以重定向到另一个设备。数据一般输出到 cout（标准输出流），通常是计算机显示屏，但是 cout 也可以重定向到其他设备。当我们说程序打印一个结果时，常常是指在计算机屏幕上显示结果。数据也可以输出到其他设备上，如磁盘和硬拷贝打印机。另外，还有一个称为 cerr 的标准错误流。cerr 流（通常连接到屏幕）是用来显示错误消息的。】

**常见的编程错误 1.1**

像用 0 作为除数这样的错误在程序运行时才会发生，所以这类错误称为运行时错误或者执行时错误。致命的运行时错误会导致程序在还没有顺利完成工作时就立即终止。非致命的运行时错误则允许程序完成运行，但是往往会产生不正确的结果。

## 1.10　试运行一个 C++ 应用程序

在这一节，将要运行和接触第一个 C++ 应用程序。这个程序是一个有趣的猜数游戏。它首先会在 1 ~ 1000 间挑选出一个数，然后提示你猜测这个数。如果猜对了，游戏就结束；如果没有猜对，它会告诉你，你猜的数比正确的数是大还是小。猜测的次数是不受限制的。【注意：仅仅出于试运行的目的，这个游戏是根据第 6 章"函数和递归入门"中要求读者完成的一道练习题改编而来的。而这一游戏的典型应用是，在每次启动它玩猜数游戏时，应用程序都会选择不同的数让你猜，因为它随机选择了被猜测的数。现在，这个修改后的应用程序却在每次执行程序时都会选择同一个"正确"的数（尽管可以由编译器改变）。这样，当我们指导读者与第一个 C++ 程序交互时，可以采用本书所示的猜测数，并看到本书所示的结果。】

我们以两种方式示范运行 C++ 应用程序——Windows 命令提示符方式和用 Linux 的 shell 方式。应用程序在两种平台上的运行情况都差不多。许多开发环境都可以供大家编译、构建和运行 C++ 应用程序，例如 GNU C++、Microsoft Visual C++、Apple Xcode、Dev C++、CodeLite、NetBeans、Eclipse，等等。学生可以从教师那里请教所用的特定开发环境的有关问题。

在接下来的步骤中，将运行这个应用程序，并输入不同的数以猜测正确的数。在这个应用程序中所看到的一些元素和功能性的内容，都是本书为读者学习编程特别提供的。在整本书中，我们利用字体来区分可以看到的屏幕特征（例如命令提示符）和与屏幕没有直接关系的元素。在本节的图中，指出了该应用程序的重要部分。为了使这些特征更加明显，我们已经改动了命令提示符窗口的背景颜色（只针对

Windows 下的试运行）。要修改系统的命令提示符的颜色，请首先打开 Command Prompt（命令提示符）窗口——选择 Start（开始）> All Programs（所有程序）> Accessories（附件）> Command Prompt（命令提示符），然后右击标题栏并选择 Properties（属性）项。在出现的"Command Prompt"Properties（"命令提示符"属性）对话框中按下 Colors（颜色）选项卡，然后选择你喜欢的文本颜色和背景颜色。

### 在 Windows 命令提示符下运行 C++ 应用程序

1. 检查计算机的设置。非常重要的一点，就是要阅读 www. deitel. Com/books/cpphtp9 上的"Before You Begin"（学前准备）部分，确保你已经把书中的例子正确复制到硬盘驱动器上。

2. 定位到已完成的应用程序。打开 Command Prompt（命令提示符）窗口。请输入 cd C:\examples\ch01\GuessNumber\Windows，然后按回车键（如图 1.12 所示），这样转到已完成的 GuessNumber（猜数）应用程序所在的文件夹下。【注意：cd 是用来改变文件夹的命令】。

图 1.12　打开命令提示符窗口并改变文件夹

3. 运行 GuessNumber 应用程序。既然你已经在含有 GuessNumber 应用程序的文件夹下，那么请输入命令 GuessNumber（如图 1.13 所示）并按回车键。【注意：GuessNumber. exe 是这个应用程序的实际名称；尽管 Windows 假定.exe 是默认的扩展名。】

图 1.13　运行 GuessNumber 应用程序

4. 输入你第一次猜测的数。应用程序显示"Please type your first guess."（请输入你猜测的第一个数），然后在下一行显示作为提示符的一个问号（如图 1.13 所示）。在此提示符下，输入 500（如图 1.14 所示）。

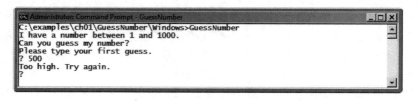

图 1.14　输入你第一次猜测的数

5. 输入下一次猜测的数。应用程序显示"Too high. Try again."（太大了，再试一次），说明你输入的数比程序所选的正确数要大。因此，你接下来的猜测应该输入一个小一点的数。在提示符下输入 250（如图 1.15 所示）后，应用程序又显示"Too high. Try again."，因为你输入的数仍然比应用程序的正确答案大。

6. 输入其他猜测的数。输入数字继续玩这个游戏，直到你猜出正确的数为止。一旦猜对了，应用程序会显示"Excellent! You guessed the number!"（非常棒！你猜对了！），如图 1.16 所示。

```
ⓒ Administrator: Command Prompt - GuessNumber                              _|□|×
C:\examples\ch01\GuessNumber\Windows>GuessNumber
I have a number between 1 and 1000.
Can you guess my number?
Please type your first guess.
? 500
Too high. Try again.
? 250
Too high. Try again.
?
```

图 1.15　输入下一次猜测的数并收到反馈

```
ⓒ Administrator: Command Prompt - GuessNumber                              _|□|×
Too high. Try again.
? 125
Too low. Try again.
? 187
Too high. Try again.
? 156
Too high. Try again.
? 140
Too high. Try again.
? 132
Too high. Try again.
? 128
Too low. Try again.
? 130
Too low. Try again.
? 131

Excellent! You guessed the number!
Would you like to play again (y or n)?
```

图 1.16　输入其他猜测的数，直到猜对为止

7. 再玩一次游戏或者退出应用程序。在猜对数字之后，应用程序会问你是否要再玩一次游戏（如图 1.16 所示）。在"Would you like to play again（y or n）？"（你愿意再玩（y 或 n）？）的提示下，如果输入一个字符 y，应用程序就会选择一个新数并显示消息"Please enter your first guess."，后面紧跟着问号提示符（如图 1.17 所示）。这样，你就可以在新游戏里进行第一次猜数了；如果输入字符 n，应用程序就会结束，并返回到命令提示符的应用程序文件夹下（如图 1.18 所示）。每次重新开始执行这个应用程序（即步骤 3）时，它都会选择相同的数让你猜。

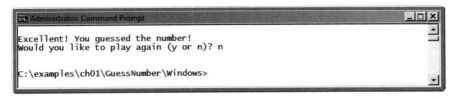

图 1.17　再玩一次游戏

```
ⓒ Administrator: Command Prompt                                           _|□|×
Excellent! You guessed the number!
Would you like to play again (y or n)? n

C:\examples\ch01\GuessNumber\Windows>
```

图 1.18　退出游戏

8. 关闭命令提示符窗口。

**在 Linux 下使用 GNU C++ 运行 C++ 应用程序**

在这次试运行之前，我们假定大家是知道如何将例子复制到主文件夹下的。如果对于 Linux 下的文件复制有问题，那么应请教指导教师。而且，在本节的图中，我们会采用粗体加亮来突出显示每个步骤

所要求的用户输入。我们系统的 shell 提示是用发音符号( ~ )表示主文件夹的,每条提示以美元标记符号( $ )结束。不同的 Linux 系统的提示符也会有所变化。

1. 定位到已完成的应用程序。在 Linux shell 中,输入 cd Examples\ch01 \GuessNumber\GNU_ Linux,转到 GuessNumber 应用程序的文件夹(如图 1.19 所示),然后按回车键。cd 是用来改变文件夹的命令。

```
cd Examples/ch01/GuessNumber/GNU_Linux
```

```
~$ cd examples/ch01/GuessNumber/GNU_Linux
~/examples/ch01/GuessNumber/GNU_Linux$
```

图 1.19    转到 GuessNumber 应用程序文件夹

2. 编译 GuessNumber 应用程序。要在 GNU C++ 编译器下运行应用程序,必须首先输入

```
g++ GuessNumber.cpp -o GuessNumber
```

进行编译(如图 1.20 所示)。这个命令编译应用程序,并生成一个称为 GuessNumber 的可执行文件。

```
~/examples/ch01/GuessNumber/GNU_Linux$ g++ GuessNumber.cpp -o GuessNumber
~/examples/ch01/GuessNumber/GNU_Linux$
```

图 1.20    使用 g++ 命令编译 GuessNumber 应用程序

3. 运行 GuessNumber 应用程序。要想运行可执行文件 GuessNumber,在下一个提示下输入 ./Guess-Number,然后按回车键(如图 1.21 所示)。

```
~/examples/ch01/GuessNumber/GNU_Linux$ ./GuessNumber
I have a number between 1 and 1000.
Can you guess my number?
Please type your first guess.
?
```

图 1.21    运行 GuessNumber 应用程序

4. 输入第一次猜测的数。应用程序显示"Please type your first guess.",然后在下一行显示作为提示符的一个问号(如图 1.21 所示)。在此提示符下,输入 500(如图 1.22 所示)。【注意:这里运行的应用程序和前面在 Windows 下我们修改和试运行的应用程序是一样的,不过输出可能会因为所用编译器的不同而有所差异。】

```
~/examples/ch01/GuessNumber/GNU_Linux$ ./GuessNumber
I have a number between 1 and 1000.
Can you guess my number?
Please type your first guess.
? 500
Too high. Try again.
?
```

图 1.22    输入首次猜测的数

5. 输入下一次猜测的数。应用程序显示"Too high. Try again.",说明输入的数比程序所选的正确数要大(如图 1.22 所示)。在接着的提示下输入 250(如图 1.23 所示)后,应用程序显示"Too low. Try again."(太小了,再试一次。),因为你输入的数比正确答案小。

6. 输入其他猜测的数。输入数字继续玩这个游戏(如图 1.24 所示),直到你猜出正确的数为止。一旦猜对了,应用程序会显示"Excellent! You guessed the number!"。

```
~/examples/ch01/GuessNumber/GNU_Linux$ ./GuessNumber
I have a number between 1 and 1000.
Can you guess my number?
Please type your first guess.
? 500
Too high. Try again.
? 250
Too low. Try again.
?
```

图 1.23　输入下一次猜测的数并收到反馈

```
Too low. Try again.
? 375
Too low. Try again.
? 437
Too high. Try again.
? 406
Too high. Try again.
? 391
Too high. Try again.
? 383
Too low. Try again.
? 387
Too high. Try again.
? 385
Too high. Try again.
? 384
Excellent! You guessed the number.
Would you like to play again (y or n)?
```

图 1.24　输入其他猜测的数，直到猜对为止

7. 再玩一次游戏或者退出应用程序。在猜对数字之后，应用程序会问你是否要再玩一次游戏。在
"Would you like to play again(y or n)?"的提示下，如果输入一个字符 y，应用程序就会选择一个新
数并显示消息"Please enter your first guess."，后面跟着问号提示符(如图 1.25 所示)。这样就可以
在新游戏里进行第一次猜数了；如果输入字符 n，应用程序就会结束，并返回到 shell 的应用程序
文件夹下(如图 1.26 所示)。每次从开始执行这个应用程序(即步骤 3)的时候，它都会选择相同的
数让用户猜。

```
Excellent! You guessed the number.
Would you like to play again (y or n)? y

I have a number between 1 and 1000.
Can you guess my number?
Please type your first guess.
?
```

图 1.25　再玩一次游戏

```
Excellent! You guessed the number.
Would you like to play again (y or n)? n

~/examples/ch01/GuessNumber/GNU_Linux$
```

图 1.26　退出游戏

## 1.11 操作系统

操作系统是软件系统,对用户、应用程序的开发人员和系统管理员来说,它们使计算机的使用更加方便。操作系统提供的服务,允许每个应用程序可以安全、有效且与其他应用程序并发地(即并行地)执行。包含操作系统核心组件的软件称作内核(kernel)。流行的桌面操作系统包括 Linux、Windows 和 OS X(以前称为 Mac OS X)——在撰写这本书的时候我们使用了这三种操作系统。而主流的用在智能手机、平板电脑上的移动操作系统包括谷歌公司的 Android、苹果公司的 iOS(针对 iPhone、iPad 和 iPod Touch 等设备)、黑莓 OS 和 Windows Phone 等。大家可以用 C++ 开发下面所有主要的操作系统,包括若干最新的移动操作系统上的应用程序。

### 1.11.1 Windows——一个专有的操作系统

在 20 世纪 80 年代中期,微软公司开发了 Windows 操作系统。该操作系统在 DOS 操作系统之上构建了图形用户界面,而 DOS 是极受欢迎的个人计算机操作系统,但用户要通过输入命令与之交互。Windows 借用了许多由 Xerox PARC(施乐公司帕洛阿尔托研究中心)开发、并且在早期苹果公司的 Macintosh 操作系统中普及的概念(例如图标、菜单和窗口等)。Windows 8 是微软公司最新的操作系统——其特点包括用户界面的增强,更快的启动速度,安全性能的进一步细化,触摸屏和多点触控的支持,等等。Windows 是一个专有的操作系统——由微软公司独家控制。迄今为止,Windows 是世界上最广泛使用的桌面操作系统。

### 1.11.2 Linux——一个开源的操作系统

Linux 操作系统也许是开源运动最伟大的成功之作。在软件时代的早期,专有软件的开发风格占主导地位,但开源软件却与此风格背道而驰。就开源开发而言,个人和公司为了达到自己使用软件的目的,通过对软件的开发、维护和进化贡献自己的力量来换取软件的使用权,这通常是免费的。与专有软件相比,开源的代码常常受到更多人员的仔细检查。因此,错误的排除往往更快。开源也鼓励创新。像 IBM、Oracle 以及许多其他企业系统公司都对 Linux 的开源开发做了非常有意义的贡献。

开源社区中的一些重要组织机构是 Eclipse 基金会(Eclipse 集成开发环境可以帮助程序员方便地开发软件)、Mozilla 基金会(Firefox 网络浏览器的创建者)、Apache 软件基金会(Apache 网络服务器的创建者,该服务器用于开发基于 web 的应用程序)和 SourceForge(提供管理开源项目的工具——有成千上万的工具正在开发)。与 10 年前相比,计算和通信技术的飞快发展,成本的迅速下降,使用开源软件可以更容易和更经济地创建一个基于软件的业务应用。一个伟大的例子就是 Facebook,它从一个大学宿舍发起且用开源软件来构建。

Linux 内核是这个最受欢迎的开源、免费分发、功能齐全的操作系统的核心。它由一个组织松散的志愿者团队进行开发,很受服务器、个人计算机和嵌入式系统的欢迎。不像专有的操作系统如微软公司的 Windows 和苹果公司的 OS X 那样,Linux 源代码(程序代码)供公众审查和修改,并且可免费地下载和安装。因此,Linux 用户不仅能从积极对内核进行调试和改进的开发人员社区获益,而且也可以获得定制满足特定需要操作系统的能力。

各种各样的问题——例如,微软公司的强大市场力、用户友好的 Linux 应用程序数量少、Linux 发行版的多样性,如 Red Hat Linux、Ubuntu Linux 和其他众多版本——已妨碍了 Linux 在台式计算机上的广泛使用。但是,Linux 已经成为服务器和嵌入式系统(如谷歌公司的基于 Android 的智能手机)上非常受欢迎的操作系统。

### 1.11.3 苹果公司的 OS X 和苹果公司 iPhone、iPad 和 iPod Touch 等设备的 iOS

由 Steve Jobs 和 Steve Wozniak 在 1976 年创建的苹果公司迅速成为个人计算领域的领导者。1979 年,

Jobs 和几个苹果公司员工参观了 Xerox PARC(施乐公司帕洛阿尔托研究中心)，了解施乐公司的台式计算机。这种计算机的特色是具有图形用户界面(GUI)。正是这个 GUI 为苹果公司的 Macintosh 计算机提供了灵感，使得它在 1984 年投放市场的时候大张旗鼓地发布了一个令人难忘的"Super Bowl(超级碗)"广告。

Objective-C 程序设计语言在 20 世纪 80 年代早期由 Brad Cox 和 Tom Love 在 Stepstone 公司创建。该语言给 C 程序设计语言添加了面向对象编程的能力。在撰写本书时，Objective-C 的流行程度可与 C++ 一比。[1] Steve Jobs 在 1985 年离开苹果公司，成立了 NeXT 公司。在 1988 年，NeXT 公司从 Stepstone 公司获得 Objective-C 语言授权，并开发了 Objective-C 编译器和库，以此作为 NeXTSTEP 操作系统用户界面和 Interface Builder 的平台，而 Interface Builder 用于构建图形用户界面。

在 1996 年苹果公司收购了 NeXT 公司，Jobs 重新回到苹果公司。苹果公司的 OS X 操作系统是 NeXTSTEP 的后继。苹果公司专有的操作系统 iOS 来自于苹果公司的 OS X 操作系统，用在 iPhone、iPad 和 iPod Touch 等设备上。

### 1.11.4　谷歌公司的 Android

Android 是增长最快的移动和智能手机操作系统，它基于 Linux 内核和 Java。经验丰富的 Java 程序员可以快速地投入到 Android 系统的开发中。开发 Android 应用程序的好处之一是平台的开放性，该操作系统是开源和免费的。

Android 操作系统由 2005 年被谷歌公司收购的 Android 公司开发。在 2007 年，成立的开放手机联盟(Open Handset Alliance)继续开发 Android。该联盟最初有 34 家公司联盟，到 2011 年达到 84 家。截至 2012 年 6 月，每天有超过 900 000 的 Android 设备被激活![2] 现在，在美国 Android 智能手机的销售量超过了 iPhone。[3] Android 操作系统广泛应用于众多的智能手机(例如摩托罗拉的 Droid、HTC One S、三星的 Galaxy Nexus，等等)、电子阅读器设备(例如 Kindle Fire 和巴诺 Nook)、平板电脑(例如戴尔的 Streak 和三星的 Galaxy Tab)、店内触摸屏公用电话亭、汽车、机器人、多媒体播放器等。

## 1.12　互联网和万维网

互联网——全球的计算机网络——通过计算和通信技术的融合才得以实现。在 20 世纪 60 年代晚期，ARPA(英文"the Advanced Research Projects Agency"的缩写，译为"美国国防部高级研究计划局")推出了将 ARPA 资助的约 12 所大学和研究机构的主要计算机系统连接成一个网络的设计蓝图。当时，学术研究向前跳跃了巨大的一步。ARPA 开始实施最终发展成为当今"互联网"的 ARPANET。很快情况就表明，通过电子邮件快速和便捷的通信是 ARPANET 最早的主要好处。甚至在当今时代的互联网，这也是事实。互联网促进了全球互联网用户间所有种类的沟通与交流。

**包交换**

ARPANET 的首要目标是允许多个用户在相同的通信路径(例如电话线)上同时发送和接收信息。这个网络的运转采用了一项称作"包交换"(packet switching)的技术。这项技术以一个个称为"数据包"(packet)的小数据包裹来发送数字数据。这些数据包包含地址、错误控制和顺序信息。地址信息允许数据包按路线发送到它们的目的地。由于复杂的路由机制，数据包有可能没有按顺序到达。这时，顺序信息可以帮助重新组装这些数据包，以原始的顺序到达接收者。为了有效地利用可用的带宽，来自不同发送者的数据包在相同的线路上混和传送。与专用的通信线路的成本相比，包交换技术极大地减少了传送成本。

ARPANET 在设计的时候，不是集中控制的运转方式。这样，为了达到可靠性，如果网络的一部分有故障，网络的其他部分仍可以通过另外的路径将数据包从发送者路由到接收者。

---

① www.tiobe.com/index.php/content/paperinfo/tpci/index.html.

② mashable.com/2012/06/11/900000-android-devices/.

③ www.pcworld.com/article/196035/android_outsells_the_iphone_no_big_surprise.html.

### TCP/IP

ARPANET 上的通信协议(也就是规则集合)是著名的 TCP(Transmission Control Protocol，传输控制协议)。TCP 确保消息可以从发送者正确地路由到接收者，并且在到达时完好无损。

随着互联网的发展，各个世界组织着力实现他们自己的网络。遇到的一个挑战是如何使这些不同的网络进行通信。ARPA 通过 IP(Internet Protocol，互联网协议)的发展实现了这种交流，真正地创造了一个网络的网络，也就是当前互联网的体系结构。现在，结合了上面两种协议的协议集合普遍地称为 TCP/IP。

### 万维网、HTML 和 HTTP

万维网(World Wide Web)允许大家在互联网上找到和查看几乎关于所有主题的各种基于多媒体的文档。万维网的创建时间相对较近。在 1989 年，CERN(the European Organization for Nuclear Research，欧洲原子能研究机构)的 Tim Berners-Lee 开始开发一项技术，通过超链接的文本文档分享信息。Berners-Lee 把他的发明命名为超文本标记语言(HTML，HyperText Markup Language)。同时，他编写通信协议以形成他的新信息系统(他称其为万维网)的主干网。尤其是，他编写了超文本传输协议(HTTP，Hypertext Transfer Protocol)———一种用于在万维网发送信息的通信协议。URL(Uniform Resource Locator，统一资源定位器)指定在浏览器窗口中显示的网页的地址(即位置)。每个互联网上的网页都和唯一的 URL 关联。超文本传输协议的安全版(HTTPS，Hypertext Transfer Protocol Secure)是万维网上传输加密数据的标准。

### Mosaic、Netscape 和 Web 2.0 的出现

1993 年出现的 Mosaic 浏览器，使人们对网络的使用呈爆炸性增长。Mosaic 浏览器的特点是具有用户友好的图形用户界面。Marc Andreessen，他在国家超级计算机应用中心的团队开发了 Mosaic 浏览器。他继续创立了 Netscape 公司。Netscape 被很多人认为是点燃了 20 世纪 90 年代后期互联网经济大爆炸的公司。

在 2003 年，在人们和商业实体如何使用网络和开发基于网络的应用方面出现了令人瞩目的变革。O'Reilly Media[1] 的 Dale Dougherty 于 2003 年创造了术语 Web 2.0 用以描绘这种趋势。一般而言，Web 2.0 公司使用网络作为创建协作的、基于社区的网站的平台(例如社交网络网站、博客、维基百科等)。

具有 Web 2.0 特性的公司有谷歌(网络搜索)、YouTube(视频分享)、Facebook(社会网络)、Twitter(微博)、Groupon(社会贸易)、Foursquare(移动登陆)、Salesforce(网络云服务的商业软件)、Craigslist(大部分免费的分类列表)、Flickr(照片分享)、Skype(网络电话、视频通话和会议)和维基百科(免费的网络百科大全)。

Web 2.0 离不开用户———用户不仅要创造内容，同时用户也帮助组织、分享、重新合成、评论、更新这些内容等等。Web 2.0 是一种对话，使得每个人可以有机会发表并且分享观点。理解 Web 2.0 的公司认识到，他们的产品和服务同样也是对话。

### 参与的体系结构

Web 2.0 包括一个参与的体系结构(architecture of participation)，即一个鼓励用户交互和对网络社区做出贡献的设计。你，即用户，是 Web 2.0 中最为重要的角色。这种角色是如此的重要，以至于事实上在 2006 年，《时代周刊》将本年度的最重要人物评选为"You"(译为"你")。[2] 这篇文章认可了 Web 2.0 的社会效应，也就是从少数人的权利到多数人有权的转变。知名博客现在可以和传统的强大媒体组织竞争，很多 Web 2.0 公司甚至几乎彻底地建立在用户创造内容的基础上。对于像 Facebook、Twitter、You-Tube、eBay 和维基百科之类的网站，由用户创造内容，而公司只是提供用以录入、处理和分享信息的平台。

---

[1] T. O'Reilly，"What is Web 2.0：Design Patterns and Business Models for the Next Generation of Software."September 2005 <http://www.oreillynet.com/pub/a/oreilly/tim/news/2005/09/30/what-is-web-20.html? page＝1＞.

[2] www.time.com/time/magazine/article/0,9171,1570810,00.html.

## 1.13　软件开发的一些关键术语

　　图 1.27 列出了一些在软件开发领域所提到的流行术语。我们创建的资源中心涵盖了其中的大部分，并不断补充。

| 术语 | 描述 |
|---|---|
| Ajax | Ajax 是非常重要的 Web 2.0 软件技术之一。Ajax 可以帮助基于互联网的应用程序的执行像桌面应用程序一样——这是非常困难的一项任务，因为对于这样的应用，数据要来来回回地在用户的计算机和互联网上的服务器之间进行传递，造成了传输延迟 |
| 敏捷软件开发 | 敏捷软件开发( Agile Software Development )相比原来的软件开发方法，是用更少的资源获得更快的软件开发速度的一组方法。大家可以查看一下敏捷联盟( www. agilealliance. org )和敏捷宣言( www. agilemanifesto. org ) |
| 重构 | 重构( Refactoring )是指在保持程序原来的正确性和功能的基础上，对程序进行返工使代码更加清晰，更加容易维护。它被广泛使用在敏捷开发方法中。现在也有很多的 IDE( 集成开发环境 )提供重构工具，它们可以自动完成大部分的重构工作 |
| 设计模式 | 设计模式( Design patterns )是已经证明的体系结构，能够构造灵活的、可维护的面向对象软件。设计模式领域试图列举出那些重复出现的模式，鼓励软件设计者通过重用设计模式，用更少的时间、成本和精力来开发质量更佳的软件。 |
| LAMP | LAMP 是许多开发者用于构建 web 应用程序的一组开源技术的缩写，它代表 Linux、Apache、MySQL 和 PHP( 或者 Perl，或者 Python——用于相似目的的另外两种语言 )。MySQL 是一个开源数据库管理系统。PHP 是最受欢迎的开源服务器端互联网"脚本编写"语言，用于开发基于互联网的应用程序 |
| 软件即服务( SaaS ) | 一般来说，软件已经被视为一种产品，很多软件仍然以产品的方式给用户使用。如果想运行一个应用程序，你必须从软件开发商那里购买软件包——常常是一张 CD 或 DVD，或是网络下载。然后在你的电脑上安装它，并在你需要时运行它。当软件的新版本出现时，你需要花很多的时间和相当的费用来升级你的软件。这个过程对于拥有成千上万的系统，而这些系统又运行在多种多样不同设备上，需要进行维护的机构来说，是非常令人头痛的。通过软件即服务( Software as a Service,SaaS )技术，软件运行在互联网上其他处的服务器上。当服务器更新时，所有全球的客户不需要任何本地安装就能看到新的功能。你通过浏览器来访问服务。浏览器很轻便，你可以在全世界任何地方的不同种类的计算机上运行相同的应用程序。Salesforce. com、谷歌公司，以及微软公司的 Office Live 和 Windows Live 都提供 SaaS。SaaS 是一种云计算的能力 |
| 平台即服务( PaaS ) | 平台即服务( PaaS )是另一种云计算的能力。它为作为网络服务的应用程序的开发和运行提供一个计算平台，而不是在你的电脑上安装工具。PaaS 提供者包括 Google App Engine、Amazon EC2 和 Bungee Labs 等 |
| 软件开发工具包( SDK ) | 软件开发工具包( SDK )包括开发人员用于编写应用程序的工具和文档 |

图 1.27　软件技术

　　图 1.28 描述了软件产品发布的类别。

| 版本 | 描述 |
|---|---|
| Alpha | 软件的 alpha 版本是仍在积极开发中的软件产品的最早发布。Alpha 版本常常是有错误、不完整和不稳定的，它们发布给相对数量较少的开发人员，用来测试新的特性，获得早期的反馈，等等 |
| Beta | 在软件开发过程后期，当大多数主要的错误已定位排除，新的特性接近完成之后，向大批开发人员发布软件的 Beta 版本。该版本软件更稳定，但仍可能发生变化 |
| 候选发布版 | 候选发布版( Release candidate )的软件版本一般而言功能完整，( 据说 )无错误，并准备让大众使用。它提供了一个多样化的测试环境——该软件用在不同的系统上，有不同的约束和用于各种各样的目的。任何出现的错误被纠正后，将最终的产品向公众发布。软件公司通常通过互联网发布增量式的更新 |
| 连续 beta | 使用这种方法开发的软件通常没有版本号( 例如，谷歌搜索或者 Gmail )。这种软件驻留在"云"上( 不是安装在您的计算机上 )，不断地在演化。因此，用户总是拥有最新的版本 |

图 1.28　软件产品发布术语

## 1.14　C++11 和开源的 Boost 库

　　C++11(以前称为 C++0x)是最新的 C++ 程序设计语言标准,由 ISO/IEC 在 2011 年发布,出版于 2011 年。C++ 的创建者 Bjarne Stroustrup 表达了他对 C++ 语言未来的展望——主要的目标是使 C++ 更容易学习,提高建立库的能力,并增强与 C 程序设计语言的兼容性。新标准扩展了 C++ 标准库,包含了若干关于提高性能和安全的特性和增强内容。主流的 C++ 编译器供应商已经实现了许多新 C++11 特性(如图 1.29 所示)。在本书中,我们将讨论各种关键的 C++11 特性。欲了解更多信息,请访问 C++ 标准委员会的网站 www.open-std.org/jtc1/sc22/wg21/和 isocpp.org。

| C++ 编译器 | 描述 C++11 特性的 URL |
| --- | --- |
| 在每个主流 C++ 编译器中实现的 C++11 特性 | wiki. apache. org/stdcxx/C%2B%2B0xCompilerSupport |
| Microsoft Visual C++ | msdn. microsoft. com/en-us/library/hh567368. aspx |
| GNU 编译器集(g++ ) | gcc. gnu. org/projects/cxx0x. html |
| Intel C++ 编译器 | software. intel. com/en-us/articles/c0x-features-supported-by-intel-c-compiler/ |
| IBM XL C/C++ | www. ibm. com/developerworks/mydeveloperworks/blogs/5894415f-be62-4bc0-81c5-3956e82276f3/entry/xlc_compiler_s_c_11_support50? lang = en |
| Clang | clang. llvm. org/cxx_status. html |
| EDG ecpp | www. edg. com/docs/edg_cpp. pdf |

图 1.29　实现了 C++11 主要内容的 C++ 编译器

### Boost C++ 库

　　Boost C++ 库是由 C++ 社区成员创建的一个免费的开源库。它们经同行评议,可以跨许多编译器和平台。如今 Boost 已经增长到超过 100 个库了,并且还在定期不断增长。现今在 Boost 开源社区已经有数千名程序员。Boost 提供给 C++ 程序员很多有用的设计良好的库,这些库与现在的 C++ 标准库兼容。C++ 程序员可以在各种平台、多种不同的编译器上使用 Boost 库。一些新的 C++11 标准库的特性来自相应的 Boost 库。我们对这些库进行了概述,同时也提供了关于"正则表达式"和"智能指针"库的示例代码,等等。

　　正则表达式(Regular expressions)用于文本中特定字符模式的匹配。它可以用于验证数据,以确保数据是某一特定格式,或者用另外的字符串替换一个字符串中的某一部分,或者分割一个字符串。

　　很多常见的 C 或 C++ 错误都与指针有关,指针是 C++ 从 C 中继承的一个强大的编程能力。大家将看到,智能指针可以有助于避免与传统指针相关联的错误。

## 1.15　与信息技术与时俱进

　　图 1.30 列出了一些关键的技术与商业方面的出版物,非常有助于大家跟踪了解最新的新闻、趋势和技术。此外,通过访问 www.deitel.com/resourcecenters.html,还可以发现不断扩大的与 Internet 和 web 相关的资源中心列表。

| 出版物 | URL |
| --- | --- |
| ACM TechNews | technews. acm. org/ |
| ACM Transactions on Accessible Computing | www. gccis. rit. edu/taccess/index. html |
| ACM Transactions on Internet Technology | toit. acm. org/ |
| Bloomberg BusinessWeek | www. businessweek. com |
| CNET | news. cnet. com |
| Communications of the ACM | cacm. acm. org/ |

图 1.30　技术和商业出版物

| 出版物 | URL |
| --- | --- |
| Computerworld | www. computerworld. com |
| Engadget | www. engadget. com |
| eWeek | www. eweek. com |
| Fast Company | www. fastcompany. com/ |
| Fortune | money. cnn. com/magazines/fortune/ |
| IEEE Computer | www. computer. org/portal/web/computer |
| IEEE Internet Computing | www. computer. org/portal/web/internet/home |
| InfoWorld | www. infoworld. com |
| Mashable | mashable. com |
| PCWorld | www. pcworld. com |
| SD Times | www. sdtimes. com |
| Slashdot | slashdot. org/ |
| Smarter Technology | www. smartertechnology. com |
| Technology Review | technologyreview. com |
| Techcrunch | techcrunch. com |
| Wired | www. wired. com |

图 1.30(续)　技术和商业出版物

## 1.16　Web 资源

本节提供了很多有助于 C++ 学习的 C++ 和相关的资源中心的链接，这些资源包括博客、文章、白皮书、编译器、开发工具、下载、常见问题解答 FQA、指导手册、网络广播、维基百科以及 C++ 游戏编程资源的链接等。通过 Facebook(www. facebook. com/deitelfan/)、Twitter@ deitel、Google + (gplus. to/deitel) 和 LinkedIN(bit. ly/DeitelLinkedIn)，大家可以获得关于 Deitel 出版物、资源中心、培训课程、合作伙伴支持和更多内容的更新信息。

### Deitel & Associates 公司的网站

www.deitel.com/books/cpphtp9/

Deitel & Associates 公司的 *C++ How to Program 9/e* 的站点。在这里可以找到本书的例子和其他资源的链接。

www.deitel.com/cplusplus/
www.deitel.com/visualcplusplus/
www.deitel.com/codesearchengines/
www.deitel.com/programmingprojects/

查看这些有关编译器、代码下载、指导手册、文档、书籍、电子书、文章、博客、RSS 种子等的资源中心，将有助你开发 C++ 应用程序。

www.deitel.com

请查看这个站点，以获得所有 Deitel 出版物的更新、勘误和其他资源。

www.deitel.com/newsletter/subscribe.html

请访问这个站点，注册 *Deitel Buzz Online* 电子邮件时事通讯，可以及时了解 Deitel & Associates 公司的出版信息，包括 *C++ How to Program 9/e* 的更新和勘误。

## 自测练习题

1.1　填空题：

　　a)计算机在称为计算机_____的一系列指令的控制下处理数据。

　　b)计算机的主要逻辑单元是_____、_____、_____、_____、_____和_____。

　　c)本章讨论的三类语言是_____、_____和_____。

d)将高级语言程序翻译成机器语言的程序称为_____。

e)用在移动设备上的一种基于 Linux 内核和 Java 的操作系统是_____。

f)一般而言功能完整，(据说)无错误，并准备让大众使用的是_____软件。

g)Wii Remote 与许多智能手机一样，通过使用_____，允许该设备对运动做出反应。

1.2  与 C++ 环境有关的填空题：

a)在计算机中书写 C++ 程序通常要用_____程序。

b)在 C++ 系统里，_____程序在编译器的翻译阶段开始前执行。

c)_____程序将编译器的输出和各种库函数结合起来产生可执行程序。

d)_____程序将一个 C++ 程序的可执行程序从磁盘转到内存。

1.3  与 1.8 节有关的填空题：

a)对象具有_____性质——尽管对象可能知道如何通过良好定义的接口彼此进行沟通，但是通常不允许它们知道其他的对象是如何实现的。

b)C++ 语言的程序员将重点放在创建_____上，它包含了数据成员和操作那些数据成员并向客户提供服务的成员函数。

c)从面向对象的观点分析和设计一个系统的过程称为_____。

d)利用_____，新的对象类是由吸收已有类的特性，再加上它自己独特的特性而派生来的。

e)_____是一种可以让设计软件系统的人用行业标准符号来表示系统的图形语言。

f)一个对象的大小、形状、颜色和重量被认为是对象的_____。

## 自测练习题答案

1.1  a)程序。b)输入单元、输出单元、内存单元、中央处理器、算术逻辑单元、辅助存储单元。c)机器语言、汇编语言和高级语言。d)编译器。e)Android。f)发布候选。g)加速计。

1.2  a)编辑器。b)预处理器。c)链接器。d)载入器。

1.3  a)信息隐藏。b)类。c)面向对象分析与设计(OOAD)。d)继承。e)统一建模语言(UML)。f)属性。

## 练习题

1.4  填空题：

a)计算机的_____逻辑单元从计算机外部接收信息供计算机使用。

b)指示计算机解决特定问题的过程称为_____。

c)_____是一种用类似英语的缩写表示机器语言指令的计算机语言。

d)计算机的_____逻辑单元将计算机处理好的信息送到各种设备，以便在计算机外也可使用该信息。

e)保存信息的计算机逻辑单元是_____和_____。

f)执行计算的计算机逻辑单元是_____。

g)进行逻辑判断的计算机逻辑单元是_____。

h)对于程序员来说，使编程快速又省力的最方便的计算机语言是_____。

i)唯一能让计算机直接理解的语言称为计算机的_____。

j)计算机的_____逻辑单元协调其他逻辑单元的行动。

1.5  填空题：

a)_____最初以 UNIX 操作系统的开发语言而广为人知。

b)_____程序设计语言是由贝尔实验室的 Bjarne Stroustrup 在 20 世纪 80 年代早期开发的。

1.6  填空题：

a）一般而言，C++ 程序要经历六个阶段，分别是 _____、_____、_____、_____、_____和_____。

b）一个_____提供支持软件开发过程的许多工具，例如书写和编辑程序的编辑器，定位程序逻辑错误的调试器，以及许多其他的功能。

1.7　可能现在你的手腕上就戴着世界上最普通的对象类型之一——手表。试论述以下这些术语和概念如何应用于手表这个概念上：对象、属性、行为、类、继承（例如，考虑闹钟）、建模、消息、封装、接口和信息隐藏。

## 社会实践题

在本书中，我们独具匠心地加入了社会实践练习题。这些练习题鼓励大家去研究和解决一些与个人、团体、国家乃至世界相关的实际问题。大家通过访问我们的社会实践资源中心网站（www.deitel.com/makingadifference），可以获得全球范围内进行与众不同的社会实践工作的组织机构的更多信息，以及相关编程项目的想法。

1.8　（**试一试：碳排放量计算器**）一些科学家相信碳排放，尤其是矿物燃料燃烧所造成的碳排放是全球变暖的重要原因。如果个人能采取措施限制各种碳燃料的使用，那么全球变暖问题就可以解决。现在，多方面的组织和个人逐渐关注起他们自己的"碳排放量"。一些网站比如 TerraPass

www.terrapass.com/carbon-footprint-calculator/

和 Carbon Footprint

www.carbonfootprint.com/calculator.aspx

提供了碳排放量的计算公式。试着用那些公式计算你的碳排放量。随后章节的练习题会让大家编写自己的碳排放量计算器程序。为了做好准备，你可以使用网络调研一下各种碳排放量的计算公式。

1.9　（**试一试：身体质量指数计算器**）据最近的一项估计，美国 2/3 人的体重超重，他们其中大约有一半人肥胖。肥胖会大大增高糖尿病和心脏病的发病率。为了判断一个人是否超重或肥胖，可以采用称为"身体质量指数（BMI）"的方法来计算。美国卫生与公共服务部在 www.nhlbisupport.Com/bmi 上提供了身体质量指数的计算器。使用这个计算器可以计算自己的身体质量指数。我们将在第 2 章的练习题中让读者编写一个你自己的 BMI 计算器。为了做好准备，你可以使用网络来调研一下计算 BMI 的公式。

1.10　（**混合驱动汽车的属性**）在本章中学习了类的基本知识。现在你要充实一个"混合驱动汽车"的类。混合驱动汽车越来越受到欢迎，因为它比纯汽油动力车能跑更远的距离。浏览网页并研究 4～5 个现今流行的混合驱动汽车的特征，然后尽可能多地列举出混合驱动汽车的与"混合驱动"相关的属性。例如，一些常见的属性包括每加仑能跑多少城市或每加仑能跑多少高速公路的里程数。你也要列出电池的属性（例如型号、重量等）。

1.11　（**性别中性词**）很多人想要消除交流中各种形式的性别歧视。现在要求大家编写一个程序，它处理一段文字，将其中的有性别特征的词换成中性的词。假设你现在已经有了一个有性别特征的词和中性词的列表（例如用"配偶"代替"妻子"，用"人"代替"男人"，用"孩子"代替"女孩"），该表解释了你将用来读一段文字，以及手工执行这些替换的一套流程。你的流程如何产生一个类似"woperchild"的陌生词，而这个词确实出现在 *Urban Dictionary*（www.urbandictionary.Com）中？在第 4 章，大家将知道"流程"更正式的术语就是"算法"，算法指定执行的步骤和顺序。

1.12　（**隐私**）有些网上电子邮件服务公司将所有的电子邮件存储一段时间。假设某网上电子邮件服务公司的一个心怀不满的雇员要把这些涉及数以百万计的人的所有邮件（包括你自己的邮件）在互联网上公布于众。请讨论这个事件。

1.13　（**程序员的义务和责任**）作为一个业界的程序员，你可能会开发能够影响人们健康甚至是生命的软件。假设在你的一个程序中存在一个缺陷，它将导致癌症病人在放疗过程中接受超计量的辐射，而且这个病人也因此要么严重受伤要么死亡。请讨论这个事件。

1.14 （2010“闪崩”事件）一个对计算机严重依赖造成可怕后果的例子就是发生在 2010 年 5 月 6 日的被称作“闪崩(flash crash)”的事件。当时，美国证券交易市场在几分钟的时间内恶性崩溃，将数以万亿计的投资彻底抹去，然后又在几分钟内恢复。请使用互联网调查造成此次崩溃的原因，并讨论由此引发的事件。

## 社会实践资源

    微软 Imagine Cup 竞赛(*Microsoft Imagine Cup*)是一个全球性的竞赛。要求学生借助科技力量，努力去解决一些世界级的最为困难的问题，例如环境的可持续发展、终止饥饿、突发事件的响应、文学、对抗艾滋病病毒/艾滋病等等。大家可以通过访问 www.imaginecup.com/about 了解更多的关于该竞赛和以前获奖项目的详细信息。也可以发现一些由世界慈善组织提出的项目思路。

    为了进一步扩大视野，获得其他社会实践编程项目的想法，可以搜索网络查找并访问下面的网站：

www.un.org/millenniumgoals

    联合国千年项目(The United Nations Millennium Project)寻求一些主要世界问题的解决方案，例如环境可持续发展、性别平等、儿童及妇女健康、世界教育等等。

www.ibm.com/smarterplanet/

    IBM 更智慧星球(IBM Smarter Planet)网站讨论 IBM 如何利用科技来解决有关商业、云计算、教育、可持续发展等问题。

www.gatesfoundation.org/Pages/home.aspx

    比尔和梅琳达盖茨基金(Bill and Melinda Gates Foundation)对致力于减轻发展中国家饥饿、穷困及疾病的组织提供资助。在美国，该基金专注于提高公共教育，尤其是资源有限的人的教育。

www.nethope.org/

    NetHope 是一个国际人道主义组织的互助组织，致力于解决一些技术问题，例如对接、紧急突发事件的响应等。

www.rainforestfoundation.org/home

    雨林基金(Rainforest Foundation)致力于保护雨林以及保护以雨林为家的原住民的权利。该网站列出了一些你可以帮助去做的事情。

www.undp.org/

    联合国发展项目(UNDP)寻求解决一些全球性的挑战，例如危机预防及恢复、能源及环境、民主治理等等。

www.unido.org

    联合国工业发展计划(UNIDO, The United Nations Development Programme)致力于减少贫困，给发展中国家创造机会参与国际贸易，提高能源效率及可持续发展。

www.usaid.gov/

    USAID 旨在促进全球民主、健康、经济发展、冲突预防和人道主义等等。

www.toyota.com/ideas-for-good/

    Toyota's Ideas for Good 网站列出了日本丰田汽车公司的一些可以改变世界的技术，包括其先进的停车导航系统(Advanced Parking Guidance System)，混合协同驱动(Hybrid Synergy Drive)，太阳能驱动换气系统(Solar Powered Ventilation System)，T.H.U.M.S.(安全全人类模型，Total Human Model for Safety)，以及触摸追踪显示(Touch Tracer Display)。你可以通过递交一篇小短文或视频，来描述这些技术怎样可以为其他良好的目的得以应用，就可以参加 Toyota's Ideas for Good 活动。

# 第 2 章　C++编程入门、输入/输出和运算符

*What's in a name? that which we call a rose By any other name would smell as sweet.*

—William Shakespeare

*High thoughts must have high language.*

—Aristophanes

*One person can make a difference and every person should try.*

—John F. Kennedy

## 学习目标

在本章中将学习:

- 使用 C++编写简单的计算机程序
- 编写简单的输入/输出语句
- 使用基本的数据类型
- 计算机内存的基本概念
- 使用算术运算符
- 算术运算符的优先级
- 编写简单的判断语句

## 提纲

## 2.1 简介

我们现在开始介绍 C++ 编程,帮助大家以一种规范的方法进行程序的开发。在本书中学习的大多数 C++ 程序都进行了数据的处理和结果的显示。这一章中将介绍 5 个例子来说明程序如何显示信息,以及如何从用户那里得到需要处理的数据。前面 3 个例子只是简单地在屏幕上显示信息。接下来的一个程序是从用户那里获取两个数,然后计算它们的和并显示结果。围绕该例程的讨论将告诉读者如何进行各种算术运算,如何将运算结果保存起来以备后用。第 5 个例子涉及判断,示范了两个数的各种比较运算和相应比较结果的消息显示。我们逐行分析每个程序,以便读者能轻松地学习 C++ 编程。

**编译和运行程序**

我们在 www.deitel.com/books/cpphtp9 中,提供了分别用 Microsoft Visual C++ 、GNU C++ 和 Xcode 编译和运行程序的演示视频。

## 2.2 第一个 C++ 程序:输出一行文本

现在来看一个简单的程序(如图 2.1 所示),它将输出一行文字。这个程序说明了 C++ 语言的几个重要特征。在图 2.1 中的第 1 ~ 11 行中的文字是程序的源代码(或代码),而行号并不是源代码的内容。下面将详细分析每一行。

```
1   // Fig. 2.1: fig02_01.cpp
2   // Text-printing program.
3   #include <iostream> // allows program to output data to the screen
4
5   // function main begins program execution
6   int main()
7   {
8       std::cout << "Welcome to C++!\n"; // display message
9
10      return 0; // indicate that program ended successfully
11  } // end function main
```

```
Welcome to C++!
```

图 2.1 文本输出程序

**注释**

第 1 行和第 2 行:

```
// Fig. 2.1: fig02_01.cpp
// Text-printing program.
```

都以双斜线"//"开头,表明这一行双斜线符号后面的部分是注释(comment)。程序员插入注释为程序进行注解,帮助人们阅读和理解程序。在程序运行时,注释不会导致计算机执行任何操作,它们将被 C++ 编译器所忽略,不会生成任何机器语言目标代码。注释"Text-printing program"(文本输出程序)描述这个程序的目的。以双斜线符号开头的注释只对此行有效,因此称为单行注释(single-line comment)。【注意:C++ 程序员也可以使用包含若干行的注释,将注释的内容用一对符号"/ * "和" * /"括起来。】

**良好的编程习惯 2.1**

每个程序的开始都应该有一个注释,用来描述这个程序的目的。

**#include 预处理指令**

第 3 行:

```
#include <iostream> // allows program to output data to the screen
```

是一个预处理指令，它是发送给 C++ 预处理器（在 1.9 节中介绍过）的一条消息。以"#"开始的行在程序被编译之前由预处理器来处理。这一行通知预处理器将输入/输出流头文件 < iostream > 的内容包含到程序中。任何程序，只要使用 C++ 的流输入/输出来将数据输出到屏幕或者从键盘输入数据，都必须包含这个头文件。这个头文件包含了编译器在编译程序时要用到的信息。稍后将会看到，图 2.1 中的程序将数据输出到屏幕。我们在第 6 章中会更详细地讨论头文件，并会在第 15 章对 < iostream > 的内容做进一步的解释。

 **常见的编程错误2.1**

在需要从键盘输入数据或者输出数据到屏幕的程序中，如果忘记包含 < iostream > 头文件，将会导致编译器发出一条错误信息。

### 空行和空白间隔符

第 4 行仅仅是一个空行。为了易于阅读程序，程序员常使用空行、空格符和制表符（即"Tab"键），这些符号统称为空白间隔符（white space）。编译器通常会忽略空白间隔符。

### main 函数

第 5 行：

```
// function main begins program execution
```

也是一个单行注释，指出程序从下一行开始执行。

第 6 行：

```
int main()
```

是每个 C++ 程序都有的部分。main 后面的圆括号表明 main 是一个称为函数（function）的基本程序构建块。C++ 程序通常由一个或多个函数和类（在第 3 章中学习）组成。确切地说，每个程序都必须有一个名为"main"的函数。图 2.1 只包含一个函数。C++ 程序从 main 函数开始执行，即使 main 并不是定义在程序中的第一个函数。main 左边的关键字 int 表明 main"返回"一个整数值。关键字（keyword）是代码中 C++ 保留的有特殊用途的字，C++ 关键字的完整清单请参见图 4.3。在 3.3 节中，当演示如何创建自己的函数时，将解释函数"返回一个值"是什么意思。目前，我们只要在每个程序的 main 的左边加上关键字 int 就行了。

左花括号"{"（见第 7 行）必须用在每个函数体的开头之处，而相应的右花括号"}"（见第 11 行）必须用在每个函数体的结束之处。

### 一条输出语句

第 8 行：

```
std::cout << "Welcome to C++!\n"; // display message
```

命令计算机执行一个操作，即输出包含在两个双引号之间的一串字符。把两个双引号和它们之间的字符一起称为串（string）、字符串（character string）或者串文字（string literal）。在本书中，我们简单地把在双引号之间的字符当作串。编译器不会忽略串中的空白间隔符。

整个第 8 行，包括 std::cout、<< 运算符、串"Welcome to C++！\n"和分号，称为一条语句。大多数的 C++ 语句以一个分号（也称为语句终止符）结尾——很快我们会看到一些特殊的情况。预处理指令（例如#include）不以分号结束。一般情况下，C++ 中的输出和输入用字符流实现。所以当执行前面这条语句时，字符流"Welcome to C++！\n"被发送到标准输出流对象 std::cout，它通常"连接"到屏幕。

 **常见的编程错误2.2**

遗漏 C++ 语句末尾的分号是一个语法错误。程序设计语言的语法规定了使用该语言创建正确程序的规则。当编译器遇到违反 C++ 语言规则（即它的语法）的代码时，便会产生语法错误。编译器通常会给出一个错误信息,帮助程序员定位和修改不正确的代码。因为编译器是在编译阶段中发现语法错误的,所以语法错误也称为编译器错误、编译时错误或编译错误。只有在改正程序中所有的语法错误后,才能运行这个程序。正如下面将看到的,一些编译错误并不是语法错误。

**良好的编程习惯2.2**

在界定函数体的括号内将整个函数体缩进一级,可使程序的函数结构更清晰,使程序更易读。

**良好的编程习惯2.3**

对于缩进的尺度,约定一个你喜欢的大小,然后始终如一地应用它。制表符键可用于产生缩进,但是制表间距可能会不一样。我们建议用 3 个空格大小构成一个缩进级别。

## std 命名空间

请注意,当使用由预处理指令#include < iostream > 包含到程序中的名字时,cout 前的 std::是必需的。std::cout 指出使用了"名字空间"std 中的一个名字,即 cout。在第 1 章中介绍过的名字 cin(标准输入流)和 cerr(标准错误流)也属于名字空间 std。名字空间是一个高级 C++ 特征,将在第 23 章"其他主题"中有更深入的讨论。现在,大家只要简单地记住,在程序中每个 cout、cin 和 cerr 的前面使用 std::。这样或许不是很方便,不过在下一个例子中将会介绍 using 声明和 using 指令,它可以使我们在使用 std 名字空间中的名字时省略 std::。

## 流插入运算符和转义序列

在输出语句中,双尖括号 << 运算符称为流插入运算符(stream insertion operator)。当程序执行时,运算符右边的值(右操作数)被插入到输出流中。注意,这个运算符指向数据流动的方向。串文字的字符通常按照字符在双引号中出现的形式输出出来。但是,要注意的是字符 \n 不会被输出到屏幕上(如图 2.1 所示)。反斜线符号(\)称为转义字符(escape character),它表明一个特殊字符会被输出。在字符串中遇到一个反斜线符号时,反斜线符号将和下一个字符相结合,形成一个转义序列(escape sequence)。转义序列" \n"表示换行符,它使光标(即当前屏幕位置的指示符)移动到屏幕下一行的开始处。常用的一些转义序列如图 2.2 所示。

| 转义 | 序列 |
| --- | --- |
| \n | 换行符。将屏幕光标定位到下一行的开始处 |
| \t | 水平制表符。将屏幕光标移动到下一个制表位置 |
| \r | 回车符。将屏幕光标移动到当前行的开始处,并不转到下一行 |
| \a | 响铃符。系统发出响铃声 |
| \\ | 反斜线符号。用于输出一个反斜线符号 |
| \' | 单引号。用于输出一个单引号 |
| \" | 双引号。用于输出一个双引号 |

图 2.2　转义序列

## return 语句

第 10 行:

```
return 0; // indicate that program ended successfully
```

是我们用来退出函数的几种方法之一。如上所示,在 main 的末尾使用 return 语句时,0 表示这个程序成功地终止了。第 11 行的右花括号表明 main 函数结束。根据 C++ 标准,如果程序执行到 main 的末尾但没有遇到 return 语句,就会认为程序成功地终止了——正像 main 的最后一条语句是包含值 0 的 return 语句一样。为此,在本书后续的程序中,将在 main 的末尾省略 return 语句。

## 关于注释的说明

当你编写新的程序或者修改已有的程序时,应当保持注释与程序代码的同步。我们经常需要改变已有的程序，例如可能要修订妨碍程序正常工作的错误（常常称为故障），或者要增强程序。当代码发生改变的时候及时更新注释，将有助于确保程序的注释准确地反映代码的所作所为。这将使程序在今后更易于理解和修改。

## 2.3　修改第一个 C++ 程序

现在我们通过修改图 2.1 中的程序给出两个例子。一个例子使用多条语句在一行上输出文字，另一个例子则使用一条语句在多行上输出文字。

### 使用多条语句输出一行文本

有很多种输出"Welcome to C++!"的方式。例如，图 2.3 在多条语句（见第 8 ~ 9 行）中使用流插入运算，但是产生的输出与图 2.1 所示程序的输出完全相同。【注意：从现在开始，我们用浅灰色背景来突出每个程序所介绍的主要特征。】每个流插入都会在上一个流插入停止输出的地方继续输出。第 8 行的第一个流插入输出"Welcome"和一个空格，由于这个串没有以换行符 \n 作为结束，第 9 行的第二个流插入继续在同一行紧接着空格后开始输出。

```
1   // Fig. 2.3: fig02_03.cpp
2   // Printing a line of text with multiple statements.
3   #include <iostream> // allows program to output data to the screen
4
5   // function main begins program execution
6   int main()
7   {
8      std::cout << "Welcome ";
9      std::cout << "to C++!\n";
10  } // end function main
```

```
Welcome to C++!
```

图 2.3　使用多条语句输出一行文本

### 使用一条语句输出多行文本

如图 2.4 中的第 8 行所示，利用换行符，单独的一条语句也可以输出多行文本。每次在输出流中遇到换行符 \n 的转义序列时，屏幕光标便移到下一行的开头。若想在输出中产生一个空行，可以像第 8 行那样连续使用两个换行符。

```
1   // Fig. 2.4: fig02_04.cpp
2   // Printing multiple lines of text with a single statement.
3   #include <iostream> // allows program to output data to the screen
4
5   // function main begins program execution
6   int main()
7   {
8      std::cout << "Welcome\nto\n\nC++!\n";
9   } // end function main
```

```
Welcome
to

C++!
```

图 2.4　使用一条语句输出多行文本

## 2.4　另一个 C++ 程序：整数相加

接下来的程序获取用户通过键盘输入的两个整数，并计算它们的和，再用 std::cout 输出结果。程序、示范的输入和相应的输出如图 2.5 所示。注意，这里用粗体突出了用户的输入。程序从第 6 行的 main 函数开始执行。第 7 行的左花括号标记 main 函数体的开始, 第 22 行相应的右花括号标记 main 函数体的结束。

```
 1   // Fig. 2.5: fig02_05.cpp
 2   // Addition program that displays the sum of two integers.
 3   #include <iostream> // allows program to perform input and output
 4
 5   // function main begins program execution
 6   int main()
 7   {
 8      // variable declarations
 9      int number1 = 0; // first integer to add (initialized to 0)
10      int number2 = 0; // second integer to add (initialized to 0)
11      int sum = 0; // sum of number1 and number2 (initialized to 0)
12
13      std::cout << "Enter first integer: "; // prompt user for data
14      std::cin >> number1; // read first integer from user into number1
15
16      std::cout << "Enter second integer: "; // prompt user for data
17      std::cin >> number2; // read second integer from user into number2
18
19      sum = number1 + number2; // add the numbers; store result in sum
20
21      std::cout << "Sum is " << sum << std::endl; // display sum; end line
22   } // end function main
```

```
Enter first integer: 45
Enter second integer: 72
Sum is 117
```

图 2.5　显示两个整数之和的加法程序

**变量声明**

第 9 ~ 11 行:

```
int number1 = 0; // first integer to add (initialized to 0)
int number2 = 0; // second integer to add (initialized to 0)
int sum = 0; // sum of number1 and number2 (initialized to 0)
```

是声明语句(declaration)。标识符 number1、number2 和 sum 是变量(variable)名。变量代表计算机内存中的一个特定区域, 可以存储程序使用的一个值。这些声明指定变量 number1、number2 和 sum 是 int 类型的数据, 这意味着这些变量可以存储整数值, 例如整数 7、-11、0 和 31 914 等。这些声明语句同时将这些变量初始化为 0。

**错误预防技巧 2.1**

尽管显式地初始化每个变量并不总是必要的, 但是这样做可以帮助避免很多种问题。

所有变量都必须在声明时指定一个名字和一个数据类型, 然后才能在程序中使用。同类型的若干个变量可以在一个声明中声明, 也可以在多个声明中声明。例如, 可以在如下的一个声明中使用逗号分隔表来声明全部的 3 个变量:

```
int number1 = 0, number2 = 0, sum = 0;
```

但是, 这样的声明会使程序的可读性变差, 同时也妨碍我们添加描述每个变量用途的注释。

**良好的编程习惯 2.4**

在每个声明语句中只声明一个变量, 并提供说明该变量在程序中用途的注释。

**基本的数据类型**

我们稍后将讨论表示实数的 double 数据类型和表示字符数据的 char 数据类型。实数是有小数点的数, 例如 3.4、0.0 和 -11.19 等。一个 char 变量只能存储一个小写字母、一个大写字母、一个数字字符或者一个特殊字符（例如 $ 或 *）。诸如 int、double 和 char 之类的类型通常称为基本类型（fundamental type）。基本类型的名字由一个或更多关键字组成，因此要用小写字母。附录 C 给出了基本类型的完整清单。

## 标识符

变量名（例如 number1）是除了关键字之外的合法标识符（identifier）。标识符是不以数字开头的由字母、数字和下画线（_）组成的一个字符序列。C++ 是区分大小写的，即大小写字母是不一样的，因此 a1 和 A1 是不同的标识符。

**可移植性提示 2.1**

C++ 允许任意长度的标识符，但是大家的 C++ 实现可能对标识符的长度强加了一些限制。为确保可移植性，应使用 31 或少于 31 个字符的标识符。

**良好的编程习惯 2.5**

选择有意义的标识符有助于程序的"自我备档"——人们不需要求助程序注释或者相关文档，仅仅通过阅读程序就可以理解程序。

**良好的编程习惯 2.6**

应当避免在标识符中使用缩写。这样做可以提高程序的可读性。

**良好的编程习惯 2.7**

应当避免使用以下画线或者双下画线开头的标识符，因为 C++ 编译器可能采用类似的名字为其内部的某些用途提供服务。这样做可以防止程序员选择的名字和编译器选择的名字相混淆。

## 变量声明语句的放置位置

变量的声明语句可以在程序的任意地方出现，但是必须在相应的变量被程序使用之前。例如，在图 2.5 中，第 9 行的声明语句

```
int number1 = 0; // first integer to add (initialized to 0)
```

可以直接放到第 14 行

```
std::cin >> number1; // read first integer from user into number1
```

之前；第 10 行的声明语句

```
int number2 = 0; // second integer to add (initialized to 0)
```

可以直接放到第 17 行

```
std::cin >> number2; // read second integer from user into number2
```

之前；而第 11 行的声明语句

```
int sum = 0; // sum of number1 and number2 (initialized to 0)
```

也可以直接放到第 19 行

```
sum = number1 + number2; // add the numbers; store result in sum
```

之前。

## 从用户处获得第一个整数

第 13 行：

```
std::cout << "Enter first integer: "; // prompt user for data
```

在屏幕上输出字符串"Enter first integer:"，后接一个空格。这条信息指导用户采取特定的行动，因此称为一个提示。我们喜欢将这条语句理解成：std::cout"获得"字符串"Enter first integer:"。第 14 行

```
std::cin >> number1; // read first integer from user into number1
```

使用（在名字空间 std 中的）标准输入流对象 cin 和流提取运算符 >> 来获取从键盘输入的值。流提取运算

符同 std::cin 的配合使用,目的是获取从标准输入流(通常是键盘)输入的字符。同样,我们喜欢将这条语句理解成: std::cin"赋予"number1 一个值,或者简单地理解成: std::cin"赋值"number1。

当计算机执行上面这条语句时,它等待用户输入一个值给变量 number1。用户响应,输入一个整数(以字符的形式),然后按回车键,将这些数字字符发送给计算机。于是计算机把该数的这些字符表示转换为一个整数,然后把这个数(或值)赋给变量 number1。以后在程序中对 number1 的引用都使用这个值。

std::cout 和 std::cin 流对象方便了用户和计算机之间的交互。

当然,用户可以通过键盘输入无效的数据。例如,当程序正期待用户输入一个整数时,该用户却可能输入了字母字符,特殊符号(像#或@ 等),带有小数点的数,或者其他等等。在前面的那些例程中,我们假定用户输入的是有效数据。随着本书的进展,大家将学习各种各样的技术,来处理可能出现的范围更广的数据输入问题。

### 从用户处获得第二个整数

第 16 行

```
std::cout << "Enter second integer: "; // prompt user for data
```

在屏幕上输出"Enter second integer:",提示用户采取行动。第 17 行

```
std::cin >> number2; // read second integer from user into number2
```

从用户那里获取一个值给变量 number2。

### 计算用户输入数的和

第 19 行的赋值语句

```
sum = number1 + number2; // add the numbers; store result in sum
```

计算变量 number1 和 number2 的和,然后用赋值运算符 = 把结果赋给变量 sum。我们喜欢将这条语句理解成: sum"得到"number1 + number2 的值。大多数计算都在赋值语句中进行。由于 = 运算符和 + 运算符都有两个操作数,因此它们称为二元运算符(binary operator)。例如在上条语句中,在 + 运算符的情况下,两个操作数分别是 number1 和 number2;在 = 运算符的情况下,两个操作数分别是 sum 和表达式 number1 + number2 的值。

**良好的编程习惯2.8**
在二元运算符的两边都留一个空格,这样会使运算符清晰醒目,程序可读性更佳。

### 显示结果

第 21 行

```
std::cout << "Sum is " << sum << std::endl; // display sum; end line
```

显示字符串"Sum is",接着是变量 sum 的数值,再接着是 std::endl。std::endl 是一个所谓的流操纵符(stream manipulator)。名称 endl 是"end line"的缩写,属于名字空间 std。流操纵符 std::endl 输出一个换行符,然后"刷新输出缓冲"。简单点说,在一些系统中,输出在机器中积存,直至积累到"值得"输出到屏幕上为止;而 std::endl 则强制显示所有积存的输出。当输出要提示用户进行操作(例如输入数据)时,这显得比较重要。

请注意,前面那条语句输出了多个不同类型的值。流插入运算符"知道"如何输出每种类型的数据。在单条语句中使用多个流插入运算符称为连接(concatenating)、链接(chaining)或串联(cascading)的流插入运算。

也可以在输出语句中执行计算。我们可以把第 19 行和第 21 行的语句合并成如下语句:

```
std::cout << "Sum is " << number1 + number2 << std::endl;
```

于是,可以不需要变量 sum。

C++ 的一个强大功能是用户可以创建自己的数据类型,也就是类(我们将在第 3 章中介绍这个能力,

在第 9 章中再做深入研究）。于是，用户可以“教”C++ 如何使用 << 和 >> 运算符来输入和输出这些新的数据类型，这称为运算符重载（operator overloading），它是我们在第 10 章中探讨的主题。

## 2.5　内存的概念

实际上，变量名（例如，number1、number2 和 sum）对应着计算机内存中的特定区域。每个变量都有名字、类型、内存大小和值。

在图 2.5 的加法程序中，当执行第 14 行的语句

```
std::cin >> number1; // read first integer from user into number1
```

时，用户输入的整数被存放到被 C++ 编译器命名为 number1 的内存区域中。假设用户输入 45 作为 number1 的值，那么如图 2.6 所示，计算机将把 45 存放到内存区域 number1 中。将一个值存放到一块内存区域时，它都会覆盖这个区域中原有的值。因此，存放一个新值到一块内存区域的操作是具有破坏性的。

再回到我们的加法程序，当语句

```
std::cin >> number2; // read second integer from user into number2
```

执行时，假设用户输入值 72，那么将这个值存放到内存区域 number2 中，内存状况如图 2.7 所示。注意，这两块内存区域在内存中不一定必须是相邻的。

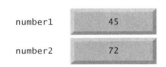

图 2.6　显示了变量 number1 的名字和值的内存区域

图 2.7　将值存入变量 number1 和 number2 对应的内存区域

一旦程序获得了 number1 和 number2 的值，就将这两个值相加，并将和存放到变量 sum 中。执行加法的语句：

```
sum = number1 + number2; // add the numbers; store result in sum
```

也会将原先存放在 sum 中的值替换掉。这当然发生在 number1 与 number2 的和被存放到 sum 内存区域的时候（不管 sum 中已有的是什么值，这个值还是丢失了）。“和”计算之后的内存状况如图 2.8 所示。请注意，number1 和 number2 的值在求 sum 的前后是不变的。当计算机执行计算时，虽然使用了这两个值，但是没有破坏它们。因此，当从一个内存区域读取出一个值时，这个操作是非破坏性的。

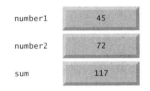

图 2.8　计算并将 number1 和 number2 的和存储到 sum 之后的内存区域

## 2.6　算术运算

大多数程序会执行算术运算，图 2.9 总结了 C++ 的算术运算符。注意，这里使用了一些在代数中不使用的特殊符号。星号（*）表示乘法运算符，百分号（%）是求模运算符（稍后会做讨论）。图 2.9 中的算术运算符都是二元运算符，即需要两个操作数的运算符。例如，表达式 number1 + number2 包含了二元运算符 + 和两个操作数 number1 与 number2。

整数除法是指参与运算的被除数和除数都是整数，并产生一个整数商。例如，表达式 7/4 的计算结果等于 1，表达式 17/5 的计算结果等于 3。请注意，在整数除法中计算结果的小数部分会被丢弃（即截去）——而不是四舍五入。

| C++ 运算 | C++算术运算符 | 代数表达式 | C++ 表达式 |
|---------|-------------|----------|-----------|
| 加法 | + | $f + 7$ | f + 7 |
| 减法 | − | $p - c$ | p − c |
| 乘法 | * | $bm$ 或者 $b \cdot m$ | b * m |
| 除法 | / | $x/y$ 或者 $\dfrac{x}{y}$ 或者 $x \div y$ | x/y |
| 求模 | % | $r \bmod s$ | r% s |

图 2.9　算术运算符

C++ 提供了求模运算符%，可得到整数除法后的余数。求模运算符只能和整数操作数一起使用。表达式 x% y 得到 x 被 y 除之后的余数。因此，7%4 等于 3，17%5 等于 2。在以后的章节中，会讨论求模运算符的一些有趣应用，例如判断一个数是否是另一个数的倍数(一个特殊的情况是判断一个数是奇数还是偶数)。

**直线形式的算术表达式**

C++ 中的算术表达式必须以直线形式(straight-line form)输入到计算机中。例如，表达式"a 除以 b"必须写成 a/b，这样，所有的常量、变量和运算符都在一条直线上。如下的代数表示法

$$\frac{a}{b}$$

通常不能被编译器所接受，尽管存在一些特殊用途的软件包，可以对复杂数学表达式提供更自然的表示法支持。

**使用圆括号的分组子表达式**

在 C++ 表达式中使用圆括号，其用法和在代数表达式中一样。例如，a 乘以 b + c 的和，可以写成 a*(b + c)。

**运算符优先级的规则**

在算术表达式中，C++ 按照下面所述的运算符优先级规则(通常和代数中的规则一样)，确定应用算术表达式中运算符的精确顺序。

1. 首先计算圆括号内表达式中的运算符。可以说，圆括号具有"最高优先级"。在嵌套或嵌入圆括号的情况下，例如：

( a * ( b + c ) )

最内层圆括号中的运算符先被计算。

2. 接下来是乘法、除法和求模运算。如果一个表达式包含多个乘法、除法和求模运算，就按从左到右的顺序依次计算。也就是说，乘法、除法和求模处在同一优先级。

3. 最后是加法和减法运算。如果一个表达式包含多个加法和减法运算，就按从左到右的顺序依次计算。同样，加法和减法具有相同的优先级。

运算符优先级规则集合规定了 C++ 应用运算符的次序。当我们说某些运算符从左到右被计算时，是指运算符的结合律(associativity)。例如，在表达式 a + b + c 中，加法运算符( + )按从左到右的顺序进行结合，所以先计算 a + b，然后再将 c 加入到它们的和中，得到整个表达式的值。我们将会看到有些运算符是按从右到左的顺序结合的。图 2.10 总结了运算符优先级的规则。当引入新的 C++ 运算符时，这个表还可以继续扩充。附录 A 中包含了完整的优先级表。

**代数表达式和 C++ 表达式示例**

根据运算符优先级的规则，现在来看几个表达式。每个例子列出一个代数表达式和与它等价的 C++ 表达式。下面是计算 5 个数的算术平均值的例子：

代数表达式：$m = \dfrac{a + b + c + d + e}{5}$

C++ 表达式：m = ( a + b + c + d + e ) / 5;

| 运算符 | 运算 | 求值顺序（优先级） |
|---|---|---|
| ( ) | 圆括号 | 最先求值。如果圆括号是嵌套的，例如表达式 a * (b + c / (d + e))，那么先求最内层圆括号内的表达式。【注意：如果有类似于 (a + b) * (c − d) 这样形式的表达式，其中有多对圆括号不是嵌套的，而是"在同一层次上"，这时，C++ 标准并没有指定这些被括起来的子表达式的计算顺序】 |
| * | 乘法 | 其次求值。如果同时有多个运算符出现，按从左到右的顺序求值 |
| / | 除法 | |
| % | 求模 | 最后求值。如果同时有多个运算符出现，按从左到右的顺序求值 |
| + | 加法 | |
| − | 减法 | |

图 2.10　算术运算符的优先级

这里必须加圆括号，因为除法的优先级比加法的高。因为是整个 (a + b + c + d + e) 的值要被 5 来除，所以如果圆括号被错误地省略掉，那么得到的是 a + b + c + d + e/5，它会被当作

$$a + b + c + d + \frac{e}{5}$$

而导致错误的计算。下面是直线方程的例子：

代数表达式：$y = mx + b$

C++ 表达式：y = m * x + b;

在此不需要圆括号。因为乘法的优先级比加法高，所以先计算乘法。

接下来的例子包含了求模（%）、乘法、除法、加法、减法和赋值运算：

代数表达式：$z = pr\%q + w/x - y$

C++ 表达式：z = p * r % q + w / x - y;

语句下面圆圈内的数字指出了 C++ 应用运算符的次序。因为乘法、求模和除法的优先级比加法和减法的高，所以它们按从左到右的顺序（即它们是从左到右结合的）先被计算。然后计算加法和减法，也是按从左到右的顺序进行。最后进行赋值运算，因为在此的赋值运算符其优先级比其他任一个算术运算符的都低。

**二次多项式的计算**

为了更好地理解运算符优先级的规则，我们来看看二次多项式 $y = ax^2 + bx + c$ 的计算：

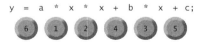

y = a * x * x + b * x + c;

语句下面圆圈里的数字指出了 C++ 应用运算符的次序。在 C++ 中，没有求幂的算术运算符，因此我们把 x2 表示为 x * x。很快在第 5 章，我们将讨论用来求幂的标准库函数 pow。

假设在上述的二次多项式中，变量 a、b、c 和 x 的初始化如下：a = 2，b = 3，c = 7，x = 5。图 2.11 说明了运算符应用的次序，以及表达式的最终计算结果。

**冗余的圆括号**

和在代数中一样，为了使表达式更清楚，允许在表达式中放置一些非必需的圆括号。这些圆括号称为冗余的圆括号。例如，前面的赋值语句可按下面的方式加圆括号：

y = ( a * x * x ) + ( b * x ) + c;

步骤1    y = 2 * 5 * 5 + 3 * 5 + 7;    （最左的乘法）

　　　　　2 * 5 is 10

步骤2    y = 10 * 5 + 3 * 5 + 7;    （最左的乘法）

　　　　　10 * 5 is 50

步骤3    y = 50 + 3 * 5 + 7;    （乘法在加法前）

　　　　　3 * 5 is 15

步骤4    y = 50 + 15 + 7;    （最左的加法）

　　　　　50 + 15 is 65

步骤5    y = 65 + 7;    （最后加法）

　　　　　65 + 7 is 72

步骤6    y = 72    （最后的运算——y赋值72）

图 2.11　一个二次多项式的计算顺序

## 2.7　判断：相等运算符和关系运算符

这一节介绍 C++ 的 if 语句的一个简单版本。if 语句可以使程序根据某些条件(condition)的真或假而采取二选一的行动。如果满足条件，即条件是真的，在 if 语句体中的语句就会执行；如果不满足条件，即条件是假的，if 语句体中的语句就不会执行。我们马上会用相应的例子进行说明。

if 语句的条件可以用图 2.12 中总结的相等运算符和关系运算符构成。所有的关系运算符具有相同的优先级，并且按从左到右的顺序结合。两个相等运算符具有相同的优先级，但优先级比关系运算符的低，也按从左到右的顺序结合。

| 代数的相等和关系<br>运算符 | C++ 的相等和关系<br>运算符 | C++ 条件示例 | C++ 条件的含义 |
| --- | --- | --- | --- |
| 关系运算符 | | | |
| > | > | x > y | x 大于 y |
| < | < | x < y | x 小于 y |
| ≥ | >= | x >= y | x 大于等于 y |
| ≤ | >= | x <= y | x 小于等于 y |
| 相等运算符 | | | |
| = | == | x == y | x 等于 y |
| ≠ | != | x ! = y | x 不等于 y |

图 2.12　相等和关系运算符

**常见的编程错误2.3**

颠倒运算符 ! =、>= 和 <= 的符号对中两个符号的顺序（即写成 =!、=> 和 =<），通常会产生语法错误。但是，在某些情况下，把 != 写成 =! 不会产生语法错误，但几乎可以肯定是一个逻辑错误(logic error)，在运行时会产生影响。这一点在学习第 5 章中的逻辑运算符时就会明白。致命的逻辑错误会使程序失败并提前终止，而非致命的逻辑错误允许程序继续运行，但通常会产生错误的结果。

**常见的编程错误2.4**

混淆相等运算符 == 和赋值运算符 = ，会产生逻辑错误。我们喜欢把相等运算符读作"等于"或"双等于"，而把赋值运算符读作"获得"、"获得……的值"或者"被赋予……的值"。如同 5.9 节中讨论的一样，混淆这两个运算符未必会产生一个易于发现的语法错误，但可能导致非常微妙的逻辑错误。

## 使用 if 语句

下面的例子(如图 2.13 所示)使用了 6 个 if 语句，来比较用户输入的两个数字。如果其中任何一个 if 语句的条件满足了，那么这个 if 语句关联的输出语句就会执行。

```cpp
1    // Fig. 2.13: fig02_13.cpp
2    // Comparing integers using if statements, relational operators
3    // and equality operators.
4    #include <iostream> // allows program to perform input and output
5
6    using std::cout; // program uses cout
7    using std::cin; // program uses cin
8    using std::endl; // program uses endl
9
10   // function main begins program execution
11   int main()
12   {
13      int number1 = 0; // first integer to compare (initialized to 0)
14      int number2 = 0; // second integer to compare (initialized to 0)
15
16      cout << "Enter two integers to compare: "; // prompt user for data
17      cin >> number1 >> number2; // read two integers from user
18
19      if ( number1 == number2 )
20         cout << number1 << " == " << number2 << endl;
21
22      if ( number1 != number2 )
23         cout << number1 << " != " << number2 << endl;
24
25      if ( number1 < number2 )
26         cout << number1 << " < " << number2 << endl;
27
28      if ( number1 > number2 )
29         cout << number1 << " > " << number2 << endl;
30
31      if ( number1 <= number2 )
32         cout << number1 << " <= " << number2 << endl;
33
34      if ( number1 >= number2 )
35         cout << number1 << " >= " << number2 << endl;
36   } // end function main
```

```
Enter two integers to compare: 3 7
3 != 7
3 < 7
3 <= 7
```

```
Enter two integers to compare: 22 12
22 != 12
22 > 12
22 >= 12
```

```
Enter two integers to compare: 7 7
7 == 7
7 <= 7
7 >= 7
```

图 2.13　使用 if 语句、关系运算符和相等运算符进行整数的比较

## using 声明

第 6 ~ 8 行

```
using std::cout; // program uses cout
using std::cin; // program uses cin
using std::endl; // program uses endl
```

是 using 声明，这样就不需要像前面的程序中那样重复使用 std:: 前缀了。现在，我们在程序的之后部分就可以直接写 cout，而不是 std::cout；直接写 cin，而不是 std::cin；直接写 endl，而不是 std::endl。

在第 6 ~ 8 行的位置，大多数程序员更喜欢用下面的 using 指令：

```
using namespace std;
```

它使程序可以使用程序包含的任何标准 C++ 头文件(如 < iostream >)中的所有名字。基于这一点，我们将在本书接下来的程序中都使用 using 指令。[①]

## 变量声明和读入用户输入

第 13 ~ 14 行

```
int number1 = 0; // first integer to compare (initialized to 0)
int number2 = 0; // second integer to compare (initialized to 0)
```

声明程序中用到的变量，并将它们初始化为 0。

这个程序在第 17 行使用串联的流提取运算输入两个整数。因为第 7 行使用了 using 声明，所以现在可以使用 cin 而不是 std::cin。首先读入一个值到变量 number1 中，接着读入下一个值到变量 number2 中。

## 进行数的比较

第 19 ~ 20 行的 if 语句

```
if ( number1 == number2 )
    cout << number1 << " == " << number2 << endl;
```

比较变量 number1 和 number2 的值，检验它们是否相等。如果相等，那么第 20 行的语句将显示一行文本，指出这两个数是相等的。如果在第 22 行、第 25 行、第 28 行、第 31 行和第 34 行开头的一条或多条 if 语句中，条件是真的，那么对应的 if 体语句会显示一行相应的文本。

图 2.13 中的每条 if 语句在其体内都只有一条语句，并且每条体语句都是缩进的。我们将在第 4 章介绍如何编写函数体具有多条语句的 if 语句——将多条体语句封装在一对花括号内，这样就形成了所谓的复合语句或语句块。

**良好的编程习惯 2.9**

缩进 if 语句体中的语句，可以增强程序可读性。

**常见的编程错误 2.5**

在 if 语句条件后的右括号之后紧接着加上一个分号，通常是一个逻辑错误(尽管不是一个语法错误)。这个分号使得 if 语句的体为空，因此无论 if 语句的条件是真还是假，该语句都不会执行任何动作。更糟糕的是，if 语句原先的体语句现在会变成 if 语句之后顺序执行的语句，不管怎样都会执行。这样，常常造成程序产生错误的结果。

## 空白间隔符

请注意图 2.13 中空白间隔符的使用情况。回想一下诸如制表符、换行符和空格之类的空白间隔符，它们通常是被编译器忽略的。于是，根据程序员的喜好可以将语句分割成好几行，或者用空格隔开。但是如果将标识符、字符串(例如"hello")或常量(例如数 1000)分割成多行，那么就会产生语法错误。

---

① 在第 23 章"其他主题"中，我们将讨论在大规模系统中使用 using 指令的一些话题。

**良好的编程习惯 2.10**

一个非常长的语句可以跨好几行。如果一条语句必须分割成多行，那么应选择有意义的断点。例如，对一个逗号分隔列表，选择在某个逗号后断开；对于一个长表达式，选择在某个运算符后面断开。如果将一条语句分割成两行或多行，应该缩进后面的行，并且左对齐。

**运算符的优先级**

图 2.14 显示了这一章中所介绍的运算符的优先级和结合律。运算符按照优先级递减的顺序从上到下排列。注意，除了赋值运算符 = 以外，所有这些运算符满足从左到右的结合律。加法是左结合的，因此形如 x + y + z 的表达式，和写成 (x + y) + z 的表达式计算是一样的；赋值运算符 = 是从右到左结合的，因此形如 x = y = 0 的表达式，和写成 x = (y = 0) 的表达式计算是一样的。正像我们很快看到的，它先把 0 赋给 y，然后再把这个赋值运算的结果 0 赋给 x。

| 运算符 | | | 结合律 | 运算类型 |
|---|---|---|---|---|
| ( ) | | | [参见图 2.10 中的注意事项] | 圆括号成组运算 |
| * | / | % | 从左到右 | 乘法运算 |
| + | − | | 从左到右 | 加法运算 |
| << | >> | | 从左到右 | 流插入/提取运算 |
| < | <= | > | >= 从左到右 | 关系运算 |
| == | != | | 从左到右 | 相等运算 |
| = | | | 从右到左 | 赋值运算 |

图 2.14　到目前为止所讨论的运算符的优先级和结合律

**良好的编程习惯 2.11**

在编写包含许多运算符的表达式时，请参考运算符优先级和结合律表（附录 A）。确认表达式中的运算符按照你希望的顺序执行。如果不能确定一个复杂表达式的计算顺序，那么把这个表达式拆分成几条较小的语句，或者像在代数中一样用圆括号强制计算的顺序。请留意，一些运算符（如赋值运算符）是从右到左结合的，而不是从左到右。

## 2.8　本章小结

在这一章介绍了许多 C++ 的要素，包括在屏幕上显示数据、从键盘输入数据和声明基本类型的变量等。尤其是学习了使用输出流对象 cout 和输入流对象 cin 来创建一个简单的交互式程序。我们解释了变量是怎样存储在内存中的，又是如何从内存中取得的。此外还介绍了如何使用算术运算符进行计算。讨论了C++ 应用这些运算符的顺序（即运算符的优先级规则）和运算符的结合律。也介绍了 C++ 的 if 语句如何使程序执行判断。最后，介绍了相等运算符和关系运算符，可以使用它们构成 if 语句中的条件。

本章给出的非面向对象应用程序介绍了基本的程序设计概念。正如在第 3 章所看到的，C++ 应用程序在 main 函数中通常只包含少数几行代码，这些语句一般是创建执行应用程序工作的对象，然后这些对象"开始接管程序"。在第 3 章中，大家将学习在应用程序中如何实现自己的类，以及如何使用这些类的对象。

## 摘要

### 2.2 节　第一个 C++ 程序：输出一行文本

- 单行注释以双斜线符号"//"开始。程序员加入注释为程序做注解，以提高它们的可读性。
- 程序运行时，注释不会使计算机执行任何操作，它们被 C++ 编译器所忽略，不会生成任何机器语言目标代码。

- 预处理指令以"#"开头,是一条发给 C++ 预处理器的消息。预处理指令在程序被编译之前由预处理器处理。
- #include < iostream > 通知 C++ 预处理器,在程序中包含输入/输出流头文件的内容。该文件包含了编译使用 std::cin、std::cout、流插入运算( << )和流提取运算( >> )的程序所必需的信息。
- 空白间隔符(即换行符、空格和制表符)使得程序更容易阅读。串文字之外的空白间隔符被编译器所忽略。
- C++ 程序总是在 main 函数处开始执行,即使 main 并不出现在程序的开始部分。
- main 左边的关键字 int 表示 main"返回"一个整数值。
- 每个函数的体必须包含在一对花括号({和})中。
- 在双引号中的串有时被认为是一个字符串,或是一个信息、一个串文字。编译器不会忽略在字符串中的空白间隔符。
- 大多数的 C++ 语句以分号(也称为语句终止符)结尾(大家将很快会看到一些例外的情况)。
- C++ 中的输出和输入由字符流完成。
- 输出流对象 std::cout(通常连接到屏幕)用来输出数据。串联的流插入运算符( << )可以输出多个数据项。
- 输入流对象 std::cin(通常连接到键盘)用来输入数据。串联的流提取运算符( >> )可以输入多个数据项。
- 记号 std::cout 表示我们正在使用属于"名字空间"std 的一个名字,在这里是 cout。
- 在一串字符中遇到一个反斜线符号(即转义字符)时,接下来的一个字符和反斜线符号结合组成一个转义序列。
- 转义序列 \n 表示换行符,它使光标移动到屏幕上下一行的开始处。
- 指示用户采取特定行动的信息,称为提示。
- C++ 关键字 return 是退出函数的几种方式之一。

## 2.4 节    另一个 C++ 程序:整数相加

- C++ 程序中的所有变量在使用前必须被声明。
- C++ 中的变量名是除了关键字之外的任意合法标识符。标识符是由字母、数字和下画线组成的一连串字符。标识符不能以数字开头。C++ 标识符可以是任意长度的。但是,一些系统或 C++ 实现工具可能会对标识符的长度强加一些限制。
- C++ 区分大小写。
- 大多数计算在赋值语句中执行。
- 一个变量代表了计算机内存中的一块特定区域,可以存储程序所使用的值。
- int 类型的变量保存整数值,例如 7、– 11、0、31 914 等。

## 2.5 节    内存的概念

- 存储在计算机内存中的每个变量都具有名字、值、类型和内存大小。
- 无论何时一个新的值存储到一个内存区域,这个过程是破坏性的。也就是说,新的值会替换该内存区域中原先的值,而原先的值丢失了。
- 当一个值从内存中被读出来时,这个过程是非破坏性的。也就是说,这个值的一个副本被读出来,在内存区域中原来的值没有受到影响。
- 流操纵符 std::endl 输出一个换行符,然后"刷新输出缓冲"。

## 2.6 节    算术运算

- C++ 根据运算符优先级和结合律规则,确定算术表达式求值的明确顺序。
- 圆括号对可以用来对表达式进行分组。

- 整数除法得到一个整数商。整数除法求得结果中的任何小数部分都会被截掉。
- 求模运算符(%)，得到整数除法后的余数。

### 2.7 节　判断：相等运算符和关系运算符

- if 语句允许程序根据条件是否满足，采取二选一的行动。if 语句的格式是：

```
if(条件)
        语句;
```

如果条件是真，if 语句体中的语句就执行；如果条件不满足，即条件是假，if 语句体中的语句就会跳过。

- if 语句中的条件通常由相等运算符和关系运算符构成，使用这些运算符得到的结果总是真或假。
- using 声明：

```
using std::cout;
```

通知编译器在何处找到 cout(命名空间 std)，并可以消除重复使用 std:: 前缀的需要。以下 using 指令

```
using namespace std;
```

使程序能够使用在任何被包含的 C++ 标准库头文件中的所有名字。

## 自测练习题

2.1　填空题。

　　a)每个 C++ 程序在_____函数处开始执行。

　　b)每个函数体从_____处开始，在_____处结束。

　　c)大多数 C++ 语句以_____结束。

　　d)转义序列 \n 表示_____字符，它使光标定位到屏幕上下一行的开始处。

　　e)_____语句用于进行判断。

2.2　判断对错。如果错误，请说明理由。假定已使用 using std::cout;语句。

　　a)程序运行时，注释使得计算机在屏幕上输出双斜线符号//后面的文本。

　　b)使用 cout 和流插入运算符输出转义序列 \n，会使光标定位到屏幕上下一行的开始处。

　　c)所有变量在被使用前必须进行声明。

　　d)所有变量在被声明时必须指定一种数据类型。

　　e)C++ 认为变量 number 和 NuMbEr 是一样的。

　　f)声明几乎可以出现在一个 C++ 函数体中的任意位置上。

　　g)求模运算符(%)只能和整数操作数一起使用。

　　h)算术运算符 * 、/ 、% 、+ 和 - 具有相同的优先级。

　　i)一个具有三行输出的 C++ 程序必须包含三条使用 cout 和流插入运算符的语句。

2.3　编写单条 C++ 语句，完成下列各项任务(假定既没有用 using 声明，也没有用 using 指令)。

　　a)(在一条语句中)声明 int 类型的变量 c、thisIsAVariable、q76354 和 number。

　　b)提示用户输入一个整数。提示信息后面应该是一个冒号(:)接一个空格，并且光标定位在空格后面。

　　c)读取用户从键盘输入的一个整数，并将该数存储在整型变量 age 中。

　　d)如果变量 number 不等于 7，输出"The variable number is not equal to 7"。

　　e)在一行上输出信息"This is a C++ program"。

　　f)在两行上输出信息"This is a C++ program"，第一行以"C++ "结束。

　　g)输出信息"This is a C++ program"，一行一个单词。

　　h)输出信息"This is a C++ program"，每两个单词之间用一个制表符间隔。

2.4 编写语句(或注释),完成下列各项任务(假定已经为 cin、cout 和 endl 使用了 using 声明)。

    a)说明一个程序计算三个整数的乘积。

    b)声明 int 类型变量 x、y、z 和 result(用分开的语句),并将它们初始化为 0。

    c)提示用户输入三个整数。

    d)通过键盘读入三个整数,并将它们存储到变量 x、y 和 z 中。

    e)计算包含在变量 x、y 和 z 中的三个整数值的乘积,把结果赋给变量 result。

    f)输出"The product is",后面跟着变量 result 的值。

    g)从 main 返回一个值,表明程序成功终止。

2.5 利用自测练习题 2.4 中编写的语句,编写一个完整的程序,它计算并显示三个整数的乘积。在恰当的地方加入注释【注意:需要编写必要的 using 声明或 using 指令】。

2.6 指出并改正下列各语句中的错误(假定已经使用了 using std::cout;语句)。

    a)`if ( c < 7 );`
        `cout << "c is less than 7\n";`

    b)`if ( c => 7 )`
        `cout << "c is equal to or greater than 7\n";`

## 自测练习题答案

2.1 a)main。b)左花括号,右花括号。c)分号。d)换行符。e)if。

2.2 a)错误。当程序运行时,注释不会使任何操作发生。它们是用来注解程序、提高程序可读性的。

    b)正确。

    c)正确。

    d)正确。

    e)错误。C++ 是区分大小写的,因此这些变量是不同的。

    f)正确。

    g)正确。

    h)错误。运算符 ∗、/和%具有相同的优先级,而运算符 + 和 − 的优先级比它们低一级。

    i)错误。包含多个 \n 转义序列的单条 cout 语句可以输出多个行。

2.3
```
a) int c, thisIsAVariable, q76354, number;
b) std::cout << "Enter an integer: ";
c) std::cin >> age;
d) if ( number != 7 )
       std::cout << "The variable number is not equal to 7\n";
e) std::cout << "This is a C++ program\n";
f) std::cout << "This is a C++\nprogram\n";
g) std::cout << "This\nis\na\nC++\nprogram\n";
h) std::cout << "This\tis\ta\tC++\tprogram\n";
```

2.4
```
a) // Calculate the product of three integers
b) int x = 0;
   int y = 0;
   int z = 0;
   int result = 0;
c) cout << "Enter three integers: ";
d) cin >> x >> y >> z;
e) result = x * y * z;
f) cout << "The product is " << result << endl;
g) return 0;
```

2.5 参见下面的程序。

```
1   // Calculate the product of three integers
2   #include <iostream> // allows program to perform input and output
3   using namespace std; // program uses names from the std namespace
4
5   // function main begins program execution
6   int main()
7   {
8      int x = 0; // first integer to multiply
9      int y = 0; // second integer to multiply
10     int z = 0; // third integer to multiply
11     int result = 0; // the product of the three integers
12
13     cout << "Enter three integers: "; // prompt user for data
14     cin >> x >> y >> z; // read three integers from user
15     result = x * y * z; // multiply the three integers; store result
16     cout << "The product is " << result << endl; // print result; end line
17  } // end function main
```

2.6　a) 错误: 在 if 语句中, 条件的右圆括号后面多了一个分号。

　　　改正: 删去右圆括号后面的分号。【注意: 这个错误会导致不管 if 语句中条件是否为真, 输出语句都会被执行。】右圆括号后面的分号是一条空语句, 即一条不做任何事情的语句。大家在第 4 章将会继续学习空语句。

　　b) 错误: 关系运算符 =>。

　　　改正: 把 => 改为 >= 。同时也可以把 "equal to or greater than" 改为 "greater than or equal to"。

## 练习题

2.7　请讨论下面每个对象的含义。

　　a) std::cin

　　b) std::cout

2.8　填空题。

　　a)_____用于为程序做注解, 提高程序的可读性。

　　b) 用来在屏幕上输出信息的对象是_____。

　　c) 一条用于做出判断的 C++ 语句是_____。

　　d) 大多数的计算通常由_____语句执行。

　　e)_____对象通过键盘输入值。

2.9　编写单条 C++ 语句或行, 完成下列各项任务。

　　a) 输出信息 "Enter two numbers"。

　　b) 将变量 b 和 c 的乘积赋给变量 a。

　　c) 说明程序执行工资的计算 (即使用帮助注解程序的文本)。

　　d) 从键盘输入三个整数值, 分别赋给整型变量 a、b 和 c。

2.10　判断对错。如果错误, 请说明理由。

　　a) C++ 运算符按从左到右的顺序进行计算。

　　b) 以下都是合法的变量名: _under_bar_, m928134, t5, j7, her_sales, his_account_total, a, b, c, z, z2。

　　c) 语句 cout << "a = 5;"; 是赋值语句的一个典型例子。

　　d) 一个没有圆括号的合法的 C++ 算术表达式按从左到右的顺序进行计算。

　　e) 以下都是非法的变量名: 3g, 87, 67h2, h22, 2h。

2.11　填空题。

　　a) 与乘法有相同优先级的算术运算是什么? _____。

　　b) 当一个算术表达式中有嵌套圆括号时, 哪些圆括号中的内容最先被计算? _____。

　　c) 程序运行时, 一个可以在不同时间包含不同值的计算机内存中的区域, 称为_____。

2.12　执行下列 C++ 语句时, 如果有输出结果, 请写出; 否则, 回答 "没有"。假定 x = 2, y = 3。

```
a)  cout << x;
b)  cout << x + x;
c)  cout << "x=";
d)  cout << "x = " << x;
e)  cout << x + y << " = " << y + x;
f)  z = x + y;
g)  cin >> x >> y;
h)  // cout << "x + y = " << x + y;
i)  cout << "\n";
```

2.13　以下 C++ 语句中有哪些包含了值被替换了的变量?

```
a)  cin >> b >> c >> d >> e >> f;
b)  p = i + j + k + 7;
c)  cout << "variables whose values are replaced";
d)  cout << "a = 5";
```

2.14　以下哪些 C++ 语句正确表达了代数方程 $y = ax^3 + 7$?

```
a)  y = a * x * x * x + 7;
b)  y = a * x * x * ( x + 7 );
c)  y = ( a * x ) * x * ( x + 7 );
d)  y = (a * x) * x * x + 7;
e)  y = a * ( x * x * x ) + 7;
f)  y = a * x * ( x * x + 7 );
```

2.15　(**求值顺序**)指出下列各 C++ 语句中运算符的计算顺序,并指出执行各语句后 x 的值。

```
a)  x = 7 + 3 * 6 / 2 - 1;
b)  x = 2 % 2 + 2 * 2 - 2 / 2;
c)  x = ( 3 * 9 * ( 3 + ( 9 * 3 / ( 3 ) ) ) );
```

2.16　(**算术运算**)编写一个程序,要求用户输入两个数,获取用户输入的数,并输出这两个数的和、乘积、差和商。

2.17　(**输出**)编写一个程序,在同一行上输出数 1~4,并且用一个空格分隔每一对相邻的数。请用下述多种方式实现:

　　a)使用 1 条语句,包含 1 个流插入运算符;

　　b)使用 1 条语句,包含 4 个流插入运算符;

　　c)使用 4 条语句。

2.18　(**整数比较**)编写一个程序。要求用户输入两个整数,获取用户输入的数,然后输出较大数,后面跟随"is large."。如果这两个数相等,则输出信息"These numbers are equal."。

2.19　(**算术运算、求最大和最小数**)编写一个程序。要求从键盘输入 3 个整数,并输出它们的和、平均值、乘积、最小值和最大值。屏幕对话如下所示。

```
Input three different integers: 13 27 14
Sum is 54
Average is 18
Product is 4914
Smallest is 13
Largest is 27
```

2.20　(**圆的直径、周长和面积**)编写一个程序。要求读入圆的半径(一个整数),并输出圆的直径、周长和面积。π 的值取常量 3.141 59。在输出语句中执行这些计算。【注意:这一章中只讨论了整型常量和整型变量。在第 4 章中将讨论浮点数,即带小数点的数值。】

2.21　(**用星号显示图形**)编写一个程序,输出如下所示的矩形、椭圆、箭头和菱形。

```
*********        ***           *             *
*       *      *     *         * *         *   *
*       *     *       *       *   *       *     *
*       *     *       *      *     *     *       *
*       *     *       *     *********   *         *
*       *     *       *         *        *       *
*       *     *       *         *         *     *
*       *      *     *          *          *   *
*********        ***            *             *
```

2.22　下面的代码输出了什么?

```
cout << "*\n**\n***\n****\n*****" << endl;
```

2.23　(**最大和最小整数**)编写一个程序,读入 5 个整数,然后确定并输出它们中的最大值和最小值。要求仅使用在本章学到的编程技术。

2.24　(**奇数和偶数**)编写一个程序。要求读入一个整数,然后确定并输出它是奇数还是偶数。【提示:使用求模运算符。偶数是 2 的倍数,任何一个 2 的倍数被 2 除的余数是 0。】

2.25　(**倍数**)编写一个程序。要求读入两个整数,确定并输出第一个数是否是第二个数的倍数。【提示:使用求模运算符。】

2.26　(**棋盘图案**)请用 8 条输出语句显示下面的棋盘图案,然后使用尽可能少的语句显示相同的图案。

```
* * * * * * * *
 * * * * * * * *
* * * * * * * *
 * * * * * * * *
* * * * * * * *
 * * * * * * * *
* * * * * * * *
 * * * * * * * *
```

2.27　(**字符的等价整数值**)此题的内容有点超前。在本章中学习了整数和 int 数据类型。C++ 也能表示大写字母、小写字母和相当多的特殊符号。C++ 在内部使用小整数表示每个不同的字符。一台计算机所使用的字符集合和这些字符相应的整数表示,称为计算机的字符集(character set)。大家可以输出一个字符,如下所示,需要用一对单引号括住它:

```
cout << 'A'; // print an uppercase A
```

还可以输出一个字符等价的整数,这要用到 static_cast 运算,如下所示:

```
cout << static_cast< int >( 'A' ); // print 'A' as an integer
```

这就是所谓的强制类型转换运算(在第 4 章将正式介绍)。当前面的语句执行时,(在使用 ASCII 字符集的系统上)它输出值 65。编写一个程序,输出键盘上键入的字符所对应的整数。将输出存储在一个 char 类型的变量中。使用大写字母、小写字母、数字和特殊符号(例如 $)反复测试你的程序。

2.28　(**整数的各位数字**)编写一个程序。要求输入一个 5 位整数,然后分解出它的每位数字,并将这些数字按间隔 3 个空格的形式输出出来。【提示:使用整数除法和求模运算符。】例如,如果用户键入 42339,则程序应输出如下结果:

```
4   2   3   3   9
```

2.29　(**表格**)仅使用在本章中学到的技术编写一个程序,计算整数 0~10 的平方和立方,然后使用制表符输出具有如下整齐格式的数值表:

```
integer square  cube
0        0       0
1        1       1
2        4       8
3        9       27
4        16      64
5        25      125
6        36      216
7        49      343
8        64      512
9        81      729
10       100     1000
```

## 社会实践题

2.30　(**身体质量指数计算器**)我们曾在练习题 1.9 中介绍了身体质量指数(BMI)计算器。计算 BMI 的公式是：

$$BMI = \frac{\text{以磅为单位的体重} \times 703}{\text{以英尺为单位的身高} \times \text{以英尺为单位的身高}}$$

或者：

$$BMI = \frac{\text{以千克为单位的体重}}{\text{以米为单位的身高} \times \text{以米的单位的身高}}$$

创建一个 BMI 计算器的应用程序，它能读取用户的体重(以磅为单位)和身高(以英尺为单位)(当然，若愿意也可以以千克为体重单位，以米为身高单位)，然后计算并显示用户的身体质量指数。同时，该应用程序应该显示下面的信息，这些信息是来自卫生与公共服务部/国家卫生院，因此用户可以用来评测自己的 BMI：

```
BMI VALUES
Underweight: less than 18.5
Normal:      between 18.5 and 24.9
Overweight:  between 25 and 29.9
Obese:       30 or greater
```

【注意：在这一章，学习了用 int 数据类型来表示整数。当用 int 来表示 BMI 计算器中的数时，它的结果仍是整数。在第 4 章，大家将继续学习用 double 数据类型来表示带有小数点的数。当用 double 来表示 BMI 计算器中的数时，它的结果是带有小数点的数，我们称它为浮点数。】

2.31 (**共乘汽车节省计算器**)调研几个有关共乘汽车的网站。创建一个应用程序，它能计算你每日的汽车消费，这样大家就可以估算当用共乘汽车时会节省多少钱。另外它还有其他的好处，例如减少碳的排放量和减少交通拥堵。这个应用程序应该输入下面的信息，然后向用户显示每日开车的费用。

a)每天开的总英里数

b)每加仑汽油的价格

c)每加仑汽油可以开的平均英里数

d)每日的停车费

e)每日的通行费

# 第3章 类、对象和字符串的介绍

*Nothing can have value without being an object of utility.*

—Karl Marx

*Your public servants serve you right.*

—Adlai E. Stevenson

*Knowing how to answer one who speaks, To reply to one who sends a message.*

—Amenemope

## 学习目标

在本章中将学习：

- 如何定义类，如何用类创建对象
- 如何将类的行为实现为成员函数
- 如何将类的属性实现为数据成员
- 如何调用对象的成员函数，执行任务
- 类的数据成员与函数的局部变量的不同之处
- 当创建对象时，如何使用构造函数初始化对象的数据
- 如何精心设计类，使得它的实现与接口分离并有利于复用
- 如何使用类 string 的对象

## 提纲

## 3.1　简介

在第 2 章中，我们创建了几个简单的程序，可以向用户显示信息、从用户那里获得数据、执行计算和做出判断。在本章，将开始利用 1.8 节所介绍的面向对象编程的基本概念，进行程序的编写。第 2 章中每个程序的一个共同特点是执行任务的所有语句都放在 main 函数内。通常，本书中所要开发的程序将由 main 函数和一个或多个类组成，每个类包含数据成员和成员函数。如果读者是计算机行业开发团队的一员，那么面对的或许就是包含了成百上千个类的软件系统。在这一章，我们为大家编写 C++ 面向对象程序提供了一个简单且精心设计的组织架构。

本章用若干个循序渐进的完整程序演示如何创建和使用自己的类。这些例子开启了我们开发一个成绩簿类的综合实例研究，这个类可用于教师管理学生的考试成绩。此外还要介绍 C++ 的标准类库 string。

## 3.2　定义具有成员函数的类

现在，我们从如图 3.1 所示的例子说起，它由第 8 ~ 16 行的 GradeBook 类和第 19 ~ 23 行的 main 函数构成。GradeBook 类用来表示可供教师管理学生考试成绩的成绩簿，在第 7 章才能完全开发好。main 函数创建一个 GradeBook 对象，并使用这个对象和它的 displayMessage 成员函数(第 12 ~ 15 行)，在屏幕上显示一条欢迎教师进入成绩簿程序的信息。

```
 1   // Fig. 3.1: fig03_01.cpp
 2   // Define class GradeBook with a member function displayMessage,
 3   // create a GradeBook object, and call its displayMessage function.
 4   #include <iostream>
 5   using namespace std;
 6
 7   // GradeBook class definition
 8   class GradeBook
 9   {
10   public:
11      // function that displays a welcome message to the GradeBook user
12      void displayMessage() const
13      {
14         cout << "Welcome to the Grade Book!" << endl;
15      } // end function displayMessage
16   }; // end class GradeBook
17
18   // function main begins program execution
19   int main()
20   {
21      GradeBook myGradeBook; // create a GradeBook object named myGradeBook
22      myGradeBook.displayMessage(); // call object's displayMessage function
23   } // end main
```

```
Welcome to the Grade Book!
```

图 3.1　定义具有成员函数 displayMessage 的 GradeBook 类，创建
一个 GradeBook 对象并调用它的成员函数 displayMessage

### GradeBook 类

在 main 函数(第 19 ~ 23 行)可以创建 GradeBook 类的一个对象前，我们必须告诉编译器属于该类的成员函数和数据成员是什么。GradeBook 的类定义(第 8 ~ 16 行)包含一个名为 displayMessage 的成员函数(第 12 ~ 15 行)，它在屏幕上显示一条信息(第 14 行)。我们需要产生一个 GradeBook 类的对象(第 21 行)，调用它的成员函数 displayMessage(第 22 行)，让第 14 行执行并显示欢迎信息。我们很快将详细地解释第 21 ~ 22 行。

第 8 行以关键字 class 开始了 GradeBook 类的定义。关键字 class 后紧跟的是类名 GradeBook。按照

惯例,用户自定义的类的名字以大写字母开头,而且为了增强可读性,类名中每个随后的单词其首字母也为大写。这种大写风格常称为 Pascal 风格(Pascal case),因为它非常广泛地应用在 Pascal 程序设计语言中。在名字中偶尔出现的这种大写字母和小写字母相混合所形成的图案颇似驼峰的轮廓。因此,更一般的骆驼大写风格(camel case)允许首字母既可以是小写也可以是大写,例如第 21 行中的 myGradeBook。

正如第 9 行和第 16 行所示,每个类的体(body)包围在一对花括号中({和})。类的定义以分号结束(第 16 行)。

**常见的编程错误3.1**
在类定义的末尾忘记分号是一个语法错误。

我们知道,在执行程序时,main 函数始终是自动调用的。然而,大多数函数并不能自动调用。下面将会看到,必须显式地调用成员函数 displayMessage,告诉它执行它的任务。

第 10 行包含了关键字 public(意为公共的或公有的),它是一个成员访问说明符(access specifier)。第 12 ~ 15 行定义了成员函数 displayMessage。这个成员函数出现在访问说明符 public:后,表明该函数是“公共可用的”。也就是说,该函数可以被程序中的其他函数(例如 main 函数),以及其他类的成员函数(如果有的话)所调用。成员访问说明符之后无一例外地要跟随冒号。所以,在本书的其余部分,当说到成员访问说明符 public 时,就像这里一样会不再提起冒号。3.4 节中将介绍第二个成员访问说明符 private(意为私有的),在本书更后的内容中还会介绍第三个成员访问说明符 protected(意为受保护的)。

程序中的每个函数执行一个任务,并可能在完成它的任务后返回一个值。例如,一个函数也许执行一次计算,然后返回计算的结果。在定义函数时,必须指定一个返回类型,以说明函数完成它的任务时返回的值的类型。在第 12 行中,函数名 displayMessage 左边的关键字 void 是函数的返回类型。void 返回类型指出 displayMessage 将执行一个任务,但是当完成任务后,不向主调函数(在该例子中是我们将看到的第 22 行的 main 函数)返回任何数据。在图 3.5 中,将看到的确返回了值的函数例子。

返回类型之后跟随的是成员函数的名 displayMessage(第 12 行)。按照惯例,我们的函数名采用骆驼风格,以小写字母开头。成员函数名后的圆括号对表明这是一个函数。一对空的圆括号,如第 12 行所示,说明该成员函数执行它的任务时不需要额外的数据。在 3.3 节中将看到确实需要额外数据的成员函数的例子。

我们在第 12 行将成员函数 displayMessage 声明为 const,因为在显示“Welcome to the Grade Book!”的过程中,该函数不修改且不该修改调用它的 GradeBook 对象。将 displayMessage 声明为 const,是告诉编译器“这个函数不应当修改调用它的对象。如果这样做了,请发出编译错误的信息”。如果不小心在 displayMessage 中插入了可能修改这个对象的代码,这可以有助于有效地定位错误。第 12 行一般称作这个函数的头部(function header)。

每个函数的体都用如第 13 行和第 15 行所示的左右花括号({和})括起来。函数的体包含了执行函数任务的所有语句。在此例中,成员函数 displayMessage 只有一条显示信息“Welcome to the Grade Book!”的语句(第 14 行)。在这条语句执行后,函数就完成了它的任务。

**测试 GradeBook 类**

接下来,我们打算在程序中使用 GradeBook 类。正如在第 2 章所见,main 函数(第 19 ~ 23 行)是每个程序执行的起点。

在这个程序中,我们想通过调用 GradeBook 类的成员函数 displayMessage 来显示欢迎信息。一般情况下,在没有创建类的对象之前是不能调用类的成员函数的(但是,在 9.14 节学习的 static 成员函数将是一个例外)。第 21 行创建了 GradeBook 类的一个名为 myGradeBook 的对象。请注意,该变量的类型是 GradeBook,这个类定义在第 8 ~ 16 行。正像在第 2 章所做的一样,当声明类型为 int 的变量时,编译器知道 int 是什么——它是“已建到 C++ 内”的一种基本类型。可是,当写下第 21 行时,编译器并不能自动地知道 GradeBook 是什么类型,因为它是一个用户自定义的类型(user-defined type)。所以,我们必须像第 8~16 行那样包含该类的定义,告诉编译器 GradeBook 是什么类型。如果省略这些行,编译器将发布一条错误消息。自己创建的每个新类都会成为一个新的类型,这些新的类型可以用来创建对象。程序员可以定义所需的新的类型。这正是为什么会认为 C++ 是一种可扩展语言的原因之一。

在第 22 行中,通过在变量名 myGradeBook 后依次加点运算符(.)、函数名 displayMessage 和空的圆括号对的方式,调用了成员函数 displayMessage。此次调用使 displayMessage 函数执行它的任务。在第 22 行的起始部分,"myGradeBook." 指明 main 函数应当使用第 21 行创建的这个 GradeBook 对象。在第 12 行中,空的圆括号对表明成员函数 displayMessage 执行它的任务不需要额外的数据(在 3.3 节,大家将会看到怎样向函数传递数据)。当成员函数 displayMessage 完成它的任务后,程序到达了 main 的结尾(第 23 行)并终止。

### GradeBook 类的 UML 类图

回想一下 1.8 节中提到的 UML,它是一种标准化的图形建模语言,软件开发人员用它表示面向对象系统。在 UML 中,每个类在类图中表示为一个由三部分组成的矩形。图 3.2 呈现了图 3.1 中 GradeBook 类的 UML 类图。这种矩形的上部包含水平居中、黑体的类的名字;中部包含与 C++ 中数据成员相对应的类的属性。在图 3.2 中,矩形中部现在是空白的,因为 GradeBook 类目前还没有任何属性。(3.4 节将给出的 GradeBook 类的版本具有一个属性。)矩形的下部包含类的操作,这对应 C++ 中的成员函数。UML 通过操作名后接圆括号对的形式来表示操作。GradeBook 类只有一个名为 displayMessage 的成员函数,所以在图 3.2 的下部列出了一个以此为名的操作。成员函数 displayMessage 执行其任务时不需要额外的数据,因此同图 3.1 中第 12 行的成员函数 dis-

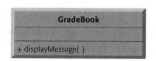

图 3.2   UML 类图表明 GradeBook 类具有一个公有操作 displayMessage

playMessage 的头部一样,类图中 displayMessage 之后的圆括号内是空的。操作名之前的加号表明,在 UML 中 displayMessage 是一个公有操作(即在 C++ 中是一个 public 成员函数)。

## 3.3   定义具有形参的成员函数

在 1.8 节的小汽车类比中,曾提到踩下小汽车的加速器踏板意味着向小汽车发送一条执行任务的消息,即令小汽车加速的消息。可是小汽车应当加速到多快呢? 大家都知道,踏板踩得越低,小汽车速度越快。因此,发送到小汽车的消息包括了要执行的任务和附加的帮助小汽车执行任务的信息。这一附加的信息就称为形参(parameter),形参的值帮助小汽车决定了加速的程度。类似地,一个成员函数可以要求一个或多个形参,用于描述它执行任务所需要的额外数据。对于函数的每一个形参,每次函数调用会给它们提供值,这些值称为实参(argument)。例如,要向银行账户存一笔钱,假定 Account 类的 deposit 成员函数说明了表示存钱数目的一个形参。当调用 deposit 成员函数时,表示存钱数目的实参值被复制到该成员函数的形参中,然后该成员函数将此数目加入到账户余额。

### 定义和测试 GradeBook 类

我们的下一个例子(如图 3.3 所示)重新定义了 GradeBook 类(第 9~18 行),它的 displayMessage 成员函数(第 13~17 行)将课程名称作为欢迎消息的一部分。这个新版的成员函数 displayMessage 规定了一个表示要输出的课程名称的形参(即第 13 行的 courseName)。

在讨论 GradeBook 类的新特征之前,先了解一下第 21~34 行定义的 main 函数是如何使用这个新类的。第 23 行创建了一个类型为 string、名为 nameOfCourse 的变量,用于存储用户输入的课程名称。类型为 string 的变量表示一串字符,例如"CS101 Introduction to C++ Programming"。一个字符串实际上是 C++ 标准库 string 类的一个对象。这个类在头文件 <string> 中定义,并且 string 这个名字和 cout 一样属于名字空间 std。为了使第 13 行和第 23 行通过编译,第 5 行包含了 < string > 头文件。请注意,通过第 6 行中的 using 指令,就可以在第 23 行中简单地写上 string 而不是 std::string。现在,可以像考虑 int 等其他类型的变量一样考虑 string 变量。我们将在 3.8 节和第 21 章中介绍 string 的其他功能。

```cpp
1   // Fig. 3.3: fig03_03.cpp
2   // Define class GradeBook with a member function that takes a parameter,
3   // create a GradeBook object and call its displayMessage function.
4   #include <iostream>
5   #include <string> // program uses C++ standard string class
6   using namespace std;
7
8   // GradeBook class definition
9   class GradeBook
10  {
11  public:
12     // function that displays a welcome message to the GradeBook user
13     void displayMessage( string courseName ) const
14     {
15        cout << "Welcome to the grade book for\n" << courseName << "!"
16           << endl;
17     } // end function displayMessage
18  }; // end class GradeBook
19
20  // function main begins program execution
21  int main()
22  {
23     string nameOfCourse; // string of characters to store the course name
24     GradeBook myGradeBook; // create a GradeBook object named myGradeBook
25
26     // prompt for and input course name
27     cout << "Please enter the course name:" << endl;
28     getline( cin, nameOfCourse ); // read a course name with blanks
29     cout << endl; // output a blank line
30
31     // call myGradeBook's displayMessage function
32     // and pass nameOfCourse as an argument
33     myGradeBook.displayMessage( nameOfCourse );
34  } // end main
```

```
Please enter the course name:
CS101 Introduction to C++ Programming

Welcome to the grade book for
CS101 Introduction to C++ Programming!
```

图 3.3　定义具有一个成员函数的 GradeBook 类,该成员函数有一个形参;创建一个 GradeBook 对象,并调用它的 displayMessage 函数

第 24 行创建了一个名为 myGradeBook 的 GradeBook 类的对象。第 27 行提示用户输入一个课程名称。第 28 行通过 getline 库函数执行输入,从用户那里读取课程名称并将它赋值给 nameOfCourse 变量。在解释这行代码之前,先来解释一下此处为什么不能简单地写成

```cpp
cin >> nameOfCourse;
```

来获得课程名称。

在执行例子程序时,我们使用的课程名称是"CS101 Introduction to C++ Programming",它包含了多个用空格分隔的单词。(请注意,我们用粗体突出用户提供的输入。)当用流提取运算符读取字符串时,cin 读取字符直到遇到第一个空白间隔符为止。这样,前述的语句就只读入了"CS101",而课程名称的剩余部分不得不通过连续的输入操作来读取。

在这个例子中,我们希望用户键入完整的课程名称后,按回车键将名称提交给程序,并且想将整个课程名称保存在 string 变量 nameOfCourse 中。第 28 行中的函数调用 getline( cin, nameOfCourse ) 从标准输入流对象 cin(即键盘),连续读取字符(包括分隔输入中的单词的空格),直到遇到换行符为止。读取的这些字符将放入 string 变量 nameOfCourse 中并丢弃换行符。请注意,在输入数据的过程中按下回车键时,

会将一个换行符插入到输入流中。在使用 getline 函数的程序中必须包含 < string > 头文件,而且 getline 这个名字属于命名空间 std。

　　第 33 行调用 myGradeBook 的成员函数 displayMessage。圆括号中的 nameOfCourse 变量是实参,它被传递到成员函数 displayMessage 中,从而使该函数可以执行它的任务。换言之,main 函数中变量 nameOf-Course 的值被复制给了第 13 行中成员函数 displayMessage 的形参 courseName。在运行这个程序时,请留心观察一下成员函数 displayMessage 输出的欢迎消息中,有部分内容正是读者键入的课程名称(在运行范例中是"CS101 Introduction to C++ Programming")。

**实参和形参的进一步讨论**

　　为了在函数定义中说明函数在执行它的任务时需要数据,就要在函数的形参列表中放置附加的信息。形参列表位于函数名之后的圆括号内,可以包含任意多个形参,或者根本没有形参(表示成如图 3.1 第 12 行所示的空括号对)。后者意味着该函数不需要任何形参。如图 3.3 中第 13 行所示的成员函数 displayMessage 的形参列表,声明了它需要一个形参。对于每个形参而言,应当指定其类型及标识符。在此例中,类型 string 和标识符 courseName 表明成员函数 displayMessage 需要一个字符串对象来执行它的任务。成员函数 display-Message 的函数体利用形参 courseName,访问 main 函数中第 33 行的函数调用所传递给该函数的值。第 15 ~ 16 行显示作为欢迎信息一部分的形参 courseName 的值。请注意,形参变量的名字(第 13 行中的 courseName)可以与实参变量的名字同名,也可以不同名(第 33 行中的 nameOfCourse)。我们将在第 6 章讲解其中的原因。

　　函数可以用逗号分隔前后形参的方法指定多个形参。在函数调用中实参的个数和顺序,必须与被调用函数头部的形参列表中形参的个数和顺序相匹配。而且,在函数调用中实参的类型也必须与函数头部相应形参的类型相符。(正如后续章节所述,一个实参的类型与其相应形参的类型不必总是一样,但是一定要"相容")。在这部分的例子中,函数调用中的一个 string 实参(即 nameOfCourse)和成员函数定义中的一个 string 形参(即 courseName)完全相匹配。

**更新的 GradeBook 类的 UML 类图**

　　图 3.4 是对图 3.3 中 GradeBook 类建模的 UML 类图。如同图 3.1 中所定义的 GradeBook 类一样,这个 GradeBook 类还是包含了 public 成员函数 displayMe-ssage。但是,这一版本的 displayMessage 带有一个形参。UML 表示一个形参的方式是在操作名后的圆括号内依次列出形参名、冒号和参数的类型。UML 具有与 C++ 类似的数据类型。UML 是与语言无关的,它可以和许多不同的程序设计语言配合使用。所以,UML 的术语与 C++ 的并不完全一样。例如,UML 的类型

图 3.4 　 UML 类图表明 GradeBook 类有一个公有操作 displayMessage,该操作具有一个 UML 类型为 String 的形参 courseName

String 与 C++ 的类型 string 相对应。GradeBook 类的成员函数 displayMessage(如图 3.3 中的第 13 ~ 17 行所示)有一个名为 courseName 的 string 形参,因此图 3.4 在操作名 displayMessage 后的圆括号内列出了 courseName:String。请注意,GradeBook 类的这个版本仍然没有任何数据成员。

## 3.4 　数据成员、set 成员函数和 get 成员函数

　　在第 2 章中,我们在 main 函数中声明了程序的所有变量。声明在一个函数定义体中的变量被认为是局部变量(local variable),只能在函数中声明它们的行到它们的声明所在语句块的结束右花括号(})之间使用。函数中的局部变量必须使用前声明,并且不能在声明它们的函数外部被访问。当函数结束时,其局部变量的值将丢失。(当然,在第 6 章讨论 static 局部变量时,将会看到例外情况。)

　　类通常由一个或多个成员函数组成,这些成员函数操作属于该类的某个特定对象的属性。在类的定义中属性表示为变量。这样的变量称为数据成员(data member),声明在类的定义之内,但是在所有类的

成员函数的定义体之外。类的每个对象管理它自己在内存中的属性。这些属性在对象的整个生命期一直存在。本节中的例子展示了包含一个数据成员 courseName 的 GradeBook 类，courseName 表示某个特定的 GradeBook 对象的课程名称。如果你创建了多个 GradeBook 对象，每个对象都有它自己的 courseName 数据成员，可拥有不同的值。

**具有一个数据成员、一个 set 成员函数和一个 get 成员函数的 GradeBook 类**

在下面的例子中，GradeBook 类（如图 3.5 所示）将课程名称作为数据成员维护。这样的话，课程名称可以在程序执行过程的任何时候被使用或被修改。该类包含了 setCourseName、getCourseName 和 displayMessage 三个成员函数。成员函数 setCourseName 将课程名称存放到 GradeBook 的数据成员中，而成员函数 getCourseName 从数据成员那里获取课程名称。成员函数 displayMessage 目前没有指定任何形参，仍然是显示一条包含了课程名称的欢迎信息。但是，正如所看到的，现在该函数是通过调用同一个类中的另一个函数 getCourseName 来获得课程名称的。

```cpp
1    // Fig. 3.5: fig03_05.cpp
2    // Define class GradeBook that contains a courseName data member
3    // and member functions to set and get its value;
4    // Create and manipulate a GradeBook object with these functions.
5    #include <iostream>
6    #include <string> // program uses C++ standard string class
7    using namespace std;
8
9    // GradeBook class definition
10   class GradeBook
11   {
12   public:
13      // function that sets the course name
14      void setCourseName( string name )
15      {
16         courseName = name; // store the course name in the object
17      } // end function setCourseName
18
19      // function that gets the course name
20      string getCourseName() const
21      {
22         return courseName; // return the object's courseName
23      } // end function getCourseName
24
25      // function that displays a welcome message
26      void displayMessage() const
27      {
28         // this statement calls getCourseName to get the
29         // name of the course this GradeBook represents
30         cout << "Welcome to the grade book for\n" << getCourseName() << "!"
31            << endl;
32      } // end function displayMessage
33   private:
34      string courseName; // course name for this GradeBook
35   }; // end class GradeBook
36
37   // function main begins program execution
38   int main()
39   {
40      string nameOfCourse; // string of characters to store the course name
41      GradeBook myGradeBook; // create a GradeBook object named myGradeBook
42
43      // display initial value of courseName
44      cout << "Initial course name is: " << myGradeBook.getCourseName()
45         << endl;
46
47      // prompt for, input and set course name
48      cout << "\nPlease enter the course name:" << endl;
49      getline( cin, nameOfCourse ); // read a course name with blanks
50      myGradeBook.setCourseName( nameOfCourse ); // set the course name
51
```

图 3.5 定义和测试具有一个数据成员及 set 和 get 成员函数的 GradeBook 类

```
52    cout << endl; // outputs a blank line
53    myGradeBook.displayMessage(); // display message with new course name
54  } // end main
```

```
Initial course name is:

Please enter the course name:
CS101 Introduction to C++ Programming

Welcome to the grade book for
CS101 Introduction to C++ Programming!
```

图 3.5(续)  定义和测试具有一个数据成员及 set 和 get 成员函数的 GradeBook 类

　　一位教师通常讲授的课程不止一门,每门课都有它自己的课程名称。第 34 行声明了一个名为 courseName 的 string 类型的变量。该声明位于类的定义(第 10~35 行)之内,但是在所有类的成员函数的定义体(第 14~17 行、第 20~23 行、第 26~32 行)之外,因此这个变量是一个数据成员。GradeBook 类的每个实例(也就是对象)都包含了类的每个数据成员的一份副本,也就是说,如果有 GradeBook 类的两个对象,那么正像图 3.7 的例子所示的那样,每个对象都有它自己的 courseName,即一个对象一份。将 courseName 设计为数据成员的一个好处就是:类的所有成员函数都可以操作类定义中出现的任何数据成员(在本例中为 courseName)。

**成员访问说明符 public 和 private**

　　绝大多数数据成员的声明出现在成员访问说明符 private 之后。在成员访问说明符 private 之后(并且在下一个成员访问说明符之前,如果有的话)声明的变量或者函数,只可以被声明它们的类的成员函数(或者被第 9 章中所介绍的类的"友元")所访问。因此,数据成员 courseName 只能用在 GradeBook 类的成员函数 setCourseName、getCourseName 和 displayMessage 中(或者是对该类的"友元",如果有的话)。

**错误预防技巧 3.1**
将类的数据成员设计为私有的,将成员函数设计为公有的,将更便于程序的调试,因为与数据操作相关的问题要么发生在类的成员函数中,要么发生在类的友元中。

**常见的编程错误 3.2**
不是某个特定类的成员(或者友元)的函数,试图访问该类的私有成员时会产生一个编译错误。

　　类成员默认的成员访问说明符是 private,因此类头部之后、第一个成员访问说明符(如果有的话)之前的所有成员都是私有的。成员访问说明符 public 和 private 可以重复使用,但这是不必要的,而且容易造成混淆。

　　利用成员访问说明符 private 声明数据成员被视为数据隐藏(data hiding)。当程序创建 GradeBook 类的对象时,数据成员 courseName 被封装(即隐藏)在对象中,只能由对象的类的成员函数访问。在 GradeBook 类中,成员函数 setCourseName 和 getCourseName 直接操作数据成员 courseName。

**成员函数 setCourseName 和 getCourseName**

　　定义在第 14~17 行的成员函数 setCourseName,在完成它的任务后不返回任何数据,所以它的返回类型是 void。这个成员函数具有一个形参 name,表示了将传递给它的作为实参的课程名称(如 main 的第 50 行所示)。第 16 行将 name 赋值给数据成员 courseName。在这个例子中,setCourseName 对课程名称的有效性没有做任何验证。也就是说,该函数并没有检查课程名称是否符合任何特殊的格式,或者是否遵守任何用来描述何为"有效"课程名称的规则。例如,假定某个大学可以打印包含课程名称的学生成绩单,要求课程名称至多为 25 个字符。在这种情况下,我们或许希望 GradeBook 类能够保证它的数据成员 courseName 包含的字符不超过 25 个。在 3.8 节将讨论有效性确认的技术。

　　成员函数 getCourseName(第 20~23 行)返回一个特定的 GradeBook 对象的 courseName。它没有对该

对象做任何修改，正因如此，我们将它声明为 const。这个成员函数有一个空的形参列表，所以不需要额外的数据执行它的任务。该函数指定的返回类型是 string。当指定的返回类型不是 void 的函数被调用并完成它的任务时，它向其主调函数返回一个结果（第 22 行）。例如，当你在自动柜员机（ATM）上查看账户余额时，会期望 ATM 反馈代表账户余额的值。类似地，当语句调用 GradeBook 对象的成员函数 get-CourseName 时，它也期望接收到该 GradeBook 对象的课程名称（在本例中，正如函数的返回类型所指定的，是一个字符串）。

如果有一个返回实参平方值的函数 square，那么语句

```
result = square( 2 );
```

将从函数 square 返回值 4，并且把值 4 赋值给变量 result。如果有一个返回 3 个整数实参中最大值的函数 maximum，那么语句

```
biggest = maximum( 27, 114, 51 );
```

将从函数 maximum 返回值 114，并且把这个值赋值给变量 biggest。

请注意，第 16 行和第 22 行的语句都使用了第 34 行的变量 courseName，即使它并没有在任何成员函数中声明。我们之所以可以这样做，是因为 courseName 是类的数据成员，而数据成员可被类的成员函数访问。

### 成员函数 displayMessage

成员函数 displayMessage（第 26 ~ 32 行）在执行完它的任务后不返回任何数据，因此其返回类型是 void。该函数没有任何形参，所以它的参数列表是空的。第 30 ~ 31 行输出一条包含了数据成员 courseName 值的欢迎信息。第 30 行调用成员函数 getCourseName 来获得 courseName 的值。注意，与成员函数 setCourseName 和 getCourseName 一样，成员函数 displayMessage 移动可以直接访问数据成员 courseName。我们在稍后会解释，对于 courseName 值的获取，从软件工程的角度为什么最好是调用成员函数 getCourseName。

### 测试 GradeBook 类

main 函数（第 38 ~ 54 行）创建了 GradeBook 类的一个对象，并且使用了它的每一个成员函数。其中，第 41 行创建了一个名为 myGradeBook 的 GradeBook 对象；第 44 ~ 45 行调用该对象的成员函数 getCourse-Name，显示初始的课程名称。请注意，输出的第一行并没有显示任何课程名称，因为这个对象的数据成员 courseName（即一个字符串）最初是空的。默认情况下，一个字符串的初始值是所谓的空串（empty string），也就是不包含任何字符的字符串。当显示空串时，屏幕上不出现任何内容。

第 48 行提示用户输入课程名称。局部的 string 变量 nameOfCourse（在第 40 行声明）被设置为用户输入的课程名称，该名称的获取通过调用 getline 函数（第 49 行）实现。第 50 行调用对象 myGradeBook 的 setCourseName 成员函数，并以 nameOfCourse 作为该函数的实参。当这个成员函数被调用时，实参的值复制给成员函数 setCourseName 的形参 name（第 14 行）中，接着形参 name 的值赋值给第 16 行的数据成员 courseName。第 52 行在输出中跳过一行，然后第 53 行调用对象 myGradeBook 的成员函数 displayMessage，显示包含课程名称的欢迎信息。

### set 和 get 函数体现的软件工程

一个类的私有数据成员只能够被该类的成员函数（以及友元，见第 9 章）所操作。因此，对象的客户——更确切地说，任何从对象外部调用该对象成员函数的语句——通过调用类的公有成员函数来请求为特定的类对象提供的类的服务。这正是 main 函数中的语句为什么调用一个 GradeBook 对象的成员函数 setCourseName、getCourseName 和 displayMessage 的原因。类常常提供公有成员函数，允许类的客户设置（set）或者获取（get）私有数据成员。虽然这些成员函数的名字不必以 set 或 get 开头，但是这种命名约定已普遍采用。在本例中，设置数据成员 courseName 的成员函数起名为 setCourseName，而获取数据成员 courseName 值的成员函数起名为 getCourseName。请注意，设置函数有时也称为更换器（mutator），因为它们将更换或改变值；获取函数有时也称为访问器（accessor），因为它们会获取值。

前面曾提到，用成员访问说明符 private 声明数据成员来实现数据隐藏。虽然提供公有的 set 和 get 函数会允许类的客户访问隐藏了的数据，但这只是间接的。客户明白正在试图修改或获取对象的数据，却并不知道该对象如何执行这些操作。在某些情况下，类可能在内部以某种方式表示数据，而在外对客户却以不同的方式暴露它们。例如，假定 Clock 类使用 private int 数据成员 time 表示一天的时间，记录从午夜起的秒数。可是，当客户调用 Clock 对象的 getTime 成员函数时，此对象返回的时间是以格式"HH:MM:SS"表示的包含了小时、分钟和秒的字符串。类似地，假定 Clock 类提供了名为 setTime 的设置函数，它有一个格式是"HH:MM:SS"的 string 类型的形参。利用第 21 章介绍的 string 类型的高级功能，setTime 函数可以将这个串转换为秒数，存放在私有数据成员中。这个设置函数还可以检查它接收的值是否表示一个有效的时间（例如，"12:30:45"是有效的，而"42:85:70"是非法的）。set 和 get 函数允许客户与对象交互，但是对象的私有数据继续安全地封装（即隐藏）在对象自身中。

尽管类内的其他成员函数可以直接访问类的私有数据，但是如果它们需要操作这些数据，也应该使用类的 set 函数和 get 函数。在图 3.5 中，成员函数 setCourseName 和 getCourseName 是公有成员函数，所以它们对类的客户和类自身而言是可访问的。成员函数 displayMessage 调用成员函数 getCourseName，获得显示用的数据成员 courseName 的值，即使 displayMessage 可以直接访问 courseName——通过 get 函数访问数据成员可创建更佳、更强壮的类（即更易于维护和发生问题可能性更小的类）。如果决定以某种方式改变数据成员 courseName，displayMessage 的定义将不需要任何修改，只有直接操作数据成员的 get 函数和 set 函数的函数体需要改变。例如，假定我们想用两个单独的数据成员：courseNumber（例如"CS101"）和 courseTitle（例如"Introduction to C++ Programming"）表示课程名称。成员函数 displayMessage 仍然可以向成员函数 getCourseName 发出一次调用，获得作为欢迎消息一部分显示的完整的课程信息。在这种情况下，getCourseName 将需要建立和返回一个字符串，该串由 courseNumber 后接 courseTitle 组成。成员函数 displayMessage 可以连续显示完整的课程名称"CS101 Introduction to C++ Programming"。当我们在 3.8 节讨论确认数据有效性时，可以更清楚地体会类的其他成员函数调用 set 函数的优点。

**良好的编程习惯 3.1**
始终设法控制数据成员的改变所影响的范围，采用 get 函数与 set 函数来访问和操作数据成员。

**软件工程知识 3.1**
编写出清晰和易于维护的程序非常重要。改变是常例而非例外。程序员应当预料到他们的代码将被修改，而且可能是经常性的。

### 具有一个数据成员及 set 和 get 函数的 GradeBook 类的 UML 类图

针对图 3.5 中 GradeBook 类的版本，图 3.6 包含了一个更新的 UML 类图。这个图将 GradeBook 的数据成员 courseName 表示为这个类中部区域中的一个属性。UML 将数据成员表示为属性的方法是依次列出属性名称、冒号和属性类型。属性 courseName 的 UML 类型是 String，它对应 C++ 中的 string 类型。数据成员 courseName 在 C++ 中是私有的，因此该类图在相应的属性名称前列出了一个减号。GradeBook 类包含三个 public 成员函数，所以类图也在矩形下部中列出了三个操作。操作 setCourseName 有一个名为 name 的 String 形参。UML 表示操作返回类型的方法是在操作名后的圆括号之后添加冒号和返回类型。在 C++中 GradeBook 类的成员函数 getCourseName 的返回类

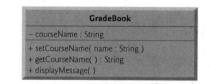

图 3.6　GradeBook 类的 UML 类图，包含一个 private 属性 courseName 及 public 操作 setCourseName、getCourseName 和 displayMessage

型是 string，于是类图显示了 UML 中的返回类型 String。请注意，操作 setCourseName 和 displayMessage 没有返回值，即它们在 C++ 中返回 void，所以 UML 类图在这些操作的圆括号后没有指定返回类型。

## 3.5　使用构造函数初始化对象

3.4 节中曾提到，在创建 GradeBook 类的对象时（如图 3.5 所示），该对象的数据成员 courseName 被初始化为默认的空串。那么，如果想在创建 GradeBook 对象的同时就提供课程名称，那么应该怎么办呢？实际上，声明的每个类都可以提供一到多个构造函数（constructor），用于类对象创建时它的初始化。构造函数是一种特殊的成员函数，定义时必须和类同名，这样编译器才能够将它和类的其他成员函数区分开来。构造函数和其他函数之间的一个重大差别是构造函数不能返回值，因此对它们不可以指定返回类型（甚至连 void 都不行）。通常情况下，构造函数声明为 public。在本书前面的章节中，我们的类一般只有一个构造函数，而在后面一些的章节中，大家将看到如何应用 6.18 节介绍的函数重载技术，去创建有多个构造函数的类。

对于每个创建的对象，C++ 自动调用构造函数，这有助于保证在程序使用对象前，它被正确地初始化。构造函数的调用发生在对象创建时。在任何没有显式地包含构造函数的类中，编译器会提供一个默认的构造函数，更确切地说，是一个没有形参的构造函数。例如，当图 3.5 中的第 41 行创建一个 Grade-Book 的对象时，这个默认的构造函数就被调用了。由编译器提供的默认构造函数在创建 GradeBook 的对象时，没有给对象的具有基本数据类型的数据成员任何初始值。对于是其他类的对象的数据成员，默认的构造函数将隐式地调用每个数据成员的默认构造函数，保证数据成员正确初始化。事实上，这正是图 3.5 中 string 数据成员 courseName 被初始化为空串的原因——类 string 的默认构造函数将这个 string 类对象的值设置为空串。

在图 3.7 的例子中，当创建 GradeBook 对象时（例如第 47 行），我们对它指定课程名称。在这种情况下，实参"CS101 Introduction to C++ Programming"传递给这个 GradeBook 对象的构造函数（第 14 ~ 18 行）并用于初始化 courseName。图 3.7 定义了一个修改后的 GradeBook 类，它包含一个构造函数并且该构造函数具有一个接收初始课程名称的 string 形参。

```cpp
1   // Fig. 3.7: fig03_07.cpp
2   // Instantiating multiple objects of the GradeBook class and using
3   // the GradeBook constructor to specify the course name
4   // when each GradeBook object is created.
5   #include <iostream>
6   #include <string> // program uses C++ standard string class
7   using namespace std;
8
9   // GradeBook class definition
10  class GradeBook
11  {
12  public:
13     // constructor initializes courseName with string supplied as argument
14     explicit GradeBook( string name )
15        : courseName( name ) // member initializer to initialize courseName
16     {
17        // empty body
18     } // end GradeBook constructor
19
20     // function to set the course name
21     void setCourseName( string name )
22     {
23        courseName = name; // store the course name in the object
24     } // end function setCourseName
25
26     // function to get the course name
27     string getCourseName() const
28     {
29        return courseName; // return object's courseName
30     } // end function getCourseName
31
32     // display a welcome message to the GradeBook user
```

图 3.7　实例化 GradeBook 类的多个对象并在创建每个 Grade-
Book 对象时使用 GradeBook 构造函数指定课程名称

```
33      void displayMessage() const
34      {
35         // call getCourseName to get the courseName
36         cout << "Welcome to the grade book for\n" << getCourseName()
37            << "!" << endl;
38      } // end function displayMessage
39   private:
40      string courseName; // course name for this GradeBook
41   }; // end class GradeBook
42
43   // function main begins program execution
44   int main()
45   {
46      // create two GradeBook objects
47      GradeBook gradeBook1( "CS101 Introduction to C++ Programming" );
48      GradeBook gradeBook2( "CS102 Data Structures in C++" );
49
50      // display initial value of courseName for each GradeBook
51      cout << "gradeBook1 created for course: " << gradeBook1.getCourseName()
52         << "\ngradeBook2 created for course: " << gradeBook2.getCourseName()
53         << endl;
54   } // end main
```

```
gradeBook1 created for course: CS101 Introduction to C++ Programming
gradeBook2 created for course: CS102 Data Structures in C++
```

图 3.7(续)     实例化 GradeBook 类的多个对象并在创建每个 Grade-
Book对象时使用GradeBook构造函数指定课程名称

### 定义构造函数

图 3.7 中的第 14～18 行定义了 GradeBook 类的一个构造函数。注意,这个构造函数与它的类同名,都称为 GradeBook。构造函数在它的形参列表中指定它执行任务所需要的数据。正如第 47～48 行所示,当创建新的对象时,在对象名之后的圆括号中放置这些数据。第 14 行指出 GradeBook 类的构造函数有一个名为 name 的 string 形参。我们用 explicit 声明该构造函数,因为它有一个形参——这对于大家理解 10.13 节中给出的详细解释而言非常重要。注意,目前我们声明所有的单形参构造函数时都用了 explicit。第 14 行没有指定返回类型,因为构造函数不可以返回任何值(甚至是 void)。而且,构造函数不能声明为 const(因为对象的初始化修改了对象)。

构造函数通过成员初始化列表(第 15 行)用构造函数形参 name 的值初始化数据成员 courseName。成员初始化项出现在构造函数的形参列表和构造函数的体开始的左花括号之间。成员初始化列表与形参列表用一个冒号相分隔。每个成员初始化项由一个数据成员的变量名和紧随其后包含该成员初始值的圆括号对组成。在本例中,courseName 用形参 name 的值进行初始化。如果类包含多个数据成员,每个数据成员的初始化项用逗号前后分开。成员初始化列表的执行在构造函数的体执行之前进行。当然,也可以在构造函数的体内执行初始化。但是,大家在本章之后的学习中可以看到,使用成员初始化项的初始化效率更高,而且一些类型的数据成员还必须用这种方式进行初始化。

请注意,第 14 行的构造函数和第 21 行的 setCourseName 函数都使用了名为 name 的形参。大家可以在不同的函数中使用相同的形参名,因为对每个函数而言,形参是局部的,它们互不干扰。

### 测试 GradeBook 类

图 3.7 中的第 44～54 行定义了 main 函数,它测试 GradeBook 类,并示范用构造函数初始化 GradeBook 对象。第 47 行创建和初始化一个名为 gradeBook1 的 GradeBook 对象。当这一行执行时,GradeBook 构造函数(第 14～18 行)被调用,使用实参"CS101 Introduction to C++ Programming"初始化 gradeBook1 的课程名称。第 48 行重复这一过程,创建名为 gradeBook2 的 GradeBook 对象,这时传递实参"CS102 Data Structures in C++"初始化 gradeBook2 的课程名称。第 51～52 行使用每个对象的成员函数 getCourseName 获得课程名称,证明它们的确在对象被创建时初始化了。例子的输出证实了每个 GradeBook 对象维护它自己的数据成员 courseName。

**为类提供默认构造函数的方法**

任何不接受实参的构造函数，称为默认的构造函数。类通过下面的方法之一得到默认的构造函数：

1. 编译器隐式地在没有任何用户自定义的构造函数的类中创建一个默认的构造函数。这样的默认构造函数一般不初始化类的数据成员，但是如果数据成员是其他类的对象，那么这个类的默认构造函数会调用这些数据成员的默认构造函数。没有初始化的变量通常包含未定义的"垃圾"值。
2. 程序员显式定义一个不接受实参的构造函数。这样的默认构造函数将调用是其他类对象的每个数据成员的默认构造函数，并执行程序员规定的其他初始化任务。
3. 如果程序员定义任何具有实参的构造函数，C++ 将不再为这个类隐式地创建一个默认的构造函数。在后面的章节中可以看到，即使已经定义了非默认的构造函数，C++ 11 仍允许大家强行令编译器去创建默认的构造函数。

请注意，对图 3.1、图 3.3 和图 3.5 中每个版本的 GradeBook 类，编译器都隐式地定义了一个默认的构造函数。

**错误预防技巧 3.2**

除非没有必要初始化类的数据成员（但这几乎不可能），否则请提供构造函数，这样可以保证当类的每个新对象被创建时，类的数据成员都用有意义的值进行了初始化。

**软件工程知识 3.2**

数据成员可以在类的构造函数中初始化，或者在对象创建后设置它们的值。但是，一条好的软件工程经验是：在客户代码调用对象的成员函数之前，保证已充分地初始化对象了。一般而言，不应该依赖客户代码来保证对象的正确初始化。

**在 GradeBook 类的 UML 类图中添加构造函数**

图 3.8 的 UML 类图表示了图 3.7 的 Grade-Book 类，该类包含了具有 string 类型（在 UML 用类型 String 表示）形参 name 的一个构造函数。和操作一样，在类图中，UML 在类的矩形下部表示构造函数。为了区分构造函数和类的操作，UML 在构造函数的名字之前添加了用一对双尖括号（<< 和 >>）括起来的单词"constructor"。按照惯例，常常在矩形下部将类的构造函数列在其他操作的前面。

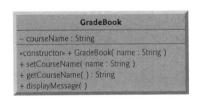

图 3.8 UML 类图表明 GradeBook 类有一个构造函数，它具有一个UML类型String的形参name

## 3.6 一个类对应一个独立文件的可复用性

创建类定义的一个好处是：当正确封装时，类可以被其他的程序员所复用。例如，通过在程序中包含头文件 < string >（以及正如我们看到的，能够链接到库的对象代码），我们可以在任何一个 C++ 程序中复用 C++ 标准库类型 string。

然而遗憾的是，希望使用 GradeBook 类的程序员却不能在另一个程序中简单地包含图 3.7 所示的文件。正如在第 2 章所讲的那样，main 函数是每个程序执行的起点，每个程序有且仅有一个 main 函数。如果其他程序员包含图 3.7 所示的代码，他们将得到"超重"的行李——我们的 main 函数。于是，他们的程序将有两个 main 函数。当试图编译具有两个 main 函数的程序时，编译器会报告一个错误。因此，如果在具有一个类定义的相同文件中放置 main 函数，那么将妨碍这个类被其他程序复用。本节中将演示使 GradeBook 类可复用的方法，即将 GradeBook 类放到另一个与 main 函数分开的文件中。

**头文件**

这一章中前面的每个例子都由包含了 GradeBook 的类定义和一个 main 函数的单个.cpp 文件(也称为一个源代码文件)构成。在构建面向对象的 C++ 程序时,通常在一个文件中定义可复用源代码(例如,一个类),按照惯例这个文件扩展名为.h——称为头文件(header file)。程序使用#include 预处理指令包含头文件,并利用可复用软件组件,例如 C++ 标准库提供的类型 string,以及用户自定义的类型,如 GradeBook 类等。

我们下面的例子将图 3.7 的代码分成两个文件——GradeBook.h(如图 3.9 所示)和 fig03_10.cpp(如图 3.10 所示)。当大家在阅读图 3.9 中的头文件时,请注意它仅包含 GradeBook 的类定义(第 7 ~ 38 行)以及这个类所依赖的一些头文件。使用 GradeBook 类的 main 函数定义在源代码文件 fig03_10.cpp(见图 3.10)的第 8 ~ 18 行。为了帮助大家做好应对(本书其余部分或今后的职业生涯中遇到的)更大程序的准备,我们常常使用一个包含了 main 函数的独立的源代码文件来测试有关的类,这就是所谓的驱动程序(driver program)。大家很快将学习具有 main 函数的源代码文件是如何使用头文件中的类定义来创建类的对象的。

```cpp
1   // Fig. 3.9: GradeBook.h
2   // GradeBook class definition in a separate file from main.
3   #include <iostream>
4   #include <string> // class GradeBook uses C++ standard string class
5
6   // GradeBook class definition
7   class GradeBook
8   {
9   public:
10     // constructor initializes courseName with string supplied as argument
11     explicit GradeBook( std::string name )
12        : courseName( name ) // member initializer to initialize courseName
13     {
14        // empty body
15     } // end GradeBook constructor
16
17     // function to set the course name
18     void setCourseName( std::string name )
19     {
20        courseName = name; // store the course name in the object
21     } // end function setCourseName
22
23     // function to get the course name
24     std::string getCourseName() const
25     {
26        return courseName; // return object's courseName
27     } // end function getCourseName
28
29     // display a welcome message to the GradeBook user
30     void displayMessage() const
31     {
32        // call getCourseName to get the courseName
33        std::cout << "Welcome to the grade book for\n" << getCourseName()
34           << "!" << std::endl;
35     } // end function displayMessage
36  private:
37     std::string courseName; // course name for this GradeBook
38  }; // end class GradeBook
```

图 3.9　在 main 函数之外的独立文件中的 GradeBook 类定义

**头文件中 std:: 与标准库成分的一同使用**

在图 3.9 所示的头文件中,当引用 string(第 11、18、24、37 行)、cout(第 33 行)和 endl(第 34 行)时,使用了 std::。请注意头文件不应该包含 using 指令或者 using 声明(参见 2.7 节),我们将在之后的章节中对此进行详细的解释。

```
 1   // Fig. 3.10: fig03_10.cpp
 2   // Including class GradeBook from file GradeBook.h for use in main.
 3   #include <iostream>
 4   #include "GradeBook.h" // include definition of class GradeBook
 5   using namespace std;
 6
 7   // function main begins program execution
 8   int main()
 9   {
10      // create two GradeBook objects
11      GradeBook gradeBook1( "CS101 Introduction to C++ Programming" );
12      GradeBook gradeBook2( "CS102 Data Structures in C++" );
13
14      // display initial value of courseName for each GradeBook
15      cout << "gradeBook1 created for course: " << gradeBook1.getCourseName()
16         << "\ngradeBook2 created for course: " << gradeBook2.getCourseName()
17         << endl;
18   } // end main
```

```
gradeBook1 created for course: CS101 Introduction to C++ Programming
gradeBook2 created for course: CS102 Data Structures in C++
```

图 3.10　包含文件 GradeBook.h 中的 GradeBook 类让 main 函数使用

### 包含一个用户自定义类的头文件

像 GradeBook.h(如图 3.9 所示)之类的头文件,不能作为一个完整的程序来使用,因为它没有包含 main 函数。为了测试定义在图 3.9 中的类 GradeBook,必须编写一个独立的包含 main 函数的源代码文件(例如图 3.10),初始化和使用这个类的对象。

编译器不知道何为 GradeBook,因为它是一个用户自定义的类型。事实上,编译器甚至不知道在 C++标准库中的类。为了帮助编译器明白如何使用一个类,必须明确地给它提供这个类的定义。这就是为什么,例如使用类型 string 时,程序必须包含 <string> 头文件的原因。这使编译器能够确定为这个类的每个对象保留的内存大小,以及能够保证程序正确地调用这个类的成员函数。

为了在图 3.10 的第 11~12 行中创建 GradeBook 对象 gradeBook1 和 gradeBook2,编译器必须知道一个 GradeBook 对象的大小。虽然概念上对象包含数据成员和成员函数,但是 C++对象实际上只包含数据。编译器仅创建类的成员函数的一份副本,该类所有的对象共享它。而每个对象毫无疑问地需要它自己的一份类的数据成员的副本,因为它们的内容随对象的不同而不同(例,两个不同的 BankAccount 对象具有不同的余额)。可是,成员函数的代码是不可更改的。正因为如此,它们才可以被该类所有的对象所共享。因此,一个对象的大小依赖于存储类的数据成员所需的内存大小。通过在第 4 行包含 GradeBook.h,就使编译器获知确定一个 GradeBook 对象的大小所需要的信息(如图 3.9 中的第 37 行),以及确定类的对象是否被正确使用的信息(如图 3.10 中的第 11~12 行和第 15~16 行)。

第 4 行指示 C++预处理器,在程序被编译前用 GradeBook.h 内容(即 GradeBook 的类定义)的副本替换这条指令。由于#include 语句,当编译源代码文件 fig03_10.cpp 时,该文件已经包含了 GradeBook 的类定义,而且编译器能够确定如何创建 GradeBook 对象并检查它们的成员函数是否被正确调用。既然类的定义在头文件(其中不包含 main 函数)中,那么我们可以在任何需要复用 GradeBook 类的程序中包含这个头文件。

### 如何找到头文件

请注意,图 3.10 第 4 行中的 GradeBook.h 头文件的名字是括在双引号(" ")而非尖括号( < > )中的。正常情况下,程序的源代码文件和用户自定义的头文件放在同一个文件夹下。当预处理器遇到括在双引号中的头文件名时,它就会试着在该#include 指令出现的文件所在的文件夹下寻找该头文件。如果预处理器在此文件夹下未能找到这个头文件,那么它会继续在 C++标准库头文件所在的文件夹下搜索。当预处理器遇到括在尖括号中的头文件名(例如 <iostream>)时,它认为这个头文件是 C++标准库的一部分,所以不会到正被预处理的这个程序所在的文件夹中去查找。

**错误预防技巧3.3**

为了保证预处理器能够正确找到头文件,#include 预处理指令应该将用户自定义的头文件名放置在双引号中(例如"GradeBook. h"),而将 C++ 标准库头文件名放置在尖括号中(例如 <iostream>)。

**其他软件工程话题**

既然 GradeBook 类定义在头文件中,那么这个类是可复用的。遗憾的是,如果像图3.9所示的那样在头文件中放置类定义,依然会向类的客户暴露类的整个实现。因为 GradeBook. h 只是一个文本文件,任何人都可以打开和阅读。软件工程的实践经验和知识告诉我们:要使用类的对象,客户代码只需要知道调用什么样的成员函数,提供给每个成员函数的实参是什么,以及期望从每个成员函数返回的类型是什么。客户代码无须知道这些函数是如何实现的。

如果客户知道了类是如何实现的,那么客户代码程序员可能在这个类实现细节的基础上编写代码。理想情况下,如果类的实现更改了,类的客户应当不必更改。隐藏类的实现细节,可以使类的实现更易于改变,而使客户代码的更改减至最少,甚至有希望无须更改。

在3.7节中,我们将说明如何将 GradeBook 类分成两个文件,使得:

1. 这个类是可复用的。
2. 这个类的客户知道该类提供了什么成员函数、如何调用它们以及期望的返回类型是什么。
3. 客户不知道这个类的成员函数是如何实现的。

## 3.7  接口与实现的分离

上一节介绍了将类定义和使用该类的客户代码(例如 main 函数)分离,可以增强软件的可复用性。下面再介绍一条好的软件工程基本原则——分离类的接口与类的实现。

**类的接口**

接口(interface)定义并标准化了人和系统等诸如此类事物彼此交互的方式。例如,收音机的调节装置可认为是用户与收音机内部元件之间的接口。调节装置允许收音机的用户执行一组有限的操作,例如换台、调音量、在 AM 和 FM 之间选择台等。或许各种各样的收音机实现这些操作的手段不同,比如有些提供按钮,有些提供刻度盘,而有些支持声控等。接口只是指出了收音机允许用户所进行的操作,而并没有详细说明这些操作在收音机内部是如何实现的。

类似地,类的接口描述了该类的客户所能使用的服务,以及如何请求这些服务,但不描述类如何实现这些服务。类的接口由类的 public 成员函数(也称为类的公共服务)组成。例如,GradeBook 类的接口(如图3.9所示)包含一个构造函数及成员函数 setCourseName、getCourseName 和 displayMessage。Grade-Book 的客户(例如,图3.10中的 main 函数)使用这些函数请求类的服务。大家很快将会看到,通过书写只列出成员函数名、返回类型和形参类型的类定义,就可以说明一个类的接口。

**分离接口与实现**

在前面的例子中,每个类定义包含了类的公有成员函数的完整定义,以及类的私有数据成员的声明。可是,更好的软件工程实践是在类定义的外部定义成员函数,这样这些成员函数的实现细节对客户代码而言是隐藏的。这种方式保证程序员不会写出依赖于类的实现细节的客户代码。

图3.11~图3.13的程序,通过将图3.9的类定义分成两个文件——定义 GradeBook 类的头文件 GradeBook. h(如图3.11所示)和定义 GradeBook 成员函数的源代码文件 GradeBook. cpp(如图3.12所示),将 GradeBook 类的接口从它的实现中分离出来。按照惯例,成员函数的定义放在一个与类的头文件基本名(例如,GradeBook)同名而文件扩展名是.cpp 的源代码文件中。图3.13所示的源代码文件 fig03_13.cpp 定义了 main 函数(客户代码)。图3.13与图3.10所示的代码和输出是一样的。图3.14分别从 GradeBook

类的程序员和客户代码的程序员的角度，显示了由这三个文件构成的程序是如何编译的，下面会给出详细的解释。

```
 1   // Fig. 3.11: GradeBook.h
 2   // GradeBook class definition. This file presents GradeBook's public
 3   // interface without revealing the implementations of GradeBook's member
 4   // functions, which are defined in GradeBook.cpp.
 5   #include <string> // class GradeBook uses C++ standard string class
 6
 7   // GradeBook class definition
 8   class GradeBook
 9   {
10   public:
11      explicit GradeBook( std::string ); // constructor initialize courseName
12      void setCourseName( std::string ); // sets the course name
13      std::string getCourseName() const; // gets the course name
14      void displayMessage() const; // displays a welcome message
15   private:
16      std::string courseName; // course name for this GradeBook
17   }; // end class GradeBook
```

图 3.11　包含说明了类接口的函数原型的 GradeBook 类定义

### GradeBook.h：使用函数原型定义类的接口

图 3.11 所示的头文件 GradeBook.h 包含了 GradeBook 类定义的另一个版本（第 8 ~ 17 行）。该版本和图 3.9 的版本相类似，但是在图 3.9 中的函数定义在这里被函数原型（function prototype）所替换（第 11 ~ 14 行），它们描述了类的公共接口而没有暴露类的成员函数的实现。函数原型是函数的声明，告诉编译器函数的名字、返回类型和形参的类型。请注意，头文件仍指定了类的 private 数据成员（第 16 行）。此外，编译器必须知道类的数据成员，以决定为类的每个对象保留多少内存。在客户代码中包含头文件 GradeBook.h（如图 3.13 中的第 5 行所示）给编译器提供了它需要的信息，保证客户代码正确调用 GradeBook 类的成员函数。

图 3.11 中第 11 行的函数原型指出这个构造函数需要一个 string 形参。要记住构造函数是没有返回类型的，所以在这个函数原型中没有返回类型出现。成员函数 setCourseName 的函数原型指明 setCourseName 需要一个 string 形参，并且不返回值（即它的返回类型是 void）。成员函数 getCourseName 的函数原型指出该函数不需要形参，但返回一个字符串。最后，成员函数 displayMessage 的函数原型（第 14 行）说明 displayMessage 不需要形参并且不返回任何值。除了可以不包含形参的名字（这在原型中是可选的）及每个函数原型必须以分号结尾之外，这些函数原型和图 3.9 中相应的函数头部是一样的。

**良好的编程习惯 3.2**

尽管函数原型中形参名是可选的（它们被编译器忽略），但是很多程序员出于编制文档的目的而使用这些名字。

### GradeBook.cpp：在独立的源代码文件中定义成员函数

源代码文件 GradeBook.cpp（如图 3.12 所示）定义了 GradeBook 类的成员函数，这些函数声明位于图 3.11 中的第 11 ~ 14 行，而它们的定义出现在第 9 ~ 33 行，与图 3.9 中第 11 ~ 35 行书写的成员函数的定义几乎一样。请注意，关键字 const 必须出现在成员函数 getCourseName 和 displayMessage 的函数原型（图 3.11 的第 13 ~ 14 行）和函数定义（图 3.12 的第 22 行和第 28 行）中。

在函数头部中（第 9 行、第 16 行、第 22 行和第 28 行），每个成员函数名之前都添加了类名和符号"::"，该符号是作用域分辨运算符（scope resolution operator）。通过这样的方式，将每个成员函数"捆绑"到目前分开的 GradeBook 的类定义上（如图 3.11 所示），该类定义声明了类的成员函数和数据成员。如果在每个函数名之前没有"GradeBook::"，编译器将不承认这些函数是 GradeBook 类的成员函数——编译器将认为它们是"自由的"或"无拘束的"函数，就像 main 函数一样。这样的函数也称作全局函数。这种没有指定对象的函数不可以访问 GradeBook 的 private 数据，或者调用类的成员函数，所以编译器将不能编译这些函数。例如，访问变量 courseName 的第 18 行和第 24 行将导致编译错误，因为在每个函数中 courseName 没有被声明是局部变量——编译器不会知道 courseName 已经被声明为 GradeBook 类的一个数据成员。

```cpp
1   // Fig. 3.12: GradeBook.cpp
2   // GradeBook member-function definitions. This file contains
3   // implementations of the member functions prototyped in GradeBook.h.
4   #include <iostream>
5   #include "GradeBook.h" // include definition of class GradeBook
6   using namespace std;
7
8   // constructor initializes courseName with string supplied as argument
9   GradeBook::GradeBook( string name )
10     : courseName( name ) // member initializer to initialize courseName
11  {
12     // empty body
13  } // end GradeBook constructor
14
15  // function to set the course name
16  void GradeBook::setCourseName( string name )
17  {
18     courseName = name; // store the course name in the object
19  } // end function setCourseName
20
21  // function to get the course name
22  string GradeBook::getCourseName() const
23  {
24     return courseName; // return object's courseName
25  } // end function getCourseName
26
27  // display a welcome message to the GradeBook user
28  void GradeBook::displayMessage() const
29  {
30     // call getCourseName to get the courseName
31     cout << "Welcome to the grade book for\n" << getCourseName()
32        << "!" << endl;
33  } // end function displayMessage
```

图 3.12　GradeBook 成员函数的定义描述了 GradeBook 类的实现

 **常见的编程错误 3.3**

在类的外部定义类的成员函数时，在函数名前省略类名和作用域分辨运算符会导致错误发生。

为了指出 GradeBook.cpp 中的成员函数是 GradeBook 类的一部分，必须首先包含 GradeBook.h 头文件（如图 3.12 中的第 5 行所示）。这允许我们在 GradeBook.cpp 文件中访问类名 GradeBook。当编译 GradeBook.cpp 时，编译器使用 GradeBook.h 中的信息来保证：

1. 每个成员函数的第一行(第 9 行、第 16 行、第 22 行和第 28 行)都与 GradeBook.h 中它的原型相匹配。例如，编译器确保 getCourseName 不接受形参，但返回一个 string 对象。

2. 每个成员函数了解类的数据成员和其他成员函数。例如，第 18 行和第 24 行可以访问变量 courseName，因为它在 GradeBook.h 中被声明为是 GradeBook 类的一个数据成员，而第 31 行可以调用函数 getCourseName，因为它在 GradeBook.h 中被声明为是这个类的一个成员函数(并且这个调用与相应的原型相符)。

**测试 GradeBook 类**

图 3.13 执行同图 3.10 一样的 GradeBook 对象的处理。将 GradeBook 的接口从它的成员函数实现中分离出来，并不影响客户代码对类的使用方式。它只影响程序的编译和链接，我们将很快对此进行详细的讨论。

与图 3.10 一样，图 3.13 中的第 5 行包含 GradeBook.h 头文件，这样编译器可以保证在客户代码中正确地创建和操作 GradeBook 对象。在执行这个程序之前，图 3.12 和图 3.13 中的源代码文件必须先经编译，然后链接在一起。也就是说，客户代码中成员函数的调用需要和类的成员函数的实现捆绑在一起。这是一项由链接器完成的工作。

```cpp
1   // Fig. 3.13: fig03_13.cpp
2   // GradeBook class demonstration after separating
3   // its interface from its implementation.
4   #include <iostream>
5   #include "GradeBook.h" // include definition of class GradeBook
6   using namespace std;
7
8   // function main begins program execution
9   int main()
10  {
11     // create two GradeBook objects
12     GradeBook gradeBook1( "CS101 Introduction to C++ Programming" );
13     GradeBook gradeBook2( "CS102 Data Structures in C++" );
14
15     // display initial value of courseName for each GradeBook
16     cout << "gradeBook1 created for course: " << gradeBook1.getCourseName()
17       << "\ngradeBook2 created for course: " << gradeBook2.getCourseName()
18       << endl;
19  } // end main
```

```
gradeBook1 created for course: CS101 Introduction to C++ Programming
gradeBook2 created for course: CS102 Data Structures in C++
```

图 3.13　接口和实现分离之后的 GradeBook 类的演示

### 编译和链接过程

图 3.14 是个示意图，显示了生成可供教师使用的、可执行的 GradeBook 应用程序的编译和连接过程。通常由一个程序员创建和编译类的接口和实现，而由不同的实现使用类的客户代码的程序员使用它们。因此，这个示意图显示了类实现程序员和客户代码程序员需要做的部分。图中虚线划分了类实现程序员、客户代码程序员和 GradeBook 应用程序用户各自需要做的部分【注意：图 3.14 不是 UML 类图】。

负责创建可复用的 GradeBook 类的类实现程序员首先创建两个文件，一个是头文件 GradeBook.h，另一个是包含（#include）该头文件的源代码文件 GradeBook.cpp。然后，编译源代码文件，创建 GradeBook 对象的目标代码。为了隐藏 GradeBook 类成员函数的实现细节，类实现程序员将向客户代码程序员提供头文件 GradeBook.h（它列出了类的接口和数据成员）和 GradeBook 类的目标代码。目标代码包含了描述 GradeBook 成员函数的机器指令。GradeBook.cpp 的源代码文件并没有交给客户代码程序员，所以客户依旧不知道 GradeBook 成员函数是如何实现的。

客户代码只需要知道使用 GradeBook 类的接口，并必须能够链接到它的目标代码。由于类接口是 GradeBook.h 头文件中类定义的一部分，客户代码程序员必须有权访问这个文件，并在客户源代码中包含（#include）它。当编译客户代码时，编译器使用 GradeBook.h 中的类定义来保证 main 函数正确创建和操作 GradeBook 类的对象。

为了创建可执行的 GradeBook 应用程序，最后的步骤是链接如下几个部分。

1. main 函数的目标代码（即客户代码）。

2. GradeBook 类成员函数实现的目标代码。

3. 类实现程序员和客户代码程序员使用的 C++ 类（例如，string）的 C++ 标准库目标代码。

链接器的输出就是可供教师用于管理学生成绩的 GradeBook 可执行程序。在编译完代码后，接下来编译器和集成开发环境通常会调用链接器。

关于编译多个源代码文件程序的进一步信息，请参阅相关的编译器文档。另外，www.deitel.com/cplusplus/ 上的 C++ 资源中心提供了各种 C++ 编译器的链接。

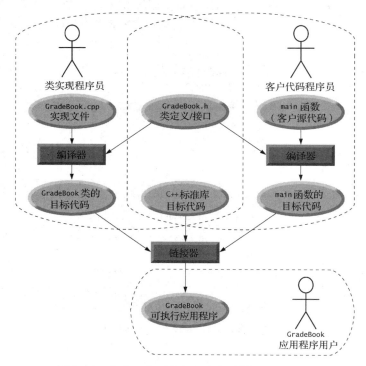

图 3.14　生成一个可执行程序的编译和连接过程

## 3.8　用 set 函数确认数据的有效性

为了允许类的客户修改私有数据成员的值,在 3.4 节中引入了 set 函数。在图 3.5 中,类 Grade-Book 定义了成员函数 setCourseName,它简单地将形参 name 接收到的值赋给数据成员 courseName。这个成员函数不能够保证课程名称符合任何特殊的格式,或者遵守任何其他的规则。这些格式和规则都是对一个"有效"的课程名称的描述。假定一个大学可以打印学生成绩单,但是其中课程名称的长度要求只能小于等于 25 个字符。如果该学校使用包含 GradeBook 对象的系统来生成成绩单,那么我们也许希望类 GradeBook 能够保证它的数据成员 courseName 从不会超过 25 个字符。图 3.15 ~ 图 3.17 的程序增强了 GradeBook 类的成员函数 setCourseName,让它执行数据有效性确认(也称为有效性检查)的工作。

```
 1  // Fig. 3.15: GradeBook.h
 2  // GradeBook class definition presents the public interface of
 3  // the class. Member-function definitions appear in GradeBook.cpp.
 4  #include <string> // program uses C++ standard string class
 5
 6  // GradeBook class definition
 7  class GradeBook
 8  {
 9  public:
10     explicit GradeBook( std::string ); // constructor initialize courseName
11     void setCourseName( std::string ); // sets the course name
12     std::string getCourseName() const; // gets the course name
13     void displayMessage() const; // displays a welcome message
14  private:
15     std::string courseName; // course name for this GradeBook
16  }; // end class GradeBook
```

图 3.15　GradeBook 的类定义呈现该类的公共接口

### GradeBook 的类定义

图 3.15 中的 GradeBook 的类定义，特别是它的接口，都同图 3.11 中的一模一样。由于接口保持不变，当修改成员函数 setCourseName 的定义时，这个类的客户也不必改变。这样，客户就可以简单地通过将客户代码连接到更新后的 GradeBook 目标代码，从而利用改进后的 GradeBook 类。

### 使用 GradeBook 成员函数 setCourseName 确认课程名称的有效性

对类 GradeBook 的改变发生在构造函数和 setCourseName 成员函数的定义中（图 3.16 的第 9 ~ 12 行和第 16 ~ 29 行）。现在构造函数调用 setCourseName 成员函数，而没有使用成员初始化项。一般而言，所有的数据成员应该用成员初始化项进行初始化。可是，有时构造函数还必须确认它的实参的数据有效性——这往往在构造函数的体内进行处理（第 11 行）。通过调用 setCourse-Name 来确认构造函数实参的有效性，并设置数据成员 courseName 的值。首先，在构造函数的体执行之前，courseName 的值将设置为空串。然后，setCourseName 成员函数修改 courseName 的值。

```cpp
1   // Fig. 3.16: GradeBook.cpp
2   // Implementations of the GradeBook member-function definitions.
3   // The setCourseName function performs validation.
4   #include <iostream>
5   #include "GradeBook.h" // include definition of class GradeBook
6   using namespace std;
7
8   // constructor initializes courseName with string supplied as argument
9   GradeBook::GradeBook( string name )
10  {
11     setCourseName( name ); // validate and store courseName
12  } // end GradeBook constructor
13
14  // function that sets the course name;
15  // ensures that the course name has at most 25 characters
16  void GradeBook::setCourseName( string name )
17  {
18     if ( name.size() <= 25 ) // if name has 25 or fewer characters
19        courseName = name; // store the course name in the object
20
21     if ( name.size() > 25 ) // if name has more than 25 characters
22     {
23        // set courseName to first 25 characters of parameter name
24        courseName = name.substr( 0, 25 ); // start at 0, length of 25
25
26        cerr << "Name \"" << name << "\" exceeds maximum length (25).\n"
27           << "Limiting courseName to first 25 characters.\n" << endl;
28     } // end if
29  } // end function setCourseName
30
31  // function to get the course name
32  string GradeBook::getCourseName() const
33  {
34     return courseName; // return object's courseName
35  } // end function getCourseName
36
37  // display a welcome message to the GradeBook user
38  void GradeBook::displayMessage() const
39  {
40     // call getCourseName to get the courseName
41     cout << "Welcome to the grade book for\n" << getCourseName()
42        << "!" << endl;
43  } // end function displayMessage
```

图 3.16　GradeBook 类的成员函数定义，其中具有确认数据成员 courseName 长度有效性的一个 set 函数

在 setCourseName 成员函数的定义中，第 18 ~ 19 行的 if 语句确定形参 name 是否包含一个有效的课程名称（即一个至多含 25 个字符的字符串）。如果课程名称是有效的，那么第 19 行将它存放到数据成员 courseName 中。请注意第 18 行中的表达式 name. size( )，它和 myGradeBook. displayMessage( )一样是一个成员函数调用。C++ 标准库的 string 类定义了成员函数 size，它返回 string 对象中的字符个数。形参 name 是一个 string 对象，所以 name. length( )函数调用返回的是 name 中的字符个数。如果返回值小于或等于 25，那么 name 是有效的，于是执行第 19 行。

第 21 ~ 28 行中的 if 语句处理 setCourseName 接收一个无效课程名称(即超过 25 个字符长度的名字)的情况。即使形参 name 超长了,我们仍希望这个 GradeBook 对象处在一种可靠的状态(consistent state)中。也就是说,在这种状态中对象的数据成员 courseName 包含一个有效值(即一个不超过 25 个字符的字符串)。于是,我们截短(即缩短)所指定的课程名称,而将 name 的前 25 个字符赋值给数据成员 courseName(遗憾的是,课程名称的截取是没有什么技巧可言的)。标准类 string 提供了成员函数 substr(即"substring"的缩写),它返回一个新的 string 对象,该对象是通过复制已存在 string 对象的一部分而创建的。第 24 行中的调用,即 name. substr(0, 25),把两个整数(0 和 25)传递到 name 的数据成员函数 substr 中。这两个实参指示了字符串 name 的一部分,它们应该是 substr 的返回值。其中,第一个实参说明了在原始字符串中开始复制字符的起始位置(每个字符串中第一个字符的位置被视作位置 0),第二个实参指定了复制的字符个数。因此,第 24 行的调用返回一个 25 个字符的 name 子串,该串从 name 的 0 位置开始(也就是 name 的前 25 个字符)。例如,如果 name 拥有值"CS101 Introduction to Programming in C++",那么 substr 将返回"CS101 Introduction to Pro"。在调用 substr 后,第 24 行将 substr 返回的这个子串赋值给数据成员 courseName。这样,成员函数 setCourseName 保证了赋给 courseName 的值总是一个包含 25 个或更少字符的字符串。如果该成员函数为保持课程名称的有效性而不得不截短它,我们使用第 1 章曾提到的 cerr,在第 26 ~ 27 行显示一条警告信息。

第 21 ~ 28 行中的 if 语句包含了两条体语句:一条设置 courseName 取形参 name 的前 25 个字符,一条给用户打印随附的信息。我们希望这两条语句在 name 超长时都被执行,所以将它们放置在一对花括号({ })中。在第 2 章曾讲过,这对花括号可以创建一个语句块。在第 4 章中将介绍在一条控制语句的体中放置多条语句的更多知识。

第 26 ~ 27 行中的语句也可以不在它的第二行开头出现流插入运算符,如下所示:

```
cerr << "Name \"" << name << "\" exceeds maximum length (25).\n"
    "Limiting courseName to first 25 characters.\n" << endl;
```

C++ 编译器合并相邻的字符串文字,即使它们出现在程序的不同行上。所以,在上面的语句中,C++ 编译器将字符串文字"\"exceeds maximum length(25). \n"和"Limiting courseName to first 25 characters. \n"合并成单一的字符串文字,这串文字产生的输出同图 3.16 中的第 26 ~ 27 行一样。这种做法允许大家在程序中通过分行打印较长的字符串,而不需要包含额外的流插入运算符。

### 测试 GradeBook 类

图 3.17 展示了具有有效性确认特性的 GradeBook 类的修正版本(如图 3.15 和图 3.16 所示)。第 12 行创建了一个名为 gradeBook1 的 GradeBook 对象。我们曾讲过,GradeBook 构造函数调用成员函数 setCourseName 来初始化数据成员 courseName。在这个类以前的版本中,在构造函数中调用 setCourseName 的好处并不明显。但是现在,构造函数利用了 setCourseName 提供的数据有效性确认功能。构造函数只是简单地调用 setCourseName,而无须复制它的有效性确认代码。当图 3.17 中的第 12 行向 GradeBook 构造函数传递初始的课程名称"CS101 Introduction to Programming in C++"时,该构造函数将此值传递给 setCourseName,在 setCourseName 中发生真正的初始化。因为这个课程名称包含的字符超过了 25 个,将执行第二条 if 语句的体,导致 courseName 初始化为截短到 25 个字符的课程名称"CS101 Introduction to Pro"(被截掉的部分在第 12 行高亮显示)。请注意,图 3.17 中的输出包含了图 3.16 中成员函数 setCourseName 的第 26 ~ 27 行输出的警告信息部分。第 13 行创建了名为 gradeBook2 的另一个 GradeBook 对象——传递给构造函数的有效课程名称恰好是 25 个字符。

图 3.17 中的第 16 ~ 19 行显示了 gradeBook1 的已截短的课程名称(我们在程序输出部分用蓝色高亮显示)和 gradeBook2 的课程名称。第 22 行直接调用 gradeBook1 的 setCourseName 成员函数,将这个 GradeBook 对象的课程名称更改为更短的不需要截短的名字。接着,第 25 ~ 28 行再次输出每个 GradeBook 对象的课程名称。

### 关于 set 函数的补充说明

像 setCourseName 之类的公有 set 函数,应当仔细审查对数据成员(例如,courseName)值的任何修改尝试，以保证新的值适合该数据项。例如，应当拒绝将月的天数设置为 37、将人的体重设置为 0 或一个负值、将考试成绩设置为 185（当正确的范围是 0 ~ 100 时）等各种企图。

```
 1   // Fig. 3.17: fig03_17.cpp
 2   // Create and manipulate a GradeBook object; illustrate validation.
 3   #include <iostream>
 4   #include "GradeBook.h" // include definition of class GradeBook
 5   using namespace std;
 6
 7   // function main begins program execution
 8   int main()
 9   {
10      // create two GradeBook objects;
11      // initial course name of gradeBook1 is too long
12      GradeBook gradeBook1( "CS101 Introduction to Programming in C++" );
13      GradeBook gradeBook2( "CS102 C++ Data Structures" );
14
15      // display each GradeBook's courseName
16      cout << "gradeBook1's initial course name is: "
17         << gradeBook1.getCourseName()
18         << "\ngradeBook2's initial course name is: "
19         << gradeBook2.getCourseName() << endl;
20
21      // modify gradeBook1's courseName (with a valid-length string)
22      gradeBook1.setCourseName( "CS101 C++ Programming" );
23
24      // display each GradeBook's courseName
25      cout << "\ngradeBook1's course name is: "
26         << gradeBook1.getCourseName()
27         << "\ngradeBook2's course name is: "
28         << gradeBook2.getCourseName() << endl;
29   } // end main
```

```
Name "CS101 Introduction to Programming in C++" exceeds maximum length (25).
Limiting courseName to first 25 characters.

gradeBook1's initial course name is: CS101 Introduction to Pro
gradeBook2's initial course name is: CS102 C++ Data Structures

gradeBook1's course name is: CS101 C++ Programming
gradeBook2's course name is: CS102 C++ Data Structures
```

图 3.17　创建和操作一个 GradeBook 对象，该对象中的课程名称限制为 25 个字符长

**软件工程知识 3.3**

把数据成员设置成私有的，而通过公有成员函数控制访问数据成员的权利，尤其是写的权利，将有助于保证数据的完整性。

**错误预防技巧 3.4**

数据完整性的好处不是简单地靠将数据成员设置为私有的就可以自动获得，程序员必须提供适当的有效性检查并报告错误。

　　类的 set 函数可以返回一个值，说明已有对类的对象赋无效数据的尝试发生。于是，类的客户可以检验 set 函数的返回值，以确定修改对象的这个尝试是否成功，以及若没有的话采取适当的行动。我们在介绍更多的编程技术后，将在本书后面的章节中对此做进一步的示范。在 C++ 中也可以通过异常处理机制（在第 7 章将开始讨论，在第 17 章深入介绍）向对象的客户通知问题。

## 3.9　本章小结

　　这一章讲解了如何创建用户自定义的类，如何创建和使用这些类的对象。我们声明了为类的每个对象保持数据的类的数据成员，定义了操作数据的类的成员函数。介绍了不修改类的数据的成员函数应当声明为 const。本章介绍了如何调用对象的成员函数来请求它提供的服务，以及如何将作为实参的数据传递给成员函数。讨论了成员函数的局部变量与类的数据成员的差别。说明了如何用构造函数和

初始化列表来确保每个对象的正确初始化。学习了单形参构造函数应该声明为 explict；构造函数不可以声明为 const，因为它修改正在初始化中的对象。我们说明了将类的接口同它的实现相分离，可以增进良好的软件工程。指出了 using 指令和 using 声明不应该放在头文件中。还给出了一张示意图，显示出类实现程序员和客户代码程序员所写代码的需要编译的文件。演示了如何使用 set 函数确认对象数据的有效性和保证对象维持在可靠的状态中。另外，本章讲解了 UML 类图用于表示类及其构造函数、成员函数和数据成员等。在下一章中，我们将开始介绍控制语句，它们指定函数的动作所执行的顺序。

## 摘要

### 3.2 节　定义具有成员函数的类

- 类的定义包含数据成员和成员函数，它们分别定义类的属性和行为。
- 类的定义开始于后面跟着类名的关键字 class。
- 按照惯例，用户自定义类的名字以大写字母开头，并且出于可读性的目的，类名中每个后继单词以大写字母开头。
- 每个类封闭在一对花括号(｛和｝)中，并以分号结尾。
- 出现在成员访问说明符 public 后的成员函数，可以被程序中的其他函数及其他类的成员函数调用。
- 成员访问说明符后总是跟冒号。
- 关键字 void 是一个特殊的返回类型，它指示函数将执行一项任务，但是当完成它的任务时不向它的主调函数返回任何数据。
- 按照惯例，函数名以小写字母开头并且名中所有后继单词以大写字母开头。
- 函数名之后的一对空的圆括号表明函数执行它的任务时不需要额外的数据。
- 不修改且不该修改调用它的对象的函数应当声明为 const。
- 通常在创建类的对象之前，不能调用成员函数。
- 创建的每个新类都成为 C++ 中的一个新类型。
- 在 UML 中，每个类在类图中建模为具有三个部分的矩形。上部包含类名，中部包含类的属性，下部包含类的操作。
- UML 将操作表示为操作名后接圆括号对。操作名前的加号表示这是公有操作(即 C++ 中的公有成员函数)。

### 3.3 节　定义具有形参的成员函数

- 成员函数可以要求一个或多个形参，它们代表成员函数执行其任务所需的额外数据。函数调用为函数的每个形参提供实参。
- 通过在对象名之后跟随点运算符、函数名和包含函数实参的一对圆括号来调用成员函数。
- C++ 标准库 string 类的一个变量表示一个字符串。这个类定义在头文件 < string > 中，并且名字 string 属于名字空间 std。
- 函数 getline(来自头文件 < string >)从它的第一个实参读取字符直到遇到换行符为止，然后将这些字符(不包括换行符)放到指定为它的第二个实参的 string 变量中。换行符被丢弃。
- 形参列表能包含任意多个形参，包括根本没有(用空的圆括号表示)，这表明函数不需要任何形参。
- 函数调用中的实参个数必须和称为成员函数头部的形参列表中的形参个数相匹配。此外，函数调用中的实参类型必须与函数头部相应形参的类型相容。
- UML 表示操作的形参的方式是在操作名后的圆括号内列出形参名，但其后是冒号和参数的类型。
- UML 有它自己的数据类型。并非所有的 UML 数据类型都和相应的 C++ 类型一样。UML 类型 String 对应 C++ 类型 string。

## 3.4 节  数据成员、set 成员函数和 get 成员函数

- 声明在函数体中的变量是局部变量，只能在其声明之处到它们的声明所在语句块的结束右花括号（ } ）之间使用。
- 在函数中，局部变量必须先声明后使用。局部变量不能在声明它的函数之外访问。
- 通常情况下，数据成员是私有的。声明为 private 的变量或函数只对声明它们的类的成员函数或者友元是可访问的。
- 当程序创建（实例化）类的对象时，它的 private 数据成员被封装（隐藏）在对象中，只可以被对象类的成员函数（或者类的友元，正如第 9 章所示）访问。
- 当指定了非 void 的返回类型的函数被调用且完成它的任务时，该函数向它的主调函数返回一个结果。
- 默认情况下，一个 string 对象的初始值是空串，也就是未包含任何字符的字符串。当空串被显示时，屏幕上什么都不出现。
- 类常常提供 public 成员函数，允许类的客户设置或者获取 private 数据成员。这些成员函数的名字通常以 set 或者 get 开头。
- set 函数和 get 函数允许类的客户间接访问隐藏的数据。客户不知道对象是如何执行这些操作的。
- 类的 set 函数和 get 函数应该被类的其他成员函数使用，以操作类的 private 数据。如果类的数据表示改变，只通过 set 函数和 get 函数访问该数据的成员函数将不需要修改。
- 公有的 set 函数应该仔细审查任何对数据成员值的修改尝试，以保证新的值合乎该数据项。
- UML 通过列出后接冒号和属性类型的属性名的形式，将数据成员表示为属性。UML 中私有属性之前加减号。
- UML 通过在操作名后的圆括号之后添加冒号和返回类型，表示操作的返回类型。
- UML 类图对没有返回值的操作不指定返回类型。

## 3.5 节  使用构造函数初始化对象

- 每个类应该提供一或者多个构造函数，在对象被创建时初始化类的对象。构造函数必须用和类一样的名字定义。
- 构造函数和函数之间的一个差别是构造函数不能返回值，因此它们不能指定任何返回类型（甚至 void 也不行）。通常构造函数声明为 public。
- 在每个对象被创建时 C++ 自动调用构造函数，这有助于保证程序中每个对象在使用之前被正确初始化。
- 不带形参的构造函数是默认的构造函数。如果程序员不提供构造函数，编译器提供一个默认的构造函数。程序员也可以明确地定义一个默认的构造函数。如果程序员为类定义了任何的构造函数，C++ 将不创建默认的构造函数。
- 单形参的构造函数应当声明为 explicit。
- 构造函数通过成员初始化列表初始化类的数据成员。成员初始化项出现在构造函数的形参列表和构造函数的体开始的左花括号之间。成员初始化列表与形参列表用一个冒号相隔开。每个成员初始化项由一个数据成员的变量名和紧随其后包含该成员初始值的圆括号对组成。可以在构造函数的体内执行初始化。但是，大家在本章之后的学习中可以看到，使用成员初始化项的初始化效率更高，而且一些类型的数据成员还必须用这种方式进行初始化。
- UML 将构造函数表示为类图下部中的操作，在构造函数的名字之前添加了用一对双尖括号（ << 和 >> ）括起来的单词"constructor"。

## 3.6 节  一个类对应一个独立文件的可复用性

- 类的定义在正确封装后可以被全世界的程序员复用。
- 通常在扩展名为 .h 的头文件中定义类。

## 3.7 节　接口与实现的分离

- 如果类的实现改变,那么类的客户不应该要求改变。
- 接口定义并标准化了人和系统等诸如此类事物彼此交互的方式。
- 类的 publi 接口描述了对类的客户可用的 public 成员函数。接口描述了该类的客户所能使用的服务,以及如何请求这些服务,但不描述类如何实现这些服务。
- 接口与实现的分离使程序更易于修改。只要类的接口保持不变,类的实现的改变不会影响客户。
- 不应该将 using 指令和 using 声明放在头文件中。
- 函数原型包含函数的名字、它的返回类型和该函数预期接收的形参的个数、类型和顺序。
- 一旦类被定义并且它的成员函数被声明(通过函数原型),成员函数应该在单独的源代码文件中定义。
- 对于定义在相应类定义外部的每个成员函数,函数名前都必须添加类名和作用域分辨运算符(∷)。

## 3.8 节　用 set 函数确认数据的有效性

- 类 string 的 size 成员函数返回一个 string 对象中字符的个数。
- 类 string 的成员函数 substr 返回一个新的 string 对象,它包含一个已有 string 对象部分内容的拷贝。第一个实参指定在原始 string 对象中复制字符的起始位置,第二个实参指定复制字符的个数。

# 自测练习题

3.1　填空题。

a)每个类定义都包含了后跟类名的关键字_____。

b)类定义典型地存放在具有_____文件扩展名的文件中。

c)函数头部的每个形参应该指定_____和_____。

d)当类的每个对象维护它自己的属性副本时,表示属性的变量也被认为是_____。

e)关键字 public 是一个_____。

f)返回类型_____表明函数将执行任务,但是完成任务后不返回任何信息。

g)来自 < string > 库的_____函数读取字符直到遇到换行符为止,然后将这些字符复制到指定的 string 对象中。

h)当成员函数定义在类定义的外部时,函数头部必须在函数名前包含类名和_____,这样将成员函数"捆绑"到类定义上。

i)使用类的源代码文件和任何其他文件可以通过_____预处理指令包含类的头文件。

3.2　判断对错。如果错误,请说明理由。

a)按照惯例,函数名以大写字母开头,并且名字中之后接下来的所有单词以大写字母开头。

b)在函数原型中,函数名之后空的圆括号对表明该函数执行它的任务时不需要任何形参。

c)使用成员访问说明符 private 声明的数据成员或者成员函数,对声明它们的类中的成员函数是可访问的。

d)声明在特定成员函数体内的变量被认为是数据成员,可以用在类所有的成员函数中。

e)每个函数的体都由左右花括号限定。

f)任何包含 int main( )的源代码文件能够用于执行程序。

g)函数调用中的实参类型必须同函数原型形参列表中相应形参的类型匹配。

3.3　局部变量与数据成员有什么不同?

3.4　请解释函数形参的用途。函数的形参和实参的不同点是什么?

## 自测练习题答案

3.1 a) class。b). h。c) 类型，名字。d) 数据成员。e) 成员访问说明符。f) void。g) getline。h) 二元作用域分辨运算符(::)。i) #include。

3.2 a) 错误。按照惯例，函数名以小写字母开头，并且名字中之后接下来的所有单词以大写字母开头。b) 正确。c) 正确。d) 错误。这样的变量称为局部变量，只能用在声明它们的成员函数中。e) 正确。f) 正确。g) 正确。

3.3 局部变量声明在函数体中，只能在声明点到声明所在的语句块结束花括号间使用。数据成员声明在类中，但不在类的任何成员函数的体内。类的每个对象都具有类的数据成员的副本。而且，数据成员对类的所有成员函数是可访问的。

3.4 形参表示函数执行它的任务时需要的额外信息。函数需要的每个形参在函数头部指定。实参是在函数调用中所提供的值。当函数被调用时，实参值被传递到函数的形参中，使得函数能够执行它的任务。

## 练习题

3.5 (**函数原型和定义**) 请说明函数原型和函数定义的区别。

3.6 (**默认的构造函数**) 何谓默认的构造函数? 如果类只有隐式定义的默认的构造函数，那么对象的数据成员如何初始化?

3.7 (**数据成员**) 请说明数据成员的用途。

3.8 (**头文件和源代码文件**) 何谓头文件、源代码文件? 请讨论它们的用途。

3.9 (**不用 using 指令而使用类**) 请说明如果不插入 using 指令，程序该如何使用类 string。

3.10 (**set 和 get 函数**) 请说明为什么类可以为数据成员提供 set 函数和 get 函数。

3.11 (**修改 GradeBook 类**) 按如下要求修改 GradeBook 类(参见图 3.11 ~ 图 3.12)。
   a) 包括第二个 string 数据成员，它表示授课教师的名字。
   b) 提供一个可以改变教师姓名的 set 函数，以及一个可以得到该名字的 get 函数。
   c) 修改构造函数，它指定了两个形参: 一个针对课程名称，另一个针对教师姓名。
   d) 修改成员函数 displayMessage，使得它首先输出欢迎信息和课程名称，然后输出 "This course is presented by:"，后跟教师姓名。

3.12 (**Account 类**) 创建一个名为 Account 的类，银行可以使用它表示客户的银行账户。这个类应该包括一个类型为 int 的数据成员，表示账户余额。【注意: 在后续章节中，将使用称为浮点值的包含小数点的数(例如 2.75)表示美元数。】这个类必须提供一个构造函数，它接收初始余额并用它初始化数据成员。这个构造函数应当确认初始余额的有效性，保证它大于或等于 0。否则，余额应当设置为 0，并且构造函数必须显示一条错误信息，指出初始余额是无效的。该类还要提供三个成员函数。成员函数 credit 将一笔金额加到当前余额中。debit 将从这个 Account 中取钱，并保证取出金额不超过此 Account 的余额。如果不是这样，余额不变，函数打印一条信息，指出 "Debit amount exceeded account balance."。成员函数 getBalance 将返回当前余额。编写一个测试程序，它创建两个 Account 对象，并测试 Account 类的成员函数。

3.13 (**Invoice 类**) 创建一个名为 Invoice(发票)的类，硬件商店可以使用它表示店中售出一款商品的一张发票。一个 Invoice 对象应当包括作为数据成员的 4 部分的信息: 零件号(类型: string)、零件描述(类型: string)、商品售出量(类型: int)和商品单价(类型: int)。【注意: 在后续章节中，将使用称为浮点值的包含小数点的数(例如 2.75)表示美元数。】这个类必须具有一个初始化前述的 4 个数据成员的构造函数。接收多个实参的构造函数的定义形式如下:
   类名(类型名 1  形参名 1, 类型名 2  形参名 2, ……)

对每个数据成员都提供一个 set 函数和一个 get 函数。此外，还要提供一个名为 getInvoiceAmount 的成员函数，计算发票额（即售出量与单价的乘积），然后以 int 类型返回该值。如果售出量是负数，那么应该把它设置为 0；如果单价是负数，那么也应该把它设置为 0。编写一个测试程序，演示 Invoice 类的性能。

3.14 （**Emloyee 类**）创建一个名为 Employee（雇员）的类，包括作为数据成员的三部分信息：名（类型：string）、姓（类型：string）、月薪（类型：int）。【注意：在后续章节中，将使用称为浮点值的包含小数点的数（例如 2.75）表示美元数。】这个类还必须包括一个初始化前述的三个数据成员的构造函数。对每个数据成员都提供一个 set 函数和一个 get 函数。如果月薪是负数，那么设置为 0。编写一个演示 Employee 类性能的测试程序。创建两个 Employee 对象，显示每个对象的年薪。然后，对每个 Employee 对象增薪 10%，再显示他们的年薪。

3.15 （**Date 类**）创建一个名为 Date（日期）的类，包括作为数据成员的三部分信息：月（类型：int）、日（类型：int）、年（类型：int）。这个类还必须包括一个具有三个形参的构造函数，它使用这些形参初始化前述三个数据成员。出于练习的目的，假定提供给年和日的值是正确的，但是需要保证月的值在 1~12 的范围内；如果该值不在此范围，那么将月设置为 1。对每个数据成员都提供一个 set 函数和一个 get 函数。提供一个成员函数 displayDate，显示用正斜线（/）分隔的月、日和年的值。编写一个测试程序，演示 Date 类的性能。

## 社会实践题

3.16 （**目标心率计算器**）当锻炼的时候，可以使用一个心率监视器来看看你的心率是否在你的教练员和医生建议的安全范围内。根据美国心脏学会（AHA）（www. americanheart. org/presenter. jhtml？identifier = 4736）的标准，计算每分钟心脏跳动最大心率的公式是 220 减去你的年龄。目标心率范围是你最大心率的 50%~85%。【注意：这个公式是由 AHA 提供的。根据个人的健康和性别状况，最大和目标心率可能会不一样。在开始或更换一项运动时，应咨询医师或资深健康专家。】设计一个名为 HeartRates 的类，类的属性应该包括人的姓名、出生日期（由单独的属性：出生年、月和日组成）。你所设计的类应该包含构造函数，它把这些数据作为形参。每个属性都有 set 和 get 函数。这个类还应该包含一个 getAge 函数，它计算并返回人的年龄；一个 getMaxiumunHeartRate 函数，它计算并返回人的最大心率；还有一个 getTargetHeartRate 函数，它计算并返回人的目标心率。因为你目前不知道如何从电脑上获取当前日期，在计算人的年龄之前，函数 getAge 提醒用户输入当前的年、月、日。编写一个应用程序，它提示输入人的信息，实例化一个 HeartRates 类的对象，并从这个对象打印出这个人的信息，包括他的姓名和出生日期，然后计算并打印出这个人的年龄、最大心率和目标心率范围。

3.17 （**健康记录信息化**）最近在新闻报道中有关医疗保健的话题是健康记录的信息化。由于涉及隐私和安全等（在之后的练习题中我们还要讨论这些令人关心的问题），健康记录信息化这个可能的事正在谨慎进行当中。健康记录信息化使得病人的健康状况和病历能在不同的医疗保健专业人员之间更加容易地共享，从而能够提高医疗保健的质量，避免药物冲突和开错处方，减少花费，以及在紧急状况下甚至可以拯救生命。在这个练习题中，要一个人设计一个 HealthProfile 类。这个类的属性包括人的姓、名、性别、出生日期（由年、月、日单独的属性组成）、身高（以英寸为单位）、体重（以磅为单位）。你的类应包括一个构造函数，用来接收这些信息。对每个属性，都提供一个 set 函数和 get 函数。这个类也应当有计算和返回用户年龄、最大心率、目标心率范围（见练习题 3.16）、身体质量指数（BMI；见练习题 2.30）的函数。编写一个应用程序，它提示输入用户信息，为这个用户初始化一个 HealthProfile 类的对象，并用这个对象打印信息，包括该用户的姓、名、性别、出生日期、身高、体重等信息，然后计算并返回该用户的年龄、BMI、最大心率和目标心率范围。它也应该显示练习题 2.30 中"BMI 值"的图表。使用与练习题 3.16 相同的方法来计算用户的年龄。

# 第4章 控制语句(第I部分)、赋值、自增和自减运算符

*Let's all move one place on.*

—Lewis Carroll

*The wheel is come full circle.*

—William Shakespeare

*All the evolution we know of proceeds from the vague to the definite.*

—Charles Sanders Peirce

## 学习目标

在本章中将学习：

- 解决问题的基本方法
- 通过自顶向下、逐步求精的过程开发算法
- 使用 if 和 if...else 选择语句进行二选一动作的选择
- 使用 while 循环语句重复执行程序中的语句
- 计数器控制的循环和标记控制的循环
- 使用自增、自减和赋值运算符

## 提纲

## 4.1　简介

在编写解决某一问题的程序之前，我们必须全面理解这个问题，周密地规划出解决它的步骤。当编写程序时，还必须知晓可用的构建块，并且要应用已经证实的行之有效的程序构建方法。在本章和第 5 章"控制语句(第 II 部分)和逻辑运算符"中，我们将讨论这些问题，描述结构化编程的理论和原理。在此提出的这些概念，对类的有效构建及对象的使用是极其重要的。

在这一章，我们将介绍 C++ 的 if、if... else 和 while 语句，这三个基本构建块使程序员可以指定成员函数执行其任务所必需的逻辑。本章、第 5 ~ 7 章继续投入力量，进一步拓展 GradeBook 类。特别是，将向 GradeBook 类添加一个成员函数，它使用控制语句计算一组学生成绩的平均值。另一个例子将演示将控制语句组合起来解决一个类似问题的另外的方法。此外，我们还会介绍 C++ 赋值运算、自增和自减运算符等。这些附加的运算符可以使许多程序语句更为简化。

## 4.2　算法

对任何可求解的计算问题来说，都能够以特定的顺序执行一系列动作来完成。解决问题的步骤(procedure)称为算法(algorithm)，它包含两方面的含义：

1. 执行的动作
2. 这些动作执行的顺序

下面的例子说明了正确指定动作执行的顺序是非常重要的。

考虑某位年轻的行政管理人员从早晨起床到上班的"朝阳算法"：①起床，②脱掉睡衣，③沐浴，④更衣，⑤吃早饭，⑥搭车上班。按照这个顺序，这位管理人员可以从容不迫地去办公室高效工作。现在假设将此执行顺序稍做调换：①起床，②脱掉睡衣，③更衣，④沐浴，⑤吃早饭，⑥搭车上班。如果这样，可怜的管理人员就只好以落汤鸡的面目出现在办公室里了。所谓程序控制，就是指定语句(动作)执行的顺序。本章将探讨使用 C++ 的控制语句进行程序控制的工作。

## 4.3　伪代码

伪代码(pseudocode，或"假的"代码)是一种人为的、非正式的语言，目的是帮助程序员不必受 C++ 语法细节的束缚而开发算法。对于开发算法而言，这里介绍的伪代码特别有用，用伪代码描述的算法将转换为结构化的 C++ 程序。尽管伪代码并不是真正的计算机程序设计语言，可是它类似于日常英语，既方便，又好用。

伪代码并不能在计算机上实际运行。但是，它可以帮助程序员在试图使用程序设计语言(例如 C++ )编写程序之前，事先进行一番"思考"。

书中提供的伪代码的风格由纯粹的字符组成，这样，程序员可以使用任意的编辑器方便地输入这些伪代码。精心构思的伪代码程序可以轻松地转换成相应的 C++ 程序。在很多情况下，只需用对应的 C++ 语句替换掉伪代码语句即可。

伪代码语句通常只描述可执行语句(executable statement)。所谓可执行语句，是指程序员将程序从伪代码转换成 C++ 代码并在计算机上编译、运行时，会引起特定动作发生的语句。没有涉及初始化和构造函数调用的声明并不是可执行语句。例如，下面的声明

```
int counter;
```

只告诉编译器变量 counter 的类型，并指示编译器在内存中为这个变量保留内存空间。但是，当程序执行时，这个声明并不会导致任何动作，比如输入、输出或一次计算等的发生。通常，我们在伪代码中不包括变量声明。然而，有些程序员也会在伪代码程序的开始部分列出变量并提到它们的用途。

现在看一个伪代码的例子，该例是为帮助程序员创建如图 2.5 所示的加法程序而编写的。如图 4.1 所示，此伪代码对应这样的算法：首先由用户输入两个整数，然后将这两个数相加并显示其和。虽然在此展示了完整的伪代码，可是在本章稍后部分，还会演示如何从问题陈述出发创建伪代码。

图 4.1 的第 1~2 行对应图 2.5 的第 13~14 行语句。请注意，伪代码语句是简单的英语（或其他语言）语句，表达在 C++ 中所执行的任务。同样，第 4~5 行对应图 2.5 的第 16~17 行语句，第 7~8 行对应图 2.5 中的第 19 行和第 21 行语句。

**1**　提示用户输入第一个整数
**2**　输入第一个整数
**3**
**4**　提示用户输入第二个整数
**5**　输入第二个整数
**6**
**7**　第一个整数和第二个整数相加，存储结果
**8**　显示结果

图 4.1　图 2.5 加法程序的伪代码

## 4.4　控制结构

一般来说，程序中的语句是按照书写的顺序逐条执行的。这种程序执行的方式称为顺序执行（sequential execution）。可是，很快要讨论的许多 C++ 语句还允许程序员自己指定接下来要执行的语句，按照顺序该语句也许不是下一条语句。这种程序执行的方式称为控制转移（transfer of control）。

在 20 世纪 60 年代，事实已证明软件开发小组所经历的很多挫折，其根源在于对控制转移不加选择的使用。指责的矛头直指 goto 语句。利用这条语句，程序员几乎可以将控制权转交给程序中的任意地方（从而创建了常称为"意大利面条式的代码"）。因此，所谓的结构化编程（structured programming）的概念几乎成了"取消 goto"的同义词。

Böhm 和 Jacopini[1] 的研究证明，编写程序完全可以不用任何 goto 语句。大势所趋之下，程序员们逐渐放弃对 goto 的偏爱，逐渐转向"无 goto 编程"。直到 20 世纪 70 年代，程序员们才开始认真看待结构化编程。结果令人振奋，软件开发小组的报告显示，采用结构化编程后，开发时间降低了，系统的按时递交率和软件项目的按预算完成率提高了。这些成功的关键是结构化程序的条理更清晰，更易调试、测试和修改，而且更有可能在第一时间避免错误。

Böhm 和 Jacopini 的工作还证明，编写所有的程序其实只需三种控制结构（control structure），即顺序结构（sequence structure）、选择结构（selection structure）和循环结构（repetition structure）。术语"控制结构"来自于计算机科学领域。当介绍控制结构的 C++ 实现时，我们将按照 C++ 标准文档的术语称它们为"控制语句"。

**C++ 中的顺序结构**

顺序结构是 C++ 内置的。除非特别声明，计算机总是按照 C++ 语句书写的顺序逐条执行它们，也就是顺次执行。图 4.2 的 UML 活动图举例说明的便是一个典型的顺序结构，两个计算将依次执行。C++ 允许程序员在一个顺序结构中想放置多少个动作就可以放置多少。大家很快将会看到，在任何可以放置单一动作的地方，都可以放置顺次的若干动作。

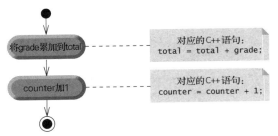

图 4.2　顺序结构的活动图

在这个图中，两条语句分别是将一个成绩（grade）加到累加和变量 total 中，以及对计数器变量 counter 加 1。这样的语句可能出现在求若干学生成绩的平均值的程序中。为了计算平均值，应当用成绩之和来除以成绩的个数。计数器变量用来记录参与平均的值的个数。4.8 节的程序中将看到类似的语句。

① Böhm, C., and G. Jacopini, "Flow Diagrams, Turing Machines, and Languages with Only Two Formation Rules," *Communications of the ACM*, Vol. 9, No. 5, May 1966, pp. 366-371.

　　一张活动图是对部分软件系统的工作流（workflow），也称为活动（activity）的建模。这样的工作流可能包括算法的一部分，例如图 4.2 中的顺序结构。活动图由一些具有特殊意义的符号组成，例如动作状态符号（圆角矩形）、菱形和小圆圈等。这些符号通过转换箭头相连接，表示活动的流向。

　　活动图能够清楚地显示出控制结构的运作机制。考虑图 4.2 的顺序结构活动图。它包含两个动作状态，表示要执行的动作。每个动作状态都包含一个动作说明，例如，"将 grade 累加到 total 中"或"counter 加 1"都指定了要执行的特定动作。其他的动作可能包括计算或输入/输出等操作。在活动图中的箭头称为转换箭头。这些箭头表示转换，指出了由动作状态符号表示的动作所出现的顺序——实现图 4.2 活动图描述的活动的程序，首先将 grade 累加到 total，然后让 counter 加 1。

　　位于活动图顶部的实心圆圈表示了活动的初始状态——程序执行已建模的活动之前工作流的开始位置，而位于活动图底部的一个空心圆圈围绕的实心圆圈表示了结束状态——程序执行其活动之后工作流的结束位置。

　　图 4.2 还包括右上角折叠过来的矩形，在 UML 中它们称为注释符号。注释是解释性的文字，描述图中符号的意图。图 4.2 应用了 UML 注释，显示与活动图中每个动作状态相联系的 C++ 代码。注释和它描绘的元素之间用虚线连接起来。活动图通常不说明执行活动的 C++ 代码。我们在此使用注释的目的，是为了说明活动图是如何与 C++ 代码相联系的。关于 UML 的更多信息，请阅览本书可选学（但强烈推荐）的实例研究内容，它们出现在第 25～26 章，或者请访问 UML 资源中心 www.deitel.com/UML/。

### C++ 中的选择语句

　　C++ 提供了三种选择语句（在本章和第 5 章中进行讨论）。其中，if 选择语句在某个条件为真（true）时执行（选择）一个动作；否则，跳过该动作。if...else 选择语句在某个条件为真时执行一个动作；条件为假（flase）时，执行另一个动作。switch 选择语句（见第 5 章）则根据一个整型表达式的值执行许多不同动作中的一个动作。

　　if 选择语句是一种单路选择语句（single-selection statement），因为它要么选择，要么忽略一个动作（或者像下面看到的那样，是专门的一组动作）；if...else 选择语句称为双路选择语句（double-selection statement），因为它在两个不同的动作（或动作组）之间做选择；switch 选择语句也称为多路选择语句（multiple-selection statement），它从许多不同的动作（或者动作组）中选择要执行的一个动作（或动作组）。

### C++ 中的循环语句

　　C++ 提供了三种循环语句，它们使程序在某个条件（称为循环继续条件）为真的情况下重复执行语句。这三种循环语句分别是 while 语句、do...while 语句和 for 语句。（第 5 章中将介绍 do...while 语句和 for 语句，第 7 章专门介绍与数组和容器配合使用的 for 语句版本。）在 while 语句或 for 语句循环体中的动作（或动作组）可以执行 0 次或多次：如果初始时循环继续条件为假，那么动作（或动作组）一次也不会执行。而 do...while 语句的循环体中的语句则至少执行一次。

　　这里的 if、else、switch、while、do 和 for 等单词都是 C++ 的关键字。不可以将关键字用作标识符，例如变量的名字。而且，关键字必须用小写字母拼写。图 4.3 列出了 C++ 所有的关键字。

| C++ 关键字 | | | | |
| --- | --- | --- | --- | --- |
| C 和 C++ 程序设计语言共有的关键字 | | | | |
| auto | break | case | char | const |
| continue | default | do | double | else |
| enum | extern | float | for | goto |
| if | int | long | register | return |
| short | signed | sizeof | static | struct |
| switch | typedef | union | unsigned | void |
| volatile | while | | | |

图 4.3　C++ 关键字

| C++ 关键字 | | | | |
| --- | --- | --- | --- | --- |
| **C++ 独有的关键字** | | | | |
| and | and_eq | asm | bitand | bitor |
| bool | catch | class | compl | const_cast |
| delete | dynamic_cast | explicit | export | false |
| friend | inline | mutable | namespace | new |
| not | not_eq | operator | or | or_eq |
| private | protected | public | reinterpret_cast | static_cast |
| template | this | throw | true | try |
| typeid | typename | using | virtual | wchar_t |
| xor | xor_eq | | | |
| **C++11 关键字** | | | | |
| alignas | alignof | char16_t | char32_t | constexpr |
| decltype | noexcept | nullptr | static_assert | thread_local |

图 4.3(续)　C++ 关键字

### C++ 中控制语句小结

C++ 只有三种控制结构,后面将称它们为控制语句,分别是顺序语句、选择语句(if、if...else 和 switch 三种形式)和循环语句(while、for 和 do...while 三种形式)。每个 C++ 程序其实都是用这些控制语句构建起来的,根据程序要实现的算法来选择最恰当的控制语句。可以将每个控制语句用一张活动图表示。这样的每张图都包含一个初始状态和一个结束状态,分别代表控制语句的入口点和出口点。这些单入口/单出口(single-entry/single-exit)的控制语句便于构建程序——将一个控制语句的出口点同下一个控制语句的入口点连接起来即可。这类似于小孩搭积木,因此称控制语句的这种连接方式为控制语句堆叠(control-statement stacking)。稍后将学习有且仅有的另外一种控制语句的连接方式,称为控制语句嵌套(control-statement nesting)。在这种方式中,一个控制语句包含在另一个控制语句内部。

**软件工程知识 4.1**

我们所构建的任何 C++ 程序,都只需使用 7 种形式的控制语句(顺序、if、if...else、switch、while、do...while 和 for),并以仅有的两种连接方式(控制语句堆叠和控制语句嵌套)组合而成。

## 4.5　if 选择语句

程序使用选择语句从可供选择的动作中做选择。例如,假定通过考试的成绩线是 60 分,下面的伪代码语句:

如果学生的成绩大于或等于 60 分
　　打印"通过"

判断条件"学生的成绩大于或等于 60"是真还是假。如果条件为真,那么打印"Passed"信息,然后按顺序"执行"下一条伪代码语句(请记住,伪代码并不是真正的程序设计语言),如果条件为假,那么忽略打印语句,并按顺序执行下一条伪代码语句。请注意,这段伪代码的第 2 行进行了缩进处理。这种缩进格式并非必须,但是建议这样做,因为它强调了结构化程序固有的结构。

在 C++ 中,上述伪代码形式的 if 语句可写成

```
if ( grade >= 60 )
    cout << "Passed";
```

请注意,C++ 代码与伪代码是严格对应的。正是由于伪代码的这一性质,才使它成为一种强大的开发工具。

在此,临时假定 grade 具有一个有效的值——一个 0 ~ 100 范围区间的整数。强调这点很有必要,因为在本书中我们会介绍许多确认数据有效性的重要方法。

**错误预防技巧 4.1**

在业界实际的开发代码中，总是要确认所有输入数据的有效性。

图 4.4 示意了单路选择的 if 语句，它包含了可能是活动图中最重要的符号——菱形符号，或者称为判定符号，指出需要做出一个判断。判定符号表明，工作流将沿着一条决定了的路径前进。该路径由与判定符号相联系的监控条件所决定，这个条件可以为真，也可以为假。从判定符号出发的每个转换箭头都有一个监控条件(用方括号括起来附着于转换箭头上或者旁边)。如果某个特定的监控条件为真，工作流就进入转换箭头所指的动作状态。在图 4.4 中，如果成绩大于或等于 60 分，那么程序在屏幕上打印"Passed"，然后转向该活动的结束状态；如果成绩小于 60 分，那么程序立即转向结束状态，并不显示任何信息。

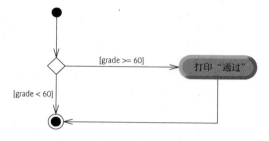

图 4.4　if 单路选择语句的活动图

第 2 章中曾介绍过，可以根据包含了关系或相等运算符的条件做出判断。实际上，在 C++ 中，可以基于任何表达式做出判断：如果表达式的值等于零，就把它当作假；如果表达式的值不等于零，就把它当作真。C++ 提供了 bool(布尔)数据类型，这种数据类型的变量取值只能是 true(意为真)或 false(意为假)，true 和 false 是 C++ 的两个关键字。

**可移植性提示 4.1**

为了与用整数表示布尔值的早期 C 版本兼容，bool 值 true 也可以用任何非零值表示(编译器通常使用 1)，而 bool 值 false 也可以用零值表示。

if 语句是一条单入口/单出口语句。随着学习的深入，我们将看到对于其他的控制语句，其活动图同样包含初始状态、转换箭头、用以表明执行动作的动作状态、用于做出判断的判定符号(与监控条件相关)和结束状态等。

我们可以想象有 7 个柜子，每个柜子包含大量相同类型的空 UML 活动图，这里的类型是指前述 7 种形式的控制语句，即 7 个柜子分别对应 7 种形式的控制语句。于是程序员的任务就是用唯一可选的两种方法(堆叠或者嵌套)，根据算法需要，从柜子中挑选出最恰当的、尽可能多的每种控制语句的活动图来装配程序，然后以满足算法结构化实现的方式，在动作状态和判定中填入动作说明和监控条件。我们稍后将继续讨论各种用于书写动作和判定的方式。

## 4.6　if...else 双路选择语句

只有当条件为真时，if 单路选择语句才会执行指定的动作，否则便跳过该动作。利用 if...else 双路选择语句，程序员可以根据条件的真假，指定不同的执行动作。也就是说，当条件为真时，执行一个动作；条件为假时，执行另一个不同的动作。例如，下面的伪代码语句：

如果(If)学生的成绩大于或等于 60 分

打印"通过"

否则(Else)

打印"未通过"

在学生的成绩大于或等于 60 分时，打印"Passed"，而当学生的成绩小于 60 分时，打印"Failed"。无论哪种情况发生，在完成打印操作后，都会依次执行下一条伪代码语句。

上述 If...Else 伪代码语句若用 C++ 代码书写，则为如下正式的 if...else 语句：

```
if ( grade >= 60 )
    cout << "Passed";
else
    cout << "Failed";
```

请注意，else 的体也进行了缩进处理。

**良好的编程习惯 4.1**
如果有多级缩进，为了提高程序的可读性和可维护性，每级相对上级缩进的空格幅度应保持一致。

图 4.5 描述了 if...else 语句的控制流程。

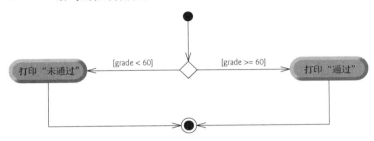

图 4.5　if...else 双路选择语句的活动图

**条件运算符(?:)**

　　C++ 提供了条件运算符(?:)，它与 if...else 语句有着非常密切的关系。条件运算符是 C++ 唯一的三元运算符(ternary operator)——它需要三个操作数。这些操作数和条件运算符一起构成了条件表达式。其中，第一个操作数是条件，第二个操作数是条件为真时整个条件表达式的值，第三个操作数是条件为假时整个条件表达式的值。例如，输出语句

```
cout << ( grade >= 60 ? "Passed" : "Failed" );
```

包含了一个条件表达式 grade >=60?"Passed":"Failed"，如果条件 grade >=60 成立，那么整个表达式的值便是字符串"Passed"；如果条件 grade >=60 不成立，那么整个表达式的值便是字符串"Failed"。这样，从本质上讲，条件表达式语句同前面介绍的 if...else 语句具有相同功能。不过，大家将看到，条件运算符的优先级比较低，所以上面的表达式加上了一对圆括号，这是非常必要的。

**错误预防技巧 4.2**
为了避免优先级问题(和为了清楚起见)，最好将(出现在较复杂表达式中的)条件表达式用圆括号括起来。

　　条件表达式的值也可以是要执行的动作。例如，下列条件表达式同样可以打印"Passed"或"Failed"：

```
grade >= 60 ? cout << "Passed" : cout << "Failed";
```

上式可以理解成：如果 grade 大于或等于60，那么执行 cout << "Passed"，否则执行 cout << "Failed"。这仍然相当于前述的 if...else 语句。另外，条件表达式还可以用在 if...else 语句无法胜任的一些地方。

**嵌套的 if...else 语句**

　　嵌套的 if...else 语句用于检测多路分支的情况，它将 if...else 语句放置在其他 if...else 语句内部。例如，下面的 if...else 伪代码语句将对大于或等于90 分的考试成绩打印 A；对在 80~89 分之间的考试成绩打印 B；对在 70~79 分之间的考试成绩打印 C；对在 60~69 分之间的考试成绩打印 D；其他考试成绩则打印 F。

　　如果学生成绩大于或等于90 分

> 打印"A"
> 
> 否则
> 
> > 如果学生成绩大于或等于 80 分
> > 
> > > 打印"B"
> > 
> > 否则
> > 
> > > 如果学生成绩大于或等于 70 分
> > > 
> > > > 打印"C"
> > > 
> > > 否则
> > > 
> > > > 如果学生成绩大于或等于 60 分
> > > > 
> > > > > 打印"D"
> > > > 
> > > > 否则
> > > > 
> > > > > 打印"F"

上述的伪代码用 C++ 实现，则是：

```cpp
if ( studentGrade >= 90 ) // 90 and above gets "A"
   cout << "A";
else
   if ( studentGrade >= 80 ) // 80-89 gets "B"
      cout << "B";
   else
      if ( studentGrade >= 70 ) // 70-79 gets "C"
         cout << "C";
      else
         if ( studentGrade >= 60 ) // 60-69 gets "D"
            cout << "D";
         else // less than 60 gets "F"
            cout << "F";
```

如果学生成绩 studentGrade 大于或等于 90 分，那么前面 4 个条件都为 true，但是只有第一个检测之后的 cout 语句才会执行。该 cout 语句执行后，程序将跳过"最外层"if...else 语句的 else 部分。大多数 C++ 程序员都喜欢将上述 if...else 语句写成如下的形式：

```cpp
if ( studentGrade >= 90 ) // 90 and above gets "A"
   cout << "A";
else if ( studentGrade >= 80 ) // 80-89 gets "B"
   cout << "B";
else if ( studentGrade >= 70 ) // 70-79 gets "C"
   cout << "C";
else if ( studentGrade >= 60 ) // 60-69 gets "D"
   cout << "D";
else // less than 60 gets "F"
   cout << "F";
```

这两种形式除了间距和缩进不同（编译器对此都是忽略的）之外，其他都是一样的。后者之所以流行，是因为它避免了代码过于向右缩进。过于向右缩进常常使一行上留下的可用空间太少，导致被迫换行，从而降低程序的可读性。

**性能提示 4.1**

与一系列单路选择 if 语句相比，嵌套的 if...else 语句的执行速度要快很多，这是由于在遇到第一个满足的条件后，可以及早退出整个结构。

**性能提示 4.2**

在嵌套的 if...else 语句中，应首先检测最有可能为 true 的条件，它放在这条嵌套的 if...else 语句的开始部分。这样嵌套的 if...else 语句，与首先检测不大容易成立的情况的语句相比，会运行得更快，退出也更早。

### else 摇摆问题

C++ 编译器总是把 else 同它之前最近的 if 联系起来，除非通过放置花括号对（｛和｝）的办法来告诉编

译器做不同的处理。这种行为可以导致所谓的 else 摇摆问题(dangling-else problem)。例如:

```
if ( x > 5 )
    if ( y > 5 )
        cout << "x and y are > 5";
else
    cout << "x is <= 5";
```

好像是在告诉大家:如果 x 大于 5,则嵌套的 if 语句判断 y 是否大于 5;如果 y 大于 5,则输出"x and y are >5"。否则,如果 x 不大于 5,此 if...else 的 else 部分输出"x is <=5"。

可是千万当心,这条嵌套的 if...else 语句并不按它表面的情况执行。实际上,编译器将它解释为:

```
if ( x > 5 )
    if ( y > 5 )
        cout << "x and y are > 5";
    else
        cout << "x is <= 5";
```

其中,第一个 if 的体是一个嵌套的 if...else 语句。外层的 if 语句检测 x 是否大于 5。如果是,继续执行 y 是否大于 5 的检测。如果第二个条件成立,那么将显示正确的字符串"x and y are >5"。可是,如果这第二个条件不成立,那么显示字符串"x is <=5",即使我们明明知道 x 是大于 5 的。

为了迫使嵌套的 if...else 语句按它原来的意图执行,必须将语句写为:

```
if ( x > 5 )
{
    if ( y > 5 )
        cout << "x and y are > 5";
}
else
    cout << "x is <= 5";
```

花括号对({})指示编译器第二个 if 语句在第一个 if 的体内,这里的 else 与第一个 if 相关联。练习题 4.23 和练习题 4.24 进一步探讨了 else 摇摆问题。

## 语句块

if 选择语句通常认为它的体内只有一条语句。同样,if...else 语句的 if 和 else 部分也认为各自只有一条体语句。要在 if 或者 if...else 语句的任一部分的体中包括几条语句,就应将这些语句用一对花括号括起来。包含在一对花括号中的一组语句称为一条"复合语句"(compound statement)或一个"语句块"(block)。从现在起,我们将使用术语"语句块"。

**软件工程知识 4.2**
程序中凡是可以放置单条语句的地方,都可放置语句块。

下面的例子在 if...else 语句的 else 部分使用了语句块:

```
if ( studentGrade >= 60 )
    cout << "Passed.\n";
else
{
    cout << "Failed.\n";
    cout << "You must take this course again.\n";
}
```

在这种情况下,如果 studentGrade(学生成绩)小于 60 分,程序将执行 else 体中的两条语句,并打印出下面两条消息:

```
Failed.
You must take this course again.
```

请注意,这对花括号将 else 子句中的两条语句括了起来。这些花括号相当重要,如果不加花括号,那么语句

```
cout << "You must take this course again.\n";
```

将在这条 if 语句的 else 部分的体之外。这样,无论成绩是否小于 60 分,该语句都会执行。这将是一个逻辑错误。

尽管前面提到"凡是可以放置单条语句的地方,都可放置语句块",但是也不排斥另一种情况,即根本不放置任何语句——这些地方可以放置称为空语句的语句。空语句的表示方法是:在本该是语句的地方,单用一个分号(;)表示。

 **常见的编程错误 4.1**
在单路选择的 if 语句条件后放置分号将导致逻辑错误,而在双路选择的 if...else 语句(假设其 if 部分包含了一条实际的体语句)条件后放置分号将导致语法错误。

## 4.7　while 循环语句

循环语句指定程序在某些条件保持为真时,应当重复执行一个动作。下面的伪代码语句

当我的购物清单上还有项目时(While there are more items on my shopping list)
　　　　购买下一样货物,并把它从清单上划掉(Purchase next item and cross it off my list)

描述了购物时需要重复进行的动作。其中,"there are more items on my shopping list"是一个条件,它要么为真,要么为假。如果为真,就执行"Purchase next item and cross it off my list"这一动作。而且只要这个条件保持为真,该动作便可以重复执行。包含在这条 while 循环语句之中的语句构成了 While 的体,它可以是单独的一条语句,也可以是一个语句块。最终,这个条件会变为假(当购买了清单上的最后一样货物,并且已从清单上划掉时)。在这个时候,循环终止,并执行这条循环语句之后的第一条伪代码语句。

接下来通过一个 C++ 程序段的例子来进一步掌握 C++ 的 while 循环语句。设计这段程序的目的是找到第一个大于 100 的 3 的幂。假定整数变量 product 已初始化为 3。当以下的 while 循环语句结束执行后,变量 product 就包含了预期的结果:

```
int product = 3;

while ( product <= 100 )
    product = 3 * product;
```

在 while 语句开始执行时,变量 product 的初值是 3。while 语句每重复一次,变量 product 都会乘以 3,所以变量 product 被连续地赋予值 9、27、81 和 243 等。当变量 product 的值变成 243 时,while 语句的条件 product <= 100 便不再成立。所以,循环终止,变量 product 的终值是 243。此时,程序将继续执行这条 while 语句之后的下一条语句。

 **常见的编程错误 4.2**
如果在 while 语句的循环体中,没有提供使 while 条件最终变为假的动作,通常会导致一个称为无限循环的逻辑错误。在这种情况下,循环语句将永远不会终止。如果循环体中未包含与用户交互的语句,那么会使程序看上去像"被挂起了"或"冻结了"。

图 4.6 的 UML 活动图示意了与上述 while 结构相对应的控制流程。在这张活动图中我们再一次看到,除了初始状态、转换箭头、结束状态和三个注释之外,活动图中的符号表示一个动作状态和一个判断。不过,该活动图也用到了 UML 合并符号(merge symbol),利用该符号可以将两个活动的工作流合并为一个活动的工作流。在 UML 中,合并符号和判定符号都用菱形表示。在此图中,从初始状态和动作状态流出的转换都指向合并符号,合并为一个工作流后进入决定循环是否开始(或继续)执行的判断中。判定符号和合并符号可以通过检查"流入"和"流出"的转换箭头的个数来区分。判定符号只有一个转换箭头指向菱形符号,但有两个或者更多个转换箭头从菱形中流出来,用以指明可能的流向。另外,从判定符号出发的每个转换箭头上都附有一个监控条件。合并符号则是有两个或者更多个转换箭头流入菱形符号,而只有一个转换箭头从菱形符号中流出来,用以表明接下来的活动是之前多个活动工作流的融合。请注意,与判定符号不同的是,合并符号并没有相应的 C++ 对应物。

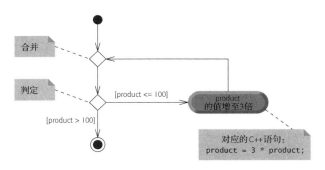

图 4.6　while 循环语句的 UML 活动图

图 4.6 的活动图非常清晰地揭示了本节前面讨论的 while 语句的循环机理。从动作状态出发的转换箭头指向合并符号，而合并符号的转换箭头会重新返回判定符号。这个判定符号所表示的判断在每次循环中被检测，直到监控条件 product > 100 变为真为止。于是，该 while 语句退出（即到达其结束状态），并将控制权移交给程序中顺次的下一条语句。

**性能提示 4.3**

对于在循环中多次执行的代码而言，对它们微小的性能改进可能导致实质性的整体性能的提高。

## 4.8　算法详述：计数器控制的循环

为了说明程序员是如何开发算法的，本节和 4.9 节分别以求全班平均成绩问题的两种具体形式为例，阐述相应的两种解决办法。本节考虑的问题陈述是：

一个有 10 名学生的班级进行了一次测验，测验的成绩（0～100 中的一个整数）现在都已经出来了。请计算并打印该班学生的总成绩及班级的平均成绩。

我们知道，班级的平均成绩等于总成绩除以学生的人数。从上面的问题陈述可以分析出：在计算机上解决该问题的算法必须包括输入每个学生的成绩、计算平均成绩及打印结果三大步骤。

**计数器控制的循环的伪代码算法**

下面用伪代码列出要执行的动作，并指定这些动作执行的顺序。我们使用计数器控制的循环，以一次一个的方式输入每个学生的成绩。这种方法用一个称为计数器的变量，来控制一组语句执行的次数（也称为循环的迭代次数）。

常常将计数器控制的循环称为定数循环，因为在循环开始执行之前，循环的次数是已知的。在本例中，当这种计数器超过 10 时，循环结束。这一节给出了一个已完全开发好的伪代码算法（如图 4.7 所示），以及 GradeBook 类的一个版本（如图 4.8 和图 4.9 所示）。其中，GradeBook 类在一个 C++ 成员函数中实现了该算法。之后，本节还给出了一个演示该算法执行的应用程序（如图 4.10 所示）。在 4.9 节中将示范如何用伪代码从头开始开发出这样的一个算法。

| 1 | 设置总数为0 |
| 2 | 设置成绩计数器为1 |
| 3 | |
| 4 | 当成绩计数器小于或等于10时 |
| 5 | 提示用户输入下一个成绩 |
| 6 | 输入下一个成绩 |
| 7 | 将该成绩加入到总数中 |
| 8 | 成绩计数器加1 |
| 9 | |
| 10 | 用总数除以10的商设置全班平均成绩 |
| 11 | 打印全班所有学生成绩的总数 |
| 12 | 打印全班平均成绩 |

图 4.7　采用计数器控制的循环来解决求
全班平均成绩问题的伪代码算法

**软件工程知识 4.3**

在计算机上解决问题最困难的部分在于开发出解决该问题的算法，而从算法生成 C++ 程序通常是相当简单的。

```
 1    // Fig. 4.8: GradeBook.h
 2    // Definition of class GradeBook that determines a class average.
 3    // Member functions are defined in GradeBook.cpp
 4    #include <string> // program uses C++ standard string class
 5
 6    // GradeBook class definition
 7    class GradeBook
 8    {
 9    public:
10       explicit GradeBook( std::string ); // initializes course name
11       void setCourseName( std::string ); // set the course name
12       std::string getCourseName() const; // retrieve the course name
13       void displayMessage() const; // display a welcome message
14       void determineClassAverage() const; // averages user-entered grades
15    private:
16       std::string courseName; // course name for this GradeBook
17    }; // end class GradeBook
```

图 4.8   采用计数器控制的循环解决求全班平均成绩的问题：GradeBook 的头文件

```
 1    // Fig. 4.9: GradeBook.cpp
 2    // Member-function definitions for class GradeBook that solves the
 3    // class average program with counter-controlled repetition.
 4    #include <iostream>
 5    #include "GradeBook.h" // include definition of class GradeBook
 6    using namespace std;
 7
 8    // constructor initializes courseName with string supplied as argument
 9    GradeBook::GradeBook( string name )
10    {
11       setCourseName( name ); // validate and store courseName
12    } // end GradeBook constructor
13
14    // function to set the course name;
15    // ensures that the course name has at most 25 characters
16    void GradeBook::setCourseName( string name )
17    {
18       if ( name.size() <= 25 ) // if name has 25 or fewer characters
19          courseName = name; // store the course name in the object
20       else // if name is longer than 25 characters
21       { // set courseName to first 25 characters of parameter name
22          courseName = name.substr( 0, 25 ); // select first 25 characters
23          cerr << "Name \"" << name << "\" exceeds maximum length (25).\n"
24             << "Limiting courseName to first 25 characters.\n" << endl;
25       } // end if...else
26    } // end function setCourseName
27
28    // function to retrieve the course name
29    string GradeBook::getCourseName() const
30    {
31       return courseName;
32    } // end function getCourseName
33
34    // display a welcome message to the GradeBook user
35    void GradeBook::displayMessage() const
36    {
37       cout << "Welcome to the grade book for\n" << getCourseName() << "!\n"
38          << endl;
39    } // end function displayMessage
40
41    // determine class average based on 10 grades entered by user
42    void GradeBook::determineClassAverage() const
43    {
44       // initialization phase
45       int total = 0; // sum of grades entered by user
46       unsigned int gradeCounter = 1; // number of grade to be entered next
47
48       // processing phase
49       while ( gradeCounter <= 10 ) // loop 10 times
50       {
51          cout << "Enter grade: "; // prompt for input
52          int grade = 0; // grade value entered by user
53          cin >> grade; // input next grade
```

图 4.9   采用计数器控制的循环解决求全班平均成绩的问题：GradeBook 的源代码文件

```
54            total = total + grade; // add grade to total
55            gradeCounter = gradeCounter + 1; // increment counter by 1
56        } // end while
57
58        // termination phase
59        int average = total / 10; // ok to mix declaration and calculation
60
61        // display total and average of grades
62        cout << "\nTotal of all 10 grades is " << total << endl;
63        cout << "Class average is " << average << endl;
64    } // end function determineClassAverage
```

图 4.9(续)　采用计数器控制的循环解决求全班平均成绩的问题：GradeBook 的源代码文件

```
 1    // Fig. 4.10: fig04_10.cpp
 2    // Create GradeBook object and invoke its determineClassAverage function.
 3    #include "GradeBook.h" // include definition of class GradeBook
 4
 5    int main()
 6    {
 7        // create GradeBook object myGradeBook and
 8        // pass course name to constructor
 9        GradeBook myGradeBook( "CS101 C++ Programming" );
10
11        myGradeBook.displayMessage(); // display welcome message
12        myGradeBook.determineClassAverage(); // find average of 10 grades
13    } // end main
```

```
Welcome to the grade book for
CS101 C++ Programming

Enter grade: 67
Enter grade: 78
Enter grade: 89
Enter grade: 67
Enter grade: 87
Enter grade: 98
Enter grade: 93
Enter grade: 85
Enter grade: 82
Enter grade: 100

Total of all 10 grades is 846
Class average is 84
```

图 4.10　用计数器控制的循环解决求全班平均成绩的问题：创建 GradeBook 类的
一个对象(见图 4.8 和图 4.9)并调用其成员函数 determineClassAverage

　　请注意，图 4.7 的伪代码算法中涉及总数和计数器。总数是一个变量，用于累计一系列数值的和；计数器也是一个变量，用来计数。在这个例子中，成绩计数器用来指示用户正打算输入第几个成绩(一共 10 个成绩)。用来存放总数的变量在程序中使用之前，一般会初始化为 0；否则，这个和将包含总数内存区域中存放的以前的数值。我们在第 2 章曾提到，所有的变量应当初始化。

### 增强 GradeBook 的有效性确认

　　考虑一下对 GradeBook 类的增强工作。在图 3.16 中，成员函数 setCourseName 将验证课程名称的合法性。它首先用一条 if 语句测试课程名称的长度是否小于或者等于 25 个字符。如果是这样，接受该课程名称。接下来是另一条 if 语句，它测试课程名称的长度是否大于 25 个字符(在这种情况下，该课程名称将被缩短)。请注意，第二条 if 语句的条件与第一条 if 语句的条件恰恰相反。如果一条 if 语句的条件的值是 true，那么另一条的必定为 false。这正是采用一条 if...else 语句的理想状况，因而在这里我们改进了代码，将这两条 if 语句用一条 if...else 语句代替(如图 4.9 中的第 18～25 行所示)。

### 在 GradeBook 类中实现计数器控制的循环

　　GradeBook 类(如图 4.8 和图 4.9 所示)包含了一个构造函数。它声明在图 4.8 的第 10 行，而定义在图 4.9 的第 9～12 行，作用是对声明在图 4.8 中第 16 行的该类的数据变量 courseName 赋值。图 4.9 的第

16 ~ 26 行、第 29 ~ 32 行和第 35 ~ 39 行分别定义了该类的成员函数 setCourseName、getCourseName 和 displayMessage；第 42 ~ 64 行定义了成员函数 determineClassAverage，这个函数实现了图 4.7 中用伪代码描述的求全班平均成绩的算法。

由于在程序中变量 gradeCounter(如图 4.9 的第 46 行所示)用来从 1 到 10 进行计数，它的值都是正值，我们将该变量的数据类型声明为 unsigned int。这种数据类型的变量只能存储非负的值(也就是 0 和更大的整数)。局部变量 total、gradeCounter 和 average(分别见图 4.9 的第 45 行、第 52 行和第 59 行)的数据类型是 int。变量 grade 用于存放用户输入的一次成绩。请注意，上述的这些变量都是声明在成员函数 determineClassAverage 的函数体内的。而且，变量 grade 还声明在 while 语句的体中，因为它只用在循环内——一般而言，变量应刚好在使用前声明。将 grade 初始化为 0 是很好的软件工程实践，即使在第 53 行立即就对 grade 输入新的值。

**良好的编程习惯 4.2**
将每个变量在单独的行中进行声明并加以注释，可以增强程序的可读性。

在本章的 GradeBook 类的版本中，我们简单地读入和处理了一组学生成绩。对平均分的计算只在成员函数 determineClassAverage 中进行，即只用到了局部变量，并没有在类的数据变量中保存关于所有学生成绩的任何信息。第 7 章中将对 GradeBook 类继续进行改进，将输入的所有成绩用一个数据变量保存在内存中，此变量是一个称为数组的数据结构。这样，GradeBook 类的对象就可以对这组成绩进行各种各样的计算，而不需要用户一遍遍地输入该组数据。

第 45 ~ 46 行在变量 total 和 gradeCounter 用于计算之前，将变量 total 初始化为 0，gradeCounter 初始化为 1。计数器变量一般初始化为 0 或者 1，具体取决于它们在算法中的用法。未初始化的变量中存放的是"垃圾"值(garbage value)，也称为不确定的值，即为此变量分配的内存区域中原先存储的值。

**错误预防技巧 4.3**
总是在变量声明的同时进行变量的初始化，这能够帮助程序员避免在执行计算时用了未初始化的变量所引发的逻辑错误。

**错误预防技巧 4.4**
在某些情况下，若程序员试图使用未经初始化的变量的值，编译器会发出一条警告信息。应当总是进行干净的编译，即清理掉所有的错误和警告。

第 49 行表明只要 gradeCounter 的值小于或者等于 10，while 语句将继续循环(也称为迭代)。换句话说，当这一条件仍为真时，这条 while 语句会重复地执行用花括号括起来的循环体(第 49 ~ 56 行)中的各条语句。

第 51 行显示提示"Enter grade："，实际对应了伪代码语句"Prompt the user to enter the next grade"。第 53 行读入用户输入的成绩并把它赋给变量 grade。这一行对应了伪代码语句"Input the next grade"。第 54 行将用户输入的新成绩与 total 相加，并将结果再赋给 total，这样意味着 total 原来的值被新的结果值替换了。

第 55 行将计数器变量 gradeCounter 增 1，表示程序已经处理了当前的成绩，并且准备接受用户输入的下一个成绩。gradeCounter 每次增 1，最终造成该变量的值超过 10。这时候，while 循环终止，因为其条件(第 49 行)变成了假。

当循环终止时，第 59 行执行求平均值的计算，并将结果赋给变量 average。第 62 行显示文本"Total of all 10 grades is "(所有 10 个成绩的总和是)，之后是变量 total 的值。第 63 行显示文本"Class average is "(全班的平均成绩是)，紧接着是变量 average 的值。然后，成员函数 determineClassAverage 将控制权还给主调函数(即图 4.10 中的 main 函数)。

**GradeBook 类的使用示范**
图 4.10 给出了这个应用程序的 main 函数，它创建 GradeBook 类的一个对象并展示其性能。图 4.10

的第 9 行创建了一个新的 GradeBook 类的对象,名为 myGradeBook。另外,这一行的字符串被传递给了 GradeBook 类的构造函数(如图 4.9 中的第 9～12 行所示)。图 4.10 的第 11 行调用成员函数 displayMessage,向用户显示一条欢迎信息。然后,第 12 行调用 myGradeBook 的成员函数 determineClassAverage,要求用户输入 10 个成绩,接着该函数计算并打印出平均成绩。这个成员函数实际上实现了图 4.7 的伪代码所描述的算法。

**关于整数除法和截尾的说明**

图 4.10 第 12 行中的成员函数 determineClassAverage 被调用,它执行平均值的计算,产生一个整型结果作为此次函数调用的返回值。这个程序的示范输出显示了成绩值的总和是 846。当它被 10 除时,结果理应是 84.6,即一个带小数点的数。可是,程序计算 total/10(如图 4.9 中的第 59 行所示)的结果却是一个整数 84,因为 total 和 10 都是整型数。两个整型数相除即为整数除法——计算结果中的小数部分都将被丢弃,即截尾(truncated)。在下一节中,我们将会说明平均值的计算如何得到有小数点的结果。

**常见的编程错误 4.3**

溢出假设整数除法的结果采取四舍五入法(而不是截尾),将会产生不正确的结果。例如 7 ÷ 4,传统算术计算结果为 1.75,但是截去小数部分(.75)后结果为 1。类似地, −7/4 得到 −1。

在图 4.9 中,如果第 59 行用的是 gradeCounter 而不是 10,那么程序将会输出一个不正确的计算结果 76。这是因为在 while 语句的最后一次迭代中,gradeCounter 的值在第 55 行被增加到了 11。

**常见的编程错误 4.4**

在一个循环之后,使用该循环的计数器控制变量进行计算往往会导致一个常见的逻辑错误,称为"差 1 错误"(off-by-one-error)。在计数器控制的循环中,由于循环计数器每次循环加 1,所以当它的值比最大的合法值大 1 时(例如,从 1 计数到 10 时,它为 11),循环终止。

**关于算术溢出的说明**

图 4.9 的第 54 行:

```
total = total + grade; // add grade to total
```

将用户输入的每个 grade 值累加到 total 变量中。即使是这样的简单语句也还是有一个潜在的问题,即整数相加有可能导致和的值太大而不能存储到一个 int 变量中,这就是算术溢出。算术溢出引起不确定的行为,产生意料不到的结果(en. wikipedia. org/wiki/Integer_overflow#Security_ramifications)。同理,图 2.5 的加法程序第 19 行面临同样的问题,该行计算用户输入的两个 int 类型的值之和:

```
sum = number1 + number2; // add the numbers; store result in sum
```

在 int 变量中能够保存的最大和最小值分别由符号常量 INT_MAX 和 INT_MIN 表示,它们定义在头文件 <climits> 中。而且,对于整数的其他类型和浮点类型都有类似的常量。大家可以在某个文本编辑器中通过搜索文件系统,分别打开头文件 <climits> 和 <cfloat>,查看自己所用平台中这些常量的值。

大家公认的一条好的实践经验是:在执行类似于图 4.9 第 54 行和图 2.5 第 19 行中的算术计算之前保证计算不溢出。只要在 CERT 的网站 www. securecoding. cert. org,搜索指南"INT32-CPP",就可以找到达到此目标的代码。这个代码用到了第 5 章介绍的运算符 &&(逻辑与)和 ||(逻辑或)。当开发工业级的实际代码时,应当对所有的计算执行诸如此类的检查。

**再探用户输入的接收**

程序在接收用户输入的任何时候,都有可能出现各种各样的问题。例如,对于图 4.9 的第 53 行:

```
cin >> grade; // input next grade
```

我们假定用户将输入一个范围在 0～10 的整数成绩。然而,实际输入成绩的人可能会输入一个小于 0 的整数,一个大于 100 的整数,一个超出 int 变量可存储值范围的整数,一个包含小数点的数,或者一个包含字母或特殊符号甚至不是整数的值等。

为了保证用户的输入是有效的，工业级的实际程序必须对所有可能的错误情况进行测试。随着本书内容的推进，大家将学习各种各样的方法，处理更广泛的可能出现的输入问题。

## 4.9　算法详述：标记控制的循环

我们将求全班平均成绩的问题一般化。考虑下面的问题：

开发一个求全班平均成绩的程序，该程序可以在每次运行时处理任意个数的学生成绩。

在前面求全班平均成绩问题的例子中，问题陈述指定了学生的个数，因此成绩的个数(10)是事先已知的。在本例中，并未说明在程序的执行期间用户将输入多少个成绩。程序必须处理任意多个成绩。那么，程序怎样才能判断出成绩输入结束了呢？它怎么知道什么时候开始计算和打印平均成绩呢？

解决该问题的一个方法是利用一种称为标记值(sentinel value)，也称为信号值、哑值或标志值的特殊值，指示"数据输入结束"。用户依次输入成绩直到所有合法的成绩输入完毕，然后输入标记值，表明最后一个成绩已经输入。标记控制的循环常常称为不定数循环(indefinite repetition)，因为循环次数在循环开始执行之前是未知的。

显然，所选取的标记值必然不能与可接受的输入值混淆。测验的成绩通常是非负的整数，所以 -1 是一个可选的标记值。因此，求全班平均成绩的程序的一次运行可以处理诸如 95、96、75、74、89 和 -1 这样的输入流。程序将计算并打印出 95、96、75、74 和 89 的平均值。由于 -1 是标记值，它应当不会参与平均成绩的计算。

**采用自顶向下、逐步求精的方法开发伪代码算法：顶层和第一级求精**

我们解决求全班平均成绩问题采用的方法称为自顶向下逐步求精法(top-down, stepwise refinement)。对开发出良好结构化的程序而言，它是非常有用的方法。我们最开始给出的是顶层的伪代码表示，即一条概括了程序总体功能的单语句：

计算全班测验的平均成绩

实际上，顶层伪代码是一个程序的总体描述。遗憾的是，正如现在这条伪代码所展示的，顶层的伪代码很少表达出可以作为程序编写依据的细节。因此，现在启动细化的过程：将上层伪代码分解成一系列小的任务，并将它们按照要执行的顺序列出。该过程就是所谓的第一级求精，它的结果如下：

初始化变量
输入、求和及计算测验成绩的个数
计算并打印全班所有学生的总成绩和平均成绩

这一级细化只用到了顺序结构，上面的所有步骤按顺序逐步执行。

**软件工程知识4.4**

每级求精的结果和顶层一样，都是算法的完整描述，只是详细的程度不同而已。

**软件工程知识4.5**

许多程序都可以在逻辑上划分为三个阶段：初始化程序变量的初始化阶段，输入数据的值和程序变量(例如计数器变量和总数变量)做相应调整的处理阶段，以及计算和打印最终结果的收尾阶段。

**继续进行第二级求精**

上述的软件工程知识通常是自顶向下过程中第一级求精所涉及的全部内容。进行下一级细化，也就是第二级求精时，首先应指定特定的变量。在本例中，我们需要一个变量(total)存放连续输入成绩的累加和，需要一个变量(counter)记录计算机已经处理过的成绩个数，需要一个变量(grade)接收用户每次输

入的成绩值, 还需要一个变量(average)保存计算得到的平均值。于是, 伪代码语句

　　初始化变量

可以细化为以下几步:

　　初始化 total 为 0

　　初始化 counter 为 0

伪代码语句

　　输入、求和及计算测验成绩的个数

需要用到一条循环语句(即一个循环)连续输入每个成绩。由于事先不知道到底会输入多少个成绩, 在这里将采用标记控制的循环(sentinel-controlled repetition)。用户一次一项地输入合法成绩。在输入最后一个合法成绩后, 用户输入标记值。程序在每次成绩输入之后测试其是否是标记值, 如果是标记值, 则循环终止。上述伪代码的第二级求精结果如下:

　　提示用户输入第一个成绩

　　输入第一个成绩, 有可能是标记值

　　当(While)用户输入的仍不是标记值时

　　　　将该成绩加入连续变化的总和中

　　　　对成绩计数器增 1

　　　　提示用户输入下一个成绩

　　　　输入下一个成绩, 有可能是标记值

在上面的伪代码中, 构成 While 结构体的这些语句并没有用花括号括起来, 我们只是采用了缩进处理, 表明它们是属于此 While 结构的。在此再一次强调: 伪代码只是开发非正式程序的一种辅助工具。

　　伪代码语句

　　计算并打印全班所有学生的总成绩和平均成绩

可以细化如下:

　　如果计数器的值不等于 0

　　　　用总成绩除以计数个数的值设置平均成绩

　　　　打印全班所有学生的总成绩

　　　　打印班级平均成绩

　　否则

　　　　打印"未输入任何成绩"

在这里, 我们非常小心地测试了一种可能出现的情况, 即以 0 作为除数的情况。正常情况下, 这是一个致命的逻辑错误: 如果没有被检测出来, 将导致程序失败(通常称为"程序瘫痪")。图 4.11 列出了求全班平均成绩问题第二次求精后的全部伪代码。

**常见的编程错误 4.5**
用 0 作除数引起不确定的行为, 并且通常导致一个致命的逻辑错误。

**错误预防技巧 4.5**
进行除法运算时, 如果除数表达式的值有可能为 0, 则必须在程序中显式地测试这种可能性是否存在。如果存在, 则必须在程序中做适当的处理, 例如输出一个错误信息, 而不让致命的错误发生。在讨论异常处理(见第 7、9 和 11 章)时, 将提及诸如此类错误处理的更多内容。

　　图 4.11 中的伪代码算法可以解决更一般化的求全班平均成绩的问题。这个算法只需要两级求精过程。有时, 可能需要更多级的细化才能得到理想的算法。

```
 1   初始化 total 为 0
 2   初始化 counter 为 0
 3
 4   提示用户输入第一个成绩
 5   输入第一个成绩（有可能是标记值）
 6   输入第一个成绩（有可能是标记值）
 7   当用户输入的仍不是标记值时
 8       将该成绩加入连续变化的总和中
 9       对成绩计数器增1
10       提示用户输入下一个成绩
11       输入下一个成绩（有可能是标记值）
12
13   如果计数器的值不等于0
14       用总成绩除以计数个数的值设置平均成绩
15       打印全班所有学生的总成绩
16       打印班级平均成绩
17   否则
18       打印 "未输入任何成绩"
```

图 4.11　采用标记控制的循环求全班平均成绩问题的伪代码算法

**软件工程知识 4.6**

当伪代码算法描述的细节足以将伪代码转换成 C++ 代码时，这种自顶向下逐步求精的过程便可结束。正常情况下，这时 C++ 程序的实现就是一件水到渠成的事。

**软件工程知识 4.7**

很多经验丰富的程序员在编写程序时根本不使用诸如伪代码之类的程序开发工具。这些程序员认为其最终目标是在计算机上解决问题，编写程序使用程序开发工具如伪代码等只会推迟产品的推出。尽管这种开发方式在简单的或者熟悉的问题上能行得通，但是在大型的或者复杂的项目中往往会使开发陷入困境。

### 在 GradeBook 类中实现标记控制的循环

图 4.12 和图 4.13 给出了包含成员函数 determineClassAverage 的 GradeBook 类的 C++ 源代码，该成员函数实现了图 4.11 中的伪代码算法（图 4.14 是这个类使用的示范）。尽管每次输入的成绩都是整数，但是它们的平均值很有可能是一个带小数点的数，也就是一个实数或者叫作浮点数，例如 7.33、0.0975 或者 1000.123 45 等。数据类型 int 不能表示这样的数，因此，这个类必须采用另外一种数据类型来做这项工作。C++ 提供多种数据类型来在内存中存放浮点数，包括 float（单精度浮点）类型和 double（双精度浮点）类型。这两种类型之间的主要区别在于：与 float 类型的变量比较起来，double 类型的变量一般能够存放具有更大数量级和更高精度（也就是小数点后可以有更多位数字，即数的精度）的数。这里的程序引入了一种特殊的运算符——强制类型转换运算符（cast operator），迫使求平均数的计算产生一个浮点数的结果。

```cpp
 1   // Fig. 4.12: GradeBook.h
 2   // Definition of class GradeBook that determines a class average.
 3   // Member functions are defined in GradeBook.cpp
 4   #include <string> // program uses C++ standard string class
 5
 6   // GradeBook class definition
 7   class GradeBook
 8   {
 9   public:
10      explicit GradeBook( std::string ); // initializes course name
11      void setCourseName( std::string ); // set the course name
12      std::string getCourseName() const; // retrieve the course name
13      void displayMessage() const; // display a welcome message
14      void determineClassAverage() const; // averages user-entered grades
15   private:
16      std::string courseName; // course name for this GradeBook
17   }; // end class GradeBook
```

图 4.12　采用标记控制的循环解决求全班平均成绩的问题：GradeBook 头文件

```cpp
1  // Fig. 4.13: GradeBook.cpp
2  // Member-function definitions for class GradeBook that solves the
3  // class average program with sentinel-controlled repetition.
4  #include <iostream>
5  #include <iomanip> // parameterized stream manipulators
6  #include "GradeBook.h" // include definition of class GradeBook
7  using namespace std;
8
9  // constructor initializes courseName with string supplied as argument
10 GradeBook::GradeBook( string name )
11 {
12    setCourseName( name ); // validate and store courseName
13 } // end GradeBook constructor
14
15 // function to set the course name;
16 // ensures that the course name has at most 25 characters
17 void GradeBook::setCourseName( string name )
18 {
19    if ( name.size() <= 25 ) // if name has 25 or fewer characters
20       courseName = name; // store the course name in the object
21    else // if name is longer than 25 characters
22    { // set courseName to first 25 characters of parameter name
23       courseName = name.substr( 0, 25 ); // select first 25 characters
24       cerr << "Name \"" << name << "\" exceeds maximum length (25).\n"
25          << "Limiting courseName to first 25 characters.\n" << endl;
26    } // end if...else
27 } // end function setCourseName
28
29 // function to retrieve the course name
30 string GradeBook::getCourseName() const
31 {
32    return courseName;
33 } // end function getCourseName
34
35 // display a welcome message to the GradeBook user
36 void GradeBook::displayMessage() const
37 {
38    cout << "Welcome to the grade book for\n" << getCourseName() << "!\n"
39       << endl;
40 } // end function displayMessage
41
42 // determine class average based on 10 grades entered by user
43 void GradeBook::determineClassAverage() const
44 {
45    // initialization phase
46    int total = 0; // sum of grades entered by user
47    unsigned int gradeCounter = 0; // number of grades entered
48
49    // processing phase
50    // prompt for input and read grade from user
51    cout << "Enter grade or -1 to quit: ";
52    int grade = 0; // grade value
53    cin >> grade; // input grade or sentinel value
54
55    // loop until sentinel value read from user
56    while ( grade != -1 ) // while grade is not -1
57    {
58       total = total + grade; // add grade to total
59       gradeCounter = gradeCounter + 1; // increment counter
60
61       // prompt for input and read next grade from user
62       cout << "Enter grade or -1 to quit: ";
63       cin >> grade; // input grade or sentinel value
64    } // end while
65
66    // termination phase
67    if ( gradeCounter != 0 ) // if user entered at least one grade...
68    {
69       // calculate average of all grades entered
70       double average = static_cast< double >( total ) / gradeCounter;
71
72       // display total and average (with two digits of precision)
73       cout << "\nTotal of all " << gradeCounter << " grades entered is "
74          << total << endl;
```

图 4.13  采用标记控制的循环解决求全班平均成绩的问题：GradeBook 源代码文件

```
75        cout << setprecision( 2 ) << fixed;
76        cout << "Class average is " << average << endl;
77    } // end if
78    else // no grades were entered, so output appropriate message
79        cout << "No grades were entered" << endl;
80 } // end function determineClassAverage
```

图4.13(续)　采用标记控制的循环解决求全班平均成绩的问题：GradeBook 源代码文件

```
 1 // Fig. 4.14: fig04_14.cpp
 2 // Create GradeBook object and invoke its determineClassAverage function.
 3 #include "GradeBook.h" // include definition of class GradeBook
 4
 5 int main()
 6 {
 7    // create GradeBook object myGradeBook and
 8    // pass course name to constructor
 9    GradeBook myGradeBook( "CS101 C++ Programming" );
10
11    myGradeBook.displayMessage(); // display welcome message
12    myGradeBook.determineClassAverage(); // find average of 10 grades
13 } // end main
```

```
Welcome to the grade book for
CS101 C++ Programming

Enter grade or -1 to quit: 97
Enter grade or -1 to quit: 88
Enter grade or -1 to quit: 72
Enter grade or -1 to quit: -1

Total of all 3 grades entered is 257
Class average is 85.67
```

图 4.14　采用标记控制的循环解决求全班平均成绩的问题：创建 Grade-
Book类的一个对象并调用其成员函数 determineClassAverage

在这个例子中可以看到，就像小孩堆积木一样，一条控制语句可以依次堆叠到另一条控制语句上。在图 4.13 中，第 56～64 行的 while 语句之后紧随的是一条 if...else 语句(第 67～79 行)。由于该程序的大部分代码与图 4.9 中的代码相同，所以侧重解释其新特征和新内容。

第 46～47 行将变量 total 和 gradeCounter 初始化为 0，因为还没有任何成绩输入进来。请记住，这个程序采用标记控制的循环解决求全班平均成绩的问题。所以，为了准确地记录成绩的输入个数，程序只在用户输入一个成绩值时才将变量 gradeCounter 增 1，并完成对该成绩的处理。变量 grade 和 average 分别在其使用之处(即第 52 行和第 70 行)被声明和初始化。请大家注意，在第 70 行声明变量 average 时采用的数据类型是 double，而我们曾在前面的例子中用 int 类型的变量保存全班的平均成绩。在当前的例子中采用 double 数据类型可以使程序把全班平均成绩的计算结果保存成一个浮点数。最后，还请注意第 53 行和第 63 行的两条输入语句之前都各有一条提示用户输入的输出语句。

**良好的编程习惯 4.3**
在每次用户输入之前最好给出相应的提示。提示应该指出输入数据的形式和所有的特殊输入值。在一个标记控制的循环中，请求输入数据的提示应该明确提醒用户标记值是什么。

### 标记控制的循环和计数器控制的循环蕴含的程序逻辑

在这里，我们对本节应用程序中标记控制的循环和图 4.9 中计数器控制的循环，从程序逻辑的角度进行一番比较。在计数器控制的循环中，就指定的迭代次数而言，while 语句(见图 4.9 的第 49～56 行)的每次迭代都从用户那里读入一个值。在标记控制的循环中，程序在执行 while 语句前先读入第一个值(见图 4.13 的第 51～53 行)，它决定了该程序的控制流程是否应该进入 while 循环语句的体内。如果 while 语句的条件为假，即用户输入的是标记值，那么 while 循环体不会执行(也就是没有成绩输入)。反之，如果条件为真，while 循环体开始执行：首先将该成绩值加进 total 中(第 58 行)并将 gradeCounter 值增 1

(第 59 行),接着循环体中的第 62~63 行代码提示用户输入下一个值,然后程序控制到达第 64 行的代表 while 循环体结束的右花括号(})。当遇到循环体结束花括号后,程序继续执行第 56 行的 while 循环条件 的测试。该条件使用了用户最新输入的 grade 值,决定循环体是否应该再次执行。请注意,变量 grade 的 值总是在 while 循环条件测试之前及时地输入。这样,程序可以在处理这个刚刚输入的值(即将其加到 to- tal 中并把 gradeCounter 增 1)之前,判定它是否是标记值。如果输入的这个值确实是标记值,那么循环结 束,而且程序不会将标记值 −1 加到 total 中。

当循环结束时,第 67~79 行的 if...else 语句将被执行。第 67 行的条件确定是否有成绩输入。如果 没有,则该 if...else 语句的 else 部分(第 78~79 行)执行,并显示信息"No grades were entered"(未输入任 何成绩)。然后,此成员函数将控制权返还给主调函数。

请注意图 4.13 中 while 循环内的语句块。如果没有花括号对,循环体中的后面三条语句将落在循环 之外,这样造成计算机对这些代码产生如下错误的解释:

```
// loop until sentinel value read from user
while ( grade != -1 )
    total = total + grade; // add grade to total
gradeCounter = gradeCounter + 1; // increment counter

// prompt for input and read next grade from user
cout << "Enter grade or -1 to quit: ";
cin >> grade;
```

在这种情况下,如果用户第一次输入的成绩(第 53 行)不是 −1,那么将导致程序中产生一个无限的循环。

**常见的编程错误 4.6**

忽略了定义一个语句块的花括号对会导致一个逻辑错误,例如无限循环。为了避免出现这种 问题,一些程序员将每一条控制语句的体都用花括号括起来,即使这条控制语句的体中仅有一 条语句。

### 浮点数的精度和存储空间要求

float 类型的变量代表单精度浮点数,在今天大多数的计算机系统中,都具有约 7 位的有效数字; double 类型的变量代表双精度浮点数,要求的存储空间是 float 变量的两倍,而且在当今大多数的计算机 系统上提供约 15 位的有效数字——接近于 float 变量精度的两倍。多数程序员用 double 类型表示浮点数。 事实上,C++ 将程序源代码中键入的所有浮点数(例如 7.33 和 0.0975 等)默认为 double 类型。在源代码 中的这些值称为浮点数常量。请参阅附录 C"基本数据类型",其中提供了 float 和 double 类型的取值 范围。

在常规算术中,浮点数通常是除法计算的结果。例如,10 除以 3 的结果是 3.333 333 3...,是一个无 限循环小数。可是计算机只为这样的值分配固定大小的空间,显然,存储的浮点值只能是一个近似值。

**常见的编程错误 4.7**

把浮点数当作精确的值来用(例如,比较两个浮点数是否相等)很可能导致错误的结果。浮点数 仅表示近似值。

尽管浮点数并不总是 100% 精确,但是它们仍有许许多多的用途。例如,当我们提及"正常"体温是 华氏温度 98.6 度时,并不需要精确到小数点后太多的位。在读体温计时,我们读的是 98.6 度,也许它实 际的精确值是 98.599 947 321 064 3 度。对于大多数涉及体温的应用而言,说这个值是 98.6 度已经足够 了。由于浮点数的不精确性,double 类型比 float 类型更受欢迎,因为 double 变量可以更精确地表示浮点 数。正因为这样,我们在整本书中都使用 double 类型。

### 基本数据类型之间显式的和隐式的转换

变量 average 被声明为 double 类型(如图 4.13 中第 70 行所示),以保留计算结果中的小数部分。然 而,total 和 gradeCounter 都是整型变量。回想一下,两个整数相除应该是整数除法,在这个计算过程中所 有小数部分都会被丢弃(也就是被截尾)。在下面的语句中:

```
double average = total / gradeCounter;
```

首先进行整数除法运算，所以在将计算结果赋给 average 之前，计算结果中的小数部分已经丢失了。为了使整数值进行浮点数计算，必须生成用于计算的临时浮点数值。C++ 提供了 static_cast 运算符完成强制类型转换这一任务。第 70 行使用强制类型转换运算符 static_cast < double > (total)生成一个临时的浮点数值，它是括号中操作数 total 的浮点数副本。像这样利用强制类型转换运算符进行的转换称为显式转换(explicit conversion)。存储在 total 中的值仍是一个整数。

现在，该计算具有了一个浮点值的操作数(是 total 的临时 double 版本)，它被整数 gradeCounter 相除。C++ 编译器知道如何计算操作数数据类型相同的表达式。为了保证操作数是类型相同的，编译器对所选的操作数进行了一种称为升级(promotion)，也称为隐式转换(implicit conversion)的操作。例如，在一个表达式中若同时有 int 和 double 数据类型的值，C++ 将 int 类型的操作数升级到 double 类型。在本例中，我们通过使用 static_cast 运算符，将 total 视为 double 类型，因而编译器将 gradeCounter 升级为 double 类型。这样，计算就可以执行了——将浮点除法的结果赋值给 average 变量。在第 6 章"函数和递归入门"中，将讨论所有的基本数据类型及它们之间隐式转换的顺序。

所有的数据类型，包括类类型，都可以使用强制类型转换运算符。static_cast 运算符的使用形式是：在关键字 static_cast 后面跟一个用尖括号对( < 和 > )括起来的数据类型名。强制类型转换运算符是一元运算符，也就是只有一个操作数的运算符。第 2 章中曾讲解过二元算术运算符。C++ 也同样支持一元运算符正号( + )和负号( − )，因而程序员可以编写出诸如 − 7 或者 + 5 之类的表达式。强制类型转换运算符号比其他一元运算符例如" + "和" − "等的优先级要高，也比乘法系列的运算符" * "、"/"和"%"的优先级高，但比圆括号的优先级低。在本书的优先级表中，强制类型转换运算符的表示法为 static_cast < 类型 > ( )。

### 浮点数的格式化

这里简单讨论一下图 4.13 中的浮点数的格式化问题，第 13 章"输入/输出流的深入剖析"将继续深入讨论这方面的内容。图 4.13 的第 75 行出现的 setprecision(具有一个实参 2)指示了 double 类型变量 average 输出时的精度，即小数点后面显示两位数字(例如 92.37)。(由于圆括号中的 2)这里的 setprecision 就是一个参数化的流操纵符(parameterized stream manipulator)。使用这些流操纵符的程序必须包含如第 5 行所示的预处理指令：

```
#include <iomanip>
```

请注意，endl 是一个无参数的流操纵符(nonparameterized stream manipulator)，因为其后没有其中含有值或表达式的圆括号对。而且，也不需要头文件 < iomanip >。如果未像上述那样显式指定精度，通常情况下输出的浮点数具有 6 位数字的精度(这正是今天大多数计算机系统的默认精度)，尽管有时我们也会看到例外。

第 75 行使用的流操纵符 fixed 的作用是控制浮点数值以所谓的定点格式(fixed-point format)输出，这种格式是与科学记数法相对而言的。科学记数法是将一个数表示成一个 1 ~ 10 之间的浮点数再乘以 10 的幂的形式。例如，值 3100 的科学记数法表示是 $3.1 \times 10^3$。科学记数法在显示很大的或者是很小的数时非常有效。我们在第 13 章将进一步讨论使用科学记数法的格式化问题。相对地，定点格式则强制浮点数显示特定数量的位数；而且一旦指定采用定点格式，那么必须显示小数点及为补足小数点后位数而添加的若干个 0，即使该浮点数的值是一个整数量，例如 88.00。如果不选择定点格式，这样的值将在 C++ 中以 88 的形式输出，并且不会有补足的 0 及小数点。当程序中同时设置流操纵符 fixed 和 setprecision 时，显示的值是一个四舍五入到指定小数位置上的数，这个位置是通过传递给 setprecision 的参数(例如第 75 行的值 2)确定的，尽管此时内存中的值并未改变。例如，值 87.946 和 67.543 的输出分别为 87.95 和 67.54。请注意，利用流操纵符 showpoint 也可以强制浮点数将小数点输出。如果只设置了 showpoint 而没有设置 fixed，则浮点数小数点后补足的 0 将不会输出。像 endl 一样，流操纵符 fixed 和 showpoint 也是无参数的，不需要头文件 < iomanip >。它们的声明可以在头文件 < iostream > 中找到。

图 4.13 中的第 75 行和第 76 行输出全班的平均成绩，它四舍五入到百分位，并输出小数点后两位。参数化的流操纵符(第 75 行)指定了变量 average 的值应该按小数点之后两位的精度显示——正由 setprecision(2)指定。在图 4.14 的程序执行示例中，输入了总和为 257 的三个成绩，其平均成绩实际应为 85.666 666...，而四舍五入的输出是 85.67。

**关于无符号整数的说明**

图 4.9 第 46 行将变量 gradeCounter 的数据类型声明为 unsigned int，因为可以假定该变量的取值范围是 1～11(11 时结束循环)，也就是说都是正整数值。一般而言，计数器只应存储非负的值，声明时应当用 unsigned 数据类型。与相应的无符号整数类型相比，unsigned 整数类型的变量可以表示 0 到近似前者两倍正数范围的值。大家可以用来自 < climits > 的符号常量 UINT_MAX 确定自己所用平台的最大 unsigned int 值。

图 4.9 本可以将变量 grade、total 和 average 都声明为 unsigned int 类型，因为测试成绩的取值范围通常是 0～100，于是变量 total 和 average 的值应该都大于或等于 0。可是，图 4.9 中没有这样做，而将这些变量都声明为 int 类型。这是因为我们无法控制用户实际将输入什么样的值——用户有可能会输入负数。更糟糕的是，用户甚至有可能输入的值根本就不是一个数。(在本书稍后部分将介绍如何处理这样的错误输入情况。)

有时，标记控制的循环使用有意设置的无效值来结束循环。例如，在图 5.13 中的第 56 行，用户输入标记值 −1(一个无效的成绩值)时，循环终止。因此，这里将变量 grade 声明为 unsigned int 类型是不合适的。大家将看到，文件结束符(EOF)——在下一章介绍且常常用于结束标记控制的循环———一般在编译器中被内部实现为一个负数。

## 4.10　算法详述：嵌套的控制语句

在下一个例子中，我们将又一次使用伪代码和自顶向下、逐步求精的方法来明确表达一个算法，并编写出相应的 C++ 程序。我们已经知道：一条控制语句可以堆叠到另一条控制语句上(按顺序)。在这个实例研究中，我们将分析控制语句相互结合的另一种结构化方式，即将一条控制语句嵌套在另一条控制语句中的方式。

仔细考虑下面的问题陈述：

某所大学开设了一门课程，目的是为那些准备考房地产经纪人国家证书的学生进行培训。去年，完成该门课程学习的学生中有 10 人参加了认证考试。于是，该所大学想知道学生在这次考试中的表现如何。现在要求你编写一个程序，总结此次考试的结果。你已经拿到了参加考试的这 10 个学生的名单。如果学生通过了考试，名字后面是一个 1，否则是一个 2。

你的程序应该对考试结果进行如下分析：

1. 输入每一个考试结果(也就是 1 或者是 2)。在每次程序要求另一个考试结果时，显示提示信息 "Enter result"(输入考试结果)。

2. 计算两类结果各自的数目。

3. 输出考试结果的总结，内容包括通过考试和未通过考试的学生人数。

4. 如果有 8 个以上的学生通过考试，那么输出信息 "Bonus to instructor!"(奖励授课教师)。

在仔细阅读这段问题陈述之后，可以得出以下结论：

1. 程序必须处理 10 个学生的考试结果。可以用计数器控制的循环，因为考试结果的数目是事先已知的。

2. 每一个考试结果都是一个数字：要么是 1，要么是 2。程序每一次读入一个考试结果，程序必须判断考试结果是 1 还是 2。出于简化的目的，在算法中我们只测试该结果是否是 1。如果该数字不是 1，则假定该数字是 2(练习题 4.20 考虑到了这种假设的后果，请一定做一下)。

3. 使用两个计数器来跟踪考试结果：一个对通过考试的学生进行人数的统计，另一个对没有通过考试的学生进行人数的统计。

4. 在程序处理了所有考试结果之后，它必须判断是否有 8 个以上的学生通过考试。

好了，接下来我们仍采用自顶向下逐步求精的方法分析上述问题。首先从顶层的伪代码表示开始：

> 分析考试的结果，并决定是否应该给予奖金

再一次强调：顶层伪代码是一个程序的总体功能描述，它很可能需要经过多级的细化之后，才能得到可以顺理成章地转化为 C++ 程序的伪代码。

我们第一级求精的结果如下：

> 初始化变量
> 输入 10 个考试结果，对通过和未通过的结果进行计数
> 输出考试结果的总结，并决定是否给予奖金

还是和前面一样，这一级求精的结果虽然是对整个程序的一个完整描述，但仍然需要继续细化。我们现在要提出特定的变量。计数器肯定是必需的：我们需要分别统计通过结果(passes)和未通过结果(failures)的两个计数器，需要控制循环过程的一个计数器(student counter)。此外，还需要一个存放用户输入的变量。

> 伪代码语句
> 初始化变量

可以细化为以下内容：

> 初始化 passes 为 0
> 初始化 failures 为 0
> 初始化 student counter 为 1

请注意，在算法的开始部分只有计数器被初始化了。

> 伪代码语句：
> 输入 10 个考试结果，对通过和未通过的结果计数

需要一个循环相继地输入每个考试结果。这里，我们已经预先知道应该正好输入 10 个考试结果，因此非常适合采用计数器控制的循环。在循环内部(也就是说，在循环中嵌套)有一个 if...else 语句，确定每个考试结果是通过的还是未通过的，并将相应的计数器增 1。

于是，上面那条伪代码语句细化如下：

> 当 student counter 小于或者等于 10 时
>     提示用户输入下一个考试结果
>     输入下一个考试结果
>     如果(If)学生通过考试
>         passes 增 1
>     否则(Else)
>         failures 增 1
>     student counter 增 1

我们用空行将 If...Else 控制结构与其他语句分开，这样可以提高可读性。

> 伪代码语句
> 输出考试结果的总结，并决定是否应该给予奖金

的细化结果是：

> 显示 passes 的值
> 显示 failures 的值
> 如果有 8 名以上的学生通过考试
>     显示"Bonus to instructor!"

图 4.15 是对上述两级求精结果的汇总。请注意，为了提高可读性，其中的 While 结构仍用空行与其他语句分开。现在列出的伪代码，其详细程度已经达到可以转换为 C++ 程序的要求了。

```
 1   初始化passes为0
 2   初始化failures为0
 3   初始化student counter为1
 4
 5   当(While)student counter小于或者等于10时
 6       提示用户输入下一个考试结果
 7       输入下一个考试结果
 8
 9       如果学生通过考试
10           passes增1
11       否则
12           failures增1
13
14       student counter增1
15
16   显示passes的值
17   显示failures的值
18
19   如果有8名以上的学生通过考试
20       显示"Bonus to instructor!"
```

图 4.15　考试结果问题的伪代码

**分析的话题转换到类**

图 4.16 中的程序实现了前面所述的伪代码算法。请注意，这个例子并没有包含任何类——它仅仅包含一个源代码文件，其中的 main 函数完成应用程序的所有任务。在本章和第 3 章中，大家看到的大多数例子都包含有一个类（包括该类的头文件和源代码文件），以及测试这个类的另一个源代码文件。这个测试用的源代码文件包含创建类的一个对象和调用其成员函数的 main 函数。有时候，当创建一个可重用的类来演示一个简单的概念没有多大意义时，我们将用一个包含所有功能代码的 main 函数的源代码文件来实现。

```cpp
 1   // Fig. 4.16: fig04_16.cpp
 2   // Examination-results problem: Nested control statements.
 3   #include <iostream>
 4   using namespace std;
 5
 6   int main()
 7   {
 8      // initializing variables in declarations
 9      unsigned int passes = 0; // number of passes
10      unsigned int failures = 0; // number of failures
11      unsigned int studentCounter = 1; // student counter
12
13      // process 10 students using counter-controlled loop
14      while ( studentCounter <= 10 )
15      {
16         // prompt user for input and obtain value from user
17         cout << "Enter result (1 = pass, 2 = fail): ";
18         int result = 0; // one exam result (1 = pass, 2 = fail)
19         cin >> result; // input result
20
21         // if...else nested in while
22         if ( result == 1 )            // if result is 1,
23            passes = passes + 1;       // increment passes;
24         else                          // else result is not 1, so
25            failures = failures + 1; // increment failures
26
27         // increment studentCounter so loop eventually terminates
28         studentCounter = studentCounter + 1;
29      } // end while
30
31      // termination phase; display number of passes and failures
```

图 4.16　考试结果问题：嵌套的控制语句

```
32        cout << "Passed " << passes << "\nFailed " << failures << endl;
33
34        // determine whether more than eight students passed
35        if ( passes > 8 )
36           cout << "Bonus to instructor!" << endl;
37  } // end main
```

```
Enter result (1 = pass, 2 = fail): 1
Enter result (1 = pass, 2 = fail): 2
Enter result (1 = pass, 2 = fail): 2
Enter result (1 = pass, 2 = fail): 1
Enter result (1 = pass, 2 = fail): 1
Enter result (1 = pass, 2 = fail): 1
Enter result (1 = pass, 2 = fail): 2
Enter result (1 = pass, 2 = fail): 1
Enter result (1 = pass, 2 = fail): 1
Enter result (1 = pass, 2 = fail): 2
Passed 6
Failed 4
```

```
Enter result (1 = pass, 2 = fail): 1
Enter result (1 = pass, 2 = fail): 1
Enter result (1 = pass, 2 = fail): 1
Enter result (1 = pass, 2 = fail): 1
Enter result (1 = pass, 2 = fail): 2
Enter result (1 = pass, 2 = fail): 1
Enter result (1 = pass, 2 = fail): 1
Enter result (1 = pass, 2 = fail): 1
Enter result (1 = pass, 2 = fail): 1
Enter result (1 = pass, 2 = fail): 1
Passed 9
Failed 1
Bonus to instructor!
```

图 4.16(续)　考试结果问题：嵌套的控制语句

第 9 ~ 11 行和第 18 行声明和初始化了用于处理考试结果的变量。循环程序有时需要在每次循环开始处初始化。这种重新初始化的实现方式通常有两种：一是用赋值语句而非声明语句；二是将声明语句挪至循环体内。

第 14 ~ 29 行的 while 循环语句共循环 10 次。在每一次循环迭代期间，这条循环语句输入并处理一个考试结果。请注意，处理每个考试结果的 if...else(第 22 ~ 25 行)嵌套在 while 循环语句体中。如果结果是 1，if...else 语句将 passes 增 1；否则，它假定结果为 2，并对 failures 增 1。在第 15 行的循环条件被再次测试之前，第 28 行将 studentCounter 增 1。当输入 10 个值后，循环结束。第 32 行的代码执行后将输出 passes 和 failures 的值。第 35 ~ 36 行的 if 语句判断是否有 8 个以上的学生通过考试，如果条件为真，则输出信息"Bonus to instructor!"。

图 4.16 显示了该程序两次运行示例的输入和输出。在第二次运行结束时，第 35 行条件为真——超过 8 个学生通过了考试，因此程序输出任课教师应该获得奖金的一条信息。

### C++11 的列表初始化

C++11 引入一种新的变量初始化语法。列表初始化(List initialization)，也称作统一初始化(uniform initialization)，使程序员能够用一种语法来初始化任意类型的一个变量。请注意图 4.16 的第 11 行：

```
unsigned int studentCounter = 1;
```

在 C++11 中，可以书写为

```
unsigned int studentCounter = { 1 };
```

或者

```
unsigned int studentCounter{ 1 };
```

的形式。花括号对({和})表示列表初始化器。对于一个基本数据类型的变量，只放置一个值在列表初始化器中。对于一个对象，列表初始化器中可以是逗号分隔的值的列表，这些值传递给对象的构造函数。

例如,练习题 3.14 要求程序员创建 Employee 类,可以表示一个雇员的姓、名和薪水。假设这个类定义一个构造函数,它分别接收代表名和姓的字符串,还有代笔薪水的一个 double 类型的数。这样,Employee 对象的初始化如下:

```
Employee employee1{ "Bob", "Blue", 1234.56 };
Employee employee2 = { "Sue", "Green", 2143.65 };
```

对基本数据类型的变量来说,列表初始化的语法还可以阻止所谓的"缩小转换"(narrowing conversion),这种转换可能造成数据的损失。例如,以前大家通过书写

```
int x = 12.7;
```

试图将 double 类型的值 12.7 赋值给 int 类型的变量 x 时,这个 double 值的浮点部分(.7)被截掉,从而转换成一个 int 数据,但导致了信息缺损——这就是一次"缩小转换",也就是说实际赋值给 x 的值是 12。许多编译器对这样的语句会发出一个警告信息,但是仍允许它通过编译。然而,如果采用如下所示的列表初始化:

```
int x = { 12.7 };
```

或者

```
int x{ 12.7 };
```

那么将产生一个编译错误。如此,能够帮助程序员避免这种可能发生的非常微妙的逻辑错误。例如,苹果的 Xcode LLVM 编译器给出的错误信息是:

```
Type 'double' cannot be narrowed to 'int' in initializer list
```
　　　　　　　(在初始化列表中的类型'double'无法缩小转换为'int')

我们将在以后的章节讨论更多的列表初始化器的特性。

## 4.11　赋值运算符

C++ 提供了多种赋值运算符来缩写赋值表达式。例如,下面的语句

```
c = c + 3;
```

可以用加法赋值运算符" += "将其缩写为

```
c += 3;
```

+=运算符把运算符右边表达式的值和运算符左边的变量值相加,结果存放在运算符左边的变量中。任何如下形式的语句:

变量 = 变量　运算符　表达式;

其中相同的变量在赋值运算符的两边出现,而且若运算符是" + "、" - "、" * "、"/"或者"%"(或者在本教材后面章节将讨论的其他)二元运算符中的一个,都可以写成如下形式:

变量　运算符 = 表达式;

因此,赋值表达式 c += 3,把 3 加到变量 c 中。图 4.17 列出了算术赋值运算符、使用这些运算符的示例表达式及相应的解释。

| 赋值运算符 | 示例表达式 | 说明 | 赋值 |
|---|---|---|---|
| 假定: int c = 3, d = 5, e = 4, f = 6, g = 12; | | | |
| += | c += 7 | c = c + 7 | 10 赋给了 c |
| -= | d -= 4 | d = d - 4 | 1 赋给了 d |
| *= | e *= 5 | e = e * 5 | 20 赋给了 e |
| /= | f /= 3 | f = f/3 | 2 赋给了 f |
| %= | g %= 9 | g = g%9 | 3 赋给了 g |

图 4.17　算术赋值运算符

## 4.12  自增和自减运算符

除了算术赋值运算符之外，C++还提供了两个一元运算符，用于对数值变量的值进行增1或者减1的运算。它们分别是一元的自增运算符(increment operator)"++"和一元的自减运算符(decrement operator)"--"，图4.18是对它们的总结。这里，假设在程序中有一个名为c的变量，如果其值要增1，那么可以用自增运算符，而不是用表达式c=c+1或者c+=1。作为变量前缀(即放在变量前面)的自增或自减运算符，分别称为前置自增运算符或前置自减运算符；而作为变量后缀(放在变量后面)的自增或自减运算符，则分别称为后置自增运算符或后置自减运算符。

| 运算符 | 名称 | 示例表达式 | 说明 |
|---|---|---|---|
| ++ | 前置自增 | ++a | a先增1，然后在a出现的表达式中使用a的这个新值 |
| ++ | 后置自增 | a++ | 在a出现的表达式中使用a的当前值，然后a增1 |
| -- | 前置自减 | --b | b先减1，然后在b出现的表达式中使用b的这个新值 |
| -- | 后置自减 | b-- | 在b出现的表达式中使用b的当前值，然后b减1 |

图4.18  自增和自减运算符

使用前置的自增(或自减)运算符对变量增(或减)1，叫作前置自增(或前置自减)变量。前置自增(或前置自减)运算先使变量增(或减)1，然后在变量出现的表达式中使用它的新值。使用后置自增(或自减)运算符对变量增(或减)1，叫作后置自增(或后置自减)变量。后置自增(或后置自减)运算先在变量出现的表达式中使用变量的当前值，然后再将变量增(或减)1。

**良好的编程习惯4.4**
与二元运算符不同，一元的自增和自减运算符应该紧邻其操作数，中间不能有任何空格。

图4.19演示了自增运算符(++)的前置用法和后置用法之间的不同。自减运算符(--)与自增运算符参与运算的工作机理类似。

```
1   // Fig. 4.19: fig04_19.cpp
2   // Preincrementing and postincrementing.
3   #include <iostream>
4   using namespace std;
5
6   int main()
7   {
8      // demonstrate postincrement
9      int c = 5; // assign 5 to c
10     cout << c << endl; // print 5
11     cout << c++ << endl; // print 5 then postincrement
12     cout << c << endl; // print 6
13
14     cout << endl; // skip a line
15
16     // demonstrate preincrement
17     c = 5; // assign 5 to c
18     cout << c << endl; // print 5
19     cout << ++c << endl; // preincrement then print 6
20     cout << c << endl; // print 6
21  } // end main
```

```
5
6
6

5
6
6
```

图4.19  前置自增和后置自增

第 9 行将变量 c 初始化为 5，第 10 行输出 c 的初始值。第 11 行输出表达式 c ++ 的值。这个表达式后置自增变量 c，所以输出 c 的初始值（5），然后 c 的值增 1。因此，第 11 行又一次输出 c 的初始值（5）。第 12 行输出了 c 的新值（6），证明在第 11 行该变量的值的确增加了 1。

第 17 行重设 c 的值为 5，第 18 行输出 c 的值。第 19 行输出表达式 ++c 的值。该表达式前置自增 c，因此它的值先增 1，然后输出这个新值（6）。第 20 行又一次输出 c 的值，证明在第 19 行被执行后 c 的值仍然是 6。

算术赋值运算符、自增和自减运算符可以用来简化程序语句。图 4.16 中的 3 条赋值语句

```
passes = passes + 1;
failures = failures + 1;
studentCounter = studentCounter + 1;
```

可以用算术赋值运算符精简为

```
passes += 1;
failures += 1;
studentCounter += 1;
```

而用前置自增运算符精简为

```
++passes;
++failures;
++studentCounter;
```

或用后置自增运算符精简为

```
passes++;
failures++;
studentCounter++;
```

请注意，在一条仅由单个变量的自增（++）或自减（--）构成的语句中，前置和后置自增（自减）的逻辑效果是一样的。只有当变量出现在一个复杂的表达式中时，才能体现前置自增变量与后置自增变量之间的差别（对前置自减变量和后置自减变量来说也是一样的）。

**常见的编程错误4.8**

企图用表达式（不是一个可修改变量的名字），例如 ++ ( x + 1 )，作为自增或自减运算符的操作数是一个语法错误。

图 4.20 给出了到目前为止所介绍的运算符的优先级和结合律。运算符从上到下按优先级递减的顺序排列。第二列指出了每一优先级运算符的结合律。请注意，条件运算符（?:）、一元的前置自增运算符（ ++ ）、前置自减运算符（ -- ）、正号（ + ）、负号（ - ），以及赋值运算符（ = 、+ = 、- = 、* = 、/ = 和 % = ）是从右向左结合的。图 4.20 所示的运算符优先级表中的其他运算符都是从左向右结合的。第三列则为运算符的组名。

| 运算符 | | | | | 结合律 | 类型 |
|---|---|---|---|---|---|---|
| :: | ( ) | | | | 从左向右【请参看图 2.10 中关于圆括号运算符的注意事项】 | 最高 |
| ++ | -- | static_cast < 类型 > ( ) | | | 从左向右 | 后缀 |
| ++ | -- | + | - | | 从右向左 | 一元（前缀） |
| * | / | % | | | 从左向右 | 乘 |
| + | - | | | | 从左向右 | 加 |
| << | >> | | | | 从左向右 | 插入/提取 |
| < | <= | > | >= | | 从左向右 | 关系 |
| == | != | | | | 从左向右 | 相等 |
| ?: | | | | | 从右向左 | 条件 |
| = | += | -= | *= | /= | % = | 从右向左 | 赋值 |

图 4.20　本书中迄今为止所介绍的运算符的优先级

## 4.13　本章小结

本章讲述了基本的解决问题的方法，用于程序员创建类和开发类中的成员函数。我们举例说明了如何用伪代码构建一个算法 (即解决问题的一系列步骤)，如何通过伪代码开发的几个阶段对算法进行细化，从而最终编写出作为函数一部分的可以执行的 C++ 代码。学习了如何使用自顶向下逐步求精的方法，设计一个函数必须完成的动作，并安排好它们在函数中执行的顺序。

大家了解到开发一个算法仅仅需要三种控制结构——顺序、选择和循环。我们首先演示了 C++ 中的两种选择语句——if 单路选择语句和 if...else 双路选择语句。if 单路选择语句适用于根据一个条件来执行一组语句的情况：如果该条件为真，则执行这组语句；如果为假，则跳过这组语句，根本不执行它们。if...else 双路选择语句适用的情况是：如果一个条件为真，则执行一组语句；如果这个条件为假，则执行另一组语句。我们接下来讨论的是 while 循环语句。只要它的条件为真，就会重复执行一组语句。在这部分，我们使用控制语句的堆叠连接方式，分别采用计数器控制的循环和标记控制的循环，对一组学生成绩进行求和并计算平均值；使用控制语句的嵌套连接方式，分析和判断一组考试结果。此外，我们还介绍了可用来简化语句的各种赋值运算符，讨论了可对变量的值进行增 1 或减 1 运算的自增和自减运算符。在第 5 章中，我们将继续讨论控制语句，介绍 for、do...while 和 switch 语句等。

## 摘要

### 4.2 节　算法

- 根据所要执行的动作及这些动作执行的顺序描述的解决问题的过程称为算法。
- 指定程序中语句执行的顺序称为程序控制。

### 4.3 节　伪代码

- 伪代码帮助程序员在试图用程序设计语言写出程序之前先设计出这个程序。

### 4.4 节　控制结构

- 活动图对软件系统的工作流 (也称为活动) 进行建模。
- 活动图由一些专门的符号构成，例如动作状态符号、菱形和小圆圈等。这些符号通过表示活动流向的转换箭头相连接。
- 和伪代码一样，活动图有助于程序员开发和表示算法。
- 动作状态用圆角矩形表示。动作说明写在动作状态内。
- 活动图中的箭头表示转换。这些箭头指示了动作状态所表示动作的发生顺序。
- 位于活动图顶部的实心圆圈表示初始状态——在程序执行已建模动作之前工作流的开始位置。
- 位于活动图底部的围绕了一个空心圆圈的实心圆圈表示结束状态——在程序执行其动作之后工作流的结束位置。
- 右上角折叠过来的矩形，在 UML 中称为注释符号。注释及其要说明的元素之间用虚线连接起来。
- 一共有 3 种控制结构——顺序、选择和循环。
- 顺序结构是固有的，默认情况下，程序中的语句是按照书写的顺序逐条执行的。
- 选择结构从可供选择的多条动作路径中做出选择。

### 4.5 节　if 选择语句

- if 单路选择语句在条件为真时执行 (选择) 一个动作，而在条件为假时跳过该动作。
- 活动图中的判定符号用来表明要做的判断。工作流将沿着由相关联的监控条件所决定的路径前进。从判定符号出发的每个转换箭头都有一个监控条件。如果某个监控条件为真，工作流则进入该转换箭头所指的动作状态。

## 4.6 节　if...else 双路选择语句

- if...else 双路选择语句,在条件为真时执行(选择)一个动作,而在条件为假时执行一个不同的动作。
- 要在 if(或者 if...else 语句的 else)的体中包括几条语句,就应将这些语句用一对花括号({和})括起来。包含在一对花括号({和})中的一组语句称为语句块。程序中凡是可以放置单条语句的位置,都可放置语句块。
- 空语句表示不采取任何动作,用一个分号(;)来表示。

## 4.7 节　while 循环语句

- 循环语句指定了在某个条件保持为真的情况下可以重复地执行语句。
- UML 合并符号有两个或者更多的转换箭头指向菱形,而只有一个转换箭头从菱形中发出来,指出多条活动流合并为一个活动流后继续活动。

## 4.8 节　算法详述：计数器控制的循环

- 计数器控制的循环用在循环开始执行之前循环次数已知的情况中,也就是在定数循环时使用。
- 整数相加有可能导致和的值太大而不能存储到一个 int 变量中,这就是算术溢出。算术溢出引起出乎意料的运行行为。
- 在 int 变量中能够保存的最大和最小值分别由符号常量 INT_MAX 和 INT_MIN 表示,它们定义在头文件 < climits > 中。
- 大家公认的一条好的实践经验是:在执行计算之前保证算术计算不溢出。当开发工业级的实际代码时,应当对所有能导致上溢和下溢的计算执行检查。

## 4.9 节　算法详述：标记控制的循环

- 自顶向下逐步求精是细化伪代码的过程,每次求精的结果都是对整个程序的一个完整描述。
- 标记控制的循环用在循环开始执行之前循环次数未知的情况中,也就是在不定数循环时使用。
- 含有小数部分的值称作浮点数,由诸如 float 和 double 之类的数据类型近似表示。
- 强制类型转换运算符 static_cast < double > 可以用于产生其操作数的一个临时浮点数副本。
- 一元运算符仅有一个操作数;二元运算符则有两个。
- 参数化流操纵符 setprecision 指定输出精度数字位数,即小数点右边应输出几位数字。
- 相对科学记数法而言,流操纵符 fixed 指出了浮点数值应以所谓的浮点格式输出。
- 一般而言,任何要存储非负数值的整数变量都应当在整数类型前用 unsigned 进行声明。与相应的无符号整数类型相比,unsigned 整数类型的变量可以表示 0 到近似前者两倍正数范围的值。
- 大家可以用来自 < climits > 的符号常量 UINT_MAX 确定自己所用平台的最大 unsigned int 值。

## 4.10 节　算法详述：嵌套的控制语句

- 嵌套的控制语句出现在另一个控制语句体内。
- 对于在声明中初始化变量,C++11 引入了新的如下所示的列表初始化:

```
int studentCounter = { 1 };
```

或者

```
int studentCounter{ 1 };
```

- 花括号对({和})表示列表初始化器。对于一个基本数据类型的变量,只放置一个值在列表初始化器中。对于一个对象,列表初始化器中可以是逗号分隔的值的列表,这些值传递给对象的构造函数。
- 对基本数据类型的变量来说,列表初始化的语法还可以阻止所谓的"缩小转换",这种转换可能造成数据的损失。

### 4.11 节　赋值运算符

- C++ 提供算术赋值运算符( + = 、 − = 、* = 、/= 和% = )来简写赋值表达式。

### 4.12 节　自增和自减运算符

- 自增运算符( ++ )和自减运算符( −− )分别把变量的值增1或减1。如果自增或自减运算符在变量之前前置，那么先将变量增1或者减1，然后在表达式中使用变量的这个新值；如果自增或自减运算符在变量之后后置，那么先在表达式中使用变量的当前值，然后再将变量增1或者减1。

## 自测练习题

4.1　填空题：

　　a)所有的程序都可以用3种控制结构编写，它们分别是_____、_____和_____。

　　b)_____选择语句在条件为真时执行一动作，而在条件为假时执行另一动作。

　　c)一组指令重复执行指定次数的循环称为_____循环。

　　d)当一组语句事先不知道重复执行的次数时，可以用一个_____值来结束循环。

4.2　请写出4条不同的 C++ 语句，它们都可以实现整数变量 x 加1的功能。

4.3　编写 C++ 语句，完成下述任务：

　　a)在一条语句中，将变量 x 与变量 y 之和赋给变量 z 后，变量 x 的值再自增。

　　b)判断变量 count 的值是否大于 10。如果是，则打印"Count is greater than 10."。

　　c)变量 x 的值先自减 1，然后从变量 total 中减去 x。

　　d)计算变量 q 除以变量 divisor 的余数，然后把此结果赋值给变量 q。请用两种不同的方法编写实现的语句。

4.4　编写 C++ 语句，完成下述任务：

　　a)声明变量 sum 为 unsigned int 类型的变量，并初始化为 0。

　　b)声明变量 x 为 unsigned int 类型的变量，并初始化为 1。

　　c)变量 x 与变量 sum 相加，结果赋值给变量 sum。

　　d)打印"The sum is:"，后接变量 sum 的值。

4.5　请把在自测练习题 4.4 中编写的语句组合到计算和打印整数 1 ~ 10 之和的程序中。利用 while 语句循环执行计算和自增语句。当变量 x 的值变成 11 时，循环结束。

4.6　请说出下面计算执行后每个 unsigned int 变量的值。假定每条语句开始执行时，所有变量的值都是整数 5。

　　a) product *= x++;
　　b) quotient /= ++x;

4.7　编写单条 C++ 语句，完成下述任务：

　　a)采用 cin 和 >> ，输入 unsigned int 变量 x。

　　b)采用 cin 和 >> ，输入 unsigned int 变量 y。

　　c)声明 unsigned int 变量 i，并初始化为 1。

　　d)声明 unsigned int 变量 power，并初始化为 1。

　　e)变量 power 乘以变量 x 后，结果赋值给变量 power。

　　f)变量 i 前置方式自增 1。

　　g)判断变量 i 是否小于或等于变量 y。

　　h)采用 cout 和 << 输出整型变量 power。

4.8　请利用自测练习题 4.7 中的语句，编写计算 x 的 y 次幂的 C++ 程序。要求该程序使用一条 while 循环语句。

4.9 指出并改正下列语句中的错误。

```
a) while ( c <= 5 )
   {
      product *= c;
      ++c;
b) cin << value;
c) if ( gender == 1 )
      cout << "Woman" << endl;
   else;
      cout << "Man" << endl;
```

4.10 请指出下面 while 循环语句中存在的问题。

```
while ( z >= 0 )
   sum += z;
```

## 自测练习题答案

4.1 a)顺序、选择和循环。b)if...else。c)计数器控制的或定数的。d)信号/标记/哑元。

4.2
```
x = x + 1;
x += 1;
++x;
x++;
```

4.3
```
a) z = x++ + y;
b) if ( count > 10 )
      cout << "Count is greater than 10" << endl;
c) total -= --x;
d) q %= divisor;
   q = q % divisor;
```

4.4
```
a) unsigned int sum = 0;
b) unsigned int x = 1;
c) sum += x;
```

或者

```
   sum = sum + x;
d) cout << "The sum is: " << sum << endl;
```

4.5 请看下面的代码:

```
 1   // Exercise 4.5 Solution: ex04_05.cpp
 2   // Calculate the sum of the integers from 1 to 10.
 3   #include <iostream>
 4   using namespace std;
 5
 6   int main()
 7   {
 8      unsigned int sum = 0; // stores sum of integers 1 to 10
 9      unsigned int x = 1; // counter
10
11      while ( x <= 10 ) // loop 10 times
12      {
13         sum += x; // add x to sum
14         ++x; // increment x
15      } // end while
16
17      cout << "The sum is: " << sum << endl;
18   } // end main
```

```
The sum is: 55
```

4.6
```
a) product = 25, x = 6;
b) quotient = 0, x = 6;
```

4.7    a) `cin >> x;`
      b) `cin >> y;`
      c) `unsigned int i = 1;`
      d) `unsigned int power = 1;`
      e) `power *= x;`

     或者

        `power = power * x;`
      f) `++i;`
      g) `if ( i <= y )`
      h) `cout << power << endl;`

4.8    请看下面的代码:

```
 1    // Exercise 4.8 Solution: ex04_08.cpp
 2    // Raise x to the y power.
 3    #include <iostream>
 4    using namespace std;
 5
 6    int main()
 7    {
 8       unsigned int i = 1; // initialize i to begin counting from 1
 9       unsigned int power = 1; // initialize power
10
11       cout << "Enter base as an integer: ";  // prompt for base
12       unsigned int x; // base
13       cin >> x; // input base
14
15       cout << "Enter exponent as an integer: "; // prompt for exponent
16       unsigned int y; // exponent
17       cin >> y; // input exponent
18
19       // count from 1 to y and multiply power by x each time
20       while ( i <= y )
21       {
22          power *= x;
23          ++i;
24       } // end while
25
26       cout << power << endl; // display result
27    } // end main
```

```
Enter base as an integer: 2
Enter exponent as an integer: 3
8
```

4.9    a) 错误: 缺少 while 体的结束右花括号。
       改正: 在语句 c++; 后添加结束右花括号。
     b) 错误: 使用流插入运算符, 而非流提取运算符。
       改正: 将 << 改成 >>。
     c) 错误: else 之后的分号导致了一个逻辑错误, 使得第二条输出语句始终都会执行。
       改正: 删除 else 之后的分号。

4.10   变量 z 的值在 while 语句执行过程中永远不会改变。因此, 如果循环继续的条件(z>=0)最初为真, 就会产生无限循环。为了避免无限循环, z 的值必须自减, 使其最终能够小于 0。

## 练习题

4.11   指出并改正以下各代码段中的错误:

     a) 
```
if ( age >= 65 );
    cout << "Age is greater than or equal to 65" << endl;
else
    cout << "Age is less than 65 << endl";
```
     b) 
```
if ( age >= 65 )
    cout << "Age is greater than or equal to 65" << endl;
```

```
    else;
        cout << "Age is less than 65 << endl";
c) unsigned int x = 1;
    unsigned int total;

    while ( x <= 10 )
    {
        total += x;
        ++x;
    }
d) While ( x <= 100 )
        total += x;
        ++x;
e) while ( y > 0 )
    {
        cout << y << endl;
        ++y;
    }
```

4.12　请写出下面程序的输出结果：

```
 1  // Exercise 4.12: ex04_12.cpp
 2  // What does this program print?
 3  #include <iostream>
 4  using namespace std;
 5
 6  int main()
 7  {
 8      unsigned int y = 0; // declare and initialize y
 9      unsigned int x = 1; // declare and initialize x
10      unsigned int total = 0; // declare and initialize total
11
12      while ( x <= 10 ) // loop 10 times
13      {
14          y = x * x; // perform calculation
15          cout << y << endl; // output result
16          total += y; // add y to total
17          ++x; // increment counter x
18      } // end while
19
20      cout << "Total is " << total << endl; // display result
21  } // end main
```

对于练习题 4.13～练习题 4.16，请执行以下步骤：

a) 阅读问题陈述。

b) 使用伪代码和自顶向下逐步求精法制定算法。

c) 编写 C++ 程序。

d) 测试、调试和执行该 C++ 程序。

4.13　（**汽油哩数**）每位司机都关心自己车辆的行车里程数。有位司机通过记录每次出车所行驶的英里数和用油的加仑数来跟踪他多次出车的情况。请开发一个 C++ 程序，它使用一条 while 语句输入每次出车的行驶英里数和加油量。该程序应计算和显示每次出车所得到的每加仑行驶英里数，并打印到本次出车为止的所有加油综合计算后的每加仑英里数。

```
Enter miles driven (-1 to quit): 287
Enter gallons used: 13
MPG this trip: 22.076923
Total MPG: 22.076923

Enter miles driven (-1 to quit): 200
Enter gallons used: 10
MPG this trip: 20.000000
Total MPG: 21.173913

Enter the miles driven (-1 to quit): 120
Enter gallons used: 5
MPG this trip: 24.000000
Total MPG: 21.678571

Enter the miles used (-1 to quit): -1
```

4.14   (**信用额度问题**)开发一个 C++ 程序,它可以判断商场顾客的支付款额是否超出了赊欠账户的信用额度。对每位顾客,提供如下的信息:

a)账号(是一个整数);

b)月初欠款;

c)本月该顾客购买的所有商品的总金额;

d)本月该顾客账户存入的总金额;

e)允许的信用额度。

这一程序应使用一条 while 语句输入以上的每条信息,计算新的欠款( = 月初欠款 + 当月消费额 – 银行存款),并判断新的欠款是否超过客户的信用额度。对那些已经超支的顾客,程序应显示他的账号、信用额度、新的欠款以及一条消息"Credit Limit Exceeded."。

```
Enter account number (or -1 to quit): 100
Enter beginning balance: 5394.78
Enter total charges: 1000.00
Enter total credits: 500.00
Enter credit limit: 5500.00
New balance is 5894.78
Account:       100
Credit limit: 5500.00
Balance:      5894.78
Credit Limit Exceeded.

Enter Account Number (or -1 to quit): 200
Enter beginning balance: 1000.00
Enter total charges: 123.45
Enter total credits: 321.00
Enter credit limit: 1500.00
New balance is 802.45

Enter Account Number (or -1 to quit): -1
```

4.15   (**销售佣金计算器**)一家大型化工厂采用佣金方式为推销员付酬金。推销员每周领到基本工资 200 美元,再加上这周销售毛利的 9%。例如,某位销售员某周卖出了价值 5000 美元的化工产品,那么除领取基本的 200 美元外,还有 5000 美元的 9%,总计 650 美元。开发一个 C++ 程序,它利用一条 while 语句输入每位销售员上周的毛利,然后计算和显示其收入。每次处理一个销售员的数据。

```
Enter sales in dollars (-1 to end): 5000.00
Salary is: $650.00

Enter sales in dollars (-1 to end): 6000.00
Salary is: $740.00

Enter sales in dollars (-1 to end): 7000.00
Salary is: $830.00

Enter sales in dollars (-1 to end): -1
```

4.16   (**薪金计算器**)开发一个 C++ 程序,它利用一条 while 语句决定每位雇员的薪金总额。公司规定,每位雇员在其工作的前 40 个小时领取"正规工作时间"工资,超过 40 小时后,领取"相当于原工资一倍半的加班费"工资。现在,给你公司中所有雇员的一份工作清单,列出了每位雇员上周工作的小时数和"正规工作时间"每小时的工资数。要求编写的程序能够输入每位雇员的这些信息,并确定和显示雇员上周的薪金总额。

```
Enter hours worked (-1 to end): 39
Enter hourly rate of the employee ($00.00): 10.00
Salary is $390.00

Enter hours worked (-1 to end): 40
Enter hourly rate of the employee ($00.00): 10.00
Salary is $400.00

Enter hours worked (-1 to end): 41
Enter hourly rate of the employee ($00.00): 10.00
Salary is $415.00

Enter hours worked (-1 to end): -1
```

4.17 **(找最大数)** 在计算机应用中,我们常常会遇到寻找最大数(即一组数中的最大值)的问题。例如,一个确定一次销售竞赛优胜者的程序,它输入每个销售员的销售量,销售量最多的销售员将赢得这次竞赛的胜利。要求编写 C++ 程序,通过一条 while 语句判定和打印用户输入的 10 个数中的最大数。你的程序应用到下面 3 个变量:

counter: 能计数到 10 的计数器(即用于记录已输入数的个数,并用于判断何时处理完了 10 个数);

number:　当前输入到程序的数;

largest: 迄今为止找到的最大数。

4.18 **(表格输出)** 编写一个 C++ 程序,使用一条 while 语句和制表符的转义序列"\t",打印下表:

| N | 10*N | 100*N | 1000*N |
|---|------|-------|--------|
| 1 | 10 | 100 | 1000 |
| 2 | 20 | 200 | 2000 |
| 3 | 30 | 300 | 3000 |
| 4 | 40 | 400 | 4000 |
| 5 | 50 | 500 | 5000 |

4.19 **(找最大的两个数)** 采用类似于练习题 4.17 的方法,从 10 个数中寻找最大的两个值。【注意: 每个数只能输入一次。】

4.20 **(确认用户输入的有效性)** 图 4.16 给出的考试结果程序假定用户输入的所有值不是 1, 就是 2。请修改这个应用程序,让它满足输入的有效性确认。对于任何一次输入,如果键入的值不是 1 或 2,那么程序保持循环直到用户键入一个正确的值为止。

4.21 请写出下面程序的输出结果:

```cpp
1  // Exercise 4.21: ex04_21.cpp
2  // What does this program print?
3  #include <iostream>
4  using namespace std;
5
6  int main()
7  {
8     unsigned int count = 1; // initialize count
9
10    while ( count <= 10 ) // loop 10 times
11    {
12       // output line of text
13       cout << ( count % 2 ? "****" : "++++++++" ) << endl;
14       ++count; // increment count
15    } // end while
16  } // end main
```

4.22 请写出下面程序的输出结果:

```cpp
1  // Exercise 4.22: ex04_22.cpp
2  // What does this program print?
3  #include <iostream>
4  using namespace std;
5
6  int main()
7  {
8     unsigned int row = 10; // initialize row
9
10    while ( row >= 1 ) // loop until row < 1
11    {
12       unsigned int column = 1; // set column to 1 as iteration begins
13
14       while ( column <= 10 ) // loop 10 times
15       {
16          cout << ( row % 2 ? "<" : ">" ); // output
17          ++column; // increment column
18       } // end inner while
19
20       --row; // decrement row
21       cout << endl; // begin new output line
22    } // end outer while
23  } // end main
```

4.23 (else 摇摆问题)在 x 等于 9、y 等于 11 以及 x 等于 11、y 等于 9 这两种情况下,请说出下面程序段的输出。请注意,编译器将忽略 C++ 程序中的缩进格式。C++ 编译器总是将 else 与上一个 if 联系起来,除非用添加花括号({})的方法另外指定。乍看上去,程序员可能无法确定 else 与哪一个 if 匹配,所以称这种情况为"else 摇摆"问题。在此,我们为了增加这个问题的挑战性,而故意消除了下面代码的缩进格式。【提示:请应用所学的缩进约定。】

```
a)  if ( x < 10 )
    if ( y > 10 )
    cout << "*****" << endl;
    else
    cout << "#####" << endl;
    cout << "$$$$$" << endl;

b)  if ( x < 10 )
    {
    if ( y > 10 )
    cout << "*****" << endl;
    }
    else
    {
    cout << "#####" << endl;
    cout << "$$$$$" << endl;
    }
```

4.24 (另一个 else 摇摆问题)修改以下代码,以产生指定的输出。请使用正确的缩进技巧。请注意,除了可以插入花括号之外,程序不得做任何其他改动。编译器会忽略 C++ 程序中的缩进格式。同上题,为了增加问题难度,我们故意消除了下面代码的缩进格式。【注意:有可能无需做任何修改。】

```
if ( y == 8 )
if ( x == 5 )
cout << "@@@@@" << endl;
else
cout << "#####" << endl;
cout << "$$$$$" << endl;
cout << "&&&&&" << endl;
```

a)假定 x = 5,y = 8,产生的输出如下所示:

```
@@@@@
$$$$$
&&&&&
```

b)假定 x = 5,y = 8,产生的输出如下所示:

```
@@@@@
```

c)假定 x = 5,y = 8,产生的输出如下所示:

```
@@@@@
&&&&&
```

d)假定 x = 5,y = 7,产生的输出如下所示:【注意,else 之后的 3 条输出语句属于同一个语句块。】

```
#####
$$$$$
&&&&&
```

4.25 (星号正方形)编写一个程序,它能够读入一个正方形的边长,然后打印出一个由星号和空格组成的、边长为刚读入边长的空心正方形。该程序应可以处理边长在 1 ~ 20 之间的所有正方形。例如,程序读入的边长是 5,那么它应打印出如下的空心正方形:

```
*****
*   *
*   *
*   *
*****
```

4.26　(回文)所谓"回文"是一种特殊的数或者文字短语。它们无论是顺读还是倒读,结果都一样。例如,以下的几个 5 位整数都是回文数:12321、55555、45554 和 11611。编写一个程序,读入一个 5 位整数后,能够判断它是否为回文数。【提示:除法和取模运算符可以将数分解为单个的个位数字。】

4.27　(打印二进制数的十进制值)输入仅由 0 和 1 构成的整数(也就是"二进制"整数),打印出该数对应的十进制整数。通过运用取模和除法运算符,就可以从这个"二进制"整数中,按从右至左的顺序,每次"剔"出一个"二进制"位的数字。我们知道,在十进制计数体制中,最右数字的位置值为 1,然后向左的数字依次的位置值是 10、100、1000 等。同理,在二进制计数体制中,最右数字的位置值为 1,然后向左的数字依次的位置值是 2,4,8,等等。所以,二进制数 234 可以理解成:$2*100 +3*10+4*1$,而与二进制数 1101 等价的十进制数是 $1*1+0*2+1*4+1*8$ 或 $1+0+4+8$,也就是 13。【注意:对二进制数不熟悉的读者可以参考附录 D。】

4.28　(星号棋盘式图案)编写一个程序,显示如下所示的棋盘式图案。要求你的程序只能使用以下 3 条输出语句。

```
cout << "* ";
cout << ' ';
cout << endl;
```

```
* * * * * * * *
 * * * * * * * *
* * * * * * * *
 * * * * * * * *
* * * * * * * *
 * * * * * * * *
* * * * * * * *
 * * * * * * * *
```

4.29　(无限循环 2 的倍数)编写一个程序,能够连续打印出整数 2 的幂,即 2, 4, 8, 16, 32, 64, . . . ,在这里,要求程序中的 while 循环不能终止(也就是需要创建一个无限的循环)。为此,可以简单地将关键字 true 作为这条 while 语句的继续条件表达式。那么运行这个程序会发生什么情况?

4.30　(计算圆的直径、周长和面积)编写一个程序,读入圆的半径(double 类型的值)后,计算并打印直径、周长和面积。要求采用的 π 值是 3.141 59。

4.31　下面的语句有什么问题? 请给出正确表达程序员原意图的语句。
```
cout << ++( x + y );
```

4.32　(三角形的边)编写一个程序,在读入 3 个非零的 double 类型的值后,判别这 3 个值是否可以表示一个三角形的三条边,并打印判断结果。

4.33　(直角三角形的边)编写一个程序,在读入 3 个非零整数后,判别这 3 个值是否可以表示一个直角三角形的三条边,并打印判断结果。

4.34　(阶乘)对一个非负整数 $n$ 来说,它的阶乘可以写成 $n!$(读作"$n$ 阶乘"),其计算公式定义如下:
$n! = n \cdot (n-1) \cdot (n-2) \cdots 1$(对于大于 1 的 $n$)

和

$n! = 1$(对于等于 0 或者等于 1 的 $n$)。

例如,$5! = 5 \cdot 4 \cdot 3 \cdot 2 \cdot 1$,结果是 120。下面,请使用 while 语句完成:

a)编写一个程序,要求读入一个非负整数,然后计算和打印它的阶乘;

b)编写一个程序,使用如下公式:

$$e = 1 + \frac{1}{1!} + \frac{1}{2!} + \frac{1}{3!} + \cdots$$

估算出数学常量 e 的值,要求能够提示用户确定想要的 e 的精度(即累加求和的项数);

c)编写一个程序,使用如下公式估算出 $e^x$ 的值:

$$e^x = 1 + \frac{x}{1!} + \frac{x^2}{2!} + \frac{x^3}{3!} + \cdots$$

要求能够提示用户确定想要的 e 的精度(即累加求和的项数);

4.35 (**C++11 的列表初始化器**)编写采用 C++11 的列表初始化执行下面每项任务的语句:

a)初始化 unsigned int 变量 studentCounter 为 0。

b)初始化 double 变量 initialBalance 为 1000.0。

c)初始化类 Account 的一个对象,该类提供接收一个 unsigned int、两个 string 和一个 double 类型数据的构造函数,来初始化该对象的数据成员 accountNumber、firstName、lastName 和 balance。

## 社会实践题

4.36 (**使用加密系统增强隐私**)随着互联网通信量和互联计算机上数据存储量的爆炸性增长,引起了对隐私问题的极大关注。密码学是对数据进行编码,使数据不易(最高的期望是不可能)被非授权用户读取。在这个练习题中,大家要研究一项加密解密数据的方案。假设一个公司想要通过互联网传输数据,该公司请你写一个可以安全传输数据的加密程序。所有数据都是以四位整数传输的。你的程序要能读取用户输入的四位数,并按下面的方法对其加密:对每位数加 7,然后除以 10,将得到的余数替换原来的数。然后交换第 1 个和第 3 个数,第 2 个和第 4 个数的位置,最后打印加密后的数。编写一个独立的应用程序,它接受加密后的数据,并对数据进行解密(对加密方案进行逆向处理),最后得到原来的数据。【可选的阅读建议:可以研究一般的“公钥加密系统”和 PGP 特殊公钥架构。你也可以研究在工业级应用程序中广泛使用的 RSA 方法。】

4.37 (**世界人口增长**)世界人口已经持续增长了几个世纪。不断的增长会引起可呼吸的空气、可饮用的水、可用的耕地以及其他宝贵资源的短缺。已有证据显示近几年的增长速度已经减缓了,在这一世纪,人口数会达到一个峰值,然后开始下降。

在这个练习题中,你要在线研究世界人口增长问题。不过应该确保调查不同的观点,并估计现在世界人口数和增长率(今年可能增加的百分比)。编写一个程序,采用简化的假设:人口增长率为常量,保持不变。计算接下来 75 年每年的增长数,并把结果打印到一张表格里。第一列应该显示从第 1 年到第 75 年,第二列应该显示那年末预期的世界人口,第三项应该显示那年可能的世界人口增长数。使用你的数据,假设增长率不变,判断在哪一年世界人口数是今年的两倍。

# 第5章 控制语句(第Ⅱ部分)和逻辑运算符

*Who can control his fate?*

—William Shakespeare

*The used key is always bright.*

—Benjamin Franklin

## 学习目标

在本章中将学习:

- 计数器控制的循环的要素
- 使用 for 循环语句和 do...while 循环语句重复执行程序中的语句
- 使用 switch 选择语句实现多路选择
- 使用 break 和 continue 语句改变控制流程
- 使用逻辑运算符形成控制语句中复杂的条件表达式
- 避免将 == 运算符和 = 运算符相混淆

## 提纲

## 5.1　简介

　　这一章将通过引入其余的 C++ 控制语句,继续介绍结构化编程。本章和第 4 章所讲述的这些控制语句,将帮助大家构建和操作对象。本书从一开始就强调要尽早进入面向对象编程。首先在第 1 章中对基本概念进行了讨论,然后在第 3 章和第 4 章中通过许多面向对象代码的例子进行举例说明,并给出了大量的练习题。

　　本章将展示 for 语句、do...while 语句和 switch 语句。通过一系列使用 while 语句和 for 语句的小例子,考察计数器控制的循环的要素。这一章继续扩展 GradeBook 类,将使用 switch 语句统计用户输入的一组字母打分成绩中 A、B、C、D 和 F 等级的各自数量。本章介绍 break 和 continue 这两个程序控制语句,讨论逻辑运算符,后者使程序员可以在控制语句中使用更强大的条件表达式。我们也将分析一个常见的错误,即混淆相等运算符( == )和赋值运算符( = ),并研究如何避免的对策。

## 5.2　计数器控制的循环的要素

　　本节使用第 4 章中介绍的 while 循环语句,规范地介绍执行计数器控制的循环所要求的元素。计数器控制的循环需要:

　　1. 命名一个控制变量(或者循环计数器)。
　　2. 设置控制变量的初值。
　　3. 定义一个循环继续条件,用于对控制变量终值的测试(例如,循环是否应该继续)。
　　4. 增值(或减值),即在每次循环过程中修改控制变量的值。

　　不妨考虑图 5.1 中的这个简单程序,它打印从 1 到 10 的数字。第 8 行中的声明是对控制变量(counter)的命名,声明它是一个 unsigned int 类型的变量,为其在内存中预留空间,并设置它的初值为 1。要求初始化的声明是可执行的语句。在 C++ 中,对同时预留内存空间的变量声明来说,其更确切的叫法应该是定义。由于定义也是声明,因此除非这种区别特别重要,一般情况下我们还是使用术语"声明"。

```
 1   // Fig. 5.1: fig05_01.cpp
 2   // Counter-controlled repetition.
 3   #include <iostream>
 4   using namespace std;
 5
 6   int main()
 7   {
 8      unsigned int counter = 1; // declare and initialize control variable
 9
10      while ( counter <= 10 ) // loop-continuation condition
11      {
12         cout << counter << " ";
13         ++counter; // increment control variable by 1
14      } // end while
15
16      cout << endl; // output a newline
17   } // end main
```

```
1 2 3 4 5 6 7 8 9 10
```

图 5.1　计数器控制的循环

　　第 13 行的自增语句在每次循环体执行时,使循环计数器增 1。while 语句中的循环继续条件(第 10 行)确定控制变量的值是否小于或者等于 10(正是循环继续条件为 true 的终值)。请注意,这条 while 语句的循环体甚至在控制变量等于 10 的时候也要执行。当控制变量大于 10 时(即当 counter 变成 11 时),该循环结束。

　　通过将 counter 初始化为 0,并用下面的语句替换图 5.1 中的 while 语句,可以使图 5.1 更加简练。

```
counter = 0;
while ( ++counter <= 10 ) // loop-continuation condition
   cout << counter << " ";
```

上面的这段代码节省了一条语句,因为自增运算在循环继续条件被测试之前,直接在 while 条件中完成了。同时,该代码也省去了 while 循环体的那对花括号,因为现在的 while 语句只包含一条体语句。不过,以这样精简的方式进行编码,需要多加练习才行。而且,这样会增加程序在阅读、调试、修改和维护等方面的困难性。

**错误预防技巧 5.1**
请注意浮点值是近似的,如果用浮点变量控制计数器循环,那么会产生不精确的计数器值,并导致对终止条件的不准确测试。使用整数值控制计数器的循环。此外,自增运算符 ++ 和自减运算符——分别只能和整型操作数一起使用。

## 5.3　for 循环语句

除了 while 之外,C++ 还提供 for 循环语句,它在单独一行的代码中指定计数器控制的循环的细节。为了阐明 for 的强大功能,我们重新编写了图 5.1 的程序,结果显示在图 5.2 中。

```
 1  // Fig. 5.2: fig05_02.cpp
 2  // Counter-controlled repetition with the for statement.
 3  #include <iostream>
 4  using namespace std;
 5
 6  int main()
 7  {
 8     // for statement header includes initialization,
 9     // loop-continuation condition and increment.
10     for ( unsigned int counter = 1; counter <= 10; ++counter )
11        cout << counter << " ";
12
13     cout << endl; // output a newline
14  } // end main
```

```
1 2 3 4 5 6 7 8 9 10
```

图 5.2　使用 for 语句的计数器控制的循环

当这里的 for 语句(第 10～11 行)开始执行时,首先声明控制变量 counter,并初始化该变量为 1。然后,检查循环继续条件 counter <= 10(在第 10 行两个分号之间)。因为 counter 的初值是 1,所以以此条件是满足的,第 11 行的循环体语句打印 counter 的值,也就是 1。接着,表达式 ++ counter 使控制变量 counter 自增 1,之后循环再次以测试循环继续条件开始。控制变量现在等于 2,没有超过终值。于是,程序再次执行循环体。这个过程继续进行,直到循环体执行了 10 次并且循环变量 counter 的值增加到了 11。这时,会引起循环继续条件测试失败,循环停止。程序继续执行 for 语句后面的第一条语句(在这个例子中是第 13 行的输出语句)。

**for 语句头部的构成成分**

图 5.3 对图 5.2 的 for 语句头部(第 10 行)进行了更进一步的说明。请注意,这条 for 语句的头部"做了所有该做的事情",它利用一个控制变量指定了计数器控制的循环所需的每一项。如果 for 语句循环体中的语句超过一条,那么就要求用一对花括号括住它们,从而形成循环体。通常,for 语句用来描述计数器控制的循环,而 while 语句用于表达标记控制的循环。

**相差 1 的错误**

注意,图 5.2 使用的循环继续条件是 counter <= 10。假如程序员错误地将其写成 counter < 10,那么循环体就只执行 9 次。这是一个常见的相差 1 的错误。

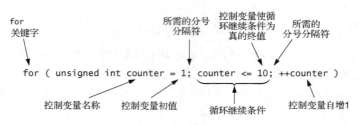

图 5.3　for 语句头部的组成

 **常见的编程错误 5.1**
在 while 语句或者 for 语句的条件中,如果使用了不正确的关系运算符,或者使用了不正确的循环计数器终值,会导致相差 1 的错误。

 **良好的编程习惯 5.1**
在 while 语句或者 for 语句的条件中使用终值,并使用关系运算符 <=,有助于避免相差 1 的错误。例如,对于打印值 1~10 这样的循环,循环继续条件应是 counter <= 10,而不应该是 counter < 10(这是一个相差 1 的错误)或者 counter < 11(虽然这是正确的)。为了达到循环计数 10 次的目的,许多程序员更喜欢所谓的"基于 0 的计数法",也就是将循环语句的控制变量 counter 初始化为 0,并将循环继续的测试条件设置为 counter < 10。

### for 语句的一般形式

for 语句的一般形式是:

for(初始化;循环继续条件;增值)
　　语句;

其中,"初始化"表达式初始化循环的控制变量,"循环继续条件"决定循环是否应该继续执行,"增值"表达式使控制变量的值自增。在大部分情况下,for 语句可以用一个等价的 while 语句表达,具体如下:

初始化;

while(循环继续条件)
{
　　语句;
　　增值;
}

但是存在一个例外,我们将在 5.7 节讨论。

如果 for 语句头部的"初始化"表达式声明了控制变量(也就是在控制变量的名字前指定了它的类型),那么该控制变量仅能在 for 语句的循环体中使用,在此 for 语句之外它是未知的。对控制变量名的使用进行的限制称为变量的作用域(scope)。变量的作用域指定了它在程序中的哪些地方可用。第 6 章中将详细讨论作用域。

### 逗号分隔的表达式列表

"初始化"表达式和"增值"表达式可以是逗号分隔的表达式列表。在表达式中这样使用的逗号称为逗号运算符,它保证表达式列表中的子表达式从左至右依次求值。逗号运算符在所有 C++ 运算符中优先级最低。逗号分隔的表达式列表的值和类型,是列表中最右边的子表达式的值和类型。逗号运算符的使用最常见于 for 语句中,它的主要用途是让程序员使用多个初始化表达式或多个增值表达式。例如,在单条 for 语句中,或许有多个控制变量必须初始化和增值。

**良好的编程习惯 5.2**

最好只把涉及控制变量的表达式放置在 for 语句的初始化和增值部分。

### for 语句头部的表达式是可选的

　　for 语句头部的这三个表达式是可选的,但是两个分号分隔符是必需的。如果省略了循环继续条件,则 C++ 假定该条件为真,于是产生一个无限循环;如果控制变量在之前的程序部分已经进行了初始化,那么初始化表达式就可以省略;如果在 for 循环体中计算了增值,或者根本不需要增值,那么增值部分也可以省略。

### 增值表达式表现得像一条独立的语句

　　for 语句中的增值表达式可以看成是循环体结尾处的一条独立的语句。因此,对于整型计数器,当没有其他代码出现在 for 语句增值部分时,在增值部分的表达式

```
counter = counter + 1
counter += 1
++counter
counter++
```

是完全等价的。这里自增的整型变量没有出现在一个复杂的表达式中,所以无论对它采用前置形式还是后置形式,从效果上讲都是一样的。

**常见的编程错误 5.2**

将一个分号直接放置在 for 语句头部的右括号的右边,将导致这条 for 语句的循环体是一条空语句,这通常是一个逻辑错误。

### for 语句:说明和观察

　　for 语句的初始化表达式、循环继续条件表达式和增值表达式都可以包含算术表达式。例如,假定 x = 2,y = 10,并且 x 和 y 在循环体中不改变。那么,如下的 for 语句头部

```
for ( unsigned int j = x; j <= 4 * x * y; j += y / x )
```

等价于

```
for ( unsigned int j = 2; j <= 80; j += 5 )
```

　　对于一个 for 语句的增值部分而言,它可以是负增长的。在这种情况下,它实际上是一个减量,而循环体事实上是倒计数的(如 5.4 节所示)。

　　如果循环继续条件的初始状态是假的,那么 for 语句的循环体就不会执行。相反,执行的是 for 语句之后的语句。

　　常常在 for 语句的循环体内打印控制变量或者使用控制变量参与计算,但这并不是必需的。通常使用控制变量是为了控制循环,而在循环体中可能根本不会用到它。

**错误预防技巧 5.2**

虽然控制变量的值可以在 for 语句的循环体内进行改变,但是应避免这样做,因为这样会导致难以发觉的逻辑错误。

### for 语句的 UML 活动图

　　for 循环语句的 UML 活动图看上去和 while 语句的(如图 4.6 所示)相似。图 5.4 显示了图 5.2 中 for 语句的活动图,这张图清晰地显示了仅进行一次的初始化发生在第一次循环继续测试之前;而增值部分,在整个循环期间当每次循环体语句执行后,都会执行一次。请注意,在图 5.4 中,除了一个初始状态、多个转换箭头、一个合并符号、一个结束状态和几个注释之外,只包含了若干动作状态和一个判定符号。

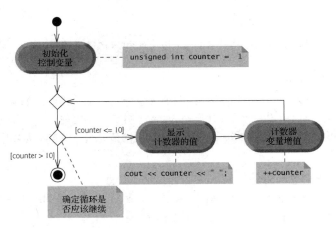

图 5.4　图 5.2 中 for 语句的 UML 活动图

## 5.4　使用 for 语句的例子

下面的例子展示了在 for 语句中改变控制变量的多种方法。每个例子中都编写了一个适当的 for 语句头部。请注意,为递减控制变量的循环所提供的关系运算符的变化。

a)控制变量从 1 变到 100,每次增量(或步长)为 1。

**for ( unsigned int** i = 1; i <= 100; ++i )

b)控制变量从 100 变到 0,每次减量(或步长)为 1。请注意,在这个 for 语句头部控制变量采用的数据类型为 int。循环条件直到控制变量 i 等于 −1 时才变成假,因此控制变量必须既能够保存正数,又能够保存负数。

**for ( int** i = 100; i >= 0; --i )

c)控制变量从 7 变到 77,每次增量(或步长)为 7。

**for ( unsigned int** i = 7; i <= 77; i += 7 )

d)控制变量从 20 变到 2,每次减量(或步长)为 2。

**for ( unsigned int** i = 20; i >= 2; i -= 2 )

e)控制变量的值依次变化的序列是:2、5、8、11、14、17。

**for ( unsigned int** i = 2; i <= 17; i += 3 )

f)控制变量的值依次变化的序列是:99、88、77、66、55。

**for ( unsigned int** i = 99; i >= 55; i -= 11 )

**常见的编程错误 5.3**

如果在实现倒数计数的循环中,循环继续条件使用了不正确的关系运算符,例如在一个倒数计数到 1 的循环中错误地使用了 i<=1 而不是 i>=1,通常是一个使程序可以运行但产生不正确结果的逻辑错误。

**常见的编程错误 5.4**

如果循环控制变量增值或减值的步长超过 1,那么不要在循环继续条件中使用相等运算符(!= 或者 ==)。例如,对于 for 语句头部:for( unsigned int counter = 1; counter != 10; counter += 2),由于每次循环迭代后控制变量 counter 都增值 2,循环继续条件 counter != 10 的测试结果永远不会变为假,这将导致无限循环。

**应用：计算 2 ~ 20 所有偶数的和**

图 5.5 的程序使用一条 for 语句计算 2 ~ 20 所有偶数的和。第 11 ~ 12 行的循环语句在每次迭代时都将控制变量 number 的当前值累加到变量 total 中。

```cpp
1   // Fig. 5.5: fig05_05.cpp
2   // Summing integers with the for statement.
3   #include <iostream>
4   using namespace std;
5
6   int main()
7   {
8      unsigned int total = 0; // initialize total
9
10     // total even integers from 2 through 20
11     for ( unsigned int number = 2; number <= 20; number += 2 )
12        total += number;
13
14     cout << "Sum is " << total << endl; // display results
15  } // end main
```

```
Sum is 110
```

图 5.5　用 for 语句计算 2 ~ 20 中所有偶数的和

请注意，通过使用逗号运算符，图 5.5 中 for 语句的循环体实际上可以合并到 for 头部的增值部分，结果如下：

```cpp
for ( unsigned int number = 2; // initialization
      number <= 20; // loop continuation condition
      total += number, number += 2 ) // total and increment
   ; // empty body
```

**良好的编程习惯 5.3**

虽然在 for 语句前面的语句和 for 的循环体内的语句常常可以合并到 for 语句的头部中，但是这样做往往会增加阅读、维护、修改和调试程序的难度。

**应用：计算复利**

仔细考虑下面的问题陈述。

某人在一个年利率为 5% 的储蓄账户中存入 1000.00 美元。假定所有的利息都重复存入账户，请计算并打印在 10 年中每年年终时此账户中的存款金额。金额的计算公式如下：

$$a = p(1 + r)^n$$

其中，$p$ 代表最初存入的金额(即本金)，$r$ 代表年利率，$n$ 代表年数，$a$ 代表第 $n$ 年年终的存款额。

这个问题的解决涉及到了循环。如图 5.6 所示的 for 语句(第 21 ~ 28 行)对 10 年的每一年都要执行指定的获得存款金额的计算，控制变量从 1 变化到 10，每次的增量为 1。C++ 并没有求幂的运算符，所以我们利用了能完成求幂任务的标准库函数 pow(第 24 行)。函数 pow(x, y) 计算 x 的 y 次幂的值。在这个例子中，代数表达式 $(1 + r)^n$ 书写成 pow(1.0 + rate, year)，其中变量 rate 代表 $r$，变量 year 代表 $n$。函数 pow 需要接受两个类型为 double 的实参，并返回一个 double 类型的值。

```cpp
1   // Fig. 5.6: fig05_06.cpp
2   // Compound interest calculations with for.
3   #include <iostream>
4   #include <iomanip>
5   #include <cmath> // standard math library
6   using namespace std;
7
8   int main()
9   {
```

图 5.6　使用 for 语句的复利计算

```
10    double amount; // amount on deposit at end of each year
11    double principal = 1000.0; // initial amount before interest
12    double rate = .05; // annual interest rate
13
14    // display headers
15    cout << "Year" << setw( 21 ) << "Amount on deposit" << endl;
16
17    // set floating-point number format
18    cout << fixed << setprecision( 2 );
19
20    // calculate amount on deposit for each of ten years
21    for ( unsigned int year = 1; year <= 10; ++year )
22    {
23        // calculate new amount for specified year
24        amount = principal * pow( 1.0 + rate, year );
25
26        // display the year and the amount
27        cout << setw( 4 ) << year << setw( 21 ) << amount << endl;
28    } // end for
29 } // end main
```

```
Year     Amount on deposit
1          1050.00
2          1102.50
3          1157.63
4          1215.51
5          1276.28
6          1340.10
7          1407.10
8          1477.46
9          1551.33
10         1628.89
```

图 5.6(续)　使用 for 语句的复利计算

如果这个程序没有包含头文件 < cmath > (第 5 行)，那么将无法通过编译。函数 pow 要求两个 double 类型的实参。请注意，变量 year 是一个整数。头文件 < cmath > 包含信息，告诉编译器在这个函数调用前，把 year 的值转换成一个临时的 double 值。这些信息包含在 pow 的函数原型中。第 6 章提供了对其他数学库函数所做的总结。

**常见的编程错误 5.5**
如果在程序中使用标准库函数时忘记包含合适的头文件，例如在使用数学库函数的程序中忘记包含 < cmath > ，那么会产生一个编译错误。

### 在金融计算中使用 double 或 float 类型的特别提醒

请注意，第 10 ~ 12 行声明的变量 amount、principal 和 rate 都是 double 类型。这样做完全是从方便的角度出发，因为该问题涉及带小数的美元金额，所以需要一种类型，允许它的值中有小数点。遗憾的是，这可能会造成麻烦。下面给出的简单例子，就可以说明在使用 float 或者 double 类型表示美元金额时会出现什么样的问题(假定使用 setprecision(2)指定打印时采用两位精度)：计算机中保存的两笔美元金额分别是 14.234(打印出来是 14.23)和 18.673(打印出来是 18.67)。当它们相加时，内部求和的结果是 32.907，因此打印出来是 32.91。这样，打印输出的结果显示如下：

```
  14.23
+ 18.67
-------
  32.91
```

但是，如果自己将上述打印出来的两个数字相加，得到的和却是 32.90。为此，请大家务必注意这个问题! 在练习题中，我们尝试使用整数来执行金融计算。【注意：一些第三方的供应商销售执行精确的金融计算的 C++ 类库。】

### 使用流操纵符格式化数值的输出

在 for 循环之前的输出语句(第 18 行)，以及在 for 循环中的输出语句(第 27 行)联合起来打印了变量

year 和 amount 的值。打印的格式由参数化的流操纵符 setprecision、setw 和无参数的流操纵符 fixed 指定。流操纵符 setw(4) 规定了下一个输出值应占用的域宽是 4。也就是说，cout 打印一个值，它至少占用 4 个字符位置。如果输出的值小于 4 个字符位置的宽度，那么在默认情况下，该值的输出在域宽范围内向右对齐；如果输出的值大于 4 个字符位置的宽度，那么域宽将向右侧扩展到整个值的实际宽度。为了指出值要向左对齐输出，只需简单地输出无参数的流操纵符 left（在头文件 <iostream> 中可以找到）即可。当然，向右对齐也可以恢复，只是再输出无参数的流操纵符 right 而已。

在本例的输出语句中用到的另一个格式化元素 fixed（第 18 行）指出变量 amount 以带小数点的定点值的形式打印。同时，第 27 行的 setw(21) 指定输出的域宽为 21 字符位置并要求向右对齐，第 27 行的运算符 setprecision(2) 指定了小数点右侧两位的精度。我们在 for 循环之前的输出流（即 cout）中应用了流操纵符 fixed 和 setprecision，因为这些格式的设置如果不被更改会一直起作用。正因如此，称这样的设置为黏性设置（sticky setting）。所以，没有必要在循环的每次迭代中再次设置它们。可是，指定域宽的 setw 只对接下来要输出的值有用。第 13 章"输入/输出流的深入剖析"中将详细讨论 C++ 强大的输入/输出格式功能。

请注意 1.0 + rate 这个计算，它以实参的形式出现在 for 语句循环体内的 pow 函数中。事实上，这个计算在此循环的每次迭代期间产生同样的结果，所以对它重复的计算可以说是一种浪费，应该提前到在循环之前只执行一次。

为了增强趣味性，我们在练习题 5.29 中提供了能够证实复利计算可以带来奇迹的彼得·米纽伊特问题，大家一定要尝试一下。

**性能提示 5.1**
避免在循环内部放置那些不会发生改变的表达式。不过，即使这样做了，目前许多高级的优化编译器也会在生成机器语言代码时自动地把这样的表达式放到循环之外。

**性能提示 5.2**
许多编译器都包含了优化的功能，可以提高编写的代码的质量，但最好还是在一开始就练习编写出好的代码。

## 5.5　do...while 循环语句

do...while 循环语句类似于 while 语句。在 while 语句中，在循环开始处进行循环继续条件的测试，也就是说，在循环体执行之前先测试条件。而 do...while 语句是循环体执行之后再进行循环继续条件的测试，因此循环体总是至少执行一次。

图 5.7 使用一条 do...while 语句打印了从 1 到 10 的整数。进入这条 do...while 语句后，第 12 行输出了变量 counter 的值，并在第 13 行将该变量的值增 1。然后，程序在循环的尾部进行循环继续条件的测试（第 14 行）。如果条件为真，循环又从循环体的第一行语句（第 12 行）开始；如果条件为假，循环终止，程序继续执行循环之后的第一条语句（第 16 行）。

```cpp
1   // Fig. 5.7: fig05_07.cpp
2   // do...while repetition statement.
3   #include <iostream>
4   using namespace std;
5
6   int main()
7   {
8      unsigned int counter = 1; // initialize counter
9
10     do
11     {
12        cout << counter << " "; // display counter
13        ++counter; // increment counter
14     } while ( counter <= 10 ); // end do...while
```

图 5.7　do...while 循环语句

```
15
16          cout << endl; // output a newline
17   } // end main
```

```
1 2 3 4 5 6 7 8 9 10
```

图 5.7(续)    do...while 循环语句

### do...while 语句的 UML 活动图

图 5.8 包含了 do...while 语句的 UML 活动图。这张图清楚地显示出循环继续条件直到循环语句的循环体至少执行一次后才被测试。请大家将此张活动图与图 4.6 中的 while 语句的活动图进行比较。

### do...while 语句中的花括号对

请注意,当构成 do...while 语句循环体的语句只有一条时,虽然不必用花括号将其括起来,但是大多数程序员在这种情况下还是愿意使用花括号,这样可以避免 while 语句和 do...while 语句的混淆。例如:

```
while(条件)
```

一般认为是一条 while 语句的头部。可是,循环体只含有一条语句的 do...while 语句在不采用花括号时如下所示:

```
do
    语句
while(条件);
```

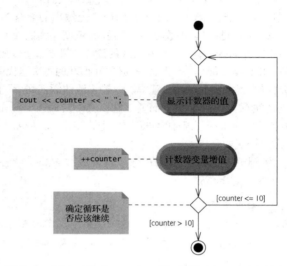

图 5.8    图 5.7 的 do...while 循环语句的 UML 活动图

这样很容易迷惑人。因为上述语句的最后一行"while(条件);",可能会被误解为一条 while 语句,其循环体是一条空语句。所以为了避免这种混淆,常常将具有一条体语句的 do...while 语句写成如下形式:

```
do
{
    语句
} while(条件);
```

## 5.6   switch 多路选择语句

C++ 还提供了 switch 多路选择语句,它根据一个变量或表达式可能发生的值执行不同的动作。每个动作都跟一个整型常量表达式(即字符常量和整数常量的任意组合,其求值结果是一个常整数值)的值相关联。

### 使用 switch 语句统计 A、B、C、D 和 F 级成绩的 GradeBook 类

接下来给出了 GradeBook 类的一个新版本,它要求用户输入一系列用字母表示的成绩,然后输出每级成绩对应的学生数的一份总结。该类使用一条 switch 语句判断输入的成绩级别是否是 A、B、C、D 和 F,并使相应的成绩计数器自增。GradeBook 类定义在图 5.9 中,而它的成员函数的定义出现在图 5.10 中。图 5.11 针对使用 GradeBook 类进行一组成绩处理的 main 函数,显示其执行时输入和输出的样例。

```
 1  // Fig. 5.9: GradeBook.h
 2  // GradeBook class definition that counts letter grades.
 3  // Member functions are defined in GradeBook.cpp
 4  #include <string> // program uses C++ standard string class
 5
 6  // GradeBook class definition
 7  class GradeBook
 8  {
 9  public:
10     explicit GradeBook( std::string ); // initialize course name
11     void setCourseName( std::string ); // set the course name
12     std::string getCourseName() const; // retrieve the course name
13     void displayMessage() const; // display a welcome message
14     void inputGrades(); // input arbitrary number of grades from user
15     void displayGradeReport() const; // display report based on user input
16  private:
17     std::string courseName; // course name for this GradeBook
18     unsigned int aCount; // count of A grades
19     unsigned int bCount; // count of B grades
20     unsigned int cCount; // count of C grades
21     unsigned int dCount; // count of D grades
22     unsigned int fCount; // count of F grades
23  }; // end class GradeBook
```

图 5.9　统计用字母表示成绩的 GradeBook 的类定义

```
 1  // Fig. 5.10: GradeBook.cpp
 2  // Member-function definitions for class GradeBook that
 3  // uses a switch statement to count A, B, C, D and F grades.
 4  #include <iostream>
 5  #include "GradeBook.h" // include definition of class GradeBook
 6  using namespace std;
 7
 8  // constructor initializes courseName with string supplied as argument;
 9  // initializes counter data members to 0
10  GradeBook::GradeBook( string name )
11     : aCount( 0 ), // initialize count of A grades to 0
12       bCount( 0 ), // initialize count of B grades to 0
13       cCount( 0 ), // initialize count of C grades to 0
14       dCount( 0 ), // initialize count of D grades to 0
15       fCount( 0 ) // initialize count of F grades to 0
16  {
17     setCourseName( name );
18  } // end GradeBook constructor
19
20  // function to set the course name; limits name to 25 or fewer characters
21  void GradeBook::setCourseName( string name )
22  {
23     if ( name.size() <= 25 ) // if name has 25 or fewer characters
24        courseName = name; // store the course name in the object
25     else // if name is longer than 25 characters
26     { // set courseName to first 25 characters of parameter name
27        courseName = name.substr( 0, 25 ); // select first 25 characters
28        cerr << "Name \"" << name << "\" exceeds maximum length (25).\n"
29           << "Limiting courseName to first 25 characters.\n" << endl;
30     } // end if...else
31  } // end function setCourseName
32
33  // function to retrieve the course name
34  string GradeBook::getCourseName() const
35  {
36     return courseName;
37  } // end function getCourseName
38
39  // display a welcome message to the GradeBook user
40  void GradeBook::displayMessage() const
41  {
42     // this statement calls getCourseName to get the
43     // name of the course this GradeBook represents
44     cout << "Welcome to the grade book for\n" << getCourseName() << "!\n"
45        << endl;
46  } // end function displayMessage
47
48  // input arbitrary number of grades from user; update grade counter
49  void GradeBook::inputGrades()
50  {
```

图 5.10　GradeBook 类使用 switch 语句统计用字母表示的成绩

```
51       int grade; // grade entered by user
52
53       cout << "Enter the letter grades." << endl
54           << "Enter the EOF character to end input." << endl;
55
56       // loop until user types end-of-file key sequence
57       while ( ( grade = cin.get() ) != EOF )
58       {
59          // determine which grade was entered
60          switch ( grade ) // switch statement nested in while
61          {
62             case 'A': // grade was uppercase A
63             case 'a': // or lowercase a
64                ++aCount; // increment aCount
65                break; // necessary to exit switch
66
67             case 'B': // grade was uppercase B
68             case 'b': // or lowercase b
69                ++bCount; // increment bCount
70                break; // exit switch
71
72             case 'C': // grade was uppercase C
73             case 'c': // or lowercase c
74                ++cCount; // increment cCount
75                break; // exit switch
76
77             case 'D': // grade was uppercase D
78             case 'd': // or lowercase d
79                ++dCount; // increment dCount
80                break; // exit switch
81
82             case 'F': // grade was uppercase F
83             case 'f': // or lowercase f
84                ++fCount; // increment fCount
85                break; // exit switch
86
87             case '\n': // ignore newlines,
88             case '\t': // tabs,
89             case ' ': // and spaces in input
90                break; // exit switch
91
92             default: // catch all other characters
93                cout << "Incorrect letter grade entered."
94                    << " Enter a new grade." << endl;
95                break; // optional; will exit switch anyway
96          } // end switch
97       } // end while
98    } // end function inputGrades
99
100   // display a report based on the grades entered by user
101   void GradeBook::displayGradeReport() const
102   {
103      // output summary of results
104      cout << "\n\nNumber of students who received each letter grade:"
105          << "\nA: " << aCount // display number of A grades
106          << "\nB: " << bCount // display number of B grades
107          << "\nC: " << cCount // display number of C grades
108          << "\nD: " << dCount // display number of D grades
109          << "\nF: " << fCount // display number of F grades
110          << endl;
111   } // end function displayGradeReport
```

图 5.10(续)　GradeBook 类使用 switch 语句统计用字母表示的成绩

与这个类定义的早期版本一样,这里的 GradeBook 的类定义(如图 5.9 所示)既包含了成员函数 set-CourseName(第 11 行)、getCourseName(第 12 行)和 displayMessage(第 13 行)的函数原型,又包含了该类的构造函数的函数原型(第 10 行)。同时,这个类定义在第 17 行也声明了 private 数据成员 courseName。

### GradeBook 类的头文件

如图 5.9 所示的 GradeBook 类现在包含了 5 个新增的 private 数据成员(第 18～22 行),分别代表每个成绩级别(也就是 A、B、C、D 和 F)的计数器变量。它还包含了两个新增的 public 成员函数:inputGrades 和 displayGradeReport。成员函数 inputGrades 在第 14 行声明,它采用标记控制的循环从用户处读入任意多个用字母表示的成绩,并对每个输入的成绩更新相应的成绩计数器。而成员函数 displayGradeReport 的声明见第 15 行,它输出一份报告,其中包含了取得每级用字母表示成绩的学生数。

```cpp
1   // Fig. 5.11: fig05_11.cpp
2   // Creating a GradeBook object and calling its member functions.
3   #include "GradeBook.h" // include definition of class GradeBook
4
5   int main()
6   {
7      // create GradeBook object
8      GradeBook myGradeBook( "CS101 C++ Programming" );
9
10     myGradeBook.displayMessage(); // display welcome message
11     myGradeBook.inputGrades(); // read grades from user
12     myGradeBook.displayGradeReport(); // display report based on grades
13  } // end main
```

```
Welcome to the grade book for
CS101 C++ Programming!

Enter the letter grades.
Enter the EOF character to end input.
a
B
c
C
A
d
f
C
E
Incorrect letter grade entered. Enter a new grade.
D
A
b
^Z


Number of students who received each letter grade:
A: 3
B: 2
C: 3
D: 2
F: 1
```

图 5.11  创建一个 GradeBook 对象并调用它的成员函数

## GradeBook 类的源代码文件

源代码文件 GradeBook. cpp(如图 5.10 所示)包含了 GradeBook 类的成员函数的定义。请注意构造函数中的第 11~15 行,它们分别将 5 个成绩计数器初始化为 0,这意味着在一个 GradeBook 对象刚刚创建时还没有成绩输入。可以看到,随着用户成绩的输入,这些计数器会在成员函数 inputGrades 中进行自增。成员函数 setCourseName、getCourseName 和 displayMessage 的定义仍然同于 GradeBook 类以前版本中的定义。

## 读入输入的字符

在成员函数 inputGrades(第 49~98 行)中,用户为一门课程输入字母级别的成绩。在第 57 行 while 的头部,首先执行圆括号括起来的赋值部分,即 grade = cin. get( )。函数 cin. get( )从键盘读入一个字符,并把它保存在第 51 行声明的整型变量 grade 中。一般情况下,字符存储在 char 类型的变量中。可是,它们也可以存储在任何整数数据类型中,因为类型 short、int、long 和 long long 都可以保证不比 char 类型小。所以,根据具体的用途,既可以把字符当作整数来处理,又可以按照字符来对待。例如,下面的语句

```cpp
cout << "The character (" << 'a' << ") has the value "
   << static_cast< int > ( 'a' ) << endl;
```

打印字符 a 和它的整数值,结果如下:

```
The character (a) has the value 97
```

整数 97 是字符 a 在计算机内的数值表示。附录 B 提供了 ASCII 字符集中的字符及其十进制值的对照表。

一般而言，整个赋值表达式的值正是赋给赋值运算符左边变量的值。因此，赋值表达式 grade = cin. get( )的值等于由 cin. get( )返回并赋给变量 grade 的值。

赋值表达式具有值的这个事实，对给几个变量赋予相同的值是很有用的。例如：

a = b = c = 0;

首先计算赋值表达式 c = 0 的值(因为 = 运算符是从右到左结合的)。然后，赋值表达式 c = 0 的值(是 0)赋值给变量 b。接着，赋值表达式 b = (c = 0)的值(也是 0)赋值给变量 a。程序中，赋值表达式 grade = cin. get( )的值与 EOF(EOF 代表"end-of-file"，是用于标记"文件结束"的一个符号)的值相比较。我们使用 EOF(一般取值为 – 1)作为标记值。但是，不可以直接输入 – 1 或者 EOF 这三个字符作为这个标记值。准确地说，只能输入一个由具体系统决定的代表"文件结束"的组合键，指示不再有数据需要输入了。EOF 是一个符号整数常量，它通过头文件 < iostream > 包含到程序中。① 如果赋给 grade 的值等于 EOF，那么这条 while 循环语句(第 57 ~ 97 行)结束。这个程序中选择用整型变量表示输入的字符，就是因为 EOF 具有的数据类型是 int。

**输入 EOF 指示符**

在 OS X/UNIX/Linux 系统和许多其他系统中，"文件结束"的输入通过在一行上输入如下的组合键实现：

<Ctrl> d

这种表示法意味着按下 Ctrl 键的同时按下 d 键。在 Microsoft Windows 之类的其他系统下，"文件结束"的输入通过输入如下的组合键实现：

<Ctrl> z

【注意：在某些情况下，必须在按了前述的组合键后，再按一次回车键。另外，如图 5.11 所示，字符 ^Z 有时候出现在屏幕上，表示文件结束。】

**可移植性提示 5.1**
用于输入"文件结束"的组合键是和具体系统相关的。

**可移植性提示 5.2**
测试符号常量 EOF 比直接测试 – 1 使程序更具可移植性。C++ 采用的 EOF 定义来自 C 标准，该标准规定 EOF 是一个负整数值，所以 EOF 在不同的系统可能有不同的取值。

在这个程序中，用户通过键盘输入成绩。当用户键入回车键时，字符由 cin. get( )函数读入，而且每次读入一个字符。如果输入的字符不是"文件结束"，则控制流进入 switch 语句(如图 5.10 第 60 ~ 96 行所示)，该语句根据输入的成绩对相应的字母级别成绩的计数器进行自增运算。

**switch 语句的详解**

switch 语句由一系列 case 标签和一个可选择的默认(default)情况组成。在这个例子中根据成绩，用它们来决定哪个计数器要自增。当控制流到达 switch 语句时，程序计算关键字 switch(第 60 行)之后圆括号内的表达式(即 grade)的值。这个表达式称为控制表达式。switch 语句将此控制表达式的值与每个 case 标签进行比较。假定用户输入字母 C 作为成绩，那么程序将 C 与 switch 中的每个 case 进行比较。如果找到了一个匹配(第 72 行的 case 'C')，程序就执行这个 case 的语句。对于字母 C，第 74 行对 cCount 增值 1。break 语句(第 75 行)使程序的控制转到 switch 语句之后的第一条语句，从那里继续执行——对于这个程序，控制转移到了第 97 行。这一行标志了输入成绩的 while 循环语句(第 57 ~ 97 行)的循环体的结束，所以控制流转到 while 的条件处(第 57 行)决定循环是否应该继续执行。

---

① 为了编译这样的程序，有些编译器需要定义 EOF 的头文件 < cstdio >。

在本例的 switch 语句中，各个 case 明确地测试了字母 A、B、C、D 和 F 的大写和小写情况。请注意，第 62~63 行分别测试了值 'A' 和值 'a'（它们都表示成绩 A）。连续列出的 case 之间如果没有语句，这种方式可以使它们执行同样的语句组——当控制表达式的计算结果等于 'A' 或者 'a' 时，执行的都是第 64~65 行的语句。请注意，每个 case 都可以有多条语句。switch 选择语句与其他控制语句的不同在于：每个 case 中的多条语句不需要用花括号括起来。

每次在 switch 语句中找到一个匹配时，如果所匹配的 case 没有 break 语句，那么执行完它的语句后继续执行随后 case 的语句，直至遇到一条 break 语句或者到 switch 语句结束。这种特性对于能够编写出实现练习题 5.28 的一个简洁程序是非常有用的，该练习题要求程序重复显示歌曲"快乐圣诞十二天"的歌词。

**常见的编程错误 5.6**

在 switch 语句中的需要之处忘记了 break 语句，会造成一个逻辑错误。

**常见的编程错误 5.9**

在 switch 语句中，如果在单词 case 与被测试的整数值之间遗漏了空格，例如将"case 3:"写成了"case3:"，那么会引起一个逻辑错误。switch 语句在其控制表达式的值为 3 时，无法执行恰当的动作。

### 提供一个 default 情况

如果控制表达式的值和任何一个 case 标签之间都无法匹配，那么执行 default 情况（第 92~95 行）。本例中我们使用 default 情况，处理的控制表达式的值既不是一个合法的值，又不是换行符、制表符或者空格。假如没有找到任何匹配，则执行 default 情况，于是第 93~94 行打印一条错误的信息，表明输入了一个不正确的字母级别的成绩。假如没有找到任何匹配并且该 swtich 语句也没有提供 default 情况，则程序的控制直接跳出 switch 语句，继续执行其后的第一条语句。

**错误预防技巧 5.3**

最好在 switch 语句中提供 default 情况。在 switch 语句中没有被显式地测试到的情况，如果再没有一条 default 情况处理它们，则会将其忽略。在 switch 语句中包含 default 情况，会使程序员关注对异常条件处理的需求。当然，也有不需要 default 处理的时候。尽管各 case 子句和 default 子句在 switch 语句中的排列顺序可以是任意的，但是普遍的做法是将 default 子句放在最后。

**良好的编程习惯 5.4**

switch 语句中列在最后的情况子句一般不需要含 break 语句。但是，出于程序清晰性及与其他情况子句相对称的目的，也会在其中使用 break 语句。

### 在输入中忽略换行符、制表符和空格

请注意，图 5.10 的 switch 语句中的第 87~90 行使程序跳过换行符、制表符和空格。一次读入一个字符会引起一些问题。为了让程序读入字符，必须通过按键盘上的回车键的方式，将它们送入计算机。这样会在希望处理的字符之后在输入中多加一个换行符。通常，这个换行符必须经过专门处理，才可以使程序正常工作。通过在 switch 语句中包含上述 case 子句，就避免了在每次读入换行符、制表符和空格时，都由 default 子句打印的一条错误信息。

### 测试 GradeBook 类

图 5.11 在第 8 行创建了一个 GradeBook 对象。第 10 行调用这个对象的成员函数 displayMessage，向用户输出一条欢迎信息。第 11 行调用对象的成员函数 inputGrades，从用户那里读入一组成绩，并记录获得每个级别成绩的学生人数。请注意，图 5.11 中的输出窗口显示了一条错误信息，它是对一个无效成绩（例如，E）输入的响应。第 12 行调用 GradeBook 成员函数 displayGradeReport（定义在图 5.10 中的第 101~111 行），输出了一份基于输入成绩的报告（如图 5.11 中输出所示）。

### switch 语句的 UML 活动图

　　图 5.12 显示了一般的 switch 多路选择语句的 UML 活动图。大多数的 switch 语句都在每个 case 中使用一条 break 语句。这样，在处理当前 case 子句时，其 break 使 switch 语句结束。图 5.12 在活动图中通过包括 break 语句来强调这一点。假如没有包括 break 语句，那么处理完一条 case 后，控制不会转移到 switch 语句之后的第一条语句，而是会转去处理下一个 case 语句中的动作。

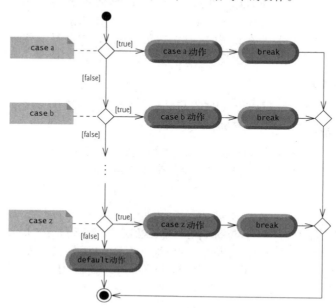

图 5.12　含有 break 语句的 switch 多路选择语句的 UML 活动图

　　这张图清楚地说明，在一个 case 子句末尾的 break 语句使程序控制马上退出 switch 语句。同样请注意，除一个初始状态、多个转换箭头、一个结束状态和几个注释外，此活动图包含了若干动作状态和判定符号。同时注意，该图中使用了合并符号，用于将来自 break 语句的转换合并到结束状态。

　　当使用 switch 语句时，请记住每个 case 情况只可用于测试整型常量表达式——字符常量和整数常量的任意组合，其计算结果是一个常整数值。一个字符常量表示为一对单引号括起来的特定字符，例如 'A'。一个整数常量仅仅是一个整数值。同样，每个 case 标签只能指定一个整型常量表达式。

**常见的编程错误 5.8**

　　在 switch 语句的 case 标签中指定非常量的整型表达式是一个语法错误。

**常见的编程错误 5.9**

　　在 switch 语句中，如果提供同样的 case 标签，则产生一个编译错误。

　　第 12 章中，我们使用了一个更精彩的办法来实现 switch 逻辑，那时会使用一种称为多态性的技术来创建程序。与使用 switch 逻辑的程序相比，这样创建的程序更清晰、更简洁、更易维护和更易扩展。

### 有关数据类型的说明

　　C++ 具有灵活的数据类型长度(见附录 C"基本数据类型")。例如，不同的应用可能要求不同长度的整数。C++ 提供了几种数据类型来表示整数。每种类型的整数取值的范围由具体平台所决定。除了类型 int 和 char 之外，C++ 还提供了类型 short(short int 的缩写，意为短整型)、long(long int 的缩写，意为长整型)和 long long(long long int 的缩写，意为长长整型)。对于 short 整数而言，它的最小取值范围是 − 32 768 ~ 32 767。而对于绝大部分的整数运算来说，long 整数就足够了。long 整数的最小取值范围是 − 2 147 483 648 ~

-2 147 483 647。在大多数计算机中, int 类型要么与 short 类型等价, 要么与 long 类型等价。各个 int 类型的取值范围至少与 short 类型相同, 最多与 long 类型一样。数据类型 char 既可以用来表示计算机字符集中的任何字符, 也可以用于表示小整数。

### C++11 的类内初始化器

C++11 允许程序员在类声明中声明数据成员的同时, 为它们提供默认值。例如, 图 5.9 的第 19 ~ 23 行以下列的方式, 将数据成员 aCount、bCount、cCount、dCount 和 fCount 分别都初始化为 0。

```
unsigned int aCount = 0; // count of A grades
unsigned int bCount = 0; // count of B grades
unsigned int cCount = 0; // count of C grades
unsigned int dCount = 0; // count of D grades
unsigned int fCount = 0; // count of F grades
```

这不同于图 5.10 中第 10 ~ 18 行的初始化方式, 后者在类的构造函数中对数据成员进行初始化。在本书后面的章节中, 我们将继续讨论类内初始化器, 说明这种方式如何使程序员能够执行在早期 C++ 版本中不可能进行的某些数据成员的初始化。

## 5.7　break 和 continue 语句

除了选择语句和循环语句之外, C++ 还提供了改变控制流程的 break 语句和 continue 语句。前一小节展示了如何利用 break 语句结束一条 switch 语句的执行, 本节讨论在循环语句中 break 语句的用法。

### break 语句

break 语句在 while、for、do...while 或者 switch 语句中执行时, 立刻使程序控制退出这些语句。程序继续执行这些语句之后的第一条语句。break 语句的常见用法是要么用于提前离开循环, 要么用于跳过 switch 语句的剩余部分。图 5.13 演示了退出一条 for 循环语句的 break 语句(第 13 行)。

```
1   // Fig. 5.13: fig05_13.cpp
2   // break statement exiting a for statement.
3   #include <iostream>
4   using namespace std;
5
6   int main()
7   {
8      unsigned int count; // control variable also used after loop terminates
9
10     for ( count = 1; count <= 10; ++count ) // loop 10 times
11     {
12        if ( count == 5 )
13           break; // break loop only if count is 5
14
15        cout << count << " ";
16     } // end for
17
18     cout << "\nBroke out of loop at count = " << count << endl;
19  } // end main
```

```
1 2 3 4
Broke out of loop at count = 5
```

图 5.13　退出一条 for 循环语句的 break 语句

当 if 语句检测到 count 等于 5 时, 执行 break 语句。这样 for 语句终止, 程序转到第 18 行(正是这条 for 语句之后的第一条语句)继续执行。该行显示一条信息, 指出了循环终止时控制变量的值。这条 for 语句的循环体只完全执行了 4 次而不是 10 次。请注意, 控制变量 count 是在此 for 语句的头部之外定义的, 所以不仅可以在循环体内使用它, 而且可以在循环结束执行后使用它。

### continue 语句

continue 语句在 while、for 或者 do...while 语句中执行时, 使程序跳过循环体内剩下的语句, 继续进行循环体的下一次迭代。在 while 和 do...while 语句中，循环继续条件的测试在 continue 语句执行之后马上进行。在 for 语句中，则执行增值表达式，然后对循环继续条件进行测试。

图 5.14 在 for 语句中使用 continue 语句(第 11 行)，当嵌套的 if 语句(第 10 ~ 11 行)判定 count 的值为 5 时跳过输出语句(第 13 行)。当 continue 语句执行时，程序控制转到 for 头部(第 8 行)的控制变量增值部分继续执行，并且还会再循环 5 次。

```cpp
1   // Fig. 5.14: fig05_14.cpp
2   // continue statement terminating an iteration of a for statement.
3   #include <iostream>
4   using namespace std;
5
6   int main()
7   {
8      for ( unsigned int count = 1; count <= 10; ++count ) // loop 10 times
9      {
10        if ( count == 5 ) // if count is 5,
11           continue;       // skip remaining code in loop
12
13        cout << count << " ";
14     } // end for
15
16     cout << "\nUsed continue to skip printing 5" << endl;
17  } // end main
```

```
1 2 3 4 6 7 8 9 10
Used continue to skip printing 5
```

图 5.14　结束一条 for 语句单次迭代的 continue 语句

5.3 节中曾介绍过，在大多数情况下可以用 while 语句来表示 for 语句，但有一个例外情况，即当 while 语句的增值表达式跟随在 continue 语句之后时。在这种情况下，该增值表达式在程序测试循环继续条件之前不会执行，因此这时的 while 语句的执行方式不同于 for 语句。

**良好的编程习惯 5.5**

有些程序员认为 break 和 continue 语句违背了结构化编程的思想。这些语句产生的效果可以通过下面介绍的结构化编程技术实现，因此这些程序员可以不使用 break 和 continue 语句。不过，大多数程序员可以接受在 switch 语句中使用 break 语句。

**软件工程知识 5.1**

在实现高质量的软件工程和获得最佳的性能之间总是很难平衡。通常，其中一个目标的达到以牺牲另一个为代价。为了兼顾两者且达到最佳性能，不妨采用以下经验规则：首先，力求代码简单而正确；然后，使其快而小，当然只有需要时才这样做。

## 5.8　逻辑运算符

到目前为止，我们只接触了简单条件，例如 counter <= 10, total > 1000, number != sentinelValue, 等等。这些条件是用关系运算符 >、<、>= 和 <= 以及相等运算符 == 和 != 来表达的，做出的每项判断都正好测试一个条件。如果做出一个判断必须测试多个条件，那么这些测试要么在分散的语句中执行，要么在嵌套的 if 或 if...else 语句中执行。

C++ 提供了逻辑运算符，用于组合简单条件以形成更复杂的条件。这些逻辑运算符包括 &&(逻辑与)、||(逻辑或)和 !(逻辑非或称逻辑求反)。

**逻辑与(&&)运算符**

假设我们希望在保证两个条件都为 true 的前提下才能选择某个执行路径。在这种情况下，便可按如下方式使用 && 运算符：

```
if ( gender == FEMALE && age >= 65 )
    ++seniorFemales;
```

这里 if 语句包含两个简单条件,其中条件 gender == FEMALE 用于判断一个人是否为女性;而条件 age >=65 用于判断一个人是否是年长的公民。if 语句首先求 && 运算符左边的简单条件的值。如果有必要,再求 && 运算符右边的简单条件的值。我们稍后将会讨论,一个逻辑与表达式的右侧只有在其左侧为 true 的情况下才会被计算。然后,这条 if 语句考虑组合条件:

```
gender == FEMALE && age >= 65
```

该条件为 true,当且仅当它的两个简单条件都为 true。最后,如果这个组合条件的确为 true,那么 if 语句的体语句对年长女性的计数器 seniorFemales 增 1。如果两个简单条件之一(或者全部)为 false,则程序跳过自增运算,接着执行 if 之后的下一条语句。前面的组合条件通过添加如下所示的括号可以增强可读性:

```
( gender == FEMALE ) && ( age >= 65 )
```

 **常见的编程错误5.10**

尽管从数学的角度看,3 < x < 7 是一个正确的条件表达,但是在 C++ 中它得不到你期望的结果。正确的书写方式应该是(3 < x && x < 7)。

图 5.15 对 && 运算符进行了总结,其中列出了表达式 1 和表达式 2(即它的两个操作数)取值为 false 或 true 时全部 4 种可能的组合。这样的表通常称为真值表(truth table)。对于包含关系运算符、相等运算符或逻辑运算符的所有表达式,C++ 的计算结果只等于 false 或者 true。

| 表达式 1 | 表达式 2 | 表达式 1 && 表达式 2 |
|---|---|---|
| false | false | false |
| false | true | false |
| true | false | false |
| true | true | true |

图 5.15　&&(逻辑与)运算符的真值表

### 逻辑或(||)运算符

现在分析一下 || 运算符。假设在程序的某个位置,我们希望在保证两个条件之一或者全部为 true 的前提下,选择某个执行路径。在这种情况下,就可以像如下的程序段那样采用 || 运算符:

```
if ( ( semesterAverage >= 90 ) || ( finalExam >= 90 ) )
    cout << "Student grade is A" << endl;
```

上面的条件也包含两个简单条件,其中简单条件 semesterAverage >= 90 是根据学生在整个学期中一门课程的一贯表现决定其这门课程成绩是否达到"A";而简单条件 finalExam >= 90 是根据学生在期末考试的出色成绩判定其这门课程成绩是否达到"A"。于是,if 语句考虑组合条件:

```
( semesterAverage >= 90 ) || ( finalExam >= 90 )
```

如果其中之一或两个简单条件都是 true,学生就能得到"A"。请注意,信息"Student grade is A"(学生成绩是 A)在两个简单条件都不满足时才不打印。图 5.16 是逻辑或运算符的真值表。

| 表达式 1 | 表达式 2 | 表达式 1 || 表达式 2 |
|---|---|---|
| false | false | false |
| false | true | true |
| true | false | true |
| true | true | true |

图 5.16　||(逻辑或)运算符的真值表

&& 运算符的优先级要比 || 的优先级稍高一点。两个运算符都是从左至右结合的。一个包含了 && 或者 || 运算符的表达式,其计算在一旦能够确定整个表达式的真假时,就会立即结束。因此,下面表达式:

```
( gender == FEMALE ) && ( age >= 65 )
```

若 gender 不等于 FEMALE(即整个表达式为 false),其计算会马上结束;若 gender 等于 FEMALE(即整个表达式有可能为 true,如果条件 age >=65 也为 true),则继续判断 age >=65。逻辑与和逻辑或求值的这个性能特征称为短路计算(short-circuit evaluation)。

**性能提示 5.3**

在使用 && 运算符的表达式中,如果单个的条件彼此互不依赖,那么应该将最有可能成为 false 的条件放在最左边;而在使用 || 运算符的表达式中,应该将最可能为真的条件放在最左边。如此利用短路计算可以减少程序的执行时间。

**逻辑非(!)运算符**

C++ 提供了!(逻辑非,也称为逻辑求反)运算符,使程序员可以"逆转"一个条件的含义。与组合了两个条件的 && 和 || 二元运算符不一样,一元的逻辑非运算符只用一个条件作为操作数;一元的逻辑非运算符必须放在要"逆转"的条件的前面。若希望在原始条件(没有逻辑非运算符)为 false 时选择一条感兴趣的执行路径,那么可采用逻辑非运算符。例如:

```
if ( !( grade == sentinelValue ) )
    cout << "The next grade is " << grade << endl;
```

其中括在 grade == sentinelValue 两边的圆括号是必需的,因为逻辑非运算符的优先级要比相等运算符的优先级高。

在大多数情况下,对于用逻辑非运算符表达的条件,程序员同样可以通过合适的关系运算符或者相等运算符来表达,从而避免使用逻辑非运算符。例如,前述的 if 语句也可以写成:

```
if ( grade != sentinelValue )
    cout << "The next grade is " << grade << endl;
```

这种灵活性常常可以帮助程序员以一种更加"自然"或者方便的形式表达条件。图 5.17 是逻辑非运算符的真值表。

| 表达式 | ! 表达式 |
| --- | --- |
| false | true |
| true | false |

图 5.17　!(逻辑非)运算符的真值表

**逻辑运算符的例子**

图 5.18 通过产生相应的真值表演示逻辑运算符的使用情况。输出显示了所计算的每个表达式及其布尔结果。在默认的情况下,布尔值 true 和 false 由 cout 和流插入运算符分别显示为 1 和 0。然而,第 9 行使用流操纵符 boolalpha 指定每个布尔表达式的值应该显示为单词"true"或者单词"false"的形式。例如,第 10 行中表达式 false && false 的结果是 false,所以输出的第 2 行包含的是单词"false"。第 9 ~ 13 行生成了 && 运算符的真值表,第 16 ~ 20 行生成了 || 运算符的真值表,而第 23 ~ 25 行生成了!运算符的真值表。

```
 1  // Fig. 5.18: fig05_18.cpp
 2  // Logical operators.
 3  #include <iostream>
 4  using namespace std;
 5
 6  int main()
 7  {
 8      // create truth table for && (logical AND) operator
 9      cout << boolalpha << "Logical AND (&&)"
10          << "\nfalse && false: " << ( false && false )
11          << "\nfalse && true: " << ( false && true )
12          << "\ntrue && false: " << ( true && false )
13          << "\ntrue && true: " << ( true && true ) << "\n\n";
14
15      // create truth table for || (logical OR) operator
16      cout << "Logical OR (||)"
17          << "\nfalse || false: " << ( false || false )
18          << "\nfalse || true: " << ( false || true )
19          << "\ntrue || false: " << ( true || false )
20          << "\ntrue || true: " << ( true || true ) << "\n\n";
```

图 5.18　逻辑运算符

```
21
22      // create truth table for ! (logical negation) operator
23      cout << "Logical NOT (!)"
24         << "\n!false: " << ( !false )
25         << "\n!true: " << ( !true ) << endl;
26   } // end main
```

```
Logical AND (&&)
false && false: false
false && true: false
true && false: false
true && true: true

Logical OR (||)
false || false: false
false || true: true
true || false: true
true || true: true

Logical NOT (!)
!false: true
!true: false
```

图 5.18(续)　逻辑运算符

**运算符的优先级和结合律小结**

图 5.19 将逻辑和逗号运算符添加到运算符的优先级和结合律表中。在这张表中，运算符从上到下按照优先级下降的顺序排列。

| 运算符 | | | 结合律 | 类型 |
|---|---|---|---|---|
| :: | ( ) | | 从左向右【请参阅图 2.10 中给出的相关注意事项】 | 首要 |
| ++ | -- | static_cast < 类型 > ( ) | 从左向右 | 后置 |
| ++ | -- | + - ! | ! 从右向左 | 一元（前置） |
| * | / % | | % 从左向右 | 乘 |
| + | - | | 从左向右 | 加 |
| << | >> | | 从左向右 | 插入/提取 |
| < | <= > >= | | 从左向右 | 关系 |
| == | != | | 从左向右 | 相等 |
| && | | | 从左向右 | 逻辑与 |
| \|\| | | | 从左向右 | 逻辑或 |
| ?: | | | 从右向左 | 条件 |
| = | += -= *= /= %= | | 从右向左 | 赋值 |
| , | | | 从左向右 | 逗号 |

图 5.19　运算符的优先级和结合律

## 5.9　==运算符与 = 运算符的混淆问题

无论经验如何，有一类错误是 C++ 程序员频繁要犯的错误。因此，非常有必要对此单列一节进行讨论。这个错误就是无意地互换了 ==（相等）和 =（赋值）运算符。换句话说，就是在该用 == 运算符的地方却写成了 = 运算符，或者在该用 = 运算符的地方却写成了 == 运算符。这种互换之所以具有破坏性，是因为它们通常不会产生语法错误。相反，含有这些错误语句的程序可以正常地通过编译并执行完毕。但是，由于隐含了运行时的逻辑错误，程序往往产生不正确的结果。注意：有些编译器在一般使用 == 的地方若使用 = 时会发出警告。

在 C++ 中有两个方面容易造成这些问题。第一个方面是任何产生值的表达式都可以用在任何控制变量的判断部分。如果表达式的值为零，就认为是 false；如果值不为零，就认为是 true。第二个方面是赋值

产生了值——也就是赋给赋值运算符左边变量的值。例如，假设打算写出

```
if ( payCode == 4 ) // good
    cout << "You get a bonus!" << endl;
```

但是，却粗心地写成

```
if ( payCode = 4 ) // bad
    cout << "You get a bonus!" << endl;
```

第一条 if 语句正确地为 payCode(工资代码)等于 4 的人发放奖金；而第二条 if 语句，即有错误的语句，求得这条 if 语句条件中的赋值表达式的值是常量4。任何非零的值都被解释为 true，所以这条 if 语句中的条件始终是 true，于是不管实际的工资代码是多少，人人都可以拿到奖金。更为糟糕的是，原本只是用于检查的 payCode，现在已经被篡改了。

**常见的编程错误 5.11**
赋值时使用 == 运算符，而比较相等时却使用 = 运算符，这些都属于逻辑错误。

**错误预防技巧 5.4**
程序员在书写 x ==7 之类的条件时，通常将变量名放在左边，将常量放在右边。请改变这个习惯，写成像 7 == x 一样，即将常量放在左边，而变量名放在右边。这样，若程序员不小心用 = 代替了 ==，编译器将起到保护作用。编译器认为这种书写形式是一个编译错误，因为常量的值是不能够更改的。这样可以避免这个运行中逻辑错误的潜在危险。

**左值和右值**

变量名称为左值(lvalue)，因为它们可以在赋值运算符的左边使用；而常量称为右值(rvalue)，因为它们只能在赋值运算符的右边使用。请注意，左值还可以用作右值，但是反过来绝对不成立。

还有一个同样令人烦恼的情形。假设程序员想用以下的一条简单语句为一个变量赋值：

```
x = 1;
```

但是却写成

```
x == 1;
```

这里同样不是一个语法错误。而且，编译器只是简单地判断这个条件表达式。如果 x 等于 1，条件为 true，表达式求得的值为 true；如果 x 不等于 1，条件为 false，表达式求得的值为 false。不管表达式的值如何，这里没有赋值运算符，所以这个值自然丢弃了。同时，x 的值保持不变，有可能引起运行时的逻辑错误。而且遗憾的是，我们无法提供一种简便的技巧来帮助发现这类问题。

**错误预防技巧 5.5**
利用文本编辑器搜索程序中所有的" ="，并检查出现" ="的每个位置是否已经正确使用赋值运算符或者逻辑运算符。

## 5.10　结构化编程小结

正如建筑师设计建筑物时要利用这个行业积累起来的智慧一样，程序员设计程序时也要利用积累下来的各种知识与经验。不过，这个行业要比建筑行业历史短，所以积累的东西也相对要少些。前面曾经介绍过，结构化编程产生的程序比非结构化的程序更容易理解、测试、调试和修改，甚至在数学意义上证明了结构化编程是正确的。

图5.20利用活动图总结了 C++ 的控制语句，其中的初始状态和结束状态表示每条语句是单入口和单出口的。如果任意连接在活动图中的各个符号，可能导致非结构化的程序。因此，编程专业人员只使用有限的一组控制语句，通过仅有的两种简单方式将它们组合起来，构造出结构化的程序。

为了简单起见，仅使用单入口/单出口的控制语句：每条控制语句只有一条道进入，并且只有一条道退出。按顺序连接控制语句构成结构化程序是很简单的，即一条控制语句的结束状态连接到下一条控制

语句的初始状态。也就是说,控制语句在程序中一个接一个地放置。我们称这种方式为"控制结构的堆叠"。构成结构化程序的规则还允许控制语句进行嵌套。

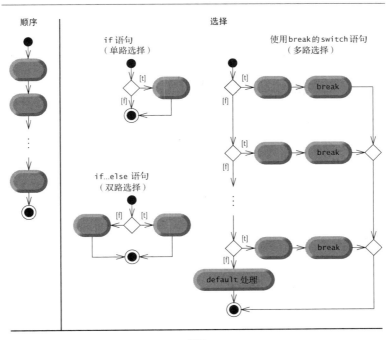

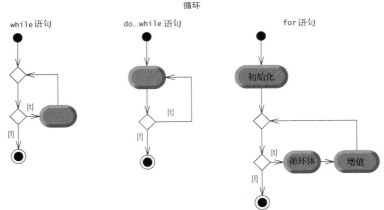

图 5.20 C++ 的单入口/单出口的顺序、选择和循环语句

图 5.21 列出了正确构建结构化程序的规则。这些规则假定可以用动作状态表征任何动作,而且假定从图 5.22 所示的最简单的活动图开始。这个所谓的最简单的活动图仅由一个初始状态、一个动作状态、一个结束状态和若干个转换箭头组成。

| 形成结构化程序的规则 |
| --- |
| 1)从图 5.22 所示的"最简单的活动图"开始; |
| 2)任何一个动作状态都可以被两个顺次的动作状态所取代; |
| 3)任何一个动作状态都可以被任何控制语句(顺序语句、if 语句、if...else 语句、switch 语句、while 语句、do..while 语句或者 for 语句)所取代; |
| 4)规则 2 和规则 3 可根据自己的需要以任何顺序随意应用 |

图 5.21 形成结构化程序的规则

应用图 5.21 所示规则总是可以得到一张整洁的、构建块状的活动图。例如，对最简单的活动图反复应用规则 2，如图 5.23 所示，可以得到一张包含了许多顺序放置的动作状态的活动图。规则 2 产生一系列控制语句的堆叠，所以称规则 2 为堆叠规则。请注意，图 5.23 中的垂直虚线并不是 UML 的一部分，我们用它们来划分演示图 5.21 规则 2 应用的 4 张活动图。

规则 3 称为嵌套规则。对最简单的活动图反复应用规则 3，可以得到一张控制语句巧妙嵌套的活动图。例如，在图 5.24 中，最简单的活动图中的动作状态被一条双路选择(if...else)语句所代替。然后，对此双路选择语句

图 5.22　最简单的活动图

中的动作状态再次应用规则 3，即各用一条双路选择语句分别取代其中的每个动作状态。围绕每个双路选择语句的虚线状态符号表示现已取代的前一张活动图中的动作状态。注意：图 5.24 显示的虚线箭头和虚线状态符号都不是 UML 的成分。在此使用它们是出于教学目的，以便阐明任何动作状态都可以用一条控制语句来替换。

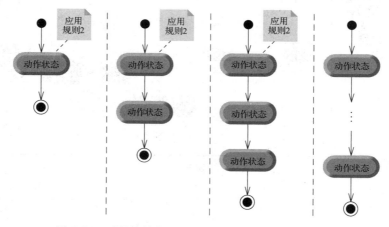

图 5.23　对最简单的活动图反复应用图 5.21 的规则 2

规则 4 产生更大、更复杂、层次更多的嵌套语句。通过应用图 5.21 的规则产生的图组成了所有可能的活动图集合，因此也产生了所有可能的结构化程序的集合。结构化方法的魅力在于只需要使用 7 种单入口/单出口的控制语句，并只需要两种简单的方式，就可以把它们组装起来。

如果遵循图 5.21 的规则，则不可能创建出如图 5.25 所示的不合乎语法的活动图。如果不能确定某个活动图是否结构化，可以逆向应用图 5.21 的规则，看看是否可以将这个活动图简化到最简单的活动图。如果可以简化为最简单的活动图，那么原始的活动图是结构化的，否则就是非结构化的。

结构化编程提倡简单性。Böhm 和 Jacopini 已经证明了只需要三种控制形式：

- 顺序
- 选择
- 循环

其中，顺序结构是最常见的结构，只是按照语句应该执行的顺序列出它们而已。

选择可以用以下三种方法中的一种实现：

- if 语句(单路选择)
- if...else 语句(双路选择)
- switch 语句(多路选择)

很容易证明简单的 if 语句即可提供任何形式的选择，任何能用 if...else 语句和 switch 语句完成的工作，也可以通过简单 if 语句的组合来实现(尽管有可能不够清晰和高效)。

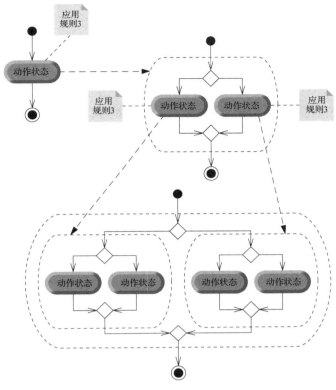

图 5.24　对最简单的活动图反复应用图 5.21 的规则 3

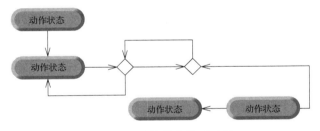

图 5.25　非结构化的活动图

循环可以用以下三种方法中的一种实现:

- while 语句
- do...while 语句
- for 语句

同样很容易证明,while 语句也足以实现任何形式的循环。也就是说,任何能用 do...while 和 for 语句做到的事情,都可以用 while 语句来实现(但是有可能不够流畅)。

综上所述,一个 C++ 程序中所需的任何控制形式均可以用下列形式表示:

- 顺序
- if 语句(选择)
- while 语句(循环)

并且这些控制语句只需要通过两种方式进行组合,即堆叠方式和嵌套方式。毫无疑问,结构化编程提倡简单性。

## 5.11　本章小结

这一章完成了对 C++ 控制语句的介绍。现在，程序员可以利用它们控制程序中的执行流程。第 4 章讨论了 if、if...else 和 while 语句，本章讨论了 for、do...while 和 switch 语句。我们已经说明通过顺序结构、三种选择语句（if、if...else 和 switch）和三种循环语句（for、do...while 和 while）的组合就可以开发出任何算法，并讨论了如何在组合这些构建块的过程中利用已证明的程序构建和解决问题的方法。程序员可以使用 break 和 continue 语句来改变循环语句的控制流程。本章还介绍了 C++ 的逻辑运算符，使程序员可以在控制语句中使用更复杂的条件表达式。最后，分析了混淆相等和赋值运算符这一常见错误，并提供了避免此类错误的建议。第 6 章将对函数做进一步的讨论。

## 摘要

### 5.2 节　计数器控制的循环的要素
- 在 C++ 中，对可以预留内存空间的声明而言，更准确地应称其为定义。

### 5.3 节　for 循环语句
- for 循环语句处理计数器控制的循环的所有细节。
- for 循环语句的一般形式是

```
for(初始化; 循环继续条件; 增值)
    语句
```

其中，"初始化"部分初始化循环的控制变量，"循环继续条件"部分决定循环是否应该继续执行，"增值"部分使控制变量的值增加或减少。
- 一般情况下，for 循环语句用于计数器控制的循环，while 循环语句用于标记控制的循环。
- 变量的作用域指定了在程序中可以使用它的范围。
- 在 C++ 所有的运算符中，逗号运算符的优先级最低。逗号分隔的表达式列表的值及其类型，是列表中最右边表达式的值及其类型。
- for 循环语句的初始化、循环继续条件和增值表达式可以包含算术表达式。而且，for 循环语句的增值表达式可以是负值。
- 如果 for 循环语句头部的循环继续条件一开始就是不满足的（false），那么 for 语句的循环体不会执行。这时，程序继续执行 for 语句之后的第一条语句。

### 5.4 节　使用 for 语句的例子
- 标准库函数 pow(x, y)计算 x 的 y 次幂的值。函数 pow 接收两个 double 类型的实参，返回一个 double 类型的值。
- 参数化流操纵符 setw 指定下一个值输出时占用的域宽。默认情况下，值是向右对齐输出的。如果欲输出的值的宽度大于指定的域宽，那么域宽扩大到整个值的范围。流操纵符 left 使得值的输出向左对齐，流操纵符 right 可用于恢复值的输出向右对齐。
- 黏性输出格式设置如果不经过更改就一直起作用。

### 5.5 节　do...while 循环语句
- do...while 循环语句在每次循环末尾测试循环继续条件，因此它的循环体至少会执行一次。do...while 循环语句的一般形式是

```
do
{
```

```
    语句；
} while(条件)；
```

## 5.6 节　switch 多路选择语句

- switch 多路选择语句根据它的控制表达式的值执行不同的动作。
- cin.get( )函数从键盘读入一个字符。字符通常存放在 char 类型的变量中。字符既可以看作是一个整数，又可看作一个字符。
- switch 语句由一系列 case 标签和一个可选的 default 情况组成。
- 关键字 switch 之后的圆括号内的表达式称为 switch 语句的控制表达式。switch 语句将控制表达式的值与每个 case 标签进行比较。
- 连续地列出 case 标签，但是它们之间没有语句，这样的 case 标签执行相同的一组语句。
- 每个 case 标签只能指定一个整型常量表达式。
- 每个 case 都可以有多条语句。switch 多路选择语句有别于其他控制语句的地方，在于它不需要一对花括号将每个 case 中的多条语句括起来。
- C++ 提供了表示整数的多种数据类型——int、char、short、long 和 long long。每种类型代表的整数值的范围依赖于特定的计算机平台。
- C++11 允许程序员在类的声明中声明数据成员时，为它提供默认的值。

## 5.7 节　break 和 continue 语句

- break 语句在任意一条循环语句（for、while 和 do...while）中执行时，会使程序立即退出该循环语句。
- continue 语句在任意一个循环语句（for、while 和 do...while）中执行时，会使程序跳过该循环语句循环体中的剩余语句，而进入循环的下一次迭代。在 while 或者 do...while 语句中，继续进行循环继续条件的下一次计算；在 for 语句中，继续执行 for 语句头部的增值表达式。

## 5.8 节　逻辑运算符

- 逻辑运算符使程序员可以通过组合简单条件构成复杂的条件。逻辑运算符是 &&（逻辑与）、||（逻辑或）和!（逻辑非或称逻辑求反）。
- &&（逻辑与）运算符保证两个条件都必须为 true。
- ||（逻辑或）运算符保证至少两个条件中的一个为 true。
- 包含了 && 或者 || 运算符的表达式的计算，一旦在能够确定整个表达式的真假时，就会立即结束。逻辑与和逻辑或求值的这个性能特征称为短路计算。
- !（逻辑非，也称为逻辑求反）运算符使程序员可以"逆转"一个条件的含义。一元的逻辑非运算符放在一个条件的前面，如果这个原始条件（没有逻辑非运算符）是 false，就可以选择一条执行路径。在大多数情况下，程序员通过采用适当的关系或相等运算符表达条件，可以避免使用逻辑非运算符。
- 如果用作条件，那么任何非零的值的默认含义是 true；零值的默认含义是 false。
- 默认情况下，布尔值 true 和 false 由 cout 分别输出为 1 和 0。流操纵符 boolalpha 指定每个布尔表达式的值应该显示为单词"true"或者单词"false"的形式。

## 5.9 节　== 运算符与 = 运算符的混淆问题

- 任何能得出值的表达式都可用在任何控制语句的判断条件部分。如果表达式的值为零，就认为它是假，否则认为它是真。
- 赋值语句能得出一个值，也就是指赋给赋值运算符左边变量的那个值。

## 5.10 节　结构化编程小结

- 任何形式的控制都可以用顺序、选择和循环语句来表达，并且这些语句的组合方式只有两种——堆叠和嵌套。

## 自测练习题

5.1 判断对错。如果错误，请说明原因。

    a) switch 选择语句中的 default 情况是必需的。

    b) 在 switch 选择语句的 default 情况中，必须通过 break 语句才能真正地退出 switch 语句。

    c) 对于表达式(x > y && a < b)而言，如果子表达式 x > y 为 true 或者子表达式 a < b 为 true，那么该表达式就为 true。

    d) 对于包含 || 运算符的表达式来说，如果它的操作数之一或者全部为 true，那么该表达式为 true。

5.2 编写一条 C++ 语句或者一组 C++ 语句完成下述每条任务。

    a) 使用一条 for 语句实现 1~99 中奇数之和的计算。假定已经声明了 unsigned int 类型的变量 sum 和 count。

    b) 分别以精度 1、2 和 3，域宽为 15 个字符打印值 333.546 372。另外，要求打印出的三个值显示在同一行上，在各自的域宽内向左对齐。请问打印出的三个值分别是什么？

    c) 利用函数 pow 计算 2.5 的 3 次方的值。要求计算结果以精度 2、域宽 10 打印出来。请问打印出的值是什么？

    d) 利用一条 while 循环和一个 unsigned int 类型的计数器变量 x，打印整数 1~20。要求每行打印 5 个整数。提示：当 x % 5 的值是 0 时，打印一个换行符，否则打印一个制表符。

    e) 用一条 for 语句再实现一遍自测练习题 5.2(d)。

5.3 指出以下代码段中的错误，并说明如何改正。

```
a)  unsigned int x = 1;
    while ( x <= 10 );
       ++x;
    }
b)  for ( double y = 0.1; y != 1.0; y += .1 )
       cout << y << endl;
c)  switch ( n )
    {
       case 1:
          cout << "The number is 1" << endl;
       case 2:
          cout << "The number is 2" << endl;
          break;
       default:
          cout << "The number is not 1 or 2" << endl;
          break;
    }
```

d) 下面的代码将打印值 1~10。

```
    unsigned int n = 1;
    while ( n < 10 )
       cout << n++ << endl;
```

## 自测练习题答案

5.1 a) 错误。default 情况是可选的。不过，从良好的软件工程实践的角度考虑，最好总是提供一条 default 情况。

    b) 错误。break 语句用于退出 switch 语句，但在 default 情况是最后的选择时，则不需要 break 语句。另外，如果希望控制继续到下一条 case 的动作，也不需要在当前的 case 中添加 break 语句。

    c) 错误。在使用 && 运算符时，当两个关系表达式都为 true 时，整个表达式的值才为 true。

    d) 正确。

5.2 a) ```
unsigned int sum = 0;
for ( unsigned int count = 1; count <= 99; count += 2 )
   sum += count;
```

b) ```
cout << fixed << left
   << setprecision( 1 ) << setw( 15 ) << 333.546372
   << setprecision( 2 ) << setw( 15 ) << 333.546372
   << setprecision( 3 ) << setw( 15 ) << 333.546372
   << endl;
```
输出
```
333.5          333.55         333.546
```

c) ```
cout << fixed << setprecision( 2 ) << setw( 10 ) << pow( 2.5, 3 ) << endl;
```
输出
```
     15.63
```

d) ```
unsigned int x = 1;
while ( x <= 20 )
{
   if ( x % 5 == 0 )
      cout << x << endl;
   else
      cout << x << '\t';
   ++x;
}
```

e) ```
for ( unsigned int x = 1; x <= 20; ++x )
{
   if ( x % 5 == 0 )
      cout << x << endl;
   else
      cout << x << '\t';
}
```

5.3 a) 错误: while 头部后面的分号会导致无限循环。

改正: 用一个"{"替换该分号, 或者删除";"和"}"。

b) 错误: 使用了一个浮点数来控制一条 for 循环语句。

改正: 使用一个 unsigned int 的整数, 并执行正确的计算, 以获得期望的值。

```
for ( unsigned int y = 1; y != 10; ++y )
   cout << ( static_cast< double >( y ) / 10 ) << endl;
```

c) 错误: 在第一个 case 中遗漏了 break 语句。

改正: 在第一个 case 的所有语句末尾添加一条 break 语句。请注意, 如果程序员想在每次执行 case 1:的语句之后继续执行 case 2:的语句, 那么这里就没有错误。

d) 错误: 在 while 循环继续条件中使用了不合适的关系运算符。

改正: 应使用 <= 而非 <, 或者将 10 改成 11。

## 练习题

5.4 指出以下代码段中的错误, 并说明如何改正。

a) ```
For ( unsigned int x = 100, x >= 1, ++x )
   cout << x << endl;
```

b) 下面的代码判断整数 value 是奇数还是偶数, 并打印结果。

```
switch ( value % 2 )
{
   case 0:
      cout << "Even integer" << endl;
   case 1:
      cout << "Odd integer" << endl;
}
```

c）下面的代码输出从 19 开始到 1 为止的所有奇数。

```
for ( unsigned int x = 19; x >= 1; x += 2 )
   cout << x << endl;
```

d）下面的代码输出 2～100 的所有偶数。

```
unsigned int counter = 2;
do
{
   cout << counter << endl;
   counter += 2;
} While ( counter < 100 );
```

5.5　（**整数求和**）编写一个程序，使用一条 for 语句求一系列整数之和。假定输入的第一个整数指定了继续输入的值的个数。要求程序的每条输入语句只读入一个值。一次运行的示范输入序列如下：

5 100 200 300 400 500

其中的 5 表明后续的 5 个输入是要求和的值。

5.6　（**整数求平均值**）编写一个程序，使用一条 for 语句求若干个整数的平均值并打印结果。假定最后读入的是标记值 9999。一次运行的示范输入序列如下：

10 8 11 7 9 9999

表明程序应计算 9999 之前的所有值的平均值。

5.7　请写出下面程序的输出结果。

```
 1   // Exercise 5.7: ex05_07.cpp
 2   // What does this program do?
 3   #include <iostream>
 4   using namespace std;
 5
 6   int main()
 7   {
 8      unsigned int x; // declare x
 9      unsigned int y; // declare y
10
11      // prompt user for input
12      cout << "Enter two integers in the range 1-20: ";
13      cin >> x >> y;   // read values for x and y
14
15      for ( unsigned int i = 1; i <= y; ++i ) // count from 1 to y
16      {
17         for ( unsigned int j = 1; j <= x; ++j ) // count from 1 to x
18            cout << '@'; // output @
19
20         cout << endl; // begin new line
21      } // end outer for
22   } // end main
```

5.8　（**找最小整数**）编写一个程序，使用一条 for 语句寻找一组整数中的最小整数。假定输入的第一个值指定了继续输入的值的个数。

5.9　（**奇整数的乘积**）编写一个程序，使用一条 for 语句计算并打印从 1 到 15 中奇数的乘积。

5.10　（**阶乘**）在概率问题中常常用到阶乘函数。请利用练习题 4.34 中阶乘的定义编写一个程序。该程序使用一条 for 语句求 1～5 每个整数的阶乘，要求以表格的形式打印出结果。请问如果计算 20 的阶乘，可能会遇到什么麻烦？

5.11　（**复利**）修改 5.4 节的复利程序，可以重复计算利率为 5%、6%、7%、8%、9% 和 10% 时的复利金额。请使用一条 for 语句改变利率。

5.12　（**使用嵌套的 for 循环绘制图案**）编写一个程序，使用 for 语句分别打印以下图案，要求下一个图案在上一个图案的下方。利用 for 循环生成这些图案。所有的星号都用单条的语句 cout << '*';来打印，这使星号可以挨在一起。提示：最后的两个图案需要每行以适当数量的空格开头。选做题：巧妙地使用嵌套的 for 循环，把用于解决这 4 个问题的代码组合到一个程序中，并排打印这 4 个图案。

```
(a)              (b)                  (c)                  (d)
*                **********           **********                    *
**               **********            *********                   **
***               *********            ********                   ***
****               ********            *******                   ****
*****               *******            ******                   *****
******               ******            *****                   ******
*******               *****            ****                   *******
********               ****            ***                   ********
                        ***            **                            
                         **            *                             
                          *                                         
```

5.13　（**条形图**）计算机的一个有趣的应用是绘制图表和条形图。请编写一个程序，要求用户输入 5 个数（都在 1 ~ 30 之间）。假定用户只输入有效的值。对于用户输入的每个数，程序都打印一行紧挨在一起的星号，星号的个数等于输入的数。例如，如果程序读入数 7，那么它打印 *******。

5.14　（**计算总销售量**）一家邮购公司销售 5 种不同的产品，零售价分别是：产品 1，2.98 美元；产品 2，4.50 美元；产品 3，9.98 美元；产品 4，4.49 美元；产品 5，6.87 美元。请编写一个程序，要求用户输入一系列如下所示的数对：

a）产品编号

b）销售量

程序计算和显示所有售出产品的总零售额。应使用一条 switch 语句确定每个产品的零售价格，采用一个标记控制的循环决定程序何时应结束循环并显示最后结果。

5.15　（**修改 GradeBook**）修改图 5.9 ~ 图 5.11 所示的 GradeBook 程序，使它计算一组成绩的平均成绩。成绩 A 为 4 分，成绩 B 为 3 分，依次类推。

5.16　（**复利计算**）修改图 5.6 中的程序，使它只使用整数计算复利。提示：将所有金额当作整数形式的美分，然后用除法和取模运算将结果"分解"成美元和美分两个部分，再在中间插入一个小数点。

5.17　假定 i = 1，j = 2，k = 3，m = 2。请问以下每条语句的打印结果是什么？

```
a)  cout << ( i == 1 ) << endl;
b)  cout << ( j == 3 ) << endl;
c)  cout << ( i >= 1 && j < 4 ) << endl;
d)  cout << ( m <= 99 && k < m ) << endl;
e)  cout << ( j >= i || k == m ) << endl;
f)  cout << ( k + m < j || 3 - j >= k ) << endl;
g)  cout << ( !m ) << endl;
h)  cout << ( !( j - m ) ) << endl;
i)  cout << ( !( k > m ) ) << endl;
```

5.18　（**进制表**）编写一个程序，要求打印一张表，内容是 1 ~ 256 范围内每个十进制数对应的二进制、八进制和十六进制形式。如果还不熟悉这些计数系统，可先阅读附录 D。提示：可以使用流操纵符 dec、oct 和 hex 来分别显示十进制、八进制和十六进制格式。

5.19　（**求 π 的值**）用下面的无穷级数公式计算 π 的值。

$$\pi = 4 - \frac{4}{3} + \frac{4}{5} - \frac{4}{7} + \frac{4}{9} - \frac{4}{11} + \cdots$$

打印一张表，显示分别取前 1 项、前 2 项、……、前 1000 项时计算出的 π 的近似值。

5.20　（**毕达哥拉斯的三元组**）一个直角三角形的边长可以都是整数，此时这组代表边长的整数就称为一个毕达哥拉斯三元组。直角三角形三条边的边长必须满足关系：两直角边的平方和等于斜边的平方。请编写一个程序，要求寻找出三个值都不大于 500 的所有毕达哥拉斯三元组（用变量 side1 和 side2 分别代表两个直角边，用变量 hypotenuse 代表斜边）。请使用一个三层嵌套的 for 循环来尝试所有的可能性。这当然是一种很典型的"蛮力"（brute force）计算。在以后学习一些高级计算机课程的过程中，会了解到有许多有趣的问题，除采用蛮力算法外，还没有找到其他更好的解决办法。

5.21　（**薪金计算**）一家公司按员工分类进行工资计算。经理每周拿固定工资；小时工每周前 40 小时按固定小时工资计算，超出 40 小时部分按小时工资的 1.5 倍计算；佣金工每周除固定的 250 美元工资外，再加销售毛利的 5.7%；计件工根据生产的产品件数和每件产品的固定金额计算工资，注意每个计件工都只生产一种类型的产品。编写一个程序,计算每个员工每周的薪水。假设事先并不知道员工的数目。每类员工都有自己的工资代码:经理的工资代码是1,小时工的工资代码是2,佣金工的工资代码是3,计件工的工资代码是4。使用一条 switch 语句,根据员工的工资代码计算每个员工的薪水。在这条 switch 的内部,提示用户(即制作工资单的财会人员)输入程序按照员工工资代码计算每个员工薪水所需的一系列事实数据。

5.22　(**德摩根定律**)本章中讨论了逻辑运算符 &&、||和!。利用德摩根定律,有时可以更方便地表示一个逻辑表达式。这些定律指出,表达式!(条件1 && 条件2)在逻辑上等价于表达式(!条件1||!条件2)。同样,表达式!(条件1||条件2)在逻辑上等价于表达式(!条件1 && !条件2)。请根据德摩根定律,书写出与下述表达式等价的表达式。然后编写程序证明每个原始的表达式和对应的新表达式确实是等价的。

a)　!( x < 5 ) && !( y >= 7 )
b)　!( a == b ) || !( g != 5 )
c)　!( ( x <= 8 ) && ( y > 4 ) )
d)　!( ( i > 4 ) || ( j <= 6 ) )

5.23　(**星号组成的菱形图案**)编写一个程序,打印以下的菱形图案。要求使用打印一个星号(*)、一个空格或者一个换行符的输出语句。尽量多用循环(使用嵌套 for 语句),同时尽量减少输出语句的使用次数。

```
         *
        ***
       *****
      *******
     *********
      *******
       *****
        ***
         *
```

5.24　(**修改星号组成的菱形图案**)修改练习题 5.23 所编写的程序,要求读入 1 ~ 19 范围内的一个奇数,来指定菱形中的行数,然后显示适合此尺寸的一个菱形。

5.25　(**去除 break 和 continue**)break 和 continue 语句遭到质疑的原因是它们的非结构化性。实际上,break 和 continue 语句总能用结构化的语句取代。请详述如何从程序的一条循环语句中去除 break 语句,并用某种结构化的手段替代。提示:break 语句用于在循环体内离开一个循环。另一个离开的办法是让循环继续条件测试失败。请考虑在循环继续条件测试中利用另一个测试,指出"由于符合一个'break'条件,所以提前退出"。请使用在此介绍的方法替换图 5.13 中的 break 语句。

5.26　请指出以下程序段的用途。

```
 1  for ( unsigned int i = 1; i <= 5; ++i )
 2  {
 3     for ( unsigned int j = 1; j <= 3; ++j )
 4     {
 5        for ( unsigned int k = 1; k <= 4; ++k )
 6           cout << '*';
 7
 8        cout << endl;
 9     } // end inner for
10
11     cout << endl;
12  } // end outer for
```

5.27　(**去除 continue 语句**)详述如何从程序的一条循环语句中去除 continue 语句,并用某种结构化的手段替代。请使用在此介绍的方法替换图 5.14 中的 continue 语句。

5.28　(**歌曲"圣诞节的十二天"**)编写一个程序,它利用循环语句和 switch 语句打印"快乐圣诞十二天"(The Twelve Days of Christmas)这首歌的歌词。要求用一条 switch 语句打印天数,也就是"first,"、"second,"等等。使用另一条 switch 语句打印剩余的每部分歌词。完整的歌词内容请参见网站:www.12days.com/library/carols/12daysofxmas.htm。

5.29 （**彼得·米纽伊特问题**）传说在 1626 年，Peter Minuit 花了 24 美元购买了曼哈顿岛。那么，他的这笔投资是否合算呢？为了回答这个问题，请修改图 5.6 的复利计算程序，将开始的本金定为 24 美元，然后计算到今年为止（例如，到 2013 年共经历了 387 年）利滚利得到的存款利息。将执行复利计算的 for 循环语句嵌套在另一条 for 循环语句中，该外层 for 循环语句的作用是变化每次计算复利的利率，即从 5% 变到 10%。这样可以看到复利到底产生了怎样的奇迹。

## 社会实践题

5.30 （**全球变暖事实测验**）电影《难以忽视的真相》极大地宣传了全球变暖这一争议性话题，这部电影由美国前副总统阿尔·戈尔主演。戈尔先生和联合国政府间气候变化专家小组共同分享了 2007 年的诺贝尔和平奖，以表彰"他们对人为造成气候变化的大量知识的建设和传播所付出的努力"。首先请在网上调查气候变暖的正反意见，比如可以搜索像"气候变暖的质疑"之类的短语。创建 5 个关于气候变暖问题的多选测试，每个问题至少有 4 个选项（编号 1～4），请客观并公平地描绘双方的意见。然后，编写一个应用程序，管理这个测试，计算回答正确的题的个数（从 0 到 5），最后返回一条信息给用户。如果 5 个问题用户全答对了，那么输出"Excellent"；如果答对 4 个，则输出"Very good"；如果少于等于 3 个，则输出"Time to brush up on your knowledge of global warming"，并且显示你所找到的事实的网站。

5.31 （**税收计划备选方案——"公平税"**）有很多让税收更加公平的提议，请在网站
www.fairtax.org/site/PageServer?pagename=calculator
上查找美国公平税的行动。研究那些公平税是如何实现公平的。有一个提议是取消所得税和其他大部分税，而赞成购买一切产品和服务时收取 23% 的消费税。一些对公平税的反对者怀疑 23% 这一数字，他们说按照计算税收的方法，如果计算精确的话，这个数字更准确地说是 30%。编写一个程序，提示用户输入他们的各种开支类别（例如住房、食物、衣服、交通、教育、医疗保健、旅游等）的费用，然后输出这个人所付税收的估计值。

5.32 （**Facebook 用户基数增长**）截至 2013 年 1 月，互联网的用户大约为 25 亿。Facebook 的用户在 2012 年 10 月达到 10 亿。在这个社会实践练习中，要求编写一个程序，如果用户的数量以固定的 2%、3%、4% 或 5% 的月增长率来增长的话，请确定何时 Facebook 的用户将达到 25 亿。请使用曾在图 5.6 中学过的知识。

# 第6章　函数和递归入门

*Form ever follows function.*

—Louis Henri Sullivan

*E pluribus unum.（One composed of many.）*

—Virgil

*O！call back yesterday，bid time return.*

—William Shakespeare

*Answer me in one word.*

—William Shakespeare

*There is a point at which methods devour themselves.*

—Frantz Fanon

## 学习目标

在本章中将学习：

- 以函数的形式模块化地构建程序
- 使用通用数学库函数
- 将数据传递给函数及返回结果的有关机制
- 由函数调用堆栈和活动记录支持的调用和返回机制
- 通过随机数生成来实现游戏应用程序
- 标识符的可见性如何限定在程序的特定区域
- 编写和使用递归函数

## 提纲

## 6.1　简介

大多数解决实际问题的计算机程序，从规模上都要比本书前面章节所给出的程序大得多。经验表明，开发和维护大型程序的最佳方式是使用小的、简单的部件或者组件来构建它。这种技术称为"分而治之"法（divide and conquer）。

本章首先回顾一下 C++ 标准库的部分数学函数，接下来将学习如何声明具有一个以上形参的函数，同时对函数原型做进一步介绍，并讲解编译器在必要的时候是如何利用函数原型中的相关信息，把函数调用中的实参类型转换成在函数形参列表中指定的类型的。

之后，简短地介绍一下关于随机数生成的模拟技术，并开发在娱乐场受欢迎的一款掷骰子游戏。在这个游戏中用到了目前为止在本书中学到的大部分编程技术。

接着，本章介绍 C++ 的存储类别说明符和作用域规则，它们决定了对象在内存中存在的时间，以及对象的标识符可以在程序中引用的范围。将讲解 C++ 是如何跟踪正在执行的函数的，函数的形参和其他局部变量在内存中是如何维护的，以及函数执行完毕后又是如何知道返回地址的。我们还将讨论有助于提高程序性能的两个主题——内联函数和引用形参，前者可以免去函数调用时的开销，后者可以用于有效地向函数传递大数据项。

许多开发的应用程序中允许出现多个同名的函数，这种技术称为函数重载。通过运用此技术，程序员可以实现执行类似任务的同名函数，这些函数对应不同类型的实参或可能针对不同个数的实参。另外，我们还将考虑函数模板，即一种可以定义一群重载函数的机制。本章最后将讨论那些直接地或者通过其他函数间接地进行自我调用的函数——此主题称为递归。

## 6.2　C++ 的程序组件

正如大家所看到的，C++ 程序通常由程序员编写的新函数和类，以及在 C++ 标准库中"预先打包"的函数和类组合而成。C++ 标准库提供了丰富的函数集合，用于执行常见的数学计算、字符串操作、字符处理、输入/输出、错误检查和许多其他有用的操作。

函数允许程序员通过将任务分解成独立的单元来实现程序的模块化。大家已在编写的每个程序中都用到了库函数和自己的函数。程序员自己编写的函数称为用户自定义函数（user-defined function）。函数体中的语句只需要书写一次，就能够在程序的多个地方复用，并且对于其他函数来说这些函数体的内容是不可见的。

使用函数模块化程序有以下几个原因：

- 一是"分而治之"法的使用。
- 另外一个是软件复用。例如，在前面的程序中，我们不必定义如何从键盘读入一行文本，因为 C++ 通过 < string > 头文件中的 getline 函数提供了这个功能。
- 第三个原因是避免重复代码。
- 此外，把程序分解为有意义的函数也使其更容易调试和维护。

**软件工程知识 6.1**

为了提高软件的可复用性，每个函数应该限定于执行单一的、定义明确的任务，并且函数名应该有效地表达这个任务。

我们知道，函数是通过函数调用而执行的。当被调用函数完成任务后，它要么返回一个结果，要么简单地把控制权还给调用者。这种程序结构类似于管理部门的分级管理层次（如图 6.1 所示）。老板（boss）（与调用函数相类似）要求员工（worker）（与被调用函数相类似）完成一项任务并且汇报（也就是返回）完成任务后的结果。boss 函数并不知道 worker 函数是如何完成其指定的任务的。worker 函数也可能调用其他的 worker 函数，boss 函数也是不知道的。这种实现细节的隐藏是良好的软件工程准则的体现。图 6.1 显示 boss 函数与多个 worker 函数进行通信。boss 函数把任务责任分给不同的 worker 函数。请注意，worker1 也是 worker4 和 worker5 的 boss 函数。

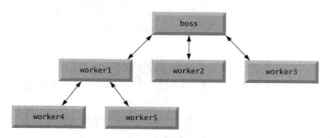

图 6.1    boss 函数/worker 函数之间的层次关系

## 6.3    数学库函数

有时，像 main 函数之类的函数不是任何类的成员，这种函数称为全局函数。与类成员函数一样，全局函数的函数原型要放在头文件中，这样那些包含该头文件的任何程序就能复用这个全局函数，并且可以连接到该函数的目标代码。例如，我们曾在图 5.6 中使用了 < cmath > 头文件中的 pow 函数来计算一个值的幂。在此，将介绍 < cmath > 头文件中的各种函数，来说明不属于特定类的全局函数的概念。

< cmath > 头文件向用户提供了能够执行常见的数学计算的一个函数集合。例如，程序员可以通过函数调用

```
sqrt( 900.0 )
```

来计算 900.0 的平方根。上面的表达式的求值结果是 30.0。sqrt 函数有一个 double 数据类型的实参，并返回 double 数据类型的结果。请注意，调用函数 sqrt 之前无需创建任何对象。另外需要注意的是 < cmath > 头文件中的所有函数都是全局函数。因此，调用这些函数时只需简单地指定函数名，后跟一对包含函数实参的圆括号便可。如果调用 sqrt 时实参是一个负数，那么该函数把名为 errno 的全局变量设置为常量值 E-DOM。变量 errno 和常量 EDOM 定义在头文件 < cerrno > 中。我们将在本书的 6.10 节讨论全局变量。

 **错误预防技巧 6.1**
调用 sqrt 时实参请不要用负数。对于工业级强度的代码，应总是检查传递给数学函数的实参是否是有效的。

函数的实参可以是常量、变量或者复杂的表达式。如果 $c = 13.0$、$d = 3.0$ 和 $f = 4.0$，那么语句

```
cout << sqrt( c + d * f ) << endl;
```

将计算并打印 $13.0 + 3.0 \times 4.0 = 25.0$ 的平方根，即 5.0。图 6.2 总结了一些数学库函数，图中变量 x 和 y 是 double 类型的。

| 函数 | 描述 | 示例 |
| --- | --- | --- |
| ceil( x ) | x 取整为不小于 x 的最小整数 | ceil( 9.2 ) 为 10.0 |
| | | ceil( -9.8 ) 为 -9.0 |
| cos( x ) | x（弧度）的三角余弦 | cos( 0.0 ) 为 1.0 |
| exp( x ) | 指数函数 $e^x$ | exp( 1.0 ) 为 2.718 282 |
| | | exp( 2.0 ) 为 7.389 056 |
| fabs( x ) | x 的绝对值 | fabs( 5.1 ) 为 5.1 |
| | | fabs( 0.0 ) 为 0.0 |
| | | fabs( -8.76 ) 为 8.76 |
| floor( x ) | x 取整为不大于 x 的最大整数 | floor( 9.2 ) 为 9.0 |

图 6.2    数学库函数

| 函数 | 描述 | 示例 |
|---|---|---|
| | | floor( − 9.8)为 − 10.0 |
| fmod( x, y) | x/y 的浮点数余数 | fmod(2.6, 1.2)为 0.2 |
| log( x) | x(底数为 e)的自然对数 | log(2.718 282)为 1.0 |
| | | log(7.389 056)为 2.0 |
| log10( x) | x(底数为 10)的对数 | log10(10.0)为 1.0 |
| | | log10(100.0)为 2.0 |
| pow( x, y) | x 的 y 次幂($x^y$) | pow(2, 7)为 128 |
| | | pow(9, .5)为 3 |
| sin( x) x | (弧度)的三角正弦 | sin(0.0)为 0 |
| sqrt( x) | x 的平方根(其中 x 是一个非负值) | sqrt(9.0)为 3.0 |
| tan( x) | x(弧度)的三角正切 | tan(0.0)为 0 |

图 6.2(续)　数学库函数

## 6.4　具有多个形参的函数定义

现在讨论具有多个形参的函数。图 6.3 ~ 图 6.5 对 GradeBook 类进行了修改,添加了一个名为 maximum 的用户自定义函数,该函数可以在三个 int 数据类型的成绩值中确定并且返回最大值。当这个应用程序开始执行时,main 函数(见图 6.5 中的第 5 ~ 13 行)创建 GradeBook 类的一个对象(第 8 行),并调用该对象的 inputGrades 成员函数(第 11 行),从用户处读取三个整型成绩。在 GradeBook 类的实现文件中(见图 6.4),成员函数 inputGrades 中的第 52 ~ 53 行提示用户输入三个整型值并读入用户输入。第 56 行调用成员函数 maximum(定义在第 60 ~ 73 行),该函数确定最大值,然后 return 语句(第 72 行)将这个最大值返回到 inputGrades 函数调用 maximum 函数的地方(第 56 行)。随后成员函数 inputGrades 将此返回值存储到数据成员 maximumGrade 中。然后这个值通过调用 displayGradeReport 函数输出(如图 6.5 的第 12 行所示)。【注意:我们之所以把这个函数命名为 displayGradeReport,是因为 GradeBook 类的后续版本中会使用该函数显示一张全面的成绩报告,包括最高分和最低分。】在第 7 章中会进一步增强 GradeBook 类,使其能够处理成绩集合。

```
 1   // Fig. 6.3: GradeBook.h
 2   // Definition of class GradeBook that finds the maximum of three grades.
 3   // Member functions are defined in GradeBook.cpp
 4   #include <string> // program uses C++ standard string class
 5
 6   // GradeBook class definition
 7   class GradeBook
 8   {
 9   public:
10      explicit GradeBook( std::string ); // initializes course name
11      void setCourseName( std::string ); // set the course name
12      std::string getCourseName() const; //retrieve the course name
13      void displayMessage() const; // display a welcome message
14      void inputGrades(); // input three grades from user
15      void displayGradeReport() const; // display report based on the grades
16      int maximum( int, int, int ) const; // determine max of 3 values
17   private:
18      std::string courseName; // course name for this GradeBook
19      int maximumGrade; // maximum of three grades
20   }; // end class GradeBook
```

图 6.3　确定三个成绩中最大者的 GradeBook 类的定义

```
 1   // Fig. 6.4: GradeBook.cpp
 2   // Member-function definitions for class GradeBook that
 3   // determines the maximum of three grades.
 4   #include <iostream>
 5   using namespace std;
 6
 7   #include "GradeBook.h" // include definition of class GradeBook
```

图 6.4　确定三个成绩中最大者的 GradeBook 类的函数定义

```
 8
 9    // constructor initializes courseName with string supplied as argument;
10    // initializes maximumGrade to 0
11    GradeBook::GradeBook( string name )
12       : maximumGrade( 0 ) // this value will be replaced by the maximum grade
13    {
14       setCourseName( name ); // validate and store courseName
15    } // end GradeBook constructor
16
17    // function to set the course name; limits name to 25 or fewer characters
18    void GradeBook::setCourseName( string name )
19    {
20       if ( name.size() <= 25 ) // if name has 25 or fewer characters
21          courseName = name; // store the course name in the object
22       else // if name is longer than 25 characters
23       { // set courseName to first 25 characters of parameter name
24          courseName = name.substr( 0, 25 ); // select first 25 characters
25          cerr << "Name \"" << name << "\" exceeds maximum length (25).\n"
26             << "Limiting courseName to first 25 characters.\n" << endl;
27       } // end if...else
28    } // end function setCourseName
29
30    // function to retrieve the course name
31    string GradeBook::getCourseName() const
32    {
33       return courseName;
34    } // end function getCourseName
35
36    // display a welcome message to the GradeBook user
37    void GradeBook::displayMessage() const
38    {
39       // this statement calls getCourseName to get the
40       // name of the course this GradeBook represents
41       cout << "Welcome to the grade book for\n" << getCourseName() << "!\n"
42          << endl;
43    } // end function displayMessage
44
45    // input three grades from user; determine maximum
46    void GradeBook::inputGrades()
47    {
48       int grade1; // first grade entered by user
49       int grade2; // second grade entered by user
50       int grade3; // third grade entered by user
51
52       cout << "Enter three integer grades: ";
53       cin >> grade1 >> grade2 >> grade3;
54
55       // store maximum in member maximumGrade
56       maximumGrade = maximum( grade1, grade2, grade3 );
57    } // end function inputGrades
58
59    // returns the maximum of its three integer parameters
60    int GradeBook::maximum( int x, int y, int z ) const
61    {
62       int maximumValue = x; // assume x is the largest to start
63
64       // determine whether y is greater than maximumValue
65       if ( y > maximumValue )
66          maximumValue = y; // make y the new maximumValue
67
68       // determine whether z is greater than maximumValue
69       if ( z > maximumValue )
70          maximumValue = z; // make z the new maximumValue
71
72       return maximumValue;
73    } // end function maximum
74
75    // display a report based on the grades entered by user
76    void GradeBook::displayGradeReport() const
77    {
78       // output maximum of grades entered
79       cout << "Maximum of grades entered: " << maximumGrade << endl;
80    } // end function displayGradeReport
```

图 6.4(续)　确定三个成绩中最大者的 GradeBook 类的函数定义

```
1   // Fig. 6.5: fig06_05.cpp
2   // Create GradeBook object, input grades and display grade report.
3   #include "GradeBook.h" // include definition of class GradeBook
4
5   int main()
6   {
7      // create GradeBook object
8      GradeBook myGradeBook( "CS101 C++ Programming" );
9
10     myGradeBook.displayMessage(); // display welcome message
11     myGradeBook.inputGrades(); // read grades from user
12     myGradeBook.displayGradeReport(); // display report based on grades
13  } // end main
```

```
Welcome to the grade book for
CS101 C++ Programming!

Enter three integer grades: 86 67 75
Maximum of grades entered: 86
```

```
Welcome to the grade book for
CS101 C++ Programming!

Enter three integer grades: 67 86 75
Maximum of grades entered: 86
```

```
Welcome to the grade book for
CS101 C++ Programming!

Enter three integer grades: 67 75 86
Maximum of grades entered: 86
```

图 6.5　创建 GradeBook 对象，输入成绩并显示成绩报告

**软件工程知识 6.2**

图 6.4 中第 56 行用于分隔 maximum 函数实参的逗号并不是 5.3 节中讨论的逗号运算符。逗号运算符保证它的操作数从左到右进行求值。然而，函数实参的求值顺序不是由 C++ 标准指定的。因此，不同的编译器就会有不同的求函数实参值的顺序。但是，C++ 标准的确保证在被调用函数执行之前，函数调用中的所有实参都要求值。

**可移植性提示 6.1**

有时候，函数的实参是较复杂的表达式，例如是调用其他函数的表达式。在这样的情况下，编译器对函数实参的求值顺序会影响若干实参的值。如果编译器之间的求值顺序不同，那么传递给函数的实参值也可能会不同，从而导致难以捉摸的逻辑错误。

**错误预防技巧 6.2**

如果用户对函数实参的求值顺序，以及是否由此影响传递给函数的值有所疑惑，那么应在调用函数之前使用单独的赋值语句对实参进行求值，把每个表达式的结果赋给局部变量，然后再将这些变量作为实参传递给函数。

### maximum 的函数原型

成员函数 maximum 的原型（如图 6.3 中的第 16 行所示）表明该函数的返回值是整型数据、函数名为 maximum 并且需要三个整型形参来完成它的任务。函数 maximum 的第一行（如图 6.4 中的第 60 行所示）与该函数原型相匹配，指明了形参名分别是 x、y 和 z。当调用 maximum 时（如图 6.4 中的第 56 行所示），形参 x 用实参 grade1 的值进行了初始化，形参 y 用实参 grade2 的值来初始化，形参 z 则初始化为实参 grade3 的值。对于函数定义中的每个形参，在函数调用中必须有相应的一个实参。

请注意，多个形参需要以逗号分隔列表的方式在函数原型和函数头中同时指定。编译器根据函数原

型来检查 maximum 的调用是否包含正确个数和类型的函数实参,并确定实参类型的顺序是否正确。此外,编译器利用原型来确保在调用该函数的表达式中是否正确地使用了该函数的返回值(例如,返回值为 void 类型的函数调用不能放在赋值表达式的右边)。每个实参的类型必须同相应的形参类型相容。例如,double 数据类型的形参可以接受诸如 7.35、22 或者 − 0.034 56 之类的值,但是不能接受像"hello"这样的字符串。如果传递给函数的实参与在函数原型中指定的类型不匹配,编译器会尝试着把实参转换成原型中指定的类型。6.5 节中将讨论这种转换。

**常见的编程错误 6.1**

将函数的同类型形参声明成 double x, y 而不是 double x, double y, 这在语法上是错误的。形参表中的每一个形参都需要一个显式的类型说明。

**常见的编程错误 6.2**

如果函数原型、函数头及函数调用在对应的实参和形参的个数、类型、顺序和返回类型有所不同,就会发生编译错误。正如在本书之后所能见到的,也可能发生链接器错误和其他类型的错误。

**软件工程知识 6.3**

具有很多形参的函数可能执行了太多的任务,可以考虑将这种函数分解成多个小函数以便各自执行独立的任务,尽量把函数头部限制在一行。

### 函数 maximum 的逻辑

为了能够确定最大值(如图 6.4 中的第 60 ~ 73 行所示),我们假设形参 x 拥有最大值,因此在第 62 行函数 maximum 声明了局部变量 maximumValue,并且用形参 x 的值对其进行了初始化。当然,很可能形参 y 或者形参 z 的值才是真正的最大值,因此必须把这些值同 maximumValue 进行比较。第 65 ~ 66 行的 if 语句用于确定 y 是否大于 maximumValue。如果是,则把 y 的值赋给 maximumValue。第 69 ~ 70 行的 if 语句用于确定 z 是否大于 maximumValue。如果是,则把 z 的值赋给 maximumValue。这时 maximumValue 中包含的是这三个值中的最大值,因此第 72 行把该值返回给第 56 行的函数调用。当程序的控制权返回到调用 maximum 的位置后,maximum 函数的 x、y、z 形参也就不能再被程序访问了。

### 将控制权从函数返回到它的调用者

有若干种方式可以把控制权返回到函数被调用的地方。如果函数不需要返回任何结果(即函数的返回类型为 void),那么在程序执行到函数的右结束花括号时或者当执行 return;语句时程序控制权返回。

如果函数确定需要返回一个结果,则语句

```
return 表达式;
```

会计算表达式的值并把结果返回给调用者。如果程序员在应该返回结果的函数中未提供恰当的 return 语句,那么有些编译器会发出错误信息,而另一些编译器则发出警告信息。

## 6.5　函数原型和实参类型的强制转换

函数原型(也称为函数声明)告诉编译器函数的名称、函数返回数据的类型、函数预期接收的形参个数以及形参的类型和顺序。

**软件工程知识 6.4**

C++ 中需要函数原型,除非函数定义在其使用之前。通过使用#include 预处理指令来包含相应的 C++ 标准库头文件,就可以得到库函数的函数原型(例如,数学函数 sqrt 的原型在 < cmath > 头文件中。6.6 节中列出了部分 C++ 标准库头文件)。同样,可以用#include 包含你或者其他程序员编写的函数原型的头文件。

**常见的编程错误6.3**

如果函数在调用前就已定义，那么函数的定义也可以作为函数的原型，这样单独的函数原型就没有必要了。如果函数在定义的前面被调用，并且没有相应的函数原型，那么会出现编译错误。

**软件工程知识6.5**

最好总是提供函数原型，尽管在函数使用前已经定义了该函数时是可以省去原型的。提供函数原型避免了按照函数定义的顺序来使用函数的编码约束（这样也使得程序修改起来比较容易）。

### 函数签名

函数原型的函数名和实参类型部分称为函数签名（function signature），或者简称签名。函数签名并不指定函数的返回类型。在同一作用域内的函数必须有不同的签名。函数作用域是程序内的一部分区域，在这个区域内函数是可见且可访问的。6.11 节中将详细地讨论作用域。

在图 6.3 中，如果第 16 行的函数原型写成：

```
void maximum( int, int, int );
```

那么编译器会报告一个错误，因为函数原型中的 void 返回类型和该函数的函数头部中的返回类型 int 不相符。类似地，这一函数原型将使语句

```
cout << maximum( 6, 7, 0 );
```

产生编译错误，因为上述语句要显示的值取决于函数 maximum 的返回值。

### 实参类型强制转换

函数原型的一个重要特性是"实参类型强制转换"（argument coercion），也就是说，把实参类型强制转换成由形参声明所指定的适当类型。例如，程序调用一个函数时可以使用整型实参，即使该函数原型指定的是 double 数据类型的形参，函数也还是会正常执行。

### 实参类型升级规则和隐式类型转换[①]

有时，函数实参类型同函数原型中的形参类型并不完全一致，编译器会在调用函数前把实参转换成适当的类型。这种转换是遵守 C++ 的升级规则（promotion rule）的。升级规则指出了编译器能够在基本数据类型之间进行的隐式类型转换。比如说，int 类型的数据可以转换成 double 类型，double 类型也可以转换成 int 类型，但是这时 double 值的小数部分会被截去。请记住，double 变量保存的数的范围要比 int 变量大得多，因此这样的类型转换造成的数据损失也是值得考虑的。在大整数类型转换到小整数类型（例如，long 转换成 short）、有符号整型转换到无符号整型，或者无符号整型转换到有符号整型的过程中也可能导致数值的改变。从零开始的无符号整数的正数范围，是相应有符号数正数范围的近两倍。

升级规则应用到包含两种或者多种数据类型的表达式中，这种表达式也称为混合类型表达式。混合类型表达式中每个值的类型会升级为此表达式中的"最高"类型（实际上创建了表达式中每个值的临时值并用于表达式的计算中——原来的值是不变的）。当函数实参的类型同函数定义或者函数原型中的形参类型不同时，也会应用到升级规则。图 6.6 列出了按照从"最高类型"到"最低类型"顺序排列的算术数据类型。

### 隐式类型转换产生不正确的值

把值转换到低的基本数据类型会产生不正确的值。因此，只有在显式地把一个值赋给低类型的变量（某些编译器在这种情况下会产生一个警告）或者使用强制类型转换运算符（见4.9 节）的情况下，才能将值转换成低级别的基本数据类型。函数实参值被转换为函数原型中的形参类型，如同它们被直接赋值给这些类型的变量一样。如果接收整数形参的 square 函数被调用时实参为浮点类型，那么实参类型会转换成 int 类型（低级别的类型），square 可能会返回不正确的值。例如，square(4.5)返回的是 16 而不是 20.25。

---

[①]　类型升级和转换是比较复杂的话题，在 C++ 标准第 4 节和第 5 节开始部分进行了讨论。读者可以通过 bit.ly/CPlus-Plus11Standard 购买 C++ 标准。

| 数据类型 | |
| --- | --- |
| long double | |
| double | |
| float | |
| unsigned long long int | （与 unsigned long long 同义） |
| long long int | （与 long long 同义） |
| unsigned long int | （与 unsigned long 同义） |
| long int | （与 long 同义） |
| unsigned int | （与 unsigned 同义） |
| int | |
| unsigned short int | （与 unsigned short 同义） |
| short int | （与 short 同义） |
| unsigned char | |
| char 和 signed char | |
| bool | |

图 6.6   针对算术运算数据类型的升级层次结构

**常见的编程错误 6.4**

如果函数调用时的实参个数和类型同相应的函数原型的形参个数和类型不匹配，会导致编译错误。如果调用时形参个数相同但是实参不能隐式转换成期望的类型，那么同样也会产生错误。

## 6.6   C++ 标准库头文件

　　C++ 标准库分为很多部分，每个部分都有自己的头文件。头文件包含了形成标准库各个部分的相关函数的函数原型。头文件中还包含了各种各样的类类型和函数的定义，以及这些函数所需的常量。头文件可以"指示"编译器怎样处理标准库和用户编写的组件的接口问题。

　　图 6.7 列出了一些常用的 C++ 标准库头文件，其中的大多数稍后会进行讨论。在图 6.7 中多次用到的术语"宏"将在附录 E"预处理器"中详细介绍。

| C++ 标准库头 | 文件说明 |
| --- | --- |
| < iostream > | 包含 C++ 标准输入和输出函数的函数原型。该头文件在第 2 章介绍，在第 13 章"输入/输出流的深入剖析"将讲解更多的细节 |
| < iomanip > | 包含格式化数据流的流操纵符的函数原型。该头文件首次用在 4.9 节，在第 13 章"输入/输出流的深入剖析"将讲解更多的细节 |
| < cmath > | 包含数学库函数的函数原型(参见 6.3 节) |
| < cstdlib > | 包含数转换为文本、文本转换为数、内存分配、随机数及其他各种工具函数的函数原型。该头文件的部分内容在 6.7 节、第 10 章"运算符重载：string 类"、第 17 章"异常处理深入剖析"、第 22 章"位、字符、C 字符串和结构体"以及附录 F"C 遗留代码问题"中涉及 |
| < ctime > | 包含处理时间和日期的函数原型和类型。该头文件在 6.7 节使用 |
| < array > , < vector > , < list > , < forward_list > , < deque > , < queue > , < stack > , < map > , < unordered_map > , < unordered_set > , < set > , < bitset > | 这些头文件包含了实现 C++ 标准库容器的类。在程序执行期间，容器保存数据。在第 7 章"类模板 array 和 vector、异常捕获"中首次介绍 < vector > 头文件。第 15 章"标准库的容器和迭代器"将讨论这些头文件 |
| < cctype > | 包含测试字符特定属性(例如字符是否是数字字符或者标点符号)的函数原型和用于将小写字母转换成大写字母、将大写字母转换成小写字母的函数原型。第 22 章"位、字符、C 字符串和结构体"中将介绍这些主题 |
| < cstring > | 包含 C 风格字符串处理函数的函数原型。在第 10 章"运算符重载：string 类"中会用到这个头文件 |
| < typeinfo > | 包含运行时类型识别(在执行时确定数据类型)的类。该头文件将在 12.8 节讨论 |
| < exception > , < stdexcept > | 这两个头文件包含用于异常处理的类。在第 17 章"异常处理深入剖析"中将进行讨论 |

图 6.7   C++ 标准库头文件

| C++标准库头 | 文件说明 |
|---|---|
| < memory > | 包含被 C++ 标准库用来向 C++ 标准库容器分配内存的类和函数。第 17 章"异常处理深入剖析"使用该头文件 |
| < fstream > | 包含执行由磁盘文件输入和向磁盘文件输出的函数的函数原型。在第 14 章"文件处理"中进行讨论 |
| < string > | 包含来自 C++ 标准库的 string 类的定义。在第 21 章"string 类和字符串流处理的深入剖析"中进行讨论 |
| < sstream > | 包含执行由内存字符串输入和向内存字符串输出的函数的函数原型. 在第 21 章"string 类和字符串流处理的深入剖析"中进行讨论 |
| ` < functional > | 包含 C++ 标准库算法所用的类和函数。在第 15 章用到这个头文件 |
| < iterator > | 包含访问 C++ 标准库容器中数据的类。在第 15 章用到这个头文件 |
| < algorithm > | 包含操作 C++ 标准库容器中数据的函数。在第 15 章用到这个头文件 |
| < cassert > | 包含为辅助程序调试而添加诊断的宏。在附录 E"预处理器"中用到这个头文件 |
| < cfloat > | 包含系统的浮点数长度限制 |
| < climits > | 包含系统的整数长度限制 |
| < cstdio > | 包含 C 风格标准输入和输出库函数的函数原型 |
| < locale > | 包含流处理通常所用的类和函数,用来处理不同语言自然形式的数据(例如货币格式、排序字符串、字符表示,等等) |
| < limits > | 包含为各计算机平台定义数字数据类型限制的类 |
| < utility > | 包含被许多 C++ 标准库头文件所用的类和函数 |

图 6.7(续) C++ 标准库头文件

## 6.7 实例研究:随机数生成

【注意:本节和 6.8 节所介绍的随机数生成技术,是专门针对那些还没有使用过 C++11 编译器的读者的。6.9 节将介绍 C++11 对随机数生成的改进功能。】

现在,让我们进入娱乐阶段,来了解一下一类非常受欢迎的编程应用——模拟和玩游戏。本节和下一节将开发一个包含多个函数的游戏程序。

通过利用 C++ 标准库函数 rand,我们在程序中引入了偶然性元素。考虑下面的语句:

```
i = rand();
```

rand 函数生成 0 ~ RAND_MAX(定义在 < cstdlib > 头文件中的符号常量)之间的一个无符号整数。若想确定系统的 RAND_MAX 的值,只需显示该常量即可。如果 rand 函数的确是随机地生成整型数值,那么在每次调用 rand 函数时,0 与 RAND_MAX 之间的每个数都应该拥有相同的被选中的可能性(或概率)。

直接由 rand 函数生成的数的范围常常不能满足应用程序的具体需要。例如,模拟投硬币的程序可能只需要用 0 来代表"正面",用 1 来代表"背面"。模拟掷六面骰子的程序需要的是 1 ~ 6 之间的数字。而在某视频游戏中,随机预测穿过地平线的下一艘飞船的类型的程序可能需要 1 ~ 4 之间的随机数字。

### 投掷六面骰子

为了说明 rand 函数,图 6.8 所示的程序模拟了六面骰子的 20 次投掷情况,并且打印出每次投掷的结果。rand 函数的函数原型在 < cstdlib > 中。为了生成 0 ~ 5 的整型值,我们使用 rand 函数和取模运算符(%)如下:

```
rand() % 6
```

这种方法称为比例缩放(scaling),数字 6 称为比例缩放因子。然后,通过对取模运算的结果加 1 来使产生的数的范围调整到前面所述的 1 ~ 6。图 6.8 证实了最后的结果确实是在 1 ~ 6。如果多次执行这个程序,大家可以看到它每次产生了同样的"随机"值。我们将在图 6.10 中对此进行修正。

```
 1   // Fig. 6.8: fig06_08.cpp
 2   // Shifted, scaled integers produced by 1 + rand() % 6.
 3   #include <iostream>
 4   #include <iomanip>
 5   #include <cstdlib> // contains function prototype for rand
 6   using namespace std;
 7
 8   int main()
 9   {
10      // loop 20 times
11      for ( unsigned int counter = 1; counter <= 20; ++counter )
12      {
13         // pick random number from 1 to 6 and output it
14         cout << setw( 10 ) << ( 1 + rand() % 6 );
15
16         // if counter is divisible by 5, start a new line of output
17         if ( counter % 5 == 0 )
18            cout << endl;
19      } // end for
20   } // end main
```

```
         6         6         5         5         6
         5         1         1         5         3
         6         6         5         4         2
         6         2         3         4         1
```

图 6.8   由 1 + rand( )%6 生成的经偏移、比例缩放后的整数

**投掷六面骰子 6 000 000 次**

为了表明函数 rand 所生成的不同数出现的概率近乎相等，图 6.9 模拟了 6 000 000 次投掷六面骰子的情况。1~6 的每个整数出现的次数都应该接近 1 000 000 次。图 6.9 的输出部分证实了这一结果。

```
 1   // Fig. 6.9: fig06_09.cpp
 2   // Rolling a six-sided die 6,000,000 times.
 3   #include <iostream>
 4   #include <iomanip>
 5   #include <cstdlib> // contains function prototype for rand
 6   using namespace std;
 7
 8   int main()
 9   {
10      unsigned int frequency1 = 0; // count of 1s rolled
11      unsigned int frequency2 = 0; // count of 2s rolled
12      unsigned int frequency3 = 0; // count of 3s rolled
13      unsigned int frequency4 = 0; // count of 4s rolled
14      unsigned int frequency5 = 0; // count of 5s rolled
15      unsigned int frequency6 = 0; // count of 6s rolled
16
17      // summarize results of 6,000,000 rolls of a die
18      for ( unsigned int roll = 1; roll <= 6000000; ++roll )
19      {
20         unsigned int face = 1 + rand() % 6; // random number from 1 to 6
21
22         // determine roll value 1-6 and increment appropriate counter
23         switch ( face )
24         {
25            case 1:
26               ++frequency1; // increment the 1s counter
27               break;
28            case 2:
29               ++frequency2; // increment the 2s counter
30               break;
31            case 3:
32               ++frequency3; // increment the 3s counter
33               break;
34            case 4:
35               ++frequency4; // increment the 4s counter
36               break;
37            case 5:
```

图 6.9   投掷六面骰子 6 000 000 次

```
38                  ++frequency5; // increment the 5s counter
39                  break;
40              case 6:
41                  ++frequency6; // increment the 6s counter
42                  break;
43              default: // invalid value
44                  cout << "Program should never get here!";
45          } // end switch
46      } // end for
47
48      cout << "Face" << setw( 13 ) << "Frequency" << endl; // output headers
49      cout << "   1" << setw( 13 ) << frequency1
50          << "\n   2" << setw( 13 ) << frequency2
51          << "\n   3" << setw( 13 ) << frequency3
52          << "\n   4" << setw( 13 ) << frequency4
53          << "\n   5" << setw( 13 ) << frequency5
54          << "\n   6" << setw( 13 ) << frequency6 << endl;
55  } // end main
```

```
Face    Frequency
  1        999702
  2       1000823
  3        999378
  4        998898
  5       1000777
  6       1000422
```

图 6.9（续）　投掷六面骰子 6 000 000 次

正如程序的输出所示，可以通过对 rand 函数生成的数值进行比例缩放和偏移来模拟六面骰子的投掷。请注意，这个程序应当永远不会到达 switch 结构的 default 情况（第 43 ~ 44 行），因为 switch 的控制表达式 face 总是具有 1 ~ 6 范围中的值。可是，我们仍提供了 default 情况，这是一种良好的编程习惯。在学习了第 7 章之后，会给出如何用单行语句替换图 6.9 中的整个 switch 结构。

**错误预防技巧 6.3**
即使程序员绝对确信没有 bug，也应该在 switch 中提供 default 的情况来处理错误。

### 随机数生成器的随机化

再次执行图 6.8 中的程序产生如下所示的输出：

```
6       6       5       5       6
5       1       1       5       3
6       6       2       4       2
6       2       3       4       1
```

请注意，程序此次输出的序列同图 6.8 中的完全一样。那么，这些序列怎么可能是随机的数字呢？不过，在调试模拟程序时，这种重复性是必不可少的，可以用于证明对程序的修正是正确的。

rand 函数实际上生成的是伪随机数。重复地调用 rand 会生成貌似随机的数字序列。然而，程序每次执行时产生的序列都是重复的。一旦程序彻底调试完毕，就可以将它调整为在每次执行时都产生不同的随机数序列的程序。这个过程称为随机化，可以通过 C++ 标准库函数 srand 来实现。srand 函数接收一个 unsigned 整型实参，为 rand 函数设置产生随机数时的随机数种子，从而使 rand 函数在每次程序执行时都生成不同的随机数序列。C++ 11 提供了新增的随机数功能，可以产生非确定性的随机数，也就是说可以产生无法预测的一组随机数。这种随机数生成器用在不期望有可预测性的场合，例如有关模拟和安全的应用等。6.9 节将介绍 C++ 11 的随机数生成功能。

**良好的编程习惯 6.1**
请确保你的程序在每次执行时向随机数生成器提供不同的种子（并且只用一次）；否则，攻击者就能轻而易举地确定将要产生的伪随机数序列。

**使用 srand 函数向随机数生成器提供种子**

图 6.10 是使用 srand 函数的示例程序, 它使用了数据类型 unsigned int。int 类型的数据至少需要 2 字节来表示, 在 32 位的系统上常常是 4 字节, 而在 64 位的系统上可以达到 8 字节。int 类型的数据可以是正值或者负值。unsigned int 类型的变量至少也需要 2 字节的内存来保存。4 字节的 unsigned int 类型数据只能取 0 ~ 4 294 967 295 范围内的非负值。srand 函数以一个 unsigned int 类型的值作为实参, 其函数原型在 < cstdlib > 头文件中。

```cpp
 1   // Fig. 6.10: fig06_10.cpp
 2   // Randomizing the die-rolling program.
 3   #include <iostream>
 4   #include <iomanip>
 5   #include <cstdlib> // contains prototypes for functions srand and rand
 6   using namespace std;
 7
 8   int main()
 9   {
10      unsigned int seed = 0; // stores the seed entered by the user
11
12      cout << "Enter seed: ";
13      cin >> seed;
14      srand( seed ); // seed random number generator
15
16      // loop 10 times
17      for ( unsigned int counter = 1; counter <= 10; ++counter )
18      {
19         // pick random number from 1 to 6 and output it
20         cout << setw( 10 ) << ( 1 + rand() % 6 );
21
22         // if counter is divisible by 5, start a new line of output
23         if ( counter % 5 == 0 )
24            cout << endl;
25      } // end for
26   } // end main
```

```
Enter seed: 67
        6         1         4         6         2
        1         6         1         6         4
```

```
Enter seed: 432
        4         6         3         1         6
        3         1         5         4         2
```

```
Enter seed: 67
        6         1         4         6         2
        1         6         1         6         4
```

图 6.10　随机化掷骰子程序

请注意, 假如用户输入的是不同的种子, 上面的程序每次执行都会产生不同的随机数字序列。我们在第 1 个和第 3 个输出示范中使用了相同的种子, 结果它们产生了相同的 10 个数字的序列。

**使用当前时间向随机数生成器提供种子**

为了在随机化时不用每次都输入种子, 可以使用如下语句:

```cpp
srand( static_cast<unsigned int>( time( 0 ) ) );
```

这条语句使计算机通过读取自己的时钟来获得种子值。time 函数(在上述的语句中它的实参为 0)通常返回的是从格林尼治标准时间(GMT)1970 年 1 月 1 日 0 时起到现在的秒数。这个值(数据类型是 time_t)被转换成 unsigned int 类型的整数, 并用做随机数生成器的种子——上面语句中的 static_cast 用于消除一条编译器警告。该警告是在程序员将一个 time_t 类型的值传递给期望接收一个 unsigned int 类型的形参时, 由编译器发出的。time 函数的函数原型在 < ctime > 头文件中。

**对随机数进行比例缩放和偏移调整**

前面演示了如何通过一条简单语句来模拟掷六面骰子,该语句如下:

```
face = 1 + rand() % 6;
```

它总是将一个取值范围在 1≤face≤6 的(随机)整数赋值给变量 face。请注意这一范围的宽度(即在此范围中连续整数的个数)是 6,并且该范围起始的数是 1。参照前面的语句,可以看到该范围的宽度由通过取模运算符对 rand 进行比例缩放所用的数(即 6)所决定,并且范围起始的数等于与表达式 rand % 6 相加的那个数(也就是 1)。因此,可以对这个结果进行如下概括:

*number* = *shiftingValue* + rand() % *scalingFactor*;

其中 *shiftingValue* 等于所要求的连续整数范围内的第一个整数,*scalingFactor* 等于所要求的连续整数范围的宽度。

## 6.8　实例研究:博彩游戏和枚举类型简介

在最流行的博彩游戏中有一种名为"掷双骰"(craps)的骰子游戏,这种游戏在世界各地的娱乐场所和大街小巷非常受欢迎。游戏的规则很简单:

玩家掷两个骰子。每个骰子有六面,分别含有 1、2、3、4、5 和 6 个点。掷完骰子后,计算两个朝上的面的点数之和。如果首次投掷的点数总和是 7 或者 11,那么玩家赢;如果首次投掷的点数之和是 2、3 或者 12(称为"craps"),那么玩家输(即庄家赢);如果首次投掷的点数之和是 4、5、6、8、9 或者 10,那么这个和就成为玩家的"目标点数"。要想赢的话,玩家必须连续地掷骰子直到点数与这个目标点数相同为止,即"得到了点数"。但在得到点数前,如果掷到的是 7,就会输掉。

图 6.11 中的程序模拟了掷双骰游戏。请注意在游戏规则中,玩家在首次掷骰子以及之后的掷骰子时每次必须掷两个骰子。我们定义 rollDice 函数(第 62～74 行)用于掷骰子和计算、打印点数和。在程序中 rollDice 函数只被定义一次,却在两个地方(第 20 行和第 44 行)被调用。rollDice 函数没有实参,它返回的是两个骰子的点数和,因此在函数原型(第 8 行)和函数头部(第 62 行)中没有形参,且声明的返回类型是 unsigned int。

```cpp
1   // Fig. 6.11: fig06_11.cpp
2   // Craps simulation.
3   #include <iostream>
4   #include <cstdlib> // contains prototypes for functions srand and rand
5   #include <ctime> // contains prototype for function time
6   using namespace std;
7
8   unsigned int rollDice(); // rolls dice, calculates and displays sum
9
10  int main()
11  {
12     // enumeration with constants that represent the game status
13     enum Status { CONTINUE, WON, LOST }; // all caps in constants
14
15     // randomize random number generator using current time
16     srand( static_cast<unsigned int>( time( 0 ) ) );
17
18     unsigned int myPoint = 0; // point if no win or loss on first roll
19     Status gameStatus = CONTINUE; // can contain CONTINUE, WON or LOST
20     unsigned int sumOfDice = rollDice(); // first roll of the dice
21
22     // determine game status and point (if needed) based on first roll
23     switch ( sumOfDice )
24     {
25        case 7: // win with 7 on first roll
26        case 11: // win with 11 on first roll
27           gameStatus = WON;
28           break;
29        case 2: // lose with 2 on first roll
```

图 6.11　掷双骰游戏的模拟

```
30          case 3: // lose with 3 on first roll
31          case 12: // lose with 12 on first roll
32              gameStatus = LOST;
33              break;
34          default: // did not win or lose, so remember point
35              gameStatus = CONTINUE; // game is not over
36              myPoint = sumOfDice; // remember the point
37              cout << "Point is " << myPoint << endl;
38              break; // optional at end of switch
39      } // end switch
40
41      // while game is not complete
42      while ( CONTINUE == gameStatus ) // not WON or LOST
43      {
44          sumOfDice = rollDice(); // roll dice again
45
46          // determine game status
47          if ( sumOfDice == myPoint ) // win by making point
48              gameStatus = WON;
49          else
50              if ( sumOfDice == 7 ) // lose by rolling 7 before point
51                  gameStatus = LOST;
52      } // end while
53
54      // display won or lost message
55      if ( WON == gameStatus )
56          cout << "Player wins" << endl;
57      else
58          cout << "Player loses" << endl;
59  } // end main
60
61  // roll dice, calculate sum and display results
62  unsigned int rollDice()
63  {
64      // pick random die values
65      unsigned int die1 = 1 + rand() % 6; // first die roll
66      unsigned int die2 = 1 + rand() % 6; // second die roll
67
68      unsigned int sum = die1 + die2; // compute sum of die values
69
70      // display results of this roll
71      cout << "Player rolled " << die1 << " + " << die2
72          << " = " << sum << endl;
73      return sum; // end function rollDice
74  } // end function rollDice
```

```
Player rolled 2 + 5 = 7
Player wins
```

```
Player rolled 6 + 6 = 12
Player loses
```

```
Player rolled 1 + 3 = 4
Point is 4
Player rolled 4 + 6 = 10
Player rolled 2 + 4 = 6
Player rolled 6 + 4 = 10
Player rolled 2 + 3 = 5
Player rolled 2 + 4 = 6
Player rolled 1 + 1 = 2
Player rolled 4 + 4 = 8
Player rolled 4 + 3 = 7
Player loses
Player rolled 3 + 3 = 6
Point is 6
Player rolled 5 + 3 = 8
Player rolled 4 + 5 = 9
Player rolled 2 + 1 = 3
Player rolled 1 + 5 = 6
Player wins
```

图 6.11(续)　掷双骰游戏的模拟

**枚举类型 Status**

这个游戏确实有点复杂。玩家在头一次或者后面掷骰子时可能赢，也可能输。程序使用 gameStatus 变量跟踪游戏的输赢状态。变量 gameStatus 被声明为新类型 Status。第 13 行声明了称为枚举（enumeration）的一个用户自定义类型。枚举类型以关键字 enum 开头，后跟类型的名字（在本例中是 Status）和一组由标识符表示的整数常量。枚举常量的默认起始值是 0 并且顺序增 1，当然也可以自行指定起始值。在前面的枚举类型中，常量 CONTINUE 的值是 0，WON 的值是 1，LOST 的值是 2。在一个枚举中的标识符必须是唯一的，但是不同的枚举常量可以取相同的整数值。

**良好的编程习惯 6.2**
作为用户自定义类型名的标识符其第一个字母最好是大写。

**良好的编程习惯 6.3**
枚举常量的名字只使用大写字母。这样的话在程序中这些常量就会突出显示出来，并且可以提醒程序员这些枚举常量不是变量。

用户自定义类型 Status 的变量只能用枚举类型中声明的三个值来赋值。当游戏玩赢时，程序将变量 gameStatus 的值设置为 WON（第 27 行和第 48 行）；当玩输时，程序将 gameStatus 变量的值设置为 LOST（第 32 行和第 51 行）；否则程序设置变量 gameStatus 的值为 CONTINUE（第 35 行），表示还必须再次投掷骰子。

**常见的编程错误 6.5**
将等同于枚举常量的整数值（而非枚举常量自身）赋值给枚举类型的变量是一种编译错误。

另一个常见的枚举类型是：
```
enum Months { JAN = 1, FEB, MAR, APR, MAY, JUN, JUL, AUG,
    SEP, OCT, NOV, DEC };
```
它利用表示一年当中的月份的枚举常量，创建了用户自定义类型 Months。因为上述枚举中的第一个值显式地设置为 1，所以后面的值就从 1 开始递增，结果依次就是值 1～12。在枚举定义中任何枚举常量都可以被赋予一个整数值，其后的每个枚举常量的值是列表中前一个枚举常量的值加上 1，直到下一个显式的设置为止。

**错误预防技巧 6.4**
对枚举常量最好采用唯一的值，这样可以帮助预防"难以发现"的逻辑错误。

**首次投掷骰子的赢或输**

第一次掷完骰子后，若游戏输或者赢的话，程序会跳过 while 语句体（第 42～52 行），因为 gameStatus 不等于 CONTINUE。程序继续执行到第 55～58 行处的 if...else 语句，如果 gameStatus 等于 WON，就打印出"Player wins"；如果 gameStatus 等于 LOST，就打印出"Player loses"。

**继续掷骰子**

第一次掷完骰子后，如果游戏没有结束，程序把点数之和保存到 myPoint 中（第 36 行）。程序执行继续到 while 语句，因为 gameStatus 等于 CONTINUE。在 while 语句的每次迭代期间，程序会调用 rollDice 来产生新的点数之和。如果点数之和与 myPoint 相匹配，程序就设置 gameStatus 为 WON（第 48 行），于是 while 测试失败，if...else 语句打印出"Player wins"，并终止程序的执行。如果点数之和为 7，程序设置 gameStatus 为 LOST（第 51 行），于是 while 测试语句失败，if...else 语句打印出"Player loses"，并终止程序的执行。

请注意，掷双骰游戏程序使用了两个函数：main 函数和 rollDice 函数，以及 switch、while、if...else、嵌套的 if...else 语句和嵌套的 if 语句。在本章结尾的练习题中，将深入探讨掷双骰游戏的各种有趣特性。

### C++11 作用域限定的枚举类型

在图 6.11 中我们介绍了枚举类型。这样的枚举类型（也称作无作用域限定的枚举类型）在使用时存在一个问题：多个枚举类型可能包含相同的标识符。因此，在同一个程序中若使用这些枚举类型会导致命名冲突和逻辑错误。为了消除此类问题，C++11 引入了所谓的作用域限定的枚举类型（scoped enum），这种类型用关键字 enum class（或同义词 enum struct）来声明。例如，我们可以把图 6.11 的枚举 Status 定义成：

```
enum class Status { CONTINUE, WON, LOST };
```

现在，如果要引用一个作用域限定的枚举常量，就必须像 Status::CONTINUE 一样，用作用域限定的枚举类型名（Status）和作用域分辨运算符（::）来限定该常量。这样的话，显式地指定了 CONTINUE 是 enum class Status 作用域中的一个常量。于是，如果一个作用域限定的枚举类型与另一个作用域限定的枚举类型含有的枚举常量具有相同的标识符，那么总是可以清晰地分辨出正在使用的是哪个枚举类型的常量。

**错误预防技巧 6.5**

含有相同标识符的无作用域限定的枚举类型会导致命名冲突和逻辑错误，这些潜在的问题通过使用作用域限定的枚举类型可以避免。

### C++11 指定枚举常量的类型

一个枚举类型中的常量表示为整数。在默认情况下，无作用域限定的枚举类型所隐含的这种整型类型取决于它的枚举常量值，也就是说该整型类型应保证足以保存指定的常量值。不过在默认情况下，作用域限定的枚举类型所隐含的整型类型是 int。C++11 允许程序员指定枚举类型所隐含的整型类型，方式是在枚举类型名称后跟随一个冒号（:）和指定的整型类型。例如，我们可以指定 enum class Status 中的常量应当具有的数据类型是 unsigned int，具体采用如下形式：

```
enum class Status : unsigned int { CONTINUE, WON, LOST };
```

**常见的编程错误 6.6**

如果一个枚举常量的值超出了该枚举类型所隐含的整型类型所表示的范围，将产生一个编译错误。

## 6.9　C++11 的随机数

根据 CERT 提供的信息，rand 函数不具有"良好的统计特性"并且是可预测的，这使得使用 rand 函数的程序安全性较弱（参见 CERT 指南《MSC30-CPP》）。正如我们在 6.7 节中所提到的，C++11 提供了一个新的、更安全的随机数功能库，可以产生非确定性的随机数，用于可预测性不受欢迎的场合，例如有关模拟和安全的应用等。这些新的功能在 C++ 标准库的 <random> 头文件中。

随机数生成在数学上是一个非常复杂的主题，数学家们为此开发了具有不同统计特性的许多随机数生成算法。出于如何在程序中能灵活使用随机数的考虑，C++11 提供了很多类，来表示各种不同的随机数生成引擎和配置。一个引擎实现一个产生伪随机数的随机数生成算法，而一个配置控制一个引擎产生的值的范围、这些值的类型（例如 int、double 等）和这些值的统计特性。在本节中，我们将使用默认的随机数生成引擎 default_random_engine 和默认的配置 uniform_int_distribution，后者在指定的值的范围内均匀地分布伪随机整数。默认的范围是从 0 到计算机系统平台所支持的最大的 int 类型值。

### 投掷六面骰子

图 6.12 使用 default_random_engine 和 uniform_int_distributionto 来投掷六面骰子。第 14 行创建一个名为 engine 的 default_random_engine 对象。它的构造函数的实参利用当前的时间来设置随机数生成器引擎的种子。如果没有向构造函数传递一个值的话，将使用默认的种子，那么该程序在每次执行时将产生相

同的数值序列。第 15 行创建一个名为 randomInt 的 uniform_int_distribution 对象，来产生 1 ~ 6 范围内的 unsigned int 类型的值，这些值的类型 unsigned int 由 < unsigned int > 指定，范围 1 ~ 6 由构造函数的实参指定。表达式 randomInt( engine )（第 21 行）返回一个 1 ~ 6 范围内的 unsigned int 值。

```cpp
 1  // Fig. 6.12: fig06_12.cpp
 2  // Using a C++11 random-number generation engine and distribution
 3  // to roll a six-sided die.
 4  #include <iostream>
 5  #include <iomanip>
 6  #include <random> // contains C++11 random number generation features
 7  #include <ctime>
 8  using namespace std;
 9
10  int main()
11  {
12     // use the default random-number generation engine to
13     // produce uniformly distributed pseudorandom int values from 1 to 6
14     default_random_engine engine( static_cast<unsigned int>( time(0) ) );
15     uniform_int_distribution<unsigned int> randomInt( 1, 6 );
16
17     // loop 10 times
18     for ( unsigned int counter = 1; counter <= 10; ++counter )
19     {
20        // pick random number from 1 to 6 and output it
21        cout << setw( 10 ) << randomInt( engine );
22
23        // if counter is divisible by 5, start a new line of output
24        if ( counter % 5 == 0 )
25           cout << endl;
26     } // end for
27  } // end main
```

```
         2         1         2         3         5
         6         1         5         6         4
```

图 6.12　使用 C++ 11 的随机数生成器引擎和配置来投掷六面骰子

第 15 行的表示法 < unsigned int > 表明 uniform_int_distribution 是一个类模板。这种情况下，在尖括号对（ < 和 > ）中可以指定任何的整数类型。第 18 章将讨论如何创建类模板，并且在其他各章也会展示如何使用来自于 C ++ 标准库的现有的类模板。现在，大家应该还是可以通过模仿例子中所示的语法，来比较容易地使用 uniform_int_distributionby 这个类模板的。

## 6.10　存储类别和存储期

到目前为止，我们所看到的程序使用标识符作为变量名和函数名。变量的属性包括名字、类型、规模大小和值。实际上，程序中的每个标识符还有其他的属性，包括存储类别、作用域和链接（linkage）。

C++ 提供了 5 个存储类别说明符：auto、register、extern、mutable 和 static，它们决定了变量的存储期。本节讨论存储类别说明符 register、extern 和 static。存储类别说明符 mutable 是专门与类一起使用的，而标识符 thread_local 在多线程应用中使用——两者分别在第 23 章和第 24 章中讨论。

### 存储期

标识符的存储期决定了标识符在内存中存在的时间。有些标识符存在的时间较短，有些标识符可以重复地创建和销毁，还有些标识符在整个程序执行过程中一直存在。这一节首先讨论两种存储期：静态的（static）和自动的（automatic）。

### 作用域

标识符的作用域是指标识符在程序中可以被引用的范围。有些标识符在整个程序中都能被引用，有些只能限于在程序的某个部分引用。6.11 节将讨论标识符的作用域。

**链接**

标识符的链接决定了标识符是只在声明它的源文件中可以识别，还是在经编译后链接在一起的多个文件中可以识别。标识符的存储类别说明符用于确定存储类别和链接。

**存储期**

存储类别说明符可以划分为四个存储期：自动存储期、静态存储期、动态存储期和线程存储期。自动存储期和静态存储期在接下来的内容中讨论。在第 10 章中将介绍如何能在程序的执行期间请求额外的存储空间，这被称为动态存储分配。动态分配的变量具有动态存储期。第 24 章将讨论线程存储期。

**局部变量和自动存储期**

具有自动存储期的变量包括：

- 声明在函数中的局部变量
- 函数的形参
- 用 register 声明的局部变量或函数形参

这样的变量在程序执行到定义它们的语句块时被创建，在语句块活动的时候它们是存在的，而当程序退出语句块时它们被销毁。自动变量只存在于其定义所在的函数体中最接近它的花括号对内，或者当它是函数形参时，则存在于整个函数体中。局部变量默认情况下具有自动存储期。在本书之后的章节中，将把具有自动存储期的变量简称为自动变量。

**性能提示 6.1**

自动存储是节省内存的一种方法，因为自动存储期的变量只在定义它的语句块执行时才存在于内存中。

**软件工程知识 6.6**

自动存储是最小特权原则(principle of least privilege)的一个例子。就应用程序而言，这个原则规定代码应该只被赋予完成它的设计任务所需要的权限，无需更多的权限。为什么在不需要变量时还要把它们存储在内存中呢？

**良好的编程习惯 6.4**

声明变量的位置应尽可能接近于第一次使用它的地方。

**寄存器变量**

程序的机器语言版本中的数据一般都是加载到寄存器中进行计算和其他处理的。

编译器或许会忽略掉 register 声明。例如，可能没有足够数量的寄存器供编译器使用。下面的定义"建议"unsigned int 类型的变量 counter 能被放在计算机的一个寄存器中；不管编译器是否这样做，counter 都将被初始化为 1：

```
register unsigned int counter = 1;
```

关键字 register 只能与局部变量和函数的形参一起使用。

**性能提示 6.2**

存储类别说明符 register 可以放在自动变量声明的前面，以建议编译器在计算机的高速硬件寄存器中而不是在内存中保存此变量。如果将频繁使用的变量，例如计数器或者总和，保存在硬件寄存器中，那么重复地把变量从内存加载到寄存器及把结果返回到内存而引起的开销就可以消除了。

**性能提示 6.3**

register 常常是不必要的。如今优化的编译器能够识别频繁使用的变量，并且不需要程序员进行 register 的声明就会自行决定把这些变量放到寄存器中。

### 静态存储期

关键字 extern 和 static 为函数和具有静态存储期的变量声明标识符。具有静态存储期的变量从程序开始执行的时刻起直至程序执行结束，一直存在于内存中。在遇到这样的变量声明时，便对它进行一次性初始化。对于函数而言，在程序开始执行时函数名存在。然而，即使函数名和静态存储期变量在程序一开始执行时就存在，也并不意味着这些标识符在整个程序中都能使用。存储期和作用域（名字可以使用的地方）是独立的问题，这点将在 6.11 节中进行说明。

### 具有静态存储期的标识符

有两种具有静态存储期的标识符——外部标识符（例如全局变量）和用存储类别说明符 static 声明的局部变量。全局变量是通过把变量声明放在任何类或者函数定义外部来创建的。全局变量在整个程序执行过程中保存它们的值。全局变量和全局函数可以被源文件中位于其声明或者定义之后的任何函数引用。

**软件工程知识 6.7**

声明变量为全局的而不是局部的可能产生非预期的副作用，即在不需要访问该变量的函数偶尔或者恶意修改其值的情况下。这是最小特权原则的另一个例子。通常，除了真正的全局资源如 cin 和 cout 以外，应该避免使用全局变量，除非有特殊的性能需求。

**软件工程知识 6.8**

仅用于特定函数内的变量应该声明为那个函数中的局部变量，而不是全局变量。

### 静态局部变量

使用关键字 static 声明的局部变量仅被其声明所在的函数所知。但是，与自动变量不同的是，static 局部变量在函数返回到它的调用者后仍保留着它们的值。下次再调用函数时，static 局部变量包含的是该函数最后一次执行得到的值。下面的语句将局部变量 count 声明为 static 并且初始化为 1：

```
static unsigned int count = 1;
```

如果程序员没有显式地初始化具有静态存储期的数值变量，那么它们被默认地初始化为 0。但是，以显式的方式初始化所有的变量是一个良好的编程习惯。

存储类别说明符 extern 和 static 在显式地应用到诸如全局变量和全局函数名这样的外部变量时，会具有特殊的含义。在附录 F"C 遗留代码问题"中，讨论了外部标识符和多个源代码文件程序中使用 extern 和 static 的内容。

## 6.11　作用域规则

程序中可以使用标识符的范围称为标识符的作用域。例如，如果在一个语句块中声明了一个局部变量，那么就只能在那个语句块及其嵌套的语句块中引用该变量。本节讨论标识符的 4 个作用域——语句块作用域、函数作用域、全局命名空间作用域和函数原型作用域。以后还会看到其他两种作用域——类作用域（见第 9 章）和命名空间作用域（见第 23 章）。

### 语句块作用域

在一个语句块中声明的标识符具有语句块作用域（block scope）。该作用域开始于标识符的声明处，结束于标识符声明所在语句块的结束右花括号处。局部变量具有语句块作用域，函数形参同样具有语句块作用域。任何语句块都能包含变量声明。当语句块是嵌套的并且外层语句块中的一个标识符与内层语句块中的一个标识符具有相同的名字时,外层语句块的标识符处于"隐藏"状态,直到内层语句块的执行结束为止。内层语句块看到的是它自己的局部标识符的值,而不是包含它的语句块中同名标识符的值。声明为 static 的局部变量仍然具有语句块作用域,虽然它们从程序开始执行时就一直存在。存储期并不影响标识符的作用域。

**常见的编程错误6.7**

*若不小心在内层语句块中使用了与外层语句块相同名字的标识符,而程序员事实上希望外层语句块的标识符在内层语句块执行期间处于活动状态,通常将导致逻辑错误。*

**错误预防技巧6.6**

*应避免使用隐藏外部作用域中名称的变量名。*

**函数作用域**

标签,也就是像 start: 之类的后跟一个冒号的标识符,或者是 switch 语句中的 case 标签,是唯一具有函数作用域(function scope)的标识符。标签可以用在它们出现的函数内的任何地方,但是不能在函数体之外被引用。

**全局命名空间作用域**

声明于任何函数或者类之外的标识符具有全局命名空间作用域(global namespace scope)。这种标识符对于从其声明处开始直到文件结尾处为止出现的所有函数而言都是"已知"的,即可访问的。位于函数之外的全局变量、函数定义和函数原型都具有全局命名空间作用域。

**函数原型作用域**

具有函数原型作用域(function-prototype scope)的唯一标识符是那些用在函数原型形参列表中的标识符。如前所述,函数原型的形参列表不需要形参名,只需要它们的类型。函数原型的形参列表中出现的名字会被编译器所忽略。用在函数原型中的标识符可以在程序中的任何地方无歧义地复用。

**作用域示例**

图 6.13 的程序演示了使用全局变量、自动局部变量和 static 局部变量的作用域问题。第 10 行声明了全局变量 x 并将其初始化为 1。这个全局变量对于声明了名为 x 的变量的任何语句块(或者函数)而言都是隐藏的。在 main 函数中,第 14 行显示了全局变量 x 的值。第 16 行声明了一个局部变量 x 并将它初始化为 5。第 18 行输出这个变量 x 的值,表明全局变量 x 在 main 函数中被隐藏了。接下来,第 20 ~ 24 行在 main 函数中定义了一个新的语句块,该块中的另一个局部变量 x 被初始化为 7(第 21 行)。第 23 行输出此变量,用来说明它隐藏了 main 的外层语句块中的 x,也隐藏了全局变量 x。当退出这个语句块时,值为 7 的变量 x 会自动销毁。然后,第 26 行输出 main 的外层语句块中的局部变量 x,证明它不再被隐藏了。

```cpp
 1    // Fig. 6.13: fig06_13.cpp
 2    // Scoping example.
 3    #include <iostream>
 4    using namespace std;
 5
 6    void useLocal(); // function prototype
 7    void useStaticLocal(); // function prototype
 8    void useGlobal(); // function prototype
 9
10    int x = 1; // global variable
11
12    int main()
13    {
14       cout << "global x in main is " << x << endl;
15
16       int x = 5; // local variable to main
17
18       cout << "local x in main's outer scope is " << x << endl;
```

图 6.13　作用域示例

```
19
20    { // start new scope
21       int x = 7; // hides both x in outer scope and global x
22
23       cout << "local x in main's inner scope is " << x << endl;
24    } // end new scope
25
26    cout << "local x in main's outer scope is " << x << endl;
27
28    useLocal(); // useLocal has local x
29    useStaticLocal(); // useStaticLocal has static local x
30    useGlobal(); // useGlobal uses global x
31    useLocal(); // useLocal reinitializes its local x
32    useStaticLocal(); // static local x retains its prior value
33    useGlobal(); // global x also retains its prior value
34
35    cout << "\nlocal x in main is " << x << endl;
36 } // end main
37
38 // useLocal reinitializes local variable x during each call
39 void useLocal()
40 {
41    int x = 25; // initialized each time useLocal is called
42
43    cout << "\nlocal x is " << x << " on entering useLocal" << endl;
44    ++x;
45    cout << "local x is " << x << " on exiting useLocal" << endl;
46 } // end function useLocal
47
48 // useStaticLocal initializes static local variable x only the
49 // first time the function is called; value of x is saved
50 // between calls to this function
51 void useStaticLocal()
52 {
53    static int x = 50; // initialized first time useStaticLocal is called
54
55    cout << "\nlocal static x is " << x << " on entering useStaticLocal"
56       << endl;
57    ++x;
58    cout << "local static x is " << x << " on exiting useStaticLocal"
59       << endl;
60 } // end function useStaticLocal
61
62 // useGlobal modifies global variable x during each call
63 void useGlobal()
64 {
65    cout << "\nglobal x is " << x << " on entering useGlobal" << endl;
66    x *= 10;
67    cout << "global x is " << x << " on exiting useGlobal" << endl;
68 } // end function useGlobal
```

```
global x in main is 1
local x in main's outer scope is 5
local x in main's inner scope is 7
local x in main's outer scope is 5

local x is 25 on entering useLocal
local x is 26 on exiting useLocal

local static x is 50 on entering useStaticLocal
local static x is 51 on exiting useStaticLocal

global x is 1 on entering useGlobal
global x is 10 on exiting useGlobal

local x is 25 on entering useLocal
local x is 26 on exiting useLocal

local static x is 51 on entering useStaticLocal
local static x is 52 on exiting useStaticLocal

global x is 10 on entering useGlobal
global x is 100 on exiting useGlobal

local x in main is 5
```

图 6.13(续)　作用域示例

为了说明其他的作用域,程序定义了三个函数,每个函数都是没有实参和返回值的。函数 useLocal(第 39~46 行)声明了自动变量 x(第 41 行)并初始化为 25。当程序调用 useLocal 函数时,该函数打印这个变量,递增它的值,并在该函数将程序控制数返回给它的调用者之前再次打印它。程序每次调用这个函数时,函数都重新创建自动变量 x 并重新将其初始化为 25。

useStaticLocal 函数(第 51~60 行)声明了 static 变量 x 并将它初始化为 50。声明为 static 的局部变量甚至在它们的作用域之外(即声明它们的函数不再执行时)仍保留它们的值。当程序调用 useStaticLocal 时,该函数打印出 x,增加 x 的值,并在该函数将程序控制权返回给调用者前再次打印 x 的值。下次再调用这个函数时,static 局部变量 x 的值为 51。第 53 行的初始化只发生一次,即在第一次调用 useStaticLocal 时。

useGlobal 函数(第 63~68 行)没有声明任何变量。因此,当引用变量 x 时,使用的是全局变量 x(是在 main 之前定义的,见第 10 行)。当程序调用 useGlobal 时,该函数打印出全局变量 x 的值,将其乘以 10,并在该函数把程序控制权返回给调用者之前再次打印 x 的值。在程序下次调用 useGlobal 时,这个全局变量具有已修改后的值 10。执行函数 useLocal、useStaticLocal 和 useGlobal 各两次之后,程序再次打印在 main 函数中的局部变量 x 的值,以表明没有哪个函数调用修改了在 main 中的 x 的值,因为所有这些函数都是引用其他作用域的变量。

## 6.12　函数调用堆栈和活动记录

为了理解 C++ 如何执行函数调用,需要先看看称为堆栈(stack)的数据结构(即相关数据元素的集合)。可以把堆栈比成一叠盘子,当把一个盘子放到一叠盘子上时,通常是放在最上面(此过程称为把盘子压到堆栈中)。类似地,当从一叠盘子中取一个盘子时,通常是从最顶部取(此过程称为把盘子从堆栈中弹出)。堆栈被称为是后进先出(last-in, first-out, LIFO)的数据结构,也就是说,最后压到(或插入到)堆栈中的元素最先从堆栈中弹出(或删除)。

**函数调用堆栈**

主修计算机科学的学生需要理解的最重要的机制之一是函数调用堆栈,有时也称为程序执行堆栈。这种数据结构(在"后台"工作)用于支持函数的调用和返回机制。堆栈也支持每个被调用函数的自动变量的创建、维护和销毁。我们通过一叠盘子的例子解释了堆栈的后进先出(LIFO)特性。如图 6.15~图 6.17 所示,函数在返回到调用它的函数时就需要符合这种后进先出特性。

**堆栈结构**

调用每个函数时,可能会依次调用其他函数,而且,所调用的函数也可能依次再调用其他函数,这一切都发生在任何函数返回之前。每个函数最终都必须把控制权返回给调用它的函数。因此,必须用某种方法记录每个函数把控制权返回给调用它的函数时所需要的返回地址。函数调用堆栈是处理这些信息的理想数据结构。每次当一个函数调用另一个函数时,一个数据项会压入到堆栈中。这个数据项称为一个堆栈结构(stack frame)或者一条活动记录(activation record),包含了被调用函数返回到调用函数所需的返回地址,还包含我们即将讨论的一些附加信息。如果被调用的函数返回,而不是在返回前调用其他函数,那么这个函数调用的堆栈结构就会弹出,并且控制权会转到该结构中的返回地址处。

调用堆栈的美妙之处在于每个被调用的函数总是能在调用堆栈的栈顶找到它返回到调用者所需的信息。而且,如果一个函数调用另一个函数,新的函数调用的堆栈结构只要简单地压到调用堆栈上即可。这样,新的被调用函数返回到调用者所需的返回地址就在堆栈的栈顶了。

**自动变量和堆栈结构**

堆栈结构还有另一个重要的责任。大多数函数都有自动变量——形参和函数中声明的任何局部变量。自动变量在函数执行时应当存在。如果函数调用其他函数,它们需要处于活动状态。但是当被调用函数返回到调用者时,被调用函数的自动变量需要"销毁"。被调用函数的堆栈结构是保留被调用函数自动变量的理想地方。只要被调用函数还在执行，对应的堆栈结构就一直存在。当被调用函数返回，并且不再需要它的局部自动变量时，它的堆栈结构从堆栈中弹出，然后程序就不再知道这些局部自动变量了。

**堆栈溢出**

当然，计算机的内存大小是有限的，因此只能有一定量的内存可用于保存函数调用堆栈的活动记录。如果有太多的函数调用发生，以至于不能把相应的活动记录保存到函数调用堆栈中，那么就会发生致命的堆栈溢出错误。

**活动中的函数调用堆栈**

调用堆栈和活动记录支持函数的调用和返回机制，以及自动变量的创建与销毁。现在让我们来看看调用堆栈是如何支持 square 函数的运转的，该函数被 main 函数（见图 6.14 中的第 9～14 行）调用。首先，操作系统调用 main，于是会把一条活动记录压到堆栈上（如图 6.15 所示）。这条活动记录告诉 main 如何返回到操作系统，也就是说转到返回地址 R1 处，并且包含 main 的自动变量（即初始化为 10 的 a）的空间。

```cpp
1   // Fig. 6.14: fig06_14.cpp
2   // square function used to demonstrate the function
3   // call stack and activation records.
4   #include <iostream>
5   using namespace std;
6
7   int square( int ); // prototype for function square
8
9   int main()
10  {
11     int a = 10; // value to square (local automatic variable in main)
12
13     cout << a << " squared: " << square( a ) << endl; // display a squared
14  } // end main
15
16  // returns the square of an integer
17  int square( int x ) // x is a local variable
18  {
19     return x * x; // calculate square and return result
20  } // end function square
```

```
10 squared: 100
```

图 6.14　用于说明函数调用堆栈和活动记录的 square 函数

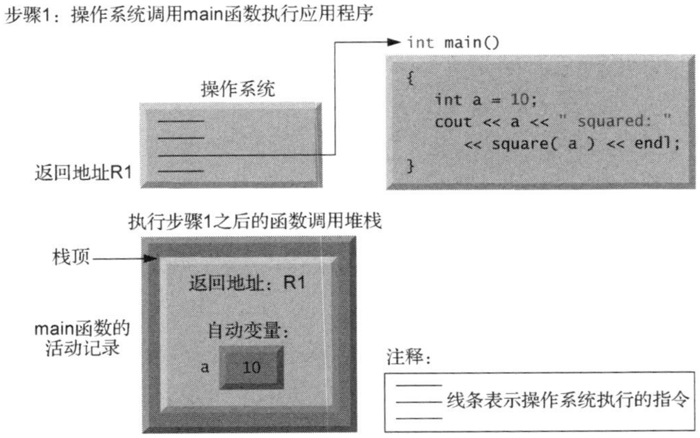

图 6.15　在操作系统调用 main 函数执行应用程序之后的函数调用堆栈

在返回到操作系统之前，函数 main 现在调用图 6.14 中第 13 行的函数 square。这样使得 square 函数（第 17～20 行）的堆栈结构被压入到函数调用堆栈中（如图 6.16 所示）。这个堆栈结构包含了 square 返回到 main 所需要的返回地址（即 R2）和 square 的自动变量（即 x）的存储空间。

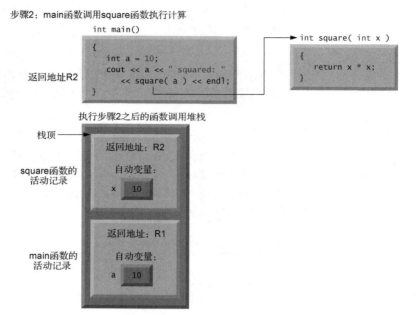

图 6.16　在 main 调用函数 square 执行计算之后的函数调用堆栈

在 square 函数计算完其实参的平方值后，它需要返回到 main 函数，并且不再需要自动变量 x 的存储空间。因此从堆栈弹出 square 函数的活动记录，给出 square 返回到 main 函数的地址（即 R2）并丢弃 square 的自动变量。图 6.17 显示了 square 的活动记录弹出后的函数调用堆栈情况。

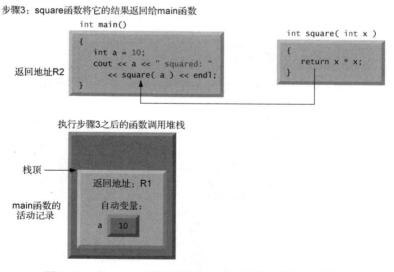

图 6.17　在 square 函数返回到 main 之后的函数调用堆栈

现在 main 函数显示调用 square 的结果（图 6.14，第 13 行）。到达 main 函数的结束右花括号会使得 main 函数的活动记录从堆栈中弹出。弹出的记录给了 main 函数返回到操作系统的地址（即图 6.15 中的 R1），在这个时刻，main 函数中自动变量（即 a）不再存在。

现在大家应该明白了堆栈数据结构在实现支持程序执行的关键机制中所具有的价值。在计算机科学中数据结构具有许多重要的应用。我们将在第 15 章"标准库的容器和迭代器"和第 19 章"自定义的模板化数据结构"中讨论堆栈、队列、线性表、树及其他数据结构。

## 6.13 无形参的函数

在 C++ 中，空的形参列表可以通过在圆括号里写上 void 或者什么都不写来表示。如下的原型

`void print();`

明确说明 print 函数不接收任何实参并且不返回任何值。图 6.18 展示了声明和使用形参表为空的函数的两种方法。

```cpp
1   // Fig. 6.18: fig06_18.cpp
2   // Functions that take no arguments.
3   #include <iostream>
4   using namespace std;
5
6   void function1(); // function that takes no arguments
7   void function2( void ); // function that takes no arguments
8
9   int main()
10  {
11     function1(); // call function1 with no arguments
12     function2(); // call function2 with no arguments
13  } // end main
14
15  // function1 uses an empty parameter list to specify that
16  // the function receives no arguments
17  void function1()
18  {
19     cout << "function1 takes no arguments" << endl;
20  } // end function1
21
22  // function2 uses a void parameter list to specify that
23  // the function receives no arguments
24  void function2( void )
25  {
26     cout << "function2 also takes no arguments" << endl;
27  } // end function2
```

```
function1 takes no arguments
function2 also takes no arguments
```

图 6.18 无形参的函数

## 6.14 内联函数

从软件工程的角度来看，把程序通过一组函数来实现是不错的方法，但是函数调用涉及执行时的开销。C++ 提供了内联函数（inline function）来减少函数调用的开销。在函数定义中把限定符 inline 放在函数的返回类型的前面，可"建议"编译器在适当的时候在该函数被调用的每个地方生成函数体代码的副本，以避免函数调用。这往往会使程序变得较大。编译器可以忽略 inline 限定符，并且除非对极小的函数，通常都会这样做。可复用的内联函数一般放在头文件中，这样的话，它们的定义可以被包含在使用它们的每一个源文件中。

**软件工程知识 6.9**
对内联函数所做的任何修改，都要求该函数的所有客户重新进行编译。

**性能提示 6.4**
编译器可以对那些没有显式地用 inline 关键字的函数进行代码的内联。今天的优化编译器是如此的先进，所以程序员最好把是否内联的选择权交给编译器。

图 6.19 使用了内联函数 cube（第 9 ~ 12 行）来计算一个立方体的体积。函数 cube 的形参列表中的关

键字 const（第 9 行）告诉编译器函数不修改变量 side 的值。这就保证了在计算执行时函数不会修改 side 的值（关键字 const 在第 7 章、第 8 章和第 9 章中详细讨论）。

```cpp
 1  // Fig. 6.19: fig06_19.cpp
 2  // inline function that calculates the volume of a cube.
 3  #include <iostream>
 4  using namespace std;
 5
 6  // Definition of inline function cube. Definition of function appears
 7  // before function is called, so a function prototype is not required.
 8  // First line of function definition acts as the prototype.
 9  inline double cube( const double side )
10  {
11     return side * side * side; // calculate cube
12  } // end function cube
13
14  int main()
15  {
16     double sideValue; // stores value entered by user
17     cout << "Enter the side length of your cube: ";
18     cin >> sideValue; // read value from user
19
20     // calculate cube of sideValue and display result
21     cout << "Volume of cube with side "
22        << sideValue << " is " << cube( sideValue ) << endl;
23  } // end main
```

```
Enter the side length of your cube: 3.5
Volume of cube with side 3.5 is 42.875
```

图 6.19　计算立方体体积的内联函数

**软件工程知识 6.10**

应该利用 const 限定符增强最小特权原则。使用最小特权原则进行正确的软件设计可以大大减少调试时间和错误的副作用，也使得程序更容易修改和维护。

## 6.15　引用和引用形参

在许多编程语言中都有按值传递（pass-by-value）和按引用传递（pass-by-reference）这两种函数形参传递方式。当实参用按值传递的方式传递时，会（在函数调用堆栈上）产生一份实参值的副本，然后将副本传递给被调用的函数。对于副本的修改不会影响调用函数中原始变量的值。这样可防止对正确可靠的软件系统的开发产生很大阻碍的副作用。到目前为止，本书在程序中传递的每个实参都是按值传递的。

**性能提示 6.5**

按值传递的一个缺点是，如果有一个大的数据项需要传递，那么复制这些数据就需要花费大量的时间和内存空间。

**引用形参**

本节介绍引用形参，即 C++ 提供的执行按引用传递的两种方法中的第一种。利用按引用传递，调用者使被调用函数可以直接访问调用者的数据，并且可以修改这些数据。

**性能提示 6.6**

按引用传递从性能的角度而言非常不错，因为它可以消除按值传递复制大量数据所产生的开销。

**软件工程知识 6.11**

按引用传递可以削弱安全性，因为被调用函数可能破坏调用者的数据。

稍后，我们将说明既能体现软件工程的优势、保护调用者的数据不被破坏，又能体现按引用传递的性能优势的方法。

引用形参是函数调用中相应实参的别名。为了指明一个函数形参是按引用传递的，只要简单地在函数原型中形参类型后加一个 & 标识即可，在函数头部列出形参类型时也采用相同的做法。例如，下面的在函数头部中的声明：

```
int &count
```

从右到左读作"count 是对一个 int 类型对象的引用"。在函数调用中，简单地用变量的名字来对它进行按引用的传递，然后，在被调用函数的体内用变量的形参名，这实际上引用的是调用函数中的原始变量，并且被调用函数可以直接修改这个原始变量。像以往一样，函数原型和函数头部必须保持一致。

### 按值传递和按引用传递实参

图 6.20 比较了按值传递和带引用形参的按引用传递。在函数 squareByValue 和 squareByReference 的调用中，实参"形式"是相同的，只需在函数调用中简单地加入变量名即可。如果不检查函数原型或者函数定义，就不可能由函数调用判断出哪个函数可以修改它的实参。然而，因为函数原型是强制性的，编译器可以轻而易举地解决这种歧义性问题。

```cpp
1   // Fig. 6.20: fig06_20.cpp
2   // Passing arguments by value and by reference.
3   #include <iostream>
4   using namespace std;
5
6   int squareByValue( int ); // function prototype (value pass)
7   void squareByReference( int & ); // function prototype (reference pass)
8
9   int main()
10  {
11     int x = 2; // value to square using squareByValue
12     int z = 4; // value to square using squareByReference
13
14     // demonstrate squareByValue
15     cout << "x = " << x << " before squareByValue\n";
16     cout << "Value returned by squareByValue: "
17        << squareByValue( x ) << endl;
18     cout << "x = " << x << " after squareByValue\n" << endl;
19
20     // demonstrate squareByReference
21     cout << "z = " << z << " before squareByReference" << endl;
22     squareByReference( z );
23     cout << "z = " << z << " after squareByReference" << endl;
24  } // end main
25
26  // squareByValue multiplies number by itself, stores the
27  // result in number and returns the new value of number
28  int squareByValue( int number )
29  {
30     return number *= number; // caller's argument not modified
31  } // end function squareByValue
32
33  // squareByReference multiplies numberRef by itself and stores the result
34  // in the variable to which numberRef refers in function main
35  void squareByReference( int &numberRef )
36  {
37     numberRef *= numberRef; // caller's argument modified
38  } // end function squareByReference
```

```
x = 2 before squareByValue
Value returned by squareByValue: 4
x = 2 after squareByValue

z = 4 before squareByReference
z = 16 after squareByReference
```

图 6.20　按值传递和按引用传递参数

**常见的编程错误6.8**

因为在被调用函数体中引用形参只需要用名字来指定，程序员可能在不经意间把引用形参当成按值传递的形参。这样，如果函数改变了原始的变量，就会产生不可预期的副作用。

第 8 章将讨论指针。指针会提供另一种形式的按引用传递，在这种情况下调用形式将非常清晰地指明了按引用传递（并且指明了修改调用者的实参的可能性）。

**性能提示 6.7**

为了传递大型对象，应使用一个常量引用形参来模拟按值传递的外观和安全性，并且避免传递大型对象的副本的开销。

为了明确指出一个引用应当不可以去修改实参，则在形参声明的类型说明符前加上 const 限定符就可以了。注意图 6.20 的第 35 行中 squareByReference 函数的形参列表里放置的 &。有些 C++ 程序员更喜欢写成等价的形式：int& numberRef。

### 在函数内引用作为别名

引用还可以在函数中用作其他变量的别名（虽然它们通常都像图 6.20 所示的那样与函数一起使用）。例如，下面的代码

```
int count = 1; // declare integer variable count
int &cRef = count; // create cRef as an alias for count
++cRef; // increment count (using its alias cRef)
```

通过使用变量 count 的别名 cRef 来自增变量 count。引用变量必须在它们的声明中完成初始化并且不能再指定为其他变量的别名。一旦一个引用被声明为另一个变量的别名，在别名（即引用）上执行的所有操作实际上作用在原始变量上。别名只是简单地作为原始变量的另一个名字。除非是对常量的引用，否则引用实参必须是左值（例如，变量名），而不是常量或者右值表达式（例如计算结果）。

### 从函数返回引用

函数可以返回引用，但是这种方法可能存在危险。当返回一个在被调用函数中声明的变量的引用时，这个变量应该在函数中声明为 static。否则，该引用指的是在函数执行结束时被销毁的自动变量。试图访问这样的变量会产生不确定的行为。对一个未定义的变量的引用称为虚悬引用（dangling reference）。

**常见的编程错误 6.9**

返回被调用函数中的自动变量的引用会产生逻辑错误。编译器通常会在这种逻辑错误发生时产生警告。对于工业级强度的代码，总是要在生成可执行代码之前消除所有的编译器警告。

## 6.16　默认实参

程序中这样的现象并不少见，即重复调用函数时对某个特定的形参一直采用相同的实参。在这种情况下，程序员可以对这样的形参指定默认实参（default argument），即传递给该形参的一个默认值。当程序在函数调用中对于具有默认实参的形参省略了其对应的实参时，编译器会重写这个函数调用并且插入那个实参的默认值。

默认实参必须是函数形参列表中最靠右边（尾部）的实参。当调用具有两个或者更多个默认实参的函数时，如果省略的实参不是实参列表中最靠右边的实参，那么该实参右边的所有实参也必须被省略。默认实参应该在函数名第一次出现时指定，通常是在函数原型中。如果因为函数定义也作为函数原型而省略了函数原型，那么默认实参应该在函数头部中指定。默认值可以是任何表达式，包括常量、全局变量或者函数调用。默认实参也能用于内联函数。

图 6.21 演示了使用默认实参计算盒子的体积。boxVolume 的函数原型（第 7 行）指定三个形参的默认值都为 1。注意，在函数原型中提供变量名是为了增加可读性，通常变量名在函数原型中并不需要。

第一次调用 boxVolume 函数（第 13 行）没有指定任何实参，因此使用了三个为 1 默认值。第二次调用（第 17 行）只向 length 传递了一个实参，这样就使用了 width 和 height 的默认值 1。第三次调用（第 21 行）向 length 和 width 传递了实参，这样使用的是 height 为 1 的默认值。最后一次调用（第 25 行）向 length、width 和 height 都传递了实参，这样就没有使用默认值。请注意，显式地传递给函数的任何实参都按从左

到右的顺序赋值给了函数的形参。因此，当 boxVolume 接收一个实参时，函数把这个实参的值赋值给它的 length 形参（即形参列表中最左边的形参）；当 boxVolume 接收两个实参时，函数把这两个实参的值按照顺序分别赋值给它的 length 和 width 形参；最后，当 boxVolume 接受全部的三个实参时，函数把这些实参的值分别赋值给 length、width 和 height 形参。

```cpp
 1  // Fig. 6.21: fig06_21.cpp
 2  // Using default arguments.
 3  #include <iostream>
 4  using namespace std;
 5
 6  // function prototype that specifies default arguments
 7  unsigned int boxVolume( unsigned int length = 1, unsigned int width = 1,
 8     unsigned int height = 1 );
 9
10  int main()
11  {
12     // no arguments--use default values for all dimensions
13     cout << "The default box volume is: " << boxVolume();
14
15     // specify length; default width and height
16     cout << "\n\nThe volume of a box with length 10,\n"
17        << "width 1 and height 1 is: " << boxVolume( 10 );
18
19     // specify length and width; default height
20     cout << "\n\nThe volume of a box with length 10,\n"
21        << "width 5 and height 1 is: " << boxVolume( 10, 5 );
22
23     // specify all arguments
24     cout << "\n\nThe volume of a box with length 10,\n"
25        << "width 5 and height 2 is: " << boxVolume( 10, 5, 2 )
26        << endl;
27  } // end main
28
29  // function boxVolume calculates the volume of a box
30  unsigned int boxVolume( unsigned int length, unsigned int width,
31     unsigned int height )
32  {
33     return length * width * height;
34  } // end function boxVolume
```

```
The default box volume is: 1

The volume of a box with length 10,
width 1 and height 1 is: 10

The volume of a box with length 10,
width 5 and height 1 is: 50

The volume of a box with length 10,
width 5 and height 2 is: 100
```

图 6.21　函数的默认实参

**良好的编程习惯 6.5**

使用默认的实参可以简化函数调用的书写。然而，有些程序员觉得显式地指定所有的实参更加清晰。

## 6.17　一元的作用域分辨运算符

局部变量和全局变量是有可能被声明为相同的名字的。C++ 提供了一元的作用域分辨运算符（::），在同名的局部变量的作用域内，可以用来访问全局变量。不能使用一元的作用域分辨运算符访问外层语句块中具有相同名字的局部变量。如果全局变量和作用域中的局部变量的名字不同，那么不用一元的作用域分辨运算符就可以直接访问全局变量。

图 6.22 所示是局部变量和全局变量名字相同（第 6 行和第 10 行）时使用一元的作用域分辨运算符的

情况。为了强调变量 number 的局部变量版和全局变量版是不同的, 程序声明一个变量为 int 类型而另一个变量为 double 类型。

```cpp
1   // Fig. 6.22: fig06_22.cpp
2   // Unary scope resolution operator.
3   #include <iostream>
4   using namespace std;
5
6   int number = 7; // global variable named number
7
8   int main()
9   {
10      double number = 10.5; // local variable named number
11
12      // display values of local and global variables
13      cout << "Local double value of number = " << number
14          << "\nGlobal int value of number = " << ::number << endl;
15  } // end main
```

```
Local double value of number = 10.5
Global int value of number = 7
```

图 6.22　一元的作用域分辨运算符

**良好的编程习惯 6.6**

总是使用一元的作用域分辨运算符来引用全局变量会使得程序更易于阅读和理解, 因为可以更加清楚地知道用户需要访问的是一个全局变量而不是非全局变量。

**软件工程知识 6.12**

总是使用一元的作用域分辨运算符引用全局变量降低了与非全局变量名字冲突的风险, 使得程序更易于修改。

**错误预防技巧 6.7**

总是使用一元的作用域分辨运算符引用全局变量消除了如果非全局变量隐藏全局变量可能发生的逻辑错误。

**错误预防技巧 6.8**

在程序中避免给用于不同目的的变量使用相同的名字。虽然在不同情况下这是允许的, 但是它可能导致错误。

## 6.18　函数重载

　　C++ 允许定义多个具有相同名字的函数, 只要这些函数具有不同的函数签名。这种特性称为函数重载 ( function overloading )。当调用一个重载函数时, C++ 编译器通过检查函数调用中的实参数目、类型和顺序来选择恰当的函数。函数重载通常用于创建执行相似任务、但是作用于不同的数据类型的具有相同名字的多个函数。例如, 数学库中的许多函数对于不同的数值类型是重载的, C++ 标准需要 6.3 节讨论的数学库函数的 float、double 和 long double 类型的重载版本。

**良好的编程习惯 6.7**

重载执行紧密相关任务的函数可以使程序更易于阅读和理解。

### 重载的 square 函数

　　图 6.23 中使用了重载的 square 函数来分别计算一个 int 类型值 ( 第 7 ~ 11 行 ) 和一个 double 类型值 ( 第 14 ~ 18 行 ) 的平方。第 22 行通过传递一个字面值 7 来调用 int 版本的 square 函数, C++ 把整数字面值

作为 int 类型的值来处理。类似地，第 24 行通过传递字面值 7.5 来调用 double 版本的 square 函数，C++ 把这个字面值当作 double 值。在这两种情形中编译器会根据实参的类型选择恰当的函数来调用。输出窗口的最后两行证实了在每种情形下调用了适当的函数。

```cpp
1   // Fig. 6.23: fig06_23.cpp
2   // Overloaded square functions.
3   #include <iostream>
4   using namespace std;
5
6   // function square for int values
7   int square( int x )
8   {
9      cout << "square of integer " << x << " is ";
10     return x * x;
11  } // end function square with int argument
12
13  // function square for double values
14  double square( double y )
15  {
16     cout << "square of double " << y << " is ";
17     return y * y;
18  } // end function square with double argument
19
20  int main()
21  {
22     cout << square( 7 ); // calls int version
23     cout << endl;
24     cout << square( 7.5 ); // calls double version
25     cout << endl;
26  } // end main
```

```
square of integer 7 is 49
square of double 7.5 is 56.25
```

图 6.23　重载的 square 函数

**编译器如何区分重载的函数**

　　重载的函数通过它们的签名来区分。签名由函数的名字和它的形参类型(按顺序)组成。编译器对每个函数的标识符利用它的形参类型进行编码(有时称为名字改编或名字装饰)，以便能够实现类型安全的链接(type-saft linkage)。类型安全的链接保证调用正确的重载函数，并且保证实参的类型与形参的类型相符合。

　　图 6.24 显示的是用 GNU C++ 编译器编译的程序。这里没有显示程序的执行结果(通常我们会这样做)，而是显示了由 GNU C++ 用汇编语言生成的改编后的函数名。每个改编后的名字(除了 main 函数)以两个下画线(__)开始，后跟字母 Z、一个数值和函数名。字母 Z 后的数值表示函数名中字符个数。例如，函数 square 在它的函数名中有 6 个字符，所以改名后名字的前缀是__Z6。然后，函数名后跟有它的形参列表的编码。在函数 nothing2 的形参列表中(第 25 行；见输出的第 4 行)，c 表示 char，i 表示 int，Rf 表示 float &(即对一个 float 变量的引用)，Rd 表示 double &(即对一个 double 变量的引用)。在函数 nothing1 的形参列表中，i 表示 int，f 表示 float，c 表示 char，Ri 表示 int &。这两个 square 函数通过它们的形参列表来区分；一个将 double 指定为 d，而另一个将 int 指定为 i。函数的返回类型在改编后的名称中没有指定。重载的函数可以有不同的返回类型。不过，即使是这样，它们也必须有不同的形参列表。再次强调，不能把两个函数写成具有相同的签名，不同的只是返回类型。注意，函数名称改编是与编译器相关的。还要注意的是，不能改编 main 函数，因为它不能被重载。

**常见的编程错误 6.10**

　　创建具有相同形参列表和不同返回类型的重载函数会产生编译错误。

　　编译器只使用形参列表来区分重载的函数。这样的函数不需要具有相同个数的形参。当重载具有默认形参的函数时，程序员应该格外小心，因为这可能引起二义性。

```
1    // Fig. 6.24: fig06_24.cpp
2    // Name mangling to enable type-safe linkage.
3
4    // function square for int values
5    int square( int x )
6    {
7       return x * x;
8    } // end function square
9
10   // function square for double values
11   double square( double y )
12   {
13      return y * y;
14   } // end function square
15
16   // function that receives arguments of types
17   // int, float, char and int &
18   void nothing1( int a, float b, char c, int &d )
19   {
20      // empty function body
21   } // end function nothing1
22
23   // function that receives arguments of types
24   // char, int, float & and double &
25   int nothing2( char a, int b, float &c, double &d )
26   {
27      return 0;
28   } // end function nothing2
29
30   int main()
31   {
32   } // end main
```

```
__Z6squarei
__Z6squared
__Z8nothing1ifcRi
__Z8nothing2ciRfRd
main
```

图 6.24　改编名字以保证类型安全的链接

**常见的编程错误 6.11**

调用具有默认实参的函数时省略实参，其形式可能会与调用另一个重载的函数一样，这会产生编译错误。例如，在程序中有两个函数，函数名相同，但其中一个函数明确指出没有形参，而另一个函数含有所有默认实参，如果试图在一次调用中只使用函数名而不传递实参，就会导致编译错误，因为编译器无法确定该选择哪一个版本的函数。

**重载的运算符**

第 10 章将讨论如何重载运算符，从而定义它们如何操作于用户自定义数据类型的对象。事实上，到目前为止，我们一直在使用许多重载的运算符，包括流插入运算符 << 和流提取运算符 >>。针对所有的基本数据类型，这两个运算符都被重载了。第 10 章中将更详细地介绍关于重载 << 和 >> 来处理用户自定义类型的对象的内容。

## 6.19　函数模板

重载函数通常用于执行相似的操作，这些操作涉及作用于不同数据类型上的不同程序逻辑。如果对于每种数据类型程序逻辑和操作都是相同的，那么使用函数模板(function template)可以使重载执行起来更加紧凑和方便。程序员需要编写单个函数模板定义。只有在这个模板函数调用中提供了实参类型，C++ 就会自动生成独立的函数模板特化(function template specialization)来恰如其分地处理每种类型的调用。这样，定义一个函数模板实质上就定义了一整套重载的函数。

图 6.25 定义了 maximum 函数模板(第 3 ~ 17 行),用于确定三个数值中的最大值。所有的函数模板定义都以 template 关键字开头(第 3 行),后面跟着用一对尖括号( < 和 > )括起的该函数模板的模板形参列表。模板形参列表中的每个形参(常常称作形式类型形参)由关键字 typename 或者关键字 class(它们是同义词)开头。形式类型形参是基本类型或者用户自定义类型的占位符。这些占位符,在图 6.25 中是 T,用于指定函数形参的类型(第 4 行),指定函数的返回类型(第 4 行),以及在函数定义体内声明变量(第 6 行)。函数模板的定义与其他函数的定义一样,只是使用形式类型形参作为实际数据类型的占位符。

```
1   // Fig. 6.25: maximum.h
2   // Function template maximum header.
3   template < typename T >  // or template< class T >
4   T maximum( T value1, T value2, T value3 )
5   {
6      T maximumValue = value1; // assume value1 is maximum
7
8      // determine whether value2 is greater than maximumValue
9      if ( value2 > maximumValue )
10        maximumValue = value2;
11
12     // determine whether value3 is greater than maximumValue
13     if ( value3 > maximumValue )
14        maximumValue = value3;
15
16     return maximumValue;
17  } // end function template maximum
```

图 6.25　函数模板 maximum 的头文件

图 6.25 中的函数模板声明了单个形式类型形参 T(第 3 行)作为占位符,为 maximum 函数测试数据类型做准备。对于一个特定的模板定义,类型形参的名字在模板形参列表中必须是唯一的。当编译器在程序源代码中检测到 maximum 调用时,传递给 maximum 的数据类型代替整个模板定义中的 T,并且为了确定给定数据类型的三个值中的最大值,C++ 会创建一个完整的函数。注意,由于在本例中只使用了一个类型参数,这三个值必须具有相同的数据类型。然后,这个新创建的函数被编译。因此,模板是代码生成的一种方法。

图 6.26 使用函数模板 maximum(第 17 行、第 27 行和第 37 行)分别确定三个 int 值、三个 double 值和三个 char 值的最大值。三个独立的函数作为第 17 行、第 27 行和第 37 行中调用的结果而被创建,这三个函数相应地处理三个 int 值、三个 double 值和三个 char 值。

针对 int 类型创建的函数模板特化将出现的每个 T 用 int 来替换,此特化如下所示:

```
int maximum( int value1, int value2, int value3 )
{
   int maximumValue = value1; // assume value1 is maximum
   // determine whether value2 is greater than maximumValue
   if ( value2 > maximumValue )
      maximumValue = value2;

   // determine whether value3 is greater than maximumValue
   if ( value3 > maximumValue )
      maximumValue = value3;

   return maximumValue;
} // end function template maximum
```

## C++11——函数的尾随返回值类型

C++11 的一个新特性是函数的尾随返回值类型(trailing return type)。为了指定尾随返回值类型,需要将关键字 auto 放在函数名之前,并且在函数的形参列表之后加上 -> 以及返回值类型。例如,为了指定函数模板 maximum 的尾随返回值类型(如图 6.25 所示),需进行如下书写:

```
template < typename T >
auto maximum( T x, T y, T z ) -> T
```

当构建更复杂的函数模板时,在很多情况下只能采用尾随返回值类型。不过,这种复杂的函数模板已经超出了本书的范围。

```
1   // Fig. 6.26: fig06_26.cpp
2   // Function template maximum test program.
3   #include <iostream>
4   #include "maximum.h" // include definition of function template maximum
5   using namespace std;
6
7   int main()
8   {
9      // demonstrate maximum with int values
10     int int1, int2, int3;
11
12     cout << "Input three integer values: ";
13     cin >> int1 >> int2 >> int3;
14
15     // invoke int version of maximum
16     cout << "The maximum integer value is: "
17        << maximum( int1, int2, int3 );
18
19     // demonstrate maximum with double values
20     double double1, double2, double3;
21
22     cout << "\n\nInput three double values: ";
23     cin >> double1 >> double2 >> double3;
24
25     // invoke double version of maximum
26     cout << "The maximum double value is: "
27        << maximum( double1, double2, double3 );
28
29     // demonstrate maximum with char values
30     char char1, char2, char3;
31
32     cout << "\n\nInput three characters: ";
33     cin >> char1 >> char2 >> char3;
34
35     // invoke char version of maximum
36     cout << "The maximum character value is: "
37        << maximum( char1, char2, char3 ) << endl;
38  } // end main
```

```
Input three integer values: 1 2 3
The maximum integer value is: 3

Input three double values: 3.3 2.2 1.1
The maximum double value is: 3.3

Input three characters: A C B
The maximum character value is: C
```

图 6.26　函数模板 maximum 的测试程序

## 6.20　递归

对于某些问题, 函数的自我调用是非常有用的。递归函数是直接或者间接地( 通过另一个函数) 调用自己的函数。注意: 在 C++ 标准文档中规定, main 函数在一个程序中不应当被其他函数调用或递归调用自身。它的唯一作用就是作为程序执行的起点。本节以及后面的章节会介绍一些简单的递归例子。递归是高级计算机科学课程中深入讨论的问题。图 6.32( 在 6.22 节的末尾) 总结了本书中涉及的大量递归例子和练习题。

**递归的概念**

首先从概念上考虑一下递归函数, 然后分析若干包含递归函数的程序。递归的问题解决方法有许多共同之处。调用递归函数是为了解决问题。这种函数实际上只知道如何解决最简单的情况, 或者所谓的基本情况。如果函数为解决基本情况而调用, 那么它将简单地返回一个结果。如果函数为解决较复杂的问题而调用, 那么它通常会把问题分成两个概念性的部分: 一部分是函数知道如何去做的, 另一部分是函数不知道如何去做的。为了使递归可行, 后一部分必须和原来的问题相类似, 但是相对稍微简单一些或者稍微小一些。这个新问题看起来和原来的问题颇为相似, 因此函数调用自己的一个全新副本用于解决这一个小的问题——这就是递归调用，也称为递归步骤。递归步骤通常包括关键字 return，因为它的结果会与函数知道如何解决问题的一部分结合起来，从而形成可传递回原来的调用者，可能就是 main 函数的结果。

**常见的编程错误 6.12**

基本情况的遗漏或者不正确的递归步骤会造成递归无法收敛到基本情况，从而产生无限递归的错误，这通常会导致堆栈溢出。这类似于迭代(非递归)解决方法中的无限循环问题。

当原来对函数的调用还处于打开状态时，即原来的函数调用还没有结束时，递归步骤执行。递归步骤可能导致更多的递归调用，因为递归函数一直在把它调用的每个新的子问题分解成两个概念性的部分。为了让递归最后能终止，每次函数都用比原来的问题稍微简单的问题调用自身，这样越来越小的问题序列最后会归结到基本情况上。这时，函数会识别基本问题并把结果返回到前一个函数的副本，然后一系列结果返回相继发生，直到原始的函数调用最终将最后的结果返回给 main。与到目前为止我们已在实践的"传统"的问题解决思路相比，所有这些听起来有很大的不同。为了举例说明这些概念，让我们编写一个递归程序来完成一个常见的数学计算。

### 阶乘

非负整数 $n$ 的阶乘，写作 $n!$(读作"$n$ 的阶乘")，是如下乘积：

$$n \cdot (n-1) \cdot (n-2) \cdot \cdots \cdot$$

其中 1! 等于 1，0! 定义成 1。例如，5! 是乘积 $5 \times 4 \times 3 \times 2 \times 1$，等于 120。

### 迭代的阶乘

对于大于或者等于 0 的整数 number，其阶乘可以通过使用下面的 for 语句迭代地(非递归地)进行计算：

```
factorial = 1;
for ( unsigned int counter = number; counter >= 1; --counter )
   factorial *= counter;
```

### 递归的阶乘

通过观察下面的代数关系，可以总结出阶乘函数的递归定义：

$$n! = n \cdot (n-1)!$$

例如，很明显 5! 等于 $5 \times 4!$，如下所示：

$$5! = 5 \cdot 4 \cdot 3 \cdot 2 \cdot 1$$
$$5! = 5 \cdot (4 \cdot 3 \cdot 2 \cdot 1)$$
$$5! = 5 \cdot (4!)$$

### 求 5! 的值

5! 的求值过程如图 6.27 所示。它展示了一系列连续的递归调用如何进行，直到 1! 的结果为 1，这时递归终止。图 6.27(b)显示了每次递归调用向其调用者返回的值，直到计算并返回最后的值。

### 使用递归的 factorial 函数计算阶乘

图 6.28 的程序采用递归计算并打印 0 ~ 10 之间整数的阶乘(后面会马上解释选择数据类型 unsigned long 的原因)。递归函数 factorial(第 18 ~ 24 行)首先确定终止条件 number <= 1(第 20 行)是否为真。如果 number 确实小于或等于 1，那么 factorial 函数返回 1(第 21 行)，就不再需要更多的递归并且函数终止。如果 number 大于 1，第 23 行将问题表示为 number 与求 number − 1 阶乘的 factorial 递归调用的乘积。注意，factorial(number − 1)是比原来的计算 factorial(number)更简单的问题。

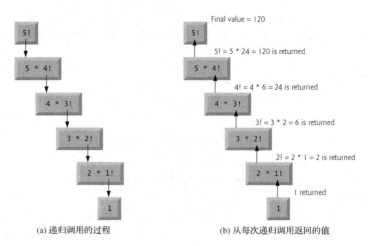

(a) 递归调用的过程　　　　　　　　(b) 从每次递归调用返回的值

图 6.27　5! 的递归求值过程

```
 1  // Fig. 6.28: fig06_28.cpp
 2  // Recursive function factorial.
 3  #include <iostream>
 4  #include <iomanip>
 5  using namespace std;
 6
 7  unsigned long factorial( unsigned long ); // function prototype
 8
 9  int main()
10  {
11     // calculate the factorials of 0 through 10
12     for ( unsigned int counter = 0; counter <= 10; ++counter )
13        cout << setw( 2 ) << counter << "! = " << factorial( counter )
14           << endl;
15  } // end main
16
17  // recursive definition of function factorial
18  unsigned long factorial( unsigned long number )
19  {
20     if ( number <= 1 ) // test for base case
21        return 1; // base cases: 0! = 1 and 1! = 1
22     else // recursion step
23        return number * factorial( number - 1 );
24  } // end function factorial
```

```
 0! = 1
 1! = 1
 2! = 2
 3! = 6
 4! = 24
 5! = 120
 6! = 720
 7! = 5040
 8! = 40320
 9! = 362880
10! = 3628800
```

图 6.28　递归函数 factorial

### 为什么在这个例子中选择 unsigned long 类型

factorial 函数声明为接收 unsigned long 类型的形参,并返回类型为 unsigned long 的结果。unsigned long 是 unsigned long int 的缩写。C++标准文档规定 unsigned long int 类型的变量至少要与 int 类型一样大。通常, unsigned long int 类型的数据存储至少需要 4 字节(32 位),因此,这种类型的变量的取值范围至少是在 0 ~ 4 294 967 295 之间(数据类型 long int 也要至少 4 字节保存,取值的范围至少在 - 2 147 483 648 ~ 2 147 483 647之间)。如图 6.28 所示,阶乘的值很快变得很大。我们选择数据类型 unsigned long 以便程序可以在具有小整数类型(例如 2 字节)的计算机上计算大于 7! 的阶乘。遗憾的是, factorial 函数很快就能产生非常大的值, unsigned long 也不能帮助我们计算超出其范围的很多阶乘值。

### C++11 类型 unsigned long long int

C++11 中的新类型 unsigned long long int（能被缩写为 unsigned long long）能够在一些系统上用 8 字节（64 位）存储数值，这样最大能存储的数值是 18 446 744 073 709 551 615。

### 表示更大的数

数据类型为 double 的变量可以用来计算比较大的数的阶乘。这指出了大多数程序设计语言的弱点，换言之，编程语言不能很容易地扩展以处理各种应用程序的特定需求。在较深入地讨论面向对象编程时，会看到 C++ 是一种可扩展语言，允许程序员创建能够表示任意想要的大整数的类。

## 6.21　递归应用示例：Fibonacci（斐波那契）数列

Fibonacci 数列：

0, 1, 1, 2, 3, 5, 8, 13, 21, …

从 0，1 开始，后面的每个 Fibonacci 数是其前面两个 Fibonacci 数之和。

Fibonacci 数列存在于自然界中，尤其是它描述了一种螺旋形式。相邻的 Fibonacci 数之比收敛于常数 1.618…。这个常数也常常出现在自然世界中，称为黄金比例（golden ratio）或者黄金分割（golden mean）。人们发现黄金分割在美学上最令人满意。建筑师在设计窗户、房间和建筑物时，常常使它们的长宽比例满足黄金分割比例。明信片的长宽比通常也是满足黄金比例的。

### Fibonacci 数列的递归定义

Fibonacci 数列可以递归地定义如下：

fibonacci(0) = 0
fibonacci(1) = 1
fibonacci($n$) = fibonacci($n-1$) + fibonacci($n-2$)

图 6.29 中的程序用 fibonacci 函数递归计算第 $n$ 个 Fibonacci 数。注意，虽然 Fibonacci 数列增长速度比阶乘慢一些，但是 Fibonacci 数也呈迅速变大的趋势。因此，在 fibonacci 函数中选择 unsigned long 数据类型作为函数形参和返回值的类型。图 6.29 中给出的程序执行情况显示了几个数对应的 Fibonacci 值。

```cpp
 1   // Fig. 6.29: fig06_29.cpp
 2   // Recursive function fibonacci.
 3   #include <iostream>
 4   using namespace std;
 5
 6   unsigned long fibonacci( unsigned long ); // function prototype
 7
 8   int main()
 9   {
10      // calculate the fibonacci values of 0 through 10
11      for ( unsigned int counter = 0; counter <= 10; ++counter )
12         cout << "fibonacci( " << counter << " ) = "
13            << fibonacci( counter ) << endl;
14
15      // display higher fibonacci values
16      cout << "\nfibonacci( 20 ) = " << fibonacci( 20 ) << endl;
17      cout << "fibonacci( 30 ) = " << fibonacci( 30 ) << endl;
18      cout << "fibonacci( 35 ) = " << fibonacci( 35 ) << endl;
19   } // end main
20
21   // recursive function fibonacci
22   unsigned long fibonacci( unsigned long number )
23   {
24      if ( ( 0 == number ) || ( 1 == number ) ) // base cases
25         return number;
26      else // recursion step
27         return fibonacci( number - 1 ) + fibonacci( number - 2 );
28   } // end function fibonacci
```

图 6.29　递归函数 fibonacci

```
fibonacci( 0 ) = 0
fibonacci( 1 ) = 1
fibonacci( 2 ) = 1
fibonacci( 3 ) = 2
fibonacci( 4 ) = 3
fibonacci( 5 ) = 5
fibonacci( 6 ) = 8
fibonacci( 7 ) = 13
fibonacci( 8 ) = 21
fibonacci( 9 ) = 34
fibonacci( 10 ) = 55

fibonacci( 20 ) = 6765
fibonacci( 30 ) = 832040
fibonacci( 35 ) = 9227465
```

图 6.29(续)　递归函数 fibonacci

这个应用程序从一条 for 语句开始,计算和显示了 0 ~ 10 之间整数对应的 Fibonacci 值。这条 for 语句之后紧跟着三个函数调用,分别用于计算整数 20、30 和 35(第 16 ~ 18 行)对应的 Fibonacci 值。由 main 函数调用 fibonacci(第 13 行、第 16 ~ 18 行)不是递归调用,但是第 27 行的调用是递归的。程序每次调用 fibonacci 时(第 22 ~ 28 行),函数立即检测基本情况以确定 number 是否等于 0 或 1(第 24 行)。如果是,在第 25 行返回 number。有趣的是,如果 number 大于 1,递归步骤(第 27 行)生成两个递归调用,每个所要解决的问题都比原来的 fibonacci 调用所要解决的问题小一些。

### 求 fibonacci(3) 的值

图 6.30 显示的是 fibonacci 函数如何计算 fibonacci(3)的值。它引出了关于 C++ 编译器对运算符操作数进行求值的顺序的一些有趣问题。这不同于运算符应用于其操作数的顺序问题。换句话说,后者是由运算符的优先级和结合律的规则所决定的顺序问题。图 6.30 显示求 fibonacci(3)的值引起了两个递归调用,即 fibonacci(2)和 fibonacci(1)。但是这些调用的执行顺序又如何呢?

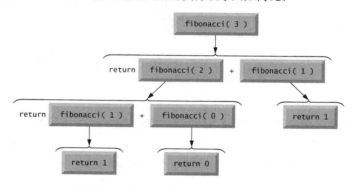

图 6.30　fibonacci 函数的递归调用序列

### 操作数的求值顺序

大部分程序员简单地假定操作数是按照从左到右的顺序求值的。C++ 语言没有指定大多数运算符(包括 + 在内)其操作数的求值顺序。因此,程序员不应该对这些调用的执行顺序做出假定。事实上,这些调用可能先执行 fibonacci(2),然后执行 fibonacci(1),或者也可能反过来执行:先执行 fibonacci(1),再执行 fibonacci(2)。在本程序以及大多数程序中,最后的结果都是相同的。但是,在某些程序中,操作数的求值顺序具有副作用(改变了数据的值),会影响表达式的最终结果。

C++ 语言只指定了 4 种运算符操作数的求值顺序,这 4 种运算符分别是 &&、||、,和?:。前三个是二元运算符,它们的两个操作数是按从左到右的顺序进行求值的。最后一个运算符是 C++ 中唯一的三元运算符,其最左边的操作数总是先被求值。如果最左边的操作数的求值结果为真(true),就接着求中间的

操作数的值,最后的操作数被忽略;如果最左边的操作数的求值结果为假(false),接着就求第三个操作数的值,中间的操作数被忽略。

**可移植性提示 6.2**

如果程序依赖于不包括 &&、||、和?:在内的其他运算符的操作数的求值顺序,那么它们在使用不同编译器时会有不同的表现,因此可能导致逻辑错误。

**常见的编程错误 6.13**

编写的程序,如果依赖于不包括 &&、||、和?:在内的其他运算符的操作数的求值顺序,可能会导致逻辑错误。

**错误预防技巧 6.9**

不要依赖操作数的求值顺序。为了确保有正确的顺序从而避免副作用的出现,应该将复杂的表达式分解为单独的语句。

**常见的编程错误 6.14**

回想一下,&& 和|| 采用的是短路求值。如果一个表达式总是应该被求值,但是却把它放在了&& 或|| 操作符的右侧,那么它就是一个具有副作用的表达式,会产生逻辑错误。

### 指数级复杂度

应该谨慎地使用递归程序,就像这里用来生成 Fibonacci 数的情况。fibonacci 函数中的每级递归都使函数调用的次数加倍。换言之,计算第 $n$ 个 Fibonacci 数的递归调用的次数是 $2^n$。这样很快就会失去控制。仅仅计算第 20 个 Fibonacci 数就需要 220 次或者说上百万次调用,而计算第 30 个 Fibonacci 数就需要 230 次或上十亿次调用,依次类推。计算机科学家把这种增长级别称为指数级复杂度(exponential complexity)。即使是世界上最强大的计算机恐怕也无法胜任这种复杂度的问题。关于复杂度的问题,特别是指数级复杂度的问题,通常在称为"算法"的高级计算机科学课程中有详细的讨论。

**性能提示 6.8**

应该避免导致指数级调用"爆炸"的 Fibonacci 式的递归程序。

## 6.22　递归与迭代

在前面的两节中,我们研究了两个也可以用简单的迭代程序实现的递归函数。这一节将比较这两种实现方法,并讨论为什么程序员会在某些特定情况下选择一种方法而不是另一种方法。

- 迭代和递归都是基于控制语句的:迭代使用循环结构,递归使用选择结构。
- 迭代和递归都涉及到循环:迭代显式地使用循环结构,递归通过重复的函数调用实现循环。
- 迭代和递归均包括终止条件测试:迭代在循环继续条件不满足时终止,递归在达到基本情况时终止。
- 采用计数器控制的循环的迭代和递归都是逐步达到终止的:迭代修改计数器直到计算器的值使循环条件不满足,递归产生比原来的问题更简单的问题直到达到基本情况。
- 迭代和递归都可能无限进行:如果循环继续测试一直都不变成假,则迭代会发生无限循环;如果递归步骤不能通过递归调用归结到基本情况,就会导致无限递归。

### 阶乘的迭代实现

为了说明迭代和递归间的差异,来看一个用迭代的方法实现阶乘的例子(如图 6.31 所示)。注意这里迭代使用了循环语句(如图 6.31 中的第 23～24 行所示)而不是递归方法的选择语句(如图 6.28 中的第 20～23 行所示)。两种方法都需要进行终止测试。在递归方法中,第 20 行(见图 6.28)测试了基本情况。

在迭代方法中,第23行(见图6.31)测试了循环继续条件:如果测试失败,则循环终止。最后,注意迭代方法并不是生成原来问题的更简单问题,而是使用一个计数器,并且在循环过程中修改它的值,直到循环继续条件变成假。

```cpp
1   // Fig. 6.31: fig06_31.cpp
2   // Iterative function factorial.
3   #include <iostream>
4   #include <iomanip>
5   using namespace std;
6
7   unsigned long factorial( unsigned int ); // function prototype
8
9   int main()
10  {
11      // calculate the factorials of 0 through 10
12      for ( unsigned int counter = 0; counter <= 10; ++counter )
13          cout << setw( 2 ) << counter << "! = " << factorial( counter )
14              << endl;
15  } // end main
16
17  // iterative function factorial
18  unsigned long factorial( unsigned int number )
19  {
20      unsigned long result = 1;
21
22      // iterative factorial calculation
23      for ( unsigned int i = number; i >= 1; --i )
24          result *= i;
25
26      return result;
27  } // end function factorial
```

```
 0! = 1
 1! = 1
 2! = 2
 3! = 6
 4! = 24
 5! = 120
 6! = 720
 7! = 5040
 8! = 40320
 9! = 362880
10! = 3628800
```

图 6.31　迭代函数 factorial

## 递归的不足

递归有许多不足之处。它不断地进行函数调用,必然会增加很多开销。这样不仅消耗处理器的时间,而且还会消耗内存空间。每个递归调用都会创建函数变量的一份副本,这会占用相当可观的内存空间。而迭代通常发生在一个函数内,因此没有重复的函数调用的开销和额外的内存分配。那么为什么还要选择递归呢?

**软件工程知识 6.13**

任何可以用递归解决的问题都可以用迭代(非递归)解决。如果使用递归方法能够更自然地反映问题,并且能够使程序更易于理解和调试,那么应选择递归方法而不是迭代方法。选择递归方法的另一个原因是如果没有想出迭代的方法。

**性能提示 6.9**

在要求性能的情况下应避免使用递归。递归调用会消耗额外的时间和内存。

**常见的编程错误 6.15**

如果一个非递归函数不经意地直接或者间接(通过另外一个函数)调用了自身,就会产生逻辑错误。

**本书中的递归例子和练习题的总结**

图 6.32 总结了本书中的递归例子和练习题。

| 书中章节 | 递归示例和练习题 |
| --- | --- |
| 第 6 章 | |
| 6.20 节，图 6.28 | 阶乘函数 |
| 6.21 节，图 6.29 | Fibonacci 函数 |
| 练习题 6.36 | 递归的求幂计算 |
| 练习题 6.38 | 汉诺塔问题 |
| 练习题 6.40 | 递归的可视化 |
| 练习题 6.41 | 最大公约数 |
| 练习题 6.44，练习题 6.45 | "这个程序做什么？" |
| 第 7 章 | |
| 练习题 7.17 | "这个程序做什么？" |
| 练习题 7.20 | "这个程序做什么？" |
| 练习题 7.28 | 确定一个字符串是否是一条回文 |
| 练习题 7.29 | 八皇后问题 |
| 练习题 7.30 | 打印 array 对象 |
| 练习题 7.31 | 逆序打印字符串 |
| 练习题 7.32 | 寻找 array 对象中的最小值 |
| 练习题 7.33 | 迷宫遍历 |
| 练习题 7.34 | 随机生成迷宫 |
| 第 19 章 | |
| 19.6 节，图 19.20 ~ 图 19.22 | 二叉树的插入 |
| 19.6 节，图 19.20 ~ 图 19.22 | 二叉树的前序遍历 |
| 19.6 节，图 19.20 ~ 图 19.22 | 二叉树的中序遍历 |
| 19.6 节，图 19.20 ~ 图 19.22 | 二叉树的后序遍历 |
| 练习题 19.20 | 逆序打印链表 |
| 练习题 19.21 | 搜索链表 |
| 练习题 19.22 | 二叉树删除 |
| 练习题 19.23 | 二叉树搜索 |
| 练习题 19.24 | 二叉树层序遍历 |
| 练习题 19.25 | 打印树 |
| 第 20 章 | |
| 20.3.3 节，图 20.6 | 归并排序法 |
| 练习题 20.8 | 线性查找法 |
| 练习题 20.9 | 二分查找法 |
| 练习题 20.10 | 快速排序法 |

图 6.32　本书中递归例子和练习题总结

## 6.23　本章小结

本章讲解了很多关于函数声明的细节，包括函数原型、函数签名、函数头部和函数体。我们回顾了数学库中的函数。探讨了实参类型强制转换，或者根据函数的形参声明中指定的类型将实参强制转换为适当的类型。说明了如何使用 rand 和 srand 函数生成随机数来进行游戏的模拟，学习了如何使用枚举定义常量集合。也学习了何谓变量的作用域、存储类别说明符和存储期。讲述了向函数传递实参的两种方法，即按值传递和按引用传递。对于按引用传递，引用是变量的别名。介绍了如何实现内联函数和接受默认实参的函数。学习了一个类中的多个函数可以通过使用相同的名字和不同的签名被重载。这些函数可以使用不同类型或者不同数量的参数来执行相同或者相似的任务。然后说明了使用函数模板进行函数重载的简单方法，这种方法中函数只需定义一次就可以用于不同的数据类型。本章还讨论了递归，其中函数可以通过自我调用来解决问题。

在第 7 章中，将学习如何使用数组和面向对象的 vector 来维护数据列表和表格。将会看到一个更漂亮的基于数组的掷骰子应用程序，以及两个在第 3～6 章中学习过的 GradeBook 实例研究的改进版，这两个改进版将使用数组存储输入的成绩。

## 摘要

### 6.1 节　简介

- 经验表明，开发和维护大型程序的最佳方法是由小的、简单的部件或者组件构建程序。这种技术称为分而治之法。

### 6.2 节　C++ 的程序组件

- C++ 程序一般是通过 C++ 标准库中"预先打包"的函数和类、与程序员编写的新的函数和类组合而成的。
- 函数允许程序员通过把任务分解成独立的单元来模块化程序。
- 函数体中的语句只需要书写一次，就可以在程序的多个地方复用，并且对于其他函数来说是不可见的。

### 6.3 节　数学库函数

- 有的函数不是类的成员函数，这样的函数称为全局函数。
- 全局函数的函数原型放在文件头处，这样它们可以被包含此文件的程序重复利用，可以链接到函数的目标代码。

### 6.4 节　具有多个形参的函数定义

- 编译器根据函数原型来检查函数的调用是否包含正确个数和类型的实参，并检查实参的类型是否以正确的顺序排列，以及函数返回的值是否在调用它的表达式中正确地使用。
- 如果函数不返回值，那么在程序执行到函数结束的右花括号时返回控制权，或者执行了语句

  `return;`

  时返回控制权。如果函数有返回结果，语句

  `return 表达式;`

  计算表达式并把表达式的值返回给调用者。

### 6.5 节　函数原型和实参类型的强制转换

- 函数原型中包括了函数名和函数参数类型的部分，称为函数签名或者简称为签名。
- 函数原型的一个重要特征是实参类型强制转换，即把实参强制转换成函数形参声明所指定的适当类型。
- 编译器会按照 C++ 升级规则将实参转换成形参类型。升级规则指明了编译器可以在基本类型间执行的隐式转换。

### 6.6 节　C++ 标准库头文件

- C++ 标准库被分成了很多部分，每个部分都有自己的头文件。头文件还包含各种类类型、函数和常量的定义。
- 头文件"指示"编译器如何与库组件进行接口。

### 6.7 节　实例研究：随机数生成

- 重复地调用 rand 函数产生一个伪随机数序列。但是，程序每次执行都会产生相同的序列。
- 为了随机化 rand 函数产生的数，需要对 srand 函数传递一个 unsigned 的整数实参(通常取自 time 函数)，这样为 rand 函数设置种子。

- 一定范围内的随机数可以按如下公式生成：

  *number* = *shiftingValue* + rand() % *scalingFactor*;

  其中，*shiftingValue* 等于想要的连续整数范围内的第一个数，*scalingFactor* 等于这个范围的宽度。

## 6.8 节 实例研究：博彩游戏和枚举类型简介

- 枚举类型以关键字 enum 开头，后跟一个类型名字，是一组由标识符表示的整型常量。这些枚举常量的值从 0 开始，除非另外指定，否则逐个递增 1。
- 无作用域限定的枚举类型可以导致命名冲突和逻辑错误。为了消除这些问题，C++11 引入了作用域限定的枚举类型，它们用关键字 enum class（或者同义的 enum struct）来声明。
- 如果要引用一个作用域限定的枚举常量，就必须用作用域限定的枚举类型名和作用域分辨运算符（::）来限定该常量。如果一个作用域限定的枚举类型与另一个作用域限定的枚举类型含有的枚举常量具有相同的标识符，那么总是可以清晰地分辨出正在使用的是哪个枚举类型的常量。
- 枚举类型中的常量代表的是整数。
- 无作用域限定的枚举类型所隐含的整型类型取决于它的常量值，也就是说该整型类型应保证足以保存指定的常量值。
- 在默认情况下，作用域限定的枚举类型所隐含的整型类型是 int。
- C++11 允许程序员指定枚举类型所隐含的整型类型，方式是在枚举类型名称后跟随一个冒号（:）和指定的整型类型。
- 如果一个枚举常量的值超出了该枚举类型所隐含的整型类型所表示的范围，将产生一个编译错误。

## 6.9 节 C++11 的随机数

- 根据 CERT 提供的信息，rand 函数不具有"良好的统计特性"并且是可预测的，这使得使用 rand 函数的程序安全性较弱。
- C++11 提供了一个新的、更安全的随机数功能库，可以产生非确定性的随机数，用于可预测性不受欢迎的场合，例如有关模拟和安全的应用等。这些新的功能在 C++ 标准库的 < random > 头文件中。
- 出于如何在程序中能灵活使用随机数的考虑，C++11 提供了很多类，来表示各种不同的随机数生成引擎和配置。一个引擎实现一个产生伪随机数的随机数生成算法，而一个配置控制一个引擎产生的值的范围、这些值的类型（例如 int、double 等）和这些值的统计特性。
- 类型 default_random_engine 表示默认的随机数生成引擎。
- uniform_int_distribution 在指定的值的范围内均匀地分布伪随机整数。默认的范围是从 0 到计算机系统平台所支持的最大的 int 类型值。

## 6.10 节 存储类别

- 标识符的*存储期*决定了标识符在内存中存在的时间。
- 标识符的*作用域*是指标识符在程序中可以被引用的范围。
- 标识符的*链接*决定了标识符是只在声明它的源文件中可以识别，还是在经编译然后链接在一起的多个文件中可以识别。
- 具有自动存储期的变量包括：函数中声明的局部变量，函数形参，以及用 register 声明的局部变量或函数形参。这些变量在程序执行到定义它们的语句块时被创建，在语句块活动的时候它们是存在的，而当程序退出语句块时它们被销毁。
- 关键字 extern 和 static 为函数和具有静态存储期的变量声明标识符。具有静态存储期的变量从程序开始执行的时刻起直至程序执行结束，一直存在于内存中。
- 在程序开始执行时就为静态存储期变量分配存储空间。在遇到这样的变量声明时，便对它进行一次性初始化。对于静态存储类期的函数，就像所有其他函数一样，在程序开始执行时函数名就得以存在。

- 外部标识符(例如全局变量)和用存储类别说明符 static 声明的局部变量都具有静态存储期。
- 全局变量的声明放在任何类或者函数的定义之外。全局变量在整个程序执行过程中都保留它们的值。全局变量和全局函数可以被在它们声明或者定义之后的任何函数引用。
- 与自动变量不同的是，static 局部变量在函数返回到它的调用者后仍保留着它们的值。

## 6.11 节　作用域规则

- 在所有的函数或者类之外声明的标识符具有全局命名空间作用域。
- 在一个语句块中声明的标识符具有语句块作用域。该作用域开始于标识符的声明处，结束于标识符声明所在语句块的结束右花括号处。
- 标签是唯一具有函数作用域的标识符。标签可以用在它们出现的函数内的任何地方，但是不能在函数体之外被引用。
- 在所有的函数或者类之外声明的标识符具有全局命名空间作用域。这种标识符对于从其声明处开始直到文件结尾处为止出现的所有函数而言都是"已知"的。
- 在函数原型的参数列表中的标识符具有函数原型作用域。

## 6.12 节　函数调用堆栈和活动记录

- 堆栈被称为是后进先出(last-in, first-out, LIFO)的数据结构，也就是说，最后压到(或插入到)堆栈中的元素最先从堆栈中弹出(或删除)。
- 函数调用堆栈支持函数的调用和返回机制，同时也支持每个被调用函数的自动变量的创建、维护和销毁。
- 每次当一个函数调用另一个函数时，一个数据项就压入到堆栈中。这个数据项称为一个堆栈结构或者一条活动记录，包含了被调用函数返回到调用函数所需的返回地址，以及函数调用的自动变量和形参。
- 只要被调用函数处于活动状态，堆栈结构就存在。当被调用函数返回时，它的堆栈结构就从堆栈中弹出，并且它的局部自动变量不再存在。

## 6.13 节　无形参的函数

- 在 C++ 中，空的形参列表可以通过在圆括号中写上 void 或者什么都不写来表示。

## 6.14 节　内联函数

- C++ 提供了内联函数来减少函数调用开销——特别对于小函数。在函数定义中把限定符 inline 放在函数的返回类型的前面，可"建议"编译器在适当的时候在该函数被调用的每个地方生成函数体代码的副本，以避免函数调用。
- 编译器可以对那些没有显式地用 inline 关键字的函数进行代码的内联。今天的优化编译器是如此的先进，所以程序员最好把是否内联的选择权交给编译器。

## 6.15 节　引用和引用形参

- 当实参用按值传递的方式传递时，会产生一份实参值的副本，然后传递给被调用的函数。对于副本的修改不会影响调用函数中原始变量的值。
- 利用按引用传递，调用者使得被调用函数能够直接访问调用者的数据，并且如果被调用函数需要，还可以修改这些数据。
- 引用参数是函数调用中其相应的实参的别名。
- 为了指明某函数形参是按引用传递的，只要简单地在函数原型和函数头部的形参类型后加一个 & 标记即可。
- 所有对引用进行的操作，实际上是对原始的变量进行的。

## 6.16 节　默认实参

- 如果重复调用函数时对某个特定的形参一直用相同的实参。在这种情况下，程序员可以对这样的形参指定默认实参。
- 当程序对具有默认实参的形参省略了实参时，编译器会把实参的默认值插入作为函数调用所传递的实参。
- 默认实参必须是函数的形参列表中最靠右边(尾部)的实参。
- 默认实参一般在函数原型中指定。

## 6.17 节　一元的作用域分辨运算符

- 当一个作用域中的局部变量的名字和全局变量名相同时，可以用 C++ 提供的一元的作用域分辨运算符(::)来访问全局变量。

## 6.18 节　函数重载

- C++ 可以定义多个具有相同函数名的函数，只要它们具有不同的形参集合。这种特性称为函数重载。
- 在调用重载的函数时，C++ 编译器通过检查函数调用中实参的个数、类型和顺序来选择相应的函数。
- 重载的函数通过它们的签名来区分。
- 编译器对每个函数的标识符利用它的形参类型进行编码，以便能够实现类型安全的链接。类型安全的链接保证调用正确的重载函数，并且保证实参的类型与形参的类型相符合。

## 6.19 节　函数模板

- 重载函数通常用于执行相似的操作，这些操作涉及作用于不同数据类型上的不同程序逻辑。如果对于每种数据类型程序逻辑和操作都是相同的，那么使用函数模板可以使重载执行起来更加紧凑和方便。
- 只有在这个模板函数调用中提供了实参类型，C++ 就会自动生成独立的函数模板特化来恰如其分地处理每种类型的调用。
- 所有的函数模板定义都以 template 关键字开头，后面跟随着用一对尖括号( < 和 > )括起的该函数模板的模板形参列表。
- 形式类型形参由关键字 typename 或者关键字 class 开头。形式类型形参是基本类型或者用户自定义类型的占位符。这些占位符用于指定函数形参的类型，指定函数的返回类型，以及在函数定义体内声明变量。
- C++11 介绍了函数的尾随返回值类型。为了指定尾随返回值类型，需要将关键字 auto 放在函数名之前，并且在函数的形参列表之后加上 -> 以及返回值类型。

## 6.20 节　递归

- 递归函数是直接地或者间接地调用自身的函数。
- 递归函数只知道如何处理最简单的情况，也称为基本情况。如果函数为解决基本情况而调用，那么它将简单地返回一个结果。
- 如果函数为解决较复杂的问题而调用，那么它通常会把问题分成两个概念性的部分：一部分是函数知道如何去做的，另一部分是函数不知道如何去做的。为了使递归可行，后一部分必须和原来的问题相类似，但是相对稍微简单一些或者稍微小一些。
- 为了使递归最后能够终止，递归序列最终一定会归结到基本情况。
- C++11 中的新类型 unsigned long long int(能被缩写为 unsigned long long)能够在一些系统上用 8 字节(64 位)存储数值，因此最大能存储的数值是 18 446 744 073 709 551 615。

#### 6.21 节　递归应用示例：斐波那契数列

● 相邻的斐波那契数列数之比收敛到常量 $1.618\cdots$。这个常量值常常在自然界中出现，人们把它称为黄金比例或者黄金分割。

#### 6.22 节　递归与迭代

● 迭代和递归有许多相似之处：两者都是基于控制语句的，均涉及循环，均包含终止测试，都是逐步达到终止的，并且都可能无限进行。

● 递归不断地进行函数调用，必然会带来很多开销。这不仅消耗处理器时间，而且还会消耗内存空间。每个递归调用都会创建函数变量的一份副本，这会占用相当可观的内存空间。

## 自测练习题

6.1　填空题。

a) C++ 中的程序组件称为_____和_____。

b) 函数用_____来调用。

c) 如果一个变量只在定义它的函数中是可见的，那么这个变量称为_____。

d) 被调用函数中的_____语句把表达式的值传回调用它的函数。

e) _____关键字使用在函数头部中表明函数不返回值或者表明函数没有任何参数。

f) 标识符的_____是指它在程序中可以使用的部分。

g) 从被调用函数返回控制权有三种方法：_____、_____和_____。

h) _____允许编译器检查传递给函数的实参的个数、类型和顺序。

i) _____函数用来生成随机数。

j) _____函数用于设定随机数的种子，以便实现程序的随机化。

k) _____存储类别说明符建议编译器将变量保存在计算机的寄存器中。

l) 在所有的语句块和函数外声明的变量是_____变量。

m) 为了在函数调用间保留函数中局部变量的值，局部变量必须用_____存储类别说明符声明。

n) 直接或者间接地（即通过另外一个函数）调用自身的函数称为_____函数。

o) 递归函数一般有两个组成部分：一部分提供了通过测试_____情况来终止递归的方法，另一部分将问题表示为对稍微简单些的问题的递归调用。

p) 在 C++ 中，可能有多个函数具有相同的名字，但是它们的参数类型或者参数个数不同。这称为函数_____。

q) _____可以在当前局部变量作用域中访问同名的全局变量。

r) _____限定符用于声明只读变量。

s) 函数_____使一个函数可以定义成能在许多不同的数据类型上执行一项任务。

6.2　对于图 6.33 所示的程序，说出下面每个元素的作用域（函数作用域、全局命名空间作用域、语句块作用域或者函数原型作用域）。

a) main 中的 x 变量。

b) cube 中的 y 变量。

c) cube 函数。

d) main 函数。

e) cube 的函数原型。

f) 在 cube 函数原型中的 y 标识符。

6.3　请编写一个程序，测试图 6.2 中给出的数学库函数调用的例子，看看是否真能得到图示的结果。

```
 1    // Exercise 6.2: Ex06_02.cpp
 2    #include <iostream>
 3    using namespace std;
 4
 5    int cube( int y ); // function prototype
 6
 7    int main()
 8    {
 9       int x = 0;
10
11       for ( x = 1; x <= 10; x++ ) // loop 10 times
12          cout << cube( x ) << endl; // calculate cube of x and output results
13    } // end main
14
15    // definition of function cube
16    int cube( int y )
17    {
18       return y * y * y;
19    } // end function cube
```

图 6.33　自测练习题 6.2 的程序

6.4　为下面的每个函数写出函数头部。

a) hypotenuse 函数具有两个双精度的浮点参数 side1 和 side2，返回一个双精度的浮点数结果。

b) smallest 函数具有三个整数参数 x、y 和 z 并且返回一个整数。

c) instructions 函数不接收参数，也不返回值（注意，这种函数常用于向用户显示指令）。

d) intToDouble 函数具有整数参数 number 并返回双精度浮点数结果。

6.5　请写出以下函数相应的函数原型（不加形参名）。

a) 自测练习题 6.4（a）中描述的函数。

b) 自测练习题 6.4（b）中描述的函数。

c) 自测练习题 6.4（c）中描述的函数。

d) 自测练习题 6.4（d）中描述的函数。

6.6　请写出下列变量的声明。

a) 保存在寄存器中、初始值为 0 的整数 count。

b) 在其定义所在函数的多次调用期间能够保留其值的双精度浮点数变量 lastVal。

6.7　请指出下面程序段中的错误，并说明如何改正错误（也可参见练习题 6.48）。

```
a)  int g()
    {
       cout << "Inside function g" << endl;
       int h()
       {
          cout << "Inside function h" << endl;
       }
    }
b)  int sum( int x, int y )
    {
       int result = 0;

       result = x + y;
    }
c)  int sum( int n )
    {
       if ( 0 == n )
          return 0;
       else
          n + sum( n - 1 );
    }
d)  void f( double a );
    {
```

```
            float a;
            cout << a << endl;
        }
    e) void product()
        {
            int a = 0;
            int b = 0;
            int c = 0;
            cout << "Enter three integers: ";
            cin >> a >> b >> c;
            int result = a * b * c;
            cout << "Result is " << result;
            return result;
        }
```

6.8 为什么有的函数原型中有诸如 double & 这样的形参类型声明?

6.9 (判断对错)C++ 函数调用中的所有实参都是按值传递的。

6.10 请编写一个完整的程序,提示用户输入球的半径,计算和打印球的体积。使用内联函数 sphereVolume,返回表达式 $4.0/3.0 \times 3.14159 \times \text{pow}(\text{radius}, 3)$ 的结果。

## 自测练习题答案

6.1 a)函数,类。b)函数调用。c)局部变量。d)return。e)void。f)作用域。g)return;,return 表达式;或者到达函数结束的右花括号。h)函数原型。i)rand。j)srand。k)register。l)全局。m)static。n)递归。o)基本。p)重载。q)一元的作用域分辨运算符(::)。r)const。s)模板。

6.2 a)语句块作用域。b)语句块作用域。c)全局命名空间作用域。d)全局命名空间作用域。e)全局命名空间作用域。f)函数原型作用域。

6.3 参见下面的程序。

```
1    // Exercise 6.3: Ex06_03.cpp
2    // Testing the math library functions.
3    #include <iostream>
4    #include <iomanip>
5    #include <cmath>
6    using namespace std;
7
8    int main()
9    {
10       cout << fixed << setprecision( 1 );
11
12       cout << "sqrt(" << 9.0 << ") = " << sqrt( 9.0 );
13       cout << "\nexp(" << 1.0 << ") = " << setprecision( 6 )
14          << exp( 1.0 ) << "\nexp(" << setprecision( 1 ) << 2.0
15          << ") = " << setprecision( 6 ) << exp( 2.0 );
16       cout << "\nlog(" << 2.718282 << ") = " << setprecision( 1 )
17          << log( 2.718282 )
18          << "\nlog(" << setprecision( 6 ) << 7.389056 << ") = "
19          << setprecision( 1 ) << log( 7.389056 );
20       cout << "\nlog10(" << 10.0 << ") = " << log10( 10.0 )
21          << "\nlog10(" << 100.0 << ") = " << log10( 100.0 ) ;
22       cout << "\nfabs(" << 5.1 << ") = " << fabs( 5.1 )
23          << "\nfabs(" << 0.0 << ") = " << fabs( 0.0 )
24          << "\nfabs(" << -8.76 << ") = " << fabs( -8.76 );
25       cout << "\nceil(" << 9.2 << ") = " << ceil( 9.2 )
26          << "\nceil(" << -9.8 << ") = " << ceil( -9.8 );
27       cout << "\nfloor(" << 9.2 << ") = " << floor( 9.2 )
28          << "\nfloor(" << -9.8 << ") = " << floor( -9.8 );
29       cout << "\npow(" << 2.0 << ", " << 7.0 << ") = "
30          << pow( 2.0, 7.0 ) << "\npow(" << 9.0 << ", "
31          << 0.5 << ") = " << pow( 9.0, 0.5 );
32       cout << setprecision( 3 ) << "\nfmod("
33          << 2.6 << ", " << 1.2 << ") = "
34          << fmod( 2.6, 1.2 ) << setprecision( 1 );
```

```
35      cout << "\nsin(" << 0.0 << ") = " << sin( 0.0 );
36      cout << "\ncos(" << 0.0 << ") = " << cos( 0.0 );
37      cout << "\ntan(" << 0.0 << ") = " << tan( 0.0 ) << endl;
38   } // end main
```

```
sqrt(9.0) = 3.0
exp(1.0) = 2.718282
exp(2.0) = 7.389056
log(2.718282) = 1.0
log(7.389056) = 2.0
log10(10.0) = 1.0
log10(100.0) = 2.0
fabs(5.1) = 5.1
fabs(0.0) = 0.0
fabs(-8.8) = 8.8
ceil(9.2) = 10.0
ceil(-9.8) = -9.0
floor(9.2) = 9.0
floor(-9.8) = -10.0
pow(2.0, 7.0) = 128.0
pow(9.0, 0.5) = 3.0
fmod(2.600, 1.200) = 0.200
sin(0.0) = 0.0
cos(0.0) = 1.0
tan(0.0) = 0.0
```

6.4  a) `double hypotenuse( double side1, double side2 )`
     b) `int smallest( int x, int y, int z )`
     c) `void instructions()`
     d) `double intToDouble( int number )`

6.5  a) `double hypotenuse( double, double );`
     b) `int smallest( int, int, int );`
     c) `void instructions();`
     d) `double intToDouble( int );`

6.6  a) `register int count = 0;`
     b) `static double lastVal;`

6.7  a) 错误：函数 h 定义在函数 g 中。

     改正：把函数 h 的定义移到函数 g 的外面。

     b) 错误：函数应该返回一个整数，但却没有。

     改正：在函数体的末尾加一条 return result; 语句，或者删除变量 result 并把语句 return x + y; 放到函数中。

     c) 错误：n + sum( n − 1 ) 的结果没有返回；sum 返回了一个不正确的结果。

     改正：把 else 子句中的语句改写成 return n + sum( n − 1 );。

     d) 错误：括住形参列表的右括号后出现了分号，并且在函数定义中重定义了参数 a。

     改正：删除形参列表右括号后的分号，并删除声明 float a;。

     e) 错误：在不该返回值的函数中返回了值。

     改正：去掉 return 语句，或者改变返回值类型。

6.8  创建了 double 引用类型的引用参数，使函数能够修改调用函数中的原始变量。

6.9  错误。C++ 可以使用引用参数（和指针，将在第 8 章中讨论）来进行参数的按引用传递。

6.10  参见下面的程序。

```
1    // Exercise 6.10 Solution: Ex06_10.cpp
2    // Inline function that calculates the volume of a sphere.
3    #include <iostream>
4    #include <cmath>
5    using namespace std;
6
7    const double PI = 3.14159; // define global constant PI
8
9    // calculates volume of a sphere
10   inline double sphereVolume( const double radius )
11   {
```

```
12          return 4.0 / 3.0 * PI * pow( radius, 3 );
13    } // end inline function sphereVolume
14
15    int main()
16    {
17          double radiusValue = 0;
18
19          // prompt user for radius
20          cout << "Enter the length of the radius of your sphere: ";
21          cin >> radiusValue; // input radius
22
23          // use radiusValue to calculate volume of sphere and display result
24          cout << "Volume of sphere with radius " << radiusValue
25              << " is " << sphereVolume( radiusValue ) << endl;
26    } // end main
```

## 练习题

6.11　请给出执行下面每条语句后 x 的值。
　　a)　x = fabs( 7.5 )
　　b)　x = floor( 7.5 )
　　c)　x = fabs( 0.0 )
　　d)　x = ceil( 0.0 )
　　e)　x = fabs( -6.4 )
　　f)　x = ceil( -6.4 )
　　g)　x = ceil( -fabs( -8 + floor( -5.5 ) ) )

6.12　(停车费)停车场 3 小时内的最少收费是 2.00 美元。超过 3 小时, 每增加 1 小时或者不到 1 小时需要收取 0.50 美元的附加费用。24 小时之内的最多收费是 10 美元。假设没有车子一次停车时间超过 24 小时。请编写一个程序, 计算并显示昨天的三个客户各自的停车费用。要求应该输入每个客户的停车时间。程序应该以整齐的表格形式打印结果, 并应该计算和打印昨天收费的总和。程序应该使用 calculateCharges 函数来确定每个客户的停车费用。程序的输出要求采用下面的格式。

```
Car       Hours       Charge
1          1.5          2.00
2          4.0          2.50
3         24.0         10.00
TOTAL     29.5         14.50
```

6.13　(数的整数舍入)floor 函数的一个应用是把一个值舍入到最接近它的整数。语句:
　　y = floor( x + 0.5 );
　　将数字 x 舍入到最接近它的整数并且把结果赋给 y。请编写一个程序, 要求读入几个数并使用上面的语句把这些数舍入到最接近它们的整数。对于处理的每个数, 打印出其原始数值和舍入后的数值。

6.14　(数的特定小数舍入)floor 函数可用于把数值舍入到特定的小数位置。语句:
　　y = floor( x * 10 + 0.5 ) / 10;
　　将 x 舍入到十分位(小数点右边的第一位)。语句:
　　y = floor( x * 100 + 0.5 ) / 100;
　　将 x 舍入到百分位(小数点右边的第二位)。请编写一个程序, 定义如下的 4 个函数分别用不同的方法对数 x 进行舍入:
　　a)　roundToInteger( number )
　　b)　roundToTenths( number )
　　c)　roundToHundredths( number )
　　d)　roundToThousandths( number )
　　对于读入的每个数, 程序应该打印出其原始值、舍入到最近整数后的值、舍入到最近十分位后的值、舍入到最近百分位后的值和舍入到最近千分位后的值。

6.15　(**简答题**)回答下面的每个问题。

a)"随机"选择数值是什么意思?

b)为什么 rand 函数对于模拟博弈游戏很有用?

c)为什么使用 srand 函数随机化程序? 在什么情况下随机化会不理想?

d)为什么经常需要按比例缩放或者偏移由 rand 生成的值?

e)为什么计算机模拟真实世界是一项有用的技术?

6.16　(**随机数**)请编写语句,把下列范围内的随机整数赋给变量 $n$。

a)$1 \leqslant n \leqslant 2$

b)$1 \leqslant n \leqslant 100$

c)$0 \leqslant n \leqslant 9$

d)$1000 \leqslant n \leqslant 1112$

e)$-1 \leqslant n \leqslant 1$

f)$-3 \leqslant n \leqslant 11$

6.17　(**随机数**)针对以下各组整数,请编写三条语句,分别随机打印出相应整数组中的数。

a)2, 4, 6, 8, 10

b)3, 5, 7, 9, 11

c)6, 10, 14, 18, 22

6.18　(**求幂计算**)编写一个函数 integerPower( base, exponent),它返回下面的值:

$$\text{base}^{\text{exponent}}$$

例如,integerPower(3, 4) = 3 × 3 × 3 × 3。假设 exponent 是正的非零整数,并且 base 是整数。请不要使用任何数学库函数。

6.19　(**直角三角形斜边的计算**)定义一个函数 hypotenuse,用于在已知直角三角形的两条直角边边长时计算其斜边的边长。该函数有两个 double 类型的参数,并返回 double 类型的斜边边长。请在程序中使用这个函数,计算下面给出的每个三角形的斜边边长。

| 三角形 | 边 1 | 边 2 |
|---|---|---|
| 1 | 3.0 | 4.0 |
| 2 | 5.0 | 12.0 |
| 3 | 8.0 | 15.0 |

6.20　(**倍数**)编写一个函数 multiple,用于确定一对整数中第二个整数是否是第一个整数的倍数。函数应该需要两个整数参数,并且如果第二个整数是第一个整数的倍数,就返回 true,否则返回 false。在程序中使用这个函数,判断输入的一系列整数对。

6.21　(**偶数**)编写一个程序,输入一系列整数,并将每个整数一次一个地传递给函数 iseven,该函数利用取模运算符来确定一个整数是否为偶数。函数应该有一个整数参数,并且如果整数为偶数,则返回 true,否则返回 false。

6.22　(**星号组成的方形图案**)编写一个函数,在屏幕的左边空白处显示一个由星号组成的实体正方形,边长由整数参数 side 指定。例如,如果 side 为 4,函数就会显示如下结果。

```
****
****
****
****
```

6.23　(**任意符号组成的方形图案**)修改练习题 6.22 创建的函数,通过给定的字符参数 fillCharacter,就可以得到由该字符参数中的字符组成的正方形。因此,如果 side 等于 5 并且 fillCharacter 是#,那么这个函数打印出如下结果。

```
#####
#####
#####
#####
#####
```

6.24 (**数字分离**)编写程序段,分别实现如下任务。

a)计算整数 a 除以整数 b 得到的商的整数部分。

b)计算整数 a 除以整数 b 得到的整数余数。

c)利用在 a)和 b)中开发的程序片段编写一个函数,该函数输入 1~32 767 之间的整数,打印出这个整数的数字序列,该数字序列中两个数字间用两个空格分开。例如,整数 4562 应打印为如下形式:

```
4   5   6   2
```

6.25 (**秒数计算**)编写一个函数,把时间作为三个整数参数(小时、分和秒),并返回距上一次时钟"敲响 12 点整"的秒数。利用这个函数计算两个 12 小时制的时间之间的秒数。

6.26 (**摄氏温度和华氏温度**)请实现下面的整数函数。

a)celsius 函数返回华氏温度相应的摄氏温度。

b)fahrenheit 函数返回摄氏温度相应的华氏温度。

c)利用上面两个函数编写一个程序,打印 0~100 之间所有摄氏温度对应的华氏温度的图表和 32~212 之间所有华氏温度对应的摄氏温度的图表。要求在保证可读性的前提下,尽量减少输出的行数,把输出结果打印成整齐的表格形式。

6.27 (**找最小数**)编写一个程序,输入三个双精度浮点数,并且把它们传递给返回其中最小数的函数。

6.28 (**完数**)如果一个整数其所有因子(包括 1,但不包括自己)之和等于它自身,那么这个整数就是一个完数。例如,6 是完数,因为 6 = 1 + 2 + 3。请编写一个函数 isperfect,用于确定参数 number 是否是一个完数。在程序中使用这个函数,该程序确定并且打印 1~1000 之间的所有完数。打印每个完数的因子以证实该数确实是完数。测试大于 1000 的数,向计算机的计算能力发起挑战。

6.29 (**素数**)素数是只能被 1 和自己整除的整数。例如,2、3、5 和 7 是素数,而 4、6、8 和 9 不是素数。

a)编写一个函数,确定一个数是否是素数。

b)在程序中使用这个函数,该程序确定和打印 2~10 000 之间的所有素数。在确信已找到所有的素数之前,实际需测试这些数中的多少个数?

c)起初,你可能认为 n/2 是确定一个数是否为素数所要进行的最多的测试次数,但是实际上只需要进行 n 的平方根次就可以了。为什么呢?重新编写程序,用这两种方式运行。估计性能提高了多少。

6.30 (**数字反向**)编写一个函数,接收一个整数值,返回这个数中数字逆序后的结果值。例如,给定数 7631,函数返回 1367。

6.31 (**最大公约数**)两个整数的最大公约数(greatest common divisor,GCD)是可以同时整除这两个数的最大整数。请编写一个函数 gcd,返回两个整数的最大公约数。

6.32 (**成绩的绩点**)编写一个函数 qualityPoints,输入一个学生的平均成绩,如果居于 90~100 之间就返回 4;如果居于 80~89 之间就返回 3;如果居于 70~79 之间就返回 2;如果居于 60~69 之间就返回 1;如果低于 60,就返回 0。

6.33 (**抛硬币**)编写一个程序模拟抛硬币。对于每次抛硬币,程序应该打印出是正面("Head")还是背面("Tail")。让程序模拟抛硬币 100 次,并计算正面和背面各自出现的次数,打印出结果。程序应该调用一个单独的无形参的函数 flip,在硬币出现背面时它返回 0,在硬币出现正面时它返回 1。注意:如果程序比较逼真地模拟出抛硬币的情况,那么硬币两面出现的次数应该是差不多的。

6.34 (**猜数字游戏**)编写一个程序,可以玩"猜数字"的游戏。具体描述如下:程序在 1~1000 之间的整数中随机选择需要被猜的数,然后显示:

```
I have a number between 1 and 1000.
Can you guess my number?
Please type your first guess.
```

玩家于是输入猜想的第一个数。程序会做出如下响应之一:

```
1. Excellent! You guessed the number!
   Would you like to play again (y or n)?
2. Too low. Try again.
3. Too high. Try again.
```

如果玩家的猜测是不正确的,程序应继续循环,直到玩家最终猜对为止。此过程中程序要一直提醒玩家是猜大了("Too high")还是猜小了("Too low"),从而帮助玩家尽快获得正确的答案。

6.35　(**猜数字游戏的修改**)修改练习题 6.34 中的程序,统计玩家猜想的次数。如果次数没有超过 10 次,打印"Either you know the secret or you got lucky!"。如果玩家 10 次才猜中,打印出"Ahah! You know the secret!"。如果玩家超过 10 次才猜中,打印"You should be able to do better!"。为什么猜测次数不应超过 10 次呢? 因为在每次"好的猜想"过程中,玩家应该能够排除一半的数。现在说明了为什么任何 1～1000 之间的数字能够不超过 10 次就被猜中。

6.36　(**递归的求幂计算**)编写一个递归函数 power(base,exponent),它在调用时返回

$$\text{base}^{\text{exponent}}$$

例如,power(3,4)=3×3×3×3。假设 exponent 是大于或等于 1 的整数。提示:递归步骤将利用如下的关系:

$$\text{base}^{\text{exponent}} = \text{base} \cdot \text{base}^{\text{exponent}-1}$$

并且 exponent 等于 1 是递归终止条件,因为

$$\text{base}^1 = \text{base}$$

6.37　(**斐波那契数列的迭代版本**)请编写图 6.9 中 fibonacci 函数的非递归版本。

6.38　(**汉诺塔问题**)在这一章中大家了解了既可以用递归方法又可以用迭代方法很容易实现的函数。不过,在这道练习题中,我们提出的问题若用递归来解决,则尽显递归之优雅;若用迭代来实现,恐怕没那么容易。

汉诺塔问题是每个新一代的计算机科学家必须掌握的最著名的经典问题之一。传说在遥远的东方有一座庙,僧侣们尝试把一叠金盘从一根木桩上移到另一根木桩上(如图 6.34 所示)。起初有 64 个金盘串在一个木桩上,从下到上尺寸逐步缩小。僧侣们尝试着按照一次只能移动一个金盘并且大的金盘永远不能放在小的金盘上面的规定,将这叠金盘移动到另外一个木桩上。总共有三个木桩,一个用于暂放金盘。按照推测,僧侣们完成他们的工作之时,正是地球毁灭之日。若真是这样,我们可不愿意助他们一臂之力了。

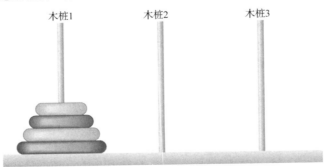

图 6.34　有 4 个盘子的汉诺塔问题

假设僧侣们想把盘子从木桩 1 移到木桩 3。我们希望开发一个算法,显示僧侣从木桩到木桩移动盘子的序列。

如果使用传统的方法来处理这个问题,会很快发现我们陷入到这堆盘子的管理之中而无法自拔。这个问题很棘手,似乎没有什么希望解决它。然而,用递归的方法来处理这个问题,解决思路就很简单。移动 $n$ 个盘子问题可以看成如下所示的移动 $n-1$ 个盘子的问题(因此是递归问题):

a)把 $n-1$ 个盘子从木桩 1 移到木桩 2,把木桩 3 作为临时存放点。

b)把最后一个盘子(最大的)从木桩 1 移到木桩 3。

c)把 $n-1$ 个盘子从木桩 2 移到木桩 3,把木桩 1 作为临时存放点。

当最后一次任务只有 $n=1$ 个盘子要移动时(即基本情况),整个过程就结束了。这时只需要轻松地把盘子移过去就可以了,不再需要临时存放点。请编写一个程序解决汉诺塔问题。其中利用一个具有 4 个参数的递归函数,这 4 个参数如下所示:

a)准备移动的盘子数

b)最初放置这些盘子的木桩

c)最后放置这些盘子的木桩

d)作为临时存放点的木桩

程序应该打印出将这些盘子从起始木桩移动到目的木桩所采取的准确步骤。例如,把三个盘子从木桩 1 移动到木桩 3,程序应该打印出如下的移动序列:

1→3(表示把一个盘子从木桩 1 移到木桩 3)

1→2

3→2

1→3

2→1

2→3

1→3

6.39　(**汉诺塔问题的迭代版本**)虽然有些时候实现起来比较困难并且不够清晰,但是用递归可以实现的任何问题都可以用迭代实现。请尝试用迭代的方法处理汉诺塔问题。如果成功了,那么将这一迭代的版本同练习题 6.38 实现的递归版本做一番比较,可以从性能、清晰性和证明程序正确性的能力等几个方面进行讨论。

6.40　(**递归的可视化**)观察递归的"活动状态"非常有趣。修改图 6.29 中的阶乘函数,打印它的局部变量和递归调用的参数。对于每个递归调用,在单独的一行中显示输出结果并且增加一级缩进。尽量使输出结果清晰、有趣并且有意义。在此你的目标是设计和实现一种能够帮助人们更好地理解递归的输出格式。读者可能想给本书中的许多其他递归例子和练习题都添加这种显示能力。

6.41　(**递归的最大公约数**)整数 x 和 y 的最大公约数是可以同时整除 x 和 y 的最大整数。请编写一个递归函数 gcd,可以返回 x 和 y 的最大公约数。递归定义如下:如果 y 等于 0,那么 gcd(x,y)等于 x;否则,gcd(x,y)等于 gcd(y,x%y),其中% 是取模运算符。注意:对于这个算法,x 必须大于 y。

6.42　(**两点之间的距离**)编写一个函数 distance,计算两点(x1, y1)和(x2, y2)之间的距离。所有的数和返回值都应该是 double 类型的。

6.43　请问下面的程序错在哪里?

```cpp
 1    // Exercise 6.43: ex06_43.cpp
 2    // What is wrong with this program?
 3    #include <iostream>
 4    using namespace std;
 5
 6    int main()
 7    {
 8        int c = 0;
 9
10        if ( ( c = cin.get() ) != EOF )
```

```
11      {
12         main();
13         cout << c;
14      } // end if
15   } // end main
```

6.44　请问下面的程序做什么？

```
1   // Exercise 6.44: ex06_44.cpp
2   // What does this program do?
3   #include <iostream>
4   using namespace std;
5
6   int mystery( int, int ); // function prototype
7
8   int main()
9   {
10      int x = 0;
11      int y = 0;
12
13      cout << "Enter two integers: ";
14      cin >> x >> y;
15      cout << "The result is " << mystery( x, y ) << endl;
16   } // end main
17
18   // Parameter b must be a positive integer to prevent infinite recursion
19   int mystery( int a, int b )
20   {
21      if ( 1 == b ) // base case
22         return a;
23      else // recursion step
24         return a + mystery( a, b - 1 );
25   } // end function mystery
```

6.45　在确定了练习题 6.44 中程序的用途后，适当修改程序，保证在删除第二个参数必须是非负数这个限制条件后，程序仍然能正常工作。

6.46　(**数学库函数**)编写一个程序，测试图 6.2 中的尽可能多的数学库函数。练习每个函数，让程序打印出各种各样的参数值对应的返回值。

6.47　指出下面程序段中的错误并说明如何改正。

a) `float cube( float ); // function prototype`

```
cube( float number ) // function definition
{
   return number * number * number;
}
```

b) `int randomNumber = srand();`

c) `float y = 123.45678;`
   `int x;`

   `x = y;`
   `cout << static_cast< float >( x ) << endl;`

d) `double square( double number )`
   ```
   {
      double number = 0;
      return number * number;
   }
   ```

e) `int sum( int n )`
   ```
   {
      if ( 0 == n )
         return 0;
      else
         return n + sum( n );
   }
   ```

6.48　(**掷双骰子游戏的改进**)请修改图 6.11 中的掷双骰游戏程序，允许玩家下赌注。把程序中运行掷骰子游戏的部分打包为一个函数。初始化变量 bankBalance 为 1000 美元。提示玩家输入赌注数

wager。利用一个 while 循环来检查 wager 是否小于或等于 bankBalance。如果不是,则提示用户重新输入 wager 直到输入一个合法的 wager 值。输入了一个正确的 wager 值以后,运行掷骰子游戏。如果玩家获胜,bankBalance 的值增加 wager,并且打印出新的 bankBalance 值。如果玩家输了,bankBalance 将减去 wager,打印新的 bankBalance 的值并且检查它的值是否已变为 0;如果是,则打印消息"Sorry. You busted!"。在游戏的进行过程中,应该打印出各种各样的消息,增添点"聊天"效果,诸如一些"小对话":"Oh, you're going for broke, huh?","Aw cmon, take a chance!",或者"You're up big. Now's the time to cash in your chips!"。

6.49 (**圆面积计算**)编写一个完整的 C++ 程序,提示用户输入圆半径,然后调用内联函数 circleArea 计算圆的面积。

6.50 (**按值传递与按引用传递**)编写一个完整的 C++ 程序,它有两个可选的函数,这两个函数都简单地把定义在 main 中的变量 count 的值增至 3 倍。然后请对这两种实现方法进行比较。这两个函数的说明如下:

    a) tripleByValue 函数通过按值传递传递了 count 的一份副本,把该副本的值增至 3 倍并返回这一结果。

    b) tripleByReference 函数通过一个引用参数来对 count 进行按引用传递,通过别名(即引用参数)把 count 原来的值增至 3 倍。

6.51 一元的作用域分辨运算符的用途是什么?

6.52 (**函数模板 minimum**)编写一个程序,它利用名为 minimum 的函数模板来确定两个参数中的较小值。分别用整型、字符型和浮点型的实参测试该程序。

6.53 (**函数模板 maximum**)编写一个程序,它利用名为 maximum 的函数模板来确定两个参数中的较大值。分别用整型、字符型和浮点型实参测试该程序。

6.54 判断下面的程序段是否有错。对于每一个错误,说明应该如何改正。注意:有的程序段很可能没有错误。

```
a)  template < class A >
    int sum( int num1, int num2, int num3 )
    {
        return num1 + num2 + num3;
    }
b)  void printResults( int x, int y )
    {
        cout << "The sum is " << x + y << '\n';
        return x + y;
    }
c)  template < A >
    A product( A num1, A num2, A num3 )
    {
        return num1 * num2 * num3;
    }
d)  double cube( int );
    int cube( int );
```

6.55 (**C++11 的随机数:掷双骰子游戏的改进**)修改图 6.11 中的程序,请利用 6.9 节所示的 C++11 新的随机数生成器特性。

6.56 (**C++11 的作用域限定的枚举类型**)请创建一个名为 AccountType 的作用域限定的枚举类型,包含的常量分别是 SAVINGS、CHECKING 和 INVESTMENT。

## 社会实践题

随着计算机越来越便宜,它使得每个学生,不管他的经济状况如何,都可能拥有一台计算机并在学校使用它。正如下面的 5 个练习题所提到的,这为改善全世界学生的教育体验创造了令人激动的可能性。

注：可查看像"One Laptop Per Child Project（每个儿童一台便携式计算机的项目）"（www. laptop. org）之类的倡议。同样，研究"绿色"便携式计算机，注意一下这些设备主要的"绿色环保"特性。在 www. epeat. net 上查看电子产品环保评估工具，它可以帮助你评价台式计算机、笔记本计算机和显示器的"绿色"程度，以便于你决定选择购买哪些产品。

6.57　(**计算机辅助教学**)计算机在教育领域中的应用称为计算机辅助教学(CAI)。请编写一个程序，帮助小学生学习乘法。利用 rand 函数产生两个一位的正整数，接着程序应该显示诸如"How much is 6 times 7?"的问题。然后学生输入答案。接下来程序会检查学生的答案。如果回答正确，打印出"Very good!"，随后问另外一个乘法问题。如果回答错误，打印出"No. Please try again."，然后让学生继续尝试回答同样的问题，直到最后回答正确。需要用一个单独的函数专门用于产生新的问题。当程序刚执行时或者用户问题回答正确时，就调用这个函数。

6.58　(**计算机辅助教学：消除学生疲劳**)计算机辅助教学环境中出现的一个问题是学生容易疲劳。这是可以消除的，通过变换计算机的响应来抓住学生的注意力。请修改练习题 6.57 的程序，使得对于每个正确的答案和不正确的答案，应该打印出不同的评语，如下所示：

正确答案的评语：

```
Very good!
Excellent!
Nice work!
Keep up the good work!
```

错误答案的评语：

```
No. Please try again.
Wrong. Try once more.
Don't give up!
No. Keep trying.
```

利用随机数生成器在 1~4 之间选择一个数，用它为每个正确或不正确的回答选择相应的评语。使用 switch 语句发出响应。

6.59　(**计算机辅助教学：监控学生表现**)许多较复杂的计算机辅助教学系统可以监控学生在一段时间内的表现。决定开始一个新的主题通常是基于学生成功完成前面的主题。请修改练习题 6.58 中的程序，统计学生回答正确和回答错误的次数。学生回答 10 次以后，程序应该计算回答正确的百分比。如果百分比低于 75%，那么程序应打印"Please ask your teacher for extra help."，然后重置程序，这样另一学生可以使用它。如果百分比大于等于 75%，则显示"Congratulations, you are ready to go to the next level!"，然后重置程序，这样另一学生可以使用它。

6.60　(**计算机辅助教学：难度等级**)练习题 6.57~练习题 6.59 开发了一个计算机辅助教学程序，帮助教小学生乘法运算。请修改程序，让它可以使用户输入难度等级。在难度等级为 1 时，程序在问题中只使用一位数；在难度等级为 2 时，程序最多使用两位数；依次类推。

6.61　(**计算机辅助教学：问题分类**)请修改练习题 6.60 中的程序，允许用户能选择一种类型的算术问题来学习。选择 1 代表只有加法运算，2 代表只有减法运算，3 说明只有乘法运算，4 表示只有除法运算，5 表示上面四种类型运算的随机混合。

# 第7章 类模板 array 和 vector、异常捕获

*Now go, write it before them in a table, and note it in a book.*

—Isaiah 30:8

*Begin at the beginning, ... and go on till you come to the end: then stop.*

—Lewis Carroll

*To go beyond is as wrong as to fall short.*

—Confucius

## 学习目标

在本章中将学习：

- 使用 C++ 标准库类模板 array——由相关数据元素组成的固定大小的数据集合
- 利用 array 对象存储、排序和查找列表与表格中的数值
- 声明和初始化 array 对象，以及引用 array 对象的元素
- 使用基于范围的 for 语句
- 将 array 对象传递给函数
- 声明和使用多维 array 对象
- 使用 C++ 标准库类模板 vector——由相关数据元素组成的可变大小的数据集合

## 提纲

## 7.1　简介

本章介绍数据结构(data structure)这一重要主题。数据结构是相关数据元素的集合。将讨论 array 对象和 vector 对象,前者是由相同类型数据项组成的固定大小的数据集合,后者也是由相同类型数据项组成的数据集合,但是其大小在程序执行期间可以动态增长和收缩。array 和 vector 都是 C++ 标准库里的类模板。为了使用它们,必须分别包含头文件 < array > 和 < vector >。

在讨论了如何声明、创建和初始化 array 对象之后,本章给出一系列实际的例子,来介绍几个常见的 array 对象操作,并说明如何对 array 对象进行搜索以便找到特定的 array 对象元素,以及如何对 array 对象进行排序来使数据元素按照特定的顺序排列。

本章对 GradeBook 类进行了改进,使用一维和二维 array 对象来保存一组成绩并对多次考试的成绩进行分析。此外,介绍了异常处理机制,而且在程序试图访问 array 对象或向量中并不存在的元素时,采用异常处理机制使程序能够继续执行。

## 7.2　array 对象

array 对象是一组具有相同类型的、连续的内存区域。要引用 array 对象中的一个特定区域或元素,需通过指定 array 对象名称和该特定元素在 array 对象中的位置编号(position number)来完成。

图 7.1 展示了一个名为 c 的整数 array 对象,这个 array 对象包含 12 个元素。通过依次给出 array 对象名及用方括号括起来的特定元素的位置编号,程序就可以引用任何一个特定的 array 对象元素。位置编号更正规的叫法是下标(subscript)或索引(index),它指定自称开始起的元素数目。每个 array 对象中第一个元素的下标都为 0,因此有时称第一个元素为第 0个元素。于是,array 对象 c 的元素依次是 c[0]、c[1]、c[2],等等。array 对象 c 的最大下标是 11,比 array(12)中的元素个数 12 少 1。array 对象名和其他变量名遵守同样的约定,即它们必须是标识符。

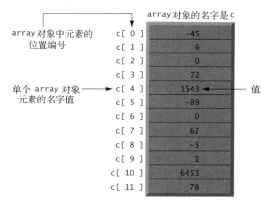

图 7.1　包含 12 个元素的 array 对象

下标必须是一个整数或整数表达式(使用任何整数类型)。如果程序用一个表达式作为下标,那么程序要计算这个表达式以确定下标。例如,如果假设变量 a 等于 5、变量 b 等于 6,那么如下语句

```
c[ a + b ] += 2;
```

会将 array 对象元素 c[11]的值加 2。请注意,一个带下标的 array 对象名是一个左值——它和其他非 array 对象的变量名一样,可以在赋值语句的左边使用。

让我们进一步分析一下图 7.1 中的 array 对象 c。整个 array 对象的名字是 c。每个 array 对象都知道它自己的大小,就像 c.size()一样,这可以通过调用它自己的 size 成员函数来确定。array 对象 c 的 12 个元素分别是 c[0]、c[1]、c[2]、…、c[11]。c[0]的值是 −45,c[7]的值是 62,c[11]的值是 78。为了打印 array 对象 c 的前三个元素的值之和,可以编写语句:

```
cout << c[ 0 ] + c[ 1 ] + c[ 2 ] << endl;
```

为了用 2 除 c[6]的值,并把结果赋值给变量 x,可以编写语句:

```
x = c[ 6 ] / 2;
```

**常见的编程错误 7.1**

注意到"array 对象的第 7 个元素"和"array 对象元素 7"之间的差别是很重要的。array 对象的下标从 0 开始，所以"array 对象的第 7 个元素"的下标是 6，而"array 对象元素 7"的下标是 7，它实际上是 array 对象的第 8 个元素。遗憾的是，这个差别常常是"相差 1 的错误"的根源。为了避免这种错误，我们明确地用 array 对象名称和下标来引用 array 对象元素(如 c[6]或 c[7])。

将 array 对象下标括起来的方括号实际上是 C++ 中的一个运算符，它和圆括号具有相同的优先级。图 7.2 列出了到目前为止所介绍的运算符的优先级和结合律。请注意，运算符从上到下按照优先级递减的顺序列出，同时也列出了它们的结合律和类型。

| 运算符 | | | | | 结合律 | 类型 |
|---|---|---|---|---|---|---|
| ::    ( ) | | | | | 从左向右【请参阅图 2.10 中给出的相关注意事项】 | 首要 |
| ( )    [ ]    ++    --    static_cast <类型>(操作数) | | | | | 从左向右 | 后置 |
| ++    --    +    -    ! | | | | | 从右向左 | 一元(前置) |
| *    /    % | | | | | 从左向右 | 乘 |
| +    - | | | | | 从左向右 | 加 |
| <<    >> | | | | | 从左向右 | 插入/提取 |
| <    <=    >    >= | | | | | 从左向右 | 关系 |
| ==    != | | | | | 从左向右 | 相等 |
| && | | | | | 从左向右 | 逻辑与 |
| \|\| | | | | | 从左向右 | 逻辑或 |
| ?: | | | | | 从右向左 | 条件 |
| =    +=    -=    *=    /=    %= | | | | | 从右向左 | 赋值 |
| , | | | | | 从左向右 | 逗号 |

图 7.2    目前为止所介绍的运算符优先级及其结合律

## 7.3    array 对象的声明

array 对象占用内存空间。为了指定 array 对象所需要的元素类型和元素个数，应该采用如下的声明方式：

array <类型, 大小 > array 对象名；

表示法 <类型, 大小 >表明 array 是一个类模板。编译器将根据元素的类型和 array 对象的大小来分配合适的内存空间(回想一下，对于分配内存的声明，其更恰当的叫法应该是定义)。array 对象的大小必须是一个无符号整型。为了指示编译器为整数的 array 对象 c 保留 12 个元素，应使用如下声明：

```
array< int, 12 > c; // c is an array of 12 int values
```

array 对象在声明的时候，大多数的数据类型都可以作为其元素的值类型。例如，一个类型为 string 的 array 对象能用来存储字符串。

## 7.4    使用 array 对象的例子

这一节给出一些例子，说明如何声明 array 对象，如何初始化 array 对象，以及如何进行一些常见的 array 对象的操作。

### 7.4.1    声明 array 对象以及用循环来初始化 array 对象的元素

图 7.3 中的程序声明了一个有 10 个元素的整数 array 对象 n(第 10 行)。第 5 行包含头文件 < array >，

其中包含了类模板 array 的定义。第 13 ~ 14 行用一条 for 语句把 array 对象 n 的所有元素都初始化为 0。同其他自动变量一样, 自动的 array 对象不会隐式地初始化为 0, 尽管 static 的 array 对象是这样的。第一条输出语句(第 16 行)显示之后的 for 语句(第 19 ~ 20 行)输出的各列的列标题, 这两条语句以表格的形式打印出该 array 对象。请记住, setw 指定下一个值输出时的字段宽度。

```cpp
1   // Fig. 7.3: fig07_03.cpp
2   // Initializing an array's elements to zeros and printing the array.
3   #include <iostream>
4   #include <iomanip>
5   #include <array>
6   using namespace std;
7
8   int main()
9   {
10      array< int, 5 > n; // n is an array of 5 int values
11
12      // initialize elements of array n to 0
13      for ( size_t i = 0; i < n.size(); ++i )
14          n[ i ] = 0; // set element at location i to 0
15
16      cout << "Element" << setw( 13 ) << "Value" << endl;
17
18      // output each array element's value
19      for ( size_t j = 0; j < n.size(); ++j )
20          cout << setw( 7 ) << j << setw( 13 ) << n[ j ] << endl;
21   } // end main
```

```
Element      Value
      0          0
      1          0
      2          0
      3          0
      4          0
```

图 7.3　把 array 对象的元素初始化为 0 并打印该 array 对象

在上面的程序中, 控制变量 i(第 13 行)和 j(第 19 行)指定了 array 对象的下标, 它们的类型被声明为 size_t。根据 C++ 标准, size_t 表示的是一种无符号的整型类型。在此我们建议任何表示 array 对象大小和 array 对象下标的变量可以采用这个类型。类型 size_t 在 std 命名空间中定义并在头文件 <cstddef> 中, 被其他各种各样的头文件所包含。在编译使用了 size_t 类型的程序时, 如果产生它未定义的错误, 那么只需要将 <cstddef> 头文件包含到该程序中即可。

### 7.4.2　在声明中用初始化列表初始化 array 对象

在 array 对象的声明中, 也可以对其元素进行初始化。具体做法是: 在 array 对象名称的后面加一个等号和一个用逗号分隔的初始化列表, 该列表要用花括号括起来。图 7.4 中的程序通过初始化列表, 用 5 个值初始化一个整数 array 对象(第 11 行), 并以表格形式打印出该 array 对象(第 13 ~ 17 行)。

如果初始化值的个数少于 array 对象元素的个数, 那么剩下的 array 对象元素都被初始化为 0。例如, 下面的声明会把图 7.3 中 array 对象 n 的元素都初始化为 0:

```cpp
array< int, 5 > n = {}; // initialize elements of array n to 0
```

因为上述初始化值的个数比 array 对象元素个数少, 实际上在此是完全没有, 所以将所有元素初始化为 0。此方法只能用在 array 对象的声明中, 而图 7.3 所示的初始化方法在程序运行中可以重复地"重新初始化" array 对象的元素。

如果在一个 array 对象声明中指定了 array 对象大小和初始化列表, 那么初始化值的个数必须小于或等于 array 对象大小。如下的 array 对象的声明

```cpp
array< int, 5 > n = { 32, 27, 64, 18, 95, 14 };
```

会导致一个编译错误, 因为它有 6 个初始化值, 但只有 5 个 array 对象元素。

```
 1    // Fig. 7.4: fig07_04.cpp
 2    // Initializing an array in a declaration.
 3    #include <iostream>
 4    #include <iomanip>
 5    #include <array>
 6    using namespace std;
 7
 8    int main()
 9    {
10       // use list initializer to initialize array n
11       array< int, 5 > n = { 32, 27, 64, 18, 95 };
12
13       cout << "Element" << setw( 13 ) << "Value" << endl;
14
15       // output each array element's value
16       for ( size_t i = 0; i < n.size(); ++i )
17          cout << setw( 7 ) << i << setw( 13 ) << n[ i ] << endl;
18    } // end main
```

```
Element        Value
    0             32
    1             27
    2             64
    3             18
    4             95
```

图 7.4   在声明中初始化 array 对象

### 7.4.3   用常量变量指定 array 对象的大小并用计算结果设置 array 对象元素

图 7.5 中的程序把一个有 5 个元素的 array 对象 s 的元素设置为偶数 2, 4, 6, 8, 10(第 15~16 行)，并以表格形式打印这个 array 对象(第 18~22 行)。这些偶数是对每次迭代时的循环计数器的值乘以 2 再加上 2 而得到的(第 16 行)。

```
 1    // Fig. 7.5: fig07_05.cpp
 2    // Set array s to the even integers from 2 to 10.
 3    #include <iostream>
 4    #include <iomanip>
 5    #include <array>
 6    using namespace std;
 7
 8    int main()
 9    {
10       // constant variable can be used to specify array size
11       const size_t arraySize = 5; // must initialize in declaration
12
13       array< int, arraySize > s; // array s has 5 elements
14
15       for ( size_t i = 0; i < s.size(); ++i ) // set the values
16          s[ i ] = 2 + 2 * i;
17
18       cout << "Element" << setw( 13 ) << "Value" << endl;
19
20       // output contents of array s in tabular format
21       for ( size_t j = 0; j < s.size(); ++j )
22          cout << setw( 7 ) << j << setw( 13 ) << s[ j ] << endl;
23    } // end main
```

```
Element        Value
    0              2
    1              4
    2              6
    3              8
    4             10
```

图 7.5   将 array 对象设置为 2~10 之间的偶数

第 11 行使用 const 限定符声明一个所谓的常量变量 arraySize，其值为 5。这个常量变量用于指定 array 对象的大小，必须在声明时用一个常量表达式来初始化，而且之后再不能修改(如图 7.6 和图 7.7 所示)。常量变量也称为命名常量或只读变量。

```
 1  // Fig. 7.6: fig07_06.cpp
 2  // Using a properly initialized constant variable.
 3  #include <iostream>
 4  using namespace std;
 5
 6  int main()
 7  {
 8     const int x = 7; // initialized constant variable
 9
10     cout << "The value of constant variable x is: " << x << endl;
11  } // end main
```

```
The value of constant variable x is: 7
```

图 7.6  使用正确初始化的常量变量

```
 1  // Fig. 7.7: fig07_07.cpp
 2  // A const variable must be initialized.
 3
 4  int main()
 5  {
 6     const int x; // Error: x must be initialized
 7
 8     x = 7; // Error: cannot modify a const variable
 9  } // end main
```

*Microsoft Visual C++ compiler error message:*

```
error C2734: 'x' : const object must be initialized if not extern
error C3892: 'x' : you cannot assign to a variable that is const
```

*GNU C++ compiler error message:*

```
fig07_07.cpp:6:14: error: uninitialized const 'x' [-fpermissive]
fig07_07.cpp:8:8: error: assignment of read-only variable 'x'
```

*LLVM compiler error message:*

```
Default initialization of an object of const type 'const int'
```

图 7.7  常量变量必须被初始化

**常见的编程错误 7.2**
在声明常量变量时没有进行初始化是一个编译错误。

**常见的编程错误 7.3**
在可执行语句中对常量变量进行赋值是一个编译错误。

在图 7.7 中，Microsoft Visual C++ 产生了编译错误，指出将 int 类型的变量 x 当作一个"常量对象"。C++ 标准将"对象"定义为任何一块"存储区域"。同类对象一样，基本类型变量仍然占用内存空间，所以它经常被认为是"对象"。

在需要常量表达式的地方都可以使用常量变量。在图 7.5 中，第 13 行的常量变量 arraySize 指定了 array 对象 s 的大小。

**良好的编程习惯 7.1**
使用常量变量而不是字面上的常量来定义 array 对象的大小，使得程序更加清晰。这个技术可以消除所谓的"魔幻数字"，也就是解释不清的数值。使用常量变量使你能够为字面上的常量提供一个名字，从而帮助你解释某个值在程序中的用途。

### 7.4.4　求 array 对象元素之和

array 对象的元素通常表示计算中用到的一系列值。例如，如果一个 array 对象的元素表示考试成绩，那么老师可能希望求这些 array 对象元素的和，再利用总和计算这次考试的平均成绩。

图 7.8 的程序计算了有 4 个元素的整数 array 对象 a 所包含的值之和。程序在第 10 行声明、创建和初始化这个 array 对象，for 语句(第 14 ~ 15 行)执行计算。array 对象 a 的初始化列表所提供的初始化值也可以由用户从键盘输入，或者从磁盘文件(见第 14 章"文件处理")读入到程序中。例如，下面的 for 语句

```
for ( size_t j = 0; j < a.size(); ++j )
    cin >> a[ j ];
```

从键盘一次读取一个值，并将这个值存储在元素 a[j]中。

```
1    // Fig. 7.8: fig07_08.cpp
2    // Compute the sum of the elements of an array.
3    #include <iostream>
4    #include <array>
5    using namespace std;
6
7    int main()
8    {
9        const size_t arraySize = 4; // specifies size of array
10       array< int, arraySize > a = { 10, 20, 30, 40 };
11       int total = 0;
12
13       // sum contents of array a
14       for ( size_t i = 0; i < a.size(); ++i )
15           total += a[ i ];
16
17       cout << "Total of array elements: " << total << endl;
18   } // end main
```

```
Total of array elements: 100
```

图 7.8　计算 array 对象元素之和

### 7.4.5　使用条形图图形化地显示 array 对象的数据

很多程序以图形方式向用户展示数据。例如，数值常常显示为条形图中的一个个长条。在这种条形图中，按照一定的比例，较长的长条表示较大的数值。以图形的方式表示数值数据的一个简单方法是采用条形图，其中用星号组成的一个个长条表示每个数值。

老师们往往喜欢查看考试成绩的分布情况。他们可能把每个成绩段的成绩人数用图来表示，使成绩的分布直观化。假设有成绩 87、68、94、100、83、78、85、91、76 和 87。注意到只有一个 100 分，有两个 90 多分，四个 80 多分，两个 70 多分，一个 60 多分，没有低于 60 分的。下一个程序(如图 7.9 所示)把这些成绩分布的统计数据存放到一个有 11 个元素的 array 对象中，每个元素都对应一个成绩段。例如，n[0]表示成绩为 0 ~ 9 分的人数，n[7]表示成绩为 70 ~ 79 分的人数，n[10]表示成绩为 100 分的人数。图 7.15 和图 7.16 及图 7.22 ~ 图 7.23 中各自的 GradeBook 版本都包含了对一组成绩计算这些成绩分布情况的代码。现在，我们只是通过查看这些成绩，手工地创建了这个保存成绩统计数据的 array 对象。

这个程序从 array 对象读取数据，然后以条形图的方式图形化地表示这些信息。程序显示了每个成绩段信息，其后用一个星号组成的长条表明该段内成绩的个数。为了标记每个长条，第 20 ~ 25 行根据当前计数器变量 i 的值输出一个成绩段信息(例如"70 - 79:")。嵌套的 for 语句(第 28 ~ 29 行)输出长条。请注意第 28 行的循环继续条件(stars < n[i])。每当程序进行到内层的 for 时，循环从 0 到 n[i]计数，于是用 array 对象 n 中的一个值决定要显示的星号个数。在这个例子中，没有学生得到低于 60 的分数，因此 n[0] ~ n[5]的值为 0。所以，程序在前面的 6 个成绩段信息之后没有显示星号。

```
 1   // Fig. 7.9: fig07_09.cpp
 2   // Bar chart printing program.
 3   #include <iostream>
 4   #include <iomanip>
 5   #include <array>
 6   using namespace std;
 7
 8   int main()
 9   {
10      const size_t arraySize = 11;
11      array< unsigned int, arraySize > n =
12         { 0, 0, 0, 0, 0, 0, 1, 2, 4, 2, 1 };
13
14      cout << "Grade distribution:" << endl;
15
16      // for each element of array n, output a bar of the chart
17      for ( size_t i = 0; i < n.size(); ++i )
18      {
19         // output bar labels ("0-9:", ..., "90-99:", "100:" )
20         if ( 0 == i )
21            cout << "  0-9: ";
22         else if ( 10 == i )
23            cout << "  100: ";
24         else
25            cout << i * 10 << "-" << ( i * 10 ) + 9 << ": ";
26
27         // print bar of asterisks
28         for ( unsigned int stars = 0; stars < n[ i ]; ++stars )
29            cout << '*';
30
31         cout << endl; // start a new line of output
32      } // end outer for
33   } // end main
```

```
Grade distribution:
   0-9:
  10-19:
  20-29:
  30-39:
  40-49:
  50-59:
  60-69: *
  70-79: **
  80-89: ****
  90-99: **
   100: *
```

图 7.9　条形图打印程序

## 7.4.6　把 array 对象元素当作计数器使用

有时候，程序使用计数器变量来汇总数据，譬如说调查的结果。在图 6.9 的掷骰子程序中，当程序掷 6 000 000 次骰子时，我们使用不同的计数器跟踪一个骰子各个面的出现次数。这个程序的 array 对象版本如图 7.10 所示。同时，这个版本也利用了 6.9 节所介绍的 C++ 11 中新的随机数生成功能。

```
 1   // Fig. 7.10: fig07_10.cpp
 2   // Die-rolling program using an array instead of switch.
 3   #include <iostream>
 4   #include <iomanip>
 5   #include <array>
 6   #include <random>
 7   #include <ctime>
 8   using namespace std;
 9
10   int main()
11   {
12      // use the default random-number generation engine to
13      // produce uniformly distributed pseudorandom int values from 1 to 6
14      default_random_engine engine( static_cast< unsigned int >( time(0) ) );
15      uniform_int_distribution< unsigned int > randomInt( 1, 6 );
```

图 7.10　使用 array 对象而非 switch 的掷骰子程序

```
16
17      const size_t arraySize = 7; // ignore element zero
18      array< unsigned int, arraySize > frequency = {}; // initialize to 0s
19
20      // roll die 6,000,000 times; use die value as frequency index
21      for ( unsigned int roll = 1; roll <= 6000000; ++roll )
22        ++frequency[ randomInt( engine ) ];
23
24      cout << "Face" << setw( 13 ) << "Frequency" << endl;
25
26      // output each array element's value
27      for ( size_t face = 1; face < frequency.size(); ++face )
28        cout << setw( 4 ) << face << setw( 13 ) << frequency[ face ]
29             << endl;
30    } // end main
```

```
Face      Frequency
  1        1000167
  2        1000149
  3        1000152
  4         998748
  5         999626
  6        1001158
```

图 7.10(续)　使用 array 对象而非 switch 的掷骰子程序

图 7.10 使用 array 对象 frequency(第 18 行)计算骰子每个面出现的次数。这个程序第 22 行的单条语句代替了图 6.9 中第 23 ~ 45 行的 switch 语句。第 22 行使用一个随机值来决定在循环的每次迭代中应该增加 frequency 的哪一个元素。第 22 行的计算产生一个 1 ~ 6 之间的随机下标值,因此 array 对象 frequency 应该足够大,可以存储 6 个计数器。不过在此使用了一个有 7 个元素的 array 对象,其中忽略 frequency[0]。这样,在出现骰子的面值为 1 时直接增加 frequency[1] 的值而不是 frequency[0] 会更合乎逻辑。因此,每个面的值直接作为 array 对象 frequency 的下标值。同时,把图 6.9 中第 49 ~ 54 行替换为对 array 对象 frequency 的遍历循环,用来输出各个计数器的最终结果(第 23 ~ 25 行)。

### 7.4.7　使用 array 对象来汇总调查结果

下一个例子(如图 7.11 所示)利用 array 对象来汇总调查中搜集到的数据结果。考虑下列问题的描述。

询问 20 名学生,要他们按照等级 1 ~ 5 评价学生食堂食物的质量(1 表示很差,5 表示很好)。把这 20 个评价值存放到一个整数 array 对象中,然后统计每个等级的民意调查结果。

这是一个典型的 array 对象处理的应用(图 7.11)。我们希望汇总每种类型(即 1 ~ 5)的评价结果。array 对象 responses(第 15 ~ 16 行)是一个有 20 个元素的整数 array 对象,表示学生对调查的答复。请注意,array 对象 responses 的值不会(也不应该)变动,因此它被声明为 const。我们利用一个有 6 个元素的 array 对象 frequency(第 19 行)计算每类评价出现的次数。这个 array 对象的每个元素都作为一类调查评价的计数器,并被初始化为 0。和图 7.10 中一样,我们忽略 frequency[0]。

```
1    // Fig. 7.11: fig07_11.cpp
2    // Poll analysis program.
3    #include <iostream>
4    #include <iomanip>
5    #include <array>
6    using namespace std;
7
8    int main()
9    {
10     // define array sizes
11     const size_t responseSize = 20; // size of array responses
12     const size_t frequencySize = 6; // size of array frequency
13
14     // place survey responses in array responses
15     const array< unsigned int, responseSize > responses =
16       { 1, 2, 5, 4, 3, 5, 2, 1, 3, 1, 4, 3, 3, 3, 2, 3, 3, 2, 2, 5 };
```

图 7.11　投票分析程序

```
17
18      // initialize frequency counters to 0
19      array< unsigned int, frequencySize > frequency = {};
20
21      // for each answer, select responses element and use that value
22      // as frequency subscript to determine element to increment
23      for ( size_t answer = 0; answer < responses.size(); ++answer )
24          ++frequency[ responses[ answer ] ];
25
26      cout << "Rating" << setw( 17 ) << "Frequency" << endl;
27
28      // output each array element's value
29      for ( size_t rating = 1; rating < frequency.size(); ++rating )
30          cout << setw( 6 ) << rating << setw( 17 ) << frequency[ rating ]
31              << endl;
32  } // end main
```

```
Rating      Frequency
    1             3
    2             5
    3             7
    4             2
    5             3
```

图 7.11(续)　投票分析程序

第一条 for 语句(第 23～24 行)每次从 array 对象 responses 中读取一个评价值,然后 array 对象 frequency 中的 5 个计数器(从 frequency[1]到 frequency[5])之一将进行自增操作。这一循环的关键语句是第 24 行,它根据 responses[answer]的值对相应的 frequency 计数器进行自增。

现在,让我们看看这个 for 循环的几次迭代情况。当控制变量 answer 为 0 时,responses[answer]的值就是 responses[0]的值(即第 16 行中的 1),因此程序把 ++ frequency[responses[answer]]解释为

    ++frequency[ 1 ]

这使 array 对象元素 1 的值自增。要计算这个表达式,得从最内层方括号中的值(即 answer 的值)开始。一旦知道了 answer 的值(它是第 23 行中循环控制变量的值),把它插入到表达式中,再计算外层方括号中的表达式的值(即 responses[answer]的值),它是从第 15～16 行 array 对象 responses 中所选出的一个值。然后,使用这一结果值作为 array 对象 frequency 的下标,来指定增加哪一个计数器。

当 answer 为 1 时,responses[answer]就是 responses[1]的值,即 2,因此程序把 frequency[responses[answer]]++ 解释为

    ++frequency[ 2 ]

这使 array 对象元素 2 的值自增。

当 answer 为 2 时,responses[answer]就是 responses[2]的值,即 5,因此程序把 frequency[responses[answer]]++ 解释为

    ++frequency[ 5 ]

这使 array 对象元素 5 的值自增。诸如此类,一直这样进行下去。因为所有的评价值都在 1～5 之间,并且具有 6 个元素的 array 对象的下标是从 0 到 5,所以无论调查中处理的评价份数是多少,程序只需要一个有 6 个元素的 array 对象(忽略元素 0)去汇总结果。

**array 对象下标的边界检查**

如果 array 对象 responses 中的数据包含一个非法值,例如 13,那么程序会尝试对 frequency[13]增 1,而这个元素已超出了 array 对象的范围。在使用[]运算符访问 array 对象的元素时,C++并没有提供自动对 array 对象边界检查的机制,来防止程序员引用一个不存在的元素。因此,一个执行中的程序可以"离开"array 对象的任何一端而不会产生警告。在 7.10 节中,我们说明类模板 vector 中的 at 函数,它能实现边界检查功能。类模板 array 也有 at 函数。

确保访问 array 对象元素所有的每个下标在此 array 对象边界之内是非常重要的,也就是说,下标应该大于等于 0 同时小于 array 对象元素的数目。

允许程序在 array 对象边界之外读写 array 对象元素是常见的安全漏洞。从 array 对象边界外读数据可以造成程序崩溃,甚至有可能出现使用错误的数据而程序正确执行的情况。向边界外元素写数据(被视为缓冲区溢出)可以破坏内存中的程序数据,使程序崩溃,允许攻击者利用系统并执行他们自己的代码。若想了解更多关于缓冲区溢出的信息,请查看 en. wikipedia. org/wiki/Buffer_overflow。

**常见的编程错误7.4**

引用超出 array 对象边界的元素是一个执行时的逻辑错误,并不是语法错误。

**错误预防技巧7.1**

当循环遍历一个 array 对象时,array 对象的下标不应该小于 0,并且应该总是小于 array 对象中元素的总数(即比 array 对象的大小少 1)。应确保循环终止条件不访问超出这一范围的元素。在第 15 章和第 16 章中,将介绍迭代器,能够有助于防止访问超出 array 对象(或其他容器对象)边界的元素。

### 7.4.8　静态局部 array 对象和自动局部 array 对象

第 6 章讨论了存储类别说明符 static。函数定义中的 static 局部变量在程序运行期间一直存在,但是只在该函数体内可见。

**性能提示7.1**

可以将 static 应用于局部 array 对象的声明,使得 array 对象不会在每次程序调用该函数时都进行创建和初始化,也不会在每次该函数结束时被销毁。这样可以提高性能,特别是在使用大型 array 对象时。

当第一次遇到 static 局部 array 对象的声明时,程序就初始化它们。如果一个 static 的 array 对象没有被程序员显式地进行初始化,那么在创建这个 array 对象时,编译器会把它的每个元素都初始化为 0。回想一下,C++ 对自动变量是不执行这种默认初始化的。

图 7.12 示范了含有一个 static 局部 array 对象(第 27 行)的函数 staticArrayInit(第 24 ~ 40 行)和含有一个自动局部 array 对象(第 46 行)的函数 automaticArrayInit(第 43 ~ 59 行)。

```
 1    // Fig. 7.12: fig07_12.cpp
 2    // static array initialization and automatic array initialization.
 3    #include <iostream>
 4    #include <array>
 5    using namespace std;
 6
 7    void staticArrayInit(); // function prototype
 8    void automaticArrayInit(); // function prototype
 9    const size_t arraySize = 3;
10
11    int main()
12    {
13       cout << "First call to each function:\n";
14       staticArrayInit();
15       automaticArrayInit();
16
17       cout << "\n\nSecond call to each function:\n";
18       staticArrayInit();
19       automaticArrayInit();
20       cout << endl;
21    } // end main
22
23    // function to demonstrate a static local array
24    void staticArrayInit( void )
25    {
26       // initializes elements to 0 first time function is called
27       static array< int, arraySize > array1; // static local array
28
29       cout << "\nValues on entering staticArrayInit:\n";
```

图 7.12　static 的 array 对象的初始化和自动 array 对象的初始化

```
30
31      // output contents of array1
32      for ( size_t i = 0; i < array1.size(); ++i )
33         cout << "array1[" << i << "] = " << array1[ i ] << "  ";
34
35      cout << "\nValues on exiting staticArrayInit:\n";
36
37      // modify and output contents of array1
38      for ( size_t j = 0; j < array1.size(); ++j )
39         cout << "array1[" << j << "] = " << ( array1[ j ] += 5 ) << "  ";
40   } // end function staticArrayInit
41
42   // function to demonstrate an automatic local array
43   void automaticArrayInit( void )
44   {
45      // initializes elements each time function is called
46      array< int, arraySize > array2 = { 1, 2, 3 }; // automatic local array
47
48      cout << "\n\nValues on entering automaticArrayInit:\n";
49
50      // output contents of array2
51      for ( size_t i = 0; i < array2.size(); ++i )
52         cout << "array2[" << i << "] = " << array2[ i ] << "  ";
53
54      cout << "\nValues on exiting automaticArrayInit:\n";
55
56      // modify and output contents of array2
57      for ( size_t j = 0; j < array2.size(); ++j )
58         cout << "array2[" << j << "] = " << ( array2[ j ] += 5 ) << "  ";
59   } // end function automaticArrayInit
```

```
First call to each function:

Values on entering staticArrayInit:
array1[0] = 0  array1[1] = 0  array1[2] = 0
Values on exiting staticArrayInit:
array1[0] = 5  array1[1] = 5  array1[2] = 5

Values on entering automaticArrayInit:
array2[0] = 1  array2[1] = 2  array2[2] = 3
Values on exiting automaticArrayInit:
array2[0] = 6  array2[1] = 7  array2[2] = 8

Second call to each function:

Values on entering staticArrayInit:
array1[0] = 5  array1[1] = 5  array1[2] = 5
Values on exiting staticArrayInit:
array1[0] = 10  array1[1] = 10  array1[2] = 10

Values on entering automaticArrayInit:
array2[0] = 1  array2[1] = 2  array2[2] = 3
Values on exiting automaticArrayInit:
array2[0] = 6  array2[1] = 7  array2[2] = 8
```

图 7.12(续)  static 的 array 对象的初始化和自动 array 对象的初始化

staticArrayInit 函数被调用了两次(第 14 行和第 18 行)。该函数第一次被调用时,编译器把 static 局部 array1 初始化为 0。函数打印这个 array 对象,对每个元素加 5,并再次打印这个 array 对象。该函数被第二次调用时,这个 static 局部 array 对象包含了在第一次函数调用期间所存储的修改值。

函数 automaticArrayInit 也被调用了两次(第 15 行和第 19 行)。用值 1、2 和 3 初始化了自动局部 array2 的元素(第 46 行)。函数打印这个 array 对象,对每个元素加 5,并再次打印这个 array 对象。该函数第二次被调用时,这个 array 对象的元素被重新初始化为 1、2 和 3。这个 array 对象具有自动存储期,因此在每次调用 automaticArrayInit 时会被重新创建。

## 7.5  基于范围的 for 语句

正如前文所示,对 array 对象的所有元素进行处理是很常见的。C++ 11 的新特性——基于范围的 for 语句允许程序员不使用计数器就可以完成所有元素的遍历,从而可以避免"迈出"array 对象的可能性,并且可以减小程序员的工作量,不需要他们自己去实现对边界的检查功能。

**错误预防技巧7.2**

当处理 array 对象的所有元素时,如果没有访问 array 对象元素下标的需求,那么最好使用基于范围的 for 语句。

基于范围的 for 语句的语法形式是:

for(范围变量声明: 表达式)
    语句

其中范围变量声明含有一个类型名称和一个标识符(例如 int item),表达式是需要迭代遍历的 array 对象。范围变量声明中的类型必须与 array 对象的元素类型相一致,而标识符代表循环的连续迭代中下一个 array 对象元素的值。基于范围的 for 语句可以和大多数 C++ 标准库中预制的数据结构(通常称为容器)一起使用,包括类 array 和 vector。

图 7.13 利用基于范围的 for 语句来显示一个 array 对象的内容(第 13~14 行和第 22~23 行),并将这个 array 对象的每个元素值都乘以 2(第 17~18 行)。

```cpp
 1   // Fig. 7.13: fig07_13.cpp
 2   // Using range-based for to multiply an array's elements by 2.
 3   #include <iostream>
 4   #include <array>
 5   using namespace std;
 6
 7   int main()
 8   {
 9      array< int, 5 > items = { 1, 2, 3, 4, 5 };
10
11      // display items before modification
12      cout << "items before modification: ";
13      for ( int item : items )
14         cout << item << " ";
15
16      // multiply the elements of items by 2
17      for ( int &itemRef : items )
18         itemRef *= 2;
19
20      // display items after modification
21      cout << "\nitems after modification: ";
22      for ( int item : items )
23         cout << item << " ";
24
25      cout << endl;
26   } // end main
```

```
items before modification: 1 2 3 4 5
items after modification: 2 4 6 8 10
```

图 7.13   使用基于范围的 for 语句将 array 对象的元素乘以 2

**利用基于范围的 for 语句显示 array 对象的内容**

基于范围的 for 语句简化了迭代遍历一个 array 对象的代码。第 13 行可以读作“对于每次迭代,把 items 的下一个元素赋值给 int 类型的变量 item,然后执行如下的语句”。于是,在每次迭代时,标识符 item 表示了 items 的一个元素。第 13~14 行等价于下面的计数器控制的循环语句:

```cpp
for ( int counter = 0; counter < items.size(); ++counter )
   cout << items[ counter ] << " ";
```

**利用基于范围的 for 语句修改 array 对象的内容**

第 17~18 行使用一条基于范围的 for 语句将 items 的每个元素都乘了 2。在第 17 行,范围变量声明表明 itemRef 是一个 int 引用(&)。回想一下,一个引用是内存中另一个变量的别名。因此,在这个例子中,就是一个 array 对象元素的别名。使用 int 引用是因为 items 包含 int 类型的值,而我们需要修改每个元素的值。由于 itemRef 被声明为引用,因此任何对 itemRef 所做的改动都将改变这个 array 对象中相应的元素值。

**使用元素的下标**

无论何时只要循环遍历一个 array 对象的代码不要求访问元素的下标，就可以用基于范围的 for 语句来代替计数器控制的 for 语句。例如，图 7.8 所示的求 array 对象中整数的和，就只需要访问元素的值，与元素的下标无关。但是，如果一个程序出于某些原因必须使用下标，而非只是简单地循环遍历一个 array 对象，例如，本章前面的例子中曾在每个 array 对象元素值的一旁打印下标编号，那么就应该使用计数器控制的 for 语句。

## 7.6 实例研究：利用 array 对象存放成绩的 GradeBook 类

GradeBook 类在第 3 章中引入，并在第 4 ~ 6 章得到了扩展，这一节将进一步扩展它。回想一下，这个类表示老师所用的一个成绩簿，用来存储和分析学生的成绩。该类前面的版本处理用户输入的成绩，但是并不在类的数据成员中保存这些成绩。因此，重复的计算需要用户重新输入相同的成绩。解决这个问题的一个方法是把输入的每个成绩分别存储到该类的一个个独立的数据成员中。例如，可以在 Grade-Book 类中创建数据成员 grade1，grade2，…，grade10，来存储 10 名学生的成绩。但是，这样做的话，对这些成绩进行求和，以及求其平均值的代码会比较麻烦。这一节将通过在一个 array 对象中存储这些成绩来解决这个问题。

**在 GradeBook 类的 array 对象中存储学生成绩**

图 7.14 是 10 个成绩汇总情况的输出结果。这 10 个成绩保存在下一个新版的 GradeBook 类（如图 7.15 和图 7.16 所示）的一个对象中。具体地说，就是该类的对象利用一个整数的 array 对象保存 10 个学生一次考试的成绩。这样就无需重复地输入同样的一组成绩了。在图 7.15 的第 28 行，array 对象 grades 被声明为一个数据成员，因此每个 GradeBook 对象都维护它自己的成绩集合。

```
Welcome to the grade book for
CS101 Introduction to C++ Programming!

The grades are:

Student  1:  87
Student  2:  68
Student  3:  94
Student  4: 100
Student  5:  83
Student  6:  78
Student  7:  85
Student  8:  91
Student  9:  76
Student 10:  87

Class average is 84.90
Lowest grade is 68
Highest grade is 100

Grade distribution:
  0-9:
 10-19:
 20-29:
 30-39:
 40-49:
 50-59:
 60-69: *
 70-79: **
 80-89: ****
 90-99: **
  100: *
```

图 7.14 在 array 对象中存储成绩的 GradeBook 对象例子的输出

这里介绍的 GradeBook 类版本（如图 7.15 和图 7.16 所示）使用一个整数 array 对象存储一次考试中若干学生的成绩。这样就不需要重复输入相同的一组成绩了。在图 7.15 的第 28 行，array 对象 grades 被声明为一个数据成员，因此，每个 GradeBook 对象包含它自己的成绩集。

```
 1   // Fig. 7.15: GradeBook.h
 2   // Definition of class GradeBook that uses an array to store test grades.
 3   // Member functions are defined in GradeBook.cpp
 4   #include <string>
 5   #include <array>
 6
 7   // GradeBook class definition
 8   class GradeBook
 9   {
10   public:
11      // constant -- number of students who took the test
12      static const size_t students = 10; // note public data
13
14      // constructor initializes course name and array of grades
15      GradeBook( const std::string &, const std::array< int, students > & );
16
17      void setCourseName( const std::string & ); // set the course name
18      string getCourseName() const; // retrieve the course name
19      void displayMessage() const; // display a welcome message
20      void processGrades() const; // perform operations on the grade data
21      int getMinimum() const; // find the minimum grade for the test
22      int getMaximum() const; // find the maximum grade for the test
23      double getAverage() const; // determine the average grade for the test
24      void outputBarChart() const; // output bar chart of grade distribution
25      void outputGrades() const; // output the contents of the grades array
26   private:
27      std::string courseName; // course name for this grade book
28      std::array< int, students > grades; // array of student grades
29   }; // end class GradeBook
```

图 7.15　使用 array 对象存储考试成绩的 GradeBook 类的定义

```
 1   // Fig. 7.16: GradeBook.cpp
 2   // GradeBook class member functions manipulating
 3   // an array of grades.
 4   #include <iostream>
 5   #include <iomanip>
 6   #include "GradeBook.h" // GradeBook class definition
 7   using namespace std;
 8
 9   // constructor initializes courseName and grades array
10   GradeBook::GradeBook( const string &name,
11      const array< int, students > &gradesArray )
12      : courseName( name ), grades( gradesArray )
13   {
14   } // end GradeBook constructor
15
16   // function to set the course name
17   void GradeBook::setCourseName( const string &name )
18   {
19      courseName = name; // store the course name
20   } // end function setCourseName
21
22   // function to retrieve the course name
23   string GradeBook::getCourseName() const
24   {
25      return courseName;
26   } // end function getCourseName
27
28   // display a welcome message to the GradeBook user
29   void GradeBook::displayMessage() const
30   {
31      // this statement calls getCourseName to get the
32      // name of the course this GradeBook represents
33      cout << "Welcome to the grade book for\n" << getCourseName() << "!"
34         << endl;
35   } // end function displayMessage
36
37   // perform various operations on the data
38   void GradeBook::processGrades() const
39   {
40      // output grades array
41      outputGrades();
42
```

图 7.16　操作保存成绩的 array 对象的 GradeBook 类成员函数

```
43      // call function getAverage to calculate the average grade
44      cout << setprecision( 2 ) << fixed;
45      cout << "\nClass average is " << getAverage() << endl;
46
47      // call functions getMinimum and getMaximum
48      cout << "Lowest grade is " << getMinimum() << "\nHighest grade is "
49         << getMaximum() << endl;
50
51      // call function outputBarChart to print grade distribution chart
52      outputBarChart();
53   } // end function processGrades
54
55   // find minimum grade
56   int GradeBook::getMinimum() const
57   {
58      int lowGrade = 100; // assume lowest grade is 100
59
60      // loop through grades array
61      for ( int grade : grades )
62      {
63         // if current grade lower than lowGrade, assign it to lowGrade
64         if ( grade < lowGrade )
65            lowGrade = grade; // new lowest grade
66      } // end for
67
68      return lowGrade; // return lowest grade
69   } // end function getMinimum
70
71   // find maximum grade
72   int GradeBook::getMaximum() const
73   {
74      int highGrade = 0; // assume highest grade is 0
75
76      // loop through grades array
77      for ( int grade : grades )
78      {
79         // if current grade higher than highGrade, assign it to highGrade
80         if ( grade > highGrade )
81            highGrade = grade; // new highest grade
82      } // end for
83
84      return highGrade; // return highest grade
85   } // end function getMaximum
86
87   // determine average grade for test
88   double GradeBook::getAverage() const
89   {
90      int total = 0; // initialize total
91
92      // sum grades in array
93      for ( int grade : grades )
94         total += grade;
95
96      // return average of grades
97      return static_cast< double >( total ) / grades.size();
98   } // end function getAverage
99
100  // output bar chart displaying grade distribution
101  void GradeBook::outputBarChart() const
102  {
103     cout << "\nGrade distribution:" << endl;
104
105     // stores frequency of grades in each range of 10 grades
106     const size_t frequencySize = 11;
107     array< unsigned int, frequencySize > frequency = {}; // init to 0s
108
109     // for each grade, increment the appropriate frequency
110     for ( int grade : grades )
111        ++frequency[ grade / 10 ];
112
113     // for each grade frequency, print bar in chart
114     for ( size_t count = 0; count < frequencySize; ++count )
115     {
```

图 7.16(续) 操作保存成绩的 array 对象的 GradeBook 类成员函数

```
116        // output bar labels ("0-9:", ..., "90-99:", "100:" )
117        if ( 0 == count )
118           cout << "  0-9: ";
119        else if ( 10 == count )
120           cout << "  100: ";
121        else
122           cout << count * 10 << "-" << ( count * 10 ) + 9 << ": ";
123
124        // print bar of asterisks
125        for ( unsigned int stars = 0; stars < frequency[ count ]; ++stars )
126           cout << '*';
127
128        cout << endl; // start a new line of output
129     } // end outer for
130 } // end function outputBarChart
131
132 // output the contents of the grades array
133 void GradeBook::outputGrades() const
134 {
135     cout << "\nThe grades are:\n\n";
136
137     // output each student's grade
138     for ( size_t student = 0; student < grades.size(); ++student )
139        cout << "Student " << setw( 2 ) << student + 1 << ": " << setw( 3 )
140           << grades[ student ] << endl;
141 } // end function outputGrades
```

图 7.16(续)　操作保存成绩的 array 对象的 GradeBook 类成员函数

请注意，图 7.15 的第 28 行中 array 对象的大小由 public static const 数据成员 students(在第 12 行声明)指定。这个数据成员是公有(public)的，因此它可以被类的客户访问。稍后会看到一个客户程序使用这个常量的例子。用 const 限定符声明 students，表明这个数据成员是常量，也就是说，在初始化之后它的值不能被修改。在这个变量声明中用了关键字 static，表明这个数据成员被该类的所有对象共享，也就是在 GradeBook 类的这个特定实现中，所有的 GradeBook 对象存储相同学生数目的成绩。回忆 3.4 节可知，当一个类的每个对象都维护其自己的属性的副本时，表示该属性的变量也称为数据成员，该类的每个对象(实例)在内存中都有这个变量的一个独立的副本。除此之外，还有一些变量对于类的每个对象没有单独的副本。这就是 static 数据成员，也称为类变量。当创建包含 static 数据成员的类的对象时，该类的所有对象共享该类的 static 数据成员的一个副本。和任何其他数据成员一样，static 数据成员可以在类定义和成员函数定义中被访问。大家很快会看到，即使没有该类的对象存在，通过在 public static 数据成员名称之前加类名和二元作用域分辨运算符(::)，这个数据成员也可以在类之外被访问。在第 9 章中将进一步学习 static 数据成员。

## 构造函数

类的构造函数(在图 7.15 第 15 行声明，在图 7.16 第 10 ~ 14 行定义)有两个参数，即课程名称和成绩 array 对象的引用。当程序创建一个 GradeBook 对象时(见图 7.17 的第 15 行)，程序把现有的一个 int 类型的 array 对象传递给构造函数，而后者把此 array 对象的值复制到数据成员 grades 中(如图 7.16 的第 12 行所示)。被传递的 array 对象中的成绩值可以是用户输入的，或者是从磁盘文件中读取的(和第 14 章"文件处理"中讨论的一样)。在我们的测试程序中，只是用一组成绩值初始化 array 对象(如图 7.17 中的第 11 ~ 12 行所示)。一旦这些成绩存储到 GradeBook 类的数据成员 grades 中，该类的所有成员函数在需要时都可以访问 array 对象 grades 以执行各种计算。请注意，该构造函数按引用传递同时接受 string 对象和 array 对象——这比接受原始的 string 对象和 array 对象的复本更高效。该构造函数不需要修改原始的 string 对象和 array 对象，因此也把每个参数都声明为 const，以确保该构造函数不会意外地修改调用函数中的原始数据。在此还修改了 setCourseName 函数，以按引用传递的方式接受它们的 string 类型的参数。

## 成员函数 processGrades

成员函数 processGrades(在图 7.15 中的第 20 行声明，在图 7.16 中的第 38 ~ 53 行定义)包含一系列成员函数调用，用于输出一份成绩汇总报告。第 41 行调用成员函数 outputGrades 来打印 array 对象 grades 的内容。在第 138 ~ 140 行，成员函数 outputGrades 利用一条 for 语句输出每个学生的成绩。虽然 array 对象下标从 0 开始，但教师通常从 1 开始对学生编号。因此，第 139 ~ 140 行输出 student + 1 作为学生编号，产生成绩标签"Student 1:"、"Student 2:"，等等。

### 成员函数 getAverage

成员函数 processGrades 接着调用成员函数 getAverage(第 45 行)，得到成绩的平均值。在计算平均成绩之前，成员函数 getAverage(在图 7.15 中的第 23 行声明，在图 7.16 中的第 88 ~ 98 行定义)计算 array 对象 grades 中所有值的和。请注意，第 97 行中的平均成绩的计算使用了 grades. size( )，来确定参与求平均值的成绩个数。

### 成员函数 getMinimum 和 getMaximum

在第 48 ~ 49 行，成员函数 processGrades 分别调用成员函数 getMinimum 和 getMaximum，来确定参加考试学生的最低成绩和最高成绩。让我们来看一下成员函数 getMinimum 是如何查找最低成绩的。因为允许的最高成绩是 100 分，所以开始时假设 100 分是最低成绩(第 58 行)。然后，把 array 对象中的每个元素和最低成绩进行比较，查找更低的成绩。在第 61 ~ 66 行，成员函数 getMinimum 循环遍历该 array 对象，第 64 行把每个成绩和 lowGrade 相比较。如果某个成绩小于 lowGrade，那么就把 lowGrade 设置成该成绩。当第 68 行执行时，lowGrade 包含的是 array 对象中的最低成绩。成员函数 getMaximum(第 72 ~ 85 行)和成员函数 getMinimum 的工作思路类似。

### 成员函数 outputBarchart

最后在第 52 行，成员函数 processGrades 调用成员函数 outputBarChart，使用类似于图 7.9 中的技术，打印一张成绩数据的分布表。在图 7.9 的例子中，我们简单地观察一组成绩，然后手工统计出每个成绩段(即 0 ~ 9，10 ~ 19，…，90 ~ 99，100)内成绩的个数。在这个例子中，第 110 ~ 111 行采用类似于图 7.10 和图 7.11 中的技术，计算每个成绩段中成绩的出现次数。第 107 行声明并创建了具有 11 个 unsigned int 类型元素的 array 对象 frequency，用来存储每个成绩段内成绩的出现次数。对于 array 对象 grades 中的每个成绩，第 110 ~ 111 行将对 array 对象 frequency 中的相应元素进行自增。为了确定应该增加哪个元素，第 111 行使用整数除法把当前成绩除以 10。例如，如果成绩为 85，第 111 行使 frequency[8]自增，来更新 80 ~ 89 这个成绩段内的成绩个数。第 114 ~ 129 行接着根据 array 对象 frequency 中的值打印条形图(如图 7.17 所示)。和图 7.9 中的第 28 ~ 29 行类似，图 7.16 中的第 125 ~ 126 行使用 array 对象 frequency 中的值，来确定在每个长条中需要显示的星号个数。

```cpp
1   // Fig. 7.17: fig07_17.cpp
2   // Creates GradeBook object using an array of grades.
3   #include <array>
4   #include "GradeBook.h" // GradeBook class definition
5   using namespace std;
6
7   // function main begins program execution
8   int main()
9   {
10      // array of student grades
11      const array< int, GradeBook::students > grades =
12         { 87, 68, 94, 100, 83, 78, 85, 91, 76, 87 };
13      string courseName = "CS101 Introduction to C++ Programming";
14
15      GradeBook myGradeBook( courseName, grades );
16      myGradeBook.displayMessage();
17      myGradeBook.processGrades();
18   } // end main
```

图 7.17　使用成绩的 array 对象创建一个 GradeBook 对象，
然后调用成员函数 processGrades 分析这些成绩

**测试 GradeBook 类**

图 7.17 的程序使用元素为 int 类型的 array 对象 grades(在第 11 ~ 12 行声明和初始化),创建 Grade-Book 类的一个对象(如图 7.15 和图 7.16 所示)。请注意,我们在表达式"GradeBook::students"(第 11 行)中使用作用域分辨运算符(::)来访问 GradeBook 类的 static const students。在此使用这个常量来创建一个 array 对象,使其大小和类 GradeBook 中数据成员 grades 的大小相同。第 15 行将课程名称和成绩的 array 对象传递给 GradeBook 构造函数。第 16 行显示一条欢迎信息,第 17 行调用 GradeBook 对象的 process-Grades 成员函数。

## 7.7 array 对象的排序与查找

在这一节,我们将利用内置的 C++ 标准库函数 sort 来对 array 对象的元素进行升序的排序,同时将利用另一个内置的函数 binary_search 来确定一个值是否在 array 对象中。

**排序**

对数据排序,即按照某种特定的次序(如升序或降序)对数据进行排列,是最重要的计算应用之一。银行把所有支票按照账号进行排序,这样就可以在每个月的月底准备银行报表。电话公司把电话目录按照名字排序,对于具有相同名字的条目再按照姓来排序,这样便于查找电话号码。事实上,每个组织机构都要对一些数据进行排序,而且多数情况下这些数据量是很大的。排序数据是一个有趣的问题,已经在计算机科学领域吸引了一批人进行非常深入的研究。在第 20 章,我们将探讨和实现一些排序策略,并讨论这些策略的性能。还将介绍大 O 表示法(Big O notation),用于刻画每一个策略完成其任务的复杂程度。

**查找**

常常可能有必要判断一个 array 对象是否含有与某个关键值(key value)相匹配的值。在一个 array 对象中发现一个特定元素的过程称为查找。在第 20 章,我们将探讨和实现两个查找算法,即简单但较慢的线性查找法和复杂但较快的二分查找法,前者用于查找未排序的 array 对象,而后者用于查找排好序的 array 对象。

**sort 和 binary_search 函数的示范说明**

图 7.18 首先创建了一个未排序的元素类型是 string 的 array 对象(第 13 ~ 14 行),并显示该 array 对象的内容(第 17 ~ 19 行)。接着,第 21 行使用 C++ 标准库函数 sort 对 array 对象 colors 的元素按升序进行排序。sort 函数的实参指定了需要被排序的元素的范围,在本例中是整个 array 对象。在以后的章节中,将讨论类模板 array 的 begin 和 end 函数的完整细节。而且大家将会看到,sort 函数可以用来对一些不同类型数据结构的元素进行排序。第 24 ~ 26 行显示了排序后 array 对象的内容。

```cpp
 1   // Fig. 7.18: fig07_18.cpp
 2   // Sorting and searching arrays.
 3   #include <iostream>
 4   #include <iomanip>
 5   #include <array>
 6   #include <string>
 7   #include <algorithm> // contains sort and binary_search
 8   using namespace std;
 9
10   int main()
11   {
12      const size_t arraySize = 7; // size of array colors
13      array< string, arraySize > colors = { "red", "orange", "yellow",
14         "green", "blue", "indigo", "violet" };
15
16      // output original array
17      cout << "Unsorted array:\n";
18      for ( string color : colors )
```

图 7.18 排序和查找 array 对象

```
19          cout << color << " ";
20
21      sort( colors.begin(), colors.end() ); // sort contents of colors
22
23      // output sorted array
24      cout << "\nSorted array:\n";
25      for ( string item : colors )
26          cout << item << " ";
27
28      // search for "indigo" in colors
29      bool found = binary_search( colors.begin(), colors.end(), "indigo" );
30      cout << "\n\n\"indigo\" " << ( found ? "was" : "was not" )
31          << " found in colors" << endl;
32
33      // search for "cyan" in colors
34      found = binary_search( colors.begin(), colors.end(), "cyan" );
35      cout << "\"cyan\" " << ( found ? "was" : "was not" )
36          << " found in colors" << endl;
37  } // end main
```

```
Unsorted array:
red orange yellow green blue indigo violet
Sorted array:
blue green indigo orange red violet yellow

"indigo" was found in colors
"cyan" was not found in colors
```

图 7.18(续)　排序和查找 array 对象

第 29 行和第 34 行示范了利用 binary_search 函数确定一个值是否在 array 对象中。首先值的序列必须是已按升序排好序的,请注意 binary_search 函数并不会核实这件事。这个函数的前两个实参表示查找元素的范围,第三个实参是查找关键字,也就是要在 array 对象寻找的值。这个函数返回值是 bool 类型,表明寻找的值是否被找到。在第 16 章中,将使用 C++ 标准库函数 find 来获得查找关键字在 array 对象中的位置。

## 7.8　多维 array 对象

可以用两个维度(即两个下标)的 array 对象表示数值表格,这样的数值表格包含的信息是按照行和列排列的。为了标识一个特定的表格元素,必须指定两个下标。依据惯例,第一个下标表示元素的行,第二个下标表示元素的列。需要两个下标来标识特定元素的 array 对象称为二维 array 对象或 2-D array 对象。具有两个或者更多维度的 array 对象被称为多维 array 对象。图 7.19 展示了一个二维 array 对象 a。这个 array 对象包含 3 行 4 列,因此它是一个 3×4 的 array 对象。一般来讲,一个具有 $m$ 行 $n$ 列的 array 对象被称为一个 $m \times n$ 的 array 对象。

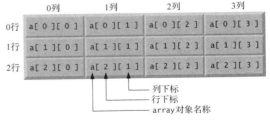

图 7.19　具有三行四列的二维 array 对象

在图 7.19 中,array 对象 a 中的每个元素都用 a[i][j] 形式的元素名称来标识,其中 a 是 array 对象名称,i 和 j 是下标,它们唯一地确定 a 中的每个元素。请注意,在第 0 行的所有元素名称的第一个下标都是 0,在第 3 列的所有元素名称的第二个下标都是 3。

**常见的编程错误 7.5**

使用 a[x,y] 不正确地引用一个二维 array 对象元素 a[x][y] 是一个错误。事实上,由于 C++ 计算表达式 x,y(包含一个逗号运算符)的值得到的是 y(逗号分隔的表达式的最后一项),所以 a[x,y] 被认为是 a[y]。

　　图7.20演示了在声明中初始化一个二维array对象。第13～14行每一行声明了一个两行三列的二维array对象(array对象的array对象)。请注意这里嵌套的array对象的类型声明。在每个这样的array对象中,其元素的类型被指定为

```
array< int, columns >
```

这表明这两个array对象都包含2个元素,每个元素又是一个含3个int元素的一维array对象,常量columns的值为3。

```cpp
1   // Fig. 7.20: fig07_20.cpp
2   // Initializing multidimensional arrays.
3   #include <iostream>
4   #include <array>
5   using namespace std;
6
7   const size_t rows = 2;
8   const size_t columns = 3;
9   void printArray( const array< array< int, columns >, rows> & );
10
11  int main()
12  {
13     array< array< int, columns >, rows > array1 = { 1, 2, 3, 4, 5, 6 };
14     array< array< int, columns >, rows > array2 = { 1, 2, 3, 4, 5 };
15
16     cout << "Values in array1 by row are:" << endl;
17     printArray( array1 );
18
19     cout << "\nValues in array2 by row are:" << endl;
20     printArray( array2 );
21  } // end main
22
23  // output array with two rows and three columns
24  void printArray( const array< array< int, columns >, rows> & a )
25  {
26     // loop through array's rows
27     for ( auto const &row : a )
28     {
29        // loop through columns of current row
30        for ( auto const &element : row )
31           cout << element << ' ';
32
33        cout << endl; // start new line of output
34     } // end outer for
35  } // end function printArray
```

```
Values in array1 by row are:
1 2 3
4 5 6

Values in array2 by row are:
1 2 3
4 5 0
```

图7.20　多维array对象的初始化

　　array1的声明(第13行)提供了6个初始化值。编译器先初始化0行的元素,然后再初始化1行的元素。因此,前三个值把0行的元素初始化为1、2和3,后三个值把1行的元素初始化为4、5和6。array2的声明(第14行)只提供了5个初始化值。初始化值先赋值给0行,再赋值给1行。没有显式给出初始化值的元素都被初始化为0,因此array2[1][2]被初始化为0。

　　这个程序调用printArray函数来输出每个array对象的元素。请注意,这个函数的原型(第9行)和定义(第24～35行)指定了该函数接收一个两行三列的array对象作为参数。这个函数的形参以按引用传递的方式接收array对象,并且被声明为const,因为该函数并不修改这个array对象的元素。

### 嵌套的基于范围的for语句

　　为了处理二维array对象的元素,我们采用一个嵌套的循环,其中的外层循环迭代遍历行,而外层循环迭代遍历一个给定行的列。printArray函数的嵌套的循环通过基于范围的for语句来实现。第27行和第30行使用了C++11的auto关键字,以通知编译器根据这个变量的初始化值来确定它的数据类型。外层

循环的范围变量 row 用形参 a 的一个元素进行初始化。观察一下这个二维 array 对象的声明,可以看到它所含的元素类型是:

```
array< int, columns >
```

因此,编译器推断 row 引用的是一个具有 3 个 int 元素的 array 对象(再次注意,columns 是 3)。row 声明中的 const & 表明这个引用不可以用来修改行,同时防止将每行复制到这个范围变量中。内层循环的范围变量 element 用 row 所表示的数组对象的一个元素来初始化。因此,编译器推断 element 引用的是一个 int 数据,因为每行包含 3 个 int 类型的值。在一个 IDE 中,通常可以把鼠标移到声明为 auto 的变量上,这时 IDE 会显示这个变量被推断出的类型。第 31 行显示一个给定了行和列的元素值。

### 嵌套的计数器控制的 for 语句

我们也可以用计数器控制的循环实现上述的嵌套循环,具体如下:

```
for ( size_t row = 0; row < a.size(); ++row )
{
    for ( size_t column = 0; column < a[ row ].size(); ++column )
        cout << a[ row ][ column ] << ' ';

    cout << endl;
} // end outer for
```

### 其他常见的 array 对象操作

大多数常见的 array 对象操作都使用 for 循环语句。例如,下面的 for 语句把图 7.19 中 array 对象 a 的 2 行的所有元素设置为 0:

```
for ( size_t column = 0; column < 4; ++column )
    a[ 2 ][ column ] = 0;
```

这条 for 语句只是改变第二个下标(即列下标)。该语句和下面的赋值语句是等价的:

```
a[ 2 ][ 0 ] = 0;
a[ 2 ][ 1 ] = 0;
a[ 2 ][ 2 ] = 0;
a[ 2 ][ 3 ] = 0;
```

下述嵌套的 for 语句计算图 7.19 中 array 对象 a 的所有元素的和:

```
total = 0;
for ( size_t row = 0; row < a.size(); ++row )
    for ( size_t column = 0; column < a[ row ].size(); ++column )
        total += a[ row ][ column ];
```

这条 for 语句一次一行地计算 array 对象元素的和。外层的 for 语句通过把 row(即行下标)设置为 0 开始,因此内层的 for 语句可以计算 0 行的元素之和。然后,外层的 for 语句把 row 增加到 1,因此 1 行的元素之和被计算。接着,外层的 for 语句增加 row 到 2,因此 2 行的元素之和被计算。当嵌套的 for 语句终止时,total 包含了所有 array 对象元素的和。这个嵌套的循环可以使用基于范围的 for 语句实现如下:

```
total = 0;
for ( auto row : a ) // for each row
    for ( auto column : row ) // for each column in row
        total += column;
```

## 7.9　实例研究:利用二维 array 对象的 GradeBook 类

7.6 节中介绍了 GradeBook 类(如图 7.15 和图 7.16 所示),它利用一个一维的 array 对象存储学生在一次考试中所得的成绩。在一个学期中,学生很可能参加多次考试。老师也可能希望分析某个学生或整个班级在整个学期所获得的成绩。

### 在类 GradeBook 的二维 array 对象中存储学生成绩

图 7.21 是 10 个学生在 3 次考试中成绩汇总情况的输出结果。我们将这些成绩保存在下一个新版的 GradeBook 类(如图 7.22 和图 7.23 所示)的一个对象的一个二维 array 对象中。这个 array 对象的每一行

表示一名学生在整个学期中所有的考试成绩，每一列表示参加某次考试的所有学生的成绩。一个客户程序，例如图 7.24，把这个 array 对象作为实参传递给 GradeBook 构造函数。在这个例子中，由于有 10 名学生参加了 3 次考试，我们使用一个 10 × 3 的 array 对象来存储所有的成绩。

```
Welcome to the grade book for
CS101 Introduction to C++ Programming!

The grades are:
              Test 1  Test 2  Test 3  Average
Student   1      87      96      70    84.33
Student   2      68      87      90    81.67
Student   3      94     100      90    94.67
Student   4     100      81      82    87.67
Student   5      83      65      85    77.67
Student   6      78      87      65    76.67
Student   7      85      75      83    81.00
Student   8      91      94     100    95.00
Student   9      76      72      84    77.33
Student  10      87      93      73    84.33
```

```
Lowest grade in the grade book is 65
Highest grade in the grade book is 100

Overall grade distribution:
    0-9:
  10-19:
  20-29:
  30-39:
  40-49:
  50-59:
  60-69: ***
  70-79: ******
  80-89: ***********
  90-99: *******
    100: ***
```

图 7.21   使用二维 array 对象的 GradeBook 对象的输出

```cpp
 1  // Fig. 7.22: GradeBook.h
 2  // Definition of class GradeBook that uses a
 3  // two-dimensional array to store test grades.
 4  // Member functions are defined in GradeBook.cpp
 5  #include <array>
 6  #include <string>
 7
 8  // GradeBook class definition
 9  class GradeBook
10  {
11  public:
12     // constants
13     static const size_t students = 10; // number of students
14     static const size_t tests = 3; // number of tests
15
16     // constructor initializes course name and array of grades
17     GradeBook( const std::string &,
18        std::array< std::array< int, tests >, students > & );
19
20     void setCourseName( const std::string & ); // set the course name
21     std::string getCourseName() const; // retrieve the course name
22     void displayMessage() const; // display a welcome message
23     void processGrades() const; // perform operations on the grade data
24     int getMinimum() const; // find the minimum grade in the grade book
25     int getMaximum() const; // find the maximum grade in the grade book
26     double getAverage( const std::array< int, tests > & ) const;
27     void outputBarChart() const; // output bar chart of grade distribution
28     void outputGrades() const; // output the contents of the grades array
29  private:
30     std::string courseName; // course name for this grade book
31     std::array< std::array< int, tests >, students > grades; // 2D array
32  }; // end class GradeBook
```

图 7.22   使用二维 array 对象存储考试成绩的 GradeBook 类的定义

```cpp
1   // Fig. 7.23: GradeBook.cpp
2   // Member-function definitions for class GradeBook that
3   // uses a two-dimensional array to store grades.
4   #include <iostream>
5   #include <iomanip> // parameterized stream manipulators
6   using namespace std;
7
8   // include definition of class GradeBook from GradeBook.h
9   #include "GradeBook.h" // GradeBook class definition
10
11  // two-argument constructor initializes courseName and grades array
12  GradeBook::GradeBook( const string &name,
13     std::array< std::array< int, tests >, students > &gradesArray )
14     : courseName( name ), grades( gradesArray )
15  {
16  } // end two-argument GradeBook constructor
17
18  // function to set the course name
19  void GradeBook::setCourseName( const string &name )
20  {
21     courseName = name; // store the course name
22  } // end function setCourseName
23
24  // function to retrieve the course name
25  string GradeBook::getCourseName() const
26  {
27     return courseName;
28  } // end function getCourseName
29
30  // display a welcome message to the GradeBook user
31  void GradeBook::displayMessage() const
32  {
33     // this statement calls getCourseName to get the
34     // name of the course this GradeBook represents
35     cout << "Welcome to the grade book for\n" << getCourseName() << "!"
36        << endl;
37  } // end function displayMessage
38
39  // perform various operations on the data
40  void GradeBook::processGrades() const
41  {
42     // output grades array
43     outputGrades();
44
45     // call functions getMinimum and getMaximum
46     cout << "\nLowest grade in the grade book is " << getMinimum()
47        << "\nHighest grade in the grade book is " << getMaximum() << endl;
48
49     // output grade distribution chart of all grades on all tests
50     outputBarChart();
51  } // end function processGrades
52
53  // find minimum grade in the entire gradebook
54  int GradeBook::getMinimum() const
55  {
56     int lowGrade = 100; // assume lowest grade is 100
57
58     // loop through rows of grades array
59     for ( auto const &student : grades )
60     {
61        // loop through columns of current row
62        for ( auto const &grade : student )
63        {
64           // if current grade less than lowGrade, assign it to lowGrade
65           if ( grade < lowGrade )
66              lowGrade = grade; // new lowest grade
67        } // end inner for
68     } // end outer for
69
70     return lowGrade; // return lowest grade
71  } // end function getMinimum
72
73  // find maximum grade in the entire gradebook
74  int GradeBook::getMaximum() const
75  {
```

图 7.23　使用二维 array 对象存储考试成绩的 GradeBook 类的成员函数的定义

```
76        int highGrade = 0; // assume highest grade is 0
77
78        // loop through rows of grades array
79        for ( auto const &student : grades )
80        {
81           // loop through columns of current row
82           for ( auto const &grade : student )
83           {
84              // if current grade greater than highGrade, assign to highGrade
85              if ( grade > highGrade )
86                 highGrade = grade; // new highest grade
87           } // end inner for
88        } // end outer for
89
90        return highGrade; // return highest grade
91     } // end function getMaximum
92
93     // determine average grade for particular set of grades
94     double GradeBook::getAverage( const array<int, tests> &setOfGrades ) const
95     {
96        int total = 0; // initialize total
97
98        // sum grades in array
99        for ( int grade : setOfGrades )
100          total += grade;
101
102       // return average of grades
103       return static_cast< double >( total ) / setOfGrades.size();
104    } // end function getAverage
105
106    // output bar chart displaying grade distribution
107    void GradeBook::outputBarChart() const
108    {
109       cout << "\nOverall grade distribution:" << endl;
110
111       // stores frequency of grades in each range of 10 grades
112       const size_t frequencySize = 11;
113       array< unsigned int, frequencySize > frequency = {}; // init to 0s
114
115       // for each grade, increment the appropriate frequency
116       for ( auto const &student : grades )
117          for ( auto const &test : student )
118             ++frequency[ test / 10 ];
119
120       // for each grade frequency, print bar in chart
121       for ( size_t count = 0; count < frequencySize; ++count )
122       {
123          // output bar label ("0-9:", ..., "90-99:", "100:" )
124          if ( 0 == count )
125             cout << "  0-9: ";
126          else if ( 10 == count )
127             cout << "  100: ";
128          else
129             cout << count * 10 << "-" << ( count * 10 ) + 9 << ": ";
130
131          // print bar of asterisks
132          for ( unsigned int stars = 0; stars < frequency[ count ]; ++stars )
133             cout << '*';
134
135          cout << endl; // start a new line of output
136       } // end outer for
137    } // end function outputBarChart
138
139    // output the contents of the grades array
140    void GradeBook::outputGrades() const
141    {
142       cout << "\nThe grades are:\n\n";
143       cout << "                "; // align column heads
144
145       // create a column heading for each of the tests
146       for ( size_t test = 0; test < tests; ++test )
147          cout << "Test " << test + 1 << "  ";
148
149       cout << "Average" << endl; // student average column heading
150
```

图 7.23(续)     使用二维 array 对象存储考试成绩的 GradeBook 类的成员函数的定义

```
151    // create rows/columns of text representing array grades
152    for ( size_t student = 0; student < grades.size(); ++student )
153    {
154        cout << "Student " << setw( 2 ) << student + 1;
155
156        // output student's grades
157        for ( size_t test = 0; test < grades[ student ].size(); ++test )
158            cout << setw( 8 ) << grades[ student ][ test ];
159
160        // call member function getAverage to calculate student's average;
161        // pass row of grades as the argument
162        double average = getAverage( grades[ student ] );
163        cout << setw( 9 ) << setprecision( 2 ) << fixed << average << endl;
164    } // end outer for
165 } // end function outputGrades
```

图 7.23(续)　使用二维 array 对象存储考试成绩的 GradeBook 类的成员函数的定义

```
 1  // Fig. 7.24: fig07_24.cpp
 2  // Creates GradeBook object using a two-dimensional array of grades.
 3  #include <array>
 4  #include "GradeBook.h" // GradeBook class definition
 5  using namespace std;
 6
 7  // function main begins program execution
 8  int main()
 9  {
10      // two-dimensional array of student grades
11      array< array< int, GradeBook::tests >, GradeBook::students > grades =
12          { 87, 96, 70,
13            68, 87, 90,
14            94, 100, 90,
15            100, 81, 82,
16            83, 65, 85,
17            78, 87, 65,
18            85, 75, 83,
19            91, 94, 100,
20            76, 72, 84,
21            87, 93, 73 };
22
23      GradeBook myGradeBook(
24          "CS101 Introduction to C++ Programming", grades );
25      myGradeBook.displayMessage();
26      myGradeBook.processGrades();
27  } // end main
```

图 7.24　使用一个二维成绩 array 对象创建 GradeBook 对象,然后调用成员函数 processGrades 分析成绩

## GradeBook 类的函数的概述

5 个成员函数(在图 7.22 中的第 24～28 行声明)执行处理这些成绩的 array 对象操作。这些成员函数分别与 7.6 节一维 array 对象版本的 GradeBook 类(如图 7.15 和图 7.16 所示)中对应的函数相类似。成员函数 getMinimum(在图 7.23 中的第 54～71 行定义)确定这个学期所有学生的最低成绩;成员函数 getMaximum(在图 7.23 中的第 74～91 行定义)确定这个学期所有学生的最高成绩;成员函数 getAverage(图 7.23 中的第 94～104 行)确定某个学生这学期的平均成绩;成员函数 outputBarChart(图 7.23 中的第 107～137 行)输出这学期所有学生成绩分布的条形图;成员函数 outputGrades(图 7.23 中的第 140～165 行)以表格的形式输出二维 array 对象和每个学生的学期平均成绩。

## 函数 getMinimum 和 getMaximum

成员函数 getMinimum、getMaximum、outputBarChart 和 outputGrades 中的每一个都利用嵌套的基于范围的 for 语句或者嵌套的计数器控制的 for 语句,循环遍历 array 对象 grades。例如,考虑成员函数 getMinimum 中嵌套的 for 语句(第 59～68 行)。外层的 for 语句循环遍历表示每个学生的所有行,而内层的 for 语句循环遍历某一给定学生的所有成绩。在内层 for 语句的循环体中把每个成绩和变量 lowGrade 相比较。如果成绩小于 lowGrade,就把 lowGrade 设为该成绩。这个过程重复下去,直到遍历完 grades 的所有行和列。当这条嵌套的语句执行完成之后,lowGrade 包含的是这个二维 array 对象中的最低成绩。成员函数 getMaximum 的实现和成员函数 getMinimum 的实现类似。

### 函数 outputBarChart

图 7.23 中的成员函数 outputBarChart 与图 7.16 中的几乎一样。不过，为了输出整个学期的全部成绩分布情况，这个成员函数使用一条嵌套的 for 语句(第 116 ~ 118 行)，根据二维 array 对象中的所有成绩，对一维 array 对象 frequency 的相应元素进行自增。这两个 outputBarChart 成员函数其余部分的代码是完全相同的，都是显示条形图。

### 函数 outputGrades

成员函数 outputGrades(第 140 ~ 165 行)除了输出每个学生的学期平均成绩之外，也使用嵌套的计数器控制的 for 语句来输出 array 对象 grades 的值。图 7.21 中的输出显示了结果，这与教师实际使用的成绩簿中的表格形式非常相似。第 146 ~ 147 行打印对应每次考试的列标题。我们使用一条计数器控制的 for 语句，以便可以用一个数字标识每次的考试。类似地，第 152 ~ 164 行中的 for 语句首先利用一个计数器变量来输出标识每个学生的行标签(第 154 行)。尽管 array 对象的下标从 0 开始，第 147 行和第 154 行分别输出 test + 1 和 student + 1，以生成从 1 开始的考试编号和学生编号(如图 7.21 所示)。第 157 ~ 158 行的内层 for 语句利用外层 for 语句的计数器变量 student 来循环遍历 array 对象 grades 中的特定行，并输出每个学生的考试成绩。最后，第 162 行通过将当前的 grades 行(即 grades[student])传递给成员函数 getAverage，来获得每个学生的学期平均成绩。

### 函数 getAverage

成员函数 getAverage(第 94 ~ 104 行)接收一个实参，表示某特定学生所有考试成绩的一维 array 对象。当第 162 行调用 getAverage 时，第一个实参是 grades[student]，指定二维 array 对象 grades 中的一个特定行应该传递给 getAverage。例如，根据图 7.24 中创建的 array 对象，实参 grades[1] 表示存储在二维 array 对象 grades 的 1 行中的三个值(即一个一维成绩的 array 对象)。二维 array 对象的元素是一维 array 对象。成员函数 getAverage 计算这样的一维 array 对象元素的和，再除以考试成绩的个数，然后以 double 值返回该浮点结果(第 103 行)。

### 测试 GradeBook 类

图 7.24 中的程序用 int 类型的二维 array 对象 grades(在第 11 ~ 21 行声明和初始化)，创建 GradeBook 类(如图 7.22 和图 7.23 所示)的一个对象。请注意，第 11 行访问了 GradeBook 类的 static 常量 students 和 tests，以指出 array 对象 grades 每个维度的大小。第 23 ~ 24 行将一个课程名称和 grades 传递给 GradeBook 构造函数。然后，第 25 ~ 26 行调用 myGradeBook 的 displayMessage 和 processGrades 成员函数，分别显示一条欢迎信息并得到该学期所有学生成绩的汇总报告。

## 7.10　C++ 标准库类模板 vector 的介绍

现在介绍 C++ 标准库类模板 vector，它与类模板 array 相似，而且支持动态的大小调整。除了具有修改向量的特性外，在图 7.25 所示的其他特性也适合于 array 对象。标准类模板 vector 在头文件 < vector >(第 5 行)中定义，并且属于命名空间 std。在第 15 章将讨论 vector 的全部功能。在本节的末尾，我们将说明 vector 类的边界检查的能力，并介绍 C++ 的异常处理机制，后者可以用于 vector 对象下标超界的检测和处理。

### 创建 vector 对象

第 14 ~ 15 行创建了两个存储 int 类型值的 vector 对象，其中 integers1 包含 7 个元素，integers2 包含 10 个元素。在默认情况下，每一个 vector 对象的所有元素都被设置为 0。像 array 对象一样，可以定义 vector 对象来存储大多数数据类型的数据，只需要把 vector < int > 中的 int 替换成适当的数据类型即可。

```cpp
 1    // Fig. 7.25: fig07_25.cpp
 2    // Demonstrating C++ Standard Library class template vector.
 3    #include <iostream>
 4    #include <iomanip>
 5    #include <vector>
 6    #include <stdexcept>
 7    using namespace std;
 8
 9    void outputVector( const vector< int > & ); // display the vector
10    void inputVector( vector< int > & ); // input values into the vector
11
12    int main()
13    {
14       vector< int > integers1( 7 ); // 7-element vector< int >
15       vector< int > integers2( 10 ); // 10-element vector< int >
16
17       // print integers1 size and contents
18       cout << "Size of vector integers1 is " << integers1.size()
19          << "\nvector after initialization:" << endl;
20       outputVector( integers1 );
21
22       // print integers2 size and contents
23       cout << "\nSize of vector integers2 is " << integers2.size()
24          << "\nvector after initialization:" << endl;
25       outputVector( integers2 );
26
27       // input and print integers1 and integers2
28       cout << "\nEnter 17 integers:" << endl;
29       inputVector( integers1 );
30       inputVector( integers2 );
31
32       cout << "\nAfter input, the vectors contain:\n"
33          << "integers1:" << endl;
34       outputVector( integers1 );
35       cout << "integers2:" << endl;
36       outputVector( integers2 );
37
38       // use inequality (!=) operator with vector objects
39       cout << "\nEvaluating: integers1 != integers2" << endl;
40
41       if ( integers1 != integers2 )
42          cout << "integers1 and integers2 are not equal" << endl;
43
44       // create vector integers3 using integers1 as an
45       // initializer; print size and contents
46       vector< int > integers3( integers1 ); // copy constructor
47
48       cout << "\nSize of vector integers3 is " << integers3.size()
49          << "\nvector after initialization:" << endl;
50       outputVector( integers3 );
51
52       // use overloaded assignment (=) operator
53       cout << "\nAssigning integers2 to integers1:" << endl;
54       integers1 = integers2; // assign integers2 to integers1
55
56       cout << "integers1:" << endl;
57       outputVector( integers1 );
58       cout << "integers2:" << endl;
59       outputVector( integers2 );
60
61       // use equality (==) operator with vector objects
62       cout << "\nEvaluating: integers1 == integers2" << endl;
63
64       if ( integers1 == integers2 )
65          cout << "integers1 and integers2 are equal" << endl;
66
67       // use square brackets to use the value at location 5 as an rvalue
68       cout << "\nintegers1[5] is " << integers1[ 5 ];
69
70       // use square brackets to create lvalue
71       cout << "\n\nAssigning 1000 to integers1[5]" << endl;
72       integers1[ 5 ] = 1000;
73       cout << "integers1:" << endl;
74       outputVector( integers1 );
75
```

图 7.25  C++ 标准库类模板 vector 的演示

```
76     // attempt to use out-of-range subscript
77     try
78     {
79        cout << "\nAttempt to display integers1.at( 15 )" << endl;
80        cout << integers1.at( 15 ) << endl; // ERROR: out of range
81     } // end try
82     catch ( out_of_range &ex )
83     {
84        cerr << "An exception occurred: " << ex.what() << endl;
85     } // end catch
86
87     // changing the size of a vector
88     cout << "\nCurrent integers3 size is: " << integers3.size() << endl;
89     integers3.push_back( 1000 ); // add 1000 to the end of the vector
90     cout << "New integers3 size is: " << integers3.size() << endl;
91     cout << "integers3 now contains: ";
92     outputVector( integers3 );
93  } // end main
94
95  // output vector contents
96  void outputVector( const vector< int > &array )
97  {
98     for ( int item : items )
99        cout << item << " ";
100
101    cout << endl;
102 } // end function outputVector
103
104 // input vector contents
105 void inputVector( vector< int > &array )
106 {
107    for ( int &item : items )
108       cin >> item;
109 } // end function inputVector
```

```
Size of vector integers1 is 7
vector after initialization:
0 0 0 0 0 0 0

Size of vector integers2 is 10
vector after initialization:
0 0 0 0 0 0 0 0 0 0

Enter 17 integers:
1 2 3 4 5 6 7 8 9 10 11 12 13 14 15 16 17

After input, the vectors contain:
integers1:
1 2 3 4 5 6 7
integers2:
8 9 10 11 12 13 14 15 16 17

Evaluating: integers1 != integers2
integers1 and integers2 are not equal

Size of vector integers3 is 7
vector after initialization:
1 2 3 4 5 6 7

Assigning integers2 to integers1:
integers1:
8 9 10 11 12 13 14 15 16 17
integers2:
8 9 10 11 12 13 14 15 16 17

Evaluating: integers1 == integers2
integers1 and integers2 are equal

integers1[5] is 13

Assigning 1000 to integers1[5]
integers1:
8 9 10 11 12 1000 14 15 16 17

Attempt to display integers1.at( 15 )
An exception occurred: invalid vector<T> subscript

Current integers3 size is: 7
New integers3 size is: 8
integers3 now contains: 1 2 3 4 5 6 7 1000
```

图 7.25(续)   C++标准库类模板 vector 的演示

### vector 成员函数 size；函数 outputVector

第 18 行使用 vector 成员函数 size 来获得 integers1 的大小（即元素的个数）。第 20 行将 integers1 传递给函数 outputVector（第 96 ~ 102 行），这个函数使用基于范围的 for 语句获取并输出 vector 对象的每个元素的值。当然，在使用类模板 array 的时候，也可以使用计数器控制的循环和下标运算符（[ ]）来完成同样的功能。第 23 行和第 25 行对 integers2 进行相同的操作。

### 函数 inputVector

第 29 ~ 30 行把 integers1 和 integers2 传递给函数 inputVector（第 105 ~ 109 行），来从用户处读入每个 vector 对象的元素值。inputVector 函数使用一条基于范围的 for 语句，这条语句的范围变量是一个 int 数据的引用，因此该语句形成了用于存放每个 vector 元素的输入值的左值。

### vector 对象不等关系是否成立的比较

第 41 行说明一个 vector 对象可以用!=运算符直接与另一个 vector 对象进行比较。如果两个 vector 对象的内容不相等，该运算符返回 true，否则返回 false。

### 一个 vector 对象用另一个 vector 对象来初始化

C++ 标准库类模板 vector 允许程序员在创建一个新的 vector 对象时，用一个已有的 vector 对象的内容来初始化它。第 46 行创建一个 vector 对象 integers3，并用 integers1 的一个副本初始化它。此举会调用 vector 的拷贝构造函数，执行复制操作。在第 10 章将详细介绍拷贝构造函数。第 48 ~ 50 行输出 integers3 的大小和内容，以说明它被正确地初始化了。

### vector 对象的赋值与 vector 对象相等关系是否成立的比较

第 54 行把 integers2 赋值给 integers1，以说明 vector 对象间可以使用赋值运算符（ = ）。第 56 ~ 59 行输出这两个对象的内容，显示它们此时包含相同的值。接着，第 64 行用相等运算符（ == ）比较 integers1 和 integers2，判断这两个 vecto 对象的内容在第 54 行的赋值操作后是否相等。

### 使用运算符[ ]访问和修改 vector 对象的元素

第 68 行和第 70 行用方括号获取 vector 元素，分别用作右值和左值。回想一下 5.9 节，右值是不可以被修改的，而左值可以。就像 array 对象一样，在使用方括号访问 vector 对象的元素时，C++ 是不需要进行边界检查的①。因此，程序员必须保证使用方括号的操作不会在无意中试图操作超出 vector 边界的元素。但是，标准类模板 vector 确实在它的成员函数 at 中提供了边界检查的能力（类模板 array 也这样做）。图 7.25 第 80 行使用了这个成员函数，我们接下来会讨论超出边界的问题。

### 异常处理：处理超出边界的下标

异常是一个在程序运行时出现的问题的表现。起"异常"这个名称也就说明了这个问题出现的可能性很小。如果"规则"是指一条语句通常会正确地执行，那么"规则异常"则指执行时产生了问题。异常处理使程序员能够创建可以解决（或处理）异常的容错程序。在很多情况下，在处理异常的同时还允许程序继续运行，就像是没有遇到异常一样。例如，图 7.25 依旧完成运行，即使试图访问一个超出边界的下标。但是，更加严重的问题则可能阻止程序继续正常执行，而会要求程序先通知该问题的用户，然后再终止程序的执行。若函数检测到一个问题，例如一个无效的 array 对象下标或者一个无效的实参，它抛出一个异常，也就是说一个异常发生了。在这里，我们简单地介绍一下异常处理，详细的讨论将在第 17 章"异常处理深入剖析"中给出。

---

① 一些编译器有边界检查的选项，有助于防止缓冲区溢出。

### try 语句

为了处理一个异常，需要把可能抛出一个异常的任何代码放置在一个 try 语句中(第 77 ~ 85 行)。其中的 try 语句块(第 77 ~ 81 行)包含可能抛出一个异常的代码，catch 语句块(第 82 ~ 85 行)包含了如果异常发生则处理异常的代码。正如大家将在第 17 章中所看到的，可以有多个 catch 块来处理不同类型的异常，这些异常可能由相应的 try 语句块抛出。如果 try 语句块中的代码执行没有问题，那么第 82 ~ 85 行被忽略。限定 try 语句块和 catch 语句块界限的花括号是必需的。

vector 成员函数 at 提供了边界检查和抛出异常的功能，也就是说如果这个函数的实参是一个无效的下标，就会抛出一个异常。在默认的情况下，将导致 C++ 程序终止。如果下标是有效的，at 函数返回在此指定位置上的元素，可作为可修改的左值或者不可修改的左值。不可修改的左值是一个表达式，标识了内存中的一个对象，例如 vector 对象的一个元素。但是，它不可以用来修改这个对象。如果 at 函数被一个 const 的 array 对象或者通过一个声明为 const 的引用调用，那么这个函数返回的是一个不可修改的左值。

### 执行 catch 语句块

当程序以实参 15 调用 vector 成员函数 at 时(第 80 行)，这个函数试图访问在位置 15 上的元素，超出了 vector 对象 integer1 的边界。此刻，integer1 只有 10 个元素。因为边界检查是在执行期间进行的，因此 vector 成员函数 at 产生一个异常。具体地说，就是第 80 行抛出一个 out_of_range 异常(在头文件 < stdexcept > 中)，通知程序这个问题。在这个时候，try 语句块立即终止，同时 catch 语句块开始执行。请注意，在 try 语句块中声明的任何变量此时都超出了它们的作用域，也就是说在 catch 语句块中都不可访问。

这个 catch 语句块声明了一个类型(out_of_range)和一个接收引用的异常形参(ex)。catch 语句块可以处理指定类型的异常。在这个语句块中，可以使用形参的标识符来实现与捕捉到的异常对象的交互。

### 异常形参的 what 成员函数

当第 82 ~ 85 行捕捉到异常时，程序显示一则消息说明出现的问题。第 84 行调用这个异常对象的 what 成员函数，来得到并显示存储在此异常对象中的错误消息。在这个例子中，一旦消息被显示，这个异常就视为被处理了，然后程序继续执行 catch 语句块结束的右花括号之后的语句，也就是第 88 ~ 92 行中的语句。我们在第 9 ~ 12 章继续使用异常处理，并将在第 17 章深入探讨异常处理。

### 改变 vector 对象的大小

vector 对象和 array 对象之间的一个主要区别是 vector 对象可以动态增长以容纳更多的元素。为了说明这一点，先在第 88 行显示 integers3 的当前大小，然后第 89 行调用 vector 对象的 push_back 成员函数，在这个对象的尾部增加一个新的元素，这个元素的值是 1000，接着在第 90 行显示 integers3 的新的大小。第 92 行显示 integers3 的新内容。

### C++11：采用初始化列表初始化 vector 对象

在本章 array 对象的例子中很多都使用初始化列表来指定 array 对象元素的初始值。同样，C++ 11 也允许 vector 对象(以及其他的 C++ 标准库数据结构)用初始化列表进行初始化。在撰写这本书的时候，Visual C++ 还不能够支持 vector 对象的列表初始化。

## 7.11   本章小结

这一章首先介绍数据结构，探索了使用 C++ 标准库类模板 array 和 vector 将数据存储在列表或表格中，或者从数值列表和表格中获取数据。本章的例子示范了如何声明 array 对象、初始化 array 对象，以及引用 array 对象的单个元素。我们以按引用传递的方式把 array 对象传递给函数，使用 const 限定符来防止被调用函数修改该 array 对象的元素，从而实施了最小特权原则。通过这章学习了如何使用 C++11 中的新特性——基于范围的 for 语句来操作 array 对象的所有元素，也展示了如何使用 C++ 标准库函数 sort 和

binary_search 分别对一个 array 对象进行排序和查找。学习了如何声明和操作多维 array 对象。我们使用嵌套的计数器控制的 for 语句和嵌套的基于范围的 for 语句对二维 array 对象的所有行和列进行迭代遍历。也展示了如何使用 auto，根据变量的初始值来推断它的类型。最后，我们示范说明了 C++ 标准库类模板 vector 的功能。在例子中，讨论了如何使用边界检查访问 array 对象和 vector 对象的元素，并且说明了基本的异常处理的概念。在后续章节中，我们将继续涉及数据结构的内容。

　　至此，我们已经介绍了类、对象、控制语句、函数和 array 对象的基本概念。在第 8 章将介绍 C++ 最强大的特性之一——指针。指针记录了数据和函数存储在内存中的位置，可以使程序员以有趣的方式对这些项进行操作。正如大家将看到的，C++ 还提供了一种与指针有紧密联系的被称为数组（与类模板 array 不同）的语言元素。在当代的 C++ 代码中，认为使用 C++ 11 的 array 类模板而不是传统的数组是更好的选择。

## 摘要

### 7.1 节　简介

- 数据结构是一些相关数据元素的集合。array 对象是由相同类型的相关数据元素组成的数据结构。array 对象在它们的生命期内大小保持不变，因此它们是"静态"的实体。

### 7.2 节　array 对象

- array 对象是一组具有相同类型的、连续的内存区域。
- 每个 array 对象都知道它自己的大小，这可以通过调用它自己的 size 成员函数来确定。
- 要引用 array 对象中的一个特定区域或元素，需通过指定 array 对象名称和该特定元素在 array 对象中的位置编号来完成。
- 通过依次给出 array 对象名及用方括号括起来的特定元素的位置编号，程序就可以引用任何一个特定的 array 对象元素。
- 每个 array 对象中第一个元素的下标都为 0，因此有时称第一个元素为第 0 个元素。
- 下标必须是一个整数或整数表达式（使用任何整数类型）。
- 将 array 对象下标括起来的方括号实际上是 C++ 中的一个运算符，它和圆括号具有相同的优先级。

### 7.3 节　array 对象的声明

- array 对象占用内存空间。为了指定 array 对象所需要的元素类型和元素个数，应该采用如下的声明方式：

  array < 类型, 大小 > array 对象名;

  然后编译器保留合适的内存空间。
- array 对象可以被声明来包含几乎任何数据类型的元素。例如，一个 char 类型的 array 对象可以用来存储一个字符串。

### 7.4 节　使用 array 对象的例子

- 在 array 对象的声明中，如果 array 对象名称之后跟随一个等号和一个初始化列表，那么就可以初始化该 array 对象的元素。初始化列表是（用花括号括起来的）以逗号分隔的初始化值。
- 在用初始化列表初始化 array 对象时，如果初始化值的个数比 array 对象元素少，那么剩下的 array 对象元素都被初始化为 0。初始化的元素个数必须小于等于 array 对象大小。
- 用于指定 array 对象大小的常量变量，必须在声明时用一个常量表达式来初始化，而且之后不能修改。
- C++ 没有 array 对象边界检查的机制，程序员应该保证所有的 array 对象引用都在 array 对象边界内进行。
- 函数定义中的 static 局部变量在程序运行期间一直存在，但是只在该函数体内可见。

- 当第一次遇到 static 局部 array 对象的声明时，程序就初始化它们。如果一个 staticarray 对象没有被程序员进行显式地初始化，那么在这个 array 对象被创建时，编译器会把该 array 对象的每个元素初始化为 0。

## 7.5 节　基于范围的 for 语句

- C++11 的新特性——基于范围的 for 语句允许程序员不使用计数器就可以操作 array 对象的所有元素，从而可以避免"迈出"array 对象的可能性，并且可以减小程序员的工作量，不需要他们自己去实现对边界的检查功能。
- 基于范围的 for 语句的语法形式是：

for（范围变量声明：表达式）

　　　语句

其中范围变量声明含有一个类型名称和一个标识符，表达式是需要迭代遍历的 array 对象。范围变量声明中的类型必须与 array 对象的元素类型相一致，而标识符代表循环的连续迭代中下一个 array 对象元素。基于范围的 for 语句可以和大多数 C++ 标准库中预制的数据结构（通常称为容器）一起使用，包括类 array 和 vector。
- 使范围变量声明中的类型为引用，就可以用基于范围的 for 语句来修改每个元素。
- 无论何时只要循环遍历一个 array 对象的代码不要求访问元素的下标，就可以用基于范围的 for 语句来代替计数器控制的 for 语句。

## 7.6 节　实例研究：利用 array 对象存放成绩的 GradeBook 类

- 类变量（即 static 数据成员）被声明这些变量的类的所有对象共享。
- 和任何其他数据成员一样，static 数据成员可以在类定义和成员函数定义中被访问。
- 即使没有该类的对象存在，通过在 public static 数据成员名称之前加类名和二元作用域分辨运算符（::），这个数据成员也可以在类之外被访问。

## 7.7 节　array 对象的排序与查找

- 数据排序，即按照某种特定的次序（如升序或降序）对数据进行排列，是最重要的计算应用之一。
- 寻找 array 对象中某个特定元素的过程被称为查找。
- C++ 标准库函数 sort 将 array 对象元素按升序排列。这个函数的参数指定了需要被排序的元素的范围。大家将会看到，sort 函数也能被用在其他类型的容器上。
- C++ 标准库函数 binary_search 确定一个值是否在一个 array 对象中。值的序列必须首先按升序排列。这个函数的前两个实参表示查找元素的范围，第三个实参是查找关键字，也就是要在 array 对象寻找的值。这个函数的返回值是 bool 类型，表明寻找的值是否找到。

## 7.8 节　多维 array 对象

- 具有二维的多维 array 对象通常用来表示数值表格，这样的数值表格包含的信息是按照行和列排列的。
- 需要两个下标来标识特定元素的 array 对象称为二维 array 对象。一个有 $m$ 行 $n$ 列的 *array* 对象称为 $m \times n$ 的 array 对象。

## 7.9 节　实例研究：利用二维 array 对象的 GradeBook 类

- 在一个变量的声明中，关键字 auto 可以用来代替类型名，编译器可以根据这个变量的初始化值来确定它的数据类型。

## 7.10 节　C++ 标准库类模板 vector 的介绍

- C++ 标准库类模板 vector 是一种更健壮的数组替代品，它提供了很多 C 风格的基于指针的数组所没有的能力。

- 在默认情况下，一个整型 vector 对象的所有元素都被设置为 0。
- 可以用"vector < 数据类型 > 名称(大小);"形式的声明来定义一个能够存储任何数据类型的 vector 对象。
- 类模板 vector 的成员函数 size 返回调用它的 vector 对象的元素个数。
- 使用方括号([ ])可以访问或修改 vector 的元素的值。
- 标准类模板 vector 的对象可以直接用相等运算符( == )和不等运算符( != )进行比较。vector 对象也可以直接使用赋值运算符( = )。
- 不可修改的左值是标识内存中一个对象的一个表达式(例如 vector 对象中的一个元素)，但是不可以用来修改这个对象。可修改的左值也标识内存中的一个对象，但是可以用来修改这个对象。
- 异常表明了在程序执行时出现的问题。"异常"这个名称说明了这个问题出现的可能性很小；如果"规则"是指一条语句通常会正确地执行，那么"规则异常"则指执行时产生了问题。
- 异常处理使程序员能够创建可以解决异常的容错程序。
- 为了处理异常，需要把可能抛出异常的任何代码放置在 try 语句中。
- 在 try 语句块中包含了那些可能会抛出异常的代码，而在 catch 语句块中包含了异常发生时处理这个异常的代码。
- 当一个 try 语句块终止时，任何在 try 语句块中定义的变量都超出了作用域。
- 一个 catch 语句块声明一个类型和一个异常形参。在 catch 语句块中，可以使用形参的标识符来实现与捕捉到的异常对象的交互。
- 异常对象的 what 成员函数返回这个异常的错误信息。

## 自测练习题

7.1　填空题。
　　a)数值列表和表格可以存储在_____或_____中。
　　b)array 对象中的元素是相关的，因为它们有相同的_____和_____。
　　c)用来引用 array 对象某个特定元素的数字称为该元素的_____。
　　d)应该使用_____来声明 array 对象的大小，因为这样可以使程序更易于扩展。
　　e)把 array 对象元素按顺序排列的过程称为 array 对象的_____。
　　f)判断一个 array 对象是否包含某个特定关键值的过程称为 array 对象的_____。
　　g)使用两个下标的 array 对象称为_____ array 对象。

7.2　判断对错。如果错误，请说明理由。
　　a)一个给定的 array 对象可以存储许多不同类型的值。
　　b)array 对象下标通常应该是 float 数据类型的。
　　c)如果初始化列表中的初始化值个数少于 array 对象元素个数，那么剩余的元素都被初始化为初始化列表中的最后一个值。
　　d)如果一个初始化列表中的初始化值比 array 对象元素个数多，那么会产生错误。

7.3　编写一条或多条语句，完成以下与 array 对象 fractions 相关的任务。
　　a)定义一个常量变量 arraySize 表示一个 array 对象的大小，并初始化为 10。
　　b)声明一个具有 arraySize 个 double 类型元素的 array 对象，并把元素都初始化为 0。
　　c)为 array 对象的第 4 个元素命名。
　　d)引用 array 对象的元素 4。
　　e)把值 1.667 赋值给 array 对象的元素 9。
　　f)把值 3.333 赋值给 array 对象的第 7 个元素。
　　g)打印 array 对象的元素 6 和元素 9，保留两位小数，并在屏幕上显示输出结果。

    h)使用一条计数器控制的 for 语句打印所有的 array 对象元素。定义整型变量 i 作为循环的控制变量。显示输出结果。

    i)使用基于范围的 for 语句打印所有的 array 对象元素,元素间用逗号分隔。

7.4   (**二维 array 对象的问题**)回答以下关于 array 对象 table 的问题。

    a)声明这个 array 对象存储 int 值,并包含 3 行 3 列。假设常量变量 arraySize 已经被定义为 3。

    b)这个 array 对象包含多少个元素?

    c)使用一条计数器控制的 for 把 array 对象的每个元素初始化为它的下标之和。

    d)编写一条嵌套的 for 语句,要求以 3 行 3 列表格的形式打印 array 对象 table 中的每个元素值。每一行和每一列应该加行编号或列编号的标签。假设该 array 对象用含有 1~9 顺序值的初始化列表进行初始化。展示输出结果。

7.5   找出下列程序段中的错误并改正。

    a)  `#include <iostream>;`

    b)  `arraySize = 10; // arraySize was declared const`

    c)  假设: `array< int, 10 > b = {};`
```
for ( size_t i = 0; i <= b.size(); ++i )
    b[ i ] = 1;
```

    d)假设:a 是一个具有 int 值的 2 行 2 列的二维 array 对象:
```
a[ 1, 1 ] = 5;
```

## 自测练习题答案

7.1   a)array 对象, vector 对象。b)array 对象名字, 类型。c)下标或者索引。d)常量变量。e)排序。f)查找。g)二维。

7.2   a)错误。array 对象只能存储相同类型的值。

    b)错误。array 对象下标应该是一个整数或一个整数表达式。

    c)错误。剩余的元素被初始化为 0。

    d)正确。

7.3   a)  `const size_t arraySize = 10;`

    b)  `array< double, arraySize > fractions = { 0.0 };`

    c)  `fractions[ 3 ]`

    d)  `fractions[ 4 ]`

    e)  `fractions[ 9 ] = 1.667;`

    f)  `fractions[ 6 ] = 3.333;`

    g)  `cout << fixed << setprecision( 2 );`
```
cout << fractions[ 6 ] << ' ' << fractions[ 9 ] << endl;
```
      输出结果:3.33 1.67

    h)  `for ( size_t i = 0; i < fractions.size(); ++i )`
```
cout << "fractions[" << i << "] = " << fractions[ i ] << endl;
```
      输出结果:
```
fractions[ 0 ] = 0.0
fractions[ 1 ] = 0.0
fractions[ 2 ] = 0.0
fractions[ 3 ] = 0.0
fractions[ 4 ] = 0.0
fractions[ 5 ] = 0.0
fractions[ 6 ] = 3.333
fractions[ 7 ] = 0.0
fractions[ 8 ] = 0.0
fractions[ 9 ] = 1.667
```
    i)  `for ( double element : fractions )`
```
cout << element << ' ';
```

7.4　a)　array< array< int, arraySize >, arraySize > table;
　　b)　9个。
　　c)　for ( size_t row = 0; row < table.size(); ++row )
　　　　　for ( size_t column = 0; column < table[ row ].size(); ++column )
　　　　　　table[ row ][ column ] = row + column;
　　d)　cout << "　　　[0]　[1]　[2]" << endl;

　　　　for ( size_t i = 0; i < arraySize; ++i ) {
　　　　　cout << '[' << i << "] ";

　　　　　for ( size_t j = 0; j < arraySize; ++j )
　　　　　　cout << setw( 3 ) << table[ i ][ j ] << "　";
　　　　　cout << endl;
　　　　}
　　　　输出结果:
　　　　　　　[0]　[1]　[2]
　　　　[0]　　1　　2　　3
　　　　[1]　　4　　5　　6
　　　　[2]　　7　　8　　9

7.5　a)错误: #include 预处理器指令后有分号。
　　　改正: 去除分号。
　　b)错误: 使用赋值语句给一个常量变量赋值。
　　　改正: 在 const size_t arraySize 声明中初始化常量变量。
　　c)错误: 引用了超出 array 对象(b[10])边界的 array 对象元素。
　　　改正: 循环继续条件中的 <= 改为 <。
　　d)错误: array 对象下标表示出错。
　　　改正: 把语句改为 a[1][1] = 5。

## 练习题

7.6　填空题。
　　a)array 对象 p 的 4 个元素的名称分别是_____、_____、_____和_____。
　　b)给一个 array 对象命名、规定它的类型并指定 array 对象元素的个数，这称为_____ array
　　　对象。
　　c)在访问一个 array 对象元素时，按照惯例，一个二维 array 对象的第一个下标标识元素的
　　　_____，第二个下标标识元素的_____。
　　d)一个 m×n 的 array 对象包含_____行、_____列，有_____个元素。
　　e)array 对象 d 的 3 行 5 列的元素名称是_____。

7.7　判断对错。如果错误，请说明理由。
　　a)为了引用 array 对象中某个特定的区域或元素，需要指出 array 对象的名字和该特定元素的值。
　　b)一个 array 对象的定义为 array 对象预留了内存空间。
　　c)为了指明应该给整数 array 对象 p 预留 100 个区域，程序员需要编写如下的声明:
　　　p[ 100 ];
　　d)将一个具有 15 个元素的 array 对象的全部元素初始化为 0，必须使用一条 for 语句。
　　e)计算一个二维 array 对象的所有元素之和，必须使用嵌套的 for 语句。

7.8　编写 C++语句完成下述任务。
　　a)显示字符 array 对象 alphabet 的元素 6 的值。
　　b)输入一个值到一维浮点 array 对象 grades 的元素 4。
　　c)把一维整数 array 对象 values 的全部 5 个元素都初始化为 8。

    d) 计算浮点 array 对象 temperatures 的全部 100 个元素之和, 并打印出来。

    e) 把 array 对象 a 复制到 array 对象 b 的开始部分。假设 array 对象 a 和 b 都包含 double 类型的值, 并且分别具有 11 个和 34 个元素。

    f) 在一个有 99 个元素的浮点 array 对象 w 中确定其包含的最小值和最大值, 并打印出来。

7.9   (**二维 array 对象的问题**)考虑一个 $2 \times 3$ 的整数 array 对象 t。

    a) 为 array 对象 t 编写声明。

    b) array 对象 t 有多少行?

    c) array 对象 t 有多少列?

    d) array 对象 t 有多少个元素?

    e) 写出 array 对象 t 的 1 行中所有元素的名称。

    f) 写出 array 对象 t 的 2 列中所有元素的名称。

    g) 编写一条语句, 把 array 对象 1 行 2 列的元素设置为 0。

    h) 编写一系列语句, 把 array 对象 t 的每个元素都初始化为 0。不要使用循环。

    i) 编写一条嵌套的计数器控制的 for 语句, 把 array 对象 t 的每个元素都初始化为 0。

    j) 编写一条嵌套的基于范围的 for 语句, 把 array 对象 t 的每个元素都初始化为 0。

    k) 编写一条语句, 通过键盘输入 array 对象 t 中各元素的值。

    l) 编写一系列语句, 确定并打印 array 对象 t 中的最小值。

    m) 编写一条语句, 显示 array 对象 t 在 1 行中的所有元素。

    n) 编写一条语句, 求 array 对象 t 在 2 列中所有元素之和。

    o) 编写一系列语句, 以整齐的表格形式打印 array 对象 t。将列下标作为标题放在顶部, 将行下标放在各行的左侧。

7.10   (**销售人员薪金范围**)利用一个一维的 array 对象解决以下问题。一家公司以底薪加提成的方式付给销售人员工资。销售人员每周获得 200 美元的底薪, 外加本周达到一定销售额的 9% 的提成。例如, 一个销售人员一周的销售额是 5000 美元, 就会得到 200 美元加上 5000 美元的 9%, 即总共 650 美元。请编写一个程序(利用一个计数器的 array 对象), 判断有多少销售人员可以获得以下范围内的报酬(假设每个销售人员的报酬都将取整)。

    a) 200 ~ 299 美元

    b) 300 ~ 399 美元

    c) 400 ~ 499 美元

    d) 500 ~ 599 美元

    e) 600 ~ 699 美元

    f) 700 ~ 799 美元

    g) 800 ~ 899 美元

    h) 900 ~ 999 美元

    i) 1000 美元及以上

7.11   (**一维 array 对象的问题**)编写单条语句, 执行以下一维 array 对象的操作。

    a) 把整数 array 对象 counts 的 10 个元素初始化为 0。

    b) 给整数 array 对象 bonus 的 15 个元素都分别加 1。

    c) 通过键盘为 double 类型的 array 对象 monthlyTemperatures 输入 12 个值。

    d) 按列的方式打印整数 array 对象 bestScores 的 5 个值。

7.12   指出下列程序段的错误。

    a) 假设: a 是一个具有 3 个 int 类型元素的 array 对象。

```
cout << a[ 1 ] << " " << a[ 2 ] << " " << a[ 3 ] << endl;
```

    b)
```
array< double, 3 > f = { 1.1, 10.01, 100.001, 1000.0001 };
```

c)假设：d 是一个具有 2 行 10 列 double 类型元素的 array 对象。

    d[ 1, 9 ] = 2.345;

7.13　（**利用 array 对象去重**）利用一个一维 array 对象解决以下问题。读入 20 个数，每个数在 10 ~ 100 之间（包括 10 和 100）。在读入每个数时，确认这个数的有效性，并且若它和之前读入的数不一样，就把它存储到 array 对象中。读完所有的数之后，仅显示用户输入的不同的数值。假设"最糟糕的情况"是这 20 个数都不相同。请尽量用最小的 array 对象解决这个问题。

7.14　（**利用 vector 对象去重**）利用 vector 对象重新实现练习题 7.13 中的功能。从一个空的 vector 对象开始，使用它的 push_back 函数把每个不同的值添加到这个 vector 对象中。

7.15　（**二维 array 对象初始化**）对一个 3 ×5 的二维 array 对象 sales 的所有元素加标识，来表明它们被如下的程序段设置为 0 的顺序：

```
for ( size_t row = 0; row < sales.size(); ++row )
    for ( size_t column = 0; column < sales[ row ].size(); ++column )
        sales[ row ][ column ] = 0;
```

7.16　（**掷双骰**）编写一个程序，模拟掷两个骰子，然后计算两个骰子值的和。注意：由于每个骰子显示 1 ~ 6 之间的一个整数值，因此这两个值的和在 2 ~ 12 之间变动，其中 7 是出现频率最高的值，而 2 和 12 是出现频率最低的值。图 7.26 显示这两个骰子值的 36 种可能的组合。程序应该掷这两个骰子 36 000 次。请利用一个一维 array 对象记录每个可能的和出现的次数。以表格的形式打印结果。同时，判定这些次数的统计值是否合理（也就是说，有 6 种方式可以掷到 7，因此所有掷出的和值中，大约有 1/6 应该是 7）。

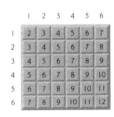

图 7.26　掷两个骰子的
36 种可能结果

7.17　请问下面的程序做了什么？

```
 1   // Ex. 7.17: Ex07_17.cpp
 2   // What does this program do?
 3   #include <iostream>
 4   #include <array>
 5   using namespace std;
 6
 7   const size_t arraySize = 10;
 8   int whatIsThis( const array< int, arraySize > &, size_t ); // p
 9
10   int main()
11   {
12      array< int, arraySize > a = { 1, 2, 3, 4, 5, 6, 7, 8, 9, 10
13
14      int result = whatIsThis( a, arraySize );
15
16      cout << "Result is " << result << endl;
17   } // end main
18
19   // What does this function do?
20   int whatIsThis( const array< int, arraySize > &b, size_t size )
21   {
22      if ( size == 1 ) // base case
23         return b[ 0 ];
24      else // recursive step
25         return b[ size - 1 ] + whatIsThis( b, size - 1 );
26   } // end function whatIsThis
```

7.18　（**掷双骰子游戏的改进**）修改图 6.11 中的程序，玩 1000 次掷双骰子游戏。程序应能够跟踪统计结果，并回答以下问题。

a)第 1 次、第 2 次、……、第 20 次及第 20 次以后的游戏中，共赢了几次？

b)第 1 次、第 2 次、……、第 20 次及第 20 次以后的游戏中，共输了几次？

c)掷双骰子游戏中赢的概率有多大？注意：读者应该发现掷双骰子游戏是最公平的娱乐场游戏之一。请解释为什么。

d) 掷双骰子游戏的平均时间为多长?

e) 玩的时间越长,是否意味着赢的机会越多?

7.19 (**将 7.10 节 vector 对象的例子转换成 array 对象**)将图 7.26 中 vector 对象的例子转换成使用 array 对象。请消除任何 vector 对象仅有的特性。

7.20 请问下面的程序做了什么?

```cpp
// Ex. 7.20: Ex07_20.cpp
// What does this program do?
#include <iostream>
#include <array>
using namespace std;

const size_t arraySize = 10;
void someFunction( const array< int, arraySize > &, size_t ); // prototype

int main()
{
   array< int, arraySize > a = { 1, 2, 3, 4, 5, 6, 7, 8, 9, 10 };

   cout << "The values in the array are:" << endl;
   someFunction( a, 0 );
   cout << endl;
} // end main

// What does this function do?
void someFunction( const array< int, arraySize > &b, size_t current )
{
   if ( current < b.size() )
   {
      someFunction( b, current + 1 );
      cout << b[ current ] << " ";
   } // end if
} // end function someFunction
```

7.21 (**销售汇总**)利用一个二维 array 对象来解决下面的问题。一家公司有 4 名售货员(编号 1~4),卖 5 种不同的产品(编号 1~5)。每天,对于每种不同产品的销售情况,每位售货员都要递交相应的一张纸条。每张纸条包含以下内容:

a) 售货员编号

b) 产品编号

c) 该产品当天的销售总额

因此,每位售货员每天会上交 0~5 张销售纸条。假设现在有上个月所有纸条的信息。请编写一个程序,读入上个月的销售信息(一次一位销售员的数据),统计每位售货员每种产品的销售总额。所有的总额应存储在一个二维 array 对象 sales 中。处理完上个月的信息后,以表格形式打印出结果,每列表示一位售货员,每行表示一种产品。统计每行求出上个月每种产品的销售总额;统计每列求出上个月每位售货员的销售总额。打印输出的表格应该在相应行的右边和相应列的下面显示这些统计结果。

7.22 (**骑士巡游**)骑士巡游问题对国际象棋爱好者来说是较有意思的难题之一。这个问题是:称为骑士的棋子在一个空的棋盘上行进,能否在 64 个方格棋盘上的每个方格都走一次且只走一次? 我们在这道练习题中可以深入研究一下这个耐人寻味的问题。

在国际象棋中,骑士的移动线路是 L 形的(在一个方向上走两格,在垂直方向上走一格)。因此,在一个空棋盘中间的方格上,骑士可以有 8 种不同的移动方式(从 0 到 7 编号),如图 7.27 所示。

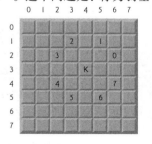

图 7.27 骑士的 8 种可能的移动情况

a) 在一张纸上画一个 8×8 的棋盘,手工尝试一下骑士巡游问题。在移进的第一个空格中放 1,第二个空格中放 2,第三个空格中放 3,依次类推。开始巡游之前,估计一下可以走多远,记着一个完整的巡游由 64 步移动组成。走了多远? 和你所估计的接近吗?

b) 现在，让我们开发一个程序，将在棋盘上移动骑士。用一个 8×8 的二维 array 对象 board 表示一个棋盘。每个方格都被初始化为 0。根据移动的水平和竖直分量来描述 8 种可能的移动路线。例如，图 7.27 所示的 0 类移动是沿水平方向右移两格，垂直方向上移动一格。而 2 类移动则是水平方向左移一格，垂直方向上移动两格。水平向左的移动和竖直向上的移动都用负数来表示。这 8 种可能的移动方式可以用两个一维 array 对象 horizontal 和 vertical 表示，如下所示：

```
horizontal[ 0 ] = 2      vertical[ 0 ] = -1
horizontal[ 1 ] = 1      vertical[ 1 ] = -2
horizontal[ 2 ] = -1     vertical[ 2 ] = -2
horizontal[ 3 ] = -2     vertical[ 3 ] = -1
horizontal[ 4 ] = -2     vertical[ 4 ] = 1
horizontal[ 5 ] = -1     vertical[ 5 ] = 2
horizontal[ 6 ] = 1      vertical[ 6 ] = 2
horizontal[ 7 ] = 2      vertical[ 7 ] = 1
```

令变量 currentRow 和 currentColumn 分别表示骑士当前位置的行和列。为了执行一次 moveNumber 类型的移动（其中 moveNumber 在 0 和 7 之间），程序应该使用如下语句：

```
currentRow += vertical[ moveNumber ];
currentColumn += horizontal[ moveNumber ];
```

定义一个从 1~64 变化的计数器，记录骑士在每一方格中移动的最近计数。记住，要检测每种可能的移动，以确定骑士是否已经访问过该方格。当然，也要检测每种可能的移动以保证骑士不会跑到棋盘外面。现在请编写一个程序，在棋盘上移动骑士。运行这个程序，看看骑士移动了几次？

c) 在尝试编写和运行了一个骑士巡游程序之后，你或许已经发现一些有用的想法了。我们将利用这些智慧，为骑士的移动开发一种试探法（或策略）。试探法不一定保证成功，但是一个精心研制的试探法会极大地增加成功的机会。你可能已经注意到外部的方格比靠近棋盘中心的方格更麻烦。事实上，最麻烦的或难以接近的方格就是四个角落。

最直观的想法是应该先把骑士移动到最难到达的方格，将最容易到达的空出来，这样，在接近巡游末期棋盘变得拥挤时，成功的机会就更大。

我们可以开发一个"可达性试探法"，根据每个方格的可到达程度将它们分类，然后总是把骑士移动到最难到达的那个方格（当然，要符合骑士的 L 形移动规则）。我们给一个二维 array 对象 accessibility 填上数，这些数表示每个方格周围有多少个可到达的方格。在一个空棋盘上，每个中心方格定为 8，每个角落方格定为 2，其他的方格为 3、4 或 6，如下所示：

```
2 3 4 4 4 4 3 2
3 4 6 6 6 6 4 3
4 6 8 8 8 8 6 4
4 6 8 8 8 8 6 4
4 6 8 8 8 8 6 4
4 6 8 8 8 8 6 4
3 4 6 6 6 6 4 3
2 3 4 4 4 4 3 2
```

现在，利用可达性试探法编写一个骑士巡游程序。在任何时候，骑士都应该移动到具有最低可达数的方格。如果满足此条件的方格不止一个，骑士可以移动到其中的任何一个方格。因此，骑士巡游可以从任何一个角落开始。注意：随着骑士在棋盘上的移动，越来越多的方格被占用，因此你的程序应该随之减少可达数。这样，在巡游的任何时刻，每个有效方格的可达数与该方格可到达的确切方格数保持相等。运行你的程序，能得到一个完整的巡游吗？现在修改程序，从棋盘的每个方格开始一个巡游，运行 64 次巡游。能得到多少个完整的巡游？

d) 编写一个骑士巡游程序，当遇到两个或更多的方格有相同的可达数时，通过预测从这些方格可以达到哪些方格来决定选择哪一个方格。在你的程序中，骑士移进的方格，在下一次移动时应该到达一个有最低可达数的方格。

7.23　（骑士巡游：蛮力方法）在练习题 7.22 中，我们开发了骑士巡游问题的一种解决方法，该法使用所谓的"可达性试探法"，可以产生很多解，并且执行效率较高。

随着计算机技术发展的突飞猛进，我们可以凭借其强大的计算能力，利用相对简单的算法来解决更多的问题。这就是解决问题的"蛮力"方法。

a) 用随机数生成来使骑士在棋盘上随意地走动(当然，符合它的 L 形移动规则)。你的程序运行一次巡游，并打印出最终的棋盘。骑士可以走多远？

b) 很有可能，前面的程序会产生一个相对较短的巡游。现在修改这个程序，尝试 1000 次巡游。用一个一维 array 对象跟踪每个长度的巡游次数。当程序完成 1000 次巡游尝试后，以表格形式打印这些信息。最好的结果是多少？

c) 很有可能，前面的程序会得到一些"质量不错"的巡游，但不是完整巡游。现在，"把次数限制去掉"，只是让你的程序一直运行，直到它产生一个完整巡游为止。注意：这个程序可能会在一台强大的计算机上运行数小时。同样，保存每个长度的巡游次数表格，当找到第一个完整巡游时以表格形式打印出来。你的程序在产生一个完整巡游之前尝试了几次？它花费了多少时间？

d) 比较骑士巡游问题的蛮力方法和可达性试探法，哪一种需要我们更仔细地研究问题？哪一种算法的开发更难？哪一种需要更强的计算能力？用可达性试探法，能预先确定可以得到一个完整巡游吗？用蛮力方法，能预先确定可以得到一个完整巡游吗？讨论一般情况下用蛮力方法解决问题的优点和缺点。

7.24 **(八皇后问题)** 另一个关于国际象棋的难题是八皇后问题。简单地说，就是是否可能在一个空的棋盘上放 8 个皇后，并使这 8 个皇后之间不会相互"攻击"，即没有两个皇后在同一行、同一列或同一对角线上。利用练习题 7.22 中的思路设计解决八皇后问题的试探法。运行你的程序。提示：可以给棋盘的每个方格赋予一个值，表明放一个皇后在该方格时，空棋盘上有多少方格可以被"排除"。棋盘四个角落的值都是 22，如图 7.28 所示。一旦在 64 个方格中都放入"排除数"后，一个适当的试探法可以是：把下一个皇后放在具有最小排除数的方格中。为什么这个策略凭直觉是吸引人的呢？

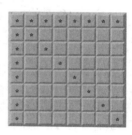

图 7.28　放一个皇后在左上角后，要排除的 22 个方格

7.25 **(八皇后问题：蛮力方法)** 在这道练习题中，你将开发几个蛮力方法来解决练习题 7.24 所介绍的八皇后问题。

a) 利用练习题 7.23 中介绍的随机蛮力方法，解决八皇后问题。

b) 使用穷举法，即尝试 8 个皇后在棋盘上的所有可能组合。

c) 为什么你认为穷举的蛮力法不适宜解决骑士巡游问题？

d) 总体上比较随机蛮力方法和穷举蛮力方法。

7.26 **(骑士巡游问题：封闭巡游测试)** 在骑士巡游问题中，当骑士移动 64 次并经过每个方格一次且只有一次时，才算是一个完整的巡游。封闭巡游是指骑士的第 65 次移动回到了出发点的巡游。修改你在练习题 7.22 中编写的骑士巡游程序，当产生一个完整巡游时，测试它是否是一个封闭巡游。

7.27 **(爱拉托逊斯筛法)** 质数是只能被 1 及其本身整除的数。Eratosthenes 筛选法是一种寻找质数的方法，它的操作如下。

a) 创建一个 array 对象，将它的所有元素都初始化为 1(真)。下标为质数的 array 对象元素将保持是 1，其他元素最后都会被设置为 0。在这道练习题中，可以不考虑元素 0 和元素 1。

b) 从 array 对象下标 2 开始，每次找到一个值为 1 的 array 对象元素时，对 array 对象剩余部分循环，并将下标为该元素下标倍数的元素设置为 0。对于 array 对象下标 2，array 对象中 2 之后的下标为 2 倍数的元素(下标 4、6、8、10 等)都被设置为 0；对于 array 对象下标 3，array 对象中 3 之后的下标为 3 倍数的元素(下标 6、9、12、15 等)被设置为 0；依次类推。

当这个过程完成之后，仍然为 1 的 array 对象元素，表明其下标就是一个质数。然后可以把这些下标打印出来。请编写一个程序，利用一个 1000 个元素的 array 对象，判断并打印 2 ~ 999 之间的质数。忽略 array 对象的元素 0。

## 递归练习题

7.28 （回文）回文是一种字符串，正读和反读该字符串都会得到同样的结果。回文的例子包括"radar"和"able was i ere i saw elba"等。请编写一个递归函数 testPalindrome，如果一个字符串是回文，则返回 true；否则，返回 false。请注意，像 array 对象一样，方括号运算符（[ ]）可用来迭代遍历一个字符串中的所有字符。

7.29 （八皇后问题）修改你在练习题 7.24 中创建的八皇后问题程序，用递归方法解决这个问题。

7.30 （打印 array 对象）编写一个递归函数 printArray，它以一个 array 对象、一个开始下标和一个结束下标作为实参，不返回任何值并打印这个 array 对象。当开始下标和结束下标相等时，这个函数应该停止处理并返回。

7.31 （逆序打印字符串）编写一个递归函数 stringReverse，该函数以一个 string 对象和一个开始下标作为实参，逆序打印这个字符串且不返回任何值。当到达这个字符串的末尾时，函数应当停止处理并返回。请注意，像 array 对象一样，方括号运算符（[ ]）可用来迭代遍历一个字符串中的所有字符。

7.32 （寻找 array 对象中的最小值）编写一个递归函数 recursiveMinimum，该函数以一个整数 array 对象、一个开始下标和一个结束下标作为参数，且返回这个 array 对象的最小元素。当开始下标和结束下标相等时，函数应当停止处理并返回。

7.33 （迷宫遍历）图 7.29 中的井号（#）和点（.）组成的网格是一个迷宫的内置的二维数组的表示。在这个内置的二维数组中，井号表示迷宫的墙，点表示通过迷宫的可能路径中的方格。只有对内置数组中包含点的位置移动才能进行。

有一个简单的穿越迷宫的算法，可以保证找到出口（假设存在出口）。如果没有出口，你将再次到达迷宫的起始位置。将你的右手放在你右侧的墙上然后开始向前走。绝不把你的手从墙上挪开。如果迷宫向右转，你跟着墙向右转。只要你不将你的手从墙上移开，最终你将到达迷宫的出口。可能会存在比这个方法走的路径更短的路径，但是使用这个算法你能确保自己走出迷宫。

图 7.29　表示迷宫的内置的二维数组

请编写一个递归函数 mazeTraverse 来穿越迷宫。这个函数应该接收的实参包括：一个表示迷宫的 12×12 char 类型的内置数组，一个迷宫的起始位置。当 mazeTraverse 尝试定位迷宫出口时，它应该将字符 x 放置在路径上的每个方块上。该函数在每走一步之后应该显示迷宫，这样用户才能看到迷宫问题是如何被解决的。

7.34 （随机生成迷宫）编写一个函数 mazeGenerator 用来随机生成一个迷宫。这个函数应该接收的实参包括：一个二维的 12×12 char 类型的内置数组，指向分别表示迷宫入口行和列的 int 变量的指针。尝试用随机生成的迷宫来测试练习题 7.33 中你的函数 mazeTraverse。

## 社会实践题

7.35　(**民意测验**)因特网以及 Web 使得越来越多的人能够上网、加入评论、发表意见等。2012 年,美国总统候选人使用因特网来传递他们的信息并为他们的竞选筹集资金。在这个练习题中,你要编写一个民意测验程序,它允许用户对 5 个社会意识的问题进行评价打分:1(不重要) ~ 10(最重要)。挑选 5 个你认为重要的问题(比如政治问题,全球环境问题,等等)。使用一维 string 类型的 array 对象 topics 存储这 5 个问题。为了汇总调查结果,使用一个 5 行 10 列 int 类型的二维 array 对象 responses,每一行对应于 topics 中的一个元素。当程序运行时,它应该让用户评价每个问题。请邀请你的朋友和家人也参与到这项调查中。然后这个程序显示调查结果的汇总情况,包括:

a)将结果制成表格,5 个问题列在最左边,10 个评价分列在上面,在每一列记下每个问题收到的评价数目。

b)在每一行的右边,显示这个问题的平均打分。

c)哪个问题打分最高? 显示出这个问题和它的总分数。

d)哪个问题打分最低? 显示出这个问题和它的总分数。

# 第8章 指 针

*Addresses are given to us to conceal our whereabouts.*

—Saki( H. H. Munro)

*By indirection find direction out.*

—William Shakespeare

*Many things, having full reference、To one consent, may work contrariously.*

—William Shakespeare

*You will find it a very good practice always to verify your references, sir!*

—Dr. Routh

## 学习目标

在本章中将学习：

● 什么是指针
● 了解指针和引用的相同和不同之处
● 利用指针通过按引用传递方式将参数传递给函数
● 理解指针和内置数组之间的密切关系
● 使用基于指针的字符串
● 使用内置数组
● 使用 C++11 的功能，包括 nullptr，以及标准库函数 begin 和 end。

## 提纲

## 8.1 简介

本章将讨论指针,这是 C++ 程序设计语言的最强大功能之一。对程序员而言,使用指针极富挑战性。本章的目标是帮助大家确定何时应该使用指针,并说明如何正确且负责地使用指针。

在第 6 章,我们曾看到可以通过使用引用执行按引用传递。不过,指针也能够实现按引用传递,并且可用于创建和操作动态的数据结构(即可以增长和缩减的数据结构),例如链表、队列、堆栈和树等。本章将诠释基本的指针概念。在第 19 章将给出一些创建和使用动态数据结构的例子,其中用指针实现了动态数据结构。

同时,我们也将说明指针和内置数组之间的密切关系。C++ 从 C 程序设计语言继承了内置数组。正如在第 7 章中所看到的,C++ 标准库中的类 array 和 vector 以完全成熟对象的形式提供了数组的一种实现。实际上,array 和 vector 各自将它们的元素存储在内置数组中。在新的软件开发项目中,应该更青睐于用 array 和 vector 对象代替内置数组。

类似地,C++ 实际上提供了两种类型的字符串——string 类对象(从第 3 章开始就已经在使用)和 C 风格的基于指针的字符串(C 字符串)。本章将简要讨论 C 字符串,以加深大家对指针和内置数组的理解。在遗留的 C 和 C++ 软件系统中,广泛使用的是 C 字符串。我们在附录 F 中将深入讨论 C 字符串。同样,在新的软件开发项目中,大家应该更乐于使用 string 类对象。

在第 12 章,我们将考察类对象的指针使用情况,会看到所谓面向对象编程的"多态性处理"是用指针和引用实现的。

## 8.2 指针变量的声明和初始化

### 间接引用

指针变量把内存地址作为它们的值。通常,一个变量直接包含一个特定的值。但是,一个指针包含的是一个变量的内存地址,而该变量包含了一个特定的值。因此从这个意义上来讲,一个变量名直接引用一个值,而一个指针间接引用一个值,如图 8.1 所示。通过指针引用值称为间接引用。请注意,在图中通常把指针表示为从一个变量指向另一个变量的箭头,前一变量包含一个地址值,后一变量则是在内存中位于该地址的变量。

图 8.1 直接和间接引用变量

### 指针的声明

和任何其他变量一样,指针在使用前必须声明。例如,对于图 8.1 中的指针 countPtr,下面的声明

```
int *countPtr, count;
```

声明了变量 countPtr 是 int * 类型的(即一个指向 int 值的指针),读作"countPtr 是一个指向 int 的指针"。同时,该声明指出变量 count 是一个 int 类型的变量,而不是一个指向 int 的指针。声明中的 * 只作用于 countPtr。每一个声明为指针的变量在变量名前面必须有一个星号(*)。例如,如下声明

```
double *xPtr, *yPtr;
```

表明 xPtr 和 yPtr 都是指向 double 值的指针。请注意,声明中出现的星号(*)不是运算符,它只是用于表明正在被声明的变量是一个指针。指针可以被声明为指向任何数据类型的对象。

**常见的编程错误 8.1**

*假若将用于声明一个指针的星号误认为对声明中逗号分隔变量列表中的所有变量名都有效,那么会导致错误。声明时,每一个指针变量名前都必须有前缀的星号(之间空格可有可无)。每个声明只声明一个变量,将有助于避免这种类型的错误,同时可提高程序的可读性。*

**良好的编程习惯 8.1**
虽然不是必要的,但在指针变量名中包含字母"Ptr"就可以清楚地表明这些变量是指针,并且应该做相应的处理。

### 指针的初始化

指针在声明或赋值时,应该被初始化为 nullptr(这是 C++11 的新特性),或者一个相应类型的地址。一个值为 nullptr 的指针"指向空",被称为空指针。从现在开始,当我们提到空指针时,就是指一个值为 nullptr 的指针。

**错误预防技巧 8.1**
对所有的指针应该进行初始化,以防止指向一个未知的或未被初始化的内存空间。

### C++11 之前的空指针

在早期的 C++ 版本中,为空指针指定的值是 0 或者 NULL。NULL 在多个标准库头文件中被定义,用来表示值 0。把一个指针初始化为 NULL 和把一个指针初始化为 0 是等价的,但是在 C++11 之前,按照惯例使用 0。只有这个 0 值是可以直接赋值给一个指针变量的整数,而无需将它先强制类型转换成一个指针类型。

## 8.3　指针运算符

### 地址运算符 &

地址运算符 & 是一个一元运算符,它获得操作数的内存地址。例如,假设有如下声明:

```
int y = 5; // declare variable y
int *yPtr = nullptr; // declare pointer variable yPtr
```

语句

```
yPtr = &y; // assign address of y to yPtr
```

把变量 y 的地址赋值给指针变量 yPtr。之后,可以说变量 yPtr"指向"y。现在,yPtr 间接引用变量 y 的值。请注意,上述赋值语句中"&"的用法和引用变量声明中"&"的用法是不一样的,后者的前面总是有一个数据类型名。在声明一个引用时,& 是类型的一部分。在像 &y 的表达式中,& 是地址运算符。

图 8.2 是前面的赋值语句执行后内存的示意图。左边的方框表示内存中的指针 yPtr,右边的方框表示内存中的变量 y,画一个从左边方框到右边方框的箭头表示这种"指向关系"。

图 8.3 是内存中另一种指针的示意图,其中假设整数变量 y 存储在内存地址 600000 处,指针变量 yPtr 存储在内存地址 500000 处。地址运算符的操作数必须是左值,地址运算符不能用于常量或者结果是临时值(如计算的结果)的表达式。

图 8.2　内存中一个指向变量的指针的示意图　　　图 8.3　内存中 y 和 yPtr 的表示

### 间接运算符 *

一元的"*"运算符通常称为间接运算符或间接引用(dereference)运算符,它返回的是一个左值,表示其指针操作数所指向的对象。例如(再次参见图 8.2),如下语句

```
cout << *yPtr << endl;
```

显示变量 y 的值,即 5,和下面的语句

```
cout << y << endl;
```

是一样的。以这种方式使用"*",称为间接引用一个指针。请注意,间接引用的指针也可以在赋值运算

符的左侧使用,例如:

```
*yPtr = 9;
```

它把 9 赋给图 8.3 中的 y。间接引用的指针还可以用来接收输入的值,例如:

```
cin >> *yPtr;
```

它把输入的值存放到 y 中。

**常见的编程错误 8.2**

间接引用一个未被初始化的指针会导致不确定的行为,可能造成致命的运行时错误。这也可能引起对重要数据的意外修改,导致程序运行结束后可能得到错误结果。

**错误预防技巧 8.2**

间接引用一个空指针会导致不确定的行为,而且通常是一个致命的运行时错误,因此,在间接引用之前程序员应该要确定这个指针是非空的。

**使用地址运算符(&)和间接引用运算符(\*)**

图 8.4 中的程序示范了 & 和 \* 指针运算符的用法。在这个例子中,通过 << 以十六进制(即基数是 16 的进制)整数的格式输出内存地址。(有关十六进制整数的更多内容,请参见附录 D"计数系统"。)请注意,该程序输出的十六进制内存地址取决于系统平台,所以在不同的平台运行程序时可能会得到不同的结果。变量 a 的地址(第 11 行)和指针变量 aPtr 的值(第 12 行)在输出中是相同的,证实了变量 a 的地址确实赋给了指针变量 aPtr。

```cpp
 1  // Fig. 8.4: fig08_04.cpp
 2  // Pointer operators & and *.
 3  #include <iostream>
 4  using namespace std;
 5
 6  int main()
 7  {
 8     int a = 7; // assigned 7 to a
 9     int *aPtr = &a; // initialize aPtr with the address of int variable a
10
11     cout << "The address of a is " << &a
12        << "\nThe value of aPtr is " << aPtr;
13     cout << "\n\nThe value of a is " << a
14        << "\nThe value of *aPtr is " << *aPtr << endl;
15  } // end main
```

```
The address of a is 002DFD80
The value of aPtr is 002DFD80

The value of a is 7
The value of *aPtr is 7
```

图 8.4　指针运算符"&"和"\*"

**迄今为止所介绍的运算符的优先级和结合律**

图 8.5 列出了到目前为止介绍过的所有运算符的优先级和结合律。请注意,地址运算符(&)和间接引用运算符(\*)是表中第四层优先级中的一元运算符。

| 运算符 | | | | | | | 结合律 | 类型 |
|---|---|---|---|---|---|---|---|---|
| :: | ( ) | | | | | | 从左向右【请参阅图 2.10 中给出的相关注意事项】 | 首要 |
| ( ) | [ ] | ++ | -- | static_cast < 类型 > (操作数) | | | 从左向右 | 后置 |
| ++ | -- | + | - | ! | & | * | 从右向左 | 一元(前置) |
| * | / | % | | | | | 从左向右 | 乘 |

图 8.5　目前为止所介绍的运算符优先级及其结合律

| 运算符 | | | | | 结合律 | 类型 |
|---|---|---|---|---|---|---|
| + | − | | | | 从左向右 | 加 |
| << | >> | | | | 从左向右 | 插入/提取 |
| < | <= | > | >= | | 从左向右 | 关系 |
| == | != | | | | 从左向右 | 相等 |
| && | | | | | 从左向右 | 逻辑与 |
| \|\| | | | | | 从左向右 | 逻辑或 |
| ?: | | | | | 从右向左 | 条件 |
| = | += | −= | *= | /=　% = | 从右向左 | 赋值 |
| , | | | | | 从左向右 | 逗号 |

图 8.5(续)　目前为止所介绍的运算符优先级及其结合律

## 8.4　使用指针的按引用传递方式

C++ 中有三种向函数传递参数的方法——按值传递、使用引用参数的按引用传递和使用指针参数的按引用传递。第 6 章比较了按值传递和使用引用参数的按引用传递,这一节将详细说明使用指针参数的按引用传递。

第 6 章中讲解过,通过 return 语句可以从被调用函数返回一个值,或者只是从被调用函数返回控制权。还可以把实参传递到具有引用形参的函数中,这使被调用函数能够修改调用函数中实参的原始值。引用参数也可以使程序向函数传递大型的数据对象,而避免按值传递对象所需要的开销(也就是需要复制对象的开销)。和引用一样,指针也可用于修改调用者中的一个或多个变量,或者可以将指向大型数据对象的指针传递给函数,从而避免按值传递对象所需要的开销。

在 C++ 中,程序员可以用指针和间接引用运算符(*)来完成按引用传递(也就是,完全和 C 程序中的按引用传递做法一样,注意 C 是没有引用的)。当调用具有必须要修改的实参的函数时,就传递该实参的地址。通常这是通过在值需要修改的变量的名字前应用地址运算符(&)来实现的。

### 按值传递的一个例子

图 8.6 和图 8.7 介绍了计算一个整数立方值的两个函数版本——cubeByValue 和 cubeByReference。图 8.6 通过按值传递将变量 number 传递给函数 cubeByValue(第 19 ~ 22 行),它对参数求立方,然后使用一条 return 语句(第 21 行)把求得的新值返回到 main 函数。该新值赋给了 main 中的 number(第 14 行)。请注意,在修改变量 number 的值之前,调用函数即 main 函数是有机会来检查函数调用的结果的。例如,在这个程序中,可以把 cubeByValue 的结果存储到另一个变量中,检查它的值,在判定返回值是合理的之后,再把这个结果值赋值给 number。

### 使用指针参数的按引用传递的一个例子

图 8.7 通过一个指针实参(第 15 行)的按引用传递把变量 number 传递给函数 cubeByReference,也就是把 number 的地址传递到该函数中。函数 cubeByReference(第 21 ~ 24 行)指定形参 nPtr(一个指向 int 的指针)来接收它的实参。函数使用这个间接引用的指针 nPtr,计算它所指的值的立方(第 23 行)。这直接改变了 main 中 number 的值(第 11 行)。第 23 行等价于:

```
*nPtr = (*nPtr) * (*nPtr) * (*nPtr); // cube *nPtr
```

接收以地址作为实参的函数,必须定义指针形参来接收这个地址。例如,函数 cubeByReference 的头部(第 21 行)指定 cubeByReference 接收的实参是一个 int 变量的地址(即指向一个 int 的指针),把这个地址存储到 nPtr,且没有返回值。

cubeByReference 的函数原型(第 7 行)在圆括号中包含 int *。和其他类型一样,在函数原型中不需要包含指针参数的名字。出于备档的目的,可以添加参数名,但它会被编译器忽略。

```
1   // Fig. 8.6: fig08_06.cpp
2   // Pass-by-value used to cube a variable's value.
3   #include <iostream>
4   using namespace std;
5
6   int cubeByValue( int ); // prototype
7
8   int main()
9   {
10     int number = 5;
11
12     cout << "The original value of number is " << number;
13
14     number = cubeByValue( number ); // pass number by value to cubeByValue
15     cout << "\nThe new value of number is " << number << endl;
16  } // end main
17
18  // calculate and return cube of integer argument
19  int cubeByValue( int n )
20  {
21     return n * n * n; // cube local variable n and return result
22  } // end function cubeByValue
```

```
The original value of number is 5
The new value of number is 125
```

图 8.6    使用按值传递计算一个变量值的立方

```
1   // Fig. 8.7: fig08_07.cpp
2   // Pass-by-reference with a pointer argument used to cube a
3   // variable's value.
4   #include <iostream>
5   using namespace std;
6
7   void cubeByReference( int * ); // prototype
8
9   int main()
10  {
11     int number = 5;
12
13     cout << "The original value of number is " << number;
14
15     cubeByReference( &number ); // pass number address to cubeByReference
16
17     cout << "\nThe new value of number is " << number << endl;
18  } // end main
19
20  // calculate cube of *nPtr; modifies variable number in main
21  void cubeByReference( int *nPtr )
22  {
23     *nPtr = *nPtr * *nPtr * *nPtr; // cube *nPtr
24  } // end function cubeByReference
```

```
The original value of number is 5
The new value of number is 125
```

图 8.7    使用指针参数的按引用传递计算一个变量值的立方

**顿悟：所有参数都是按值传递的**

在 C++ 中，所有的参数都是按值传递的。以使用指针参数的按引用传递方式传递一个变量实质上并没有按引用传递任何东西，其实是指向这个变量的指针以按值传递方式被传递，被复制到函数对应的指针形参中。然后，被调函数可以通过间接引用这个指针来访问调用者中的这个变量，从而完成了按引用传递。

**按值传递和按引用传递的图形化分析**

图 8.8 和图 8.9 以图形化的方式分别分析了图 8.6 和图 8.7 中程序的执行情况。在这些图中，给定表达式或变量上方矩形中的值表示了这个表达式或变量的值。每个图的右列只在函数 cubeByValue(图 8.6)和 cubeByReference(图 8.7)执行时才显示它们。

步骤1: 在main函数调用cubeByValue函数之前

```
int main()                        number
{
    int number = 5;                  5

    number = cubeByValue( number );
}
```

步骤2: 在cubeByValue函数接受调用之后

```
int main()             number          int cubeByValue( int n )
{
    int number = 5;       5               return n * n * n;
                                        }
    number = cubeByValue( number );                       n
}
                                                          5
```

步骤3: cubeByValue函数在计算形参n的立方之后, 且在返回到main函数之前

```
int main()             number          int cubeByValue( int n )
{                                       {
    int number = 5;       5                      125
                                            return n * n * n;
    number = cubeByValue( number );     }
}                                                         n
                                                          5
```

步骤4: 在cubeByValue函数返回到main函数之后, 且在返回结果赋值给number之前

```
int main()                        number
{
    int number = 5;                  5
                          125
    number = cubeByValue( number );
}
```

步骤5: 在main函数完成对number的赋值之后

```
int main()                        number
{
    int number = 5;                 125

      125
    number = cubeByValue( number );
}
```

图 8.8 对图 8.6 中程序按值传递的分析

步骤1: 在main函数调用cubeByReference函数之前

```
int main()                        number
{
    int number = 5;                  5

    cubeByReference( &number );
}
```

步骤2: 在cubeByReference函数接受调用之后, 且在*nPtr被求立方之前

```
int main()             number          void cubeByReference( int *nPtr )
{                                       {
    int number = 5;       5               *nPtr = *nPtr * *nPtr * *nPtr;
                                        }
    cubeByReference( &number );                           nPtr
}
                 call establishes this pointer              ●
```

图 8.9 对图 8.7 中程序(使用指针参数的)按引用传递的分析

图 8.9(续) 对图 8.7 中程序(使用指针参数的)按引用传递的分析

## 8.5 内置数组

在第 7 章，我们使用 array 类模板来表示固定大小的值的列表和表格。同时，也使用了与 array 类模板相似的 vector 类模板，但它可以动态增大(或者缩小，正如大家将在第 15 章看到的那样)，以容纳更多或更少的元素。在这里，我们介绍内置数组，它们也是固定大小的数据结构。

### 声明内置数组

为了指定一个内置数组所需的元素类型和元素个数，需要采用如下的声明形式：

类型　数组名　[数组大小]；

这样，编译器将保留大小合适的内存空间。请注意，数组大小必须是一个大于 0 的整数常量。例如，若要指示编译器为 int 类型的内置数组 c 保留 12 个元素，应使用以下的声明：

```
int c[ 12 ]; // c is a built-in array of 12 integers
```

### 访问内置数组的元素

和 array 对象一样，程序员使用下标运算符([ ])来访问内置数组的单个元素。回想一下，在第 7 章曾提到，对于 array 对象下标运算符([ ])并不提供边界检查的功能，这点对于内置数组也是如此。

### 初始化内置数组

通过使用初始化列表可以初始化内置数组的元素。例如，

```
int n[ 5 ] = { 50, 20, 30, 10, 40 };
```

创建了一个具有 5 个 int 元素的内置数组，并用初始化列表中的值初始化这些元素。如果提供的初始化值的数目少于元素的个数，剩下的元素是有值的初始化，也就是说基本的数值类型的元素设置为 0，bool 类型的设置为 false，指针设置为 nullptr，类的对象被它们的默认构造函数来初始化。如果提供的初始化值多了，则产生编译错误。第 4 章介绍的 C++ 11 新的列表初始化语法是基于内置数组的初始化列表语法的。

如果一个内置数组的声明有初始化列表但数组的大小是省略的，那么编译器将这个内置数组的大小设置为初始化列表中的元素个数。例如，

```
int n[] = { 50, 20, 30, 10, 40 };
```

创建了一个具有 5 个元素的数组。

 **错误预防技巧 8.3**

*应该总是指定内置数组的大小，甚至在提供了初始化列表的时候。这使编译器能够确保程序员并没有提供过多的初始化值。*

### 将内置数组传递给函数

请注意，内置数组的名字的值可隐式地转换为这个内置数组第一个元素的内存地址。因此若内置数组名是 arrayName，则它可隐式地转换为 &arrayName[0]。出于这个原因，则不需要(用 &)取内置数组的地址来把它传递到函数，只需要简单传递内置数组名即可。正如大家曾在 8.4 节看到的，一个函数如果接收的是调用函数中一个变量的指针，那么该函数就可以修改调用函数中的这个变量。对于内置数组而言，这意味着被调函数可以修改调用函数中一个内置数组的所有元素，除非被调函数在相应的内置数组形参前加 const 限定，以表明这些元素不应该被修改。

 **软件工程知识 8.1**

*在函数定义中对内置数组形参施加 const 类型限定符，来防止在函数体中修改原始的内置数组，这也是最小特权原则的一个例子。除非有绝对的需要，否则函数不应该有修改内置数组的权限。*

### 声明内置数组形参

在函数的头部可以声明内置数组形参，形式如下：

```
int sumElements( const int values[], const size_t numberOfElements )
```

这表明这个函数的第一个参数应该是一个一维的具有 int 元素的内置数组，并且该数组不应该被这个函数修改。不同于 array 对象，内置数组不知道它们自己的大小，因此处理内置数组的函数应当具有接收内置数组及其大小的相应形参。

上述的函数头部还可以写成：

```
int sumElements( const int *values, const size_t numberOfElements )
```

编译器并不能区分接收一个指针的函数和接收一个内置数组的函数。当然，这意味着函数必须"知道"何时它正在接收一个内置数组，或者只是一个按引用传递的变量。当编译器遇到形如 const int values[ ]的一维内置数组的函数形参时，它将这个形参转换成指针的表示形式 const int *values(也就是说，"values 是指向一个整数常量的指针")。声明一个一维内置数组形参的这两种形式是可互换的。不过为清楚起见，在函数期望的实参是一个内置数组时，应该使用 [ ]的表示形式。

### C++11：标准库函数 begin 和 end

在 7.7 节，我们介绍了如何使用 C++ 标准库函数 sort 对一个 array 对象进行排序。下面的语句对名为 colors 的一个有 string 类型元素的 array 对象进行排序：

```
sort( colors.begin(), colors.end() ); // sort contents of colors
```

请注意，array 类的 begin 和 end 函数指定了整个这个 array 对象应该被排序。函数 sort(和许多其他的 C++ 标准库函数)也可以应用于内置数组。例如，为了对这一节前面提到的内置数组 n 进行排序，可以编写如下的语句：

```
sort( begin( n ), end( n ) ); // sort contents of built-in array n
```

C++11 新的 begin 和 end 函数(在头文件 < iterator >中定义)每一个都接收一个内置数组实参，返回一个指针，可以用于表示在 C++ 标准库函数如 sort 中处理元素的范围。

### 内置数组的局限性

内置数组有一些局限性：

- 它们无法使用关系和相等运算符进行比较，也就是说程序员必须使用一个循环来一个元素一个元素地比较两个内置数组。
- 它们不能相互赋值。
- 它们不知道自己的大小。处理一个内置数组的函数通常接收的实参包括这个内置数组的名字和它的大小。
- 它们不提供自动边界检查的功能。程序员必须保证访问数组的表达式使用的下标是在内置数组的边界之内。

大家要知道，与内置数组相比，类模板 array 和 vector 的对象更安全、更健壮，并且提供了更多的功能。

### 有些时候需要内置数组

在现代的 C++ 代码中，程序员应该使用更强大的 array（和 vector）对象来表示值的列表和表格。不过，在有些情况下必须使用内置数组。例如，处理一个程序的命令行参数。在以命令行的方式执行一个程序时，需要在程序的名字之后放置提供给程序的命令行参数。这种参数通常向程序传递选项。例如，在安装 Windows 操作系统的计算机上，命令

```
dir /p
```

使用/p 参数来列出当前文件夹的内容，每显示一屏信息后暂停一下。同样，在 Linux 或 OS X 系统中，下面的命令使用 − la 参数来列出当前文件夹的内容，包括了每个文件和文件夹的相关细节：

```
ls -la
```

命令行参数将作为一个具有基于指针的字符串（参见 8.10 节）元素的内置数组传递给 main 函数。附录 F 显示了如何处理命令行参数。

## 8.6　使用 const 修饰指针

回想一下，程序员可以用 const 限定符通知编译器，不应该修改某个特定变量的值。使用（或不使用）const 修饰函数参数有多种可能性，那么怎样才是最合适的选择呢？回答这个问题应该以最小特权原则为指导。也就是说，为了使函数完成指定的任务，应让它有足够的权限来访问函数参数中的数据，但是权限不能过大。本节讨论如何结合 const 和指针声明来实施最小特权原则。

第 6 章曾解释了在以按值传递的方式传递实参时，实际上是将实参的一个副本传递到函数中。如果在被调函数中修改这个副本，调用函数中原始的值并不会改变。但是在某些情况下，甚至要求实参值的副本也不应该在被调函数中被改变。

让我们考虑一个函数，它的实参是指向一个内置数组首元素的指针以及该数组的大小，功能是显示这个内置数组的元素。这样的函数应该循环遍历数组元素并输出每个元素。在函数体中用这个内置数组的大小来确定数组的最大下标，以便当显示完毕时循环可以终止。请注意，这里数组的大小不需要在函数体中改变，因此它应该用 const 来声明以确保它不会改变。当然，因为该内置数组只是用于显示，所以它也应该用 const 来声明。这一点尤其重要，因为内置数组总是以按引用的方式被传递，很容易在被调函数中被修改。请记住，试图修改一个 const 值是一个编译错误。

**软件工程知识 8.2**
如果一个值在它被传递到的函数的体中没有（或不应该）改变，那么这个参数应该声明为 const。

**错误预防技巧 8.4**
在使用一个函数之前，检查它的函数原型，以确定它可以和不可以修改的参数有哪些。

将指针传递给函数有 4 种方式：指向非 const 数据的非 const 指针，指向 const 数据的非 const 指针（如图 8.10 所示），指向非 const 数据的 const 指针（如图 8.11 所示），以及指向 const 数据的 const 指针（如图 8.12 所示）。每种方式都提供了不同层次的访问权限。

```
1   // Fig. 8.10: fig08_10.cpp
2   // Attempting to modify data through a
3   // nonconstant pointer to constant data.
4
5   void f( const int * ); // prototype
6
7   int main()
8   {
9      int y = 0;
10
11     f( &y ); // f will attempt an illegal modification
12  } // end main
13
14  // constant variable cannot be modified through xPtr
15  void f( const int *xPtr )
16  {
17     *xPtr = 100; // error: cannot modify a const object
18  } // end function f
```

*GNU C++ compiler error message:*

```
fig08_10.cpp: In function 'void f(const int*)':
fig08_10.cpp:17:12: error: assignment of read-only location '* xPtr'
```

图 8.10  试图通过指向 const 数据的非 const 指针修改数据

```
1   // Fig. 8.11: fig08_11.cpp
2   // Attempting to modify a constant pointer to nonconstant data.
3
4   int main()
5   {
6      int x, y;
7
8      // ptr is a constant pointer to an integer that can
9      // be modified through ptr, but ptr always points to the
10     // same memory location.
11     int * const ptr = &x; // const pointer must be initialized
12
13     *ptr = 7; // allowed: *ptr is not const
14     ptr = &y; // error: ptr is const; cannot assign to it a new address
15  } // end main
```

*Microsoft Visual C++ compiler error message:*

```
you cannot assign to a variable that is const
```

图 8.11  试图修改指向非 const 数据的 const 指针

```
1   // Fig. 8.12: fig08_12.cpp
2   // Attempting to modify a constant pointer to constant data.
3   #include <iostream>
4   using namespace std;
5
6   int main()
7   {
8      int x = 5, y;
9
10     // ptr is a constant pointer to a constant integer.
11     // ptr always points to the same location; the integer
12     // at that location cannot be modified.
13     const int *const ptr = &x;
14
15     cout << *ptr << endl;
16
17     *ptr = 7; // error: *ptr is const; cannot assign new value
18     ptr = &y; // error: ptr is const; cannot assign new address
19  } // end main
```

*Xcode LLVM compiler error message:*

```
Read-only variable is not assignable
Read-only variable is not assignable
```

图 8.12  试图修改指向 const 数据的 const 指针

### 8.6.1　指向非 const 数据的非 const 指针

指向非 const 数据的非 const 指针具有最大的访问权限——可以通过间接引用指针修改数据，也可以修改指针使其指向其他数据。声明一个指向非 const 数据的非 const 指针(例如 int * countPtr)并不包含 const 修饰符。

### 8.6.2　指向 const 数据的非 const 指针

指向 const 数据的非 const 指针可以被修改以指向任何适当类型的其他数据项，但是不能通过该指针来修改它所指向的数据。可以用这种指针为函数接收内置数组实参，函数通过它可以读取数组的元素，但不允许修改它们。企图用这个指针去修改函数中数据的任何尝试，都会产生编译错误。声明这样形式的指针是在指针的类型左边加一个 const，例如：

```
const int *countPtr;
```

这个声明从右到左读作"countPtr 是一个指向整数常量的指针"。

图 8.10 的例程中有一个函数，接收了一个指向 const 数据的非 const 指针，然后它试着用这个指针去修改 const 数据。图 8.10 显示了当 GNU C++ 编译器试图编译这个函数时产生的编译错误信息。

如果一个函数被调用时，其实参是内置数组，那么实参的内容被有效地按引用传递给函数，因为内置数组名会自动隐式地转换为该内置数组第一个元素的地址。但是，在默认情况下，对象(例如 array 对象和 vector 对象)是按值传递的，也就是说传递的是整个对象的一个副本。这需要运行时间的开销来复制对象中的每个数据元素，并将它存储到函数的调用堆栈。当传递的是指向对象的指针时，只会复制对象的地址，而对象本身并没有被复制。

**性能提示 8.1**

如果大型对象不需要在被调用函数中修改，那么使用指向 const 数据的指针或者 const 数据的引用来传递它们，可以获得按引用传递的性能，避免了按值传递的复制开销。

**软件工程知识 8.3**

使用指向 const 数据的指针或者 const 数据的引用来传递大型对象，可以获得按值传递的安全性。

**软件工程知识 8.4**

应该采用按值传递的方式向函数传递基本类型的实参(例如 int、double 等)，除非调用者明确要求被调函数能够直接修改调用者中的值。这是最小特权原则的另一个例子。

### 8.6.3　指向非 const 数据的 const 指针

指向非 const 数据的 const 指针始终指向同一个内存位置，通过该指针可以修改这个位置上的数据。声明为 const 的指针必须在它们被声明的时候进行初始化，但如果这样的指针是函数的形参，那么就用传递给函数的指针来初始化它。

图 8.11 的程序试图修改一个 const 指针。第 11 行声明指针 ptr 为 int *const 类型。这个声明从右到左读作"ptr 是一个指向非 const 整数的 const 指针"。该指针用整数变量 x 的地址来初始化。第 14 行试图把 y 的地址赋值给 ptr，但是编译器会产生一条错误消息。请注意，当第 13 行把 7 赋值给 *ptr 时不会发生错误，即使 ptr 本身被声明为 const，使用间接引用的 ptr 也可以修改 ptr 所指向的非 const 数据。

### 8.6.4　指向 const 数据的 const 指针

指向 const 数据的 const 指针具有最小的访问权限。这种指针总是指向内存中相同的位置，并且不能用该指针修改这个内存位置的数据。如果函数接收一个内置数组作实参，只是用数组下标表示法读取内置数组而不修改内置数组，那么应该用这样的指针作形参。图 8.12 的程序声明指针变量 ptr 为 const int * const 类型（第 13 行）。这个声明从右到左读作"ptr 是一个指向 const 整数的 const 指针"。该图显示了当试图修改 ptr 指向的数据（第 17 行）和当试图修改存储在该指针变量中的地址（第 18 行）时，Xcode LLVM 编译器产生的错误信息。请注意，在第 17 和 18 行代码还显示了在 Xcode 文本编辑器中的错误。在第 15 行，当程序试图间接引用 ptr 时，或当程序试图输出 ptr 所指向的值时，不会产生错误，因为在这条语句中既没有修改指针也没有修改它所指向的数据。

## 8.7　sizeof 运算符

　　C++ 的编译时一元运算符 sizeof，在程序编译期间确定内置数组，或者任何其他数据类型、变量或常量的字节大小。当 sizeof 运算符应用到一个内置数组名时，如图 8.13 所示（第 13 行），它返回这个内置数组的总字节数，返回值是 size_t 类型。请注意，这里用来编译这个程序的计算机用 8 字节的内存存储一个 double 类型的变量，内置数组 number 声明有 20 个元素（第 11 行），因此，它使用了内存中的 160 字节。当 sizeof 运算符作用到以内置数组作为实参的函数的指针形参（第 22 行）时，它返回这个指针的字节数（在此使用的系统中这个值是 4），而不是该数组的大小。

```
1   // Fig. 8.13: fig08_13.cpp
2   // Sizeof operator when used on a built-in array's name
3   // returns the number of bytes in the built-in array.
4   #include <iostream>
5   using namespace std;
6
7   size_t getSize( double * ); // prototype
8
9   int main()
10  {
11     double numbers[ 20 ]; // 20 doubles; occupies 160 bytes on our system
12
13     cout << "The number of bytes in the array is " << sizeof( numbers );
14
15     cout << "\nThe number of bytes returned by getSize is "
16        << getSize( numbers ) << endl;
17  } // end main
18
19  // return size of ptr
20  size_t getSize( double *ptr )
21  {
22     return sizeof( ptr );
23  } // end function getSize
```

```
The number of bytes in the array is 160
The number of bytes returned by getSize is 4
```

图 8.13　对一个内置数组名应用 sizeof 运算符时，返回该内置数组中的字节数

 **常见的编程错误 8.3**
在一个函数中，使用 sizeof 运算符来获得一个内置数组形参的字节数，结果会得到一个指针的字节数，而不是内置数组的字节数。

　　使用两个 sizeof 运算的结果就可以确定一个内置数组的元素个数。例如，为了确定内置数组 numbers 中的元素个数，可以使用下面的表达式（它在编译期被求值）：

**sizeof** numbers / **sizeof**( numbers[ 0 ] )

这个表达式用 numbers 的字节数（即 160，假定 bouble 类型数据占 8 字节）除以内置数组第 0 元素的字节数（即 8），得到了 numbers 中的元素个数（即 20）。

### 确定基本类型、内置数组和指针的字节大小

　　图 8.14 中的程序使用 sizeof 运算符，计算用于存储大部分标准数据类型的字节数。请注意，这里的输出结果是在操作系统为 Windows 7 的计算机上，使用 Visual C++ 2012 的默认设置得到的。运行程序的

系统平台不同, 类型的大小也可能不同。也就是说, 在另外一个系统上, double 和 long double 类型的字节
大小就可能和图 8.14 中显示的有所不同。

```cpp
1   // Fig. 8.14: fig08_14.cpp
2   // sizeof operator used to determine standard data type sizes.
3   #include <iostream>
4   using namespace std;
5
6   int main()
7   {
8      char c; // variable of type char
9      short s; // variable of type short
10     int i; // variable of type int
11     long l; // variable of type long
12     long ll; // variable of type long long
13     float f; // variable of type float
14     double d; // variable of type double
15     long double ld; // variable of type long double
16     int array[ 20 ]; // built-in array of int
17     int *ptr = array; // variable of type int *
18
19     cout << "sizeof c = " << sizeof c
20        << "\tsizeof(char) = " << sizeof( char )
21        << "\nsizeof s = " << sizeof s
22        << "\tsizeof(short) = " << sizeof( short )
23        << "\nsizeof i = " << sizeof i
24        << "\tsizeof(int) = " << sizeof( int )
25        << "\nsizeof l = " << sizeof l
26        << "\tsizeof(long) = " << sizeof( long )
27        << "\nsizeof ll = " << sizeof ll
28        << "\tsizeof(long long) = " << sizeof( long long )
29        << "\nsizeof f = " << sizeof f
30        << "\tsizeof(float) = " << sizeof( float )
31        << "\nsizeof d = " << sizeof d
32        << "\tsizeof(double) = " << sizeof( double )
33        << "\nsizeof ld = " << sizeof ld
34        << "\tsizeof(long double) = " << sizeof( long double )
35        << "\nsizeof array = " << sizeof array
36        << "\nsizeof ptr = " << sizeof ptr << endl;
37  } // end main
```

```
sizeof c = 1      sizeof(char) = 1
sizeof s = 2      sizeof(short) = 2
sizeof i = 4      sizeof(int) = 4
sizeof l = 4      sizeof(long) = 4
sizeof ll = 8     sizeof(long long) = 8
sizeof f = 4      sizeof(float) = 4
sizeof d = 8      sizeof(double) = 8
sizeof ld = 8     sizeof(long double) = 8
sizeof array = 80
sizeof ptr = 4
```

图 8.14　用于确定标准数据类型字节大小的 sizeof 运算符

**可移植性提示 8.1**

在不同的系统中, 用来存储一个特定数据类型的字节数可能不同。如果编写的程序依赖于数据
类型的字节大小, 那么应该总是使用 sizeof 来确定存储数据类型所需要的字节数。

　　sizeof 运算符可应用于任何表达式或者任何类型名。当 sizeof 应用于一个变量名(不是一个内置数组
名)或其他表达式时, 返回的是用于存储该表达式的特定类型的字节数。请注意, 只有在类型名(例如
int)作为 sizeof 的操作数时, 才需要使用圆括号。当 sizeof 的操作数是表达式时, 它不需要用圆括号。记
住, sizeof 是一个编译时运算符, 因此它的操作数不会被求值。

## 8.8　指针表达式和指针算术运算

　　本节介绍操作数可以是指针的运算符, 以及这些运算符是如何与指针一起使用的。C++ 能进行指针算
术运算, 也就是说有几个算术运算符可以用在指针上。指针算术运算只适用于指向内置数组元素的指针。

一个指针可以自增(++)或自减(--),可以加上(+或+=)一个整数,可以减去(-或-=)一个整数,或者一个指针可以减去另一个同类型的指针,后者这一特殊的运算只适用于指向同一内置数组元素的两个指针。

**可移植性提示 8.2**
今天大多数的计算机支持 4 字节或 8 字节的整数。因为指针算术运算的结果取决于指针所指向的对象的大小,所以指针算术运算是与机器相关的。

假设已声明了内置数组 int v[5],并且它的第一个元素在内存位置 3000 处。又假设指针 vPtr 已初始化指向 v[0](即 vPtr 的值是 3000)。对一个用 4 字节存储整数的机器,图 8.16 图示了这一情况。请注意,可以用下面任何一条语句把 vPtr 初始化为指向数组 v(因为内置数组的名字的值就是其第 0 元素的地址):

```
int *vPtr = v;
int *vPtr = &v[ 0 ];
```

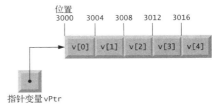

图 8.15　内置数组 v 和指向它的指针变量 int *vPtr

### 指针加上和减去整数

在常规的算术运算中,加法 3000 + 2 得到值 3002。然而,对于指针算术运算而言一般不是这样的。当一个指针加上或减去一个整数时,它不是简单地加上或减去这个整数,而是加上或减去这个整数与该指针指向对象的字节大小的乘积。字节数取决于对象的数据类型。例如,下面的语句

```
vPtr += 2;
```

会得到 3008(由计算 3000 + 2 × 4 而来),假设存储一个 int 数据需要 4 字节的内存。此时,在内置数组 v 中,vPtr 指向 v[2](如图 8.16 所示)。如果一个整数存储占 8 字节内存,那么前面的计算将得到内存地址 3016(即 3000 + 2 × 8 的计算结果)。

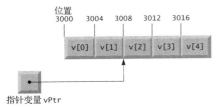

图 8.16　指针算术运算之后的指针 vPtr

如果 vPtr 增加到了 3016,即指向 v[4],那么如下语句

```
vPtr -= 4;
```

将使 vPtr 退回到 3000,也就是这个内置数组的开始地址。如果指针加 1 或减 1,则可以使用自增(++)和自减(--)运算符。下列语句

```
++vPtr;
vPtr++;
```

的每一条都是将指针加 1,使它指向内置数组的下一个元素。下列语句

```
--vPtr;
vPtr--;
```

的每一条都将指针减 1,使它指向数组的前一个元素。

**错误预防技巧 8.5**
指针的算术运算是没有边界检查功能的。程序员必须确保每一个指针算术运算,即加上一个整数或减一个整数,产生的结果指针所指向的元素必须在内置数组的边界内。

### 指针相减

指向同一个内置数组的指针变量可以相减。例如,如果 vPtr 包含地址 3000,v2Ptr 包含地址 3008,那么下述语句

```
x = v2Ptr - vPtr;
```

将把从 vPtr 到 v2Ptr 的内置数组元素的个数赋值给 x,在这里为 2。指针算术运算只有在指向内置数组的指针上进行时才有意义。我们无法假设相同类型的两个变量会连续地存储在内存中,除非它们是一个数组的相邻元素。

**常见的编程错误8.4**
将两个不指向同一个内置数组元素的指针相减或进行比较，是一个逻辑错误。

### 指针赋值

如果两个指针是同一类型的，那么可以把一个指针赋值给另一个指针。否则，必须用强制类型转换运算符(通常是用 reinterpret_cast，将在 14.7 节讨论)，将赋值运算符右侧的指针值转换为赋值运算符左侧的指针类型。这个规则有一个例外，就是 void 指针(即 void * )，它是一种通用指针，可以表示任何指针类型。任何指向基本类型或类类型的指针都可以被赋值给 void * 类型的指针，而不需要进行强制的类型转换。但是，void * 类型的指针是不可以直接赋值给其他类型的指针的，必须先把 void * 类型的指针强制转换为适合的指针类型。

### 不能间接引用 void * 指针

void * 指针不能被间接引用。例如，编译器"知道"在 4 字节整数的机器中一个 int 指针指向的是 4 字节内存，但是，void 指针只是包含一个未知数据类型的内存地址，编译器不知道该指针所指向的确切字节数和数据类型。编译器必须知道特定指针的数据类型，才能确定该指针间接引用的字节数。对于 void 指针，无法确定这样的字节数。

**常见的编程错误8.5**
将一种类型的指针赋值给另一种类型(不是 void * 类型)的指针，而不先将第一个指针强制转换(通常是用 reinterpret_cast)为第二个指针的类型，会造成一个编译错误。

**常见的编程错误8.6**
对 void * 指针的合法运算包括：将 void * 指针和其他指针进行比较，将 void * 指针强制类型转换为其他指针类型和将地址赋值给 void * 指针。除此之外，其他所有对 void * 指针的操作都导致编译错误。

### 指针比较

指针可以使用相等和关系运算符进行比较。只有在指针指向同一数组的元素时，使用关系运算符对它们进行比较才是有意义的。指针比较是比较存储在指针中的地址。例如，比较指向同一数组的两个指针可以发现，指向内置数组中下标编号大一些的元素的指针比另一个指向下标编号小一些的元素的指针大。一个常用的指针比较是判定一个指针的值是否为 nullptr、0 或者 NULL(即没有任何所指的指针)。

## 8.9   指针和内置数组之间的关系

在 C++ 中，内置数组和指针是密切相关的，两者几乎可以交换使用。可以用指针进行任何涉及数组下标的操作。

假设有如下的声明：

```
int b[ 5 ]; // create 5-element int array b; b is a const pointer
int *bPtr; // create int pointer bPtr, which isn't a const pointer
```

我们可以用下面的语句把 bPtr 设置为内置数组 b 中第一个元素的地址：

```
bPtr = b; // assign address of built-in array b to bPtr
```

这完全等同于如下的将内置数组第一个元素的地址赋值给 bPtr 的方式：

```
bPtr = &b[ 0 ]; // also assigns address of built-in array b to bPtr
```

### 指针/偏移量表示法

引用内置数组元素 b[3]的另一种方法是采用下面的指针表达式：

```
*( bPtr + 3 )
```

该表达式中的 3 是距离指针 bPtr 的偏移量（offset）。当该指针指向内置数组的首元素时，偏移量表示应该引用内置数组的哪个元素，并且偏移量的值和该内置数组元素的下标是相同的。这种表示法称为指针/偏移量表示法。因为 * 的优先级比 + 的优先级高，所以圆括号是必需的。如果没有圆括号，上面的表达式将加 3 到 * bPtr 的值（即 3 会被加到 b[0]，假设 bPtr 指向内置数组的起始元素）。

正像内置数组元素可以用指针表达式引用一样，下面的地址

```
&b[ 3 ]
```

能够写成如下的指针表达式形式：

```
bPtr + 3
```

### 以内置数组名作为指针的指针/偏移量表示法

内置数组名可以当作指针并可以在指针算术运算中使用。例如，下面的表达式

```
*( b + 3 )
```

也引用内置数组元素 b[3]。通常，所有带下标的内置数组表达式都可以写成指针加偏移量的形式。在这种情况下，使用的是指针/偏移量表示法，其中内置数组名作为指针。请注意，前面的表达式并没有以任何方式修改内置数组名，b 仍然指向内置数组中的第一个元素。

### 指针/下标表示法

和内置数组一样，指针也可以带下标。例如，下面的表达式

```
bPtr[ 1 ]
```

引用内置数组元素 b[1]。这个表达式使用了指针/下标表示法。

### 内置数组名不可修改

下面的表达式

```
b += 3
```

会引起一个编译错误，因为它试图用指针算术运算来修改该内置数组名的值。

 **良好的编程习惯 8.2**
为了使程序清晰起见，在操作内置数组时使用内置数组表示法，而不要用指针表示法。

### 指针与内置数组之间关系的演示

图 8.17 中使用了本节讨论的 4 种引用内置数组元素的表示法，即数组下标表示法、以内置数组名作为指针的指针/偏移量表示法、指针下标表示法和用指针的指针/偏移量表示法，来完成相同的任务，即显示名为 b 的内置数组的 4 个元素，其中 b 的元素类型为 int。

```
1   // Fig. 8.17: fig08_17.cpp
2   // Using subscripting and pointer notations with built-in arrays.
3   #include <iostream>
4   using namespace std;
5
6   int main()
7   {
8      int b[] = { 10, 20, 30, 40 }; // create 4-element built-in array b
9      int *bPtr = b; // set bPtr to point to built-in array b
10
11     // output built-in array b using array subscript notation
12     cout << "Array b displayed with:\n\nArray subscript notation\n";
13
14     for ( size_t i = 0; i < 4; ++i )
15        cout << "b[" << i << "] = " << b[ i ] << '\n';
16
17     // output built-in array b using array name and pointer/offset notation
18     cout << "\nPointer/offset notation where "
19        << "the pointer is the array name\n";
20
21     for ( size_t offset1 = 0; offset1 < 4; ++offset1 )
```

图 8.17　对内置数组使用不同的下标和指针表示法

```
22          cout << "*(b + " << offset1 << ") = " << *( b + offset1 ) << '\n';
23
24          // output built-in array b using bPtr and array subscript notation
25          cout << "\nPointer subscript notation\n";
26
27          for ( size_t j = 0; j < 4; ++j )
28              cout << "bPtr[" << j << "] = " << bPtr[ j ] << '\n';
29
30          cout << "\nPointer/offset notation\n";
31
32          // output built-in array b using bPtr and pointer/offset notation
33          for ( size_t offset2 = 0; offset2 < 4; ++offset2 )
34              cout << "*(bPtr + " << offset2 << ") = "
35                  << *( bPtr + offset2 ) << '\n';
36      } // end main
```

```
Array b displayed with:

Array subscript notation
b[0] = 10
b[1] = 20
b[2] = 30
b[3] = 40

Pointer/offset notation where the pointer is the array name
*(b + 0) = 10
*(b + 1) = 20
*(b + 2) = 30
*(b + 3) = 40

Pointer subscript notation
bPtr[0] = 10
bPtr[1] = 20
bPtr[2] = 30
bPtr[3] = 40

Pointer/offset notation
*(bPtr + 0) = 10
*(bPtr + 1) = 20
*(bPtr + 2) = 30
*(bPtr + 3) = 40
```

图 8.17(续)　对内置数组使用不同的下标和指针表示法

## 8.10　基于指针的字符串

　　在前面的章节中我们已经使用了 C++ 标准库 string 类, 来将字符串表示为成熟的对象。例如, 在第 3 章～第 7 章的 GradeBook 类的实例研究中, 就使用了 string 对象表示课程名称。第 21 章将详细介绍类 string。本节将介绍 C 风格的基于指针的字符串(正如 C 程序设计语言所定义的), 这样的字符串简称为 C 字符串。C++ 的 string 类在编写新的程序时比较受欢迎, 因为它避免了由操作 C 字符串可能引起的大多数安全问题和错误。我们在此介绍 C 字符串, 主要是出于对指针和内置数组的深入理解之目的。同样, 大家如果要处理遗留的 C 和 C++ 程序, 就很有可能遇到这样的基于指针的字符串。在附录 F 中将详细揭秘 C 字符串。

**字符串和字符常量**

　　字符是 C++ 源程序的基本构建块。每个程序都是由一系列字符组成的, 当然这些字符组合起来是有意义的, 编译器把它们解释为一系列用来完成任务的指令。程序可以包含字符常量。一个字符常量就是一个整数值, 表示为用一对单引号引起来的一个字符。字符常量的值是机器字符集中该字符的整数值。例如, 'z' 表示 z 的整数值(在 ASCII 字符集中为 122, 参见附录 B), '\n' 表示换行符的整数值(在 ASCII 字符集中为 10)。

**字符串**

　　一个字符串是一个被视为整体的字符序列。字符串可以包含字母、数字和各种特殊字符, 例如 +、－、＊、/和 $ 等。在 C++ 中, 字符串文字(String literal)或字符串常量都写在一对双引号中, 如下所示:

| | |
|---|---|
| "John Q. Doe" | (a name) |
| "9999 Main Street" | (a street address) |
| "Maynard, Massachusetts" | (a city and state) |
| "(201) 555-1212" | (a telephone number) |

### 基于指针的字符串

基于指针的字符串是一个以空字符('\0')结尾的内置字符数组,这个空字符标记了字符串在内存中结束的位置。通过指向字符串第一个字符的指针来访问该字符串。对一个字符串文字进行 sizeof 运算得到的是包含结束的空字符在内的这个字符串的长度。基于指针的字符串和内置数组一样,内置数组名也是指向该内置数组第一个元素的指针。

### 字符串文字作为初始化值

无论是在内置字符数组的声明中,还是在 const char * 类型的变量的声明中,都可以将字符串文字作为初始化值。下列声明

```
char color[] = "blue";
const char *colorPtr = "blue";
```

都把变量初始化为字符串"blue"。第一个声明创建了一个具有 5 个元素的内置数组 color,它包含字符'b'、'l'、'u'、'e'和'\0'。第二个声明创建了指针变量 colorPtr,它指向在内存某处的字符串"blue"(以'\0'结尾)中的字母 b。字符串文字是 static 存储类别的(它们在程序执行时间内一直存在),如果程序中有多个地方引用同一个字符串文字,那么它可以被共享,也可以不被共享。

**错误预防技巧 8.6**

如果需要修改字符串文字的内容,那么要先将它存储在一个内置的字符数组中。

### 字符常量作为初始化值

声明 char color[ ] = "blue";也可以写成如下形式:

```
char color[] = { 'b', 'l', 'u', 'e', '\0' };
```

其中使用单引号引起来的字符常量作为内置数组的每个元素的初始化值。当声明一个内置的字符数组来包含一个字符串时,这个内置数组应该足够大,从而保证可以存储该字符串和它的结束空字符。编译器会根据初始化列表中初始化值的个数,来决定上述声明中内置数组的大小。

**常见的编程错误 8.7**

内置的字符数组中没有分配足够的空间来存储结束字符串的空字符,会导致一个逻辑错误。

**常见的编程错误 8.8**

创建或使用一个不包含结束空字符的 C 风格字符串,会导致逻辑错误。

**错误预防技巧 8.7**

在内置的字符数组中存储字符串时,要确保内置数组足够大,足以容纳待存储的最大字符串。C++允许存储任意长度的字符串。如果一个字符串长度超出要存储它的内置字符数组的长度,那么超出内置数组长度的字符将覆盖内存中内置数组后面的数据,这将导致逻辑错误和潜在的安全漏洞。

### 访问 C 字符串的字符

因为一个 C 字符串是一个内置的字符数组,所以可以用内置数组的下标表示法直接访问字符串中单个的字符。例如,在前面的声明中 color[0]是字符'b',color[2]是字符'u',color[4]是空字符。

### 使用 cin 读取字符串到 char 类型的内置数据中

可以用 cin 通过流提取读取一个字符串到一个内置字符数组中。例如,可以用下面的语句读取一个

字符串到名为 word 的内置字符数组中，该数组有 20 个元素。

```
cin >> word;
```

用户输入的字符串存储在 word 中。上述的语句读入字符，直到遇到空白字符或文件结束符为止。请注意，这个字符串的长度不能超过 19 个字符，以便为结束空字符留出空间。还可以用 setw 流操纵符来保证读入 word 的字符串不会超过内置字符数组的长度。例如，下面的语句

```
cin >> setw( 20 ) >> word;
```

指定 cin 最多应读取 19 个字符到内置数组 word 中，保留内置数组中的第 20 个位置用于存储字符串的结束空字符。setw 流操纵符不是黏性设置，因此只作用于下一个要输入的值。如果输入了多于 19 个的字符，剩下的字符不会被存储在 word 中，但会在输入流中能够被下一次的输入操作所读入。[1] 当然，任何输入操作也可能失败。我们将在 13.8 节介绍如何检测输入失败。

### 使用 cin. getline 读取文本行到 char 类型的内置数据中

有时，需要输入一整行文本到一个内置数组中。为此，C++ 的 cin 对象提供了函数 getline。该函数有三个参数：一个存储该行文本的内置字符数组、一个长度和一个定界字符。例如，下面的语句

```
char sentence[ 80 ];
cin.getline( sentence, 80, '\n' );
```

声明了一个具有 80 个字符的内置数组 sentence，并从键盘读入一行文本到这个内置数组中。当遇到定界字符 '\n'，或者当输入了文件结束符，或者当已读入的字符数比第二个参数所指定的长度小 1 时，函数停止读取字符。内置数组的最后一个字符是留给结束空字符的。如果遇到定界字符，则读取并丢弃它。cin. getline 的第三个参数的默认值是 '\n'，因此，前面的函数调用可以写成下面的形式：

```
cin.getline( sentence, 80 );
```

在第 13 章"输入/输出流的深入剖析"中，提供了 cin. getline 和其他输入/输出函数的详细讨论。

### 显示 C 字符串

可以用 cout 和 << 输出一个内置字符数组，该数组表示了一个以空终止符结束的字符串。下面的语句

```
cout << sentence;
```

显示内置数组 sentence。和 cin 一样，cout 也不关心内置字符数组的大小。字符串中的字符会被输出，直到遇到终止符为止，空字符并不会输出。【注意：cin 与 cout 假定内置字符数组与以空字符结尾的字符串处理方式相同；cin 与 cout 并不为其他内置数组类型提供类似的输入/输出功能。】

## 8.11　本章小结

这一章详细介绍了指针，或者说以内存地址作为其值的变量。我们从示范如何声明和初始化指针开始讲起，解释了如何使用地址运算符(&)把一个变量的地址赋值给一个指针，如何使用间接运算符(*)访问被一个指针间接引用的变量中存储的数据。讨论了使用指针实参以按引用的方式传递实参。

我们讨论了如何声明和使用内置数组，内置数组是 C++ 从 C 程序设计语言继承而来的。学习了如何用 const 修饰指针，以实施最小特权原则。示范了指向非 const 数据的非 const 指针、指向 const 数据的非 const 指针、指向非 const 数据的 const 指针和指向 const 数据的 const 指针的用法。还讨论了编译时的 sizeof 运算符，可以用它在程序编译期间确定数据类型和变量占用的字节大小。

我们接着说明了如何在算术和比较表达式中使用指针。可以看到，通过指针算术运算，可以使指针从内置数组的一个元素移动到另外一个元素。此外，本章简单介绍了基于指针的字符串。

在下一章，我们将开始深入讨论类。大家将了解类成员的作用域，学习如何使对象处于可靠的状态。

---

[1]　若想学习如何忽略输入流中的额外字符，可参考网址：www. daniweb. com/software-development/cpp/threads/90228/flushing-the-input-stream 中的文章。

也将学习使用称为构造函数和析构函数的特殊成员函数，它们分别在一个对象被创建和被销毁时执行，此外还会讨论什么时候调用构造函数和析构函数。此外，我们也会示范构造函数默认参数的用法，以及通过默认的按成员赋值将一个对象赋值给同一个类的另一个对象。还将讨论返回一个类的 private 成员数据的引用可能导致的危险。

## 摘要

### 8.2 节　指针变量的声明和初始化

- 指针是包含其他变量的内存地址作为其值的变量。
- 声明：

  ```
  int *ptr;
  ```

  声明 ptr 为指向一个 int 类型变量的指针，读作"ptr 是一个指向 int 的指针"。在此声明中所用的 * 表明该变量是一个指针。
- 可以用与指针类型相同的对象的地址来初始化指针，也可以用 nullptr 来初始化指针。
- 0 是唯一的不经过强制类型转换就可以赋值给指针的整数。

### 8.3 节　指针运算符

- &（地址）运算符获得它的操作数的内存地址。
- 地址运算符的操作数必须是一个变量名（或另一个左值），不能将地址运算符作用于常量或产生临时值（如计算结果）的表达式。
- * 运算符称为间接（或间接引用）运算符，返回其操作数在内存中所指对象的名字的一个同义词。这称为间接引用该指针。

### 8.4 节　使用指针的按引用传递方式

- 当调用函数时，如果所用的实参是调用者想让被调用函数修改的，那么可以传递该参数的地址。然后，被调用函数使用间接运算符（*）间接引用这个指针，修改参数在调用函数中的值。
- 接收地址作为实参的函数必须用指针作为相应的形参。

### 8.5 节　内置数组

- 内置数组——和 array 对象一样——是固定大小的数据结构。
- 为了指定一个内置数组所需的元素类型和元素个数，需要采用如下的声明形式：

  ```
  类型　数组名　[数组大小];
  ```

  这样，编译器将保留大小合适的内存空间。请注意，数组大小必须是一个大于 0 的整数常量。
- 和 array 对象一样，程序员使用下标运算符（[]）来访问内置数组的单个元素。
- 对于 array 对象或内置数组，下标运算符（[]）并不提供边界检查的功能。
- 程序员通过使用初始化列表可以初始化内置数组的元素。如果提供的初始化值的数目少于元素的个数，剩下的元素被初始化为 0。如果提供的初始化值多了，则产生编译错误。
- 如果一个内置数组的声明有初始化列表但数组的大小是省略的，那么编译器将这个内置数组的大小设置为初始化列表中的元素个数。
- 内置数组的名字的值可隐式地转换为这个内置数组第一个元素的内存地址。
- 要向函数传递一个内置数组只需要简单传递该内置数组的名字即可。被调函数可以修改调用函数中一个内置数组的所有元素，除非被调函数在相应的内置数组形参前加 const 限定，以表明内置数组的元素不应该被修改。
- 内置数组不知道它们自己的大小，因此处理内置数组的函数应当具有接收内置数组和它的大小的相应形参。

- 编译器并不能区分接收一个指针的函数和接收一个一维内置数组的函数。函数必须"知道"何时它正在接收一个内置数组,或者只是一个按引用传递的变量。
- 编译器将形如 const int values[] 的一维内置数组的函数形参,转换成指针的表示形式 const int * values。一维内置数组形参的这两种形式是可互换的。不过为清楚起见,在函数期望的实参是一个内置数组时,程序员应该使用 [] 的表示形式。
- 函数 sort(和许多其他的 C++ 标准库函数)也可以应用于内置数组。
- C++11 新的 begin 和 end 函数(在头文件 < iterator > 中定义)每一个都接收一个内置数组实参,返回一个指针,可以和 C++ 标准库函数如 sort 一起使用,表示要处理的内置数组元素的范围。
- 内置数组无法使用关系和相等运算符进行相互比较。
- 内置数组不能相互赋值——内置数组名是 const 指针。
- 内置数组不知道自己的大小。
- 内置数组不提供自动边界检查的功能。
- 在现代的 C++ 代码中,程序员应该使用更强大的 array 和 vector 类模板对象来表示值的列表和表格。

## 8.6 节　使用 const 修饰指针

- 程序员可以用 const 限定符通知编译器,不能通过这个指定的标识符修改特定变量的值。
- 将指针传递给函数有 4 种方式:指向非 const 数据的非 const 指针,指向 const 数据的非 const 指针,指向非 const 数据的 const 指针,指向 const 数据的 const 指针。
- 要通过使用指针的按引用传递方式传递内置数组的单个元素,则传递该元素的地址。

## 8.7 节　sizeof 运算符

- sizeof 运算符在程序编译期间确定一个类型、变量和常量的字节大小。
- 当 sizeof 运算符应用到一个内置数组名时,它返回这个内置数组的总字节数。当 sizeof 运算符作用到一个内置数组形参时,它返回一个指针的大小。

## 8.8 节　指针表达式和指针算术运算

- C++ 允许指针的算术运算——即可能对指针操作的算术运算。
- 指针算术运算只适用于指向内置数组元素的指针。
- 可以对指针进行的算术运算有:自增( ++ )一个指针,自减( -- )一个指针,加( + 或 += )一个整数到指针,从指针中减去( - 或 -= )一个整数和两个指针相减——后面这一特殊的运算只适用于指向同一内置数组元素的两个指针。
- 当指针加上或减去一个整数时,加上或减去的是这个整数与该指针指向对象的字节大小的乘积。
- 如果两个指针是同一类型的,那么可以把一个指针赋值给另一个指针。否则,必须用强制类型转换运算符。这个规则有一个例外,就是 void * 指针,它是一种通用指针,可以存放任何类型的指针值。
- 对 void * 指针的合法运算只包括:将 void * 指针和其他指针进行比较,将地址赋值给 void * 指针,以及将 void * 指针强制类型转换为其他合法的指针类型。
- 指针可以使用相等和关系运算符进行比较。只有在指针指向同一数组的元素时,使用关系运算符对它们进行比较才是有意义的。

## 8.9 节　指针和内置数组之间的联系

- 指向内置数组的指针,可以像内置数组名那样带下标。
- 在指针/偏移量表示法中,如果指针指向内置数组的第一个元素,那么偏移量和内置数组下标是相同的。

- 把内置数组名作为一个指针，或使用指向内置数组的一个单独的指针，可以把所有带下标的内置数组表达式写成带指针和偏移量的表达式。

### 8.10 节 基于指针的字符串

- 字符常量是一个整数值，表示为用一对单引号引起来的一个字符。字符常量的值是机器字符集中该字符的整数值。
- 字符串是一个被视为整体的字符序列。字符串可以包含字母、数字和各种特殊字符，例如 + 、 − 、 * 、/ 和 $ 等。
- 在 C++ 中，字符串文字或字符串常量都写在一对双引号中。
- 基于指针的字符串是一个以空字符('\0')结尾的内置字符数组，这个空字符标记了字符串在内存中结束的位置。通过指向字符串第一个字符的指针来访问该字符串。
- 对一个字符串文字进行 sizeof 运算得到的是包含结束的空字符在内的这个字符串的长度。
- 对于内置的字符数组或者 const char * 类型的变量，均可将字符串文字作为初始化值。
- 字符串文字是 static 存储类别的，如果程序中有多个地方引用同一个字符串文字，那么它可以被共享，也可以不被共享。
- 修改字符串文字的结果是未定义的，因此，程序员应该总是将指向一个字符串文字的指针声明为 const char *。
- 当声明一个内置的字符数组来包含一个字符串时，这个内置数组应该足够大，从而保证可以存储该字符串和它的结束空字符。
- 如果一个字符串比它将要存储的内置字符数组还要长，那么超过内置数组长度的字符将会被写在内置数组后面的内存中，这将导致逻辑错误。
- 程序员可以用内置数组的下标表示法直接访问字符串中单个的字符。
- 可以用 cin 通过流提取读取一个字符串到一个内置字符数组中。读入字符，直到遇到空白字符或文件结束符为止。
- 流操纵符 setw 可以用于保证读入内置字符数组的字符串不会超过内置字符数组的长度。
- cin 对象提供成员函数 getline 来输入一整行文本到一个内置字符数组中。这个函数有三个参数：一个存储该行文本的内置字符数组、一个长度和一个定界字符。第三个参数有一个默认值'\n'。
- 可以用 cout 和 << 输出一个内置字符数组，该数组表示了一个以空终止符结束的字符串。字符串的字符将会输出直到遇到空字符。

## 自测练习题

8.1 填空题。

a) 指针是包含另一个变量的_____作为其值的变量。

b) 一个指针应该初始化为_____或者_____。

c) 唯一一个可以直接赋值给指针的整数是_____。

8.2 判断对错。如果错误，请说明理由。

a) 地址运算符 & 只能作用于常量和表达式。

b) 声明为 void * 类型的指针可以被间接引用。

c) 未经过强制类型转换的不同类型的指针不能相互赋值。

8.3 针对下列各题，编写 C++ 语句完成指定的任务。假设双精度的浮点数存储在 8 个字节中，内置数组在内存中的开始地址是 1002500。这道练习题的每个部分应该在恰当的地方使用前面部分的结果。

a) 声明一个含有 10 个元素的 double 类型的内置数组 numbers，并把 10 个元素初始化为 0.0, 1.1, 2.2, …, 9.9。假设常量 size 已定义为 10。

b) 声明一个指针 nPtr，指向 double 类型的变量。

c) 利用一条 for 语句，用内置数组下标表示法显示内置数组 numbers 的 10 个元素。以小数点后面精度为 1 的格式打印每个数。

d) 编写两条不同的语句，将内置数组 numbers 的开始地址赋值给指针变量 nPtr。

e) 利用一条 for 语句，使用指针/偏移量表示法，通过指针 nPtr 打印内置数组 numbers 的元素。

f) 利用一条 for 语句，把内置数组名作为指针，用指针/偏移量表示法打印内置数组 numbers 的元素。

g) 利用一条 for 语句，使用指针/下标表示法，通过指针 nPtr 打印内置数组 numbers 的元素。

h) 分别用内置数组下标表示法、把内置数组名作为指针的指针/偏移量表示法、nPtr 的指针下标表示法和 nPtr 的指针/偏移量表示法，引用内置数组 numbers 的第 4 个元素。

i) 假设 nPtr 指向内置数组 numbers 的开始位置，则 nPtr + 8 引用的是哪个地址？该位置存储的值是什么？

j) 假设 nPtr 指向 numbers[5]，则执行 nPtr −=4 之后 nPtr 引用的是哪个地址？该位置存储的值是什么？

8.4    针对下列各题，各编写一条 C++ 语句完成指定的任务。假设已经声明了浮点变量 number1 和 number2，并且 number1 已初始化为 7.3。

a) 声明变量 fPtr 为指向 double 类型对象的指针，并且将指针初始化为 nullptr。

b) 把变量 number1 的地址赋给指针变量 fPtr。

c) 打印 fPtr 所指对象的值。

d) 把 fPtr 所指对象的值赋给变量 number2。

e) 打印变量 number2 的值。

f) 打印 number1 的地址。

g) 打印存储在 fPtr 中的地址。打印出的值是否和 number1 的地址一样？

8.5    完成下列所述任务。

a) 为函数 exchange 编写函数头部，该函数有 x、y 两个参数，它们都是指向双精度浮点数的指针。函数不返回任何值。

b) 为 a) 中的函数编写函数原型。

c) 编写两条语句，都可以用元音字符串“AEIOU”初始化内置字符数组 vowel。

8.6    指出下列各程序段中的错误。假设有以下声明和语句：

```
int *zPtr; // zPtr will reference built-in array z
void *sPtr = nullptr;
int number;
int z[ 5 ] = { 1, 2, 3, 4, 5 };
```

a) `++zPtr;`

b)
```
// use pointer to get first value of a built-in array
number = zPtr;
```

c)
```
// assign built-in array element 2 (the value 3) to number
number = *zPtr[ 2 ];
```

d)
```
// display entire built-in array z
for ( size_t i = 0; i <= 5; ++i )
   cout << zPtr[ i ] << endl;
```

e)
```
// assign the value pointed to by sPtr to number
number = *sPtr;
```

f) `++z;`

## 自测练习题答案

8.1    a) 地址。b) nullptr、一个地址。c) 0。

8.2    a) 错误。地址运算符的操作数必须是一个左值，地址运算符不能应用于常量或结果不是引用的表达式。

b) 错误。void 指针不能被间接引用，这种指针没有特定类型，使编译器不能确定间接引用的内存字节数和该指针指向的数据类型。

c) 错误。任意类型的指针都可以赋给 void 指针，但 void 指针只有在强制类型转换之后才能赋给其他类型的指针。

8.3 a) `double numbers[ size ] = { 0.0, 1.1, 2.2, 3.3, 4.4, 5.5, 6.6, 7.7, 8.8, 9.9 };`

b) `double *nPtr;`

c) ```
cout << fixed << showpoint << setprecision( 1 );
for ( size_t i = 0; i < size; ++i )
    cout << numbers[ i ] << ' ';
```

d) ```
nPtr = numbers;
nPtr = &numbers[ 0 ];
```

e) ```
cout << fixed << showpoint << setprecision( 1 );
for ( size_t j = 0; j < size; ++j )
    cout << *( nPtr + j ) << ' ';
```

f) ```
cout << fixed << showpoint << setprecision( 1 );
for ( size_t k = 0; k < size; ++k )
    cout << *( numbers + k ) << ' ';
```

g) ```
cout << fixed << showpoint << setprecision( 1 );
for ( size_t m = 0; m < size; ++m )
    cout << nPtr[ m ] << ' ';
```

h) ```
numbers[ 3 ]
*( numbers + 3 )
nPtr[ 3 ]
*( nPtr + 3 )
```

i) 引用的地址是 $1002500 + 8 \times 8 = 1002564$，这个地址存放的值是 8.8。

j) numbers[5] 的地址是 $1002500 + 5 \times 8 = 1002540$。

执行 nPtr -= 4 后，nPtr 的地址是 $1002540 - 4 \times 8 = 1002508$。

在该地址存放的值是 1.1。

8.4 a) `double *fPtr = nullptr;`

b) `fPtr = &number1;`

c) `cout << "The value of *fPtr is " << *fPtr << endl;`

d) `number2 = *fPtr;`

e) `cout << "The value of number2 is " << number2 << endl;`

f) `cout << "The address of number1 is " << &number1 << endl;`

g) `cout << "The address stored in fPtr is " << fPtr << endl;`

是的，这两个值是相同的。

8.5 a) `void exchange( double *x, double *y )`

b) `void exchange( double *, double * );`

c) ```
char vowel[] = "AEIOU";
char vowel[] = { 'A', 'E', 'I', 'O', 'U', '\0' };
```

8.6 a) 错误：zPtr 没有被初始化。

改正：用 zPtr = z; 初始化 zPtr。

b) 错误：没有间接引用指针。

改正：把语句改为 number = *zPtr;。

c) 错误：zPtr[2] 不是指针，不能被间接引用。

改正：把 *zPtr[2] 改为 zPtr[2]。

d) 错误：用指针下标法访问了内置数组边界之外的内置数组元素。

改正：把 for 语句中的关系运算符改为 <，或者将 5 改为 4，就可以避免此错误。

e) 错误：间接引用一个 void 指针。

改正：要间接引用 void 指针，就必须先把 void 指针强制转换为整数指针。将语句改为 number = *static_cast<int *>(sPtr);。
```

f)错误：试图通过指针算术运算修改内置数组名。

改正：用一个指针变量而不是内置数组名来完成指针算术运算，或者用内置数组名带下标来引用一个特定元素。

## 练习题

8.7   判断对错。如果错误，请说明理由。

     a)比较指向不同内置数组的两个指针是没有意义的。

     b)由于内置数组名是指向内置数组第一个元素的指针，因此内置数组名可以完全像指针那样进行操作。

8.8   针对下列各题，编写 C++ 语句完成指定的任务。假设无符号整数的存储用 2 个字节，内置数组在内存中的起始地址为 1002500。

     a)声明一个只有 5 个元素的 unsigned int 类型的内置数组 values，并把元素初始化为从 2 到 10 之间的偶数。假设符号常量 SIZE 已定义为 5。

     b)声明一个指针 vPtr，指向一个 unsigned int 类型的对象。

     c)利用一条 for 语句，使用内置数组下标表示法打印内置数组 values 的元素。

     d)编写两条不同的语句，将内置数组 values 的开始地址赋给指针变量 vPtr。

     e)利用一条 for 语句，使用指针/偏移量表示法打印内置数组 values 的元素。

     f)利用一条 for 语句，把内置数组名作为指针，用指针/偏移量表示法打印内置数组 values 的元素。

     g)利用一条 for 语句，使用带下标的内置数组指针打印内置数组 values 的元素。

     h)分别用内置数组下标表示法、把内置数组名作为指针的指针/偏移量表示法、指针下标表示法和指针/偏移量表示法引用内置数组 values 的第 5 个元素。

     i)vPtr + 3 所引用的是哪个地址？该位置存储的值是什么？

     j)假设 vPtr 指向 values [4]，执行 vPtr − = 4 之后 vPtr 引用的是哪个地址？该位置存储的值是什么？

8.9   针对下列各题，各编写一条 C++ 语句完成指定的任务。假设已经声明了长整型变量 value1 和 value2，并且 value1 已初始化为 200000。

     a)声明变量 longPtr 为指向 long 类型对象的指针。

     b)把变量 value1 的地址赋给指针变量 longPtr。

     c)打印 longPtr 所指对象的值。

     d)把 longPtr 所指对象的值赋给变量 value2。

     e)打印 value2 的值。

     f)打印 value1 的地址。

     g)打印存储在 longPtr 中的地址。打印出的值是否和 value1 的地址一样？

8.10   完成下列所述的任务。

     a)为函数 zero 编写函数头部。该函数有一个长整型内置数组参数 bigIntegers，且不返回任何值。

     b)为 a)中的函数编写函数原型。

     c)为函数 add1AndSum 编写函数头部。该函数有一个整型内置数组参数 oneTooSmall，且返回一个整数值。

     d)为 c)中的函数编写一个函数原型。

8.11   找出下列语句中的错误，并修改错误。

     a)
```
int *number;
cout << number << endl;
```
     b)
```
double *realPtr;
long *integerPtr;
integerPtr = realPtr;
```

```
c)  int * x, y;
    x = y;
d)  char s[] = "this is a character array";
    for ( ; *s != '\0'; ++s)
        cout << *s << ' ';
e)  short *numPtr, result;
    void *genericPtr = numPtr;
    result = *genericPtr + 7;
f)  double x = 19.34;
    double xPtr = &x;
    cout << xPtr << endl;
```

8.12 (**龟兔赛跑模拟**)这道练习题将再次重现经典的龟兔赛跑问题。将使用随机数生成来开发一个龟兔赛跑的模拟程序。

选手从 70 个方格的"第 1 格"起跑,每格表示跑道上的一个可能位置,终点线在第 70 个格子处。第一个到达或越过终点线的选手会被奖励一桶新鲜的萝卜和莴苣。跑道沿着光滑的山坡蜿蜒向上,因此选手有时会落后。

有一个时钟每秒滴答一次。随着时钟的每次滴答声,你的程序应该根据图 8.18 中的规则使用函数 moveTortoise 和 moveHare 调整动物的位置。这些函数应该使用基于指针的按引用传递方式来修改乌龟和兔子的位置。

| 动物 | 移动类型 | 时间百分比 | 实际动作 |
|------|---------|-----------|---------|
| 乌龟 | 快走 | 50% | 向右移动 3 个方格 |
|      | 滑倒 | 20% | 向左移动 6 个方格 |
|      | 慢走 | 30% | 向右移动 1 个方格 |
| 兔子 | 睡觉 | 20% | 不动 |
|      | 大步跳跃 | 20% | 向右移动 9 个方格 |
|      | 大步滑倒 | 10% | 向左移动 12 个方格 |
|      | 小步跳跃 | 30% | 向右移动 1 个方格 |
|      | 小步滑倒 | 20% | 向右移动 2 个方格 |

图 8.18 移动乌龟和兔子的规则

使用变量跟踪每个动物的位置(即位置号 1～70)。每个动物在位置 1(即起跑点)开始起跑。如果动物滑倒到第 1 格前,则把它移回第 1 格。

通过产生一个随机整数 $i(1 \leqslant i \leqslant 10)$,得到图 8.18 中的百分数。对于乌龟,当 $1 \leqslant i \leqslant 5$ 时则"快走",当 $6 \leqslant i \leqslant 7$ 时则"滑倒",当 $8 \leqslant i \leqslant 10$ 时则"慢走"。采用类似的方法移动兔子。

起跑时,打印:

```
BANG !!!!!
AND THEY'RE OFF !!!!!
```

时钟每次滴答一下时(即循环的每次迭代),打印一个有 70 个位置的行,在乌龟的位置上显示字母 T,在兔子的位置上显示字母 H。有时候,两个选手在同一格,这时乌龟会咬兔子,你的程序应该从该位置开始打印"OUCH!!!"。除了 T、H 和"OUCH!!!"(不分胜负的情况下)以外,其他打印位置都应该是空的。

打印每一行之后,检测是否有动物已经到达或越过第 70 格。如果有,打印出胜利者并终止程序。如果乌龟赢,打印"TORTOISE WINS!!! YAY!!!";如果兔子赢,打印"Hare wins. Yuch."。如果两个动物同时胜出,你也许偏向乌龟("弱者")赢,或者可以打印"It's a tie."。如果两个都没赢,则再次循环,模拟下一个时钟滴答。

8.13 请问下面的程序做了什么?

```
1   // Ex. 8.13: ex08_13.cpp
2   // What does this program do?
3   #include <iostream>
```

```
4    using namespace std;
5
6    void mystery1( char *, const char * ); // prototype
7
8    int main()
9    {
10       char string1[ 80 ];
11       char string2[ 80 ];
12
13       cout << "Enter two strings: ";
14       cin >> string1 >> string2;
15       mystery1( string1, string2 );
16       cout << string1 << endl;
17   } // end main
18
19   // What does this function do?
20   void mystery1( char *s1, const char *s2 )
21   {
22       while ( *s1 != '\0' )
23           ++s1;
24
25       for ( ; ( *s1 = *s2 ); ++s1, ++s2 )
26           ; // empty statement
27   } // end function mystery1
```

8.14   请问下面的程序做了什么?

```
1    // Ex. 8.14: ex08_14.cpp
2    // What does this program do?
3    #include <iostream>
4    using namespace std;
5
6    int mystery2( const char * ); // prototype
7
8    int main()
9    {
10       char string1[ 80 ];
11
12       cout << "Enter a string: ";
13       cin >> string1;
14       cout << mystery2( string1 ) << endl;
15   } // end main
16
17   // What does this function do?
18   int mystery2( const char *s )
19   {
20       unsigned int x;
21
22       for ( x = 0; *s != '\0'; ++s )
23           ++x;
24
25       return x;
26   } // end function mystery2
```

## 专题章节: 构建自己的计算机

在后面的几个问题中,我们暂时离开高级语言编程的话题,将"剥开"一个计算机,看看它的内部结构。下面将介绍机器语言编程,并编写几个机器语言程序。为了得到有价值的体验,我们接着建立一个计算机(通过基于软件的模拟手段),可以在上面执行自己的机器语言程序。

8.15   (**机器语言编程**)我们建立一个称为 Simpletron 的计算机。顾名思义,它是一个简单的机器,但是很快将会看到,它也具有强大的功能。Simpletron 只能运行用它可以理解的唯一语言,即 Simpletron 机器语言(简称为 SML)编写的程序。

Simpletron 包含一个累加器,即一个"特殊寄存器",存放 Simpletron 用于计算和各种处理的信息。Simpletron 中的所有信息都是按照"字"来处理的。字是有符号的 4 位十进制数,例如 + 3364、− 1293、+ 0007、− 0001,等等。Simpletron 带有 100 个字的内存,并且这些字通过它们的位置编号 00,01,…,99 被引用。

在运行一个 SML 程序之前，必须把程序载入或者放置到内存。每个 SML 程序的第一条指令(或语句)总是放在位置 00 处。模拟器从这个位置开始执行。

使用 SML 编写的每条指令占用 Simpletron 内存中的一个字，因此指令是有符号的 4 位十进制数。假设 SML 指令的符号总是正号，但是数据字的符号可正可负。Simpletron 内存中的每个位置可以包含一条指令、程序使用的一个数据值或未用到的(即未定义的)内存区。每个 SML 指令的前两位数字是操作码，指定要进行的操作。SML 操作码如图 8.19 所示。

SML 指令的后两位数字是操作数，也就是包含要操作的字的内存位置。

| 操作码 | 含义 |
| --- | --- |
| 输入/输出操作: | |
| const int read = 10; | 从键盘将一个字读入到内存中的特定位置 |
| const int write = 11; | 将内存中特定位置的一个字写到屏幕 |
| 载入和存储操作: | |
| const int load = 20; | 将内存中特定位置的一个字载入累加器 |
| const int store = 21; | 将累加器中的一个字存储到内存中的特定位置 |
| 算术运算: | |
| const int add = 30; | 将内存中特定位置的一个字加到累加器中的字中(结果保留在累加器中) |
| const int subtract = 31; | 从累加器中的字减去内存中特定位置的一个字(结果保留在累加器中) |
| const int divide = 32; | 累加器中的字除以内存中特定位置的一个字(结果保留在累加器中) |
| const int multiply = 33; | 内存中特定位置的一个字乘以累加器中的字(结果保留在累加器中) |
| 控制转移操作: | |
| const int branch = 40; | 转移到内存的特定位置 |
| const int branchneg = 41; | 如果累加器为负值，转移到内存的特定位置 |
| const int branchzero = 42; | 如果累加器为零，转移到内存的特定位置 |
| const int halt = 43; | 停止——程序已完成任务 |

图 8.19　Simpletron 机器语言(SML)操作码

现在考虑两个简单的 SML 程序。第一个 SML 程序(如图 8.20 所示)从键盘读入两个数，然后计算并显示它们的和。指令 +1007 从键盘读入第一个数字，并把它存放到内存位置 07(初始化为 0)处。指令 +1008 读入下一个数到内存位置 08 处。载入指令 +2007，把第一个数放置(复制)到累加器，然后加法指令 +3008 把第二个数和累加器中的数相加。所有的 SML 算术运算指令都把它们的结果留在累加器中。存储指令 +2109 把结果放回(复制)到内存位置 09。然后，写入指令 +1109 取得这个数并显示它(作为一个有符号的 4 位十进制数)。停止指令 +4300 终止执行。

图 8.21 中的 SML 程序从键盘读入两个数，然后确定并显示较大值。请注意，指令 +4107 是用来进行条件控制转移的，和 C++ 的 if 语句相类似。

| 位置 | 代码 | 指令 |
| --- | --- | --- |
| 00 | +1007 | (读入 A) |
| 01 | +1008 | (读入 B) |
| 02 | +2007 | (载入 A) |
| 03 | +3008 | (加上 B) |
| 04 | +2109 | (存储 C) |
| 05 | +1109 | (写入 C) |
| 06 | +4300 | (停止) |
| 07 | +0000 | (变量 A) |
| 08 | +0000 | (变量 B) |
| 09 | +0000 | (结果 C) |

图 8.20　SML 示例 1

| 位置 | 代码 | 指令 |
| --- | --- | --- |
| 00 | +1009 | (读入 A) |
| 01 | +1010 | (读入 B) |
| 02 | +2009 | (载入 A) |
| 03 | +3110 | (减去 B) |
| 04 | +4107 | (为负转移到 07) |
| 05 | +1109 | (写入 A) |
| 06 | +4300 | (停止) |
| 07 | +1110 | (写入 B) |
| 08 | +4300 | (停止) |
| 09 | +0000 | (变量 A) |
| 10 | +0000 | (变量 B) |

图 8.21　SML 示例 2

现在编写 SML 程序完成下列任务：

a）使用一个标记控制的循环读取正数，计算并打印它们的和。当遇到一个负数时，停止输入。

b）使用一个计数器控制的循环读入 7 个数字，其中有正数和负数，然后计算并打印它们的平均值。

c）读入一系列数，然后确定并打印最大数。第一个读入的数指出要处理多少个数字。

8.16　（**计算机模拟程序**）最初看起来似乎有点不可理解，但在这个问题中，你将要建立自己的计算机。这里不是要把计算机的硬件连接起来，而是用基于软件模拟器的强大技术建立一个 Simpletron 的软件模型。读者是不会失望的，Simpletron 模拟器可以将你使用的计算机变成 Simpletron，而且确实可以运行、测试和调试在练习题 8.15 中编写的 SML 程序。

当运行 Simpletron 模拟器时，它首先打印如下信息：

```
*** Welcome to Simpletron! ***

*** Please enter your program one instruction ***
*** (or data word) at a time. I will type the ***
*** location number and a question mark (?).  ***
*** You then type the word for that location. ***
*** Type the sentinel -99999 to stop entering ***
*** your program. ***
```

你的程序应该用一个具有 100 个元素的一维内置数组 memory 模拟 Simpletron 的内存。现在假设模拟器正在运行，让我们检查一下输入练习题 8.15 示例 2 的程序时的对话：

```
00 ? +1009
01 ? +1010
02 ? +2009
03 ? +3110
04 ? +4107
05 ? +1109
06 ? +4300
07 ? +1110
08 ? +4300
09 ? +0000
10 ? +0000
11 ? -99999

*** Program loading completed ***
*** Program execution begins  ***
```

请注意，前面对话中的每个"?"右边的数值表示用户输入的 SML 程序指令。

现在 SML 程序已经被放到（载入到）内置数组 memory 中。Simpletron 开始执行你的 SML 程序。执行从位置 00 处的指令开始，和 C++ 一样，按顺序继续执行，除非通过控制转移定向到程序的其他部分。

使用变量 accumulator 表示累加寄存器。使用变量 instructionCounter 跟踪内存中包含当前执行指令的内存位置。使用变量 operationCode 表示当前正在进行的操作（即指令字的左边两位）。使用变量 operand 表示当前指令所操作的内存位置。因此，operand 是当前执行指令的最右边两位。不要直接从内存执行指令，而是将下一个要执行的指令从内存中转移到变量 instructionRegister 中。然后"摘取出"左边两位并把它们放到 operationCode 中，再"摘取出"右边两位放到 operand 中。当 Simpletron 开始执行时，所有特殊寄存器都初始化为 0。

下面，让我们"走查"一下第一条 SML 指令（即内存位置 00 处的指令 +1009）的执行过程。这个过程称为一条指令的执行周期。

instructionCounter 告诉我们下一条要执行的指令的内存位置。我们用下面的 C++ 语句从 memory 中取得该位置的内容：

```
instructionRegister = memory[ instructionCounter ];
```

使用语句

```
operationCode = instructionRegister / 100;
operand = instructionRegister % 100;
```

从指令寄存器提取出操作码和操作数。

现在，Simpletron 必须确定该操作码实际上是一次读（不是写、载入等）操作。switch 语句区分 SML

的 12 种操作。在 switch 语句中，对各种 SML 指令的行为进行了模拟，如图 8.22 所示（其他的留给读者）。

| | |
|---|---|
| read: | cin >> memory[ operand ]; |
| load: | accumulator = memory[ operand ]; |
| add: | accumulator += memory[ operand ]; |
| branch: | 稍后我们讨论转移指令 |
| halt: | 这个指令显示信息 |
| | *** Simpletron execution terminated *** |

图 8.22　SML 指令的行为

halt 指令还使 Simpletron 打印每个寄存器的名字和内容，以及打印内存的全部内容。这种输出通常称为寄存器和内存转储（register and memory dump）。为了帮助读者编写自己的转储函数，图 8.23 给出了一个说明转储格式的例子。注意，执行 Simpletron 程序之后，计算机转储将显示执行终止时的指令实际值和数据值。为了使数字和其符号以转储中的形式显示，使用流操纵符 showpos。要禁止符号的显示，使用流操纵符 noshowpos。对于位数少于 4 位的数，可以在输出值之前，使用以下语句在符号和数值之间加上前导的 0：

cout << setfill( '0' ) << internal;

当一个不足 4 位的数字以 5 个字符的域宽显示时，参数化的流操纵符 setfill（来自头文件 < iomanip >）指定符号和数值之间的填充字符（其中一个字符宽度是留给符号使用的）。流操纵符 internal 指示填充字符应该出现在符号和数字值之间。

```
REGISTERS:
accumulator          +0000
instructionCounter      00
instructionRegister  +0000
operationCode           00
operand                 00

MEMORY:
      0     1     2     3     4     5     6     7     8     9
 0 +0000 +0000 +0000 +0000 +0000 +0000 +0000 +0000 +0000 +0000
10 +0000 +0000 +0000 +0000 +0000 +0000 +0000 +0000 +0000 +0000
20 +0000 +0000 +0000 +0000 +0000 +0000 +0000 +0000 +0000 +0000
30 +0000 +0000 +0000 +0000 +0000 +0000 +0000 +0000 +0000 +0000
40 +0000 +0000 +0000 +0000 +0000 +0000 +0000 +0000 +0000 +0000
50 +0000 +0000 +0000 +0000 +0000 +0000 +0000 +0000 +0000 +0000
60 +0000 +0000 +0000 +0000 +0000 +0000 +0000 +0000 +0000 +0000
70 +0000 +0000 +0000 +0000 +0000 +0000 +0000 +0000 +0000 +0000
80 +0000 +0000 +0000 +0000 +0000 +0000 +0000 +0000 +0000 +0000
90 +0000 +0000 +0000 +0000 +0000 +0000 +0000 +0000 +0000 +0000
```

图 8.23　一个寄存器和内存转储的例子

我们执行程序的第一条指令，即位置 00 中的 +1009。如前所述，switch 语句通过执行以下 C++ 语句模拟这个过程：

cin >> memory[ operand ];

在执行 cin 语句之前，应该在屏幕上显示一个问号，以提示用户输入。Simpletron 等待用户输入一个值并按回车键。然后这个值被读入到内存位置 09 处。

此时，第一条指令的模拟已经完成了。剩下的事就是准备让 Simpletron 执行下一条指令。由于刚才执行的指令不是一个控制转移，因此只需要对指令计数寄存器加 1，如下所示：

++instructionCounter;

这样就完成了第一条指令的模拟执行。接下来整个过程（即指令的执行周期）重新开始，读取下一条要执行的指令。

现在考虑一下如何模拟分支指令（即控制转移指令）。我们所需要做的就是要恰当地调整指令计数器的值。因此，无条件转移指令（40）在 switch 中模拟如下：

instructionCounter = operand;

"如果累加器为 0，则转移"的条件指令可以模拟如下：

```
if ( 0 == accumulator )
    instructionCounter = operand;
```

此时，读者可以实现自己的 Simpletron 模拟程序，并运行在练习题 8.15 中编写的每个 SML 程序。表示 Simpletron 模拟程序的内存和寄存器的变量应该在 main 里面定义，并且在适当的时候通过按引用或者按值传递的方式传递给其他函数。

你的模拟程序应该检查各种类型的错误。例如，在装入程序阶段，用户输入到 memory 中的每个数都应当在范围 -9999 ~ +9999 之间。模拟程序应该用一个 while 循环检测每个输入的数字在这个范围；否则，提示用户重新输入数字，直到用户输入一个正确的数为止。

在执行期间，模拟程序应该检查各种严重的错误情况。例如，除数为 0 的情况、执行不合法操作码的情况、累加器溢出（即算术运算的结果大于 +9999 或小于 -9999）的情况，等等。这些严重的错误称为致命的错误。当检测到一个致命的错误时，模拟程序应该打印以下错误信息：

```
*** Attempt to divide by zero ***
*** Simpletron execution abnormally terminated ***
```

并按照前面讨论的格式打印完整的计算机转储。这可以帮助用户找出程序中的错误。

8.17 （Simpletron 模拟程序的改进）在练习题 8.16 中，读者编写了计算机的软件模拟，可以执行用 Simpletron 机器语言（SML）编写的程序。在本练习题中，我们打算对 Simpletron 模拟程序做一些修改和加强。在本书练习题 18.31 ~ 练习题 18.35 中，我们构建的编译器可以将高级语言（BASIC 的变种）转换成 SML。为了能执行编译器生成的程序，下面的一些修改和增强可能是需要的。注意：一些修改可能会相互冲突，因此必须分开操作。

a) 将 Simpletron 模拟器的内存扩展为包含 1000 个内存位置，使它可以处理更大的程序。

b) 允许 Simpletron 模拟器执行求模计算。这需要增加一条 Simpletron 机器语言指令。

c) 允许 Simpletron 模拟器执行求幂计算，这需要增加一条 Simpletron 机器语言指令。

d) 修改模拟器，使其用十六进制值表示 Simpletron 机器语言指令，而不是用十进制整数值。

e) 修改模拟器，使其允许输出换行符。这需要增加一条 Simpletron 机器语言指令。

f) 修改模拟器，使其不仅可以处理整数值，还可以处理浮点值。

g) 修改模拟器，使其可以处理字符串输入。提示：每个 Simpletron 字可以分为两半，每半都包含一个两位整数。每个两位整数表示一个字符相对应的 ASCII 十进制数值。增加一条 Simpletron 机器语言指令，它可以输入一个字符串并把它存储在以指定的 Simpletron 内存位置开始的内存单元中。该指定位置的前半个字是此字符串中的字符个数（即该字符串的长度）。后续的每半个字都包含了一个用两个十进制数字表示的 ASCII 字符。这条机器语言指令把每个字符转换成它相对应的 ASCII 值，并赋给半个字。

h) 修改模拟器，使其可以处理按 g) 中格式存储的字符串的输出。提示：增加一条 Simpletron 机器语言指令，它打印从某个 Simpletron 内存位置开始的一个字符串。该位置的前半个字是字符串中的字符个数（即字符串的长度）。之后的每半个字都包含了一个用两个十进制数字表示的 ASCII 字符。这条机器语言指令检查字符串长度，并通过把每个两位数转换成它们相对应的字符来打印字符串。

i) 修改模拟器，使其包括指令 SML_DEBUG，它在每一条指令执行完之后打印一个内存转储。为 SML_DEBUG 分配的操作码是 44。字 +4401 打开调试模式，而字 +4400 关闭调试模式。

# 第9章 类的深入剖析：抛出异常

*My object all sublime I shall achieve in time.*

—W. S. Gilbert

*Is it a world to hide virtues in?*

—William Shakespeare

*Have no friends not equal to yourself.*

—Confucius

## 学习目标

在本章中将学习：

- 使用包含防护（include guard）
- 通过对象名称、对象的引用或者对象的指针访问类的成员
- 使用析构函数实现对对象的扫尾工作
- 构造函数和析构函数的调用顺序
- 当返回 private 数据的引用时导致的危险后果
- 将一个对象的数据成员赋给另一个对象的相应成员
- 创建由其他对象组成的对象
- 使用 friend（友元）函数和 friend 类
- 在成员函数中使用 this 指针访问非 static（静态）类成员
- 使用 static 数据成员和成员函数

## 提纲

## 9.1　简介

这一章将对类进行深入的剖析。通过一个完整的 Time 类实例研究和其他一些例子,讲解几种构造类的方法。开始时的 Time 类例子使我们重温在前面章节中提到的一些要点。同时也说明在头文件中通过使用"包含防护",可以防止将头文件中的代码多次包含到同一个源代码文件中。

我们将演示客户代码可以通过对象的名称、对象的引用或者对象的指针来访问类的 public 成员。正如将要看到的,如果访问类的 public 成员,对象的名称或者对象的引用可以和圆点成员选择运算符(.)一起使用,而对象的指针则需要和箭头成员选择运算符(->)一起使用。

本章将讨论可以对对象数据成员进行读或写的访问函数。访问函数通常用于测试条件是真还是假,这样的函数称为判定函数(predicate function)。还将介绍工具函数(也称为助手函数)的概念。工具函数是类的 private 成员函数,目的是支持类的 public 成员函数的操作,并非为类的客户使用而准备的。

我们将说明实参是如何传递给构造函数的,以及默认实参如何在构造函数中使用,才能使客户代码能够用各种实参初始化类的对象。其次,将讨论一种特殊的称为析构函数的成员函数。析构函数是每个类的一部分,在类的对象撤销之前,用于完成对该对象的"扫尾工作"。接着将演示构造函数和析构函数的调用顺序。

本章将展示返回 private 数据的引用或指针将破坏类的封装性,使客户代码能够直接访问对象的数据。此外,我们使用默认的逐个成员赋值方式,将类的一个对象赋值给该类的另一个对象。

我们将通过使用 const 对象和 const 成员函数来防止对对象的修改,此举是对最小特权原则的很好实践。还将讨论组成(composition)———一种使其他类的对象成为类成员的复用方式。然后我们将利用友元关系(friendship)来约定非成员函数也可以访问类的非 public 成员。这是一种出于性能方面的考虑而常常用在运算符重载(见第 10 章)的技术。我们讨论 this 指针,这是类的每个非 static 成员函数调用的隐式参数,允许这些成员函数访问正确对象的数据成员和其他非 static 成员函数。本章最后引出对类的 static 成员的需求,并且说明如何在自定义的类中使用它们。

## 9.2　Time 类实例研究

第一个例子创建 Time 类并测试它,而且要说明一个重要的 C++ 软件工程概念:在头文件中使用"包含防护",从而避免头文件中的代码被多次包含到同一个源代码文件中的情况。由于一个类只能被定义一次,因此使用这样的预处理器指令阻止了重复定义的错误。

### Time 类的定义

图 9.1 中的类定义包含成员函数 Time、setTime、printUniversal 和 printStandard 的函数原型(第 13 ~ 16 行),以及 private unsigned int 成员 hour、minute 和 second(第 18 ~ 20 行)。只能通过 Time 类的成员函数访问它的 private 数据成员。第 11 章将介绍第三种成员访问说明符 protected,届时将学习继承和它在面向对象编程中所起的作用。

**良好的编程习惯 9.1**

为了保证程序的清晰性和可读性,每个成员访问说明符在类定义中只使用一次。应将 public 成员放在最前面,这样更便于查找。

**软件工程知识 9.1**

类的每个元素都应该具有 private 可见性,除非可以证明它需要 public 可见性。这是最小权限原则实践的另一个例子。

```
 1    // Fig. 9.1: Time.h
 2    // Time class definition.
 3    // Member functions are defined in Time.cpp
 4
 5    // prevent multiple inclusions of header
 6    #ifndef TIME_H
 7    #define TIME_H
 8
 9    // Time class definition
10    class Time
11    {
12    public:
13        Time(); // constructor
14        void setTime( int, int, int ); // set hour, minute and second
15        void printUniversal() const; // print time in universal-time format
16        void printStandard() const; // print time in standard-time format
17    private:
18        unsigned int hour; // 0 - 23 (24-hour clock format)
19        unsigned int minute; // 0 - 59
20        unsigned int second; // 0 - 59
21    }; // end class Time
22
23    #endif
```

图 9.1　Time 类定义

注意，在图 9.1 中，类定义被放入第 6 ~ 7 行及第 23 行所示的如下包含防护中：

```
// prevent multiple inclusions of header
#ifndef TIME_H
#define TIME_H
    ...
#endif
```

当构建大型程序时，头文件中还会放入其他的定义和声明。前述的包含防护在名字 TIME_H 已被定义时，可以阻止将#ifndef(意思是"如果没有定义")和#endif 之间的代码包含到文件中。如果以前没有在文件中包含此头文件，那么 TIME_H 这个名字将被#define 指令定义，并且包含该头文件的语句；如果以前已包含此头文件，那么 TIME_H 已经定义，将不再包含该头文件。试图多次包含一个头文件的这种错误，通常(不经意间)发生在具有多个头文件(这些头文件本身可能包含其他的头文件)的大型程序中。

**错误预防技巧 9.1**

应利用预处理器指令#ifndef、#define 和#endif 等构成包含防护，从而避免头文件在一个程序中被多次包含。

**良好的编程习惯 9.2**

按照惯例，在头文件的预处理器指令#ifndef 和#define 中，应使用大写的头文件名，并用下画线代替圆点。

## Time 类的成员函数

在图 9.2 中，Time 构造函数(第 11 ~ 14 行)将数据成员初始化为 0(也就是格林威治时间 12:00 AM)，这就确保了对象能够以一个可靠的状态开始。无效的值不能存放在 Time 对象的数据成员中，因为这个构造函数在 Time 对象创建时被调用，并且客户对数据成员的所有后期改动都是由马上要讨论的函数 set-Time 完成的。最后，非常重要的一点就是程序员可以为一个类定义多个重载的构造函数——重载函数在 6.18 节中已讲解过。

在 C++11 之前，只有 static const int 数据成员(曾在第 7 章中出现)能够在类中声明它们的地方被初始化。正因如此，且对基本类型的数据成员并没有默认的初始化机制，所以数据成员通常应由类的构造函数进行初始化。但到了 C++11，程序员现在可以在使用类内初始化器，在类定义中声明任何数据成员之处对此数据成员进行初始化。

```
1   // Fig. 9.2: Time.cpp
2   // Time class member-function definitions.
3   #include <iostream>
4   #include <iomanip>
5   #include <stdexcept> // for invalid_argument exception class
6   #include "Time.h" // include definition of class Time from Time.h
7
8   using namespace std;
9
10  // Time constructor initializes each data member to zero.
11  Time::Time()
12     : hour( 0 ), minute( 0 ), second( 0 )
13  {
14  } // end Time constructor
15
16  // set new Time value using universal time
17  void Time::setTime( int h, int m, int s )
18  {
19     // validate hour, minute and second
20     if ( ( h >= 0 && h < 24 ) && ( m >= 0 && m < 60 ) &&
21        ( s >= 0 && s < 60 ) )
22     {
23        hour = h;
24        minute = m;
25        second = s;
26     } // end if
27     else
28        throw invalid_argument(
29           "hour, minute and/or second was out of range" );
30  } // end function setTime
31
32  // print Time in universal-time format (HH:MM:SS)
33  void Time::printUniversal() const
34  {
35     cout << setfill( '0' ) << setw( 2 ) << hour << ":"
36        << setw( 2 ) << minute << ":" << setw( 2 ) << second;
37  } // end function printUniversal
38
39  // print Time in standard-time format (HH:MM:SS AM or PM)
40  void Time::printStandard() const
41  {
42     cout << ( ( hour == 0 || hour == 12 ) ? 12 : hour % 12 ) << ":"
43        << setfill( '0' ) << setw( 2 ) << minute << ":" << setw( 2 )
44        << second << ( hour < 12 ? " AM" : " PM" );
45  } // end function printStandard
```

图 9.2    Time 类成员函数的定义

## Time 类的成员函数 setTime 和异常的抛出

第 17～30 行所示的函数 setTime 是一个 public 函数,它声明了三个 int 形参并用它们来设定时间。第 20～21 行测试每个实参以确定其值是否在指定的范围内。如果测试通过,第 23～25 行将这些值分别赋值给数据成员 hour、minute 和 second。hour 的值必须大于等于 0 且小于 24,因为格林威治时间格式表示的小时是从 0 到 23 的整数(例如 1 PM 是 13 点,11 PM 是 23 点,午夜是 0 点,正午是 12 点)。类似地,minute 和 second 都必须大于等于 0 且小于 60。任何超出这些范围的值都会造成 setTime 抛出一个类型为 invalid_argument(来自头文件 <stdexcept >)的异常(第 28～29 行),告诉客户端代码函数接收了一个无效的实参。正如大家在第 7.10 节中学到的那样,可以使用 try...catch 来捕获异常并尝试从中恢复,我们将在图 9.3 中实现该功能。第 28～29 行的 throw 语句创建了一个类型为 invalid_argument 的新对象。跟在类名称后面的圆括号表示对该 invalid_argument 对象构造函数的一个调用,其中允许我们指定一个用户自定义的错误信息字符串。在异常对象被创建之后,此 throw 语句立即终止函数 setTime,然后异常返回到尝试设置时间的代码处。

## Time 类的成员函数 printUniversal

图 9.2 中第 33～37 行的函数 printUniversal 没有任何参数,它以格林威治时间格式输出时间。该格式的数据由冒号分隔的三个数字对组成。如果时间是 1:30:07 PM,函数 printUniversal 将返回 13:30:07。请注

意，第 35 行使用了参数化的流操纵符 setfill，用于指定当输出域宽大于输出整数值中数字个数时所需显示的填充字符。因为默认情况下数的输出是右对齐的，填充字符出现在数中数字的左边。当然，对于左对齐的值，填充字符会出现在右边。在本例中，如果 minute 的值为 2，那么将会显示 02，因为填充字符被设置为'0'。如果将要输出的数填满了指定的域宽，那么不显示填充字符。请注意，一旦用 setfill 指定了填充字符，该字符将应用在后续值的显示中，只要显示的域宽大于要被显示的数所需的实际宽度。也就是说，setfill 是一个"黏性"设置。这与 setw 形成了对比，setw 是一个"非黏性"设置，它只对紧接着显示的值起作用。

**错误预防技巧 9.2**

每个黏性设置（如填充字符或者浮点数精度）当不再需要时，应当将它恢复为以前的设置。如果不这样做，可能导致后面程序中输出格式的不正确。第 13 章"输入/输出流的深入剖析"将讨论如何重设填充字符和浮点数精度。

### Time 类的成员函数 printStandard

第 40～45 行的 printStandard 函数没有参数，它以标准时间格式输出数据。该格式的数据由冒号分隔的 hour、minute 和 second 的值组成，后面紧跟着 AM 或者 PM 指示器，例如 1:27:06 PM。同 printUniversal 函数一样，printStandard 函数使用 setfill('0') 在必要时将 minute 和 second 格式化成以 0 为首的两位数字值。第 42 行使用条件运算符(?:)确定要显示的 hour 值。也就是说，如果 hour 的值是 0 或者是 12（AM 或者 PM），则显示为 12；否则，hour 显示 1 到 11 的某个值。第 44 行中的条件运算符决定是显示 AM 还是 PM。

### 在类定义外部定义成员函数与类的作用域

尽管在类定义中声明的成员函数可以定义在类定义的外部（并通过二元作用域分辨运算符"绑定"到该类），然而这样的成员函数仍在该类的作用域之内。也就是说，类中的其他成员知道它的名称，通过该类的对象、该类对象的引用、该类对象的指针或者二元作用域分辨运算符进行引用。稍后将详细介绍类的作用域。

如果成员函数定义在类定义的体内，那么该成员函数被隐式地声明为 inline（内联）的。不过要注意，编译器将保留不对任何函数内联的权利。

**性能提示 9.1**

在类定义内部定义成员函数内联该成员函数（如果编译器选择这样做），可以提高程序的性能。

**软件工程知识 9.2**

只有最简单和最稳定的成员函数（即它的实现不太可能发生变化）可以在类的头部中定义。

### 成员函数与全局函数（也称作自由函数）

令人感兴趣的是 printUniversal 函数和 printStandard 函数都不接收任何参数。这是因为这些成员函数隐式地知道它们将打印调用它们的特定 Time 对象的数据成员。这使得成员函数调用比过程式编程中的传统函数调用更简练。

**软件工程知识 9.3**

使用面向对象编程方法常常可以通过减少传递的参数个数来简化函数调用。面向对象编程的这一优点受益于这样的事实：对象中封装了数据成员和成员函数，使成员函数有权访问数据成员。

**软件工程知识 9.4**

成员函数通常比非面向对象程序中的函数简短，因为存储在数据成员中的数据已由构造函数或者由存储新数据的成员函数理想地确认有效了。由于数据已在对象中，成员函数调用常常没有参数或者至少比非面向对象语言中的函数调用具有更少的参数。因而，函数调用、函数定义和函数原型更短。这将给程序开发带来多方面的便利。

**错误预防技巧 9.3**

实际上，成员函数调用一般不带参数或其参数个数比非面向对象语言中传统函数调用参数要少，这将减少传递错误参数、错误的参数类型或错误的参数个数的可能性。

### 使用 Time 类

一旦定义了 Time 类，它就可以作为一种类型用在如下的对象、数组、指针和引用的声明中：

```cpp
Time sunset; // object of type Time
array< Time, 5 > arrayOfTimes; // array of 5 Time objects
Time &dinnerTime = sunset; // reference to a Time object
Time *timePtr = &dinnerTime; // pointer to a Time object
```

图 9.3 使用 Time 类。第 11 行实例化了一个称为 t 的 Time 类的对象。当该对象实例化时，调用 Time 构造函数，它将每个 private 数据成员初始化为 0。然后，第 15 行和第 17 行分别用格林威治时间格式和标准时间格式打印时间，以证实这些成员被正确地初始化。第 19 行通过调用成员函数 setTime 设置一个新的时间，而且第 23 行和第 25 行再次用两种格式打印时间。

```cpp
 1  // Fig. 9.3: fig09_03.cpp
 2  // Program to test class Time.
 3  // NOTE: This file must be compiled with Time.cpp.
 4  #include <iostream>
 5  #include <stdexcept> // for invalid_argument exception class
 6  #include "Time.h" // include definition of class Time from Time.h
 7  using namespace std;
 8
 9  int main()
10  {
11     Time t; // instantiate object t of class Time
12
13     // output Time object t's initial values
14     cout << "The initial universal time is ";
15     t.printUniversal(); // 00:00:00
16     cout << "\nThe initial standard time is ";
17     t.printStandard(); // 12:00:00 AM
18
19     t.setTime( 13, 27, 6 ); // change time
20
21     // output Time object t's new values
22     cout << "\n\nUniversal time after setTime is ";
23     t.printUniversal(); // 13:27:06
24     cout << "\nStandard time after setTime is ";
25     t.printStandard(); // 1:27:06 PM
26
27     // attempt to set the time with invalid values
28     try
29     {
30        t.setTime( 99, 99, 99 ); // all values out of range
31     } // end try
32     catch ( invalid_argument &e )
33     {
34        cout << "Exception: " << e.what() << endl;
35     } // end catch
36
37     // output t's values after specifying invalid values
38     cout << "\n\nAfter attempting invalid settings:"
39        << "\nUniversal time: ";
40     t.printUniversal(); // 13:27:06
41     cout << "\nStandard time: ";
42     t.printStandard(); // 1:27:06 PM
43     cout << endl;
44  } // end main
```

```
The initial universal time is 00:00:00
The initial standard time is 12:00:00 AM

Universal time after setTime is 13:27:06
Standard time after setTime is 1:27:06 PM

Exception: hour, minute and/or second was out of range
```

图 9.3　测试 Time 类的程序

```
After attempting invalid settings:
Universal time: 13:27:06
Standard time: 1:27:06 PM
```

图 9.3(续)　测试 Time 类的程序

### 用无效值调用 setTime

为了举例说明 setTime 方法确认其实参的有效性，第 30 行调用 setTime 时对 hour、minute、second 用了无效的实参值 99。这条语句被放置在一个 try 块(第 28 ~ 31 行)中，来处理 setTime 所有参数无效导致抛出的 invalid_argument 异常。当这样的情形发生时，异常将在第 32 ~ 35 行被捕捉，并在第 34 行通过调用它的 what 成员函数打印异常的错误信息。第 38 ~ 42 行再次以两种格式输出了时间，以确认当提供的参数无效时 setTime 没有改变时间。

### 组成和继承概念介绍

类通常不必从头开始创建。相反，类可以将其他类的对象包含进来作为其成员，或者可以由其他能为该类提供可以使用的属性和行为的类派生(derive)而来。这样的软件复用可以大大提高程序员的生产效率，并可简化代码的维护工作。包含类对象作为其他类的成员称为组成(composition)，或者称为聚合(aggregation)，从已有的类派生出新的类称为继承(inheritance)。9.11 节中将讨论组成，第 11 章中将讨论继承。

### 对象大小

对于那些刚刚接触面向对象编程的人员，他们往往猜想对象一定会很大，因为对象包含了数据成员和成员函数。从逻辑上讲的确如此，程序员可以认为对象是包含了数据和函数(并且我们的讨论自然鼓励这种观点)。可是，事实并不是这样。

**性能提示 9.2**

对象只包含数据，所以同假设也包含了成员函数的对象相比要小得多。编译器只创建独立于类的所有对象的一份成员函数的副本。该类的所有对象共享这份副本。当然，每个对象都需要自己的类数据的副本，因为在对象间这些数据是不同的。函数代码是不可修改的，因此可以被类的不同对象所共享。

## 9.3　类的作用域和类成员的访问

类的数据成员和成员函数属于该类的作用域。默认情况下，非成员函数在全局命名空间作用域中定义。(我们将在 23.4 节中详细地讨论命名空间。)

在类的作用域内，类的成员可以被类的所有成员函数直接访问，也可以通过名字引用。在类的作用域之外，public 类成员通过对象的句柄(handle)之一而引用。句柄可以是对象名称、对象的引用或者对象的指针。对象、引用或指针的类型指定了客户可访问的接口(即成员函数)。【在第 9.13 章中将看到，每次引用对象中的数据成员或者成员函数时，编译器会插入一个隐式句柄。】

### 类作用域和块作用域

在成员函数中声明的变量具有块作用域，只有该函数知道它们。如果成员函数定义了与类作用域内变量同名的另一个变量，那么在函数中块作用域中的变量将隐藏类作用域中的变量。这样被隐藏的变量可以通过在其名前加类名和二元作用域分辨运算符(::)的方法而访问。同样，被隐藏的全局变量可以用一元作用域分辨运算符来访问(见第 6 章)。

**圆点成员选择运算符(.)和箭头成员选择运算符(->)**

圆点成员选择运算符(.)前面加对象名称或者对象的引用,则可以访问该对象的成员。箭头成员选择运算符(->)前面加对象的指针,则可以访问该对象的成员。

**通过对象、引用、指针访问类的 public 成员**

考虑一个含有一个 public setBalance 成员函数的 Account 类。给定以下声明:

```
Account account; // an Account object

// accountRef refers to an Account object
Account &accountRef = account;

// accountPtr points to an Account object
Account *accountPtr = &account;
```

则程序员可以用圆点成员选择运算符(.)和箭头成员选择运算符(->)以如下的方式调用成员函数 setBalance:

```
// call setBalance via the Account object
account.setBalance( 123.45 );

// call setBalance via a reference to the Account object
accountRef.setBalance( 123.45 );

// call setBalance via a pointer to the Account object
accountPtr->setBalance( 123.45 );
```

## 9.4 访问函数和工具函数

**访问函数**

访问函数可以读取或者显示数据。访问函数另一个常见用法是测试条件是真还是假,常常称这样的函数为判定函数(predicate function)。例如,任何容器类都有的 isEmpty 函数就是判定函数。容器类是能够容纳很多对象的类,例如一个 vector 对象能够容纳许多对象。程序在试图从容器对象中读取另一个元素前,可能先要测试 isEmpty。判定函数 isFull 可以测试一个容器类对象,确定它是否还有多余的空间。对于我们的 Time 类,isAM 和 isPM 就是一组有用的判定函数。

**工具函数**

工具函数(也称为助手函数)是一个用来支持类的其他成员函数操作的 private 成员函数。工具函数需要被声明为 private 的,因为它们不希望被类的客户所使用。工具函数的一个非常普遍的使用情况是,希望将一些公共代码放在一个函数中,否则这些代码将重复出现在多个成员函数中。

## 9.5 Time 类实例研究:具有默认实参的构造函数

图 9.4 ~ 图 9.6 中的程序对 Time 类进行强化,以演示实参是如何隐式地传递给构造函数的。图 9.2 中定义的构造函数将 hour、minute 和 second 初始化为 0(也就是格林威治时间的午夜)。像其他函数一样,构造函数可以指定默认的实参。图 9.4 中的第 13 行声明了 Time 构造函数,包含默认的实参,即为每个传递到构造函数的实参指定默认值为 0。该构造函数被声明为 explicit,因为它可以在调用时有一个实参。我们将在 10.13 节中详细讨论 explicit 构造函数。

在图 9.5 中,第 10 ~ 13 行定义了 Time 构造函数的这个新版本。它为形参 hour、minute 和 second 接收值,而这些形参分别用于初始化 private 数据成员 hour、minute 和 second。通过为构造函数提供默认的实参,可以保证即使在构造函数调用时没有提供任何值,构造函数仍然会初始化数据成员。一个默认所有实参的构造函数也是一个默认的构造函数,即一个调用时可以不带任何实参的构造函数。每个类最多只有一个默认构造函数。在该例中,Time 类的该版本为每个数据成员提供了设置和获取函数。该 Time 构造函数现在调用 setTime,而 setTime 又调用了 setHour、setMinute 和 setSecond 函数来验证和给数据成员赋值。

```
1   // Fig. 9.4: Time.h
2   // Time class containing a constructor with default arguments.
3   // Member functions defined in Time.cpp.
4
5   // prevent multiple inclusions of header
6   #ifndef TIME_H
7   #define TIME_H
8
9   // Time class definition
10  class Time
11  {
12  public:
13     explicit Time( int = 0, int = 0, int = 0 ); // default constructor
14
15     // set functions
16     void setTime( int, int, int ); // set hour, minute, second
17     void setHour( int ); // set hour (after validation)
18     void setMinute( int ); // set minute (after validation)
19     void setSecond( int ); // set second (after validation)
20
21     // get functions
22     unsigned int getHour() const; // return hour
23     unsigned int getMinute() const; // return minute
24     unsigned int getSecond() const; // return second
25
26     void printUniversal() const; // output time in universal-time format
27     void printStandard() const; // output time in standard-time format
28  private:
29     unsigned int hour; // 0 - 23 (24-hour clock format)
30     unsigned int minute; // 0 - 59
31     unsigned int second; // 0 - 59
32  }; // end class Time
33
34  #endif
```

图 9.4 具有默认实参构造函数的 Time 类

```
1   // Fig. 9.5: Time.cpp
2   // Member-function definitions for class Time.
3   #include <iostream>
4   #include <iomanip>
5   #include <stdexcept>
6   #include "Time.h" // include definition of class Time from Time.h
7   using namespace std;
8
9   // Time constructor initializes each data member
10  Time::Time( int hour, int minute, int second )
11  {
12     setTime( hour, minute, second ); // validate and set time
13  } // end Time constructor
14
15  // set new Time value using universal time
16  void Time::setTime( int h, int m, int s )
17  {
18     setHour( h ); // set private field hour
19     setMinute( m ); // set private field minute
20     setSecond( s ); // set private field second
21  } // end function setTime
22
23  // set hour value
24  void Time::setHour( int h )
25  {
26     if ( h >= 0 && h < 24 )
27        hour = h;
28     else
29        throw invalid_argument( "hour must be 0-23" );
30  } // end function setHour
31
32  // set minute value
33  void Time::setMinute( int m )
34  {
35     if ( m >= 0 && m < 60 )
36        minute = m;
37     else
38        throw invalid_argument( "minute must be 0-59" );
39  } // end function setMinute
```

图 9.5 Time 类的成员函数定义

```
40
41   // set second value
42   void Time::setSecond( int s )
43   {
44      if ( s >= 0 && s < 60 )
45         second = s;
46      else
47         throw invalid_argument( "second must be 0-59" );
48   } // end function setSecond
49
50   // return hour value
51   unsigned int Time::getHour() const
52   {
53      return hour;
54   } // end function getHour
55
56   // return minute value
57   unsigned Time::getMinute() const
58   {
59      return minute;
60   } // end function getMinute
61
62   // return second value
63   unsigned Time::getSecond() const
64   {
65      return second;
66   } // end function getSecond
67
68   // print Time in universal-time format (HH:MM:SS)
69   void Time::printUniversal() const
70   {
71      cout << setfill( '0' ) << setw( 2 ) << getHour() << ":"
72         << setw( 2 ) << getMinute() << ":" << setw( 2 ) << getSecond();
73   } // end function printUniversal
74
75   // print Time in standard-time format (HH:MM:SS AM or PM)
76   void Time::printStandard() const
77   {
78      cout << ( ( getHour() == 0 || getHour() == 12 ) ? 12 : getHour() % 12 )
79         << ":" << setfill( '0' ) << setw( 2 ) << getMinute()
80         << ":" << setw( 2 ) << getSecond() << ( hour < 12 ? " AM" : " PM" );
81   } // end function printStandard
```

图 9.5（续）　Time 类的成员函数定义

**软件工程知识 9.5**

对函数默认实参值的任何修改都要求重新编译客户代码（以保证程序仍然正常工作）。

　　在图 9.5 中，第 12 行构造函数使用传递给它的值（或是默认的值）调用成员函数 setTime。而 setTime 函数首先调用 setHour 以确保提供给 hour 的值是在 0～23 之间，然后调用 setMinute 和 setSecond 来分别确保给 minute 和 second 的值是在 0～59 之间。当接受一个超出范围的实参时，函数 setHour（第 24～30 行）、setMinute（第 33～39 行）和 setSecond（第 42～48 行）各自抛出一个异常。

　　图 9.6 中的 main 函数初始化了 5 个 Time 对象：一个在隐式的构造函数调用时使用了 3 个默认实参值（第 10 行）；一个指定了一个实参（第 11 行）；一个指定了两个实参（第 12 行）；一个指定了三个实参（第 13 行）；一个指定了三个无效实参（第 38 行）。然后，程序分别以格林威治时间格式和标准时间格式显示每个对象。对 Time 对象 t5 来说（第 38 行），程序打印错误信息，因为构造函数的实参超出了范围。

### 关于 Time 类的设置函数、获取函数和构造函数的补充说明

　　Time 的设置函数和获取函数始终在类内部调用。特别是，setTime 函数（如图 9.5 中的第 16～21 行所示）调用了 setHour、setMinute 和 setSecond 函数，而 printUniversal 和 printStandard 函数在第 71～72 行和第 78～80 行分别调用了 getHour、getMinute 和 getSecond 函数。在每种情况下，这些函数原本都可以不通过调用这些设置和获取函数而直接访问类的 private 数据。然而，考虑将时间由现在用 3 个 int 值来表达（这在 int 类型的数据用 4 个字节存储的系统中需要 12 字节的内存）改变为只用一个 int 值（表示从当天午夜

开始逝去的总秒数，只需要 4 个字节的内存开销）表达。如果进行了这样的改动，那么只有那些直接访问
private 数据的函数体需要改变，尤其是针对 hour、minute 和 second 的各个设置和获取函数。而 setTime、
printUniversal 或者 printStandard 函数体不需要修改，因为它们并未直接访问数据。以这样的方式来对类
进行设计，可以降低因改变类的实现方法而造成的编程出错的可能性。

```cpp
1   // Fig. 9.6: fig09_06.cpp
2   // Constructor with default arguments.
3   #include <iostream>
4   #include <stdexcept>
5   #include "Time.h" // include definition of class Time from Time.h
6   using namespace std;
7
8   int main()
9   {
10     Time t1; // all arguments defaulted
11     Time t2( 2 ); // hour specified; minute and second defaulted
12     Time t3( 21, 34 ); // hour and minute specified; second defaulted
13     Time t4( 12, 25, 42 ); // hour, minute and second specified
14
15     cout << "Constructed with:\n\nt1: all arguments defaulted\n   ";
16     t1.printUniversal(); // 00:00:00
17     cout << "\n   ";
18     t1.printStandard(); // 12:00:00 AM
19
20     cout << "\n\nt2: hour specified; minute and second defaulted\n   ";
21     t2.printUniversal(); // 02:00:00
22     cout << "\n   ";
23     t2.printStandard(); // 2:00:00 AM
24
25     cout << "\n\nt3: hour and minute specified; second defaulted\n   ";
26     t3.printUniversal(); // 21:34:00
27     cout << "\n   ";
28     t3.printStandard(); // 9:34:00 PM
29
30     cout << "\n\nt4: hour, minute and second specified\n   ";
31     t4.printUniversal(); // 12:25:42
32     cout << "\n   ";
33     t4.printStandard(); // 12:25:42 PM
34
35     // attempt to initialize t6 with invalid values
36     try
37     {
38        Time t5( 27, 74, 99 ); // all bad values specified
39     } // end try
40     catch ( invalid_argument &e )
41     {
42        cerr << "\n\nException while initializing t5: " << e.what() << endl;
43     } // end catch
44  } // end main
```

```
Constructed with:

t1: all arguments defaulted
   00:00:00
   12:00:00 AM

t2: hour specified; minute and second defaulted
   02:00:00
   2:00:00 AM

t3: hour and minute specified; second defaulted
   21:34:00
   9:34:00 PM

t4: hour, minute and second specified
   12:25:42
   12:25:42 PM

Exception while initializing t5: hour must be 0-23
```

图 9.6  具有默认实参的构造函数

　　类似地，Time 类构造函数本来也可以通过复制 setTime 函数中的适当语句来编写。这样做可能会稍
微提高效率，因为没有了额外的 setTime 函数调用的开销。但是，在多个函数或者构造函数中复制语句使

得修改类的内部数据表示的难度加大。如果使 Time 构造函数调用 setTime 函数，setTime 函数调用 setHour、setMinute 和 setSecond 函数，那么这将降低类的实现改变时引起出错的可能性。

**软件工程知识 9.6**

如果类的成员函数已经提供了类的构造函数(或其他成员函数)所需要的全部或者部分功能，那么就可以在构造函数(或其他成员函数)中调用这样的成员函数。这不仅可以简化代码的维护，而且可以减少由修改代码实现方法所引起出错的可能性。因此，一条普遍原则是：避免重复代码。

**常见的编程错误 9.1**

构造函数可以调用类的其他成员函数，如设置函数或者获取函数等。但是，因为构造函数正在初始化对象，数据成员可能还未初始化。在数据成员还未适当地初始化之前就使用它们将导致逻辑错误。

### C++11：使用列表初始化器调用构造函数

回想一下 4.10 节，C++11 现在提供了一个统一的初始化语法，称作列表初始化器，可以用来初始化任何变量。图 9.6 的第 11～13 行可以采用列表初始化器书写成如下形式：

```
Time t2{ 2 }; // hour specified; minute and second defaulted
Time t3{ 21, 34 }; // hour and minute specified; second defaulted
Time t4{ 12, 25, 42 }; // hour, minute and second specified
```

或者

```
Time t2 = { 2 }; // hour specified; minute and second defaulted
Time t3 = { 21, 34 }; // hour and minute specified; second defaulted
Time t4 = { 12, 25, 42 }; // hour, minute and second specified
```

没有 = 的形式更受欢迎。

### C++11：重载的构造函数和委托构造函数

我们曾在 6.18 节介绍了如何重载函数。类的构造函数和成员函数也可以被重载。通常，重载的构造函数允许用不同类型和(或)数量的实参初始化对象。如果要重载构造函数，需要在类的定义中为构造函数的各个版本提供相应的函数原型，并且为各个重载的版本提供独立的构造函数的定义。这同样适用于类的成员函数。

在图 9.4～图 9.6 中，Time 构造函数有三个形参且每个形参均有各自的默认实参。不过，我们可以将这个构造函数定义为函数原型如下的四个重载的构造函数。

```
Time(); // default hour, minute and second to 0
Time( int ); // initialize hour; default minute and second to 0
Time( int, int ); // initialize hour and minute; default second to 0
Time( int, int, int ); // initialize hour, minute and second
```

正如构造函数可以调用类的其他成员函数来实现功能那样，C++11 现在也允许构造函数调用同一个类中的其他构造函数。这样的构造函数称为委托构造函数(delegating constructor)，它将自己的工作委托给其他构造函数。这种机制对于重载的构造函数具有相同的代码时很有用，而以前的处理方式是将这些相同的代码定义在一个 private 工具函数中，供所有的构造函数去调用。

上面声明的前三个 Time 构造函数可以将工作委托给第四个有三个 int 类型参数的构造函数，将 0 作为默认实参值传递给额外的形参。为此，我们可以使用带有类的名称的成员初始化器，如下所示：

```
Time::Time()
  : Time( 0, 0, 0 ) // delegate to Time( int, int, int )
{
} // end constructor with no arguments
Time::Time( int hour )
  : Time( hour, 0, 0 ) // delegate to Time( int, int, int )
{
} // end constructor with one argument
Time::Time( int hour, int minute )
  : Time( hour, minute, 0 ) // delegate to Time( int, int, int )
{
} // end constructor with two arguments
```

## 9.6 析构函数

析构函数（destructor）是另一种特殊的成员函数。类的析构函数的名字是在类名之前添加发音字符（~）。这个命名约定非常直观，因为在稍后的章节中将会看到，发音字符是按位取补运算符。在某种意义上，析构函数与构造函数互补。析构函数不接收任何参数，也不返回任何值。

当对象撤销时，类的析构函数会隐式地调用。例如，当程序的执行离开实例化自动对象所在的作用域时，自动对象就会撤销，这时会发生析构函数的隐式调用。实际上，析构函数本身并不释放对象占用的内存空间，它只是在系统收回对象的内存空间之前执行扫尾工作，这样内存可以重新用于保存新的对象。

尽管未曾向到目前为止介绍的类提供析构函数，但是每个类都有一个析构函数。如果程序员没有显式地提供析构函数，那么编译器生成一个"空的"析构函数。注意：我们将看到，这样隐式生成的析构函数的确对通过组成（见 9.11 节）和继承（见第 11 章）创建的对象执行了重要的操作。在第 10 章中，我们将对其对象包含动态分配的内存的类（例如数组和字符串）或者使用其他系统资源的类（例如存储在磁盘上的文件，见第 14 章）构建适合的析构函数。第 10 章将讨论如何动态分配和释放内存。

## 9.7 何时调用构造函数和析构函数

编译器隐式调用构造函数和析构函数。这些函数调用发生的顺序由执行过程进入和离开对象实例化的作用域的顺序决定。一般而言，析构函数的调用顺序与相应的构造函数的调用顺序相反。但是，正如图 9.7 ~ 图 9.9 所示，对象的存储类别可以改变调用析构函数的顺序。

```
1   // Fig. 9.7: CreateAndDestroy.h
2   // CreateAndDestroy class definition.
3   // Member functions defined in CreateAndDestroy.cpp.
4   #include <string>
5   using namespace std;
6
7   #ifndef CREATE_H
8   #define CREATE_H
9
10  class CreateAndDestroy
11  {
12  public:
13      CreateAndDestroy( int, string ); // constructor
14      ~CreateAndDestroy(); // destructor
15  private:
16      int objectID; // ID number for object
17      string message; // message describing object
18  }; // end class CreateAndDestroy
19
20  #endif
```

图 9.7　CreateAndDestroy 类定义

```
1   // Fig. 9.8: CreateAndDestroy.cpp
2   // CreateAndDestroy class member-function definitions.
3   #include <iostream>
4   #include "CreateAndDestroy.h"// include CreateAndDestroy class definition
5   using namespace std;
6
7   // constructor sets object's ID number and descriptive message
8   CreateAndDestroy::CreateAndDestroy( int ID, string messageString )
9      : objectID( ID ), message( messageString )
10  {
11      cout << "Object " << objectID << "  constructor runs  "
12          << message << endl;
13  } // end CreateAndDestroy constructor
14
```

图 9.8　CreateAndDestroy 类的成员函数定义

```
15    // destructor
16    CreateAndDestroy::~CreateAndDestroy()
17    {
18        // output newline for certain objects; helps readability
19        cout << ( objectID == 1 || objectID == 6 ? "\n" : "" );
20
21        cout << "Object " << objectID << "   destructor runs   "
22            << message << endl;
23    } // end ~CreateAndDestroy destructor
```

图9.8　(续)CreateAndDestroy 类的成员函数定义

```
1     // Fig. 9.9: fig09_09.cpp
2     // Order in which constructors and
3     // destructors are called.
4     #include <iostream>
5     #include "CreateAndDestroy.h" // include CreateAndDestroy class definition
6     using namespace std;
7
8     void create( void ); // prototype
9
10    CreateAndDestroy first( 1, "(global before main)" ); // global object
11
12    int main()
13    {
14        cout << "\nMAIN FUNCTION: EXECUTION BEGINS" << endl;
15        CreateAndDestroy second( 2, "(local automatic in main)" );
16        static CreateAndDestroy third( 3, "(local static in main)" );
17
18        create(); // call function to create objects
19
20        cout << "\nMAIN FUNCTION: EXECUTION RESUMES" << endl;
21        CreateAndDestroy fourth( 4, "(local automatic in main)" );
22        cout << "\nMAIN FUNCTION: EXECUTION ENDS" << endl;
23    } // end main
24
25    // function to create objects
26    void create( void )
27    {
28        cout << "\nCREATE FUNCTION: EXECUTION BEGINS" << endl;
29        CreateAndDestroy fifth( 5, "(local automatic in create)" );
30        static CreateAndDestroy sixth( 6, "(local static in create)" );
31        CreateAndDestroy seventh( 7, "(local automatic in create)" );
32        cout << "\nCREATE FUNCTION: EXECUTION ENDS" << endl;
33    } // end function create
```

```
Object 1    constructor runs    (global before main)

MAIN FUNCTION: EXECUTION BEGINS
Object 2    constructor runs    (local automatic in main)
Object 3    constructor runs    (local static in main)

CREATE FUNCTION: EXECUTION BEGINS
Object 5    constructor runs    (local automatic in create)
Object 6    constructor runs    (local static in create)
Object 7    constructor runs    (local automatic in create)

CREATE FUNCTION: EXECUTION ENDS
Object 7    destructor runs    (local automatic in create)
Object 5    destructor runs    (local automatic in create)

MAIN FUNCTION: EXECUTION RESUMES
Object 4    constructor runs    (local automatic in main)

MAIN FUNCTION: EXECUTION ENDS
Object 4    destructor runs    (local automatic in main)
Object 2    destructor runs    (local automatic in main)

Object 6    destructor runs    (local static in create)
Object 3    destructor runs    (local static in main)

Object 1    destructor runs    (global before main)
```

图9.9　构造和析构函数的调用顺序

**全局作用域内对象的构造函数和析构函数**

全局作用域内定义的对象的构造函数，在文件内任何其他函数（包括 main 函数）开始执行之前调用（尽管文件之间全局对象的构造函数的执行顺序不能确定）。当 main 函数执行结束时，相应的析构函数被调用。exit 函数迫使程序立即结束，不执行自动对象的析构函数。当程序检测到输入中有错误，或者程序要处理的文件不能打开时，常常使用这个函数来终止程序。abort 函数的执行情况与 exit 函数类似，但是迫使程序立刻终止，不允许调用任何对象的析构函数。通常使用 abort 函数指示程序的非正常终止。（更多关于函数 exit 和 abort 的信息，请参见附录 F。）

**局部对象的构造函数和析构函数**

当程序执行到自动局部对象的定义处时，该对象的构造函数被调用；当程序执行离开对象的作用域时（也就是对象定义其中的块已经执行完毕），相应的析构函数被调用。当程序的执行每次进入或者离开自动对象的作用域时，自动对象的构造函数或者析构函数就会被调用。如果程序的终止是由调用 exit 函数或者 abort 函数而完成的，那么自动对象的析构函数将不被调用。

**static 局部对象的构造函数和析构函数**

static 局部对象的构造函数只被调用一次，即在程序第一次执行到该对象的定义处时，而相应的析构函数的调用发生在 main 函数结束或者程序调用 exit 函数时。全局或 static 对象的撤销顺序与它们建立的顺序正好相反。如果用 abort 函数的调用终止程序，那么 static 对象的析构函数将不被调用。

**如何调用构造和析构函数的演示**

图 9.7 ~ 图 9.9 中的程序演示了不同存储类别的 CreateAndDestroy 类（如图 9.7 和图 9.8 所示）的对象在几种作用域中调用构造函数和析构函数的顺序。每个 CreateAndDestroy 类的对象包含一个整数（objec-tID）和一个字符串（message）（图 9.7 中第 16 ~ 17 行），用于程序的输出，以标识该对象。这个机械的例子纯粹是出于教学目的。正因为如此，图 9.8 中析构函数的第 19 行判断是否正被撤销的对象有 objectID 值 1 或者 6，如果是这样，则输出一个换行符。这一行有助于使程序的输出更容易看清楚。

图 9.9 在全局作用域中定义了对象 first（第 10 行）。实际上，对于该对象，在 main 中任何语句执行之前，调用它的构造函数；而在运行所有其他对象的析构函数之后程序终止时，调用它的析构函数。

第 12 ~ 23 行的 main 函数声明了三个对象：对象 second（第 15 行）和 fourth（第 21 行）都是局部自动对象，对象 third（第 16 行）是一个 static 局部对象。当程序执行到每个对象声明处时，调用它们的构造函数。当程序执行到 main 函数的结尾时，依次调用对象 fourth 和 second 的析构函数（即按照它们构造函数调用的相反顺序调用）。因为对象 third 是 static 局部对象，所以直到程序终止时它才撤销。对象 third 的析构函数在全局对象 first 的析构函数调用之前、在所有其他对象撤销之后被调用。

第 26 ~ 33 行的函数 create 也声明了三个对象：fifth（第 29 行）和 seventh（第 31 行）是局部自动对象，sixth（第 30 行）是 static 局部对象。程序执行到 create 函数的结尾时，依次调用对象 seventh 和 fifth 的析构函数（也就是按照其构造函数调用的相反顺序调用）。由于 sixth 是 static 局部对象，因此直到程序终止时它才撤销。sixth 的析构函数的调用发生在 third 和 first 的析构函数调用之前，以及所有其他对象撤销之后。

## 9.8　Time 类实例研究：微妙的陷阱——返回 private 数据成员的引用或指针

对象的引用就是该对象名称的别名。因此，它可以在赋值语句的左边使用。在这种情况下，引用成为一个完全令人满意的左值，可以接受一个值。使用这种功能的一条途径（却非常不幸！）是让类的 public 成员函数返回对该类 private 数据成员的引用。请注意，如果函数返回的是一个 const 引用，那么这个引用不能用作可修改的左值。

图 9.10 ~ 图 9.12 中的程序用了一个简化的 Time 类（如图 9.10 和图 9.11 所示），演示了如何使用成员函数 badSetHour（该函数在图 9.10 中的第 15 行进行了声明，在图 9.11 中的第 37 ~ 45 行进行了定义）返回 private 数据成员的引用。实际上，这样的引用返回使成员函数 badSetHour 的调用成为 private 数据成

员 hour 的一个别名。此函数调用可以用在 private 数据成员 hour 可用的任何地方，包括作为赋值语句的左值，因而使类的客户可以随便使用这个类的 private 数据成员。请注意，当函数返回的是一个指向 private 数据的指针时，同样的问题还会发生。

```cpp
1   // Fig. 9.10: Time.h
2   // Time class declaration.
3   // Member functions defined in Time.cpp
4
5   // prevent multiple inclusions of header
6   #ifndef TIME_H
7   #define TIME_H
8
9   class Time
10  {
11  public:
12     explicit Time( int = 0, int = 0, int = 0 );
13     void setTime( int, int, int );
14     unsigned int getHour() const;
15     unsigned int &badSetHour( int ); // dangerous reference return
16  private:
17     unsigned int hour;
18     unsigned int minute;
19     unsigned int second;
20  }; // end class Time
21
22  #endif
```

图 9.10　Time 类定义

```cpp
1   // Fig. 9.11: Time.cpp
2   // Time class member-function definitions.
3   #include <stdexcept>
4   #include "Time.h" // include definition of class Time
5   using namespace std;
6
7   // constructor function to initialize private data; calls member function
8   // setTime to set variables; default values are 0 (see class definition)
9   Time::Time( int hr, int min, int sec )
10  {
11     setTime( hr, min, sec );
12  } // end Time constructor
13
14  // set values of hour, minute and second
15  void Time::setTime( int h, int m, int s )
16  {
17     // validate hour, minute and second
18     if ( ( h >= 0 && h < 24 ) && ( m >= 0 && m < 60 ) &&
19        ( s >= 0 && s < 60 ) )
20     {
21        hour = h;
22        minute = m;
23        second = s;
24     } // end if
25     else
26        throw invalid_argument(
27           "hour, minute and/or second was out of range" );
28  } // end function setTime
29
30  // return hour value
31  unsigned int Time::getHour()
32  {
33     return hour;
34  } // end function getHour
35
36  // poor practice: returning a reference to a private data member.
37  unsigned int &Time::badSetHour( int hh )
38  {
39     if ( hh >= 0 && hh < 24 )
40        hour = hh;
41     else
42        throw invalid_argument( "hour must be 0-23" );
43
44     return hour; // dangerous reference return
45  } // end function badSetHour
```

图 9.11　Time 类成员函数定义

```cpp
 1  // Fig. 9.12: fig09_12.cpp
 2  // Demonstrating a public member function that
 3  // returns a reference to a private data member.
 4  #include <iostream>
 5  #include "Time.h" // include definition of class Time
 6  using namespace std;
 7
 8  int main()
 9  {
10     Time t; // create Time object
11
12     // initialize hourRef with the reference returned by badSetHour
13     int &hourRef = t.badSetHour( 20 ); // 20 is a valid hour
14
15     cout << "Valid hour before modification: " << hourRef;
16     hourRef = 30; // use hourRef to set invalid value in Time object t
17     cout << "\nInvalid hour after modification: " << t.getHour();
18
19     // Dangerous: Function call that returns
20     // a reference can be used as an lvalue!
21     t.badSetHour( 12 ) = 74; // assign another invalid value to hour
22
23     cout << "\n\n*******************************************\n"
24        << "POOR PROGRAMMING PRACTICE!!!!!!!!!\n"
25        << "t.badSetHour( 12 ) as an lvalue, invalid hour: "
26        << t.getHour()
27        << "\n*******************************************" << endl;
28  } // end main
```

```
Valid hour before modification: 20
Invalid hour after modification: 30

*******************************************
POOR PROGRAMMING PRACTICE!!!!!!!!!
t.badSetHour( 12 ) as an lvalue, invalid hour: 74
*******************************************
```

图 9.12　返回一个对 private 数据成员的引用

图 9.12 中的程序首先声明了 Time 对象 t(第 10 行)和引用 hourRef(第 13 行)，其中 hourRef 在声明的同时已用调用 t. badSetHour(20)返回的引用进行了初始化。第 15 行显示了别名 hourRef 的值。这恰恰展示了 hourRef 如何破坏了类的封装性——main 函数中的语句不应该有访问该类的 private 数据的权利。接下来，第 16 行使用这一别名将 hour 的值设置为 30(一个无效的值)，第 17 行显示了由 getHour 函数返回的这个值。由此可见，对 hourRef 的赋值实际上是在修改 Time 对象 t 中的 private 数据。最后，第 21 行使用 badSetHour 函数调用本身作为左值，并将 74(又一个无效值)赋给该函数返回的引用。第 26 行再次显示 getHour 函数返回的值，以说明赋值给第 21 行的函数调用的结果修改了 Time 对象 t 的 private 数据。

**软件工程知识 9.7**

返回一个 private 类型的数据成员的引用或指针破坏了类的封装性，使得客户代码依赖于类的数据的表示。在某些例子中，这么做是合适的——我们将在 10.10 节构建自定义的 Array 类时举例说明。

## 9.9　默认的逐个成员赋值

赋值运算符( = )可以将一个对象赋给另一个类型相同的对象。默认情况下，这样的赋值通过逐个成员赋值的方式进行，即赋值运算符右边对象的每个数据成员逐一赋值给赋值运算符左边对象中的同一数据成员。图 9.13 和图 9.14 定义了这个例子所用的类 Date。图 9.15 中的第 18 行采用默认的逐个成员赋值，将 Date 对象 date1 的数据成员赋给 Date 对象 date2 相应的数据成员。在这种情况下，date1 的 month 成员赋值给 date2 的 month 成员，date1 的 day 成员赋值给 date2 的 day 成员，date1 的 year 成员赋值给 date2 的 year 成员。警告：当所用类的数据成员包含指向动态分配内存的指针时，逐个成员赋值可能会引发严重的问题。我们将在第 10 章中讨论这些问题，并给出解决的办法。

```
 1   // Fig. 9.13: Date.h
 2   // Date class declaration.  Member functions are defined in Date.cpp.
 3
 4   // prevent multiple inclusions of header
 5   #ifndef DATE_H
 6   #define DATE_H
 7
 8   // class Date definition
 9   class Date
10   {
11   public:
12      explicit Date( int = 1, int = 1, int = 2000 ); // default constructor
13      void print();
14   private:
15      unsigned int month;
16      unsigned int day;
17      unsigned int year;
18   }; // end class Date
19
20   #endif
```

图 9.13   Date 类的声明

```
 1   // Fig. 9.14: Date.cpp
 2   // Date class member-function definitions.
 3   #include <iostream>
 4   #include "Date.h" // include definition of class Date from Date.h
 5   using namespace std;
 6
 7   // Date constructor (should do range checking)
 8   Date::Date( int m, int d, int y )
 9      : month( m ), day( d ), year( y )
10   {
11   } // end constructor Date
12
13   // print Date in the format mm/dd/yyyy
14   void Date::print()
15   {
16      cout << month << '/' << day << '/' << year;
17   } // end function print
```

图 9.14   Date 类的成员函数定义

```
 1   // Fig. 9.15: fig09_15.cpp
 2   // Demonstrating that class objects can be assigned
 3   // to each other using default memberwise assignment.
 4   #include <iostream>
 5   #include "Date.h" // include definition of class Date from Date.h
 6   using namespace std;
 7
 8   int main()
 9   {
10      Date date1( 7, 4, 2004 );
11      Date date2; // date2 defaults to 1/1/2000
12
13      cout << "date1 = ";
14      date1.print();
15      cout << "\ndate2 = ";
16      date2.print();
17
18      date2 = date1; // default memberwise assignment
19
20      cout << "\n\nAfter default memberwise assignment, date2 = ";
21      date2.print();
22      cout << endl;
23   } // end main
```

```
date1 = 7/4/2004
date2 = 1/1/2000

After default memberwise assignment, date2 = 7/4/2004
```

图 9.15   默认的逐个成员赋值

对象可以作为函数的实参进行传递，也可以由函数返回。这种传递和返回默认情况下是以按值传递的方式执行的。所谓按值传递是指传递和返回对象的一份副本。在这样的情况下，C++ 创建一个新的对象，并使用复制构造函数将原始对象的值复制到新的对象中。对于每个类，编译器都提供了一个默认的复制构造函数，可以将原始对象的每个成员复制到新对象的相应成员中。同逐个成员赋值一样，当所用类的数据成员包含指向动态分配内存的指针时，复制构造函数也会引发严重的问题。第 10 章将介绍程序员如何去定义定制的复制构造函数，这样的复制构造函数可以正确地复制包含有指向动态分配内存的指针的对象。

## 9.10　const 对象和 const 成员函数

下面看看最小特权原则是如何应用于对象的。一些对象要求是可修改的，而另外一些不是。程序员可以使用关键字 const 来指定对象是不可修改的，这样任何试图修改该对象的操作都将导致编译错误。语句

```
const Time noon( 12, 0, 0 );
```

即声明了一个 Time 类的 const 对象 noon，并且将它初始化为中午 12 点。我们能用 const 和非 const 对象来实例化同一个的类。

**软件工程知识 9.8**
修改 const 对象的任何企图在编译时就会被发现，而不是等到执行期才导致错误。

**性能提示 9.3**
将变量和对象声明为 const 可以提高性能，编译器可以对常量提供某些相对变量来说不能提供的优化。

对于 const 对象，C++ 编译器不允许进行成员函数的调用，除非成员函数本身也声明为 const。这一点是非常严格的，即使是不修改对象的获取成员函数也不行。这也是我们将所有不对对象进行修改的成员函数声明为 const 的关键原因。

如你在第 3 章类 GradeBook 开始处所见的一样，一个成员函数要在两处同时指明 const 限定符。一处是函数原型的参数列表后插入关键字 const，另一处是在函数定义时在函数体开始的左括号之前。

**常见的编程错误 9.2**
将修改对象的数据成员的成员函数定义为 const 将导致编译错误。

**常见的编程错误 9.3**
定义为 const 的成员函数如果又调用同一类的同一实例的非 const 成员函数，将导致编译错误。

**常见的编程错误 9.4**
在 const 对象上调用非 const 成员函数将导致编译错误。

对于构造函数和析构函数来说，一个有趣的问题是两者都会修改对象。必须允许构造函数修改对象，这样对象才能恰当地初始化。而析构函数必须能够在对象使用的内存被系统回收之前进行它的扫尾工作。试图将构造函数和析构函数声明为 const 是一个编译错误。一个 const 对象的"常量性"是从构造函数完成对象的初始化到析构函数被调用之间。

### 使用 const 和非 const 成员函数

图 9.16 的程序修改了图 9.4 和图 9.5 的 Time 类，但是移除了函数 printStandard 函数原型和定义的 const 限定符，从而使我们能看到一个编译错误。我们实例化了两个 Time 对象——非 const 对象 wakeUp（第 7 行）和 const 对象 noon（第 8 行）。程序试图对 const 对象 noon 调用非 const 的成员函数 setHour（第 13

行)和 printStandard(第 20 行)。两种情况下,编译器都产生了错误消息。这个程序也展现了对对象进行的三种其他成员函数调用——对非 const 对象调用非 const 成员函数(第 11 行),对非 const 对象调用 const 成员函数(第 15 行)和对 const 对象调用 const 成员函数(第 17~18 行)。对 const 对象调用非 const 成员函数产生的出错消息显示在输出窗口中。

```cpp
1   // Fig. 9.16: fig09_16.cpp
2   // const objects and const member functions.
3   #include "Time.h" // include Time class definition
4
5   int main()
6   {
7      Time wakeUp( 6, 45, 0 ); // non-constant object
8      const Time noon( 12, 0, 0 ); // constant object
9
10                              // OBJECT      MEMBER FUNCTION
11     wakeUp.setHour( 18 );   // non-const   non-const
12
13     noon.setHour( 12 );     // const       non-const
14
15     wakeUp.getHour();       // non-const   const
16
17     noon.getMinute();       // const       const
18     noon.printUniversal();  // const       const
19
20     noon.printStandard();   // const       non-const
21  } // end main
```

Microsoft Visual C++编译器错误信息:

```
C:\examples\ch09\Fig09_16_18\fig09_18.cpp(13) : error C2662:
   'Time::setHour' : cannot convert 'this' pointer from 'const Time' to
'Time &'
         Conversion loses qualifiers
C:\examples\ch09\Fig09_16_18\fig09_18.cpp(20) : error C2662:
   'Time::printStandard' : cannot convert 'this' pointer from 'const Time' to
'Time &'
         Conversion loses qualifiers
```

图 9.16　const 对象和 const 成员函数

还要注意,尽管构造函数必须是非 const 函数,但它仍然可以用来初始化 const 对象(如图 9.16 中的第 8 行所示)。Time 类构造函数的定义(如图 9.5 所示)显示 Time 类构造函数调用了另一个非 const 成员函数 setTime,以完成 Time 对象的初始化。在构造函数中调用非 const 成员函数来作为初始化 const 对象的一部分是允许的。

另外,注意图 9.16 中的第 20 行,虽然 Time 类的成员函数 printStandard 并未修改调用它的对象,可是仍产生了一个编译错误。成员函数不修改对象的事实并不足以指明该函数是 const 函数——函数必须显式地声明为 const。

## 9.11　组成:对象作为类的成员

AlarmClock 对象需要知道什么时候要让闹铃响起,因此为什么不将一个 Time 对象纳入 AlarmClock 类的定义之中来作为它的一个成员呢? 这种功能称为组成(composition),有时也称为"有"关系。一个类可以将其他类的对象作为其成员。

**软件工程知识 9.9**

软件复用性的一个普遍的形式是组成,即一个类将其他类的对象作为成员。

当创建对象时,构造函数自动被调用。以前看到过怎样将参数传递给在 main 函数内所创建对象的构造函数,这一节将介绍构造函数如何通过成员初始化器来完成将参数传递给成员对象构造函数的任务。

**软件工程知识 9.10**
成员对象以在类的定义中声明的顺序(不是以在构造函数的成员初始化器列表中列出的顺序)且在包含它们的对象(有时称为宿主对象)构造之前建立。

下一段程序使用 Date 类(如图 9.17 和图 9.18 所示)及 Employee 类(如图 9.19 和图 9.20 所示)演示组成。Employee 对象的定义(如图 10.19 所示)包含 private 数据成员 firstName、lastName、birthDate 和 hireDate。成员 birthDate 和 hireDate 是 const 的 Date 类对象，包含了 private 数据成员 month、day 和 year。Employee 类构造函数的头部(如图 9.20 中的第 10～11 行所示)指示该构造函数接收 4 个参数(first、last、dateOfBirth 和 dateOfHire)，前两个参数被用来在构造函数体中初始化字符数组 firstName 和 lastName，后两个参数通过成员初始化器传递给 Date 类的构造函数。

```
1   // Fig. 9.17: Date.h
2   // Date class definition; Member functions defined in Date.cpp
3   #ifndef DATE_H
4   #define DATE_H
5
6   class Date
7   {
8   public:
9      static const unsigned int monthsPerYear = 12; // months in a year
10     explicit Date( int = 1, int = 1, int = 1900 ); // default constructor
11     void print() const; // print date in month/day/year format
12     ~Date(); // provided to confirm destruction order
13  private:
14     unsigned int month; // 1-12 (January-December)
15     unsigned int day; // 1-31 based on month
16     unsigned int year; // any year
17
18     // utility function to check if day is proper for month and year
19     unsigned int checkDay( int ) const;
20  }; // end class Date
21
22  #endif
```

图 9.17　Date 类的定义

```
1   // Fig. 9.18: Date.cpp
2   // Date class member-function definitions.
3   #include <array>
4   #include <iostream>
5   #include <stdexcept>
6   #include "Date.h" // include Date class definition
7   using namespace std;
8
9   // constructor confirms proper value for month; calls
10  // utility function checkDay to confirm proper value for day
11  Date::Date( int mn, int dy, int yr )
12  {
13     if ( mn > 0 && mn <= monthsPerYear ) // validate the month
14        month = mn;
15     else
16        throw invalid_argument( "month must be 1-12" );
17
18     year = yr; // could validate yr
19     day = checkDay( dy ); // validate the day
20
21     // output Date object to show when its constructor is called
22     cout << "Date object constructor for date ";
23     print();
24     cout << endl;
25  } // end Date constructor
26
27  // print Date object in form month/day/year
28  void Date::print() const
29  {
30     cout << month << '/' << day << '/' << year;
31  } // end function print
32
```

图 9.18　Date 类成员函数的定义

```
33  // output Date object to show when its destructor is called
34  Date::~Date()
35  {
36     cout << "Date object destructor for date ";
37     print();
38     cout << endl;
39  } // end ~Date destructor
40
41  // utility function to confirm proper day value based on
42  // month and year; handles leap years, too
43  unsigned int Date::checkDay( int testDay ) const
44  {
45     static const array< int, monthsPerYear + 1 > daysPerMonth =
46        { 0, 31, 28, 31, 30, 31, 30, 31, 31, 30, 31, 30, 31 };
47
48     // determine whether testDay is valid for specified month
49     if ( testDay > 0 && testDay <= daysPerMonth[ month ] )
50        return testDay;
51
52     // February 29 check for leap year
53     if ( month == 2 && testDay == 29 && ( year % 400 == 0 ||
54        ( year % 4 == 0 && year % 100 != 0 ) ) )
55        return testDay;
56
57     throw invalid_argument( "Invalid day for current month and year" );
58  } // end function checkDay
```

图 9.18(续)　Date 类成员函数的定义

```
1   // Fig. 9.19: Employee.h
2   // Employee class definition showing composition.
3   // Member functions defined in Employee.cpp.
4   #ifndef EMPLOYEE_H
5   #define EMPLOYEE_H
6
7   #include <string>
8   #include "Date.h" // include Date class definition
9
10  class Employee
11  {
12  public:
13     Employee( const std::string &, const std::string &,
14        const Date &, const Date & );
15     void print() const;
16     ~Employee(); // provided to confirm destruction order
17  private:
18     std::string firstName; // composition: member object
19     std::string lastName; // composition: member object
20     const Date birthDate; // composition: member object
21     const Date hireDate; // composition: member object
22  }; // end class Employee
23
24  #endif
```

图 9.19　展示组成 Employee 类的定义

```
1   // Fig. 9.20: Employee.cpp
2   // Employee class member-function definitions.
3   #include <iostream>
4   #include "Employee.h" // Employee class definition
5   #include "Date.h" // Date class definition
6   using namespace std;
7
8   // constructor uses member initializer list to pass initializer
9   // values to constructors of member objects
10  Employee::Employee( const string &first, const string &last,
11     const Date &dateOfBirth, const Date &dateOfHire )
12     : firstName( first ), // initialize firstName
13       lastName( last ), // initialize lastName
14       birthDate( dateOfBirth ), // initialize birthDate
15       hireDate( dateOfHire ) // initialize hireDate
16  {
17     // output Employee object to show when constructor is called
18     cout << "Employee object constructor: "
```

图 9.20　Employee 类成员函数的定义

```
19          << firstName << ' ' << lastName << endl;
20   } // end Employee constructor
21
22   // print Employee object
23   void Employee::print() const
24   {
25      cout << lastName << ", " << firstName << "  Hired: ";
26      hireDate.print();
27      cout << "  Birthday: ";
28      birthDate.print();
29      cout << endl;
30   } // end function print
31
32   // output Employee object to show when its destructor is called
33   Employee::~Employee()
34   {
35      cout << "Employee object destructor: "
36         << lastName << ", " << firstName << endl;
37   } // end ~Employee destructor
```

图 9.20(续)　Employee 类成员函数的定义

### Employee 构造函数初始化列表

在头部中的冒号将参数列表和成员初始化器隔开(图 9.20 的第 12 行)。成员初始化器指定了传递给 Date 类型成员对象构造函数的那些 Employee 构造函数参数。参数 first、last 分别传送给对象的 firstName (第 12 行)、lastName(第 13 行)，参数 dateOfBirth 被传递给 birthDate 对象的构造函数(第 14 行)，参数 dateOfHire 被传递给 hireDate 对象的构造函数(第 15 行)。同样，成员初始化器用逗号分隔开来。成员初始化器的顺序并不重要，它们按照成员对象在类 Employee 中声明的顺序来执行。

**良好的编程习惯 9.3**

为了清晰起见，成员初始化器列表的顺序与类数据成员声明的顺序一致。

### Date 类的默认复制构造函数

当学习 Date 类(如图 9.17 所示)时，请注意这个类并没有提供接收一个 Date 类型参数的构造函数。既然如此，那么 Employee 类构造函数中的成员初始化器列表是怎样通过将 Date 对象的参数传递给 Date 构造函数来初始化对象 birthDate 和 hireDate 呢? 就像 9.9 节里提到的一样，编译器提供给每个类一个默认的复制构造函数，该函数将构造函数的参数对象的每个成员复制给将要初始化的对象的相应成员。第 10 章将讨论程序员如何定义自己的复制构造函数。

### 测试 date 类和 Employee 类

图 9.21 创建两个 Date 对象(第 10~11 行)，然后将它们作为参数传递给第 12 行中建立的 Employee 对象的构造函数。第 15 行输出这个 Employee 对象的数据。当第 10~11 行中的每个 Date 对象被创建时，图 9.18 中第 11~25 行定义的 Date 构造函数显示一行输出信息，表示构造函数已经被调用过了(见范例输出的前两行)。注意: 图 9.21 的第 12 行造成另外两次 Date 构造函数的调用，它们没有在程序的输出中留下痕迹。当 Employee 的 Date 成员对象在 Employee 构造函数的成员初始化器列表中初始化时(图 9.20 的第 14~15 行)，Date 类默认的复制构造函数被调用。该构造函数由编译器隐式地定义，并且不包含任何在被其调用时要显示的输出语句。

Date 类和 Employee 类各自都包含一个析构函数(分别见图 9.18 中的第 34~39 行和图 9.20 中的第 33~37 行)。当这两个类的对象被撤销时，析构函数打印一条消息。这使我们可以在程序的输出中确认对象是由内而外进行创建的，而撤销则是按相反的顺序，即由外而内进行(换言之，Date 成员对象在包含它们的 Employee 对象撤销后再撤销)。

请注意图 9.21 输出的最后 4 行。最后的两行分别是运行于 Date 对象 hire(第 11 行)和 birth(第 10 行)的 Date 析构函数的输出。这些输出证实了 main 函数内创建的三个对象是以它们构建的相反顺序进行撤销的(Employee 析构函数的输出是最下面的 5 行)。输出窗口中的倒数第 4 行、第 3 行分别显示 Employee 的成员对象 hireDate（如图 9.19 的第 21 行所示）和 birthDate（如图 10.12 的第 20 行所示）析构函数的运行。最后两行输出对应于创建于图 9.21 的第 11 行和第 10 行中的 Date 对象。

```cpp
1   // Fig. 9.21: fig09_21.cpp
2   // Demonstrating composition--an object with member objects.
3   #include <iostream>
4   #include "Date.h" // Date class definition
5   #include "Employee.h" // Employee class definition
6   using namespace std;
7
8   int main()
9   {
10      Date birth( 7, 24, 1949 );
11      Date hire( 3, 12, 1988 );
12      Employee manager( "Bob", "Blue", birth, hire );
13
14      cout << endl;
15      manager.print();
16  } // end main
```

```
Date object constructor for date 7/24/1949
Date object constructor for date 3/12/1988
Employee object constructor: Bob Blue

Blue, Bob  Hired: 3/12/1988  Birthday: 7/24/1949
Employee object destructor: Blue, Bob
Date object destructor for date 3/12/1988
Date object destructor for date 7/24/1949
Date object destructor for date 3/12/1988
Date object destructor for date 7/24/1949
```

There are actually five constructor calls when an **Employee** is constructed—two calls to the **string** class's constructor (lines 12–13 of Fig. 9.20), two calls to the **Date** class's default copy constructor (lines 14–15 of Fig. 9.20) and the call to the **Employee** class's constructor.

图 9.21　演示组成——带成员对象的对象

　　这些输出确认 Employee 对象是由外而内进行撤销的，即 Employee 析构函数首先运行（在输出窗口倒数 5 行显示），然后成员对象再以与它们构造相反的顺序撤销。类 string 的析构函数没有包括输出语句，因此我们不能看到 firstName 和 lastName 对象被析构。同样，图 9.21 的输出中未显示成员对象 birthDate 和 hireDate 构造函数运行信息，因为这些构造函数是由 Date 类中 C++ 编译器提供的默认复制构造函数初始化的。

**如果不使用成员初始列表，会发生什么**

　　成员对象不需要显式地通过成员初始化器进行初始化。如果没有提供成员初始化器，成员对象的默认构造函数将被隐式调用。如果有由默认构造函数建立的值，那么可以用设置函数重写。但是，对于复杂的初始化，这种方法可能需要大量额外的工作和时间。

**常见的编程错误9.5**

如果成员对象不是用成员初始化器形式进行初始化，并且成员对象的类没有提供默认的构造函数（换言之，成员对象的类定义了一个或多个构造函数，但是没有一个是默认的构造函数），则将产生一个编译错误。

**性能提示9.4**

请通过成员初始化器显式地初始化成员对象。这样，可以避免"双重初始化"成员对象的开销，一次是当成员对象的默认构造函数被调用时，另一次就是在构造函数体中（或者后来）调用设置函数被初始化成员对象时。

**软件工程知识9.11**

如果类成员是另一个类的对象，即使指定这个成员对象为 public 的，也不会破坏该成员对象的封装性和 private 成员的隐藏性。但是，它确实破坏了包含类实现的封装性和隐藏性，因此类类型成员的对象必须是 private 的，就像所有其他数据成员一样。

## 9.12 friend 函数和 friend 类

类的 friend 函数（友元函数）在类的作用域之外定义，却具有访问类的非 public（以及 public）成员的权限。单独的函数、整个类或其他类的成员函数都可以被声明为另一个类的友元。

本节将介绍一个 friend 函数如何工作的例子。本书后面将使用 friend 函数重载类对象的运算符（见第 10 章），正如你所看到的，有时某个特定的重载运算符不能使用成员函数。

### friend 的声明

在类定义中函数原型前加保留字 friend，就将函数声明为该类的友元。要将类 ClassTwo 的所有成员函数声明为 ClassOne 类的友元，应在 ClassOne 定义中加入如下形式的一条声明：

**friend class** ClassTwo;

友元关系是授予的而不是索取的。也就是说，若使类 B 成为类 A 的友元，类 A 必须显式地声明类 B 是它的友元。另外，友元关系既不是对称的也不是传递的，即如果类 A 是类 B 的友元，类 B 是类 C 的友元，则不能推断类 B 是类 A 的友元（说明了友元关系不是对称的），类 C 是类 B 的友元（同样是因为友元是不对称的），或者类 A 是类 C 的友元（友元关系是不传递的）。

### 使用 friend 函数修改类的 private 数据

图 9.22 是一个机械化的例子，在这个例子中，定义 friend 函数 setX 来设置 Count 类的 private 数据成员 x。请注意，友元声明（第 9 行）首先（按照惯例）出现在类的定义中，甚至出现在 public 成员函数声明之前。再次说明，友元声明可以出现在类的任何地方。

```cpp
 1  //Fig. 9.22: fig09_22.cpp
 2  // Friends can access private members of a class.
 3  #include <iostream>
 4  using namespace std;
 5
 6  // Count class definition
 7  class Count
 8  {
 9     friend void setX( Count &, int ); // friend declaration
10  public:
11     // constructor
12     Count()
13        : x( 0 ) // initialize x to 0
14     {
15        // empty body
16     } // end constructor Count
17
18     // output x
19     void print() const
20     {
21        cout << x << endl;
22     } // end function print
23  private:
24     int x; // data member
25  }; // end class Count
26
27  // function setX can modify private data of Count
28  // because setX is declared as a friend of Count (line 9)
29  void setX( Count &c, int val )
30  {
31     c.x = val; // allowed because setX is a friend of Count
32  } // end function setX
33
34  int main()
35  {
36     Count counter; // create Count object
37
38     cout << "counter.x after instantiation: ";
39     counter.print();
40
```

图 9.22 友元可以访问类的 private 成员

```
41      setX( counter, 8 ); // set x using a friend function
42      cout << "counter.x after call to setX friend function: ";
43      counter.print();
44  } // end main
```

```
counter.x after instantiation: 0
counter.x after call to setX friend function: 8
```

图 9.22(续)　友元可以访问类的 private 成员

函数 setX(第 29 ~ 32 行)是一个 C 语言风格的独立函数——不是 Count 类的成员函数。因此，对于 counter 对象，当 setX 被调用时，第 41 行将 counter 作为参数传递给 setX，而不是像语句

```
counter.setX( 8 ); // error: setX not a member function
```

一样使用句柄(例如该对象的名称)来调用此函数。如果把第 9 行的友元声明去掉，就会出现错误信息，函数 setX 不能修改 count 类的 private 成员 x。

我们曾经提到，图 9.22 是使用友元概念的一个机械化的范例。正常情况下，适合将 setX 函数定义为 Count 类的成员函数。而且，也适合将图 9.22 中的程序分割为如下三个文件:

1. 一个头文件(例如，Count.h)，包含 Count 类定义，而在该定义中又包含了 friend 函数 setX 的函数原型。
2. 一个执行文件(例如，Count.cpp)，包含 Count 类成员函数的定义及 friend 函数 setX 的定义。
3. 一个测试程序(例如，fig09_22.cpp)，含有 main 函数。

**重载友元函数**

可以指定重载函数为类的友元。每个打算成为友元的重载函数必须在类的定义里显式地声明为类的一个友元。

**软件工程知识 9.12**
即使 friend 函数的原型在类定义内出现，友元仍不是成员函数。

**软件工程知识 9.13**
private、protected 和 public 这些成员访问说明符标志与友元的声明无关，因此友元定义可以放在类定义内的任何地方。

**良好的编程习惯 9.4**
在类定义体之内把所有的友元关系声明放在最前面的位置，并且不要在其前面添加任何成员访问说明符。

## 9.13　使用 this 指针

我们已经看到对象的成员函数可以操作对象的数据。那么，成员函数如何知道哪个对象的数据成员要被操作呢? 每个对象都可以使用一个称为 this(一个 C++ 保留字)的指针来访问自己的地址。对象的 this 指针不是对象本身的一部分，也就是 this 指针占用的内存大小不会反映在对对象进行 sizeof 运算得到的结果中。相反，this 指针作为一个隐式的参数(被编译器)传递给对象的每个非 static 成员函数。下一小节将介绍 static 类成员，并解释为什么 this 指针没有隐式地传递给 static 成员函数。

**使用 this 指针来避免名字冲突**

对象隐式地使用 this 指针(就像我们目前所做的)或者显式地使用 this 指针来引用它们的数据成员和成员函数。一个常用的 this 指针的 explicit 应用是用来避免类数据成员和成员函数参数(或其他本地变量)之间的名字冲突。考虑图 9.4 和图 9.5 中的 Time 类的 hour 数据成员和 setHour 成员函数。我们可以定义 setHour 如下:

```
// set hour value
void Time::setHour( int hour )
{
    if ( hour >= 0 && hour < 24 )
        this->hour = hour; // use this pointer to access data member
    else
        throw invalid_argument( "hour must be 0-23" );
} // end function setHour
```

在该函数定义中，setHour 的参数与数据成员 hour 有相同的名字。在 setHour 的作用域内，参数 hour 将隐藏数据成员。然而，你能使用 this -> 来获取访问该数据成员 hour 的资格。因此，下面的语句将 hour 参数赋值给数据成员 hour：

```
this->hour = hour; // use this pointer to access data member
```

 **错误预防技巧 9.4**
为了确保代码的简洁和可维护性，以避免错误，不要让本地变量名称隐藏了数据成员。

### this 指针的类型

　　this 指针的类型取决于对象的类型及使用 this 的成员函数是否被声明为 const。例如，在 Employee 类的非 const 成员函数中，this 指针具有的类型是 Employee * const（一个指向非 const Employee 对象的 const 指针）。可是在 Employee 类的 const 成员函数中，this 指针具有的类型却为 const Employee * const（指向一个 const Employee 对象的 const 指针）。

### 隐式和显式使用 this 指针来访问对象的数据成员

　　图 9.23 演示了隐式和显式地使用 this 指针，使得 Test 类的成员函数可以打印 Test 对象的 private 数据 x 的情况。在本章稍后部分和第 11 章中，将给出几个真正巧妙地使用 this 的例子。

```
 1  // Fig. 9.23: fig09_23.cpp
 2  // Using the this pointer to refer to object members.
 3  #include <iostream>
 4  using namespace std;
 5
 6  class Test
 7  {
 8  public:
 9     explicit Test( int = 0 ); // default constructor
10     void print() const;
11  private:
12     int x;
13  }; // end class Test
14
15  // constructor
16  Test::Test( int value )
17     : x( value ) // initialize x to value
18  {
19     // empty body
20  } // end constructor Test
21
22  // print x using implicit and explicit this pointers;
23  // the parentheses around *this are required
24  void Test::print() const
25  {
26     // implicitly use the this pointer to access the member x
27     cout << "        x = " << x;
28
29     // explicitly use the this pointer and the arrow operator
30     // to access the member x
31     cout << "\n  this->x = " << this->x;
32
33     // explicitly use the dereferenced this pointer and
34     // the dot operator to access the member x
35     cout << "\n(*this).x = " << ( *this ).x << endl;
36  } // end function print
```

图 9.23　使用 this 指针来引用对象的成员

```
37
38   int main()
39   {
40      Test testObject( 12 ); // instantiate and initialize testObject
41
42      testObject.print();
43   } // end main
```

```
        x = 12
  this->x = 12
(*this).x = 12
```

图 9.23(续)　使用 this 指针来引用对象的成员

出于举例说明的目的，成员函数 print(第 24 ~ 36 行)首先隐式地使用 this 指针打印 x(第 27 行)，仅仅指明该数据成员的名称，然后 print 使用两种不同的表示法通过 this 指针访问 x：一种是箭头运算符( -> )紧跟着 this 指针(第 31 行)，另一种是圆点运算符( . )紧跟着间接引用的 this 指针(第 35 行)。请注意当 * this 与圆点成员选择运算符( . )一起使用时括住 * this 的圆括号(第 35 行)。这对圆括号是必需的，因为圆点运算符具有比 * 运算符更高的优先级。如果不使用这对圆括号，表达式 * this. x 将被认为与有圆括号的 *( this. x )是相同的，这样进行求值会导致编译错误，因为圆点运算符不能与指针一起使用。

this 指针的一个有趣用法是防止对象进行自我赋值。第 10 章将讲到，当对象包含指向动态分配内存的指针时，自我赋值可以导致严重错误。

### 使用 this 指针使串联的函数调用成为可能

this 指针的另一种用法是使串联的成员函数调用成为可能，也就是多个函数在同一条语句中被调用(就像图 9.26 中的第 12 行一样)。图 9.24 ~ 图 9.26 中的程序修改 Time 类的设置函数 setTime、setHour、setMinute 和 setSecond，使得每个函数都返回对 Time 对象的引用，以便进行串联的成员函数调用。请注意，在图 9.25 中上述的每个成员函数都在其函数体的最后一句语句返回 * this(第 23 行、第 34 行、第 45 行和第 56 行)，返回类型是 Time &。

```
 1   // Fig. 9.24: Time.h
 2   // Cascading member function calls.
 3
 4   // Time class definition.
 5   // Member functions defined in Time.cpp.
 6   #ifndef TIME_H
 7   #define TIME_H
 8
 9   class Time
10   {
11   public:
12      explicit Time( int = 0, int = 0, int = 0 ); // default constructor
13
14      // set functions (the Time & return types enable cascading)
15      Time &setTime( int, int, int ); // set hour, minute, second
16      Time &setHour( int ); // set hour
17      Time &setMinute( int ); // set minute
18      Time &setSecond( int ); // set second
19
20      // get functions (normally declared const)
21      unsigned int getHour() const; // return hour
22      unsigned int getMinute() const; // return minute
23      unsigned int getSecond() const; // return second
24
25      // print functions (normally declared const)
26      void printUniversal() const; // print universal time
27      void printStandard() const; // print standard time
28   private:
29      unsigned int hour; // 0 - 23 (24-hour clock format)
30      unsigned int minute; // 0 - 59
31      unsigned int second; // 0 - 59
32   }; // end class Time
33
34   #endif
```

图 9.24　修改 Time 类的定义以进行串联的成员函数调用

```cpp
 1   // Fig. 9.25: Time.cpp
 2   // Time class member-function definitions.
 3   #include <iostream>
 4   #include <iomanip>
 5   #include <stdexcept>
 6   #include "Time.h" // Time class definition
 7   using namespace std;
 8
 9   // constructor function to initialize private data;
10   // calls member function setTime to set variables;
11   // default values are 0 (see class definition)
12   Time::Time( int hr, int min, int sec )
13   {
14      setTime( hr, min, sec );
15   } // end Time constructor
16
17   // set values of hour, minute, and second
18   Time &Time::setTime( int h, int m, int s ) // note Time & return
19   {
20      setHour( h );
21      setMinute( m );
22      setSecond( s );
23      return *this; // enables cascading
24   } // end function setTime
25
26   // set hour value
27   Time &Time::setHour( int h ) // note Time & return
28   {
29      if ( h >= 0 && h < 24 )
30         hour = h;
31      else
32         throw invalid_argument( "hour must be 0-23" );
33
34      return *this; // enables cascading
35   } // end function setHour
36
37   // set minute value
38   Time &Time::setMinute( int m ) // note Time & return
39   {
40      if ( m >= 0 && m < 60 )
41         minute = m;
42      else
43         throw invalid_argument( "minute must be 0-59" );
44
45      return *this; // enables cascading
46   } // end function setMinute
47
48   // set second value
49   Time &Time::setSecond( int s ) // note Time & return
50   {
51      if ( s >= 0 && s < 60 )
52         second = s;
53      else
54         throw invalid_argument( "second must be 0-59" );
55
56      return *this; // enables cascading
57   } // end function setSecond
58
59   // get hour value
60   unsigned int Time::getHour() const
61   {
62      return hour;
63   } // end function getHour
64
65   // get minute value
66   unsigned int Time::getMinute() const
67   {
68      return minute;
69   } // end function getMinute
70
71   // get second value
72   unsigned int Time::getSecond() const
73   {
74      return second;
75   } // end function getSecond
```

图 9.25  修改后能够进行串联的成员函数调用的 Time 类成员函数的定义

```
76
77    // print Time in universal-time format (HH:MM:SS)
78    void Time::printUniversal() const
79    {
80        cout << setfill( '0' ) << setw( 2 ) << hour << ":"
81            << setw( 2 ) << minute << ":" << setw( 2 ) << second;
82    } // end function printUniversal
83
84    // print Time in standard-time format (HH:MM:SS AM or PM)
85    void Time::printStandard() const
86    {
87        cout << ( ( hour == 0 || hour == 12 ) ? 12 : hour % 12 )
88            << ":" << setfill( '0' ) << setw( 2 ) << minute
89            << ":" << setw( 2 ) << second << ( hour < 12 ? " AM" : " PM" );
90    } // end function printStandard
```

图 9.25(续)　修改后能够进行串联的成员函数调用的 Time 类成员函数的定义

```
1    // Fig. 9.26: fig09_26.cpp
2    // Cascading member-function calls with the this pointer.
3    #include <iostream>
4    #include "Time.h" // Time class definition
5    using namespace std;
6
7    int main()
8    {
9        Time t; // create Time object
10
11        // cascaded function calls
12        t.setHour( 18 ).setMinute( 30 ).setSecond( 22 );
13
14        // output time in universal and standard formats
15        cout << "Universal time: ";
16        t.printUniversal();
17
18        cout << "\nStandard time: ";
19        t.printStandard();
20
21        cout << "\n\nNew standard time: ";
22
23        // cascaded function calls
24        t.setTime( 20, 20, 20 ).printStandard();
25        cout << endl;
26    } // end main
```

```
Universal time: 18:30:22
Standard time: 6:30:22 PM

New standard time: 8:20:20 PM
```

图 9.26　this 指针用于串联的成员函数调用

　　图 9.26 的程序首先创建 Time 类对象 t(第 9 行),然后在串联的成员函数调用(第 12 行和第 24 行)中使用 t。为什么将 *this 作为一个引用返回的方法就可以支持串联的成员函数调用呢？我们知道圆点运算符(.)的结合律是从左向右的,因此第 12 行首先求 t. setHour(18)的值,然后返回对对象 t 的引用,作为此函数调用的值。于是,其余的表达式解释如下:

```
t.setMinute( 30 ).setSecond( 22 );
```

然后,t. setMinute(30)调用执行并返回对 t 对象的引用,剩下的表达式就可解释为:

```
t.setSecond( 22 );
```

图 9.26 中的第 24 行也使用串联调用。这些调用必须按照第 24 行中列出的顺序出现,因为在这个类中定义的 printStandard 并不返回对 t 的引用。在第 24 行如果将 printStandard 调用放在 setTime 调用之前,将导致一个编译错误。第 10 章列举了一些使用串联成员函数调用的实际例子,其中一个例子在一条语句中使用 cout 和多个 << 运算符输出多个值。

## 9.14　static 类成员

对于类的每个对象来说，一般都满足一条规则，即它们各自拥有类所有数据成员的一份副本。但是，有一个例外格外引人注目。在这种情况下，仅有变量的一份副本供类的所有对象共享。static（静态）数据成员正是由于这样及其他的原因被使用。这样的变量表示了"整个类范围意义上"的信息（即类的所有实例所共享的一个性质，而不是类的某个特定对象的一个属性）。static 成员的声明由关键字 static 开头。回想第 7 章中的 GradeBook 类，它使用 static 数据成员来存储常量，它们表示每个 GradeBook 对象可以容纳的成绩数目。

### 使用类范围数据的动机

让我们通过一个例子来进一步说明对类范围的 static 数据的需求。假设一个关于火星人和其他太空人的视频游戏。当火星人意识到至少有 5 个火星人存在时，每个火星人将变得非常勇敢并会积极地攻击其他太空人。如果存在的火星人少于 5 个，那么每个火星人都变得很胆怯。因此每个火星人都需要知道火星人的数量 martianCount。我们可以将 martianCount 作为 Martian 类的每个实例的数据成员。如果这样，每个 Martian 对象都将有一份独立的该数据成员的副本。每次创建一个新的 Martian 对象时，都不得不更新所有 Martian 对象的数据成员 martianCount，这就需要每个 Martian 对象都具有或者可以访问内存中所有其他 Martian 对象的句柄。所以，这些多余的副本将浪费空间，并且更新每份单独的副本也将浪费时间。为此，我们将 martianCount 声明为 static。这样使得 martianCount 成为类范围的数据。每个 Martian 都可以访问 martianCount，就好像它是这个 Martian 对象的数据成员一样，但是实际上仅有 static 的变量 martianCount 的一份副本由 C++ 进行维护。这样就节省了空间。此外，通过用 Martian 构造函数使 static 变量 martianCount 的值自增，通过 Martian 的析构函数使 martianCount 的值自减，从而节省了时间。因为只有一份副本，我们就不再考虑为每个 Martian 对象各自的 martianCount 副本进行自增或自减操作的问题了。

**性能提示 9.5**

对类的所有对象仅用一份数据副本就足够了，使用 static 数据成员可以节省存储空间。

### 静态数据成员的作用域和初始化

尽管类的 static 数据成员看上去就像是全局变量，但它们只在类的作用域起作用。静态数据成员必须被精确地初始化一次。基本类型的 static 数据成员默认情况下将初始化为 0。在 C++ 11 之前，static const 的 int 或 enum 类型的数据成员能够在声明的时候进行初始化，而其他的静态数据成员必须在全局命名空间（类定义之外）中被定义和初始化。在 C++ 11 中，类内初始化能允许你在类定义中变量声明的位置初始化它。注意类类型的 static 数据成员（即 static 成员对象），如果这个类类型具有默认构造函数，那么这样的数据成员无须初始化，因为它们的默认构造函数将会被调用。

### 访问静态数据成员

类的 private 和 protected 的 static 成员通常通过类的 public 成员函数或者类的友元访问。即使在没有任何类的对象存在时，类的 static 成员仍然存在。当没有类的对象存在时，要访问类的 public static 成员，只需简单地在此数据成员名前加类名和二元作用域分辨运算符(::)即可。例如，如果前述的变量 martianCount 是 public 的，那么当没有 Martian 对象时，它就可以用表达式 Martian::martianCount 来访问（当然不推荐使用 public 数据）。

当没有类的对象存在而要访问 private 或 protected 的 static 类成员时，应提供 public static 成员函数，并通过在函数名前加类名和二元作用域分辨运算符的方式来调用此类函。每个 static 成员函数都是类的一项服务，而不是类的特定对象的一项服务。

**软件工程知识 9.14**

即使不存在已实例化的类的对象，类的 static 数据成员和 static 成员函数仍存在并且可以使用。

### 静态数据成员的说明

图 9.27 ~ 图 9.29 的程序演示了一个名为 count 的 private static 数据成员 ( 如图 9.27 中的第 24 行所示 ) 和一个名为 getCount 的 public static 的成员函数 ( 如图 9.27 中的第 18 行所示 )。图 10.21 中，第 8 行在文件作用域内定义并初始化数据成员 count 为 0，第 12 ~ 15 行定义了 static 成员函数 getCount。请注意，无论是第 8 行还是第 12 行都没有包含关键字 static，两行都涉及到 static 类成员。当将 static 保留字应用到文件作用域中的某个元素时，该元素将只在该文件中是已知的。而类的 static 成员需要被任何访问文件的客户代码使用，所以不能在.cpp 文件中将它们声明为 static，而只在 .h 文件里将它们声明为 static。数据成员 count 维护 Employee 类已实例化的对象的数量。当 Employee 类的对象存在时，count 成员可以通过 Employee 对象的任何成员函数引用，在图 9.28 中，构造函数中的第 22 行和析构函数中的第 32 行都引用了 count。

```
 1   // Fig. 9.27: Employee.h
 2   // Employee class definition with a static data member to
 3   // track the number of Employee objects in memory
 4   #ifndef EMPLOYEE_H
 5   #define EMPLOYEE_H
 6
 7   #include <string>
 8
 9   class Employee
10   {
11   public:
12      Employee( const std::string &, const std::string & ); // constructor
13      ~Employee(); // destructor
14      std::string getFirstName() const; // return first name
15      std::string getLastName() const; // return last name
16
17      // static member function
18      static unsigned int getCount(); // return # of objects instantiated
19   private:
20      std::string firstName;
21      std::string lastName;
22
23      // static data
24      static unsigned int count; // number of objects instantiated
25   }; // end class Employee
26
27   #endif
```

图 9.27　使用 static 数据成员跟踪内存中 Employee 对象数量的 Employee 类的定义

```
 1   // Fig. 9.28: Employee.cpp
 2   // Employee class member-function definitions.
 3   #include <iostream>
 4   #include "Employee.h" // Employee class definition
 5   using namespace std;
 6
 7   // define and initialize static data member at global namespace scope
 8   unsigned int Employee::count = 0; // cannot include keyword static
 9
10   // define static member function that returns number of
11   // Employee objects instantiated (declared static in Employee.h)
12   unsigned int Employee::getCount()
13   {
14      return count;
15   } // end static function getCount
16
17   // constructor initializes non-static data members and
18   // increments static data member count
19   Employee::Employee( const string &first, const string &last )
20      : firstName( first ), lastName( last )
21   {
```

图 9.28　Employee 类的成员函数的定义

```
22      ++count; // increment static count of employees
23      cout << "Employee constructor for " << firstName
24          << ' ' << lastName << " called." << endl;
25   } // end Employee constructor
26
27   // destructor deallocates dynamically allocated memory
28   Employee::~Employee()
29   {
30      cout << "~Employee() called for " << firstName
31          << ' ' << lastName << endl;
32      --count; // decrement static count of employees
33   } // end ~Employee destructor
34
35   // return first name of employee
36   string Employee::getFirstName() const
37   {
38      return firstName; // return copy of first name
39   } // end function getFirstName
40
41   // return last name of employee
42   string Employee::getLastName() const
43   {
44      return lastName; // return copy of last name
45   } // end function getLastName
```

图 9.28(续)　Employee 类的成员函数的定义

```
1    // Fig. 9.29: fig09_29.cpp
2    // static data member tracking the number of objects of a class.
3    #include <iostream>
4    #include "Employee.h" // Employee class definition
5    using namespace std;
6
7    int main()
8    {
9       // no objects exist; use class name and binary scope resolution
10      // operator to access static member function getCount
11      cout << "Number of employees before instantiation of any objects is "
12          << Employee::getCount() << endl; // use class name
13
14      // the following scope creates and destroys
15      // Employee objects before main terminates
16      {
17         Employee e1( "Susan", "Baker" );
18         Employee e2( "Robert", "Jones" );
19
20         // two objects exist; call static member function getCount again
21         // using the class name and the scope resolution operator
22         cout << "Number of employees after objects are instantiated is "
23             << Employee::getCount();
24
25         cout << "\n\nEmployee 1: "
26             << e1.getFirstName() << " " << e1.getLastName()
27             << "\nEmployee 2: "
28             << e2.getFirstName() << " " << e2.getLastName() << "\n\n";
29      } // end nested scope in main
30
31      // no objects exist, so call static member function getCount again
32      // using the class name and the scope resolution operator
33      cout << "\nNumber of employees after objects are deleted is "
34          << Employee::getCount() << endl;
35   } // end main
```

```
Number of employees before instantiation of any objects is 0
Employee constructor for Susan Baker called.
Employee constructor for Robert Jones called.
Number of employees after objects are instantiated is 2

Employee 1: Susan Baker
Employee 2: Robert Jones

~Employee() called for Robert Jones
~Employee() called for Susan Baker

Number of employees after objects are deleted is 0
```

图 9.29　跟踪类的对象数目的 static 数据成员

图 9.29 使用 static 成员函数 getCount 确定当前实例化的 Employee 对象的数量。在没有创建任何 Employee 对象前(第 12 行)、创建两个 Employee 对象后(第 23 行)以及在这些 Employee 对象被销毁之后(第 34 行),程序分别调用 Employee::getCount( )函数。Main 函数中的第 16 ~ 29 行定义了一个嵌套作用域。回想局部变量在它们定义的作用域终结的时候销毁。在这个例子中,我们在嵌套作用域内定义了两个 Employee 对象(第 17 行,第 18 行)。当每个构造函数执行时,Employee 的静态数据成员 count 会递增。当程序运行到第 29 行时,Employee 对象会被销毁。在那一行,每个对象的析构函数会执行,并将 Employee 类的静态数据成员 count 递减。

如果成员函数不访问类的非 static 的数据成员或非 static 的成员函数,那么它应当声明为 static。与非 static 成员函数不同的是,static 成员函数不具有 this 指针,因为 static 数据成员和 static 成员函数独立于类的任何对象而存在。this 指针必须指向类的具体的对象,当 static 成员函数被调用时,内存中也许没有类的任何对象存在。

**常见的编程错误9.6**

在 static 成员函数中使用 this 指针是一个编译错误。

**常见的编程错误9.7**

将 static 成员函数声明为 const 是一个编译错误。const 限定符指示函数不能修改它操作的对象的内容,但是 static 成员函数独立于类的任何对象存在并且进行操作。

## 9.15    本章小结

这一章深化了我们对于类的认识,并使用丰富的 Time 类实例研究来介绍类的许多新特征。我们利用包含防护来防止头文件被同一个源文件包含多次。我们学习了如何用箭头运算符通过对象类类型的指针来访问对象的成员。在本章中学习了成员函数具有类的作用域。也就是说,只有类中的其他成员知道它的名称,否则就必须通过该类的对象、该类对象的引用、该类对象的指针或者二元作用域分辨运算符进行引用。还讨论了访问函数(一般用于重新得到数据成员的值或者测试条件是真还是假)及工具函数(它们是支持类的 public 成员函数操作的 private 成员函数)。

在本章中还学习了构造函数可以指定默认的实参,从而可以用多种方式调用它。同时,我们知道了在任何调用时不需提供实参的构造函数是默认的构造函数,一个类最多只有一个默认的构造函数。讨论了析构函数及其在对象撤销之前对该对象进行扫尾工作的用途,并演示了对象的构造函数和析构函数的调用顺序。

展示了因成员函数返回对 private 数据成员的引用所导致的问题,这样做破坏了类的封装性。还介绍了相同类型的对象可以使用逐个成员赋值进行互相赋值。在第 10 章中,我们将讨论当一个对象包含指针成员时这个问题是如何产生的。

学习了如何指定 const 对象和 const 成员函数以防止修改对象,从而增强最小特权原则。还学习了通过组成,类可以使其他类的对象作为其成员。演示了如何使用 friend 函数。

介绍了 this 指针会作为隐含的参数传递给类的每个非 static 成员函数,使得这些函数可以访问当前对象的数据成员和其他的非 static 成员函数。也看到了显式使用 this 指针可以访问类的成员和串联地进行成员函数调用。介绍了需要使用 static 数据成员的动机,并且演示了如何在类中声明和使用 static 数据成员和 static 成员函数。

第 10 章将通过介绍如何使 C++ 的运算符能够和对象一起工作(即一种称为运算符重载的方法)来继续类和对象的学习。例如,读者将看到如何重载 << 运算符,使它不需要显式循环语句的支持,就可以用来输出完整的数组。

# 摘要

## 9.2 节  Time 类实例研究

- 预处理器指令#ifndef(意思是"如果没有定义")和#endif 用来阻止重复包含一个头文件。如果在这些指令之间的代码先前没有包含到应用程序中，那么#define 定义一个可用于阻止将来包含的名称，并将此代码包含到源代码文件中。
- 在 C++11 之前，只有 const static int 数据成员可以在类中声明的地方进行初始化。因为这个原因，数据成员通常在类的构造函数中进行初始化。而在 C++11 中，你现在能使用类内的初始化符在类定义中声明的位置初始化任何数据成员。
- 一个类函数能抛出异常(如 invalid_argument)来指出无效数据。
- 流运算符 setfill 指定当整数的输出域宽大于该整数中数字的个数时所显示的填充字符。
- 如果成员函数定义了与类作用域内变量同名的另一个变量，那么在函数作用域内，函数作用域中的变量将隐藏类作用域中的变量。
- 默认时，填充字符出现在数字之前。
- 流运算符 setfill 是一个"黏性"设置，意味着一旦设定了填充字符，就将在所有接下来的显示区域里有效。
- 即使声明在类定义中的成员函数可以在类定义的外部定义(并且通过二元作用域分辨运算符"绑定"到该类)，这样的成员函数仍在该类的作用域之内。
- 如果成员函数在类定义的体中定义，那么 C++ 编译器将试图内联调用该成员函数。
- 类通常不必从头开始创建。相反，新类可以将其他类的对象作为成员包含到其定义中，或者可以由其他供其使用属性和行为的类派生而来。

## 9.3 节  类的作用域和类成员的访问

- 类的数据成员和成员函数属于该类的作用域。
- 非成员函数在文件作用域中定义。
- 在类的作用域内，类成员是可以被该类所有的成员函数直接访问的，并可以通过名字引用。
- 在类的作用域之外，类的成员通过对象的句柄之一(对象名称、对象的引用或指向对象的指针)引用。
- 声明在成员函数中的变量具有函数作用域并且仅为该函数所辨识。
- 圆点成员选择运算符(.)前加上对象名称或对象的引用可访问对象的 public 成员。
- 箭头成员选择运算符(−>)前加上指向对象的指针可访问对象的 public 成员。

## 9.4 节  访问函数和工具函数

- 访问函数读取和显示数据。它们能被用来测试的条件的真假，这样的功能通常被称为判断函数。
- 工具函数是支持类的 public 成员函数操作的 private 成员函数。工具函数不是让类的客户使用的。

## 9.5 节  Time 类实例研究：默认实参的构造函数

- 与其他函数一样，构造函数可以指定默认的实参。

## 9.6 节  析构函数

- 当类的对象撤销时，类的析构函数被隐式地调用。
- 类的析构函数的名字是发音符(~)后接类的名称。
- 析构函数实际上并不释放对象的存储空间，它在系统收回对象的内存之前执行扫尾工作，使得内存可以重新用于存储新的对象。
- 析构函数不接收任何参数，也不返回值。一个类只能有一个析构函数。

- 如果程序员不显式地提供析构函数,那么编译器会生成一个"空的"析构函数,因此每个类都刚好有一个析构函数。

### 9.7 节　何时调用构造函数和析构函数

- 构造函数和析构函数的调用顺序取决于程序执行进入和离开实例化对象所在作用域的顺序。
- 一般而言,析构函数的调用顺序与相应的构造函数的调用顺序相反。但是,对象的存储类别可以改变调用析构函数的顺序。

### 9.8 节　Time 类实例研究:微妙的陷阱——返回 private 数据成员的引用或指针

- 对象的引用就是该对象名称的别名。因此,它可以在赋值语句的左边使用。在这种情况下,引用成为一个完全令人满意的左值,可以接收一个值。
- 如果函数返回的是一个 const 引用,那么这个引用不能用作可修改的左值。

### 9.9 节　默认的逐个成员赋值

- 赋值运算符( = )可以将一个对象赋给另一个类型相同的对象。默认情况下,这样的赋值通过逐个成员赋值的方式进行。
- 对象可以按值传递给函数,也可以按值从函数返回。在这样的情况下,C++ 创建一个新的对象,并使用复制构造函数将原始对象的值复制到新的对象中。
- 对于每个类,编译器都提供了一个默认的复制构造函数,可以将原始对象的每个成员复制到新对象的相应成员中。

### 9.10 节　const 对象和 const 成员函数

- 关键字 const 可用来指定对象是不可更改的,并且任何企图修改对象的操作都将导致一个编译错误。
- C++ 编译器不允许 const 对象调用非 const 成员函数。
- const 成员函数修改其类的对象将导致一个编译错误。
- const 成员函数在原型和定义里都应指定为 const。
- const 对象必须被初始化。
- 构造函数和析构函数不可以声明为 const。

### 9.11 节　组成:对象作为类的成员

- 类可以使其他类的对象成为它的成员,这个概念称为组成。
- 成员对象按照它们在类定义中声明的顺序,在包含它们的对象构造之前构造。
- 如果没有为成员对象提供成员初始化器,成员对象的默认构造函数将被隐式调用。

### 9.12 节　friend 函数和 friend 类

- 类的 friend 函数在类的作用域以外被定义,却具有访问类的所有成员的权限。单独的函数或者整个类都可以声明为另一个类的友元。
- 友元声明可以出现在类的任何地方。
- 友元关系既不是对称的也不是传递的。

### 9.13 节　使用 this 指针

- 每个对象都可以通过 this 指针访问自己的地址。
- 对象的 this 指针不是对象自身的一部分,也就是说,this 指针占用的内存大小不会反映在对对象进行 sizeof 运算符得到的结果中。
- this 指针作为一个隐式的参数传递给对象的每个非 static 成员函数。
- 对象隐式地使用 this 指针(就像我们目前所做的那样)或者显式地使用 this 指针,来引用它们的数据成员和成员函数。
- this 指针使串联的函数调用成为可能,即在同一条语句里多个函数被调用。

## 9.14 节　static 类成员

- static 数据成员表示了"整个类范围上的"信息（也就是类的所有实例所共享的一个性质，而不是类的某个特定对象的一个属性）。
- static 数据成员具有类作用域并且可以声明为 public、private 或者 protected。
- 甚至当没有任何类的对象存在时，类的 static 成员依然存在。
- 当没有类的对象存在时，若要访问类的 public static 成员，只需简单地在数据成员名前加类名和二元作用域分辨运算符(::)即可。
- static 关键字不能被用于类定义之外出现的成员定义。
- 如果成员函数不访问类的非 static 数据成员或非 static 成员函数，那么它应当声明为 static。与非 static 成员函数不同的是，static 态成员函数不具有 this 指针，因为 static 数据成员和 static 成员函数独立于类的任何对象而存在。

# 自测练习题

9.1　填空题。

a) 通过_____运算符和类的对象名称（或者对象的引用）结合，或者_____运算符和类的对象的指针结合来访问类的成员。

b) 指定为_____的类成员只能够由类的成员函数以及类的友元访问。

c) 指定为_____的类成员在类的对象所在范围内的任何地方都可以访问。

d) _____可用于将一个类对象赋给另一个同类对象。

e) 非成员函数必须声明为类的_____才能获得访问类的 private 数据成员的权限。

f) 常量对象必须_____，它一旦创建就不能被修改。

g) _____数据成员表示的是每个类范围的信息。

h) 对象的非 static 成员函数能访问对象的"自我指针"，该指针称为_____指针。

i) 关键字_____指定对象或变量在初始化以后是不能修改的。

j) 如果没有为类的成员对象提供成员初始化器，那么该对象_____被调用。

k) 如果成员函数不访问_____类成员，则它应该被声明为 static。

l) 成员对象在包含它们的类_____构造。

9.2　指出下列各题中的错误，并说明如何改正。

a) 假设在 Time 类中声明了以下原型：

```
void ~Time( int );
```

b) 下面是 Time 类的部分定义：

```
int Employee( string, string );
```

c) 假设在 Employee 类中声明了以下原型：

```
class Example
{
public:
   Example( int y = 10 )
      : data( y )
   {
      // empty body
   } // end Example constructor

   int getIncrementedData() const
   {
      return ++data;
   } // end function getIncrementedData

   static int getCount()
   {
      cout << "Data is " << data << endl;
      return count;
```

```
    } // end function getCount
private:
    int data;
    static int count;
}; // end class Example
```

## 自测练习题答案

9.1 a）圆点（.），箭头（->）。b）private。c）public。d）默认的逐个成员赋值（由赋值运算符完成）。
    e）友元。f）初始化。g）static。h）this。i）const。j）默认的构造函数。k）非 static。l）之前。
9.2 a）错误：不允许析构函数返回值（或者指定返回类型）或者接收参数。
       改正：删除声明中的返回类型 void 和参数 int。
    b）错误：成员不能在类定义中显式地初始化。
       改正：从类定义中删除显式的初始化，并在构造函数中初始化数据成员。
    c）错误：不允许构造函数返回值。
       改正：从声明中删除返回类型 int。
       错误：Example 的类定义中有两处错误。第一个出现在 getIncrementedData 函数里。该函数声明为
            const，但是却修改了对象。
       改正：要改正第一个错误，则从 getIncrementedData 的定义中去掉 const 关键字。
       错误：第二处错误出现在 getCount 函数里。该函数声明为 static，所以不允许访问类的任何非 stat-
            ic 成员。
       改正：要改正第二个错误，则从 getCount 函数的定义中删掉输出行。

## 练习题

9.3 （**作用域分辨运算符**）请问作用域分辨运算符有何用途？
9.4 （**增强的 Time 类**）请提供一个构造函数，它可以用来自 time 函数和 localtime 函数的当前时间初始
    化 Time 类的对象。这两个函数在 C++ 标准库头文件 <ctime> 中声明。
9.5 （**复数类**）创建一个类名为 Complex 的类，进行复数运算。编写一个程序测试这个类。
    复数具有如下的形式：

    realPart + imaginaryPart * i

    其中 $i$ 为 $\sqrt{-1}$。

    用 double 变量表示该类的 private 数据：realPart（实部）和 imaginaryPart（虚部）。提供一个构造函
    数，它使这个类的对象在声明时得以初始化。这个构造函数应该包含默认值，以防未提供初始化
    值的情况。对下列任务提供完成它们的 public 成员函数：
    a）两个 Complex 值相加：实部相加，虚部相加。
    b）两个 Complex 值相减：左边操作数的实部减去右边操作数的实部，左边操作数的虚部减去右边
       操作数的虚部。
    c）以（a，b）的形式打印 Complex 值，其中 a 为实部，b 为虚部。
9.6 （**有理数类**）创建一个名为 Rational 的类，进行分数运算。编写一个程序测试这个类。
    用整数变量表示类的 private 数据——numerator（分子）和 denominator（分母）。提供一个构造函数，
    它使这个类的对象在声明时得以初始化。这个构造函数应该包含默认值，以防未提供初始化值的
    情况，并且它应该以简化的形式保存分数。例如，分数 2/4 应在对象中保存成 numerator 为 1、de-
    nominator 为 2 的形式。对下列任务，提供完成它们的 public 成员函数：
    a）两个 Rational 值相加，结果应以简化的形式保存。

b）两个 Rational 值相减，结果应以简化的形式保存。

c）两个 Rational 值相乘，结果应以简化的形式保存。

d）两个 Rational 值相除，结果应以简化的形式保存。

e）以 a/b 的形式打印 Rational 值，其中 a 是分子，b 是分母。

f）以浮点数的形式打印 Rational 值。

9.7 （**增强的 Time 类**）修改图 9.4 和图 9.5 中的 Time 类，使它包含一个 tick 成员函数。该函数将存放在 Time 对象中的时间递增 1 秒。Time 对象应该始终保持可靠的状态。编写一个程序，在循环中测试 tick 成员函数。在每次循环迭代中都以标准时间格式打印时间，以显示 tick 成员函数是否工作正常。要保证测试下列情况：

a）递增到下一分钟。

b）递增到下一小时。

c）递增到下一天（也就是从 11：59：59 PM 到 12：00：00 AM）。

9.8 （**增强的 Date 类**）修改图 9.13 和图 9.14 中的 Date 类，使它对数据成员 month、day 和 year 的初始化值进行错误检查。另外，提供一个成员函数 nextDay 将日期递增 1 天。Date 对象应该始终保持可靠的状态。编写一个程序，在循环中测试 nextDay 成员函数。在每次循环迭代中都打印日期以显示 nextDay 是否工作正常。要保证测试下列情况：

a）递增到下个月。

b）递增到下一年。

9.9 （**合并 Time 类和 Date 类**）将练习题 9.7 中修改后的 Time 类和练习题 9.8 中修改后的 Date 类合并为类 DateAndTime（第 11 章中将讨论继承。继承可以使我们快速完成这项任务而无需修改现有的类定义）。修改 tick 函数，使它在时间递增到下一天时调用 nextDay 函数。修改 printStandard 和 printUniversal 函数，输出时间和日期。编写一个程序，测试新的 DateAndTime 类。特别要测试时间递增到下一天时的情况。

9.10 （**由 Time 类的设置函数返回错误的指示**）修改图 9.4 和图 9.5 中 Time 类的设置函数，使它在 Time 类对象的数据成员设置为无效值时返回相应的错误值。编写一个程序，测试新生成的 Time 类。当设置函数返回错误值时，显示错误消息。

9.11 （**Rectangle 类**）创建具有属性 length（长度）和 width（宽度）的类 Rectangle（长方形），这两个属性的默认值为 1。分别提供计算长方形 perimeter（周长）和 area（面积）的成员函数。另外，为 length 和 width 两个属性提供设置和获取函数。设置函数应该验证 length 和 width 是大于 0.0 且小于 20.0 的浮点数。

9.12 （**增强的 Rectangle 类**）创建一个比练习题 9.11 更复杂的 Rectangle 类，这个类只保存长方形四个角的笛卡儿坐标值。构造函数调用一个设置函数。该设置函数接受四组坐标值，验证它们都在第一象限中，没有一个 x 坐标或 y 坐标大于 20.0，还验证提供的坐标确实构成长方形。该类提供成员函数计算 length、width、perimeter 和 area，其中长度是两维中的较大者。这个类还包含判定函数 square，用以确定长方形是否是一个正方形。

9.13 （**增强的 Rectangle 类**）修改练习题 9.12 中的 Rectangle 类，使它包含函数 draw、setFillCharacter 和 setPerimeterCharacter。draw 成员函数在长方形所在第一象限的 25 × 25 封闭框中显示该长方形；setFillCharacter 函数指定要绘制的长方形外部的字符。setPerimeterCharacter 函数指定用来绘制长方形边缘的字符。如果有兴趣，还可以提供对长方形进行比例缩放、旋转和在第一象限指定范围中移动的其他成员函数。

9.14 （**HugeInteger 类**）创建 HugeInteger（大整数）类，用一个具有 40 个元素的数字数组存放最多 40 位的整数。提供成员函数 input、output、add 和 substract。为了比较 HugeInteger 对象，提供函数 isEqualTo、isNotEqualTo、isGreaterThan、isLessThan、isGreaterThanOrEqualTo 和 isLessThanOrEqualTo。这几个函数每个都是"判定"函数，如果两个 HugeInteger 对象间关系成立，则返回 true；如果关系

不成立,则返回 false。另外,该类还提供判定函数 isZero(是零)。如果有兴趣,可以继续提供成员函数 multiply、divide 和 modulus。

9.15 **(TicTacToe 类)** 创建 TicTacToe 类,使你可以编写一个完整的三连棋(tic-tac-toe)游戏程序。这个类包含一个作为 private 数据的 3×3 的二维整数数组。构造函数应将空棋盘初始化为 0。允许两个人玩游戏。无论第一人移动到哪里,都在指定的棋格中放置 1;无论第二人移动到哪里,都在指定的棋格中放置 2。每次移动都必须到达一个空格。在每次移动后,确定是否已分胜负,还是出现了平局。如果有兴趣,还可以将程序修改成人机对战游戏。此外,可以让玩家决定谁先走谁后走。如果还想继续挑战,那么可以开发一个程序,在 4×4×4 的棋盘上玩三维的三连棋游戏。注意:这是一个极具挑战性的项目,可能需要长达几个星期的努力工作!

9.16 **(友元关系)** 解释 C++ 中友元关系的概念,并说明友元关系的副作用。

9.17 **(构造函数重载)** 正确的 Time 类定义是否可以同时包含以下两个构造函数? 如果不可以,请说明原因。

```
Time( int h = 0, int m = 0, int s = 0 );
Time();
```

9.18 **(构造函数和析构函数)** 当为构造函数或析构函数指定返回类型,即使是 void 时,将出现什么问题?

9.19 **(修改 Date 类)** 请修改图 9.17 中的类 Date,使之具有以下功能:

a)使用以下的多种格式输出日期,例如:

```
DDD YYYY
MM/DD/YY
June 14, 1992
```

b)使用重载的构造函数创建 Date 对象,用 a)中的格式的日期进行初始化。

c)创建一个 Date 构造函数,它用 < ctime > 头文件的标准库函数读取系统日期并设置 Date 成员。关于头文件 < ctime > 中函数的信息,请参阅编译器的参考文档或者 www. cplusplus. com/ref/ctime/index. html。

在第 10 章中,将能够创建用于测试两个日期相等的运算符及比较两个日期以判定一个是在另一个之前还是之后的运算符。

9.20 **(SavingAccount 类)** 创建一个 SavingAccount 类。使用一个 static 数据成员 annualInterestRate 保存每个存款者的年利率。类的每个对象都包含一个 private 数据成员 savingsBalance,用以指示存款者目前的存款金额。该类提供成员函数 calculateMonthlyInterest,它将余额乘以 annualInterestRate 再除以 12 来计算月利息,这个利息应该加到 savingsBalance 中。该类还提供一个 static 成员函数 modifyInterestRate,它将 static 的 annualInterestRate 设置为一个新值。编写一个驱动程序测试 SavingsAccount 类。实例化 SavingsAccount 类的两个对象 saver1 和 saver2,余额分别是 2000.00 美元和 3000.00 美元。将 annualInterestRate 设置为 3%,然后计算月利率并打印每个存款者的新余额。接着再将 annualInterestRate 设置为 4%,计算下一个月的利息并打印每个存款者的新余额。

9.21 **(IntegerSet 类)** 创建类 IntegerSet,它的每个对象可以存储 0~100 范围内的整数。集合在内部表示为 bool 值的一个 vector 对象。如果整数 i 在这个集合内,则数组元素 a[i] 是 true。如果整数 j 不在这个集合内,则元素 a[j] 为 false。默认的构造函数将集合初始化为所谓的"空集合",即其数组表示中所有元素都是 false 的集合。

a)提供常用集合操作的成员函数。例如,提供 unionOfSets 成员函数,它生成第三个集合,这个集合是两个现有集合理论上的并集(即如果两个现有集合中只要有一个集合的元素为 true,则第三个集合中的数组元素设置为 true;如果在两个集合中的元素都为 false,则第三个集合中的数组元素设置为 false)。

b)提供 intersectionOfSets 的成员函数,该函数生成第三个集合,是两个现有集合论上的交集(即如果两个现有集合中只要有一个集合的元素为 false,则第三个集合中的数组元素设置为 false;如果在两个集合中的两个元素都为 true,则第三个集合中的数组元素设置为 true)。

c)提供 insertElement 成员函数，它把一个新整数 k 插入到集合中（通过将 a[k]设置为 true）。

d)提供 printSet 成员函数，它把集合打印为用空格隔开的数字列表。只打印集合中出现的元素（即在该 vector 对应位置上值为 true 的元素）。对于空集，则打印 ---。

e)提供 isEqualTo 函数，判定两个集合是否相等。

f)提供另一个构造函数，它接受一个整数的数组以及该数组的大小，并使用该数组初始化集合对象。

现在编写一个驱动程序测试你的 IntegerSet 类。实例化几个 IntegerSet 对象，并且测试你的所有成员函数是否工作正常。

9.22 （**修改类 Time**）对于图 9.4 ~ 图 9.5 的 Time 类来说，其内部的时间表示采用自午夜以来的秒数似乎比用三个整数值 hour、minute 和 second 更合理。客户可以使用类的 public 方法并获得相同的结果。请修改图 9.4 中的 Time 类，用午夜以来的总秒数表示时间，并证明对于类的客户并没有任何可见的功能上的改变。注意，该练习题是证明实现隐藏好处的一个非常好的例子。

9.23 （**洗牌和发牌**）编写一个洗牌和发牌的程序。这个程序包含类 Card、类 DeckOfCards 和一个驱动程序。类 Card 有：

a)int 型的数据成员 face 和 suit。

b)接收两个 int 型的代表面值和花色的构造函数用于初始化数据成员。

c)两个 string 类型的 static 数组代表面值和花色。

d)一个 toString 函数返回 Card，它的形式是"face of suit"的字符串。可以使用 + 运算符连接字符串。

类 DeckOfCards 有：

a)一个名为 deck 的 Card 类型的 vector，它用来存储 Card。

b)代表下一个将要处理的牌的整型值 currentCard。

c)一个用来初始化 deck 中 Card 的默认构造函数。构造函数使用 vecror 的函数 push_back 将产生的牌添加到 vector 的末尾。这个过程对于 deck 中的 52 张牌都要做一遍。

d)函数 shuffle 用于洗牌。洗牌算法应该在 vector 中反复做。对于每张牌，随机地选取另一张牌，然后交换这两张牌。

e)dealCard 函数返回下一张牌。

f)moreCards 函数返回一个 bool 值，代表是否还有牌要处理。

驱动程序产生 DeckOfCards 对象，洗牌，然后发牌。

9.24 （**洗牌和发牌**）修改练习题 9.23 中的程序，使发牌函数发一手 5 张牌，然后编写函数完成下列任务：

a)确定手上是否有一副对子。

b)确定手上是否有两副对子。

c)确定手上是否有 3 张同号牌（如 3 张 J）。

d)确定手上是否有 4 张同号牌（如 4 张 A）。

e)确定手上是否有同花（即 5 张牌花色相同）。

f)确定是否有同顺（即 5 张面值连续的牌）。

9.25 （**项目：洗牌和发牌**）使用练习题 9.24 中开发的函数编写一个程序，发两手 5 张牌，评价每手牌并确定哪个更好。

9.26 （**项目：洗牌和发牌**）修改练习题 9.25 中开发的程序，使它可以模拟发牌人。发牌人的 5 张牌是"面朝下的"，因此玩家看不到。接着，程序估计发牌人的牌，并根据这手牌的质量，发牌人可以抓一张、两张或三张牌，换掉原来手中不要的牌。然后，程序重新估计发牌人的这手牌。

9.27 （**项目：洗牌和发牌**）修改练习题 9.26 中开发的程序，使它可以处理发牌人的牌，但玩家可以决定要替换玩家手中的哪些牌。然后，程序评估两手牌并确定谁赢。现在，用这个新的程序和电脑玩

20 次游戏,看看你和计算机到底谁赢得多? 让你的朋友和电脑玩 20 次,看谁赢得多? 根据这些游戏的结果,做出适当的修改完善你的扑克牌游戏。再玩 20 次游戏,看看你修改后的程序是否会更好玩?

## 社会实践题

9.28 (**项目:紧急响应类**)北美紧急事件响应服务 9-1-1,将呼叫者与本地公共服务应答点连接(PSAP)。通常,PSAP 会询问呼救者的标志信息——包括地址、电话号码和紧急事件的性质,派遣适当的紧急事件响应者(比如警察、救护车、消防部门等),增强型的 9-1-1(简称 E9-1-1)服务使用计算机和数据库定位呼叫者,将呼叫连接到最近的 PSAP,显示呼叫者的电话号码和地址给接线员。无线增强型的 9-1-1 服务为接线员提供无线呼救的标志信息。它由两个阶段构成:第一阶段载波提供无线电话号码和发射站或者是中转基站的地点,第二阶段载波提供呼救者的地点(利用如 GPS 的技术)。如果要了解更多与 9-1-1 相关的信息,请访问 www.fcc.gov/pshs/services/911-services/Welcome.html 或 people.howstuffworks.com/9-1-1.htm

创建一个类,很重要的一个部分就是确定类的属性(实例变量)。请在网上调查 9-1-1 服务之后完成类的设计练习。然后,设计可以应用在面向对象 9-1-1 紧急事件响应系统的类 Emergency。列出可以表示紧急事故的类的对象属性。例如,类可以包含如下信息:呼叫者(包括他们的电话号码)、事件地点、报告时间、事故性质、响应类型和响应状态。要求类的属性必须完整地描述问题的性质和如何解决问题的情况。

# 第 10 章　运算符重载：string 类

*There are two men inside the artist, the poet and the craftsman. One is born a poet. One becomes a craftsman.*

—Emile Zola

*A thing of beauty is a joy forever.*

—John Keats

## 学习目标

在本章中将学习：

● 运算符重载如何帮助你构造有价值的类

● 重载一元和二元运算符
● 将一个类的对象转换成另一个类的对象
● 使用 string 类的重载运算符和额外特性
● 创建类 PhoneNumber、Array、String 和 Date 来演示运算符的重载
● 使用 new 和 delete 完成动态内存分配
● 使用关键字 explicit 指明构造函数不能用来进行隐式转换
● 当你真正领会类概念的优雅与美丽时，感受灵光闪现的瞬间

## 提纲

## 10.1 简介

这一章将展示如何把 C++ 中的运算符与类对象结合在一起使用，这个过程称为运算符重载。" << "是 C++ 内置的重载运算符的一个例子，它既可以用作流插入运算符，又可以用作位左移运算符(在第 22 章讨论)。同样，运算符" >> "也是 C++ 中的重载运算符，它既可以用作流提取运算符，又可以用作位右移运算符。在 C++ 标准库中这两个运算符都被重载。从你学习这本书的开始就已经在使用重载运算符了，重载植入了 C++ 语言本身。例如，C++ 语言重载了加法运算符( + )和减法运算符( - )，在基础数据类型如整数算术运算、浮点数算术运算和指针算术运算中，这两个运算符会根据上下文执行不同的运算。

C++ 允许程序员重载大部分由类使用的运算符——编译器基于操作数的类型产生合适的代码。由重载操作符完成的工作也可以通过显式函数调用完成，但通常采用运算符形式更显自然。

我们的例子从 C++ 标准库中的类 string 开始，它包含了许多重载的运算符。这使你在实现自己的重载运算符之前先看到实际中的重载运算符运用。然后，我们创建 PhoneNumber 类，重载其中的 << 和 >> 运算符使我们能方便地输入和输出完全格式化的 10 位电话号码。随后，我们再展示一个 Date 类，重载了前缀和后缀增量( ++ )操作符来给 Date 的值增加一天。该类也重载了 += 运算符使一个 Date 能增加该运算符右侧指示的特定天数。

下一步，我们展示一个总结性的案例研究——一个基于指针并使用了重载运算符和其他特性的 Array 类来解决各种问题。这是这本书中最重要的案例研究。我们的许多学生都表示这个 Array 案例研究使他们的"灵光闪现"，这时他们才真正理解了类和对象的技术。作为 Array 类的一部分，我们将重载流插入、流提取、赋值、相等、关系、下标运算符。当你熟练掌握了这个 Array 类，你将从真正意义上理解对象技术的本质——精心设计制作、使用和重用有价值的类。

本章将对如何进行类型转换(包括类类型)、某些隐式转换问题以及如何防止这些问题的讨论进行总结。

## 10.2 使用标准库中 string 类的重载运算符

图 10.1 展示了很多 string 类的重载运算符和一些其他有用的成员函数，包括 empty、substr 和 at。函数 empty 判断一个 string 是否为空，函数 substr 返回现有 string 的一部分，而函数 at 返回 string 中位于指定下标处的字符(在检查该下标在有效范围内之后)。第 21 章将详细讲解 string 类。

```cpp
1   // Fig. 10.1: fig10_01.cpp
2   // Standard Library string class test program.
3   #include <iostream>
4   #include <string>
5   using namespace std;
6
7   int main()
8   {
9       string s1( "happy" );
10      string s2( " birthday" );
11      string s3;
12
13      // test overloaded equality and relational operators
14      cout << "s1 is \"" << s1 << "\"; s2 is \"" << s2
15          << "\"; s3 is \"" << s3 << "\""
16          << "\n\nThe results of comparing s2 and s1:"
17          << "\ns2 == s1 yields " << ( s2 == s1 ? "true" : "false" )
18          << "\ns2 != s1 yields " << ( s2 != s1 ? "true" : "false" )
19          << "\ns2 >  s1 yields " << ( s2 > s1 ? "true" : "false" )
20          << "\ns2 <  s1 yields " << ( s2 < s1 ? "true" : "false" )
21          << "\ns2 >= s1 yields " << ( s2 >= s1 ? "true" : "false" )
22          << "\ns2 <= s1 yields " << ( s2 <= s1 ? "true" : "false" );
23
24      // test string member-function empty
25      cout << "\n\nTesting s3.empty():" << endl;
```

图 10.1　标准库 string 类测试程序

```
26
27      if ( s3.empty() )
28      {
29          cout << "s3 is empty; assigning s1 to s3;" << endl;
30          s3 = s1; // assign s1 to s3
31          cout << "s3 is \"" << s3 << "\"";
32      } // end if
33
34      // test overloaded string concatenation operator
35      cout << "\n\ns1 += s2 yields s1 = ";
36      s1 += s2; // test overloaded concatenation
37      cout << s1;
38
39      // test overloaded string concatenation operator with a C string
40      cout << "\n\ns1 += \" to you\" yields" << endl;
41      s1 += " to you";
42      cout << "s1 = " << s1 << "\n\n";
43
44      // test string member function substr
45      cout << "The substring of s1 starting at location 0 for\n"
46          << "14 characters, s1.substr(0, 14), is:\n"
47          << s1.substr( 0, 14 ) << "\n\n";
48
49      // test substr "to-end-of-string" option
50      cout << "The substring of s1 starting at\n"
51          << "location 15, s1.substr(15), is:\n"
52          << s1.substr( 15 ) << endl;
53
54      // test copy constructor
55      string s4( s1 );
56      cout << "\ns4 = " << s4 << "\n\n";
57
58      // test overloaded copy assignment (=) operator with self-assignment
59      cout << "assigning s4 to s4" << endl;
60      s4 = s4;
61      cout << "s4 = " << s4 << endl;
62
63      // test using overloaded subscript operator to create lvalue
64      s1[ 0 ] = 'H';
65      s1[ 6 ] = 'B';
66      cout << "\ns1 after s1[0] = 'H' and s1[6] = 'B' is: "
67          << s1 << "\n\n";
68
69      // test subscript out of range with string member function "at"
70      try
71      {
72          cout << "Attempt to assign 'd' to s1.at( 30 ) yields:" << endl;
73          s1.at( 30 ) = 'd'; // ERROR: subscript out of range
74      } // end try
75      catch ( out_of_range &ex )
76      {
77          cout << "An exception occurred: " << ex.what() << endl;
78      } // end catch
79  } // end main
```

```
s1 is "happy"; s2 is " birthday"; s3 is ""

The results of comparing s2 and s1:
s2 == s1 yields false
s2 != s1 yields true
s2 > s1 yields false
s2 < s1 yields true
s2 >= s1 yields false
s2 <= s1 yields true

Testing s3.empty():
s3 is empty; assigning s1 to s3;
s3 is "happy"

s1 += s2 yields s1 = happy birthday

s1 += " to you" yields
s1 = happy birthday to you
```

图 10.1(续)　标准库 string 类测试程序

```
The substring of s1 starting at location 0 for
14 characters, s1.substr(0, 14), is:
happy birthday

The substring of s1 starting at
location 15, s1.substr(15), is:
to you

s4 = happy birthday to you

assigning s4 to s4
s4 = happy birthday to you

s1 after s1[0] = 'H' and s1[6] = 'B' is: Happy Birthday to you

Attempt to assign 'd' to s1.at( 30 ) yields:
An exception occurred: invalid string position
```

图 10.1(续)　标准库 string 类测试程序

第 9～11 行创建了 3 个 string 对象 s1、s2 和 s3,其中 s1 用字符串字面值"happy"初始化,s2 用字符串字面值"birthday"初始化,而 s3 利用默认的 string 构造函数创建了一个空的 string。第 14～15 行使用 cout 和运算符"<<"(string 类的设计者已经将它们重载以处理 string 对象)输出这 3 个对象。接着,第 16～22 行使用 string 类中重载的相等和关系运算符比较 s2 和 s1,并显示结果,这里是通过每个字符串的字符数值(见附录 B"ASCII 字符集")进行词典序比较的。

string 类提供了成员函数 empty 判定 string 是否为空,我们在第 27 行演示了该函数。如果 string 对象为空,那么成员函数 empty 返回 true;否则,返回 false。

第 30 行通过将 s1 赋给 s3,演示了 string 类的重载赋值运算符。第 31 行输出 s3 以演示此赋值操作执行正确。

第 36 行演示了 string 类用于字符串连接的重载的"+="运算符。在此,s2 的内容被追加到 s1。然后第 37 行输出存储在 s1 中的结果字符串。第 41 行示范了通过使用运算符"+="能够将字符串字面值追加到 string 对象。第 42 行显示了结果。

string 类提供了成员函数 substr(第 47 行和第 52 行)用来返回 string 的一部分。第 47 行中对 substr 的调用获得了 s1 从位置 0 开始(由第一个参数指定)的 14 个字符长(由第二个参数指定)的子字符串,而第 52 行中对 substr 的调用获得了 s1 从位置 15 开始的子字符串。如果没有指定第二个参数,substr 就返回调用它的 string 对象从第一个参数开始的剩余部分。

第 55 行分配了一个 string 对象,并用 s1 的副本对其进行初始化。这引起 string 类拷贝构造函数的调用。第 60 行使用 string 类重载的"="拷贝赋值运算符,以表明它正确地处理自我赋值情况。在之后构建 Array 类的时候我们将会发现自我赋值的危险性,并且学习如何处理这些问题。

第 64～65 行使用 string 类重载的"[ ]"运算符创建左值,使新的字符能够代替 s1 中的原有字符。第 67 行输出 s1 的新值。在 String 类中重载的"[ ]"运算符并不进行任何边界检查。因此,程序员必须保证使用标准 string 类中重载的"[ ]"运算符的操作时不会意外地操作 string 对象有效范围外的元素。标准 string 类在其成员函数 at 中提供了范围检查,如果其参数是个无效的下标,它就会"抛出一个异常"。如果下标是有效的,根据函数调用出现的上下文,函数 at 会把指定位置的字符作为可修改的左值或者不可修改的右值(即一个 const 引用)返回。第 73 行演示了对函数 at 的调用,传递的是一个无效的下标,这将抛出一个 out_of_range 的异常。

## 10.3　运算符重载的基础知识

正如你在图 10.1 中看到的,这些运算符给程序员提供了简洁的符号来操作 string 对象。你也能使用自己定义类型的运算符。尽管 C++ 不允许新的运算符被创建,但它允许大部分现有的运算符被重载。因此,在某些对象上使用这些运算符时,运算符可以执行适合那些对象的操作。

运算符重载不是自动的，你必须定义运算符重载函数来描述你需要的功能。通过像往常那样编写非 static 成员函数定义或者非成员函数定义就可以实现运算符重载，只不过现在的函数名是关键字 operator 后接重载的运算符。例如，函数名 operator + 用于重载某些类（如 enum）的加法运算符（ + ）。如果以成员函数方式重载运算符，那么这样的成员函数必须是非 static 的，因为它们必须由该类的对象调用，并作用在这个对象上。

要在类的对象上使用运算符，则必须定义该类的运算符重载函数，但是也有三个例外：

- 绝大多数的类都可以用赋值运算符（ = ）对其数据成员进行逐个成员赋值操作——将"源"对象（右侧）的每个数据成员赋给"目标"对象（左侧）的数据成员。我们很快会看到，对于具有指针成员的类，这样默认的逐个成员赋值是危险的。因此，我们将显式地为这种类重载赋值运算符。
- 取址运算符(&)返回对象的地址，这个运算符也能被重载。
- 逗号(, )运算符从左向右对表达式进行求值，并返回最后表达式的值，这个运算符也能被重载。

**不能被重载的运算符**

大部分的 C++ 运算符都能被重载，图 10.2 展示了那些不能被重载的运算符。[①]

| 不能被重载的运算符 | | | |
|---|---|---|---|
| . | . * ( pointer to member ) | :: | ?: |

图 10.2　不能被重载的运算符

**运算符重载的规则和限制**

当准备为你的类重载运算符时，有一些规则和限制必须牢记于心：

- 一个运算符的优先级不能被重载改变。然而，圆括号能够强制改变表达式中重载运算符的求值顺序。
- 运算符的结合性不能被重载改变——如果一个运算符通常从左到右结合，那么，它的所有重载版本依然这么做。
- 你不能改变运算符的"元数"（即运算符所需要的操作数的数目）——重载的一元运算符仍然是一元运算符；重载的二元运算符仍然是二元运算符。运算符 & 、* 、 + 和 – 都同时拥有一元和二元版本，这些一元和二元的版本能够被单独重载。
- 你不能创造新的运算符，只有现有的运算符才能被重载。
- 运算符作用在基本类型上的方式不能被运算符重载改变。例如，不能将 + 运算符重载为两个 int 变量相减。运算符重载仅仅适用于用户定义类型或用户定义类型和基本类型的混合。
- 关系运算符，如 + 和 += ，必须被单独重载。
- 当重载( )、[ ]、 –> 或任何赋值操作符时，运算符重载函数必须被声明为类成员。对所有其他可重载的运算符来说，运算符重载函数可以是成员函数或非成员函数。

**软件工程知识 10.1**
对类类型进行运算符的重载，使重载的运算符尽可能效仿内置运算符对基本类型的作用方式。

## 10.4　重载二元运算符

二元运算符可以重载为带有一个参数的非 static 成员函数，或者两个参数（其中一个必须是类的对象或者是类对象的引用）的非成员函数。一个非成员运算符函数因为性能原因经常被声明为类的友元。

---

① 尽管可以重载运算符"&"，"&&"、"||"，但应避免这样做以免引起错误。深入分析可参考 CERT 指南 DCL10-CPP。

### 作为成员函数的二元重载运算符

考虑使用 < 来比较你所定义的 String 类的两个对象。当二元运算符"<"重载为 String 类的带有一个参数的非 static 成员函数时，如果 y 和 z 是 String 类的对象，那么 y < z 就会被处理成 y. operator < (z)，调用声明如下的 operator < 成员函数：

```
class String
{
public:
    bool operator<( const String & ) const;
    ...
}; // end class String
```

仅当左操作数是该类的对象且重载函数是一个成员时，二元运算符的重载函数才能作为成员函数。

### 作为非成员函数的二元重载运算符

作为非成员函数，二元运算符"<"必须带有两个参数，其中一个参数必须是与重载运算符有关系的类对象或者是类对象的引用。如果 y 和 z 是 String 类对象或者是 String 类对象的引用，那么 y < z 就会被处理成 operator < (y, z)，调用声明如下的函数 operator < ：

```
bool operator<( const String &, const String & );
```

## 10.5　重载二元流插入运算符和流提取运算符

借助流提取运算符( >> )和流插入运算符( << )，C++ 能够输入和输出基本类型的数据。C++ 类库重载了这些运算符以处理所有基本类型，包括指针和 C 风格的 char * 字符串。流插入运算符和流提取运算符还可以通过重载用于实现用户自定义类型数据的输入和输出。图 10.3 ~ 图 10.5 中的程序演示了重载这些运算符，把 PhoneNumber 对象以"(000)000 – 0000"的格式进行输入与输出。该程序假定电话号码输入是正确的。

```
 1   // Fig. 10.3: PhoneNumber.h
 2   // PhoneNumber class definition
 3   #ifndef PHONENUMBER_H
 4   #define PHONENUMBER_H
 5
 6   #include <iostream>
 7   #include <string>
 8
 9   class PhoneNumber
10   {
11      friend std::ostream &operator<<( std::ostream &, const PhoneNumber & );
12      friend std::istream &operator>>( std::istream &, PhoneNumber & );
13   private:
14      std::string areaCode; // 3-digit area code
15      std::string exchange; // 3-digit exchange
16      std::string line; // 4-digit line
17   }; // end class PhoneNumber
18
19   #endif
```

图 10.3　以重载的流插入和流提取运算符作为友元函数的 PhoneNumber 类

```
 1   // Fig. 10.4: PhoneNumber.cpp
 2   // Overloaded stream insertion and stream extraction operators
 3   // for class PhoneNumber.
 4   #include <iomanip>
 5   #include "PhoneNumber.h"
 6   using namespace std;
 7
 8   // overloaded stream insertion operator; cannot be
 9   // a member function if we would like to invoke it with
10   // cout << somePhoneNumber;
11   ostream &operator<<( ostream &output, const PhoneNumber &number )
12   {
13      output << "(" << number.areaCode << ") "
```

图 10.4　为 PhoneNumber 类重载流插入和流提取运算符

```
14            << number.exchange << "-" << number.line;
15      return output; // enables cout << a << b << c;
16  } // end function operator<<
17
18  // overloaded stream extraction operator; cannot be
19  // a member function if we would like to invoke it with
20  // cin >> somePhoneNumber;
21  istream &operator>>( istream &input, PhoneNumber &number )
22  {
23      input.ignore(); // skip (
24      input >> setw( 3 ) >> number.areaCode; // input area code
25      input.ignore( 2 ); // skip ) and space
26      input >> setw( 3 ) >> number.exchange; // input exchange
27      input.ignore(); // skip dash (-)
28      input >> setw( 4 ) >> number.line; // input line
29      return input; // enables cin >> a >> b >> c;
30  } // end function operator>>
```

图 10.4(续)　为 PhoneNumber 类重载流插入和流提取运算符

```
1   // Fig. 10.5: fig10_05.cpp
2   // Demonstrating class PhoneNumber's overloaded stream insertion
3   // and stream extraction operators.
4   #include <iostream>
5   #include "PhoneNumber.h"
6   using namespace std;
7
8   int main()
9   {
10      PhoneNumber phone; // create object phone
11
12      cout << "Enter phone number in the form (123) 456-7890:" << endl;
13
14      // cin >> phone invokes operator>> by implicitly issuing
15      // the non-member function call operator>>( cin, phone )
16      cin >> phone;
17
18      cout << "The phone number entered was: ";
19
20      // cout << phone invokes operator<< by implicitly issuing
21      // the non-member function call operator<<( cout, phone )
22      cout << phone << endl;
23  } // end main
```

```
Enter phone number in the form (123) 456-7890:
(800) 555-1212
The phone number entered was: (800) 555-1212
```

图 10.5　重载的流插入和流提取运算符

## 流提取运算符( >> )的重载

图 10.4 中第 21 ~ 30 行的流提取运算符函数 operator >> 以一个 istream 引用(input)和一个 PhoneNumber 引用(num)作为其参数，并返回一个 istream 引用。运算符函数 operator >> 将形如下述格式的电话号码

```
(800) 555-1212
```

输入 PhoneNumber 类的对象中。当编译器遇到图 11.5 中第 16 行的表达式

```
cin >> phone
```

时，它就会产生如下的非成员函数调用：

```
operator>>( cin, phone );
```

当这个函数调用执行时，引用形参 input(如图 10.4 中的第 21 行所示)成为 cin 的别名，而引用形参 number 成为 phone 的别名。运算符函数把电话号码的 3 个部分作为字符串分别读到由形参 number 引用的 PhoneNumber 对象的成员变量 areaCode(第 24 行)、exchange(第 26 行)和 line(第 28 行)中。流操纵符 setw 限定了读到每个字符数组的字符个数。当和 cin 及字符串一起使用时，setw 把读入的字符个数限定为其

参数指定的字符个数,即 setw(3)允许读入 3 个字符。通过调用 istream 的成员函数 ignore(如图 10.4 中的第 23 行、第 25 行和第 27 行),圆括号、空格和破折号等字符都被跳过。函数 ignore 丢弃输入流中指定个数的字符(默认为一个字符)。函数 operator >> 返回 istream 引用对象 input(即 cin)。这样,使 PhoneNumber 对象上的输入操作可以和其他 PhoneNumber 对象或者其他数据类型对象上的输入操作串联起来。例如,程序可以在如下的一个语句中输入两个 PhoneNumber 对象:

```
cin >> phone1 >> phone2;
```

首先,通过下面的非成员函数调用执行表达式 cin >> phone1:

```
operator>>( cin, phone1 );
```

作为表达式 cin >> phone1 的值,这个函数调用返回 cin 的引用,因此表达式的剩余部分可以简单理解成 cin >> phone2,这将通过下列的非成员函数调用得以执行:

```
operator>>( cin, phone2 );
```

**良好的编程习惯 10.1**

重载的运算符应该模仿它们内置同行的功能——例如,+ 运算符应该表现为加而非减。避免过度或反常地使用操作符重载,因为这会使程序神秘而难以阅读。

### 重载流插入( << )运算符

流插入运算符函数(如图 10.4 中的第 11 ~ 16 行所示)以一个 ostream 引用(output)和一个 const PhoneNumber 引用(number)作为其参数,并返回一个 ostream 引用。函数 operator << 显示 PhoneNumber 类型的对象。当编译器遇到图 10.5 中第 22 行的表达式

```
cout << phone
```

时,编译器就会产生如下的非成员函数调用:

```
operator<<( cout, phone );
```

因为电话号码的各部分都存储在 string 对象中,所以函数 operator << 以字符串形式显示它们。

### 作为非成员友元函数的重载运算符

请注意图 10.3 中函数 operator >> 和 operator << 在 PhoneNumber 类中都声明为非成员的友元函数(第 11 ~ 12 行)。这两个函数必须是非成员函数,因为在每种情况中 PhoneNumber 类对象都作为运算符的右操作数而出现。如果它们是 PhoneNumber 的成员函数,我们就将使用如下尴尬的语句来输入和输出一个 PhoneNumber:

```
phone << cout;
phone >> cin;
```

这样的语句对大多数熟悉 cout 和 cin 分别作为 << 和 >> 的左操作数的 C++ 的程序员来说都会感到疑惑。

请记住,二元运算符的重载运算符函数可以作为成员函数来实现的前提条件是仅当左操作数是该函数所在类的对象。如重载的输入和输出运算符需要直接访问非 public 类成员,或者是这个类无法提供合适的获取函数,那么这些运算符应该声明为友元。另外,还要注意函数 operator << 形参表中的 PhoneNumber 引用(如图 11.4 中的第 11 行所示)是 const 的,因为这个 PhoneNumber 仅用于输出;而函数 operator >> 形参表中的 PhoneNumber 引用(第 21 行)并不是 const 的,因为这个 PhoneNumber 对象必须修改以在其中保存输入的电话号码。

**软件工程知识 10.2**

不需要修改 C++ 的标准输入/输出库类,就能把全新的用户自定义类型的输入/输出特性添加到 C++ 中。这是 C++ 编程语言可扩展性的又一个例证。

### 为什么流插入和流提取运算符被重载为非成员函数

重载的流插入运算符( << )被用在左操作数为 ostream& 类型的表达式中,如 cout << classObject。为

了符合使用操作符时右操作数是用户定义类型的习惯，它必须被重载为非成员函数。作为一个成员函数，操作符 << 将必须作为类 stream 的一个成员。因为我们是不允许修改 C++ 标准库类型的，所以这对于非用户定义类型来说是不可能的。同样，重载流提取操作符 >> 在左操作数为 ostream& 类型的表达式中被使用，如 cin >> classObject，并且，右操作数是一个用户定义类型，所以它必须是非成员函数。同样，每个这样的运算符重载函数可能需要访问类对象的私有数据成员以作为输入/输出，因此，这些重载运算符函数因为行为的原因被作为友元函数。

## 10.6 重载一元运算符

类的一元运算符可以重载为不带参数的非 static 成员函数或者带有一个参数的非成员函数，且参数必须是该类的对象或者是该类对象的引用。实现重载运算符的成员函数必须是非 static 的，这样它们可以访问该类每个对象中的非 static 数据。

**作为成员函数的一元重载运算符**

考虑重载一元运算符"!"，用以测试我们创建的 String 类的对象是否为空，并返回一个 bool 结果。我们来看一下表达式 !s，其中 s 是个 String 类对象。当一元运算符（如"!"）重载成不带参数的成员函数且编译器遇到表达式 !s 时，编译器就会生成函数调用 s. operator!( )。操作数 s 就是调用 String 类成员函数 operator! 的类对象。该函数声明如下：

```
class String
{
public:
    bool operator!() const;
    ...
}; // end class String
```

**作为非成员函数的一元重载运算符**

! 这样的一元运算符可以重载为带有一个参数的非成员函数。如果 s 是 String 类的一个对象（或者是 String 类对象的一个引用），那么 !s 就会处理为 operator!(s)，调用如下声明的非成员函数 operator!：

```
bool operator!( const String & );
```

## 10.7 重载一元前置与后置运算符：++ 和 --

自增和自减运算符各自的前置和后置形式都可以重载。本节将介绍编译器是如何区分自增或者自减运算符的前置和后置形式的。

为了使重载自增运算符既支持前置的用法又支持后置的用法，每个重载的运算符函数都必须拥有各自明显的特征，这样编译器才能确定要用的是哪种 ++ 形式。前置形式的重载方式与任何其他前置的一元运算符的重载方式完全相同。本节描述的前置与后置自增运算符可应用于先增与后增运算符的重载。在下一节，我们将分析 Date 类的前置与后置自增运算符。

重载前置的自增运算符假设我们想把 Date 对象 d1 的天数加 1。当编译器遇到前置自增运算的表达式 ++d1 时，它会产生下列成员函数调用：

```
d1.operator++()
```

这个运算符函数的原型是：

```
Date &operator++();
```

如果以非成员函数实现前置的自增运算符，那么当编译器遇到表达式 ++d1 时，将产生如下的函数调用：

```
operator++( d1 )
```

这个非成员运算符函数的原型将在 Date 类中声明为：

```
Date &operator++( Date & );
```

**重载后置的自增运算符**

  重载后置的自增运算符提出了一个挑战，因为编译器必须能够识别出重载的前置和后置自增运算符函数各自的特征。C++中采用的约定是：当编译器遇到后置自增运算的表达式 d1 ++ 时，它会产生如下的成员函数调用：

    d1.**operator**++( 0 )

这个函数的原型是：

    Date **operator**++( int )

实参 0 纯粹是个"哑值"，它使编译器能够区分前置的和后置的自增运算符函数。相似的语法也在前置与后置自减运算符函数中被使用。

  如果以非成员函数实现后置的自增运算，那么当编译器遇到表达式 d1 ++ 时，会产生如下的函数调用：

    **operator**++( d1, 0 )

这个函数的原型应是：

    Date **operator**++( Date &, int );

同样，这里的参数 0 是编译器用来区分以非成员函数实现的前置和后置自增运算符的。请注意，后置的自增运算符按值返回 Date 对象，而前置的自增运算符按引用返回 Date 对象。这是因为在进行自增前，后置的自增运算符通常先返回一个包含对象原始值的临时对象。C++将这样的对象作为右值，使其不能用在赋值运算符的左侧。前置的自增运算符返回实际自增后的具有新值的对象。这种对象在连续的表达式中可以作为左值使用。

**性能提示 10.1**

  由后置的自增(或自减)运算符创建的临时对象能对性能造成很大的影响，尤其是在循环中使用这个运算符时。出于这个原因，我们更倾向使用前置自增和自减运算符。

## 10.8 实例研究：Date 类

  图 10.6～图 10.8 中的程序演示了 Date 类。这个类用重载的前置和后置自增运算符将 Date 对象中的天数加 1，必要时使年、月递增。Date 头文件(如图 10.6 所示)指定了 Date 的 public 接口，包括下列函数：一个重载的流插入运算符(第 11 行)、一个默认的构造函数(第 13 行)、一个 setDate 函数(第 14 行)、一个重载的前置自增运算符(第 15 行)、一个重载的后置自增运算符(第 16 行)、一个重载的加法赋值运算符" += "(第 17 行)、一个对闰年进行测试的函数(第 18 行)和一个判断某天是否为当月最后一天的函数(第 19 行)。

```
 1   // Fig. 10.6: Date.h
 2   // Date class definition with overloaded increment operators.
 3   #ifndef DATE_H
 4   #define DATE_H
 5
 6   #include <array>
 7   #include <iostream>
 8
 9   class Date
10   {
11      friend std::ostream &operator<<( std::ostream &, const Date & );
12   public:
13      Date( int m = 1, int d = 1, int y = 1900 ); // default constructor
14      void setDate( int, int, int ); // set month, day, year
15      Date &operator++(); // prefix increment operator
16      Date operator++( int ); // postfix increment operator
17      Date &operator+=( unsigned int ); // add days, modify object
18      static bool leapYear( int ); // is date in a leap year?
19      bool endOfMonth( int ) const; // is date at the end of month?
```

图 10.6 具有重载的自增运算符的 Date 类的定义

```
20   private:
21      unsigned int month;
22      unsigned int day;
23      unsigned int year;
24
25      static const std::array< unsigned int, 13 > days; // days per month
26      void helpIncrement(); // utility function for incrementing date
27   }; // end class Date
28
29   #endif
```

图 10.6(续) 具有重载的自增运算符的 Date 类的定义

```
 1   // Fig. 10.7: Date.cpp
 2   // Date class member- and friend-function definitions.
 3   #include <iostream>
 4   #include <string>
 5   #include "Date.h"
 6   using namespace std;
 7
 8   // initialize static member; one classwide copy
 9   const array< unsigned int, 13 > Date::days =
10      { 0, 31, 28, 31, 30, 31, 30, 31, 31, 30, 31, 30, 31 };
11
12   // Date constructor
13   Date::Date( int month, int day, int year )
14   {
15      setDate( month, day, year );
16   } // end Date constructor
17
18   // set month, day and year
19   void Date::setDate( int mm, int dd, int yy )
20   {
21      if ( mm >= 1 && mm <= 12 )
22         month = mm;
23      else
24         throw invalid_argument( "Month must be 1-12" );
25
26      if ( yy >= 1900 && yy <= 2100 )
27         year = yy;
28      else
29         throw invalid_argument( "Year must be >= 1900 and <= 2100" );
30
31      // test for a leap year
32      if ( ( month == 2 && leapYear( year ) && dd >= 1 && dd <= 29 ) ||
33         ( dd >= 1 && dd <= days[ month ] ) )
34         day = dd;
35      else
36         throw invalid_argument(
37            "Day is out of range for current month and year" );
38   } // end function setDate
39
40   // overloaded prefix increment operator
41   Date &Date::operator++()
42   {
43      helpIncrement(); // increment date
44      return *this; // reference return to create an lvalue
45   } // end function operator++
46
47   // overloaded postfix increment operator; note that the
48   // dummy integer parameter does not have a parameter name
49   Date Date::operator++( int )
50   {
51      Date temp = *this; // hold current state of object
52      helpIncrement();
53
54      // return unincremented, saved, temporary object
55      return temp; // value return; not a reference return
56   } // end function operator++
57
58   // add specified number of days to date
59   Date &Date::operator+=( unsigned int additionalDays )
60   {
61      for ( int i = 0; i < additionalDays; ++i )
```

图 10.7 Date 类成员函数和友元函数的定义

```
62          helpIncrement();
63
64      return *this; // enables cascading
65  } // end function operator+=
66
67  // if the year is a leap year, return true; otherwise, return false
68  bool Date::leapYear( int testYear )
69  {
70      if ( testYear % 400 == 0 ||
71          ( testYear % 100 != 0 && testYear % 4 == 0 ) )
72          return true; // a leap year
73      else
74          return false; // not a leap year
75  } // end function leapYear
76
77  // determine whether the day is the last day of the month
78  bool Date::endOfMonth( int testDay ) const
79  {
80      if ( month == 2 && leapYear( year ) )
81          return testDay == 29; // last day of Feb. in leap year
82      else
83          return testDay == days[ month ];
84  } // end function endOfMonth
85
86  // function to help increment the date
87  void Date::helpIncrement()
88  {
89      // day is not end of month
90      if ( !endOfMonth( day ) )
91          ++day; // increment day
92      else
93          if ( month < 12 ) // day is end of month and month < 12
94          {
95              ++month; // increment month
96              day = 1; // first day of new month
97          } // end if
98          else // last day of year
99          {
100             ++year; // increment year
101             month = 1; // first month of new year
102             day = 1; // first day of new month
103         } // end else
104 } // end function helpIncrement
105
106 // overloaded output operator
107 ostream &operator<<( ostream &output, const Date &d )
108 {
109     static string monthName[ 13 ] = { "", "January", "February",
110         "March", "April", "May", "June", "July", "August",
111         "September", "October", "November", "December" };
112     output << monthName[ d.month ] << ' ' << d.day << ", " << d.year;
113     return output; // enables cascading
114 } // end function operator<<
```

图 10.7(续)    Date 类成员函数和友元函数的定义

    图 10.8 中的 main 函数创建了两个 Date 对象(第 9 ~ 10 行):初始化为 2010 年 12 月 27 日的 d1 与默认初始化为 1900 年 1 月 1 日的 d2。Date 构造函数(定义在图 10.7 中的第 13 ~ 16 行)调用 setDate(定义在图 10.7 中的第 19 ~ 38 行)确定指定的月、日和年的有效性。无效的月份设置成 1,无效的日或年则引起 invalid_argument 异常。

    函数 main 的第 12 行(见图 10.8)使用重载的流插入运算符(定义在图 10.7 中的第 107 ~ 114 行)输出每个 Date 对象。其中,第 15 行还使用重载的运算符" += "(定义在图 10.7 中的第 59 ~ 65 行)将 d1 增加了 7 天。图 10.8 中的第 15 行应用函数 setDate 把 d2 设置成一个闰年日期:2008 年 2 月 28 日。然后,第 17 行对 d2 进行前置自增,把日期增加到 2 月 29 日。接着,第 19 行创建了一个 Date 对象 d3,使用日期 2010 年 7 月 13 日对其进行初始化。然后第 23 行使用重载的前置自增运算符将 d3 增加 1 天。第 21 ~ 24 行输出应用前置自增运算之前和之后的 d3,以确认执行过程的正确性。最后,第 28 行使用后置的自增运算符对 d3 进行自增运算。第 26 ~ 29 行输出应用后置自增运算符之前和之后的 d3,进一步证实执行过程是正确的。

```
 1  // Fig. 10.8: fig10_08.cpp
 2  // Date class test program.
 3  #include <iostream>
 4  #include "Date.h" // Date class definition
 5  using namespace std;
 6
 7  int main()
 8  {
 9     Date d1( 12, 27, 2010 ); // December 27, 2010
10     Date d2; // defaults to January 1, 1900
11
12     cout << "d1 is " << d1 << "\nd2 is " << d2;
13     cout << "\n\nd1 += 7 is " << ( d1 += 7 );
14
15     d2.setDate( 2, 28, 2008 );
16     cout << "\n\n  d2 is " << d2;
17     cout << "\n++d2 is " << ++d2 << " (leap year allows 29th)";
18
19     Date d3( 7, 13, 2010 );
20
21     cout << "\n\nTesting the prefix increment operator:\n"
22        << "   d3 is " << d3 << endl;
23     cout << "++d3 is " << ++d3 << endl;
24     cout << "   d3 is " << d3;
25
26     cout << "\n\nTesting the postfix increment operator:\n"
27        << "   d3 is " << d3 << endl;
28     cout << "d3++ is " << d3++ << endl;
29     cout << "   d3 is " << d3 << endl;
30  } // end main
```

```
d1 is December 27, 2010
d2 is January 1, 1900

d1 += 7 is January 3, 2011

  d2 is February 28, 2008
++d2 is February 29, 2008 (leap year allows 29th)

Testing the prefix increment operator:
   d3 is July 13, 2010
++d3 is July 14, 2010
   d3 is July 14, 2010

Testing the postfix increment operator:
   d3 is July 14, 2010
d3++ is July 14, 2010
   d3 is July 15, 2010
```

图 10.8　Date 类的测试程序

**Date 类的前置自增运算符**

重载前置的自增运算符的实现很容易理解。前置的自增运算符(定义在图 10.7 中的第 41 ~ 45 行)调用工具函数 helpIncrement(定义在图 10.7 中的第 87 ~ 104 行)执行实际的日期自增。该函数处理当递增月份的最后一天时出现的“重置”或者“进位”情况。这些进位要求月份也加 1。如果月份已是 12 月，那么年份也必须加 1，月份必须重置成 1。函数 helpIncrement 使用函数 endOfMonth 来判断是否到达最后一个月以保证日期自增的正确性。

重载的前置自增运算符返回当前 Date 对象的引用(也就是刚刚自增后的对象)。因为当前对象* this 是作为 Date& 返回的，这使前置自增的 Date 对象可以作为左值来使用，正如内置的前置自增运算符对基本类型的工作方式一样。

**Date 类的后置自增运算符**

重载后置的自增运算符(定义在图 10.7 中的第 49 ~ 56 行)更棘手一些。为了仿效后置自增运算的效果，我们必须返回 Date 对象自增前的一份副本。例如，int 变量 x 的值为 7，如下语句

```
cout << x++ << endl;
```

输出变量 x 的原始值。因此，我们希望后置自增运算符会以同样的方式作用在 Date 对象上。一进入函数 operator ++，我们就把当前对象（* this）保存到 temp（第 51 行）。然后，再调用 helpIncrement 递增当前的 Date 对象。最后，第 55 行返回前面存储在 temp 中的对象自增前的副本。请注意，该函数不能返回局部 Date 对象 temp 的引用，因为局部变量在其声明所在的函数退出时便销毁了。这样一来，该函数的返回类型若声明成 Date&，就会返回一个不再存在对象的引用。

**常见的编程错误 10.1**

返回局部变量的引用（或者指针）是一个常见的错误，大部分编译器会对此发出一个警告。

## 10.9　动态内存管理

在程序中你可以通过内存的分配和释放来控制对象，或者由内置类型或用户自定义类型构成的数组。这便是所谓的动态内存管理，通过运算符 new 与 delete 实现。在下一节，我们将用这些能力实现我们自己的 Array 类。

你可以使用 new 运算符在执行期间为对象或数组动态分配（也就是保留）恰好容纳它所需的内存量。对象或数组在自由存储区被创建（或者称为堆），这是一个每个程序中专门用来存储动态分配对象的内存区域。① 一旦内存在自由存储区被分配，就可以通过 new 返回的指针进行访问。当不再需要内存时，你可以通过使用 delete 来释放内存，然后内存返还给自由存储区以供将来的 new 操作复用。②

### 使用 new 来动态获取内存

下面介绍使用 new 和 delete 运算符动态分配内存以存放对象、基本类型和数组的具体方式。

考虑以下的声明和语句：

```
Time *timePtr = new Time();
```

上面的 new 运算符为一个 Time 类型的对象分配大小适合的内存空间，调用默认的构造函数来初始化这个对象并返回一个指向 new 运算符右边类型的指针（也就是 Time *）。如果 new 无法在内存中为对象找到足够的空间，它就会通过"抛出一个异常"，指出发生了错误。

### 使用 delete 动态释放内存

要销毁一个动态分配的对象并且释放这个对象占用的空间，应以如下方式使用 delete 运算符：

```
delete timePtr;
```

这条语句首先调用 timePtr 所指对象的析构函数，然后收回对象占用的内存空间，把内存返还给自由存储区。在前述的语句执行完毕之后，系统就可以再次使用这块内存，分配给其他对象。

**常见的编程错误 10.2**

当动态分配的内存空间不再使用时若不释放，将导致系统过早地用完内存。这有时称为"内存泄漏"（memory leak）。

**错误预防技巧 10.1**

不要删除（delete）不是使用 new 分配的内存。这么做的结果是未定义的。

**错误预防技巧 10.2**

在 delete（删除）一个动态分配的内存块之后确保不要对同一块内存再次 delete。一个防止这种情形的方法是立即将 delete 过的指针的值设为 nullptr。delete 一个 nullptr 是没有影响的。

① new 运算符可能无法获得所需的内存，在这种情况下将抛出一个 bad_alloc 异常。第 17 章详细讨论如何处理使用 new 分配内存失败时的问题。

② new 运算符和 delete 运算符可以被重载，但是这方面的内容已超出了本书的范围。如果重载 new 运算符，那么在同一作用域内必须重载 delete 运算符，从而避免种种不易察觉的动态内存管理错误。

### 动态内存的初始化

你可以为新建立的基本类型变量提供初始化值，就像如下语句所示：

```
double *ptr = new double( 3.14159 );
```

这条语句将新建立的 double 对象初始化为 3.14159，并将结果指针赋给 ptr。同样的语法可以用来将由逗号分隔开的参数列表指定给对象的构造函数。例如，

```
Time *timePtr = new Time( 12, 45, 0 );
```

将一个新建的 Time 对象初始化为 12:45 PM，并把结果指针赋予 timePtr。

### 使用 new[ ] 动态分配内置数组

在前面已经讨论过，new 运算符可用于动态地分配内置数组。例如，可以像下面那样分配一个 10 个元素的整型数组并把这个数组指派给 gradesArray：

```
int *gradesArray = new int[ 10 ]();
```

上面的语句声明了指针 gradesArray，并且将指向一个动态分配的 10 元素整数数组第一个元素的指针赋给它。在 new int[10] 值后面的括号初始化数组元素——基本数值类型被置为 0，bool 类型被置为 false，指针类型被置为 nullptr，而对象则通过它的默认构造函数进行初始化。在编译时创建的数组的大小必须用常量整数表达式来指定。但是，动态分配数组的大小可以用在执行期间求值的任何非负整数表达式指定。

### C++11 使用列表初始化动态分配的数组

在 C++11 以前，当动态分配数组对象的时候，你不能传递参数给每个对象的构造函数，每个在数组里的对象由自身的默认构造函数初始化。在 C++11 中，你能使用初始化列表来初始化一个动态分配数组的元素，如：

```
int *gradesArray = new int[ 10 ]{};
```

此处的空的花括号表示每个元素使用默认初始化列表——对于基本类型来说就是每个元素置为 0。花括号中可能包括逗号分隔的数组元素的初始化列表。

### 使用 delete[ ] 动态释放内置数组

要删除由 gradesArray 指向的动态分配的数组的内存，必须使用以下语句：

```
delete [] gradesArray;
```

如果上面语句中的指针指向一个对象数组，那么语句首先调用数组中每个对象的析构函数，然后再收回空间。如果前述的语句不包括方括号（[ ]）并且 gradesArray 指向一个对象的数组，那么结果是未定义的。有些编译器只为数组中的第一个对象调用析构函数。对空指针进行 delete 或者 delete[ ] 操作并无任何效果。

**常见的编程错误 10.3**

对于对象数组，如果使用的是 delete 而不是 delete[ ]，将导致运行时逻辑错误。为了确保数组中的每个对象都接受析构函数调用，总是使用 delete[ ] 运算符将分配给数组的内存空间删除。类似地，总是使用 delete 运算符将分配给单个元素的内存空间删除。另外注意使用操作符 delete[ ] 来删除单个对象的结果是没有定义的。

### C++11 使用 unique_ptr 管理动态分配的内存

C++11 中的新特性 unique_ptr 是一个用于动态管理分配的内存的"智能指针"。当一个 unique_ptr 超出范围时，它的析构函数自动把其管理的内存返还到自由存储区。在第 17 章中，我们将介绍 unique_ptr 并展示如何使用它管理动态分配的对象或一个动态分配的数组。

## 10.10　实例研究：Array 类

我们在第 8 章学习了数组。一个数组就是一个指向某个内存空间的指针。基于指针的数组存在大量问题，包括：

- 程序能轻易"跨过"数组任意一端，因为 C++ 并不检查下标是否超出数组范围(虽然程序员可以进行显式检查)。
- 大小为 $n$ 的数组其元素的下标必须是 $0,\cdots,n-1$，下标范围不允许有其他的选择。
- 不能一次输入或者输出整个的数组。每个数组元素必须单独读取或者写入(除非这个数组是以空字符结尾的 C 风格字符串)。
- 对两个数组而言，不能用相等运算符或者关系运算符进行有意义的比较(因为每个数组名只是一个指针，指向该数组在内存中的开始位置。毫无疑问，两个数组总是位于不同的内存区域)。
- 如果要把数组传递给一个函数，且函数本身在设计时就满足能够处理任意大小的数组，那么这个数组的大小就必须作为另外的实参而传入。
- 不能用赋值运算符将一个数组赋给另一个数组。

类的开发是一项有趣的、创造性的和挑战智力的活动，并总是将"打造有价值的类"作为目标。使用 C++ 中的类和运算符重载，你能实现相较 C++ 标准库中的 array 和 vector 更加鲁棒的数组功能。在本节中，我们将开发优于内置数组的自定义数组类。在本例中，当我们说数组的时候，指的就是内置数组。

在本例中，我们创建了一个功能强大的数组类 Array，它能够进行范围检查，从而确保数组下标保持在有效范围内。这个类允许通过赋值运算符把一个 Array 对象赋给另一个 Array 对象。Array 类的对象知道自己的规模大小，因此当向函数传递 Array 参数时，不需要再将其规模大小作为实参传递给函数。可以用流提取运算符和流插入运算符输入和输出整个 Array。另外，还可以用相等运算符( == 和!= )进行 Array 的比较。

### 10.10.1　使用 Array 类

图 10.9 ~ 图 10.11 中的代码说明了 Array 类和它的重载运算符。首先我们看看 main 函数(图 10.9)和程序的输出，然后考虑类的定义(图 10.10)和每个成员函数的定义(图 10.11)。

```cpp
 1   // Fig. 10.9: fig10_09.cpp
 2   // Array class test program.
 3   #include <iostream>
 4   #include <stdexcept>
 5   #include "Array.h"
 6   using namespace std;
 7
 8   int main()
 9   {
10      Array integers1( 7 ); // seven-element Array
11      Array integers2; // 10-element Array by default
12
13      // print integers1 size and contents
14      cout << "Size of Array integers1 is "
15         << integers1.getSize()
16         << "\nArray after initialization:\n" << integers1;
17
18      // print integers2 size and contents
19      cout << "\nSize of Array integers2 is "
20         << integers2.getSize()
21         << "\nArray after initialization:\n" << integers2;
22
23      // input and print integers1 and integers2
24      cout << "\nEnter 17 integers:" << endl;
25      cin >> integers1 >> integers2;
```

图 10.9　Array 类测试程序

```
26
27      cout << "\nAfter input, the Arrays contain:\n"
28         << "integers1:\n" << integers1
29         << "integers2:\n" << integers2;
30
31      // use overloaded inequality (!=) operator
32      cout << "\nEvaluating: integers1 != integers2" << endl;
33
34      if ( integers1 != integers2 )
35         cout << "integers1 and integers2 are not equal" << endl;
36
37      // create Array integers3 using integers1 as an
38      // initializer; print size and contents
39      Array integers3( integers1 ); // invokes copy constructor
40
41      cout << "\nSize of Array integers3 is "
42         << integers3.getSize()
43         << "\nArray after initialization:\n" << integers3;
44
45      // use overloaded assignment (=) operator
46      cout << "\nAssigning integers2 to integers1:" << endl;
47      integers1 = integers2; // note target Array is smaller
48
49      cout << "integers1:\n" << integers1
50         << "integers2:\n" << integers2;
51
52      // use overloaded equality (==) operator
53      cout << "\nEvaluating: integers1 == integers2" << endl;
54
55      if ( integers1 == integers2 )
56         cout << "integers1 and integers2 are equal" << endl;
57
58      // use overloaded subscript operator to create rvalue
59      cout << "\nintegers1[5] is " << integers1[ 5 ];
60
61      // use overloaded subscript operator to create lvalue
62      cout << "\n\nAssigning 1000 to integers1[5]" << endl;
63      integers1[ 5 ] = 1000;
64      cout << "integers1:\n" << integers1;
65
66      // attempt to use out-of-range subscript
67      try
68      {
69         cout << "\nAttempt to assign 1000 to integers1[15]" << endl;
70         integers1[ 15 ] = 1000; // ERROR: subscript out of range
71      } // end try
72      catch ( out_of_range &ex )
73      {
74         cout << "An exception occurred: " << ex.what() << endl;
75      } // end catch
76  } // end main
```

```
Size of Array integers1 is 7
Array after initialization:
        0           0           0           0
        0           0           0

Size of Array integers2 is 10
Array after initialization:
        0           0           0           0
        0           0           0           0
        0           0

Enter 17 integers:
1 2 3 4 5 6 7 8 9 10 11 12 13 14 15 16 17

After input, the Arrays contain:
integers1:
        1           2           3           4
        5           6           7
integers2:
        8           9          10          11
       12          13          14          15
       16          17

Evaluating: integers1 != integers2
integers1 and integers2 are not equal
```

图 10.9(续)　Array 类测试程序

```
Size of Array integers3 is 7
Array after initialization:
             1           2           3           4
             5           6           7

Assigning integers2 to integers1:
integers1:
             8           9          10          11
            12          13          14          15
            16          17

integers2:
             8           9          10          11
            12          13          14          15
            16          17

Evaluating: integers1 == integers2
integers1 and integers2 are equal

integers1[5] is 13

Assigning 1000 to integers1[5]
integers1:
             8           9          10          11
            12        1000          14          15
            16          17

Attempt to assign 1000 to integers1[15]
An exception occurred: Subscript out of range
```

图 10.9(续)　Array 类测试程序

```
1   // Fig. 10.10: Array.h
2   // Array class definition with overloaded operators.
3   #ifndef ARRAY_H
4   #define ARRAY_H
5
6   #include <iostream>
7
8   class Array
9   {
10     friend std::ostream &operator<<( std::ostream &, const Array & );
11     friend std::istream &operator>>( std::istream &, Array & );
12
13  public:
14     explicit Array( int = 10 ); // default constructor
15     Array( const Array & ); // copy constructor
16     ~Array(); // destructor
17     size_t getSize() const; // return size
18
19     const Array &operator=( const Array & ); // assignment operator
20     bool operator==( const Array & ) const; // equality operator
21
22     // inequality operator; returns opposite of == operator
23     bool operator!=( const Array &right ) const
24     {
25        return ! ( *this == right ); // invokes Array::operator==
26     } // end function operator!=
27
28     // subscript operator for non-const objects returns modifiable lvalue
29     int &operator[]( int );
30
31     // subscript operator for const objects returns rvalue
32     int operator[]( int ) const;
33  private:
34     size_t size; // pointer-based array size
35     int *ptr; // pointer to first element of pointer-based array
36  }; // end class Array
37
38  #endif
```

图 10.10　具有重载运算符的 Array 类的定义

```
 1   // Fig. 10.11: Array.cpp
 2   // Array class member- and friend-function definitions.
 3   #include <iostream>
 4   #include <iomanip>
 5   #include <stdexcept>
 6
 7   #include "Array.h" // Array class definition
 8   using namespace std;
 9
10   // default constructor for class Array (default size 10)
11   Array::Array( int arraySize )
12      : size( arraySize > 0 ? arraySize :
13          throw invalid_argument( "Array size must be greater than 0" ) ),
14        ptr( new int[ size ] )
15   {
16      for ( size_t i = 0; i < size; ++i )
17         ptr[ i ] = 0; // set pointer-based array element
18   } // end Array default constructor
19
20   // copy constructor for class Array;
21   // must receive a reference to an Array
22   Array::Array( const Array &arrayToCopy )
23      : size( arrayToCopy.size ),
24        ptr( new int[ size ] )
25   {
26      for ( size_t i = 0; i < size; ++i )
27         ptr[ i ] = arrayToCopy.ptr[ i ]; // copy into object
28   } // end Array copy constructor
29
30   // destructor for class Array
31   Array::~Array()
32   {
33      delete [] ptr; // release pointer-based array space
34   } // end destructor
35
36   // return number of elements of Array
37   size_t Array::getSize() const
38   {
39      return size; // number of elements in Array
40   } // end function getSize
41
42   // overloaded assignment operator;
43   // const return avoids: ( a1 = a2 ) = a3
44   const Array &Array::operator=( const Array &right )
45   {
46      if ( &right != this ) // avoid self-assignment
47      {
48         // for Arrays of different sizes, deallocate original
49         // left-side Array, then allocate new left-side Array
50         if ( size != right.size )
51         {
52            delete [] ptr; // release space
53            size = right.size; // resize this object
54            ptr = new int[ size ]; // create space for Array copy
55         } // end inner if
56
57         for ( size_t i = 0; i < size; ++i )
58            ptr[ i ] = right.ptr[ i ]; // copy array into object
59      } // end outer if
60
61      return *this; // enables x = y = z, for example
62   } // end function operator=
63
64   // determine if two Arrays are equal and
65   // return true, otherwise return false
66   bool Array::operator==( const Array &right ) const
67   {
68      if ( size != right.size )
69         return false; // arrays of different number of elements
70
71      for ( size_t i = 0; i < size; ++i )
72         if ( ptr[ i ] != right.ptr[ i ] )
73            return false; // Array contents are not equal
74
75      return true; // Arrays are equal
```

图 10.11  Array 类成员函数和友元函数的定义

```
76    } // end function operator==
77
78    // overloaded subscript operator for non-const Arrays;
79    // reference return creates a modifiable lvalue
80    int &Array::operator[]( int subscript )
81    {
82       // check for subscript out-of-range error
83       if ( subscript < 0 || subscript >= size )
84          throw out_of_range( "Subscript out of range" );
85
86       return ptr[ subscript ]; // reference return
87    } // end function operator[]
88
89    // overloaded subscript operator for const Arrays
90    // const reference return creates an rvalue
91    int Array::operator[]( int subscript ) const
92    {
93       // check for subscript out-of-range error
94       if ( subscript < 0 || subscript >= size )
95          throw out_of_range( "Subscript out of range" );
96
97       return ptr[ subscript ]; // returns copy of this element
98    } // end function operator[]
99
100   // overloaded input operator for class Array;
101   // inputs values for entire Array
102   istream &operator>>( istream &input, Array &a )
103   {
104      for ( size_t i = 0; i < a.size; ++i )
105         input >> a.ptr[ i ];
106
107      return input; // enables cin >> x >> y;
108   } // end function
109
110   // overloaded output operator for class Array
111   ostream &operator<<( ostream &output, const Array &a )
112   {
113      // output private ptr-based array
114      for ( size_t i = 0; i < a.size; ++i )
115      {
116         output << setw( 12 ) << a.ptr[ i ];
117
118         if ( ( i + 1 ) % 4 == 0 ) // 4 numbers per row of output
119            output << endl;
120      } // end for
121
122      if ( a.size % 4 != 0 ) // end last line of output
123         output << endl;
124
125      return output; // enables cout << x << y;
126   } // end function operator<<
```

图 10.11 ( 续 )　Array 类成员函数和友元函数的定义

### 创建 Array 对象、输出其大小并显示内容

　　程序从实例化 Array 类的两个对象开始。第 1 个对象是 integers1 ( 如图 10.9 中的第 10 行所示 ) , 具有 7 个元素 ; 第 2 个对象是 integers2 ( 如图 10.9 中的第 11 行所示 ) , 具有默认的 Array 大小 : 10 个元素 ( 由图 10.10 第 14 行中的 Array 默认构造函数原型指定 ) 。第 14 ~ 16 行利用成员函数 getSize 确定 integers1 的大小 , 并使用 Array 重载的流插入运算符输出 integers1 的内容。示例的输出证实了构造函数正确地将这个 Array 对象的元素设置为零。接着 , 第 19 ~ 21 行输出 integers2 的大小 , 并使用 Array 重载的流插入运算符输出了 integers2 的内容。

### 使用重载的流插入运算符填充 Array 对象

　　第 24 行提示用户输入 17 个整数。第 25 行使用 Array 重载的流提取运算符把这些值读入到两个数组中。先输入的 7 个值保存在 integers1 中 , 剩下的 10 个值保存在 integers2 中。第 27 ~ 29 行使用重载的 Array 流插入运算符输出这两个数组 , 以证实输入的执行是正确的。

### 使用重载的不相等运算符

第 34 行通过计算下面条件的值，对重载的不相等运算符进行了测试：

```
integers1 != integers2
```

程序的输出表明这两个数组的确是不相等的。

### 使用现有 Array 对象的内容的副本初始化新的 Array 对象

第 39 行实例化了第 3 个 Array 对象 integers3，并用 Array 对象 integers1 对其进行初始化。这里调用了 Array 拷贝构造函数把 integers1 的元素复制到 integers3。稍后我们将讨论拷贝构造函数的细节。请注意，如果将第 39 行写成如下的语句，同样可以调用拷贝构造函数：

```
Array integers3 = integers1;
```

上面语句中的等号（=）并不是赋值运算符。当等号出现在对象声明中时，它调用该对象的构造函数。这种形式可用来向构造函数传递单个参数——也就是等号右边的值。

第 41 ~ 43 行输出 integers3 的大小，并使用 Array 重载的流插入运算符输出 integers3，以便确认拷贝构造函数已正确设置了数组元素。

### 使用重载的赋值运算符

接下来，第 47 行利用将 integers2 赋值给 integers1，测试重载的赋值运算符（=）。第 49 ~ 50 行打印这两个 Array 对象，用于证实赋值操作是否成功。请注意，原本持有 7 个元素的 integers1 已被调整了大小，现在是拥有 integers2 中 10 个元素的副本。正如我们将会看到的，重载的赋值运算符以对客户代码透明的方式执行了这次调整大小的操作。

### 使用重载的相等运算符

其次，第 55 行使用重载的相等运算符（==），证实在第 47 行的赋值操作之后对象 integers1 和 integers2 的确是完全一样的。

### 使用重载的下标运算符

第 59 行使用重载的下标运算符引用 integers1[5]：一个下标在有效范围内的 integers1 的元素。这个带下标的名称作为右值用于打印 integers1[5]中存放的值。第 63 行将 integers1[5]作为可修改的左值放在赋值语句的左侧，用于将新值 1000 赋给 integers1 的第 6 个元素。我们将会看到，在该运算符确认 5 是 integers1 的一个有效下标后，operator[ ]便返回一个引用，并可将该引用作为可修改的左值使用。

第 70 行试图把值 1000 赋给 integers1[15]，即一个越界元素。在本例中，operator[ ]判断出下标越界，抛出 out_of_range 异常。

非常有趣的是，并没有限定下标运算符[ ]只能用于数组，它还可以用在其他地方。例如，它也能用于从其他各种容器类如字符串和字典中选择元素。此外，当重载运算符函数 operator[ ]被定义时，下标不再非得是整数，还可以是字符、字符串甚至用户自定义类的对象。第 15 章将讨论标准库中的 map 类，其允许使用字符串的下标。

### 10.10.2　Array 类定义

既然我们已经了解了这个程序的执行方式，那么再来看看 Array 类的头文件（如图 10.10 所示）。对于此头文件中的每一个成员函数，我们都会讨论其在图 10.11 中相应的实现。在图 10.10 中，第 34 ~ 35 行表示了 Array 类的 private 数据成员。每个 Array 对象都包含两个数据成员：一个是 size 成员，用于表示数组元素的个数；另一个是 int 指针 ptr，指向了由该 Array 对象管理的动态分配的基于指针的整型数组。

**将流插入运算符和流提取运算符作为友元重载**

图 10.10 中的第 10 ~ 11 行将重载的流插入运算符和重载的流提取运算符声明为 Array 类的友元。当编译器遇到如 cout << arrayObject 的表达式时,它将通过函数调用

**operator**<<( cout, arrayObject )

来调用非成员函数 operator << 。

同样,当编译器遇到如 cin >> arrayObject 的表达式时,它将通过函数调用

**operator**>>( cin, arrayObject )

来调用非成员函数 operator >> 。

我们再次注意到,这些流插入和流提取函数不可以是 Array 类的成员,因为 Array 对象总是位于流插入运算符和流提取运算符的右侧。

函数 operator <<(在图 10.11 的第 111 ~ 126 行中定义)打印 ptr 所指向的整数数组的 size 个元素,而函数 operator >>(定义在图 10.11 中的第 102 ~ 108 行)则直接将数据输入到 ptr 所指的数组中。为了实现串联的输出或输入语句,这两个运算符函数各自都返回了一个合适的引用。请注意,因为这两个函数都已声明为类 Array 的友元,所以每个函数都能访问 Array 的 private 数据。此外,还要注意的是:类 Array 的 getSize 和 operator[ ] 函数可以被 operator << 和 operator >> 使用,此时 operator[ ] 运算符函数不必是类 Array 的友元。

你可能会尝试将第 104 ~ 105 行的计数器控制的 for 语句以及 Array 类的实现中的许多其他语句更换为 C++11 中基于范围的 for 语句。遗憾的是,基于范围的 for 语句不能用于动态分配的内置数组。

**Array 默认构造函数**

图 10.10 中的第 14 行声明 Array 类的默认构造函数,并指定默认的大小为 10 个元素。当编译器遇到如图 10.9 中第 11 行的声明时,它调用 Array 类的默认构造函数(请记住,本例中的默认构造函数实际上接收了一个 int 实参,其值是默认值 10)。此默认构造函数(在图 10.11 中的第 11 ~ 18 行定义)首先确认实参的有效性,并把它赋值给数据成员 size;然后用 new 为基于指针的内部表示的数组分配内存,并把 new 返回的指针赋给数据成员 ptr;接着构造函数使用 for 语句将数组的所有元素值设置为零。当然,Array 类不初始化其成员也是可能的。例如,如果这些成员打算在以后读入。但这是一个糟糕的编程习惯。Array 以及一般而言的对象都应该在创建时正确初始化。

**Array 拷贝构造函数**

图 10.10 中的第 15 行声明了一个拷贝构造函数(在图 10.11 中的第 22 ~ 28 行定义),它通过建立现有 Array 对象的副本来初始化一个 Array 对象。这样的复制必须十分谨慎,以免落入将两个 Array 对象指向同一块动态分配内存的危险境地。如果允许编译器为类定义默认的拷贝构造函数,那么这恰恰是使用默认的逐个成员复制将出现的问题。在需要对象的副本时,例如在向函数按值传递对象时,从函数按值返回对象时,或者用同一个类的另一对象的副本初始化一个对象时,都会调用拷贝构造函数。正如图 10.9 中的第 39 行所示,在实例化 Array 类的一个对象并用 Array 类的另一个对象对其初始化的声明中,将调用拷贝构造函数。

Array 的拷贝构造函数把初始值 Array 的 size 拷贝到数据成员 size 中,使用 new 为这里新 Array 对象中的基于指针内置数组的内部表示分配内存,并把 new 返回的指针赋给数据成员 ptr。然后,拷贝构造函数使用 for 语句把初始值 Array 的所有元素复制到这个新 Array 对象中。请注意,类对象可以看到该类任何其他对象的 private 数据(使用指示所访问对象的句柄)。

**软件工程知识 10.3**

拷贝构造函数的参数应当是一个 const 引用,以允许复制 const 对象。

**常见的编程错误 11.4**

如果拷贝构造函数只是把源对象中的指针复制到目标对象的指针，那么两个对象都会指向同一块动态分配的内存。于是，第一个执行的析构函数将会删除这块动态分配的内存，这将导致另一个对象的 ptr 指向的内存不再保留，称为所谓的虚悬指针。如果在这种情况下使用这个指针，很可能引起严重的运行时错误（例如程序提前终止）。

## Array 析构函数

图 10.10 中的第 16 行为 Array 类声明了析构函数（在图 10.11 中的第 31～34 行定义）。当 Array 类的对象离开其作用域时，调用析构函数。该析构函数使用 delete[ ] 释放在构造函数中由 new 动态分配的内存。

**错误预防技巧 10.3**

如果在动态删除分配的内存后，指针仍然存在于内存中，将指针的值为 0 表示指针不再指向自由区域中的内存。通过将指针设置为 0，程序不能访问自由区域，它将会重新分配以用于另一目的。如果你没有把指针设置为 0，你的代码可能会不慎访问了已经分配的内存，引起隐秘的、不可重复的逻辑错误。我们在图 10.11 的第 33 行不把 ptr 设置为 nullptr，是因为析构函数执行后 Array 对象已不存在内存中。

## getSize 成员函数

图 11.6 中的第 17 行声明了函数 getSize（在图 11.7 中的第 37～40 行定义），它返回 Array 对象中的元素个数。

## 重载的赋值运算符

图 11.6 中的第 19 行声明了 Array 类重载的赋值运算符函数。当编译器遇到图 11.9 中第 47 行的表达式 integers1 = integers2 时，它会通过如下函数调用

```
integers1.operator=( integers2 )
```

来调用成员函数 operator = 。成员函数 operator = 的实现（如图 10.11 中的第 44～62 行所示）进行自我赋值测试（第 46 行），即 Array 对象是否把值赋给自己。如果 this 等于右操作数的地址，那么说明正在试图自我赋值，因此就跳过赋值操作（也就是对象已经是它自己了，稍后我们将会看到为何自我赋值是个危险的举动）；如果不是自我赋值，那么该成员函数会确认两个数组的大小是否相同（第 50 行），若是相同的情况下，则不会为左侧 Array 对象中原来的整数数组重新分配空间。否则，operator = 首先使用 delete[ ]（第 52 行）释放原来分配给目标数组的内存，将源数组的 size 复制给目标数组的 size（第 53 行），使用 new 为目标数组分配内存并把 new 返回的指针赋给这个数组的 ptr 成员。随后，第 57～58 行中的 for 语句将数组元素从源数组复制到目标数组中。不管是否为自我赋值，该成员函数都返回当前对象（也就是第 61 行中的* this）的常量引用。这样，便允许执行诸如 x = y = z 之类的串联 Array 赋值操作，但是也要防止( x = y ) = z 这种形式，因为( x = y )返回的常量引用不能被 z 赋值。如果出现自我赋值，而函数 operator = 并未对这种情况进行检测，operator = 将不会把 Array 中的元素复制到自身。

**软件工程知识 10.4**

通常需为任何一个使用动态分配内存的类同时提供一组函数：拷贝构造函数、析构函数和重载的赋值运算符函数。你将在第 24 章中看到，随着 C++ 11 移动语义的加入，其他函数也应该被提供。

**常见的编程错误 10.5**

当类的对象包含指向动态分配内存的指针时，如果不为其提供重载的赋值运算符和拷贝构造函数，会导致逻辑错误。

### C++ 11：移动构造函数和移动赋值运算符

C++ 11 中增加了移动构造函数和移动赋值运算符的概念。我们将在第 24 章"C++ 11：新特性"中讨论这些新函数。这个讨论将会影响先前的两处技巧。

### C++：删除类中不想要的成员函数

在 C++ 11 之前，你可以通过声明 private 的构造函数和重载赋值运算符防止类对象被构造或者重载。在 C++ 11 中，只需要简单地把这些函数从你的类中删除。在 Array 类中的实现方式为，将图 10.10 的第 15 ~ 19 行的原型替换如下：

```
Array( const Array & ) = delete;
const Array &operator=( const Array & ) = delete;
```

尽管你可以删除任意的成员函数，但通常用于编译器自动生成的成员函数，如默认构造函数、拷贝函数、赋值函数以及 C++ 11 中的移动构造函数和移动赋值函数。

### 重载的相等运算符和不相等运算符

图 10.10 中的第 20 行为 Array 类声明了重载的相等运算符( == )。当编译器遇到图 10.9 中第 55 行的表达式 integers1 == integers2 时，编译器便会通过函数调用

```
integers1.operator==( integers2 )
```

来调用成员函数 operator == 。如果两个数组的 size 成员不相等，那么成员函数 operator == (定义在图 10.11 中的第 66 ~ 76 行)立即返回 false。否则，operator == 对每对元素进行比较。如果它们都相等，那么该函数返回 true。一旦发现了第一对不相等的元素对，则该函数立即返回 false。

图 10.9 中的第 23 ~ 26 行为 Array 类定义了重载的不相等运算符( != )。成员函数 operator != 使用重载的 operator == 函数确定一个 Array 是否和另一个相等，然后返回这一结果的相反值。以这种方式编写 operator != 使程序员可以重用 operator == ，这样可以减少这个类中所必须书写的代码量。此外，请注意：operator != 完整的函数定义位于 Array 头文件中。这样，使编译器可以内联 operator != 的定义，消除额外的函数调用开销。

### 重载的下标运算符

图 10.10 中的第 29 行和第 32 行声明了两个重载的下标运算符(分别定义在图 10.11 中的第 80 ~ 87 行和第 91 ~ 98 行)。当编译器遇到表达式 integers1[5]时(如图 10.9 中的第 59 行所示)，它通过生成函数调用

```
integers1.operator[]( 5 )
```

调用适合的重载的 operator[ ]成员函数。当下标运算符用在 const Array 对象上时，编译器创建一个对 const 版本 operator[ ]的调用(如图 10.11 中的第 91 ~ 98 行所示)。例如，如果把一个 Array 传递给一个以 const Array& 作为形参的函数 z，那么执行如下语句

```
cout << z[ 3 ] << endl;
```

时，需要 const 版本的 operator[ ]。请记住，程序只能调用 const 对象的 const 成员函数。

每一个 operator[ ]定义都确定作为实参接收的下标是否在有效范围内。如果越界，则会抛出 out_of_range 异常；如果属于有效范围，非 const 版本的 operator[ ]返回作为引用的对应数组元素，这样它可作为可修改的左值而使用(即用在赋值语句的左侧)；const 版本的 operator[ ]则返回对应数组元素的副本，只能作为右值。

### C++ 11：使用 unique_ptr 管理动态内存

在这个案例研究中，Array 类的析构函数使用 delete[ ]把动态分配的内置数组返还给自由存储区。如你所记得的，C++ 允许你使用 unique_ptr 在 Array 对象超出范围时自动释放内存。在第 17 章，我们将会介绍 unique_ptr，并且演示如何使用它来管理对象和数组的动态分配内存。

**C++11：传递初始化列表给构造函数**

在图 7.4 中，我们演示了如何使用由花括号包围逗号分隔的列表来初始化 array 对象，如：

```
array< int, 5 > n = { 32, 27, 64, 18, 95 };
```

回忆 4.10 节中 C++11 任何对象能被初始化列表来初始化，并且先前的语句可以省略 =，如：

```
array< int, 5 > n{ 32, 27, 64, 18, 95 };
```

C++ 也允许对自定义的类使用列表初始化。例如，可以通过构造函数实现 Array 的以下声明：

```
Array integers = { 1, 2, 3, 4, 5 };
```

或者

```
Array integers{ 1, 2, 3, 4, 5 };
```

每一个都生成一个 Array 对象，包括从 1 至 5 的整数。

为了支持列表初始化，可以定义一个接受类模板 initializer_list 的对象的构造函数。对于 Array 类，首先要包含 <initializer_list> 头文件，然后，在首行定义如下构造函数：

```
Array::Array( initializer_list< int > list )
```

可以通过调用 size 成员函数来决定 list 参数中元素数目。为了获得每一个初始化值并且把它们复制到动态分配的数组中，可以使用如下基于范围的代码：

```
size_t i = 0;
for ( int item : list )
    ptr[ i++ ] = item;
```

## 10.11  运算符作为成员函数和非成员函数的比较

无论运算符函数是通过成员函数实现还是非成员函数实现，运算符在表达式中的用法都是一样的。那么哪种实现方式更好呢？

当运算符函数作为成员函数实现时，最左边（或者只有最左边）的操作数必须是包含运算符类的一个类对象（或者是对该类对象的一个引用）。如果左操作数必须是一个不同类的对象或者是一个基本类型对象，那么该运算符函数必须作为非成员函数来实现（正如在 10.5 节中分别重载"<<"和">>"作为流插入运算符和流提取运算符时所采取的实现方式）。如果非成员运算符函数必须直接访问类的 private 或 protected 成员，那么该函数可以指定成该类的友元函数。

一个特定类的运算符成员函数仅在下面两种情形下（由编译器隐式地）调用：当二元运算符的左操作数的确是该类的对象时，或者当一元运算符唯一的操作数是该类的对象时。

### 可交换的运算符

我们可能选择非成员函数来重载运算符的另一个原因是使运算符具有可交换性。例如，假设我们有一个 long int 类型的对象 number 和一个 HugeInteger 类的对象 bigInteger1（HugeInteger 类中的整数可以是任意大小，不受底层硬件的机器字大小限制；本章结尾的练习题开发了这个类）。加法运算符（+）生成一个临时的 HugeInteger 对象，作为 HugeInteger 和 long int 类型对象之和（如表达式 bigInteger1 + number 所示），或者作为 long int 和 HugeInteger 对象之和（如表达式 number + bigInteger1 所示）。因此，我们要求这里的加法运算符具有可交换性（就像它对两个操作数都是基本类型时所表现的那样）。问题是，如果加法运算符作为成员函数重载，那么该类的对象就必须出现在运算符的左侧。因此，我们以非成员函数重载加法运算符，使 HugeInteger 可以出现在加法运算符的右边。处理位于左侧的 HugeInteger 的 operator + 函数仍然可以是一个成员函数。而非成员函数只要简单地调换它们的参数，然后调用成员函数就可以了。

## 10.12  类型转换

大多数程序都可以处理很多种类型的信息，有时所有的操作都会"集中在一个类型上"。例如，int 数据和 int 数据相加产生一个 int 数据（只要结果不超过 int 类型所能表示的数据范围）。然而，经常有必要把数据从一种类型转换为另一种类型,比如在赋值、计算、传递值到函数和从函数返回值等各种情形中。编译器知道如何在基本类型之间进行特定转换。程序员可以使用 cast 强制类型转换运算符在基本类型之间进行强制转换。

那么用户自定义的类型又如何呢?编译器预先并不知道在用户自定义的类型之间、用户自定义类型和基本类型之间如何进行转换,因此程序员必须详细说明该怎样做。这样的转换可以用转换构造函数实现,它们是一种将其他类型(包括基本类型)的对象转换成特定类的对象的单参数构造函数。

### 转换运算符

转换运算符也称为强制类型转换运算符,可用于将某一类的对象转换成另一个类的对象。这种转换运算符必须是非 static 成员函数。下列函数原型

```
MyClass::operator char *() const;
```

声明了一个重载的强制类型转换运算符函数,可以把用户自定义类型 MyClass 的对象转换成一个临时的 char * 对象。这个运算符函数声明为 const,因为它并不修改原始的对象。重载的强制类型转换运算符函数不指定返回类型,因为返回类型就是对象正要转换成的目标类型。如果 s 是某个类的对象,当编译器遇到表达式 static_cast < char * > (s)时,它会产生函数调用:

```
s.operator char *()
```

把操作数转换成 char *。

### 重载强制类型转换运算符函数

通过定义重载强制类型转换运算符函数可以把用户定义类型的对象转换为基础类型或其他用户定义类型。下面的原型

```
MyClass::operator int() const;
MyClass::operator OtherClass() const;
```

声明了两个重载的强制类型转换运算符函数,它们分别可以将用户自定义类型 MyClass 的对象转换成整数和用户自定义类型 OtherClass 的对象。

### 强制类型转换运算符和转换构造函数的隐式调用

强制类型转换运算符和转换构造函数的优点之一就是:必要时,编译器可以隐式地调用这些函数来创建临时的对象。例如,如果用户自定义的 String 类的对象 s 出现在程序中一个本该出现普通的 char * 数据的位置上,如下所示:

```
cout << s;
```

那么编译器便可以调用重载的强制类型转换运算符函数 operator char *将对象 s 转换成 char *,并在表达式中使用这个转换结果 char *。如果为我们的 String 类提供这个强制类型转换运算符,那么就不必重载流插入运算符便可用 cout 输出 String 对象了。

**软件工程知识 10.5**

当隐式转换中使用转换构造函数或者转换运算符时,C++ 只能应用其中的一个(例如单个用户定义的转换)来尝试满足另一个重载运算符的需要。编译器并不会尝试一系列的用户定义的隐式转换来满足重载运算符的需要。

## 10.13　explicit 构造函数与转换运算符

我们曾经讨论过任何单参数的构造函数都可以被编译器用来执行隐式转换,即构造函数接收的类型会转换成定义了该构造函数的类的对象。任何单参数并且不被声明为 explicit 的构造函数可以被编译器用来进行隐式转换,除了拷贝构造函数。构造函数中的实参被转换为函数中定义的类对象。程序员不必使用强制类型转换运算符进行这种转换,它是自动进行的。但是,在某些情况下,隐式转换是不受欢迎

的，或者说这种转换很可能会导致错误。例如，图 10.10 中的 Array 类定义了一个具有单个 int 参数的构造函数。这个构造函数本意是要创建一个 Array 对象，该对象包含的元素个数由 int 参数指定。不过，在构造函数没有声明为 explicit 的情况下，编译器可能误用这个构造函数去执行隐式转换。

 **常见的编程错误 10.6**
*遗憾的是，编译器可能在并非期望的情形中使用了隐式转换，以至于产生歧义的表达式，造成编译错误或者执行期逻辑错误。*

### 无意之中将单参数构造函数用作转换构造函数

图 10.12 中的程序使用图 10.10 和图 10.11 中的 Array 类进行不正确隐式转换的演示。为了允许该隐式转换，我们移除了 Array.h（图 10.10）中第 14 行的 explicit 关键字。

```cpp
1   // Fig. 10.12: fig10_12.cpp
2   // Single-argument constructors and implicit conversions.
3   #include <iostream>
4   #include "Array.h"
5   using namespace std;
6
7   void outputArray( const Array & ); // prototype
8
9   int main()
10  {
11     Array integers1( 7 ); // 7-element Array
12     outputArray( integers1 ); // output Array integers1
13     outputArray( 3 ); // convert 3 to an Array and output Array's contents
14  } // end main
15
16  // print Array contents
17  void outputArray( const Array &arrayToOutput )
18  {
19     cout << "The Array received has " << arrayToOutput.getSize()
20        << " elements. The contents are:\n" << arrayToOutput << endl;
21  } // end outputArray
```

```
The Array received has 7 elements. The contents are:
          0           0           0           0
          0           0           0
The Array received has 3 elements. The contents are:
          0           0           0
```

图 10.12　单参数的构造函数与隐式转换

main 函数（图 10.12）中的第 11 行实例化 Array 对象 integers1，并调用了单参数的构造函数，后者以整数值 7 作为实参，指定了 integers1 中元素的个数。回想一下图 10.11 可知，接收一个 int 参数的 Array 构造函数将所有的数组元素都初始化为 0。第 12 行调用函数 outputArray（定义在第 17~21 行），它接收的参数是 Array 对象的 const Array &。该函数输出其实参中元素的个数和内容。这里，这个 Array 对象的大小为 7，因此输出 7 个 0。

第 13 行调用函数 outputArray，以整数值 3 作为其实参。可是，这个程序并没有提供一个接收 int 参数的名为 outputArray 的函数。因此，编译器确定 Array 类是否提供了能把 int 转换成 Array 的转换构造函数。由于任何接收单参数的构造函数都可看作是转换构造函数，编译器就认为接收单个 int 参数的 Array 构造函数是一个转换构造函数，并用它将参数 3 转换成一个包含了 3 个元素的临时 Array 对象。然后，编译器把这个临时 Array 对象传递给函数 outputArray，输出它的内容。这样一来，即使没有显式地提供一个接收 int 参数的 outputArray 函数，编译器也能够编译第 13 行。输出结果显示此 3 个元素 Array 对象的内容，它包含了 3 个 0。

### 防止无意之中将单参数构造函数用作转换构造函数

我们在声明每个单参数的构造函数时前面加了关键字 explicit，其目的是禁止不应该允许的由转换构造函数完成的隐式转换。即声明成 explicit 的构造函数不能在隐式转换中使用。在图 10.13 的例子中，我们使用了图 10.10 中原始版本的 Array.h，其在第 14 行的单参数构造函数中使用了关键字 explicit：

```
explicit Array( int = 10 ); // default constructor
```

图 10.13 给出了图 10.12 中程序的一个稍加修改的版本。当编译图 10.13 这个程序时，编译器会产生一条错误信息，指出在第 13 行中传递给 outputArray 的整数值无法转换成 const Array &。编译器错误信息（来自 Visual C++）显示在输出窗口内。第 14 行示范了如何使用 explicit 构造函数创建一个包含 3 个元素的临时 Array 对象，并将它传递给 outputArray 函数。

 **错误预防技巧 10.4**

在单参数构造函数中总是使用 explicit 关键字，除非打算将它们用作转换构造函数。

```
 1   // Fig. 10.13: fig10_13.cpp
 2   // Demonstrating an explicit constructor.
 3   #include <iostream>
 4   #include "Array.h"
 5   using namespace std;
 6
 7   void outputArray( const Array & ); // prototype
 8
 9   int main()
10   {
11      Array integers1( 7 ); // 7-element Array
12      outputArray( integers1 ); // output Array integers1
13      outputArray( 3 ); // convert 3 to an Array and output Array's contents
14      outputArray( Array( 3 ) ); // explicit single-argument constructor call
15   } // end main
16
17   // print Array contents
18   void outputArray( const Array &arrayToOutput )
19   {
20      cout << "The Array received has " << arrayToOutput.getSize()
21         << " elements. The contents are:\n" << arrayToOutput << endl;
22   } // end outputArray
```

```
c:\books\2012\cpphttp9\examples\ch10\fig10_13\fig10_13.cpp(13): error C2664:
'outputArray' : cannot convert parameter 1 from 'int' to 'const Array &'
          Reason: cannot convert from 'int' to 'const Array'
          Constructor for class 'Array' is declared 'explicit'
```

图 10.13　演示 explicit 构造函数

### C++11：explicit 转换运算符

C++11 中，就如单参数构造函数使用 explicit，你也可以声明 explicit 的转换运算符来防止编译器使用它们进行隐式转换。例如以下原型

```
explicit MyClass::operator char *() const;
```

定义了 MyClass 的 char *强制类型转换运算符为 explicit。

## 10.14　重载函数调用运算符( )

重载函数调用运算符十分重要，因为函数能接受任意数量的逗号分隔参数。例如，在自定义的 String 类中，你能重载该运算符来选择一个 Stirng 的子类——两个整型作为参数的运算符能指明开始位置和选择的子串的长度。该 operator( )函数能检查诸如起始位置超界或者负长度这样的错误。

重载的函数调用运算符必须是一个非静态的成员函数而且可以被以下方式定义：

```
String String::operator()( size_t index, size_t length ) const
```

在这个例子中，它必须是一个 const 成员变量，因为获得子串不应该修改原始的 String 对象。

假设 string1 是一个包含字符串"AEIOU"的 String 对象。当编译器遇到表达式 string(2, 3)时，它会生成如下的一个成员函数调用：

```
string1.operator()( 2, 3 )
```

该调用返回"IOU"字符串。

另一个关于函数调用运算符可能的应用是启用备用数组下标符号。不使用 C++ 双方括号符号，如 chessBoard[ row ][ column ]，你可能更应该重载函数调用运算符以启用符号 chessBoard( row, column )，其中 chessBoard 是一个修改的二维 Array 类的对象。练习题 10.7 让你来构建这个类。函数调用运算符的主要应用是定义函数对象，关于这点我们将在第 16 章进行讨论。

## 10.15　本章小结

在本章中，我们学习了通过定义重载的运算符构建更加强大的类。我们演示了 C++ 标准类 string，其大量使用重载运算符来创建一个健壮的、可重用的类以取代 C 字符串。然后，我们讨论了 C++ 标准对重载运算符所附加的几个限制。接着又展示了 PhoneNumber 类，其中重载了 << 和 >> 以使输入/输出电话号码更加方便。另外，重载了前缀和后缀自增运算符（++）的 Date 类，并且介绍了一种特殊的语法，必须使用它才能区分自增（++）运算符的前置和后置形式。

接着我们介绍了动态内存管理的概念，从而使读者学习到可以分别使用 new 和 delete 运算符来动态地创建和删除对象。然后，演示了一个使用基于指针的数组，利用重载操作符和其他功能来解决各种问题的 Array 类的案例研究。这个案例研究帮助你真正了解类和对象的技术——精心制作、使用、重用有价值的类。作为这一类的一部分，你了解了重载流插入、流提取、赋值、相等和下标运算符。

我们知道了将重载运算符实现为成员变量或非成员变量的原因。之后讨论了类型（包括类类型）间的转换问题和单参数构造函数隐式转换带来的问题，以及如何使用关键字 explicit 来防止此问题。

在下一章中将通过介绍一种称为继承的软件重用形式继续类的讨论。我们将看到，类常常共享公共的属性和行为。在这样的情况下，可以在一个公共的"基"类中定义这些属性和行为，然后将它们"继承"到新定义的类中，使程序员可以用最少的代码创建新的类。

## 摘要

### 10.1 节　简介

- C++ 允许程序员重载大部分运算符，使运算符能符合所在的上下文环境——编译器基于上下文（尤其是操作数的类型）产生合适的代码。
- " << "是 C++ 中内置的重载运算符的一个例子，它既用作流插入运算符，又用作按位左移运算符。同样，运算符" >> "也被重载了，既用作流提取运算符，又用作按位右移运算符。这两个运算符都在 C++ 标准库中重载。
- C++ 语言本身就重载了加法运算符（+）和减法运算符（-）。根据它们所在的运算环境是整数运算、浮点数运算还是指针运算，这两个运算符的执行会有所不同。
- 重载的运算符所执行的任务也可以由显式函数调用来完成。但是，对程序员来说，运算符的表示法往往更清晰，也更常见。

### 10.2 节　运算符重载的基础知识

- 标准类 string 在头文件 < string > 中定义，属于 std 命名空间。
- 类 string 提供许多重载函数，包括等于、关系、赋值、加赋值（用于拼接）和下标运算符。
- 类 string 提供了成员函数 empty，当 string 为空时，它返回真；否则，它返回假。
- 标准类 string 成员函数 substr 获得一个子字符串，由第一个参数指定起始位置，第二个参数指定长度。当第二个参数不确定时，substr 返回字符串的剩余部分。
- 类 string 的重载运算符[ ]不会进行任何边界检查。因此，你必须确定使用标准类 string 的重载运算符[ ]从而不会意外地操作 string 边界之外的函数。
- 标准类 string 使用成员函数提供边界检查，如果参数是一个无效下标的话，会在其中抛出一个异常。默认情况下，这将造成程序终止。如果下标有效，函数返回文本指定位置的字符的一个引用或一个 const 引用。

## 10.3 节　运算符重载的基础知识

- 运算符重载通过编写非 static 成员函数的定义或者非成员函数的定义来实现，其中的函数名由关键字 operator 后接要重载的运算符符号组成。
- 当运算符重载为成员函数时，成员函数必须是非 static 的，因为它们必须由该类的对象调用并作用于这个对象。
- 如果要对类的对象使用运算符，那么运算符必须重载，但是，有三个运算符例外：赋值运算符（ = ）、取址运算符(&)和逗号运算符(,)。
- 重载不能改变运算符的优先级和结合性。
- 重载不能改变运算符的"元数"(也就是运算符接收的操作数个数)。
- 不能创造新的运算符，只能重载现有运算符。
- 不能改变运算符对于基础类型对象操作的意义。
- 重载不能改变运算符作用于基本类型对象时的含义。
- 重载了类的赋值运算符和加法运算符并不意味着也重载了" + ="运算符。上述行为只能通过显式重载该类的运算符" + ="实现。
- 重载的( )、[ ]、-> 和赋值运算符必须被定义为类成员。对于其他运算符，重载函数可以是成员函数或者非成员函数。

## 10.4 节　重载二元运算符

- 二元运算符可以重载成带一个参数的非 static 成员函数，或者可以重载成带两个参数的非成员函数（参数之一必须是类对象或者是类对象的引用）。

## 10.5 节　重载二元流插入运算符和流提取运算符

- 重载的流插入运算符( << )用在左侧操作数类型为 ostream & 的表达式中。正因为这样，( << )必须重载为非成员函数。同样，重载的流提取运算符( >> )也必须是全局函数。
- 选择以非成员函数来重载运算符的另一个原因是为了使运算符具有可交换性。
- 当和 cin 及字符串一起使用时，setw 将读入的字符个数限定为其参数指定的字符个数。
- istream 的成员函数 ignore 丢弃输入流中指定个数的字符(默认为一个字符)。
- 如果出于实现方面的原因，重载的输入和输出运算符需要直接访问非 public 类成员，那么可以把它们声明为友元。

## 10.6 节　重载一元运算符

- 类的一元运算符可以重载成不带参数的非 static 成员函数，或者可以重载成带一个参数的非成员函数。后者所带的那个参数必须是该类的对象或者是该类对象的引用。
- 实现重载的运算符的成员函数必须是非 static 的，这样它们才能访问该类每个对象的非 static 数据。

## 10.7 节　重载一元前置和后置运算符：++ 和 --

- 自增和自减运算符各自的前置和后置版本都可以被重载。
- 要重载自增运算符以支持前置和后置形式的自增用法，每个重载的运算符函数都必须具有各自独特的识别标志，这样编译器才能确定要用的是哪种形式的 ++。前置自增运算符的重载方式与任何其他的前置一元运算符的重载方式完全相同。向后置自增运算符函数提供类型必须为 int 的第二个参数，就达到了为后置自增运算符提供独特的识别标志的目的。这个参数并非由客户代码提供。编译器隐式地利用这个参数来区分自增运算符的前置和后置版本。自减运算符前置、后置的功能区分也采用相同的语法。

## 10.9 节　动态内存管理

- 动态内存管理能为内置类型或用户定义类型分配和回收内存空间。

- 自由存储区（有时称为堆）是一个区域，它可以在执行时为对象动态分配存储空间。
- new 运算符为一对象分配大小适合的内存空间，调用默认的构造函数来初始化这个对象并返回一个指向 new 运算符右边类型的指针。如果 new 无法在内存中为对象找到足够的空间，它就会通过"抛出一个异常"指出发生了错误。当程序不能"捕获"异常时，程序立即终止。
- 使用 delete 操作符能够销毁一个动态分配的对象，并释放它的空间。
- 可以通过 new 运算符为一个数组对象动态分配空间：

```
int *ptr = new int[ 100 ]();
```

此语句分配了一个可以存储 100 个初始化为 0 的整数的数组，并且用指针 ptr 指向这个数组的起始地址。可以使用下面的语句删除前面这个数组：

```
delete [] ptr;
```

## 10.10 节　实例研究：Array 类

- 拷贝构造函数通过复制一个类现有对象的成员来初始化该类的一个新对象。如果类的对象包含动态分配的内存，那么这个类应该提供一个拷贝构造函数，以确保对象的每个副本都拥有自己独立的一块动态分配内存。通常，这样的类还要提供一个析构函数和一个重载的赋值运算符。
- 成员函数 operator = 的实现应该测试自我赋值的情况，即将对象赋给它自己的情况。
- 当下标运算符用在 const 对象上时，编译器调用 operator[ ] 的 const 版本；而当用在非 const 的对象上时，编译器则调用该运算符的 non-const 版本。
- 数组下标运算符[ ]并未限定只能用于数组，它也能用在从其他种类的容器类中选择元素。同样，通过重载，下标值也不再必须是整数。

## 10.11 节　运算符作为成员函数和非成员函数的比较

- 运算符函数可以是成员函数或者非成员函数。出于实现方面的原因，非成员函数通常作为友元出现。成员函数隐式地使用 this 指针获得其类对象参数之一（对二元运算符而言即左侧操作数），而在非成员函数调用中，必须显式地列出代表二元运算符两个操作数的参数。
- 如果运算符函数实现为成员函数，那么最左边（或仅有）的操作数必须是运算符所在类的对象或者对象的引用。
- 如果左边的操作数是一个不同类的对象或者基本类型，那么该运算符函数必须实现为非成员函数。
- 如果非成员运算符函数必须直接访问类的 private 或 protected 成员，那么它可以声明成该类的友元。

## 10.12 节　类型转换

- 编译器无法预先知道如何在用户自定义类型之间、用户自定义类型和基本类型之间进行转换，因此程序员必须指定如何进行这样的转换。上述转换可以由转换构造函数（能把其他类型（包括基本类型）的对象转换成特定类对象的单参数构造函数）完成。
- 任何单参数构造函数都可以看作是转换构造函数。
- 转换运算符必须是非成员函数。通过定义重载的强制类型转换运算符函数能把用户的自定义类型转换为基本类型或者是其他用户自定义类型。
- 重载的强制类型转换运算符函数不指定返回类型，因为返回类型其实就是对象正要转换成的目标类型。
- 在必要时，编译器可以隐式地调用强制类型转换运算符和转换构造函数。

## 10.13 节　exlicit 构造函数和转换运算符

- 在隐式转换中，不能使用声明为 exlicit 的构造函数。

## 10.14 节　函数调用运算符( )的重载

- 重载函数调用运算符( )是重要的，因为函数能有任意数量的参数。

## 自测练习题

10.1   填空题:

   a)假设 a 和 b 是整型变量,其和为 a + b。现在假设 c 和 d 是浮点型变量,其和为 c + d。这里的两个" + "运算符很明显用于不同目的。这是_____的一个实例。

   b)重载运算符函数的定义以关键字_____作为开始。

   c)要对类的对象使用运算符,除了运算符_____、_____和_____以外,其他的运算符都必须重载。

   d)重载运算符并不能改变运算符的_____、_____和_____。

   e)不能重载的运算符有_____,_____和_____。

   f)_____运算符回收 new 运算符分配的空间。

   g)_____运算符为一个指定类型的对象动态分配内存空间,并返回一个_____指向该类型。

10.2   解释 C++ 中运算符 << 和 >> 的多重含义。

10.3   C++ 中,名字 operator/可以用在什么场合中?

10.4  (正确还是错误?)C++ 中只能重载现有运算符。

10.5   在 C++ 中,运算符重载后的优先级与重载前的优先级相比,有何不同吗?

## 自测练习题答案

10.1   a)运算符重载。b)operator。c)赋值( = )、取址(&)、逗号( , )。d)优先级、结合律、"元数"。e).,?:,.*,::。f)delete。g)new,指针。

10.2   运算符 >> 既可作为左移运算符,又可作为流提取运算符,具体由其上下文决定。同样,运算符 << 既可以是右移运算符,也可以是流插入运算符。

10.3   在运算符重载中,它将是函数的名字。这个函数提供了特定类的/运算符的重载版本。

10.4   正确。

10.5   优先级是完全相同的。

## 练习题

10.6  (**内存分配与释放运算符**)比较与对比动态内存分配和回收运算符 new,new[ ],delete,delete[ ]。

10.7  (**重载括号运算符**)重载函数调用运算符"( )"的一个极佳的例子就是允许使用另一种二维数组下标表示形式,这种形式在一些程序设计语言中很流行。也就是说,对象数组的表示不用如下形式:

```
chessBoard[ row ][ column ]
```

   而采用另一种形式:

```
chessBoard( row, column )
```

   这通过重载函数调用运算符来实现。

   创建具有与图 10.10 和图 10.11 中 Array 类相似特性的类 DoubleSubscriptedArray。在构建时,该类应能创建任意行数和任意列数的数组。这个类应提供 operator( )执行双下标的操作。例如,在一个称为 chessBorard 的 3 × 5 的 DoubleSubscriptedArray 中,用户可以用 chessBorard(1, 3)访问第 1 行第 3 列处的元素。记住,operator( )可以接收任意个数的参数。双下标数组的基本表示应是一个单下标的整数数组,其元素个数为 rows * columns(行数乘以列数)。为访问数组的每个元素,函数 operator( )必须执行正确的指针运算。应该有两个 operator( )版本:一个返回 int &(从而使 DoubleSubscriptedArray 对象的元素可以用作左值),另一个返回 const int &(从而使 constDouble − SubscriptedArray 对象的元素只能用作右值）。该类还应提供下列运算符：==、!=、=、<<（以行和列格式输出数组）和 >>（用来输入整个数组内容）。

10.8 （Complex 类）考虑图 11.14 ~ 图 11.16 中给出的 Complex 类。该类可以对所谓的复数进行操作。复数的形式为：realPart（实部）+ imaginaryPart（虚部）* i，其中 i 的值为。

$$\sqrt{-1}$$

a) 修改 Complex 类，使其通过重载的 >> 和 << 运算符分别输入和输出复数（应该删除该类的 print 函数）。

b) 重载乘法运算符，使两个复数能够执行代数乘法。

c) 重载 == 和 != 运算符，支持复数之间的比较。

在完成这个练习之后，你可能会想要读标准库中的 complex 类（从头文件 < complex > 中）。

```cpp
1   // Fig. 10.14: Complex.h
2   // Complex class definition.
3   #ifndef COMPLEX_H
4   #define COMPLEX_H
5
6   class Complex
7   {
8   public:
9       explicit Complex( double = 0.0, double = 0.0 ); // constructor
10      Complex operator+( const Complex & ) const; // addition
11      Complex operator-( const Complex & ) const; // subtraction
12      void print() const; // output
13  private:
14      double real; // real part
15      double imaginary; // imaginary part
16  }; // end class Complex
17
18  #endif
```

图 10.14　Complex 类的定义

```cpp
1   // Fig. 10.15: Complex.cpp
2   // Complex class member-function definitions.
3   #include <iostream>
4   #include "Complex.h" // Complex class definition
5   using namespace std;
6
7   // Constructor
8   Complex::Complex( double realPart, double imaginaryPart )
9       : real( realPart ),
10        imaginary( imaginaryPart )
11  {
12      // empty body
13  } // end Complex constructor
14
15  // addition operator
16  Complex Complex::operator+( const Complex &operand2 ) const
17  {
18      return Complex( real + operand2.real,
19          imaginary + operand2.imaginary );
20  } // end function operator+
21
22  // subtraction operator
23  Complex Complex::operator-( const Complex &operand2 ) const
24  {
25      return Complex( real - operand2.real,
26          imaginary - operand2.imaginary );
27  } // end function operator-
28
29  // display a Complex object in the form: (a, b)
30  void Complex::print() const
31  {
32      cout << '(' << real << ", " << imaginary << ')';
33  } // end function print
```

图 10.15　Complex 类成员函数的定义

```
34   // Fig. 10.16: fig10_16.cpp
35   // Complex class test program.
36   #include <iostream>
37   #include "Complex.h"
38   using namespace std;
39
40   int main()
41   {
42      Complex x;
43      Complex y( 4.3, 8.2 );
44      Complex z( 3.3, 1.1 );
45
46      cout << "x: ";
47      x.print();
48      cout << "\ny: ";
49      y.print();
50      cout << "\nz: ";
51      z.print();
52
53      x = y + z;
54      cout << "\n\nx = y + z:" << endl;
55      x.print();
56      cout << " = ";
57      y.print();
58      cout << " + ";
59      z.print();
60
61      x = y - z;
62      cout << "\n\nx = y - z:" << endl;
63      x.print();
64      cout << " = ";
65      y.print();
66      cout << " - ";
67      z.print();
68      cout << endl;
69   } // end main
```

```
x: (0, 0)
y: (4.3, 8.2)
z: (3.3, 1.1)

x = y + z:
(7.6, 9.3) = (4.3, 8.2) + (3.3, 1.1)

x = y - z:
(1, 7.1) = (4.3, 8.2) - (3.3, 1.1)
```

图 10.16    Complex 类测试程序

10.9    (HugeInt 类)32 位整数的机器可以表示的整数范围大约是 $-20$ 亿 $\sim20$ 亿。这一范围的限制一般不会出现问题。不过在有些应用中，我们可能要使用更大范围内的整数。因此，需要创建强大的新数据类型，这也正是 C++ 可以做到的。考虑图 10.17 ~ 图 10.19 中的 HugeInt 类。仔细研究它，然后回答下列问题：

a)准确描述这个类是如何操作的。

b)这个类有哪些限制？

c)重载乘法运算符 *。

d)重载除法运算符/。

e)重载所有的关系和相等运算符。

注意：我们并没有给出 HugeInteger 类的赋值运算符或者拷贝构造函数，这是因为编译器提供的赋值运算符和拷贝构造函数就可以正确地复制整个数组数据成员。

```
1   // Fig. 10.17: Hugeint.h
2   // HugeInt class definition.
3   #ifndef HUGEINT_H
4   #define HUGEINT_H
```

图 10.17    HugeInt 类的定义

```
 5
 6   #include <array>
 7   #include <iostream>
 8   #include <string>
 9
10   class HugeInt
11   {
12      friend std::ostream &operator<<( std::ostream &, const HugeInt & );
13   public:
14      static const int digits = 30; // maximum digits in a HugeInt
15
16      HugeInt( long = 0 ); // conversion/default constructor
17      HugeInt( const std::string & ); // conversion constructor
18
19      // addition operator; HugeInt + HugeInt
20      HugeInt operator+( const HugeInt & ) const;
21
22      // addition operator; HugeInt + int
23      HugeInt operator+( int ) const;
24
25      // addition operator;
26      // HugeInt + string that represents large integer value
27      HugeInt operator+( const std::string & ) const;
28   private:
29      std::array< short, digits > integer;
30   }; // end class HugetInt
31
32   #endif
```

图 10.17（续）　HugeInt 类的定义

```
 1   // Fig. 10.18: Hugeint.cpp
 2   // HugeInt member-function and friend-function definitions.
 3   #include <cctype> // isdigit function prototype
 4   #include "Hugeint.h" // HugeInt class definition
 5   using namespace std;
 6
 7   // default constructor; conversion constructor that converts
 8   // a long integer into a HugeInt object
 9   HugeInt::HugeInt( long value )
10   {
11      // initialize array to zero
12      for ( short &element : integer )
13         element = 0;
14
15      // place digits of argument into array
16      for ( size_t j = digits - 1; value != 0 && j >= 0; j-- )
17      {
18         integer[ j ] = value % 10;
19         value /= 10;
20      } // end for
21   } // end HugeInt default/conversion constructor
22
23   // conversion constructor that converts a character string
24   // representing a large integer into a HugeInt object
25   HugeInt::HugeInt( const string &number )
26   {
27      // initialize array to zero
28      for ( short &element : integer )
29         element = 0;
30
31      // place digits of argument into array
32      size_t length = number.size();
33
34      for ( size_t j = digits - length, k = 0; j < digits; ++j, ++k )
35         if ( isdigit( number[ k ] ) ) // ensure that character is a digit
36            integer[ j ] = number[ k ] - '0';
37   } // end HugeInt conversion constructor
38
39   // addition operator; HugeInt + HugeInt
40   HugeInt HugeInt::operator+( const HugeInt &op2 ) const
```

图 10.18　HugeInt 类成员函数和友元函数的定义

```
41    {
42       HugeInt temp; // temporary result
43       int carry = 0;
44
45       for ( int i = digits - 1; i >= 0; i-- )
46       {
47          temp.integer[ i ] = integer[ i ] + op2.integer[ i ] + carry;
48
49          // determine whether to carry a 1
50          if ( temp.integer[ i ] > 9 )
51          {
52             temp.integer[ i ] %= 10;   // reduce to 0-9
53             carry = 1;
54          } // end if
55          else // no carry
56             carry = 0;
57       } // end for
58
59       return temp; // return copy of temporary object
60    } // end function operator+
61
62    // addition operator; HugeInt + int
63    HugeInt HugeInt::operator+( int op2 ) const
64    {
65       // convert op2 to a HugeInt, then invoke
66       // operator+ for two HugeInt objects
67       return *this + HugeInt( op2 );
68    } // end function operator+
69
70    // addition operator;
71    // HugeInt + string that represents large integer value
72    HugeInt HugeInt::operator+( const string &op2 ) const
73    {
74       // convert op2 to a HugeInt, then invoke
75       // operator+ for two HugeInt objects
76       return *this + HugeInt( op2 );
77    } // end operator+
78
79    // overloaded output operator
80    ostream& operator<<( ostream &output, const HugeInt &num )
81    {
82       int i;
83
84       for ( i = 0; ( i < HugeInt::digits ) && ( 0 == num.integer[ i ] ); ++i )
85          ; // skip leading zeros
86
87       if ( i == HugeInt::digits )
88          output << 0;
89       else
90          for ( ; i < HugeInt::digits; ++i )
91             output << num.integer[ i ];
92
93       return output;
94    } // end function operator<<
```

图 10.18(续)   HugeInt 类成员函数和友元函数的定义

```
1    // Fig. 10.19: fig10_19.cpp
2    // HugeInt test program.
3    #include <iostream>
4    #include "Hugeint.h"
5    using namespace std;
6
7    int main()
8    {
9       HugeInt n1( 7654321 );
10      HugeInt n2( 7891234 );
11      HugeInt n3( "99999999999999999999999999999" );
12      HugeInt n4( "1" );
13      HugeInt n5;
14
15      cout << "n1 is " << n1 << "\nn2 is " << n2
```

图 10.19   HugeInt 测试程序

```
16                 << "\nn3 is " << n3 << "\nn4 is " << n4
17                 << "\nn5 is " << n5 << "\n\n";
18
19         n5 = n1 + n2;
20         cout << n1 << " + " << n2 << " = " << n5 << "\n\n";
21
22         cout << n3 << " + " << n4 << "\n= " << ( n3 + n4 ) << "\n\n";
23
24         n5 = n1 + 9;
25         cout << n1 << " + " << 9 << " = " << n5 << "\n\n";
26
27         n5 = n2 + "10000";
28         cout << n2 << " + " << "10000" << " = " << n5 << endl;
29     } // end main
```

```
n1 is 7654321
n2 is 7891234
n3 is 99999999999999999999999999999999
n4 is 1
n5 is 0

7654321 + 7891234 = 15545555

99999999999999999999999999999999 + 1
= 100000000000000000000000000000000

7654321 + 9 = 7654330

7891234 + 10000 = 7901234
```

图 10.19(续)　　HugeInt 测试程序

10.10　(RationalNumber 类)创建类 RationalNumber(分数)，使其具备下列能力：

a)创建一个构造函数，它可以防止分数的分母为 0。如果分数不是化简形式，它可以进行化简。而且，它还可以避免分母为负数。

b)针对该类，重载加法、减法、乘法和除法运算符。

c)针对该类，重载关系和相等运算符。

10.11　(Polynomial 类)开发类 Polynomial(多项式)。在类内部，多项式由它的各个项组成的数组表示，每一项包含一个系数和一个指数。例如，项

$$2x^4$$

的系数为 2，指数为 4。开发一个完整的类，包含适当的构造函数、析构函数及设置和设置获取函数。此外，Polynomial 类还应提供下列重载运算符的能力：

a)重载加法运算符( + )，对两个 Polynomial 做加法。

b)重载减法运算符( - )，对两个 Polynomial 做减法。

c)重载赋值运算符，把一个 Polynomial 赋给另一个。

d)重载乘法运算符(*)，对两个 Polynomial 做乘法。

e)重载加法赋值运算符( += )、减法赋值运算符( -= )和乘法赋值运算符(*=)。

# 第11章 面向对象编程：继承

*Say not you know another entirely, till you have divided an inheritance with him.*

—Johann Kasper Lavater

*This method is to define as the number of a class the class of all classes similar to the given class.*

—Bertrand Russell

*Save base authority from others? books.*

—William Shakespeare

## 学习目标

在本章中将学习：

- 什么是继承以及它如何促进了软件重用
- 基类和派生类的概念及两者之间的关系
- protected 成员访问说明符
- 在继承层次结构中构造函数和析构函数的用法
- 在继承层次结构中构造函数和析构函数的调用顺序
- public、protected 和 private 继承间的差异
- 使用继承定制现有软件

## 提纲

## 11.1　简介

本章继续讨论面向对象编程（OOP），介绍它的另一个关键特征：继承（inheritance）。继承是软件复用的一种方式，通过继承，可以在吸收现有类的各种性能（即数据和行为）的基础上，再加以定制或增强来创建新类。软件复用能够节省软件开发时间，鼓励人们复用经过验证、调试的高质量软件，使系统的开发更有效。

在创建新类时，并不需要编写全新的数据成员和成员函数，程序员可以明确说明这个新类应当继承现有类的成员。这时，现有的类称为"基类"，继承实现的新类称为"派生类"。其他一些程序设计语言，例如 Java 和 C#，称基类为超类，派生类为子类。派生类表示了一组更加特殊化的对象。

C++ 提供了三类继承：public（公有的）、protected（受保护的）和 private（私有的）继承。在这一章中，将重点介绍 public 继承，同时简要介绍另外两种形式的继承。在 public 继承中，每个派生类的对象同时也是基类的对象。但是，基类的对象不是派生类的对象。例如，如果将交通工具类 Vehicle 作为基类，汽车类 Car 作为派生类，那么所有的 Car 对象都是 Vehicle 对象，但 Vehicle 对象并不都是 Car 对象。例如，Vehicle 对象还可以是卡车类 Truck 或者轮船类 Boat 的对象。

下面来区分一下"是一个"（is-a）关系和"有一个"（has-a）关系。"是一个"关系表示继承。在"是一个"关系中，派生类的对象都可以看作是基类的对象。例如，Car 对象是 Vehicle 对象，所以 Vehicle 对象所具有的属性和行为都能在 Car 对象中找到。相比之下，"有一个"关系表示组成（组成在第 9 章中讨论过）。在"有一个"关系中，对象可以把其他类的一个或多个对象拿来作为自己的成员。例如，Car 对象中包含很多配件——有方向盘，有刹车踏板，有传动装置，以及许多其他的零件等。

## 11.2　基类和派生类

图 11.1 列出了一些简单的基类和派生类的例子。可以看到，基类更加通用而派生类更加具体。

因为每个派生类的对象都是其基类的一个对象，并且一个基类可以有很多派生类，基类所能表示的对象集合通常比它的派生类所表示的对象集合要大。例如，基类 Vehicle 表示所有的交通工具，包括汽车、卡车、船、飞机、自行车等。相比之下，派生类 Car 只表示一个更小的更加特殊化的交通工具子集。

| 基类 | 派生类 |
|------|--------|
| 学生 | 本科生、研究生 |
| 形状 | 圆、三角形、矩形、球体、立方体 |
| 贷款 | 汽车贷款、住房贷款、抵押贷款 |
| 雇员 | 教职员工、后勤人员 |
| 账户 | 支票账户、储蓄账户 |

图 11.1　继承示例

继承关系构成了类的层次结构。基类和它的派生类间存在这种层次关系。虽然类可以独立存在，但是一旦投入到继承关系中，它们和其他的类就有了关联。也就是说，在继承关系中，类作为基类（为别的类提供成员）、或是派生类（从别的类中继承成员）、或以二者兼有的身份出现。

**CommunityMember 类的继承层次结构**

下面设计一个简单的继承层次结构，这个层次有 5 层（由图 11.2 中 UML 类图表示）。一个大学群体有数以千计的 CommunityMember（群体成员）对象。

这些 CommunityMember 对象由 Employee（雇员）对象、Student（学生）对象、Alumnus（校友）对象组成。Employee 对象可能是 Faculty（教职员工）对象或是 Staff（后勤人员）对象。Faculty 对象可能是 Administrator（行政管理人员）对象或是 Teacher（教师）对象。有些 Administrator 对象也可能是 Teacher 对象。这里，我们在设计类 AdministratorTeacher（行政兼教师人员）时使用了多重继承。使用多重继承时，派生类可能同时继承自两个或更多（甚至不相干）的基类。我们将在 23 章"其他主题"中讨论多重继承。顺便说一句，一般不鼓励使用多重继承。

图 11.2　大学 CommunityMember 的继承层次结构

图 11.2 中的每个箭头代表"是一个"关系。例如，当跟踪类层次的箭头时，可以知道"Employee 对象是 CommunityMember 对象"，"Teacher 对象是 Faculty 对象"。CommunityMember 是 Employee、Student 和 Alumnus 的直接基类。另外，CommunityMember 是图中其他类的间接基类。从图中可以看到，间接基类在类层次中被继承了两层或两层以上。

从图的底部开始，可以沿着箭头向上跟踪，并应用"是一个"关系直到最顶部的基类。例如，一个 AdministratorTeacher 对象是一个 Administrator 对象，也是一个 Faculty 对象，也是一个 Employee 对象，也是一个 CommunityMember 对象。

**Shape 类的继承层次结构**

现在考虑图 11.3 中的 Shape 类的继承层次结构，这个层次结构由形状基类 Shape 开始。二维图形类 TwoDimensional-Shape 和三维图形类 ThreeDimensionalShape 派生自基类 Shape——Shape 对象要么是 TwoDimensionalShape 对象，要么是 ThreeDimensionalShape 对象。该层次结构的第三层包含了类 TwoDimensionalShape 和类 ThreeDimensionalShape 的一些更具体的类型。和图 11.2 一样，在这个类层次结构中也可以按箭头由最底层至最高层的基类，说出多个"是一个"关系。例如，一个 Triangle 对象是一个 TwoDimensionalShape 对象并且是一个 Shape 对象，而一个 Sphere 对象是一个 ThreeDimensionalShape 对象并且是一个 Shape 对象。

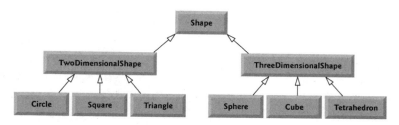

图 11.3　Shape 类的继承层次结构

为了指定类 TwoDimensionalShape 是由类 Shape 派生(或者继承)而来的(如图 11.3 所示)，类 TwoDimensionalShape 定义的开始部分有如下形式：

```
class TwoDimensionalShape : public Shape
```

这是最常使用的继承形式——public 继承的一个例子。11.5 节将讨论 private 继承和 protected 继承。在各种形式的继承中，基类的 private 成员都不能被它的派生类直接访问，但是这些 private 基类成员仍得到了继承(即它们仍被视为是派生类的一部分)。在 public 继承中，基类的所有其他成员在成为派生类的成员时仍保持了其原始的成员访问权限(例如，基类的 public 成员在派生类中仍是 pulic 成员，而且大家很快会看到，基类的 protected 成员在派生类中仍是 protected 成员)。通过从基类继承而来的成员函数，派生类能够操作基类中的 private 成员（但需要这些继承而来的成员函数在基类中提供这种功能）。值得注意的是，友元函数是不被继承的。

继承并不适合所有的类关系。在第 9 章中讨论过"有一个"关系，这种关系中类的成员可以是其他类的对象。这样的关系通过现有类的组成来创建类。例如，给定雇员类 Employee、出生日期类 BirthDate 和电话号码类 TelephoneNumber，那么说一个 Employee 对象是一个 BirthDate 对象，或者说一个 Employee 对象是一个 TelephoneNumber 对象，都是不正确的。我们只能说一个 Employee 对象有一个 BirthDate 对象，或者说一个 Employee 对象有一个 TelephoneNumber 对象。

使用相似的方法处理基类和派生类是可能的，它们的共性都表达在基类的成员中。由共同基类派生出的所有类的对象均可视为这个基类的对象。也就是说，这些对象与基类具有"是一个"关系。在第 12 章中将考虑利用这种关系的许多例子。

## 11.3 基类和派生类之间的关系

这一节将通过一个雇员的继承层次结构来讨论基类和派生类之间的关系。这个层次结构包含了一个公司的工资发放系统所涉及到的多种类型的雇员。佣金雇员（commission employee）将被表示为基类的对象，他们的薪水完全是销售提成；带底薪佣金雇员（base-salaried commission employee）将被表示为派生类的对象，他们的薪水由底薪和销售提成组成。我们将用 5 个例子来循序渐进地讨论佣金雇员和带底薪佣金雇员间的关系。

### 11.3.1 创建并使用类 CommissionEmployee

先看看佣金雇员类 CommissionEmployee 的定义（如图 11.4 和图 11.5 所示）。类 CommissionEmployee 的头文件（如图 11.4 所示）列出了类 CommissionEmployee 的 public 服务，其中包括构造函数（第 11 ~ 12 行）、成员函数 earnings（第 29 行）和 print（第 30 行）。第 14 ~ 27 行声明了 public 的设置函数和获取函数，它们操作类中的数据成员（在第 32 ~ 36 行声明）名 firstName、姓 lastName、社会保险号码 socialSecurityNumber、销售总额 grossSales 和提成比例 commissionRate。例如，成员函数 setGrossSales（定义在图 11.5 中的第 57 ~ 63 行）和 setCommissionRate（定义于图 11.5 中的第 72 ~ 78 行），分别在将其参数值赋给数据成员 grossSales 和 commissionRate 之前，对这些参数进行了有效性确认。

```
1   // Fig. 11.4: CommissionEmployee.h
2   // CommissionEmployee class definition represents a commission employee.
3   #ifndef COMMISSION_H
4   #define COMMISSION_H
5
6   #include <string> // C++ standard string class
7
8   class CommissionEmployee
9   {
10  public:
11     CommissionEmployee( const std::string &, const std::string &,
12        const std::string &, double = 0.0, double = 0.0 );
13
14     void setFirstName( const std::string & ); // set first name
15     std::string getFirstName() const; // return first name
16
17     void setLastName( const std::string & ); // set last name
18     std::string getLastName() const; // return last name
19
20     void setSocialSecurityNumber( const std::string & ); // set SSN
21     std::string getSocialSecurityNumber() const; // return SSN
22
23     void setGrossSales( double ); // set gross sales amount
24     double getGrossSales() const; // return gross sales amount
25
26     void setCommissionRate( double ); // set commission rate (percentage)
27     double getCommissionRate() const; // return commission rate
28
```

图 11.4 类 CommissionEmployee 的头文件

```
29      double earnings() const; // calculate earnings
30      void print() const; // print CommissionEmployee object
31   private:
32      std::string firstName;
33      std::string lastName;
34      std::string socialSecurityNumber;
35      double grossSales; // gross weekly sales
36      double commissionRate; // commission percentage
37   }; // end class CommissionEmployee
38
39   #endif
```

图 11.4(续)   类 CommissionEmployee 的头文件

```
1    // Fig. 11.5: CommissionEmployee.cpp
2    // Class CommissionEmployee member-function definitions.
3    #include <iostream>
4    #include <stdexcept>
5    #include "CommissionEmployee.h" // CommissionEmployee class definition
6    using namespace std;
7
8    // constructor
9    CommissionEmployee::CommissionEmployee(
10      const string &first, const string &last, const string &ssn,
11      double sales, double rate )
12   {
13      firstName = first; // should validate
14      lastName = last; // should validate
15      socialSecurityNumber = ssn; // should validate
16      setGrossSales( sales ); // validate and store gross sales
17      setCommissionRate( rate ); // validate and store commission rate
18   } // end CommissionEmployee constructor
19
20   // set first name
21   void CommissionEmployee::setFirstName( const string &first )
22   {
23      firstName = first; // should validate
24   } // end function setFirstName
25
26   // return first name
27   string CommissionEmployee::getFirstName() const
28   {
29      return firstName;
30   } // end function getFirstName
31
32   // set last name
33   void CommissionEmployee::setLastName( const string &last )
34   {
35      lastName = last; // should validate
36   } // end function setLastName
37
38   // return last name
39   string CommissionEmployee::getLastName() const
40   {
41      return lastName;
42   } // end function getLastName
43
44   // set social security number
45   void CommissionEmployee::setSocialSecurityNumber( const string &ssn )
46   {
47      socialSecurityNumber = ssn; // should validate
48   } // end function setSocialSecurityNumber
49
50   // return social security number
51   string CommissionEmployee::getSocialSecurityNumber() const
52   {
53      return socialSecurityNumber;
54   } // end function getSocialSecurityNumber
55
56   // set gross sales amount
57   void CommissionEmployee::setGrossSales( double sales )
58   {
59      if ( sales >= 0.0 )
60         grossSales = sales;
```

图 11.5   以销售提成为薪水的雇员类 CommissionEmployee 的实现文件

```
61          else
62              throw invalid_argument( "Gross sales must be >= 0.0" );
63      } // end function setGrossSales
64
65      // return gross sales amount
66      double CommissionEmployee::getGrossSales() const
67      {
68          return grossSales;
69      } // end function getGrossSales
70
71      // set commission rate
72      void CommissionEmployee::setCommissionRate( double rate )
73      {
74          if ( rate > 0.0 && rate < 1.0 )
75              commissionRate = rate;
76          else
77              throw invalid_argument( "Commission rate must be > 0.0 and < 1.0" );
78      } // end function setCommissionRate
79
80      // return commission rate
81      double CommissionEmployee::getCommissionRate() const
82      {
83          return commissionRate;
84      } // end function getCommissionRate
85
86      // calculate earnings
87      double CommissionEmployee::earnings() const
88      {
89          return commissionRate * grossSales;
90      } // end function earnings
91
92      // print CommissionEmployee object
93      void CommissionEmployee::print() const
94      {
95          cout << "commission employee: " << firstName << ' ' << lastName
96              << "\nsocial security number: " << socialSecurityNumber
97              << "\ngross sales: " << grossSales
98              << "\ncommission rate: " << commissionRate;
99      } // end function print
```

图 11.5(续)　以销售提成为薪水的雇员类 CommissionEmployee 的实现文件

### 类 CommissionEmployee 的构造函数

在这节的前几个例子中，类 CommissionEmployee 构造函数的定义特意没有使用成员初始化器语法，这样可以演示 private 和 protected 成员访问说明符是如何影响派生类中的成员访问的。正如图 11.5 的第 13 ~ 15 行所示，我们在构造函数的函数体中对数据成员 firstName、lastName 和 socialSecurityNumber 进行赋值。本节后面部分还是在构造函数中使用成员初始化器列表。

请注意，这里在将构造函数的参数值 first、last 和 ssn 赋值给相应的数据成员之前，没有确认这些值的有效性。当然，我们可以确认名和姓的有效性，这也许通过确保它们有一个合理的长度就能做到。类似地，也可以确认社会保险号码的有效性，以保证它包含 9 位数(其中可以有或没有破折号)，例如123-45-6789 或 123456789。

### 类 CommissionEmployee 的成员函数 earnings 和 print

成员函数 earnings(第 87 ~ 90 行)计算 CommissionEmployee 对象的收入。第 89 行计算 commissionRate 和 grossSales 的乘积并返回该结果。成员函数 print(第 93 ~ 99 行)显示 CommissionEmployee 对象数据成员的值。

### 测试 CommissionEmployee 类

图 11.6 测试了类 CommissionEmployee。程序的第 11 ~ 12 行实例化类 CommissionEmployee 的一个对象 employee，并调用 CommissionEmployee 构造函数初始化这个对象，即用"Sue"初始化名，"Jones"初始化姓，"222-22-2222"初始化社会保险号码，10000 初始化销售总额，.06 初始化提成比例。第 19 ~ 24 行用 employee 的各个获取函数显示其数据成员的值。第 26 ~ 27 行调用了该对象的成员函数 setGrossSales 和

setCommissionRate，分别改变数据成员 grossSales 和 commissionRate 的值。然后第 31 行调用 employee 的成员函数 print，输出更新后 CommissionEmployee 对象中的信息。最后，第 34 行显示这个 CommissionEmployee 对象的收入，而该收入是由该对象的成员函数 earnings，根据数据成员 grossSales 和 commissionRate 已更新的值计算而来。

```cpp
1   // Fig. 11.6: fig11_06.cpp
2   // CommissionEmployee class test program.
3   #include <iostream>
4   #include <iomanip>
5   #include "CommissionEmployee.h" // CommissionEmployee class definition
6   using namespace std;
7
8   int main()
9   {
10     // instantiate a CommissionEmployee object
11     CommissionEmployee employee(
12        "Sue", "Jones", "222-22-2222", 10000, .06 );
13
14     // set floating-point output formatting
15     cout << fixed << setprecision( 2 );
16
17     // get commission employee data
18     cout << "Employee information obtained by get functions: \n"
19        << "\nFirst name is " << employee.getFirstName()
20        << "\nLast name is " << employee.getLastName()
21        << "\nSocial security number is "
22        << employee.getSocialSecurityNumber()
23        << "\nGross sales is " << employee.getGrossSales()
24        << "\nCommission rate is " << employee.getCommissionRate() << endl;
25
26     employee.setGrossSales( 8000 ); // set gross sales
27     employee.setCommissionRate( .1 ); // set commission rate
28
29     cout << "\nUpdated employee information output by print function: \n"
30        << endl;
31     employee.print(); // display the new employee information
32
33     // display the employee's earnings
34     cout << "\n\nEmployee's earnings: $" << employee.earnings() << endl;
35  } // end main
```

```
Employee information obtained by get functions:

First name is Sue
Last name is Jones
Social security number is 222-22-2222
Gross sales is 10000.00
Commission rate is 0.06

Updated employee information output by print function:

commission employee: Sue Jones
social security number: 222-22-2222
gross sales: 8000.00
commission rate: 0.10

Employee's earnings: $800.00
```

图 11.6　类 CommissionEmployee 的测试程序

## 11.3.2　不使用继承创建类 BasePlusCommissionEmployee

现在进入对继承讨论的第二部分：创建并测试一个全新且独立的带底薪佣金雇员类 BasePlusCommissionEmployee(如图 11.7 和图 11.8 所示)，它包括数据成员：firstName、lastName、socialSecurityNumber、grossSalesAmount、commissionRate 和 baseSalary。

### 定义类 BasePlusCommissionEmployee

类 BasePlusCommissionEmployee 的头文件(如图 11.7 所示)描述了类 BasePlusCommissionEmployee 提供的 public 服务，包括类 BasePlusCommissionEmployee 的构造函数(第 12 ~ 13 行)、成员函数 earnings(第

33 行）和 print（第 34 行）。第 15～31 行对于类的 private 数据成员（在第 36～41 行声明）firstName、last-Name、socialSecurityNumber、grossSales、commissionRate 和 baseSalary，声明了相应的 public 的设置函数和获取函数，这些变量和成员函数封装了带底薪佣金雇员的所有必要的特征。请注意这个类与类 CommissionEmployee 的相似之处（如图 11.4 和图 11.5 所示），不过在本例中还没有用到这种相似性。

```
1    // Fig. 11.7: BasePlusCommissionEmployee.h
2    // BasePlusCommissionEmployee class definition represents an employee
3    // that receives a base salary in addition to commission.
4    #ifndef BASEPLUS_H
5    #define BASEPLUS_H
6
7    #include <string> // C++ standard string class
8
9    class BasePlusCommissionEmployee
10   {
11   public:
12      BasePlusCommissionEmployee( const std::string &, const std::string &,
13         const std::string &, double = 0.0, double = 0.0, double = 0.0 );
14
15      void setFirstName( const std::string & ); // set first name
16      std::string getFirstName() const; // return first name
17
18      void setLastName( const std::string & ); // set last name
19      std::string getLastName() const; // return last name
20
21      void setSocialSecurityNumber( const std::string & ); // set SSN
22      std::string getSocialSecurityNumber() const; // return SSN
23
24      void setGrossSales( double ); // set gross sales amount
25      double getGrossSales() const; // return gross sales amount
26
27      void setCommissionRate( double ); // set commission rate
28      double getCommissionRate() const; // return commission rate
29
30      void setBaseSalary( double ); // set base salary
31      double getBaseSalary() const; // return base salary
32
33      double earnings() const; // calculate earnings
34      void print() const; // print BasePlusCommissionEmployee object
35   private:
36      std::string firstName;
37      std::string lastName;
38      std::string socialSecurityNumber;
39      double grossSales; // gross weekly sales
40      double commissionRate; // commission percentage
41      double baseSalary; // base salary
42   }; // end class BasePlusCommissionEmployee
43
44   #endif
```

图 11.7　类 BasePlusCommissionEmployee 的头文件

```
1    // Fig. 11.8: BasePlusCommissionEmployee.cpp
2    // Class BasePlusCommissionEmployee member-function definitions.
3    #include <iostream>
4    #include <stdexcept>
5    #include "BasePlusCommissionEmployee.h"
6    using namespace std;
7
8    // constructor
9    BasePlusCommissionEmployee::BasePlusCommissionEmployee(
10      const string &first, const string &last, const string &ssn,
11      double sales, double rate, double salary )
12   {
13      firstName = first; // should validate
14      lastName = last; // should validate
15      socialSecurityNumber = ssn; // should validate
16      setGrossSales( sales ); // validate and store gross sales
17      setCommissionRate( rate ); // validate and store commission rate
18      setBaseSalary( salary ); // validate and store base salary
19   } // end BasePlusCommissionEmployee constructor
20
```

图 11.8　以底薪加提成为薪水的雇员类 BasePlusCommissionEmployee

```
21    // set first name
22    void BasePlusCommissionEmployee::setFirstName( const string &first )
23    {
24       firstName = first; // should validate
25    } // end function setFirstName
26
27    // return first name
28    string BasePlusCommissionEmployee::getFirstName() const
29    {
30       return firstName;
31    } // end function getFirstName
32
33    // set last name
34    void BasePlusCommissionEmployee::setLastName( const string &last )
35    {
36       lastName = last; // should validate
37    } // end function setLastName
38
39    // return last name
40    string BasePlusCommissionEmployee::getLastName() const
41    {
42       return lastName;
43    } // end function getLastName
44
45    // set social security number
46    void BasePlusCommissionEmployee::setSocialSecurityNumber(
47       const string &ssn )
48    {
49       socialSecurityNumber = ssn; // should validate
50    } // end function setSocialSecurityNumber
51
52    // return social security number
53    string BasePlusCommissionEmployee::getSocialSecurityNumber() const
54    {
55       return socialSecurityNumber;
56    } // end function getSocialSecurityNumber
57
58    // set gross sales amount
59    void BasePlusCommissionEmployee::setGrossSales( double sales )
60    {
61       if ( sales >= 0.0 )
62          grossSales = sales;
63       else
64          throw invalid_argument( "Gross sales must be >= 0.0" );
65    } // end function setGrossSales
66
67    // return gross sales amount
68    double BasePlusCommissionEmployee::getGrossSales() const
69    {
70       return grossSales;
71    } // end function getGrossSales
72
73    // set commission rate
74    void BasePlusCommissionEmployee::setCommissionRate( double rate )
75    {
76       if ( rate > 0.0 && rate < 1.0 )
77          commissionRate = rate;
78       else
79          throw invalid_argument( "Commission rate must be > 0.0 and < 1.0" );
80    } // end function setCommissionRate
81
82    // return commission rate
83    double BasePlusCommissionEmployee::getCommissionRate() const
84    {
85       return commissionRate;
86    } // end function getCommissionRate
87
88    // set base salary
89    void BasePlusCommissionEmployee::setBaseSalary( double salary )
90    {
91       if ( salary >= 0.0 )
92          baseSalary = salary;
93       else
94          throw invalid_argument( "Salary must be >= 0.0" );
95    } // end function setBaseSalary
```

图 11.8(续)　以底薪加提成为薪水的雇员类 BasePlusCommissionEmployee

```
96
97   // return base salary
98   double BasePlusCommissionEmployee::getBaseSalary() const
99   {
100     return baseSalary;
101  } // end function getBaseSalary
102
103  // calculate earnings
104  double BasePlusCommissionEmployee::earnings() const
105  {
106     return baseSalary + ( commissionRate * grossSales );
107  } // end function earnings
108
109  // print BasePlusCommissionEmployee object
110  void BasePlusCommissionEmployee::print() const
111  {
112     cout << "base-salaried commission employee: " << firstName << ' '
113        << lastName << "\nsocial security number: " << socialSecurityNumber
114        << "\ngross sales: " << grossSales
115        << "\ncommission rate: " << commissionRate
116        << "\nbase salary: " << baseSalary;
117  } // end function print
```

图 11.8(续)　以底薪加提成为薪水的雇员类 BasePlusCommissionEmployee

　　类 BasePlusCommissionEmployee 的成员函数 earnings(定义在图 11.8 的第 104～107 行)计算带底薪佣金雇员的收入。第 106 行返回雇员的提成比例与销售总额的乘积再加上底薪而得到的值。

**测试 BasePlusCommissionEmployee 类**

　　图 11.9 对类 BasePlusCommissionEmployee 进行了测试。第 11～12 行实例化类 BasePlusCommissionEmployee 的对象 employee，分别将"Bob"、"Lewis"、"333-33-3333"、5000、.04 和 300 作为名、姓、社会保险号码、销售总额、提成比例和底薪的值传递给构造函数。第 19～25 行利用类 BasePlusCommissionEmployee 的各个获取函数取得该对象的数据成员值用于输出。第 27 行调用对象的 setBaseSalary 成员函数更改底薪的值。因为雇员的底薪不可能为负值，所以成员函数 setBaseSalary(如图 11.8 中的第 89～95 行所示)将保证数据成员 baseSalary 不被赋为负值。图 11.9 中的第 31 行调用对象的成员函数 print，输出该 BasePlusCommissionEmployee 对象更新后的信息，第 34 行调用成员函数 earnings，显示该 BasePlusCommissionEmployee 对象的收入。

```
1    // Fig. 11.9: fig11_09.cpp
2    // BasePlusCommissionEmployee class test program.
3    #include <iostream>
4    #include <iomanip>
5    #include "BasePlusCommissionEmployee.h"
6    using namespace std;
7
8    int main()
9    {
10      // instantiate BasePlusCommissionEmployee object
11      BasePlusCommissionEmployee
12         employee( "Bob", "Lewis", "333-33-3333", 5000, .04, 300 );
13
14      // set floating-point output formatting
15      cout << fixed << setprecision( 2 );
16
17      // get commission employee data
18      cout << "Employee information obtained by get functions: \n"
19         << "\nFirst name is " << employee.getFirstName()
20         << "\nLast name is " << employee.getLastName()
21         << "\nSocial security number is "
22         << employee.getSocialSecurityNumber()
23         << "\nGross sales is " << employee.getGrossSales()
24         << "\nCommission rate is " << employee.getCommissionRate()
25         << "\nBase salary is " << employee.getBaseSalary() << endl;
26
27      employee.setBaseSalary( 1000 ); // set base salary
28
29      cout << "\nUpdated employee information output by print function: \n"
```

图 11.9　类 BasePlusCommissionEmployee 的测试程序

```
30          << endl;
31      employee.print(); // display the new employee information
32
33      // display the employee's earnings
34      cout << "\n\nEmployee's earnings: $" << employee.earnings() << endl;
35  } // end main
```

```
Employee information obtained by get functions:

First name is Bob
Last name is Lewis
Social security number is 333-33-3333
Gross sales is 5000.00
Commission rate is 0.04
Base salary is 300.00

Updated employee information output by print function:

base-salaried commission employee: Bob Lewis
social security number: 333-33-3333
gross sales: 5000.00
commission rate: 0.04
base salary: 1000.00

Employee's earnings: $1200.00
```

图 11.9(续) 类 BasePlusCommissionEmployee 的测试程序

**考察类 BasePlusCommissionEmployee 和类 CommissionEmployee 之间的相似性**

通过对比, 可以看到类 BasePlusCommissionEmployee(如图 11.7 和图 11.8 所示)中的大量代码都和类 CommissionEmployee(如图 11.4 和图 11.5 所示)中的相似。例如, 类 BasePlusCommissionEmployee 中的 private 数据成员 firstName 和 lastName, 以及成员函数 setFirstName、getFirstName、setLastName、getLastName 都与类 CommissionEmployee 中的一样。还有类 CommissionEmployee 和类 BasePlus-CommissionEmployee 都包括 private 数据成员 socialSecurityNumber、commissionRate 和 grossSales, 以及操作这些数据的各个设置函数和获取函数。除了类 BasePlusCommissionEmployee 的构造函数还需设定 baseSalary 之外, 类 BasePlus-CommissionEmployee 的构造函数和类 CommissionEmployee 的构造函数几乎相同。类 BasePlusCommissionEmployee 添加了 private 数据成员 baseSalary、成员函数 setBaseSalary 和 getBaseSalary。类 BasePlusCommissionEmployee 的成员函数 print 和类 CommissionEmployee 的也几乎相同, 除了类 BasePlusCommissionEmployee 中的 print 还要输出数据成员 baseSalary 的值之外。

我们逐字逐句地复制 CommissionEmployee 的代码并把它粘贴到类 BasePlusCommissionEmployee 中, 之后修改类 BasePlusCommissionEmployee, 使之包括底薪和操作该底薪的成员函数。这种"复制-粘贴"的方法常常容易出错且耗费时间。

**软件工程知识 11.1**

把一个类的代码"复制-粘贴"到另一个类的这种方法, 可以产生相同代码的多个物理副本, 同时也可以将错误散布到整个系统。对于代码维护人员而言简直是场恶梦。当希望一个类"吸收"其他类的数据成员和成员函数时, 应使用继承而不是"复制-粘贴"手段, 从而避免代码(和可能错误)的复制。

**软件工程知识 11.2**

使用继承时, 类层次结构中所有类共同的数据成员和成员函数在基类中声明。当需要对这些共同特征进行修改时, 程序员只需在基类中进行修改, 于是派生类也就继承了相应修改。如果不采用继承机制, 则需要对所有包含有问题代码副本的源代码文件一一进行修改。

### 11.3.3 创建 CommissionEmployee-BasePlusCommissionEmployee 继承层次结构

现在创建并测试一个新版本的类 BasePlusCommissionEmployee(如图 11.10 和图 11.11 所示), 它由类

CommissionEmployee(如图 11.4 和图 11.5 所示)派生而来。在这个例子中，类 BasePlusCommissionEmployee 的对象同时是一个 CommissionEmployee 对象(因为继承传递了类 CommissionEmployee 的所有特性)，但是类 BasePlusCommissionEmployee 还具有数据成员 baseSalary(见图 11.10 中的第 22 行)。类定义中第 10 行的冒号表明这是一个继承，关键词 public 指明该继承的类型。作为由 public 继承形成的派生类，类 BasePlusCommissionEmployee 继承了类 CommissionEmployee 中除构造函数的所有成员，每个类都提供特定于自己的构造函数。请注意，析构函数同样不能继承。因此，类 BasePlusCommissionEmployee 提供的 public 服务包括自己的构造函数和从类 CommissionEmployee 继承而来的 public 成员函数(第 13～14 行)，尽管在类 BasePlusCommissionEmployee 中看不到这些继承来的成员函数的代码，但它们的确是派生类 BasePlusCommissionEmployee 的一部分。该派生类提供的 public 服务还包括成员函数 setBaseSalary、getBaseSalary、earnings 和 print(第 16～20 行)。

```
1   // Fig. 11.10: BasePlusCommissionEmployee.h
2   // BasePlusCommissionEmployee class derived from class
3   // CommissionEmployee.
4   #ifndef BASEPLUS_H
5   #define BASEPLUS_H
6
7   #include <string> // C++ standard string class
8   #include "CommissionEmployee.h" // CommissionEmployee class declaration
9
10  class BasePlusCommissionEmployee : public CommissionEmployee
11  {
12  public:
13     BasePlusCommissionEmployee( const std::string &, const std::string &,
14        const std::string &, double = 0.0, double = 0.0, double = 0.0 );
15
16     void setBaseSalary( double ); // set base salary
17     double getBaseSalary() const; // return base salary
18
19     double earnings() const; // calculate earnings
20     void print() const; // print BasePlusCommissionEmployee object
21  private:
22     double baseSalary; // base salary
23  }; // end class BasePlusCommissionEmployee
24
25  #endif
```

图 11.10　指明了与 CommissionEmployee 类有继承关系的类 BasePlusCommissionEmployee 的定义

```
1   // Fig. 11.11: BasePlusCommissionEmployee.cpp
2   // Class BasePlusCommissionEmployee member-function definitions.
3   #include <iostream>
4   #include <stdexcept>
5   #include "BasePlusCommissionEmployee.h"
6   using namespace std;
7
8   // constructor
9   BasePlusCommissionEmployee::BasePlusCommissionEmployee(
10    const string &first, const string &last, const string &ssn,
11    double sales, double rate, double salary )
12    // explicitly call base-class constructor
13    : CommissionEmployee( first, last, ssn, sales, rate )
14  {
15     setBaseSalary( salary ); // validate and store base salary
16  } // end BasePlusCommissionEmployee constructor
17
18  // set base salary
19  void BasePlusCommissionEmployee::setBaseSalary( double salary )
20  {
21     if ( salary >= 0.0 )
22        baseSalary = salary;
23     else
24        throw invalid_argument( "Salary must be >= 0.0" );
25  } // end function setBaseSalary
26
27  // return base salary
28  double BasePlusCommissionEmployee::getBaseSalary() const
29  {
```

图 11.11　类 BasePlusCommissionEmployee 的实现文件：派生类不能访问基类的 private 数据

```
30      return baseSalary;
31  } // end function getBaseSalary
32
33  // calculate earnings
34  double BasePlusCommissionEmployee::earnings() const
35  {
36      // derived class cannot access the base class's private data
37      return baseSalary + ( commissionRate * grossSales );
38  } // end function earnings
39
40  // print BasePlusCommissionEmployee object
41  void BasePlusCommissionEmployee::print() const
42  {
43      // derived class cannot access the base class's private data
44      cout << "base-salaried commission employee: " << firstName << ' '
45          << lastName << "\nsocial security number: " << socialSecurityNumber
46          << "\ngross sales: " << grossSales
47          << "\ncommission rate: " << commissionRate
48          << "\nbase salary: " << baseSalary;
49  } // end function print
```

*Compilation Errors from the LLVM Compiler in Xcode 4.5*

```
BasePlusCommissionEmployee.cpp:37:26:
  'commissionRate' is a private member of 'CommissionEmployee'
BasePlusCommissionEmployee.cpp:37:43:
  'grossSales' is a private member of 'CommissionEmployee'
BasePlusCommissionEmployee.cpp:44:53:
  'firstName' is a private member of 'CommissionEmployee'
BasePlusCommissionEmployee.cpp:45:10:
  'lastName' is a private member of 'CommissionEmployee'
BasePlusCommissionEmployee.cpp:45:54:
  'socialSecurityNumber' is a private member of 'CommissionEmployee'
BasePlusCommissionEmployee.cpp:46:31:
  'grossSales' is a private member of 'CommissionEmployee'
BasePlusCommissionEmployee.cpp:47:35:
  'commissionRate' is a private member of 'CommissionEmployee'
```

图 11.11(续)　类 BasePlusCommissionEmployee 的实现文件：派生类不能访问基类的 private 数据

图 11.11 实现了类 BasePlusCommissionEmployee 的成员函数。构造函数(第 9～16 行)引入了基类初始化器语法(第 13 行)，使用成员初始化器将参数传递给基类(CommissionEmployee)的构造函数。C++ 要求派生类构造函数调用其基类的构造函数来初始化继承到派生类的基类的数据成员。为此，第 13 行通过显示调用类 CommissionEmployee 的构造函数，将当前构造函数的参数 first、last、ssn、sales 和 rate 作为实参传递给它，分别初始化基类的数据成员 firstName、lastName、socialSecurityNumber、grossSales 和 commissionRate。如果类 BasePlusCommissionEmployee 的构造函数没有显式地调用基类 CommissionEmployee 的构造函数，C++ 将尝试隐式地调用类 CommissionEmployee 的默认构造函数，但是该类没有这样的默认构造函数，所以编译器发布一条错误信息。回忆一下在第 3 章曾提到，编译器对任何没有显式地包含构造函数的类，将提供一个无参数的默认构造函数。然而，类 CommissionEmployee 确实显式地含有一个构造函数，因此编译器不再提供一个默认的构造函数。

**常见的编程错误 11.1**

在派生类构造函数调用其基类的构造函数时，如果传递给基类构造函数的参数，它的个数和类型与基类构造函数的相应定义不符，将导致编译错误。

**性能提示 11.1**

在派生类的构造函数中，采用成员初始化器列表显式地调用基类的构造函数和初始化成员对象，可以防止重复初始化，即调用了默认构造函数之后，又在派生类构造函数中再次修改数据成员。

### 访问基类的 private 成员而产生的编译错误

因为类 CommissionEmployee 的数据成员 commissionRate 和 grossSales 为 private 数据，所以编译器在图 11.11 中第 37 行产生了编译错误。派生类 BasePlusCommissionEmployee 的成员函数不允许访问基类 CommissionEmployee 的 private 数据。同理，编译器对第 44～47 行的类 BasePlusCommissionEmployee 的

print 成员函数发出了另一条错误信息。我们看到，C++ 严格限制对 private 数据成员的访问，因此，即使是派生类（与其基类关系密切）也不能访问基类的 private 数据。

**防止 BasePlusCommissionEmployee 中的错误**

为了说明派生类的成员函数不能访问其基类的 private 数据，图 11.11 中故意加入了不正确的代码。类 BasePlusCommissionEmployee 中的错误可以通过使用从类 CommissionEmployee 中继承的获取成员函数来避免。例如，第 37 行本可以调用成员函数 getCommissionRate 和 getGrossSales，来分别访问类 CommissionEmployee 的 private 数据成员 commissionRate 和 grossSales。类似地，第 44 ~ 47 行也可以通过调用相应的获取成员函数取得基类这些数据成员的值。在下一个例子中，将演示使用 protected 数据也能够避免本例中遇到的错误。

**在派生类的头文件中使用#include 包含基类的头文件**

请注意，在派生类的头文件中（如图 11.10 中第 8 行所示），我们使用#include 来包含基类的头文件。这是非常必要的，原因有三点。首先，为了在派生类中的第 10 行使用基类的类名，必须告诉编译器这个基类是存在的，在文件 CommissionEmployee. h 中的类定义恰恰可以说明问题。

第二个原因是编译器需要使用类定义来决定类对象的大小（在 3.6 节讨论过）。创建类对象的客户程序必须用#include 包含类定义，以使编译器能够为对象分配合适的内存空间。当使用继承时，派生类对象的大小由派生类中显式声明的数据成员和从派生类的直接和间接基类继承而来的数据成员共同决定。将基类的定义包含在第 8 行中，使编译器可以确定它成为派生类对象一部分的基类数据成员所需要的内存大小，因此也就可以确定派生类所需的总内存大小。

第 8 行包含基类头文件的最后一个原因是编译器可以据此判断派生类是否正确地使用了由基类继承而来的成员（第 8 行）。例如，在图 11.10 和图 11.11 的程序中，编译器根据基类的头文件发现派生类正在访问的数据成员在基类中是 private 的。因为派生类不能访问基类的 private 成员，编译器便产生错误。编译器还通过基类的函数原型来检查派生类对这些继承来的基类函数的函数调用是否有效。

**继承层次结构中的链接过程**

3.7 节中讨论了创建可执行的 GradeBook 应用程序的链接过程。在那个例子中我们看到客户目标代码和 GradeBook 类的目标代码，以及在客户代码或 GradeBook 类中所用的任何 C++ 标准库类的目标代码链接在了一起。

对于使用了继承层次结构中类的程序员来说，这个链接过程是类似的。该过程需要的目标代码既包括程序中用到的所有类的目标代码，又包括程序中用到的任何派生类其直接或间接基类的目标代码。假设客户想要创建一个使用类 BasePlusCommissionEmployee 的程序，该类由类 CommissionEmployee 派生而来（此例在 11.3.4 节中）。当编译这个客户应用程序时，必须将客户的目标代码与类 BasePlusCommissionEmployee 和类 Commi-ssionEmployee 的目标代码相链接，因为类 BasePlusCommissionEmployee 继承了基类 CommissionEmployee 的成员函数。还要将类 BasePlusCommissionEmployee、类 CommissionEmployee 及客户代码中用到任何 C++ 标准库类的目标代码链接进来。这样程序才能访问到所有可能使用的功能的实现。

### 11.3.4　使用 protected 数据的 CommissionEmployee-BasePlusCommissionEmployee 继承层次结构

第 3 章介绍了访问说明符 public 和 private。基类的 public 成员在该类的体内以及程序中任何有该类对象或其派生类对象的句柄（即名字、引用或者指针）的地方，都是可以访问的。而基类的 private 成员只能在该类的体内被基类的友元访问。在这一节中，我们介绍访问说明符 protected。

使用 protected 访问在 public 和 private 访问之间提供了一级折中的保护。为了使类 BasePlusCommissionEmployee 能够直接访问类 CommissionEmployee 的数据成员 firstName、lastName、socialSecurityNumber、grossSales 和 commissionRate，可以在基类中将这些成员声明为 protected。基类的 protected 成员既可以在基类的体内被基类的成员和友元访问，又可以被由基类派生的任何类的成员和友元访问。

### 使用 protected 数据定义基类 CommissionEmployee

现在，类 CommissionEmployee（如图 11.12 所示）把数据成员 firstName、lastName、socialSecurityNumber、grossSales 和 commissionRate 声明为 protected 而不是 private（第 31～36 行）。图 11.12 的成员函数的实现和图 11.5 中的相同，因此这里不再显示 CommissionEmployee.cpp。

```cpp
1   // Fig. 11.12: CommissionEmployee.h
2   // CommissionEmployee class definition with protected data.
3   #ifndef COMMISSION_H
4   #define COMMISSION_H
5
6   #include <string> // C++ standard string class
7
8   class CommissionEmployee
9   {
10  public:
11     CommissionEmployee( const std::string &, const std::string &,
12        const std::string &, double = 0.0, double = 0.0 );
13
14     void setFirstName( const std::string & ); // set first name
15     std::string getFirstName() const; // return first name
16
17     void setLastName( const std::string & ); // set last name
18     std::string getLastName() const; // return last name
19
20     void setSocialSecurityNumber( const std::string & ); // set SSN
21     std::string getSocialSecurityNumber() const; // return SSN
22
23     void setGrossSales( double ); // set gross sales amount
24     double getGrossSales() const; // return gross sales amount
25
26     void setCommissionRate( double ); // set commission rate
27     double getCommissionRate() const; // return commission rate
28
29     double earnings() const; // calculate earnings
30     void print() const; // print CommissionEmployee object
31  protected:
32     std::string firstName;
33     std::string lastName;
34     std::string socialSecurityNumber;
35     double grossSales; // gross weekly sales
36     double commissionRate; // commission percentage
37  }; // end class CommissionEmployee
38
39  #endif
```

图 11.12　声明了允许派生类访问的 protected 数据的类 CommissionEmployee 的定义

### 类 BasePlusCommissionEmployee

图 11.10～图 11.11 的类 BasePlusCommissionEmployee 的定义仍然保持不变，因此在这里不再给出。既然类 BasePlusCommissionEmployee 继承更新后的 CommissionEmployee 类（如图 11.12 所示），那么类 BasePlusCommissionEmployee 的对象可以直接访问继承于类 CommissionEmployee 中声明为 protected 的数据成员（也就是数据成员 firstName、lastName、socialSecurityNumber、grossSales 和 commissionRate）。这样，编译器在编译定义在图 11.11 中的类 BasePlusCommissionEmployee 的成员函数 earnings（第 34～38 行）和 print（第 41～49 行）时就不会产生错误，这表明派生类获得了访问 protected 基类数据成员的特权。派生类对象也可以访问该派生类任何间接基类中的 protected 成员。

类 BasePlusCommissionEmployee 没有继承类 CommissionEmployee 的构造函数。但是，类 BasePlusCommissionEmployee 的构造函数（如图 11.11 中第 9～16 行所示）使用成员初始化器语法显式地调用了类 CommissionEmployee 的构造函数（第 13 行）。回想一下，BasePlusCommissionEmployee 的构造函数必须显式调用类 CommissionEmployee 的构造函数，因为类 CommissionEmployee 没有包含可以被隐式调用的默认构造函数。

### 测试修改后的 BasePlusCommissionEmployee 类

为了测试更新后的类层次结构，我们重用图 11.9 的测试程序，正如图 11.13 所示，这时的输出结果与图 11.9 的相同。在创建第一个 BasePlusCommissionEmployee 类时没有使用继承，而创建此新版的 Base-PlusCommissionEmployee 类时使用了继承，尽管这两个类都提供了相同的功能。请注意，这里类 BasePlus-CommissionEmployee 的代码（即头文件和实现文件）一共有 74 行，明显少于非继承版本类的代码（共 161 行），因为继承版本的类从 CommissionEmployee 类中吸收了部分功能，而非继承版本的类没有吸收任何功能。而且，现在只有一份在类 CommissionEmployee 中声明和定义的这些功能的副本，这将使源代码更加易于维护、修改和调试，因为与类 CommissionEmployee 相关的代码只在文件 CommissionEmployee. h 和 CommissionEmployee. cpp 之中。

```
Employee information obtained by get functions:

First name is Bob
Last name is Lewis
Social security number is 333-33-3333
Gross sales is 5000.00
Commission rate is 0.04
Base salary is 300.00

Updated employee information output by print function:

base-salaried commission employee: Bob Lewis
social security number: 333-33-3333
gross sales: 5000.00
commission rate: 0.04
base salary: 1000.00

Employee's earnings: $1200.00
```

图 11.13　派生类可访问的 protected 基类数据

**使用 protected 数据的注意事项**

在本例中把基类的数据成员声明为 protected，这样派生类就可以直接修改这些数据。因为直接访问 protected 数据成员可以免去调用设置或获取成员函数的开销，所以继承 protected 数据成员会使程序的性能稍稍有所提高。

**软件工程知识 11.3**

在多数情况下，使用 private 数据成员是更好的软件工程方法，把代码优化交给编译器去做就可以了。这样的代码将更易于维护、修改和调试。

但是，使用 protected 数据将产生两个问题。第一，派生类对象不必使用成员函数设置基类的 protected 数据成员的值。因此，派生类可以很容易地将无效的值赋给基类的 protected 数据，导致对象处于不一致的状态。例如，如果将类 CommissionEmployee 的数据成员 grossSales 声明为 protected，派生类的对象可以将一个负值赋给 grossSales。第二个使用 protected 数据成员的问题是：派生类成员函数实现很可能太依赖基类的实现。实际上，派生类应该只依赖基类提供的服务（也就是非 private 成员函数），而不应该依赖于基类的实现。当使用了基类的 protected 数据时，如果修改了基类的实现，那么同时还可能需要修改该基类所有的派生类。例如，如果出于某种原因，要将数据成员 firstName 和 lastName 的名字修改为 first 和 last，那么将不得不在所有派生类中直接引用这些基类数据成员的地方进行修改。在这种情况下，我们称该程序是"脆弱"的，因为基类中的一个小的改动就可以"破坏"派生类的实现。程序员应该能够修改基类的实现，同时仍旧能够向派生类提供相同的服务。当然，如果基类提供的服务改变了，就必须重新实现派生类。但是，好的面向对象设计将会避免这种问题。

**软件工程知识 11.4**

在基类仅向其派生类和友元提供服务（也就是非 private 的成员函数）时，使用 protected 成员访问说明符是合适的。

**软件工程知识 11.5**

将基类的数据成员声明为 private(而不是 protected),使程序员可以在不修改派生类实现的同时修改基类的实现。

### 11.3.5 使用 private 数据的 CommissionEmployee-BasePlusCommissionEmployee 继承层次结构

现在重新审视一下我们设计的继承层次结构,这次将采用最好的软件工程实践经验。和前面的图 11.4 中第 31 ~ 36 行一样,类 CommissionEmployee 现在把数据成员 firstName、lastName、socialSecurityNumber、grossSales 和 commissionRate 声明为 private 成员。

```cpp
1   // Fig. 11.14: CommissionEmployee.cpp
2   // Class CommissionEmployee member-function definitions.
3   #include <iostream>
4   #include <stdexcept>
5   #include "CommissionEmployee.h" // CommissionEmployee class definition
6   using namespace std;
7
8   // constructor
9   CommissionEmployee::CommissionEmployee(
10    const string &first, const string &last, const string &ssn,
11    double sales, double rate )
12    : firstName( first ), lastName( last ), socialSecurityNumber( ssn )
13  {
14    setGrossSales( sales ); // validate and store gross sales
15    setCommissionRate( rate ); // validate and store commission rate
16  } // end CommissionEmployee constructor
17
18  // set first name
19  void CommissionEmployee::setFirstName( const string &first )
20  {
21    firstName = first; // should validate
22  } // end function setFirstName
23
24  // return first name
25  string CommissionEmployee::getFirstName() const
26  {
27    return firstName;
28  } // end function getFirstName
29
30  // set last name
31  void CommissionEmployee::setLastName( const string &last )
32  {
33    lastName = last; // should validate
34  } // end function setLastName
35
36  // return last name
37  string CommissionEmployee::getLastName() const
38  {
39    return lastName;
40  } // end function getLastName
41
42  // set social security number
43  void CommissionEmployee::setSocialSecurityNumber( const string &ssn )
44  {
45    socialSecurityNumber = ssn; // should validate
46  } // end function setSocialSecurityNumber
47
48  // return social security number
49  string CommissionEmployee::getSocialSecurityNumber() const
50  {
51    return socialSecurityNumber;
52  } // end function getSocialSecurityNumber
53
54  // set gross sales amount
55  void CommissionEmployee::setGrossSales( double sales )
56  {
57    if ( sales >= 0.0 )
58      grossSales = sales;
```

图 11.14 类 CommissionEmployee 的实现文件:类 CommissionEmployee 使用成员函数操作其 private 数据

```
59      else
60          throw invalid_argument( "Gross sales must be >= 0.0" );
61  } // end function setGrossSales
62
63  // return gross sales amount
64  double CommissionEmployee::getGrossSales() const
65  {
66      return grossSales;
67  } // end function getGrossSales
68
69  // set commission rate
70  void CommissionEmployee::setCommissionRate( double rate )
71  {
72      if ( rate > 0.0 && rate < 1.0 )
73          commissionRate = rate;
74      else
75          throw invalid_argument( "Commission rate must be > 0.0 and < 1.0" );
76  } // end function setCommissionRate
77
78  // return commission rate
79  double CommissionEmployee::getCommissionRate() const
80  {
81      return commissionRate;
82  } // end function getCommissionRate
83
84  // calculate earnings
85  double CommissionEmployee::earnings() const
86  {
87      return getCommissionRate() * getGrossSales();
88  } // end function earnings
89
90  // print CommissionEmployee object
91  void CommissionEmployee::print() const
92  {
93      cout << "commission employee: "
94          << getFirstName() << ' ' << getLastName()
95          << "\nsocial security number: " << getSocialSecurityNumber()
96          << "\ngross sales: " << getGrossSales()
97          << "\ncommission rate: " << getCommissionRate();
98  } // end function print
```

图 11.14（续）　类 CommissionEmployee 的实现文件：类 CommissionEmployee 使用成员函数操作其 private 数据

## 修改类 CommissionEmployee 的成员函数定义

在类 CommissionEmployee 的构造函数的实现中（如图 11.14 中第 9 ~ 16 行所示），我们使用成员初始化器（第 12 行）来设置数据成员 firstName、lastName、socialSecurityNumber 的值。示范了派生类 BasePlusCommissionEmployee（如图 11.15 所示）如何能够调用非 private 的基类成员函数（setFirstName、getFirstName、setLastName、getLastName、setSocialSecurityNumber 和 getSocialSecurityNumber），对这些数据成员进行操作。

```
1   // Fig. 11.15: BasePlusCommissionEmployee.cpp
2   // Class BasePlusCommissionEmployee member-function definitions.
3   #include <iostream>
4   #include <stdexcept>
5   #include "BasePlusCommissionEmployee.h"
6   using namespace std;
7
8   // constructor
9   BasePlusCommissionEmployee::BasePlusCommissionEmployee(
10      const string &first, const string &last, const string &ssn,
11      double sales, double rate, double salary )
12      // explicitly call base-class constructor
13      : CommissionEmployee( first, last, ssn, sales, rate )
14  {
15      setBaseSalary( salary ); // validate and store base salary
16  } // end BasePlusCommissionEmployee constructor
17
18  // set base salary
19  void BasePlusCommissionEmployee::setBaseSalary( double salary )
20  {
```

图 11.15　继承 CommissionEmployee 类，但不能直接访问该
类的 private 数据的 BasePlusCommissionEmployee 类

```
21        if ( salary >= 0.0 )
22           baseSalary = salary;
23        else
24           throw invalid_argument( "Salary must be >= 0.0" );
25     } // end function setBaseSalary
26
27     // return base salary
28     double BasePlusCommissionEmployee::getBaseSalary() const
29     {
30        return baseSalary;
31     } // end function getBaseSalary
32
33     // calculate earnings
34     double BasePlusCommissionEmployee::earnings() const
35     {
36        return getBaseSalary() + CommissionEmployee::earnings();
37     } // end function earnings
38
39     // print BasePlusCommissionEmployee object
40     void BasePlusCommissionEmployee::print() const
41     {
42        cout << "base-salaried ";
43
44        // invoke CommissionEmployee's print function
45        CommissionEmployee::print();
46
47        cout << "\nbase salary: " << getBaseSalary();
48     } // end function print
```

图 11.15(续)  继承 CommissionEmployee 类,但不能直接访问该
类的private数据的BasePlusCommissionEmployee类

在 CommissionEmployee 构造函数的体中,以及成员函数 earnings(如图 11.14 的第 85～88 行所示)和 print(如图 11.14 的第 91～98 行所示)的体中,我们调用这个类的获取和设置成员函数访问它的私有数据成员。如果决定更改这些数据成员的名称,那么无须修改函数 earnings 和 print 的定义,只需修改直接操作这些数据成员的获取和设置成员函数即可。请注意,这些修改只发生在基类中,派生类无须丝毫变动。将修改所产生的影响局部化是一条非常好的软件工程实践经验。

**性能提示 11.2**

利用成员函数访问数据成员的值可能比直接访问这些数据稍慢些。但是,如今优化的编译器经过精心设置,可以隐式地执行许多优化工作(例如,把设置和获取成员函数的调用进行内联)。所以,程序员应该致力于编写出符合软件工程原则的代码,而将优化问题留给编译器去做。一条好的准则是:"不要怀疑编译器"。

### 修改类 BasePlusCommissionEmployee 成员函数定义

类 BasePlusCommissionEmployee 的成员函数实现(如图 11.15 所示)与其早期版本(如图 11.14 和图 11.15 所示)相比有几处变动。成员函数 earnings(如图 11.15 中的第 34～37 行所示)和 print(第 40～48行)都调用成员函数 getBaseSalary,得到 baseSalary 的值,而不是直接访问 baseSalary。这样,就将 earnings 和 print 与数据成员 baseSalary 实现的可能变化进行了隔离。例如,如果决定重命名数据成员 baseSalary 或者改变其类型,那么只需改动成员函数 setBaseSalary 和 getBaseSalary 即可。

### 类 BasePlusCommissionEmployee 的成员函数 earnings

类 BasePlusCommissionEmployee 的成员函数 earnings(如图 11.15 中的第 34～37 行所示)重新定义了类 CommissionEmployee 的成员函数 earnings(如图 11.14 中的第 85～88 行所示),来计算带底薪佣金雇员的收入。类 BasePlusCommissionEmployee 的成员函数 earnings 通过表达式 CommissionEmployee::earnings()(如图 11.15 中的第 36 行所示)调用基类 CommissionEmployee 的 earnings 函数,获取雇员收入中的提成部分,然后再加上底薪来计算雇员的总收入。请注意由已重新定义基类成员函数的派生类调用基类的函数时的语法格式,即在基类成员函数名之前加基类名和二元作用域分辨运算符(::)。这种函数调用是一条

好的软件工程实践经验。回忆一下在第 9 章中所提到的，如果一个对象的成员函数能实现另一个对象所需的功能，就应该首选调用这个函数而不是复制其代码。类 BasePlusCommissionEmployee 的 earnings 函数通过调用类 CommissionEmployee 的成员函数 earnings，实现类 BasePlusCommissionEmployee 对象的部分收入的计算功能，从而避免了这部分代码的复制，减轻了代码维护的负担。

**常见的编程错误11.2**

当派生类重新定义了基类的成员函数时，派生版的函数常常需要调用基类版的函数来做些额外的工作。如果在调用基类版的成员函数时忘了在前面加上基类的名称和二元作用域分辨运算符(::)，将导致无限递归的错误，因为派生类版的成员函数将调用它自己。

### 类 BasePlusCommissionEmployee 的成员函数 print

类似地，类 BasePlusCommissionEmployee 的 print 函数(如图 11.20 中的第 40～48 行所示)重新定义了类 CommissionEmployee 的成员函数 print(如图 11.18 中的第 91～98 行所示)，输出相应的带底薪佣金雇员的信息。类 BasePlusCommissionEmployee 的版本使用限定名 CommissionEmployee :: print()(如图 11.20 中的第 41 行所示)，调用类 CommissionEmployee 的 print 成员函数，显示类 BasePlusCommissionEmployee 对象的部分信息，也就是字符串"commission employee"和类 CommissionEmployee 的 private 数据成员的值。然后，类 BasePlusCommissionEmployee 的 print 函数输出类 BasePlusCommissionEmployee 对象中的其余信息，也就是类 BasePlusCommissionEmployee 的底薪值。

### 测试修改后的类层次结构

本例再一次使用图 11.9 中对类 BasePlusCommissionEmployee 的测试程序，而且产生了同样的输出结果。尽管每个"带底薪佣金雇员"类的行为都相同，但是这一节中类 BasePlusCommissionEmployee 的版本遵循了最好的软件工程规范。我们使用继承和成员函数调用，隐藏了数据并保持了一致性，从而建立了一个遵循良好软件工程规范的类。

### CommissionEmployee-BasePlusCommissionEmployee 继承层次结构示例的总结

在这一节中，精心设计了一组循序渐进的例子，讲述使用继承进行良好软件工程实践的要点。大家学习了如何通过继承创建派生类，如何使用 protected 基类成员使派生类可以访问继承而来的基类数据成员，如何重新定义基类的成员函数而为派生类的对象提供更适合的函数实现版本。除此之外，大家还学习了如何应用第 9 章和本章所介绍的软件工程技术，使创建出来的类更加易于维护、修改和调试。

## 11.4　派生类中的构造函数和析构函数

正如前面所述，实例化派生类的对象启动了一连串构造函数的调用，其中派生类的构造函数在执行它自己的任务之前，先显式地调用(通过基类成员的初始化器)或隐式(调用基类的默认构造函数)地调用其直接基类的构造函数。同样，如果该基类也是从其他的类派生而来的，则该基类构造函数需调用类层次结构中直接在该基类上的类的构造函数。在这个构造函数调用链中，调用的最后一个构造函数是在继承层次结构中最顶层的构造函数，但是实际上它的函数体是最先执行完毕的，最早调用的派生类构造函数最晚完成其函数体的执行。每个基类构造函数初始化派生类对象继承的该基类的数据成员。例如，在我们前面研究的 CommissionEmployee-BasePlusCommissionEmployee 继承层次结构中，当程序创建类 Base-PlusCommissionEmployee 的一个对象时，将调用类 CommissionEmployee 的构造函数。因为类 CommissionEmployee 是这个继承层次结构中的基类，所以它的构造函数先执行，所初始化的 CommissionEmployee 的 private 数据成员同时也是类 BasePlusCommissionEmployee 对象的一部分。当类 CommissionEmployee 的构造函数执行完毕时，它将程序控制权还给类 BasePlusCommissionEmployee 的构造函数，后者然后初始化这个 BasePlusCommissionEmployee 类对象的数据成员 baseSalary。

**软件工程知识 11.6**

当程序创建一个派生类对象时，派生类构造函数立即调用基类的构造函数，基类的构造函数的函数体执行，然后派生类的成员初始化器执行，最后派生类构造函数的函数体执行。如果这时的继承层次结构有多层，那么这一过程还将向上翻滚。

当销毁派生类的对象时，程序将调用对象的析构函数。这又将展开一连串的析构函数调用，其中派生类的析构函数，派生类的直接基类、派生类的间接基类及类的成员的析构函数，会按照它们构造函数执行次序的相反顺序依次执行。当调用派生类对象的析构函数时，该析构函数执行其任务，然后调用继承层次结构中上一层基类的析构函数。这一过程重复进行，直到继承层次结构顶层的最后一个基类的析构函数被调用。之后，该对象就从内存中被删除了。

**软件工程知识 11.7**

假设我们创建一个派生类对象，这个派生类及其基类中都包含(通过组成)其他类的对象。当这个派生类的对象被创建时，首先执行基类成员对象的构造函数，然后执行基类构造函数的函数体，接着执行派生类成员对象的构造函数，最后执行派生类构造函数的函数体。派生类对象析构函数的调用顺序与相应的构造函数的调用顺序正好相反。

派生类不会继承基类的构造函数、析构函数和重载的赋值运算符(见第 10 章)。但是，派生类的构造函数、析构函数和重载的赋值运算符可以调用基类的构造函数、析构函数和重载的赋值运算符函数。

### C++11：继承基类的构造函数

有时候派生类的构造函数只是简单地模拟一下基类的构造函数。C++11 的一个被频繁请求的方便特性是具有继承基类的能力。现在，大家只要在派生类定义中的任何地方显式地包含如下形式的一条 using 声明，就可以具有此功能：

**using** *BaseClass*::*BaseClass*;

在上述声明形式中的 BaseClass 是代表基类的名称。除了下面所列的少数例外情况外，对于基类的每个构造函数，编译器都生成一个派生类构造函数，它调用相应的基类构造函数。生成的构造函数对派生类新增的数据成员只执行默认的初始化。在继承构造函数时：

- 默认情况下，每个继承而来的构造函数和它相应的基类构造函数具有相同的访问级别(public、protected 或者 private)。
- 缺省构造函数、拷贝构造函数和移动构造函数不被继承。
- 如果在基类构造函数的原型中放置" = delete"而在基类中删除这个构造函数，那么在派生类中相应的构造函数也被删除。
- 如果派生类没有显式地定义构造函数，那么编译器在派生类生成一个默认构造函数，即使它从基类继承了其他构造函数。
- 如果显式地定义在派生类的构造函数和基类的构造函数具有相同的形参列表，那么该基类的构造函数不被继承。
- 基类构造函数的默认实参是不被继承的，反而编译器在派生类中生成重载的构造函数。例如，如果基类声明了如下的构造函数：

    *BaseClass*( **int** = 0, **double** = 0.0 );

    那么，编译器生成如下的两个没有默认实参的派生类构造函数：

    *DerivedClass*( **int** );
    *DerivedClass*( **int**, **double** );

这两个构造函数都调用这个指定默认实参的 BaseClass 构造函数。

## 11.5　public、protected 和 private 继承

当由基类派生出一个类时，继承基类的方式有三种，即 public 继承、protected 继承和 private 继承。本书中一般采用 public 继承。protected 继承使用得很少。第 19 章将演示如何通过 private 继承方式实现组成的效果。图 11.16 总结了每一种继承方式下，在派生类中对基类成员的可访问性，其中第一列是基类的成员访问说明符。

| 基类的成员访问说明符 | 继承类型 | | |
| --- | --- | --- | --- |
| | public 继承 | protected 继承 | private 继承 |
| public | 在派生类中 public<br><br>可以直接被成员函数、friend 函数和非成员函数访问 | 在派生类中 protected<br><br>可以直接被成员函数和 friend 函数访问 | 在派生类中 private<br><br>可以直接被成员函数和 friend 函数访问 |
| protected | 在派生类中 protected<br><br>可以直接被成员函数和 friend 函数访问 | 在派生类中 protected<br><br>可以直接被成员函数和 friend 函数访问 | 在派生类中 protected<br><br>可以直接被成员函数和 friend 函数访问 |
| private | 在派生类中隐藏<br><br>成员函数和 friend 函数可以通过基类的 public 或 protected 成员函数访问 | 在派生类中隐藏<br><br>成员函数和 friend 函数可以通过基类的 public 或 protected 成员函数访问 | 在派生类中隐藏<br><br>成员函数和 friend 函数可以通过基类的 public 或 protected 成员函数访问 |

图 11.16　派生类中基类成员可访问性的总结

当采用 public 继承派生一个类时，基类的 public 成员成为派生类中的 public 成员，基类的 protected 成员成为派生类中的 protected 成员。派生类永远不能直接访问基类的 private 成员，但是可以通过调用基类的 public 和 protected 成员进行间接访问。

当采用 protected 继承派生一个类时，基类的 public 和 protected 成员都变成派生类中的 protected 成员。当采用 private 继承派生一个类时，基类的 public 和 protected 成员都变成派生类的 private 成员（例如，基类的这些函数都成为派生类的工具函数）。private 和 protected 继承不满足"是一个"关系。

## 11.6　继承与软件工程

有时候，学生很难认识到业界大型软件项目的设计者所面临的问题。有这样项目开发经验的人都知道，有效的软件复用能够加快软件开发的进程。面向对象编程鼓励软件复用，以缩短软件开发时间并提高软件的质量。

当使用继承从现有类创建新类时，正如图 11.16 所描述的，新类继承了现有类的数据成员和成员函数。可以通过添加另外的成员或者重新定义基类的成员定制这个新类，使它满足需求。正因为如此，C++ 程序员就可以不用访问基类的源代码实现派生类的创建，但是派生类必须能够链接到基类的目标代码。继承这种强大的功能非常吸引软件开发人员，他们可以开发具有销售所有权或发布许可证的专有类，然后以目标代码的形式将这些类提供给用户使用。这样，用户不用直接访问这些专有的源代码就能快速地从类库中继承并创建新类。软件开发人员需要随目标代码提供相应的头文件。

正是通过继承机制，才使实用的类库发挥出了软件复用的最大优势。标准 C++ 库往往太通用，而且范围有限。因此，不管怎样，为各种应用领域开发类库还将是世界范围的软件同行应承担的义务。

**软件工程知识 11.8**

在面向对象软件系统的设计阶段，设计者常常要确定哪些类是高度相关的。设计者应当"筛选出"公共的属性和行为并设计成基类，然后使用继承创建派生类。

**软件工程知识 11.9**

派生类的创建并不影响其基类的源代码，继承机制保护了基类的完整性。

## 11.7　本章小结

　　本章介绍了继承，它是通过吸收现有类的数据成员和成员函数并用新的性能润色它们来创建新类的功能。通过一系列使用雇员继承层次结构的例子，讲解了基类和派生类的概念，并分析了使用 public 继承创建继承基类成员的派生类。本章还介绍了成员访问说明符 protected，派生类的成员函数可以直接访问基类的 protected 成员。此外还学习了如何访问派生类重新定义的原基类成员，即通过用基类名和二元作用域分辨运算符(::)限定它们名字的方法，并知道了继承层次结构中类对象的构造函数和析构函数的调用顺序。最后，介绍了三种继承类型(即 public 继承、private 继承和 protected 继承)及每种继承方式下基类成员在派生类中的访问权限。

　　在第 12 章"面向对象编程：多态性"中，将通过多态性的介绍继续讨论继承。多态性是一个面向对象的概念，使程序能够以一种更一般的方式处理与继承相关的各种各样类的对象。在完成第 12 章的学习后，大家将对类、对象、封装、继承和多态性更为熟悉，这些都是面向对象编程中最重要的概念。

## 摘要

### 11.1 节　简介

- 软件复用节省了软件开发的时间和成本。
- 继承是软件复用的一种方式，通过继承，可以在吸收现有类的各种性能的基础上，再加以定制或增强，来创建新类。现有的类称为基类，创建的新类称为派生类。
- 派生类的每个对象也都是基类的对象。但是，基类的对象并不是其派生类的对象。
- "是一个"关系表示继承。在"是一个"关系中，派生类的对象都可以看成是其基类的一个对象。
- "有一个"关系表示组成。在"有一个"关系中，一个对象可以把其他类的一个或多个对象拿来作为自己的成员，但是在它的接口中并不直接暴露这些成员对象的行为。

### 11.2 节　基类和派生类

- 派生类的直接基类是派生类显式继承的类，间接基类是指在类层次结构中经过两级或两级以上继承的类。
- 在单一继承中，类从一个基类派生而来。在多重继承中，类从多个基类(可以是不相关的)继承而来。
- 派生类表示了一组更加特殊化的对象。
- 继承关系构成了类的层次结构。
- 可以用与对待基类对象相似的方式对待派生类对象，基类和派生类的共同点表现在基类的数据成员和成员函数中。

### 11.4 节　派生类中的构造函数和析构函数

- 当实例化派生类的对象时，基类的构造函数会被立即调用来初始化派生类对象中的基类数据成员，然后派生类的构造函数会初始化其他派生类的数据成员。
- 当销毁派生类的对象时，析构函数的调用顺序和相应的构造函数的调用顺序刚好相反，即先调用派生类的析构函数，然后调用基类的析构函数。
- 在程序中凡是出现基类对象或者基类的派生类对象句柄的地方，都可以访问基类的 public 成员。或者只要类名在作用域内，当使用二元作用域分辨运算符时，也可以访问基类的 public 成员。

- 基类的 private 成员只能在基类的定义中或者由基类的友元访问。
- 基类的 protected 成员既可以被基类的成员和友元访问，又可以被基类的任何派生类的成员和友元访问。
- 在 C++11 中，派生类可以从它的基类继承构造函数，只要在派生类定义中的任何地方显式地包含如下形式的一条 using 声明即可：

  using *BaseClass*::*BaseClass*；

## 11.5 节　public、protected 和 private 继承

- 把数据成员声明为 private，同时提供对这些数据进行操作和有效性确认的非 private 成员函数，将有利于实现更好的软件工程。
- 当从基类派生类时，基类可以声明为 public、private 或 protected。
- 当采用 public 继承派生一个类时，基类的 public 成员成为派生类中的 public 成员，基类的 protected 成员成为派生类中的 protected 成员。
- 当采用 protected 继承派生一个类时，基类的 public 和 protected 成员都变成派生类中的 protected 成员。
- 当采用 private 继承派生一个类时，基类的 public 和 protected 成员都变成派生类的 private 成员。

## 自测练习题

11.1　填空题。

　　a)_____是一种软件复用的方式，其中新类吸收了现有类的数据和行为，并使这些类具有其他的新性能。

　　b)基类的_____成员可以在基类的定义中、派生类的定义中和基类的友元中访问。

　　c)在一个_____关系中，派生类的对象都可被视为基类的对象。

　　d)在一个_____关系中，类对象可以让一个或者多个其他类的对象作为它的成员。

　　e)在单一继承中，基类与其派生类之间是一种_____关系。

　　f)在基类内和程序中凡是出现基类对象或者基类的派生类对象句柄的地方，都可以访问基类的_____成员。

　　g)基类的 protected 成员是介于 public 和_____访问之间的一级保护。

　　h)C++提供的_____机制允许一个派生类继承多个基类，即使这些基类是互不相关的。

　　i)当实例化派生类的对象时，会显式或隐式地调用基类的_____函数，从而对派生类对象中的基类数据成员做必要的初始化工作。

　　j)当采用 public 继承从基类派生一个类时，基类的 public 成员成为派生类的_____成员，基类的 protected 成员成为派生类的_____成员。

　　k)当采用 protected 继承从基类派生一个类时，基类的 public 成员成为派生类的_____成员，基类的 protected 成员成为派生类的_____成员。

11.2　判断对错。如果错误，请说明理由。

　　a)派生类不会继承基类的构造函数。

　　b)"有一个"关系可以通过继承实现。

　　c)汽车类 Car 与车轮类 SteeringWheel 以及刹车装置类 Brakes 之间是"是一个"关系。

　　d)继承鼓励复用业已证明的高质量软件。

　　e)当销毁派生类对象时，析构函数的调用顺序和相应的构造函数的调用顺序刚好相反。

## 自测练习题答案

11.1　a)继承。b)protected。c)"是一个"或继承(对于 public 继承)。d)"有一个"或组成或聚合。e)层次结构。f)public。g)private。h)多重继承。i)构造函数。j)public，protected。k)protected，protected。

11.2    a)正确。b)错误。"有一个"关系是通过组成实现的,而"是一个"关系是通过继承实现的。c)错误。这是一个"有一个"关系的例子。汽车类 Car 和交通工具类 Vehicle 之间才是"是一个"关系。d)正确。e)正确。

## 练习题

11.3    (**组成作为继承的一种替代**)许多使用继承实现的程序都可以用组成来实现,反之亦然。请使用组成而非继承重新编写 CommissionEmployee-BasePlusCommissionEmployee 层次结构中的类 BasePlusCommissionEmployee。之后,分别就类 CommissionEmployee 和 BasePlusCommissionEmployee 的设计,以及面向对象程序,谈谈这两种方法各自相对的优点是什么?哪种方法更贴近自然?为什么?

11.4    讨论继承怎样在程序开发中鼓励软件复用、节省时间,并有助于预防错误的发生。

11.5    有些程序员不太愿意使用 protected 访问,因为他们认为这样将破坏基类的封装性。试讨论基类中使用 protected 访问和使用 private 访问各自相对的优点。

11.6    (**学生的继承层次结构**)请画一张类似于图 11.2 所示层次的大学学生继承层次结构图。首先以学生类 Student 作为该层次结构的基类,然后将本科生类 UndergraduateStudent 和研究生类 GraduateStudent包含到图中,它们是 Student 的派生类。接着继续扩展该层次,越深越好(即尽可能多地添加层次)。例如,可以从 UndergraduateStudent 派生出大一类 Freshman、大二类 Sophomore、大三类 Junior 和大四类 Senior,从 GraduateStudent 派生出博士生类 DoctoralStudent、硕士生类 MastersStudent。在画出层次结构图后,讨论图中类间存在的关系。请注意,本练习题不用编写任何代码。

11.7    (**更丰富的形状层次结构**)现实世界中,形状要比图 11.3 所示继承层次结构中的形状丰富得多。请写出所有你可以想到的二维和三维图形,并由它们形成层数尽可能多的更加完备的形状继承层次结构。该层次结构应以形状类 Shape 作为基类,二维形状类 TwoDimensionalShape 和三维形状类 ThreeDimensionalShape 作为其直接派生类。注意,本练习题不用编写任何代码。在第 12 章的练习题中将使用该层次结构将一组不同的形状作为基类 Shape 的对象来处理。这种技术称为多态性,正是第 12 章所要讨论的主题。

11.8    (**四边形的继承层次结构**)请为四边形类 Quadrilateral、梯形类 Trapezoid、平行四边形类 Parallelogram、矩形类 Rectangle 和正方形类 Square 画出一个继承层次结构。以 Quadrilateral 作为该层次结构的基类,并使层次尽可能多。

11.9    (**包裹的继承层次结构**)一些包裹快递商,如 FedEx、DHL 和 UPS,都提供多样化的服务,同时也收取不同的费用。请创建一个表示各种不同包裹的继承层次结构。以包裹类 Package 作为基类,两日包裹类 TwoDayPackage 和隔夜包裹类 OvernightPackage 作为派生类。基类 Package 应该包括代表寄件人和收件人姓名、地址、所在城市、所在州和邮政编码等的数据成员。此外,还应包含存储包裹重量(以盎司计)和运送包裹的每盎司费用的数据成员。类 Package 的构造函数应初始化这些数据成员,并确保重量和每盎司费用为正值。Package 应该提供 public 成员函数 calculateCost,该函数计算重量和每盎司费用的乘积,得到的是与运输该包裹有关的费用并返回(返回值类型为 double)。派生类 TwoDayPackage 应该继承基类 Package 的功能,但还应包含一个数据成员,表示付给两日快递服务的平寄费。TwoDayPackage 构造函数应接受一个值来初始化这个数据成员。类 TwoDayPackage 还应该重新定义基类的成员函数 calculateCost 来计算运输费用,具体方法是将平寄费加到由基类 Package 的 calculateCost 函数计算得到的基于重量的费用中。派生类 OvernightPackage 应直接继承基类,并且应包含一个附加的数据成员,表示付给隔夜快递服务的每盎司的额外费用。类 OvernightPackage 应当重新定义基类的成员函数 calculateCost,从而使它在计算运输费用之前,先将额外的每盎司费用加到标准的每盎司费用上。编写测试程序,创建每种 Package 的对象并测试成员函数 calculateCost。

11.10　（**账户的继承层次结构**）创建一个银行账户的继承层次结构，表示银行的所有客户账户。所有的客户都能在他们的银行账户存钱（即记入贷方）、取钱（即记入借方），但是账户也可以分成更具体的类型。例如，存款账户依靠存款生利。另一方面，支票账户对每笔交易（即存款或取款）收取费用。

请创建一个类层次结构，以账户类 Account 作为基类，存款账户类 SavingsAccount 和支票账户类 CheckingAccount 作为派生类。基类 Account 应该包括一个 double 类型的数据成员，表示账户的余额。这个类应该提供一个构造函数，接收一个初始余额值并用它初始化表示余额的数据成员。而且该构造函数应该确认初始余额的有效性，保证它大于等于 0。如果小于 0，则应该将表示余额的数据成员设置为 0，并显示出错信息，表明该初始化余额是一个无效的值。类 Account 还应当提供三个成员函数。成员函数 credit 应该负责向当前表示余额的数据成员加钱；成员函数 debit 应该负责从账户中取钱，并且保证账户不会透支。如果提取金额大于账户余额，函数将保持表示余额的数据成员的值不变，并打印信息"Debit amount exceeded account balance."。成员函数 getBalance 则应该返回当前表示余额的数据成员的值。

派生类 SavingsAccount 不仅继承了基类 Account 的功能，而且还应提供一个附加的 double 类型的数据成员，表示支付给这个账户的利率（百分比）。类 SavingsAccount 的构造函数应该接收初始余额值和初始利率值，还应该提供一个 public 成员函数 calculateInterest，返回代表账户所获的利息的一个 double 值。成员函数 calculateInterest 应该通过计算账户余额和利率的乘积得到账户所获的利息。注意：类 SavingsAccount 应该继承基类 Account 的成员函数 credit 和 debit，不需要重新定义。

派生类 CheckingAccount 不仅继承了基类 Account 的功能，而且还应提供一个附加的 double 类型的数据成员，表示每笔交易的费用。类 CheckingAccount 的构造函数应该接收初始余额值和交易费用值。类 CheckingAccount 应该需要重新定义成员函数 credit 和 debit，这样当每笔交易顺利完成时，从账户余额中减去每笔交易的费用。类 CheckingAccount 重新定义这些函数时应该调用基类 Account 中的这两个函数来执行账户余额的更新。类 CheckingAccount 的 debit 函数只有当钱被成功提取时（即提取金额不超过账户余额时）才应当收取交易费。提示：定义类 Account 的 debit 函数使它返回一个 bool 类型值，表示钱是否被成功提取。然后利用这个值决定是否应该扣除交易费。

当这个层次结构中的类定义完毕之后，请编写一个程序，要求创建每个类的对象并测试它们的成员函数。将利息加到 SavingsAccount 对象的方法是：先调用它的成员函数 calculateInterest，然后将返回的利息数传递给该对象的 credit 函数。

# 第 12 章　面向对象编程：多态性

The silence often of pure innocence Persuades when speaking fails.

—William Shakespeare

General propositions do not decide concrete cases.

—Oliver Wendell Holmes

A philosopher of imposing stature doesn't think in a vacuum. Even his most abstract ideas are, to some extent, conditioned by what is or is not known in the time when he lives.

—Alfred North Whitehead

## 学习目标

在本章中将学习：

- 多态性如何使程序设计更加方便，如何使系统更具扩展性
- 抽象类和具体类的区别，如何创建抽象类
- 使用运行时类型信息(RTTI)
- C++ 如何实现 virtual 函数和动态绑定
- virtual 析构函数如何确保所有合适的析构函数能够在某一个具体的对象上合理地运行。

## 提纲

摘要|自测练习题|自测练习题答案|练习题|社会实践题

## 12.1　简介

本章将继续 OOP 的学习，在类的继承层次结构下解释和演示多态性（polymorphism）。多态性使程序员能够进行"通用化编程"，而不是"特殊化编程"。特别地，多态性使编写的程序在处理同一个类层次结构下类的对象时就好像它们是基类的所有对象一样。我们将看到，多态性利用了基类的指针句柄和基类的引用句柄，而不是利用名字句柄。

**扩展性实现**

利用多态性，我们可以设计和实现更具扩展性的软件系统，只要新类是程序通常处理的类继承层次的一部分，就可以在经过少量修改或不加修改后加入到程序的常规部分。程序中唯一需要修改以适应新类的地方，就是那些需要程序员添加到继承层次的新类的直接知识部分。例如，如果创建一个从类 Animal 派生的乌龟类 Tortoise（它对 move 消息的反应可能是爬行 1 英寸，即 2.54 厘米），那么就只需要编写 Tortoise 类和实例化 Tortoise 对象的模拟部分，而常规处理每个 Animal 对象的模拟部分可以保持不变。

**多态底层实现机制讨论选读**

本章的主要特点是多态性的详细讨论（选读）：virtual 函数和动态绑定的底层实现机制，该部分使用一张明细图来解释在 C++ 中如何实现多态性。

## 12.2　多态性介绍：多态视频游戏

假设要设计一个计算机视频游戏，它操作多种不同类型的对象，包括类 Martian、Venutian、Plutonian、SpaceShip 和 LaserBeam 的对象。假定所有这些类都是从一个通用基类 SpaceObject 类继承而来的，该基类有一个成员函数 draw。每个派生类都以适合自己的方式来实现 draw 函数。屏幕管理器程序维护一个容器（例如，一个 vector 对象），其中装有指向各种不同类对象的 SpaceObject 指针。为了刷新屏幕，屏幕管理器需定时地向每个不同类型的对象发送同样的消息，也就是 draw。每一种类型的对象都有自己与众不同的响应方式。例如，Martian 对象可能把自己绘制成红色，并带有适当数量的天线。SpaceShip 对象可能会把自己绘制成银色的飞碟。LaserBeam 对象可能会把自己绘制成横贯屏幕的鲜红色的光柱。相同消息（本例中为 draw）发送给不同类型的对象，产生了"不同形式"的结果——故而称之为多态性。

多态性的屏幕管理器非常便于向系统中添加新类，因为只需做最少量的代码改动即可。假设我们打算将 Mercurian 的对象添加到上述视频游戏中。为此，必须构建一个从 SpaceObject 类继承而来的 Mercurian 类对象，但是它要提供自己的成员函数 draw 的定义。然后，当指向 Mercurian 类对象的指针出现在容器中时，程序员并不需要修改屏幕管理器的代码。屏幕管理器对容器中的每个对象调用成员函数 draw，而不管对象的类型，所以这样新的 Mercurian 对象只需"直接插入"就行。因此，不需要改动系统（除了构建和包含类本身之外），程序员就可以利用多态性容纳新加入的类，甚至包括那些在系统创建时没有预见到的类。

**软件工程知识 12.1**

利用多态性，程序员可以处理普遍性问题并让执行时的环境自己关心特殊性。可以指挥各种对象执行与它们相符的行为，甚至不需要知道它们的类型（只要这些对象属于同一个继承层次，并且它们都是通过一个共同的基类指针或者一个共同的基类引用访问的）。

**软件工程知识 12.2**

多态性提高了软件的可扩展性，调用多态行为的软件可以用与接收消息的对象类型无关的方式编写。因此，不用修改基本系统，就可以把能够响应现有消息的新类型的对象添加到系统中。只有实例化新对象的客户代码必须修改，以适应新类型。

## 12.3　类继承层次中对象之间的关系

在 11.3 节创建的雇员类层次结构中，类 BasePlusCommissionEmployee 继承了类 CommissionEmployee。第 11 章的例子通过类 CommissionEmployee 和 BasePlusCommissionEmployee 的对象名调用其成员函数来操作这些对象。现在，我们将更详细地分析在继承层次结构中各个类之间的关系。下面几节提供了一系列实例，演示如何将基类指针和派生类指针指向基类对象和派生类对象，以及如何利用这些指针调用操作这些对象的成员函数。

- 在 12.3.1 节，我们把派生类对象的地址赋给基类指针。然后，展示通过该基类指针调用函数，从而调用基类的功能，也就是句柄类型决定哪个函数被调用。
- 12.3.2 节中将基类对象的地址赋给派生类指针，结果将导致编译错误。我们讨论这一错误消息，并研究编译器不允许这样赋值的原因。
- 在 12.3.3 节，我们把派生类对象的地址赋给基类指针，然后分析为什么利用该基类指针只能调用基类的功能，而当通过该基类指针试图调用派生类的成员函数时，编译产生了错误。
- 最后，12.3.4 节展示如何从指向派生类对象的基类指针中获取多态行为。首先，介绍 virtual 函数和多态性，这是通过将基类函数声明为 virtual 实现的。然后，把派生类对象的地址赋给基类指针，并利用这一指针调用派生类的功能，这恰恰是我们需要达到多态性行为的功能。

演示这些例子就是想说明这样一个重要思想：public 继承的派生类的对象可以当成它的基类对象进行处理。这导致了一些有趣的操作。例如，在程序中可以创建一个基类指针的数组，数组元素指向许多派生类的对象。尽管事实上派生类对象和基类对象是不同的类型，但是编译器允许这种赋值，因为每个派生类对象都是一个基类对象。然而，不能把基类对象当成任何一个派生类的对象来处理。例如，第 11 章定义的类继承层次中，类 CommissionEmployee 的对象就不是类 BasePlusCommissionEmployee 的对象，因为类 CommissionEmployee 的对象没有数据成员 baseSalary 及成员函数 setBaseSalary 和 getBaseSalary，"是一个"的关系只适用于从派生类到它的直接或者间接基类。

### 12.3.1　从派生类对象调用基类函数

图 12.1 中的例子重用了 11.3.5 节中 CommissionEmployee 和 BasePlusCommissionEmployee 的最终版本。演示了将基类指针和派生类指针指向基类对象和派生类对象的三种方式。前两种是简单直接的——将基类指针指向基类对象并调用基类的功能，以及将派生类指针指向派生类对象并调用派生类的功能。然后，通过把基类指针指向派生类对象，以及展示基类的功能性的确在派生类对象中是可用的，来说明派生类和基类之间的关系(即在继承层次中的"是一个"关系)。

```
1   // Fig. 12.1: fig12_01.cpp
2   // Aiming base-class and derived-class pointers at base-class
3   // and derived-class objects, respectively.
4   #include <iostream>
5   #include <iomanip>
6   #include "CommissionEmployee.h"
7   #include "BasePlusCommissionEmployee.h"
8   using namespace std;
9
10  int main()
11  {
12     // create base-class object
13     CommissionEmployee commissionEmployee(
14        "Sue", "Jones", "222-22-2222", 10000, .06 );
15
16     // create base-class pointer
17     CommissionEmployee *commissionEmployeePtr = nullptr;
18
19     // create derived-class object
20     BasePlusCommissionEmployee basePlusCommissionEmployee(
```

图 12.1　将基类、派生类对象的地址分别分配给基类、派生类指针

```
21           "Bob", "Lewis", "333-33-3333", 5000, .04, 300 );
22
23      // create derived-class pointer
24      BasePlusCommissionEmployee *basePlusCommissionEmployeePtr = nullptr;
25
26      // set floating-point output formatting
27      cout << fixed << setprecision( 2 );
28
29      // output objects commissionEmployee and basePlusCommissionEmployee
30      cout << "Print base-class and derived-class objects:\n\n";
31      commissionEmployee.print(); // invokes base-class print
32      cout << "\n\n";
33      basePlusCommissionEmployee.print(); // invokes derived-class print
34
35      // aim base-class pointer at base-class object and print
36      commissionEmployeePtr = &commissionEmployee; // perfectly natural
37      cout << "\n\n\nCalling print with base-class pointer to "
38          << "\nbase-class object invokes base-class print function:\n\n";
39      commissionEmployeePtr->print(); // invokes base-class print
40
41      // aim derived-class pointer at derived-class object and print
42      basePlusCommissionEmployeePtr = &basePlusCommissionEmployee; // natural
43      cout << "\n\n\nCalling print with derived-class pointer to "
44          << "\nderived-class object invokes derived-class "
45          << "print function:\n\n";
46      basePlusCommissionEmployeePtr->print(); // invokes derived-class print
47
48      // aim base-class pointer at derived-class object and print
49      commissionEmployeePtr = &basePlusCommissionEmployee;
50      cout << "\n\n\nCalling print with base-class pointer to "
51          << "derived-class object\ninvokes base-class print "
52          << "function on that derived-class object:\n\n";
53      commissionEmployeePtr->print(); // invokes base-class print
54      cout << endl;
55  } // end main
```

```
Print base-class and derived-class objects:

commission employee: Sue Jones
social security number: 222-22-2222
gross sales: 10000.00
commission rate: 0.06

base-salaried commission employee: Bob Lewis
social security number: 333-33-3333
gross sales: 5000.00
commission rate: 0.04
base salary: 300.00


Calling print with base-class pointer to
base-class object invokes base-class print function:

commission employee: Sue Jones
social security number: 222-22-2222
gross sales: 10000.00
commission rate: 0.06


Calling print with derived-class pointer to
derived-class object invokes derived-class print function:

base-salaried commission employee: Bob Lewis
social security number: 333-33-3333
gross sales: 5000.00
commission rate: 0.04
base salary: 300.00


Calling print with base-class pointer to derived-class object
invokes base-class print function on that derived-class object:

commission employee: Bob Lewis
social security number: 333-33-3333
gross sales: 5000.00
commission rate: 0.04          —— 注意基本工资并未展示
```

图 12.1(续)　将基类、派生类对象的地址分别分配给基类、派生类指针

如先前所提,每个 BasePlusCommissionEmployee 类的对象都是一个 CommissionEmployee 类的对象,且有基本工资。BasePlusCommissionEmployee 类的 earnings 成员函数(见图 11.5 中的第 34~37 行)重新定义了 CommssionEmployee 类的 earnings 成员函数(见图 11.14 中的第 85~88 行)以包含对象的基本工资。BasePlusCommissionEmployee 类的 print 成员函数(见图 11.15 中的第 40~48 行)重新定义了 CommssionEmployee 类的版本(见图 11.14 中的第 91~98 行),以显示相同信息和雇员的基本工资。

### 创建对象并展示它们的内容

在图 12.1 中,第 13~14 行创建了一个 CommissionEmployee 类对象,在第 17 行创建了一个指向 CommissionEmployee 类对象的指针,在第 20~21 行创建了一个 BasePlusCommissionEmployee 类对象,并在第 24 行创建了一个指向 BasePlusCommissionEmployee 类对象的指针。第 31 行和第 33 行用每个对象的名字调用它的 print 成员函数。

### 基类指针指向基类对象

第 36 行把基类对象 commissionEmployee 的地址赋给了基类指针 commissionEmployeePtr,第 39 行则利用该指针调用这个 CommissionEmployee 类对象的成员函数 print。此时所调用的 print 函数是在基类 CommissionEmployee 中定义的版本。

### 派生类指针指向派生类对象

同样,第 42 行把派生类对象 basePlusCommissionEmployee 的地址赋给派生类指针 basePlusCommissionEmployeePtr,而第 46 行利用该指针调用这个 BasePlusCommissionEmployee 类对象的成员函数 print,此时所调用的 print 函数是在派生类 BasePlusCommissionEmployee 中定义的版本。

### 基类指针指向派生类对象

然后,第 49 行把派生类对象 basePlusCommissionEmployee 的地址赋给了基类指针 commissionEmployeePtr,在第 53 行,利用此指针调用成员函数 print。C++ 编译器允许这样"交叉赋值",因为每个派生类对象都是一个基类对象。请注意,虽然事实上基类 CommissionEmployee 的指针指向了派生类 BasePlusCommissionEmployee 的对象,但调用的仍是基类 CommissionEmployee 的成员函数 print(而不是类 BasePlusCommissionEmployee 的成员函数 print)。本程序中对各个 print 成员函数调用的输出结果表明,被调用的功能取决于用来调用函数的句柄(如指针或者引用)类型,而不是句柄所指向的对象类型。在 12.3.4 节介绍 virtual 函数时,将证明调用对象类型功能是可行的,而非调用句柄类型功能。我们会看到这对于实现多态性的行为是至关重要的,这也是本章的关键主题。

## 12.3.2　将派生类指针指向基类对象

在 12.3.1 节,我们把派生类对象的地址赋给了基类指针,并解释了 C++ 编译器允许这种赋值的原因:每个派生类对象都是一个基类对象。图 12.2 中采用相反的做法,将派生类指针指向基类对象。注意,该程序重用了 11.3.5 节中 CommissionEmployee 类和 BasePlusCommissionEmployee 类的最终版本。在图 12.2 中,第 8~9 行创建了一个 CommissionEmployee 类对象,并在第 10 行创建了一个 BasePlusCommissionEmployee 类的指针。第 14 行试图将基类对象 commissionEmployee 的地址赋给派生类指针 basePlusCommissionEmployeePtr,但 C++ 编译器会产生错误信息。编译器不允许这样赋值,因为 CommissionEmployee 类对象并不是 BasePlusCommissionEmployee 类对象。

如果编译器允许这种赋值,考虑一下会产生什么后果。通过一个 BasePlusCommissionEmployee 类指针,可以为它所指向的对象(即基类对象 commissionEmployee)调用类 BasePlusCommissionEmployee 的每个成员函数,包括成员函数 setBaseSalary。然而,CommissionEmployee 对象既没有提供一个成员函数 setBaseSalary,也没有提供要设置的一个数据成员 baseSalary。这将导致一些问题,因为成员函数 setBaseSalary 会假定有一个 baseSalary 数据成员要设置在它在 BasePlusCommissionEmployee 类对象中的"通常位置"上。

但是，这一内存地址并不属于这个 CommissionEmployee 对象，因此成员函数 setBaseSalary 可能覆盖内存中其他重要的数据，这很可能是不同对象中的数据。

```
 1   // Fig. 12.2: fig12_02.cpp
 2   // Aiming a derived-class pointer at a base-class object.
 3   #include "CommissionEmployee.h"
 4   #include "BasePlusCommissionEmployee.h"
 5
 6   int main()
 7   {
 8      CommissionEmployee commissionEmployee(
 9         "Sue", "Jones", "222-22-2222", 10000, .06 );
10      BasePlusCommissionEmployee *basePlusCommissionEmployeePtr = nullptr;
11
12      // aim derived-class pointer at base-class object
13      // Error: a CommissionEmployee is not a BasePlusCommissionEmployee
14      basePlusCommissionEmployeePtr = &commissionEmployee;
15   } // end main
```

Microsoft Visual C++ 编译器错误信息

```
C:\cpphtp8_examples\ch12\Fig12_02\fig12_02.cpp(14): error C2440: '=' :
   cannot convert from 'CommissionEmployee *' to 'BasePlusCommissionEmployee *'
         Cast from base to derived requires dynamic_cast or static_cast
```

图 12.2　将派生类指针指向基类对象

## 12.3.3　通过基类指针调用派生类的成员函数

利用基类指针，编译器只允许调用基类的成员函数。因此，如果基类指针指向了派生类对象，并且试图访问只在派生类中拥有的成员函数，那么就会产生编译错误。

图 12.3 演示了试图利用基类指针调用派生类成员函数的后果。注意，这里仍然使用了 11.3.5 节定义的 CommissionEmployee 类和 BasePlusCommissionEmployee 类。第 11 行创建了一个指向 CommissionEmployee 类对象的指针 commissionEmployeePtr，第 12～13 行创建了一个 BasePlusCommissionEmployee 类对象。第 16 行使指针 commissionEmployeePtr 指向派生类对象 basePlusCommissionEmployee。回忆 12.3.1 节，C++ 编译器允许这种赋值，因为每个 BasePlusCommissionEmployee 类对象都是一个 CommissionEmployee 类对象（换言之，每个 BasePlusCommissionEmployee 类对象包含了 CommissionEmployee 类对象的所有功能）。第 20～24 行利用这个基类指针调用了基类的成员函数 getFirstName、getLastName、getSocialSecurityNumber、getGrossSales 和 getCommissionRate。所有这些调用都是合法的，因为 BasePlusCommissionEmployee 类从 CommissionEmployee 类继承了所有这些成员函数。我们知道 commissionEmployeePtr 已指向了一个 BasePlusCommissionEmployee 类对象，所以在第 28～29 行，我们试图调用 BasePlusCommissionEmployee 类的成员函数 getBaseSalary 和 setBaseSalary。C++ 编译器在这两行上都产生了错误信息，因为这两个函数都不是基类 CommissionEmployee 的成员函数。该句柄只能调用与它关联的类类型的成员函数。在本例中，通过一个 CommissionEmployee 类指针，只能调用 CommissionEmployee 类的成员函数 setFirstName、getFirstName、setLastName、getLastName、setSocialSecurityNumber、getSocialSecurityNumber、setGrossSales、getGrossSales、setCommissionRate、getCommissionRate、earnings 和 print。

### 向下转换

经证实，C++ 编译器确实允许通过指向派生类对象的基类指针访问只在派生类中拥有的成员，只要显式地把这样的基类指针强制转换为派生类指针，这就是向下强制类型转换（downcasting）技术。就像在 12.3.1 节中所述，可以把基类指针指向一个派生类对象。然而，如图 12.3 所示，一个基类指针只能用来调用基类中声明的函数。向下强制类型转换技术允许程序通过指向派生类对象的基类指针，执行只有派生类才拥有的操作。经过向下强制类型转换之后，程序就可以调用基类中没有的派生类函数。向下强制类型转换具有潜在危险，12.8 节中展示了如何安全地向下转换。

```
 1   // Fig. 12.3: fig12_03.cpp
 2   // Attempting to invoke derived-class-only member functions
 3   // via a base-class pointer.
 4   #include <string>
 5   #include "CommissionEmployee.h"
 6   #include "BasePlusCommissionEmployee.h"
 7   using namespace std;
 8
 9   int main()
10   {
11      CommissionEmployee *commissionEmployeePtr = nullptr; // base class ptr
12      BasePlusCommissionEmployee basePlusCommissionEmployee(
13         "Bob", "Lewis", "333-33-3333", 5000, .04, 300 ); // derived class
14
15      // aim base-class pointer at derived-class object (allowed)
16      commissionEmployeePtr = &basePlusCommissionEmployee;
17
18      // invoke base-class member functions on derived-class
19      // object through base-class pointer (allowed)
20      string firstName = commissionEmployeePtr->getFirstName();
21      string lastName = commissionEmployeePtr->getLastName();
22      string ssn = commissionEmployeePtr->getSocialSecurityNumber();
23      double grossSales = commissionEmployeePtr->getGrossSales();
24      double commissionRate = commissionEmployeePtr->getCommissionRate();
25
26      // attempt to invoke derived-class-only member functions
27      // on derived-class object through base-class pointer (disallowed)
28      double baseSalary = commissionEmployeePtr->getBaseSalary();
29      commissionEmployeePtr->setBaseSalary( 500 );
30   } // end main
```

GNU C++ 编译器错误信息

```
fig12_03.cpp:28:47: error: 'class CommissionEmployee' has no member named
   'getBaseSalary'
fig12_03.cpp:29:27: error: 'class CommissionEmployee' has no member named
   'setBaseSalary'
```

图 12.3　试图通过基类指针调用只在派生类中拥有的函数

 **软件工程知识 12.3**

如果一个派生类对象的地址已经赋给了一个它的直接或间接基类指针, 把这个基类指针进行强制类型转换而转换为派生类指针是允许的。事实上, 为了发送那些在基类中不出现的派生类对象的信息, 这种转换是必要的。

## 12.3.4　virtual 函数和 virtual 析构函数

12.3.1 节中把基类 CommissionEmployee 的指针指向了派生类 BasePlusCommissionEmployee 的对象, 然后通过这一指针调用 print 成员函数。前面讲过, 句柄类型决定了哪个类的函数被调用。在这种情形下, CommissionEmployee 类指针调用了 BasePlusCommissionEmployee 对象上的 CommissionEmployee 类的成员函数 print, 尽管该指针指向的是一个 BasePlusCommissionEmployee 类对象, 并且这个对象有自己定制的 print 函数。

 **软件工程知识 12.4**

使用了 virtual 函数, 调用成员函数的对象的类型而不是句柄的类型, 决定调用哪个版本的 virtual 函数。

**为什么 virtual 函数是有用的**

首先, 我们考虑一下为什么 virtual 函数是有用的。假设一组形状类如类 Circle、Triangle、Rectangle 和 Square 都是由基类 Shape 派生的, 每个类都可以通过成员函数 draw 被赋予绘制自己的能力, 但是不同形状的 draw 函数大相径庭。在要绘制一组形状的程序中, 能够像处理基类 Shape 的对象一样统一处理所有的形状是非常有用的。这样, 要绘制任意一种形状, 只需简单地利用基类 Shape 的指针调用函数 draw, 而让程序根据任意给定时刻基类 Shape 指针所指向的对象的类型，动态地（即在执行时）决定应该调用哪个派生类的 draw 函数，这就是多态行为。

### 声明 virtual 函数

要允许这种行为，必须在基类中把 draw 函数声明为 virtual 函数，在每个派生类中重写 draw 函数，使之能够绘制正确的形状。从实现的角度看，重写一个函数与重新定义一个函数没什么不同（后者是我们至今一直在使用的方法）。在派生类中重写的函数和它重写的基类函数具有相同的签名和返回值类型（即原型）。如果没有把基类函数声明为 virtual，那么可以重新定义这个函数。相反，如果将基类函数声明为 virtual，那么可以重写此函数并导致多态性行为。要声明一个 virtual 函数，必须在基类中该函数的原型前加上关键字 virtual。例如

```
virtual void draw() const;
```

声明出现在基类 Shape 中。上述的函数原型声明 draw 函数是一个无参数的、无返回值的 virtual 函数。这个函数声明为 const，是因为 draw 函数一般不会改变调用它的 Shape 对象——virtual 函数不一定非要声明为 const。

**软件工程知识 12.5**

一旦一个函数声明为 virtual，那么从整个继承层次的那一点起向下的所有类中，它将保持是 virtual 的，即使当派生类重写此函数时并没有显式地将它声明为 virtual。

**良好的编程习惯 12.1**

即使某些函数因类层次结构中的高层已声明为 virtual 而成为隐含的 virtual 函数，但是为了使程序更加清晰可读，最好还是在类层次结构的每一级中都把它们显式地声明为 virtual 函数。

**错误预防技巧 12.1**

C++11 中，在派生类的每一个覆盖函数上使用 override 关键词，会迫使编译器检查基类是否有一个同名及同参数列表的成员函数（如相同的签名）。如果没有，则编译器报错。

**软件工程知识 12.6**

当派生类选择不重写从其基类继承而来的 virtual 函数时，派生类就会简单地继承它的基类的 virtual 函数的实现。

### 通过基类指针或引用调用虚函数

如果程序通过指向派生类对象的基类指针（比如，shapePtr-> draw()）或者指向派生类对象的基类引用（比如，shapeRef. draw()）调用 virtual 函数，那么程序会根据所指对象的类型而不是指针类型，动态（即执行时）选择正确的派生类 draw 函数。在执行时（不是编译时）选择合适的调用函数称为动态绑定或迟绑定。

### 通过对象名称调用虚函数

当 virtual 函数通过按名引用特定对象和使用圆点成员选择运算符的方式（如 squareObject. draw()）被调用时，调用哪个函数在编译时就已经决定了（称为静态绑定），所调用的 virtual 函数正是为该特定对象所属的类定义的（或继承而来的）函数，这并不是多态性行为。因此，使用 virtual 函数进行动态绑定只能通过指针（以及即将看到的引用）句柄完成。

### CommissionEmployee 层次中的 virtual 函数

现在，让我们看看在雇员类层次结构中 virtual 函数是怎样导致多态性行为的。图 12.4 和图 12.5 分别是类 CommissionEmployee 和类 BasePlusCommissionEmployee 的头文件。我们对它们进行修改，声明每个类中的 earnings 和 print 成员函数为 virtual 函数（如图 12.4 的第 29～30 行和图 12.5 的第 19～20 行所示）。因为在 CommissionEmployee 类中 earnings 和 print 成员函数是 virtual 函数，所以 BasePlusCommissionEm-

ployee 类的 earnings 和 print 函数重写了 CommissionEmployee 的这两个函数。此外，BasePlusCommissionEm-
ployee 类的 earnings 和 print 函数声明为 override。

**错误预防技巧 12.1**

528 页漏译

现在，如果将一个基类 CommissionEmployee 指针指向一个派生类 BasePlusCommissionEmployee 的对
象，并且程序利用这个指针调用 earnings 或 print 函数，那么这个 BasePlusCommissionEmployee 对象中相应
的函数就会被调用。而对于类 CommissionEmployee 和类 BasePlusCommissionEmployee 的这些成员函数的
实现来说，都没有任何改动，所以可以复用它们在图 11.14 和图 11.15 中定义的版本。

```cpp
 1  // Fig. 12.4: CommissionEmployee.h
 2  // CommissionEmployee class header declares earnings and print as virtual.
 3  #ifndef COMMISSION_H
 4  #define COMMISSION_H
 5
 6  #include <string> // C++ standard string class
 7
 8  class CommissionEmployee
 9  {
10  public:
11     CommissionEmployee( const std::string &, const std::string &,
12        const std::string &, double = 0.0, double = 0.0 );
13
14     void setFirstName( const std::string & ); // set first name
15     std::string getFirstName() const; // return first name
16
17     void setLastName( const std::string & ); // set last name
18     std::string getLastName() const; // return last name
19
20     void setSocialSecurityNumber( const std::string & ); // set SSN
21     std::string getSocialSecurityNumber() const; // return SSN
22
23     void setGrossSales( double ); // set gross sales amount
24     double getGrossSales() const; // return gross sales amount
25
26     void setCommissionRate( double ); // set commission rate
27     double getCommissionRate() const; // return commission rate
28
29     virtual double earnings() const; // calculate earnings
30     virtual void print() const; // print object
31  private:
32     std::string firstName;
33     std::string lastName;
34     std::string socialSecurityNumber;
35     double grossSales; // gross weekly sales
36     double commissionRate; // commission percentage
37  }; // end class CommissionEmployee
38
39  #endif
```

图 12.4　CommissionEmployee 类的头文件将函数 earnings 和 print 声明为 virtual 函数

```cpp
 1  // Fig. 12.5: BasePlusCommissionEmployee.h
 2  // BasePlusCommissionEmployee class derived from class
 3  // CommissionEmployee.
 4  #ifndef BASEPLUS_H
 5  #define BASEPLUS_H
 6
 7  #include <string> // C++ standard string class
 8  #include "CommissionEmployee.h" // CommissionEmployee class declaration
 9
10  class BasePlusCommissionEmployee : public CommissionEmployee
11  {
12  public:
13     BasePlusCommissionEmployee( const std::string &, const std::string &,
14        const std::string &, double = 0.0, double = 0.0, double = 0.0 );
15
```

图 12.5　BasePlusCommissionEmployee 类的头文件将函数 earnings 和 print 声明为 virtual 函数

```
16        void setBaseSalary( double ); // set base salary
17        double getBaseSalary() const; // return base salary
18
19        virtual double earnings() const override; // calculate earnings
20        virtual void print() const override; // print object
21    private:
22        double baseSalary; // base salary
23    }; // end class BasePlusCommissionEmployee
24
25    #endif
```

图 12.5(续)　BasePlusCommissionEmployee 类的头文件将函数 earnings 和 print 声明为 virtual 函数

我们修改图 12.1 中的程序来创建图 12.6 中的程序。图 12.6 中第 40 ~ 51 行再次演示了一个指向 CommissionEmployee 对象的 CommissionEmployee 类指针可以用来调用 CommissionEmployee 类的功能，一个指向 BasePlusCommissionEmployee 对象的 BasePlusCommissionEmployee 指针可以用来调用 BasePlusCommissionEmployee 类的功能。第 54 行使一个基类指针 commissionEmployeePtr 指向了派生类对象 basePlusCommissionEmployee。请注意，当第 61 行通过这个基类指针调用成员函数 print 时，派生类 BasePlusCommissionEmployee 的 print 成员函数被调用了，所以第 61 行的输出内容和图 12.1 中第 53 行输出的内容不同（那时成员函数 print 没有声明为 virtual 函数）。我们已经看到，把一个成员函数声明为 virtual 函数，将导致程序根据句柄指向的对象的类型而不是根据句柄的类型动态地决定要调用的函数。再次注意，当指针 commissionEmployeePtr 指向一个 CommissionEmployee 对象时，调用的是 CommissionEmployee 类的 print 函数（图 12.6 中第 40 行），而当 commissionEmployeePtr 指向一个 BasePlusCommissionEmployee 对象时，调用的是 BasePlusCommissionEmployee 类的 print 函数（第 61 行）。因此，当相同的消息（本例中为 print）发送给（通过基类指针）不同的派生类对象时，将会呈现出“多种形式”，这就是多态性的行为。

```
1    // Fig. 12.6: fig12_06.cpp
2    // Introducing polymorphism, virtual functions and dynamic binding.
3    #include <iostream>
4    #include <iomanip>
5    #include "CommissionEmployee.h"
6    #include "BasePlusCommissionEmployee.h"
7    using namespace std;
8
9    int main()
10   {
11       // create base-class object
12       CommissionEmployee commissionEmployee(
13          "Sue", "Jones", "222-22-2222", 10000, .06 );
14
15       // create base-class pointer
16       CommissionEmployee *commissionEmployeePtr = nullptr;
17
18       // create derived-class object
19       BasePlusCommissionEmployee basePlusCommissionEmployee(
20          "Bob", "Lewis", "333-33-3333", 5000, .04, 300 );
21
22       // create derived-class pointer
23       BasePlusCommissionEmployee *basePlusCommissionEmployeePtr = nullptr;
24
25       // set floating-point output formatting
26       cout << fixed << setprecision( 2 );
27
28       // output objects using static binding
29       cout << "Invoking print function on base-class and derived-class "
30          << "\nobjects with static binding\n\n";
31       commissionEmployee.print(); // static binding
32       cout << "\n\n";
33       basePlusCommissionEmployee.print(); // static binding
34
35       // output objects using dynamic binding
36       cout << "\n\n\nInvoking print function on base-class and "
37          << "derived-class \nobjects with dynamic binding";
38
39       // aim base-class pointer at base-class object and print
40       commissionEmployeePtr = &commissionEmployee;
```

图 12.6　通过指向派生类对象的基类指针调用派生类的 virtual 函数，展示多态性

```
41        cout << "\n\nCalling virtual function print with base-class pointer"
42            << "\nto base-class object invokes base-class "
43            << "print function:\n\n";
44        commissionEmployeePtr->print(); // invokes base-class print
45
46        // aim derived-class pointer at derived-class object and print
47        basePlusCommissionEmployeePtr = &basePlusCommissionEmployee;
48        cout << "\n\nCalling virtual function print with derived-class "
49            << "pointer\nto derived-class object invokes derived-class "
50            << "print function:\n\n";
51        basePlusCommissionEmployeePtr->print(); // invokes derived-class print
52
53        // aim base-class pointer at derived-class object and print
54        commissionEmployeePtr = &basePlusCommissionEmployee;
55        cout << "\n\nCalling virtual function print with base-class pointer"
56            << "\nto derived-class object invokes derived-class "
57            << "print function:\n\n";
58
59        // polymorphism; invokes BasePlusCommissionEmployee's print;
60        // base-class pointer to derived-class object
61        commissionEmployeePtr->print();
62        cout << endl;
63    } // end main
```

```
Invoking print function on base-class and derived-class
objects with static binding

commission employee: Sue Jones
social security number: 222-22-2222
gross sales: 10000.00
commission rate: 0.06

base-salaried commission employee: Bob Lewis
social security number: 333-33-3333
gross sales: 5000.00
commission rate: 0.04
base salary: 300.00

Invoking print function on base-class and derived-class
objects with dynamic binding

Calling virtual function print with base-class pointer
to base-class object invokes base-class print function:

commission employee: Sue Jones
social security number: 222-22-2222
gross sales: 10000.00
commission rate: 0.06

Calling virtual function print with derived-class pointer
to derived-class object invokes derived-class print function:

base-salaried commission employee: Bob Lewis
social security number: 333-33-3333
gross sales: 5000.00
commission rate: 0.04
base salary: 300.00

Calling virtual function print with base-class pointer
to derived-class object invokes derived-class print function:

base-salaried commission employee: Bob Lewis
social security number: 333-33-3333
gross sales: 5000.00
commission rate: 0.04
base salary: 300.00—— 注意基本工资现被展示
```

图 12.6(续)　通过指向派生类对象的基类指针调用派生类的 virtual 函数，展示多态性

### virtual 析构函数

使用多态性处理类层次中动态分配的对象时存在一个问题。到目前为止，大家看到的析构函数都是非虚析构函数，即没有用 virtual 关键字声明的析构函数。如果要删除一个具有非虚析构函数的派生类对象，却显式地通过指向该对象的一个基类指针对它应用 delete 运算符，那么 C++ 标准会指出这一行为未定义。

这种问题有一种简单的解决办法，即在基类中创建 virtual 析构函数。如果基类析构函数声明为 virtual，那么任何派生类的析构函数都是 virtual 并重写基类的析构函数。例如，在类 CommissionEmployee 的定义中，可定义 virtual 析构函数如下：

```
virtual ~CommissionEmployee() { }
```

现在，如果对一个基类指针用 delete 运算符来显式地删除它所指的类层次中的某个对象，那么系统会根据该指针所指对象调用相应类的析构函数。记住，当一个派生类对象被销毁时，派生类对象中属于基类的部分也会被销毁，因此执行派生类和基类的析构函数是很重要的。基类的析构函数在派生类的析构函数执行之后自动执行。从这以后，我们在所有包括虚函数的类中都包括了 virtual 析构函数。

**错误预防技巧 12.2**

如果一个类含有 virtual 函数，该类就要提供一个 virtual 析构函数，即使该析构函数并不一定是该类需要的。这可以保证当一个派生类的对象通过基类指针删除时，这个自定义的派生类析构函数（如果存在的话）会被调用。

**常见的编程错误 12.1**

构造函数不能是 virtual 函数，声明一个构造函数为 virtual 函数是一个编译错误。

### C++11：Final 成员函数和类

C++11 之前，派生类可以覆盖基类的任何 virtual 函数。在 C++11 中，基类的 virtual 函数在原型中声明为 final，如：

```
virtual someFunction( parameters ) final;
```

那么，该函数在任何派生类中都不能被覆盖。这保证了基类 final 成员函数定义被所有基类对象和所有基类直接、非直接派生类的对象使用。同样，在 C++11 之前，任何现有类在层次上可被用为基类，而在 C++11 中，可以将类声明为 final 以防被用作基类。

```
class MyClass final // this class cannot be a base class
{
    // class body
};
```

试图重写一个 final 函数或者继承一个 final 基类会导致编译错误。

## 12.4　类型域和 switch 语句

判断加入到大型程序中的对象类型的一种方式是使用 switch 语句检查对象的域值。switch 语句结构可以区分对象的不同类型，然后为特定的对象调用合适的操作。例如，在 shape 类层次结构中，每个 shape 对象都有一个 shapeType 属性，switch 语句可以检查对象的 shapeType 属性以决定调用哪个 print 函数。

然而，使用 switch 逻辑容易导致程序产生各种潜在的问题。例如，程序员可能会忘记必要的类型检查（当其被批准时），或忘记在 switch 语句中检查所有可能的情况。当对一个基于 switch 语句的系统通过添加新类型的方式进行修改时，程序员可能会忘记在所有相关的 switch 语句中插入这些新的类型。而且每增加或删除一个类都需要修改系统中的每条 switch 语句，但跟踪这些语句要花费大量的时间，并且很容易出错。

**软件工程知识 12.7**

多态性程序设计可以消除不必要的 switch 逻辑。通过使用多态性机制可以完成同样的逻辑，从而使程序员避免与 switch 逻辑相关的各种典型的错误。

**软件工程知识 12.8**

使用多态性会产生一个有趣的结果，即程序看上去显得很简单，它们包含更少的分支逻辑和更简单有序的代码。

## 12.5　抽象类和纯 virtual 函数

当把一个类作为一个类型时，都假设程序将创建这种类型的对象。然而，在有些情况下，定义程序员永远不打算实例化任何对象的类是有用的。这样的类称为抽象类(abstract class)。因为通常抽象类在类的继承层次结构中作为基类，所以我们称它们为抽象基类。这些类不能用来实例化对象，因为马上就会看到，抽象类是不完整的——其派生类必须在这些类的对象实例化前定义那些"缺少的部分"。12.6 节将使用抽象类构建程序。

构造抽象类的目的是为其他类提供适合的基类。可以用来实例化对象的类称为具体类(concrete class)。这些类为它们声明的每一个成员函数定义或继承实现。可以定义一个抽象基类 TwoDimensionalShape(二维形状)，然后由它派生出具体类，如 Square(正方形)、Circle(圆)和 Triangle(三角形)。还可以定义一个抽象基类 ThreeDimensionalShape(三维形状)，并由它派生出具体类，如 Cube(立方体)、Sphere(球)和 Cylinder(圆柱体)。抽象基类太宽泛以至于无法定义真实的对象，在可以考虑实例化对象之前，需要更加具体的内容。例如，如果有人告诉你"绘制这个二维形状"，到底该画什么形状呢？具体类提供了详细说明，使得类实例化对象是合理的。

继承层次不需要包含任何抽象类，但是我们将看到，很多优秀的面向对象系统都有以抽象基类打头的类继承层次。在有些情况下，抽象类构成了层次结构的上面几层。图 11.3 中的形状继承层次就是一个非常不错的例子，它开始于抽象基类 Shape，其接下来的一层有两个更抽象的基类，即 TwoDimen-sion-alShape 和 ThreeDimensionalShape。再下一层是定义了二维形状的具体类(也就是 Circle、Square 和 Triangle)和三维形状的具体类(也就是 Sphere、Cube 和 Tetrahedron)。

### 纯虚函数

通过声明类的一个或多个 virtual 函数为纯 virtual 函数(pure virtual function)，可以使一个类成为抽象类。一个纯 virtual 函数是在声明时"初始化值为 0"的函数，如下所示：

```
virtual void draw() const = 0; // pure virtual function
```

" =0"称为纯指示符(pure specifier)。纯 virtual 函数不提供函数的具体实现，每个派生的具体类必须重写所有基类的纯 virtual 函数的定义，提供这些函数的具体实现。virtual 函数和纯 virtual 函数之间的区别是：virtual 函数有函数的实现，并且提供派生类是否重写这些函数的选择权。相反，纯 virtual 函数并不提供函数的实现，需要派生类重写这些函数以使派生类成为具体类，否则派生类仍然是抽象类。

当基类实现一个函数是没有意义的，并且程序员希望在所有具体的派生类中实现这个函数时，就会用到纯 virtual 函数。回到前面提到的 Space 对象的例子，基类 SpaceObject 提供 draw 函数的实现是没有意义的(因为在没有其他更多关于太空对象类型信息的情况下，没办法画出一个泛指的太空对象)。可被定义成 virtual 函数(并不是纯 virtual 函数)的一个例子是返回对象名称的函数。我们可以给一个泛指的 SpaceObject 对象起名字(例如，称为"space object")，可以为这个函数提供一个默认的函数实现，并且它没有必要是纯 virtual 函数。然而该函数依然声明为 virtual 函数，是因为它期望派生类重写这一函数实现，从而为派生类对象提供更具体的名字。

**软件工程知识 12.9**

抽象类为类层次结构中的各种类定义公共的通用接口。抽象类包含一个或多个纯 virtual 函数，这些函数必须在具体的派生类中重写。

**常见的编程错误 12.2**

未能在派生类中重写纯 virtual 函数会使得派生类也变成抽象的。试图实例化抽象类的对象将导致编译错误。

**软件工程知识 12.10**

抽象类至少含有一个纯 virtual 函数。抽象类也可以有数据成员和具体的函数(包括构造函数和析构函数)，它们被派生类继承时都符合继承的一般规则。

虽然我们不能实例化抽象基类的对象，但是可以使用抽象基类来声明指向抽象类派生出的具体类对象的 pointers 和 references。典型地，程序使用这些指针和引用来多态地实现派生类对象。

**设备驱动与多态性**

多态性对于实现分层的软件系统特别有效。例如，在操作系统中，不同类型的物理设备彼此之间可能执行迥然不同的操作。虽然如此，从设备读或写数据的命令在某种程度上是统一的。发送到一个驱动程序对象的写消息，需要根据这一驱动程序的上下文及该驱动程序如何操作某一特定类型的设备，具体地加以解释。但是，这个写调用本身和向系统其他设备写消息没什么不同，都是从内存读取一定数量的字节放置到设备上。一个面向对象的操作系统可能会使用抽象基类为所有设备驱动程序提供一个合适的接口。然后，通过对抽象基类的继承生成所有操作都类似的派生类。设备驱动程序提供的功能(即 public 函数)在抽象基类中定义成纯 virtual 函数。这些纯 virtual 函数的实现在派生类中提供，派生类对应特定类型的设备驱动程序。这种体系结构还便于向系统添加新设备，即使是在操作系统定义好之后。用户只需装上设备并安装新的驱动程序，操作系统通过驱动程序和新设备对话，这个驱动程序含有和所有其他设备驱动程序相同的 public 成员函数，即定义在设备驱动程序抽象基类中的函数。

## 12.6　实例研究：应用多态性的工资发放系统

这一节重新研究在 11.3 节探讨过的 CommissionEmployee-BasePlusCommissionEmployee 类继承层次。本例利用抽象类和多态性，根据雇员的类型完成相应雇员工资的计算。我们创建一个增强的雇员类层次结构，以解决下面的问题。

> 某家公司按周支付雇员工资。雇员一共有 3 类：定薪雇员，不管每周工作多长时间都领取固定的周薪；佣金雇员：工资完全是销售业绩提成；带薪佣金雇员，工资是基本工资加销售业绩提成。在这次工资发放阶段，公司决定奖励带薪佣金雇员，把他们的基本工资提高 10%。公司想实现一个 C++ 程序多态地执行工资的计算。

我们使用抽象类 Employee 表示通常概念的雇员。直接从 Employee 类派生的是类 SalariedEmploye、CommissionEmployee。而 BasePlusCommissionEmployee 类又是从 CommissionEmployee 类直接派生的，代表最后一种雇员类型。图 12.7 中的 UML 类图显示了多态的雇员工资应用程序中类的继承层次结构。请注意，按照 UML 惯例，抽象类类名 Employee 按照 UML 中的约定用斜体表示。

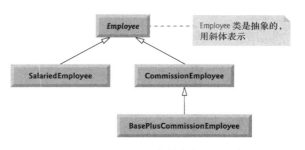

图 12.7　Employee 层次结构的 UML 类图

抽象基类 Employee 声明了类层次结构的"接口"，即程序可以对所有的 Employee 类对象调用的一组成员函数集合。每个雇员，不论他的工资计算方式如何，都有名、姓及社会保险号码，因此在抽象基类 Employee 中含有 private 数据成员 firstName、lastName 和 socialSecurityNumber。

**软件工程知识 12.11**

派生类可以从基类继承接口并/或实现。为"实现继承"而设计的类层次结构往往将功能设置在较高层，即每个新派生类继承定义在基类中的一个或多个成员函数，并且派生类使用这些基类定义；为"接口继承"设计的类层次结构则趋于将功能设置在较低层，即基类指定一个或多个应为类继承层次中的每个类定义的函数(即它们有相同的原型)，但是各个派生类提供自己对于这些函数的实现。

接下来的几节将实现上述的 Employee 类层次结构。前 5 节的每节实现一个抽象类或具体类，最后一节构建一个测试程序，它创建所有这些类的对象并多态地处理这些对象。

### 12.6.1  创建抽象基类：Employee 类

Employee 类(如图 12.9 和图 12.10 所示，简短地进一步详细讨论)除了包含操作 Employee 类的数据成员的各种 get 和 set 函数之外，还提供成员函数 earnings 和 print。earnings 函数当然应用于所有的雇员，但是每项收入的计算取决于雇员的类型。所以在基类 Employee 中把 earnings 函数声明为纯 virtual 函数，因为这个函数默认的一种实现是没有任何意义的，没有足够的信息决定应该返回的收入是多少。每个派生类都用合适的实现来重写 earnings 函数。要计算一个雇员的收入，程序把一个雇员对象的地址赋给一个基类 Employee 指针，然后调用该对象的 earings 函数。我们维护一个 Employee 指针的 vector 对象，每个指针都指向一个 Employee 对象(当然，不可能有 Employee 对象，因为 Employee 是一个抽象类；不过因为继承的关系，Employee 的每个派生类的所有对象都可以认为是 Employee 对象)。程序迭代访问此 vector 对象并调用每个 Employee 对象的 earnings 函数。C++ 多态地执行这些函数调用。因 Employee 类中含有纯 virtual 函数 earnings，迫使所有希望成为具体类的那些直接继承 Employee 类的派生类都重写了 earnings 函数。

Employee 类中的 print 函数显示雇员的名、姓和社会保险号码。我们将看到，每个 Employee 类的派生类都重写了 print 函数，输出雇员的类型(例如，"salaried employee：")之后，紧接着还输出了雇员的其他信息。函数 print 可以调用 earnings，即使 print 是类 Employee 的一个纯 virtual 函数。

图 12.8 在左侧给出了图表类继承层次中的 4 个类，顶部显示的是 earnings 和 print 函数名。对于每个类，这张图表显示了每个函数期望的实现结果。斜体文本代表特定对象的值在 earnings 和 print 函数中的所用之处。在 Employee 类中 earnings 函数被指定为" =0"，表示它是一个纯 virtual 函数，因而没有实现。每个派生类都重写 earnings 函数，提供合适的实现。我们没有列出基类 Employee 的 get 和 set 函数，因为它们并没有在任何派生类中重写，这些函数都被派生类继承并且"as is"使用。

| | earnings | print |
|---|---|---|
| Employee | = 0 | *firstName lastName*<br>social security number: *SSN* |
| Salaried-<br>Employee | *weeklySalary* | salaried employee: *firstName lastName*<br>social security number: *SSN*<br>weekly salary: *weeklySalary* |
| Commission-<br>Employee | *commissionRate* * *grossSales* | commission employee: *firstName lastName*<br>social security number: *SSN*<br>gross sales: *grossSales*;<br>commission rate: *commissionRate* |
| BasePlus-<br>Commission-<br>Employee | (*commissionRate* *<br>*grossSales*) + *baseSalary* | base-salaried commission employee:<br>    *firstName lastName*<br>social security number: *SSN*<br>gross sales: *grossSales*;<br>commission rate: *commissionRate*;<br>base salary: *baseSalary* |

图 12.8  Employee 类层次结构的多态性接口

#### Employee 类的头文件

让我们考虑 Employee 类的头文件(如图 12.9 所示)。public 成员函数包括：一个构造函数，该构造函数以名、姓和社会保险号码为参数(第 11~12 行)；一个 virtual 析构函数(第 13 行)；set 函数，设置了名、姓和社会保险号码(分别是第 15 行、第 18 行和第 21 行)；get 函数，返回了名、姓和社会保险号码(分别是第 16 行、第 19 行和第 22 行)；纯 virtual 函数 earnings(第 25 行)和 virtual 函数 print(第 26 行)。

```
1    // Fig. 12.9: Employee.h
2    // Employee abstract base class.
3    #ifndef EMPLOYEE_H
4    #define EMPLOYEE_H
5
6    #include <string> // C++ standard string class
7
8    class Employee
9    {
10   public:
11      Employee( const std::string &, const std::string &,
12         const std::string & );
13      virtual ~Employee() { } // virtual destructor
14
15      void setFirstName( const std::string & ); // set first name
16      std::string getFirstName() const; // return first name
17
18      void setLastName( const std::string & ); // set last name
19      std::string getLastName() const; // return last name
20
21      void setSocialSecurityNumber( const std::string & ); // set SSN
22      std::string getSocialSecurityNumber() const; // return SSN
23
24      // pure virtual function makes Employee an abstract base class
25      virtual double earnings() const = 0; // pure virtual
26      virtual void print() const; // virtual
27   private:
28      std::string firstName;
29      std::string lastName;
30      std::string socialSecurityNumber;
31   }; // end class Employee
32
33   #endif // EMPLOYEE_H
```

图 12.9　Employee 抽象基类

回想一下我们把 earnings 函数声明为纯 virtual 函数，因为首先必须知道具体雇员的类型，才能决定适当的工资计算方法。将这一函数声明为纯 virtual 函数，表明每个具体的派生类必须提供一个适当的 earnings 函数的实现，并且程序可以利用基类 Employee 指针根据雇员的不同类型来多态地调用 earnings 函数。

**Employee 类成员函数定义**

图 12.10 包含了 Employee 类成员函数的实现。没有为纯 virtual 函数 earnings 提供任何实现代码。请注意，Employee 类的构造函数（第 9~14 行）并没有确认社会保险号码的有效性。通常应该提供这类有效性确认。

```
1    // Fig. 12.10: Employee.cpp
2    // Abstract-base-class Employee member-function definitions.
3    // Note: No definitions are given for pure virtual functions.
4    #include <iostream>
5    #include "Employee.h" // Employee class definition
6    using namespace std;
7
8    // constructor
9    Employee::Employee( const string &first, const string &last,
10      const string &ssn )
11      : firstName( first ), lastName( last ), socialSecurityNumber( ssn )
12   {
13      // empty body
14   } // end Employee constructor
15
16   // set first name
17   void Employee::setFirstName( const string &first )
18   {
19      firstName = first;
20   } // end function setFirstName
21
22   // return first name
23   string Employee::getFirstName() const
24   {
25      return firstName;
```

图 12.10　Employee 类的实现文件

```
26    } // end function getFirstName
27
28    // set last name
29    void Employee::setLastName( const string &last )
30    {
31       lastName = last;
32    } // end function setLastName
33
34    // return last name
35    string Employee::getLastName() const
36    {
37       return lastName;
38    } // end function getLastName
39
40    // set social security number
41    void Employee::setSocialSecurityNumber( const string &ssn )
42    {
43       socialSecurityNumber = ssn; // should validate
44    } // end function setSocialSecurityNumber
45
46    // return social security number
47    string Employee::getSocialSecurityNumber() const
48    {
49       return socialSecurityNumber;
50    } // end function getSocialSecurityNumber
51
52    // print Employee's information (virtual, but not pure virtual)
53    void Employee::print() const
54    {
55       cout << getFirstName() << ' ' << getLastName()
56          << "\nsocial security number: " << getSocialSecurityNumber();
57    } // end function print
```

图 12.10(续)　Employee 类的实现文件

请注意，virtual 函数 print(如图 12.10 中的第 53～57 行所示)提供的实现会在每个派生类中被重写。可是，这些 print 函数都将使用这个抽象类中 print 函数的版本，输出 Employee 类层次结构中所有类共有的信息。

### 12.6.2　创建具体的派生类：SalariedEmployee 类

SalariedEmployee 类(如图 12.11～图 12.12 所示)是从 Employee 类派生而来的(如图 12.11 中的第 9 行所示)，其 public 成员函数包括：一个以名、姓、社会保险号码和周薪为参数的构造函数(第 12～13 行)；一个 virtual 析构函数(第 14 行)；给数据成员 weeklySalary 赋一个非负值的 set 函数(第 16 行)；返回 week-lySalary 值的 get 函数(第 17 行)；计算一个 SalariedEmployee 雇员收入的 virtual 函数 earnings(第 20 行)；打印雇员信息的 virtual 函数 print(第 21 行)，它输出的内容依次是雇员类型(即"salaried employee:")，以及由基类 Employee 的 print 函数和 SalariedEmployee 类的 getWeeklySalary 函数产生的雇员的特定信息。

```
1     // Fig. 12.11: SalariedEmployee.h
2     // SalariedEmployee class derived from Employee.
3     #ifndef SALARIED_H
4     #define SALARIED_H
5
6     #include <string> // C++ standard string class
7     #include "Employee.h" // Employee class definition
8
9     class SalariedEmployee : public Employee
10    {
11    public:
12       SalariedEmployee( const std::string &, const std::string &,
13          const std::string &, double = 0.0 );
14       virtual ~SalariedEmployee() { } // virtual destructor
15
16       void setWeeklySalary( double ); // set weekly salary
17       double getWeeklySalary() const; // return weekly salary
18
19       // keyword virtual signals intent to override
```

图 12.11　SalariedEmployee 类的头文件

```
20      virtual double earnings() const override; // calculate earnings
21      virtual void print() const override; // print object
22   private:
23      double weeklySalary; // salary per week
24   }; // end class SalariedEmployee
25
26   #endif // SALARIED_H
```

图 12.11（续）　SalariedEmployee 类的头文件

### SalariedEmployee 类成员函数的定义

图 12.12 包含了 SalariedEmployee 类的成员函数的实现。类的构造函数把名、姓和社会保险号码传递给基类 Employee 的构造函数（第 11 行），从而对从基类继承但在派生类中不可访问的 private 数据成员进行了初始化。earnings 函数（第 33~36 行）重写了基类 Emloyee 中的纯 virtual 函数 earnings，提供了返回 SalariedEmployee 雇员周薪的具体实现。如果不定义 earnings，SalariedEmployee 类会成为一个抽象类，那么所有试图实例化该类对象的操作都会导致编译错误。请注意，在 SalariedEmployee 类的头文件中，将成员函数 earnings 和 print 声明为 virtual 函数（如图 12.11 中的第 20~21 行所示），实际上，在这两个函数的前面添加 virtual 关键字是多余的。在基类 Employee 中已经将它们定义为 virtual 函数，所以它们在整个类继承层次中都将保持为 virtual 函数。为了使程序更加清晰可读，最好在类层次结构的每一级中都把这样的函数显式地声明为 virtual 函数。没有将 earnings 声明为纯虚函数表明了我们的意图是在具体类中给出实现。

```
1   // Fig. 12.12: SalariedEmployee.cpp
2   // SalariedEmployee class member-function definitions.
3   #include <iostream>
4   #include <stdexcept>
5   #include "SalariedEmployee.h" // SalariedEmployee class definition
6   using namespace std;
7
8   // constructor
9   SalariedEmployee::SalariedEmployee( const string &first,
10     const string &last, const string &ssn, double salary )
11     : Employee( first, last, ssn )
12   {
13      setWeeklySalary( salary );
14   } // end SalariedEmployee constructor
15
16   // set salary
17   void SalariedEmployee::setWeeklySalary( double salary )
18   {
19      if ( salary >= 0.0 )
20         weeklySalary = salary;
21      else
22         throw invalid_argument( "Weekly salary must be >= 0.0" );
23   } // end function setWeeklySalary
24
25   // return salary
26   double SalariedEmployee::getWeeklySalary() const
27   {
28      return weeklySalary;
29   } // end function getWeeklySalary
30
31   // calculate earnings;
32   // override pure virtual function earnings in Employee
33   double SalariedEmployee::earnings() const
34   {
35      return getWeeklySalary();
36   } // end function earnings
37
38   // print SalariedEmployee's information
39   void SalariedEmployee::print() const
40   {
41      cout << "salaried employee: ";
42      Employee::print(); // reuse abstract base-class print function
43      cout << "\nweekly salary: " << getWeeklySalary();
44   } // end function print
```

图 12.12　SalariedEmployee 类的实现文件

SalariedEmployee 类的 print 函数(如图 12.12 中的第 39~44 行所示)重写了基类 Employee 的 print 函数。如果 SalariedEmployee 类不重写 print 函数，那么 SalariedEmployee 类将继承基类 Employee 中的 print 函数。这样，SalariedEmployee 类的 print 函数只是简单地返回雇员的全名和社会保险号码，而这些信息并不能充分地描述一个 SalariedEmployee 雇员。为了打印 SalariedEmployee 雇员的完整信息，派生类的 print 函数首先输出"salaried employee:"，然后通过使用二元作用域分辨运算符(第 42 行)调用基类的 print 函数，从而输出基类 Employee 的信息(即名、姓和社会保险号码)。这是一个很好的代码复用的例子。没有二元作用域分辨运算符的话，print 调用将会无限循环。SalariedEmployee 类的 print 函数的输出还包括通过调用 getWeeklySalary 函数获得的该雇员的周薪。

### 12.6.3　创建具体的派生类：CommissionEmployee 类

CommissionEmployee 类(如图 12.13 和图 12.14 所示)同样也是 Employee 类(图 12.13 中的第 9 行)的派生类。其 public 成员函数的实现(如图 12.14 所示)包括：一个以名、姓、社会保险号码、销售总额和提成比例为参数的构造函数(第 9~15 行)；给数据成员 commissionRate 和 grossSales 分别赋予新值的 set 函数(第 18~24 行和第 33~39 行)；返回数据成员 commissionRate 和 grossSales 值的 get 函数(第 27~30 行和第 42~45 行)；计算一个 CommissionEmployee 收入的 earnings 函数(第 48~51 行)；输出雇员类型(即 "commission employee:"以及雇员的详细信息)的 print 函数(第 54~60 行)。CommissionEmployee 类的构造函数依然是把名、姓和社会保险号码传递给基类 Employee 的构造函数(第 11 行)，从而初始化从基类继承而来的 private 数据成员。print 函数调用基类的 print 函数(第 57 行)来显示 Employee 特定的信息(也就是名、姓和社会保险号码)。

```
 1   // Fig. 12.13: CommissionEmployee.h
 2   // CommissionEmployee class derived from Employee.
 3   #ifndef COMMISSION_H
 4   #define COMMISSION_H
 5
 6   #include <string> // C++ standard string class
 7   #include "Employee.h" // Employee class definition
 8
 9   class CommissionEmployee : public Employee
10   {
11   public:
12      CommissionEmployee( const std::string &, const std::string &,
13         const std::string &, double = 0.0, double = 0.0 );
14      virtual ~CommissionEmployee() { } // virtual destructor
15
16      void setCommissionRate( double ); // set commission rate
17      double getCommissionRate() const; // return commission rate
18
19      void setGrossSales( double ); // set gross sales amount
20      double getGrossSales() const; // return gross sales amount
21
22      // keyword virtual signals intent to override
23      virtual double earnings() const override; // calculate earnings
24      virtual void print() const override; // print object
25   private:
26      double grossSales; // gross weekly sales
27      double commissionRate; // commission percentage
28   }; // end class CommissionEmployee
29
30   #endif // COMMISSION_H
```

图 12.13　CommissionEmployee 类的头文件

```
 1   // Fig. 12.14: CommissionEmployee.cpp
 2   // CommissionEmployee class member-function definitions.
 3   #include <iostream>
 4   #include <stdexcept>
 5   #include "CommissionEmployee.h" // CommissionEmployee class definition
 6   using namespace std;
 7
 8   // constructor
```

图 12.14　CommissionEmployee 类的实现文件

```
 9  CommissionEmployee::CommissionEmployee( const string &first,
10    const string &last, const string &ssn, double sales, double rate )
11    : Employee( first, last, ssn )
12  {
13    setGrossSales( sales );
14    setCommissionRate( rate );
15  } // end CommissionEmployee constructor
16
17  // set gross sales amount
18  void CommissionEmployee::setGrossSales( double sales )
19  {
20    if ( sales >= 0.0 )
21      grossSales = sales;
22    else
23      throw invalid_argument( "Gross sales must be >= 0.0" );
24  } // end function setGrossSales
25
26  // return gross sales amount
27  double CommissionEmployee::getGrossSales() const
28  {
29    return grossSales;
30  } // end function getGrossSales
31
32  // set commission rate
33  void CommissionEmployee::setCommissionRate( double rate )
34  {
35    if ( rate > 0.0 && rate < 1.0 )
36      commissionRate = rate;
37    else
38      throw invalid_argument( "Commission rate must be > 0.0 and < 1.0" );
39  } // end function setCommissionRate
40
41  // return commission rate
42  double CommissionEmployee::getCommissionRate() const
43  {
44    return commissionRate;
45  } // end function getCommissionRate
46
47  // calculate earnings; override pure virtual function earnings in Employee
48  double CommissionEmployee::earnings() const
49  {
50    return getCommissionRate() * getGrossSales();
51  } // end function earnings
52
53  // print CommissionEmployee's information
54  void CommissionEmployee::print() const
55  {
56    cout << "commission employee: ";
57    Employee::print(); // code reuse
58    cout << "\ngross sales: " << getGrossSales()
59      << "; commission rate: " << getCommissionRate();
60  } // end function print
```

图 12.14（续） CommissionEmployee 类的实现文件

## 12.6.4 创建间接派生的具体类：BasePlusCommissionEmployee 类

BasePlusCommissionEmployee 类（如图 12.15 和图 12.16 所示）是 CommissionEmployee 类（如图 12.15 的第 9 行所示）的直接派生类，因此是 Employee 类的间接派生类。BasePlusCommissionEmployee 类的成员函数实现包括一个以名、姓、社会保险号码、销售总额、提成比例和基本工资为参数的构造函数（如图 12.16 中的第 9 ~ 15 行所示）。然后，该构造函数把名、姓、社会保险号码、销售总额、提成比例传递给 CommissionEmployee 类的构造函数（第 12 行），从而初始化继承的成员。BasePlusCommissionEmployee 类也包含了一个 set 函数（第 18 ~ 24 行）（用于给数据成员 baseSalary 赋新值）和一个 get 函数（第 27 ~ 30 行）（用于返回 baseSalary 的值）。earnings 函数（第 34 ~ 37 行）计算一个 BasePlusCommissionEmployee 雇员的收入。请注意，函数 earnings 中的第 36 行调用基类 CommissionEmployee 的 earnings 函数，以计算该雇员收入中提成所得的部分。这是一个很好的代码复用的例子。BasePlusCommissionEmployee 类的 print 函数（第 40 ~ 45 行）首先输出 "base-salaried"，然后是它的基类 CommissionEmployee 的 print 函数的输出（又是一个代码复用的例子），最后输出基本工资。输出结果以 "base-salaried commission employee:" 开始，接着是

BasePlusCommissionEmployee 对象的其余信息。回忆一下 CommissionEmployee 类的 print 函数,它通过调用其基类(即 Emloyee 类)的 print 函数显示了雇员的名、姓和社会保险号码,这仍是一个代码复用的例子。注意,BasePlusCommissionEmployee 类的 print 函数引发了跨越 Employee 类的三级类层次的一连串的函数调用。

```cpp
1   // Fig. 12.15: BasePlusCommissionEmployee.h
2   // BasePlusCommissionEmployee class derived from CommissionEmployee.
3   #ifndef BASEPLUS_H
4   #define BASEPLUS_H
5
6   #include <string> // C++ standard string class
7   #include "CommissionEmployee.h" // CommissionEmployee class definition
8
9   class BasePlusCommissionEmployee : public CommissionEmployee
10  {
11  public:
12     BasePlusCommissionEmployee( const std::string &, const std::string &,
13        const std::string &, double = 0.0, double = 0.0, double = 0.0 );
14     virtual ~CommissionEmployee() { } // virtual destructor
15
16     void setBaseSalary( double ); // set base salary
17     double getBaseSalary() const; // return base salary
18
19     // keyword virtual signals intent to override
20     virtual double earnings() const override; // calculate earnings
21     virtual void print() const override; // print object
22  private:
23     double baseSalary; // base salary per week
24  }; // end class BasePlusCommissionEmployee
25
26  #endif // BASEPLUS_H
```

图 12.15　BasePlusCommissionEmployee 类的头文件

```cpp
1   // Fig. 12.16: BasePlusCommissionEmployee.cpp
2   // BasePlusCommissionEmployee member-function definitions.
3   #include <iostream>
4   #include <stdexcept>
5   #include "BasePlusCommissionEmployee.h"
6   using namespace std;
7
8   // constructor
9   BasePlusCommissionEmployee::BasePlusCommissionEmployee(
10     const string &first, const string &last, const string &ssn,
11     double sales, double rate, double salary )
12     : CommissionEmployee( first, last, ssn, sales, rate )
13  {
14     setBaseSalary( salary ); // validate and store base salary
15  } // end BasePlusCommissionEmployee constructor
16
17  // set base salary
18  void BasePlusCommissionEmployee::setBaseSalary( double salary )
19  {
20     if ( salary >= 0.0 )
21        baseSalary = salary;
22     else
23        throw invalid_argument( "Salary must be >= 0.0" );
24  } // end function setBaseSalary
25
26  // return base salary
27  double BasePlusCommissionEmployee::getBaseSalary() const
28  {
29     return baseSalary;
30  } // end function getBaseSalary
31
32  // calculate earnings;
33  // override virtual function earnings in CommissionEmployee
34  double BasePlusCommissionEmployee::earnings() const
35  {
36     return getBaseSalary() + CommissionEmployee::earnings();
37  } // end function earnings
38
```

图 12.16　BasePlusCommissionEmployee 类的实现文件

```
39   // print BasePlusCommissionEmployee's information
40   void BasePlusCommissionEmployee::print() const
41   {
42      cout << "base-salaried ";
43      CommissionEmployee::print(); // code reuse
44      cout << "; base salary: " << getBaseSalary();
45   } // end function print
```

图 12.16(续)　BasePlusCommissionEmployee 类的实现文件

## 12.6.5　演示多态性的执行过程

为了测试 Employee 类的层次结构，图 12.17 中的程序为 3 个具体类 SalariedEmployee、CommissionEmployee 和 BasePlusCommissionEmployee 的每一个都创建了一个对象。程序首先使用静态绑定方式对这些对象进行了操作，然后使用 Employee 指针的 vector 多态地对这些对象进行操作。第 22~27 行创建了这 3 个 Employee 具体派生类的各自对象。第 32~38 行输出每个雇员对象的信息和收入。第 32~37 行上的每个成员函数的调用都是一个(在编译时)静态绑定的实例，因为使用的是名称句柄(不是可以在执行时设置的指针或引用)，编译器可以识别每个对象的类型，从而决定应该调用哪个 print 和 earnings 函数。

```
 1   // Fig. 12.17: fig12_17.cpp
 2   // Processing Employee derived-class objects individually
 3   // and polymorphically using dynamic binding.
 4   #include <iostream>
 5   #include <iomanip>
 6   #include <vector>
 7   #include "Employee.h"
 8   #include "SalariedEmployee.h"
 9   #include "CommissionEmployee.h"
10   #include "BasePlusCommissionEmployee.h"
11   using namespace std;
12
13   void virtualViaPointer( const Employee * const ); // prototype
14   void virtualViaReference( const Employee & ); // prototype
15
16   int main()
17   {
18      // set floating-point output formatting
19      cout << fixed << setprecision( 2 );
20
21      // create derived-class objects
22      SalariedEmployee salariedEmployee(
23         "John", "Smith", "111-11-1111", 800 );
24      CommissionEmployee commissionEmployee(
25         "Sue", "Jones", "333-33-3333", 10000, .06 );
26      BasePlusCommissionEmployee basePlusCommissionEmployee(
27         "Bob", "Lewis", "444-44-4444", 5000, .04, 300 );
28
29      cout << "Employees processed individually using static binding:\n\n";
30
31      // output each Employee's information and earnings using static binding
32      salariedEmployee.print();
33      cout << "\nearned $" << salariedEmployee.earnings() << "\n\n";
34      commissionEmployee.print();
35      cout << "\nearned $" << commissionEmployee.earnings() << "\n\n";
36      basePlusCommissionEmployee.print();
37      cout << "\nearned $" << basePlusCommissionEmployee.earnings()
38         << "\n\n";
39
40      // create vector of three base-class pointers
41      vector< Employee * > employees( 3 );
42
43      // initialize vector with pointers to Employees
44      employees[ 0 ] = &salariedEmployee;
45      employees[ 1 ] = &commissionEmployee;
46      employees[ 2 ] = &basePlusCommissionEmployee;
47
48      cout << "Employees processed polymorphically via dynamic binding:\n\n";
49
50      // call virtualViaPointer to print each Employee's information
```

图 12.17　Employee 类层次结构的驱动程序

```
51      // and earnings using dynamic binding
52      cout << "Virtual function calls made off base-class pointers:\n\n";
53
54      for ( const Employee *employeePtr : employees )
55         virtualViaPointer( employeePtr );
56
57      // call virtualViaReference to print each Employee's information
58      // and earnings using dynamic binding
59      cout << "Virtual function calls made off base-class references:\n\n";
60
61      for ( const Employee *employeePtr : employees )
62         virtualViaReference( *employeePtr ); // note dereferencing
63   } // end main
64
65   // call Employee virtual functions print and earnings off a
66   // base-class pointer using dynamic binding
67   void virtualViaPointer( const Employee * const baseClassPtr )
68   {
69      baseClassPtr->print();
70      cout << "\nearned $" << baseClassPtr->earnings() << "\n\n";
71   } // end function virtualViaPointer
72
73   // call Employee virtual functions print and earnings off a
74   // base-class reference using dynamic binding
75   void virtualViaReference( const Employee &baseClassRef )
76   {
77      baseClassRef.print();
78      cout << "\nearned $" << baseClassRef.earnings() << "\n\n";
79   } // end function virtualViaReference
```

```
Employees processed individually using static binding:

salaried employee: John Smith
social security number: 111-11-1111
weekly salary: 800.00
earned $800.00

commission employee: Sue Jones
social security number: 333-33-3333
gross sales: 10000.00; commission rate: 0.06
earned $600.00

base-salaried commission employee: Bob Lewis
social security number: 444-44-4444
gross sales: 5000.00; commission rate: 0.04; base salary: 300.00
earned $500.00

Employees processed polymorphically using dynamic binding:

Virtual function calls made off base-class pointers:

salaried employee: John Smith
social security number: 111-11-1111
weekly salary: 800.00
earned $800.00

commission employee: Sue Jones
social security number: 333-33-3333
gross sales: 10000.00; commission rate: 0.06
earned $600.00

base-salaried commission employee: Bob Lewis
social security number: 444-44-4444
gross sales: 5000.00; commission rate: 0.04; base salary: 300.00
earned $500.00

Virtual function calls made off base-class references:

salaried employee: John Smith
social security number: 111-11-1111
weekly salary: 800.00
earned $800.00

commission employee: Sue Jones
social security number: 333-33-3333
gross sales: 10000.00; commission rate: 0.06
earned $600.00

base-salaried commission employee: Bob Lewis
social security number: 444-44-4444
gross sales: 5000.00; commission rate: 0.04; base salary: 300.00
earned $500.00
```

图 12.17(续)  Employee 类层次结构的驱动程序

第 41 行创建 vector 对象 employees，它包含 3 个 Employee 类指针。第 44 行把对象 salariedEmployee 的地址赋给了 employees[0]，第 45 行把对象 commissionEmployee 的地址赋给了 employees[1]，第 46 行把对象 basePlusCommissionEmployee 的地址赋给了 employees[2]。编译器允许进行这些赋值，因为每个 SalariedEmployee 对象都是 Employee 对象，每个 CommissionEmployee 对象都是 Employee 对象，每个 BasePlusCommissionEmployee 也都是 Employee 对象。因此，可以把对象 SalariedEmployee、CommissionEmployee 和 BasePlusCommissionEmployee 的地址赋给基类 Employee 的指针（尽管 Employee 是一个抽象类）。

第 54 ~ 55 行的 for 语句循环遍历 vector 对象 employees，并为 employees 的每个元素调用 virtualViaPointer 函数（第 67 ~ 71 行）。virtualViaPointer 函数用参数 baseClassPtr 接收保存在 employees 元素中的地址。每次对 virtualViaPointer 函数的调用都利用 baseClassPtr 调用 virtual 函数 print（第 69 行）和 earnings 函数（第 70 行）。请注意，virtualViaPointer 函数并没有包含 SalariedEmploye、CommissionEmployee 或者 BasePlusCommissionEmployee 类型的信息，该函数仅仅知道基类类型 Employee。因此，在编译时，编译器并不知道通过 baseClassPtr 调用哪个具体类的函数。但是在执行时，每次 virtual 函数调用时，都会准确调用 baseClassPtr 在那时指向的对象的函数。输出表明对于每个类程序的确调用了适当的函数，并输出了每个对象的正确信息。例如，对于 SalariedEmployee 雇员，输出了他的周薪；对于 CommissionEmployee 雇员和 BasePlusCommissionEmployee 雇员，显示了他们的销售总额。另外，请注意在第 70 行多态地获得每个雇员的收入，以及在第 33 行、第 35 行、第 37 行利用静态绑定获得的雇员收入。采用动态绑定方式时，在运行时决定调用哪个类的 print 函数和 earnings 函数。

最后，另一条 for 语句（第 61 ~ 62 行）又循环遍历了 vector 对象 employees，并对这个对象的每个元素调用 virtualViaReference 函数（第 75 ~ 79 行）。virtualViaReference 函数通过参数 baseClassRef（类型是 const Employee &）接收间接引用存储在每个 employees 元素中的指针后形成的引用（第 62 行）。而对 virtualViaReference 函数的每次调用，都会通过引用 baseClassRef 调用 virtual 函数 print（第 77 行）和 earnings（第 78 行），以表明利用基类引用同样产生了多态性的行为。每次 virtual 函数的调用都会调用 baseClassRef 在执行时所引用对象的函数。这是又一个动态绑定的例子。使用基类引用和使用基类指针产生了同样的输出结果。

## 12.7　（选读）多态性、virtual 函数和动态绑定的底层实现机制

C++ 使多态性很容易编程实现。当然，也可能用非面向对象的程序设计语言（例如 C 语言）来实现多态性，但这样做会涉及需要复杂且有潜在危险的指针操作。本节将揭示 C++ 实现多态性、virtual 函数和动态绑定的内部机制，使读者更透彻地理解这些功能的工作原理。更重要的是，它有助于读者客观评价多态性的开销问题——就额外的内存占用和处理器时间而言，从而帮助读者决定什么时候要使用多态性，什么时候应避免使用多态性。C++ STL 组件的实现并没有使用多态性和 virtual 函数。这是为了避免运行时相关的开销，并达到最佳的性能。

首先解释一下 C++ 编译器为了支持运行时的多态性而在编译时创建的数据结构。我们将看到，多态性是通过三级指针（即"三级间接取值"）实现的。然后，将说明正在运行的程序如何使用这些数据结构执行 virtual 函数，实现与多态性相关联的动态绑定。请注意，我们的讨论解释了一种可能的实现，这并不是语言所要求的。

当 C++ 编译含有一个或多个 virtual 函数的类时，它为这个类创建一个 virtual 函数表（简称 vtable）。vtable 中包括指向类 virtual 函数的指针。正如内置数组名包含数组第一个元素内存的地址，指向函数的指针包括执行函数任务的代码内存的首地址。每次调用该类的 virtual 函数时，运行程序都会利用 virtual 函数表选择正确的函数实现。图 12.18 的最左列展示了类 Employee、SalariedEmployee、CommissionEmployee 和 BasePlusCommissionEmployee 的 virtual 函数表。

### Employee 类 vtable

在 Employee 类的 virtual 函数表中，第一个函数指针被设置成 0（即空指针）。这样做是因为 earnings

函数是一个纯 virtual 函数,所以缺少实现部分。第二个函数指针指向 print 函数,它显示雇员的姓名和社会保险号码。注意,图中缩略了每个 print 函数的输出,以节省空间。任何在其 virtual 函数表中含有一个或多个空指针的类都是抽象类。而在 virtual 函数表中没有任何空指针的类,例如 SalariedEmployee、CommissionEmployee 和 BasePlusCommissionEmployee,都是具体类。

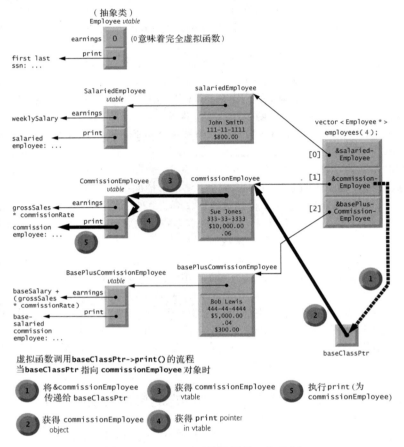

图 12.18　virtual 函数调用的工作机制

## SalariedEmployee 类 vtable

类 SalariedEmployee 重写了 earnings 函数,以返回雇员的周薪,所以对应的函数指针指向 SalariedEmployee 类的 earnings 函数。SalariedEmployee 类还重写了 print 函数,因此相应的函数指针指向了 SalariedEmployee 类的成员函数 print,该成员函数首先输出"salaried employee:",然后是雇员的姓名、社会保险号码和周薪。

## CommissionEmployee 类 vtable

在类 CommissionEmployee 的 virtual 函数表中,earnings 函数指针指向 CommissionEmployee 类中的 earnings 函数,该函数返回雇员的销售总额和提成比例的乘积。print 函数指针指向 CommissionEmployee 类版本的 print 函数,它输出雇员的类型、姓名、社会保险号码、提成比例和销售总额。与 HourlyEmployee 类一样,CommissionEmployee 类中的这两个函数又重写了 Employee 类中相应的函数。

## BasePlusCommissionEmployee 类 vtable

在 BasePlusCommissionEmployee 的 virtual 函数表中,earnings 函数指针指向 BasePlusCommissionEmployee 类中的 earnings 函数,该函数返回雇员的基本工资加上销售总额及提成比例之乘积的和。print 函

数指针指向 BasePlusCommissionEmployee 类版本的 print 函数，此函数输出雇员的基本工资、雇员类型、姓名、社会保险号码、提成比例和销售总额。这两个函数重写了 CommissionEmployee 类中相应的函数。

### 继承具体的虚函数

在 Employee 实例研究中，每个具体类都提供自己对 virtual 函数 earnings 和 print 的实现。我们已经知道，每个从抽象基类 Employee 派生的类要成为一个具体类，就必须自己实现 earnings 函数，因为 earnings 函数是一个纯 virtual 函数。要成为具体类，这些派生类并不需要实现 print 函数。print 函数并不是纯 virtual 函数，所以它可以继承基类 Employee 的 print 函数的实现。此外，BasePlusCommissionEmployee 类不必自己实现 print 或 earnings 函数，因为这两个函数的实现都可以从它的基类 CommissionEmployee 类继承。如果在类层次中的类以这种方式继承函数实现，那么在 virtual 函数表中这些函数的指针将指向继承的函数实现。例如，如果 BasePlusCommissionEmployee 类没有重写 earnings 函数，那么 BasePlusCommissionEmployee 类的 virtual 函数表中的 earnings 函数指针和 CommissionEmployee 类的 virtual 函数表中的 earnings 函数指针都指向同一个 earnings 函数。

### 实现多态的三级指针

多态性是通过包含了三级指针的一种精致的数据结构实现的。我们已经讨论了其中的第一级指针，即 virtual 函数表中的函数指针。当调用 virtual 函数时，这些指针指向实际执行的函数。

现在考虑第二级指针。无论何时当实例化具有一个或多个 virtual 函数的类的对象时，编译器给这个对象附上一个指针，指向对象所属类的 virtual 函数表。这个指针通常放在对象的前部，但不做特别要求。在图 12.18 中，这些指针和在图 12.17 中创建的对象相关联（类 SalariedEmployee、CommissionEmployee 和 BasePlusCommissionEmployee 各创建了一个对象）。请注意，图 12.18 中显示了每个对象的数据成员的值。例如，对象 salariedEmployee 包含一个指向 SalariedEmployee 类的 virtual 函数表的指针，该对象还包含了值 John Smith、111-11-1111 和 $800.00。

第三级指针仅仅包含接收 virtual 函数调用的对象句柄。这个级别中的句柄也可以是引用。请注意，图 12.18 表示了 vector 对象 employees 包含 Employee 指针。

现在，让我们看看典型的 virtual 函数调用的执行过程。考虑函数 virtualViaPointer（如图 12.17 的第 69 行所示）中的调用：baseClassPtr->print()。假设 baseClassPtr 包含 employees[1]（即 employees 中 commissionEmployee 对象的地址）。当编译器编译这条语句时，它首先确定该调用实际上是由基类指针提出的，并且 print 函数是一个 virtual 函数。

然后编译器确定 print 是每个 virtual 函数表中的第二项。要找到该项，编译器需要跳过第一项。因此，编译器将 4 个字节的偏移量或位移量编译到机器语言的目标代码的指针表中，从而找到执行该 virtual 函数调用的代码。偏移量字节的大小取决于在独立平台上代表函数指针的字节数。例如，在 32 位平台上，每个指针占 4 字节，而在 64 位平台上，每个指针占 8 字节。在这次讨论中假设为 4 字节。

编译器产生完成下列操作的代码。注意，下列编号对应图 12.18 里圆圈中的数字。

1. 从 employees 中选择第 $i$ 项（本例是对象 CommissionEmployee 的地址），然后把它作为实参传递给 virtualViaPointer 函数，从而将形参 baseClassPtr 设置为指向对象 CommissionEmployee。
2. 间接引用上述的指针以取得 CommissionEmployee 对象。回忆一下，该对象以一个指向 CommissionEmployee 类的 virtual 函数表的指针开始。
3. 间接引用 CommissionEmployee 的 virtual 函数表指针，获取 CommissionEmployee 的 virtual 函数表。
4. 跳过 4 个字节的位移，选择 print 函数的指针。
5. 间接引用 print 函数的指针，构成实际要执行的函数"名称"，并用函数调用运算符"()"执行相应的 print 函数，本例中是打印雇员的类型、姓名、社会保险号码、销量和佣金率。

图 12.18 中的数据结构看起来比较复杂，但大部分都由编译器负责，程序员不必操心，从而使得多态性编程简单易懂。每次 virtual 函数调用时发生的指针间接引用操作和内存访问，都需要增加程序执行时间。而 virtual 函数表和加入对象的 vtable 指针也要占用额外的内存。

**性能提示 12.1**

C++ 中通过 virtual 函数和动态绑定实现的多态性非常高效。程序员使用这些功能时对系统性能的影响很小。

**性能提示 12.2**

virtual 函数和动态绑定使多态性编程能够与 switch 逻辑编程一比高低。通常，优化的 C++ 编译器生成的多态性代码其执行效率和基于 switch 逻辑的手工代码的效率是一样的。对于大多数应用来说，多态性的开销是可以接受的。但在某些情况下(比如性能要求很高的实时应用程序)，多态性的开销可能就太高了。

## 12.8 实例研究：应用向下强制类型转换、dynamic_cast、typeid 和 type_info 并使用多态性和运行时类型信息的工资发放系统

回想 12.6 节开始描述的问题：在这次工资发放阶段，我们虚构的公司决定奖励 BasePlusCommissionEmployees 类的成员，把他们的基本工资提高 10%。在 12.6.5 节，当多态地处理 Employee 对象时，我们不需要关心它到底是哪类具体的对象。但是，现在要调整 BasePlusCommissionEmployee 雇员的基本工资，所以就不得不在运行时判定每个 Employee 对象的具体类型，然后采取适当的行动。这一节演示了运行时类型信息(RTTI)和动态强制类型转换的强大功能，它们使程序在运行时能够判定对象的类型，从而对对象进行操作。[①]

图 12.19 中的程序使用 12.6 节开发的 Employee 类层次结构，并给每个 BasePlusCommissionEmployee 类雇员增加 10% 的基本工资。第 21 行声明一个含有 3 个元素的 vector 对象 employees，存储指向 Employee 对象的指针。第 24~29 行将动态分配的类 SalariedEmployee(如图 12.11 和图 12.12 所示)、CommissionEmployee(如图 12.13 和图 12.14 所示)和 BasePlusCommissionEmployee(如图 12.15 和图 12.16 所示)的 3 个对象地址分别赋给了 employees 的 3 个元素，并通过调用成员函数 print(第 34 行)来展示每个雇员的信息。我们应该还记得，因为 print 函数在基类 Employee 中声明为 virtual 函数，所以系统会调用相应的派生类对象的 print 函数。

```cpp
1   // Fig. 12.19: fig12_19.cpp
2   // Demonstrating downcasting and runtime type information.
3   // NOTE: You may need to enable RTTI on your compiler
4   // before you can compile this application.
5   #include <iostream>
6   #include <iomanip>
7   #include <vector>
8   #include <typeinfo>
9   #include "Employee.h"
10  #include "SalariedEmployee.h"
11  #include "CommissionEmployee.h"
12  #include "BasePlusCommissionEmployee.h"
13  using namespace std;
14
15  int main()
16  {
17     // set floating-point output formatting
18     cout << fixed << setprecision( 2 );
19
20     // create vector of three base-class pointers
21     vector < Employee * > employees( 3 );
22
23     // initialize vector with various kinds of Employees
24     employees[ 0 ] = new SalariedEmployee(
25        "John", "Smith", "111-11-1111", 800 );
```

图 12.19    演示向下强制类型转换和运行时类型信息

---

① 有些编译器需要先启用 RTTI，然后才可以在程序中使用 RTTI。GNU C++ 4.7、Visual C++ 2012 和 Xcode 4.5 LLVM 是测试本书的例程所使用的编译器，启用 RTTI 是它们默认的设置。

```
26        employees[ 1 ] = new CommissionEmployee(
27           "Sue", "Jones", "333-33-3333", 10000, .06 );
28        employees[ 2 ] = new BasePlusCommissionEmployee(
29           "Bob", "Lewis", "444-44-4444", 5000, .04, 300 );
30
31        // polymorphically process each element in vector employees
32        for ( Employee *employeePtr : employees )
33        {
34           employeePtr->print(); // output employee information
35           cout << endl;
36
37           // attempt to downcast pointer
38           BasePlusCommissionEmployee *derivedPtr =
39              dynamic_cast < BasePlusCommissionEmployee * >( employeePtr );
40
41           // determine whether element points to a BasePlusCommissionEmployee
42           if ( derivedPtr != nullptr ) // true for "is a" relationship
43           {
44              double oldBaseSalary = derivedPtr->getBaseSalary();
45              cout << "old base salary: $" << oldBaseSalary << endl;
46              derivedPtr->setBaseSalary( 1.10 * oldBaseSalary );
47              cout << "new base salary with 10% increase is: $"
48                 << derivedPtr->getBaseSalary() << endl;
49           } // end if
50
51           cout << "earned $" << employeePtr->earnings() << "\n\n";
52        } // end for
53
54        // release objects pointed to by vector's elements
55        for ( const Employee *employeePtr : employees )
56        {
57           // output class name
58           cout << "deleting object of "
59              << typeid( *employeePtr ).name() << endl;
60
61           delete employeePtr;
62        } // end for
63     } // end main
```

```
salaried employee: John Smith
social security number: 111-11-1111
weekly salary: 800.00
earned $800.00

commission employee: Sue Jones
social security number: 333-33-3333
gross sales: 10000.00; commission rate: 0.06
earned $600.00

base-salaried commission employee: Bob Lewis
social security number: 444-44-4444
gross sales: 5000.00; commission rate: 0.04; base salary: 300.00
old base salary: $300.00
new base salary with 10% increase is: $330.00
earned $530.00

deleting object of class SalariedEmployee
deleting object of class CommissionEmployee
deleting object of class BasePlusCommissionEmployee
```

图 12.19(续)　演示向下强制类型转换和运行时类型信息

**使用 dynamic_cast 决定对象类型**

　　本例中，当遇到 BasePlusCommissionEmployee 类的对象时，我们希望将其基本工资提高 10%。由于是以多态的方式处理每个雇员对象，因此不能(利用已学的方法)在任意给定的时间确定正在被处理的雇员的类型。这就产生了一个问题，因为当遇到 BasePlusCommissionEmployee 对象时，必须认出它的类型，这样才可以给该对象增加 10% 的基本工资。要达到这一目的，必须使用运算符 dynamic_cast(第 39 行)决定每个对象所属的类型是不是 BasePlusCommissionEmployee。这就是在 12.3.3 节中提到的向下强制类型转换运算。第 38 ~ 39 行动态地把 employeesPtr 从类型 Employee * 向下强制转换为类型 BasePlusCommissionEmployee *。如果该 employeePtr 所指向的对象是一个 BasePlusCommissionEmployee 对象，那么这个对象的地址就赋给派生类指针 derivedPtr；否则，derivedPtr 赋值为 nullptr。注意，这里需要 dynamic_cast 来进行基对象的类型检查,而 static_cast 仅仅将 Employee * 转换成 BasePlusCommissionEmployee *,无论潜在对象是什么类型。使用 static_cast,程序试图为每个 Employee 增加基本工资,导致每个非 BasePlusCommissionEmployee 对象发生未定义行为。

如果第38~39行的 dynamic_cast 运算符返回的值不是 nullptr,说明这一对象就是我们所要找的类型,第42~49行的 if 语句就执行针对 BasePlusCommissionEmployee 对象的特殊处理。第44行、第46行和第48行调用 BasePlusCommissionEmployee 类的函数 getBaseSalary 和 setBaseSalary,以获取和更新这个雇员的工资。

### 计算现有雇员收入

第51行调用 employeePtr 的指向对象的成员函数 earnings。回想一下,earnings 函数在基类中声明为 virtual 函数,所以程序会调用相应派生类对象的 earnings 函数,这又是一个动态绑定的例子。

### 展示雇员类型

第55~62行的 for 循环显示了每个雇员对象的类型,并使用 delete 运算符释放每个 vector 元素所指向的动态分配的内存。运算符 typeid(第59行)返回一个 type_info 类对象的引用,包含了包括操作数类型名称在内的关于该运算符操作数类型的信息。调用时,type_info 类的成员函数 name(第59行)返回一个基于指针的字符串,它包含传递给 typeid 实参的类型名称(例如"class BasePlusCommissionEmployee")。要使用 typeid,程序必须包含头文件 < typeinfo >(第8行)。

**性能提示 12.1**

由于编译器的不同,type_info 成员函数 name 返回的字符串也不同。

### 使用 dynamic_cast 避免的编译错误

本例通过把一个 Employee 指针向下强制类型转换为一个 BasePlusCommissionEmployee 类指针(第38~39行),从而避免了几个编译错误。如果去掉第39行的 dynamic_cast 部分,试图直接把当前的 Employee 指针赋给 BasePlusCommissionEmployee 指针 derivedPtr,那么将会产生编译错误。C++不允许程序把基类指针赋给派生类指针,因为"是一个"关系并不成立,即 CommissionEmployee 对象并不是 BasePlusCommissionEmployee 对象。"是一个"关系仅适用于从派生类到基类,反之则不成立。

同样,在第44行、第46行和第48行,如果使用基类指针 employees 中的元素而不是派生类指针 derivedPtr 来调用只在派生类中含有的函数 getBaseSalary 和 setBaseSalary,那么在每一行都会产生一个编译错误。12.3.3节曾讲过,试图通过基类指针调用仅派生类中含有的函数是不允许的。尽管只有当 commissionPtr 不是 nullptr(如果能够强制类型转换)时,第44行、第46行和第48行才能执行,但是不能试图通过基类 Employee 指针调用只在派生类 BasePlusCommissionEmployee 中含有的函数 getBaseSalary 和 setBaseSalary。我们知道,利用基类 Employee 指针只能调用在基类 Employee 中定义的函数:earnings、print 及 Employee 类的 get 和 set 函数。

## 12.9　本章小结

这一章讨论了多态性,它使我们可以进行"通用化编程"而不是"特殊化编程",并且让大家看到了多态性使程序更具扩展性。首先,通过一个例子解释了多态性如何使屏幕管理器显示几种不同的"太空"对象。然后,演示了如何使用基类和派生类指针指向基类和派生类对象。我们说基类指针指向基类对象、派生类指针指向派生类对象是自然的。基类指针指向派生类对象也是自然的,因为派生类对象也是一个基类对象。我们知道了为什么派生类指针指向基类对象是危险的,以及编译器不允许这种赋值的原因。引入了 virtual 函数,它使得(在执行期间)当通过基类指针引用类层次中不同层次的对象时,正确的函数会被调用。这就是动态绑定或迟绑定。我们介绍了 virtual 析构函数,以及当对象通过基类指针或是引用被删除时,这些析构函数如何确保继承层次结构中的所有析构函数在派生类对象上能够合理运行。然后，介绍了纯 virtual 函数和抽象类(具有一个或多个纯 virtual 函数的类)，知道了抽象类不能用于实例化对象，具体类则可以。然后演示了在类继承层次中如何使用抽象类。我们学习了多态性如何利用编译器创建的 virtual 函数表进行工作的内部机制。我们使用运行时类型信息(RTTI)和动态强制转换来决定运行时对象的类型，以及相应的行为。我们也使用了 typeid 操作符来获得包含所给对象类型信息的 type_info 对象。

下一章将讨论 C++ I/O 功能并演示执行多种格式任务的流操作者。

## 摘要

### 12.1 节　简介
- 多态使我们能"通用化编程"，而不是"特殊化编程"。
- 多态使我们能编写这样的程序，它处理属于同一类层次结构中的类对象时，就好像这些对象都是继承结构中基类的对象。
- 使用多态可以使设计和实现的系统更加容易扩展：对程序的主体做少许修改或不做修改就可以添加一个新类。而程序中必须修改以适应新类的部分是那些加入到结构中需要的直接新类信息的部分。

### 12.2 节　多态性介绍：多态视频游戏
- 通过使用多态性，对一个函数的调用可以产生不同的结果，这取决于调用函数的对象类型。
- 通过使用多态性，可以设计和实现更具扩展性的系统。程序员编写的程序可以处理在开发阶段可能还不存在的类型对象。

### 12.3 节　类继承层次中对象之间的关系
- C++ 支持多态性。所谓多态性是指由于继承而关联在一起的不同类的对象，对于相同的成员函数调用做出不同反应的一种能力。
- 多态性是通过 virtual 函数和动态绑定实现的。
- 当通过基类指针或引用调用一个 virtual 函数时，C++ 会在与对象相关的相应派生类中选择正确的重写函数。
- 如果通过按引用特定对象和使用圆点成员选择运算符来调用 virtual 函数，则该函数调用是在编译时确定的(这称为静态绑定)，被调用的 virtual 函数是为该特定对象定义的函数。
- 如果有必要的话，派生类会提供基类 virtual 函数自己的实现，不必要的话就使用基类的实现。
- 如果一个类包含 virtual 函数，就要把基类的析构函数声明为 virtual。这样会使所有派生类的析构函数自动成为 virtual 析构函数，即使它们的名称和基类析构函数不同。如果通过将 delete 运算符作用于指向派生类对象的基类指针上来显式地删除类层次结构中的对象，系统会调用相应类的析构函数。派生类析构函数运行后，类层次结构中该类的所有基类析构函数也会由下向上相继运行，最顶层基类的析构函数最后运行。

### 12.4 节　类型域和 switch 语句
- 使用 virtual 函数来进行多态性程序设计就可以不必使用 switch 逻辑。程序员可以利用 virtual 函数的机制自动完成相同的逻辑，从而避免与 switch 逻辑相关的各种典型错误。

### 12.5 节　抽象类和纯 virtual 函数
- 抽象类通常作为基类，所以称它们为抽象基类。抽象基类不能实例化任何对象。
- 如果类可以实例化对象，那么该类就称为具体类。
- 把类的一个或多个 virtual 函数声明为纯 virtual 函数，该类就成为抽象类。纯 virtual 函数是在它的声明中带有纯指示符( =0)的函数。

- 如果一个类从一个带有纯 virtual 函数的类派生,并且该类没有为该纯 virtual 函数提供定义,那么在此派生类中该纯 virtual 函数仍然是纯 virtual 函数。相应地,此派生类也是一个抽象类。
- 尽管不能实例化抽象基类的对象,但是可以声明指向抽象基类对象的指针和引用。这样的指针和引用可以用来对实例化的具体派生类的对象进行多态性的操作。

### 12.7 节 (选读)多态性、virtual 函数和动态绑定的底层实现机制

- 动态绑定需要在运行时把 virtual 成员函数的调用传送到恰当类的 virtual 函数的版本。virtual 函数表简称为 vtable,它是一个包含函数指针的数组。每个含有 virtual 函数的类都有一个 vtable。对于类中的每个 virtual 函数,在 vtable 中都有一个包含函数指针的项,此函数指针指向该类对象的 virtual 函数版本。特定类所用的 virtual 函数可能是该类中定义的函数,也可能是从类层次结构中较高层的基类直接或间接继承而来的函数。
- 当基类提供了一个 virtual 成员函数时,派生类可以重写此 virtual 函数,但并不是必须的。
- 每个含有 virtual 函数的类的对象,都含有一个指向该类的 vtable 的指针。当由指向派生类对象的基类指针进行一次函数调用时,vtable 中相应的函数指针可以在执行期间获得,然后间接引用该指针,从而在执行时完成这次函数调用。
- 任何类只要它的 vtable 中含有一个或多个 nullptr 指针,就是一个抽象类。在 vtable 中不含 nullptr 指针的类就是具体类。
- 经常会有新类添加到系统中。新类通过动态绑定(也称迟绑定)使系统可以接纳它。

### 12.8 节 实例研究:应用向下强制类型转换、dynamic_cast、typeid 和 type_info 并使用多态性和运行时类型信息的工资发放系统

- dynamic_cast 运算符检查指针所指对象的类型,然后判断这一类型是否与此指针正在转换成的类型有一种“是一个”的关系。如果它们之间存在“是一个”关系,dynamic_cast 返回对象的地址;如果没有,dynamic_cast 返回 nullptr。
- 运算符 typeid 返回包含操作数数据类型信息的 type_info 类对象的一个引用,信息中包括数据类型的名称。要使用 typeid,程序必须包含头文件 < typeinfo >。
- 调用时,type_info 的成员函数 name 返回一个基于指针的字符串,包含 type_info 对象所表示的类型名。
- 运算符 dynamic_cast 和 typeid 是 C++ 运行时类型信息(RTTI)特征的一部分,允许程序在运行时判断对象的类型。

## 自测练习题

12.1 填空题。

     a) 把基类对象当作_____会导致错误。

     b) 多态性有助于消除_____逻辑。

     c) 如果一个类至少包含一个纯 virtual 函数,那么该类就是一个_____类。

     d) 如果一个类可以实例化对象,那么该类称为_____类。

     e)_____运算符可以用于安全地向下强制类型转换基类指针。

     f) 运算符 typeid 返回一个对_____对象的引用。

     g)_____需要使用一个基类指针或引用来调用基类和派生类对象的 virtual 函数。

     h) 可重写的函数使用关键字_____进行声明。

     i) 将基类指针强制类型转换为派生类指针称为_____。

12.2 判断对错。如果错误,请说明理由。

     a) 抽象基类中的所有 virtual 函数都必须声明为纯 virtual 函数。

b）使用基类句柄引用一个派生类的对象是非常危险的。

c）声明某个类为 virtual，该类就成为抽象类。

d）如果基类声明了一个纯 virtual 函数，派生类只有实现该函数才能成为具体类。

e）有了多态性编程就无须使用 switch 逻辑了。

## 自测练习题答案

12.1　a）派生类对象。b）switch。c）抽象。d）具体。e）dynamic_cast。f）type_info。g）多态性。h）virtual。i）向下强制类型转换。

12.2　a）错误。抽象类可以包含具有实现的 virtual 函数。b）错误。使用派生类句柄引用基类对象是非常危险的。c）错误。类是不能声明为 virtual 的。相反，一个类要成为抽象类，它必须至少含有一个纯 virtual 虚函数。d）正确。e）正确。

## 练习题

12.3　（**一般编程**）多态性如何能够进行"通用化编程"而不是"特殊化编程"？试说明"通用化编程"的主要优点。

12.4　（**多态 vs. switch 逻辑**）请讨论 switch 逻辑编程存在的问题。解释多态性可以有效替代 switch 逻辑的主要原因。

12.5　（**继承接口 vs. 实现**）区分接口继承和实现继承。接口继承的继承层次结构设计与实现继承的继承层次结构设计有什么不同？

12.6　（**virtual 函数**）什么是 virtual 函数？请说明 virtual 函数适用的环境。

12.7　（**动态绑定 vs. 静态绑定**）请说出静态绑定和动态绑定的不同之处，并解释 virtual 函数和 virtual 函数表在动态绑定中的用法。

12.8　（**virtual 函数**）请谈谈 virtual 函数和纯 virtual 函数有什么不同。

12.9　（**抽象基类**）请为本章讨论过的并在图 11.3 显示的 Shape 类层次结构，提出一层或多层的抽象基类（第一层是 Shape，第二层包括类 TwoDimensionalShape 和 ThreeDimensionalShape）。

12.10　（**多态和可扩展性**）多态性是如何提高可扩展性的？

12.11　（**多态应用**）假设要求你开发一个飞行器模拟程序，该程序有精心制作的图形输出。解释为什么多态性编程特别适合解决这类问题。

12.12　（**工资发放系统修正**）修改图 12.9 ~ 图 12.17 中的工资发放系统，在 Employee 类增加一个 private 数据成员 birthDate。使用图 10.6 ~ 图 10.7 中的 Date 类来表示雇员的生日。假设系统每月处理一次。创建一个 Employee 引用的 vector 对象，用于保存各种雇员对象。在一个循环中（多态性地）计算每个雇员的工资，如果某个雇员的生日在本月，就给该雇员 100 美元的奖金。

12.13　（**Package 继承层次**）使用在练习题 11.9 中创建的 Package 类继承层次结构，创建一个用于显示若干 Package 的地址信息并计算其运输费用的程序。程序应该包含一个 Package 指针的 vector 对象，其中的指针指向 TwoDayPackage 对象和 OvernightPackage 对象。遍历该 vector 对象，多态性地处理这些 Package。对于每个 Package 调用 get 函数，获得发送者和接收者的地址信息，然后打印输出这两个地址，就像它们出现在邮包标签上一样。此外，调用每个 Package 的 calculateCost 成员函数并输出结果。跟踪记录该 vector 中所有 Package 的总的运输费用，并在循环遍历结束时显示此总费用。

12.14　（**使用账户层次的多态银行程序**）使用练习题 11.10 中创建的 Account 类层次结构开发一个具有多态性的银行系统程序。创建一个 Account 指针的 vector 对象，其中的指针指向 SavingsAccount 对象和 CheckingAccount 对象。对于该 vector 对象中的每个 Account，允许用户使用成员函数 debit 指定要从该 Account 取出的货币金额，并允许用户使用成员函数 credit 指定要存入该 Account 的货币金额。处理每个 Account 时，应判定它的类型。如果 Account 是 SavingsAccount，就使用成员函数 calculateInterest 计算该 Account 应得的利息，然后使用成员函数 credit 把利息加到账户余额上。处理完一个 Account 后，通过调用基类成员函数 getBalance 打印更新后的账户余额。

12.15　(**工资发放系统修正**)修改图 12.9 ~ 图 12.17 的工资发放系统，添加 Employee 的子类 PieceWorker 和 HourlyWorker。PieceWorker 代表计件雇员，HourlyWorker 代表计时雇员。计时员工在超过 40 小时的所有小时内获得加班费(1.5 倍时薪)。

PieceWorker 包含 private 实体变量 wage(保存雇员每一件的工资)和 pieces(保存制造的件数)。HourlyWorker 包含 private 实体变量 wage(保存雇员时薪)和 hours(保存工作小时数)。在 Piece-Worker 类中，提供 earnings 方法的具体实现，该方法将制造的件数和每件的工资相乘来计算雇员的工资。在 HourlyWorker 类中，提供 earnings 方法的具体实现，该方法将工作的小时数和时薪相乘来计算雇员的工资。如果工作的小时数超过 40，确保支付 HourlyWorker 的加班费。在 main 函数的 Employee 指针向量中，为每个新类的每个对象添加一个指针。对每个 Employee，展示其字符串表示和收入。

## 社会实践题

12.16　(**"低碳经济"的抽象类：多态性**)使用只有纯虚函数的抽象类，就可以为不同的类指定一些相似的行为。全世界的政府和公司都开始关注碳排放量(每年排放到空气中的二氧化碳量)问题，它们来源于大楼中用来取暖而燃烧的各种燃料，汽车为了获得动力而消耗的燃料等。很多科学家都将气候变暖问题归结为二氧化碳的排放。设计三个与继承不相关的类：Building，Car，Bicycle。每个类都有与其他类不同的一些唯一的属性和功能。写一个只有纯虚函数 getCarbonFootprint 函数的抽象类 CarbonFootprint。每个类都继承这个抽象类，并实现 getCarbonFootprint 方法来计算各自的二氧化碳排放量(可以查一些网站来了解如何计算)。写一个程序，它产生三个类的对象，在 CarbonFootprint 指针的 vector 中放置指向这些对象的指针，然后通过迭代 vector，多态地调用每个对象的 getCarbonFootprint 方法。为每个对象，输出辨别这些对象的信息和该对象的二氧化碳排放量。

# 第 13 章 输入/输出流的深入剖析

*Consciousness . . . does not appear to itself chopped up in bits . . . A "river" or a "stream" are the metaphors by which it is most naturally described.*

—William James

## 学习目标

在本章中将学习：

● 使用 C++ 的面向对象输入/输出流

● 格式化输入和输出

● I/O 流的类层次

● 使用流操纵符

● 控制对齐和内容填充

● 判断输入/输出操作是否成功

● 将输出流连接到输入流

## 提纲

摘要 | 自测练习题 | 自测练习题答案 | 练习题

## 13.1 简介

　　C++ 标准库提供了广泛的输入/输出(I/O)功能。本章将讨论标准库所提供的满足在绝大多数情况下使用的 I/O 功能并且概述标准库提供的剩余 I/O 功能。前面的章节中已经讨论过部分特性,现在将提供更加完善的处理方法。下面将讨论的许多 I/O 特性都是面向对象的,这种 I/O 方式运用了 C++ 的其他特性,例如引用、函数重载和运算符重载。

　　C++ 使用类型安全的 I/O。任何一次 I/O 操作都是对数据类型敏感的。如果一个 I/O 的成员函数被定义为处理一个特定的数据类型,那么将调用这个成员函数来处理该数据类型。如果实际的数据类型和处理上述特定类型的函数不匹配,编译器将会产生错误。因此,类型不匹配的数据无法"溜过"系统(对应的这种情况可以在 C 语言中发生,允许产生一些细微的、古怪的错误)。

　　用户可以通过重载流插入运算符( << )和流提取运算符( >> )来实现对用户自定义对象类型的 I/O 操作。这种可扩展性是 C++ 最有价值的特性之一。

**软件工程知识 13.1**
尽管 C++ 程序员也可以使用 C 风格的 I/O,但是在 C++ 程序中,最好使用 C++ 风格的 I/O。

**错误预防技巧 13.1**
C++ 的 I/O 是类型安全的。

**软件工程知识 13.2**
C++ 允许预定义类型和用户定义类型使用同样的 I/O 操作。这种共性促进了软件开发和复用。

## 13.2 流

　　C++ 的 I/O 是以一连串的字节流的方式进行的。在输入操作中,字节从设备(例如,键盘、磁盘驱动器、网络连接等)流向内存。在输出操作中,字节从内存流向设备(例如,显示屏、打印机、磁盘驱动器、网络连接等)。

　　应用程序通过字节传达信息。字节可以组成字符、原始数据、图形图像、数字语音、数字视频或者任何应用程序所需要的其他信息。系统 I/O 结构应该能持续可靠地将字节从设备传输到内存,反之亦然。这种传输一般包含一些机械运动,例如,磁盘或磁带的旋转,或者键盘的敲击。数据传输所花费的时间远远大于处理器内部处理数据所花费的时间。所以 I/O 操作需要仔细计划和协调,以保证最优的性能。

　　C++ 同时提供"低层次的"和"高层次的"I/O 功能。低层次的 I/O 功能(也就是非格式化的 I/O)指定字节应从设备传输到内存还是从内存传输到设备。这种传输通常针对单个字节。这种低层次的 I/O 提供速度快、容量大的传输,但是对程序员来说并不方便。

　　程序员更加喜欢高层次的 I/O(也就是格式化的 I/O)。因为在这种输出方式中字节被组成了有意义的单元,例如整数、浮点数、字符、字符串和用户定义类型。除了大容量的文件处理之外,这种面向类型的方法能够满足绝大多数的 I/O 处理。

**性能提示 13.1**
处理大容量文件时,使用非格式化的 I/O 可以获得最好的性能。

**可移植性提示 13.1**
使用非格式化的 I/O 可能会导致可移植性的问题,因为非格式化的数据并不是在所有平台上都是可移植的。

### 13.2.1　传统流与标准流

在过去，C++ 传统流库允许输入/输出 char 类型的字符。因为 1 个 char 占据 1 字节的大小，并且只能表示字符的有限集(例如 ASCII 字符集)。然而，许多语言使用的字母表包含更多的符号，这是单字节的 char 无法表示的。ASCII 字符集无法提供这些字符，但是 Unicode 字符集可以提供。Unicode 是扩展的国际性的字符集，包括了世界主要的商用语言、数学符号等。要得到更多关于 Unicode 的信息，请访问 www. unicode. org。

C++ 包含标准流库，可以使开发者创建对 Unicode 字符进行 I/O 操作的系统。出于这个意图，C++ 增加了一个字符类型 wchar_t，并用它来存储 2 字节的 Unicode 字符。C++ 标准还重新设计了传统的 C++ 流类，使其仅处理 char 字符，并利用类模板特化分别处理 char 和 wchar_t 字符类型。本书中用到的都是 char 类型的类模板。C++ 11 添加了表示 Unicode 字符的新类型 char16_t、char32_t 来供显示指定大小的字符类型使用。

### 13.2.2　iostream 库的头文件

C++ 的 iostream 库提供了好几百种 I/O 功能。有几个头文件内包含了部分库接口。

绝大多数的 C++ 程序包含了 < iostream > 头文件，该头文件中声明了所有 I/O 流操作所需的基础服务。< iostream > 头文件定义了 cin、cout、cerr 和 clog 对象，分别对应于标准输入流、标准输出流、无缓冲的标准错误流和有缓冲的标准错误流(cerr 和 clog 将在 13.2.3 节讨论)。同时还提供了非格式化和格式化的 I/O 服务。

< iomanip > 头文件中声明了参数化流操纵符(例如 setw 和 setprecision)用于向格式化 I/O 提供有用的服务。

< fstream > 头文件声明了文件处理服务。第 14 章的文件处理程序中将用到它。

C++ 的实现通常包括其他一些 I/O 相关的库，可以提供特殊系统的功能，例如控制特殊用途设备的音频和视频的 I/O。

### 13.2.3　输入/输出流的类和对象

iostream 库提供了许多模板来处理一般 I/O 操作。例如，类模板 basic_istream 支持输入流操作，类模板 basic_ostream 支持输出流操作，类模板 basic_iostream 同时支持输入流和输出流操作。每个模板都有预先定义的类模板特化来处理 char 字符的 I/O。另外，iostream 库提供一组 typedef 来为这些类模板特化提供别名。typedef 说明符是为预先定义的数据类型声明一个同义词(别名)。程序员有时使用 typedef 来创建更加简短和可读的类型名称。例如，语句

```
typedef Card *CardPtr;
```

定义了另外一个类型名称 CardPtr 作为类型 Card * 的同义字。注意，使用 typedef 创建一个名字但并没有创建数据类型，typedef 只是创建了一个在程序中可能用到的类型的名称。22.3 节中将详细讨论 typedef。typedef 的 istream 代表了 basic_istream 允许 char 字符输入的类模板特化。类似地，typedef 的 ostream 代表了 basic_ostream 支持 char 字符输出的类模板特化。同样，typedef 的 iostream 代表了 basic_iostream 支持 char 字符输入和输出的类模板特化。本章中将使用这些 typedef。

#### I/O 流模板层次和运算符重载

模板 basic_istream 和 basic_ostream 派生自同一个基模板 basic_ios[1]。模板 basic_iostream 则从模板 basic_istream 和 basic_ostream 多重继承[2]而来。图 13.1 的 UML 类图总结了它们的继承关系。

运算符重载为输入/输出提供了更加方便的符号。左移运算符( << )被重载用于实现流的输出，被

---

[1]　本章讨论的模板仅用于 char I/O 的模板定义。
[2]　第 23 章将讲解多重继承。

称为流插入运算符，右移运算符（>>）被重载用于实现流的输入，被称为流提取运算符。这些运算符通常与标准流对象 cin、cout、cerr 和 clog，以及用户定义的流对象一起使用。

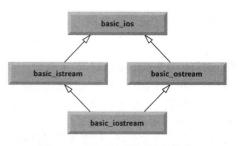

图 13.1　I/O 流模板层次部分

### 标准流对象 cin、cout、cerr 和 clog

预定义对象 cin 是一个 istream 实例，并且"被连接到"（或者"被绑定到"）标准输入设备，通常是键盘。在下面的语句中，流提取运算符（>>）用于使一个整型变量 grade 的值（假设 grade 已经被声明为 int 变量）从 cin 输入到内存：

```
cin >> grade; // data "flows" in the direction of the arrows
```

注意，由编译器确定 grade 的数据类型，并选择适当的流提取运算符重载。假设 grade 已经被正确地声明，流提取运算符不需要附加的类型信息（例如，像 C 语言的 I/O 的方式）。重载 >> 运算符用来输入内置类型、字符串和指针的值。

预定义对象 cout 是一个 ostream 实例，并且"被连接到"标准输出设备，通常是显示屏。在下面的语句中，使用流插入运算符（<<）将变量 grade 的值从内存输出到标准输出设备：

```
cout << grade; // data "flows" in the direction of the arrows
```

注意，也是由编译器确定 grade 的数据类型（假设 grade 已经被正确地声明）并且选择合适的流插入运算符，因此流插入运算符也同样不需要附加类型信息。重载 << 运算符用来输出内置类型、字符串和指针的值。

预定义对象 cerr 是一个 ostream 实例，并且"被连接到"标准错误设备。对象 cerr 的输出是无缓冲的。这意味着每个针对 cerr 的流插入的输出必须立刻显示，这对于迅速提示用户发生错误非常合适。

预定义对象 clog 是一个 ostream 实例，并且"被连接到"标准错误设备。clog 的输出是有缓冲的。这意味着每个针对 clog 中的流插入的输出将保存在缓冲区中，直到缓冲区填满或是被清空才会输出。在操作系统课程上曾讨论过，使用缓冲技术可以加强 I/O 的性能。

### 文件处理模板

C++ 文件处理用到了类模板 basic_ifstream（用于文件输入）、basic_ofstream（用于文件输出）和 basic_fstream（用于文件输入和输出）。每个类模板都有预定义的类模板特化来处理 char 字符的 I/O。C++ 提供了一组 typedef 为这些模板特化提供别名。例如，typedef 的 ifstream 代表了实现 char 文件输入的 basic_ifstream 特化。类似地，typedef 的 ofstream 代表了实现 char 文件输入的 basic_ofstream 特化。同样，typedef 的 fstream 代表了实现 char 文件输入的 basic_fstream 特化。模板 basic_ifstream 继承自 basic_istream，而 basic_ofstream 继承自 basic_ostream，basic_fstream 则继承自 basic_iostream。图 13.2 的 UML 类图概括了这些 I/O 类之间的继承关系。整个 I/O 流的类层次为程序员提供了所需的绝大多数 I/O 功能。可查阅 C++ 系统中的类库参考，来获得更多的文件处理信息。

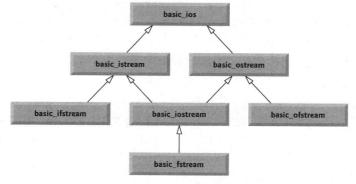

图 13.2　主要文件处理模板的 I/O 流模板层次

## 13.3 输出流

ostream 提供了格式化的和非格式化的输出功能。输出功能包括使用流插入运算符( << )执行标准数据类型的输出;通过成员函数 put 进行字符输出;通过成员函数 write 进行非格式化的输出(见 13.5 节);十进制、八进制、十六进制格式的整数输出(见 13.6.1 节);具有不同精确度的浮点数的输出(见 13.6.2 节),或是具有强制小数点的浮点数的输出(见 13.7.1 节),以及以科学记数和定点小数格式的输出(见 13.7.5 节);指定宽度数据的输出(见 13.7.2 节);用指定符号填充数据域的输出(见 13.7.3 节);以及使用科学记数和十六进制符号表示的大写字母的输出(见 13.7.6 节)。

### 13.3.1 char * 变量的输出

C++ 能自动判定数据类型,这是相对于 C 的一种改进。遗憾的是,这一特性有时候会产生一些问题。例如,假设我们想打印一个表示字符串的 char * 的值(也就是字符串第一个字符的内存地址)。然而, << 运算符已被重载用于打印将 char * 数据类型作为以空字符结尾的字符串。解决的办法就是将 char * 强制转化为 void * 类型(事实上,如果程序员想输出一个地址,那么都应该对指针变量进行这样的转换)。图 13.3 演示了分别以字符串和地址形式输出 char * 的值的例子。注意,地址是用十六进制(具体依赖于实现方式)形式打印的。如果想学习更多关于十六进制数的内容,请阅读附录 D。13.6.1 节、13.7.4 节中将讲述更多关于数字基数控制的内容。

```cpp
1   // Fig. 13.3: fig13_03.cpp
2   // Printing the address stored in a char * variable.
3   #include <iostream>
4   using namespace std;
5
6   int main()
7   {
8       const char *const word = "again";
9
10      // display value of char *, then display value of char *
11      // after a static_cast to void *
12      cout << "Value of word is: " << word << endl
13           << "Value of static_cast< const void * >( word ) is: "
14           << static_cast< const void * >( word ) << endl;
15  } // end main
```

```
Value of word is: again
Value of static_cast< const void * >( word ) is: 0135CC70
```

图 13.3 打印一个存储在 char * 变量中的地址值

### 13.3.2 使用成员函数 put 进行字符输出

可以使用成员函数 put 输出字符。例如,语句

```
cout.put( 'A' );
```

显示单个字符 A。put 也可以级联使用。例如,语句

```
cout.put( 'A' ).put( '\n' );
```

输出一个字母 A,接着输出一个换行符。前面的语句就以像使用 << 一样的方式执行,因为点运算符(.)是从左向右执行,put 成员函数给 ostream 对象(cout)返回一个引用,该对象接受了 put 的调用。也可以用代表一个 ASCII 值的数字表达式作为参数来调用 put 成员函数,例如,语句

```
cout.put( 65 );
```

的输出也是 A。

## 13.4   输入流

现在考虑输入流。格式化和非格式化输入的功能是由 istream 来提供的。流提取运算符(也就是重载的 >> 运算符)通常跳过输入流中的空白字符(例如空格、制表符和换行符),后面将看到如何改变它的这种行为。在每个输入操作之后,流提取运算符给接收到所提取的信息的流对象返回一个引用(例如,在表达式 cin >> grade 中的 cin)。如果引用被用作判断条件(例如,作为 while 语句继续循环的判断条件),那么将隐式调用流重载的 void * 强制转换运算符函数,根据最后输入操作的成功与否将引用转化为非空指针或是空指针值。非空指针转化为 bool 值 true,表示输入操作成功;空指针值则转化为 bool 值 false,表示操作失败。当试图越过流的末尾进行读取操作时,流重载的 void * 强制转化运算符返回一个空指针,表示已经读到文件的末尾。

每个流对象都包含一组状态位来控制流的状态(例如,格式化、设置错误状态等),流重载的 void * 强制类型转换运算符使用这些状态位来决定是返回非空值还是空值。当输入错误的数据类型时,流提取的 failbit 状态位被设置;当操作失败时,流的 badbit 位被设置。13.7 节和 13.8 节将详细讨论流的状态位,并且展示如何在进行 I/O 操作后检测这些位的状态。

### 13.4.1   get 和 getline 成员函数

没有实参的成员函数 get 从指定流输入一个字符(包括空白字符及其他非图形字符,比如表示文件尾的键序列等),并将这个值作为函数调用的返回值返回。这个版本的 get 函数在遇到流中的文件尾时返回 EOF 值。

**使用成员函数 eof、get 和 put**

图 13.4 演示了输入流 cin 的成员函数 eof 和 get 及输出流 cout 的成员函数 put 的用法。在第 5 章中介绍了 EOF 是一个 int 类型的值。程序将字符读入 int 类型的变量 character 中,这样就可以比较输入的每个字符是否是 EOF。程序首先打印了 cin. eof( )的值(这里是 false 值,输出 0),表示 cin 流还没有读到文件尾。用户输入一行文本,按下回车键后输入文件结束符(Windows 操作系统是 Ctrl + z 组合键,UNIX 和 Macintosh 操作系统是 Ctrl + d 组合键)。第 15 行读取每个输入字符,第 16 行则使用成员函数 put 将这些字符输出到 cout。当遇到文件尾时,while 循环结束,第 20 行打印 cin. eof( )的值,这个时候该值为 true (输出 1),表示 cin 已经读到了文件尾。注意,程序中的 istream 成员函数 get 没有实参并返回输入的字符(第 15 行)。只有当程序试图越过流中的最后一个字符进行读操作时,eof 函数才返回 true。

```cpp
 1   // Fig. 13.4: fig13_04.cpp
 2   // get, put and eof member functions.
 3   #include <iostream>
 4   using namespace std;
 5
 6   int main()
 7   {
 8      int character; // use int, because char cannot represent EOF
 9
10      // prompt user to enter line of text
11      cout << "Before input, cin.eof() is " << cin.eof() << endl
12         << "Enter a sentence followed by end-of-file:" << endl;
13
14      // use get to read each character; use put to display it
15      while ( ( character = cin.get() ) != EOF )
16         cout.put( character );
17
18      // display end-of-file character
19      cout << "\nEOF in this system is: " << character << endl;
20      cout << "After input of EOF, cin.eof() is " << cin.eof() << endl;
21   } // end main
```

图 13.4   成员函数 get、put 和 eof

```
Before input, cin.eof() is 0
Enter a sentence followed by end-of-file:
Testing the get and put member functions
Testing the get and put member functions
^Z

EOF in this system is: -1
After input of EOF, cin.eof() is 1
```

图 13.4(续)　成员函数 get、put 和 eof

　　带一个字符引用参数的 get 函数将输入流中的下一个字符(即使它是一个空白字符)输入,并将它存储在其引用的字符参数内。在调用这个版本的 get 函数时将给调用它的 istream 对象返回一个引用。

　　第三个版本的 get 函数拥有三个参数:一个字符数组、一个数组长度限制和一个分隔符(默认值为'\n')。这个函数可以从输入流读取多个字符,它可以读取"数组最大长度 − 1"个字符后终止,也可以遇到分隔符就终止。在程序中,插入一个空字符用来结束字符数组中的输入字符串,字符数组在程序中作为缓冲区。分隔符没有放置在字符数组中,而是保留在输入流中(分隔符是下一个被读取的字符)。因此,第二次 get 函数调用所得的结果将是个空行,除非将分隔符从输入流中移出(可以使用 cin. ignore( ))。

### 比较 cin 和 cin. get

　　图 13.5 比较了使用流提取 cin 进行输入(读取字符直到遇到空白字符)和 cin. get 进行输入的不同之处。注意,调用 cin. get(第 22 行)并没有指定分隔符,所以分隔符是默认的'\n'字符。

```
 1   // Fig. 13.5: fig13_05.cpp
 2   // Contrasting input of a string via cin and cin.get.
 3   #include <iostream>
 4   using namespace std;
 5
 6   int main()
 7   {
 8      // create two char arrays, each with 80 elements
 9      const int SIZE = 80;
10      char buffer1[ SIZE ];
11      char buffer2[ SIZE ];
12
13      // use cin to input characters into buffer1
14      cout << "Enter a sentence:" << endl;
15      cin >> buffer1;
16
17      // display buffer1 contents
18      cout << "\nThe string read with cin was:" << endl
19         << buffer1 << endl << endl;
20
21      // use cin.get to input characters into buffer2
22      cin.get( buffer2, SIZE );
23
24      // display buffer2 contents
25      cout << "The string read with cin.get was:" << endl
26         << buffer2 << endl;
27   } // end main
```

```
Enter a sentence:
Contrasting string input with cin and cin.get

The string read with cin was:
Contrasting

The string read with cin.get was:
 string input with cin and cin.get
```

图 13.5　比较使用流提取 cin 输入字符串和 cin. get 输入字符串

### 使用成员函数 getline

　　成员函数 getline 操作与第三个版本的成员函数 get 类似,在该行所存储的字符数组的末尾插入一个空字符。getline 函数从流中移除分隔符(也就是读取该字符然后丢弃),没有将其放在字符数组内存储。图 13.6 中的程序显示了使用 getline 成员函数来输入一行文本(第 13 行)。

```
1   // Fig. 13.6: fig13_06.cpp
2   // Inputting characters using cin member function getline.
3   #include <iostream>
4   using namespace std;
5
6   int main()
7   {
8      const int SIZE = 80;
9      char buffer[ SIZE ]; // create array of 80 characters
10
11     // input characters in buffer via cin function getline
12     cout << "Enter a sentence:" << endl;
13     cin.getline( buffer, SIZE );
14
15     // display buffer contents
16     cout << "\nThe sentence entered is:" << endl << buffer << endl;
17  } // end main
```

```
Enter a sentence:
Using the getline member function

The sentence entered is:
Using the getline member function
```

图 13.6　使用 cin 成员函数 getline 输入字符数据

### 13.4.2　istream 的成员函数 peek、putback 和 ignore

istream 的成员函数 ignore 或者读取并丢弃一定数量的字符(默认为 1 个字符),或者是遇到指定分隔符时停止(默认分隔符为 EOF,它使得 ignore 读取文件时跳过文件尾)。

成员函数 putback 将先前使用 get 函数从输入流里获得的字符再放回到流中。这个函数对于扫描输入流,在其中搜索以特定字符开头的字段的应用程序很有用。当搜索到该字符被输入时,应用程序将其放回到流中,这样就可以在输入数据中包含该字符。

成员函数 peek 将返回输入流中的下一个字符,但并不将它从流里去除。

### 13.4.3　类型安全 I/O

C++ 提供类型安全的 I/O。重载 << 和 >> 运算符可接收各种指定类型的数据项,如果遇到意料之外的数据类型,各种相应的错误位就会被设置,用户可以通过检测错误位来判断 I/O 操作是否成功。如果没有为用户自定义类型重载运算符 << 和 >>,并且试图输入或输出一个该用户自定义类型的对象的内容,那么编译器就会报错。这样可以使程序"保持在控制之下"。13.8 节将讨论错误状态。

## 13.5　使用 read、write 和 gcount 的非格式化的 I/O

非格式化的输入/输出使用的分别是 istream 与 ostream 的成员函数 read 和 write。成员函数 read 将一定数量的字节读入到字符数组中,成员函数 write 则从字符数组中输出字节。这些字节没有经过任何格式化,它们就像原始字节一样输入或输出。例如,命令

```
char buffer[] = "HAPPY BIRTHDAY";
cout.write( buffer, 10 );
```

输出 buffer 数组中的前 10 个字符(包括空字符,任何一个空字符都会导致使用 cout 和 << 进行输出操作的终止)。调用

```
cout.write( "ABCDEFGHIJKLMNOPQRSTUVWXYZ", 10 );
```

显示字母表的前 10 个字母。

成员函数 read 将指定数量的字符读入到字符数组中。当读取的字符数量少于指定数量时,failbit 将

被设置。13.8 节展示了如何判断 failbit 是否被设置。成员函数 gcount 返回最近一次输入操作所读取的字符数。

图 13.7 演示了 istream 的成员函数 read 和 gcount 及 ostream 的成员函数 write 的用法。程序使用 read 函数读入 20 个字符(从一个更长的序列中)到字符数组 buffer(第 13 行)中,使用 gcount(第 17 行)判定输入字符数,并使用 write 函数输出 buffer 中的内容(第 17 行)。

```
 1  // Fig. 13.7: fig13_07.cpp
 2  // Unformatted I/O using read, gcount and write.
 3  #include <iostream>
 4  using namespace std;
 5
 6  int main()
 7  {
 8     const int SIZE = 80;
 9     char buffer[ SIZE ]; // create array of 80 characters
10
11     // use function read to input characters into buffer
12     cout << "Enter a sentence:" << endl;
13     cin.read( buffer, 20 );
14
15     // use functions write and gcount to display buffer characters
16     cout << endl << "The sentence entered was:" << endl;
17     cout.write( buffer, cin.gcount() );
18     cout << endl;
19  } // end main
```

```
Enter a sentence:
Using the read, write, and gcount member functions
The sentence entered was:
Using the read, writ
```

图 13.7　使用成员函数 read、gcount 和 write 进行非格式化输入/输出

## 13.6　流操纵符简介

C++ 提供多种流操纵符(stream manipulator)来完成格式化的任务。流操纵符的功能包括设置域的宽度,设置精确度,设置和取消格式状态,设置域的填充字符,刷新流,向输出流中添加新行(并刷新流),在输出流中添加一个空字符,跳过输入流中的空白,等等。这些特性将在接下来的几节里讨论。

### 13.6.1　整型流的基数:dec、oct、hex 和 setbase

整数通常被理解为十进制(基于 10 的)的值。为了能够更改流中整型的基数,使之不局限于默认的基数,可以插入 hex 操纵符将基数设置为十六进制(基于 16 的),或者插入 oct 操纵符将基数设置为八进制(基于 8 的)。插入 dec 操纵符将整型流的基数重新设置为十进制。

也可以通过 setbase 流操纵符来改变流的基数,该操纵符通过一个整数参数 10、8 或 16 将基数分别设置为十进制、八进制和十六进制。由于 setbase 有一个参数,所以也称为参数化流操纵符。使用 setbase (或是任何参数化的操纵符)必须包含 <iomanip> 头文件。流的基数值只有被显式更改才会变化,setbase 的设置是"黏性的"。图 13.8 演示了流操纵符 hex、oct、dec 和 setbase 的用法。如果想获得更多八进制、十进制、十六进制数字的信息,可以查阅附录 D。

```
 1  // Fig. 13.8: fig13_08.cpp
 2  // Using stream manipulators hex, oct, dec and setbase.
 3  #include <iostream>
 4  #include <iomanip>
 5  using namespace std;
 6
 7  int main()
 8  {
 9     int number;
10
11     cout << "Enter a decimal number: ";
```

图 13.8　流操纵符 hex、oct、dec 和 setbase

```
12      cin >> number; // input number
13
14      // use hex stream manipulator to show hexadecimal number
15      cout << number << " in hexadecimal is: " << hex
16         << number << endl;
17
18      // use oct stream manipulator to show octal number
19      cout << dec << number << " in octal is: "
20         << oct << number << endl;
21
22      // use setbase stream manipulator to show decimal number
23      cout << setbase( 10 ) << number << " in decimal is: "
24         << number << endl;
25   } // end main
```

```
Enter a decimal number: 20
20 in hexadecimal is: 14
20 in octal is: 24
20 in decimal is: 20
```

图 13.8(续)   流操纵符 hex、oct、dec 和 setbase

## 13.6.2   浮点精度(precision, setprecision)

可以使用流操纵符 setprecision 或 ios_base 的成员函数 precision 来控制浮点数的精度(也就是小数点右边的位数)。调用这两者之中的任何一个都可以改变输出精度,这将影响后面所有的输出操作,直到下一个设置精度操作被调用为止。调用无参数的成员函数 precision 将返回当前的精度设置(这样可以在不再使用"黏性的"设置时,重新使用原来的精度设置)。图 13.9 的程序演示了使用成员函数 precision(第 22 行)和 setprecision 流操纵符(第 31 行),设置精度为 0~9,打印 2 的平方根表。

```
1    // Fig. 13.9: fig13_09.cpp
2    // Controlling precision of floating-point values.
3    #include <iostream>
4    #include <iomanip>
5    #include <cmath>
6    using namespace std;
7
8    int main()
9    {
10      double root2 = sqrt( 2.0 ); // calculate square root of 2
11      int places; // precision, vary from 0-9
12
13      cout << "Square root of 2 with precisions 0-9." << endl
14         << "Precision set by ios_base member function "
15         << "precision:" << endl;
16
17      cout << fixed; // use fixed-point notation
18
19      // display square root using ios_base function precision
20      for ( places = 0; places <= 9; ++places )
21      {
22         cout.precision( places );
23         cout << root2 << endl;
24      } // end for
25
26      cout << "\nPrecision set by stream manipulator "
27         << "setprecision:" << endl;
28
29      // set precision for each digit, then display square root
30      for ( places = 0; places <= 9; ++places )
31         cout << setprecision( places ) << root2 << endl;
32   } // end main
```

```
Square root of 2 with precisions 0-9.
Precision set by ios_base member function precision:
1
1.4
1.41
```

图 13.9   浮点数值的精度控制

```
1.414
1.4142
1.41421
1.414214
1.4142136
1.41421356
1.414213562

Precision set by stream manipulator setprecision:
1
1.4
1.41
1.414
1.4142
1.41421
1.414214
1.4142136
1.41421356
1.414213562
```

图 13.9(续)　浮点数值的精度控制

### 13.6.3　域宽(width, setw)

成员函数 width(基类是 ios_base)可以设置域宽(也就是输出值所占的字符位数或是可输入的最大字符数)并且返回原先的域宽。如果输出值的宽度比域宽小,则插入填充字符进行填充。宽度大于指定宽度的值不会被截短,会将整个值都打印出来。不含参数的 width 函数将返回当前域宽。

**常见的编程错误 13.1**

宽度设置只适用于下一次输入或输出(也就是说宽度设置并不是"黏性的"),之后的宽度被隐式地设置为 0(也就是输入和输出将使用默认设置)。一次宽度设置适用于所有后续输出的假设是逻辑错误。

**常见的编程错误 13.2**

如果一个域对输出而言宽度不够,那么输出将打印所需要的宽度,此时的输出将比较混乱。

图 13.10 演示了使用成员函数 width 进行输入和输出。注意,当向一个 char 数组输入数据时,读入的最大字符数将小于指定宽度,因为必须在输入的字符串中插入空字符。记住,在遇到第一个不在开头的空白字符时,流提取操作就结束了。setw 流操纵符也可以用于设置域宽。

```cpp
1   // Fig. 13.10: fig13_10.cpp
2   // width member function of class ios_base.
3   #include <iostream>
4   using namespace std;
5
6   int main()
7   {
8      int widthValue = 4;
9      char sentence[ 10 ];
10
11     cout << "Enter a sentence:" << endl;
12     cin.width( 5 ); // input only 5 characters from sentence
13
14     // set field width, then display characters based on that width
15     while ( cin >> sentence )
16     {
17        cout.width( widthValue++ );
18        cout << sentence << endl;
19        cin.width( 5 ); // input 5 more characters from sentence
20     } // end while
21  } // end main
```

图 13.10　ios_base 的成员函数 width

```
Enter a sentence:
This is a test of the width member function
This
   is
     a
   test
      of
      the
      widt
          h
        memb
           er
         func
          tion
```

图 13.10(续)　ios_base 的成员函数 width

　　注意，在图 13.10 中，当提示输入时，用户应当先输入一行文本，然后按下回车健，然后紧接着输入文件结束符(在 Windows 操作系统中是 Ctrl + z 组合键，在 UNIX 和 Macintosh 操作系统中是 Ctrl + d 组合键)。

### 13.6.4　用户自定义输出流操纵符

　　程序员可以创建自己的流操纵符。图 13.11 展示了创建和使用新的无参流操纵符 bell(第 8 ~ 11 行)、carriageReturn(第 14 ~ 17 行)、tab(第 20 ~ 23 行)和 endLine(第 27 ~ 30 行)。对于输出流操纵符来说，它们的返回类型和参数都必须是 ostream & 类型的。在第 35 行中，当在输出流里插入 endLine 操纵符时，函数 endLine 被调用，并且在第 29 行将转义字符'\n'和 flush 操纵符输出到标准输出流 cout 中。类似地，在第 35 ~ 44 行中，当把操纵符 tab、bell 和 carriageReturn 插入到输出流中时，它们所对应的函数 tab(第 20 行)、bell(第 8 行)和 carriageReturn(第 14 行)将被调用，从而输出各种相应的转义序列。

```
 1   // Fig. 13.11: fig13_11.cpp
 2   // Creating and testing user-defined, nonparameterized
 3   // stream manipulators.
 4   #include <iostream>
 5   using namespace std;
 6
 7   // bell manipulator (using escape sequence \a)
 8   ostream& bell( ostream& output )
 9   {
10      return output << '\a'; // issue system beep
11   } // end bell manipulator
12
13   // carriageReturn manipulator (using escape sequence \r)
14   ostream& carriageReturn( ostream& output )
15   {
16      return output << '\r'; // issue carriage return
17   } // end carriageReturn manipulator
18
19   // tab manipulator (using escape sequence \t)
20   ostream& tab( ostream& output )
21   {
22      return output << '\t'; // issue tab
23   } // end tab manipulator
24
25   // endLine manipulator (using escape sequence \n and flush stream
26   // manipulator to simulate endl)
27   ostream& endLine( ostream& output )
28   {
29      return output << '\n' << flush; // issue endl-like end of line
30   } // end endLine manipulator
31
32   int main()
33   {
34      // use tab and endLine manipulators
35      cout << "Testing the tab manipulator:" << endLine
36         << 'a' << tab << 'b' << tab << 'c' << endLine;
37
38      cout << "Testing the carriageReturn and bell manipulators:"
39         << endLine << "..........";
```

图 13.11　用户自定义的非参数化的流操纵符

```
40
41      cout << bell; // use bell manipulator
42
43      // use carriageReturn and endLine manipulators
44      cout << carriageReturn << "-----" << endLine;
45  } // end main
```

```
Testing the tab manipulator:
a       b       c
Testing the carriageReturn and bell manipulators:
-----.....
```

图 13.11(续)　用户自定义的非参数化的流操纵符

## 13.7　流的格式状态和流操纵符

在 I/O 流操作中，可以使用多种流操纵符来指定各种格式。流操纵符可以控制输出格式。图 13.12 列出了每个流操纵符控制的流的格式状态，所有这些流操纵符都属于类 ios_base。本书将在下面几节中展示大多数关于这些流操纵符的例子。

| 流操纵符 | 描述 |
| --- | --- |
| skipws | 跳过输入流的空白字符。使用流操纵符 noskipws 重置设定 |
| left | 域的输出左对齐。必要时在右边填充字符 |
| right | 域的输出右对齐。必要时在左边填充字符 |
| internal | 表示域的数字的符号左对齐，同样域的数字的数值部分右对齐(也就是中间用填充字符填充) |
| boolalpha | 指定 bool 类型的值以 true(false)的形式显示。noboolalpha 指定 bool 类型的值以 0(1)的形式显示 |
| dec | 整数要以十进制数(基为 10)显示 |
| oct | 整数要以八进制(基为 8)显示 |
| hex | 整数要以十六进制(基为 16)显示 |
| showbase | 指明在数字的前面显示该数的基数(以 0 开头的表示八进制，以 0x 或 0X 开头的表示十六进制)。使用流操纵符 noshowbase 可以取消数字前的基数显示 |
| showpoint | 指明浮点数必须显示小数点。通常使用 fixed 流操纵符来确保小数点右边数字的位数，即使全部为零。可以使用流操纵符 noshowpoint 重置该设定 |
| uppercase | 指明当显示十六进制数时使用大写字母(也就是 X 和 A ~ F)，并且在科学记数法表示浮点数时使用大写字母 E。可以使用流操纵符 nouppercase 重置该设定 |
| showpos | 在正数前显示加号( + )。可以使用流操纵符 noshowpos 重置该设定 |
| scientific | 以科学记数法输出显示浮点数 |
| fixed | 以定点小数形式显示浮点数，并指定小数点右边的位数 |

图 13.12　< iostream > 中的格式状态流操纵符

### 13.7.1　尾数零和小数点( showpoint )

流操纵符 showpoint 强制要求浮点数的输出必须带小数点和尾数零。比如说浮点数 79.0，在不使用 showpoint 时显示为 79，使用 showpoint 时则显示为 79.000000(尾数零的个数取决于当前的精确度)。要重置 showpoint 的设定，应输出流操纵符 noshowpoint。图 13.13 的程序展示了如何使用流操纵符 showpoint 来控制浮点数的小数点和尾数零的输出。回想一下，浮点数的默认精度为 6。当不使用 fixed 和 scientific 流操纵符时，精确度表示显示的有效位数(也就是显示的总位数)，而不仅仅是小数点后的数字的位数。

```
 1   // Fig. 13.13: fig13_13.cpp
 2   // Controlling the printing of trailing zeros and
 3   // decimal points in floating-point values.
 4   #include <iostream>
 5   using namespace std;
 6
 7   int main()
 8   {
 9      // display double values with default stream format
10      cout << "Before using showpoint" << endl
11         << "9.9900 prints as: " << 9.9900 << endl
12         << "9.9000 prints as: " << 9.9000 << endl
13         << "9.0000 prints as: " << 9.0000 << endl << endl;
14
15      // display double value after showpoint
16      cout << showpoint
17         << "After using showpoint" << endl
18         << "9.9900 prints as: " << 9.9900 << endl
19         << "9.9000 prints as: " << 9.9000 << endl
20         << "9.0000 prints as: " << 9.0000 << endl;
21   } // end main
```

```
Before using showpoint
9.9900 prints as: 9.99
9.9000 prints as: 9.9
9.0000 prints as: 9

After using showpoint
9.9900 prints as: 9.99000
9.9000 prints as: 9.90000
9.0000 prints as: 9.00000
```

图 13.13 控制浮点数值的尾数零和小数点的输出

## 13.7.2 对齐(left、right 和 internal)

流操纵符 left 和 right 分别使域左对齐并在其右边填充字符,或者右对齐并在其左边填充字符。填充字符由成员函数 fill 或是参数化流操纵符 setfill 指定(将在 13.7.3 节中讨论)。图 13.14 使用 setw、left 和 right 操作符使整型数据在域内左对齐或右对齐。

```
 1   // Fig. 13.14: fig13_14.cpp
 2   // Left and right justification with stream manipulators left and right.
 3   #include <iostream>
 4   #include <iomanip>
 5   using namespace std;
 6
 7   int main()
 8   {
 9      int x = 12345;
10
11      // display x right justified (default)
12      cout << "Default is right justified:" << endl
13         << setw( 10 ) << x;
14
15      // use left manipulator to display x left justified
16      cout << "\n\nUse std::left to left justify x:\n"
17         << left << setw( 10 ) << x;
18
19      // use right manipulator to display x right justified
20      cout << "\n\nUse std::right to right justify x:\n"
21         << right << setw( 10 ) << x << endl;
22   } // end main
```

```
Default is right justified:
     12345

Use std::left to left justify x:
12345

Use std::right to right justify x:
     12345
```

图 13.14 使用流操纵符 left 和 right 进行左对齐和右对齐

流操纵符 internal 表示数字的符号(或是使用 showbase 流操纵符显示的基数)应当左对齐,同时数字的数值部分应右对齐,而中间的部分则使用填充字符填充。图 13.15 展示了使用 internal 流操纵符指定符号和数值部分之间输出空格(第 10 行)。注意到 showpos 强制要求输出加号(第 10 行)。输出流操纵符 noshowpos 来重置 showpos 的设定。

```
1   // Fig. 13.15: fig13_15.cpp
2   // Printing an integer with internal spacing and plus sign.
3   #include <iostream>
4   #include <iomanip>
5   using namespace std;
6
7   int main()
8   {
9      // display value with internal spacing and plus sign
10     cout << internal << showpos << setw( 10 ) << 123 << endl;
11   } // end main
```

```
+        123
```

图 13.15 打印有内部间隔和加号的整数

### 13.7.3 内容填充(fill,setfill)

成员函数 fill 指定对齐域的填充字符。如果没有字符被指定,则使用空格符填充。fill 函数返回设定之前的填充字符。setfill 操纵符也用于设置填充字符。图 13.16 演示了使用成员函数 fill(第 30 行)和流操纵符 setfill(第 34 ~ 37 行)来设置填充字符。

```
1    // Fig. 13.16: fig13_16.cpp
2    // Using member function fill and stream manipulator setfill to change
3    // the padding character for fields larger than the printed value.
4    #include <iostream>
5    #include <iomanip>
6    using namespace std;
7
8    int main()
9    {
10      int x = 10000;
11
12      // display x
13      cout << x << " printed as int right and left justified\n"
14         << "and as hex with internal justification.\n"
15         << "Using the default pad character (space):" << endl;
16
17      // display x with base
18      cout << showbase << setw( 10 ) << x << endl;
19
20      // display x with left justification
21      cout << left << setw( 10 ) << x << endl;
22
23      // display x as hex with internal justification
24      cout << internal << setw( 10 ) << hex << x << endl << endl;
25
26      cout << "Using various padding characters:" << endl;
27
28      // display x using padded characters (right justification)
29      cout << right;
30      cout.fill( '*' );
31      cout << setw( 10 ) << dec << x << endl;
32
33      // display x using padded characters (left justification)
34      cout << left << setw( 10 ) << setfill( '%' ) << x << endl;
35
36      // display x using padded characters (internal justification)
37      cout << internal << setw( 10 ) << setfill( '^' ) << hex
38         << x << endl;
39   } // end main
```

图 13.16 当域宽大于需要打印的值的宽度时,使用成员函数 fill 和流操纵符 setfill 来改变填充字符

```
10000 printed as int right and left justified
and as hex with internal justification.
Using the default pad character (space):
        10000
10000
0x        2710

Using various padding characters:
*****10000
10000%%%%%
0x^^^^2710
```

图 13.16(续)　　当域宽大于需要打印的值的宽度时,使用成员函数 fill 和流操纵符 setfill 来改变填充字符

### 13.7.4　整型流的基数(dec、oct、hex 和 showbase)

　　C++ 提供了流操纵符 dec、hex 和 oct,分别指定整数以十进制、十六进制和八进制格式显示。如果不使用这些操作符,流插入默认为十进制整数。而在流提取时,则以 0 开头的整数表示八进制数,以 0x 或是 0X 开头的整数表示十六进制,其余的均表示十进制数。当流被指定一个特定的基数时,流中所有的整数都以该基数进行处理,除非又指定另外一个基数或是直到程序结束为止。

　　流操纵符 showbase 要求整数的基数被输出。默认输出十进制整数,八进制整数的输出以 0 开头,十六进制整数的输出则以 0x 或是 0X 开头(像 13.7.6 节里所讨论的那样,由流操纵符 uppercase 来决定选择哪种设定)。图 13.17 演示了使用流操纵符 showbase 将整数分别以十进制数、八进制数和十六进制格式输出。使用输出流操纵符 noshowbase 可以取消 showbase 的设定。

```
 1    // Fig. 13.17: fig13_17.cpp
 2    // Stream manipulator showbase.
 3    #include <iostream>
 4    using namespace std;
 5
 6    int main()
 7    {
 8        int x = 100;
 9
10        // use showbase to show number base
11        cout << "Printing integers preceded by their base:" << endl
12            << showbase;
13
14        cout << x << endl; // print decimal value
15        cout << oct << x << endl; // print octal value
16        cout << hex << x << endl; // print hexadecimal value
17    } // end main
```

```
Printing integers preceded by their base:
100
0144
0x64
```

图 13.17　流操纵符 showbase

### 13.7.5　浮点数、科学记数法和定点小数记数法(scientific,fixed)

　　"黏性"流操纵符 scientific 和 fixed 可以控制浮点数的输出格式。流操纵符 scientific 要求浮点数以科学记数法的格式输出。流操纵符 fixed 要求浮点数以指定小数位数的形式显示(可以使用成员函数 precision 或是流操纵符 setprecision 指定小数位数)。如果不使用其他操纵符,由浮点数的值决定浮点数的输出格式。

　　图 13.18 演示了分别使用流操纵符 scientific(第 18 行)和 fixed(第 22 行),以科学记数法形式和定点小数记数法形式输出浮点数,科学记数法的格式可能随着编译器的不同而不同。

```
1   // Fig. 13.18: fig13_18.cpp
2   // Floating-point values displayed in system default,
3   // scientific and fixed formats.
4   #include <iostream>
5   using namespace std;
6
7   int main()
8   {
9       double x = 0.001234567;
10      double y = 1.946e9;
11
12      // display x and y in default format
13      cout << "Displayed in default format:" << endl
14          << x << '\t' << y << endl;
15
16      // display x and y in scientific format
17      cout << "\nDisplayed in scientific format:" << endl
18          << scientific << x << '\t' << y << endl;
19
20      // display x and y in fixed format
21      cout << "\nDisplayed in fixed format:" << endl
22          << fixed << x << '\t' << y << endl;
23  } // end main
```

```
Displayed in default format:
0.00123457      1.946e+009

Displayed in scientific format:
1.234567e-003   1.946000e+009

Displayed in fixed format:
0.001235        1946000000.000000
```

图 13.18　以默认格式、科学记数法格式和定点小数记数法格式显示浮点数值

### 13.7.6　大写/小写控制（uppercase）

　　流操纵符 uppercase 在输出十六进制整数和科学记数格式的浮点数时分别输出大写字母 X 和 E（如图 13.19 所示）。使用流操纵符 uppercase 也可以使十六进制整数中的字母都以大写字母形式显示。在默认情况下，十六进制值和科学记数格式的浮点数中的字母都以小写字母显示。如果取消 uppercase 的设定，只要输出流操纵符 nouppercase 就可以了。

```
1   // Fig. 13.19: fig13_19.cpp
2   // Stream manipulator uppercase.
3   #include <iostream>
4   using namespace std;
5
6   int main()
7   {
8       cout << "Printing uppercase letters in scientific" << endl
9           << "notation exponents and hexadecimal values:" << endl;
10
11      // use std:uppercase to display uppercase letters; use std::hex and
12      // std::showbase to display hexadecimal value and its base
13      cout << uppercase << 4.345e10 << endl
14          << hex << showbase << 123456789 << endl;
15  } // end main
```

```
Printing uppercase letters in scientific
notation exponents and hexadecimal values:
4.345E+010
0X75BCD15
```

图 13.19　流操纵符 uppercase

### 13.7.7　指定布尔格式（boolalpha）

　　C++提供 bool 数据类型，它的值可以是 false 或者 true，用这种方式取代了以前指定零值为 false、非零值为 true 的旧方式。默认的 bool 值的输出为 0 或 1。然而，可以通过使用流操纵符 boolalpha 设置输出

流以字符串"true"和"false"来显示 bool 值。使用流操纵符 noboolalpha 使输出流以整数形式显示 bool 值(也就是默认设置)。图 13.20 中的程序演示了使用这些流操纵符的情况。第 11 行以整数形式显示 bool 值,该 bool 值在第 8 行中设置为 true。第 15 行使用操纵符 boolalpha 使 bool 值以字符串形式显示。第 18 ~ 19 行更改了该 bool 值并使用了操纵符 noboolalpha。所以第 22 行又以整数形式来显示该 bool 值。第 26 行则使用操纵符 boolalpha 使该 bool 值以字符串形式显示。boolalpha 和 noboolalpha 的设置都是"黏性的"。

```
 1   // Fig. 13.20: fig13_20.cpp
 2   // Stream manipulators boolalpha and noboolalpha.
 3   #include <iostream>
 4   using namespace std;
 5
 6   int main()
 7   {
 8      bool booleanValue = true;
 9
10      // display default true booleanValue
11      cout << "booleanValue is " << booleanValue << endl;
12
13      // display booleanValue after using boolalpha
14      cout << "booleanValue (after using boolalpha) is "
15         << boolalpha << booleanValue << endl << endl;
16
17      cout << "switch booleanValue and use noboolalpha" << endl;
18      booleanValue = false; // change booleanValue
19      cout << noboolalpha << endl; // use noboolalpha
20
21      // display default false booleanValue after using noboolalpha
22      cout << "booleanValue is " << booleanValue << endl;
23
24      // display booleanValue after using boolalpha again
25      cout << "booleanValue (after using boolalpha) is "
26         << boolalpha << booleanValue << endl;
27   } // end main
```

```
booleanValue is 1
booleanValue (after using boolalpha) is true

switch booleanValue and use noboolalpha

booleanValue is 0
booleanValue (after using boolalpha) is false
```

图 13.20　流操纵符 boolalpha 和 noboolalpha

**良好的编程习惯 13.1**

把 bool 值的输出设为 true 和 false,而不是非零值和零,这样可以使程序的输出更为明了。

### 13.7.8　通过成员函数 flags 设置和重置格式状态

通过学习 13.7 节,我们已经了解了使用流操纵符来更改输出格式。现在讨论如何在使用了流操纵符设定了输出格式之后,再将输出流格式重置为默认状态。无参数的成员函数 flags 将当前的格式设置以 fmtflags 数据类型(ios_base 类中的)的形式返回,它表示了格式状态。拥有一个 fmtflags 参数的成员函数 flags 将格式状态设置为其参数指定的格式状态,并返回之前的状态设定。对于不同的系统,flags 返回的原始设定的值可能不同。图 13.21 中的程序调用成员函数 flags 得到流初始的格式状态并保存到参数 fmtflags 中(第 17 行),然后又将输出格式恢复为该初始格式状态(第 25 行)。

```
 1   // Fig. 13.21: fig13_21.cpp
 2   // flags member function.
 3   #include <iostream>
 4   using namespace std;
 5
 6   int main()
 7   {
 8      int integerValue = 1000;
```

图 13.21　成员函数 flags

```
 9       double doubleValue = 0.0947628;
10
11       // display flags value, int and double values (original format)
12       cout << "The value of the flags variable is: " << cout.flags()
13          << "\nPrint int and double in original format:\n"
14          << integerValue << '\t' << doubleValue << endl << endl;
15
16       // use cout flags function to save original format
17       ios_base::fmtflags originalFormat = cout.flags();
18       cout << showbase << oct << scientific; // change format
19
20       // display flags value, int and double values (new format)
21       cout << "The value of the flags variable is: " << cout.flags()
22          << "\nPrint int and double in a new format:\n"
23          << integerValue << '\t' << doubleValue << endl << endl;
24
25       cout.flags( originalFormat ); // restore format
26
27       // display flags value, int and double values (original format)
28       cout << "The restored value of the flags variable is: "
29          << cout.flags()
30          << "\nPrint values in original format again:\n"
31          << integerValue << '\t' << doubleValue << endl;
32    } // end main
```

```
The value of the flags variable is: 513
Print int and double in original format:
1000    0.0947628

The value of the flags variable is: 012011
Print int and double in a new format:
01750   9.476280e-002

The restored value of the flags variable is: 513
Print values in original format again:
1000    0.0947628
```

图 13.21（续）　成员函数 flags

## 13.8　流的错误状态

流的状态可以通过检测 ios_base 类中的相应位来判断，图 13.22 的例子展示了如何检测这些位。

```
 1    // Fig. 13.22: fig13_22.cpp
 2    // Testing error states.
 3    #include <iostream>
 4    using namespace std;
 5
 6    int main()
 7    {
 8       int integerValue;
 9
10       // display results of cin functions
11       cout << "Before a bad input operation:"
12          << "\ncin.rdstate(): " << cin.rdstate()
13          << "\n    cin.eof(): " << cin.eof()
14          << "\n   cin.fail(): " << cin.fail()
15          << "\n    cin.bad(): " << cin.bad()
16          << "\n   cin.good(): " << cin.good()
17          << "\n\nExpects an integer, but enter a character: ";
18
19       cin >> integerValue; // enter character value
20       cout << endl;
21
22       // display results of cin functions after bad input
23       cout << "After a bad input operation:"
24          << "\ncin.rdstate(): " << cin.rdstate()
25          << "\n    cin.eof(): " << cin.eof()
26          << "\n   cin.fail(): " << cin.fail()
27          << "\n    cin.bad(): " << cin.bad()
28          << "\n   cin.good(): " << cin.good() << endl << endl;
```

图 13.22　检测错误状态

```
29
30      cin.clear(); // clear stream
31
32      // display results of cin functions after clearing cin
33      cout << "After cin.clear()" << "\ncin.fail(): " << cin.fail()
34          << "\ncin.good(): " << cin.good() << endl;
35  } // end main
```

```
Before a bad input operation:
cin.rdstate(): 0
    cin.eof(): 0
   cin.fail(): 0
    cin.bad(): 0
   cin.good(): 1

Expects an integer, but enter a character: A

After a bad input operation:
cin.rdstate(): 2
    cin.eof(): 0
   cin.fail(): 1

    cin.bad(): 0
   cin.good(): 0

After cin.clear()
cin.fail(): 0
cin.good(): 1
```

图 13.22(续) 检测错误状态

当遇到文件尾时,输入流的 eofbit 位将被设置。当试图越过流的末尾提取数据时,程序可以调用成员函数 eof 来判断流是否遇到了文件尾。函数调用

```
cin.eof()
```

在 cin 中遇到文件尾时返回 true,否则返回 false。

当在流中发生格式错误时,failbit 位将被设置,并且不会读入任何字符,例如程序要求输入整数,但是在输入流中有非数字字符的情况。在遇到上述错误时,这些字符不会丢失。成员函数 fail 将报告流操作是否失败了。通常,这种错误是可以恢复的。

当发生数据丢失错误时,将会设置 badbit 位。成员函数 bad 将报告流操作是否失败了。一般情况下,这种严重的错误是不能修复的。

如果流中的 eofbit、failbit 和 badbit 位都没有被设置,那么 goodbit 位将会被设置。

如果函数 bad、fail 和 eof 都返回 false 值,则成员函数 good 返回 true 值。I/O 操作只在"好的"流中才能进行。

成员函数 rdstate 返回流的错误状态。例如,可以通过调用 cout. rdstate 返回流的状态,然后通过 switch 语句检查 eofbit、badbit、failbit 和 goodbit 来检测这些状态。检测流状态的首选方法是使用成员函数 eof、bad、fail 和 good,使用这些函数不要求程序员了解具体的状态位。

成员函数 clear 将流的状态重置为"好的",使该流可以继续进行 I/O 操作。clear 函数的默认参数是 goodbit,所以语句

```
cin.clear();
```

清空了 cin,并且为该流设置 goodbit 位。语句

```
cin.clear( ios::failbit )
```

则为流设置 failbit 位。当程序员进行 cin 输入用户自定义类型并遇到问题时,可能会想到这样处理。根据上下文,函数的名称 clear 可能不妥,但这确实是正确的。

图 13.22 中的程序演示了成员函数 rdstate、eof、fail、bad、good 和 clear 的用法。注意,不同编译器的输出值可能会不同。

如果 badbit 位被设置,或是 failbit 位被设置,或者两者均被设置,则 basic_ios 的成员函数 operator! 返回 true 值。同样,如果 badbit 位被设置,或是 failbit 位被设置,或者两者均被设置,则 operator void * 成

员函数会返回 false 值(0)。这些函数在文件处理中是非常有用的, true/false 条件可以用作选择语句或是循环语句的控制语句。

## 13.9 将输出流连接到输入流

交互式的应用程序经常会将 istream 作为输入, 而将 ostream 作为输出。当屏幕上出现提示信息时, 用户通常做出的反应是输入合适的数据。显然, 提示信息应该在输入操作前显示。如果有输出缓冲, 只有当缓冲区被填满, 或是当程序显式地要求刷新缓冲或程序结束时, 输出才会显示。C++ 提供成员函数 tie 来使 istream 和 ostream 操作同步(也就是"绑在一起"), 确保输出在其接下来的输入操作之前被显示。函数调用

```
cin.tie( &cout );
```

将 cout(一个 ostream)和 cin(一个 istream)连接起来。事实上, 这个命令是多余的, 因为 C++ 会自动进行这个操作来创建标准用户输入/输出环境。然而, 用户可能会将其他 istream/ostream 对明确地连接起来。解除输入流 inputStream 和输出流的绑定, 可以使用下面的函数调用:

```
inputStream.tie( 0 );
```

## 13.10 本章小结

本章概括了 C++ 如何使用流来进行输入/输出。学习了 I/O 流的类和对象, 还有 I/O 流的类模板层次。讨论了使用 put 和 write 函数实现 ostream 的格式化和非格式化输出功能。读者可以通过例子来了解使用函数 eof、get、getline、peek、putback、ignore 和 read 实现 istream 的格式化和非格式化的输入功能。接着, 讨论了完成格式化任务的流操纵符和成员函数: 用来显示整数的 dec、oct、hex 和 setbase, 用来控制浮点数精度的 precision 和 setprecision, 用来设置域宽的 width 和 setw。还学到了其他用于格式化 iostream 的操作符和成员函数: 用于显示小数点和尾数零的 showpoint, 用于对齐的 left、right 和 internal, 用于内容填充的 fill 和 setfill, 用于以科学记数形式和定点小数记数形式显示浮点数的 scientific 和 fixed, 用于控制大小写的 uppercase, 用于指定布尔值格式的 boolalpha, 用于设置格式状态的 flags 和 fmtflags。

下一章将讨论文件处理, 包括持久化数据是如何存储的以及如何操作它。

## 摘要

### 13.1 节 简介
● 所有的 I/O 操作对数据类型都是敏感的。

### 13.2 节 流
● C++ 的 I/O 是以流的方式进行的, 流是一个字节序列。
● C++ 同时提供"低层次的"和"高层次的"I/O 功能。低层次的 I/O 功能指定从内存传输到设备或从设备传输到内存的字节。高层次的 I/O 输出方式中的字节被组成了有意义的单元, 例如整数、浮点数、字符、字符串和用户自定义类型。
● C++ 同时提供格式化的和非格式化的 I/O 操作。非格式化 I/O 传输速度快, 但是所处理的原始数据很难被人们使用。格式化 I/O 处理的是有意义的数据单元, 但是需要额外的处理时间, 会降低大容量数据的传输性能。
● <iostream> 头文件声明了所有的 I/O 流操作。
● <iomanip> 头文件声明了参数化的流操纵符。
● <fstream> 头文件声明了文件处理操作。
● 模板 basic_istream 支持流输入操作。

- 模板 basic_ostream 支持流输出操作。
- 模板 basic_iostream 同时支持流输入和输出操作。
- 模板 basic_istream 和 basic_ostream 都派生自单一模板 basic_ios。
- 模板 basic_iostream 是从模板 basic_istream 和 basic_ostream 多重继承而来。
- istream 的对象 cin 被连接到标准输入设备,通常是键盘。
- ostream 的对象 cout 被连接到标准输出设备,通常是显示屏。
- ostream 的对象 cerr 被连接到标准错误设备,通常是显示屏。对象 cerr 的输出是无缓冲的,每个 cerr 的流插入的输出会立刻显示。
- ostream 的对象 clog 被连接到标准错误设备,通常是显示屏。对象 clog 的输出是有缓冲的。
- C++ 编译器自动判定输入和输出的数据类型。

## 13.3 节　输出流

- 地址默认情况下以十六进制形式显示。
- 显示指针变量的地址值,需要将指针转化为 void * 类型。
- 成员函数 put 输出一个字符。对函数 put 的调用可以是级联的。

## 13.4 节　输入流

- 流的输入通过流提取运算符 >> 实现。这个运算符自动跳过输入流中的空白字符,并在文件结束时返回 false。
- 流提取操作遇到不正确的输入时将设置 failbit 位,当操作失败时则会设置 badbit 位。
- 可以利用 while 循环语句头部中的流提取操作输入一系列的值。在遇到文件尾时,流提取操作返回 0。
- 无参数的成员函数 get 输入一个字符并返回这个字符,如果在流中遇到文件尾就返回 EOF。
- 拥有一个字符引用参数的成员函数 get 输入下一个字符,并将这个字符存储到那个引用中。这个版本的 get 函数返回调用它的 istream 对象的引用。
- 拥有三个参数[一个字符数组、一个数组长度限制和一个分隔符(默认值为换行符)]的成员函数 get 从输入流中读取(数组长度 − 1)个的字符后终止,或是读取到一个分隔符后终止。读入的字符串以空字符结尾。分隔符没有存储在字符数组中,仍然存在于输入流中。
- 成员函数 getline 的操作与第三个版本的 get 成员函数类似。getline 函数从流中删除分隔符,而且没有把它存储到字符串中。
- 成员函数 ignore 或者读取并丢弃一定数量的字符(默认为 1 个字符),或者是当遇到指定分隔符时停止(默认分隔符为 EOF)。
- 成员函数 putback 将先前使用 get 函数从输入流里获得的字符再放回到流中。
- 成员函数 peek 将返回输入流中的下一个字符,但并不将它从流中去除。
- C++ 提供类型安全的 I/O。如果重载的 << 和 >> 运算符遇到意料之外的数据类型,各种相应的错误位就会被设置,用户可以通过检测错误位来判断 I/O 操作是否成功。如果没有为用户自定义类型重载运算符 <<,编译器就会报错。

## 13.5 节　使用 read、write 和 gcount 的非格式化的 I/O

- 使用成员函数 read 和 write 进行非格式化的 I/O 操作,它们从指定的内存地址开始输入或输出一定数量的字节。这些输入或输出的原始字节是非格式化的。
- 成员函数 gcount 返回最近一次输入操作所读取的字符数。
- 成员函数 read 输入指定数量的字符到字符数组中,如果读取的数目少于指定数目,failbit 位将被设置。

## 13.6 节　流操纵符简介

- 为了改变输出整数的基数,可以使用操纵符 hex 设置基数为十六进制(基数为 16)或是用 oct 设置基数为八进制(基数为 8)。使用操纵符 dec 则将基数重新设置为十进制的。除非显式地改变设置,否则基数就保持不变。

- 参数化的流操纵符 setbase 也可以设置整数输出的基数。setbase 使用一个整数参数来设置基数,这个整数可以是 10、8 或 16。
- 可以使用流操纵符 setprecision 或成员函数 precision 来控制浮点数的精度。调用这两者之中的任何一个设置的输出精度将影响以后所有的输出操作,直到下一个设置精度操作被调用为止。没有参数的成员函数 precision 将返回浮点数的当前精度值。
- 参数化的操纵符需要包含头文件 < iomanip >。
- 利用成员函数 width 可以设置域宽并且返回原来的域宽。宽度小于域宽的值将用字符填充。域宽的设定只对下次输入或输出有效,之后的宽度被隐式设置为 0(也就是输入/输出宽度将与值所占宽度一致),大于域宽的值可以全部打印出来。没有参数的函数 width 返回当前的宽度设定。setw 流操纵符也可以用于设置域宽。
- 在输入时,流操纵符 setw 可以确定字符串的最大长度。如果输入更长的字符串,该字符串会被截短成为不大于指定长度的字符串进行多次读入。
- 程序员可以创建自己的流操纵符。

## 13.7 节　流的格式状态和流操纵符

- 流操纵符 showpoint 强制要求浮点数显示小数点和由精度确定的有效数字位数。
- 流操纵符 left 和 right 分别使域左对齐并在右边填充字符,或者右对齐并在域的左边填充字符。
- 流操纵符 internal 表示数字的符号(或是使用 showbase 流操纵符显示的基数)应当左对齐,同时数字的数值部分应右对齐,而中间的部分使用填充字符填充。
- 成员函数 fill 指定使用流操纵符 left、right 和 internal 时的填充字符(默认为空格符),并返回先前的填充字符。流操纵符 setfill 也可用来设置填充字符。
- 流操纵符 oct、hex 和 dec 分别要求整数以八进制、十六进制和十进制格式显示。如果不使用这些操纵符,输出的整数默认为是十进制的;流提取则根据数据的类型处理数据。
- 流操纵符 showbase 强制要求输出整数的基数。
- 流操纵符 scientific 强制要求浮点数以科学记数法的形式输出。流操纵符 fixed 要求浮点数以成员函数 precision 所指定的精度显示。
- 流操纵符 uppercase 强制要求在输出十六进制整数和科学记数格式的浮点数时分别输出大写字母 X 和 E。设定 uppercase 使得十六进制值中的字母都显示为大写形式。
- 无参数的成员函数 flags 将当前的格式设定为返回一个长整型。拥有一个长整型参数的 flags 成员函数将格式状态转换为其参数指定的格式状态。

## 13.8 节　流的错误状态

- 流的状态可以通过检测类 ios_base 的位来判定。
- 在输入操作中,如果遇到文件尾,eofbit 位将被设置。成员函数 eof 可以报告 eofbit 位是否被设置。
- 当在流中发生格式错误时,failbit 位将被设置。成员函数 fail 将报告流操作是否失败了,通常这种错误是可以恢复的。
- 当发生错误导致数据丢失时,badbit 位将被设置。成员函数 bad 可以报告流操作是否失败,通常这些失败是不可恢复的。
- 如果函数 bad、fail 和 eof 都返回 false 值,则 good 成员函数返回 true 值。只有在"好的"流中才能进行 I/O 操作。
- 成员函数 rdstate 返回流的错误状态。
- 成员函数 clear 将流的状态恢复为"好的",以便 I/O 可以继续执行。

## 13.9 节　将输出流连接到输入流

- C++ 提供成员函数 tie 来同步 istream 和 ostream 操作,确保输出在接下来的输入之前进行。

## 自测练习题

13.1　填空题。

a)C++ 的输入/输出是以字节_____方式。

b)用于对齐格式的流操纵符是_____、_____和_____。

c)可以用于设置和重置格式状态的成员函数是_____。

d)绝大多数的 C++ 程序都要包含头文件_____来进行 I/O 操作,因为它声明了所有需要的 I/O 流操纵符。

e)使用参数化的流操纵符,必须包含头文件_____。

f)头文件_____包含了对用户控制文件进行处理的声明。

g)ostream 成员函数_____用于实现非格式化的输出。

h)类_____支持输入操作。

i)标准错误流的输出指向_____或_____流对象。

j)类_____支持输出操作。

k)流插入运算符的符号是_____。

l)系统支持的 4 个标准设备对象是_____、_____、_____和_____。

m)流提取运算符的符号是_____。

n)流操纵符_____、_____和_____分别要求整数以八进制、十六进制和十进制格式显示。

o)使用流操纵符_____要求正整数显示加号。

13.2　判断对错。如果错误,请说明理由。

a)拥有一个长整型参数的流成员函数 flags 将 flags 的状态变量设置为该参数,并返回先前的值。

b)重载流插入运算符 << 和流提取运算符 >> 来处理所有标准数据类型,包括字符串和内存地址(只有流插入)和所有用户自定义类型。

c)没有参数的流成员函数 flags 重置流的格式状态。

d)重载流提取运算符 >> 为运算符重载函数,该函数将一个 istream 引用和一个用户自定义类型的引用作为参数并返回一个 istream 的引用。

e)重载流插入运算符 << 为运算符重载函数,该函数将一个 istream 引用和一个用户自定义类型的引用作为参数并返回一个 istream 的引用。

f)默认情况下,使用流提取运算符 >> 总是跳过输入流开头的空白字符。

g)流成员函数 rdstate 返回当前流的状态。

h)cout 流通常连接到显示屏。

i)如果 bad、fail 和 eof 成员函数都返回 false 值,则流成员函数 good 返回 true 值。

j)cin 流通常连接到显示屏。

k)如果流操作中发生不可恢复的错误,那么成员函数 bad 返回 true。

l)到 cerr 的输出是无缓冲的,到 clog 的输出是有缓冲的。

m)流操纵符 showpoint 默认要求浮点数以 6 位的精度显示,除非改变精度。在改变精度这种情况下,浮点数以指定精度的位数显示。

n)ostream 的成员函数 put 输出指定数目的字符。

o)流操纵符 dec、oct 和 hex 只对下一个输出的整数有效。

13.3　各编写一条语句来实现下述功能。

a)输出字符串"Enter your name:"。

b)使用一个流操纵符使科学记数法中的指数部分和十六进制数的字母大写。

c)输出 char * 类型变量 myString 的地址。

d) 使用流操纵符使浮点数以科学记数法的形式显示。

e) 输出 int *类型变量 integerPtr 的地址。

f) 使用一个流操纵符在打印八进制和十六进制的整数时显示其基数。

g) 输出 float *类型的变量 floatPtr 所指向的值。

h) 当域宽大于输出值时，使用流成员函数修改填充字符为 '*'，再使用流操纵符实现这个功能。

i) 使用 ostream 函数 put 在一条语句里输出字符 'O' 和 'K'。

j) 显示输入流的下一个字符但是不从输入流中提取它。

k) 使用两种不同方法利用 istream 成员函数 get 向 char 型的变量 charValue 赋一个字符。

l) 向输入流中输入 6 个字符，然后再从输入流中删除它们。

m) 使用 istream 的成员函数 read 向 char 数组 line 输入 50 个字符。

n) 输入 10 个字符到数组 name，当遇到分隔符 '.' 时就终止，不从输入流中移除分隔符 '.'。再编写一条语句实现上述功能，但是要移除分隔符 '.'。

o) 使用 istream 成员函数 gcount 显示最近一次使用 istream 成员函数 read 向字符数组 line 输入的字符数，并使用 ostream 成员函数 write 显示该字符数。

p) 输出下面的值：124、18.376、'Z'、1000000 和 "String"。

q) 使用对象 cout 的成员函数打印当前精度。

r) 输入一个整数到 int 变量 months、一个浮点数到 float 类型的变量 percentageRate。

s) 使用一个流操纵符，以 3 位的精度打印数字 1.92、1.925、1.9258，并用制表符分隔。

t) 使用流操纵符打印整数 100 的八进制、十六进制和十进制形式，结果以制表符分隔。

u) 使用流操纵符改变基数，打印整数 100 的十进制、八进制和十六进制形式，结果以制表符分隔。

v) 在 10 位的域中以右对齐方式打印 1234。

w) 向字符数组 line 输入字符，直到遇到字符 'z'，或是达到 20 个字符（包括结尾的空字符）为止。不从流中提取分隔符。

x) 使用整型变量 x 和 y 来设置域宽和精度，并打印 double 值 87.4573。

13.4　找出下面语句的错误之处并说明修改的方法。

a) `cout << "Value of x <= y is: " << x <= y;`

b) 下面的语句应该打印的是 'c' 的整数值：

```
cout << 'c';
```

c) `cout << ""A string in quotes"";`

13.5　写出下面语句的输出。

a) 
```
cout << "12345" << endl;
cout.width( 5 );
cout.fill( '*' );
cout << 123 << endl << 123;
```

b) `cout << setw( 10 ) << setfill( '$' ) << 10000;`

c) `cout << setw( 8 ) << setprecision( 3 ) << 1024.987654;`

d) `cout << showbase << oct << 99 << endl << hex << 99;`

e) `cout << 100000 << endl << showpos << 100000;`

f) `cout << setw( 10 ) << setprecision( 2 ) << scientific << 444.93738;`

## 自测练习题答案

13.1　a) 流。b) left, right, internal。c) flags。d) < iostream >。e) < iomanip >。f) < fstream >。g) write。h) istream。i) cerr 或 clog。j) ostream。k) <<。l) cin, cout, cerr, clog。m) >>。n) oct, hex, dec。o) showpos。

13.2　a) 错误。拥有 fmtflags 参数的流成员函数 flags 根据其参数设置 flags 状态变量并返回先前的状态设置。

　　b) 错误。不用为所有的用户自定义类型重载流插入和流提取运算符。一个类的程序员必须显式地
　　　提供运算符重载函数来重载流的运算符,以便使用用户自定义类型。

　　c) 错误。没有参数的流成员函数 flags 以 fmtflags 数据类型返回当前的格式设定,fmtflags 数据类型
　　　代表格式状态。

　　d) 正确。

　　e) 错误。为了重载流插入运算符 << ,运算符重载函数必须有一个 ostream 引用参数和一个用户自
　　　定义类型引用参数并返回一个 ostream 的引用。

　　f) 正确。

　　g) 正确。

　　h) 正确。

　　i) 正确。

　　j) 错误。流 cin 连接到计算机的标准输入设备,通常是键盘。

　　k) 正确。

　　l) 正确。

　　m) 正确。

　　n) 错误。ostream 成员函数 put 只能输出一个字符,即它唯一的字符参数的值。

　　o) 错误。流操纵符 dec, oct 和 hex 将持续改变整数的格式状态直到基数再次被修改或是程序结束为止。

13.3　a)　cout << "Enter your name: ";
　　　b)　cout << uppercase;
　　　c)　cout << **static_cast**< **void** * >( myString );
　　　d)　cout << scientific;
　　　e)　cout << integerPtr;
　　　f)　cout << showbase;
　　　g)　cout << *floatPtr;
　　　h)　cout.fill( '*' );
　　　　　cout << setfill( '*' );
　　　i)　cout.put( 'O' ).put( 'K' );
　　　j)　cin.peek();
　　　k)　charValue = cin.get();
　　　　　cin.get( charValue );
　　　l)　cin.ignore( 6 );
　　　m)　cin.read( line, 50 );
　　　n)　cin.get( name, 10, '.' );
　　　　　cin.getline( name, 10, '.' );
　　　o)　cout.write( line, cin.gcount() );
　　　p)　cout << 124 << ' ' << 18.376 << ' ' << "Z " << 1000000 << " String";
　　　q)　cout << cout.precision();
　　　r)　cin >> months >> percentageRate;
　　　s)　cout << setprecision( 3 ) << 1.92 << '\t' << 1.925 << '\t' << 1.9258;
　　　t)　cout << oct << 100 << '\t' << hex << 100 << '\t' << dec << 100;
　　　u)　cout << 100 << '\t' << setbase( 8 ) << 100 << '\t' << setbase( 16 ) << 100;
　　　v)　cout << setw( 10 ) << 1234;
　　　w)　cin.get( line, 20, 'z' );
　　　x)　cout << setw( x ) << setprecision( y ) << 87.4573;

13.4　a) 错误:运算符 << 的优先级比运算符 <= 高,这将导致计算错误,也会导致编译器报错。
　　　　改正:修改语句,只要将表达式 x <= y 用括号括起来。当表达式中的运算符优先级比 << 运算符
　　　　低并且表达式没有放在括号内时,就会遇到这种问题。

　　　b) 错误:C++ 中,字符不等同于短整数,C 中也是这样。
　　　　改正:想要打印字符在计算机中字符设置中的数字,需要先把字符转化成整数值,如下:
　　　　cout << **static_cast**< **int** >( 'c' );

c) 错误: 除非使用转义序列, 否则字符串中的引号不能正常打印。

改正: 使用下面的方法打印字符串:

```
cout << "\"A string in quotes\"";
```

13.5　a)　12345

　　　　　**123

　　　　　123

　　　b)　$$$$$10000

　　　c)　1024.988

　　　d)　0143

　　　　　0x63

　　　e)　100000

　　　　　+100000

　　　f)　　4.45e+002

# 练习题

13.6　(编写 C++ 语句)各编写一条语句, 实现下述功能。

　　　a) 在 15 位宽的域内以左对齐方式打印整数 40000。

　　　b) 读取一个字符串到字符数组变量 state。

　　　c) 以有符号和无符号两种形式打印整数 200。

　　　d) 将十进制数 100 显示成 0x 开头的十六进制数的形式。

　　　e) 读取字符到数组 charArray 直到遇到字符 'p' 或是达到 10 个字符(包含终结的空字符)为止。从输入流中提取分隔符, 并丢弃它。

　　　f) 在 9 位的域内打印 1.234, 前面用 0 填充。

13.7　(输入十进制、八进制和十六进制的数值)编写一个程序, 检测整数的输入格式是十进制、八进制还是十六进制, 并用这三种格式输出所读取的整数。利用下面的测试数据来测试程序: 10, 010, 0x10。

13.8　(打印指针值为整数)编写一个程序, 该程序将指针值强制转换成所有整型数据类型, 并将它们输出。哪种类型打印出奇怪的值? 哪种类型产生错误?

13.9　(根据域宽来打印)编写一个程序, 测试在不同宽度范围的域内输出整数值 12345 和浮点值 1.2345 的情况。当域宽小于数值位数时会发生什么状况?

13.10　(取整)编写一个程序输出 100.453 627 的十分之一、百分之一、千分之一、万分之一的近似值。

13.11　(一个字符串的长度)编写一个程序, 要求从键盘输入字符串并确定字符串的长度, 然后在域宽为字符串长度的两倍的域中显示。

13.12　(将华氏温度转换为摄氏温度)编写一个程序, 将从 0 到 212 的整型华氏温度转化为浮点型的摄氏温度, 输出为 3 位精度。使用公式

```
celsius = 5.0 / 9.0 * ( fahrenheit - 32 );
```

计算。输出显示为两排右对齐的纵列, 并且摄氏温度值前显示符号, 不管是正数还是负数。

13.13　在一些编程语言中, 输入的字符串通常包含在单引号或双引号内。编写程序输入 3 个字符串 suzy、"suzy" 和 'suzy'。单引号和双引号是否会被视为字符串的一部分?

13.14　(用流提取运算符或者重载的流提取运算符来读电话号码)在图 10.5 中, 流提取和流插入运算符被重载, 用于 PhoneNumber 类对象的输入/输出。重写流提取运算符实现输入时的错误检查。运算符 >> 函数必须被重新实现。

　　　a) 向数组输入一个完整的电话号码。判断输入的字符个数是否正确。以如(800)555 – 1212 的形式输入, 应该需要读取 14 个字符。当输入的字符个数不合适时, 需要使用 ios_base 成员函数 clear 来设置 failbit 位。

b)电话区号和交换码不以 0 或 1 开头。检查区号和交换码部分是否以 0 或 1 开头。当输入的字符不合适时，需要使用 ios_base 成员函数 clear 来设置 failbit 位。

c)区号的中间一位通常是 0 或者 1(虽然这一点近期已进行了更改)。检查中间一位是否为 0 或 1。当输入不合适时，需要使用 ios_base 成员函数 clear 来设置 failbit 位。如果前面的检查都没有出现不合适的情况，那么将电话号码的这 3 部分复制到 PhoneNumber 对象的成员 areaCode、exchange 和 line 中。在主程序中，如果 failbit 位被设置，那么程序会输出错误信息并结束而不是输出电话号码。

13.15 (point 类)编写一个程序完成下面的功能。

a)创建用户自定义类 Point，使其拥有 private 整型数据成员 xCoordinate 和 yCoordinate，并声明重载的流插入和流提取运算符函数为该类的友元。

b)定义流插入和流提取运算符函数。流提取运算符函数应该判定输入的数据是否是有效的，如果不是，它应该设置 failbit 位来表示有错误的输入。当输入发生错误时，流插入运算符不能显示这个"点"。

c)编写一个 main 函数，测试用户自定义类 Point 的输入/输出，其中使用重载的流提取和流插入运算符。

13.16 (Complex 类)编写一个程序完成下面的功能。

a)创建用户自定义类 Complex，使其拥有 private 整型数据成员 real 和 imaginary，并声明重载的流插入和流提取运算符函数为该类的友元。

b)定义流插入和流提取运算符函数。流提取运算符函数应该判定输入的数据是否是有效的。如果不是，它应该设置 failbit 位来表示有错误的输入。输入的格式应该是

3 + 8i

c)这两个数字可以是正的，也可以是负的，并且可能两个数字中缺少一个。如果缺少一个值，对应的数据成员应当被设置为 0。当输入错误发生时，流插入运算符不能显示该数。当输入的 imaginary 值为负时，应当显示减号而不是加号。

d)编写一个 main 函数，检查用户自定义的类 Complex 的输入/输出，其中使用重载的流提取和流插入运算符。

13.17 (打印 ASCII 值列表)编写一个程序，该程序使用 for 循环语句打印一张表，该表包含 ASCII 字符集中 33 ~ 126 的字符的 ASCII 值。对于每个字符，程序要输出它的十进制、八进制、十六进制和字符形式。使用流操纵符 dec、oct 和 hex 来打印整数值。

13.18 (空字符终止字符串)编写一个程序，展示函数 getline 和有 3 个参数的 get 成员函数都会以字符串终止符——空字符来作为输入字符串的结尾字符。并展示 get 函数将分隔符留在输入流中，而 getline 则将分隔符从流中提取出来并丢弃。在流中没有被读取的字符会怎样?

# 第14章 文件处理

*A great memory does not make a philosopher, any more than a dictionary can be called grammar.*

—John Henry, Cardinal Newman

*I can only assume that a "Do Not File" document is filed in a "Do Not File" file.*

—Senator Frank Church
Senate Intelligence Subcommittee Hearing, 1975

## 学习目标

在本章中将学习：

● 创建、读取、写入、更新文件

● 顺序文件处理

● 随机存取文件处理

● 高性能非格式化的I/O操作

● 格式化的数据和原始数据的文件处理的区别

● 使用随机存取文件的方法来建立事务处理程序

● 了解对象序列化的概念

## 提纲

## 14.1　简介

在内存中数据的存储是临时的。文件（file）被用来使数据持久化，即永久地保存数据。计算机将文件存储在辅助存储设备中，比如硬盘、CD、DVD、闪存驱动器和磁带。本章将会解释如何编写 C++ 程序来创建、更新和处理数据文件。将同时考虑顺序文件和随机存取文件，还会比较格式化的数据文件和原始数据文件处理的区别。第 21 章中将介绍另一种不同于文件的处理数据输入和输出的技术，即字符串流。

## 14.2　文件和流

C++ 将每个文件看成是字节序列（见图 14.1）。每个文件都以一个文件结束符（end-of-file maker）或是以存储在操作系统维护、管理的数据结构中的一个特定字节数作为结尾。当打开一个文件时，一个对象便被创建，并且将一个流关联到这个对象上。第 13 章中看到过，当包含 < iostream > 头文件时，就创建了对象 cin、cout、cerr 和 clog。与这些对象关联的流提供了程序和特定文件或设备之间的通信通道。比如，cin 对象（标准输入流对象）允许程序从键盘或其他设备输入数据，cout 对象（标准输出流对象）允许程序将数据输出到屏幕或者其他设备，cerr 和 clog 对象（标准错误流对象）允许程序将错误信息输出到屏幕和其他设备。

图 14.1　包含 $n$ 个字节的文件的 C++ 视图

**文件处理模板类**

为了在 C++ 中执行一个文件处理，必须包含头文件 < iostream > 和 < fstream >。头文件 < fstream > 包含了多种流类模板的定义：basic_ifstream（文件输入）、basic_ofstream（文件输出）和 basic_fstream（文件输入和输出）。每个类模板都有一个预定义的模板特化，它可以对字符进行某种 I/O 操作。另外，fstream 类库提供了一组 typedef 的集合，提供了模板特化的别名。例如，typedef ifstream 是一个对 basic_ifstream 的特化，允许从文件输入字符。类似地，typedef ofstream 是一个对 basic_ofstream 的特化，允许从文件输出字符。同样，typedef fstream 是一个对 basic_fstream 的特化，允许字符从文件输入和向文件输出。

这些模板分别是从类模板 basic_istream、basic_ostream 和 basic_iostream"派生"而来的。因此，所有属于这些模板（在第 13 章中描述的）的成员函数、运算符、流操纵符都可以应用在文件流上。图 14.2 总结了到现在为止我们所讨论过的 I/O 类的继承关系。

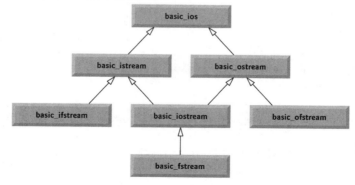

图 14.2　部分 I/O 流类模板层次结构

## 14.3　创建顺序文件

C++ 没有在文件上强加任何结构。因此，像"记录"这样的概念在 C++ 文件中是不存在的。所以，程序员必须自己设计文件结构来满足应用程序的需要。在下面的例子中，我们会看到程序员如何在一个文件上强加一个简单的记录结构。

图 14.3 创建了一个可用于应收账目系统的顺序文件，从而帮助管理公司的贷款客户所欠的钱。对于每个客户，程序获得这个客户的账号、姓名和余额（也就是客户过去为从公司获得商品和服务所欠的钱）。所获得的每个客户的数据组成了一条客户的记录。账号在这个应用程序中作为记录关键字，也就是程序按照账号顺序创建和维护这个文件。这个程序假设用户按账号顺序访问记录。在一个全面的应收账目系统中，应提供排序功能，从而允许用户以任何顺序访问记录，记录可以排序并写入文件。

```cpp
1   // Fig. 14.3: Fig14_03.cpp
2   // Create a sequential file.
3   #include <iostream>
4   #include <string>
5   #include <fstream> // contains file stream processing types
6   #include <cstdlib> // exit function prototype
7   using namespace std;
8
9   int main()
10  {
11     // ofstream constructor opens file
12     ofstream outClientFile( "clients.txt", ios::out );
13
14     // exit program if unable to create file
15     if ( !outClientFile ) // overloaded ! operator
16     {
17        cerr << "File could not be opened" << endl;
18        exit( EXIT_FAILURE );
19     } // end if
20
21     cout << "Enter the account, name, and balance." << endl
22        << "Enter end-of-file to end input.\n? ";
23
24     int account; // the account number
25     string name; // the account owner's name
26     double balance; // the account balance
27
28     // read account, name and balance from cin, then place in file
29     while ( cin >> account >> name >> balance )
30     {
31        outClientFile << account << ' ' << name << ' ' << balance << endl;
32        cout << "? ";
33     } // end while
34  } // end main
```

```
Enter the account, name, and balance.
Enter end-of-file to end input.
? 100 Jones 24.98
? 200 Doe 345.67
? 300 White 0.00
? 400 Stone -42.16
? 500 Rich 224.62
? ^Z
```

图 14.3　创建一个顺序文件

### 打开一个文件

在图 14.3 中要把数据写入到文件中，所以需要通过创建 ofstream 对象用来打开文件进行输出。有两个参数——文件名和文件打开模式（第 12 行）——传递到该对象的构造函数中。对于一个 ofstream 对象，文件打开模式可以是 ios::out（默认）——向一个文件输出数据，或者是 ios::app——将数据输出到文件的结尾（不改变在文件中原有的任何数据）。由于 ios::out 是默认的，所以第 12 行中构造函数的第二个参数并不需要。使用模式 ios::out 打开已存在的文件时，文件会被截顶（truncated），即所有存在于文件中的数据都将被丢弃。如果这个特定的文件并不存在,则 ofstream 会利用这个文件名新建一个文件。在 C++ 之前,文件名被当作是基于指针的字符串,在 C++ 中,它也可被认为是一个 string 对象。

**错误预防技巧 14.1**

在打开一个已存在的文件进行输出(ios::out)时必须小心,尤其是在想要保留这个文件的内容的情况下,因为文件原有的内容会在没有警告的情况下被丢弃。

第 12 行创建了一个名为 outClientFile 的 ofstream 对象,与打开用来输出的文件 clients. txt 相关联。参数"clients. txt"和 ios::out 传递到 ofstream 构造函数来打开文件。这个步骤建立了一个到文件的"通信通道"。ofstream 对象默认为输出打开,所以第 12 行也可以使用下面的语句

```
ofstream outClientFile( "clients.txt" );
```

来为输出打开 clients. txt 文件。图 14.4 列举了文件的打开模式。就像将要在 14.8 节讨论的那样,这些模式能够进行组合。

| 模式 | 描述 |
| --- | --- |
| ios::app | 将所有输出数据添加到文件的结尾 |
| ios::ate | 将一个文件打开作为输出文件,并移动到文件尾(一般用来为一个文件添加数据)。可以在文件的任何位置写数据 |
| ios::in | 打开一个文件作为输入文件 |
| ios::out | 打开一个文件作为输出文件 |
| ios::trunc | 丢弃文件的内容(这是 ios::out 的默认设置) |
| ios::binary | 打开一个文件进行二进制(也就是非文本方式)输入或输出 |

图 14.4 文件打开模式

### 通过成员函数 open 打开一个文件

一个 ofstream 对象可以在没有打开特定文件的情况下被创建,该文件可以在之后关联到这个对象。例如,下面的语句

```
ofstream outClientFile;
```

创建了一个名为 outClientFile 的没有文件关联的 ofstream 对象。ofstream 的成员函数 open 打开了一个文件并将它关联到一个已存在的 ofstream 对象:

```
outClientFile.open( "clients.txt", ios::out );
```

**错误预防技巧 14.2**

在一些操作系统中可以同时多次打开同一个文件。但是要避免这么做以防止产生微妙的错误。

### 测试一个文件是否被成功打开

在创建了一个 ofstream 对象后尝试打开它时,程序会测试打开操作是否成功。在第 15 ~ 19 行的 if 语句中,使用重载的 ios 操纵符成员函数 operator! 来判定打开操作是否成功。如果在打开操作中,failbit 或者 badbit 位(见第 13 章)中的任何一个被设置了,则该条件返回 true。这些错误可能是尝试打开并读取一个不存在的文件,在没有权限的情况下对文件进行读写操作,或是在打开文件并写入时没有磁盘空间。

如果条件判断打开文件不成功,则第 17 行输出错误信息"File could not be opened",在第 18 行调用函数 exit 来结束程序。exit 的参数是返回给程序调用环境的。传递 EXIT_SUCCESS(在 < cstdlib > 中定义)给 exit 表明程序正常退出,传递其他值(此例中为 EXIT_FAILURE)表明程序遇到错误而退出。

### 重载 void *运算符

另一个重载的 ios 运算符成员函数 operator void *将流转换为指针,因此可以对流进行检测:0(为空指针),非 0(其他指针的值)。当把一个指针值用作判定条件时,C++ 将一个空指针转换为 bool 值 false,将

一个非空指针转换为 true。如果 failbit 或者 badbit 位被设置，则返回 0(false)。第 29 ~ 33 行的 while 语句中的条件隐式调用了 cin 的成员函数运算符 void *。当 failbit 和 badbit 位都没有为 cin 置位时，这个条件就一直为 true。当遇到文件结束符时，failbit 位被设置。操纵符 void * 函数可以用来测试一个输入对象的文件结束，但是你也可以在输入对象上显示地调用函数 eof。

**处理数据**

如果第 12 行成功地打开了文件，那么程序将开始处理数据。第 21 ~ 22 行提示用户输入各种记录字段或者是在记录输入完毕后输入文件结束符。图 14.5 列举了多种计算机系统的文件结束的组合键。

| 计算机系统 | 组合键 |
| --- | --- |
| UNIX/Linux/Mac OS X | < Ctrl-d >（独占一行） |
| Microsoft Windows | < Ctrl-z >（有时后面要加回车键） |

图 14.5 各种计算机系统的文件结束的组合键

第 29 行提取了每个数据集合并且检查是否键入了文件结束符。如果发现了文件结束符或者有错误数据被输入，则 operator void * 返回空指针（转换为 bool 值 false）且 while 语句终止。用户输入文件结束符来告诉程序已经没有要处理的数据。当用户输入文件结束的组合键时，文件结束符被设置。while 语句会一直循环到文件结束符被设置为止（或者错误数据被输入）。

第 31 行通过流插入运算符 << 及与程序开始处的文件相关联的对象 outClientFile，向文件 clients. dat 中写入了一组数据。程序可以重新设置数据来读取文件（见 14.4 节）。注意，因为在图 14.3 中创建的文件只是一个简单的文本文件，所以它可以使用任何文本编辑器进行浏览。

一旦用户输入文件结束符，main 函数将终止。这将隐式地调用 outClientFile 对象的析构函数来关闭文件 clients. txt。数据能被用来读取文件的程序（见 14.4）获取。图 14.3 创建的文件是一个文本文件，所以可以被任意文本编辑器查看。

**关闭文件**

一旦用户输入文件结束指示符，main 函数结束。这隐式地调用了 outClientFile 的析构函数，关闭 client. txt 文件。程序员也可以通过在语句中调用成员函数 close 来显式地关闭 ofstream 对象：

```
outClientFile.close();
```

 **错误预防技巧 14.3**
总是在程序中不使用文件时立马关闭文件。

**处理案例**

在图 14.3 的程序执行示例中，用户为 5 个账户输入信息，然后通过输入文件结束符（在 Microsoft Windows 中显示为^Z）来指示数据项输入已经完成。这个对话窗口并没有说明记录在文件中的数据是如何存在的。为了确认程序成功地创建了文件，下一节将会演示如何创建一个程序来读取这个文件，并输出其内容。

## 14.4 从顺序文件读取数据

文件存储数据使我们可以在有需要的时候取回数据以便处理。前面一节演示了如何创建一个可以顺序存储的文件，本节将讨论如何顺序地从文件读取数据。在图 14.6 中，我们从图 14.3 的程序所创建的文件 clients. dat 中读取记录，并把这些记录的内容显示出来。创建一个 ifstream 对象打开一个文件进行输入。ifstream 的构造函数将接收到的文件名和文件打开模式作为参数。第 15 行创建了一个名为 inClientFile 的 ifstream 对象并将它关联到文件 clients. txt。括号中的参数传递到 ifstream 的构造函数，该构造函数打开文件并和文件建立一条"通信通道"。

```
 1   // Fig. 14.6: Fig14_06.cpp
 2   // Reading and printing a sequential file.
 3   #include <iostream>
 4   #include <fstream> // file stream
 5   #include <iomanip>
 6   #include <string>
 7   #include <cstdlib>
 8   using namespace std;
 9
10   void outputLine( int, const string &, double ); // prototype
11
12   int main()
13   {
14      // ifstream constructor opens the file
15      ifstream inClientFile( "clients.txt", ios::in );
16
17      // exit program if ifstream could not open file
18      if ( !inClientFile )
19      {
20         cerr << "File could not be opened" << endl;
21         exit( EXIT_FAILURE );
22      } // end if
23
24      int account; // the account number
25      string name; // the account owner's name
26      double balance; // the account balance
27
28      cout << left << setw( 10 ) << "Account" << setw( 13 )
29         << "Name" << "Balance" << endl << fixed << showpoint;
30
31      // display each record in file
32      while ( inClientFile >> account >> name >> balance )
33         outputLine( account, name, balance );
34   } // end main
35
36   // display single record from file
37   void outputLine( int account, const string &name, double balance )
38   {
39      cout << left << setw( 10 ) << account << setw( 13 ) << name
40         << setw( 7 ) << setprecision( 2 ) << right << balance << endl;
41   } // end function outputLine
```

```
Account    Name         Balance
100        Jones          24.98
200        Doe           345.67
300        White           0.00
400        Stone         -42.16
500        Rich          224.62
```

图 14.6　读取并打印一个顺序文件

**良好的编程习惯 14.1**

如果文件的内容不应该被修改,则应该只用输入模式(ios::in)打开文件。这样做可以避免不经意间修改文件内容,这也是遵循最小权限原则的一个例子。

## 打开一个文件用于输入

ifstream 类对象的默认打开为输入模式。可以使用语句

```
ifstream inClientFile( "clients.txt" );
```

打开 clients.txt 进行输入。就像 ofstream 对象一样,创建一个 ifstream 对象时也可以不打开一个特定的文件,因为一个文件可以在之后与它关联。

## 确保文件被打开

在尝试从文件取回数据之前,程序用条件! inClientFile 来判断文件是否被成功打开。

## 从文件中读取

第 32 行从文件读取一组数据(也就是一条记录)。在该行被第一次执行之后, account 的值为 100,

name 的值为"Jones", balance 的值为 24.98。每执行第 32 行一次, 程序就从文件读取一条记录到变量 ac-count, name 和 balance。第 33 行调用函数 outputLine(第 37～41 行)打印这些记录, 函数使用参数化流操纵符来格式化数据并进行显示。当到达文件结尾时, while 条件语句中对 operator void* 进行隐式调用并返回空指针(转换为 bool 值 false), ifstream 的析构函数关闭文件, 程序终止。

**文件定位指针**

为了顺序地从文件中取得数据, 程序一般从文件起始位置开始连续地读取所有数据, 直到找到所需要的数据为止。在程序的执行过程中, 有可能需要顺序地读取文件好几遍(从文件起始位置开始)。is-tream 和 ostream 都提供了成员函数来重定位文件定位指针(文件中下一个被读取或写入的字节号)。在 istream 中, 这个成员函数为 seekg("seek get"); 在 ostream 中, 这个成员函数为 seekp("seek put")。每个 istream 对象都有一个"get"(读取)指针来指出文件中下一个输入的字节号, 每个 ostream 对象都有一个"put"(写入)指针来指出文件中下一个输出的字节号。语句

```
inClientFile.seekg( 0 );
```

将与 inClientFile 关联的文件定位指针重定位于文件的起始位置(位置 0)。传递给 seekg 的参数通常是一个 long 类型的整数。可以指定第二个参数来说明寻找方向。寻找的方向可以是 ios::beg(默认), 相对于流的开始位置进行定位; 或是 ios::cur, 相对于当前流的位置进行定位; 或是 ios::end, 相对于流的结尾进行定位。文件定位指针是一个整数值, 这个值说明了文件开始位置到当前位置的字节数(也可以称为文件开始位置的偏移量)。下面是一些"get"文件定位指针的例子:

```
// position to the nth byte of fileObject (assumes ios::beg)
fileObject.seekg( n );

// position n bytes forward in fileObject
fileObject.seekg( n, ios::cur );

// position n bytes back from end of fileObject
fileObject.seekg( n, ios::end );

// position at end of fileObject
fileObject.seekg( 0, ios::end );
```

同样的操作可以使用 ostream 的成员函数 seekp 来实现。成员函数 tellg 和 tellp 分别用来返回当前的"get"和"put"指针的位置。下面的语句将"get"文件定位指针的值赋给 long 型变量 location:

```
location = fileObject.tellg();
```

**贷款查询程序**

图 14.7 中的程序可以使一个贷款经理显示相关的信息, 包括余额为 0 的客户(也就是不欠公司任何钱的客户)、贷款余额为负的客户(向公司提供贷款的客户)、贷款余额为正的客户(由于使用公司所提供的服务和货物而有欠款的客户)。这个程序将显示一个菜单, 允许贷款经理键入三个选项之一来获得贷款信息。选项 1, 生成一列余额为 0 的账户; 选项 2, 生成一列有贷款余额的账户; 选项 3, 生成一列有债务余额的账户; 选项 4, 结束程序操作。输入一个错误的选项会提示再次输入选项。第 64～65 行使程序在读取完 EOF 标记后能从文件的开始处进行读取。

```
 1   // Fig. 14.7: Fig14_07.cpp
 2   // Credit inquiry program.
 3   #include <iostream>
 4   #include <fstream>
 5   #include <iomanip>
 6   #include <string>
 7   #include <cstdlib>
 8   using namespace std;
 9
10   enum RequestType { ZERO_BALANCE = 1, CREDIT_BALANCE, DEBIT_BALANCE, END };
11   int getRequest();
12   bool shouldDisplay( int, double );
13   void outputLine( int, const string &, double );
14
```

图 14.7　贷款查询程序

```
15    int main()
16    {
17       // ifstream constructor opens the file
18       ifstream inClientFile( "clients.txt", ios::in );
19
20       // exit program if ifstream could not open file
21       if ( !inClientFile )
22       {
23          cerr << "File could not be opened" << endl;
24          exit( EXIT_FAILURE );
25       } // end if
26
27       int account; // the account number
28       string name; // the account owner's name
29       double balance; // the account balance
30
31       // get user's request (e.g., zero, credit or debit balance)
32       int request = getRequest();
33
34       // process user's request
35       while ( request != END )
36       {
37          switch ( request )
38          {
39             case ZERO_BALANCE:
40                cout << "\nAccounts with zero balances:\n";
41                break;
42             case CREDIT_BALANCE:
43                cout << "\nAccounts with credit balances:\n";
44                break;
45             case DEBIT_BALANCE:
46                cout << "\nAccounts with debit balances:\n";
47                break;
48          } // end switch
49
50          // read account, name and balance from file
51          inClientFile >> account >> name >> balance;
52
53          // display file contents (until eof)
54          while ( !inClientFile.eof() )
55          {
56             // display record
57             if ( shouldDisplay( request, balance ) )
58                outputLine( account, name, balance );
59
60             // read account, name and balance from file
61             inClientFile >> account >> name >> balance;
62          } // end inner while
63
64          inClientFile.clear(); // reset eof for next input
65          inClientFile.seekg( 0 ); // reposition to beginning of file
66          request = getRequest(); // get additional request from user
67       } // end outer while
68
69       cout << "End of run." << endl;
70    } // end main
71
72    // obtain request from user
73    int getRequest()
74    {
75       int request; // request from user
76
77       // display request options
78       cout << "\nEnter request" << endl
79          << " 1 - List accounts with zero balances" << endl
80          << " 2 - List accounts with credit balances" << endl
81          << " 3 - List accounts with debit balances" << endl
82          << " 4 - End of run" << fixed << showpoint;
83
84       do // input user request
85       {
86          cout << "\n? ";
87          cin >> request;
88       } while ( request < ZERO_BALANCE && request > END );
89
```

图 14.7(续) 贷款查询程序

```
90      return request;
91  } // end function getRequest
92
93  // determine whether to display given record
94  bool shouldDisplay( int type, double balance )
95  {
96      // determine whether to display zero balances
97      if ( type == ZERO_BALANCE && balance == 0 )
98          return true;
99
100     // determine whether to display credit balances
101     if ( type == CREDIT_BALANCE && balance < 0 )
102         return true;
103
104     // determine whether to display debit balances
105     if ( type == DEBIT_BALANCE && balance > 0 )
106         return true;
107
108     return false;
109 } // end function shouldDisplay
110
111 // display single record from file
112 void outputLine( int account, const string &name, double balance )
113 {
114     cout << left << setw( 10 ) << account << setw( 13 ) << name
115         << setw( 7 ) << setprecision( 2 ) << right << balance << endl;
116 } // end function outputLine
```

```
Enter request
 1 - List accounts with zero balances
 2 - List accounts with credit balances
 3 - List accounts with debit balances
 4 - End of run
? 1

Accounts with zero balances:
300      White            0.00
Enter request
 1 - List accounts with zero balances
 2 - List accounts with credit balances
 3 - List accounts with debit balances
 4 - End of run
? 2

Accounts with credit balances:
400      Stone          -42.16

Enter request
 1 - List accounts with zero balances
 2 - List accounts with credit balances
 3 - List accounts with debit balances
 4 - End of run
? 3

Accounts with debit balances:
100      Jones           24.98
200      Doe            345.67
500      Rich           224.62

Enter request
 1 - List accounts with zero balances
 2 - List accounts with credit balances
 3 - List accounts with debit balances
 4 - End of run
? 4
End of run.
```

图 14.7(续)  贷款查询程序

## 14.5  更新顺序文件

对格式化并写入 14.3 节的顺序文件中的数据进行修改, 可能会有破坏文件中其他数据的风险。例如, 如果要把名字 White 改成 Worthington, 则原有的名字在没有破坏文件的情况下是不可能被重写的。White 的记录被写到文件, 格式如下:

```
300 White 0.00
```

如果在文件中的相同位置用更长的名字重写新该记录，则新的记录就会变成：

```
300 Worthington 0.00
```

新的记录比原记录多 6 个字符。因此，在 Worthington 中第二个"o"之后的字符会覆盖文件中下一条顺序记录的开头。问题在于，在使用流插入运算符 << 和流提取运算符 >> 的格式化输入/输出模式时，字段和记录在大小上是可以变化的。比如，值 7、14、-117、2074 和 27 383 都是 int 型，并在内部存储了相同字节数的"原始数据"(典型地，32 位机器上是 4 字节，64 位机器上是 8 字节)。然而，这些整数在输出为格式化文本时却变成大小不同的字段(字符序列)。因此，格式化的输入/输出模式通常不会用来原地更新记录。14.6 节 ~ 14.10 节将演示如何在定长记录上原地更新。

像这样的更新操作通常是使用笨拙的方法完成的。比如，为了实现前面所述的名字的更改，在顺序文件中将在 300 White 0.00 之前的记录复制到一个新的文件，然后将更新的记录也复制到这个新文件，最后 300 White 0.00 之后的文件也将复制到这个新文件，这种方法要求在更新一条记录时，要对文件中的每条记录都进行处理。如果文件中的许多条记录都要求同时进行更新，那么这种方法是可以接受的。

## 14.6　随机存取文件

到目前为止，我们已经了解了如何创建顺序文件和在顺序文件中查找定位信息。顺序文件不适合即时存取应用程序，这些应用程序要求必须立即定位某个特定的记录。通常的即时存取应用程序有航空预订系统、银行系统、自动取款机和其他要求快速访问特定数据的事务处理系统。一个银行可能有几十万甚至几百万的客户，但是当一个客户使用自动取款机时，程序可以在几秒钟或者更少的时间内检查客户的账户并查看该客户是否有足够的余额。即时存取可以通过随机存取文件(random-access file)实现。随机存取文件的一条记录可以在不查找其他记录的情况下直接(快速)对其进行访问。

如同我们已经说过的，C++ 没有将结构强加到文件上，所以应用程序如果想要使用随机存取文件，则必须自己创建。可以采用多种技术来创建随机存取文件。而最容易的方法可能是要求文件中的所有记录都拥有相同的长度。通过运用相同大小的定长记录，程序只需通过简单的计算(作为记录大小和记录关键字的一个函数)，就可以找出任何一条记录到文件开头的精确位置。我们很快可以看到这将如何促进对特定记录进行即时存取，即使是在大文件中也是如此。

图 14.8 中举例说明了 C++ 中定长记录(在这个例子中，每条记录都是 100 字节)的随机存取文件的结构视图。一个随机存取文件就像一条有许多相同大小车厢的火车——有些车厢是空的，有些是有内容的。

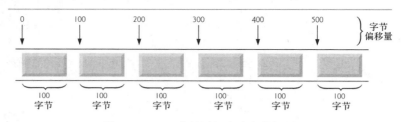

图 14.8　C++ 中的随机存取文件视图

可以在不破坏文件中其他数据的情况下将数据插入到一个随机存取文件中。之前存入的数据也可以在不重写整个文件的情况下被更新或删除。在接下来的几节中，将会解释如何创建一个随机存取文件，向文件中输入数据，顺序或随机地读取数据，以及更新数据和删除不再需要的数据。

## 14.7　创建随机存取文件

ostream 的成员函数 write 从内存中的一个指定位置输出固定数目的字节到指定的流。当流被关联到文件时，函数 write 在文件中从"put"文件定位指针指定的位置开始写入数据。istream 成员函数 read 则将固定数目的字节从一个指定的流输入到内存中指定地址开始的一部分空间。如果流被关联到一个文件，那么函数 read 在文件中从由"get"文件定位指针所指定的位置读取字节数据。

### 利用 ostream 的成员函数 write 写入字节数据

当把一个整数 number 写入文件时，下面的语句

```
outFile << number;
```

对于一个 4 字节的整数最少可以打印 1 位，最多可以打印 11 位（10 个数字加上 1 个符号位，每一位需要 1 字节的存储空间），可以使用下面的语句来代替：

```
outFile.write( reinterpret_cast< const char * >( &number ),
    sizeof( number ) );
```

这两条语句总是使用二进制形式写入整数的 4 个字节（在一台使用 4 字节整数的机器上）。函数 write 将第一个参数作为一组字节数据，将内存中的对象看作 const char * 类型的，它是指向一个字节的指针（记住 1 个 char 占用 1 个字节）。从那个位置开始，函数 write 输出它的第二个参数（一个 size_t 类型的整数）所指定数目的字节。就像下面将要看到的，istream 函数 read 可以将 4 个字节的数据读入到一个整型变量 number 中。

### 使用 reinterpret_cast 运算符转换指针类型

遗憾的是，大多数情况下，传给函数 write 的第一个参数的指针不是 const char * 类型的。为了输出其他类型的对象，必须将指向其他对象的指针转换为 const char * 类型，否则编译器就不能编译对函数 write 的调用。C++ 提供了 reinterpret_cast 运算符，如同示例中那样把某种类型的指针强制转换为其他无关类型。如果没有 reinterpret_cast，就不能编译输出整数 number 的 write 语句，因为编译器不允许将一个 int * 的指针（由表达式 &number 返回的类型）传递到一个参数类型为 const char * 的函数，在目前为止我们遇到的编译器中，这两个类型都是不能匹配的。

reinterpret_cast 操作是在编译阶段完成的，它不会改变指针所指对象的值。相反，它要求编译器将操作数重新解释为目标类型（在关键字 reinterpret_cast 后的尖括号中说明）。在图 14.11 中，我们使用 reinterpret_cast 将一个 ClientData 指针转换成一个 const char * 类型的指针，该运算符将一个 ClientData 对象重新解释为输出到文件的字节数据。随机存储文件处理程序很少将单个字段写到文件。通常，就像下面的例子中所展示的一样，它们一次写入一个类对象。

**错误预防技巧 14.4**

使用 reinterpret_cast 执行危险操作很容易导致严重的执行时错误。

**可移植性提示 14.1**

reinterpret_cast 的使用是与编译器相关的，程序在不同的平台上运行起来可能并不一样。所以除非有绝对的必要，都不应该使用 reinterpret_cast 运算符。

**可移植性提示 14.2**

一个读取非格式化的数据（使用 write 写入）的程序必须在一个与写入数据的程序相兼容的系统中编译和执行，因为不同的系统其数据的内部表达可能是不同的。

### 贷款处理程序

考虑下面的问题：

创建一个可以对最多 100 个定长记录进行排序操作的贷款处理程序，该程序是为一个最多有 100 个客户的公司创建的。每条记录应该包括一个作为记录关键字的账号、一个姓字段、一个名字段和一个余额字段。程序可以更新账户、插入账户、删除账户及将所有的账户记录插入到一个格式化的文本文件进行打印。

下面的几节将会创建此贷款处理程序。图 14.11 说明了如何打开一个随机存储文件，使用类 Client-

Data(见图 14.9 和图 14.10)的一个对象来定义记录格式，以及将数据以二进制格式写入磁盘。这个程序使用函数 write 将文件 credit. dat 的 100 条记录初始化为空对象。每个空对象中的账号为 0，姓和名都为空字符串(用空双引号表示)，余额为 0。每条记录所占用的空间也将被初始化。

```cpp
1   // Fig. 14.9: ClientData.h
2   // Class ClientData definition used in Fig. 14.11-Fig. 14.14.
3   #ifndef CLIENTDATA_H
4   #define CLIENTDATA_H
5
6   #include <string>
7
8   class ClientData
9   {
10  public:
11     // default ClientData constructor
12     ClientData( int = 0, const std::string & = "",
13        const std::string & = "", double = 0.0 );
14
15     // accessor functions for accountNumber
16     void setAccountNumber( int );
17     int getAccountNumber() const;
18
19     // accessor functions for lastName
20     void setLastName( const std::string & );
21     std::string getLastName() const;
22
23     // accessor functions for firstName
24     void setFirstName( const std::string & );
25     std::string getFirstName() const;
26
27     // accessor functions for balance
28     void setBalance( double );
29     double getBalance() const;
30  private:
31     int accountNumber;
32     char lastName[ 15 ];
33     char firstName[ 10 ];
34     double balance;
35  }; // end class ClientData
36
37  #endif
```

图 14.9　ClientData 类的头文件

```cpp
1   // Fig. 14.10: ClientData.cpp
2   // Class ClientData stores customer's credit information.
3   #include <string>
4   #include "ClientData.h"
5   using namespace std;
6
7   // default ClientData constructor
8   ClientData::ClientData( int accountNumberValue, const string &lastName,
9      const string &firstName, double balanceValue )
10     : accountNumber( accountNumberValue ), balance( balanceValue )
11  {
12     setLastName( lastNameValue );
13     setFirstName( firstNameValue );
14  } // end ClientData constructor
15
16  // get account-number value
17  int ClientData::getAccountNumber() const
18  {
19     return accountNumber;
20  } // end function getAccountNumber
21
22  // set account-number value
23  void ClientData::setAccountNumber( int accountNumberValue )
24  {
25     accountNumber = accountNumberValue; // should validate
26  } // end function setAccountNumber
27
28  // get last-name value
29  string ClientData::getLastName() const
```

图 14.10　表示一个客户的贷款信息的 ClientData 类

```
30   {
31       return lastName;
32   } // end function getLastName
33
34   // set last-name value
35   void ClientData::setLastName( const string &lastNameString )
36   {
37       // copy at most 15 characters from string to lastName
38       int length = lastNameString.size();
39       length = ( length < 15 ? length : 14 );
40       lastNameString.copy( lastName, length );
41       lastName[ length ] = '\0'; // append null character to lastName
42   } // end function setLastName
43
44   // get first-name value
45   string ClientData::getFirstName() const
46   {
47       return firstName;
48   } // end function getFirstName
49
50   // set first-name value
51   void ClientData::setFirstName( const string &firstNameString )
52   {
53       // copy at most 10 characters from string to firstName
54       int length = firstNameString.size();
55       length = ( length < 10 ? length : 9 );
56       firstNameString.copy( firstName, length );
57       firstName[ length ] = '\0'; // append null character to firstName
58   } // end function setFirstName
59
60   // get balance value
61   double ClientData::getBalance() const
62   {
63       return balance;
64   } // end function getBalance
65
66   // set balance value
67   void ClientData::setBalance( double balanceValue )
68   {
69       balance = balanceValue;
70   } // end function setBalance
```

图 14.10(续) 表示一个客户的贷款信息的 ClientData 类

类 string 的对象没有统一的大小，因为它们的内存是动态分配的以适应不同长度的字符串。这个程序维护的是固定长度的记录，所以类 ClientData 中客户的姓和名是用定长的 char 数组存储的(在图 14.9 的第 32~33 行定义)。成员函数 setLastName(如图 14.10 的第 36~43 行所示)和 setFirstName(如图 14.10 的第 52~59 行所示)将一个 string 对象中的字符复制到相应的 char 数组。让我们考虑一下函数 setLast-Name，第 30 行确保长度小于 15 个字符，第 40 行使用 string 的成员函数 copy 将 length 长度字符从 last-NameString 复制到字符数组 lastname。成员函数 setFirstName 对名字段也遵循同样的步骤。

**以二进制模式打开一个用于输出的文件**

在图 14.11 中，第 11 行为文件 credit. dat 创建了一个 ofstream 对象。构造器的第二个参数(ios::out | ios::binary)表明以二进制的格式打开文件，如果要写入定长的记录，这是必要的。通过"|"运算符，即我们所知的位或运算符可以将多种打开模式结合起来(第 22 章将详细讨论这个运算符)。第 24~25 行将 blankClient(在第 20 行通过默认构造函数构造)写入与 ofstream 对象 outCredit 相关联的文件 credit. dat 中。记住运算符 sizeof 以字节为单位返回括号内对象的大小(见第 8 章)。第 24 行的函数 write 的第一个参数必须是 const char * 类型。然而，&blankClient 的数据类型是 ClientData * ，为了将 &blankClient 转换为 const char * 类型，第 24 行使用了强制类型转换运算符 reinterpret_cast，所以对 write 的调用没有出现编译错误。

```
1    // Fig. 14.11: Fig14_11.cpp
2    // Creating a randomly accessed file.
3    #include <iostream>
```

图 14.11 创建一个有 100 个顺序空记录的随机存取文件

```
 4    #include <fstream>
 5    #include <cstdlib>
 6    #include "ClientData.h" // ClientData class definition
 7    using namespace std;
 8
 9    int main()
10    {
11       ofstream outCredit( "credit.dat", ios::out | ios::binary );
12
13       // exit program if ofstream could not open file
14       if ( !outCredit )
15       {
16          cerr << "File could not be opened." << endl;
17          exit( EXIT_FAILURE );
18       } // end if
19
20       ClientData blankClient; // constructor zeros out each data member
21
22       // output 100 blank records to file
23       for ( int i = 0; i < 100; ++i )
24          outCredit.write( reinterpret_cast< const char * >( &blankClient ),
25             sizeof( ClientData ) );
26    } // end main
```

图 14.11(续)　创建一个有 100 个顺序空记录的随机存取文件

## 14.8　向随机存取文件随机写入数据

图 14.12 向文件 credit. dat 写入数据，并使用 fstream 的函数 seekp 和 write 的组合来将数据存储到文件的精确位置。函数 seekp 设置"put"文件定位指针，指向文件中的特定位置，然后使用 write 输出数据。注意到第 6 行包含图 14.9 所定义的头文件 ClientData. h，所以这个程序可以使用 ClientData 对象。

```
 1    // Fig. 14.12: Fig14_12.cpp
 2    // Writing to a random-access file.
 3    #include <iostream>
 4    #include <fstream>
 5    #include <cstdlib>
 6    #include "ClientData.h" // ClientData class definition
 7    using namespace std;
 8
 9    int main()
10    {
11       int accountNumber;
12       string lastName;
13       string firstName;
14       double balance;
15
16       fstream outCredit( "credit.dat", ios::in | ios::out | ios::binary );
17
18       // exit program if fstream cannot open file
19       if ( !outCredit )
20       {
21          cerr << "File could not be opened." << endl;
22          exit( EXIT_FAILURE );
23       } // end if
24
25       cout << "Enter account number (1 to 100, 0 to end input)\n? ";
26
27       // require user to specify account number
28       ClientData client;
29       cin >> accountNumber;
30
31       // user enters information, which is copied into file
32       while ( accountNumber > 0 && accountNumber <= 100 )
33       {
34          // user enters last name, first name and balance
35          cout << "Enter lastname, firstname, balance\n? ";
36          cin >> lastName;
```

图 14.12　写入随机存取文件

```
37        cin >> firstName;
38        cin >> balance;
39
40        // set record accountNumber, lastName, firstName and balance values
41        client.setAccountNumber( accountNumber );
42        client.setLastName( lastName );
43        client.setFirstName( firstName );
44        client.setBalance( balance );
45
46        // seek position in file of user-specified record
47        outCredit.seekp( ( client.getAccountNumber() - 1 ) *
48           sizeof( ClientData ) );
49
50        // write user-specified information in file
51        outCredit.write( reinterpret_cast< const char * >( &client ),
52           sizeof( ClientData ) );
53
54        // enable user to enter another account
55        cout << "Enter account number\n? ";
56        cin >> accountNumber;
57     } // end while
58  } // end main
```

```
Enter account number (1 to 100, 0 to end input)
? 37
Enter lastname, firstname, balance
? Barker Doug 0.00
Enter account number
? 29
Enter lastname, firstname, balance
? Brown Nancy -24.54
Enter account number
? 96
Enter lastname, firstname, balance
? Stone Sam 34.98
Enter account number
? 88
Enter lastname, firstname, balance
? Smith Dave 258.34
Enter account number
? 33
Enter lastname, firstname, balance
? Dunn Stacey 314.33
Enter account number
? 0
```

图 14.12(续)  写入随机存取文件

### 以二进制模式打开文件进行输入与输出

第 16 行使用 fstream 对象 outCredit 打开已存在的文件 credit. dat。通过文件打开模式 ios∷in、ios∷out 和 iso∷binary 的组合,可以按照二进制模式打开文件,从而进行输入/输出。多种文件打开模式可以通过用按位或运算符(|)将单独的打开模式组合起来。以这种方式打开 credit. dat 文件,可以保证使用图 14.11 的程序将记录写入文件中,而不是擦除文件后再进行创建。

### 定位文件定位指针

第 47 ~ 48 行定位对象 outCredit 中的“put”文件定位指针到下列语句计算的字节位置:

`( client.getAccountNumber() - 1 ) * sizeof( ClientData )`

因为账号在 1 ~ 100 之间,所以在计算记录的字节地址时,账号需要减去 1。因此,对于记录 1,文件定位指针被设为 0。

## 14.9  从随机存取文件顺序读取数据

前面几节中创建了一个随机存取文件,然后向该文件写入数据。本节将开发一个程序,顺序地读取这个文件并只把那些包含数据的记录打印出来。这些程序会产生一些好处,不知道读者是否能够看出这些好处,本节的最后会揭晓答案。

istream 的函数 read 从指定流的当前位置输入一组指定数目的字节数据到一个对象。例如，图 14.13 的第 31～32 行从与 ifstream 对象 inCredit 相关联的文件读取 sizeof( ClientData)所指定数目的字节数据，并将数据存入 client 记录。注意，函数 read 的第一个参数要求为类型 char＊。由于 &client 是 ClientData＊类型的，必须使用强制类型转换运算符 reinterpret_cast 将其转换为 char＊类型。

```cpp
 1   // Fig. 14.13: Fig14_13.cpp
 2   // Reading a random-access file sequentially.
 3   #include <iostream>
 4   #include <iomanip>
 5   #include <fstream>
 6   #include <cstdlib>
 7   #include "ClientData.h" // ClientData class definition
 8   using namespace std;
 9
10   void outputLine( ostream&, const ClientData & ); // prototype
11
12   int main()
13   {
14      ifstream inCredit( "credit.dat", ios::in | ios::binary );
15
16      // exit program if ifstream cannot open file
17      if ( !inCredit )
18      {
19         cerr << "File could not be opened." << endl;
20         exit( EXIT_FAILURE );
21      } // end if
22
23      // output column heads
24      cout << left << setw( 10 ) << "Account" << setw( 16 )
25         << "Last Name" << setw( 11 ) << "First Name" << left
26         << setw( 10 ) << right << "Balance" << endl;
27
28      ClientData client; // create record
29
30      // read first record from file
31      inCredit.read( reinterpret_cast< char * >( &client ),
32         sizeof( ClientData ) );
33
34      // read all records from file
35      while ( inCredit && !inCredit.eof() )
36      {
37         // display record
38         if ( client.getAccountNumber() != 0 )
39            outputLine( cout, client );
40
41         // read next from file
42         inCredit.read( reinterpret_cast< char * >( &client ),
43            sizeof( ClientData ) );
44      } // end while
45   } // end main
46
47   // display single record
48   void outputLine( ostream &output, const ClientData &record )
49   {
50      output << left << setw( 10 ) << record.getAccountNumber()
51         << setw( 16 ) << record.getLastName()
52         << setw( 11 ) << record.getFirstName()
53         << setw( 10 ) << setprecision( 2 ) << right << fixed
54         << showpoint << record.getBalance() << endl;
55   } // end function outputLine
```

```
Account   Last Name   First Name   Balance
29        Brown       Nancy        -24.54
33        Dunn        Stacey       314.33
37        Barker      Doug         0.00
88        Smith       Dave         258.34
96        Stone       Sam          34.98
```

图 14.13　顺序读取随机存取文件

图 14.13 从文件 credit. dat 中顺序地读取每条记录，检查每条记录是否包含数据，并且显示格式化输出中包含数据的记录。第 35 行的条件使用 ios 的成员函数 eof 来判断什么时候到达文件的结尾并终止

while 语句的执行。如果读取文件的过程中发生错误，那么循环也会结束，因为 inCredit 的值变为了 false。从文件中输入的数据由函数 outputLine（第 48～55 行）输出，函数 outputLine 通过两个参数（一个 ostream 对象和一个 clientData 结构）进行输出。ostream 的参数类型非常有趣，因为所有 ostream 对象（比如 cout）或者由类 ostream 派生的对象（比如一个 ofstream 对象）都可以用作参数，这意味着同样的函数可以处理如输出到一个标准的输出流及输出到一个文件流的情况，而不用编写单独的处理函数。

前面所说的额外好处是什么呢？如果查看输出窗口，可以发现记录已经排好序了（按照账号顺序）。这就是将文件中的记录用直接存取技术存储的结果。比较在第 7 章中采用的插入排序，使用直接存取技术排序会更快。这样的处理速度是通过将文件创建得足够大从而可以存储所有可能创建的记录来实现的。当然，这意味着在大多数的处理时间中，文件中的大量空间是空闲的，这导致了存储空间的浪费。这是一个时间和空间权衡的例子：通过占用大量的空间，可以发展出一种更快的排序算法。非常幸运的是，存储单位价格的不断下跌使这种浪费越来越不重要。

## 14.10 实例研究：事务处理程序

现在给出一个通过随机存取文件来实现"即时"存取处理的事务处理程序（见图 14.14）。这个程序维护一个银行的账户信息。程序更新现有的账户、加入新的账户、删除账户，并在文本文件中存储一个格式化的所有当前账户列表。我们假设图 14.11 的程序已经执行，并且创建了文件，图 14.12 中的程序也已经执行过并插入了初始的数据。第 25 行通过创建二进制读写模式的 fstream 对象打开 credit.dat 文件。

```cpp
1   // Fig. 14.14: Fig14_14.cpp
2   // This program reads a random-access file sequentially, updates
3   // data previously written to the file, creates data to be placed
4   // in the file, and deletes data previously stored in the file.
5   #include <iostream>
6   #include <fstream>
7   #include <iomanip>
8   #include <cstdlib>
9   #include "ClientData.h" // ClientData class definition
10  using namespace std;
11
12  int enterChoice();
13  void createTextFile( fstream& );
14  void updateRecord( fstream& );
15  void newRecord( fstream& );
16  void deleteRecord( fstream& );
17  void outputLine( ostream&, const ClientData & );
18  int getAccount( const char * const );
19
20  enum Choices { PRINT = 1, UPDATE, NEW, DELETE, END };
21
22  int main()
23  {
24     // open file for reading and writing
25     fstream inOutCredit( "credit.dat", ios::in | ios::out | ios::binary );
26
27     // exit program if fstream cannot open file
28     if ( !inOutCredit )
29     {
30        cerr << "File could not be opened." << endl;
31        exit ( EXIT_FAILURE );
32     } // end if
33
34     int choice; // store user choice
35
36     // enable user to specify action
37     while ( ( choice = enterChoice() ) != END )
38     {
39        switch ( choice )
40        {
41           case PRINT: // create text file from record file
42              createTextFile( inOutCredit );
43              break;
```

图 14.14 银行账户程序

```
44              case UPDATE: // update record
45                  updateRecord( inOutCredit );
46                  break;
47              case NEW: // create record
48                  newRecord( inOutCredit );
49                  break;
50              case DELETE: // delete existing record
51                  deleteRecord( inOutCredit );
52                  break;
53              default: // display error if user does not select valid choice
54                  cerr << "Incorrect choice" << endl;
55                  break;
56          } // end switch
57
58          inOutCredit.clear(); // reset end-of-file indicator
59      } // end while
60  } // end main
61
62  // enable user to input menu choice
63  int enterChoice()
64  {
65      // display available options
66      cout << "\nEnter your choice" << endl
67          << "1 - store a formatted text file of accounts" << endl
68          << "    called \"print.txt\" for printing" << endl
69          << "2 - update an account" << endl
70          << "3 - add a new account" << endl
71          << "4 - delete an account" << endl
72          << "5 - end program\n? ";
73
74      int menuChoice;
75      cin >> menuChoice; // input menu selection from user
76      return menuChoice;
77  } // end function enterChoice
78
79  // create formatted text file for printing
80  void createTextFile( fstream &readFromFile )
81  {
82      // create text file
83      ofstream outPrintFile( "print.txt", ios::out );
84
85      // exit program if ofstream cannot create file
86      if ( !outPrintFile )
87      {
88          cerr << "File could not be created." << endl;
89          exit( EXIT_FAILURE );
90      } // end if
91
92      // output column heads
93      outPrintFile << left << setw( 10 ) << "Account" << setw( 16 )
94          << "Last Name" << setw( 11 ) << "First Name" << right
95          << setw( 10 ) << "Balance" << endl;
96
97      // set file-position pointer to beginning of readFromFile
98      readFromFile.seekg( 0 );
99
100     // read first record from record file
101     ClientData client;
102     readFromFile.read( reinterpret_cast< char * >( &client ),
103         sizeof( ClientData ) );
104
105     // copy all records from record file into text file
106     while ( !readFromFile.eof() )
107     {
108         // write single record to text file
109         if ( client.getAccountNumber() != 0 ) // skip empty records
110             outputLine( outPrintFile, client );
111
112         // read next record from record file
113         readFromFile.read( reinterpret_cast< char * >( &client ),
114             sizeof( ClientData ) );
115     } // end while
116 } // end function createTextFile
117
118 // update balance in record
```

图 14.14(续)　银行账户程序

```
119  void updateRecord( fstream &updateFile )
120  {
121     // obtain number of account to update
122     int accountNumber = getAccount( "Enter account to update" );
123
124     // move file-position pointer to correct record in file
125     updateFile.seekg( ( accountNumber - 1 ) * sizeof( ClientData ) );
126
127     // read first record from file
128     ClientData client;
129     updateFile.read( reinterpret_cast< char * >( &client ),
130        sizeof( ClientData ) );
131
132     // update record
133     if ( client.getAccountNumber() != 0 )
134     {
135        outputLine( cout, client ); // display the record
136
137        // request user to specify transaction
138        cout << "\nEnter charge (+) or payment (-): ";
139        double transaction; // charge or payment
140        cin >> transaction;
141
142        // update record balance
143        double oldBalance = client.getBalance();
144        client.setBalance( oldBalance + transaction );
145        outputLine( cout, client ); // display the record
146
147        // move file-position pointer to correct record in file
148        updateFile.seekp( ( accountNumber - 1 ) * sizeof( ClientData ) );
149
150        // write updated record over old record in file
151        updateFile.write( reinterpret_cast< const char * >( &client ),
152           sizeof( ClientData ) );
153     } // end if
154     else // display error if account does not exist
155        cerr << "Account #" << accountNumber
156           << " has no information." << endl;
157  } // end function updateRecord
158
159  // create and insert record
160  void newRecord( fstream &insertInFile )
161  {
162     // obtain number of account to create
163     int accountNumber = getAccount( "Enter new account number" );
164
165     // move file-position pointer to correct record in file
166     insertInFile.seekg( ( accountNumber - 1 ) * sizeof( ClientData ) );
167
168     // read record from file
169     ClientData client;
170     insertInFile.read( reinterpret_cast< char * >( &client ),
171        sizeof( ClientData ) );
172
173     // create record, if record does not previously exist
174     if ( client.getAccountNumber() == 0 )
175     {
176        string lastName;
177        string firstName;
178        double balance;
179
180        // user enters last name, first name and balance
181        cout << "Enter lastname, firstname, balance\n? ";
182        cin >> setw( 15 ) >> lastName;
183        cin >> setw( 10 ) >> firstName;
184        cin >> balance;
185
186        // use values to populate account values
187        client.setLastName( lastName );
188        client.setFirstName( firstName );
189        client.setBalance( balance );
190        client.setAccountNumber( accountNumber );
191
192        // move file-position pointer to correct record in file
193        insertInFile.seekp( ( accountNumber - 1 ) * sizeof( ClientData ) );
```

图 14.14(续) 银行账户程序

```
194
195        // insert record in file
196        insertInFile.write( reinterpret_cast< const char * >( &client ),
197           sizeof( ClientData ) );
198     } // end if
199     else // display error if account already exists
200        cerr << "Account #" << accountNumber
201           << " already contains information." << endl;
202  } // end function newRecord
203
204  // delete an existing record
205  void deleteRecord( fstream &deleteFromFile )
206  {
207     // obtain number of account to delete
208     int accountNumber = getAccount( "Enter account to delete" );
209
210     // move file-position pointer to correct record in file
211     deleteFromFile.seekg( ( accountNumber - 1 ) * sizeof( ClientData ) );
212
213     // read record from file
214     ClientData client;
215     deleteFromFile.read( reinterpret_cast< char * >( &client ),
216        sizeof( ClientData ) );
217
218     // delete record, if record exists in file
219     if ( client.getAccountNumber() != 0 )
220     {
221        ClientData blankClient; // create blank record
222
223        // move file-position pointer to correct record in file
224        deleteFromFile.seekp( ( accountNumber - 1 ) *
225           sizeof( ClientData ) );
226
227        // replace existing record with blank record
228        deleteFromFile.write(
229           reinterpret_cast< const char * >( &blankClient ),
230           sizeof( ClientData ) );
231
232        cout << "Account #" << accountNumber << " deleted.\n";
233     } // end if
234     else // display error if record does not exist
235        cerr << "Account #" << accountNumber << " is empty.\n";
236  } // end deleteRecord
237
238  // display single record
239  void outputLine( ostream &output, const ClientData &record )
240  {
241     output << left << setw( 10 ) << record.getAccountNumber()
242        << setw( 16 ) << record.getLastName()
243        << setw( 11 ) << record.getFirstName()
244        << setw( 10 ) << setprecision( 2 ) << right << fixed
245        << showpoint << record.getBalance() << endl;
246  } // end function outputLine
247
248  // obtain account-number value from user
249  int getAccount( const char * const prompt )
250  {
251     int accountNumber;
252
253     // obtain account-number value
254     do
255     {
256        cout << prompt << " (1 - 100): ";
257        cin >> accountNumber;
258     } while ( accountNumber < 1 || accountNumber > 100 );
259
260     return accountNumber;
261  } // end function getAccount
```

图 14.14(续)　银行账户程序

　　这个程序有 5 个选项(选项 5 是终止程序)。选项 1 调用函数 createTextFile 将格式化的账户信息列表存入将来可能打印出来的文本文件 print.txt。函数 createTextFile(第 80~116 行)将 fstream 对象作为它的一个参数, 用来从 credit. dat 文件输入数据。函数 createTextFile 调用 istream 的成员函数 read(第 102 ~ 103
行), 并用图 14.13 中的顺序文件存取技术来从 credit. dat 中输入数据。在 14.9 节讨论的函数 outputLine
用于将数据输出到文件 print. txt。注意, createTextFile 使用 istream 的成员函数 seekg(第 98 行)来保证文
件定位指针在文件的开始位置。选择选项 1 之后, print. txt 文件中包含下列信息:

```
Account    Last Name      First Name     Balance
29         Brown          Nancy          -24.54
33         Dunn           Stacey         314.33
37         Barker         Doug             0.00
88         Smith          Dave           258.34
96         Stone          Sam             34.98
```

选项 2 调用 updateRecord(第 119 ~ 157 行)来更新账户。这个函数只能更新已存在的记录, 所以这个
函数首先判断指定的记录是否为空。第 129 ~ 130 行使用 istream 的成员函数 read 将数据读入对象 client。
接着, 第 133 行将 getAccountNumber 函数返回的 client 结构的值与 0 进行比较, 以判断记录是否包含信
息。如果这个值是 0, 第 155 ~ 156 行就会打印出一条出错信息, 指示这条记录为空。如果记录包含信息,
第 135 行就会调用函数 outputLine 来显示这条记录, 第 140 行输入事务量, 第 143 ~ 152 行计算新的余额
并且将记录重写到文件。选项 2 的输出通常为:

```
Enter account to update (1 - 100): 37
37         Barker         Doug             0.00

Enter charge (+) or payment (-): +87.99
37         Barker         Doug            87.99
```

选项 3 调用函数 newRecord(第 160 ~ 202 行)来向文件添加一个新的账户。如果用户输入的是一个
已存在的账号, newRecord 就会显示一条出错信息指示已存在该账户(第 200 ~ 201 行)。这个函数已用
图 14.12 的相同方式来加入新的账户。选项 3 的输出通常为:

```
Enter new account number (1 - 100): 22
Enter lastname, firstname, balance
? Johnston Sarah 247.45
```

选项 4 调用函数 deleteRecord(第 205 ~ 236 行)来从文件删除一条记录。第 208 行提示用户输入账号。
只有存在的记录可以删除。因此, 如果指定的账户为空, 第 235 行就会显示一条出错信息。如果账户存
在, 第 221 ~ 230 行通过向文件复制一个空记录(blankClient)来重新初始化账户。第 232 行显示一条信息
来告诉用户记录已被删除。选项 4 的输出通常为:

```
Enter account to delete (1 - 100): 29
Account #29 deleted.
```

## 14.11　对象序列化

本章和第 13 章介绍了 C++ 面向对象风格的输入/输出(I/O)。然而, 我们的例子更多地集中在传统
数据类型的 I/O, 而不是用户定义类型的对象。第 10 章中已经展示了如何使用运算符重载来输入和输出
对象。通过重载流提取运算符 >> , 可以为适当的 istream 完成对象的输入; 通过重载流插入运算符 << ,
可以为适当的 ostream 完成对象的输出。在这两种情况下, 只有一个对象的数据成员输入或者输出。而
且, 在每种情况下, 它们的格式只对某种特定的数据类型的对象有意义。对象的成员函数并不和对象数
据一起输入和输出。更恰当地说, 一个类的成员函数的副本在类的内部仍然是有效的, 也可以被这个类
的其他对象所共享。

当对象的数据成员被输出到磁盘文件时, 就丢失了这个对象的类型信息。在磁盘上只是存储字节数

据,而不是类型信息。如果程序读取这些数据并知道这些数据所对应的对象类型,就像我们在随机存取文件例子中所示那样,程序就会将数据读取到这个类型的对象中。

将不同类型的对象存储到相同的文件时,就会产生一个有趣的问题:将它们读取到程序时,如何区别它们(或者是它们的数据成员集合)?问题在于对象一般没有类型域(第 12 章仔细地研究过这个问题)。

一些编程语言使用的方法是对象序列化。所谓序列化的对象,是指由一个字节序列表示的对象,这个序列不仅包含这个对象的数据,它也包含有关对象类型和对象中存储的数据的类型信息。当序列化的对象被写入文件中后,它可以从文件中读出并反序列化,即类型信息(代表这个对象的字节和它的数据)可以被用来在内存中重新创建这个对象。C++ 并不提供内置的序列化机制,但是有第三方的开源的 C++ 库提供此机制。开源库 Boost C++ 库(www. boost. org)提供可以将对象序列化为文本、二进制和可扩展标记语言(XML)格式的功能(www. boost. org/libs/serialization/doc/index. html)。

## 14.12　本章小结

本章演示了各种文件处理技术来处理永久的数据。读者可以了解到基于字符和基于字节的流之间的区别,以及一些在头文件 < fstream > 中的文件处理类模板。然后,讲解了如何利用顺序文件处理以关键字顺序存储的记录,以及如何使用随机存储文件来即时地取回和操作定长记录。最后,演示了一个事务处理案例,通过随机存储文件来实现"即时"的存取操作。我们在第 7 章介绍了 STL 中的 array 和 vector 类。下一章将讨论 STL 其他预定义的数据结构(容器),以及用来操作容器元素的迭代器基础知识。

## 摘要

### 14.1 节　简介
- 文件用于数据的持久化——永久地保存数据。
- 计算机将文件存储在辅助存储设备上,比如硬盘、CD、DVD、闪存和磁带。

### 14.2 节　文件和流
- C++ 将每个文件看成是字节序列流。
- 每个文件都以一个文件结束符或是以存储在系统维护、管理的数据结构中的特定字节数作为结束。
- 当打开一个文件时,就会创建一个对象,然后会有一个关联到此对象的流。
- 在 C++ 中进行文件处理时,必须包含头文件 < iostream > 和 < fstream >。
- 头文件 < fstream > 包含了多种流类模板的定义:basic_ifstream(文件输入)、basic_ofstream(文件输出)和 basic_fstream(文件输入和输出)。
- 每个类模板都有一个预定义的模板特化允许字符输入和输出。另外,fstream 类库提供了一组 ty-pedef 的集合,提供了模板特化的别名。typedef ifstream 是一个对 basic_ifstream 的特化,允许从文件输入字符。typedef ofstream 是一个对 basic_ofstream 的特化,允许从文件输出字符。typedef fstream 是一个对 basic_fstream 的特化,允许字符从文件输入和向文件输出。
- 文件处理模板分别从类模板 basic_istream、basic_ostream 和 basic_iostream 派生而来。因此,所有属于这些模板的成员函数、运算符、流操纵符都可以应用在文件流上。

### 14.3 节　创建顺序文件
- C++ 没有对文件引入结构,你必须自己定义文件结构以满足应用程序的需求。
- 要打开一个文件用来输出,必须创建一个 ofstream 对象。这个对象的构造函数有两个参数——文件名和文件打开模式。
- 对于一个 ofstream 对象,文件打开模式可以是用 ios::out 将数据输出到一个文件,或是用 ios::app 将数据附加到文件的结尾。使用模式 ios::out 打开已存在的文件时,文件会被截顶(truncated),即所有存在于文件中的数据都将被丢弃。如果这个特定的文件并不存在，则 ofstream 会利用这个文件名新建一个文件。

- ofstream 对象默认为输出打开。
- ofstream 对象创建时可以不指定要打开的文件，可以在后面通过使用成员函数 open 将要打开的文件附加到这个对象上。
- ios 运算符成员函数 operator! 用来判定打开操作是否成功。如果在打开操作中，failbit 或者 badbit 位中的任何一个被设置了，则该条件返回 true。
- ios 运算符成员函数 operator void * 将流转换为指针，因此它可以与 0 进行比较。当把一个指针值用作判定条件时，C++ 将一个空指针转换为 bool 值 false，将一个非空指针转换为 true。如果一个流的 failbit 或者 badbit 位被设置，则返回 0(false)。
- 当遇到文件结束符时，cin 的 failbit 位被设置。
- 运算符 void * 函数可以用来测试一个输入对象的文件结束，而不必在输入对象上显式地调用 eof 成员函数。
- 当调用流对象的析构函数时，相应的流就会被关闭。也可以通过在语句中运用成员函数 close 来显式地关闭 ofstream 对象。

## 14.4 节　从顺序文件读取数据

- 文件存储数据使我们可以在有需要的时候取回数据以便处理。
- 创建一个 ifstream 对象打开一个文件进行输入。ifstream 的构造函数将接收到的文件名和文件打开模式作为参数。
- 如果文件的内容不应该被修改，则应该用输入模式打开文件。
- ifstream 类对象的默认打开为输入模式。
- 创建 ifstream 对象时也可以不打开特定的文件，因为文件可以在之后与它关联。
- 为了顺序地从文件中取得数据，程序一般从文件起始位置开始连续地读取所有数据，直到找到所需要的数据为止。
- istream 和 ostream 都提供了成员函数来重定位文件定位指针。在 istream 中，这个成员函数为 seekg("seek get")；在 ostream 中，这个成员函数为 seekp("seek put")。每个 istream 对象都有一个"get"(读取)指针来指出文件中下一个输入的字节号，每个 ostream 对象都有一个"put"(写入)指针来指出文件中下一个输出的字节号。
- 传递给 seekg 的参数通常是一个 long 类型的整数。可以指定第二个参数来说明寻找方向，寻找的方向可以是 ios::beg(默认)，相对于流的开始位置进行定位；或是 ios::cur，相对于当前流的位置进行定位；或是 ios::end，相对于流的结尾进行定位。
- 文件定位指针是一个整数值，这个值说明了文件开始位置到当前位置的字节数(也可以称为文件开始位置的偏移量)。
- 成员函数 tellg 和 tellp 分别用来返回当前的"get"和"put"指针的位置。

## 14.5 节　更新顺序文件

- 写到顺序文件中的格式化的数据是不能被修改的，否则有可能损坏其他的数据的风险。原因就是这些记录的大小有所不同。

## 14.6 节　随机存取文件

- 顺序文件不适合即时存取应用程序，这些应用程序要求必须立即定位某个特定的记录。
- 即时存取可以通过随机存取文件(random-access file)实现。随机存取文件的一条记录可以在不查找其他记录的情况下直接(快速)对其进行访问。
- 实现随机存取文件的最容易的方法可能是要求文件中的所有记录都拥有相同的长度。通过运用相同大小的定长记录，程序只需通过简单的计算（作为记录大小和记录关键字的一个函数），就可以找出任何一条记录到文件开头的精确位置。

- 可以在不破坏文件中其他数据的情况下将数据插入到一个随机存取文件中。
- 之前存入的数据也可以在不重写整个文件的情况下被更新或删除。

## 14.7 节　创建随机存取文件

- ostream 的成员函数 write 从内存中的一个指定位置输出固定数目的字节到指定的流。当流被关联到一个文件时，函数 write 在文件中从"put"文件定位指针指定的位置开始写入数据。
- istream 成员函数 read 将固定数目的字节从一个指定的流输入到内存中指定地址开始的一部分空间。如果流被关联到一个文件，那么函数 read 在文件中从由"get"文件定位指针所指定的位置读取字节数据。
- 函数 write 将第一个参数作为一组字节数据，将内存中的对象看作 const char * 类型的，它是指向一个字节的指针（记住一个 char 占用一个字节）。从那个位置开始，函数 write 输出它的第二个参数所指定数目的字节。istream 函数能用于将读到的字节返回到内存。
- 使用 reinterpret_cast 运算符转换一个指针类型到另一个不相关的指针类型。
- reinterpret_cast 操作是在编译阶段完成的，它不会改变指针所指对象的值。
- 读取非格式化的数据的程序必须在一个与写入数据的程序相兼容的系统中编译和执行，因为不同的系统其数据的内部表达可能是不同的。
- 类 string 的对象没有统一的大小，因为它们的内存是动态分配的以适应不同长度的字符串。

## 14.8 节　向随机存取文件随机写入数据

- 多种文件打开模式可以通过用按位或运算符（|）将单独的打开模式组合起来。
- string 的成员函数 size 可以得到字符串的长度。
- 文件打开模式 ios::binary 表示文件将以二进制模式打开。

## 14.9 节　从随机存取文件顺序读取数据

- istream 成员函数 read 将固定数目的字节从一个指定的流输入到内存中指定地址开始的一部分空间中。
- 一个接受 ostream 作为参数的函数可以接收任何 ostream 对象（比如 cout）或者由类 ostream 派生的任何对象（比如一个 ofstream 对象）作为参数。这意味着同样的函数可以处理如输出到一个标准的输出流及输出到一个文件流的情况，而不用编写单独的处理函数。

## 14.11 节　对象序列化

- 当对象的数据成员被输出到磁盘文件时，就丢失了这个对象的类型信息。在磁盘上只是存储对象属性的值，而没有存储类型信息。如果程序读取这些数据并知道这些数据所对应的对象类型，那么程序就可以将数据读取到那个类型的对象中。
- 一些编程语言支持对象序列化。所谓序列化的对象，是指由一个字节序列表示的对象，这个序列不仅包含这个对象的数据，也包含了有关对象类型和对象中存储的数据的类型信息。一个序列化的对象可以从文件中读出并被反序列化。
- 开源库 Boost C++ 库（www.boost.org）提供可以将对象序列化为文本、二进制和可扩展标记语言（XML）格式的功能（www.boost.org/libs/serialization/doc/index.html）。

# 自测练习题

14.1　填空题。

　　a）文件流 fstream、ifstream 和 ofstream 的成员函数_____可以关闭一个文件。

　　b）istream 的成员函数_____可以从指定的流读取一个字符。

c）文件流 fstream、ifstream 和 ofstream 的成员函数_____可以打开一个文件。

d）在随机存取应用程序中，istream 的成员函数_____通常用来从文件读取数据。

d）istream 和 ostream 的成员函数_____和_____可以分别将输入和输出流的文件定位指针设置到指定位置。

14.2　判断对错。如果错误，请说明理由。

a）成员函数 read 不能用来从输入对象 cin 中读取数据。

b）程序员必须显式地创建对象 cin、cout、cerr 和 clog。

c）程序员必须显式地调用函数 close 来关闭一个与对象 ifstream、ofstream 或 fstream 相关联的文件。

d）如果顺序文件中的文件定位指针指向一个文件开始以外的位置，那么要从文件开始处读取数据，文件必须关闭再重新打开。

e）ostream 的成员函数 write 可以向标准输出流 cout 写入数据。

f）顺序文件中的数据总是更新而不覆盖它相邻的数据。

g）在随机存取文件中不必为了找到指定的记录而查找所有的记录。

h）随机存取文件中的记录长度必须统一。

i）成员函数 seekp 和 seekg 必须关联到文件头开始查找。

14.3　假设下面的语句都是针对同一个程序。

a）编写一条语句，打开文件 oldmast.dat 进行输入，使用一个名为 inOldMaster 的 ifstream 对象。

b）编写一条语句，打开文件 trans.dat 进行输入，使用一个名为 inTransaction 的 ifstream 对象。

c）编写一条语句，打开文件 newmast.dat 进行输出（并且创建），使用 ofstream 对象 outNewMaster。

d）编写一条语句，从文件 oldmast.dat 中读取一条记录。记录包括整数值 accountNumber、字符串 name 和浮点数 currentBalance，用到 ifstream 对象 inOldMaster。

e）编写一条语句，从文件 trans.dat 读取一条记录。记录包括整数值 accountNum 和浮点数 dollarAmount，用到 ifstream 对象 inTransaction。

f）编写一条语句，向文件 newmast.dat 写入一条记录。记录包括整数值 accountNum、字符串 name 和浮点数 currentBalance，用到 ofstream 对象 outNewMaster。

14.4　从下面句子中找出错误并改正。

a）ofstream 的对象 outPayable 所引用的文件 payables.dat 未被打开。

```
outPayable << account << company << amount << endl;
```

b）下面的语句应该从文件 payables.dat 读取一条记录。ifstream 对象 inPayable 关联了这个文件，而 istream 的对象 inReceivable 关联了文件 receivables.dat。

```
inReceivable >> account >> company >> amount;
```

c）文件 tools.dat 应该打开并在不丢弃现有数据的情况下加入数据。

```
ofstream outTools( "tools.dat", ios::out );
```

## 自测练习题答案

14.1　a）close。b）get。c）open。d）read。e）seekg, seekp。

14.2　a）错误。函数 read 可以从 istream 派生出的任何输入流对象来读取数据。

b）错误。这 4 个流是为程序员自动创建的。< iostream > 头文件必须包含在使用这些流的文件中。这个头文件中包括对每个流对象的声明。

c）错误。文件可以在流对象超过了函数范围或者程序执行结束前由 ifstream、ofstream 或 fstream 的析构函数关闭，但是比较好的编程习惯是不需要文件时使用 close 显式关闭。

d）错误。成员函数 seekp 或 seekg 可以将 put 或 get 文件定位指针重新定位到文件头。

e)正确。

f)错误。在大多数情况下,顺序文件的记录的大小并不是相同的。因此,有可能在更新记录的时候导致其他数据被覆盖。

g)正确。

h)错误。随机存取文件中的记录通常是长度一致的。

i)错误。从文件头、文件尾或是从文件的当前位置开始查找都是可以的。

14.3    a) `ifstream inOldMaster( "oldmast.dat", ios::in );`
       b) `ifstream inTransaction( "trans.dat", ios::in );`
       c) `ofstream outNewMaster( "newmast.dat", ios::out );`
       d) `inOldMaster >> accountNumber >> name >> currentBalance;`
       e) `inTransaction >> accountNum >> dollarAmount;`
       f) `outNewMaster << accountNum << " " << name << " " << currentBalance;`

14.4    a)错误:在尝试将数据输出到流之前文件 payables. dat 没有打开。
       改正:使用 ostream 的函数 open,打开 payables. dat 进行输出。
       b)错误:使用 istream 的对象从文件 payables. dat 读取记录是不正确的。
       改正:使用 istream 对象 inPayable 来关联文件 payables. dat。
       c)错误:由于文件打开为输出模式(ios::out),所以文件的内容被删除了。
       改正:要向文件中加入数据,可以将文件打开设为更新模式(ios::ate)或添加模式(ios::app)。

## 练习题

14.5    填空题。
       a)计算机将大量的数据存储到辅助存储设备,如_____。
       b)头文件 <iostream> 中声明的标准流对象为_____、_____、_____和_____。
       c)ostream 的成员函数_____可以向一个特定的流输出字符。
       d)ostream 的成员函数_____一般用来向随机存取文件写入数据。
       e)istream 的成员函数_____可以将文件中的文件定位指针重新定位。

14.6    (**文件匹配**)自测题 14.3 要求读者编写一系列单条语句。实际上,这些语句形成了一个称为文件匹配程序的文件处理程序的核心类型。在商业数据处理中,多个文件在一个应用系统中是非常普遍的。例如,在一个应收账目系统中,就有一个主文件包含每个客户的具体信息,比如客户的姓名、地址、电话号码、余额、信用额度、折扣条件,有可能还有一个最近购买和现金支付的历史记录。

当事务发生的时候(比如,销售成功和现金支付已到),这些事务就将记录到文件中。在每个商业周期的结尾(大多数公司是一个月,有些是一个星期,也有一天的),这些事务(自测题 14.3 中的 trans. dat)将应用到主文件(自测题 14.3 中的 oldmast. dat),以更新每个账户的购买和支付记录信息。在更新的时候主文件被重写为一个新的文件(newmast. dat),新文件将用于下一个商业周期,从而再次进行更新处理。

文件匹配程序必须解决一些在单文件程序中不会出现的问题。比如,匹配不一定总是发生。一个主文件上的客户可能在当前的商业周期中没有购买行为或支付现金行为,那么对于这个客户在事务文件上就不会有任何记录。类似地,一个进行过购买活动或支付过现金的客户可能刚刚搬到这个社区,公司可能还没有给这个客户建立一个主文件的记录。

以自测题 14.3 的语句为基础,编写一个完整的文件匹配的应收账目程序。将每个文件中的账号作为记录关键字进行匹配。假设每个文件都是顺序文件,记录都是以账号递增存储。

当出现一个匹配时(也就是有相同账号的记录同时出现在主文件和事务文件中),就把事务文件中的钱数加到主文件的余额上,并将新记录写入到 newmast. dat 中(假设在事务文件中购买行为为正数,支付行为为负数)。对于一个特定的账户,如果仅有主文件记录而没有相对应的事务记录,那么只要将主文件记录写入到 newmast. dat 中。当有事务记录而没有对应的主文件记录时，就打印出错信息"Unmatched transaction record for account number..."（填入事务记录中的账号信息）。

14.7　（**文件匹配测试数据**）在编写完练习题 14.6 的程序之后，请编写一个简单的程序，创建一些测试数据来检查这个程序。使用下面列出的账户数据：

| 主文件账号 | 姓名 | 余额 | | 事务文件账号 | 事务文件中的钱数 |
| --- | --- | --- | --- | --- | --- |
| 100 | Alan Jones | 348. 17 | | 100 | 27. 14 |
| 300 | Mary Smith | 27. 19 | | 300 | 62. 11 |
| 500 | Sam Sharp | 0. 00 | | 400 | 100. 56 |
| 700 | Suzy Green | – 14. 22 | | 900 | 82. 17 |

14.8　（**文件匹配测试**）运行练习题 14.6 的程序，并采用练习题 14.7 所创建的测试数据文件。打印出新的主文件。检查账户是否已经被正确更新。

14.9　（**增强文件匹配**）一条相同的记录关键字很可能（实际上很普遍）有几条事务记录。这是因为一个特定的客户可能在一个商业周期内购买或支付了多次。重新编写练习题 14.6 中的账目文件匹配程序，使其能够处理使用同一个记录关键字的多条事务记录。修改练习题 14.7 的数据，使其包含下列增加的事务记录：

| 账号 | 美元金额 |
| --- | --- |
| 300 | 83. 89 |
| 700 | 80. 78 |
| 700 | 1. 53 |

14.10　编写一系列的语句来完成下述要求。假设已经定义了类 Person，其中包含 private 数据成员如下：

```
char lastName[ 15 ];
char firstName[ 10 ];
int age;
int id;
```

public 成员函数如下：

```
// accessor functions for id
void setId( int );
int getId() const;

// accessor functions for lastName
void setLastName( const string & );
string getLastName() const;

// accessor functions for firstName
void setFirstName( const string & );
string getFirstName() const;

// accessor functions for age
void setAge( int );
int getAge() const;
```

同样，假设所有的随机存取文件都以适当的方式打开。

a）使用 100 条存储了 lastName = "unassigned"、firstName = ""和 age = "0"的记录，初始化 nameage. dat 文件。

b）输入 10 个包含姓、名、年龄的记录，并写入文件。

c）更新一条已包含信息的记录。如果记录没有包含信息，就告诉用户"No info"。

d）通过重新初始化特定的记录来删除一条包含信息的记录。

14.11　（**硬件清单**）假设你是一个硬件商店的老板，需要一个清单来告诉自己有哪些不同的工具、手头上每种工具有多少个及每个价格是多少。编写一个程序，使用 100 条空记录来初始化随机存取文件 hardware. dat，允许输入每个工具的数据，可以列出所有工具，可以删除一条不再需要的工具的记录并允许更新文件中的任何信息。使用工具识别号作为记录号。利用下面的信息作为文件的开始信息。

| 记录号 | 工具名称 | 数量 | 价格 |
|---|---|---|---|
| 3 | Electric sander | 7 | 57.98 |
| 17 | Hammer | 76 | 11.99 |
| 24 | Jig saw | 21 | 11.00 |
| 39 | Lawn mower | 3 | 79.50 |
| 56 | Power saw | 18 | 99.99 |
| 68 | Screwdriver | 106 | 6.99 |
| 77 | Sledge hammer | 11 | 21.50 |
| 83 | Wrench | 34 | 7.50 |

14.12 (**电话号码数字生成器**)标准电话键盘包含数字 0~9。数字 2~9 的每一个都与 3 个字母相关,如下所示:

| 数字 | 字母 | 数字 | 字母 |
|---|---|---|---|
| 2 | A B C | 6 | M N O |
| 3 | D E F | 7 | P R S |
| 4 | G H I | 8 | T U V |
| 5 | J K L | 9 | W X Y Z |

许多人发现要记住电话号码非常困难,所以他们用数字和字母之间的对应关系来发展出 7 个字母的单词来对应有关的电话号码。例如,一个电话号码为 686-2377 的人,可能通过以上的表格得出一个 7 字母的单词"NUMBERS",以表示这个电话号码。

公司经常希望能够有让他们的客户更容易记住的电话号码。如果一个公司能够为客户提供一个简单易记的单词作为电话号码,那么毫无疑问公司将会接到更多的电话。每个 7 字母的单词对应一个确切的 7 个数字的电话号码。如果饭店希望增加外卖业务,可以将电话号码处理为 825-3688 (也就是"TAKEOUT")。

每个 7 位数字的电话号码可以对应许多不同的 7 个字母的单词。遗憾的是,大多数号码都是不能辨认的字母组合。不管怎么说,一个理发店的老板可能很乐意知道自己店里的电话号码 424-7288 对应于"HAIRCUT";一个兽医会非常开心地发现自己的电话号码 738-2273 对应于单词"PET-CARE"。

编写一个 C++ 程序,给定一个 7 个数字的号码,把所有关于这个号码可能的组合写入文件中。可能有 2187(3 的 7 次方)这样的单词。避免号码中出现 0 和 1。

14.13 (**sizeof 运算符**)编写一个程序,使用 sizeof 运算符来判断计算机系统上各种数据类型的大小,以字节为单位。将结果写入文件 datasize.dat 中,这样就可以在以后打印结果了。结果应该以两列的格式显示,左边一列为类型名称,右边一列为类型的大小,如下所示:

```
char                1
unsigned char       1
short int           2
unsigned short int  2
int                 4
unsigned int        4
long int            4
unsigned long int   4
float               4
double              8
long double         10
```

[注意,读者计算机的内置数据类型大小可能与上面所列的不同。]

## 社会实践题

14.14 **(网络钓鱼扫描器)**网络钓鱼是一种已经确定的盗窃攻击方式,它是通过发送声称来自于一些知名机构的欺骗性垃圾邮件,意图获取收信人的一些敏感信息,比如你的用户名、密码、信用卡号或社会保险号。网络钓鱼邮件自称来自一些著名的银行、信用卡公司或拍卖会、社交网络或在线支付服务,它们看起来跟真的一样。这些欺诈邮件经常会提供到一些伪造网站的链接,而这些网站会要求你输入一些敏感的信息。

查看 McAfee(www. mcafee. com/us/threat_center/anti_phishing/phishing_top10. html)、Security Extra (www. securityextra. com/)、www. snopes. com 和其他网站,找出一份当前最流行的网络钓鱼诈骗列表。并查看反网络钓鱼工作组(www. antiphishing. org/)和美国联邦调查局网络调查部的网站(www. fbi. gov/cyberinvest/cyberhome. htm),在这里可以找到最新的有关网络钓鱼诈骗的信息并学会如何保护自己。

建立一个有 30 个词的列表,它包含你在钓鱼邮件中查到的经常出现的一些短语和公司名称。根据你估计每个词在钓鱼邮件中出现的可能性,为每个词打一个分(比如:1 分表示有点可能,2 分表示很可能,3 分表示非常可能)。然后编写一个程序,它扫描一个文本文件中的这些名词和短语。某个关键词和短语在文件中每出现一次,就把这个词或短语的分数值加到它的总分中。对于找到的每一个词或短语,输出一行信息,它包括这个词或短语,以及它出现的次数和总分。最后显示整个文件的总分。你的程序给你所收到的某些确实是网络钓鱼的电子邮件打了一个很高的分数吗?这个程序为你所收到的某些正常的电子邮件打了一个很高的分数吗?

# 第 15 章　标准库的容器和迭代器

*Journey over all the universe in a map.*

—Miguel de Cervantes

*They are the books，the arts，the academes，That show，contain，and nourish all the world.*

—William Shakespeare

## 学习目标

在本章中将学习：

- 介绍标准库容器、迭代器和算法
- 学习使用序列式容器 vector、list、deque
- 学习使用关联式容器 set、multiset、map 和 multimap
- 学习使用容器适配器 stack、queue 和 priority_queue
- 学习使用迭代器来访问 STL 容器中的元素
- 使用算法 copy 和 ostream_iterators 输出容器内容
- 使用"近容器"bitset 实现找质数算法 Sieve of Eratoshenes

## 提纲

## 15.1　标准模板库(STL)简介

STL 定义了强大的、基于模板的、可复用的组件，实现了许多通用的数据结构及处理这些数据结构的算法。我们从第 6~7 章开始介绍模板，并在本章以及第 16 章和 19 章对模板的使用进行拓展。历史上，本章所展示的这些特征经常被叫作标准模板库或者 STL。[①] 注意，在工业界，本章提到的特性通常归诸 STL，但是在 C++ 标准文档中这些特性没有被用到，因为这些特性简单地被认为是 C++ 标准库的一部分。

**容器、迭代器和算法**

本章将介绍 STL，并且将讨论它的三个关键组件——容器(container，流行的模板数据结构)、迭代器(iterator)和算法(algorithm)。STL 容器是能存放几乎所有类型的数据的数据结构(这其中有一些限制因素)。我们将会看到三类容器——首类容器、适配器和近容器。

**各容器中共同的成员函数**

每个 STL 容器都有相关的成员函数，这些成员函数的一个子集在所有的 STL 容器中都有定义。本书在 STL 容器类 array(在第 7 章介绍)、vector(动态的可变长度的数组，在第 7 章更加深入地介绍)、list(双向链表，15.5.2 节)、deque(双端队列，发音为"deck"，15.5.3 节)的例子中说明大部分这些通用功能。

**迭代器**

STL 迭代器与指针有着类似的属性，它们用于操作 STL 容器的元素。事实上，标准的数组可以作为 STL 容器来操作，只要把标准的指针当作迭代器。我们可以看到使用迭代器操作容器非常方便，而且当与 STL 算法结合使用时有着巨大的表达能力，在一些情况下可以把多行代码减少为一行语句。

**算法**

STL 算法是执行这些通用数据操作的函数模板，例如搜索、排序和比较元素(或整个容器)。STL 中大约实现了 70 个算法，它们之中的大部分使用迭代器来访问容器中的元素。每个算法对于和它一起使用的迭代器类型都有一些最小的要求。我们会发现每个容器都支持特定的迭代器类型，有些具有更强的功能。一个容器所支持的迭代器类型决定了这个容器是否可以用于一个特定的算法。迭代器封装了访问容器元素的机制，这种封装使得许多 STL 算法能够应用于多种容器，而无须注意容器的底层实现细节。只要这个容器的迭代器支持某种算法的最小要求，这个算法就能操作这个容器的元素。这也使得程序员可以创造新的算法来处理多种容器类型的元素。

**自定义模板化数据结构**

在第 19 章将建立我们自己的自定义模板化数据结构，包括链表、队列、堆栈和树。我们小心地通过指针来将对象链接在一起。基于指针的代码是复杂的，丝毫遗漏或者疏忽就可能导致严重的内存访问无效及内存泄漏错误，编译器也不会对此进行提醒。实现其他的数据结构，如 deque、priority_queue、set 和 map，则需要大量额外的工作。除此之外，如果某个工程中的很多程序员在不同的工作上实现相似的容器和算法，那么代码将变得难以修改、维护及调试。STL 的一个优点就是可以复用 STL 容器、迭代器及算法来实现一般的数据表示和操作。

**软件工程知识 15.1**
避免重复劳动，使用可复用的 C++ 标准库组件。

---

[①]　STL 是由 Alexander Stepanov 和 Meng Lee 在 Hewlett-Packard 基于他们对泛型编程的研究而开发的，David Musser 也做出了巨大的贡献。你将会看到，STL 是为了性能和适应性而设计的。

**错误预防技巧 15.1**

对于大多数程序员及大多数应用程序,STL 中封装的模板化的容器已经足够了。使用 STL 可以帮助程序员减少调试的时间。

**性能提示 15.1**

标准库被构想和设计用于提高性能和灵活性。

## 15.2 容器简介

图 15.1 示例了 STL 的容器类型,可以将其分为四类:序列容器(sequence container)、有序关联容器(ordered associative container)、无序关联容器(unordered associative container)和容器适配器(container adapter)。

| 标准库容器类 | 描述 |
| --- | --- |
| **序列容器** | |
| array | 固定大小,直接访问任意元素 |
| deque | 从前部或后部进行快速插入和删除操作,直接访问任意元素 |
| forward_list | 单链表,在任意位置快速插入和删除。C++11 标准新出容器 |
| list | 双向链表,在任意位置进行快速插入和删除操作 |
| vector | 从后部进行快速插入和删除操作,直接访问任意元素 |
| **有序关联容器(键按顺序保存)** | |
| set | 快速查找,无重复元素 |
| multiset | 快速查找,可有重复元素 |
| map | 一对一映射,无重复元素,基于键快速查找 |
| multimap | 一对一映射,可有重复元素,基于键快速查找 |
| **无序关联容器** | |
| unordered_set | 快速查找,无重复元素 |
| unordered_multiset | 快速查找,可有重复元素 |
| unordered_map | 一对一映射,无重复元素,基于键快速查找 |
| unordered_multimap | 一对一映射,可有重复元素,基于键快速查找 |
| **容器适配器** | |
| stack | 后进先出(LIFO) |
| queue | 先进先出(FIFO) |
| priority_queue | 优先级最高的元素先出 |

图 15.1 标准库容器类和容器适配器

**STL 容器总览**

序列容器描述了线性的数据结构(也就是说,其中的元素在概念上“排成一行”),例如数组、向量和链表。关联容器描述非线性的容器,它们通常可以快速锁定其中的元素。这种容器可以存储值的集合或者键-值对。C++11 中,关联容器中的键是不可变的(不能被修改)。序列容器和关联容器一起称为首类容器。栈和队列都是在序列容器的基础上加以约束条件得到的,因此 STL 把 stack 和 queue 作为容器适配器来实现,这样就可以使程序以一种约束方式来处理线性容器。类型 string 支持的功能跟线性容器一样,但是它只能存储字符数据。

**近容器**

除此之外,有一些其他的容器种类被称为“近容器”(near container):C 类型的基于指针的数组(见第

7 章），用于维护标志位的 bitset，以及用于进行高速向量运算的 valarray（这个类对运算进行了优化，也不像首类容器那么复杂）。这些类型称为"近容器"，是因为它们展现出来的功能与首类容器类似，但是不支持所有的首类容器的功能。

### STL 容器的通用函数

所有的 STL 容器提供了相近的功能。很多通用的操作例如成员函数 size，可用于所有的容器，还有很多操作可用于部分容器。图 15.2 显示了所有标准库容器中通用的函数。注意，priority_queue 没有提供重载的运算符 < 、<= 、> 、>= 、== 和 !=；无序关联容器没有提供重载的运算符 < , <= , > 和 >=；forward_list 中没有提供成员函数 rbegin、rend、crbegin 和 crend。在使用一个容器前，应该学习容器提供的功能。

| STL 容器的通用函数 | 描述 |
|---|---|
| 默认构造函数 | 对容器进行默认初始化的构造函数。通常每种容器都有几个构造函数，提供不同的容器初始化方法 |
| 拷贝构造函数 | 将容器初始化为同类型已有容器的副本的构造函数 |
| 转移构造函数 | 转移构造函数（C++ 11 中新提出的内容，将在第 24 章介绍）将一个已经存在容器中的元素转移到同类型的新容器中。转移构造函数避免了复制作为参数传入容器每个元素的开销 |
| 析构函数 | 在容器不再需要时执行清理工作 |
| empty | 容器中没有元素则返回 true，否则返回 false |
| insert | 在容器中插入一个元素 |
| size | 返回当前容器中的元素个数 |
| copy operator = | 把一个容器赋值给另一个 |
| move operator = | 移动赋值运算符（C++ 11 中新提出的内容，将在第 24 章中介绍）将元素从一个容器移动到另一个容器，避免了复制作为参数传入的容器的中的每个元素带来的开销 |
| operator < | 若第一个容器小于第二个容器则返回 true，否则返回 false |
| operator <= | 若第一个容器小于或等于第二个容器则返回 true，否则返回 false |
| operator > | 若第一个容器大于第二个容器则返回 true，否则返回 false |
| operator >= | 若第一个容器大于或等于第二个容器则返回 true，否则返回 false |
| operator == | 若第一个容器等于第二个容器则返回 true，否则返回 |
| false operator != | 若第一个容器不等于第二个容器则返回 true，否则返回 false |
| swap | 交换两个容器中的元素。在 C++ 11 中，有一个新的非成员函数 swap，该函数使用移动操作而不是复制操作来交换它的两个参数中的元素值（参数必须是具有相同类型的容器），只适用首类容器的函数 |
| max_size | 返回一个容器中的最大元素个数 |
| begin | 该函数有两个版本，返回引用容器中第一个元素的 iterator 或 const_iterator |
| end | 该函数有两个版本，返回引用容器末端之后位置的 iterator 或 const_iterator |
| cbegin（C++ 11） | 返回引用容器第一个元素的 const_iterator |
| cend（C++ 11） | 返回引用容器末端之后位置的 const_iterator |
| rbegin | 该函数有两个版本，返回引用容器末端位置的 reverse_iterator 或 const_reverse_iterator |
| rend | 该函数有两个版本，返回引用容器第一个元素之前位置的 reverse_iterator 或 const_reverse_iterator |
| crbegin（C++ 11） | 返回引用容器末端的 const_reverse_iterator |
| crend（C++ 11） | 返回引用容器第一个元素之前位置的 const_reverse_iterator |
| erase | 删除容器中的一个或多个元素 |
| clear | 删除容器中所有元素 |

图 15.2　大多数 STL 容器中共同的成员函数

### 首类容器的通用 typedef

图 15.3 显示了首类容器中通用的 typedef（用于为过长的类型名创建别名）。这些 typedef 在基于模板的变量、函数参数及返回值的声明中使用（将在本章和第 16 章中介绍）。例如，每个容器的 value_type 是

一个总是用于描述存放在容器中的数据类型的 typedef。注意，类 forword_list 并不提供 reverse_iterator 和 const_reverse_iterator 类型。

| typedef | 描述 |
| --- | --- |
| allocator_type | 用来分配容器内存的对象的类型(不包含在类模板 array 中) |
| value_type | 容器中存储元素的类型 |
| reference | 对容器中存储元素的类型的引用 |
| const_reference | 对容器中存储元素的类型的常量引用。这种引用只能用于读取容器中的元素及执行 const 操作 |
| pointer | 指向容器中存储元素的类型的指针 |
| const_pointer | 指向容器元素类型的常量指针，该指针只能用于读取元素和执行 const 操作 |
| iterator | 指向容器中存储元素的类型的迭代器 |
| const_iterator | 指向容器中存储元素的类型的常量迭代器，只能用于读取元素和执行 const 操作 |
| reverse_iterator | 指向容器中存储元素的类型的反向迭代器，用于反向遍历容器 |
| const_reverse_iterator | 指向容器中存储元素的类型的常量反向迭代器，只用于反向读取元素和执行 const 操作。用于反向遍历容器 |
| difference_type | 两个引用相同容器的迭代器之差的类型(对于 list 和关联容器没有定义 operator) |
| size_type | 用于计算容器中的项目数及索引序列容器的类型(list 不能进行索引) |

图 15.3　首类容器中的 typedef

**对容器元素的要求**

在使用 STL 容器之前，首先要确定作为元素的类型可以支持一些功能的最小集合。当把一个元素插入到容器中时，便生成了这个元素的一个副本。因此，这个元素类型应该支持拷贝构造函数及赋值操作(使用自定义还是默认的拷贝构造函数或复值操作取决于类是否使用了动态内存，即只有当默认的成员复制和默认的成员赋值操作不能正确地在这个类型上实现时才需要自定义相关函数和操作)。有序关联容器和很多算法要求元素可以相互比较。因此，这些元素类型应该提供 == 运算符和 < 运算符。在 C++11 中，对象可以被移动到容器中作为元素，所以对象类型需要实现转移构造函数和移动赋值运算符，将在第 24 章中介绍 move 语义。

## 15.3　迭代器简介

迭代器在很多方面与指针类似，也是用于指向首类容器中的元素(还有一些其他用途，后面将会提到)。迭代器存有它们所指的特定容器的状态信息，即迭代器对每种类型的容器都有一个实现。有些迭代器的操作在不同容器间是统一的。例如，* 运算符间接引用一个迭代器，这样就可以使用它所指向的元素。++ 运算符使得迭代器指向容器中的下一个元素(和数组中指针递增后指向数组的下一个元素类似)。

STL 首类容器提供了成员函数 begin 和 end。函数 begin 返回一个指向容器中第一个元素的迭代器，函数 end 返回一个指向容器中最后一个元素的下一个元素(这个元素并不存在，常用于判断是否到达了容器的结束位置)的迭代器。如果迭代器 i 指向一个特定的元素，那么 ++i 指向这个元素的下一个元素。*i 指代的是 i 指向的元素。从函数 end 中返回的迭代器只在相等或不等的比较中使用，来判断这个"移动的迭代器"(在这里指 i)是否到达了容器的末端。

使用一个 iterator 对象来指向一个可以修改的容器元素，使用一个 const_iterator 对象来指向一个不能修改的容器元素。

**使用 istream_iterator 输入，使用 ostream_iterator 输出**

我们以序列(也称为排列)的形式使用迭代器。这些序列可以在容器内，它们也可以是输入序列或输出序列。图 15.4 的程序演示了使用 istream_iterator 从标准输入(用于输入程序的数据序列)输入，使用 ostream_iterator 向标准输出(从程序输出的数据序列)输出。这个程序由用户从键盘输入两个整数，之后显示这两个整数的和。在本章后续部分的介绍中，istream_iterators 和 ostream_iterators 可以与 STL 算法一起使用得到功能强大的语句。例如，可以结合 ostream_iterator 和 copy 算法，仅使用一条简单的语句就可以将一整个容器中的元素输出到标准输出流中。

```cpp
1   // Fig. 15.4: fig15_04.cpp
2   // Demonstrating input and output with iterators.
3   #include <iostream>
4   #include <iterator> // ostream_iterator and istream_iterator
5   using namespace std;
6
7   int main()
8   {
9      cout << "Enter two integers: ";
10
11     // create istream_iterator for reading int values from cin
12     istream_iterator< int > inputInt( cin );
13
14     int number1 = *inputInt; // read int from standard input
15     ++inputInt; // move iterator to next input value
16     int number2 = *inputInt; // read int from standard input
17
18     // create ostream_iterator for writing int values to cout
19     ostream_iterator< int > outputInt( cout );
20
21     cout << "The sum is: ";
22     *outputInt = number1 + number2; // output result to cout
23     cout << endl;
24  } // end main
```

```
Enter two integers: 12 25
The sum is: 37
```

图 15.4　输入和输出流迭代器

### istream_iterator

第 12 行创建了一个 istream_iterator 对象，它可以从标准输入 cin 以类型安全的方式输入 int 型数值。第 14 行间接引用迭代器 inputInt 来读取 cin 中的第一个整数，并且把它赋给 number1。注意，作用在 inputInt 上的间接引用运算符 * 获得了关联到 inputInt 上的流的值，这和间接引用指针类似。第 15 行把迭代器 inputInt 移动到输入流的下一个位置。第 16 行从 inputInt 输入下一个整数并赋给 number2。

### ostream_iterator

第 19 行创建了一个 ostream_iterator 对象，它可以向标准输出对象 cout 以类型安全的方式输出 int 型数值。第 22 行通过把 number1 和 number2 的和赋给 * outputInt 来将这个整数送到 cout 输出。注意，这里的 * 运算符使得 * outputInt 成为赋值语句中的一个左值。如果要用 outputInt 输出另一个数值，它必须使用 ++ 进行递增操作（前缀和后缀的递增都可以，但是前缀在性能上较好，不会创建一个临时对象）。

**错误预防技巧 15.2**
作用在常量迭代器上的 *（间接引用）运算符返回一个指向该容器元素的常量引用，不允许使用非常量的成员函数。

### 迭代器类型和迭代器类型的层次

图 15.5 给出了 STL 中迭代器的类型，每种类型都提供了一些特定的功能。图 15.6 给出了迭代器类型的层次划分。从层次的底部到顶部，每种迭代器都支持图中其下方的迭代器所具有的功能。即最"弱"的迭代器类型位于底部，最"强"的迭代器位于顶部。注意它们之间不是继承的关系。

| 类型 | 描述 |
| --- | --- |
| 随机访问迭代器（random access） | 在双向迭代器基础上增加了直接访问容器中任意元素的功能，即可以向前或向后跳转任意个元素 |
| 双向迭代器（bidirectional） | 在前向迭代器基础上增加了向后移动的功能。支持多遍扫描算法 |
| 前向迭代器（forward） | 综合输入和输出迭代器的功能，并能保持它们在容器中的位置（作为状态信息），可以使用同一个迭代器两次遍历一个容器（称为多遍扫描算法） |

图 15.5　迭代器的类型

| 类型 | 描述 |
|---|---|
| 输出迭代器(output) | 用于将元素写入容器。输出迭代器每次只能向前移动一个元素。输出迭代器只支持一遍扫描算法,不能使用相同的输出迭代器两次遍历一个序列容器 |
| 输入迭代器(input) | 用于从容器读取元素。输入迭代器每次只能向前移动一个元素。输入迭代器只支持一遍扫描算法,不能使用相同的输入迭代器两次遍历一个序列容器 |

图 15.5(续)　迭代器的类型

**容器对迭代器的支持**

　　每种容器所支持的迭代器类型决定了这种容器是否可以在指定的 STL 算法中使用。支持随机访问迭代器的容器可用于所有的 STL 算法(除了那些需要改变容器大小的算法,这样的算法不能在数组和 array 对象中使用)。指向数组的指针可以代替迭代器用于几乎所有的 STL 算法中,包括那些要求随机访问迭代器的算法。图 15.7 显示了每种 STL 容器所支持的迭代器类型。注意,vector、deque、list、set、multiset、map、multimap(首类容器)以及 string 和数组都可以使用迭代器遍历。

图 15.6　迭代器层次图

| 容器 | 支持的迭代器类型 | 容器 | 支持的迭代器类型 |
|---|---|---|---|
| **序列容器(首类容器)** | | **无序的关联容器(首类容器)** | |
| vector | 随机访问迭代器 | unordered_set | 双向迭代器 |
| array | 随机访问迭代器 | unordered_multiset | 双向迭代器 |
| deque | 随机访问迭代器 | unordered_map | 双向迭代器 |
| list | 双向迭代器 | unordered_multimap | 双向迭代器 |
| forward_list | 前向迭代器 | | |
| **有序的关联容器(首类容器)** | | **容器适配器** | |
| set | 双向迭代器 | stack | 不支持迭代器 |
| multiset | 双向迭代器 | queue | 不支持迭代器 |
| map | 双向迭代器 | priority_queue | 不支持迭代器 |
| multimap | 双向迭代器 | | |

图 15.7　每个标准库容器所支持的迭代器类型

**预定义的迭代器 typedef**

　　图 15.8 显示了在 STL 容器的类定义中出现的几种预定义的迭代器 typedef。不是每种 typedef 都出现在每个容器中。我们使用常量版本的迭代器来访问只读容器或不应该被更改的非只读容器,使用反向迭代器以相反的方向访问容器。

| 为迭代器类预先定义的 typedef | ++ 的方向 | 读写能力 |
|---|---|---|
| iterator | 向前 | 读/写 |
| const_iterator | 向前 | 读 |
| reverse_iterator | 向后 | 读/写 |
| const_reverse_iterator | 向后 | 读 |

图 15.8　迭代器 typedef

**错误预防技巧 15.3**

作用在 const_iterator 上的操作返回一个常量引用以避免对容器的修改。在合适的时候优先使用 const_iterator 可以满足最小权限原则。

**迭代器的操作**

　　图 15.9 显示了可作用在每种迭代器上的操作。除了给出的对于所有迭代器都有的运算符,迭代器还

必须提供默认构造函数、拷贝构造函数和拷贝赋值操作符。前向迭代器支持 ++ 和所有的输入和输出迭代器的功能。双向迭代器支持 −− 操作和前向迭代器的功能。随机访问迭代器支持所有在表中给出的操作。另外，对于输入迭代器和输出迭代器，不能在保存迭代器之后再使用保存的值。

| 迭代器操作 | 描述 |
| --- | --- |
| **适用所有迭代器的操作** | |
| ++ p | 前置自增迭代器 |
| p ++ | 后置自增迭代器 |
| p = p1 | 将一个迭代器赋值给另一个迭代器 |
| **输入迭代器** | |
| * p | 间接引用一个迭代器 |
| p − > m | 使用迭代器读取元素 m |
| p == p1 | 比较两个迭代器是否相等 |
| p ! = p1 | 比较两个迭代器是否不相等 |
| **输出迭代器** | |
| * p | 间接引用一个迭代器 |
| p = p1 | 把一个迭代器赋值给另一个 |
| 前向迭代器 | 前向迭代器提供了输入和输出迭代器所有的功能 |
| **双向迭代器** | |
| − − p | 前置自减迭代器 |
| p − − | 后置自减迭代器 |
| **随机访问迭代器** | |
| p + = i | 迭代器 p 前进 i 个位置 |
| p − = i | 迭代器 p 后退 i 个位置 |
| p + i 或 i + p | 在迭代器 p 的位置上前进 i 个位置 |
| p − i | 在迭代器 p 的位置上后退 i 个位置 |
| p − p1 | 表达式的值是一个整数，它代表同一个容器中两个元素间的距离 |
| p [ i ] | 返回与迭代器 p 的位置相距 i 的元素 |
| p < p1 | 若迭代器 p 小于 p1（即容器中 p 在 p1 前）则返回 true，否则返回 false |
| p <= p1 | 若迭代器 p 小于或等于 p1（即容器中 p 在 p1 前或位置相同）则返回 true，否则返回 false |
| p > p1 | 若迭代器 p 大于 p1（即容器中 p 在 p1 后）则返回 true，否则返回 false |
| p >= p1 | 若迭代器 p 大于或等于 p1（即容器中 p 在 p1 后或位置相同）则返回 true，否则返回 false |

图 15.9　各类迭代器所支持的操作

## 15.4　算法简介

STL 提供了可以用于多种容器的算法，其中很多算法都是常用的。插入、删除、搜索、排序及其他一些对部分或全部序列容器和关联容器适用的算法。

STL 包含了大约 70 个标准算法，表格中提供了这些算法的实例及概述。作用在容器元素上的算法只是间接地通过迭代器来实现。很多作用在序列元素上的算法通过一对迭代器定义：第一个迭代器指向这列元素的第一个，第二个迭代器指向最后一个元素之后的位置。另外，还可以使用相似的方法创建自己的算法，这样它们就能和 STL 容器及迭代器一起使用了。本章中，我们将在许多例子中使用 copy 算法将容器中存储的内容复制到标准输出。我们将在第 16 章讨论很多标准库算法。

## 15.5　序列容器

C++ 标准模板库提供了五种序列容器——array、vector、deque、list 和 forward_list。array、vector 和 deque 的类模板都是基于数组的。list 和 forward_list 的类模板实现了一个链表数据结构，该数据结构将在第 19 章中介绍。我们已经介绍并且使用了类模板 array，故在此不再赘述。

**性能与选择合适的容器**

图 15.2 显示了所有 STL 容器通用的操作。除了这些操作，每种容器还特别提供了另一些功能。这些功能中有不少适用于多种容器，但在效率上不同容器之间并不完全相同。程序员必须选择那些对应用程序合适的容器。

**软件工程知识 15.2**
人们更倾向于重用标准库容器，而不是使用自定义的模板化数据结构。对新手来说，vector 可以满足大多数应用的需求。

**性能提示 15.2**
在 vector 的尾部进行插入操作是高效的。vector 只是简单地变长来适应新加入的元素。但是在 vector 的中间插入或删除元素是低效的，即在插入或删除的位置之后的整个部分都需要移动，因为 vector 的元素在内存中占用的是连续空间，和 C/C++ 的原生数组一样。

**性能提示 15.3**
需要经常在容器两端进行插入和删除操作的应用程序通常使用 deque 而不是 vector。尽管可以在 vector 和 deque 的前后两端插入和删除元素，但是 deque 类在前端进行插入删除操作时比 vector 的效率高。

**性能提示 15.4**
需要经常在容器的中部或者两端进行插入删除操作的应用程序通常使用 list，因为它可以高效地在数据结构的任意位置执行插入和删除操作。

### 15.5.1　序列容器 vector

vector 类模板(在 7.10 节中介绍)提供了一种占用连续内存地址的数据结构。这使得它可以高效、直接地通过下标运算符[ ]访问 vector 中的任一元素，和 C/C++ 中的原生数组完全相同。与 array 类模板类似，通常在容器中的数据需要排序或需要易于通过下标进行访问或当数据数量增加时，使用 vector 类模板。当一个 vector 的内存空间耗尽时，它会分配一个更大的连续空间(数组)，把原先的数据复制(或移动；第 24 章)到新的空间(数组)，并把原空间(数组)释放。

**性能提示 15.5**
在需要执行随机存储时最好使用 vector 容器。

**性能提示 15.6**
vector 类模板的对象通过重载下标运算符[ ]提供快速的索引访问，因为和 C/C++ 原生数组一样，数据存储在连续的内存空间中。

**使用 vector 和迭代器**

图 15.10 举例说明了类模板 vector 的几个函数，这些函数的大部分都存在于首类容器中。使用类模板 vector 必须包含头文件＜vector＞。

```cpp
 1  // Fig. 15.10: Fig15_10.cpp
 2  // Standard Library vector class template.
 3  #include <iostream>
 4  #include <vector> // vector class-template definition
 5  using namespace std;
 6
 7  // prototype for function template printVector
 8  template < typename T > void printVector( const vector< T > &integers2 );
 9
10  int main()
11  {
12     const size_t SIZE = 6; // define array size
13     int values[ SIZE ] = { 1, 2, 3, 4, 5, 6 }; // initialize values
14     vector< int > integers; // create vector of ints
15
16     cout << "The initial size of integers is: " << integers.size()
17        << "\nThe initial capacity of integers is: " << integers.capacity();
18
19     // function push_back is in vector, deque and list
20     integers.push_back( 2 );
21     integers.push_back( 3 );
22     integers.push_back( 4 );
23
24     cout << "\nThe size of integers is: " << integers.size()
25        << "\nThe capacity of integers is: " << integers.capacity();
26     cout << "\n\nOutput built-in array using pointer notation: ";
27
28     // display array using pointer notation
29     for ( const int *ptr = begin( values ); ptr != end( values ); ++ptr )
30        cout << *ptr << ' ';
31
32     cout << "\nOutput vector using iterator notation: ";
33     printVector( integers );
34     cout << "\nReversed contents of vector integers: ";
35
36     // display vector in reverse order using const_reverse_iterator
37     for ( auto reverseIterator = integers.crbegin();
38        reverseIterator!= integers.crend(); ++reverseIterator )
39        cout << *reverseIterator << ' ';
40
41     cout << endl;
42  } // end main
43
44  // function template for outputting vector elements
45  template < typename T > void printVector( const vector< T > &integers2 )
46  {
47     // display vector elements using const_iterator
48     for ( auto constIterator = integers2.cbegin();
49        constIterator != integers2.cend(); ++constIterator )
50        cout << *constIterator << ' ';
51  } // end function printVector
```

```
The initial size of integers is: 0
The initial capacity of integers is: 0
The size of integers is: 3
The capacity of integers is: 4

Output built-in array using pointer notation: 1 2 3 4 5 6
Output vector using iterator notation: 2 3 4
Reversed contents of vector integers: 4 3 2
```

图 15.10　标准库类模板 vector

### 创建一个 vector

第 14 行定义了一个 vector 类模板的 intergers 实例来保存 int 型的值。当创建这个对象时，它是一个空 vector，大小是 0（存储在 vector 中的元素数），容量是 0（不需要再分配空间就可以存储 vector 中的元素数）。

### vector 的成员函数 size 和 capacity

第 16 ~ 17 行演示了 size 和 capacity 函数，这个例子中最初的返回值都是 0。函数 size（对除了 forward_ list 的其他容器都可用)返回了当前容器中所存储的元素数，函数 capacity(在 vector 和 deque 中可用)返回了 vector 在为容纳更多元素调整空间前可以存储的元素数。

### vector 的成员函数 push_back

第 20 ～ 22 行使用了函数 push_back(除了 array 和 forward_list 的其他序列容器可用)在 vector 的末端插入元素，如果在一个已满的 vector 中插入元素，这个 vector 就会增加它的容量，某些 STL 实现使得它的容量加倍。除了 array 和 vector 之外的序列容器还提供 push_front 函数。

**性能提示 15.7**
当需要更多空间时，在原大小上加倍可能会比较浪费。例如，一个已满的有 1 000 000 个元素的 vector，在插入一个元素后大小调整为 2 000 000，其中 999 999 个元素的位置是不使用的。程序员可以使用 resize 函数来更好地控制空间的使用。

### 在修改 vector 后更新的 size 和 capacity

第 24 ～ 25 行使用 size 和 capacity 函数显示 vector 在进行了三次 push_back 操作后的大小与容量。size 函数返回 3，即插入到 vector 中的元素数。capacity 函数返回 4，表明在 vector 重新分配空间前还可以添加 1 个元素。当添加第一个元素时，vector 分配了 1 个元素的空间，大小变成 1 表明 vector 只有 1 个元素。当添加第二个元素时，容量加倍变成 2，大小也变成 2。当添加第三个元素时，容量加倍变成 4。所以事实上在 vector 再次分配空间前还可以添加 1 个元素。当 vector 最终填满了容量且程序再次向它添加 1 个元素时，vector 会将它的容量加倍变成 8。

### vector 的增长

vector 在调整大小以容纳更多元素(一个极耗时的操作)时所采取的方式没有在 C++ 标准文档中指定。C++ 库的实现者使用了多种巧妙的方法来最小化调整 vector 大小的开销。因此，这段程序的输出是不定的，依赖于编译器使用的 vector 版本。一些库实现者最初就分配一个大的空间，如果 vector 只存储少量的元素，那么这样的容量会浪费不少空间，但是如果某个程序在 vector 中添加很多元素时就可以不用重新分配空间，从而极大地提高了效率。这是一个经典的时空权衡的例子。库的实现者必须在不同的 vector 操作中对内存的占用和时间的消耗上找到一个平衡点。

### 使用指针输出数组

第 29 ～ 30 行演示了如何使用指针和指针算法来输出一个数组的内容。数组中的指针可以视为迭代器。在 8.5 节中，C++11 中头文件 < iterator > 中的函数 begin 和 end 将数组作为参数。函数 begin 返回指向数组第一个元素的迭代器，函数 end 返回指向数组末端后一位的迭代器。函数 begin 和 end 也可以将容器作为参数输入。注意到在循环继续条件判断语句中使用了!= 运算符。当使用指针来进行内置数组的迭代遍历时，在循环继续条件判断语句中检测指针是否已经到达数组的末端是一种通用的做法(使用!= 运算符)。在标准库算法中普遍使用这种方法。

### 使用迭代器输出 vector 的内容

第 33 行调用函数 printVector(定义在第 45 ～ 51 行)使用迭代器来输出一个 vector 的内容。函数模板 printVector 接收一个 vector(integers2)的常量引用作为参数。第 48 ～ 50 行的 for 语句使用 vector 成员函数 cbegin(C++11 中新内容)初始化控制变量 constIterator，该函数返回 const_iterator 指向容器的第一个元素。使用关键词 auto 推断控制变量的类型(vector < int > ::const_iterator)。在 C++11 之前，需要使用重载的成员函数 begin 来获得 const_iterator(当使用常量容器调用时，begin 返回 const_iterator。另一个版本的 begin 函数返回的 iterator 用于非常量容器)。

只要 constInterator 没有到达 vector 的末端，循环就一直保持。是否到达 vector 末端通过比较 constIterator 和调用 vector 成员函数 cend(C++11 新内容)的返回值(返回值为指向 vector 最后一个元素之后的 const_iterator)，如果 cend 返回值和 constIterator 相等，说明达到 vector 末端。在 C++11 之前，需要重载成员函数 end 来获得 const_iterator。函数 cbegin、begin、cend 和 end 存在于所有首类容器中。

循环体中通过迭代器 constIterator 来取得 vector 中当前元素的值。记住迭代器的表现类似一个指向元素的指针，而运算符 * 被重载，以返回那个元素的引用。表达式 ++ constIterator(第 49 行)把迭代器移动到 vector 中的下一个元素。注意到第 48 ~ 50 行可以被如下基于范围的 for 语句替代:

```
for ( auto const &item : integers2 )
    cout << item << ' ';
```

 **常见的编程错误 15.1**

试图取一个指向容器外的迭代器的值会发生运行时逻辑错误。特别地，被 end 函数返回的迭代器不应该被引用或自增。

### 使用 const_reverse_iterator 反向遍历 vector

第 37 ~ 39 行使用 for 语句(与 printVector 函数中的 for 语句类似)来反向地迭代遍历 vector。C++ 11 新增 vector 成员函数 crbegin 和 crend，这两个函数返回 const_reverse_iterator，分别代表迭代遍历容器时的开始和结束位置。大多数的首类容器支持这种类型的迭代器。在 C++ 11 之前，需要重载成员函数 rbegin 和 rend 来获得 const_reverse_iterator 或 reverse_iterator，获得哪个 iterator 取决于容器是否为常量容器。

### C++ 11: shrink_to_fit

在 C++ 11 中，可以使用函数 shrink_to_fit 让 vector 或 deque 将额外的内存返回给系统。即要求容器将容量调整到与元素个数相同。根据 C++ 标准，具体的实现可以无视这个要求，进而根据具体的实现进行优化。

### vector 的元素操作函数

图 15.11 举例说明了用于取出以及操作 vector 中元素的函数。第 16 行使用了一个重载的 vector 构造函数，它用两个迭代器作为参数来初始化 integers 变量。记住，指向数组的指针可以作为迭代器使用。第 16 行使用 array 对象 values 的开头位置(values. cbegin( ))一直到(但不包括)values. cend( )(指向 values 中最后一个元素之后的位置)位置的内容来初始化 integers 变量。在 C++ 11 中，可以使用初始化列表来初始化 vector，如

```
vector< int > integers{ 1, 2, 3, 4, 5, 6 };
```

或

```
vector< int > integers = { 1, 2, 3, 4, 5, 6 };
```

但是，这些方式并没有被所有的编译器很好地支持。所以本章的例子中常使用像第 16 行中的语句，使用 array 的内容来初始化其他容器。

```
 1   // Fig. 15.11: fig15_11.cpp
 2   // Testing Standard Library vector class template
 3   // element-manipulation functions.
 4   #include <iostream>
 5   #include <array> // array class-template definition
 6   #include <vector> // vector class-template definition
 7   #include <algorithm> // copy algorithm
 8   #include <iterator> // ostream_iterator iterator
 9   #include <stdexcept> // out_of_range exception
10   using namespace std;
11
12   int main()
13   {
14       const size_t SIZE = 6;
15       array< int, SIZE > values = { 1, 2, 3, 4, 5, 6 };
16       vector< int > integers( values.cbegin(), values.cend() );
17       ostream_iterator< int > output( cout, " " );
18
19       cout << "Vector integers contains: ";
20       copy( integers.cbegin(), integers.cend(), output );
```

图 15.11　vector 类模板元素操作函数

```
21
22      cout << "\nFirst element of integers: " << integers.front()
23         << "\nLast element of integers: " << integers.back();
24
25      integers[ 0 ] = 7; // set first element to 7
26      integers.at( 2 ) = 10; // set element at position 2 to 10
27
28      // insert 22 as 2nd element
29      integers.insert( integers.cbegin() + 1, 22 );
30
31      cout << "\n\nContents of vector integers after changes: ";
32      copy( integers.cbegin(), integers.cend(), output );
33
34      // access out-of-range element
35      try
36      {
37         integers.at( 100 ) = 777;
38      } // end try
39      catch ( out_of_range &outOfRange ) // out_of_range exception
40      {
41         cout << "\n\nException: " << outOfRange.what();
42      } // end catch
43
44      // erase first element
45      integers.erase( integers.cbegin() );
46      cout << "\n\nVector integers after erasing first element: ";
47      copy( integers.cbegin(), integers.cend(), output );
48
49      // erase remaining elements
50      integers.erase( integers.cbegin(), integers.cend() );
51      cout << "\nAfter erasing all elements, vector integers "
52         << ( integers.empty() ? "is" : "is not" ) << " empty";
53
54      // insert elements from the array values
55      integers.insert( integers.cbegin(), values.cbegin(), values.cend() );
56      cout << "\n\nContents of vector integers before clear: ";
57      copy( integers.cbegin(), integers.cend(), output );
58
59      // empty integers; clear calls erase to empty a collection
60      integers.clear();
61      cout << "\nAfter clear, vector integers "
62         << ( integers.empty() ? "is" : "is not" ) << " empty" << endl;
63   } // end main
```

```
Vector integers contains: 1 2 3 4 5 6
First element of integers: 1
Last element of integers: 6

Contents of vector integers after changes: 7 22 2 10 4 5 6

Exception: invalid vector<T> subscript

Vector integers after erasing first element: 22 2 10 4 5 6
After erasing all elements, vector integers is empty

Contents of vector integers before clear: 1 2 3 4 5 6
After clear, vector integers is empty
```

图 15.11(续)  vector 类模板元素操作函数

### ostream_iterator

第 17 行定义了一个称为 output 的 ostream_iterator,用于通过 cout 输出由一个空格分隔开的一些整数。ostream_ iterator < int > 是一个类型安全的输出机制,它只输出 int 类型或者相容类型的值。它的构造函数的第一个参数指定了输出流;第二个参数是一个字符串,指定了输出值之间的分隔符——在这个例子中的字符串是一个空格。本例中使用 ostream_iterator(定义在 < iterator > 中)来输出 vector 中的内容。

### copy 算法

第 20 行使用了标准库中的算法 copy(在头文件 < algorithm > 中定义)把 vector integers 中的全部内容送到标准输出。算法 copy 复制了容器中从第一个迭代器参数指定的元素一直到(但不包括)第二个迭代器参数指定的元素之间的所有元素。第一个和第二个迭代器必须符合输入迭代器要求，必须是通过它们可以从容器中读取数据的迭代器。并且它们必须代表一个元素范围，也就是在第一个迭代器上使用 ++ 操作最终能使它到达第二个迭代器参数。这些元素被复制到由输出迭代器（通过这个迭代器可以存储或输出一个值）指定的位置，它是 copy 算法中的第三个参数。在本例中输出迭代器是一个附在 cout 上的 ostream_iterator( output)，所以元素都被复制到标准输出。

### vector 成员函数 front 和 back

第 22 ~ 23 行使用函数 front 和 back( 适用于大部分序列容器) 分别确定 vector 中的第一个和最后一个元素。注意函数 front 和 begin 之间的差别。函数 front 返回 vector 中第一个元素的引用，而函数 begin 返回一个指向第一个元素的随机访问迭代器。函数 back 和 end 也是类似的。back 返回 vector 中最后一个元素的引用，而函数 end 返回一个指向 vector 末尾的随机访问迭代器( 最后一个元素后面的位置)。

**常见的编程错误 15.2**

vector 必须是非空的，否则 front 和 back 的结果是未定义的。

### 访问 vector 元素

第 25 ~ 26 行演示了访问 vector 元素的两种方法( deque 也适用)。第 25 行使用重载的下标运算符，返回指定位置元素的一个引用或常量值的引用，这取决于容器是否为常量。函数 at( 第 26 行) 执行相同的操作，不过有边界检查。函数 at 首先检查参数提供的值是否在 vector 的范围内。若不是，at 会抛出 out_of_range 异常，它定义在头文件 < stdexcept > 中( 第 35 ~ 42 行)。图 15.12 列举了一些 STL 异常类型( 标准库异常类型将在第 17 章中讨论)。

| STL 异常类型 | 描述 |
| --- | --- |
| out_of_range | 表示下标超出范围。例如，给 vector 成员函数 at 指定一个无效的下标 |
| invalid_argument | 表示传递给函数的参数无效 |
| length_error | 表示试图创建过长的容器、字符串等 |
| bad_alloc | 表示试图使用 new( 或分配器) 分配内存时，因可用的内存不够而导致操作失败 |

图 15.12　< stdexcept > 中的一些 STL 异常类型

### vector 的 insert 成员函数

第 29 行使用了大多数序列容器( 除了固定大小的 array 和用 insert_after 替代 insert 的 forward_list) 支持的、多个重载的 insert 函数中的一个。第 29 行把 22 插入到第一个迭代器参数指定的位置之前。本例中，这个迭代器指向 vector 中的第二个元素，所以将 22 插入到原来第二个元素的位置，原来的第二个元素变成第三个。其他版本的 insert 函数可以在容器的某一位置插入一个元素的多个副本，或者在容器的某一位置开始插入另一个容器( 或数组) 中的一组值。在 C++ 11 中的成员函数 insert 返回一个指向插入项在容器中位置的迭代器。

### vector 的成员函数 erase

第 45 行和第 50 行使用的两个 erase 函数可用于所有的首类容器( 除了有固定大小的 array 和用 erase_after 代替 erase 的 forward_list)。第 45 行将迭代器参数指向位置的元素( 本例中是 vector 的第一个元素) 从容器中删除。在第 50 行，第一个迭代器参数到第二个迭代器参数( 不包括) 之间的所有元素将被删除。本例中所有的元素都将被删除。第 52 行中使用函数 empty( 所有容器和适配器都适用) 来确认 vector 是否为空。

**常见的编程错误 15.3**

通常情况下，erase 将会删除容器中的指定对象，但删除一个含有指向动态分配的对象的指针的元素时，并不会删除这个对象。这样会造成内存泄漏。如果元素是 unique_ptr，则这个 unique_ptr 会被删除，其指向的动态分配的内存也会被删除。如果元素是 shared_ptr，则对应的动态分配的对象引用数减 1，直到引用数为 0 时，动态分配的内存才会被删除。

#### vector 有三个参数的成员函数 insert(范围插入)

第 55 行演示了函数 insert 的一个版本，其中第二个和第三个参数分别确定某一序列数值的开始和结束位置(通常是另一个容器，这里是一个整数数组)，将它们插入到 vector 中。结束位置指向的是要被插入的最后一个元素的后一个位置。复制操作一直作用到(但不包括)这个位置。C++11 版本的成员函数 insert 返回指向插入的第一个项目在容器中位置的迭代器，如果没有插入任何项，则返回函数的第一个参数。

#### vector 成员函数 clear

第 60 行使用函数 clear(用于所有首类容器)来清空 vector。这个函数调用了第 50 行的 erase 函数来清空 vector，所以并不会将 vector 所占的内存返回给系统。

注意，对于其他容器或其他序列容器通用的函数并没有在此讨论，它们将在下面几节讨论。此外还会讨论每种容器特有的一些函数。

### 15.5.2　序列容器 list

序列容器 list(在头文件 < list > 中定义)可以在容器的任一位置有效地进行插入和删除操作。如果大部分的插入和删除操作发生在容器的两端，那么 deque 数据结构(见 15.5.3 节)提供了一个更加有效的实现。list 类模板实现了一个双向链表——list 容器中的每个节点都含有一个指向前一个节点和一个指向后一个节点的指针。这使得 list 类模板可以支持双向迭代器，允许容器顺序或逆序遍历。任何要求输入、输出、前向或双向迭代器的算法都可以操作 list。许多 list 的成员函数都把元素当成一个已排序的集合来操作。

#### C++11：容器 forward_list

C++11 新增序列容器 forward_list(在头文件 < forward_list > 中定义)通过单链表实现，即每个 list 中的节点包含指向下一个节点的指针。使得 list 类模板支持前向迭代器，允许顺序遍历。任何要求输入、输出、前向迭代器的算法都可以操作 forward_list。

#### list 的成员函数

除了图 15.2 中所有的 STL 容器成员函数及 15.5 节介绍的序列容器的通用成员函数之外，list 类模板还提供了 9 个其他的成员函数：splice、push_front、pop_front、remove、remove_if、unique、merge、reverse 和 sort，这些函数中有些是第 16 章中的 STL 算法针对 list 进行优化的实现。forward_list 和 deque 也支持 push_front 和 pop_front。图 15.13 演示了 list 的几个特性。记住，图 15.10 和图 15.11 中出现的很多函数都可以用于 list 类中，所以我们在这次的例子中着重研究新特性。

```
 1   // Fig. 15.13: fig15_13.cpp
 2   // Standard library list class template.
 3   #include <iostream>
 4   #include <array>
 5   #include <list> // list class-template definition
 6   #include <algorithm> // copy algorithm
 7   #include <iterator> // ostream_iterator
 8   using namespace std;
 9
10   // prototype for function template printList
11   template < typename T > void printList( const list< T > &listRef );
12
```

图 15.13　标准库 list 类模板

```
13   int main()
14   {
15      const size_t SIZE = 4;
16      array< int, SIZE > ints = { 2, 6, 4, 8 };
17      list< int > values; // create list of ints
18      list< int > otherValues; // create list of ints
19
20      // insert items in values
21      values.push_front( 1 );
22      values.push_front( 2 );
23      values.push_back( 4 );
24      values.push_back( 3 );
25
26      cout << "values contains: ";
27      printList( values );
28
29      values.sort(); // sort values
30      cout << "\nvalues after sorting contains: ";
31      printList( values );
32
33      // insert elements of ints into otherValues
34      otherValues.insert( otherValues.cbegin(), ints.cbegin(), ints.cend() );
35      cout << "\nAfter insert, otherValues contains: ";
36      printList( otherValues );
37
38      // remove otherValues elements and insert at end of values
39      values.splice( values.cend(), otherValues );
40      cout << "\nAfter splice, values contains: ";
41      printList( values );
42
43      values.sort(); // sort values
44      cout << "\nAfter sort, values contains: ";
45      printList( values );
46
47      // insert elements of ints into otherValues
48      otherValues.insert( otherValues.cbegin(), ints.cbegin(), ints.cend() );
49      otherValues.sort(); // sort the list
50      cout << "\nAfter insert and sort, otherValues contains: ";
51      printList( otherValues );
52
53      // remove otherValues elements and insert into values in sorted order
54      values.merge( otherValues );
55      cout << "\nAfter merge:\n   values contains: ";
56      printList( values );
57      cout << "\n   otherValues contains: ";
58      printList( otherValues );
59
60      values.pop_front(); // remove element from front
61      values.pop_back(); // remove element from back
62      cout << "\nAfter pop_front and pop_back:\n   values contains: "
63      printList( values );
64
65      values.unique(); // remove duplicate elements
66      cout << "\nAfter unique, values contains: ";
67      printList( values );
68
69      // swap elements of values and otherValues
70      values.swap( otherValues );
71      cout << "\nAfter swap:\n   values contains: ";
72      printList( values );
73      cout << "\n   otherValues contains: ";
74      printList( otherValues );
75
76      // replace contents of values with elements of otherValues
77      values.assign( otherValues.cbegin(), otherValues.cend() );
78      cout << "\nAfter assign, values contains: ";
79      printList( values );
80
81      // remove otherValues elements and insert into values in sorted order
82      values.merge( otherValues );
83      cout << "\nAfter merge, values contains: ";
84      printList( values );
85
86      values.remove( 4 ); // remove all 4s
87      cout << "\nAfter remove( 4 ), values contains: ";
```

图 15.13(续)　标准库 list 类模板

```
 88        printList( values );
 89        cout << endl;
 90   } // end main
 91
 92   // printList function template definition; uses
 93   // ostream_iterator and copy algorithm to output list elements
 94   template < typename T > void printList( const list< T > &listRef )
 95   {
 96      if ( listRef.empty() ) // list is empty
 97         cout << "List is empty";
 98      else
 99      {
100         ostream_iterator< T > output( cout, " " );
101         copy( listRef.cbegin(), listRef.cend(), output );
102      } // end else
103   } // end function printList
```

```
values contains: 2 1 4 3
values after sorting contains: 1 2 3 4
After insert, otherValues contains: 2 6 4 8
After splice, values contains: 1 2 3 4 2 6 8
After sort, values contains: 1 2 2 3 4 4 6 8
After insert and sort, otherValues contains: 2 4 6 8
After merge:
   values contains: 1 2 2 2 3 4 4 4 6 6 8 8
   otherValues contains: List is empty
After pop_front and pop_back:
   values contains: 2 2 2 3 4 4 4 6 6 8r
After unique, values contains: 2 3 4 6 8
After swap:
   values contains: List is empty
   otherValues contains: 2 3 4 6 8
After assign, values contains: 2 3 4 6 8
After merge, values contains: 2 2 3 3 4 4 6 6 8 8
After remove( 4 ), values contains: 2 2 3 3 6 6 8 8
```

图 15.13(续)　标准库 list 类模板

### 创建 list 对象

第 17～18 行初始化了两个用于存放整数的 list 对象。第 21～22 行使用函数 push_front 在首部插入整数值。函数 push_front 是 list 类、forward_list 类和 deque 类特有的。第 23～24 行使用函数 push_back 在末端插入整数值。函数 push_back 适用于除了 array 和 forward_list 的其他序列容器。

### list 成员函数 sort

第 29 行使用 list 的成员函数 sort 对 list 中的元素进行升序排序。注意，这个 sort 和 STL 中的 sort 算法不同。sort 的另一个版本允许程序员提供一个二元谓词函数，它有两个类型为 list 元素的参数，进行比较后返回一个 bool 值表明结果。这个函数决定了 list 中元素排列的顺序。这个版本在对存储指针的 list 排序时非常有用。注意，图 16.3 中演示了一个一元谓词函数，它使用了一个参数进行比较并返回一个 bool 值。

### list 成员函数 splice

第 39 行使用了 list 的 splice 函数来删除 otherValues 中的元素，并把它们插入到第一个迭代器参数指定的位置之前。这个函数还有两个版本。3 个参数的版本可以从第二个参数指定的容器中删除第三个迭代器参数指向的元素，4 个参数的版本使用最后两个参数来确定第二个参数指定的容器中需要删除的一组元素，并把它们放在第一个参数指定的位置。类模板 forward_list 提供一个类似的成员函数 splice_after。

### list 成员函数 merge

在 otherValues 中插入更多元素并对 values 和 otherValues 进行排序之后，第 54 行使用 list 的成员函数 merge 把 otherValues 中的所有元素删除，并把它们按已排序的顺序插入到 values 中。归并的两个 list 必须使用相同的顺序首先排一次序。merge 的另一个版本可以让程序员提供一个有两个参数(list 中的值)并返回 bool 值的谓词函数。这个谓词函数指定了归并操作中排序的顺序。

**list 成员函数 pop_front**

第 60 行使用了 list 的 pop_front 函数来删除 list 中的第一个元素。第 60 行使用 pop_back 函数（除了 array 和 forward_list 的其他序列容器都可用）来删除 list 中的最后一个元素。

**list 成员函数 unique**

第 65 行使用 list 的 unique 函数来删除 list 中重复的元素。在进行操作之前这个 list 应该处于已排序的状态（即所有重复的元素都是相邻的），从而保证消除所有的重复元素。unique 的另一个版本可以让程序员提供一个有两个参数并返回 bool 值的谓词函数，从而确定两个元素是否相同。

**list 成员函数 swap**

第 70 行使用函数 swap（可用于所有首类容器）来交换 values 和 otherValues 的内容。

**list 成员函数 assign 和 remove**

第 77 行使用 list 的 assign 函数（所有序列容器可用），用两个迭代器参数指定的一个范围的元素 otherValues 的内容取代 values 原有的内容。它的另一个版本使用第二个参数指定的值的多个副本来代替原有内容。第一个参数指定了副本的个数。第 86 行使用 list 的 remove 函数删除了所有值为 4 的元素。

### 15.5.3　序列容器 deque

deque 类有 vector 和 list 的多种优点。deque 是"double-ended queue"的缩写。deque 类的实现提供了有效的索引访问（使用下标），可以读取或修改它的元素，这与 vector 类似。deque 还提供了在它的首部和尾部进行高效插入和删除操作的功能，这与 list 类似（list 还能在中间进行高效的插入和删除操作）。deque 类支持随机访问迭代器，所以 deque 可以使用所有的 STL 算法。deque 最常用的功能是实现一个先进先出的队列。事实上，deque 就是 queue 适配器的默认底层实现（见 15.7.2 节）。

deque 增加的空间可以按照内存块的形式分配在 deque 的两端，这些内存块通常使用一个指向它们的指针数组来记录[1]。由于 deque 中内存分布的不连续性，deque 的迭代器必须比那些 vector 或数组的迭代器更加智能。

**性能提示 15.8**

通常 deque 的开销比 vector 略高。

**性能提示 15.9**

deque 对在其中间插入、删除元素进行了优化以减少元素的复制，所以在进行这类操作时它比 vector 更高效，但是不如 list。

deque 类提供了和 vector 相同的基本操作，但如 list 一样，增加了成员函数 push_front 和 pop_front，分别用于在 deque 的首部插入和删除元素。

图 15.14 演示了类 deque 的一些特性。图 15.10、图 15.11、图 15.13 中出现的很多函数都可用于 deque。使用 deque 必须包含头文件 < deque >。

第 11 行实例化了一个可以存储 double 类型数据的 deque。第 15～17 行使用函数 push_front 和 push_back 在 deque 的首部和尾部插入元素。

第 22～23 行的 for 语句使用下标运算符来得到 deque 中的每个元素并用于输出。注意，这种情况下使用函数 size 来保证访问元素没有超出 deque 的边界范围。

第 25 行使用函数 pop_front 删除 deque 中的第一个元素。第 30 行使用下标运算符生成一个左值。这使得数据可以直接赋给 deque 中的元素。

---

① 这是一个特定的实现，不是 C++ 标准要求的。

```
 1    // Fig. 15.14: fig15_14.cpp
 2    // Standard Library deque class template.
 3    #include <iostream>
 4    #include <deque> // deque class-template definition
 5    #include <algorithm> // copy algorithm
 6    #include <iterator> // ostream_iterator
 7    using namespace std;
 8
 9    int main()
10    {
11        deque< double > values; // create deque of doubles
12        ostream_iterator< double > output( cout, " " );
13
14        // insert elements in values
15        values.push_front( 2.2 );
16        values.push_front( 3.5 );
17        values.push_back( 1.1 );
18
19        cout << "values contains: ";
20
21        // use subscript operator to obtain elements of values
22        for ( size_t i = 0; i < values.size(); ++i )
23            cout << values[ i ] << ' ';
24
25        values.pop_front(); // remove first element
26        cout << "\nAfter pop_front, values contains: ";
27        copy( values.cbegin(), values.cend(), output );
28
29        // use subscript operator to modify element at location 1
30        values[ 1 ] = 5.4;
31        cout << "\nAfter values[ 1 ] = 5.4, values contains: ";
32        copy( values.cbegin(), values.cend(), output );
33        cout << endl;
34    } // end main
```

```
values contains: 3.5 2.2 1.1
After pop_front, values contains: 2.2 1.1
After values[ 1 ] = 5.4, values contains: 2.2 5.4
```

图 15.14　标准库类模板 deque

## 15.6　关联容器

　　STL 的关联容器可以通过关键字(经常称为搜索关键字)来直接存取元素。4 种有序关联容器是 multiset、set、multimap 和 map。每种关联容器都按已排序的方式保存着所有的关键字。有 4 个对应的无序关联容器,分别为 unordered_multiset、unordered_set、unordered_multimap 和 unordered_map,提供与有序关联容器相似的大部分功能。有序与无序关联容器的主要区别在于关键字的存储是否是按序的。本节中主要关注有序关联容器。

**性能提示 15.10**
在关键字不需要按序存储的情况下,相对于有序关联容器,无序关联容器有更好的性能。

　　遍历一个关联容器要在容器中按已排的序顺序移动。multiset 和 set 类提供了控制数值集合的操作,其中元素的值就是关键字,即没有与关键字相关联的单独的值。multiset 和 set 之间的主要差别在于 multiset 允许重复的关键字,但是 set 不允许。multimap 和 map 类提供了处理与关键字相关联的值(这些值有时作为映射的值)的功能。multimap 和 map 之间的主要差别在于 multimap 允许存放与数值相关的重复关键字,而 map 只允许存放与数值有关的唯一关键字。除了一般容器的成员函数之外,所有的关联容器还提供了一些其他的成员函数,包括 find、lower_bound、upper_bound 和 count。各种关联容器及通用的关联容器成员函数将在后面的几小节中介绍。

### 15.6.1　关联容器 multiset

有序关联容器 multiset（在 < set > 中定义）可以快速存取关键字，并允许出现重复的关键字。元素的顺序是由一个比较函数对象决定的。例如，在一个整数 multiset 中，使用比较函数对象 less < int > 来排列关键字可以使元素按照递增的顺序排列。16.4 节将详细介绍函数对象。本章将仅介绍在声明有序关联容器时如何使用 less < int >。所有关联容器中关键字的数据类型必须支持比较函数对象中指定的比较操作：使用 less < T > 的关键字就必须支持 < 运算符。若在关联容器中使用的关键字是用户定义的数据类型，那么这些类型必须提供相应的比较操作。multiset 支持双向迭代器（不是随机访问迭代器）。如果关键字的顺序并不重要，可以使用 unordered_multiset（在头文件 < unordered_set > 中定义）。

图 15.15 演示了一个按递增顺序存储整数的 multiset 关联容器。使用 multiset 类必须包含头文件 < set >。multiset 和 set 提供了相同的基本功能。

```cpp
 1  // Fig. 15.15: fig15_15.cpp
 2  // Standard Library multiset class template
 3  #include <array>
 4  #include <iostream>
 5  #include <set> // multiset class-template definition
 6  #include <algorithm> // copy algorithm
 7  #include <iterator> // ostream_iterator
 8  using namespace std;
 9
10  int main()
11  {
12     const size_t SIZE = 10;
13     array< int, SIZE > a = { 7, 22, 9, 1, 18, 30, 100, 22, 85, 13 };
14     multiset< int, less< int > > intMultiset; // multiset of ints
15     ostream_iterator< int > output( cout, " " );
16
17     cout << "There are currently " << intMultiset.count( 15 )
18        << " values of 15 in the multiset\n";
19
20     intMultiset.insert( 15 ); // insert 15 in intMultiset
21     intMultiset.insert( 15 ); // insert 15 in intMultiset
22     cout << "After inserts, there are " << intMultiset.count( 15 )
23        << " values of 15 in the multiset\n\n";
24
25     // find 15 in intMultiset; find returns iterator
26     auto result = intMultiset.find( 15 );
27
28     if ( result != intMultiset.end() ) // if iterator not at end
29        cout << "Found value 15\n"; // found search value 15
30
31     // find 20 in intMultiset; find returns iterator
32     result = intMultiset.find( 20 );
33
34     if ( result == intMultiset.end() ) // will be true hence
35        cout << "Did not find value 20\n"; // did not find 20
36
37     // insert elements of array a into intMultiset
38     intMultiset.insert( a.cbegin(), a.cend() );
39     cout << "\nAfter insert, intMultiset contains:\n";
40     copy( intMultiset.begin(), intMultiset.end(), output );
41
42     // determine lower and upper bound of 22 in intMultiset
43     cout << "\n\nLower bound of 22: "
44        << *( intMultiset.lower_bound( 22 ) );
45     cout << "\nUpper bound of 22: " << *( intMultiset.upper_bound( 22 ) );
46
47     // use equal_range to determine lower and upper bound
48     // of 22 in intMultiset
49     auto p = intMultiset.equal_range( 22 );
50
51     cout << "\n\nequal_range of 22:" << "\n   Lower bound: "
52        << *( p.first ) << "\n   Upper bound: " << *( p.second );
53     cout << endl;
54  } // end main
```

图 15.15　标准库 multiset 类模板

```
There are currently 0 values of 15 in the multiset
After inserts, there are 2 values of 15 in the multiset

Found value 15
Did not find value 20

After insert, intMultiset contains:
1 7 9 13 15 15 18 22 22 30 85 100

Lower bound of 22: 22
Upper bound of 22: 30

equal_range of 22:
   Lower bound: 22
   Upper bound: 30
```

图 15.15(续)　标准库 multiset 类模板

### 创建一个 multiset

第 14 行使用 typedef 为按照升序排列(使用函数对象 less < int > )的整数 multiset 创建了一个新的类型名(别名)。递增顺序是 multiset 的默认顺序，所以可以省略第 14 行中的 less < int > 。

C++ 11 修复了在 less < int > 中的" > "和 multiset 类型声明的" > "之间没有空格会产生编译错误的问题。在 C++ 11 之前，如果按照以下方式定义 multiset 类型：

```
multiset<int, less<int>> intMultiset;
```

编译器会把类型声明末尾的" >> "当成 >> 运算符，产生编译错误。故必须在 >> 中加上空格。而在 C++ 11 中，之前的声明能够正确编译。

### multiset 成员函数 count

第 17 行的输出语句使用函数 count(可用于所有关联容器)来计算 multiset 中值为 15 的元素个数。

### multiset 成员函数 insert

第 20 ~ 21 行使用了函数 insert 的三个版本中的一个，在 multiset 中两次插入了值 15。insert 的另一个版本有一个迭代器参数和一个数值参数，在那个迭代器指定位置开始搜索插入位置。第三个版本的 insert 使用两个迭代器来在某一个容器中确定一个范围，并在 multiset 中插入这一系列的值。

### multiset 成员函数 find

第 26 行使用函数 find(所有关联容器可用)在 multiset 中确定值 15 的位置。函数 find 返回一个指向最早出现的那个搜索值的 iterator 或 const_iterator。如果没找到这个值，那么 find 返回一个与函数 end 相同的迭代器。第 32 行就是这种情况。

### 在 multiset 中插入另一个容器中的元素

第 38 行使用函数 insert 把一个 array 对象 a 中的元素插入到 multiset 中。第 40 行中的 copy 算法把 multiset 中的元素复制到标准输出。注意，所有的元素都是按照递增顺序显示的。

### multiset 成员函数 lower_bound 和 upper_bound

第 44 ~ 45 行使用函数 lower_bound 和 upper_bound(所有关联容器可用)确定 multiset 中 22 最早出现的位置和最后出现的位置。这两个函数都返回指向相应位置的 iterator 或 const_iterator，若没找到则返回 end 函数的返回值。

### pair 对象和 multiset 成员函数 equal_range

第 49 行演示了一个 pair 类的实例 p，我们又一次使用了 C++ 11 中的 auto 关键字根据它的初始化程序来推断变量类型。本例中，multiset 成员函数 equal_range 的返回值是 pair 对象，pair 类的用途是关联一对值。在这个例子中，pair 的内容是两个用于整数 multiset 的 const_iterator。p 的目的是存储函数 equal_ range 的返回值,它返回一个包含函数 lower_bound 和 upper_bound 返回值的 pair 对象。pair 类型包含两个 public 成员变量,分别称为 first 和 second。第 49 行使用函数 equal_range 来确定 multiset 中值 22 的 lower_bound 和 upper_bound。第 52 行分别使用 p. first 和 p. second 来访问 lower_bound 与 upper_bound。我们间接引用这两个迭代器来输出从 equal_range 返回的位置的值。尽管在本例中没有做,但总是应该确保在引用迭代器前,保证 lower_bound、upper_bound 和 equal_range 返回的迭代器不与容器的 end 迭代器相同。

### C++11:可变参数类模板 tuple

C++ 中也有类模板 tuple,与 pair 相似,但能够包含多种类型的多个项。C++ 11 使用可变参数模板 (能够接受可变数量参数的模板)重新实现了 tuple 类模板。本书将在第 24 章介绍 tuple 和可变参数模板。

### 15.6.2 关联容器 set

关联容器 set(在头文件 < set > 中定义)用于快速存取和检索唯一的关键字。除了必须有唯一的关键字之外,set 的实现与 multiset 相同。如果企图在 set 中插入一个重复的关键字,那么就会忽略这个重复值。因为这是集合的一个数学行为,所以不算一个程序错误。set 支持双向迭代器(不是随机访问迭代器)。如果 set 中关键字的顺序不重要,则可以使用 unordered_set(在头文件 < unordered_set > 中定义)。图 15.16 演示了一个 double 类型的 set。使用 set 必须包含头文件 < set >。

```cpp
1   // Fig. 15.16: fig15_16.cpp
2   // Standard Library set class template.
3   #include <iostream>
4   #include <array>
5   #include <set>
6   #include <algorithm>
7   #include <iterator> // ostream_iterator
8   using namespace std;
9
10  int main()
11  {
12     const size_t SIZE = 5;
13     array< double, SIZE > a = { 2.1, 4.2, 9.5, 2.1, 3.7 };
14     set< double, less< double > > doubleSet( a.begin(), a.end() );
15     ostream_iterator< double > output( cout, " " );
16
17     cout << "doubleSet contains: ";
18     copy( doubleSet.begin(), doubleSet.end(), output );
19
20     // insert 13.8 in doubleSet; insert returns pair in which
21     // p.first represents location of 13.8 in doubleSet and
22     // p.second represents whether 13.8 was inserted
23     auto p = doubleSet.insert( 13.8 ); // value not in set
24     cout << "\n\n" << *( p.first )
25        << ( p.second ? " was" : " was not" ) << " inserted";
26     cout << "\ndoubleSet contains: ";
27     copy( doubleSet.begin(), doubleSet.end(), output );
28
29     // insert 9.5 in doubleSet
30     p = doubleSet.insert( 9.5 ); // value already in set
31     cout << "\n\n" << *( p.first )
32        << ( p.second ? " was" : " was not" ) << " inserted";
33     cout << "\ndoubleSet contains: ";
34     copy( doubleSet.begin(), doubleSet.end(), output );
35     cout << endl;
36  } // end main
```

```
doubleSet contains: 2.1 3.7 4.2 9.5

13.8 was inserted
doubleSet contains: 2.1 3.7 4.2 9.5 13.8

9.5 was not inserted
doubleSet contains: 2.1 3.7 4.2 9.5 13.8
```

图 15.16 标准库 set 类模板

第 14 行使用函数对象 less < double > 创建了递增排列的 double 值集合 doubleSet。构造函数把数组中 a ~ a + SIZE(即整个数组)的元素插入到 doubleSet 中。第 18 行使用算法 copy 输出 set 中的内容。注意，数值 2.1(在数组中出现两次)在 doubleSet 中只出现一次。这是因为 set 不允许重复关键字。

第 23 行定义和初始化了一个用于存储函数 insert 的返回值的 pair 对象。这个返回的 pair 对象由一个指向插入项的 const_iterator 和表明插入是否成功的 bool 值组成(若插入项不在集合中则为 true，否则为 false)。

第 23 行使用函数 insert 把值 13.8 插入到 set 中。返回的 pair p 包含了一个迭代器 p. first，指向 set 中值为 13.8 的位置；还有一个为 true 的 bool 值，因为插入项被成功插入。第 30 行要插入 9.5，但是 set 中已经有了。输出显示 9.5 没有插入，因为 set 不允许重复的关键字，在这种情况下，p. first 指向 set 中已经存在的 9.5 的位置。

### 15.6.3　关联容器 multimap

关联容器 multimap 用于快速存取关键字和相关值(通常称为关键字 – 值对)。很多 multiset 和 set 中使用的函数也都可以在 multimap 和 map 中使用。multimap 和 map 的元素都是关键字 – 值对，而不是单一的值。在 multimap 或 map 中插入时使用的是一个包含关键字和值的 pair 对象。关键字的排列顺序是由一个比较函数对象决定的。例如，在一个使用整数作为关键字的 multimap 中，通过使用比较函数对象 less < int >，关键字就可以按照递增的顺序排列。在 multimap 中，关键字是可以重复的，所以多个值可以和同一个关键字相关联。这通常称为一对多关系。例如，在一个信用卡事务处理系统中，一张信用卡可以和多个事务相关联；在大学里，一个学生可以选择多门课程，一个教授也可以教多名学生；在军事上，一个军阶(比如"列兵")有许多人。multimap 支持双向迭代器，但不支持随机访问迭代器。图 15.17 演示了关联容器 multimap。使用 multimap 类要包含头文件 < map >。如果关键字的存储顺序并不重要，可以使用 unordered_multimap(在 < unordered_map > 中定义)。

```cpp
1   // Fig. 15.17: fig15_17.cpp
2   // Standard Library multimap class template.
3   #include <iostream>
4   #include <map> // multimap class-template definition
5   using namespace std;
6
7   int main()
8   {
9      multimap< int, double, less< int > > pairs; // create multimap
10
11     cout << "There are currently " << pairs.count( 15 )
12        << " pairs with key 15 in the multimap\n";
13
14     // insert two value_type objects in pairs
15     pairs.insert( make_pair( 15, 2.7 ) );
16     pairs.insert( make_pair( 15, 99.3 ) );
17
18     cout << "After inserts, there are " << pairs.count( 15 )
19        << " pairs with key 15\n\n";
20
21     // insert five value_type objects in pairs
22     pairs.insert( make_pair( 30, 111.11 ) );
23     pairs.insert( make_pair( 10, 22.22 ) );
24     pairs.insert( make_pair( 25, 33.333 ) );
25     pairs.insert( make_pair( 20, 9.345 ) );
26     pairs.insert( make_pair( 5, 77.54 ) );
27
28     cout << "Multimap pairs contains:\nKey\tValue\n";
29
30     // walk through elements of pairs
31     for ( auto mapItem : pairs )
32        cout << mapItem.first << '\t' << mapItem.second << '\n';
33
34     cout << endl;
35  } // end main
```

图 15.17　标准库类模板 multimap

```
There are currently 0 pairs with key 15 in the multimap
After inserts, there are 2 pairs with key 15

Multimap pairs contains:
Key      Value
5        77.54
10       22.22
15       2.7
15       99.3
20       9.345
25       33.333
30       111.11
```

图 15.17（续）　标准库类模板 multimap

**性能提示 15.11**

multimap 的实现可以高效地根据给定关键字找出相应元素对。

第 9 行创建了一个 multimap 称为 pairs，它用 int 作为关键字类型，相关联的值是 double 类型的，元素按递增顺序排列。第 11 行使用函数 count 来获得关键字是 15 的关键字 – 值对的数目（并没有，因为容器目前是空的）。

第 15 行使用函数 insert 在 multimap 中插入一个新的关键字 – 值对。表达式 make_pair(15,2.7)创建了一个 pair 对象，它的成员 first 为 int 关键字 15，成员 second 为 double 值 2.7。函数 make_pair 自动使用在 multimap 声明（第 9 行）中的指定关键字和值的类型。第 16 行插入了另一个 pair 对象，关键字为 15，值为 99.3。第 18～19 行输出了关键字为 15 的关键字/值对个数。在 C++ 11 中，可以使用 list 的初始化方式来初始化 pair 对象，所以第 15 行可以被简化成

```
pairs.insert( { 15, 2.7 } );
```

类似地，C++ 11 中，可以使用 list 初始化的方式初始化一个从函数中返回的对象。例如，如果函数返回一个由 int 和 double 组成的 pair，可以有如下写法：

```
return { 15, 2.7 };
```

第 22～26 行在 multimap 中又插入了 5 对元素。第 31～32 行的基于范围的 for 语句输出了 multimap 中的内容，包括关键字和值。使用关键字 auto 来推断循环控制变量的类型（为包含 int 关键字和 double 值的 pair 实例）。第 32 行访问 multimap 中每个元素的 pair 对象。注意，在输出中关键字的出现顺序是递增的。

### C++ 11：使用 list 初始化关键字 – 值对容器

在本例中，多次调用成员函数 insert 将关键字-值对插入 multimap 中。如果提前知道了关键字-值对，在创建 multimap 时就可以使用 list 来进行初始化工作。例如，下面的语句使用三个关键字-值对来初始化一个 multimap。

```
multimap< int, double, less< int > > pairs =
   { { 10, 22.22 }, { 20, 9.345 }, { 5, 77.54 } };
```

## 15.6.4　关联容器 map

关联容器 map（在头文件 < map > 中定义）用于快速存取唯一的关键字和关联的值。在 map 中关键字是不能重复的，所以每个关键字只能和一个值相关。这称为一对一映射。例如，一个公司使用唯一的雇员号，如 100、200 和 300，这就可以使用 map 来把雇员号和他们的电话分机号码相关联，如 4321,4115,5217。使用 map 就可以从一个指定的关键字快速得到相关的值。map 通常又称为关联数组。在 map 的下标运算符[ ]中使用关键字可以锁定与那个关键字相关的值。在 map 的任意位置都可以进行插入和删除操作。如果关键字是否按序存储并不重要，则可以使用 unordered_map（在头文件 < unordered_map >中定义）。

图 15.18 演示了 map 关联容器，并使用和图 15.17 中相同的一些特性来演示下标运算符。第 27～28 行使用 map 的下标运算符。当下标是一个 map 中已有的关键字时（第 27 行），返回的是相关联的值

的引用。当下标是 map 中没有的关键字时(第 18 行),这个关键字首先被插入 map,然后返回与该关键字关联的相关值的一个引用(可以通过该引用进行赋值)。第 27 行把关键字为 25 的值(原来是 33.333,在第 16 行确定)替换为一个新值 9999.99。第 28 行在 map 中插入了一个新的关键字 – 值对(称为创建了一个关联)。

```
1   // Fig. 15.18: fig15_18.cpp
2   // Standard Library class map class template.
3   #include <iostream>
4   #include <map> // map class-template definition
5   using namespace std;
6
7   int main()
8   {
9      map< int, double, less< int > > pairs;
10
11     // insert eight value_type objects in pairs
12     pairs.insert( make_pair( 15, 2.7 ) );
13     pairs.insert( make_pair( 30, 111.11 ) );
14     pairs.insert( make_pair( 5, 1010.1 ) );
15     pairs.insert( make_pair( 10, 22.22 ) );
16     pairs.insert( make_pair( 25, 33.333 ) );
17     pairs.insert( make_pair( 5, 77.54 ) ); // dup ignored
18     pairs.insert( make_pair( 20, 9.345 ) );
19     pairs.insert( make_pair( 15, 99.3 ) ); // dup ignored
20
21     cout << "pairs contains:\nKey\tValue\n";
22
23     // walk through elements of pairs
24     for ( auto mapItem : pairs )
25        cout << mapItem.first << '\t' << mapItem.second << '\n';
26
27     pairs[ 25 ] = 9999.99; // use subscripting to change value for key 25
28     pairs[ 40 ] = 8765.43; // use subscripting to insert value for key 40
29
30     cout << "\nAfter subscript operations, pairs contains:\nKey\tValue\n";
31
32     // use const_iterator to walk through elements of pairs
33     for ( auto mapItem : pairs )
34        cout << mapItem.first << '\t' << mapItem.second << '\n';
35
36     cout << endl;
37  } // end main
```

```
pairs contains:
Key       Value
5         1010.1
10        22.22
15        2.7
20        9.345
25        33.333
30        111.11

After subscript operations, pairs contains:
Key       Value
5         1010.1
10        22.22
15        2.7
20        9.345
25        9999.99
30        111.11
40        8765.43
```

图 15.18  标准库类模板 map

## 15.7  容器适配器

STL 提供了三种容器适配器:stack、queue 和 priority_queue。适配器不是首类容器,因为它们不提供真正的用于存储元素的数据结构实现,而且它们不支持迭代器。适配器类的好处在于程序员可以选择合适的底层数据结构。这三种适配器类都支持成员函数 push 和 pop,通过它们可以在适配器数据结构中插入元素和删除元素。下面几小节介绍了适配器类的一些例子。

## 15.7.1　适配器 stack

　　stack 类（在头文件 < stack > 中定义）可以在底层数据结构的一端（通常是顶部，故常把 stack 称为一个后进先出的数据结构）插入和删除元素。我们最先在 6.12 节中的函数调用栈中介绍了栈。stack 可以使用任意一种序列容器（vector、list 或 deque）来实现。这个例子创建了三种整数 stack，分别使用三种标准库中的序列容器作为底层数据结构实现。默认的 stack 实现使用的是 deque。stack 的操作包括把元素插入到 stack 顶端的 push（实现是调用底层容器的 push_back 函数），从 stack 顶端删除元素的 pop（实现是调用底层容器的 pop_back 函数），获得 stack 顶端元素引用的 top（实现是调用底层容器的 back 函数），确定 stack 是否为空的 empty（实现是调用底层容器的 empty），以及获得 stack 内元素个数的 size（实现是调用底层容器的 size 函数）。

　　图 15.19 演示了 stack 适配器类。第 18 行、第 21 行和第 24 行实例化了三个整数 stack。第 18 行指定了一个使用默认的 deque 作为底层容器的整数 stack，第 21 行指定了一个使用 vector 作为底层容器的整数 stack，第 24 行指定了一个使用 list 作为底层容器的整数 stack。

```
1   // Fig. 15.19: fig15_19.cpp
2   // Standard Library stack adapter class.
3   #include <iostream>
4   #include <stack> // stack adapter definition
5   #include <vector> // vector class-template definition
6   #include <list> // list class-template definition
7   using namespace std;
8
9   // pushElements function-template prototype
10  template< typename T > void pushElements( T &stackRef );
11
12  // popElements function-template prototype
13  template< typename T > void popElements( T &stackRef );
14
15  int main()
16  {
17     // stack with default underlying deque
18     stack< int > intDequeStack;
19
20     // stack with underlying vector
21     stack< int, vector< int > > intVectorStack;
22
23     // stack with underlying list
24     stack< int, list< int > > intListStack;
25
26     // push the values 0-9 onto each stack
27     cout << "Pushing onto intDequeStack: ";
28     pushElements( intDequeStack );
29     cout << "\nPushing onto intVectorStack: ";
30     pushElements( intVectorStack );
31     cout << "\nPushing onto intListStack: ";
32     pushElements( intListStack );
33     cout << endl << endl;
34
35     // display and remove elements from each stack
36     cout << "Popping from intDequeStack: ";
37     popElements( intDequeStack );
38     cout << "\nPopping from intVectorStack: ";
39     popElements( intVectorStack );
40     cout << "\nPopping from intListStack: ";
41     popElements( intListStack );
42     cout << endl;
43  } // end main
44
45  // push elements onto stack object to which stackRef refers
46  template< typename T > void pushElements( T &stackRef )
47  {
48     for ( int i = 0; i < 10; ++i )
49     {
50        stackRef.push( i ); // push element onto stack
51        cout << stackRef.top() << ' '; // view (and display) top element
52     } // end for
```

图 15.19　标准库适配器类模板 stack

```
53   } // end function pushElements
54
55   // pop elements from stack object to which stackRef refers
56   template< typename T > void popElements( T &stackRef )
57   {
58      while ( !stackRef.empty() )
59      {
60         cout << stackRef.top() << ' '; // view (and display) top element
61         stackRef.pop(); // remove top element
62      } // end while
63   } // end function popElements
```

```
Pushing onto intDequeStack: 0 1 2 3 4 5 6 7 8 9
Pushing onto intVectorStack: 0 1 2 3 4 5 6 7 8 9
Pushing onto intListStack: 0 1 2 3 4 5 6 7 8 9

Popping from intDequeStack: 9 8 7 6 5 4 3 2 1 0
Popping from intVectorStack: 9 8 7 6 5 4 3 2 1 0
Popping from intListStack: 9 8 7 6 5 4 3 2 1 0
```

图 15.19(续)  标准库适配器类模板 stack

函数 pushElements(第 46～53 行)把元素压栈,第 50 行使用函数 push(可用于每个适配器类)在 stack 中压入一个整数。第 51 行使用函数 top 来获得 stack 中栈顶的元素用于输出。函数 top 不会删除栈顶的元素。

函数 popElements(第 56～63 行)把栈顶的元素弹出。第 60 行使用函数 top 来获得 stack 中的栈顶元素用于输出,第 61 行使用函数 pop(所有适配器可用)来弹出栈顶的元素。函数 pop 不返回任何值。

## 15.7.2  适配器 queue

queue 很像排队。在队中时间最久的项是下一个被移出队列的项,也就是说队列是一个先进先出(FIFO)的数据结构。queue 类(在头文件 < queue > 中定义)可以在底层数据结构的末端插入元素,在前端删除元素。queue 可以使用 STL 的 list 或 deque 容器实现。默认状况下 queue 使用 deque 实现。queue 通用的操作包括把元素插入 queue 末端的 push(实现是调用底层容器的 push_back 函数),从 queue 前端删除元素的 pop(实现是调用底层容器的 pop_front 函数),获得 queue 中第一个元素的 front(实现是调用底层容器的 front 函数),获得 queue 中最后一个元素的 back(实现是调用底层容器的 back 函数),确定 queue 是否为空的 empty(实现是调用底层容器的 empty 函数),以及获得 queue 中元素个数的 size(实现是调用底层容器的 size 函数)。在第 19 章中将介绍如何实现自定义的类模板 queue。

图 15.20 演示了 queue 适配器类。第 9 行实例化了一个存储 double 值的 queue。第 12～14 行使用函数 push 在 queue 中插入元素。第 19～23 行的 while 语句使用函数 empty(所有容器可用)来确定 queue 是否为空(第 19 行)。当 queue 中的元素变多后,第 21 行使用函数 front 来读取(不删除)queue 中的第一个元素用于输出。第 22 行使用函数 pop(所有适配器都可用)删除了 queue 中的第一个元素。

```
1    // Fig. 15.20: fig15_20.cpp
2    // Standard Library queue adapter class template.
3    #include <iostream>
4    #include <queue> // queue adapter definition
5    using namespace std;
6
7    int main()
8    {
9       queue< double > values; // queue with doubles
10
11      // push elements onto queue values
12      values.push( 3.2 );
13      values.push( 9.8 );
14      values.push( 5.4 );
15
16      cout << "Popping from values: ";
17
18      // pop elements from queue
19      while ( !values.empty() )
```

图 15.20  标准库适配器类模板 queue

```
20      {
21          cout << values.front() << ' '; // view front element
22          values.pop(); // remove element
23      } // end while
24
25      cout << endl;
26  } // end main
```

```
Popping from values: 3.2 9.8 5.4
```

图 15.20(续)　标准库适配器类模板 queue

### 15.7.3　适配器 priority_queue

　　priority_queue 类(在头文件 < queue > 中定义)提供了在底层数据结构中按序插入元素及在底层数据结构的首部删除元素的功能。一个 priority_queue 可以使用 STL 的序列容器 vector 和 deque 实现。默认情况下, priority_queue 使用 vector 作为底层容器。当把元素插入到 priority_queue 中时, 它们按照优先顺序排列。这样, 高优先级的元素(例如最大的元素)将是 priority_queue 中最先删除的。这通常是使用堆排序的技术实现的。这种技术中最大的值(优先级最高的值)总是在数据结构的首部, 这样的数据结构就是堆。使用在 16.3.12 中介绍的标准库中的 heap 算法。元素间的比较是通过比较函数对象实现的, 默认为 less < T >, 但是程序员可以提供不同的比较方式。

　　priority_queue 的通常操作包括在 priority_queue 的适当位置插入元素的 push(实现是调用底层容器的 push_back 函数, 然后使用 heapsort 算法重新排序), 从 priority_queue 中删除最高优先级元素的 pop(实现是调用底层容器的 pop_back 函数), 获得 priority_queue 中顶端元素引用的 top(实现是调用底层容器的 front 函数), 确定 priority_queue 是否为空的 empty(实现是调用底层容器的 empty 函数), 以及得到 priority_queue 中元素个数的 size(实现是调用底层容器的 size 函数)。

　　图 15.21 演示了适配器类 priority_queue。第 9 行实例化了一个存储 double 值的 priority_queue, 使用 vector 作为底层数据结构。第 12 ~ 14 行使用函数 push 在 priority_queue 中插入元素。第 19 ~ 23 行的 while 语句使用函数 empty(所有容器可用)来确定 priority_queue 是否为空(第 19 行)。在插入更多元素后, 第 21 行使用 priority_queue 的 top 函数来获得拥有最高优先级的元素用于输出。第 22 行使用 pop 删除了 priority_queue 中优先级最高的元素(所有适配器类都可用)。

```
1   // Fig. 15.21: fig15_21.cpp
2   // Standard Library priority_queue adapter class.
3   #include <iostream>
4   #include <queue> // priority_queue adapter definition
5   using namespace std;
6
7   int main()
8   {
9       priority_queue< double > priorities; // create priority_queue
10
11      // push elements onto priorities
12      priorities.push( 3.2 );
13      priorities.push( 9.8 );
14      priorities.push( 5.4 );
15
16      cout << "Popping from priorities: ";
17
18      // pop element from priority_queue
19      while ( !priorities.empty() )
20      {
21          cout << priorities.top() << ' '; // view top element
22          priorities.pop(); // remove top element
23      } // end while
24
25      cout << endl;
26  } // end main
```

```
Popping from priorities: 9.8 5.4 3.2
```

图 15.21　标准库适配器类 priority_queue

## 15.8　bitset 类

　　bitset 类使创建和操作位集合更加容易,这在描述一些标志位的集合时特别有用。bitset 在编译时就确定了大小。bitset 类是在第 22 章讨论的位操作的另一种工具。

　　声明

```
bitset< size > b;
```

创建了一个称为 b 的 bitset,所有的位都初始化为 0( off)。语句

```
b.set( bitNumber );
```

把 b 中 bitNumber 位置的位设置为 on。表达式 b. set( )把所有的位设置为 on。语句

```
b.reset( bitNumber );
```

把 b 中 bitNumber 位置的位设置为 off。表达式 b. reset( )把所有的位设置为 off。语句

```
b.flip( bitNumber );
```

把 b 中 bitNumber 位置的位"反转"(若这个位是 on,反转使它变成 off)。表达式 b. flip( )把 b 中的所有位反转。语句

```
b[ bitNumber ];
```

返回 bitset b 中 bitNumber 位的引用。类似地,语句

```
b.at( bitNumber );
```

首先进行一次越界检查。然后,若没有越界,则返回那个位的引用,否则就抛出一个 out_of_range 异常。语句

```
b.test( bitNumber );
```

首先进行一次越界检查。然后,若没有越界,那个位为 on 时 test 返回 true,为 off 时返回 false。否则,test 抛出一个 out_of_range 异常。表达式

```
b.size()
```

返回 b 中位的数量。表达式

```
b.count()
```

返回 b 中被设置为 on 的位的数量。表达式:

```
b.any()
```

若任意一个位是 on 则返回 true。表达式:

```
b.all()
```

若所有位都是 on 则返回 true。表达式:

```
b.none()
```

若没有一个位是 on 则返回 true。表达式

```
b == b1
b != b1
```

分别比较两个 bitset 类是否相等或是否不相等。

　　任何位运算赋值运算符 & = 、| = 和 ^= (具体在 22.5 节中介绍)都可以用来操作 bitset。例如:

```
b &= b1;
```

在 b 和 b1 间逐位执行一个逻辑与操作。返回值保存在 b 中。逐位的或操作和异或操作使用下面的表达式实现:

```
b |= b1;
b ^= b2;
```

表达式

```
b >>= n;
```

把 b 中的位右移 n 位。表达式

```
b <<= n;
```

把 b 中的位左移 n 位。表达式

```
b.to_string()
b.to_ulong()
```

分别把 b 转变成一个字符串和一个无符号长整数(unsigned long)。

## 15.9 本章小结

本章介绍了标准模板库(STL)并讨论了三个主要组成部分：容器、迭代器和算法。我们学习了 STL 序列容器 array(第 7 章中介绍)、vector、deque、forward_list 和 list，它们用于描述线性数据结构。接着学习了非线性的关联容器 set、multiset、map 和 multimap 以及它们的无序版本，它们用来描述非线性数据结构。还讲解了容器适配器 stack、queue 和 priority_queue，它们用于通过限制序列容器的操作来实现特定的一些数据结构。我们学到了每种算法所要求的迭代器类型，若容器支持算法要求的最弱迭代器，那么该容器就能使用这个算法。本章还学习了 bitset 类，它使得创建并像容器那样操作位集合变得非常容易。

下一章继续介绍标准库容器、迭代器和算法中的详细的处理算法，也会介绍函数指针、函数对象和 C++11 中新的 lambda 表达式。

## 摘要

### 15.1 节 标准模板库(STL)简介

- 标准模板库定义了强大的、基于模板的可复用组件，实现了很多通用的数据结构及用于处理这些数据结构的算法。
- 存在三类容器类型：首类容器、容器适配器和近容器。
- 迭代器，有着和指针相似的功能，被用于操作容器的元素。
- STL 算法是在元素间或整个容器中执行常用的数据操作(例如搜索、排序、比较)的函数模板。

### 15.2 节 容器简介

- 容器分为序列容器、有序关联容器、无序关联容器和容器适配器。
- 序列容器表示了线性的数据结构，如向量和链表。
- 关联容器是非线性的容器，可以快速查找其中已排序的元素，如值的集合、关键字 – 值对。
- 序列容器和关联容器统称为首类容器。
- 类模板 stack、queue 和 priority_queue 是容器适配器，它们在序列容器的使用过程中添加约束。
- 近容器(内置数组、bitset 和 valarray)有和首类容器相似的功能，但是不支持所有首类容器的功能。
- 大多数的容器提供相似的功能。许多操作可以在所有容器上实施，还有一些操作可以在相似的一小部分容器中实施。
- 首类容器定义了许多共同的嵌套类型，这些嵌套类型在基于模板声明的变量、函数参数和函数返回值中使用。

### 15.3 节 迭代器简介

- 迭代器和指针有很多相似点，被用于指向首类容器的元素。
- 首类容器函数 begin 返回一个指向容器中第一个元素的迭代器。函数 end 返回一个指向容器中最后一个元素之后位置的迭代器(该元素不存在，通常在循环中用于表明何时结束对于容器元素的操作)。
- istream_iterator 可以从一个输入流中以类型安全的方式读入数据。ostream_iterator 可以向一个输出流中插入值。

- 随机访问迭代器有双向迭代器的功能，并且可以直接访问容器中的任意元素。
- 双向迭代器有输入迭代器的功能，并且可以向后移动(从容器的尾部向首部移动)。
- 前向迭代器综合了输入迭代器和输出迭代器的功能。
- 输入和输出迭代器只能一次一个元素地向前移动(从容器的首部向末端移动)。

## 15.4 节　算法简介

- 标准库算法仅仅通过迭代器间接地操作容器元素。
- 许多算法操作在指向第一个元素的迭代器和指向最后一个元素之后位置的迭代器的范围内的容器元素。

## 15.5 节　序列容器

- STL 提供了序列容器：array、vector、forward_list、list 和 deque。类模板 array、vector 和 deque 都是基于数组的，类模板 forward_list、list 实现了链表数据结构。

### 15.5.1 节　序列容器 vector

- 函数 capacity 返回 vector 中在动态调整大小前可以存放的元素数目。
- 序列容器函数 push_back 在容器的末端插入一个元素。
- vector 成员函数 cbegin(C++11 中新内容)返回指向 vector 第一个元素的 const_iterator。
- vector 成员函数 cend(C++11 中的新内容)返回指向 vector 最后一个元素之后的位置的 const_iterator。
- vector 的成员函数 crbegin(C++11 中的新内容)返回指向 vector 的最后一个元素的 const_reverse_iterator。
- vector 的成员函数 crend(C++11 中的新内容)返回指向 vector 的第一个元素之前的位置的 const_reverse_iterator。
- 在 C++11 中，可以通过 shrink_to_fit 函数要求 vector 或 deque 将不需要的内存返还给系统。
- C++11 中，可以使用 list 的初始化器来初始化 vector 和其他容器的元素。
- 算法 copy(在头文件 < algorithm > 中定义)可以复制一个容器中由前两个迭代器参数指定范围(包括第一个迭代器参数指向的元素但不包括第二个迭代器参数指向的元素)中的元素。
- 函数 front 返回一个序列容器中第一个元素的引用。函数 begin 返回指向序列容器中第一个元素的迭代器。
- 函数 back 返回序列容器(除了 forward_list)中最后一个元素的引用。函数 end 返回指向容器中最后一个元素之后位置的迭代器。
- 序列容器函数 insert 在指定位置前插入元素，并返回指向插入项的迭代器或指向插入的第一项的迭代器(若插入多项)。
- 函数 erase(可用于除了 forward_list 的其他首类容器)从容器中删除指定的元素。
- 函数 empty(可用于所有容器和适配器)当容器为空时返回 true。
- 函数 clear(可用于所有首类容器)把容器清空。

### 15.5.2 节　序列容器 list

- 序列容器 list(在头文件 < list > 中定义)实现了一个双向链表，提供了在任意位置插入和删除元素的高效实现。
- 序列容器 forward_list(在头文件 < forward_list > 中定义)实现了一个单向链表，仅支持前向迭代。
- list 成员函数 push_front 在 list 的首部插入元素。
- list 成员函数 sort 对 list 中的元素按升序进行排序。
- list 成员函数 splice 删除一个 list 中的元素并插入到另一个 list 的指定位置。
- list 成员函数 unique 删除 list 中重复的元素。

- list 成员函数 assign 使用另一个 list 中的内容取代原来的元素。
- list 成员函数 remove 删除 list 中指定值的所有副本。

## 15.5.3 节　序列容器 deque

- 类模板 deque 提供了与 vector 相同的操作，并增加了成员函数 push_front 和 pop_front，分别可以在 deque 的首部插入和删除元素。使用 deque 要包含头文件 < deque >。

## 15.6 节　关联容器

- STL 关联容器提供了通过关键字直接存取元素的功能。
- 4 种有序关联容器为 multiset、set、multimap 和 map。
- 4 种无序关联容器为 unordered_multiset、unordered_set、unordered_multimap、unordered_map。它们和与之对应的有序版本功能相似，但是在存储时并不保持关键字的顺序。
- 类模板 multiset 和 set 提供了操作数据集合的功能。其中数据的值为关键字，而不需要为每个关键字关联另一个值。使用 multiset 要包含头文件 < set >。
- multiset 可以有重复的关键字，但是 set 不行。

## 15.6.1 节　关联容器 multiset

- 关联容器 multiset 可以快速存取关键字，并允许出现重复的关键字。元素的顺序是由一个比较函数对象决定的。如果关键字的存储顺序不重要，则可以使用 unordered_multiset（在头文件 < unordered_set > 中定义）。
- 使用比较函数对象 less < int > 来排列关键字可以使元素按照递增的顺序排列。
- 若在关联容器中使用的关键字是用户定义的数据类型，那么这些类型必须提供相应的比较操作。
- multiset 支持双向迭代器。
- 使用 multiset 类必须包含头文件 < set >。
- 函数 count（所有关联容器可用）用于计算指定值在容器中的个数。
- 函数 find（所有关联容器可用）在容器中查找指定值。
- 关联容器函数 lower_bound 和 upper_bound 找出指定值在容器中最先出现的位置以及指定值在容器中最后出现位置的后一个位置。
- 关联容器函数 equal_range 返回包含 lower_bound 和 upper_bound 返回值的一个 pair 对象。
- C++ 提供与 pair 相似的类模板 tuple，tuple 能够包含任意数量的多种类型的值。

## 15.6.2 节　关联容器 set

- set 关联容器用于快速存储和获取唯一的关键字。如果关键字的存储顺序不重要，则可以使用 unordered_set（在头文件 < unordered_set > 中定义）。
- 如果企图在 set 中插入一个重复的关键字，那么就会忽略这个重复值。
- set 支持双向迭代器。
- 使用 set 必须包含头文件 < set >。

## 15.6.3 节　关联容器 multimap

- 容器 multimap 和 map 提供了操作关键字 – 值对的功能。如果关键字的存储顺序不重要，则可以使用 unordered_multimap（在头文件 < unordered_map > 中定义）。
- multimap 和 map 的主要区别在于 multimap 可以有重复的关键字，但是 map 不行。
- multimap 关联容器用于快速存取关键字和关联的值（通常称为关键字-值对）。
- multimap 中可以出现重复的关键字，即多个值可以关联到同一个关键字，称为一对多关系。
- 使用类模板 map 和 multimap 要包含头文件 < map >。

### 15.6.4 节　关联容器 map

- map 中不能有重复的关键字, 所以一个值只能和一个关键字相关联。称为一对一关系。如果关键字的存储顺序不重要, 可以使用 unordered_map(在头文件 <unordered_map> 中定义)。

### 15.7 节　容器适配器

- STL 提供了三种容器适配器：stack、queue 和 priority_queue。
- 适配器不是首类容器, 因为它们没有提供真实的数据结构实现, 也不支持迭代器。
- 三种适配器都提供了成员函数 push 和 pop, 可以分别在适配器数据结构中插入和删除元素。

### 15.7.1 节　适配器 stack

- 类模板 stack 可以在底层数据结构的一端(通常称为后进先出数据结构)进行插入和删除。使用类模板 stack 要包含头文件 <stack>。
- stack 成员函数 top 返回栈顶元素的引用(底层容器调用函数 back)。
- stack 成员函数 empty 确定 stack 是否为空(底层容器调用函数 empty)。
- stack 成员函数 size 返回 stack 中的元素个数(底层容器调用函数 size)。

### 15.7.2 节　适配器 queue

- 类模板 queue 可以在底层数据结构的末端插入元素, 首端删除元素(通常称为先进先出数据结构)。使用 queue 或 priority_queue 要包含头文件 <queue>。
- queue 成员函数 front 返回 queue 中第一个元素的引用(底层容器调用函数 front)。
- queue 成员函数 back 返回 queue 中最后一个元素的引用(底层容器调用函数 back)。
- queue 成员函数 empty 确定 queue 是否为空(底层容器调用函数 empty)。
- queue 成员函数 size 返回 queue 中的元素个数(底层容器调用函数 size)。

### 15.7.3 节　适配器 priority_queue

- 类模板 priority_queue 提供了向底层数据结构中按排序顺序插入元素的功能, 并且可以从首部删除元素。
- 常用的 priority_queue 的操作有 push、pop、top、empty 和 size。

### 15.8 节　bitset 类

- 类模板 bitset 使得创建和操作位集合更加容易, 在表示一组标志位时很有用。

## 自测练习题

15.1　判断对错。如果错误, 请说明理由。

    a) 基于指针是复杂和易错的——些许遗漏或疏忽都能够导致严重的内存访问错误或内存泄漏问题, 编译器会对这些问题提出警告。

    b) deque 提供在首部和尾部的快速插入和删除操作, 并能够直接获取其中的任意位置的元素。

    c) list 是单向链表, 提供任意位置的快速插入和删除操作。

    d) multimap 通过允许重复提供一对多映射, 同时提供基于关键字的快速查询。

    e) 关联容器是非线性数据结构, 这种结构能够快速地在容器中找到相应元素。

    f) 容器成员函数 cbegin 返回指向容器第一个元素的迭代器。

    g) ++操作将迭代器移向容器的下一个元素。

    h) 作用于常量迭代器的 * 运算符返回一个容器元素的常量引用, 允许使用非常量成员函数。

    i) 在适当的地方使用迭代器是最小特权原则的另一个例子。

j)许多算法操作由指向第一个元素的迭代器和指向最后一个元素的迭代器所围成的序列。

k)函数 capacity 返回 vector 在为容纳更多元素调整空间前还可以存储的元素数。

l)deque 最常见的用途之一是用来构造一个先进先出队列。事实上，适配器 queue 默认使用 queue 作为底层数据结构实现。

m)push_front 仅在类 list 中可用。

n)仅能在 map 的首部和尾部进行插入和删除操作。

o)类 queue 在底层数据结构的首端插入数据，在末端删除数据(通常被认为是一个先进先出数据结构)。

15.2　填空

a)STL 库的三个关键组件为：_____，_____和_____。

b)内置数组可以通过把_____作为迭代器来应用标准库算法。

c)与后进先出插入删除规则最相近的标准库容器适配器是_____。

d)序列容器和_____容器被统称为首类容器。

e)_____构造函数将一个容器初始化成一个已存在的相同类型的容器的副本。

f)如果容器中没有元素，容器成员函数_____返回 true，否则返回 false。

g)容器成员函数_____(C++11 中的新内容)将一个容器中的元素移动到另一个容器中，避免了复制每个容器元素所带来的开销。

h)容器成员函数_____被重载用于返回指向容器第一个元素的迭代器。

i)在一个 const_iterator 上的操作将返回_____来避免相应容器中元素的更改。

j)标准库序列容器有 array、vector、deque、_____和_____。

k)选择容器_____来获得最好的随机存取性能并且容器大小能够随着元素数量的增多而增加。

l)函数 push_back 在除了_____的其他序列容器中可以使用，在容器末端增加元素。

m)像 cbegin 和 cend，C++11 提供 vector 成员函数 vrbegin 和 crend，这两个函数返回用于表示反向遍历容器的开始和结束位置的_____。

n)一元_____函数有一个参数，使用该参数进行比较，并返回一个 bool 值来表示比较结果。

o)有序和无序关联容器最主要的不同是_____。

p)multimap 和 map 的最主要的不同在于_____。

q)C++11 中的类模板 tuple，与 pair 相似，但是能_____。

r)关联容器 map 执行快速存储和检索唯一关键字和与之相关的值。重复的关键字是不被允许的，每个关键字都有一个与之映射的值。这叫作_____映射。

s)类_____提供按序插入以及在底层数据结构首端删除的功能。

15.3　写一条语句或表达式来完成下述 bitset 任务。

a)声明一个 bitset flags，大小为 size，其中 flags 的每一位都初始化为 0。

b)写一条语句将 bitset flags 的 bitNumber 位置为 off。

c)写一条语句返回 bitset flags 在 bitNumber 上的状态。

d)写一条表达式返回 bitset flags 中被设置为 on 的位的数量。

e)写一条表达式如果 bitset flags 中的所有位都为 on 时返回 true。

f)写一条表达式比较 bitset flags 和 otherFlags。

g)写一条表达式将 bitset flags 左移 n 位。

## 自测练习题答案

15.1　a)错。编译器并不会对运行时错误提出警告。b)对。c)错。应为双向链表。d)对。e)对。f)错。返回一个 const_iterator。g)对。h)错。并不允许使用非常量成员函数。i)错。在适当的地方使用

const_iterator 是最小特权原则的另一个例子。j)错。应该是到最后一个元素之后的位置。k)对。l)对。m)错。在 deque 中也可以使用。n)错。插入和删除可以在 map 中的任意位置进行。o)错。插入仅能在末端删除、仅能在首端发生。

15.2  a)容器,迭代器,算法。b)指针。c)stack。d)关联。e)拷贝。f)empty。g)移动版本的 = 运算符。h)begin。i)常量引用。j)list 和 forward_list。k)vector。l)array。j)const_reverse_iterator。n)谓词。o)无序版本不会按序存储关键字。p)multimap 允许重复的关键字,而 map 仅允许唯一的关键字。q)持有多个多种类型的项。r)一对一。s)priority_queue。

15.3  a)`bitset< size > flags;`

   b)`flags.reset( bitNumber );`

   c)`flags[ bitNumber ];`

   d)`flags.count()`

   e)`flags.all()`

   f)`flags != otherFlags`

   g)`flags <<= n;`

## 练习题

15.4  判断对错。如果错误,请说明理由。

   a)许多标准库算法能够运用在许多容器上而不用考虑容器的底层实现。

   b)array 是固定大小的,提供任意元素的直接存取。

   c)forward_list 是单向链表,仅允许在首端和末端进行快速的插入和删除操作。

   d)set 提供快速查找,并且允许重复值。

   e)在 priority_queue 中,最先出队列的总是最小优先级的元素。

   f)序列容器代表非线性数据结构。

   g)C++ 11 中,存在不是成员函数的函数 swap,使用移动操作而不是复制操作来交换其两个参数(必须是不同的容器类型)的内容。

   h)容器成员函数 erase 移除容器中的所有元素。

   i)类型 iterator 的对象所引用的容器的元素是可以被修改的。

   j)使用常量版本的迭代器来遍历只读容器。

   k)对于输入和输出迭代器,保存迭代器之后使用保存了的值是常见的。

   l)类模板 array、vector 和 deque 都是基于内置数组的。

   m)尝试引用指向容器外的迭代器是编译时错误。特别地,由 end 函数返回的迭代器不应被引用或增加。

   n)在 deque 的中间插入和删除是被优化过了的,使得需要复制的元素的数量最少,所以比 vector 更高效但是比 list 低效。

   o)容器 set 不允许重复值。

   p)类 stack(在 <stack >中定义)允许在底层数据结构的一端插入和删除数据(通常被称作后进先出数据结构)。

   q)函数 empty 在除了 deque 的其他容器中都可用。

15.5  填空。

   a)容器类的三种不同类型为:首类容器、_____和近容器。

   b)容器被分为四个主要类别:序列容器、有序关联容器、_____和容器适配器。

   c)标准库容器适配器中与先进先出的插入删除规则最像的适配器是_____。

   d)内置数组、bitset 和 valarray 是_____容器。

   e)_____构造函数(C++ 11 中的新内容)将一个同类型的已存在的容器内容移动到一个新的容器中,避免了复制容器参数中每个元素所带来的开销。

f) 容器成员函数_____返回当前容器中的元素数量。

g) 容器成员函数_____在第一个容器内容与第二个容器内容不相等时返回 true，否则返回 false。

h) 我们以序列的形式使用迭代器，这些序列常常存在于_____中，也可以是输入序列或输出序列。

i) 标准库算法仅仅通过_____间接地操作容器元素。

j) 常常在中间进行插入和删除操作的程序通常使用_____容器。

k) 如果在需要更多空间时将 vector 的容量翻倍是非常浪费的。例如。一个满了的有 1 000 000 个元素的 vector 在插入一个元素之后会将自己的容量变成 2 000 000，导致有 999 999 个没有使用到的元素。可以使用_____和_____来更好地利用空间。

m) 在 C++11 中，能够使用成员函数_____来要求 vector 或 deque 将不需要的多出来的内存返还给系统。

n) 关联容器提供通过关键字(常被称为搜索关键字)直接存储或检索元素。有序关联容器有 multiset、set、_____和_____。

o) 类_____和_____提供操作值集合的方法，这些类中值就是关键字，并没有另外的值与关键字进行关联。

p) 使用 C++11 的关键字 auto 来_____。

q) multimap 被实现用来高效地根据_____找出关键字-值对。

r) 标准库容器适配器有 stack、queue 和_____。

## 讨论题

15.6　解释为什么使用"最弱迭代器"来实现相关功能能够产生最大的可重用的组件。

15.7　为什么在 vector 中间插入或删除一个元素的代价很大。

15.8　支持随机存取迭代器的容器能够使用绝大多数但不是所有的标准库算法。为什么不能使用所有的标准库算法？

15.9　为什么要使用 * 运算符来引用迭代器？

15.10　为什么在 vector 末端的插入操作是高效的？

15.11　什么时候你会优先使用 deque 而不是 vector？

15.12　描述你在一个已经用尽自身内存的 vector 中插入一个数会发生事情。

15.13　什么情况下你会优先使用 list 而不是 deque？

15.14　当一个 map 的下标不存在于 map 中时会发生什么？

15.15　使用 C++11 中的 list 初始化器来用字符串 "Suzanne"、"James"、"Maria"和"Juan"初始化一个 vector names。使用两种常见的语法。

15.16　当删除一个存有指向动态分配对象的指针的容器元素时会发生什么？

15.17　描述有序关联容器 multiset

15.18　在一个信用卡交易处理系统中会如何使用有序关联容器 multimap？

15.19　写一条语句创建一个 string、int 作为关键字-值对的 multimap，并用三个关键字-值对来对其初始化。

15.20　解释 stack 中的 push、pop、top 操作。

15.21　解释 queue 中的 push、pop、front 和 back 操作。

15.22　在一个 priority_queue 中插入一个数和在其他容器中插入一个数的区别是什么？

## 编程题

15.23　(回文)编写一个函数模板 palindrome，以一个 vector 为参数，根据 vector 顺序和倒序是否相同(例如，一个包含元素 1，2，3，2，1 的 vector 就是回文，而一个包含元素 1，2，3，4 的 vector 不是)，返回 true 或 false。

15.24    （**使用 bitset 的爱拉托逊斯筛选法**）使用 bitset 实现爱拉托逊斯筛选法，程序应该显示 2 ~ 1023 中
的所有质数，允许用户输入一个数，程序判断该数是否为质数。

15.25    （**斐波那契数列**）修改练习题 15.24 的 Eratosthenes（爱拉托逊斯）筛选法。如果用户输入的数字不
是质数，程序就显示这个数的质因子。记住，一个质数的因子只有 1 和它本身。每个非质数都有
唯一的质分解因子。例如，54 的因子为 2、3、3 和 3，它们的乘积为 54。对于 54，质因子的输出
结果应该为 2 和 3。

15.26    （**质因子**）修改练习题 15.25。如果用户输入的数字不是质数，则程序显示它的质因子及各个质因
子在它的分解因式中出现的次数。例如，数值 54 的输出应该是：

`The unique prime factorization of 54 is: 2 * 3 * 3 * 3`

（54 的质因子及出现次数为：2 * 3 * 3 * 3）

## 推荐读物

Abrahams, D., and A. Gurtovoy. *C++ Template Metaprogramming: Concepts, Tools, and Techniques from Boost and Beyond*. Boston: Addison-Wesley Professional, 2004.

Ammeraal, L. *STL for C++ Programmers*. New York: John Wiley & Sons, 1997.

Austern, M. H. *Generic Programming and the STL: Using and Extending the C++ Standard Template Library*. Boston: Addison-Wesley, 2000.

Becker, P. *The C++ Standard Library Extensions: A Tutorial and Reference*. Boston: Addison-Wesley Professional, 2006.

Glass, G., and B. Schuchert. *The STL <Primer>*. Upper Saddle River, NJ: Prentice Hall PTR, 1995.

Heller, S., and Chrysalis Software Corp., *C++: A Dialog: Programming with the C++ Standard Library*. New York, Prentice Hall PTR, 2002.

Josuttis, N. *The C++ Standard Library: A Tutorial and Reference (2nd edition)*. Boston: Addison-Wesley Professional, 2012.

Josuttis, N. *The C++ Standard Library: A Tutorial and Handbook*. Boston: Addison-Wesley, 2000.

Karlsson, B. Beyond *the C++ Standard Library: An Introduction to Boost*. Boston: Addison-Wesley Professional, 2005.

Koenig, A., and B. Moo. *Ruminations on C++*. Boston: Addison-Wesley, 1997.

Lippman, S., J. Lajoie, and B. Moo. *C++ Primer (Fifth Edition)*. Boston: Addison-Wesley Professional, 2012.

Meyers, S. *Effective STL: 50 Specific Ways to Improve Your Use of the Standard Template Library*. Boston: Addison-Wesley, 2001.

Musser, D. R., G. Derge and A. Saini. *STL Tutorial and Reference Guide: C++ Programming with the Standard Template Library, Second Edition*. Boston: Addison-Wesley, 2010.

Musser, D. R., and A. A. Stepanov. "Algorithm-Oriented Generic Libraries," *Software Practice and Experience,* Vol. 24, No. 7, July 1994.

Nelson, M. *C++ Programmer's Guide to the Standard Template Library*. Foster City, CA: Programmer's Press, 1995.

Pohl, I. *C++ Distilled: A Concise ANSI/ISO Reference and Style Guide*. Boston: Addison-Wesley, 1997.

Reese, G. *C++ Standard Library Practical Tips*. Hingham, MA: Charles River Media, 2005.

Robson, R. *Using the STL: The C++ Standard Template Library, Second Edition*. New York: Springer, 2000.

Schildt, H. *STL Programming from the Ground Up, Third Edition*. New York: McGraw-Hill Osborne Media, 2003.

Schildt, H. *STL Programming from the Ground Up*. New York: Osborne McGraw-Hill, 1999.

Stepanov, A., and M. Lee. "The Standard Template Library," *Internet Distribution* 31 October 1995 `<www.cs.rpi.edu/~musser/doc.ps>`.

Stroustrup, B. "C++11—the New ISO C++ Standard" `<www.stroustrup.com/C++11FAQ.html>`.

Stroustrup, B. "Making a `vector` Fit for a Standard," *The C++ Report,* October 1994.

Stroustrup, B. *The Design and Evolution of C++*. Boston: Addison-Wesley, 1994.

Stroustrup, B. T*he C++ Programming Language, Fourth Edition*. Boston: Addison-Wesley Professional, 2013.

Stroustrup, B. *The C++ Programming Language, Third Edition*. Boston: Addison-Wesley, 2000.

Vandevoorde, D., and N. Josuttis. *C++ Templates: The Complete Guide*. Boston: Addison-Wesley, 2003.

Vilot, M. J., "An Introduction to the Standard Template Library," *The C++ Report,* Vol. 6, No. 8, October 1994.

Wilson, M. *Extended STL, Volume 1: Collections and Iterators*. Boston: Addison-Wesley, 2007.

# 第 16 章 标准库算法

*The historian is a prophet in reverse.*

—Friedrich von Schlegel

*Attempt the end, and never stand to doubt; Nothing's so hard but search will find it out.*

—Robert Herrick

## 学习目标

在本章中将学习：

- 使用了标准库大量算法的程序
- 利用迭代器及相关算法访问和操作标准库容器对象的元素
- 将函数指针、函数对象和 lambda 表达式传递到标准库算法中

## 提纲

## 16.1 简介

本章将继续讨论标准库的容器、迭代器和算法，把焦点集中在实现常见的数据操作，诸如对元素或者整个容器的查找、排序和比较之类的算法上。标准库提供了 90 多种算法，其中有许多是 C++11 新提出的。完整的清单列在 C++ 标准文档的第 25 节和第 26.7 节中，并且有各种各样在线的参考资源，如 en. cppreference.com/w/cpp/algorithm，可以满足大家进一步了解每个算法的需要。这些算法中的大多数使用

迭代器访问容器的元素。正如你将看到的，各种算法可以接收函数指针(指向函数代码的指针)类型的实参。也就是说，这样的算法利用指针来调用函数，通常以一个或两个容器的元素作为参数。在这一章中，我们将非常详细地介绍函数指针。在之后的章节中将介绍函数对象的概念。函数对象类似于函数指针，但被实现为类的对象，而这个类具有重载的函数调用运算符(运算符())。这样，就可以像函数名一样来使用函数对象了。最后，本章将介绍 C++11 的新特性：lambda 表达式，它是创建匿名函数对象(也就是没有名称的函数对象)的速记机制。

## 16.2  对迭代器的最低要求

除了少数例外，标准库将算法与容器分离，从而使添加新的算法变得更加容易。每个容器的一个重要部分就是它所支持的迭代器的类型(如图 15.7 所示)，这决定了哪个算法可以应用到容器上。例如，vector 和 array 对象都支持随机访问的迭代器，它们提供了图 15.9 中展示的所有的迭代器操作。所有的标准库算法均可以对 vector 对象进行操作，而且那些不修改容器大小的算法还可以对 array 对象进行操作。每个以迭代器作为参数的标准库算法，都要求迭代器提供最低限度的功能。例如，如果一个算法需要前向迭代器，那么它就可以作用在支持前向迭代器、双向迭代器或随机访问迭代器的任何容器上。

**软件工程知识 16.1**
标准库算法不依赖于它们所操作的容器的实现细节。只要一个容器(或内置数组)的迭代器满足算法的需求，那么这个算法就可以作用在这个容器上。

**可移植性提示 16.1**
因为标准库算法只是间接地通过迭代器来处理容器，所以一个算法常常可以多种不同的容器一起使用。

**软件工程知识 16.2**
标准库容器的实现非常简洁明了。算法与容器是分离开来的，并且算法对容器元素的操作只是间接地通过迭代器实现。这种分离使得编写适用于多种容器类的通用算法更加容易。

**软件工程知识 16.3**
在性能许可的情况下使用"最弱的迭代器"，将有助于产生可重用性最大化的组件。例如，如果一个算法只需要前向迭代器，那么它就可以与支持前向迭代器、双向迭代器或随机访问迭代器的任何容器一起使用。但是，如果一个算法需要随机访问的迭代器，那么它只能与具有支持随机访问迭代器的容器一起使用。

**迭代器无效**

迭代器简单地指向容器的元素，因此当对容器进行某些修改时，迭代器就有可能失效。例如，如果对一个 vector 对象调用 clear 函数，那么它的所有元素都会被删除。而在调用 clear 函数之前，假若程序有任何指向该 vector 对象元素的迭代器，那么现在这些迭代器就无效了。C++标准文档的第 23 节对每个标准库容器讨论了迭代器(和指针及引用)无效的所有情况。在这里，我们总结在插入和删除操作期间迭代器何时无效。

当对如下容器进行插入操作时：

● vector——如果 vector 对象被重新分配，那么所有指向这个 vector 对象的迭代器都变为无效。否则，从插入点到这个 vector 对象末尾的迭代器都变为无效。

● deque——所有迭代器都变为无效。

● list 或 forward_list——所有的迭代器都依然有效。

● 有序的关联容器——所有的迭代器都依然有效。

● 无序的关联容器——如果容器需要被重新分配，那么所有的迭代器都变为无效。

当对容器进行删除操作时,指向被删除元素的迭代器变为无效。此外,对于:

- vector——从被删除元素到这个 vector 对象末尾的迭代器都变为无效。
- deque——如果处在这个 deque 对象中部的元素被删除,那么所有的迭代器都变为无效。

## 16.3　算法

16.3.1 节 ~ 16.3.13 节将对标准库的许多算法进行示范说明。

### 16.3.1　fill、fill_n、generate 和 generate_n

图 16.1 演示了标准库中的 fill、fill_n、generate 和 generate_n 算法。fill 和 fill_n 算法把容器中某个范围内的元素设置为一个指定的值。generate 和 generate_n 算法使用一个生成函数为容器中一定范围内的元素创建新的值。这个生成函数没有参数,并且返回一个可以作为容器中元素值的值。

```cpp
1  // Fig. 16.1: fig16_01.cpp
2  // Algorithms fill, fill_n, generate and generate_n.
3  #include <iostream>
4  #include <algorithm> // algorithm definitions
5  #include <array> // array class-template definition
6  #include <iterator> // ostream_iterator
7  using namespace std;
8
9  char nextLetter(); // prototype of generator function
10
11 int main()
12 {
13    array< char, 10 > chars;
14    ostream_iterator< char > output( cout, " " );
15    fill( chars.begin(), chars.end(), '5' ); // fill chars with 5s
16
17    cout << "chars after filling with 5s:\n";
18    copy( chars.cbegin(), chars.cend(), output );
19
20    // fill first five elements of chars with As
21    fill_n( chars.begin(), 5, 'A' );
22
23    cout << "\n\nchars after filling five elements with As:\n";
24    copy( chars.cbegin(), chars.cend(), output );
25
26    // generate values for all elements of chars with nextLetter
27    generate( chars.begin(), chars.end(), nextLetter );
28
29    cout << "\n\nchars after generating letters A-J:\n";
30    copy( chars.cbegin(), chars.cend(), output );
31
32    // generate values for first five elements of chars with nextLetter
33    generate_n( chars.begin(), 5, nextLetter );
34
35    cout << "\n\nchars after generating K-O for the"
36       << " first five elements:\n";
37    copy( chars.cbegin(), chars.cend(), output );
38    cout << endl;
39 } // end main
40
41 // generator function returns next letter (starts with A)
42 char nextLetter()
43 {
44    static char letter = 'A';
45    return letter++;
46 } // end function nextLetter
```

```
chars after filling with 5s:
5 5 5 5 5 5 5 5 5 5

chars after filling five elements with As:
A A A A A 5 5 5 5 5
```

图 16.1　算法 fill、fill_n、generate 和 generate_n

```
chars after generating letters A-J:
A B C D E F G H I J

chars after generating K-O for the first five elements:
K L M N O F G H I J
```

图 16.1（续）　算法 fill、fill_n、generate 和 generate_n

### fill 算法

第 13 行定义了一个具有 10 个 char 元素的 array 对象 chars。第 15 行使用 fill 算法把 chars 从 chars.begin( )到（但不包括）chars.end( )之间的每一个元素都设置为字符'5'。请注意，作为第一个和第二个参数的迭代器必须至少是前向迭代器（也就是说，它们按向前的顺序既可以从容器输入又可以向容器输出）。

### fill_n 算法

第 21 行使用 fill_n 算法，把 chars 的前 5 个元素设置为'A'。作为第一个参数的迭代器必须至少是一个输出迭代器（也就是说，它可以按向前的顺序向容器输出）。第二个参数指定了要填充的元素个数，第三个参数指定了每个被填充元素的填充值。

### generate 算法

第 27 行使用 generate 算法，把调用生成函数 nextLetter 的返回结果值一一赋值给 chars 对象从 chars.begin( )到（但不包括）chars.end( )之间的每个元素。作为第一个和第二个参数的迭代器必须至少是前向迭代器。函数 nextLetter（定义在第 42～46 行）开始处定义了一个初始化为'A'的 static 局部变量 letter。每次调用 nextLetter 时，第 45 行的语句都对 letter 的值进行递增，并返回递增前的旧值。

### generate_n 算法

第 33 行使用 generate_n 算法，把调用生成函数 nextLetter 的返回结果值一一赋值给 chars 对象从 chars.begin( )开始的 5 个元素。作为第一个参数的迭代器必须至少是一个输出迭代器。

**关于阅读标准库算法文档的注意事项**

当大家在阅读标准库算法的文档时，特别注意一下接收的实参是函数指针的这类函数。在文档中这些函数的相应形参并未声明为指针的形式。但是实际上，这些形参可以接收函数指针、函数对象（见 16.4 节）或 lambda 表达式（见 16.5 节）之类的实参。正是出于这个原因，标准库在声明这样的形参时采用了更为通用的名称。

例如，下面是在 C++ 标准文档中所列出的 generate 算法的原型：

```
template<class ForwardIterator, class Generator>
void generate(ForwardIterator first, ForwardIterator last,
    Generator gen);
```

表明这个算法期望的是两个 ForwardIterator 参数和一个 Generator 函数参数，其中前两个参数表示待处理元素的范围。C++ 标准说明了 generate 算法将调用这个 Generator 函数，来获得由两个 ForwardIterator 参数所指定范围汇总的每个元素的值。而且，还规定了这个 Generator 函数必须是无参数的，并返回一个具有元素类型的值。

对于可以接收函数指针、函数对象或 lambda 表达式之类实参的每个算法，C++ 标准都提供了类似的文档。在本章介绍每个算法的大部分例子中，我们都明确说明了对这样形参的要求。通常在涉及函数且将函数指针传递给算法的时候，我们往往如此。在 16.4 节～16.5 节中，将讨论如何创建和使用可以传递给算法的函数对象与 lambda 表达式。

### 16.3.2　equal、mismatch 和 lexicographical_compare

图 16.2 演示了使用标准库中的 equal、mismatch 和 lexicographical_compare 算法来比较两个值的序列是否相等。

```
 1    // Fig. 16.2: fig16_02.cpp
 2    // Algorithms equal, mismatch and lexicographical_compare.
 3    #include <iostream>
 4    #include <algorithm> // algorithm definitions
 5    #include <array> // array class-template definition
 6    #include <iterator> // ostream_iterator
 7    using namespace std;
 8
 9    int main()
10    {
11       const size_t SIZE = 10;
12       array< int, SIZE > a1 = { 1, 2, 3, 4, 5, 6, 7, 8, 9, 10 };
13       array< int, SIZE > a2( a1 ); // initializes a2 with copy of a1
14       array< int, SIZE > a3 = { 1, 2, 3, 4, 1000, 6, 7, 8, 9, 10 };
15       ostream_iterator< int > output( cout, " " );
16
17       cout << "a1 contains: ";
18       copy( a1.cbegin(), a1.cend(), output );
19       cout << "\na2 contains: ";
20       copy( a2.cbegin(), a2.cend(), output );
21       cout << "\na3 contains: ";
22       copy( a3.cbegin(), a3.cend(), output );
23
24       // compare a1 and a2 for equality
25       bool result = equal( a1.cbegin(), a1.cend(), a2.cbegin() );
26       cout << "\n\a1 " << ( result ? "is" : "is not" )
27          << " equal to a2.\n";
28
29       // compare a1 and a3 for equality
30       result = equal( a1.cbegin(), a1.cend(), a3.cbegin() );
31       cout << "a1 " << ( result ? "is" : "is not" ) << " equal to a3.\n";
32
33       // check for mismatch between a1 and a3
34       auto location = mismatch( a1.cbegin(), a1.cend(), a3.cbegin() );
35       cout << "\nThere is a mismatch between a1 and a3 at location "
36          << ( location.first - a1.begin() ) << "\nwhere a1 contains "
37          << *location.first << " and a3 contains " << *location.second
38          << "\n\n";
39
40       char c1[ SIZE ] = "HELLO";
41       char c2[ SIZE ] = "BYE BYE";
42
43       // perform lexicographical comparison of c1 and c2
44       result = lexicographical_compare(
45          begin( c1 ), end( c1 ), begin( c2 ), end( c2 ) );
46       cout << c1 << ( result ? " is less than " :
47          " is greater than or equal to " )  << c2 << endl;
48    } // end main
```

```
a1 contains: 1 2 3 4 5 6 7 8 9 10
a2 contains: 1 2 3 4 5 6 7 8 9 10
a3 contains: 1 2 3 4 1000 6 7 8 9 10

a1 is equal to a2.
a1 is not equal to a3.

There is a mismatch between a1 and a3 at location 4
where a1 contains 5 and a3 contains 1000

HELLO is greater than or equal to BYE BYE
```

图 16.2　算法 equal、mismatch 和 lexicographical_compare

### equal 算法

第 27 行使用 equal 算法,比较两个值的序列是否相等。第二个序列包含的元素个数至少要和第一个一样多,也就是说如果这两个序列长度不同,则 equal 返回 false。==运算符(无论是内置的还是重载的)用于执行元素的比较。在本例中, a1 中从 a1.cbegin()到(但不包括)a1.cend()之间的元素与 a2 中从 a2.cbegin()开始的元素进行比较。这里 v1 和 v2 是相等的。注意,三个迭代器参数必须至少是输入迭代器(即它们可以按向前的顺序从序列输入)。第 30 行使用 equal 函数来比较 a1 和 a3,它们是不相等的。

### 使用二元谓词函数的 equal 算法

还有另一个版本的 equal,它取一个二元谓词函数作为第四个参数。这个二元谓词函数接收两个待比较的元素作为参数，返回一个 bool 值来表明这两个元素是否相等。这在比较的序列元素是对象或是指向值的指针而不是实际的值时很有用，因为程序员可以定义一个或多个比较方式。例如，在比较雇员对象时可以针对年龄、社会保险号或地址进行比较，而不是比较整个对象。还可以比较指针指向的对象而非指针的值（也就是说存放在指针中的地址）。

### mismatch 算法

第 40 行调用 mismatch 算法，比较两个值的序列。这个算法返回一个迭代器的 pair 对象，表明两个序列中不匹配的元素所在的位置。若所有的元素都匹配，这个 pair 对象中的两个迭代器分别等于每个序列中的最后一个元素。这三个迭代器参数必须至少是输入迭代器。第 34 行使用 C++ 11 的 auto 关键字来让编译器推断这个 pair 对象 location 的类型。第 36 行由表达式 location. first − a1. begin( ) 确定了这两个 array 对象中不匹配的实际位置。这个表达式计算的是两个迭代器之间元素的个数（与第 8 章学习的指针算术运算类似），该值对应于这个例子中的元素个数，因为比较是从每个 array 对象的第一个元素开始的。和 equal 算法类似，mismatch 也有另一个版本，使用一个二元谓词函数作为第四个参数。

### lexicographical_compare 算法

第 44 ~ 50 行使用函数 lexicographical_compare，比较两个内置的字符数组的内容。这个算法有 4 个迭代器实参，它们必须至少是输入迭代器。正如大家已知的，指向内置数组的指针是随机访问迭代器。前两个迭代器参数指定了第一个序列中元素的位置范围，后两个参数指定了第二个序列中元素的位置范围。这里，我们再一次使用 C++ 11 的 begin 和 end 函数，确定每个内置数组的元素范围。当迭代遍历这两个序列时，lexicographical_compare 检测第一个序列中的元素是否比第二个序列中的小。如果小，算法返回 true；如果第一个序列中的元素比第二个序列大或者相等，则返回 false。这个算法可以用于按照字典顺序排列序列。通常，这种序列包含字符串。

### 16.3.3　remove、remove_if、remove_copy 和 remove_copy_if

图 16.3 演示了使用标准库中的 remove、remove_if、remove_copy 和 remove_copy_if 算法从序列中删除元素。

```
 1   // Fig. 16.3: fig16_03.cpp
 2   // Algorithms remove, remove_if, remove_copy and remove_copy_if.
 3   #include <iostream>
 4   #include <algorithm> // algorithm definitions
 5   #include <array> // array class-template definition
 6   #include <iterator> // ostream_iterator
 7   using namespace std;
 8
 9   bool greater9( int ); // prototype
10
11   int main()
12   {
13      const size_t SIZE = 10;
14      array< int, SIZE > init = { 10, 2, 10, 4, 16, 6, 14, 8, 12, 10 };
15      ostream_iterator< int > output( cout, " " );
16
17      array< int, SIZE > a1( init ); // initialize with copy of init
18      cout << "a1 before removing all 10s:\n   ";
19      copy( a1.cbegin(), a1.cend(), output );
20
21      // remove all 10s from a1
22      auto newLastElement = remove( a1.begin(), a1.end(), 10 );
23      cout << "\a1 after removing all 10s:\n   ";
24      copy( a1.begin(), newLastElement, output );
25
26      array< int, SIZE > a2( init ); // initialize with copy of init
27      array< int, SIZE > c = { 0 }; // initialize to 0s
28      cout << "\n\a2 before removing all 10s and copying:\n   ";
29      copy( a2.cbegin(), a2.cend(), output );
30
31      // copy from a2 to c, removing 10s in the process
```

图 16.3　remove、remove_if、remove_copy 和 remove_copy_if 算法

```
32      remove_copy( a2.cbegin(), a2.cend(), c.begin(), 10 );
33      cout << "\nc after removing all 10s from a2:\n   ";
34      copy( c.cbegin(), c.cend(), output );
35
36      array< int, SIZE > a3( init ); // initialize with copy of init
37      cout << "\n\na3 before removing all elements greater than 9:\n    ";
38      copy( a3.cbegin(), a3.cend(), output );
39
40      // remove elements greater than 9 from a3
41      newLastElement = remove_if( a3.begin(), a3.end(), greater9 );
42      cout << "\na3 after removing all elements greater than 9:\n   ";
43      copy( a3.begin(), newLastElement, output );
44
45      array< int, SIZE > a4( init ); // initialize with copy of init
46      array< int, SIZE > c2 = { 0 }; // initialize to 0s
47      cout << "\n\na4 before removing all elements"
48          << "\ngreater than 9 and copying:\n   ";
49      copy( a4.cbegin(), a4.cend(), output );
50
51      // copy elements from a4 to c2, removing elements greater
52      // than 9 in the process
53      remove_copy_if( a4.cbegin(), a4.cend(), c2.begin(), greater9 );
54      cout << "\nc2 after removing all elements"
55          << "\ngreater than 9 from a4:\n   ";
56      copy( c2.cbegin(), c2.cend(), output );
57      cout << endl;
58  } // end main
59
60  // determine whether argument is greater than 9
61  bool greater9( int x )
62  {
63      return x > 9;
64  } // end function greater9
```

```
a1 before removing all 10s:
   10 2 10 4 16 6 14 8 12 10
a1 after removing all 10s:
   2 4 16 6 14 8 12

a2 before removing all 10s and copying:
   10 2 10 4 16 6 14 8 12 10
c after removing all 10s from a2:
   2 4 16 6 14 8 12 0 0 0

a3 before removing all elements greater than 9:
   10 2 10 4 16 6 14 8 12 10
a3 after removing all elements greater than 9:
   2 4 6 8

a4 before removing all elements
greater than 9 and copying:
   10 2 10 4 16 6 14 8 12 10
c2 after removing all elements
greater than 9 from a4:
   2 4 6 8 0 0 0 0 0 0
```

图 16.3(续)    remove、remove_if、remove_copy 和 remove_copy_if 算法

### remove 算法

第 22 行使用 remove 算法,删除 a1 中从 a1. begin( )到(但不包括)a1. end( )之间所有值为 10 的元素。前两个迭代器实参必须是前向迭代器。此算法并不修改这个容器中的元素数目,也不会销毁被删除的元素,但它的确要把所有没有被删除的元素移到这个容器的前部。remove 算法返回一个迭代器,定位在最后一个未被删除元素之后的位置上。从这个迭代器位置开始到容器的末尾的所有元素其值都是不确定的。

### remove_copy 算法

第 32 行使用 remove_copy 算法,复制 a2 中从 a2. cbegin( )到(但不包括)a2. cend( )之间所有值不为 10 的元素。这些元素值被复制到 c 中,从位置 c. begin( )开始。前两个迭代器实参必须是输入迭代器,第三个迭代器实参必须是输出迭代器,这样被复制的元素才可以插入到复制的位置上。remove_copy 算法返回一个迭代器,定位在 c 中最后一个复制元素之后的位置上。

## remove_if 算法

第 41 行使用了 remove_if 算法，删除 a3 中从 a3.begin( )到(但不包括)a3.end( )之间的一些元素，这些元素对于用户自定义的一元谓词函数 greater9 返回 true。函数 greater9(定义在第 61~64 行)的执行逻辑是：如果传递给它的值大于 9，则返回 true；否则返回 false。remove_if 算法的前两个迭代器实参必须是前向迭代器。此算法并不修改这个容器中的元素数目，而是把那些没有被删除的元素移动到容器的前部。remove_if 算法返回一个迭代器，定位在最后一个未被删除元素之后的位置上。从这个迭代器位置开始到容器的末尾的所有元素的值都是不确定的。

## remove_copy_if 算法

第 53 行使用 remove_copy_if 算法，复制 a4 中从 a4.cbegin( )到(但不包括)a4.cend( )之间的一些元素，这些元素对于用户自定义的一元谓词函数 greater9 返回 true。然后这些元素被复制到 c2 中，从位置 c2.begin( )开始。前两个迭代器必须是输入迭代器，第三个迭代器必须是输出迭代器，这样被复制的元素才可以赋值到复制的位置上。remove_copy_if 算法返回一个迭代器，定位在 c2 中最后一个复制元素之后的位置上。

### 16.3.4　replace、replace_if、replace_copy 和 replace_copy_if

图 16.4 给出了使用 replace、replace-if、replace-copy 和 replace-copy-if 替换序列中的值。

```
 1   // Fig. 16.4: fig16_04.cpp
 2   // Algorithms replace, replace_if, replace_copy and replace_copy_if.
 3   #include <iostream>
 4   #include <algorithm>
 5   #include <array>
 6   #include <iterator> // ostream_iterator
 7   using namespace std;
 8
 9   bool greater9( int ); // predicate function prototype
10
11   int main()
12   {
13      const size_t SIZE = 10;
14      array< int, SIZE > init = = { 10, 2, 10, 4, 16, 6, 14, 8, 12, 10 };
15      ostream_iterator< int > output( cout, " " );
16
17      array< int, SIZE >  a1( init ); // initialize with copy of init
18      cout << "a1 before replacing all 10s:\n   ";
19      copy( a1.cbegin(), a1.cend(), output );
20
21      // replace all 10s in a1 with 100
22      replace( a1.begin(), a1.end(), 10, 100 );
23      cout << "\na1 after replacing 10s with 100s:\n   ";
24      copy( a1.cbegin(), a1.cend(), output );
25
26      array< int, SIZE > a2( init ); // initialize with copy of init
27      array< int, SIZE > c1; // instantiate c1
28      cout << "\n\na2 before replacing all 10s and copying:\n   ";
29      copy( a2.cbegin(), a2.cend(), output );
30
31      // copy from a2 to c1, replacing 10s with 100s
32      replace_copy( a2.cbegin(), a2.cend(), c1.begin(), 10, 100 );
33      cout << "\nc1 after replacing all 10s in a2:\n   ";
34      copy( c1.cbegin(), c1.cend(), output );
35
36      array< int, SIZE > a3( init ); // initialize with copy of init
37      cout << "\n\na3 before replacing values greater than 9:\n   ";
38      copy( a3.cbegin(), a3.cend(), output );
39
40      // replace values greater than 9 in a3 with 100
41      replace_if( a3.begin(), a3.end(), greater9, 100 );
42      cout << "\na3 after replacing all values greater"
43           << "\nthan 9 with 100s:\n   ";
44      copy( a3.cbegin(), a3.cend(), output );
45
```

图 16.4　replace、replace_if、replace_copy 和 replace_copy_if 算法

```
46      array< int, SIZE > a4( init ); // initialize with copy of init
47      array< int, SIZE > c2; // instantiate c2'
48      cout << "\n\na4 before replacing all values greater "
49          << "than 9 and copying:\n    ";
50      copy( a4.cbegin(), a4.cend(), output );
51
52      // copy a4 to c2, replacing elements greater than 9 with 100
53      replace_copy_if( a4.cbegin(), a4.cend(), c2.begin(), greater9, 100 );
54      cout << "\nc2 after replacing all values greater than 9 in v4:\n    ";
55      copy( c2.begin(), c2.end(), output );
56      cout << endl;
57  } // end main
58
59  // determine whether argument is greater than 9
60  bool greater9( int x )
61  {
62      return x > 9;
63  } // end function greater9
```

```
a1 before replacing all 10s:
   10 2 10 4 16 6 14 8 12 10
a1 after replacing 10s with 100s:
   100 2 100 4 16 6 14 8 12 100

a2 before replacing all 10s and copying:
   10 2 10 4 16 6 14 8 12 10
c1 after replacing all 10s in a2:
   100 2 100 4 16 6 14 8 12 100

a3 before replacing values greater than 9:
   10 2 10 4 16 6 14 8 12 10
a3 after replacing all values greater
than 9 with 100s:
   100 2 100 4 100 6 100 8 100 100

a4 before replacing all values greater than 9 and copying:
   10 2 10 4 16 6 14 8 12 10
c2 after replacing all values greater than 9 in a4:
   100 2 100 4 100 6 100 8 100 100
```

图 16.4(续)　replace、replace_if、replace_copy 和 replace_copy_if 算法

### replace 算法

第 22 行使用 replace 算法，将 a1 中从 a1.begin( ) 到(但不包括)a1.end( )之间所有值为 10 的元素替换为新值 100。前两个迭代器参数必须是前向迭代器，这样算法才能修改序列中的元素。

### replace_copy 算法

第 33 行使用 replace_copy 算法，复制 a2 中从 a2.cbegin( ) 到(但不包括)a2.cend( )之间的所有元素，并把等于 10 的元素替换为新值 100。这些元素被复制到 c1 中，从位置 c1.begin( )开始。前两个迭代器实参必须是输入迭代器，第三个迭代器实参必须是输出迭代器，这样被复制的元素才可以赋值到复制的位置上。replace_copy 算法返回一个迭代器，定位在 c1 中最后一个复制元素之后的位置上。

### replace_if 算法

第 41 行使用 replace_if 算法，替换 a3 中从 a3.begin( ) 到(但不包括)a3.end( )之间的一些元素，这些元素对于一元谓词函数 greater9 返回 true。函数 greater9(定义在第 60～63 行)的执行逻辑是：如果传递给它的值大于 9，则返回 true；否则返回 false。大于 9 的每个元素值被替换为 100。前两个迭代器实参必须是前向迭代器。

### replace_copy_if 算法

第 53 行使用 replace_copy_if 算法，复制 a4 中从 a4.cbegin( ) 到(但不包括)a4.cend( )之间的所有元素，其中那些对于一元谓词函数 greater9 返回 true 的元素被替换为 100。复制的元素放置在 c2 中，从位置 c2.begin( )开始。前两个迭代器参数必须是输入迭代器，第三个迭代器参数必须是输出迭代器，这样被复制的元素才能赋值到复制的位置上。replace_copy_if 算法返回一个迭代器，定位在 c2 中最后一个复制元素之后的位置上。

### 16.3.5　数学算法

图 16.5 演示了标准库中的几个常用数学算法，包括 random_shuffle、count、count_if、min_element、max_element、minmax_element accumulate、for_each 和 transform。

```cpp
 1   // Fig. 16.5: fig16_05.cpp
 2   // Mathematical algorithms of the Standard Library.
 3   #include <iostream>
 4   #include <algorithm> // algorithm definitions
 5   #include <numeric> // accumulate is defined here
 6   #include <array>
 7   #include <iterator>
 8   using namespace std;
 9
10   bool greater9( int ); // predicate function prototype
11   void outputSquare( int ); // output square of a value
12   int calculateCube( int ); // calculate cube of a value
13
14   int main()
15   {
16      const size_t SIZE = 10;
17      array< int, SIZE > a1 = { 1, 2, 3, 4, 5, 6, 7, 8, 9, 10 };
18      ostream_iterator< int > output( cout, " " );
19
20      cout << "a1 before random_shuffle: ";
21      copy( a1.cbegin(), a1.cend(), output );
22
23      random_shuffle( a1.begin(), a1.end() ); // shuffle elements of a1
24      cout << "\na1 after random_shuffle: ";
25      copy( a1.cbegin(), a1.cend(), output );
26
27      array< int, SIZE > a2 = { 100, 2, 8, 1, 50, 3, 8, 8, 9, 10 };
28      cout << "\n\na2 contains: ";
29      copy( a2.cbegin(), a2.cend(), output );
30
31      // count number of elements in a2 with value 8
32      int result = count( a2.cbegin(), a2.cend(), 8 );
33      cout << "\nNumber of elements matching 8: " << result;
34
35      // count number of elements in a2 that are greater than 9
36      result = count_if( a2.cbegin(), a2.cend(), greater9 );
37      cout << "\nNumber of elements greater than 9: " << result;
38
39      // locate minimum element in a2
40      cout << "\n\nMinimum element in a2 is: "
41         << *( min_element( a2.cbegin(), a2.cend() ) );
42
43      // locate maximum element in a2
44      cout << "\nMaximum element in a2 is: "
45         << *( max_element( a2.cbegin(), a2.cend() ) );
46
47      // locate minimum and maximum elements in a2
48      auto minAndMax = minmax_element( a2.cbegin(), a2.cend() );
49      cout << "\nThe minimum and maximum elements in a2 are "
50         << *minAndMax.first << " and " << *minAndMax.second
51         << ", respectively";
52
53      // calculate sum of elements in a1
54      cout << "\n\nThe total of the elements in a1 is: "
55         << accumulate( a1.cbegin(), a1.cend(), 0 );
56
57      // output square of every element in a1
58      cout << "\n\nThe square of every integer in a1 is:\n";
59      for_each( a1.cbegin(), a1.cend(), outputSquare );
60
61      array< int, SIZE > cubes; // instantiate cubes
62
63      // calculate cube of each element in a1; place results in cubes
64      transform( a1.cbegin(), a1.cend(), cubes.begin(), calculateCube );
65      cout << "\n\nThe cube of every integer in a1 is:\n";
66      copy( cubes.cbegin(), cubes.cend(), output );
```

图 16.5　标准库中的数学算法

```
67        cout << endl;
68    } // end main
69
70    // determine whether argument is greater than 9
71    bool greater9( int value )
72    {
73        return value > 9;
74    } // end function greater9
75
76    // output square of argument
77    void outputSquare( int value )
78    {
79        cout << value * value << ' ';
80    } // end function outputSquare
81
82    // return cube of argument
83    int calculateCube( int value )
84    {
85        return value * value * value;
86    } // end function calculateCube
```

```
a1 before random_shuffle: 1 2 3 4 5 6 7 8 9 10
a1 after random_shuffle: 9 2 10 3 1 6 8 4 5 7

a2 contains: 100 2 8 1 50 3 8 8 9 10
Number of elements matching 8: 3
Number of elements greater than 9: 3

Minimum element in a2 is: 1
Maximum element in a2 is: 100
The minimum and maximum elements in a2 are 1 and 100, respectively

The total of the elements in a1 is: 55

The square of every integer in a1 is:
81 4 100 9 1 36 64 16 25 49

The cube of every integer in a1 is:
729 8 1000 27 1 216 512 64 125 343
```

图 16.5(续)   标准库中的数学算法

### random_shuffle 算法

第 23 行使用 random_shuffle 算法,对 a1 中从 a1. begin( )到(但不包括)a1. end( )之间的元素进行随机重排序。这个函数有两个随机访问迭代器参数。此版本的 random_shuffle 算法利用 rand 函数进行随机化,除非使用 srand 函数设置这个随机数产生器的种子,否则每次运行程序时都将产生相同的结果。另外一个版本的 random_shuffle 算法则以一个 C++11 的均匀分布伪随机数生成器作为它的第三个参数。

### count 算法

第 32 行使用 count 算法,统计 a2 中从 a2. cbegin( )到(但不包括)a2. cend( )之间值为 8 的元素个数。这个算法的两个迭代器参数必须至少是输入迭代器。

### count_if 算法

第 36 行使用 count_if 算法,统计 a2 中从 a2. cbegin( )到(但不包括)a2. cend( )之间一些元素的个数,这些元素对于谓词函数 greater9 返回 true。这个算法的两个迭代器参数必须至少是输入迭代器。

### min_element 算法

第 41 行使用 min_element 算法,查找 a2 中从 a2. cbegin( )到(但不包括)a2. cend( )之间的最小元素。这个算法要么返回定位第一个最小元素的一个前向迭代器,要么当查找范围为空时返回 a2. end( )。它的两个迭代器参数必须至少是前向迭代器。另一个版本的 min_element 算法有第三个参数,它是一个二元函数,用于比较序列中的两个元素。如果这个二元函数的第一个参数小于第二个参数将返回为 true 的 bool 值。

**错误预防技巧 16.1**

在调用 min_element 时检查指定的查找范围不为空，以及检查返回的值不是"越过末尾"的迭代器是一条良好的实践经验。

### max_element 算法

第 45 行使用 max_element 算法，查找 a2 中从 a2.cbegin( )到（但不包括）a2.cend( )之间的最大元素。这个算法返回定位第一个最大元素的一个前向迭代器。它的两个迭代器参数必须至少是前向迭代器。另一个版本的 max_element 算法有第三个参数，它是一个二元谓词函数，用于比较序列中的元素。这个二元函数有两个参数，如果第一个参数小于第二个参数将返回为 true 的 bool 值。

### C++11：minmax_element 算法

第 48 行使用 C++11 新的 minmax_element 算法，查找 a2 中从 a2.cbegin( )到（但不包括）a2.cend( )之间的最小和最大元素。这个算法返回一对前向迭代器，分别定位最小和最大元素。如果有重复的最小和最大元素，那么这两个迭代器分别定位第一个最小元素和最后一个最大元素。这个算法的两个迭代器参数必须至少是前向迭代器。另一个版本的 minmax_element 算法有第三个参数，它是一个二元谓词函数，用于比较序列中的元素。这个二元函数有两个参数，如果第一个参数小于第二个参数将返回为 true 的 bool 值。

### accumulate 算法

第 55 行使用 accumulate 算法（它的模板在头文件 < numeric > 中），计算 a1 中从 a1.cbegin( )到（但不包括）a1.cend( )之间值的和。这个算法的两个迭代器参数必须至少是输入迭代器，它的第三个参数表示总和的初始值。另一个版本的 accumulate 算法使用一个通用函数作为第四个参数，决定这些元素如何相加。这个通用函数接收两个参数并返回一个结果，其中的第一个参数是累加和的当前值，第二个参数是序列中待累加的当前元素值。

### for_each 算法

第 59 行使用 for_each 算法，对 a1 中从 a1.cbegin( )到（但不包括）a1.cend( )之间的每一个元素应用一个通用函数。这个通用函数把当前元素作为实参，并且可能会修改它（如果是以按引用的方式被接收且不是 const 的）。for_each 算法要求它的两个迭代器参数至少是输入迭代器。

### transform 算法

第 63 行使用 transform 算法，对 a1 中从 a1.cbegin( )到（但不包括）a1.cend( )之间的每一个元素应用一个通用函数。这个通用函数（第四个参数）使用当前元素作为实参，并且不能修改它，返回的应当是变换的结果值。transform 算法的前两个迭代器参数必须至少是输入迭代器。第三个参数必须至少是输出迭代器，指出了变换结果的存放位置。请注意，第三个参数可以和第一个相同。另一个版本的 transform 算法接收 5 个参数，其中前两个是输入迭代器，用于指定某个源容器的元素范围；第三个参数也是输入迭代器，用于指定另一个源容器的第一个元素；第四个参数是输出迭代器，用于指定变换结果的存放位置；最后一个参数是一个接收两个参数的通用函数。这个版本的 transform 从两个源容器中分别取出一个元素，对这对元素执行通用函数，然后把结果存放在第四个参数指定的位置上。

## 16.3.6 基本查找和排序算法

图 16.6 演示了标准库中几种基本的查找和排序算法，包括 find、find_if、sort、binary_search、all_of、any_of、none_of 和 find_if_not。

### find 算法

第 21 行使用 find 算法，查找 a 中从 a.cbegin( )到（但不包括）a.cend( )之间值为 16 的元素。这个算法的两个迭代器参数必须至少是输入迭代器，并返回一个输入迭代器，要么定位了第一个含有查找值的元素，要么指示到了序列的末尾（第 29 行的情况正是如此）。

```
 1   // Fig. 16.6: fig16_06.cpp
 2   // Standard Library search and sort algorithms.
 3   #include <iostream>
 4   #include <algorithm> // algorithm definitions
 5   #include <array> // array class-template definition
 6   #include <iterator>
 7   using namespace std;
 8
 9   bool greater10( int value ); // predicate function prototype
10
11   int main()
12   {
13      const size_t SIZE = 10;
14      array< int, SIZE > a = { 10, 2, 17, 5, 16, 8, 13, 11, 20, 7 };
15      ostream_iterator< int > output( cout, " " );
16
17      cout << "array a contains: ";
18      copy( a.cbegin(), a.cend(), output ); // display output vector
19
20      // locate first occurrence of 16 in a
21      auto location = find( a.cbegin(), a.cend(), 16 );
22
23      if ( location != a.cend() ) // found 16
24         cout << "\n\nFound 16 at location " << ( location - a.cbegin() );
25      else // 16 not found
26         cout << "\n\n16 not found";
27
28      // locate first occurrence of 100 in a
29      location = find( a.cbegin(), a.cend(), 100 );
30
31      if ( location != a.cend() ) // found 100
32         cout << "\nFound 100 at location " << ( location - a.cbegin() );
33      else // 100 not found
34         cout << "\n100 not found";
35
36      // locate first occurrence of value greater than 10 in a
37      location = find_if( a.cbegin(), a.cend(), greater10 );
38
39      if ( location != a.cend() ) // found value greater than 10
40         cout << "\n\nThe first value greater than 10 is " << *location
41            << "\nfound at location " << ( location - a.cbegin() );
42      else // value greater than 10 not found
43         cout << "\n\nNo values greater than 10 were found";
44
45      // sort elements of a
46      sort( a.begin(), a.end() );
47      cout << "\n\narray a after sort: ";
48      copy( a.cbegin(), a.cend(), output );
49
50      // use binary_search to locate 13 in a
51      if ( binary_search( a.cbegin(), a.cend(), 13 ) )
52         cout << "\n\n13 was found in a";
53      else
54         cout << "\n\n13 was not found in a";
55
56      // use binary_search to locate 100 in a
57      if ( binary_search( a.cbegin(), a.cend(), 100 ) )
58         cout << "\n100 was found in a";
59      else
60         cout << "\n100 was not found in a";
61
62      // determine whether all of the elements of a are greater than 10
63      if ( all_of( a.cbegin(), a.cend(), greater10 ) )
64         cout << "\n\nAll the elements in a are greater than 10";
65      else
66         cout << "\n\nSome elements in a are not greater than 10";
67
68      // determine whether any of the elements of a are greater than 10
69      if ( any_of( a.cbegin(), a.cend(), greater10 ) )
70         cout << "\n\nSome of the elements in a are greater than 10";
71      else
72         cout << "\n\nNone of the elements in a are greater than 10";
73
```

图 16.6   标准库的基本查找和排序算法

```
74      // determine whether none of the elements of a are greater than 10
75      if ( none_of( a.cbegin(), a.cend(), greater10 ) )
76         cout << "\n\nNone of the elements in a are greater than 10";
77      else
78         cout << "\n\nSome of the elements in a are greater than 10";
79
80      // locate first occurrence of value that's not greater than 10 in a
81      location = find_if_not( a.cbegin(), a.cend(), greater10 );
82
83      if ( location != a.cend() ) // found a value less than or eqaul to 10
84         cout << "\n\nThe first value not greater than 10 is " << *location
85            << "\nfound at location " << ( location - a.cbegin() );
86      else // no values less than or equal to 10 were found
87         cout << "\n\nOnly values greater than 10 were found";
88
89      cout << endl;
90   } // end main
91
92   // determine whether argument is greater than 10
93   bool greater10( int value )
94   {
95      return value > 10;
96   } // end function greater10
```

```
array a contains: 10 2 17 5 16 8 13 11 20 7

Found 16 at location 4
100 not found

The first value greater than 10 is 17
found at location 2

array a after sort: 2 5 7 8 10 11 13 16 17 20

13 was found in a
100 was not found in a

Some elements in a are not greater than 10

Some of the elements in a are greater than 10

Some of the elements in a are greater than 10

The first value not greater than 10 is 2
found at location 0
```

图 16.6(续)　标准库的基本查找和排序算法

### find_if 算法

第 37 行使用 find_if 算法(线性查找)，查找 a 中从 a.cbegin( )到(但不包括)a.cend( )之间对于一元谓词函数 greater10 返回 true 的第一个元素。一元谓词函数 greater10(定义在第 93～96 行)接收一个整数参数，返回一个 bool 值，表明这个整数是否大于 10。find_if 算法的两个迭代器参数必须至少是输入迭代器。它返回一个输入迭代器，要么定位了第一个含有使谓词函数返回 true 的元素，要么指示到了序列的末尾。

### sort 算法

第 46 行使用 sort 算法，对 a 中从 a.cbegin( )到(但不包括)a.cend( )之间的元素进行升序排列。它的两个迭代器参数要求为随机访问迭代器。这个函数的另一个版本有第三个参数，即一个有两个参数的二元谓词函数，这两个参数是序列中的值。并且，该函数返回一个 bool 值，指明排序的顺序。如果返回 true，那么比较的两个元素就正好处于排好序的顺序。

### binary_search 算法

第 51 行使用 binary_search 算法，确定值 13 是否在 a 中从 a.cbegin( )到(但不包括)a.cend( )之间。被查找的这个序列必须事先以递增的顺序排序。binary_search 算法的两个迭代器参数必须至少是前向迭代器。它返回一个 bool 值，表明是否在这个序列中找到了这个值。第 57 行演示了对 binary_search 算法的一次调用，其中没有找到查找值。这个算法的另一个版本有第四个参数，它接收一个二元谓词函数，而这个二元谓词函数接收的两个参数是序列中的元素，且返回一个 bool 值。当这两个比较的元素正好处于有序的顺序时，这个谓词函数返回 true。为了获得查找值在容器中的位置，可以使用 lower_bound 或 find 算法。

### C++11：all_of 算法

第 63 行使用 all_of 算法，确定一元谓词函数 greater10 是否对 a 中从 a.cbegin( )到(但不包括)a.cend( )之间的所有元素均返回 true。all_of 算法的两个迭代器参数必须至少是输入迭代器。

### C++11：any_of 算法

第 69 行使用 any_of 算法，确定一元谓词函数 greater10 是否至少对 a 中从 a.cbegin( )到(但不包括) a.cend( )之间的一个元素返回 true。any_of 算法的两个迭代器参数必须至少是输入迭代器。

### C++11：none_of 算法

第 75 行使用 none_of 算法，确定一元谓词函数 greater10 是否对 a 中从 a.cbegin( )到(但不包括)a. cend( )之间的所有元素均返回 false。none_of 算法的两个迭代器参数必须至少是输入迭代器。

### C++11：find_if_not 算法

第 81 行使用 find_if_not 算法，查找 a 中从 a.cbegin( )到(但不包括)a.cend( )之间对于一元谓词函数 greater10 返回 flase 的第一个元素。find_if 算法的两个迭代器参数必须至少是输入迭代器。它返回一个输入迭代器，要么定位了第一个含有使谓词函数返回 false 的元素，要么指示到了序列的末尾。

### 16.3.7  swap、iter_swap 和 swap_ranges

图 16.7 演示了标准库中用于元素交换的 swap、iter_swap 和 swap_ranges 算法。

```cpp
// Fig. 16.7: fig16_07.cpp
// Algorithms iter_swap, swap and swap_ranges.
#include <iostream>
#include <array>
#include <algorithm> // algorithm definitions
#include <iterator>
using namespace std;

int main()
{
   const size_t SIZE = 10;
   array< int, SIZE > a = { 1, 2, 3, 4, 5, 6, 7, 8, 9, 10 };
   ostream_iterator< int > output( cout, " " );

   cout << "Array a contains:\n   ";
   copy( a.cbegin(), a.cend(), output ); // display array a

   swap( a[ 0 ], a[ 1 ] ); // swap elements at locations 0 and 1 of a

   cout << "\nArray a after swapping a[0] and a[1] using swap:\n   ";
   copy( a.cbegin(), a.cend(), output ); // display array a

   // use iterators to swap elements at locations 0 and 1 of array a
   iter_swap( a.begin(), a.begin() + 1 ); // swap with iterators
   cout << "\nArray a after swapping a[0] and a[1] using iter_swap:\n   ";
   copy( a.cbegin(), a.cend(), output );

   // swap elements in first five elements of array a with
   // elements in last five elements of array a
   swap_ranges( a.begin(), a.begin() + 5, a.begin() + 5 );

   cout << "\nArray a after swapping the first five elements\n"
      << "with the last five elements:\n   ";
   copy( a.cbegin(), a.cend(), output );
   cout << endl;
} // end main
```

图 16.7   iter_swap、swap 和 swap_ranges 算法

```
Array a contains:
   1 2 3 4 5 6 7 8 9 10
Array a after swapping a[0] and a[1] using swap:
   2 1 3 4 5 6 7 8 9 10
Array a after swapping a[0] and a[1] using iter_swap:
   1 2 3 4 5 6 7 8 9 10
Array a after swapping the first five elements
with the last five elements:
   6 7 8 9 10 1 2 3 4 5
```

图 16.7（续）  iter_swap、swap 和 swap_ranges 算法

### swap 算法

第 18 行使用 swap 算法，交换两个元素的值。在这个例子中，array 对象 a 的第一个和第二个元素被交换了。这个算法以两个待交换值的引用作为参数。

### iter_swap 算法

第 24 行使用 iter_swap 算法，交换两个元素的值。这个算法有两个前向迭代器参数（在本例中是一个 array 对象元素的迭代器），然后交换迭代器指向元素中的值。

### swap_ranges 算法

第 30 行使用 swap _ranges 算法，将 a 中从 a. begin( )到（但不包括）a. begin( ) +5 之间的元素，与从 a. begin( ) +5 开始的元素进行交换。这个算法要求有三个前向迭代器参数。前两个迭代器指定了与第二个序列中元素进行交换的第一个序列中元素的范围，而第二个序列中元素的起始位置由第三个迭代器参数指定。在这个例子中，两个序列的值是在同一个 array 对象中，不过它们也可以来自不同的数组或容器。请注意，这两个序列不可以重叠。目标序列必须足够大，要能够包含交换范围的所有元素。

### 16.3.8  copy_backward、merge、unique 和 reverse

图 16.8 演示了标准库的 copy_backward、merge、unique 和 reverse 算法。

```cpp
 1  // Fig. 16.8: fig16_08.cpp
 2  // Algorithms copy_backward, merge, unique and reverse.
 3  #include <iostream>
 4  #include <algorithm> // algorithm definitions
 5  #include <array> // array class-template definition
 6  #include <iterator> // ostream_iterator
 7  using namespace std;
 8
 9  int main()
10  {
11     const size_t SIZE = 5;
12     array< int, SIZE > a1 = { 1, 3, 5, 7, 9 };
13     array< int, SIZE > a2 = { 2, 4, 5, 7, 9 };
14     ostream_iterator< int > output( cout, " " );
15
16     cout << "array a1 contains: ";
17     copy( a1.cbegin(), a1.cend(), output ); // display a1
18     cout << "\narray a2 contains: ";
19     copy( a2.cbegin(), a2.cend(), output ); // display a2
20
21     array< int, SIZE > results;
22
23     // place elements of a1 into results in reverse order
24     copy_backward( a1.cbegin(), a1.cend(), results.end() );
25     cout << "\n\nAfter copy_backward, results contains: ";
26     copy( results.cbegin(), results.cend(), output );
27
28     array< int, SIZE + SIZE >  results2;
29
30     // merge elements of a1 and a2 into results2 in sorted order
31     merge( a1.cbegin(), a1.cend(), a2.cbegin(), a2.cend(),
32        results2.begin() );
```

图 16.8  copy_backward、merge、unique 和 reverse 算法

```
33
34        cout << "\n\nAfter merge of a1 and a2 results2 contains: ";
35        copy( results2.cbegin(), results2.cend(), output );
36
37        // eliminate duplicate values from results2
38        auto endLocation = unique( results2.begin(), results2.end() );
39
40        cout << "\n\nAfter unique results2 contains: ";
41        copy( results2.begin(), endLocation, output );
42
43        cout << "\n\narray a1 after reverse: ";
44        reverse( a1.begin(), a1.end() ); // reverse elements of a1
45        copy( a1.cbegin(), a1.cend(), output );
46        cout << endl;
47  } // end main
```

```
array a1 contains: 1 3 5 7 9
array a2 contains: 2 4 5 7 9

After copy_backward, results contains: 1 3 5 7 9

After merge of a1 and a2 results2 contains: 1 2 3 4 5 5 7 7 9 9

After unique results2 contains: 1 2 3 4 5 7 9

array a1 after reverse: 9 7 5 3 1
```

图 16.8(续)    copy_backward、merge、unique 和 reverse 算法

### copy_backward 算法

第 24 行使用 copy_backward 算法, 复制 a1 中从 a1.cbegin()到(但不包括)a1.cend()之间的元素, 把它们放置在 results 中。放置的顺序是: 从 results.end()之前的元素起, 向着 results 第一个元素的方向进行。这个算法返回一个迭代器, 定位在复制到 results 中的最后一个元素上(即 results 的第一个元素, 因为这里是反向复制)。放置在 results 中的元素顺序与 a1 的相同。copy_backward 算法要求有三个双向迭代器参数(也就是可以递增和递减来分别向前和向后迭代遍历序列的迭代器)。copy 和 copy_backward 算法之间的主要差别在于: copy 返回的迭代器定位在最后一个复制元素之后的位置, 而 copy_backward 返回的迭代器定位在最后一个复制元素(通常是序列的第一个元素)。而且, copy_backward 算法可以操作一个容器中范围重叠的元素, 只要第一个要复制的元素不在目标元素的范围之内。

除了 copy 和 copy_backward 算法外, 现在 C++11 还包括了 move 和 move_backward 算法。这些算法采用了(在第 24 章 "C++11: 其他主题" 中讨论)C++11 新的移动语义(move semantics), 来移动而非复制一个容器的对象到另一个容器。

### merge 算法

第 31 ~ 32 行使用 merge 算法, 把两个已经按升序排列的值的序列合并到第三个按升序排列的序列中。这个算法要求有 5 个迭代器参数, 前 4 个必须至少是输入迭代器, 最后一个必须至少是输出迭代器。前两个迭代器指定第一个已排序序列(a1)中元素的范围; 第三个、第四个迭代器指定第二个已排序序列(a2)中元素的范围; 最后一个迭代器指定第三个序列(results2)的开始位置, 也就是说归并后的元素将从这里放起。这个算法的另一个版本使用一个二元谓词函数作为第六个参数, 用于指定排序的顺序。

### back_inserter、front_inserter 和 inserter 迭代器适配器

第 28 行使用 a1 和 a2 中元素的个数创建了 array 对象 results2。使用 merge 算法要求存放排序结果的序列至少是两个合并序列的大小。如果不想在合并操作前给结果序列分配元素数目, 可以采用下面的语句:

```
vector< int > results2;
merge( a1.begin(), a1.end(), a2.begin(), a2.end(),
    back_inserter( results2 ) );
```

参数 back_inserter( results2)对容器 results2 使用函数模板 back_inserter(在头文件 < iterator > 中)。back_inserter 调用容器默认的 push_back 函数, 从而在容器的末端插入元素。如果将元素插入到一个没有足够空

间的容器中，容器可以增加它的大小。这正是我们在上述语句中使用一个 vector 对象的原因，而 array 对象是固定大小的。于是，容器中元素的数目不必事先知道。还有其他两种插入器：front_inserter 和 inserter。前者使用 push_front 函数在其参数指定的容器的前端插入一个元素；后者在它的第一个参数指定的容器中，在第二个迭代器参数指定的位置插入一个元素。

### unique 算法

第 38 行对从 results2. begin( ) 到（但不包括）results2. end( ) 之间元素的有序序列，使用了 unique 算法。如果这个算法应用在有重复值的有序序列上，那么在这个序列中将保留每个值的一个单独的副本。unique 算法的参数必须至少是前向迭代器。它返回一个迭代器，定位在这个没有重复值序列最后一个元素之后的位置。容器中最后一个不重复值之后的所有元素的值都是不确定的。这个算法的另一个版本使用一个二元谓词函数作为第三个参数，指定了如何比较两个元素是否相等。

### reverse 算法

第 44 行使用 reverse 算法，反转 a1 中从 a1. begin( ) 到（但不包括）a1. end( ) 之间的元素。这个算法的两个参数必须至少是双向迭代器。

### C++11：copy_if 和 copy_n 算法

现在，C++11 包括了新的复制算法 copy_if 和 copy_n。copy_if 算法将复制一个范围区间内的每个元素，如果这个元素使算法第四个参数中的一元谓词函数返回 ture。此外算法的前两个迭代器参数必须是输入迭代器，第三个迭代器参数必须是输出迭代器，这样被复制的元素才可以赋值到复制的位置上。这个算法返回一个定位在最后一个复制元素之后的位置上。

copy_n 算法要复制的元素个数由它的第二个参数指定，起始位置由第一个参数（一个输入迭代器）指定。这些被复制元素的输出位置由第三个参数（一个输出迭代器）指定。

### 16.3.9　inplace_merge、unique_copy 和 reverse_copy

图 16.9 演示了标准库中的 inplace_merge、unique_copy 和 reverse_copy 算法。

```cpp
 1  // Fig. 16.9: fig16_09.cpp
 2  // Algorithms inplace_merge, reverse_copy and unique_copy.
 3  #include <iostream>
 4  #include <algorithm> // algorithm definitions
 5  #include <array> // array class-template definition
 6  #include <vector> // vector class-template definition
 7  #include <iterator> // back_inserter definition
 8  using namespace std;
 9
10  int main()
11  {
12     const int SIZE = 10;
13     array< int, SIZE > a1 = { 1, 3, 5, 7, 9, 1, 3, 5, 7, 9 };
14     ostream_iterator< int > output( cout, " " );
15
16     cout << "array a1 contains: ";
17     copy( a1.cbegin(), a1.cend(), output );
18
19     // merge first half of a1 with second half of a1 such that
20     // a1 contains sorted set of elements after merge
21     inplace_merge( a1.begin(), a1.begin() + 5, a1.end() );
22
23     cout << "\nAfter inplace_merge, a1 contains: ";
24     copy( a1.cbegin(), a1.cend(), output );
25
26     vector< int > results1;
27
28     // copy only unique elements of a1 into results1
29     unique_copy( a1.cbegin(), a1.cend(), back_inserter( results1 ) );
30     cout << "\nAfter unique_copy results1 contains: ";
31     copy( results1.cbegin(), results1.cend(), output );
```

图 16.9　inplace_merge、unique_copy 和 reverse_copy 算法

```
32
33        vector< int > results2;
34
35        // copy elements of a1 into results2 in reverse order
36        reverse_copy( a1.cbegin(), a1.cend(), back_inserter( results2 ) );
37        cout << "\nAfter reverse_copy, results2 contains: ";
38        copy( results2.cbegin(), results2.cend(), output );
39        cout << endl;
40    } // end main
```

```
array a1 contains: 1 3 5 7 9 1 3 5 7 9
After inplace_merge, a1 contains: 1 1 3 3 5 5 7 7 9 9
After unique_copy results1 contains: 1 3 5 7 9
After reverse_copy, results2 contains: 9 9 7 7 5 5 3 3 1 1
```

图 16.9(续)　inplace_merge、unique_copy 和 reverse_copy 算法

### inplace_merge 函数

第 22 行使用 inplace_merge 算法,合并同一容器中的两个有序的元素序列。在本例中,从 a1.begin() 到(但不包括)a1.begin()+5 之间的元素,与 a1.begin()+5 到(但不包括)a1.end()之间的元素进行合并。这个算法要求它的三个迭代器参数至少应是双向迭代器。inplace_merge 算法的另一个版本使用一个二元谓词函数作为第四个参数,用于比较两个序列中的元素。

### unique_copy 算法

第 29 行使用 unique_copy 算法,复制有序的值序列从 a1.cbegin()到(但不包括)a1.cend()之间所有不重复的元素。这些被复制的元素放到 vector results1 中。前两个参数必须至少是输入迭代器,最后一个参数必须至少是输出迭代器。在本例中,在 results1 中并不预先分配足够的元素空间来存储从 a1 复制来的所有元素。相反,我们使用 back_inserter 函数(定义在头文件 < iterator > 中)在 results1 的末端添加元素,而 back_inserter 函数使用 vector 的 push_back 成员函数在这个 vector 对象的末端插入元素。因为 back_inserter 是插入一个元素而不是修改一个已有元素,所以这个 vector 对象能够增加大小来容纳增加的元素。unique_copy 算法的另一个版本使用一个二元谓词函数作为第四个参数,用来比较元素是否相等。

### reverse_copy 算法

第 36 行使用 reverse_copy 算法,反向复制从 a1.cbegin()到(但不包括)a1.cend()之间的元素。被复制的元素使用一个 back_inserter 对象插入到 results2 中,从而保证这样的 vector 对象可以根据被复制的元素数目而增长它的大小。reverse_copy 算法的前两个迭代器参数必须至少是双向迭代器,第三个迭代器必须至少是输出迭代器。

## 16.3.10　集合操作

图 16.10 演示了标准库中用来操作有序值集合的 includes、set_difference、set_intersection、set_symmetric_difference 和 set_union 算法。

```
1    // Fig. 16.10: fig16_10.cpp
2    // Algorithms includes, set_difference, set_intersection,
3    // set_symmetric_difference and set_union.
4    #include <iostream>
5    #include <array>
6    #include <algorithm> // algorithm definitions
7    #include <iterator> // ostream_iterator
8    using namespace std;
9
10   int main()
11   {
12       const size_t SIZE1 = 10, SIZE2 = 5, SIZE3 = 20;
13       array< int, SIZE1 > a1 = { 1, 2, 3, 4, 5, 6, 7, 8, 9, 10 };
14       array< int, SIZE2 > a2 = { 4, 5, 6, 7, 8 };
```

图 16.10　includes、set_difference、set_intersection、set_symmetric_difference 和 set_union 算法

```
15    array< int, SIZE2 > a3 = { 4, 5, 6, 11, 15 };
16    ostream_iterator< int > output( cout, " " );
17
18    cout << "a1 contains: ";
19    copy( a1.cbegin(), a1.cend(), output ); // display array a1
20    cout << "\na2 contains: ";
21    copy( a2.cbegin(), a2.cend(), output ); // display array a2
22    cout << "\na3 contains: ";
23    copy( a3.cbegin(), a3.cend(), output ); // display array a3
24
25    // determine whether a2 is completely contained in a1
26    if ( includes( a1.cbegin(), a1.cend(), a2.cbegin(), a2.cend() ) )
27       cout << "\n\na1 includes a2";
28    else
29       cout << "\n\na1 does not include a2";
30
31    // determine whether a3 is completely contained in a1
32    if ( includes( a1.cbegin(), a1.cend(), a3.cbegin(), a3.cend() ) )
33       cout << "\na1 includes a3";
34    else
35       cout << "\na1 does not include a3";
36
37    array< int, SIZE1 > difference;
38
39    // determine elements of a1 not in a2
40    auto result1 = set_difference( a1.cbegin(), a1.cend(),
41       a2.cbegin(), a2.cend(), difference.begin() );
42    cout << "\n\nset_difference of a1 and a2 is: ";
43    copy( difference.begin(), result1, output );
44
45    array< int, SIZE1 > intersection;
46
47    // determine elements in both a1 and a2
48    auto result2 = set_intersection( a1.cbegin(), a1.cend(),
49       a2.cbegin(), a2.cend(), intersection.begin() );
50    cout << "\n\nset_intersection of a1 and a2 is: ";
51    copy( intersection.begin(), result2, output );
52
53    array< int, SIZE1 + SIZE2 > symmetric_difference;
54
55    // determine elements of a1 that are not in a2 and
56    // elements of a2 that are not in a1
57    auto result3 = set_symmetric_difference( a1.cbegin(), a1.cend(),
58       a3.cbegin(), a3.cend(), symmetric_difference.begin() );
59    cout << "\n\nset_symmetric_difference of a1 and a3 is: ";
60    copy( symmetric_difference.begin(), result3, output );
61
62    array< int, SIZE3 > unionSet;
63
64    // determine elements that are in either or both sets
65    auto result4 = set_union( a1.cbegin(), a1.cend(),
66       a3.cbegin(), a3.cend(), unionSet.begin() );
67    cout << "\n\nset_union of a1 and a3 is: ";
68    copy( unionSet.begin(), result4, output );
69    cout << endl;
70 } // end main
```

```
a1 contains: 1 2 3 4 5 6 7 8 9 10
a2 contains: 4 5 6 7 8
a3 contains: 4 5 6 11 15

a1 includes a2
a1 does not include a3

set_difference of a1 and a2 is: 1 2 3 9 10

set_intersection of a1 and a2 is: 4 5 6 7 8

set_symmetric_difference of a1 and a3 is: 1 2 3 7 8 9 10 11 15

set_union of a1 and a3 is: 1 2 3 4 5 6 7 8 9 10 11 15
```

图 16.10（续）　includes、set_difference、set_intersection、set_symmetric_difference 和 set_union 算法

### includes 算法

第 26 行和第 32 行调用了 includes 算法。这个算法比较两个有序值的集合来判断第二个集合中的每个元素是否都在第一个集合中。如果是，includes 算法返回 true，否则返回 false。前两个迭代器参数必须至少是输入迭代器，并且必须描述第一个值的集合。在第 26 行，第一个集合由从 a1. cbegin()到(但不包括)a1. cend()之间的元素组成。最后两个迭代器参数必须至少是输入迭代器并且必须描述第二个值的集合。在本例中，第二个集合由从 a2. cbegin()到(但不包括)a2. cend()之间的元素组成。includes 算法的另一个版本使用一个二元谓词函数作为第五个参数，表明元素原始排序采用的顺序。这两个序列在排序时必须使用相同的比较函数。

### set_difference 算法

第 40 ~ 41 行使用 set_difference 算法，找出在第一个有序的值集合中而不在第二个有序的值集合中的元素(两个集合都必须以升序排序)。这些不同的元素被复制到第五个参数中(这里是 array 对象 difference)。前两个迭代器参数必须至少是第一个值集合的输入迭代器。接着的两个迭代器参数必须至少是第二个值集合的输入迭代器。第五个参数必须至少是输出迭代器，指定这些不同值的副本的存放位置。这个算法返回一个输出迭代器，定位在第五个参数指向的集合中最后一个复制元素之后的位置。set_difference 算法的另一个版本使用一个二元谓词函数作为第六个参数，表明元素原始排序采用的顺序。这两个序列在排序时必须使用相同的比较函数。

### set_intersection 算法

第 48 ~ 49 行使用 set_intersection 算法，确定第一个有序的值集合和第二个有序集合中都有的元素(两个集合都必须以升序排序)。这些两个集合共同的元素被复制到第五个参数中(这里是 array 对象 intersection)。前两个迭代器参数必须至少是第一个值集合的输入迭代器。接着的两个迭代器参数必须至少是第二个值集合的输入迭代器。第五个参数必须至少是输出迭代器，指定这些共同值的副本的存放位置。这个算法返回一个输出迭代器，定位在第五个参数指向的集合中最后一个复制元素之后的位置。set_intersection 算法的另一个版本使用一个二元谓词函数作为第六个参数，表明元素原始排序采用的顺序。这两个序列在排序时必须使用相同的比较函数。

### set_symmetric_difference 算法

第 57 ~ 58 行使用 set_symmetric_difference 算法，确定属于第一个集合而不属于第二个集合，以及属于第二个集合而不属于第一个集合的元素(两个集合都必须以升序排序)。这些不同的元素从两个集合被复制到第五个参数中(这里是 array 对象 ymmetric_difference)。前两个迭代器参数必须至少是第一个值集合的输入迭代器。接着的两个迭代器参数必须至少是第二个值集合的输入迭代器。第五个参数必须至少是输出迭代器，指定这些不同值的副本的存放位置。这个算法返回一个输出迭代器，定位在第五个参数指向的集合中最后一个复制元素之后的位置。set_symmetric_difference 算法的另一个版本使用一个二元谓词函数作为第六个参数，表明元素原始排序采用的顺序。这两个序列在排序时必须使用相同的比较函数。

### set_union 算法

第 65 ~ 66 行使用 set_union 算法，创建一个包含两个有序集合所有元素的集合(两个集合都必须以升序排序)。这些元素从两个集合被复制到第五个参数中(这里是 array 对象 unionSet)。在两个集合中都出现的元素只从第一个集合中复制。前两个迭代器参数必须至少是第一个值集合的输入迭代器。接着的两个迭代器参数必须至少是第二个值集合的输入迭代器。第五个参数必须至少是输出迭代器，指定这些被复制元素的存放位置。这个算法返回一个输出迭代器，定位在第五个参数指向的集合中最后一个复制元素之后的位置。set_union 算法的另一个版本使用一个二元谓词函数作为第六个参数，表明元素原始排序采用的顺序。这两个序列在排序时必须使用相同的比较函数。

### 16.3.11 lower_bound、upper_bound 和 equal_range

图 16.11 演示了标准库中的 lower_bound、upper_bound 和 equal_range 算法。

```cpp
1  // Fig. 16.11: fig16_11.cpp
2  // Algorithms lower_bound, upper_bound and
3  // equal_range for a sorted sequence of values.
4  #include <iostream>
5  #include <algorithm> // algorithm definitions
6  #include <array> // aray class-template definition
7  #include <iterator> // ostream_iterator
8  using namespace std;
9
10 int main()
11 {
12    const size_t SIZE = 10;
13    array< int, SIZE > a = { 2, 2, 4, 4, 4, 6, 6, 6, 6, 8 };
14    ostream_iterator< int > output( cout, " " );
15
16    cout << "array a contains:\n";
17    copy( a.cbegin(), a.cend(), output );
18
19    // determine lower-bound insertion point for 6 in a
20    auto lower = lower_bound( a.cbegin(), a.cend(), 6 );
21    cout << "\n\nLower bound of 6 is element "
22       << ( lower - a.cbegin() ) << " of array a";
23
24    // determine upper-bound insertion point for 6 in a
25    auto upper = upper_bound( a.cbegin(), a.cend(), 6 );
26    cout << "\nUpper bound of 6 is element "
27       << ( upper - a.cbegin() ) << " of array a";
28
29    // use equal_range to determine both the lower- and
30    // upper-bound insertion points for 6
31    auto eq = equal_range( a.cbegin(), a.cend(), 6 );
32    cout << "\nUsing equal_range:\n   Lower bound of 6 is element "
33       << ( eq.first - a.cbegin() ) << " of array a";
34    cout << "\n   Upper bound of 6 is element "
35       << ( eq.second - a.cbegin() ) << " of array a";
36    cout << "\n\nUse lower_bound to locate the first point\n"
37       << "at which 5 can be inserted in order";
38
39    // determine lower-bound insertion point for 5 in a
40    lower = lower_bound( a.cbegin(), a.cend(), 5 );
41    cout << "\n   Lower bound of 5 is element "
42       << ( lower - a.cbegin() ) << " of array a";
43    cout << "\n\nUse upper_bound to locate the last point\n"
44       << "at which 7 can be inserted in order";
45
46    // determine upper-bound insertion point for 7 in a
47    upper = upper_bound( a.cbegin(), a.cend(), 7 );
48    cout << "\n   Upper bound of 7 is element "
49       << ( upper - a.cbegin() ) << " of array a";
50    cout << "\n\nUse equal_range to locate the first and\n"
51       << "last point at which 5 can be inserted in order";
52
53    // use equal_range to determine both the lower- and
54    // upper-bound insertion points for 5
55    eq = equal_range( a.cbegin(), a.cend(), 5 );
56    cout << "\n   Lower bound of 5 is element "
57       << ( eq.first - a.cbegin() ) << " of array a";
58    cout << "\n   Upper bound of 5 is element "
59       << ( eq.second - a.cbegin() ) << " of array a" << endl;
60 } // end main
```

```
Array a contains:
2 2 4 4 4 6 6 6 6 8

Lower bound of 6 is element 5 of array a
Upper bound of 6 is element 9 of array a
Using equal_range:
   Lower bound of 6 is element 5 of array a
   Upper bound of 6 is element 9 of array a
```

图 16.11　用于有序值序列的 lower_bound、upper_bound 和 equal_range 函数

```
Use lower_bound to locate the first point
at which 5 can be inserted in order
    Lower bound of 5 is element 5 of array a

Use upper_bound to locate the last point
at which 7 can be inserted in order
    Upper bound of 7 is element 9 of array a

Use equal_range to locate the first and
last point at which 5 can be inserted in order
    Lower bound of 5 is element 5 of array a
    Upper bound of 5 is element 5 of array a
```

图 16.11(续)　用于有序值序列的 lower_bound、upper_bound 和 equal_range 函数

### lower_bound 算法

第 20 行使用 lower_bound 算法,寻找一个有序的值序列中可能的第一个位置,倘若把第三个参数插入到这个位置,这个序列仍然是按升序顺序排列的。前两个参数必须至少是前向迭代器。第三个参数是一个值,用来找到它的下界位置。这个算法返回一个前向迭代器,定位在可以进行插入操作的位置。lower_bound 算法的另一个版本使用一个二元谓词函数作为第四个参数,表明这些元素原来被排序的顺序。

### upper_bound 算法

第 25 行使用 upper_bound 算法,寻找一个有序的值序列中可能的最后一个位置,倘若把第三个参数插入到这个位置,这个序列仍然是按升序顺序排列的。前两个参数必须至少是前向迭代器。第三个参数是一个值,用来找到它的上界位置。这个算法返回一个前向迭代器,定位在可以进行插入操作的位置。upper_bound 算法的另一个版本使用一个二元谓词函数作为第四个参数,表明这些元素原来被排序的顺序。

### equal_range 算法

第 31 行使用 equal_range 算法返回一个前向迭代器的 pair 对象,这个对象的两个值分别是执行 lower_bound 和 upper_bound 操作的结果。前两个参数必须至少是前向迭代器。第三个参数是一个值,用来寻找和它相等的范围。这个算法返回一个 pair 对象,它的 first 成员是相等范围的下界,second 对象是相等范围的上界。

### 在有序序列中寻找插入点

lower_bound、upper_bound 和 equal_range 算法常常用来在已排序序列中寻找插入操作的位置。第 40 行使用 lower_bound 算法,在 a 中寻找可以插入 5 的第一个位置。第 47 行使用 upper_bound 算法,在 a 中寻找可以插入 7 的最后一个位置。第 55 行使用 equal_range 算法,在 a 中寻找可以插入 5 的第一个和最后一个位置。

## 16.3.12　堆排序

图 16.12 演示了标准库中用来进行堆排序算法的算法。堆排序是一种排序算法,排序时一个数组中的元素被组成一个特殊的数据结构,称为堆。堆排序在计算机课程"数据结构"和"算法"中有详细的讨论。更多相关的信息和其他的资源请参见:

en.wikipedia.org/wiki/Heapsort

```
 1  // Fig. 16.12: fig16_12.cpp
 2  // Algorithms push_heap, pop_heap, make_heap and sort_heap.
 3  #include <iostream>
 4  #include <algorithm>
 5  #include <array>
```

图 16.12　push_heap、pop_heap、make_heap 和 sort_heap 算法

```
 6   #include <vector>
 7   #include <iterator>
 8   using namespace std;
 9
10   int main()
11   {
12      const size_t SIZE = 10;
13      array< int, SIZE > init = { 3, 100, 52, 77, 22, 31, 1, 98, 13, 40 };
14      array< int, SIZE > a( init ); // copy of init
15      ostream_iterator< int > output( cout, " " );
16
17      cout << "Array a before make_heap:\n";
18      copy( a.cbegin(), a.cend(), output );
19
20      make_heap( a.begin(), a.end() ); // create heap from array a
21      cout << "\Array a after make_heap:\n";
22      copy( a.cbegin(), a.cend(), output );
23
24      sort_heap( a.begin(), a.end() ); // sort elements with sort_heap
25      cout << "\Array a after sort_heap:\n";
26      copy( a.cbegin(), a.cend(), output );
27
28      // perform the heapsort with push_heap and pop_heap
29      cout << "\n\nArray init contains: ";
30      copy( init.cbegin(), init.cend(), output ); // display array init
31      cout << endl;
32
33      vector< int > v;
34
35      // place elements of array init into v and
36      // maintain elements of v in heap
37      for ( size_t i = 0; i < SIZE; ++i )
38      {
39         v.push_back( init[ i ] );
40         push_heap( v.begin(), v.end() );
41         cout << "\nv after push_heap(init[" << i << "]): ";
42         copy( v.cbegin(), v.cend(), output );
43      } // end for
44
45      cout << endl;
46
47      // remove elements from heap in sorted order
48      for ( size_t  j = 0; j < v.size(); ++j )
49      {
50         cout << "\nv after " << v[ 0 ] << " popped from heap\n";
51         pop_heap( v.begin(), v.end() - j );
52         copy( v.cbegin(), v.cend(), output );
53      } // end for
54
55      cout << endl;
56   } // end main
```

```
Array a before make_heap:
3 100 52 77 22 31 1 98 13 40
Array a after make_heap:
100 98 52 77 40 31 1 3 13 22
Array a after sort_heap:
1 3 13 22 31 40 52 77 98 100

Array init contains: 3 100 52 77 22 31 1 98 13 40

v after push_heap(init[0]): 3
v after push_heap(init[1]): 100 3
v after push_heap(init[2]): 100 3 52
v after push_heap(init[3]): 100 77 52 3
v after push_heap(init[4]): 100 77 52 3 22
v after push_heap(init[5]): 100 77 52 3 22 31
v after push_heap(init[6]): 100 77 52 3 22 31 1
v after push_heap(init[7]): 100 98 52 77 22 31 1 3
v after push_heap(init[8]): 100 98 52 77 22 31 1 3 13
v after push_heap(init[9]): 100 98 52 77 40 31 1 3 13 22
```

图 16.12(续)　push_heap、pop_heap、make_heap 和 sort_heap 算法

```
v after 100 popped from heap
98 77 52 22 40 31 1 3 13 100
v after 98 popped from heap
77 40 52 22 13 31 1 3 98 100
v after 77 popped from heap
52 40 31 22 13 3 1 77 98 100
v after 52 popped from heap
40 22 31 1 13 3 52 77 98 100
v after 40 popped from heap
31 22 3 1 13 40 52 77 98 100
v after 31 popped from heap
22 13 3 1 31 40 52 77 98 100
v after 22 popped from heap
13 1 3 22 31 40 52 77 98 100
v after 13 popped from heap
3 1 13 22 31 40 52 77 98 100
v after 3 popped from heap
1 3 13 22 31 40 52 77 98 100
v after 1 popped from heap
1 3 13 22 31 40 52 77 98 100
```

图 16.12(续)　　push_heap、pop_heap、make_heap 和 sort_heap 算法

### make_heap 算法

第 20 行使用 make_heap 算法，取出 a 中从 a.begin( )到(但不包括)a.end( )之间值的序列，并创建一个可用于产生有序序列的堆。它的两个迭代器参数必须是随机访问迭代器，因此这个算法只作用在 array 对象、vector 对象以及 deque 对象上。make_heap 算法的另一个版本使用一个二元谓词函数作为第三个参数，用来进行值的比较。

### sort_heap 算法

第 24 行使用 sort_heap 算法，对已放置在堆中的从 a.begin( )到(但不包括)a.end( )之间的值序列进行排序。它的两个迭代器必须是随机访问迭代器。sort_heap 算法的另一个版本使用一个二元谓词函数作为第三个参数，用来进行值的比较。

### push_heap 算法

第 40 行使用 push_heap 算法，在堆中加入一个新值。我们每次从 array 对象 init 中拿出一个元素，就把它追加在 vector v 的末端，然后执行 push_heap 操作。如果追加的元素是这个 vector 对象中唯一的元素，那么这个 vector 对象就已经是一个堆了。否则，push_heap 算法会重新排列这个 vector 对象的元素，使这个 vector 对象成为一个堆。每次调用 push_heap 时，都假设当前 vector 对象中的最后一个元素(即在调用 push_heap 前添加的那个元素)是刚刚添加的元素，而 vector 对象中的所有其他元素已经是一个堆。push_heap 算法的两个迭代器参数必须是随机访问迭代器。它的另一个版本使用一个二元谓词函数作为第三个参数，用来进行值的比较。

### pop_heap 算法

第 51 行使用 pop_heap 算法，删除堆顶的元素。这个算法假设它的两个迭代器参数所指定范围内的元素已经是一个堆。不断删除堆顶的元素就可以得到一个已排序的值序列。pop_heap 算法把堆中的第一个元素(即 v.begin( ))和最后一个元素(即 v.end( ) – j 之前的元素)进行交换，然后使得到最后一个元素之前(但不包括)的元素仍然是一个堆。请注意，输出中，在 pop_heap 操作之后，vector 对象是按升序的顺序排序了。pop_heap 算法的另一个版本使用一个二元谓词函数作为第三个参数，用来进行值的比较。

### C++11：is_heap 和 is_heap_until 算法

除了图 16.12 中介绍的 make_heap、sort_heap、push_heap 和 pop_heap 算法外，现在 C++11 包括了新的算法 is_heap 和 is_heap_until。如果指定范围内的元素表示了一个堆，is_heap 算法则返回 true。这个算法的另一个版本使用一个二元谓词函数作为第三个参数，用来进行值的比较。

is_heap_until 算法检查指定范围的值，然后返回一个迭代器，指向了一个值区间的最后一个元素，而该区间在这个迭代器之前(但不包括)的所有元素是一个堆。

### 16.3.13 min、max、minmax 和 minmax_element

图 16.13 演示了标准库中的 min、max、minmax 和 minmax_element 算法。

```
 1   // Fig. 16.13: fig16_13.cpp
 2   // Algorithms min, max, minmax and minmax_element.
 3   #include <iostream>
 4   #include <array>
 5   #include <algorithm>
 6   using namespace std;
 7
 8   int main()
 9   {
10      cout << "The minimum of 12 and 7 is: " << min( 12, 7 );
11      cout << "\nThe maximum of 12 and 7 is: " << max( 12, 7 );
12      cout << "\nThe minimum of 'G' and 'Z' is: " << min( 'G', 'Z' );
13      cout << "\nThe maximum of 'G' and 'Z' is: " << max( 'G', 'Z' );
14
15      // determine which argument is the min and which is the max
16      auto result1 = minmax( 12, 7 );
17      cout << "\n\nThe minimum of 12 and 7 is: " << result1.first
18         << "\nThe maximum of 12 and 7 is: " << result1.second;
19
20      array< int, 10 > items = { 3, 100, 52, 77, 22, 31, 1, 98, 13, 40 };
21      ostream_iterator< int > output( cout, " " );
22
23      cout << "\n\nArray items contains: ";
24      copy( items.cbegin(), items.cend(), output );
25
26      auto result2 = minmax_element( items.cbegin(), items.cend() );
27      cout << "\nThe minimum element in items is: " << *result2.first
28         << "\nThe maximum element in items is: " << *result2.second
29         << endl;
30   } // end main
```

```
The minimum of 12 and 7 is: 7
The maximum of 12 and 7 is: 12
The minimum of 'G' and 'Z' is: G
The maximum of 'G' and 'Z' is: Z

The minimum of 12 and 7 is: 7
The maximum of 12 and 7 is: 12

Array items contains: 3 100 52 77 22 31 1 98 13 40
The minimum element in items is: 1
The maximum element in items is: 100
```

图 16.13　min、max、minmax 和 minmax_element 算法

#### 具有两个参数的 min 和 max 算法

（第 10～13 行中示范的）min 和 max 算法分别确定两个元素中的较小和较大的元素。

#### C++11：具有初始化列表参数的 min 和 max 算法

现在，C++11 包括了 min 和 max 算法的重载版本，每个都具有一个初始化列表形参，并返回初始化列表实参中的最小或最大元素。例如，下面的语句的返回值是 7：

```
int minumum = min( { 10, 7, 14, 21, 17 } );
```

这些新的 min 和 max 算法的每一个又分别有另一个重载的版本，它们都使用一个二元谓词函数作为第二个参数，用来进行值的比较。

#### C++11：minmax 算法

现在，C++11 包括了接收两个元素，返回一个 pair 对象的 minmax 算法（如第 16 行所示）。返回的 pair 对象的 first 中存放的是较小的元素，而 second 中存放的是较大的元素。这个算法的另一个版本使用一个二元谓词函数作为第三个参数，用来进行值的比较。

### C++11：minmax_element 算法

现在，C++11 包括了 minmax_element 算法(如第 16 行所示)，它接收表示元素范围的两个输入迭代器，返回一个迭代器的 pair 对象，其中的 first 指向该元素范围中的最小元素，而 second 指向最大元素。这个算法的另一个版本使用一个二元谓词函数作为第三个参数，用来进行值的比较。

## 16.4　函数对象

很多标准库算法允许向算法传递一个函数指针来协助算法执行它的任务。例如，曾在 16.3.6 节讨论的 binary_search 算法就有一个重载的版本，要求它的第四个参数是一个函数指针，而这个函数指针有两个参数并返回一个 bool 值。binary_search 算法使用这个函数来比较查找关键字和集合中的元素。如果查找关键字和元素的比较结果是相等的，该函数就返回 true，否则返回 false。这样使 binary_search 算法可以查找一个元素的集合，其中的元素类型并没有提供重载的相等运算符 == 。

任何可以接收函数指针的算法都可以接收一个类的对象，这个类使用一个称为 operator( )的函数重载函数调用运算符(参数)，只要这个重载的运算符满足算法的需要。例如，在 binary_search 算法中，重载的函数调用运算符必须接收两个参数并返回一个 bool 值。这样的类对象就被称为函数对象，它们可以在语法和语义上像函数或函数指针那样使用。通过在函数对象名后面加一对包含函数参数的括号，就可以调用这个重载的括号运算符。大多数算法可以互换地使用函数对象和函数。正如大家将在 16.5 节所学习的，C++11 的 lambda 表达式同样可以用在函数指针和函数对象出现的地方。

### 函数对象比函数指针的优越之处

与函数指针相比，函数对象有若干优点。编译器可以内联函数对象重载的 operator( )来提高性能。而且，由于是类的对象，函数对象可以具有 operator( )用来执行任务的数据成员。

### 标准模板库中预先定义的函数对象

在头文件 < functional > 中可以找到很多预先定义好的函数对象。图 16.14 列出了几十个标准库的函数对象，它们都是作为类模板实现的。C++ 标准文档的 20.8 节包含了函数对象的完整列表。作为例子，我们在 set、multiset 和 priority_queue 中曾使用函数对象 less < T > 来指定容器元素排序的次序。

| 标准库函数 | 对象类型 | 标准库函数 | 对象类型 |
|---|---|---|---|
| divides < T > | 算术 | logical_or < T > | 逻辑 |
| equal_to < T > | 关系 | minus < T > | 算术 |
| greater < T > | 关系 | modulus < T > | 算术 |
| greater_equal < T > | 关系 | negate < T > | 算术 |
| less < T > | 关系 | not_equal_to < T > | 关系 |
| less_equal < T > | 关系 | plus < T > | 算术 |
| logical_and < T > | 逻辑 | multiplies < T > | 算术 |
| logical_not < T > | 逻辑 | | |

图 16.14　标准库中的函数对象

### 使用标准库的 accumulate 算法

图 16.15 使用标准库中的 accumulate 数值算法(曾在图 16.5 中介绍)，计算一个 array 对象中所有元素的平方和。accumulate 的第四个参数是一个二元函数对象(即其 operator( )有两个参数的函数对象)或一个指向二元函数(即一个有两个参数的函数)的函数指针。accumulate 函数在这里演示了两次：一次使用函数指针，另一次使用函数对象。

```cpp
 1   // Fig. 16.15: fig16_15.cpp
 2   // Demonstrating function objects.
 3   #include <iostream>
 4   #include <array> // array class-template definition
 5   #include <algorithm> // copy algorithm
 6   #include <numeric> // accumulate algorithm
 7   #include <functional> // binary_function definition
 8   #include <iterator> // ostream_iterator
 9   using namespace std;
10
11   // binary function adds square of its second argument and the
12   // running total in its first argument, then returns the sum
13   int sumSquares( int total, int value )
14   {
15      return total + value * value;
16   } // end function sumSquares
17
18   // Class template SumSquaresClass defines overloaded operator()
19   // that adds the square of its second argument and running
20   // total in its first argument, then returns sum
21   template< typename T >
22   class SumSquaresClass
23   {
24   public:
25      // add square of value to total and return result
26      T operator()( const T &total, const T &value )
27      {
28         return total + value * value;
29      } // end function operator()
30   }; // end class SumSquaresClass
31
32   int main()
33   {
34      const size_t SIZE = 10;
35      array< int, SIZE > integers = { 1, 2, 3, 4, 5, 6, 7, 8, 9, 10 };
36      ostream_iterator< int > output( cout, " " );
37
38      cout << "array integers contains:\n";
39      copy( integers.cbegin(), integers.cend(), output );
40
41      // calculate sum of squares of elements of array integers
42      // using binary function sumSquares
43      int result = accumulate( integers.cbegin(), integers.cend(),
44         0, sumSquares );
45
46      cout << "\n\nSum of squares of elements in integers using "
47         << "binary\nfunction sumSquares: " << result;
48
49      // calculate sum of squares of elements of array integers
50      // using binary function object
51      result = accumulate( integers.cbegin(), integers.cend(),
52         0, SumSquaresClass< int >() );
53
54      cout << "\n\nSum of squares of elements in integers using "
55         << "binary\nfunction object of type "
56         << "SumSquaresClass< int >: " << result << endl;
57   } // end main
```

```
array integers contains:
1 2 3 4 5 6 7 8 9 10

Sum of squares of elements in integers using binary
function sumSquares: 385

Sum of squares of elements in integers using binary
function object of type SumSquaresClass< int >: 385
```

图 16.15　二元函数对象

**函数 sumSquares**

　　第 13 ~ 16 行定义了函数 sumSquares，它求第二个参数 value 的平方，结果再和第一个参数 total 相加，然后返回求和的结果值。在本例中，函数 accumulate 把它迭代遍历的序列中的每个元素一一传递给 sumSquares 的第二个参数。在第一次调用 sumSquares 时，第一个实参将是 total(它作为 accumulate 的第三个实参，在本例中是 0)的初始值。以后调用 sumSquares 时，第一个实参是前一次 sumSquares 调用返回的和值。当 accumulate 完成时，它返回序列中所有元素的平方和。

### 类 SumSquaresClass

第 21～30 行定义了有重载函数 operator( ) 的类模板 SumSquaresClass，其中 operator( ) 有两个参数并返回一个值，这些是一个二元函数对象所要求的。当第一次调用这个函数对象时，第一个实参将是 total(它作为 accumulate 的第三个实参，在本例中是 0)的初始值，第二个实参将是 array 对象 integers 的第一个元素。以后调用 operator 时，第一个实参是前一次这个函数对象调用返回的结果值，第二个实参是 array 对象 integers 的下一个元素。当 accumulate 完成时，它返回 array 对象中所有元素的平方和。

### 将函数指针和函数对象传递给 accumulate 算法

第 43～44 行调用函数 accumulate，使用一个指向函数 sumSquares 的指针作为它的最后一个实参。类似地，第 51～52 行中的语句调用函数 accumulate，使用一个类 SumSquaresClass 的对象作为它的最后一个实参。表达式 SumSquaresClass < int > ( ) 创建类 SumSquaresClass 的一个实例(即一个函数对象)并传递给 accumulate，然后调用函数 operator( )。第 51～52 行的语句可以写成两条语句，具体如下：

```
SumSquaresClass< int > sumSquaresObject;
result = accumulate( integers.cbegin(), integers.cend(),
   0, sumSquaresObject );
```

第一行定义了一个 SumSquaresClass 类的对象，然后将这个对象传递给函数 accumulate。

## 16.5 lambda 表达式

正如大家在本章所看到的，许多算法可以接收函数指针或函数对象这样的参数。在可以将函数指针或函数对象传递给算法之前，相应的函数或者类必须已被声明。

C++11 的 lambda 表达式(或 lambda 函数)这一新特性，使程序员能够在将函数对象传递给一个函数的地方定义匿名的函数对象。lambda 表达式被局部地定义在函数内，可以(以按值或按引用的方式)"捕获"它所在函数的局部变量，然后在 lambda 表达式的体中操作这些变量。图 16.16 演示了一个简单的 lambda 表达式的例子，它把一个 int 类型 array 对象的每个元素值加倍。

```
 1   // Fig. 16.16: fig16_16.cpp
 2   // Lambda expressions.
 3   #include <iostream>
 4   #include <array>
 5   #include <algorithm>
 6   using namespace std;
 7
 8   int main()
 9   {
10      const size_t SIZE = 4; // size of array values
11      array< int, SIZE >  values = { 1, 2, 3, 4 }; // initialize values
12
13      // output each element multiplied by two
14      for_each( values.cbegin(), values.cend(),
15         []( int i ) { cout << i * 2 << endl; } );
16
17      int sum = 0; // initialize sum to zero
18
19      // add each element to sum
20      for_each( values.cbegin(), values.cend(),
21         [ &sum ]( int i ) { sum += i; } );
22
23      cout << "sum is " << sum << endl; // output sum
24   } // end main
```

```
2
4
6
8
sum is 10
```

图 16.16　lambda 表达式

第 10 行和第 11 行声明并初始化了一个具有 int 元素的小规模的 array 对象，名称为 values。第 14 行和第 15 行对 values 的元素调用 for_each 算法。for_each 的第三个实参（第 15 行）是一个 lambda 表达式。lambda 表达式以 lambda 导引器（introducer）（[]）开始，然后是形参表和函数体。如果函数体是形如"return 表达式；"的单条语句，那么返回值类型可以自动地被推断出来；否则，默认的返回值类型是 void，或者可以显式地使用尾随返回值类型（曾在 6.19 节介绍）。编译器将这个 lambda 表达式转换成一个函数对象。第 15 行中的 lambda 表达式接收一个 int 参数，把它乘 2 并显示此乘积的结果。for_each 算法将 array 对象的每个元素传递给这个 lambda 表达式。

这个例子中的第二个 for_each 算法的调用（如第 20 ~ 21 行所示）计算 array 对象元素的和。这里的 lambda 导引器[&sum]表明该 lambda 表达式以按引用的方式捕获局部变量 sum（请注意 & 符号的使用），因此这个 lambda 表达式可以修改 sum 变量的值。如果没有 & 符号，将以按值的方式捕获局部变量 sum，而且这个 lambda 表达式之外的局部变量是不能被修改的。for_each 算法将 array 对象的每个元素值传递给这个 lambda 表达式，该表达式把这些值逐个地加入到和中。最后，第 23 行显示变量 sum 的值。

lambda 表达式可以赋值给变量，然后这个变量可以用来调用 lambda 表达式或者将它传递给其他函数。例如，可以按如下方式把第 15 行中的 lambda 表达式赋值给一个变量：

```
auto myLambda = [][ int i ) { cout << i * 2 << endl; };
```

之后，就可以像一个函数名那样用此变量名调用这个 lambda 表达式，如下所示：

```
myLambda( 10 ); // outputs 20
```

## 16.6 标准库算法总结

C++ 标准明确说明了 90 多个算法，而且很多有两个或两个以上的重载版本。该标准将算法分为几类，包括改变序列的算法、不改变序列的算法、排序及相关的算法、广义的数值运算等。如果需要了解本章之外的算法内容，请参阅你的编译器文档或访问如下网站：

```
en.cppreference.com/w/cpp/algorithm
msdn.microsoft.com/en-us/library/yah1y2x8.aspx
```

### 改变序列的算法

图 16.17 列出了许多改变序列的算法，也就是那些对它们所操作的容器做改动的算法。请注意，在图 16.17 ~ 图 16.20 中凡是属于 C++ 11 中的新算法都标有一个星号（*），而对于本章所介绍的算法都以粗体显示。

| 头文件 < algorithm > 中的改变序列的算法 | | | |
| --- | --- | --- | --- |
| **copy** | **copy_n**[*] | **copy_if**[*] | **copy_backward** |
| move[*] | move_backward[*] | **swap** | **swap_ranges** |
| **iter_swap** | **transform** | **replace** | **replace_if** |
| **replace_copy** | **replace_copy_if** | **fill** | **fill_n** |
| **generate** | **generate_n** | **remove** | **remove_if** |
| **remove_copy** | **remove_copy_if** | **unique** | **unique_copy** |
| reverse | **reverse_copy** | rotate | rotate_copy |
| **random_shuffle** | shuffle[*] | is_partitioned[*] | partition |
| stable_partition | partition_copy[*] | partition_point[*] | |

图 16.17　头文件 < algorithm > 中的改变序列的算法

### 不改变序列的算法

图 16.18 列出了不改变序列的算法，也就是那些不对它们所操作的容器做任何改动的算法。

### 排序及其相关的算法

图 16.19 列出了排序及相关的算法。

| 头文件 < algorithm > 中的不改变序列的算法 | | | |
|---|---|---|---|
| all_of* | any_of* | none_of* | for_each |
| find | find_if | find_if_not* | find_end |
| find_first_of | adjacent_find | count | count_if |
| mismatch | equal | is_permutation* | search |
| search_n | | | |

图 16.18　头文件 < algorithm > 中的不改变序列的算法

| 头文件 < algorithm > 中的排序及相关算法 | | | |
|---|---|---|---|
| sort | stable_sort | partial_sort | partial_sort_copy |
| is_sorted* | is_sorted_until* | nth_element | lower_bound |
| upper_bound | equal_range | binary_search | merge |
| inplace_merge | includes | set_union | set_intersection |
| set_difference | set_symmetric_difference | push_heap | |
| pop_heap | make_heap | sort_heap | is_heap* |
| is_heap_until* | min | max | minmax* |
| min_element | max_element | minmax_element* | lexicographical_compare |
| next_permutation | prev_permutation | | |

图 16.19　头文件 < algorithm > 中的排序及相关算法

### 数值算法

图 16.20 列出了头文件 < algorithm > 中的数值算法。

| 头文件 < algorithm > 中的数值算法 | | |
|---|---|---|
| accumulate | partial_sum | iota* |
| inner_product | adjacent_difference | |

图 16.20　头文件 < algorithm > 中的数值算法

## 16.7　本章小结

在这一章中,我们示范说明了标准库的许多算法,包括数学算法,基本的查找和排序算法,以及集合运算。学习了每个算法所要求的迭代器种类,了解到每个算法可以和支持它所需的最小迭代器功能的任何容器一起使用。此外介绍了在语法和语义上都像普通函数一样工作的函数对象,不过它们在性能和存储数据的能力上更具优势。最后,大家可以使用 lambda 表达式来创建函数对象内联,然后传递给标准库算法。

我们在本书较前面的章节中讨论数组时曾介绍了异常处理。在下一章,将深入介绍 C++ 丰富的异常处理能力。

## 摘要

### 16.1 节　简介

- 标准库算法是执行常见的数据操作,诸如对元素或者整个容器的查找、排序和比较之类的函数。

### 16.3.1 节　fill、fill_n、generate 和 generate_n

- fill 和 fill_n 算法把容器中某个范围的元素设置为一个指定的值。
- generate 和 generate_n 算法使用一个生成函数来为容器中某个范围的元素生成值。

### 16.3.2 节　equal、mismatch 和 lexicographical_compare

- equal 算法比较两个值的序列是否相等。
- mismatch 算法比较两个值的序列并返回一对迭代器,指明两个序列中不相等的元素的位置。

- lexicographical_compare 算法比较两个序列的内容。

## 16.3.3 节　remove、remove_if、remove_copy 和 remove_copy_if

- remove 算法删除某个范围中具有指定值的所有元素。
- remove_copy 算法复制某个范围中不等于某个值的所有元素。
- remove_if 算法删除某个范围中满足 if 条件的所有元素。
- remove_copy_if 算法复制某个范围中满足 if 条件的所有元素。

## 16.3.4 节　replace、replace_if、replace_copy 和 replace_copy_if

- replace 算法把某个范围中具有某指定值的所有元素进行替换。
- replace_copy 算法复制某个范围中所有元素，并将具有指定值的所有元素用另一个值替换。
- replace_if 算法把某一范围中满足 if 条件的所有元素进行替换。
- replace_copy_if 算法复制某个范围中所有元素，并将满足 if 条件的所有元素进行替换。

## 16.3.5 节　数学算法

- random_shuffle 算法对某一范围的元素进行随机重排序。
- count 算法统计某个范围中等于指定值的元素个数。
- count_if 算法统计某个范围中满足 if 条件的元素个数。
- min_element 算法查找某个范围中最小的元素。
- max_element 算法查找某个范围中最大的元素。
- minmax_element 算法查找某个范围中最小和最大的元素。
- accumulate 算法计算某个范围中元素的和。
- for_each 算法把一个通用函数或函数对象应用于某个范围中的每个元素。
- transform 算法把一个通用函数或函数对象应用于某个范围中的每个元素，并用每次函数的结果替换每个元素。

## 16.3.6 节　基本查找和排序算法

- find 算法查找某个范围中的一个特定值。
- find_if 算法查找某个范围中满足 if 条件的第一个值。
- sort 算法对某个范围中的元素进行按升序顺序或按由一个谓词指定的顺序进行排序。
- binary_search 算法确定在某个有序的元素范围中是否存在一个指定的值。
- all_of 算法确定一个一元谓词函数是否对某个范围中的所有元素均返回 true。
- any_of 算法确定一个一元谓词函数是否对某个范围中的至少一个返回 true。
- none_of 算法确定一个一元谓词函数是否对某个范围中的所有元素均返回 false。
- find_if_not 算法查找某个范围中不满足 if 条件的第一个值。

## 16.3.7 节　swap、iter_swap 和 swap_ranges

- swap 算法交换两个值。
- iter_swap 算法交换由两个迭代器参数所指向的元素。
- swap_ranges 算法交换某个范围中的元素。

## 16.3.8 节　copy_backward、merge、unique 和 reverse

- copy_backward 算法复制某个范围中的元素，并将这些元素按先放尾部后放头部的方式一一放置到一个容器中。
- move 算法将某个范围的元素从一个容器移动到另一个容器。
- move_backward 算法将某个范围的元素按先移尾部后移头部的方式从一个容器移动到另一个容器。
- merge 算法把两个已经按升序排列的值的序列，合并到第三个按升序排列的序列中。

- unique 算法删除一个已排序序列中某个范围中重复的元素。
- copy_if 算法复制某个范围中的每个元素，如果这个元素使一个一元谓词函数返回 ture。
- reverse 算法反转某个范围中的所有元素。
- copy_n 算法复制起始于一个指定位置的指定数目的元素，并把它们放置到起始位置指定的一个容器中。

### 16.3.9 节　inplace_merge、unique_copy 和 reverse_copy

- inplace_merge 算法合并同一容器中的两个有序的元素序列。
- unique_copy 算法复制一个有序的值序列中某个范围内所有不重复的元素。
- reverse_copy 算法反向复制某个范围中的元素。

### 16.3.10 节　集合操作

- 集合算法 includes 比较两个有序值的集合，确定第二个集合中的每个元素是否都在第一个集合中。
- 集合算法 set_differenc 找出在第一个有序的值集合中而不在第二个有序的值集合中的元素（两个集合都必须以升序排序）。
- 集合算法 set_intersection 确定第一个有序的值集合和第二个有序集合中都有的元素（两个集合都必须以升序排序）。
- 集合算法 set_symmetric_difference 确定属于第一个集合而不属于第二个集合，以及属于第二个集合而不属于第一个集合的元素（两个集合都必须以升序排序）。
- 集合算法 set_union 创建一个包含两个有序集合所有元素的集合（两个集合都必须以升序排序）。

### 16.3.11 节　lower_bound、upper_bound 和 equal_range

- lower_bound 算法寻找一个有序的值序列中可能的第一个位置，倘若把第三个参数插入到这个位置，这个序列仍然是按升序顺序排列的。
- upper_bound 算法寻找一个有序的值序列中可能的最后一个位置，倘若把第三个参数插入到这个位置，这个序列仍然是按升序顺序排列的。
- equal_range 算法返回一个含有上界和下界的 pair 对象。

### 16.3.12 节　堆排序

- make_heap 算法取出某个范围内值的序列，并创建一个可用于产生有序序列的堆。
- sort_heap 算法对一个堆的某个范围内的值序列进行排序。
- pop_heap 算法删除堆顶的元素。
- is_heap 算法返回 true，如果指定范围内的元素表示了一个堆。
- is_heap_until 算法检查指定范围的值，然后返回一个迭代器，指向了一个值区间的最后一个元素，而该区间在这个迭代器之前（但不包括）的所有元素是一个堆。

### 16.3.13 节　min、max、minmax 和 minmax_element

- min 和 max 算法分别确定两个元素中较小的和较大的元素。
- 现在，C++ 11 包括了 min 和 max 算法的重载版本，每个都具有一个初始化列表形参，并返回初始化列表实参中的最小或最大元素。每一个算法又分别有一个重载的版本，它们都使用一个二元谓词函数作为第二个参数，用来进行值的比较。
- 现在，C++ 11 包括了接收两个元素、返回一个 pair 对象的 minmax 算法。返回的 pair 对象的 first 中存放的是较小的元素，而 second 中存放的是较大的元素。这个算法的另一个版本使用一个二元谓词函数作为第三个参数，用来进行值的比较。
- 现在，C++ 11 包括了 minmax_element 算法，它接收表示元素范围的两个输入迭代器，返回一个迭代器的 pair 对象，其中的 first 指向该元素范围中的最小元素，而 second 指向最大元素。这个算法的另一个版本使用一个二元谓词函数作为第三个参数，用来进行值的比较。

### 16.4 节 函数对象

- 函数对象是重载了 operator( )的类的实例。
- 标准库提供了很多预先定义好的函数对象，它们可以在头文件 < functional > 中找到。
- 二元的函数对象接收两个参数并返回一个值。

### 16.5 节 lambda 表达式

- lambda 表达式（或 lambda 函数）为直接在函数对象的使用之处定义函数对象提供了一种简化的语法。
- lambda 函数可以（以按值或按引用的方式）捕获局部变量，然后在 lambda 表达式的体中操作这些变量。
- lambda 表达式以 lambda 导引器（introducer）（［ ］）开始，然后是形参表和函数体。如果函数体是形如"return 表达式；"的单条语句，那么返回值类型可以自动地被推断出来；否则，默认的返回值类型是 void。
- 为了捕获一个局部变量，需要在 lambda 表达式的 lambda 导引器中指定它。如果以按引用的方式捕获局部变量，那么需要使用 & 符号。

## 自测练习题

16.1 判断对错。如果错误，请说明理由。

a）标准库算法可以操作 C 风格的基于指针的数组。

b）标准库算法被封装为每个容器类中的成员函数。

c）对于容器使用 remove 算法时，这个算法并不减小所删元素容器的大小。

d）使用标准库算法的一个有利之处是它们依赖于所操作容器的实现细节。

e）remove_if 算法不修改容器中元素的数目，而是把那些没有被删除的元素移动到容器的前部。

f）find_if_not 算法查找某个范围内对于指定的一元谓词函数返回 flase 的所有值。

g）set_union 算法创建一个包含两个有序集合所有元素的集合（两个集合都必须以升序排序）。

16.2 填空题

a）标准库算法使用_____可间接操作容器的元素。

b）sort 算法需要一个_____迭代器。

c）_____和_____算法将容器某一范围中的每一个元素设置为一个特定的值。

d）_____算法比较两个值的序列是否相等。

e）C++ 11 的_____算法查找某个范围中最小和最大的元素。

f）back_inserter 调用容器默认的_____函数，从而在容器的末端插入元素。如果将元素插入到一个没有足够空间的容器中，容器可以增加它的大小。

g）任何可以接收函数指针的算法都可以接收一个类的对象，这个类使用一个称为 operator( )的函数来重载函数调用的圆括号运算符，只要这个重载的运算符满足算法的需要。这样的类对象就被称为_____，它们可以在语法和语义上像函数或函数指针那样使用。

16.3 编写一条 C++ 语句，完成以下的每项任务。

a）请使用 fill 算法，用"hello"填充整个名为 items 的 string 类型的 array 对象。

b）nextInt 函数返回序列中的下一个 int 值，在第一次调用的时候从 0 元素开始。请使用 generate 算法和 nextInt 函数填充名为 integers 的 int 类型的 array 对象。

c）请使用 equal 算法比较两个列表（strings1 和 strings2）是否相等。将结果保存在 bool 类型的变量 result 中。

d）请使用 remove_if 算法删除名为 colors 的 string 类型的 vector 对象中所有以"bl"开头的字符串。

startsWithBL 函数返回 true，如果它的 string 实参以"bl"开头。请将算法返回的迭代器保存在 ne-wLastElement 中。

e) 请使用 replace_if 算法将名为 values 的 int 类型的 array 对象中所有值大于 100 的元素替换为 10。函数 greaterThan100 返回 true，如果它的实参大于 100。

f) 请使用 minmax_element 算法寻找名为 temperatures 的 double 类型的 array 对象中的最小和最大值。请将返回的迭代器 pair 对象保存在 result 中。

g) 请使用 sort 算法对名为 colors 的 string 类型的 array 对象进行排序。

h) 请使用 reverse 算法对名为 colors 的 string 类型的 array 对象中的元素进行顺序反转。

i) 请使用 merge 算法将两个有序的名为 values1 和 values2 的 array 对象的内容合并到名为 results 的第三个 array 对象中。

j) 请编写一个返回 int 参数平方的 lambda 表达式，并把该 lambda 表达式赋值给变量 squareInt。

## 自测练习题答案

16.1　a) True。

　　b) False。标准库算法不是成员函数，它们通过迭代器间接地操作容器。

　　c) True。

　　d) False。标准库算法不依赖与所操作容器的实现细节。

　　e) True。

　　f) False。它只查找某个范围内对于指定的一元谓词函数返回 flase 的第一个值。

　　g) True。

16.2　a) 迭代器。b) 随机访问。c) fill, fill_n。d) equal。e) minmax_element。f) push_back。g) 函数对象。

16.3　
```
a)  fill( items.begin(), items.end(), "hello" );
b)  generate( integers.begin(), integers.end(), nextInt );
c)  bool result =
        equal( strings1.cbegin(), strings1.cend(), strings2.cbegin() );
d)  auto newLastElement =
        remove_if( colors.begin(), colors.end(), startsWithBL );
e)  replace_if( values.begin(), values.end(), greaterThan100 );
f)  auto result =
        minmax_element( temperatures.cbegin(), temperatures.cend() );
g)  sort( colors.begin(), colors.end() );
h)  reverse( colors.begin(), colors.end() );
i)  merge( values1.cbegin(), values1.cend(), values2.cbegin(), values2.cend(),
        results.begin() );
j)  auto squareInt = []( int i ) { return i * i; };
```

## 练习题

16.4　判断对错。如果错误，请说明理由。

　　a) 因为标准库算法间接地处理容器，所以一个算法往往可以和许多不同的容器一起使用。

　　b) 使用 for_each 算法，将一个通用函数应用到某个范围中的每一个元素；for_each 算法不会修改这个序列。

　　c) 默认情况下，sort 算法对某个范围中的元素按照升序进行排列。

　　d) 使用 merge 算法通过将第二个序列放置在第一个序列后以形成一个新的序列。

　　e) 使用 set_intersection 算法找出在第一个有序的值集合中而不在第二个有序的值集合中的元素(两个集合都必须以升序排序)。

　　f) lower_bound、upper_bound 和 equal_range 算法常用于定位插入有序序列的位置。

g）Lambda 表达式也可以用在函数指针和函数对象在算法中的所用之处。

h）C++11 的 lambda 表达式被局部地定义在函数内，可以（以按值或按引用的方式）"捕获"它所在函数的局部变量，然后在 lambda 表达式的体中操作这些变量。

16.5 填空题

a）只要一个容器（或内置数组）的_____满足算法的需求，那么这个算法就可以作用在这个容器上。

b）generate 和 generate_n 算法使用一个_____来为容器中某个范围的元素生成值。这种类型的函数没有参数，并返回一个可以放入容器的一个元素中的值。

c）指向内置数组的指针是_____迭代器。

d）使用_____算法（它的模板在头文件 < numeric > 中），计算某个范围中值的和。

e）使用_____算法，如果需要修改某个范围中的每一个元素时，对每一个元素应用一个通用函数。

f）为了保证正常工作，binary_search 要求被查找的值序列必须是_____。

g）使用 iter_swap 算法来交换由两个_____迭代器参数所指向的元素，并交换这些元素中的值。

h）现在，C++11 包括了接收两个元素、返回一个_____的 minmax 算法。返回值的 first 中存放的是较小的元素，而 second 中存放的是较大的元素。

i）_____算法修改它们所操作的容器。

16.6 相对于函数指针，函数对象有哪些优点？请列举。

16.7 当 unique 算法应用于某个范围的有序元素序列时，将产生什么结果？

16.8 （去重）请读入 20 个整数到一个 array 对象中，然后使用 unique 算法将这个 array 对象缩减为只保留用户输入的不重复的值。请使用 copy 算法显示这些唯一的值。

16.9 （去重）请修改练习题 16.8，让它使用 unique_copy 算法。应将这些不重复的值插入到一个初始为空的 vector 对象中。使用 back_inserter 来使这个 vector 对象随着新元素的增加而增大。请使用 copy 算法显示这些唯一的值。

16.10 （从文件读入数据）请使用一个 istream_iterator < int > 对象、copy 算法和一个 back_inserter 函数，来读入一个文本文件的内容。该文本文件包含了用空格分隔的 int 类型的值。将这些 int 类型的值放入一个 int 类型的 vector 对象中。copy 算法的第一个参数应该是一个 istream_iterator < int > 对象，它与文本文件的 ifstream 对象相关联；第二个参数也应该是一个 istream_iterator < int > 对象，它用类模板 istream_iterator 的默认构造函数进行初始化，结果对象可以作为一个"末尾"迭代器来使用。请在读完文本文件的内容后，显示结果 vector 对象的内容。

16.11 （合并有序线性表）请编写一个程序，要求使用标准库算法 merge 来将两个有序的 string 类型的 list 对象合并到一个有序的 string 类型的 list 对象中，然后显示这个结果的 list 对象。

16.12 （回文检测程序）回文是一种字符串，正读和反读该字符串都会得到同样的结果。回文的例子包括"radar"和"able was i ere i saw elba"等。请编写一个函数 testPalindrome，要求对一个 string 对象的副本使用 reverse 算法，然后比较原始的 string 对象和反转后的 string 对象，来确定原始的 string 对象是否是一个回文。像标准库容器一样，string 对象提供了像 begin 和 and 之类的函数，可以获得指向一个 string 对象中字符的迭代器。假设原始的 string 对象含有所有的小写字母，并且不包含任何的标点符号。请在一个程序中使用这个 testPalindrome 函数。

16.13 （增强的回文检测程序）请增强练习题 16.12 中的 palindromeTester 函数，允许字符串包含大写和小写字母，以及标点符号。在检测原始字符串是否是回文之前，函数 palindromeTester 应该将 string 对象转换成小写字母并删除任何标点符号。为了简化问题，假设标点符号只可以是：

. , ! ; : ( )

你可以使用 copy_if 算法和一个 back_inserter 函数，产生原始 string 对象的一个副本，删除标点符号字符，然后将字符放入一个新的 string 对象中。

# 第 17 章　异常处理深入剖析

*It is common sense to take a method and try it. If it fails, admit it frankly and try another. But above all, try something.*

—Franklin Delano Roosevelt

*If they're running and they don't look where they're going I have to come out from somewhere and catch them.*

—Jerome David Salinger

## 学习目标

在本章中将学习:

- 运用 try、catch 及 throw 分别去检测、处理和说明异常
- 声明新的异常类
- 如何展开堆栈使得在一个作用域内没有捕获到的异常能够在另一个作用域内被捕获到
- 处理 new 动态分配空间失败
- 利用 unique_ptr 阻止内存泄漏
- 了解标准的异常层次结构

## 提纲

## 17.1　简介

正如程序员在 7.10 节中看到的,异常是一个在程序运行时出现问题的表现。异常处理使程序员能够创建应用程序来解决(或处理)异常。在很多情况下,在处理异常的同时还允许程序继续运行,就像是没有遇到异常一样。本章介绍的特性使得程序员可以写出健壮和有容错能力的程序。这些程序能够处理在运行中出现的异常,并且使得程序能够继续运行或者得体地终止。

本章首先通过一个例子来回顾一下异常处理的概念。具体地说,这个例子演示的是当一个函数试图以 0 作为除数这一异常发生时所进行的异常处理情况。接着,我们将说明如何处理在构造函数和析构函数中出现的异常,以及如何处理用 new 运算符为一个对象分配内存失败时出现的异常。最后,本章将介绍几个 C++ 标准库中提供的异常处理的类并展示如何创建用户自定义的异常处理类。

**软件工程知识 17.1**

异常处理为处理错误提供了一个标准机制，这对一个需要大型程序员团队进行开发的项目显得
尤为重要。

**软件工程知识 17.2**

在系统设计的开始阶段，就要将异常处理策略加进系统。在系统实现后再包含有效的异常处理
是非常困难的。

**错误预防技巧 17.1**

如果没有异常处理，函数通常对于计算成功的情况会返回一个计算结果值，而对于计算失败的情
况则会返回一个错误的指示值。在这种结构下，一个常见的问题就是将函数的返回值直接用在
接下来的计算中，而没有先检测这个值是不是一个错误的指示值。异常处理消除了这个问题。

## 17.2　实例：处理除数为 0 的异常处理

让我们考虑一个异常处理的简单例子（如图 17.1 ~ 图 17.2 所示）。这个例子的目的是展示如何处理
一个常见的数学问题，即除数为 0 的问题。对于整数除法，如果除以 0，程序通常将提前终止。而对于浮
点除法，如果除数为 0，在不少 C++ 的实现版本里是被允许的，计算结果是正或负的无穷大，相应的输出
分别为 INF 或者 – INF。

在这个例子里，我们定义一个名为 quotient 的函数，该函数接收用户输入的两个整数，然后用第一个
int 类型的参数除以第二个 int 类型的参数。在执行除法之前，该函数将第一个 int 类型参数的值强制类型
转换为 double 类型。这样，第二个 int 类型参数的值因参与这个除法计算也将被提升为 double 类型。因
此，函数 quotient 实际上执行的是两个 double 类型值的除法，并返回一个 double 类型的结果值。

虽然除数为 0 往往在浮点运算中是被允许的，但是为了达到这个例子的目的，我们将任何试图以 0
为除数的做法都看成是错误的。因此，函数 quotient 在执行除法之前首先要测试它的第二个参数，以确保
它不是 0。如果第二个参数是 0，则函数 quotient 将抛出一个异常，来向它的调用函数表明产生了一个问
题。接着，调用函数（本例中是 main 函数）将处理这个异常，同时在允许用户输入两个新的值之后，再次
调用 quotient 函数。通过这种方式，程序甚至在输入一个不合适的值后仍可以继续执行，从而使得整个程
序更加健壮。

这个例子由两个文件组成，其中 DivideByZeroException.h 文件（如图 17.1 所示）定义了一个异常类，
描述可能会在这个例子中发生的问题类型；文件 fig17_02.cpp（如图 17.2 所示）定义了 quotient 函数和调
用这个 quotient 函数的 main 函数。在 main 函数中包含了演示异常处理的代码。

**定义一个异常类，描述可能发生的问题类型**

图 17.1 定义了类 DivideByZeroException，该类是标准库类 runtime_error（在头文件 < stdexcept > 中定
义）的一个派生类。类 runtime_error，即标准库 exception 类（在头文件 < exception > 中定义）的派生类，是
C++ 用于描述运行时错误所创建的标准基类。而类 exception 是 C++ 标准库中描述所有异常而建的标准
基类。（17.10 节将详细讨论 exception 类和它的派生类。）一个从 runtime_error 类派生出来的典型异常类
只定义了一个构造函数（第 11 ~ 12 行），这个构造函数将带有错误信息的字符串传递给基类 runtime_error
的构造函数。所有的异常类都直接或间接地从含有 virtual 函数 what 的 exception 类派生而来，而 what 函
数返回一个异常对象的错误信息。请注意，程序员并不一定要从 C++ 提供的标准异常类派生出自定义的
异常类，如这里的 DivideByZeroException 类。但是，这样做就使得程序员能够通过 virtual 函数 what 去获
得一条相应的错误信息。在图 17.2 中，我们利用 DivideByZeroException 类的一个对象来表明什么时候有
一个除以 0 的尝试发生了。

```
 1   // Fig. 17.1: DivideByZeroException.h
 2   // Class DivideByZeroException definition.
 3   #include <stdexcept> // stdexcept header contains runtime_error
 4
 5   // DivideByZeroException objects should be thrown by functions
 6   // upon detecting division-by-zero exceptions
 7   class DivideByZeroException : public std::runtime_error
 8   {
 9   public:
10      // constructor specifies default error message
11      DivideByZeroException()
12         : std::runtime_error( "attempted to divide by zero" ) {}
13   }; // end class DivideByZeroException
```

图 17.1　类 DivideByZeroException 的定义

### 异常处理演示

在图 17.2 中，程序运用异常处理对可能抛出一个 DivideByZeroException 异常以及在这个异常发生时处理它的代码进行包装。这个应用程序能够让用户输入两个整数，来作为函数 quotient(第 10 ~ 18 行)的参数。该函数使用第一个参数(即分子)除以第二个参数(即分母)。假设用户并没有将 0 指定为这个除法的分母，则函数 quotient 返回这个除法的结果。但是如果用户输入 0 作为分母，函数 quotient 就会抛出一个异常。在输出的示例中，前两行显示的是成功的计算结果，接下来的两行展示的是由于除数为 0 而得出的计算失败的信息。当异常发生时，程序通知用户发生一个错误，并提示用户输入两个新的整数。在我们讨论完代码后，将考虑用户的输入以及产生这些输出的程序控制流。

```
 1   // Fig. 17.2: fig17_02.cpp
 2   // Example that throws exceptions on
 3   // attempts to divide by zero.
 4   #include <iostream>
 5   #include "DivideByZeroException.h" // DivideByZeroException class
 6   using namespace std;
 7
 8   // perform division and throw DivideByZeroException object if
 9   // divide-by-zero exception occurs
10   double quotient( int numerator, int denominator )
11   {
12      // throw DivideByZeroException if trying to divide by zero
13      if ( denominator == 0 )
14         throw DivideByZeroException(); // terminate function
15
16      // return division result
17      return static_cast< double >( numerator ) / denominator;
18   } // end function quotient
19
20   int main()
21   {
22      int number1; // user-specified numerator
23      int number2; // user-specified denominator
24
25      cout << "Enter two integers (end-of-file to end): ";
26
27      // enable user to enter two integers to divide
28      while ( cin >> number1 >> number2 )
29      {
30         // try block contains code that might throw exception
31         // and code that will not execute if an exception occurs
32         try
33         {
34            double result = quotient( number1, number2 );
35            cout << "The quotient is: " << result << endl;
36         } // end try
37         catch ( DivideByZeroException &divideByZeroException )
38         {
39            cout << "Exception occurred: "
40               << divideByZeroException.what() << endl;
41         } // end catch
42
43         cout << "\nEnter two integers (end-of-file to end): ";
```

图 17.2　对试图除以 0 的情况抛出异常的例子

```
44          } // end while
45
46          cout << endl;
47   } // end main
```

```
Enter two integers (end-of-file to end): 100 7
The quotient is: 14.2857

Enter two integers (end-of-file to end): 100 0
Exception occurred: attempted to divide by zero

Enter two integers (end-of-file to end): ^Z
```

图 17.2(续)　对试图除以 0 的情况抛出异常的例子

### try 语句块中封装的代码

　　程序由提示用户输入两个整数开始。整数的输入是在 while 循环语句的条件部分进行的(第 28 行)。第 34 行将这些值传递给函数 quotient(第 10 ~ 18 行)。在函数 quotient 中，要么将这两个值相除并返回除法的结果，要么由于除数为 0 而抛出一个异常(也就是提示产生了一个错误)。在函数能检测到错误却不能处理的情况下，异常处理将会开始起作用。

　　正如程序员在 7.10 节中看到的，try 语句块可以进行异常处理，try 语句中包含着可能引起异常的语句和在异常发生时应该跳过的语句。请注意，第 32 ~ 36 行中的 try 语句块包含了调用函数 quotient 和显示除法结果的语句。在这个例子中，因为对函数 quotient(第 34 行)的调用可能抛出异常，所以将这个函数调用包含进 try 语句块。在 try 语句块中包含输出语句(第 35 行)，可以保证只有在 quotient 函数返回一个结果时输出才会执行。

**软件工程知识 17.3**

异常可能出现在 try 语句块里明确提及的代码中，也可能出现在 try 语句块中的代码对其他函数的调用和深层嵌套的函数调用中。

### 定义一个 catch 处理器处理异常 DivideByZeroException

　　在 7.10 节中可知异常是利用 catch 处理器处理的。在每个 try 语句块后面至少应该立即跟着一个 catch 处理器(第 37 ~ 41 行)。每个 catch 处理器都是由关键字 catch 开始，并且圆括号里面的异常参数应该被声明为一个异常类型的引用，而这个异常类型正是该 catch 处理器所能处理的异常类型(在这个例子中是 DivideByZeroException)。这样，当此异常被捕获时就避免了对异常对象的复制，同时还使相应的 catch 处理器能够正确地捕获派生类的异常。当一个 try 语句块中的异常发生时，那么将要执行的就是第一个能够匹配这个异常类型的 catch 处理器(也就是 catch 块中的类型恰好匹配了抛出的异常类型，或者是它的直接或间接基类)。如果一个异常参数含有一个可选的参数名，那么 catch 处理器就能用参数名与 catch 处理器体中捕获到的异常对象进行交互。当然，catch 处理器体要用一对花括号({和})括起来。catch 处理器通常会向用户报告错误，并将它记入文件，然后结束程序或者尝试其他的策略去完成失败的任务。在这个例子里面，catch 处理器只是简单地将试图除以 0 这个错误报告给用户，然后程序提示用户输入两个新的整数值。

**常见的编程错误 17.1**

在 try 语句块和相应的 catch 处理器之间，或者几个 catch 处理器之间放入代码是一个语法错误。

**常见的编程错误 17.2**

一个 catch 处理器只有一个参数——指定用逗号隔开的异常参数列表是一个语法错误。

**常见的编程错误 17.3**

在一个 try 语句块后的多个不同的 catch 处理器中捕获相同的异常类型是一个编译错误。

**异常处理的终止模式**

　　如果 try 语句块中的一条语句发生了异常，那么这个 try 语句块就会终止（也就是立即结束）。然后，程序搜索能够处理已发生的异常的第一个 catch 处理器。程序通过将抛出的异常的类型和每一个 catch 的异常参数类型进行比较来找到匹配的 catch，并定位在那里。如果抛出的异常类型和异常参数类型完全相同，或者抛出的异常类型是异常参数类型的派生类，那么就能匹配。当匹配成功时，该 catch 处理器体中的代码就会被执行。当运行到该 catch 处理器的右结束花括号时（｝），catch 处理器执行结束，异常被认为已经处理，同时在 catch 处理器体内定义的局部变量（包括 catch 的参数）就出了作用域。程序的控制并不会回到异常的发生点（也就是说的抛出点），因为 try 语句块已经终止了。取而代之的是，控制将从 try 语句块后最后一个 catch 处理器之后的第一条语句开始（第 43 行）。这就是异常处理的终止模式。请注意，一些程序设计语言使用异常处理的恢复模式。在这种模式下，当一个异常处理完以后，控制将在抛出点后重新开始。如同其他代码块一样，当一个 try 语句块结束时，定义在这个块里的局部变量也将不在作用域内。

**常见的编程错误 17.4**

如果假设在一个异常处理结束后，控制将回到抛出点后的第一条语句，那么这将是一个逻辑错误。

**错误预防技巧 17.2**

有了异常处理，程序就能在解决问题后继续执行（而不是终止）。这样有助于确保应用程序的健壮性，尤其对涉及关键业务计算和关键商务计算的应用程序而言。

　　如果 try 语句块成功地执行了（也就是在 try 语句块里面没有异常发生），那么程序将忽略 catch 处理器，并且程序控制将从 try 语句块的最后一个 catch 处理器体之后的第一条语句开始。

　　如果异常发生在 try 语句块中，并且没有相匹配的 catch 处理器，或者发生异常的语句并不属于 try 语句块，则含有这条语句的函数将立即终止，并且程序将试图定位调用函数中封装的 try 语句块。这个过程称为堆栈展开（stack unwinding），将在 17.4 节进行讨论。

**在用户输入的分母为非 0 时的程序控制流**

　　现在考虑当用户输入的分子为 100、分母为 7 时的控制流。在第 13 行，函数 quotient 确定分母不等于 0，因此第 17 行执行除法运算，并且给第 34 行返回一个 double 类型的结果（14.2857）。然后，程序控制从第 34 行继续执行，第 35 行显示除法结果，第 36 行结束 try 语句块。因为 try 语句块完全成功并且没有抛出异常，所以程序没有执行 catch 处理器（第 37～41 行）中包含的语句，并且程序控制从第 43 行（在 catch 处理器体之后的第一行）继续执行，提醒用户输入另外两个整数。

**在用户输入的分母为 0 时的程序控制流**

　　现在讨论一个更为有趣的情形，用户输入分子为 100、分母为 0。第 13 行的函数 quotient 确定分母等于 0，这表明有一个试图除以 0 的操作，因此在第 14 行抛出了异常。我们用一个类 DivideByZeroException（如图 17.1 所示）的对象来表示该异常。

　　请注意，为了抛出这个异常，图 17.2 中的第 14 行使用了关键字 throw，后面跟着一个代表抛出的异常类型的操作数。一般情况下，throw 语句指定一个操作数。（在 17.3 节将讨论如何使用一个没有指定操作数的 throw 语句。）一个 throw 语句的操作数可以是任何类型（但是必须是可以被构造复制的）。如果操作数是一个对象，就称之为异常对象。在这个例子中，异常对象是一个 DivideByZeroException 类型的对象。不过，throw 的操作数也可以是其他值，比如是并不产生类对象的表达式的值（例如，throw x > 5）或者一个 int 值（例如，throw 5）。本章的全部例子只讨论抛出异常类的对象的情况。

**错误预防技巧 17.3**

一般情况下，应该只抛出异常类类型的对象。

作为抛出异常的一部分, throw 的操作数将被创建并用来初始化 catch 处理器中的参数, 接下来马上就会讨论该内容。在这个例子中, 第 14 行的 throw 语句创建了一个 DivideByZeroException 类的对象。当在第 14 行抛出该异常时, 函数 quotient 就立即结束, 因此程序在函数 quotient 的第 17 行的除法执行之前就在第 14 行抛出异常。这是异常处理的一个重要特征: 程序必须在错误有可能发生之前显式地抛出异常。

因为我们将对函数 quotient 的调用(第 34 行)封装在一个 try 语句块里面, 因此程序控制随即进入紧接在 try 语句块后面的 catch 处理器(第 37 ~ 41 行)。这个 catch 处理器也就是专门针对除数为 0 的异常的异常处理器。一般而言, 当一个异常是从一个 try 语句块内被抛出时, 与该抛出的异常类型相匹配的 catch 处理器将捕获这个异常。在这个程序中, catch 处理器指定了它捕获 DivideByZeroException 对象, 即该类型匹配函数 quotient 抛出的异常的类型。实际上, catch 处理器捕获的是一个 DivideByZeroException 对象的引用, 而该对象是由函数 quotient 的 throw 语句(第 14 行)创建的。因此, catch 处理器并不复制这个异常对象。

注意, catch 处理器的体(第 39 ~ 40 行)打印由基类 runtime_error 的 what 函数返回的错误信息, 也就是类 DivideByZeroException 的构造函数(如图 17.1 中第 11 ~ 12 行所示)传递给基类 runtime_error 的构造函数的字符串。

**良好的编程习惯 17.1**

将每种运行时错误与一个有相应名称的异常类型联系在一起, 可以提高程序的清晰度。

## 17.3　重新抛出异常

一个函数可能会用到资源, 例如一个文件, 并且如果发生一个异常时可能会释放资源(也就是关闭文件)。异常处理器在接收到异常时, 可以释放资源, 然后通知其调用者异常发生并通过语句

```
throw;
```

重新抛出异常。

无论处理器是否能够处理异常, 处理器都可以为了在处理器外更进一步进行处理而重新抛出异常。下一个封装的 try 语句块将检测这个重新抛出的异常, 而列在该封装的 try 语句块之后的一个 catch 处理器将试图处理该异常。

**常见的编程错误 17.5**

执行在一个 catch 处理器之外的一条空的 throw 语句, 将放弃异常处理并且会立即结束程序。

图 17.3 中的程序演示了重新抛出一个异常的应用。在 main 函数中的 try 语句块中(第 29 ~ 34 行), 第 32 行调用了函数 throwException(第 8 ~ 24 行)。函数 throwException 也包含一个 try 语句块(第 11 ~ 15 行), 第 14 行中的 throw 语句从该语句块中抛出一个标准函数库 exception 类的实例。throwException 函数的 catch 处理器(第 16 ~ 21 行)捕获这个异常, 打印一条错误信息(第 18 ~ 19 行), 并且重新抛出该异常(第 20 行)。这样函数 throwException 终止, 并且将控制返回到第 32 行 main 函数中的 try... catch 块中。接着 try 语句块结束(所以没有执行第 33 行), main 函数中的 catch 处理器(第 35 ~ 38 行)捕获这个异常并打印一条错误信息(第 37 行)。请注意, 由于在这个例子里面没有用到 catch 处理器的异常参数, 因此我们省略了异常参数的名字, 而只是指定要捕捉的异常的类型(第 16 行和第 35 行)。

```
I   // Fig. 17.3: fig17_03.cpp
2   // Rethrowing an exception.
3   #include <iostream>
4   #include <exception>
5   using namespace std;
6
```

图 17.3　重新抛出异常

```
 7    // throw, catch and rethrow exception
 8    void throwException()
 9    {
10       // throw exception and catch it immediately
11       try
12       {
13          cout << " Function throwException throws an exception\n";
14          throw exception(); // generate exception
15       } // end try
16       catch ( exception & ) // handle exception
17       {
18          cout << " Exception handled in function throwException"
19             << "\n Function throwException rethrows exception";
20          throw; // rethrow exception for further processing
21       } // end catch
22
23       cout << "This also should not print\n";
24    } // end function throwException
25
26    int main()
27    {
28       // throw exception
29       try
30       {
31          cout << "\nmain invokes function throwException\n";
32          throwException();
33          cout << "This should not print\n";
34       } // end try
35       catch ( exception & ) // handle exception
36       {
37          cout << "\n\nException handled in main\n";
38       } // end catch
39
40       cout << "Program control continues after catch in main\n";
41    } // end main
```

```
main invokes function throwException
  Function throwException throws an exception
  Exception handled in function throwException
  Function throwException rethrows exception

Exception handled in main
Program control continues after catch in main
```

图 17.3(续)　重新抛出异常

## 17.4　堆栈展开

当异常被抛出但没有在一个特定的作用域内被捕获时，函数调用堆栈就会展开，并试图在下一个外部的 try…catch 语句块内捕获这个异常。展开函数调用堆栈意味着在其中异常没有被捕获到的函数将会结束，此函数中完成初始化的所有局部变量将被销毁，并且控制将返回到最初调用该函数的语句。如果该语句被一个 try 语句块封装，那么就会试图捕获该异常。如果该语句没有被一个 try 语句块封装，堆栈展开将再次发生。如果没有一个 catch 处理器捕获到该异常，那么程序将结束。图 17.4 中的程序演示了堆栈展开操作。

在 main 函数中，try 语句块(第 34~38 行)调用 function1(第 24~28 行)。接着 function1 调用 function2(第 17~21 行)，而 function2 又调用 function3(第 8~14 行)。在第 13 行中 function3 抛出一个 runtime_error 对象，但是由于第 13 行中的 throw 语句没有被封装在一个 try 语句块中，堆栈展开就发生了，function3 在第 13 行结束，然后将控制返回到调用 function3 的 function2 中的语句(即第 20 行)。同样，因为没有 try 语句块封装第 20 行，堆栈展开将再次发生，function2 在第 20 行结束并将控制返回到调用 function2 的 function1 中的语句(即第 27 行)。因为没有 try 语句块封装第 27 行，堆栈展开再次发生，function1 在第 27 行结束并将控制返回到调用 function1 的 main 函数中的语句(即第 37 行)。第 34~38 行的 try 语句块封装了这条语句，因此这个 try 语句块之后的第一个匹配的 catch 处理器(第 39~43 行)将捕获并处理此异常。第 41 行利用 what 函数来打印异常信息。

```cpp
1   // Fig. 17.4: fig17_04.cpp
2   // Demonstrating stack unwinding.
3   #include <iostream>
4   #include <stdexcept>
5   using namespace std;
6
7   // function3 throws runtime error
8   void function3()
9   {
10     cout << "In function 3" << endl;
11
12     // no try block, stack unwinding occurs, return control to function2
13     throw runtime_error( "runtime_error in function3" ); // no print
14  } // end function3
15
16  // function2 invokes function3
17  void function2()
18  {
19     cout << "function3 is called inside function2" << endl;
20     function3(); // stack unwinding occurs, return control to function1
21  } // end function2
22
23  // function1 invokes function2
24  void function1()
25  {
26     cout << "function2 is called inside function1" << endl;
27     function2(); // stack unwinding occurs, return control to main
28  } // end function1
29
30  // demonstrate stack unwinding
31  int main()
32  {
33     // invoke function1
34     try
35     {
36        cout << "function1 is called inside main" << endl;
37        function1(); // call function1 which throws runtime_error
38     } // end try
39     catch ( runtime_error &error ) // handle runtime error
40     {
41        cout << "Exception occurred: " << error.what() << endl;
42        cout << "Exception handled in main" << endl;
43     } // end catch
44  } // end main
```

```
function1 is called inside main
function2 is called inside function1
function3 is called inside function2
In function 3
Exception occurred: runtime_error in function3
Exception handled in main
```

图 17.4　堆栈展开

## 17.5　什么时候使用异常处理

异常处理是设计用来处理同步(synchronous)错误的,这些错误发生在一个语句正在执行的时候。常见的例子有数组下标越界、运算溢出(也就是一个值超过它的值域)、除数为 0、无效的函数参数和失败的内存分配(由于内存不足)。异常处理并不处理相关的异步(asynchronous)事件(例如,磁盘 I/O 操作的完成、网络消息的到达、鼠标的点击,还有键盘的击键等),这些事件与程序的控制流并行且互相独立。

**软件工程知识 17.4**
异常处理提供一个单独的、统一的处理问题的技术。这有助于一个大型项目中的程序员互相了解各自的错误处理代码。

**软件工程知识 17.5**
异常处理使预定义的软件组件能够与应用程序特定的组件进行问题的沟通,这样可以按应用程序特定的方式处理问题。

　　　异常处理机制对于处理程序与软件元素交互时发生的问题也很有用。软件元素包括成员函数、构造函数、析构函数和类，等等。这些软件元素常常在问题发生时使用异常来通知程序。这样使程序员能够为每个应用程序定制相应的错误处理操作。

**软件工程知识 17.6**
带有常见错误情况的函数应该返回 nullptr、0 或者其他合适的值，例如 bool 类型的值，而不是抛出异常。调用这样函数的程序可以通过检查返回值来确定函数调用是否成功。

　　　复杂的应用程序常常由两类组件构成，这两类组件是预定义的软件组件和使用预定义组件的应用程序特定的组件。当预定义组件遇到问题时，该组件就需要一种机制，来与应用程序特定的组件进行通信，因为预定义的组件预先无法知道每个应用程序将如何处理所发生的问题。

### C++ 11：声明不会抛出异常的函数

　　　对于 C++ 11，如果一个函数不会抛出任何异常，并且不调用任何抛出异常的函数，那么程序员应该显式地说明它不会抛出异常。这就指示客户端代码的程序员，不需要把对这种函数的调用放在一个 try 语句块中。为此，只需要在该函数的原型和定义中的参数列表的右侧添加 noexcept 关键字。请注意，对于 const 成员函数，应将 noexcept 放在 const 之后。如果一个声明为 noexcept 的函数调用另一个抛出一个异常的函数，或者调用另一个执行一条 throw 语句的函数，那么程序将终止。在第 24 章，我们将介绍更多关于 noexcept 的内容。

## 17.6　构造函数、析构函数和异常处理

　　　首先在此讨论一个我们曾经提到但是没有很好解决的问题：当在构造函数里面检测到一个错误时会发生什么情况？例如，当一个对象的构造函数接收到无效的数据时，构造函数应该如何响应？因为构造函数不能返回一个值来指示错误，因此必须选择一种可行的方式来指出这个对象没有被正确地创建。一种方案是返回这个未正确构造的对象，并希望使用它的人能够对其进行测试，从而判定它处于不一致的状态。另一种方案是在构造函数之外设置一些变量。一种更好的选择是要求构造函数抛出包含错误信息的异常，因为这样做可以为程序提供一个处理失败的机会。

　　　在构造函数抛出异常之前，作为所构造对象一部分的成员对象(它们的构造函数已经运行过了)的析构函数将会被调用。在异常被捕获之前，对于 try 语句块中构造的每一个自动对象而言，它们的析构函数都将被调用。在异常处理器开始执行的时候，必须确保堆栈展开已经完成。如果是由于堆栈展开而调用的析构函数抛出一个异常，那么程序将结束。这可能会导致各种各样的安全攻击。

**错误预防技巧 17.4**
析构函数应该捕捉异常，以防止程序终止。

**错误预防技巧 17.5**
不要由具有静态存储期的对象的构造函数抛出异常，因为这样的异常无法被捕获。

　　　如果一个对象拥有成员对象，并且如果在这种外部对象被完全构造前抛出了异常，那么对于在异常发生之前已经构造的成员对象，其析构函数将被调用。如果在异常发生时一个对象数组只是部分被构造，那么只有数组中已经完成构造的对象的析构函数才会被调用。

**错误预防技巧 17.6**
当异常是由一个 new 表达式所构建的对象的构造函数抛出时，该对象的动态分配内存将会被释放。

**错误预防技巧 17.7**
如果在初始化一个对象时发生了问题，构造函数应该抛出一个异常。在这样做之前，构造函数应该释放它动态分配的内存。

**初始化局部对象获取资源**

异常可能会阻止正常释放资源(例如内存资源或文件资源)的代码的执行,这将导致资源泄漏,妨碍其他程序获取资源。解决这个问题的一个方法是初始化一个局部变量来获取资源。当异常发生时,将调用这个对象的析构函数并可以释放资源。

## 17.7　异常与继承

各种各样的异常类可以由公共的基类派生出来,就像 17.2 节中创建的类 DivideByZeroException 正是类 exception 的一个派生类那样。如果 catch 处理器可以捕获基类类型的一个异常对象的一个引用,那么它同样可以捕获该基类的 public 派生类的所有对象的一个引用,这样可以利用多态性来处理相关的异常。

**错误预防技巧 17.8**

继承与异常在一起使用,使异常处理器能够以简洁的表达方式捕获相关的错误。一种方法是分别捕获一个派生类异常对象的每种引用,但是一种更简洁的方法是捕获基类异常对象的指针或引用。而且分别捕获派生类异常对象的各种指针和引用更容易产生错误,尤其是当程序员忘记显式地测试一个或多个派生类引用类型的时候。

## 17.8　处理 new 失败

当 new 运算符操作失败时,它抛出 bad_alloc 异常(在头文件 < new > 中定义)。在本节,我们将介绍两个 new 失败的例子。第一个例子使用的是在 new 失败时抛出 bad_alloc 异常的 new 版本。第二个例子是使用 set_new_handler 函数来处理 new 失败。请注意,图 17.5 和图 17.6 中的例子动态分配了大量内存,这可能会使计算机的运行速度变慢。

**new 失败时抛出 bad_alloc 异常**

图 17.5 演示了在分配所需内存失败时 new 隐式地抛出一个 bad_alloc 异常的情况。try 语句块中的 for 语句(第 16 ~ 20 行)要循环 50 次,并且每一次迭代都分配了一个大小为 50 000 000 个 double 值的数组。如果 new 失败则会抛出一个 bad_alloc 异常,循环语句结束,然后程序在第 22 行继续执行,此处的 catch 处理器捕获并处理这个异常。第 24 ~ 25 行打印信息"Exception occurred:",随后打印的是基类 exception 的 what 函数返回的信息(也就是一个已定义实现的异常所指定的信息,例如在 Microsoft Visual C++ 中的"Allocation Failure")。输出显示程序在 new 失败之前只执行了循环的 4 次迭代,并且抛出了 bad_alloc 异常。根据计算机的物理内存、系统的虚拟存储器可用的磁盘空间及所用编译器的不同,会使这个程序的输出结果有所不同。

**new 在失败时返回 nullptr**

在旧版本的 C++ 中,当运算符 new 在分配内存失败时将返回 nullptr。C++ 标准指出程序员可以在 new 失败时继续使用旧的返回 nullptr 的 new 版本。为此,头文件 < new > 定义了对象 nothrow(其类型是 nothrow_t),用法如下:

```
double *ptr = new( nothrow ) double[ 50000000 ];
```

上述语句使用了没有抛出 bad_alloc 异常的 new 版本(即 nothrow)来分配一个有 50 000 000 个 double 元素的数组。

**软件工程知识 17.7**

为了使程序更加健壮,应使用在失败时抛出 bad_alloc 异常的 new 版本。

```
 1  // Fig. 17.5: fig17_05.cpp
 2  // Demonstrating standard new throwing bad_alloc when memory
 3  // cannot be allocated.
 4  #include <iostream>
 5  #include <new> // bad_alloc class is defined here
 6  using namespace std;
 7
 8  int main()
 9  {
10     double *ptr[ 50 ];
11
12     // aim each ptr[i] at a big block of memory
13     try
14     {
15        // allocate memory for ptr[ i ]; new throws bad_alloc on failure
16        for ( size_t i = 0; i < 50; ++i )
17        {
18           ptr[ i ] = new double[ 50000000 ]; // may throw exception
19           cout << "ptr[" << i << "] points to 50,000,000 new doubles\n";
20        } // end for
21     } // end try
22     catch ( bad_alloc &memoryAllocationException )
23     {
24        cerr << "Exception occurred: "
25           << memoryAllocationException.what() << endl;
26     } // end catch
27  } // end main
```

```
ptr[0] points to 50,000,000 new doubles
ptr[1] points to 50,000,000 new doubles
ptr[2] points to 50,000,000 new doubles
ptr[3] points to 50,000,000 new doubles
Exception occurred: bad allocation
```

图 17.5　操作失败时抛出 bad_alloc 异常的 new 运算符

**使用函数 set_new_handler 处理 new 失败**

处理 new 失败的另一种方法是使用函数 set_new_handler(原型在标准头文件 < new > 中),这个函数的参数是一个函数指针,指向的函数没有参数并且返回值为 void 类型。该指针指向的函数在 new 失败时将被调用。这给程序员提供了一个统一处理所有 new 失败的方法,不管这种失败发生在程序的什么位置。一旦 set_new_handler 在程序中注册了 new 处理器,那么在失败时 new 运算符不会抛出 bad_alloc 异常,它将该错误推给 new 处理器函数来处理。

如果 new 成功地分配了内存,它将返回一个指向该内存的指针;如果 new 分配内存失败并且 set_new_handler 没有注册 new 处理器函数,那么 new 将抛出一个 bad_alloc 异常;如果 new 分配内存失败而 new 处理器函数已经注册,那么将调用 new 处理器函数。new 处理器函数应该完成以下所列的一个任务:

1. 通过释放其他动态分配的内存来增加更多的可用内存(或者告诉用户关掉其他应用程序),并且返回到运算符 new 来尝试再次分配内存。
2. 抛出 bad_alloc 类型的一个异常。
3. 调用函数 abort 或 exit(都提供在头文件 < cstdlib > 中)来结束程序。这条任务在 9.7 节中有所介绍。

图 17.6 演示了 set_new_handler 的用法。函数 customNewHandler(第 9 ~ 13 行)打印一条错误信息(第 11 行),然后通过调用 abort 函数(第 12 行)结束程序。输出显示程序在 new 失败和调用函数 customNewHandler 之前循环只执行了 4 次迭代。同样,根据计算机的物理内存、系统的虚拟存储器可用的磁盘空间及所用编译器的不同,会使这个程序的输出结果有所不同。

```
 1  // Fig. 17.6: fig17_06.cpp
 2  // Demonstrating set_new_handler.
 3  #include <iostream>
 4  #include <new> // set_new_handler function prototype
 5  #include <cstdlib> // abort function prototype
 6  using namespace std;
```

图 17.6　在 new 失败时指定调用的函数的 set_new_handler

```
7
8    // handle memory allocation failure
9    void customNewHandler()
10   {
11      cerr << "customNewHandler was called";
12      abort();
13   } // end function customNewHandler
14
15   // using set_new_handler to handle failed memory allocation
16   int main()
17   {
18      double *ptr[ 50 ];
19
20      // specify that customNewHandler should be called on
21      // memory allocation failure
22      set_new_handler( customNewHandler );
23
24      // aim each ptr[i] at a big block of memory; customNewHandler will be
25      // called on failed memory allocation
26      for ( size_t i = 0; i < 50; ++i )
27      {
28         ptr[ i ] = new double[ 50000000 ]; // may throw exception
29         cout << "ptr[" << i << "] points to 50,000,000 new doubles\n";
30      } // end for
31   } // end main
```

```
ptr[0] points to 50,000,000 new doubles
ptr[1] points to 50,000,000 new doubles
ptr[2] points to 50,000,000 new doubles
ptr[3] points to 50,000,000 new doubles
customNewHandler was called
```

图 17.6(续)　在 new 失败时指定调用的函数的 set_new_handler

## 17.9　类 uique_ptr 和动态内存分配

　　一个常见的编程实践是进行动态内存分配,将内存的地址赋值给一个指针,利用这个指针操作内存,以及在不需要内存时用 delete 回收内存空间。如果一个异常发生在成功分配内存之后、但在 delete 语句执行之前,那么就会发生内存泄漏。C++ 在头文件 < memory > 里提供了类模板 uique_ptr 来处理这种情况。

　　一个类 uique_ptr 的对象维护了指向动态分配内存的一个指针。当一个 uique_ptr 对象的析构函数被调用时(例如,当一个 uique_ptr 对象出了作用域),它将对其指针数据成员执行 delete 操作。由于 uique_ptr 类模板提供了重载的运算符"*"和"->",uique_ptr 对象可以像一般的指针变量那样被使用。图 17.9 演示了指向一个动态分配的 Interge 类对象的 uique_ptr 对象(如图 17.7～图 17.8 所示)。

```
1    // Fig. 17.7: Integer.h
2    // Integer class definition.
3
4    class Integer
5    {
6    public:
7       Integer( int i = 0 ); // Integer default constructor
8       ~Integer(); // Integer destructor
9       void setInteger( int i ); // set Integer value
10      int getInteger() const; // return Integer value
11   private:
12      int value;
13   }; // end class Integer
```

图 17.7　类 Integer 的定义

　　图 17.9 的第 15 行创建了名为 ptrToInteger 的 uique_ptr 对象,并使用指向动态分配的 Integer 类对象的指针对 ptrToInteger 进行了初始化,该 Integer 类对象含有数值 7。第 18 行使用 uique_ptr 的重载运算符"->",使 ptrToInteger 指向的 Integer 类对象调用 setInteger 函数。第 21 行使用 uique_ptr 的重载运算符

"*"来间接引用 ptrToInteger，然后对间接引用的结果 Integer 类对象通过圆点(.)运算符调用 getInteger 函数。就像一般指针一样，uique_ptr 的重载运算符"->"和"*"能够用来访问 uique_ptr 对象指向的对象。

```cpp
1  // Fig. 17.8: Integer.cpp
2  // Integer member function definitions.
3  #include <iostream>
4  #include "Integer.h"
5  using namespace std;
6
7  // Integer default constructor
8  Integer::Integer( int i )
9     : value( i )
10 {
11    cout << "Constructor for Integer " << value << endl;
12 } // end Integer constructor
13
14 // Integer destructor
15 Integer::~Integer()
16 {
17    cout << "Destructor for Integer " << value << endl;
18 } // end Integer destructor
19
20 // set Integer value
21 void Integer::setInteger( int i )
22 {
23    value = i;
24 } // end function setInteger
25
26 // return Integer value
27 int Integer::getInteger() const
28 {
29    return value;
30 } // end function getInteger
```

图 17.8    类 Integer 成员函数的定义

```cpp
1  // Fig. 17.9: fig17_09.cpp
2  // Demonstrating unique_ptr.
3  #include <iostream>
4  #include <memory>
5  using namespace std;
6
7  #include "Integer.h"
8
9  // use unique_ptr to manipulate Integer object
10 int main()
11 {
12    cout << "Creating a unique_ptr object that points to an Integer\n";
13
14    // "aim" unique_ptr at Integer object
15    unique_ptr< Integer > ptrToInteger( new Integer( 7 ) );
16
17    cout << "\nUsing the unique_ptr to manipulate the Integer\n";
18    ptrToInteger->setInteger( 99 ); // use unique_ptr to set Integer value
19
20    // use unique_ptr to get Integer value
21    cout << "Integer after setInteger: " << ( *ptrToInteger ).getInteger()
22       << "\n\nTerminating program" << endl;
23 } // end main
```

```
Creating a unique_ptr object that points to an Integer
Constructor for Integer 7

Using the unique_ptr to manipulate the Integer
Integer after setInteger: 99

Terminating program
Destructor for Integer 99
```

图 17.9    uique_ptr 对象管理动态内存分配

因为 ptrToInteger 是 main 函数中的一个局部自动变量，所以 ptrToInteger 在 main 函数结束时被销毁。uique_ptr 的析构函数迫使 ptrToInteger 所指向的 Integer 对象被销毁，这又会调用 Integer 类的析构函数。

Integer 类对象所占的内存将被释放,而不管控制是如何离开这个语句块的(例如,无论是通过一条 return 语句,还是通过一个异常)。最重要的是,利用这种技术能够防止内存泄漏。例如,假设一个函数返回一个指向某个对象的指针。遗憾的是,接收这个指针的函数调用者并不可能销毁这个对象,从而导致内存泄漏。但是,如果该函数返回指向该对象的一个 uique_ptr 对象,那么这个对象在 uique_ptr 对象的析构函数被调用时会自动地被销毁。

**使用 uique_ptr 的注意事项**

uique_ptr 类之所以这么命名,是因为一次只能有一个 uique_ptr 对象可以指向一个动态分配的对象。通过 uique_ptr 类的重载赋值运算符或拷贝构造函数,可以使一个 uique_ptr 类对象转让它管理的动态内存的所有权。最后一个维护指向动态内存的指针的 uique_ptr 类对象将回收内存。这使得 uique_ptr 成为一个理想的为客户代码返回动态分配内存的机制。当 uique_ptr 类对象在客户代码中退出作用域时,uique_ptr 的析构函数将销毁动态分配的对象并回收它的内存。

**指向内置数组的 uique_ptr**

程序员还可以使用一个 uique_ptr 对象来管理动态分配的一个内置数组。例如,考虑下面的语句:

```
unique_ptr< string[] > ptr( new string[ 10 ] );
```

它动态分配了一个由 ptr 管理的具有 10 个 string 元素的数组。类型 string[]表明被管理的内存是一个包含 string 元素的内置数组。当管理一个数组的 uique_ptr 对象不在其作用域时,它通过 delete[]回收内存,因此数组的每一个元素都有一次析构函数的调用。

管理一个数组的 uique_ptr 对象提供了访问数组元素的重载运算符[]。例如,下面的语句

```
ptr[ 2 ] = "hello";
```

将"hello"赋值给在 ptr[2]中的 string 对象,并且以下的语句

```
cout << ptr[ 2 ] << endl;
```

显示这个 string 对象。

## 17.10　标准库的异常类层次结构

经验显示各种异常可归为好几个类。C++ 标准库包含一个异常类的层次结构,其中的一部分如图 17.10 所示。与 17.2 节中首次讨论的一样,该层次结构的最上层是基类 exception(在头文件 < exception > 中定义),它包含了 virtual 函数 what,exception 的派生类可以通过重载 what 函数来发布合适的错误信息。

基类 exception 的直接派生类包括 runtime_error 和 logic_error(均在头文件 < stdexcept > 中定义),其中每一个都有若干个派生类。此外,由 C++ 运算符抛出的异常也直接由 exception 派生。例如,bad_alloc 异常是由 new 抛出的(参见 17.11 节),bad_cast 异常是由 dynamic_cast 抛出的(参见第 13 章),以及 bad_typeid 异常是由 typeid 抛出的(参见第 13 章)。

 **常见的编程错误 17.10**
将捕获基类对象的 catch 处理器放在捕获该基类的派生类对象的 catch 处理器前面是一个逻辑错误。基类的 catch 处理器捕获所有由基类派生的类对象,所以派生类 catch 处理器将永远不会执行。

logic_error 类是一些用来表明程序逻辑错误的标准异常类的基类。例如,invalid_argument 类表明一个函数接收了一个非法参数。(当然,正确的编码能够避免将非法参数传递到函数。)length_error 类表明对对象使用的长度超过了该对象所允许的最大长度。out_of_range 类表明一个值(如下标)越过所允许的取值范围。

在 17.4 节中,我们简单地使用了 runtime_error 类,它是其他一些表明运行时错误的标准异常类的基类。例如,类 overflow_error,描述了算术上溢出错误(也就是算术运算的结果大于计算机中可以存储的最大数),以及类 underflow_error,描述了算术下溢出错误(也就是算术运算的结果小于计算机中可以存储的最小数)。

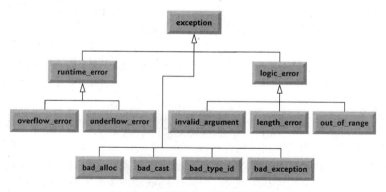

图 17.10　部分标准库的异常类

**常见的编程错误 17.7**

异常类可以不继承 exception 类。因此，捕获类型为 exception 的异常并不能保证捕获到程序遇到的所有异常。

**错误预防技巧 17.9**

为了捕获由一个 try 语句块潜在抛出的所有异常，应使用 catch(...)。使用这种方式捕获异常的一个缺点是捕获到的异常的类型是未知的。另外一个缺点是没有命名的参数，因此没有办法在异常处理器中引用该异常对象。

**软件工程知识 17.8**

标准的异常层次结构是一个创建异常的好的出发点。使得程序员创建的程序可以抛出标准异常类对象，也可以抛出由标准异常类派生的异常类对象，还可以抛出并不是由标准异常类派生的自定义异常类的对象。

**软件工程知识 17.9**

可以使用 catch(...)来执行不依赖于异常类型的恢复操作(例如，释放公共资源)。异常可以被重新抛出，让其他更特定的 catch 处理器来处理。

## 17.11　本章小结

在本章，大家学会了如何利用异常处理去处理程序中出现的错误，知道了异常处理使程序员能够将错误处理代码从程序执行的"主流程"中移出来。本章通过除数为 0 的例子示范说明了异常处理。我们回顾了如何使用 try 语句块去封装可能抛出异常的代码，以及如何使用 catch 处理器来处理可能出现的异常。此外还学到了如何抛出和重新抛出异常，以及如何处理在构造函数中发生的异常。本章还继续讨论了 new 失败处理，uique_ptr 类与动态内存分配的关系，以及标准库的异常层次结构。尤其是，我们将在第 19 章演示构建用户自定义的模板化数据结构所需要的特性。

## 摘要

### 17.1 节　简介

- 一个异常是一个在程序运行时出现的问题的指示。
- 异常处理使得程序员能够创建解决执行时出现问题的应用程序。异常处理往往允许程序继续运行，就像是没有遇到过异常一样。但一些更加严重的问题则需要程序以受控的方式在终止之前向用户通知问题。

## 17.2 节　实例：处理除数为 0 的异常处理

- 类 exception 是异常类的标准基类，它提供了 virtual 函数 what。what 函数返回一条相应的错误信息，并且可以在派生类中被重载。
- 类 runtime_error，在头文件 <stdexcept> 中定义，是用于描述运行时错误的 C++ 标准基类。
- C++ 使用异常处理的终止模式。
- 每个 try 语句块都由关键字 try，后随花括号对(｛｝)构成。其中花括号对中定义了一个语句块，包含异常可能发生的代码。try 语句块封装了可能导致异常的语句，以及异常发生时不应该执行的语句。
- 一个 try 语句块后面至少应该立即跟着一个 catch 处理器。每个 catch 处理器都指定一个异常参数，表示了这个 catch 处理器所能处理的异常类型。
- 如果一个异常参数含有一个可选的参数名，那么 catch 处理器就能用参数名与 catch 处理器体中捕获到的异常对象进行交互。
- 程序中异常发生的点也就是常说的抛出点。
- 如果一个 try 语句块中发生了一个异常，那么这个 try 语句块终止，并且程序的控制将转移到异常参数的类型与抛出的异常类型相匹配的第一个 catch 处理器。
- 当一个 try 语句块结束时，定义在这个语句块里面的局部变量也将退出这个作用域。
- 当一个 try 语句块因为异常而结束后，程序通过将抛出的异常类型和异常参数的类型相比较搜索第一个相匹配的 catch 处理器。如果类型完全相同或者抛出的异常类型是异常参数类型的派生类，那么就可以匹配。当匹配成功时，包含在匹配的 catch 处理器中的代码就会被执行。
- 当一个 catch 处理器的处理结束时，catch 处理器的参数以及在 catch 处理器内定义的局部变量都将退出这个作用域。程序将忽略 try 语句块所有其他的 catch 处理器，将从 try... catch 序列之后的第一条语句开始执行。
- 如果在一个 try 语句块中没有发生异常，那么程序将忽略这个语句块的所有 catch 处理器，并且程序将从 try... catch 序列之后的第一条语句开始执行。
- 如果一个异常发生在一个 try 语句块中，并且没有相匹配的 catch 处理器，或者如果一个发生异常的语句并不在一个 try 语句块中，那么包含该语句的函数将立即终止，并且程序将试图在调用函数中定位一个封装的 try 语句块。这个过程称为堆栈展开。
- 为了抛出一个异常，应该使用关键词 throw，在它后面紧跟着一个表示要抛出的异常类型的操作数。一个 throw 语句的操作数可以是任何类型。

## 17.3 节　重新抛出异常

- 异常处理器可以递延异常处理(或者一部分的异常处理)到另一个异常处理器。在任何一种情况下，处理器都可以通过重新抛出异常来实现这种递延。
- 常见的异常例子有数组下标越界、运算溢出、除数为 0、无效的函数参数和失败的内存分配等。

## 17.4 节　堆栈展开

- 展开函数调用堆栈意味着在其中异常没有被捕获到的函数将会结束，此函数中所有的局部变量将被销毁，并且控制将返回到最初调用该函数的语句。

## 17.5 节　什么时候使用异常处理

- 异常处理用于处理同步错误，这些错误发生在一个语句执行的时候。
- 异常处理并不是用来处理相关的异步事件的，异步事件与程序的控制流并行发生且互相独立。
- 对于 C++ 11，如果一个函数不会抛出任何异常，并且不调用任何抛出异常的函数，那么程序员应该显式地用 noexcept 关键字声明该函数。

## 17.6 节　构造函数、析构函数和异常处理

- 由构造函数抛出的异常，将导致在该异常抛出前，作为所构造对象一部分的任何成员对象的析构函数将会被调用。

- 在一个异常抛出之前，try 语句块内创建的每个自动对象都被析构。
- 在一个异常处理器开始执行之前，堆栈展开已经完成。
- 如果是由于堆栈展开而调用的析构函数抛出一个异常，那么程序将结束。
- 如果一个对象拥有成员对象，并且如果在这种外部对象被完全构造前抛出了异常，那么对于在异常发生之前已经构造的成员对象，其析构函数将被调用。
- 如果在异常发生时一个对象数组只是部分被构造，那么只有数组中已经完成构造的对象的析构函数才会被调用。
- 当异常是由一个 new 表达式所构建的对象的构造函数抛出时，该对象的动态分配内存将会被释放。

## 17.7 节　异常与继承

- 如果 catch 处理器可以捕获基类类型的一个异常对象的一个引用，那么它同样可以捕获该基类的 public 派生类的所有对象的一个引用，这样可以利用多态性来处理相关的异常。

## 17.8 节　处理 new 失败

- C++ 标准文档指出，当 new 运算符操作失败时，它抛出一个 bad_alloc 异常，该异常类定义在头文件 < new > 中。
- 函数 set_new_handler 的参数是一个函数指针，指向的函数没有参数并且返回值为 void 类型。该指针指向的函数在 new 失败时将被调用。
- 一旦 set_new_handler 在程序中注册了一个 new 处理器，那么在失败时 new 运算符不会抛出 bad_alloc 异常，它将该错误推给 new 处理器函数来处理。
- 如果 new 成功地分配了内存，它将返回一个指向该内存的指针。

## 17.9 节　类 uique_ptr 和动态内存分配

- 如果一个异常发生在成功分配内存之后，但在 delete 语句执行之前，那么就会发生内存泄漏。
- C++ 标准库提供了模板类 uique_ptr 来处理内存泄漏。
- 一个类 uique_ptr 的对象维护了指向动态分配内存的一个指针。当一个 uique_ptr 对象的析构函数被调用时，它将对其指针数据成员执行 delete 操作。
- uique_ptr 类模板提供了重载运算符"*"和" -> "，使得 uique_ptr 对象可以像一般指针变量那样被使用。通过 uique_ptr 类的重载赋值运算符或拷贝构造函数，可以使一个 uique_ptr 类对象转让它管理的动态内存的所有权。

## 17.10 节　标准库的异常类层次结构

- C++ 标准库包含一个异常类的层次结构。该层次结构以基类 exception 作为最上层。
- 基类 exception 的直接派生类包括 runtime_error 和 logic_error（均在头文件 < stdexcept > 中定义），其中每一个都有若干个派生类。
- 由 C++ 运算符抛出的几个标准异常包括：运算符 new 抛出 bad_alloc 异常，运算符 dynamic_cast 抛出 bad_cast 异常，以及运算符 typeid 抛出 bad_typeid 异常。

## 自测练习题

17.1　请列举出五个常见的异常例子。

17.2　请给出几个理由，说明为什么异常处理的技术不应该用于普通的程序控制。

17.3　为什么异常适合于处理由库函数产生的错误？

17.4　什么是"资源泄漏"？

17.5　如果一个 try 语句块中没有抛出异常，当 try 语句块执行完后，请问程序的控制将移交到哪里？

17.6　如果一个异常在 try 语句块外面被抛出，那会怎么样？

17.7 请说出用 catch(...) 的一个主要优点和一个主要缺点。

17.8 如果没有找到与抛出的异常对象的类型相匹配的 catch 处理器，请问会发生什么？

17.9 如果与抛出的异常对象的类型相匹配的 catch 处理器不止一个，请问会发生什么？

17.10 为什么程序员将指定一个基类类型作为 catch 处理器的类型，然后抛出的却是派生类类型的对象？

17.11 假设存在一个和异常对象类型完全匹配的 catch 处理器。请问在什么情况下可能会对该类型的异常对象执行一个不同的处理器？

17.12 请问抛出一个异常一定会使程序终止吗？

17.13 请问当 catch 处理器抛出一个异常后，接下来会发生什么？

17.14 请问语句"throw；"的作用什么？

## 自测练习题答案

17.1 内存不足不能满足 new 的需要，数组下标超出范围，运算溢出，除数为 0，不合法的函数参数。

17.2 (a)异常处理是设计用来处理不经常发生的错误，这些错误常常会使程序终止，所以不要求编译器设计者处理异常来达到最佳性能。(b)采用传统控制结构的控制流一般要比使用异常的控制流更加清晰且有效。(c)因为在异常发生时堆栈被展开，在异常之前分配的资源可能不会释放，所以可能产生问题。(d)"额外的"异常会使程序员更难以处理大量的异常情况。

17.3 一个库函数不可能执行能满足所有用户的特有需求的错误处理。

17.4 一个突然终止的程序可能使一个资源处于一种状态，在这种状态下其他的程序不能获得这个资源，或者程序本身不能重新获得"泄漏"的资源。

17.5 会跳过那个 try 语句块的异常处理器(在 catch 处理器中)，程序会继续执行最后一个 catch 处理器后面的代码。

17.6 在 try 语句块外部抛出的异常将导致对函数 terminate 的一次调用。

17.7 catch(...)这种形式可以捕获一个 try 语句块中抛出的任何类型的异常。它的一个好处是所有可能的异常都会被捕获；一个缺点是这种 catch 处理器没有参数，所以它不能引用抛出的异常对象的信息，无法知道异常发生的原因。

17.8 这会导致继续在下一个封装的 try 语句块(如果有的话)中寻找一个匹配的 catch 处理器。这个过程继续下去，可能最终确定程序中没有与抛出的对象类型相匹配的处理器。在这种情况下，程序结束。

17.9 在 try 语句块后面的第一个匹配的异常处理器将被执行。

17.10 这是一个捕获相关异常类型的很好的方法。

17.11 基类处理器将捕获所有派生类类型的对象。

17.12 不一定，但是它会终止异常从中抛出的那个语句块。

17.13 这个异常将被一个 catch 处理器(如果存在)处理，这个 catch 处理器与一个 try 语句块(如果存在)相关联，而这个 try 语句块又封装了导致这个异常的 catch 处理器。

17.14 如果它在一个 catch 处理器中出现，它将重新抛出异常；否则程序结束。

## 练习题

17.15 (异常情况)请列出出现在本书中的各种异常情况。尽你所能列出更多其他的异常情况。对于这些异常的每一个，使用本章中讨论的异常处理技术，简要描述程序通常是如何对它进行处理的。一些典型的异常是：除数为 0，运算溢出，数组越界，空闲内存耗尽，等等。

17.16 (catch 的参数)在什么情况下，当程序员定义可能被处理器捕获的对象类型时不用提供参数名？

17.17　(throw 语句)一个程序含有如下语句:

```
throw;
```

请问通常会在何处见到这种语句? 如果这个语句出现在程序的其他位置会发生什么?

17.18　(异常处理与其他方法)请比较异常处理和本书中讨论的其他各种错误处理的方法。

17.19　(异常处理和程序控制)请问为什么不应该把异常用作程序控制的另一种形式?

17.20　(处理相关的异常)请描述一种用来处理相关异常的方法。

17.21　(从一个 catch 处理器抛出异常)假设一个程序抛出了一个异常,并且相应的异常处理器开始执行。现在假设这个异常处理程序本身又抛出了一个相同的异常,那么这会导致无限递归吗? 请编写一个程序来证明你的观点。

17.22　(捕获派生类的异常)利用继承来创建 runtime_error 的各种不同的派生类。接着证明指定了基类的 catch 处理器可以捕获派生类的异常。

17.23　(抛出条件表达式的结果)请抛出返回 double 或者 int 值的条件表达式的结果。同时提供一个 int catch 处理器和一个 double catch 处理器。证明:无论返回的是 int 还是 double,只有 double catch 处理器在执行。

17.24　(局部变量的析构函数)请编写一个程序,来证明从一个语句块抛出一个异常之前,在该语句块中构建的对象的所有析构函数都被调用。

17.25　(成员对象的析构函数)请编写一个程序,来证明在一个异常发生之前,只有那些已被构造的成员对象的析构函数都被调用。

17.26　(捕获所有异常)请编写一个程序,来演示若干被 catch(...) 异常处理器捕获的异常类型。

17.27　(异常处理器的顺序)请编写一个程序,来说明异常处理器的顺序是非常重要的。只执行第一个匹配的处理器。尝试使用两种不同的方法来编译和运行你的程序,以显示两个不同的处理器会产生不同的执行效果。

17.28　(构造函数抛出异常)请编写一个程序,来展示一个构造函数将构造函数失败的相关信息传递给一个 try 语句块之后的一个异常处理器。

17.29　(重新抛出异常)请编写一个程序,来说明重新抛出一个异常的情况。

17.30　(未捕获到异常)请编写一个程序,来说明一个拥有自己 try 语句块的函数不必捕获 try 语句块中可能产生的每一个错误。有些异常可以溜掉,在外部的作用域中进行处理。

17.31　(堆栈展开)请编写一个程序,从一个深层嵌套的函数抛出一个异常,并且在 main 函数中仍然使包含该函数最初调用的 try 语句块之后的 catch 处理器捕获这个异常。

# 第18章 自定义模板的介绍

*Behind that outside pattern the dim shapes get clearer every day.*
*It is always the same shape, only very numerous.*

—Charlotte Perkins Gilman

*Every man of genius sees the world at a different angle from his fellows.*

—Havelock Ellis

*. . . our special individuality, as distinguished from our generic humanity.*

—Oliver Wendell Holmes, Sr

## 学习目标

在本章中将学习：

- 使用类模板创建一组相关的类
- 区别类模板和类模板特化
- 非类型的模板形参
- 默认的模板实参
- 重载函数模板

## 提纲

## 18.1 简介

在第7章、第15章和第16章，使用了不少标准库中预先封装好的模板化的容器和算法。函数模板（曾在第6章中介绍）和类模板使程序员能够非常方便地表示若干不同的相关（重载）的函数或者类，这样的函数称为函数模板特化，而类则称为类模板特化。这种产生函数和类的技术称为泛型程序设计（generic programming）。函数模板和类模板就像是我们描绘形状的模板，而函数模板特化和类模板特化就像是依形状模板描绘的一个个独立的形状，它们虽然有相同的外形，但可以用不同的颜色和纹理绘制。

本章将示范说明如何创建用户自定义的类模板，以及操作类模板特化对象的函数模板。我们重点关注的是模板功能，也正是在第19章构建自定义的模板化数据结构时所需的功能。

## 18.2 类模板

我们可以理解堆栈的概念（即一种数据结构，只能在栈顶插入元素，并且只能按后进先出的顺序从栈顶取出元素）与放入堆栈的元素的类型无关。尽管如此，在初始化一个堆栈的时候，则必须指定其元素的数据类型。正如在 15.7.1 节使用 stack 容器适配器时所看到的,这创造了一个极好的软件复用的机会。在这里,我们从广义的角度定义堆栈,然后使用这个通用堆栈类的特定类型的版本。[1]

**软件工程知识 18.1**

通过对一个类模板进行实例化,可以产生各种各样特定类型的类模板特化,所以类模板能够很好地支持软件重用。

类模板也称作参数化类型(parameterized type),因为它们需要一个或者多个类型参数,来说明如何自定义一个用于产生类模板特化的通用类模板。大家很快会看到,想要产生多个类模板特化,只需要定义一个类模板。当需要一个特定的类模板特化时,使用简洁的表示方法,编译器就会写出类模板特化的源代码。举个例子,如果有一个 Stack 类模板,那么它就可以成为程序中使用的许多 Stack 类模板特化(例如 double 类型的 Stack、int 类型的 Stack、Employee 类型的 Stack 和 Bill 类型的 Stack 等)的创建基础。

**常见的编程错误 18.1**

如果要使用用户自定义的类型创建一个模板的特化,那么用户自定义的类型必须满足模板的要求。例如,模板可能在比较用户自定义类型的对象时使用 < 来确定排序的顺序,或者模板可能对用户自定义类型的对象调用一个特定的成员函数。如果用户自定义的类型没有重载所需的运算符,或者没有提供所需的函数,那么将发生编译错误。

### 创建类模板 Stack < T >

图 18.1 中 Stack 类模板的定义看上去很像是一个常规的类定义,但却有一些关键性的不同点。首先,是 Stack 类模板定义开始的第 7 行:

```
template< typename T >
```

请注意,所有的类模板均以关键字 template 开始,后面是括在一对尖括号( < 和 > )中的模板形参表。每个模板形参表示一种类型,它必须以可交换的关键字 typename 或者 class 开头。类型形参 T 的作用是 Stack 元素类型的占位符。在模板定义内,类型形参的名字必须是唯一的。并不需要专门使用标识符 T,任何合法的标识符都是可以的。在整个 Stack 类模板的定义中元素的类型被泛化地表示为 T(第 12 行、第 18 行和第 42 行)。在使用类模板创建一个对象时,类型形参会和一个特定的类型相关联。在那时,编译器将生成类模板的一个副本,其中所有出现类型形参的地方被这个特定类型所替换。另一个主要的不同点是类模板的接口并没有与它的实现分离开来。

**软件工程知识 18.2**

模板通常定义在头文件中,然后在相应的客户源代码文件中包含(#include)这些头文件。对于类模板,这意味着成员函数也定义在头文件中——通常如图 18.1 所示,定义在类定义的体内。

```
1   // Fig. 18.1: Stack.h
2   // Stack class template.
3   #ifndef STACK_H
4   #define STACK_H
5   #include <deque>
6
7   template< typename T >
8   class Stack
9   {
10  public:
11     // return the top element of the Stack
12     T& top()
13     {
14        return stack.front();
15     } // end function template top
```

图 18.1  Stack 类模板

---

① 自定义模板的构建是一个高级的主题,有很多特性超出了本书的范畴。

```
16
17      // push an element onto the Stack
18      void push( const T &pushValue )
19      {
20          stack.push_front( pushValue );
21      } // end function template push
22
23      // pop an element from the stack
24      void pop()
25      {
26          stack.pop_front();
27      } // end function template pop
28
29      // determine whether Stack is empty
30      bool isEmpty() const
31      {
32          return stack.empty();
33      } // end function template isEmpty
34
35      // return size of Stack
36      size_t size() const
37      {
38          return stack.size();
39      } // end function template size
40
41   private:
42      std::deque< T > stack; // internal representation of the Stack
43   }; // end class template Stack
44
45   #endif
```

图 18.1(续)　Stack 类模板

### 类模板 Stack < T > 的数据表示

15.7.1 节表明标准库的 Stack 适配器类可以使用各种各样的容器来保存它的元素。当然，Stack 对象要求只能在它的栈顶进行插入和删除操作。因此，像 vector 对象或 deque 对象都可以用来存储 Stack 对象的元素。vector 对象支持快速地在它的后端进行插入和删除，而 deque 对象则支持快速地在它的前端和后端进行插入和删除。deque 对象是标准库 Stack 适配器的默认表示，因为 deque 对象的增大比 vector 对象更有效。vector 对象保存在一个连续的内存块中，当这个内存块满时，如果有一个新的元素添加，那么 vector 对象分配一个更大的连续的内存块，并将旧的元素复制到这个新的内存块中。另一方面，deque 对象通常被实现为固定大小内置数组的列表。也就是说，当新的元素被添加到前端或者后端时，新的固定大小的内置数组根据需要增加，并且已存在的元素不需要被复制。出于这些原因，我们使用一个 deque 对象(第 42 行)作为这里 Stack 类的基础容器。

### 类模板 Stack < T > 的成员函数

类模板的成员函数的定义就是函数模板，但是当它们在类模板体内定义时，前面不用加 template 关键字和括在一对尖括号( < 和 > )中的模板形参。不过，正如大家所看到的，它们确实使用了类模板的模板形参 T 来表示元素的类型。这里的 Stack 类模板没有定义它自己的构造函数，于是由编译器提供的默认构造函数将调用 deque 对象的默认构造函数。我们在图 18.1 中还提供了下面的成员函数：

- top(第 12 ~ 15 行)返回一个栈顶元素的引用。
- push(第 18 ~ 21 行)在栈顶放置一个新的元素。
- pop(第 24 ~ 27 行)删除栈顶元素。
- isEmpty(第 30 ~ 33 行)返回一个 bool 类型的值。如果堆栈为空，该值为 true，否则为 false。
- size(第 36 ~ 39 行)返回元素个数(如果堆栈中有元素)。

这些成员函数的每一个都代表了它对类模板 deque 的相应成员函数所负的责任。

### 在类模板的定义之外声明类模板的成员函数

尽管我们并没有在这里的 Stack 类模板中这么做，但是成员函数的定义的确可以出现在类模板的定义之外。如果这样做，每个成员函数必须以关键字 template 开始，后面是和类模板一样的模板形参列表。
除此之外，成员函数还必须用类名和作用域分辨运算符进行限定。例如，可以在类模板的定义之外定义
成员函数 pop 如下：

```
template< typename T >
inline void Stack<T>::pop()
{
    stack.pop_front();
} // end function template pop
```

Stack < T > :: 表明 pop 是在类 Stack < T > 的作用域中。标准库的各种容器类趋向于在它们的类定义中定
义其所有的成员函数。

### 测试类模板 Stack < T >

现在，让我们看一看使用 Stack 类模板的一个驱动程序(如图 18.2 所示)。这个驱动程序开始时实例
化对象 doubleStack(第 9 行)。这个对象被声明为 Stack < double > (读作"double 类型的 Stack")。于是编
译器将类型 double 与类模板中的类型形参 T 相关联，为具有 double 类型元素的 Stack 类产生源代码，这个
类实际将它的元素存储在 deque < double > 对象中。

第 16 ~ 21 行调用 push 成员函数(第 18 行)，将 double 值 1.1、2.2、3.3、4.4 和 5.5 放置到 double-
Stack 中。接下来，第 26 ~ 30 行在一个 while 循环中调用 top 和 pop 成员函数，来从 doubleStack 删除 5 个
值。请注意图 18.2 中的输出，表明这些值确实是按后进先出的顺序被弹出的。当 doubleStack 为空时，弹
出的循环结束。

```
 I   // Fig. 18.2: fig18_02.cpp
 2   // Stack class template test program.
 3   #include <iostream>
 4   #include "Stack.h" // Stack class template definition
 5   using namespace std;
 6
 7   int main()
 8   {
 9      Stack< double > doubleStack; // create a Stack of double
10      const size_t doubleStackSize = 5; // stack size
11      double doubleValue = 1.1; // first value to push
12
13      cout << "Pushing elements onto doubleStack\n";
14
15      // push 5 doubles onto doubleStack
16      for ( size_t i = 0; i < doubleStackSize; ++i )
17      {
18         doubleStack.push( doubleValue );
19         cout << doubleValue << ' ';
20         doubleValue += 1.1;
21      } // end while
22
23      cout << "\n\nPopping elements from doubleStack\n";
24
25      // pop elements from doubleStack
26      while ( !doubleStack.isEmpty() ) // loop while Stack is not empty
27      {
28         cout << doubleStack.top() << ' '; // display top element
29         doubleStack.pop(); // remove top element
30      } // end while
31
32      cout << "\nStack is empty, cannot pop.\n";
33
34      Stack< int > intStack; // create a Stack of int
35      const size_t intStackSize = 10; // stack size
36      int intValue = 1; // first value to push
37
38      cout << "\nPushing elements onto intStack\n";
39
40      // push 10 integers onto intStack
41      for ( size_t i = 0; i < intStackSize; ++i )
42      {
```

图 18.2   Stack 类模板的测试程序

```
43          intStack.push( intValue );
44          cout << intValue++ << ' ';
45       } // end while
46
47       cout << "\n\nPopping elements from intStack\n";
48
49       // pop elements from intStack
50       while ( !intStack.isEmpty() ) // loop while Stack is not empty
51       {
52          cout << intStack.top() << ' '; // display top element
53          intStack.pop(); // remove top element
54       } // end while
55
56       cout << "\nStack is empty, cannot pop." << endl;
57    } // end main
```

```
Pushing elements onto doubleStack
1.1 2.2 3.3 4.4 5.5

Popping elements from doubleStack
5.5 4.4 3.3 2.2 1.1
Stack is empty, cannot pop

Pushing elements onto intStack
1 2 3 4 5 6 7 8 9 10

Popping elements from intStack
10 9 8 7 6 5 4 3 2 1
Stack is empty, cannot pop
```

图 18.2(续)　Stack 类模板的测试程序

第 34 行使用如下的声明实例化了 int 类型的堆栈 intStack：

```
Stack< int > intStack;
```

（读作"intStack 是一个 int 类型的 Stack"）。第 41~45 行重复调用 push 成员函数（第 43 行），将值放置到 intStack，然后第 50~54 行又重复调用 top 和 pop 成员函数，来删除 intStack 的值直到它为空。可以再一次注意此时的输出，表明这些值确实是按后进先出的顺序被弹出的。

## 18.3　使用函数模板来操作类模板特化的对象

请注意，图 18.2 的 main 函数中关于 doubleStack 的操作（第 9~32 行）和 intStack 的操作（第 34~56 行）的代码几乎是一模一样的。这就另外提供了一个使用函数模板的机会。于是，图 18.3 定义了函数模板 testStack（第 10~39 行）来完成和图 18.2 的 main 函数相同的任务：将一系列元素压入 Stack < T > 对象及使元素弹出 Stack < T > 对象。

```
1    // Fig. 18.3: fig18_03.cpp
2    // Passing a Stack template object
3    // to a function template.
4    #include <iostream>
5    #include <string>
6    #include "Stack.h" // Stack class template definition
7    using namespace std;
8
9    // function template to manipulate Stack< T >
10   template< typename T >
11   void testStack(
12      Stack< T > &theStack, // reference to Stack< T >
13      const T &value, // initial value to push
14      const T &increment, // increment for subsequent values
15      size_t size, // number of items to push
16      const string &stackName ) // name of the Stack< T > object
17   {
18      cout << "\nPushing elements onto " << stackName << '\n';
19      T pushValue = value;
20
```

图 18.3　将 Stack 模板类对象传递给函数模板

```
21      // push element onto Stack
22      for ( size_t i = 0; i < size; ++i )
23      {
24          theStack.push( pushValue ); // push element onto Stack
25          cout << pushValue << ' ';
26          pushValue += increment;
27      } // end while
28
29      cout << "\n\nPopping elements from " << stackName << '\n';
30
31      // pop elements from Stack
32      while ( !theStack.isEmpty() ) // loop while Stack is not empty
33      {
34          cout << theStack.top() << ' ';
35          theStack.pop(); // remove top element
36      } // end while
37
38      cout << "\nStack is empty. Cannot pop." << endl;
39  } // end function template testStack
40
41  int main()
42  {
43      Stack< double > doubleStack;
44      const size_t doubleStackSize = 5;
45      testStack( doubleStack, 1.1, 1.1, doubleStackSize, "doubleStack" );
46
47      Stack< int > intStack;
48      const size_t intStackSize = 10;
49      testStack( intStack, 1, 1, intStackSize, "intStack" );
50  } // end main
```

```
Pushing elements onto doubleStack
1.1 2.2 3.3 4.4 5.5

Popping elements from doubleStack
5.5 4.4 3.3 2.2 1.1
Stack is empty, cannot pop

Pushing elements onto intStack
1 2 3 4 5 6 7 8 9 10

Popping elements from intStack
10 9 8 7 6 5 4 3 2 1
Stack is empty, cannot pop
```

图 18.3(续)　将 Stack 模板类对象传递给函数模板

函数模板 testStack 使用模板形参 T(在第 10 行中指定)来表示存储在 Stack < T > 中的数据类型。这个函数模板有 5 个参数(第 12 ~ 16 行):

- 待操作的 Stack < T > 类对象
- 一个 T 类型的值,它将是第一个被压入 Stack < T > 中的值
- 一个 T 类型的值,用作压入 Stack < T > 中的值的增量值
- 压入 Stack < T > 的元素的数量
- 一个输出时用的字符串,表示了 Stack < T > 对象的名字

函数 main(第 41 ~ 50 行)实例化了一个名为 doubleStack 的 Stack < double > 类型的对象(第 43 行)和一个名为 intStack 的 Stack < int > 类型的对象(第 47 行),并且在第 45 行和第 49 行使用了这些对象。编译器根据实例化该函数的第一个实参所用的类型(也就是用来实例化 doubleStack 或者 intStack 的类型)来推断 testStack 中 T 的类型。

## 18.4　非类型形参

18.2 节的类模板 Stack 只在它的模板声明中使用了一个类型形参(如图 18.1 第 7 行所示)。另外,也可以使用非类型模板形参(或非类型形参),它可以有默认的实参并作为常量处理。例如 C++ 标准库的 array 类模板,它的模板声明的开始部分是:

```
template < class T, size_t N >
```

（回忆一下，在模板的声明中关键字 class 和 typename 是可以相互交换的。）

因此，如下的声明

```
array< double, 100 > salesFigures;
```

创建了一个有 100 个 double 类型元素的类模板特化，然后使用这个模板特化实例化了对象 salesFigures。请注意，array 类模板封装了一个内置数组。所以当创建一个 array 类模板特化时，它的内置数组数据成员具有在声明中指定的类型和大小。在前面的例子中，这个数据成员是一个具有 100 个 double 类型元素的内置数组。

## 18.5　模板类型形参的默认实参

此外，类型形参可以指定它的默认类型实参。例如，C++ 标准库的 stack 容器适配器类模板的开始部分是：

```
template < class T, class Container = deque< T > >
```

这指定了在默认情况下一个 stack 对象将使用一个 deque 对象来保存 Stack 对象的 T 类型的元素。以下的声明

```
stack< int > values;
```

创建了一个 int 类型的 stack 类模板特化（这是隐式进行的），并使用它实例化了一个名为 values 的对象。这个 stack 对象的元素存储在一个 deque < int > 对象中。

默认类型形参必须是模板类型形参表中最右边（尾部）的形参。当用两个或两个以上的默认实参初始化一个模板时，如果省略的实参不处在模板参数列表的最右边，那么该参数右边的所有参数都将被省略。对于 C++ 11 而言，现在可以对函数模板中的模板类型形参使用默认的类型实参。

## 18.6　重载函数模板

函数模板和重载之间的关系非常密切。在 6.19 节大家已经了解到，当重载的函数对不同类型的数据执行相同的操作时，这些重载的函数可以用更加紧凑和方便的函数模板来表达。之后，就可以在书写函数调用时使用不同类型的实参，而让编译器生成不同的函数模板特化来处理相应的每个函数调用。由一个给定的函数模板生成的这些函数模板特化都具有相同的名字，因此编译器采用重载的解决方案调用正确的对应函数。

同样，函数模板也可以被重载。例如，可以提供其他的函数模板，它们具有相同的函数名，但是函数的形参不同。而且，一个函数模板也可以被非模板函数所重载，当然这些非模板函数和它一定具有相同的函数名但函数的形参却不同。

**重载函数的匹配过程**

编译器在函数被调用时完成决定调用哪一个函数的匹配过程。首先，编译器会查看已有的函数和函数模板，找到函数名和参数类型与这个函数调用一致的一个函数，或者生成一个函数名和参数类型与这个函数调用一致的函数模板特化。如果无法匹配，编译器发出一条错误信息。如果对这个函数调用有多个匹配情况，那么编译器试着确定最佳的匹配。如果最佳的匹配超过一个，编译器会认为这个调用有二义性，将产生一个错误信息。[1]

## 18.7　本章小结

本章讨论了类模板和类模板特化。我们使用类模板创建了一组相关的类模板特化，每个类模板特化对不同的数据类型执行完全相同的处理。本章还讨论了非类型模板参数，以及如何重载函数模板。重载

---

[1]　编译器处理函数调用的过程是非常复杂的。这方面完整的细节在 C++ 标准文档的 13.3.3 节进行了讨论。

的函数模板可以用来创建一个定制的函数版本，以与其他函数模板特化不同的方式实现对一个特定数据类型的处理。在下一章，我们将演示如何创建用户自定义的模板化的动态数据结构，包括链表、堆栈、队列和二叉树。

## 摘要

### 18.1 节　简介

- 模板使程序员能够表示一整套相关（重载）的函数，这一整套函数称为函数模板特化，或是表示一整套相关的类，这一整套相关的类称为类模板特化。

### 18.2 节　类模板

- 类模板提供了对类的一般性描述和对这种通用类的特定类型版本的类实例化的方法。
- 类模板也称为参数化类型，它们需要类型参数来指定如何自定义一个用于产生类模板特化的通用类模板。
- 如果程序员想要使用类模板特化，那么只需编写一个类模板。当程序员需要一个新的特定类型的类时，编译器就会写出程序员想要的模板特化源代码。
- 除了以 template < typename T >（或者 template < class T >）开头来表示这是一个类模板的定义外，一个类模板的定义与普通类的定义相似。T 是一个类型参数，作用是待创建类的类型的占位符。类型 T 在类的定义和成员函数的定义中被当作通用的类型名来使用。
- 在模板定义内，模板形参的名字必须是唯一的。
- 在类模板外每个成员函数的定义都要用作为它们的类的相同的 template 声明来开头。然后，每一个函数的定义都像定义普通函数一样，除了类中的通用数据总是泛化地列为类型形参 T。二元作用域分辨运算符和类模板名一起使用，使得每个成员函数的定义都限定到类模板范围内。

### 18.4 节　非类型形参

- 在类模板或是函数模板的声明中可以使用非类型形参。

### 18.5 节　模板类型形参的默认实参

- 可以在类型形参列表中为类型形参指定一个默认的类型实参。

### 18.6 节　重载函数模板

- 函数模板可以通过多种方法被重载。我们可以提供其他的有相同函数名但有不同函数参数的函数模板。函数模板也可以被一个有相同函数名但有不同函数参数的其他非模板函数重载。如果调用时模板与非模板的版本都匹配，那么将调用非模板的版本。

## 自测练习题

18.1　判断对错。如果错误，请说明理由。

    a）关键字 typename 或 class 在与一个模板类型形参一起使用时，只意味着"任何用户自定义的类类型"。

    b）一个函数模板可以被其他同名的函数模板重载。

    c）不同模板定义中的模板形参名必须是唯一的。

    d）每一个在其相应的类模板定义之外的成员函数定义都必须以 template 作为开头，并且和它的类模板有相同的模板形参。

18.2　填空题。

    a）模板使我们能够只用一个单独的代码段来表示一整套相关的函数，这一整套函数称为_____；或是表示一整套相关的类，这一整套相关的类称为_____。

b)所有的模板定义以关键字_____开头，跟在后面的模板形参列表被括在_____中。

c)通过函数模板生成的相关函数都具有相同的名字，所以编译器使用_____解决方案来调用适当的函数。

d)类模板也被称为_____类型。

e)_____运算符与类模板名一起使用，使得每个成员函数的定义都限定到类模板范围内。

## 自测练习题答案

18.1　a)错误。关键字 typename 或 class 在这种情况下也允许基本数据类型的类型参数。b)正确。c)错误。不同函数模板中的模板形参名不需要唯一。d)正确。

18.2　a)函数模板特化，类模板特化。b)template，一对尖括号（＜和＞）。c)重载的。d)参数化的。e)二元作用域分辨。

## 练习题

18.3　（模板中的运算符重载）请为谓词函数 isEqualTo 编写一个简单的函数模板。isEqualTo 函数利用相等运算符（＝＝）比较它的两个具有相同类型的参数是否相等。如果相等则返回 true，否则返回 false。在一个只对多种基本数据类型调用 isEqualTo 函数的程序中使用这个函数模板。现在编写一个独立版本的程序，它调用具有用户自定义类类型的 isEqualTo 函数，但是并不重载相等运算符。当试图运行这个程序的时候会产生什么情况？现在（用运算符函数）operator ＝＝ 重载相等运算符，再运行程序看看又会发生什么情况。

18.4　（Array 类模板）请将图 10.10 ~ 图 10.11 的类 Array 重新实现为一个类模板，并在一个程序中演示一下这个新的 Array 类模板。

18.5　请谈谈"函数模板"和"函数模板特化"的区别。

18.6　类模板和类模板特化，哪个更像模板？请解释原因。

18.7　请问函数模板和重载之间是什么关系？

18.8　当函数被调用的时候，编译器通过匹配过程来决定哪个函数模板特化被调用。请问在什么情况下，试图做一个匹配会导致编译错误？

18.9　请问为什么把类模板称作参数化的类型是合适的？

18.10　请解释一下为什么一个 C++ 程序会使用下面的语句：

```
Array< Employee > workerList( 100 );
```

18.11　回顾练习题 18.10 中的答案，请解释为什么 C++ 程序会使用下面的语句：

```
Array< Employee > workerList;
```

18.12　请解释在 C++ 程序中使用以下符号的含义：

```
template< typename T > Array< T >::Array( int s )
```

18.13　请问为什么对于诸如数组或堆栈之类的容器使用带非类型参数的类模板？

# 第19章　自定义的模板化数据结构

*'Will you walk a little faster?' said a whiting to a snail, 'There's a porpoise close behind us, and he's treading on my tail.'*

—Lewis Carroll

*There is always room at the top.*

—Daniel Webster

*Push on — keep moving.*

—Thomas Morton

*I'll turn over a new leaf.*

—Miguel de Cervantes

## 学习目标

在本章中将学习：

- 使用指针、自引用类及递归来构造链接数据结构
- 创建和操作动态数据结构，例如链表、队列、堆栈及二叉树等
- 使用二叉查找树进行快速的搜索和排序
- 了解链接数据结构的许多重要应用
- 使用类模板、继承和组成来构建可复用的数据结构

## 提纲

## 19.1　简介

我们已经学习过定长数据结构（data structure），例如一维数组、二维数组（第 7 章）和嵌入式数组（第 8 章），以及能够在执行时增减的各种 C++ 标准库动态数据结构（如第 7 章的 vectors 和第 15 章的其他模板容器）。

本章将展示如何创建自定义模板动态数据结构，接下来将展示几个常用的重要数据结构以及实现创建和操作它们的程序。

- 链表（linked list）是"排列在一行"中的数据项的集合——在链表的任何一个数据项上都可以进行插入和删除操作。
- 堆栈（stack）是编译器和操作系统中的重要数据结构：元素的插入和删除只能在堆栈的一端——栈顶进行。
- 队列（queue）模拟了等候的队伍，插入操作在队伍的后面（也称为队尾）进行，删除操作在队伍的前面（也称为队列头）进行。

- 二叉树(binary tree)便于数据的搜索和排序,去重,以及把表达式编译为机器语言。

这些数据结构还有许多其他有趣的应用。我们使用类模板、继承及组合来创建和封装这些数据结构,以获得良好的复用性和可维护性。这些程序大量使用了指针操作。本章的练习题也包含了大量有用的应用程序。

**如果可以,始终倾向于标准库的容器、迭代器和算法**

C++ 标准库中的容器、迭代器为容器数据遍历那些容器和算法,满足大多数 C++ 程序员的需求。标准库代码经过仔细编码,具有正确、轻便、高效以及非常好的可扩展性。理解如何创建自定义模板数据结构将有助于有效使用标准库容器、迭代器和算法。

**专题章节:构建自己的编译器**

我们鼓励读者尝试专题章节描述的选修项目——构建自己的编译器(www. deitel. com/books/cpphtp9)。你肯定已经用过 C++ 的编译器将自己编写的程序转换成计算机上能够执行的机器代码。在这个项目中,你将要实际地自己动手构建一个编译器。这个编译器读入由一种高级语言编写的文件——这种语言类似 BASIC 语言早期的版本,虽然简单,但是功能十分强大。你的编译器将这种语句转化为 Simpletron 机器语言(SML)指令——SML 是已经在第 8 章的"专题章节:构建自己的计算机"中学过的语言。然后,使用 Simpletron 模拟器来执行编译器产生的 SML 程序。该特殊章节将会详细描述高级语言的规范,以及将每种高级语言的语句转换为机器语言所需要的算法。我们提供编译原理的练习,在专题章节中为编译器和 Simpletron 模拟器提出优化处理。

## 19.2 自引用类

一个自引用类(self-referential class)包含一个指向与它同类的对象的指针成员。例如,下面的定义

```
class Node
{ public:
    explicit Node( int ); // constructor
    void setData( int ); // set data member
    int getData() const; // get data member
    void setNextPtr( Node * ); // set pointer to next Node
    Node *getNextPtr() const; // get pointer to next Node
private:
    int data; // data stored in this Node
    Node *nextPtr; // pointer to another object of same type
}; // end class Node
```

定义了 Node 类。这个类包含两个 private 数据成员——整数成员 data 和指针成员 nextPtr。成员 nextPtr 指向一个 Node 类型的对象——与所声明的类同类型的另一个对象,因此称 Node 为"自引用类"。nextPtr 成员称为链接(link),即 nextPtr 可以把一个 Node 类对象"系"到另一个同类型的对象上。Node 类还包含 5 个成员函数:使用一个整数初始化成员 data 的构造函数、用来设置 data 值的函数 setData、用来获取 data 值的 getData 函数、用来设置 nextPtr 值的函数 setNextPtr,以及用来获取 nextPtr 值的 getNextPtr 函数。

自引用类的对象可以链接在一起组成有用的数据结构,如链表、队列、堆栈和树等。图 19.1 演示了两个自引用类对象链接在一起生成一个链表的情况。注意,最后一个对象的反斜杠表示一个没有指向任何对象的空指针(nullptr),它放

图 19.1 两个链接在一起的自引用类对象

在第二个自引用类对象的链接对象中,表明链接不指向其他对象。这个反斜杠用在这里只是为了方便说明,不同于 C++ 语言里的反斜杠('\')。空指针通常指示数据结构的末尾。

**常见的编程错误 19.1**
没有把链接数据结构最后一个节点的指针置为空指针是一种逻辑错误(可能是致命的)。

接下来的几节将讨论列表、栈、队列和树。本章的展示数据结构是由动态内存分配(10.9 节)、自引用类、类模板(第 18 章)、函数模板(6.19 节)创建和操作的。

## 19.3　链表

链表就是一个自引用类对象的线性集合,其中的对象称为节点(node),它们通过指针链(pointer link)连接起来,因此称为链表。链表可以通过指向链表第一个元素的指针来访问。每一个后续节点都是通过存储在前一个节点的指向它的指针成员来访问的。依照惯例,链表末尾节点的指针通常置为空(nullptr),表明链表的结束。数据动态地存放在链表中,每个节点都可以在需要时被创建和被销毁。节点可以包含任何类型的数据,包括其他类的对象。如果节点包含指向基类或者有继承关系的派生类对象的基类指针,那么可以创建一个包含这些节点的链表,并调用它们的虚函数来实现这些对象的多态性。堆栈和队列也是线性数据结构,也可以将它们看成是一种有限制的链表。树则属于非线性数据结构。

链表为数组对象和嵌入式数组提供多种好处。链表很适合存储那些一时还难以预计数据项有多少的数据。链表是动态的,所以链表的长度可以按需增减。然而,数组对象或者嵌入式数组的大小是不能改变的,因为数组的大小是在编译时确定的。数组对象或者嵌入式数组会放满,但是链表只有当系统内存不足以分配更多所需内存时才会变满。

**性能提示 19.1**

数组对象或者嵌入式数组可以声明为比预计的元素数目包含更多的元素,但是这样做会浪费内存。在这种情况下,链表能提供更高的内存利用率。链表提供了在运行时动态调整的机制。注意,模板类 vector(见 7.11 节中的介绍)实现了基于数组的可动态调整大小的数据结构。

在链表中适当的插入位置插入新元素,可以维持链表中元素的有序性。在插入新元素时,不需要移动已有的元素,指针仅需要指向准确的节点。

**性能提示 19.2**

在一个已排好序的数组对象或者嵌入式数组里,插入和删除元素的操作是耗时的。插入或者删除元素以后数组的所有元素都要适当移动。链表则允许在任何地方进行高效的插入操作。

**性能提示 19.3**

数组对象或者嵌入式数组的元素在内存中是连续存储的,因而支持直接访问任意一个元素,因为每一个元素的地址可以通过它与首元素的位置关系而直接计算出来。链表不能提供这样的“直接访问”,所以访问链表中单独的一个元素的代价相对数组来说要高。选择使用何种数据结构是根据程序使用的特定操作的性能及数据在数据结构中存储的顺序来决定的。例如,如果你有一个指向插入位置的指针,在有序链表中插入一个元素通常比在有序数组中插入一个元素要高效。

链表的节点在内存中通常不是连续存储的。但是,节点在逻辑上可以看成是连续的。图 19.2 演示了包含几个节点的链表。

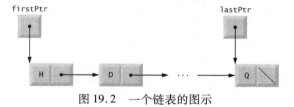

图 19.2　一个链表的图示

**性能提示 19.4**

对在运行时大小动态变化的数据结构使用动态内存分配可以节省内存。

**测试链表的实现**

　　图 19.3 ～图 19.5 的程序使用 List 类模板来实现整数值链表和浮点数值链表的维护。测试程序（见图 19.3）提供了 5 种选择：

- 在链表开始处插入一个元素；
- 在链表尾部插入一个元素；
- 在链表开始处删除一个元素；
- 在链表尾部删除一个元素；
- 结束链表的处理。

　　此处展示的链表实现不允许任意插入和删除。练习题 19.26 要求实现这些操作，练习题 19.20 要求实现一个倒序打印链表元素的递归函数，练习题 19.21 要求实现一个查询特定数据项的递归函数。

　　在图 19.3 中，第 69 行和第 73 行分别为类型 int 和 double 创建 list 对象，第 70 行和第 74 行调用 testList 函数模板来操作对象。

```
 1   // Fig. 19.3: fig19_03.cpp
 2   // Manipulating a linked list.
 3   #include <iostream>
 4   #include <string>
 5   #include "List.h" // List class definition
 6   using namespace std;
 7
 8   // display program instructions to user
 9   void instructions()
10   {
11      cout << "Enter one of the following:\n"
12         << "  1 to insert at beginning of list\n"
13         << "  2 to insert at end of list\n"
14         << "  3 to delete from beginning of list\n"
15         << "  4 to delete from end of list\n"
16         << "  5 to end list processing\n";
17   } // end function instructions
18
19   // function to test a List
20   template< typename T >
21   void testList( List< T > &listObject, const string &typeName )
22   {
23      cout << "Testing a List of " << typeName << " values\n";
24      instructions(); // display instructions
25
26      int choice; // store user choice
27      T value; // store input value
28
29      do // perform user-selected actions
30      {
31         cout << "? ";
32         cin >> choice;
33
34         switch ( choice )
35         {
36            case 1: // insert at beginning
37               cout << "Enter " << typeName << ": ";
38               cin >> value;
39               listObject.insertAtFront( value );
40               listObject.print();
41               break;
42            case 2: // insert at end
43               cout << "Enter " << typeName << ": ";
44               cin >> value;
45               listObject.insertAtBack( value );
46               listObject.print();
47               break;
48            case 3: // remove from beginning
49               if ( listObject.removeFromFront( value ) )
50                  cout << value << " removed from list\n";
51
52               listObject.print();
53               break;
```

图 19.3　操作一个链表

```
54              case 4: // remove from end
55                  if ( listObject.removeFromBack( value ) )
56                      cout << value << " removed from list\n";
57
58                  listObject.print();
59                  break;
60          } // end switch
61      } while ( choice < 5 ); // end do...while
62
63      cout << "End list test\n\n";
64  } // end function testList
65
66  int main()
67  {
68      // test List of int values
69      List< int > integerList;
70      testList( integerList, "integer" );
71
72      // test List of double values
73      List< double > doubleList;
74      testList( doubleList, "double" );
75  } // end main
```

```
Testing a List of integer values
Enter one of the following:
  1 to insert at beginning of list
  2 to insert at end of list
  3 to delete from beginning of list
  4 to delete from end of list
  5 to end list processing
? 1
Enter integer: 1
The list is: 1

? 1
Enter integer: 2
The list is: 2 1

? 2
Enter integer: 3
The list is: 2 1 3

? 2
Enter integer: 4
The list is: 2 1 3 4

? 3
2 removed from list
The list is: 1 3 4

? 3
1 removed from list
The list is: 3 4

? 4
4 removed from list
The list is: 3

? 4
3 removed from list
The list is empty

? 5
End list test

Testing a List of double values
Enter one of the following:
  1 to insert at beginning of list
  2 to insert at end of list
  3 to delete from beginning of list
  4 to delete from end of list
  5 to end list processing
? 1
Enter double: 1.1
The list is: 1.1
```

图 19.3(续)　操作一个链表

```
? 1
Enter double: 2.2
The list is: 2.2 1.1
? 2
Enter double: 3.3
The list is: 2.2 1.1 3.3
? 2
Enter double: 4.4
The list is: 2.2 1.1 3.3 4.4
? 3
2.2 removed from list
The list is: 1.1 3.3 4.4
? 3
1.1 removed from list
The list is: 3.3 4.4
? 4
4.4 removed from list
The list is: 3.3
? 4
3.3 removed from list
The list is empty
? 5
End list test

All nodes destroyed

All nodes destroyed
```

图 19.3(续)　操作一个链表

### 类模板 ListNode

　　该程序使用类模板 ListNode(见图 19.4)和 List(见图 19.5)。封装在每个 List 对象里的是一个包含 ListNode 对象的链表。类模板 ListNode(见图 19.4)包含了 private 成员 data 和 nextPtr(第 27 ~ 28 行)、用来初始化成员的构造函数(第 16 ~ 20 行)和返回该节点数据的 getData 函数(第 22 ~ 25 行)。成员 data 存储一个 NODETYPE 类型的值,该类型参数是传递给类模板的。成员 nextPtr 存放一个指向链表中下一个 ListNode 的指针。注意,ListNode 类模板定义的第 13 行把类 List < NODETYPE >声明为自己的友元。这样,类模板 List 的一个特化的所有成员函数,都是类模板 ListNode 的相应特化的友元,因此它们可以访问该 ListNode 特化的类对象的 private 成员。这样做是出于性能考虑,因为这两个类紧耦合,只有类模板 List 操作类模板 ListNode 的对象。因为 ListNode 模板的参数 NODETYPE 在友元声明中是作为 List 的模板参数,所以使用特定类型特化的 ListNode 类只可以被使用相同类型特化的 List 类访问(例如,一个 int 值的列表管理保存 int 值 ListNode 对象)。第 13 行使用类型名 List < NODETYPE >,编译器需要了解类模板 List 是否存在。第 8 行是类模板 List 所谓的前置说明(forward declaration),前置说明告诉编译器某个类型存在,即使它尚未被定义。

 **错误预防技巧 19.1**
　　将新节点的链接成员赋值为 nullptr,指针在使用前必须初始化。

### List 类模板

　　List 类模板(见图 19.5)的第 148 ~ 149 行声明了几个 private 数据成员:firstPtr(指向链表第一个节点的指针)和 lastPtr(指向链表最后一个节点的指针)。默认的构造函数(第 14 ~ 18 行)把这些指针都初始化为 nullptr)。析构函数(第 21 ~ 40 行)确保当 List 销毁时,所有的 List 对象中的 ListNode 对象也同时被销毁。List 类的主要函数是 insertAtFront(第 43 ~ 54 行)、insertAtBack(第 57 ~ 68 行)、removeFromFront(第 71 ~ 88 行)和 removeFromBack(第 91 ~ 117 行)。我们将在图 19.5 后对每一个进行讨论。

　　isEmpty 函数(第 120 ~ 123 行)称为判断函数,它不改变 List 的内容,而是检测 List 是否为空(也就是指向 List 第一个节点的指针为空)。如果 List 为空,该函数返回 true,否则返回 false。print 函数(第 126 ~

145 行)显示 List 的内容。工具函数 getNewNode(第152~155 行)返回一个动态分配的 ListNode 对象。这个函数将被函数 insertAtFront 和 insertAtBack 调用。

```
 1   // Fig. 19.4: ListNode.h
 2   // ListNode class-template definition.
 3   #ifndef LISTNODE_H
 4   #define LISTNODE_H
 5
 6   // forward declaration of class List required to announce that class
 7   // List exists so it can be used in the friend declaration at line 13
 8   template< typename NODETYPE > class List;
 9
10   template< typename NODETYPE >
11   class ListNode
12   {
13      friend class List< NODETYPE >; // make List a friend
14
15   public:
16      explicit ListNode( const NODETYPE &info ) // constructor
17        : data( info ), nextPtr( nullptr )
18        {
19          // empty body
20        } // end ListNode constructor
21
22      NODETYPE getData() const; // return data in node
23        {
24          return data;
25        } // end function getData
26   private:
27      NODETYPE data; // data
28      ListNode< NODETYPE > *nextPtr; // next node in list
29   }; // end class ListNode
30
31   #endif
```

图 19.4   ListNode 类模板定义

```
 1   // Fig. 19.5: List.h
 2   // List class-template definition.
 3   #ifndef LIST_H
 4   #define LIST_H
 5
 6   #include <iostream>
 7   #include "ListNode.h" // ListNode class definition
 8
 9   template< typename NODETYPE >
10   class List
11   {
12   public:
13      // default constructor
14      List()
15        : firstPtr( nullptr ), lastPtr( nullptr )
16        {
17          // empty body
18        } // end List constructor
19
20      // destructor
21      ~List()
22        {
23          if ( !isEmpty() ) // List is not empty
24          {
25            std::cout << "Destroying nodes ...\n";
26
27            ListNode< NODETYPE > *currentPtr = firstPtr;
28            ListNode< NODETYPE > *tempPtr = nullptr;
29
30            while ( currentPtr != nullptr ) // delete remaining nodes
31            {
32              tempPtr = currentPtr;
33              std::cout << tempPtr->data << '\n';
34              currentPtr = currentPtr->nextPtr;
35              delete tempPtr;
36            } // end while
37          } // end if
```

图 19.5   List 类模板定义

```
38
39        std::cout << "All nodes destroyed\n\n";
40    } // end List destructor
41
42    // insert node at front of list
43    void insertAtFront( const NODETYPE &value )
44    {
45        ListNode< NODETYPE > *newPtr = getNewNode( value ); // new node
46
47        if ( isEmpty() ) // List is empty
48            firstPtr = lastPtr = newPtr; // new list has only one node
49        else // List is not empty
50        {
51            newPtr->nextPtr = firstPtr; // point new node to old 1st node
52            firstPtr = newPtr; // aim firstPtr at new node
53        } // end else
54    } // end function insertAtFront
55
56    // insert node at back of list
57    void insertAtBack( const NODETYPE &value )
58    {
59        ListNode< NODETYPE > *newPtr = getNewNode( value ); // new node
60
61        if ( isEmpty() ) // List is empty
62            firstPtr = lastPtr = newPtr; // new list has only one node
63        else // List is not empty
64        {
65            lastPtr->nextPtr = newPtr; // update previous last node
66            lastPtr = newPtr; // new last node
67        } // end else
68    } // end function insertAtBack
69
70    // delete node from front of list
71    bool removeFromFront( NODETYPE &value )
72    {
73        if ( isEmpty() ) // List is empty
74            return false; // delete unsuccessful
75        else
76        {
77            ListNode< NODETYPE > *tempPtr = firstPtr; // hold item to delete
78
79            if ( firstPtr == lastPtr )
80                firstPtr = lastPtr = nullptr; // no nodes remain after removal
81            else
82                firstPtr = firstPtr->nextPtr; // point to previous 2nd node
83
84            value = tempPtr->data; // return data being removed
85            delete tempPtr; // reclaim previous front node
86            return true; // delete successful
87        } // end else
88    } // end function removeFromFront
89
90    // delete node from back of list
91    bool removeFromBack( NODETYPE &value )
92    {
93        if ( isEmpty() ) // List is empty
94            return false; // delete unsuccessful
95        else
96        {
97            ListNode< NODETYPE > *tempPtr = lastPtr; // hold item to delete
98
99            if ( firstPtr == lastPtr ) // List has one element
100                firstPtr = lastPtr = nullptr; // no nodes remain after removal
101            else
102            {
103                ListNode< NODETYPE > *currentPtr = firstPtr;
104
105                // locate second-to-last element
106                while ( currentPtr->nextPtr != lastPtr )
107                    currentPtr = currentPtr->nextPtr; // move to next node
108
109                lastPtr = currentPtr; // remove last node
110                currentPtr->nextPtr = nullptr; // this is now the last node
```

图 19.5(续)　List 类模板定义

```
111            } // end else
112
113            value = tempPtr->data; // return value from old last node
114            delete tempPtr; // reclaim former last node
115            return true; // delete successful
116         } // end else
117      } // end function removeFromBack
118
119      // is List empty?
120      bool isEmpty() const
121      {
122         return firstPtr == nullptr;
123      } // end function isEmpty
124
125      // display contents of List
126      void print() const
127      {
128         if ( isEmpty() ) // List is empty
129         {
130            std::cout << "The list is empty\n\n";
131            return;
132         } // end if
133
134         ListNode< NODETYPE > *currentPtr = firstPtr;
135
136         std::cout << "The list is: ";
137
138         while ( currentPtr != nullptr ) // get element data
139         {
140            std::cout << currentPtr->data << ' ';
141            currentPtr = currentPtr->nextPtr;
142         } // end while
143
144         std::cout << "\n\n";
145      } // end function print
146
147   private:
148      ListNode< NODETYPE > *firstPtr; // pointer to first node
149      ListNode< NODETYPE > *lastPtr; // pointer to last node
150
151      // utility function to allocate new node
152      ListNode< NODETYPE > *getNewNode( const NODETYPE &value )
153      {
154         return new ListNode< NODETYPE >( value );
155      } // end function getNewNode
156   }; // end class List
157
158   #endif
```

图 19.5(续)　List 类模板定义

## 成员函数 insertAtFront

下面将详细讨论 List 类中的每一个成员函数。函数 insertAtFront(如图 19.5 的第 43~54 行所示)在链表的头部放置一个新的节点。该函数由以下几步构成：

1. 调用 getNewNode 函数(第 45 行)，将 value 传递给它，value 是要插入节点的值的常量引用。
2. getNewNode 函数(第 152~155 行)使用 new 运算符创建新的链表节点，并返回指向新分配节点的指针，再将该指针赋给 insertAtFront 函数中的 newPtr 变量(第 45 行)。
3. 如果链表为空(第 47 行)，将 firstPtr 和 lastPtr 都设为 newPtr(第 48 行)，即第一个节点和最后一个节点都是同一个节点。
4. 如果链表非空(第 49 行)，则将 firstPtr 复制给 newPtr->nextPtr(第 51 行)，这样 newPtr 指向的节点就被插入到链表的头部，新节点指向原链表中的首节点。然后，将 newPtr 的值复制给 firstPtr(第 52 行)。这样，现在的 firstPtr 仍然指向链表的新的首节点。

图 19.6 说明了 insertAtFront 函数的操作过程。图 19.6(a)展示了调用 insertAtFront 操作之前的链表和新节点的情况，图 19.6(b)中的虚线箭头示范了 insertAtFront 函数中第 4 步将包含 12 的新节点设为新的首节点的操作过程。

**成员函数 insertAtBack**

函数 insertAtBack(如图 19.5 的第 57~68 行所示)在 List 的尾部放置一个新的节点,该函数由以下几步构成:

1. 调用 getNewNode 函数(第 59 行),将 value 传递给它,value 是要插入节点的值的常量引用。
2. getNewNode 函数(第 152~155 行)使用 new 运算符创建新的链表节点,并返回指向新分配节点的指针,再将该指针赋值给 insertAtBack 函数中的 newPtr 变量(第 59 行)。
3. 如果链表为空(第 61 行),将 firstPtr 和 lastPtr 都设为 newPtr 的值(第 62 行)。

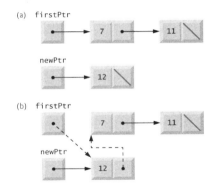

图 19.6　以图形化方式表示的运算 insertAtFront

4. 如果链表非空(第 63 行),则把 newPtr 指向的节点插入到链表。具体过程是:将 newPtr 的值复制给 lastPtr -> nextPtr(第 65 行),这样原来链表尾节点的指针就指向了新节点。然后将 newPtr 的值复制给 lastPtr(第 66 行),这样 lastPtr 就指向现在链表的尾节点。

图 19.7 说明了 insertAtBack 函数的操作过程。图 19.7(a)展示了操作之前的链表和新节点的情况,图 19.7(b)中的虚线箭头示范了 insertAtBack 函数中第 4 步将一个新节点加到非空链表末尾的操作过程。

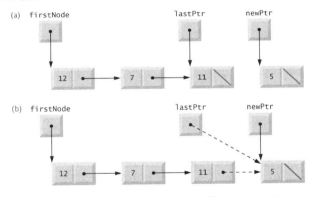

图 19.7　以图形化方式表示的运算 insertAtBack

**成员函数 removeFromFront**

函数 removeFromFront(如图 19.5 的第 71~88 行所示)删除链表的首节点,并且将要删除节点的值复制给引用参数。如果试图从空链表中删除一个节点,则返回 false(第 73~74 行),如果删除成功,则返回 true。函数由以下几步构成:

1. 把 firstPtr 所指向的地址赋给 tempPtr(第 77 行)。最终将使用 tempPtr 来销毁被删除的节点。
2. 如果 firstPtr 等于 lastPtr(第 79 行),也就是在删除前链表只有一个元素,这样就将 firstPtr 和 lastPtr 都置为 nullptr(第 80 行),将该节点从链表中删除(使得删除后链表为空)。
3. 如果在删除前链表含有的元素多于一个,则保持 lastPtr 不变,并把 firstPtr 设置为 firstPtr -> nextPtr(第 82 行),也就是修改 firstPtr,使其指向删除前链表的第二个节点(即新的首节点)。
4. 当所有的指针操作完成后,把被删除节点的数据成员 data 复制给引用参数 value(第 84 行)。
5. 销毁 tempPtr 所指向的节点(第 85 行)。
6. 返回 true,表示删除成功(第 86 行)。

图 19.8 说明了 removeFromFront 函数的操作过程。图 19.8(a)展示了删除操作之前的链表的情况,图 19.8(b)展示了删除一个非空链表首节点所进行的指针操作过程。

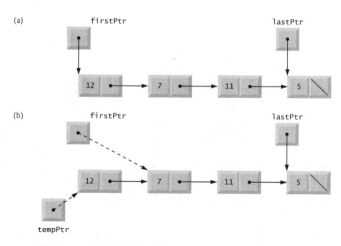

图 19.8　以图形化方式表示的运算 removeFromFront

### 成员函数 removeFromBack

函数 removeFromBack(如图 19.5 的第 91 ~ 117 行所示)删除链表的尾节点,并把该节点的值复制给引用参数。如果尝试从空链表中删除一个节点,则函数返回 false(第 93 ~ 94 行),如果删除成功,则返回 true。该函数由以下几步构成:

1. 把 firstPtr 所指向的地址赋给 tempPtr(第 97 行)。最终将使用 tempPtr 来销毁被删除的节点。
2. 如果 firstPtr 与 lastPtr 指向同一节点(第 99 行),也就是在删除前该链表只有一个节点,则把 firstPtr 和 lastPtr 都置 nullptr(第 100 行),将该节点从链表中删除(使得删除之后链表为空)。
3. 如果删除前链表包含不止一个节点,则将 firstPtr 的值赋给 currentPtr 准备遍历链表(第 103 行)。
4. 开始遍历链表直到 currentPtr 指向最后一个节点的前一个节点。这个节点在删除操作结束后将会成为新的尾节点。这个步骤是通过一个 while 循环(第 106 ~ 107 行)实现的,在每一次迭代中如果 currentPtr -> nextPtr 不等于 lastPtr,那么就使用 currentPtr -> nextPtr 来替换 currentPtr。
5. 将 currentPtr 指向的地址赋给 lastPtr 来删除链表的最后一个节点(第 109 行)。
6. 将 currentPtr -> nextPtr 设置为 nullptr 来标识链表的新的尾节点(第 110 行)。
7. 当所有指针操作结束后,将要被删除节点的 data 成员的值复制到引用参数 value 中(第 113 行)。
8. 销毁 tempPtr 所指向的节点(第 114 行)。
9. 返回 true,表示删除成功(第 115 行)。

图 19.9 说明了 removeFromBack 函数的操作过程。图 19.9(a)显示了删除操作之前的链表的情况,图 19.9(b)展示了实际的指针操作过程。

### 成员函数 print

print 函数(第 126 ~ 145 行)首先测试链表是否为空(第 128 行)。如果为空,则打印出"The list is empty",然后返回(第 130 ~ 131 行)。否则,该函数遍历整个链表,依次输出每个节点的值。该函数首先将 currentPtr 初始化为 firstPtr 的副本(第 134 行),然后打印出字符串"The list is:"(第 136 行)。只要 currentPtr 非空(第 138 行),就会输出 currentPtr -> data(第 140 行),而 currentPtr 也会被赋值为 currentPtr -> nextPtr(第 141 行)。注意,如果链表最后一个节点的指针没有值 nullptr,打印算法将错误地试图打印越过列表结尾的内容。链表、栈和队列的打印算法都是相同的(因为程序里这些数据结构的实现都是基于链表的)。

### 循环单向链表及双向链表

我们已经讨论过的链表都是单向链表,这种链表有一个指向首节点的指针,每一个节点都包含一个指向下一节点的指针,都是按顺序排列的。这种链表由一个值为 nullptr 的节点结束。单向链表只能做单向遍历。

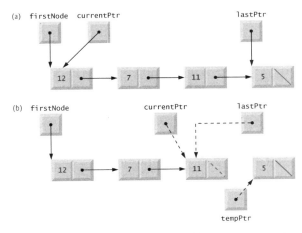

图 19.9　以图形化方式表示的运算 removeFromBack

循环单向链表(见图 19.10)由一个指向首节点的指针开始,每一个节点也包含一个指向下一节点的指针,但是尾节点的指针不为 nullptr,而是指向首节点,形成一个"环路"。

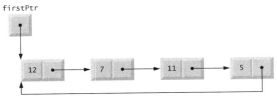

图 19.10　单向循环链表

双向链表(见图 19.11)——如标准库 list 类模板——同时允许向前和向后遍历。这样的链表通常有两个起始指针,一个指向链表的首元素用来支持从前往后的遍历,一个指向最后一个元素用来实现从后往前的遍历。链表中每个节点都有一个指向前一个节点的指针和一个指向下一个节点的指针。例如,如果有一个链表包含按字母顺序排序的电话记录,查找以字母表前面的字母开头的人名可以从表头开始,而查找以字母表后面的字母开头的人名可以从表尾开始。

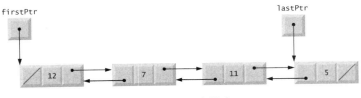

图 19.11　双向链表

在循环双向链表(见图 19.12)中,最后一个节点的顺序指针指向头节点,而头节点的逆序指针指向最后一个节点,形成"环路"。

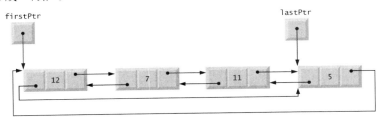

图 19.12　双向循环链表

## 19.4　堆栈

我们已经在 6.12 节和 15.7.1 节中学习了堆栈的概念,并在 18.2 节中学习了堆栈适配器。回想一下,堆栈数据结构允许在堆栈的顶部增加和删除节点,因此堆栈称为是一种后进先出(LIFO)的数据结构。一个实现堆栈的方法是将它作为一种有限制的链表。在这种实现方法中,堆栈的最后一个节点的链接成员被设置为 nullptr,用来表示栈底。

用来操作堆栈的主要成员函数是压栈(push)和出栈(pop)。函数 push 在堆栈的顶部插入一个新的节点。函数 pop 则从堆栈的顶部移走一个节点,并把出栈的值存储在传递给这个被调用函数的引用变量中。如果 pop 操作成功,则返回 ture(否则返回 false)。

### 堆栈的应用

堆栈有许多有趣的应用:

- 在 6.12 节中,当调用函数时,这个被调用的函数必须知道如何返回到它的调用者中,所以就必须将这个返回地址压入堆栈。如果一系列的函数调用发生了,那么连续的返回值以后进先出的形式压入堆栈,以便每个函数都能返回到自己的调用者中。像支持非递归函数调用一样,堆栈使用相同的方式支持递归函数的调用。
- 堆栈为每个函数调用的自动变量提供内存,并存储它们的值。当函数返回到它的调用者或抛出一个异常时,每个局部对象的析构函数(如果有)被调用,该函数的自动变量的空间出栈,并且这些变量对于程序来说再也不可见了。
- 堆栈可以在编译器中用来计算表达式及生成机器指令。本章的练习题探讨了几个堆栈的应用,包括用它们来开发自己的可工作的编译器。

### 利用堆栈和链表之间的关系

我们将利用链表和堆栈之间的密切关系以复用链表类的方式来实现一个堆栈类。首先,通过链表类的 private 继承来实现这个堆栈。然后,通过把一个链表作为堆栈的 private 成员的组成方式来实现一个具有相同性能的堆栈。

### 基于 List 继承实现模板类 Stack

图 19.13 ~ 图 19.14 所示的程序通过对图 19.5 中的 List 类模板的 private 继承(第 9 行)创建了一个 Stack 类模板(见图 19.13)。我们需要 Stack 有成员函数 push(第 13 ~ 16 行)、pop(第 19 ~ 22 行)、isStackEmpty(第 25 ~ 28 行)及 printStack(第 31 ~ 34 行)。注意,这些函数本质上是 List 类模板的 insertAtFront、removeFromFront、isEmpty 和 print 函数。当然,List 类模板包含其他一些成员函数(如 insertAtBack 和 removeFromBack 等),我们并不想通过 Stack 类的 public 接口来访问那些函数。所以当我们说 Stack 类模板是从 List 类模板继承的时候,指的是 private 继承。这使得全部的 List 类模板的成员函数在 Stack 类模板中都是私有的。在实现 Stack 的成员函数时,我们让这些函数都去调用适当的 List 类的成员函数:push 调用 insertAtFront(第 15 行),pop 调用 removeFromFront(第 21 行),isStackEmpty 调用 isEmpty(第 27 行),而 printStack 调用 print(第 33 行),这种方式称为委托(delegation)。

```
1    // Fig. 19.13: Stack.h
2    // Stack class-template definition.
3    #ifndef STACK_H
4    #define STACK_H
5
6    #include "List.h" // List class definition
7
8    template< typename STACKTYPE >
9    class Stack : private List< STACKTYPE >
10   {
```

图 19.13　堆栈类模板的定义

```
11  public:
12      // push calls the List function insertAtFront
13      void push( const STACKTYPE &data )
14      {
15          insertAtFront( data );
16      } // end function push
17
18      // pop calls the List function removeFromFront
19      bool pop( STACKTYPE &data )
20      {
21          return removeFromFront( data );
22      } // end function pop
23
24      // isStackEmpty calls the List function isEmpty
25      bool isStackEmpty() const
26      {
27          return this->isEmpty();
28      } // end function isStackEmpty
29
30      // printStack calls the List function print
31      void printStack() const
32      {
33          this->print();
34      } // end function print
35  }; // end class Stack
36
37  #endif
```

图 19.13(续)  堆栈类模板的定义

**类模板从属名称**

第 27 行和第 33 行需要显式地使用 this 指针,这样编译器可以正确地区分模板中定义的标识符。从属名称(dependent name)是一个依赖于模板参数的标识符。比如,第 21 行调用 removeFromFront 依赖于参数 data,它有一个依赖于模板参数 STACKTYPE 的类型。当模板被实例化后,才可以解析出依赖名字。相反,无参函数的标识符是非从属名称(non-dependent name),比如父类 List 中的 isEmpty 和 print。在定义模板的地方,这样的标识符就已经解析好了。如果模板没有实例化,那么非从属名称的函数的代码还不存在,这时有些编译器就会产生编译错误。第 27 行和第 33 行加上显式的 this 指针就会根据模板参数调用基类的成员函数,并保证代码编译正确。

**测试堆栈类模板**

main 函数(见图 19.14)中的堆栈类模板被实例化为 Stack < int > 类型的整型堆栈 intStack(第 9 行)。整数 0 ~ 2 被压入 intStack(第 14 ~ 18 行),然后被弹出堆栈 intStack(第 23 ~ 28 行)。这个程序利用 Stack 类模板创建 Stack < double > 类型的 doubleStack 对象(第 30 行)。值 1.1、2.2 和 3.3 被压入堆栈 double-Stack(第 36 ~ 41 行),然后被弹出堆栈 doubleStack(第 46 ~ 51 行)。

```
1   // Fig. 19.14: fig19_14.cpp
2   // A simple stack program.
3   #include <iostream>
4   #include "Stack.h" // Stack class definition
5   using namespace std;
6
7   int main()
8   {
9       Stack< int > intStack; // create Stack of ints
10
11      cout << "processing an integer Stack" << endl;
12
13      // push integers onto intStack
14      for ( int i = 0; i < 3; ++i )
15      {
16          intStack.push( i );
17          intStack.printStack();
18      } // end for
19
20      int popInteger; // store int popped from stack
```

图 19.14  一个简单的堆栈程序

```
21
22      // pop integers from intStack
23      while ( !intStack.isStackEmpty() )
24      {
25          intStack.pop( popInteger );
26          cout << popInteger << " popped from stack" << endl;
27          intStack.printStack();
28      } // end while
29
30      Stack< double > doubleStack; // create Stack of doubles
31      double value = 1.1;
32
33      cout << "processing a double Stack" << endl;
34
35      // push floating-point values onto doubleStack
36      for ( int j = 0; j < 3; ++j )
37      {
38          doubleStack.push( value );
39          doubleStack.printStack();
40          value += 1.1;
41      } // end for
42
43      double popDouble; // store double popped from stack
44
45      // pop floating-point values from doubleStack
46      while ( !doubleStack.isStackEmpty() )
47      {
48          doubleStack.pop( popDouble );
49          cout << popDouble << " popped from stack" << endl;
50          doubleStack.printStack();
51      } // end while
52  } // end main
```

```
processing an integer Stack
The list is: 0

The list is: 1 0

The list is: 2 1 0

2 popped from stack
The list is: 1 0

1 popped from stack
The list is: 0

0 popped from stack
The list is empty

processing a double Stack
The list is: 1.1

The list is: 2.2 1.1

The list is: 3.3 2.2 1.1

3.3 popped from stack
The list is: 2.2 1.1

2.2 popped from stack
The list is: 1.1

1.1 popped from stack
The list is empty

All nodes destroyed

All nodes destroyed
```

图 19.14(续)  一个简单的堆栈程序

**使用 List 对象组合实现模板类 Stack**

另一个实现 Stack 类模板的方法是通过组合来复用 List 类模板。图 19.15 是一个 Stack 类模板的新的实现，它包括一个称为 stackList 的 List < STACKTYPE > 对象(第 38 行)。这个版本的 Stack 类模板使用了

图 19.5 中的类 List。为了测试这个类，使用了图 19.14 中的驱动程序，但是还要在文件第 4 行中包括新的头文件——Stackcomposition.h。对于这两个版本的类 Stack 来说，程序的输出是相同的。

```
1   // Fig. 19.15: Stackcomposition.h
2   // Stack class template with a composed List object.
3   #ifndef STACKCOMPOSITION_H
4   #define STACKCOMPOSITION_H
5
6   #include "List.h" // List class definition
7
8   template< typename STACKTYPE >
9   class Stack
10  {
11  public:
12     // no constructor; List constructor does initialization
13
14     // push calls stackList object's insertAtFront member function
15     void push( const STACKTYPE &data )
16     {
17        stackList.insertAtFront( data );
18     } // end function push
19
20     // pop calls stackList object's removeFromFront member function
21     bool pop( STACKTYPE &data )
22     {
23        return stackList.removeFromFront( data );
24     } // end function pop
25
26     // isStackEmpty calls stackList object's isEmpty member function
27     bool isStackEmpty() const
28     {
29        return stackList.isEmpty();
30     } // end function isStackEmpty
31
32     // printStack calls stackList object's print member function
33     void printStack() const
34     {
35        stackList.print();
36     } // end function printStack
37  private:
38     List< STACKTYPE > stackList; // composed List object
39  }; // end class Stack
40
41  #endif
```

图 19.15 带一个组合链表对象的堆栈类模板

## 19.5 队列

回想一下，队列的节点只从队列的头部删除并且只从队列的尾部插入。因此，队列称为先进先出（FIFO）的数据结构。插入和删除操作称为 enqueue（入队）和 dequeue（出队）。

### 队列应用

队列在计算机系统里有很多应用。

- 只有一个处理器的计算机一次只能为一个用户服务，其他用户的入口则进入队列等待。当用户接受服务时，每个入口逐渐接近队列的前端。在队列前端的入口将是下一个接受服务的入口。
- 队列也可以用来支持假脱机打印（print spooling）。例如，打印机可以由网络上的所有用户共享。许多用户可以给打印机指派打印任务，甚至是在打印机处于繁忙状态的情况下。这些打印任务被置于队列中直到打印机可用。一个称为假脱机的程序管理队列来保证当一个打印任务完成时，可以将下一个打印任务送到打印机。
- 在计算机网络中，信息包也是在队列中等待。每次当信息包到达一个网络节点时，它必须被路由到下一个网络节点中，这样沿着路径到达它的最终目的地。路由节点每次只路由一个信息包，所以后来的信息就进入队列直到路由器能够路由它们为止。
- 处于计算机网络中的文件服务器通过网络来处理许多来自客户端的文件访问请求。服务器处理客户端的服务请求的能力是有限的。当超过能力上限时，客户端的请求就在队列中等待。

## 基于 List 实现类模板 Queue

图 19.16 ~ 图 19.17 的程序通过对图 19.5 的 List 类模板的 private 继承(第9行)创建了一个 Queue 类模板(见图 19.16)。Queue 有成员函数 enqueue(图 19.16 中第 13 ~ 16 行)、dequeue(第 19 ~ 22 行)、isQueueEmpty(第 25 ~ 28 行)和 printQueue(第 31 ~ 34 行)。注意,这些函数本质上是链表类模板的函数 insertAtBack、removeFromFront、isEmpty 和 print。当然,List 类模板还包含其他的成员函数,我们并不想通过队列类的 public 接口来访问这些函数。所以当我们说 Queue 类模板是从 List 类模板继承时,指的是 private 继承。这使得全部的 List 类模板的成员函数在队列类模板中成为私有的。在实现 Queue 的成员函数时,我们让这些函数的每一个都去调用适当的 List 类成员函数:enqueue 调用 insertAtBack(第 15 行)、dequeue 调用 removeFromFront(第 21 行),isQueueEmpty 调用 isEmpty(第 27 行),而 printQueue 调用 print(第 33 行)。就如图 19.13 中的 Stack 例子一样,这个委托也需要显式地使用 this 指针调用 isQueueEmpty 和 printQueue 来避免编译错误。

```
1   // Fig. 19.16: Queue.h
2   // Queue class-template definition.
3   #ifndef QUEUE_H
4   #define QUEUE_H
5
6   #include "List.h" // List class definition
7
8   template< typename QUEUETYPE >
9   class Queue : private List< QUEUETYPE >
10  {
11  public:
12     // enqueue calls List member function insertAtBack
13     void enqueue( const QUEUETYPE &data )
14     {
15        insertAtBack( data );
16     } // end function enqueue
17
18     // dequeue calls List member function removeFromFront
19     bool dequeue( QUEUETYPE &data )
20     {
21        return removeFromFront( data );
22     } // end function dequeue
23
24     // isQueueEmpty calls List member function isEmpty
25     bool isQueueEmpty() const
26     {
27        return this->isEmpty();
28     } // end function isQueueEmpty
29
30     // printQueue calls List member function print
31     void printQueue() const
32     {
33        this->print();
34     } // end function printQueue
35  }; // end class Queue
36
37  #endif
```

图 19.16    Queue 类模板定义

## 测试 Queue 类模板

图 19.17 使用 Queue 类模板来实例化 Queue < int > 类型的整数队列 intQueue(第9行)。整数 0 ~ 2 进入队列 intQueue(第 14 ~ 18 行),然后以先进先出的方式从 intQueue 中出队(第 23 ~ 28 行)。接下来,这个程序演示了 Queue < double > 类型的队列 doubleQueue(第 30 行)。值 1.1、2.2 和 3.3 进入队列 doubleQueue(第 36 ~ 41 行),然后以先进先出的方式从 doubleQueue 中出队(第 46 ~ 51 行)。

```
1   // Fig. 19.17: fig19_17.cpp
2   // Queue-processing program.
3   #include <iostream>
4   #include "Queue.h" // Queue class definition
5   using namespace std;
```

图 19.17    队列处理程序

```
 6
 7   int main()
 8   {
 9      Queue< int > intQueue; // create Queue of integers
10
11      cout << "processing an integer Queue" << endl;
12
13      // enqueue integers onto intQueue
14      for ( int i = 0; i < 3; ++i )
15      {
16         intQueue.enqueue( i );
17         intQueue.printQueue();
18      } // end for
19
20      int dequeueInteger; // store dequeued integer
21
22      // dequeue integers from intQueue
23      while ( !intQueue.isQueueEmpty() )
24      {
25         intQueue.dequeue( dequeueInteger );
26         cout << dequeueInteger << " dequeued" << endl;
27         intQueue.printQueue();
28      } // end while
29
30      Queue< double > doubleQueue; // create Queue of doubles
31      double value = 1.1;
32
33      cout << "processing a double Queue" << endl;
34
35      // enqueue floating-point values onto doubleQueue
36      for ( int j = 0; j < 3; ++j )
37      {
38         doubleQueue.enqueue( value );
39         doubleQueue.printQueue();
40         value += 1.1;
41      } // end for
42
43      double dequeueDouble; // store dequeued double
44
45      // dequeue floating-point values from doubleQueue
46      while ( !doubleQueue.isQueueEmpty() )
47      {
48         doubleQueue.dequeue( dequeueDouble );
49         cout << dequeueDouble << " dequeued" << endl;
50         doubleQueue.printQueue();
51      } // end while
52   } // end main
```

```
processing an integer Queue
The list is: 0

The list is: 0 1

The list is: 0 1 2

0 dequeued
The list is: 1 2

1 dequeued
The list is: 2

2 dequeued
The list is empty

processing a double Queue
The list is: 1.1

The list is: 1.1 2.2

The list is: 1.1 2.2 3.3

1.1 dequeued
The list is: 2.2 3.3

2.2 dequeued
The list is: 3.3
```

图 19.17(续)　队列处理程序

```
3.3 dequeued
The list is empty

All nodes destroyed

All nodes destroyed
```

图 19.17(续)　队列处理程序

## 19.6　树

　　链表、堆栈和队列都是线性数据结构。树是非线性的、二维的数据结构。树的节点包含两个或更多个链接。本节中讨论二叉树(见图 19.18)，即所有节点都包含两个链接(链接中没有或有一个或者两个都是 nullptr)的树。

**基本术语**

　　为了便于讨论，我们考虑图 19.18 中的节点 A、B、C 和 D。根节点(节点 B)是树上的第一个节点。根节点上的每个链接各指向一个子节点(节点 A 和 D)。左子节点(节点 A)是左子树(该树只包含节点 A)的根节点，右子节点(节点 D)是右子树(该树包含节点 D 和 C)的根节点。同一个节点的子节点们称为兄弟节点(例如，节点 A 和 D 是兄弟节点)。没有子节点的节点称为叶节点(例如，节点 A 和 C 是叶节点)。计算机科学家一般是从根向下画树——与自然界的树的生长方向正好相反。

**二叉查找树**

　　一棵二叉查找树(没有值相同的节点)有这样的特征：它的任何左子树上的值都小于其父节点的值，而它的任何右子树上的值都大于其父节点的值。图 19.19 举例说明了一棵包含 9 个值的二叉查找树。注意，对应同一组数据的二叉查找树的形状可以不同，这是由这些值被插入树中的顺序决定的。

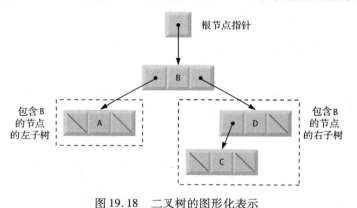

图 19.18　二叉树的图形化表示　　　　　　图 19.19　一棵二叉查找树

**实现二叉查找树的程序**

　　图 19.20 ~ 图 19.22 中的程序创建了一棵二叉查找树，并且使用三种方法遍历它(即访问它的所有节点)：使用递归的中序(inorder)遍历、前序(preorder)遍历和后序(postorder)遍历。我们简单地解释一下这些遍历算法。

```
1   // Fig. 19.20: fig19_20.cpp
2   // Creating and traversing a binary tree.
3   #include <iostream>
4   #include <iomanip>
5   #include "Tree.h" // Tree class definition
6   using namespace std;
7
```

图 19.20　创建和遍历一棵二叉树

```
8    int main()
9    {
10      Tree< int > intTree; // create Tree of int values
11
12      cout << "Enter 10 integer values:\n";
13
14      // insert 10 integers to intTree
15      for ( int i = 0; i < 10; ++i )
16      {
17         int intValue = 0;
18         cin >> intValue;
19         intTree.insertNode( intValue );
20      } // end for
21
22      cout << "\nPreorder traversal\n";
23      intTree.preOrderTraversal();
24
25      cout << "\nInorder traversal\n";
26      intTree.inOrderTraversal();
27
28      cout << "\nPostorder traversal\n";
29      intTree.postOrderTraversal();
30
31      Tree< double > doubleTree; // create Tree of double values
32
33      cout << fixed << setprecision( 1 )
34         << "\n\n\nEnter 10 double values:\n";
35
36      // insert 10 doubles to doubleTree
37      for ( int j = 0; j < 10; ++j )
38      {
39         double doubleValue = 0.0;
40         cin >> doubleValue;
41         doubleTree.insertNode( doubleValue );
42      } // end for
43
44      cout << "\nPreorder traversal\n";
45      doubleTree.preOrderTraversal();
46
47      cout << "\nInorder traversal\n";
48      doubleTree.inOrderTraversal();
49
50      cout << "\nPostorder traversal\n";
51      doubleTree.postOrderTraversal();
52      cout << endl;
53   } // end main
```

```
Enter 10 integer values:
50 25 75 12 33 67 88 6 13 68

Preorder traversal
50 25 12 6 13 33 75 67 68 88
Inorder traversal
6 12 13 25 33 50 67 68 75 88
Postorder traversal
6 13 12 33 25 68 67 88 75 50

Enter 10 double values:
39.2 16.5 82.7 3.3 65.2 90.8 1.1 4.4 89.5 92.5

Preorder traversal
39.2 16.5 3.3 1.1 4.4 82.7 65.2 90.8 89.5 92.5
Inorder traversal
1.1 3.3 4.4 16.5 39.2 65.2 82.7 89.5 90.8 92.5
Postorder traversal
1.1 4.4 3.3 16.5 65.2 89.5 92.5 90.8 82.7 39.2
```

图 19.20(续) 创建和遍历一棵二叉树

### 测试 Tree 类模板

我们从驱动程序(见图 19.20)开始讨论, 然后讨论类 TreeNode(见图 19.21)和 Tree(见图 19.22)的实现。函数 main(见图 19.20)以实例化 Tree <int> 类型的整数树 inTree 开始(第 10 行)。程序提示输入 10 个整数, 通过调用 insertNode(第 19 行)把它们插入到二叉树中。程序然后分别按前序、中序和后序（后面很快就会讲到）遍历 intTree（分别参见第 23 行、第 26 行和第 29 行）。程序接着实例化 Tree
< double > 类型的浮点型树 doubleTree（第 31 行）。程序提示输入 10 个浮点数，通过调用 insertNode（第
41 行）把它们插入到二叉树中。接下来程序执行 doubleTree 的前序、中序和后序遍历（分别见第 45 行、
第 48 行和第 51 行）。

### 类模板 TreeNode

　　我们从声明 Tree < NODETYPE > 作为其友元（第 13 行）的 TreeNode 的类模板定义（见图 19.21）开始
讨论。这使得类模板 Tree 的一个特化（见图 19.21）的所有成员函数都成为了相应类模板 TreeNode 特化的
友元，所以这些函数可以访问特化类型的 TreeNode 对象的 private 成员。因为 TreeNode 的模板参数 NO-
DETYPE 也是在友元声明中 Tree 的模板参数，所以使用一种特定类型特化的 TreeNode 只能被相同类型特
化的 Tree 所处理（例如，一个 int 类型的 Tree 树管理存储 int 值的 TreeNode 对象）。

　　第 30 ~ 32 行声明了一个 TreeNode 的 private 数据：节点的 data 值、指针 leftPtr（指向节点的左子树）和
rightPtr（指向节点的右子树）。构造函数（第 16 ~ 22 行）把数据成员 data 设置成作为构造函数参数所提供
的值，并把指针 leftPtr 和 rightPtr 设置为 nullptr（这样就把该节点初始化为叶节点）。成员函数 getData（第
25 ~ 28 行）返回数据成员 data 的值。

```
1   // Fig. 19.21: TreeNode.h
2   // TreeNode class-template definition.
3   #ifndef TREENODE_H
4   #define TREENODE_H
5
6   // forward declaration of class Tree
7   template< typename NODETYPE > class Tree;
8
9   // TreeNode class-template definition
10  template< typename NODETYPE >
11  class TreeNode
12  {
13     friend class Tree< NODETYPE >;
14  public:
15     // constructor
16     TreeNode( const NODETYPE &d )
17        : leftPtr( nullptr ), // pointer to left subtree
18          data( d ), // tree node data
19          rightPtr( nullptr ) // pointer to right substree
20     {
21        // empty body
22     } // end TreeNode constructor
23
24     // return copy of node's data
25     NODETYPE getData() const
26     {
27        return data;
28     } // end getData function
29  private:
30     TreeNode< NODETYPE > *leftPtr; // pointer to left subtree
31     NODETYPE data;
32     TreeNode< NODETYPE > *rightPtr; // pointer to right subtree
33  }; // end class TreeNode
34
35  #endif
```

图 19.21　TreeNode 类模板的定义

### 类模板 Tree

　　Tree 类模板（见图 19.22）有一个指向根节点指针的 private 数据成员 rootPtr（第 42 行）。Tree 的构造
函数（第 14 ~ 15 行）将 rootPtr 初始化为 nullptr，表示树初始为空。类的 public 成员函数包括在树中插入一
个新节点的 insertNode（第 18 ~ 21 行）、preOrderTraversal（第 24 ~ 27 行）、inOrderTraversal（第 30 ~ 33 行）和
postOrderTraversal（第 36 ~ 39 行），它们中的每一个都按照指定的方式遍历该树。这些成员函数的每一个
都调用自己的递归工具函数，在树的内部表示上执行适当的操作，所以程序不必访问隐藏的 private 数据
来执行那些函数。记住，递归要求传递一个指针，它表示下一棵要处理的子树。

```cpp
1    // Fig. 19.22: Tree.h
2    // Tree class-template definition.
3    #ifndef TREE_H
4    #define TREE_H
5
6    #include <iostream>
7    #include "TreeNode.h"
8
9    // Tree class-template definition
10   template< typename NODETYPE > class Tree
11   {
12   public:
13      // constructor
14      Tree()
15         : rootPtr( nullptr ) { /* empty body */ }
16
17      // insert node in Tree
18      void insertNode( const NODETYPE &value )
19      {
20         insertNodeHelper( &rootPtr, value );
21      } // end function insertNode
22
23      // begin preorder traversal of Tree
24      void preOrderTraversal() const
25      {
26         preOrderHelper( rootPtr );
27      } // end function preOrderTraversal
28
29      // begin inorder traversal of Tree
30      void inOrderTraversal() const
31      {
32         inOrderHelper( rootPtr );
33      } // end function inOrderTraversal
34
35      // begin postorder traversal of Tree
36      void postOrderTraversal() const
37      {
38         postOrderHelper( rootPtr );
39      } // end function postOrderTraversal
40
41   private:
42      TreeNode< NODETYPE > *rootPtr;
43
44      // utility function called by insertNode; receives a pointer
45      // to a pointer so that the function can modify pointer's value
46      void insertNodeHelper(
47         TreeNode< NODETYPE > **ptr, const NODETYPE &value )
48      {
49         // subtree is empty; create new TreeNode containing value
50         if ( *ptr == nullptr )
51            *ptr = new TreeNode< NODETYPE >( value );
52         else // subtree is not empty
53         {
54            // data to insert is less than data in current node
55            if ( value < ( *ptr )->data )
56               insertNodeHelper( &( ( *ptr )->leftPtr ), value );
57            else
58            {
59               // data to insert is greater than data in current node
60               if ( value > ( *ptr )->data )
61                  insertNodeHelper( &( ( *ptr )->rightPtr ), value );
62               else // duplicate data value ignored
63                  cout << value << " dup" << endl;
64            } // end else
65         } // end else
66      } // end function insertNodeHelper
67
68      // utility function to perform preorder traversal of Tree
69      void preOrderHelper( TreeNode< NODETYPE > *ptr ) const
70      {
71         if ( ptr != nullptr )
72         {
73            cout << ptr->data << ' '; // process node
74            preOrderHelper( ptr->leftPtr ); // traverse left subtree
```

图 19.22 Tree 类模板的定义

```
75                preOrderHelper( ptr->rightPtr ); // traverse right subtree
76            } // end if
77        } // end function preOrderHelper
78
79        // utility function to perform inorder traversal of Tree
80        void inOrderHelper( TreeNode< NODETYPE > *ptr ) const
81        {
82            if ( ptr != nullptr )
83            {
84                inOrderHelper( ptr->leftPtr ); // traverse left subtree
85                cout << ptr->data << ' '; // process node
86                inOrderHelper( ptr->rightPtr ); // traverse right subtree
87            } // end if
88        } // end function inOrderHelper
89
90        // utility function to perform postorder traversal of Tree
91        void postOrderHelper( TreeNode< NODETYPE > *ptr ) const
92        {
93            if ( ptr != nullptr )
94            {
95                postOrderHelper( ptr->leftPtr ); // traverse left subtree
96                postOrderHelper( ptr->rightPtr ); // traverse right subtree
97                cout << ptr->data << ' '; // process node
98            } // end if
99        } // end function postOrderHelper
100    }; // end class Tree
101
102    #endif
```

图 19.22(续)　Tree 类模板的定义

### Tree 成员函数 insertNodeHelper

　　Tree 类的工具函数 insertNodeHelper(第 46 ~ 66 行)被 insertNode(第 18 ~ 21 行)调用,递归地把节点插入树中。一个节点只能以叶节点的形式插入到二叉查找树中。如果树是空的,将创建、初始化一个新的 TreeNode 并将其插入到树中(第 50 ~ 51 行)。

　　如果树是非空的,那么程序把插入的值与根节点的 data 值进行比较。如果插入的值比较小(第 55 行),那么程序递归地调用 insertNodeHelper(第 56 行)把值插入到左子树中。如果插入的值比较大(第 60 行),那么程序递归地调用 insertNodeHelper(第 61 行)把值插入到右子树中。如果插入的值和根节点的值一样大,那么程序打印出消息“dup”(第 63 行)并且返回而没有把这个相同的值插入。注意,insertNode 将 rootPtr 的地址传递给 insertNodeHelper(第 20 行),所以它能修改存储在 rootPtr 中的值(即根节点的地址)。为了接收指向 rootPtr(它也是一个指针)的指针,将 insertNodeHelper 的第一个参数声明为一个指向 TreeNode 的指针的指针。

### Tree 遍历函数

　　成员函数 preOrderTraversal(第 24 ~ 27 行)、inOrderTraversal(第 30 ~ 33 行)和 postOrderTraversal(第 36 ~ 39 行)中的每一个都可以遍历树并且打印出节点的值。为了方便下面的讨论,我们使用图 19.23 中的二叉查找树。

图 19.23　一棵二叉查找树

### 中序遍历算法

　　函数 inOrderTraversal 调用工具函数 inOrderHelper(第 80 ~ 88 行)执行二叉树的中序遍历。中序遍历的步骤如下:

1. 使用中序遍历的方式遍历左子树(这通过在第 84 行调用 inOrderHelper 来执行)。
2. 处理节点的值,即打印节点的值(第 85 行)。
3. 用中序遍历的方式遍历右子树(这通过在第 86 行调用 inOrderHelper 来执行)。

　　直到处理完左子树后才对其根节点中的值进行处理,因为每个对 inOrderHelper 的调用会立即使用指向左子树的指针而再次调用 inOrderHelper。对图 19.23 中的树的中序遍历结果为:

```
6 13 17 27 33 42 48
```

　　注意,对二叉查找树的中序遍历就是按递增的顺序打印节点的值。创建二叉查找树的过程实际上是对数据排序。因此,这个过程称为二叉树排序。

**前序遍历算法**

　　函数 preOrderTraversal 调用工具函数 preOrderHelper（第 69～77 行）执行二叉树的前序遍历。前序遍历的步骤如下：

　　1. 处理节点的值（第 73 行）。

　　2. 使用前序遍历的方式遍历左子树（这通过在第 74 行调用 preOrderHelper 来执行）。

　　3. 使用前序遍历的方式遍历右子树（这通过在第 75 行调用 preOrderHelper 来执行）。

　　当访问节点时，该节点的值也将被处理。在处理完一个给定的节点值后，将处理其左子树中的值，然后处理其右子树中的值。图 19.23 中的树的前序遍历结果为：

```
27 13 6 17 42 33 48
```

**后序遍历算法**

　　函数 postOrderTraversal 调用工具函数 postOrderHelper（第 91～99 行）执行二叉树的后序遍历。后序遍历的步骤如下：

　　1. 使用后序遍历的方式遍历左子树（这通过在第 95 行调用 postOrderHelper 来执行）。

　　2. 使用后序遍历的方式遍历右子树（这通过在第 96 行调用 postOrderHelper 来执行）。

　　3. 处理节点的值（第 97 行）。

　　直到每个节点的子节点的值都被打印后该节点的值才被打印。图 19.23 中的树的后序遍历结果为：

```
6 17 13 33 48 42 27
```

**删除重复的节点**

　　二叉查找树使得删除重复的节点很容易实现。当创建一棵树时，试图插入相同的值就会被发现。因为在树中插入相同的值时，会像原来的值一样遵从相同的"向左"或"向右"规则进行比较。因此，最终重复值将会与包含相同值的节点进行比较。这时，重复的值会被丢弃。

　　在二叉树中寻找匹配的关键值也是很快速的。如果树是平衡的，那么每个分支上大概包含树上一半数目的节点。为了搜索关键值，每次在一个节点上的比较就会排除一半的节点。这称为 $O(\log n)$ 算法（大 O 标记在第 20 章讨论过）。所以有 $n$ 个元素的二叉查找树最多需要 $\log_2 n$ 次的比较就可以找到匹配的值或者确定匹配不存在。这意味着如果搜索一棵（平衡的）1000 个元素的二叉查找树，只需要不超过 10 次的比较，因为 $2^{10} > 1000$。当搜索一棵（平衡的）1 000 000 个元素的二叉查找树时，只需要不超过 20 次的比较，因为 $2^{20} > 1\,000\,000$。

**二叉树练习综述**

　　在本章的练习题中，将给出几种二叉树的其他操作的算法，如从二叉树删除一个项，以二维树的格式打印一棵二叉树和执行二叉树的按层遍历。二叉树按层遍历是首先从根节点层开始一行接一行地访问树的节点。在树的每一层，从左到右地访问节点。其他有关二叉树的练习题包括允许二叉查找树包含重复的值、在二叉树中插入字符值和确定二叉树的层数。

## 19.7　本章小结

　　这一章讲解了链表是"链接成一根链条"的数据项目的集合。我们还学习了程序在链表的任何位置都能执行插入和删除（尽管我们的实现只在表尾执行插入和删除）操作。本章演示了堆栈和队列数据结构是特殊版本的链表。对于堆栈，我们了解了只能在栈顶进行插入和删除操作。对于队列，我们了解了在队尾插入和在队首删除。本章也介绍了二叉树数据结构。读者已经看到了二叉查找树使得数据的高速搜索、排序和有效删除重复节点变得容易实现。通过本章的学习，我们知道了如何创建这些数据结构来实现可复用性（以模板的形式）和可维护性。下一章将介绍各种搜索和排序方法，并用函数模板来实现。

# 摘要

### 19.1 节　简介
- 动态数据结构可以在运行的时候动态增加或减小。
- 链表就是排成一列的数据项的集合,插入和删除操作可以在链表中的任何位置进行。
- 堆栈对于编译器和操作系统来说很重要:插入和删除操作只能在栈的一端(栈顶)进行。
- 队列模拟了排队的情况:在队末(队尾)插入元素,在队首(队头)删除元素。
- 二叉树使得数据的高速搜索和排序、重复元素的高效删除、文件系统中的目录表示及把表达式编译为机器语言变得更容易。

### 19.2 节　自引用类
- 自引用类包含一个指向与自己相同的类对象的一个指针。
- 自引用类对象可以连接起来构成有用的数据结构,如链表、队列、堆栈及树。

### 19.3 节　链表
- 链表就是自引用类对象的线性集合,其中的自引用类对象称为节点,其通过指针来连接,因此称为链表。
- 链表可通过指针访问列表的第一个节点。每个节点都可以通过前面一个节点的指针来访问,最后一个节点包含空指针。
- 链表、栈及队列都是线性数据结构,树是非线性数据结构。
- 当数据项个数在编译时无法确定时,使用链表是很合适的。
- 链表是动态的,所以链表的长度可以动态增加或减小。
- 单向链表由一个指向首个节点的指针开始,并且每个节点都有一个指向下一节点的指针。
- 循环单向链表由一个指向首个节点的指针开始,并且每个节点都有一个指向下一节点的指针。但是最后一个节点的指针并不是空指针,而是指向头节点的指针,从而形成一个环路。
- 双向链表允许顺序和逆序遍历。
- 双向链表通常有两个起始指针,一个指向链表的首节点,实现顺序遍历;另一个指向尾节点,实现逆序遍历。每个节点都有一个指向前一节点和一个指向后一节点的指针。
- 在循环双向链表中,尾节点的顺序指针指向头节点,头节点的逆序指针指向尾节点,形成环路。

### 19.4 节　堆栈
- 在堆栈中,插入和删除节点只能在栈顶进行。
- 堆栈称为后进先出(LIFO)的数据结构。
- 函数 push 在栈顶插入一个新节点,函数 pop 在栈顶删除节点。
- 一个从属名称是否是标识符取决于模板参数。当模板被实例化时,就会分辨出从属名。
- 在模板被定义时,非从属名称就已经转变。

### 19.5 节　队列
- 队列类似超市的付款队伍——队首的人首先付款,其他等待付款的顾客从队尾进入队伍,等待付款。
- 队列只能在队头删除,在队尾插入。
- 队列称为先进先出(FIFO)的数据结构,插入和删除操作又称为入队(enqueue)和出队(dequeue)。

### 19.6 节　树
- 二叉树就是每个节点包含两个指针(其中可以没有或者有一个或者都是空指针)的树。
- 根节点是树的首节点。
- 每一个根节点的指针都指向子节点,左子节点是左子树的根节点,右子节点是右子树的根节点。

- 同一节点的子节点称为兄弟节点，没有子节点的节点称为叶节点。
- 二叉查找树(不含重复节点)的任何左子树上的节点的值小于父节点的值，任何右子树上节点的值大于父节点的值。
- 新节点只能作为叶节点插入二叉查找树。
- 中序遍历首先遍历左子树，然后处理根节点的值，最后遍历右子树，节点的值在它左子树被访问之前不会被处理。二叉查找树的中序遍历以排序的方式对节点进行处理。
- 前序遍历首先处理根节点，然后遍历左子树，最后遍历右子树，当一个节点被访问时便处理该节点的值。
- 后序遍历首先遍历左子树，然后遍历右子树，最后处理根节点的值，一个节点的值要在它所有的子树被遍历后才会被处理。
- 二叉查找树有助于删除重复节点。当创建树时，试图插入重复的值将会被识别出来，然后可能将其忽略。
- 二叉树的按层遍历即一层一层地访问树的节点，从根节点层开始，在同一层中，节点从左至右访问。

## 自测练习题

19.1　填空题。

　　a) 自_____类用来组成可以在运行时动态增加或减少的数据结构。

　　b) _____运算符用来动态分配内存来创建新的对象，该运算符返回新对象的指针。

　　c) _____是被限制的链表，它的节点只能从链表的开头插入和删除，节点的值是后进先出的。

　　d) 一个函数并不改变链表本身，而是判断该链表是否为空，该函数是_____函数的一种。

　　e) 队列是称为_____的数据结构，因为先插入的节点先被删除。

　　f) 链表中指向下一个节点的指针称为_____。

　　g) _____运算符用来删除一个对象和释放已经分配的内存。

　　h) _____是被限制的链表，它的节点只能从链表的尾部插入，在开头删除。

　　i) _____是非线性的、二维的数据结构，它包含两个或者更多的链接。

　　j) 堆栈是_____的数据结构，因为最后插入的节点首先被删除。

　　k) _____树的节点只有两个链接成员。

　　l) 树的首节点是_____节点。

　　m) 树节点的每一链接指向该节点的_____或是_____。

　　n) 没有子节点的树节点称为_____。

　　o) 文中提到的 4 种二叉查找树的遍历算法是_____、_____、_____和_____。

19.2　链表和堆栈有何不同？

19.3　堆栈和队列有何不同？

19.4　"可复用性数据结构"可能更适合作为本章标题。说明以下的每一种实体或者概念是如何增强数据结构的可复用性的。

　　a) 类

　　b) 类模板

　　c) 继承

　　d) private 继承

　　e) 组成

19.5　手工写出图 19.24 中二叉查找树的中序遍历、前序遍历和后序遍历。

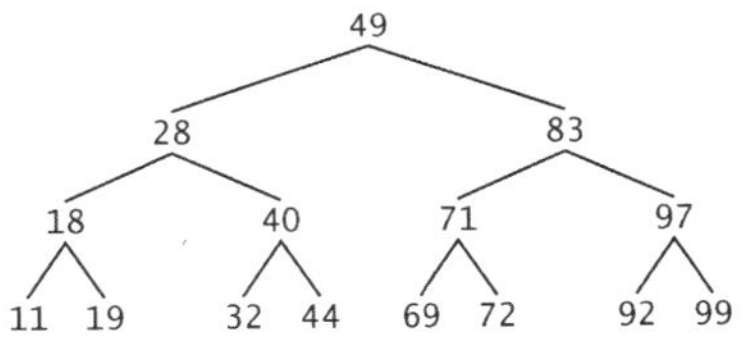

图 19.24　一个包含 15 个节点的二叉查找树

## 自测练习题答案

19.1　a)引用。b)new。c)堆栈。d)判断。e)先进先出（FIFO）。f)链接。g)delete。h)队列。i)树。j)后进先出（LIFO）。k)二叉。l)根。m)子节点或子树。n)叶节点。o)中序、前序、后序和按层。

19.2　链表可以在任何位置插入、删除节点。而在堆栈中，删除和插入操作只能在栈顶发生。

19.3　队列只能从队首删除节点，从队尾插入节点，所以队列称为先进先出（FIFO）的数据结构。堆栈是后进先出（LIFO）的数据结构，只能在栈顶删除和插入节点。

19.4　a)类可以实例化任意多个某种类型（即类）的数据结构对象。

　　　 b)类模板可以通过不同的类型参数来实例化相关的类，然后就可以实例化任意多个模板类对象。

　　　 c)继承可以在派生类中使用基类的代码，所以派生类的数据结构也是基类的数据结构（需要使用 public 继承）。

　　　 d)private 继承可以重用基类的部分代码来构建派生类的数据结构。由于使用了 private 继承，所有 public 的基类成员函数都成为了派生类的 private 成员函数，从而防止了派生类数据结构的客户访问不应用于派生类的基类成员函数。

　　　 e)组成可以通过把已有类作为复合类的一个成员来实现可复用性。如果以该类对象作为复合类的 private 成员，那么即使是该类的 public 成员函数也不能通过复合类对象的接口访问。

19.5　中序遍历顺序：

11 18 19 28 32 40 44 49 69 71 72 83 92 97 99

前序遍历顺序：

49 28 18 11 19 40 32 44 83 71 69 72 97 92 99

后序遍历顺序：

11 19 18 32 44 40 28 69 72 71 92 99 97 83 49

## 练习题

19.6　**（链接链表）** 编写一个连接两个字符链表对象的程序，该程序应该包含函数 concatenate，该函数以两个链表的引用作为参数，把第二个链表连接到第一个链表后面。

19.7　**（合并有序链表）** 编写一个合并两个已排序的整数链表对象成为一个已排序的整数链表对象的程序。函数 merge 接收两个要被合并的链表的引用及一个存放合并结果的链表的引用。

19.8　**（列表元素求和及平均）** 编写一个在链表中有序插入 25 个 0～100 之间的随机整数的程序，然后计算这些元素的和及平均值（浮点数）。

19.9　**（逆序复制链表）** 编写一个程序，构造一个含有 10 个字符的链表，然后构造第二个链表，包含第一个链表中按逆序排列的字符。

19.10　**（用堆栈逆序打印语句）** 编写一个程序，使用堆栈实现逆序输出用户输入的一行字符。

19.11　**（堆栈回文测试）** 编写一个判断某个字符串是否是回文的程序（无论正反拼写都是相同的字符串称为回文），程序忽略空格和标点符号。

19.12　**（中缀转后缀）** 堆栈可以在编译器中用来计算表达式及生成机器指令。在本练习题以及下一练习题中，将会探讨编译器如何计算仅由常量、运算符和括号组成的表达式。

　　　 人们通常编写形如这样的表达式：3＋4 和 7/9，其中的运算符（比如这里的＋和/）是写在两个运算数之间的，这种表达式称为中缀表达式。然而，计算机更喜欢后缀表达式，后缀表达式的运算符写在两个操作数之后，前面的两个中缀表达式分别以后缀表达式展示为：3 4 ＋和 7 9/。

　　　 在计算一个复杂的中缀表达式时，编译器通常先将复杂的中缀表达式转换成后缀表达式，然后求它的值。两个算法都仅仅需要从左到右地扫描一遍表达式，并且都使用堆栈来实现操作，但是使用堆栈的目的不同。

在这个练习题中，需要使用 C++ 编写一个将中缀表达式转换成后缀表达式的算法。在下一个练习题中，需要用 C++ 编写一个计算后缀表达式的算法。在本章后面，读者将发现编写的这些算法可以帮助自己实现一个完整的编译器。

编写一个程序，将形如

(6 + 2) * 5 - 8 / 4

这样仅含有单个数字的普通中缀表达式（假定已经输入一个合法的表达式）转化成后缀表达式。前面的中缀表达式会转化成如下的形式：

6 2 + 5 * 8 4 / -

程序将表达式读入字符数组 infix 里，然后使用本章中堆栈代码的修改版本来实现将后缀表达式写入字符数组 postfix 中。创建后缀表达式的算法如下。

1）将左括号 '(' 压入堆栈。

2）infix 末尾加入一个右括号 ')'。

3）当堆栈非空时，从左至右读 infix，然后执行以下步骤：

　　如果 infix 中的当前字符是数字，将它复制到 postfix 下一个位置。

　　如果 infix 中的当前字符是左括号，将它压入堆栈。

　　如果 infix 中当前字符是运算符

　　　　如果栈顶是运算符，而且比当前运算符的级别高或者在相同级别，则栈顶运算符出栈，进入 postfix。

　　　　否则将当前字符压入堆栈。

　　如果 infix 中当前字符是右括号

　　　　栈顶的运算符出栈，直到遇到左括号且它处于栈顶为止。

　　　　栈顶的左括号出栈，并且忽略它。

在表达式中允许以下的算术操作：

　　+ 加

　　− 减

　　* 乘

　　/ 除

　　^ 幂

　　% 取模

[注意，本练习题中假定所有运算符都是右结合的。] 通过栈节点来实现栈，每个栈节点包含一个数据成员和指向下一个栈节点的指针。

一些可能需要提供的函数的功能如下：

a）convertToPostfix 函数，将中缀表达式转化为后缀表达式。

b）isOperator 函数，判断一个字符是否是运算符。

c）precedence 函数，判断 operator1 是否大于或者等于 operator2 的优先级，如果是，返回 true。

d）push 函数将值压入堆栈。

e）pop 函数出栈。

f）stackTop 函数，查看栈顶元素，但不出栈。

g）isEmpty 函数，判断堆栈是否为空。

h）printStack 函数打印堆栈。

19.13　**（后缀计算）** 编写一个计算后缀表达式的程序（假设表达式是合法的），例如：

6 2 + 5 * 8 4 / -

程序将由数字和运算符组成的后缀表达式读入字符串中，然后使用本章中堆栈代码的修改版本来实现扫描和计算后缀表达式。具体的算法如下：

1）如果没有到达字符串末尾，则从左向右读入表达式。

如果当前字符是数字

将整数的值(一个数字字符的整数值等于该字符值与'0'的差)压入堆栈。

否则,如果当前字符是运算符

将两个数出栈,分别赋值给变量 x 和 y。

计算 y 与 x 之间运算的结果。

将计算结果压回堆栈。

2)到达字符串末尾时,栈顶元素出栈,该值就是后缀表达式的结果。

[注意,在第 2 步中,如果运算符是'/',栈顶是 2,栈中下一个元素是 8,则 x = 2,y = 8,计算 8/2,将结果 4 压入堆栈中,减法' - '也是按相同的顺序处理。]支持的算术操作有:

+ 加

- 减

* 乘

/ 除

^ 幂

% 取模

[注意,本练习题中假定所有运算符都是右结合的。]通过栈节点来实现堆栈,每个堆栈节点包含一个 int 类型的数据成员和指向下一个堆栈节点的指针。

一些可能需要的函数的功能如下:

a)evaluatePostfixExpression 函数计算后缀表达式的值。

b)calculate 函数计算 op1 operator op2 的值。

c)push 函数将值压入堆栈。

d)pop 函数出栈。

e)isEmpty 函数判断堆栈是否为空。

f)printStack 函数打印堆栈。

19.14 (**后缀计算增强**) 修改练习题 19.13 计算后缀表达式值的程序,使得该程序可以处理大于 9 的整数。

19.15 (**模拟超市**) 编写一个模拟超市等待结账队伍的程序。队伍是一个队列对象,顾客(也就是顾客对象)在 1～4 分钟之间的随机数的时间间隔内到达。每个顾客付款的时间也是 1～4 分钟之间的随机数。显然,这两个比率必须是平衡的。如果到达率大于服务率,排队的人就会无限增多。即使是相同的比率,如果随机性不好,仍然会使队伍变得很长。运行这个超市模拟程序来模拟 12 小时(720 分钟)超市工作日的情况,使用如下算法:

1)选取 1～4 之间的随机数来确定第一个顾客的到达时间。

2)当第一名顾客到达时:

选择顾客付款的时间(1～4 之间的随机数);

开始付款;

计算下一名顾客的到达时间(1～4 之间的随机数加上现在的时间)。

3)在一天中的每分钟内:

如果下一名顾客到达,

顾客进入队列;

计算下一名顾客到达的时间;

如果前一顾客服务完毕;

下一名顾客出队,付款,

计算该顾客服务需要的时间(1～4 间的随机数加上当前时间)。

运行你的程序 720 分钟,回答下列问题:

　　　a) 队列最长的长度有多长?

　　　b) 等待最久的顾客用了多少时间?

　　　c) 如果将到达间隔 1~4 分钟改为 1~3 分钟间的随机数会如何?

19.16　(二叉树允许重复) 修改图 19.20~图 19.22 的程序,使二叉树可以包含重复元素。

19.17　(字符串二叉树) 基于图 19.20~图 19.22 的程序,编写一个以一行文本为输入的程序,将句子切割成几个单词(可以使用 istringstream 类库),将单词插入二叉查找树中,然后以中序、前序和后序遍历打印出来。要求使用 OOP 方法。

19.18　(去重) 本章中,我们可以在二叉查找树中直接删除重复的元素,描述如何在一维数组中删除重复元素,比较一维数组的重复元素删除和二叉查找树的重复元素删除的性能。

19.19　(二叉树深度) 编写一个接收一棵二叉树并计算二叉树深度的函数 depth。

19.20　(递归逆序打印链表) 编写一个成员函数 printListBackward,递归地逆序打印链表内容,并且编写一段测试代码生成一个已排好序的整数链表,然后将它逆序地打印出来。

19.21　(递归搜索链表) 编写一个链表的成员函数 searchList,递归地搜索链表中特定的数值。如果找到该值的节点,函数返回一个指向该值的节点的指针;如果没找到包含该值的节点,则返回空指针。在测试代码中使用自己的函数,生成一个整数的链表,程序需要提示用户位于链表的值。

19.22　(二叉树删除) 从二叉查找树中删除项目不像插入算法那么简单明了。删除一个值可能遇到三种不同情况——该值包含在一个叶节点中(没有子节点),该值包含在只有一个子节点的节点中或者包含在有两个子节点的节点中。

　　　如果该项在叶节点中,直接删除该节点,将其父节点指向它的指针置为空。

　　　如果该项包含在只有一个子节点的节点中,把父节点的指针指向它的子节点再删除这个数据项,就是由它的子节点替代该节点的位置。

　　　最后一种情况是最难的。当要删除的节点含有两个子节点时,由树中的另一个节点代替它的位置。但是,父节点的指针不能直接指向要删除节点的子节点之一。因为在大多数情况下,这样删除后的二叉查找树不再有如下的特性(不包含重复元素):左子节点的值小于父节点的值,右子节点的值大于父节点的值。

　　　那么使用哪个节点代替原来节点来保持二叉查找树的特性呢? 不是小于该节点值的最大值,就应该是大于该节点值的最小值。先考虑小于该节点值的最大值,在二叉查找树中,小于父节点值的最大值在父节点的左子树的最右节点中。该节点可以通过向下向右边遍历左子树,直到右子节点为空为止。现在我们所在的节点就是要替换的节点,这个节点可能是叶节点或者只有左子节点。如果是叶节点,那么执行以下步骤:

　　　1) 将指向要删除节点的指针存入一个临时指针变量中(用来释放动态分配的内存空间)。

　　　2) 将要删除节点的父节点的指针指向该替换节点。

　　　3) 将替换节点的父节点的指针置为空。

　　　4) 将替换节点的指向右子树的指针指向要删除节点的右子树。

　　　5) 删除临时指针变量指向的那个节点。

　　　有一个左子节点的替换节点的删除步骤类似于无子节点的替换节点,但是该算法同时需要将替换节点的子节点移动到替换节点原来的位置。如果替换节点包含一个左子节点,删除操作按照以下的步骤进行:

　　　1) 将指向要删除节点的指针存入一个临时指针变量中。

　　　2) 将要删除节点的父节点的指针指向该替换节点。

　　　3) 将替换节点的父节点的指向右子树的指针指向替换节点的左子节点。

　　　4) 将替换节点的右指针指向已删除节点的右子树。

　　　5) 删除临时指针变量指向的那个节点。

　　　编写一个二叉查找树的成员函数 deleteNode,以树的根节点指针和要删除的值为参数。该函数需要找到包含该值的节点，使用上面讨论的算法将该节点删除。该函数还要打印一条信息以表明该节点被删除。修改图 19.20 ~ 图 19.22 中的程序来使用该函数。当删除完成后，使用中序、前序和后序遍历来确认该节点是否已被正确删除。

19.23　(**二叉树搜索**) 编写一个二叉树的成员函数 binaryTreeSearch，用来在二叉树中查找特定的值。该函数以树的根节点指针及要搜索的值为参数。如果一个节点包含要搜索的值，函数就返回该节点的指针，否则函数返回空指针。

19.24　(**层序遍历二叉树**) 图 19.20 ~ 图 19.22 的程序示例了三种递归遍历二叉树的方法——中序、前序和后序遍历。本题讨论第四种方法——层序遍历，这种方法从根节点开始，按层打印出每一层节点的值。层内的节点按照从左至右的顺序来打印。按层遍历的算法不是递归算法，它使用队列来控制节点输出的顺序。该算法如下：

1）将树的根节点插入队列。

2）当队列中还有节点时

　　　从队列中取出节点

　　　打印该节点的值

　　　如果该节点存在左子节点

　　　　左子节点入队

　　　如果该节点存在右子节点

　　　　右子节点入队

编写一个二叉树的成员函数 levelOrder 来实现对二叉树对象的层序遍历。修改图 19.20 ~ 图 19.22 的程序来使用该函数。注意，还需要更改和合并图 19.16 中的队列处理代码。

19.25　(**打印树**) 实现一个二叉树的递归成员函数 outputTree，用来在屏幕上显示二叉树。该函数一行行地输出二叉树，最顶上的节点显示在屏幕最左边，底部朝向屏幕的右边，每行都是垂直输出。例如，图 19.24 中的二叉树显示为图 19.25。注意，最右边的叶节点现在输出的最右一栏，根节点出现在输出的最左边。每一栏输出与前一栏之间有 5 个空格符。函数 outputTree 接收一个参数代表总共可以显示的宽度的变量 totalSpaces(该变量从 0 开始，所以根节点在屏幕的最左边)。该函数使用修改过的中序遍历算法输出树——该函数从最右节点开始，向左遍历树，算法如下：

　　在当前节点指针非空时

　　　递归调用 outputTree 函数来显示该节点的右子树并且 totalSpaces + 5

　　　使用 for 循环，从 1 ~ totalSpaces 计数来输出空格

　　　输出当前节点的值

　　　将当前节点指针指向当前节点的左子树

　　　totalSpaces 自增 5

```
                        99
                97
                        92
        83
                        72
                71
                        69
49
                        44
                40
                        32
        28
                        19
                18
                        11
```

图 19.25　图 19.24 的二叉树输出

19.26　(**在链表的任何地方进行插入或删除操作**) 我们的链表类模板只允许在链表的前端和后端进行插入和删除操作。通过复用链表类模板，这些功能在使用 private 继承和组成产生堆栈类模板和队

列类模板时很方便,可以使代码量最小化。事实上,链表比我们提供的那些数据结构更加通用。修改在本章开发的链表类模板,使之能够处理在链表中的任何位置进行插入和删除操作。

19.27　**(没有尾指针的链表和队列)** 正文中链表(见图 19.4～图 19.5)的实现使用了一个 firsrPtr 和一个 lastPtr。对于链表类的 insertAtBack 和 removeFromBack 成员函数来说,lastPtr 是非常有用的。insertAtBack 函数对应于 Queue 类的 enqueue 成员函数。重写 List 类,使它不使用 lastPtr。因此,在链表尾部的任何操作必须从前端搜索该链表开始进行。这影响到我们的 Queue 类(见图 19.16)的实现了吗?

19.28　**(二叉树排序和搜索的性能)** 二叉树排序的一个问题是数据插入的顺序对树的形状的影响:对于相同的数据集合,以不同的顺序插入可以戏剧性地产生不同形状的二叉树。二叉树排序和搜索算法的性能对树的形状是很敏感的。如果其数据按递增的顺序插入二叉树,那么会有什么样的形状呢? 按递减顺序呢? 为了达到最大的搜索性能,树应该是什么形状的?

19.29　**(索引表)** 文中曾经介绍过,必须顺序地搜索链表。对于很大的链表,这可能导致很差的性能。为了改进链表搜索性能,一个常用的技术就是创建和维护一个对链表的索引。索引就是一个指向链表中各个关键字位置的指针的集合。例如,一个搜索巨大的名字链表的应用程序,可以通过创建一个有 26 个项(对应字母表中一个字母)的索引来改善性能。对一个以'Y'开头的姓的搜索操作,将首先搜索索引来确定'Y'项在哪里开始并在哪一点进入链表。接着进行线性查找,直到找出所要的名字。这会比从头搜索链表要快得多。使用图 19.4～图 19.5 的 List 类作为 IndexedList 类的基础,编写一个程序演示索引表的操作。保证要包含成员函数 insertInIndexedList、searchIndexedList 和 deleteFromIndexedList。

## 专题章节:构建自己的编译器

在练习题 8.15～练习题 8.17 中,我们介绍了 Simpletron 机器语言(SML),并且实现了一个 Simpletron 计算机模拟器来执行 SML 语言编写的程序。在练习题 19.30～练习题 19.34 中,我们构建了一个编译器,它将用高级程序语言编写的程序转换为 SML。这一节把整个编程过程结合到一起。读者将会使用这个新的高级语言来编写程序,在自己构建的编译器上编译这些程序,并且在练习题 8.16 中构建的模拟器上运行它们。应该尽量使用面向对象的方法来实现自己的编译器。注意,因为练习题 19.30～练习题 19.34 的描述太大,我们把它放到 www.deitel.com/books/cpphtp9/ 的一个 PDF 文档中。

# 第 20 章　查找与排序

*With sobs and tears he sorted out Those of the largest size . . .*

—Lewis Carroll

*Attempt the end, and never stand to doubt; Nothing's so hard, but search will find it out.* —Robert Herrick

*Tisin my memory lock'd, And you yourself shall keep the key of it.*

—William Shakespeare

## 学习目标

在本章中将学习：

- 使用线性查找法和二分查找算法查找 array 对象中的给定值
- 使用大 O 表示法表示查找和排序算法的效率，并比较它们的性能
- 使用插入排序、选择排序和递归的归并排序算法对 array 对象进行排序
- 理解常数运行时间、线性运行时间和二次运行时间算法的本质

## 提纲

## 20.1　简介

查找（searching）数据包括判定某个值（称为查找关键字）是否存在于数据中，并且如果存在还要确定它所在的位置。两种常见的查找算法是简单的线性查找法（见 20.2.1 节）和相对较快但较复杂的二分查找法（见 20.2.2 节）。

排序（sorting）是根据一个或者多个排序关键字将数据按照一定的顺序排列起来，典型的顺序是升序或者降序。例如，一份名单可以按字母顺序排列，银行账户可以根据账号排序，雇员的工资记录则可以根据社会保险号排序等。本章将学习插入排序法（见 20.3.1 节）、选择排序法（见 20.3.2 节）和更加高效但也更加复杂的归并排序法（见 20.3.3 节）。图 20.1 总结了本书的例子和练习题中讨论的各种查找与排序算法。本章还将介绍大 O 表示法（Big O notation），这个表示法用来描述算法在最坏情况下的运行时间，也就是指算法解决问题的难易程度。

### 本章例子的注意事项

在这一章中，查找和排序算法以函数模板的实现方式出现，这些函数模板对类模板 array 的对象进行

操作。为了有助于大家更形象直观地理解某些算法的工作原理，一些例子将在整个查找或排序的过程中显示 array 对象元素的值。尽管这些输出语句降低了算法的性能，但是在工业级的代码中它们是不需要出现的。

| 算法 | 位置 | 算法 | 位置 |
|---|---|---|---|
| **查找算法** | | **排序算法** | |
| 线性查找法 | 20.2.1 节 | 插入排序法 | 20.3.1 节 |
| 二分查找法 | 20.2.2 节 | 选择排序法 | 20.3.2 节 |
| 递归的线性查找法 | 练习题 20.8 | 递归的归并排序法 | 20.3.3 节 |
| 递归的二分查找 | 练习题 20.9 | 冒泡排序法 | 练习题 20.5 和练习题 20.6 |
| 二叉树查找法 | 19.6 节 | 桶排序法 | 练习题 20.7 |
| 链表的二分查找 | 练习题 19.21 | 递归的快速排序法 | 练习题 20.10 |
| 标准库函数 binary_search | 16.3.6 节 | 二叉树排序法 | 19.6 节 |
| | | 标准库函数 sort | 16.3.6 节 |
| | | 堆排序法 | 16.3.12 节 |

图 20.1　本书涉及的查找和排序算法

## 20.2　查找算法

查找电话号码、访问某个网站或者在字典里查找一个单词的定义时，不可避免地要搜索大量的数据。所有的查找算法都是用来达到同一目的的：寻找与给定关键字匹配的元素，确定这个元素是否确实存在。当然，许多因素使得算法之间各不相同。其中，主要的不同在于完成查找所需要的工作量。其中一种衡量工作量大小的标准就是大 O 表示法。对于查找和排序算法而言，它们的工作量在很大程度上取决于数据元素的数量。

在 20.2.1 节，将首先介绍线性查找法，然后讨论用大 O 表示法衡量的这个算法的效率。在 20.2.2 节，将介绍二分查找法，这是一种相对高效但是实现起来也较为复杂的查找算法。

### 20.2.1　线性查找法

在这一节，我们讨论简单的线性查找法，用来确定一个未排序的 array 对象（也就是指元素值没有按特定顺序排列的 array 对象）是否包含一个指定的查找关键字。本章末尾的练习题 20.8 要求大家实现递归版本的线性查找算法。

**函数模板 linearSearch**

函数模板 linearSearch（图 20.2 中第 10 ~ 18 行）将 array 对象中每一个元素与查找关键字（第 14 行）进行比较。因为这个数组不是有序的，所以查找关键字出现在任何一个位置都是有可能的。平均来说，程序必须将查找关键字与一半的 array 对象元素进行比较。为了得出查找关键字不在 array 对象中这一结论，程序必须将查找关键字与 array 对象的每一个元素进行比较。线性查找在小规模或未排序的数组中表现不错。然而，对于大规模的数组，线性查找是低效的。如果数组是有序的（例如它的元素按升序进行排列），那么可以使用快速的二分查找技术（见 20.2.2 节）。

```cpp
 1  // Fig. 20.2: LinearSearch.cpp
 2  // Linear search of an array.
 3  #include <iostream>
 4  #include <array>
 5  using namespace std;
 6
 7  // compare key to every element of array until location is
 8  // found or until end of array is reached; return location of
```

图 20.2　数组的线性查找

```
 9   // element if key is found or -1 if key is not found
10   template < typename T, size_t size >
11   int linearSearch( const array< T, size > &items, const T& key )
12   {
13      for ( size_t i = 0; i < items.size(); ++i )
14         if ( key == items[ i ] ) // if found,
15            return i; // return location of key
16
17      return -1; // key not found
18   } // end function linearSearch
19
20   int main()
21   {
22      const size_t arraySize = 100; // size of array
23      array< int, arraySize > arrayToSearch; // create array
24
25      for ( size_t i = 0; i < arrayToSearch.size(); ++i )
26         arrayToSearch[ i ] = 2 * i; // create some data
27
28      cout << "Enter integer search key: ";
29      int searchKey; // value to locate
30      cin >> searchKey;
31
32      // attempt to locate searchKey in arrayToSearch
33      int element = linearSearch( arrayToSearch, searchKey );
34
35      // display results
36      if ( element != -1 )
37         cout << "Found value in element " << element << endl;
38      else
39         cout << "Value not found" << endl;
40   } // end main
```

```
Enter integer search key: 36
Found value in element 18
```

```
Enter integer search key: 37
Value not found
```

图 20.2(续)　数组的线性查找

## 大 O：常数运行时间

假设有一个算法只能简单测试 array 对象的第一个元素和第二个元素是否相同。如果 array 对象包含 10 个元素，那么这个算法只需要完成一次比较；如果这个 array 对象包含 1000 个元素，那么这种算法还是只需要完成一次比较。事实上，这个算法与 array 对象中元素的数量是完全无关的。于是，这个算法也称为具有常数运行时间(constant runtime)的算法，常数运行时间使用大 O 表示法来表示就是 $O(1)$ 的。这种 $O(1)$ 算法并不一定只能进行一次比较。$O(1)$ 仅仅意味着比较的次数是常量，也就是说它并不会随着 array 对象的增大而增加。测试 array 对象中的第一个元素与接下来的三个元素中的任何一个是否相等的算法，总是需要进行三次比较。但是，在大 O 表示法中，这个算法仍然是 $O(1)$ 的。$O(1)$ 往往可以读作"关于 1 阶"或者简单称为"1 阶"。

## 大 O：线性运行时间

测试 array 对象的第一个元素是否和这个 array 对象的其他任何元素相等的算法，最多需要 $n-1$ 次比较。这里的 $n$ 是指 array 对象中元素的数量。如果 array 对象有 10 个元素，那么算法需要高达 9 次的比较。如果 array 对象包含 1000 个元素，那么算法就需要高达 999 次的比较。$n$ 越大，表达式 $n-1$ 中 $n$ 的部分就越会呈主导趋势。如此一来，即便是 $n$ 减去 1，对结果的影响也就微不足道了。大 O 的设计就是要突出占主导地位的因素，并忽略随着 $n$ 的增大而变得越来越不具影响力的因素。出于这个原因，如果一个算法需要进行 $n-1$ 次比较（例如在本段落中我们讨论的算法），则可以称之为 $O(n)$ 的，并且称 $O(n)$ 算法具有线性运行时间。$O(n)$ 常常可读作"关于 $n$ 阶"或者简称为"$n$ 阶"。

## 大 O：二次运行时间

现在假设有一个算法是测试 array 对象的任何元素是否在这个 array 对象中是重复出现的。那么，第一个元素就必须和所有其他元素进行比较；第二个元素必须和除了第一个元素之外的所有其他元素进行比较（它已经和第一个元素比较过了）；第三个元素必须和除前面两个元素之外的所有其他元素进行比较。最终，这个算法以进行了 $(n-1) + (n-2) + \cdots + 2 + 1$ 或者 $n^2/2 - n/2$ 次比较而告终。同样，随着 $n$ 的增大，$n^2$ 部分将会占主导地位，$n$ 的部分却会显得无足轻重了。于是，大 O 表示法突出 $n^2$ 部分，只留下了 $n^2/2$。很快我们会看到，即便是常数因子，如这里的 1/2，在大 O 表示法中也被省略了。

大 O 关注的是算法的运算时间是如何随着被处理项数目的增长而增长的。假设有一个算法需要有 $n^2$ 次比较。那么，如果有 4 个元素，这个算法就要进行 16 次比较；如果有 8 个元素，就会进行 64 次比较。在这种算法中，元素的数目加倍，比较次数就会增大 4 倍。试考虑一下类似的要进行 $n^2/2$ 次比较的算法。那么，如果有 4 个元素，这个算法就要进行 8 次比较；如果有 8 个元素，就会进行 32 次比较。同样，元素的数目加倍，比较次数就会增大 4 倍。这两个算法的比较次数都随着 $n$ 的平方而增大。因此大 O 忽略了常量，两个算法都被看成是 $O(n^2)$ 的，也就是说具有指数运行时间（quadratic runtime），读作"关于 $n$ 的平方阶"，或简称为"$n$ 的平方阶"。

## $O(n^2)$ 的性能

当 $n$ 值很小时，$O(n^2)$ 算法（在今天每秒可进行数十亿次运算的个人计算机上运算时）并不会对运算性能造成明显的影响。但是随着 $n$ 的增大，我们会开始注意到性能的下降。如果将一个 $O(n^2)$ 算法在具有 100 万个元素的 array 对象上运行，将需要执行 1 万亿次"运算"（而且每次运算可能实际都需要执行多条机器指令）。如此一来，执行时间就将需要数小时。对于具有 10 亿元素的 array 对象而言，则需要 100 万万亿次运算。这个数目如此巨大，以至于整个算法足以运算数十年。遗憾的是，$O(n^2)$ 算法往往易于编写。在本章里，大家将看到大 O 表示更让人满意的算法。这些高效率的算法通常要靠更多的聪明才智与努力才能创造出来，但它们的卓越表现会让我们的努力得到回报，尤其是当 $n$ 越来越巨大时。

## 线性查找法的运行时间

线性查找法以 $O(n)$ 时间运行。这种算法的最坏情况就是必须对每一个元素进行检查，来确定查找关键字是否存在于 array 对象中。一旦 array 对象元素个数加倍，算法要进行的比较次数也将加倍。请注意，线性查找法只有查找关键字就是第一个元素或者与比较靠前的元素相匹配时，才会有很好的表现。但我们要寻求的是一种在大多数情况下可以胜任各种类型查找而且平均表现优良的算法。即便是匹配元素处于 array 对象末端，这种算法也能有良好的性能表现。如果一个程序需要对大规模的 array 对象进行许多次的查找操作，那么实现一个不同的、更加高效的算法，例如接下来将要演示的二分查找法，可能是一种更好的选择。

**性能提示 20.1**

有时候，最简单的算法往往性能很差，它们的优点在于易于编写、测试和调试。有时候，我们需要使用更加复杂的算法来实现最高的性能。

### 20.2.2　二分查找法

二分查找算法比线性查找算法更加高效，但它要求首先对 array 对象进行排序。只有当一次排序后将查找很多次，或者查找应用程序有迫切的性能需求时，才值得这样做。算法的第一次迭代检测 array 对象的中间元素，如果这个元素和查找关键字相匹配，那么算法就到此结束了。假定 array 对象是按升序排列的，那么，如果查找关键字比中间元素小，则查找关键字就不会与 array 对象中后半部分的任何元素相匹配，于是算法只从前半部分的元素继续下去（也就是从第一个元素开始，到中间元素为止，但不包括中间元素）；如果查找关键字比中间元素大，则查找关键字就不会与 array 对象中前半部分的任何元素相匹配，这样算法仅从后半部分的元素继续进行（也就是从中间元素的下一个元素开始，到最后一个元素为止）。

每次迭代都将测试 array 对象剩余部分的中间元素的值。如果元素不与查找关键字相匹配,算法就会抛弃一半剩余的元素。算法要么在找到与查找关键字相匹配的元素后结束,要么在子 array 对象元素个数降至 0 时才会结束。

## 二分查找 15 个整数值

举个例子,下面是一个有 15 个已排序元素的 array 对象:

2  3  5  10  27  30  34  51  56  65  77  81  82  93  99

且查找关键字是 65。一个执行二分查找算法的程序将首先检查 51 是否为查找关键字(因为 51 是 array 对象的中间元素)。查找关键字 65 比 51 大,所以 51 连同 array 对象中的前半部分元素将被抛弃(所有元素均小于 51)。接下来,算法检查 81(剩余元素的中间元素)是否和查找关键字匹配。查找关键字 65 比 81 小,所以 81 及那些大于 81 的元素将一并排除。仅经过两轮测试之后,算法就将待检查的元素数目缩小至 3 个(56、65 和 77)。然后,算法检查 65(恰好与查找关键字匹配),并返回包含元素 65 的 array 对象索引 9。在这个例子中,算法只进行了 3 次比较,就确定了 array 对象元素是否和查找关键字匹配,即是否包含查找关键字。而使用线性查找算法将进行 10 次比较。请注意,在这个例子中,我们选择使用了含 15 个元素的 array 对象,这样 array 对象的中间元素就很明显了。如果 array 对象中的元素个数是偶数,array 对象的中间位置就会在两个元素之间。为此,在实现这个算法时,我们选择了两个元素中较大的那个数作为中间元素。

## 二分查找法的例子

图 20.3 实现并演示了二分查找算法。在整个程序的执行过程中,我们使用函数 displayElements 来显示 array 对象中目前被查找的那部分元素内容。

```cpp
 1   // Fig 20.3: BinarySearch.cpp
 2   // Binary search of an array.
 3   #include <algorithm>
 4   #include <array>
 5   #include <ctime>
 6   #include <iostream>
 7   #include <random>
 8   using namespace std;
 9
10   // display array elements from index low through index high
11   template < typename T, size_t size >
12   void displayElements( const array< T, size > &items,
13      size_t low, size_t high )
14   {
15      for ( size_t i = 0; i < items.size() && i < low; ++i )
16         cout << "   "; // display spaces for alignment
17
18      for ( size_t i = low; i < items.size() && i <= high; ++i )
19         cout << items[ i ] << " "; // display element
20
21      cout << endl;
22   } // end function displayElements
23
24   // perform a binary search on the data
25   template < typename T, size_t size >
26   int binarySearch( const array< T, size > &items, const T& key)
27   {
28      int low = 0; // low index of elements to search
29      int high = items.size() - 1; // high index of elements to search
30      int middle = ( low + high + 1 ) / 2; // middle element
31      int location = -1; // key's index; -1 if not found
32
33      do // loop to search for element
34      {
35         // display remaining elements of array to be searched
36         displayElements( items, low, high );
37
38         // output spaces for alignment
39         for ( int i = 0; i < middle; ++i )
```

图 20.3　数组的二分查找

```
40              cout << "    ";
41
42          cout << " * " << endl; // indicate current middle
43
44          // if the element is found at the middle
45          if ( key == items[ middle ] )
46              location = middle; // location is the current middle
47          else if ( key < items[ middle ] ) // middle is too high
48              high = middle - 1; // eliminate the higher half
49          else // middle element is too low
50              low = middle + 1; // eliminate the lower half
51
52          middle = ( low + high + 1 ) / 2; // recalculate the middle
53      } while ( ( low <= high ) && ( location == -1 ) );
54
55      return location; // return location of key
56  } // end function binarySearch
57
58  int main()
59  {
60      // use the default random-number generation engine to produce
61      // uniformly distributed pseudorandom int values from 10 to 99
62      default_random_engine engine(
63          static_cast<unsigned int>( time( nullptr ) ) );
64      uniform_int_distribution<unsigned int> randomInt( 10, 99 );
65
66      const size_t arraySize = 15; // size of array
67      array< int, arraySize > arrayToSearch; // create array
68
69      // fill arrayToSearch with random values
70      for ( int &item : arrayToSearch )
71          item = randomInt( engine );
72
73      sort( arrayToSearch.begin(), arrayToSearch.end() ); // sort the array
74
75      // display arrayToSearch's values
76      displayElements( arrayToSearch, 0, arrayToSearch.size() - 1 );
77
78      // get input from user
79      cout << "\nPlease enter an integer value (-1 to quit): ";
80      int searchKey; // value to locate
81      cin >> searchKey; // read an int from user
82      cout << endl;
83
84      // repeatedly input an integer; -1 terminates the program
85      while ( searchKey != -1 )
86      {
87          // use binary search to try to find integer
88          int position = binarySearch( arrayToSearch, searchKey );
89
90          // return value of -1 indicates integer was not found
91          if ( position == -1 )
92              cout << "The integer " << searchKey << " was not found.\n";
93          else
94              cout << "The integer " << searchKey
95                  << " was found in position " << position << ".\n";
96
97          // get input from user
98          cout << "\n\nPlease enter an integer value (-1 to quit): ";
99          cin >> searchKey; // read an int from user
100         cout << endl;
101     } // end while
102 } // end main
```

```
10 23 27 48 52 55 58 60 62 63 68 72 75 92 97

Please enter an integer value (-1 to quit): 48

10 23 27 48 52 55 58 60 62 63 68 72 75 92 97
                          *
10 23 27 48 52 55 58
          *
The integer 48 was found in position 3.
```

图 20.3(续)　数组的二分查找

```
Please enter an integer value (-1 to quit): 92

10 23 27 48 52 55 58 60 62 63 68 72 75 92 97
                        *
                        62 63 68 72 75 92 97
                                       *
                                       75 92 97
                                          *
The integer 92 was found in position 13.

Please enter an integer value (-1 to quit): 22

10 23 27 48 52 55 58 60 62 63 68 72 75 92 97
                     *
10 23 27 48 52 55 58
            *
10 23 27
   *
10
*
The integer 22 was not found.

Please enter an integer value (-1 to quit): -1
```

图 20.3(续)   数组的二分查找

### 函数模板 binarySearch

第 25 ~ 56 行定义了函数模板 binarySearch,它有两个参数,一个是 array 对象的引用,另一个是查找关键字的引用。第 28 ~ 30 行计算算法当前查找的 array 对象部分的低端索引 low、高端索引 high 及中间索引 middle。当第一次调用 binarySearch 时,low 值是 0,high 值是 array 对象的长度值减 1,middle 值就是上述两个值的平均数。第 31 行将查询到的元素位置 location 初始化为 -1,-1 表示没能找到查找关键字时的返回值。第 33 ~ 53 行持续循环,直到 low 值比 high 值大(这种情况只有在无法找到查找元素时才会发生),或者是 location 不为 -1 时(该情况表明找到关键字)为止。第 45 行检测中间元素的值是否和查找关键字相同。如果相同,第 46 行就将中间值的索引赋值给 location,然后循环终止,并将 loaction 返回到调用的函数。每一次没有找到查找关键字的循环迭代,都测试一个值(第 45 行)并排除 array 对象中剩余元素的一半(第 48 行或第 50 行)。

### main 函数

第 62 ~ 64 行建立一个随机数产生器,用来产生 10 ~ 99 之间的 int 类型的值。第 66 ~ 71 行创建一个 array 对象,并用随机的 int 值进行填充。回想一下,二分查找法需要有序的 array 对象。因此,第 73 行调用标准库函数 sort 来对 arrayToSearch 的元素按升序进行排序。第 76 行显示 arrayToSearch 排序后的内容。

第 85 ~ 101 行不断循环直到用户键入 -1。对于用户键入的每个查找关键字,程序都对 arrayToSearch 执行一次二分查找,来确定 arrayToSearch 是否包含该查找关键字。这个程序输出的第一行显示的是按升序排列的 array 对象的内容。当用户指示程序查找 48 时,程序首先检测中间元素 60(由"*"标识)。查找关键字小于 60,所以程序排除了 array 对象的后半部分元素,并检测 array 对象的前半部分的中间元素。查找关键字等于 48,所以程序在仅仅经过两次比较后就返回索引 3。输出也展示了查找值 92 和 22 的结果。

### 二分查找法的效率

在最差情况下,使用二分查找算法查找一个排好序的、拥有 1023 个元素的 array 对象,只需进行 10 次比较。反复地将 1023 除以 2(因为这样在每次比较之后,都可以排除一半余下的元素)并向下凑整(因为同样要取出中间元素),生成 511、255、127、63、31、15、7、3、1 和 0。1023($2^{10}$ -1)被 2 除了 10 次之后就达到了 0 值,0 值说明已经没有更多的检验元素了。被 2 除相当于二分查找算法中的一次比较。所以，有 1 048 575($2^{20}$ − 1) 个元素的 array 对象最多也仅需要 20 次比较来找到关键字；大约有 10 亿个元素的 array 对象最多也只需要 30 次比较来完成查找。与线性查找相比，二分查找算法在性能上已经有了惊人的提升。对于一个有 10 亿个元素的 array 对象而言，线性查找的平均 5 亿次的比较和二分查找算法最多 30 次比较的差异是巨大的。对任何已排序的 array 对象进行二分法查找所需的最大比较次数，是比 array 对象元素个数大的第一个 2 的幂的指数，表示为 $\log_2 n$。所有对数大致都以相同的比率增长，因此在大 O 表示法中，基数可以被忽略。这使二分查找法的大 O 表示是 $O(\log n)$ 的，也称之为对数运行时间（logarithmic runtime），读作"关于 log n 阶"或者简称为"log n 阶"。

## 20.3　排序算法

数据排序（即将数据按某种特定的顺序进行排列，例如按升序或者降序）是最重要的计算应用之一。银行根据账号将所有的支票进行排序，这样在月终的时候就能拿出个人的银行业务报表。电话公司按照姓名对客户进行排序，这样能方便地找出相应的号码。实际上，每个组织机构都必须对一些数据进行排序，通常这些数据都是极其庞大的。将数据排序是一个有趣的计算机密集型的问题，吸引了研究人员投入大量精力进行研究，取得了显著的研究成果。

理解排序的关键点是无论使用哪一种算法，最终结果（也就是排序后的array对象）都将是一样的。算法的选择仅仅影响到算法的运行时间和程序所用的内存量。接下来的两小节将介绍选择排序法和插入排序法，它们的实现简单但是效率不高。对于每个算法，我们都使用大 O 表示法来讨论这两种算法的效率。最后，我们将介绍归并排序法，这种算法的速度更快，但实现起来也更加困难。

### 20.3.1　插入排序法

图 20.4 使用简单但效率较低的插入排序算法，对一个具有 10 个元素的 array 对象的值进行升序排序。函数模板 insertionSort（第 9 ~ 28 行）实现了这个算法。

```cpp
 1  // Fig. 20.4: InsertionSort.cpp
 2  // Sorting an array into ascending order with insertion sort.
 3  #include <array>
 4  #include <iomanip>
 5  #include <iostream>
 6  using namespace std;
 7
 8  // sort an array into ascending order
 9  template < typename T, size_t size >
10  void insertionSort( array< T, size > &items )
11  {
12     // loop over the elements of the array
13     for ( size_t next = 1; next < items.size(); ++next )
14     {
15        T insert = items[ next ]; // save value of next item to insert
16        size_t moveIndex = next; // initialize location to place element
17
18        // search for the location in which to put the current element
19        while ( ( moveIndex > 0 ) && ( items[ moveIndex - 1 ] > insert ) )
20        {
21           // shift element one slot to the right
22           items[ moveIndex ] = items[ moveIndex - 1 ];
23           --moveIndex;
24        } // end while
25
26        items[ moveIndex ] = insert; // place insert item back into array
27     } // end for
28  } // end function insertionSort
29
30  int main()
31  {
32     const size_t arraySize = 10; // size of array
33     array < int, arraySize > data =
34        { 34, 56, 4, 10, 77, 51, 93, 30, 5, 52 };
35
```

图 20.4　使用插入排序法对数组进行升序排序

```
36        cout << "Unsorted array:\n";
37
38        // output original array
39        for ( size_t i = 0; i < arraySize; ++i )
40           cout << setw( 4 ) << data[ i ];
41
42        insertionSort( data ); // sort the array
43
44        cout << "\nSorted array:\n";
45
46        // output sorted array
47        for ( size_t i = 0; i < arraySize; ++i )
48           cout << setw( 4 ) << data[ i ];
49
50        cout << endl;
51     } // end main
```

```
Unsorted array:
  34  56   4  10  77  51  93  30   5  52
Sorted array:
   4   5  10  30  34  51  52  56  77  93
```

图 20.4(续)    使用插入排序法对数组进行升序排序

**插入排序法的算法**

算法的第一次迭代取 array 对象的第二个元素,如果它小于第一个元素,那么把两者交换(即算法把第二个元素插入到第一个元素之前)。第二次迭代查看第三个元素,和前两个元素相比较后插入到恰当的位置。因此,这三个元素已经是有序的了。在算法的第 i 次迭代时,原始数组的前 i 个元素将排好序。

**第一次迭代**

第 33 ~ 34 行声明并用下面的值初始化名为 data 的 array 对象:

**34**    **56**    4    10    77    51    93    30    5    52

第 42 行将 array 对象传递给 insertionSort 函数,该函数的 items 参数接收这个 array 对象。函数首先检查 items[0] 和 items[1],它们的值分别为 34 和 56。这两个元素已经是有序的,所以程序继续执行,如果它们无序,程序就交换它们。

**第二次迭代**

在第二次迭代时,算法检查 items[2] 的值,该值是 4。这个值小于 56,所以程序把 4 存储在一个临时变量中,并把 56 往右移动一个元素。然后,程序检查并确定 4 是否小于 34,因此它把 34 往右移动一个元素。现在,算法已经到达 array 对象的开始处了,因此它把 4 放到 items[0] 中。此时 array 对象为:

**4**    34    56    10    77    51    93    30    5    52

**第三次迭代**

在第三次迭代时,算法把 items[3] 的值 10 针对 array 对象的前四个元素放置在正确的位置上。算法比较 10 和 56,由于 56 比 10 大,因此把 56 往右移动一个元素。接着,算法比较 10 和 34,因为 34 也比 10大,所以把 34 往右移动一个元素。当算法比较 10 和 4 时,发现 10 比 4 大,所以把 10 放到 items[1] 中。此时 array 对象为:

**4**    **10**    34    56    77    51    93    30    5    52

这个算法在第 i 次迭代后,原始 array 对象的前 i + 1 个元素会被排好序。但是,它们不一定是在最终位置上,因为在后面的迭代中,可能会遇到 array 对象中更小的值。

**函数模板 insertionSort**

在第 13 ~ 27 行中,函数模板 insertionSort 执行排序,它循环遍历 array 对象的元素。在每次迭代时,第 15 行把将要插入到 array 对象有序部分的元素值存储到临时变量 insert 中。第 16 行声明和初始化变量 moveIndex,它跟踪插入元素的位置。第 19 ~ 24 行循环定位元素应该插入的正确位置。当程序到达 array 对象的第一个元素或者遇到比插入值更小的元素时,循环终止。第 22 行向右移动一个元素,第 23 行把插入下一个元素的位置减1。当 while 循环终止后,第 26 行插入元素。当第 13 ~ 27 行的 for 语句执行结束时,array 对象的所有元素都被排好序了。

### 大 O: 插入排序法的效率

插入排序是一种简单但效率欠佳的排序算法。当对大型数组排序时，这一点变得更为明显。插入排序迭代 $n-1$ 次，每次将一个元素插入至当前已排好序部分的相应位置。对每次迭代而言，确定元素的插入位置需要将该元素和它之前的元素进行逐个比较，最坏情况下要进行 $n-1$ 次比较。每个单独的循环语句都需要 $O(n)$ 次的运行时间。对于确定算法的大 O 表示，循环嵌套意味着必须乘以比较次数。对外层循环的每次迭代，都会发生一定次数的内层循环迭代。在本算法中，外层循环的每次 $O(n)$ 迭代都会发生内层循环的 $O(n)$ 迭代，因此算法最终的大 O 表示法表示结果为 $O(n \times n)$ 或者 $O(n^2)$。

### 20.3.2　选择排序法

图 20.5 使用另一个易于实现但效率不高的算法——选择排序算法，对一个具有 10 个元素的 array 对象的值进行升序排序。函数模板 selectionSort(第 9～27 行)实现了这个算法。

```cpp
1   // Fig. 20.5: fig08_13.cpp
2   // Sorting an array into ascending order with selection sort.
3   #include <array>
4   #include <iomanip>
5   #include <iostream>
6   using namespace std;
7
8   // sort an array into ascending order
9   template < typename T, size_t size >
10  void selectionSort( array< T, size > &items )
11  {
12     // loop over size - 1 elements
13     for ( size_t i = 0; i < items.size() - 1; ++i )
14     {
15        size_t indexOfSmallest = i; // will hold index of smallest element
16
17        // loop to find index of smallest element
18        for ( size_t index = i + 1; index < items.size(); ++index )
19           if ( items[ index ] < items[ indexOfSmallest ] )
20              indexOfSmallest = index;
21
22        // swap the elements at positions i and indexOfSmallest
23        T hold = items[ i ];
24        items[ i ] = items[ indexOfSmallest ];
25        items[ indexOfSmallest ] = hold;
26     } // end for
27  } // end function insertionSort
28
29  int main()
30  {
31     const size_t arraySize = 10;
32     array < int, arraySize > data =
33        { 34, 56, 4, 10, 77, 51, 93, 30, 5, 52 };
34
35     cout << "Unsorted array:\n";
36
37     // output original array
38     for ( size_t i = 0; i < arraySize; ++i )
39        cout << setw( 4 ) << data[ i ];
40
41     selectionSort( data ); // sort the array
42
43     cout << "\nSorted array:\n";
44
45     // output sorted array
46     for ( size_t i = 0; i < arraySize; ++i )
47        cout << setw( 4 ) << data[ i ];
48
49     cout << endl;
50  } // end main
```

```
Unsorted array:
  34  56   4  10  77  51  93  30   5  52
Sorted array:
   4   5  10  30  34  51  52  56  77  93
```

图 20.5　使用选择排序法对数组进行升序排序

**选择排序法的算法**

算法的第一次迭代选择数组中值最小的元素,然后把它和第一个元素交换。第二次迭代选择次小的元素(即在剩余元素中是最小的元素),然后把它和第二个元素交换。算法一直进行,直到最后一次迭代选择出第二大的元素,并把它和倒数第二个元素交换,剩下最大的元素为最后一个元素。经过第 i 次迭代后,数组中最小的 i 个值按升序排放在数组的前 i 个元素中。

**第一次迭代**

第 32～33 行声明并用下面的值初始化名为 data 的 array 对象:

34    56    4    10    77    51    93    30    5    52

选择排序法首先确定这个数组中的最小值,即 4,它在元素 2 中。算法把 4 和元素 0 的值 34 交换,得到:

**4**    56    **34**    10    77    51    93    30    5    52

**第二次迭代**

然后,算法确定剩余元素(即除 4 之外的所有元素)中的最小值,它是 5,包含在元素 8 中。算法把 5 和元素 1 中的值 56 交换,得到:

4    **5**    34    10    77    51    93    30    **56**    52

**第三次迭代**

在第三次迭代中,程序确定下一个最小值,也就是 10,然后把它和元素 2 的值 34 交换。结果如下:

4    5    **10**    **34**    77    51    93    30    56    52

程序继续进行,直到数组全部排序完毕,最终结果是:

4    5    10    30    34    51    52    56    77    93

请注意,在第一次迭代之后,最小的元素位于第一个位置。在第二次迭代后,最小的两个元素依次位于前面两个位置,依次类推。

**函数模板 selectionSort**

在第 13～26 行,函数模板 selectionSort 对数组进行排序,总共循环迭代了 size－1 次。第 15 行声明并初始化变量 indexOfSmallest,它存储 array 对象中未排序部分的最小元素的下标。第 18～20 循环遍历 array 对象中的剩余元素。对其中的每个元素,第 19 行把它的值和下标是 indexOfSmallest 的最小元素的值相比较。如果当前元素小于最小元素,第 20 行把当前元素的下标赋值给 indexOfSmallest。当这个循环结束时,indexOfSmallest 就包含了 array 对象剩余元素中最小值的下标。然后,第 23～25 行交换下标为 i 和 indexOfSmallest 的两个元素,在将 items[i] 的值赋值给 items[indexOfSmallest] 时,使用临时变量 hold 来保存 items[i] 的值。

**选择排序法的效率**

选择排序法迭代 $n-1$ 次,每次迭代都将剩余元素中的最小值交换到它的排序后的位置上。在第一次迭代中定位剩余元素的最小值需要 $n-1$ 次比较,在第二次迭代中需要 $n-2$ 次,然后是 $n-3$,…,3,2,1。因此,算法最终需要 $n(n-1)/2$ 或者 $(n^2-n)/2$ 次比较。在大 O 表示法中,较小的项被去除,常量也被忽略,最终算法的大 O 表示是 $O(n^2)$ 的。请大家考虑一下,还能设计出比 $O(n^2)$ 效率更佳的排序算法吗?

### 20.3.3 归并排序法(递归实现)

归并排序法(merge sort)是一种高效的排序算法,但在概念上比选择排序和插入排序更为复杂。归并排序算法通过将 array 对象分成两个一样大小的子 array 对象来实现排序。对每一个子 array 对象进行排序后,再把它们归并到一个大一些的 array 对象中。如果 array 对象的元素数目是奇数,算法生成两个子 array 对象,其中一个子 array 对象就要比另一个多一个元素。

归并排序算法通过查看每个子 array 对象中的第一个元素来进行归并,第一个元素也是它所在的子

array 对象中最小的元素。归并排序算法把两个第一个元素中最小的那个元素取出来并把它放在归并后有序的 array 对象中第一个元素的位置上。如果子 array 对象(即现在保持这个最小元素的子 array 对象)中还有元素,那么归并排序算法会查看这个子 array 对象的第二个元素,然后把它与另一个子 array 对象的第一个元素进行比较。归并排序会继续执行这个过程直到归并后的 array 对象被填满为止。一旦一个子 array 对象不再有元素,那么算法将另一个子 array 对象剩余的所有元素赋值到归并后的 array 对象中。

### 归并排序法示例

假设现在算法已经归并为较小的 array 对象,创建了有序的 array 对象 A:

　4　10　34　56　77

和 array 对象 B:

　5　30　51　52　93

归并排序法将这两个 array 对象归并为一个有序的 array 对象。A 中最小元素是 4(位置是 A 的第 0 位索引),B 中的最小元素是 5(位于 B 的第 0 位索引)。为了确定归并后 array 对象的最小元素,算法将 4 和 5 进行比较得出 A 中的值较小,所以 4 成为归并后 array 对象中的第一个元素。算法继续比较 10(A 中第二个元素的值)和 5(B 中第一个元素的值)。B 中的值更小,所以 5 成为归并后 array 对象中的第二个元素。算法继续比较 10 和 30,确定了 10 为归并 array 对象中的第三个元素,依次类推。

### 递归的实现

在这里归并排序法是递归实现的。递归的基本情况是只有一个元素的 array 对象。一个单元素 array 对象当然是已排好序的。所以当调用归并排序来处理一个单元素 array 对象时,马上就会返回。递归步骤是将含有两个或者更多元素的 array 对象划分为两个元素数目相等的子 array 对象,递归地排序每一个子 array 对象,然后将它们归并成一个更大的 array 对象。再一次说明一下,在划分的时候如果元素数目为奇数,则一个子 array 对象比另一个多一个元素。

### 归并排序法演示

图 20.6 实现并演示了上述的归并排序法。在程序的整个执行期间,我们使用函数模板 displayElements(第 10 ~ 21 行)显示当前正被划分和归并的那部分 array 对象。函数模板 MergeSort(第 24 ~ 29 行)和 merge(第 52 ~ 98 行)实现归并排序算法。main 函数(第 100 ~ 125)创建一个 array 对象,用随机整数进行设置,执行算法(第 120 行)并显示排序后的 array 对象。程序的输出显示了归并排序算法对 array 对象划分和归并的过程,展示了算法在每一排序步骤中的进展情况。

```
 1   // Fig 20.6: Fig20_06.cpp
 2   // Sorting an array into ascending order with merge sort.
 3   #include <array>
 4   #include <ctime>
 5   #include <iostream>
 6   #include <random>
 7   using namespace std;
 8
 9   // display array elements from index low through index high
10   template < typename T, size_t size >
11   void displayElements( const array< T, size > &items,
12      size_t low, size_t high )
13   {
14      for ( size_t i = 0; i < items.size() && i < low; ++i )
15         cout << "   "; // display spaces for alignment
16
17      for ( size_t i = low; i < items.size() && i <= high; ++i )
18         cout << items[ i ] << " "; // display element
19
20      cout << endl;
21   } // end function displayElements
22
23   // split array, sort subarrays and merge subarrays into sorted array
24   template < typename T, size_t size >
25   void mergeSort( array< T, size > &items, size_t low, size_t high )
```

图 20.6　使用归并排序法对数组进行升序排序

```
27        // test base case; size of array equals 1
28        if ( ( high - low ) >= 1 ) // if not base case
29        {
30            int middle1 = ( low + high ) / 2; // calculate middle of array
31            int middle2 = middle1 + 1; // calculate next element over
32
33            // output split step
34            cout << "split:   ";
35            displayElements( items, low, high );
36            cout << "        ";
37            displayElements( items, low, middle1 );
38            cout << "        ";
39            displayElements( items, middle2, high );
40            cout << endl;
41
42            // split array in half; sort each half (recursive calls)
43            mergeSort( items, low, middle1 ); // first half of array
44            mergeSort( items, middle2, high ); // second half of array
45
46            // merge two sorted arrays after split calls return
47            merge( items, low, middle1, middle2, high );
48        } // end if
49   } // end function mergeSort
50
51   // merge two sorted subarrays into one sorted subarray
52   template < typename T, size_t size >
53   void merge( array< T, size > &items,
54        size_t left, size_t middle1, size_t middle2, size_t right )
55   {
56        size_t leftIndex = left; // index into left subarray
57        size_t rightIndex = middle2; // index into right subarray
58        size_t combinedIndex = left; // index into temporary working array
59        array< T, size > combined; // working array
60
61        // output two subarrays before merging
62        cout << "merge:   ";
63        displayElements( items, left, middle1 );
64        cout << "        ";
65        displayElements( items, middle2, right );
66        cout << endl;
67
68        // merge arrays until reaching end of either
69        while ( leftIndex <= middle1 && rightIndex <= right )
70        {
71            // place smaller of two current elements into result
72            // and move to next space in array
73            if ( items[ leftIndex ] <= items[ rightIndex ] )
74                combined[ combinedIndex++ ] = items[ leftIndex++ ];
75            else
76                combined[ combinedIndex++ ] = items[ rightIndex++ ];
77        } // end while
78
79        if ( leftIndex == middle2 ) // if at end of left array
80        {
81            while ( rightIndex <= right ) // copy in rest of right array
82                combined[ combinedIndex++ ] = items[ rightIndex++ ];
83        } // end if
84        else // at end of right array
85        {
86            while ( leftIndex <= middle1 ) // copy in rest of left array
87                combined[ combinedIndex++ ] = items[ leftIndex++ ];
88        } // end else
89
90        // copy values back into original array
91        for ( size_t i = left; i <= right; ++i )
92            items[ i ] = combined[ i ];
93
94        // output merged array
95        cout << "        ";
96        displayElements( items, left, right );
97        cout << endl;
98   } // end function merge
99
```

图 20.6(续)　使用归并排序法对数组进行升序排序

```
100  int main()
101  {
102     // use the default random-number generation engine to produce
103     // uniformly distributed pseudorandom int values from 10 to 99
104     default_random_engine engine(
105        static_cast<unsigned int>( time( nullptr ) ) );
106     uniform_int_distribution<unsigned int> randomInt( 10, 99 );
107
108     const size_t arraySize = 10; // size of array
109     array< int, arraySize > data; // create array
110
111     // fill data with random values
112     for ( int &item : data )
113        item = randomInt( engine );
114
115     // display data's values before mergeSort
116     cout << "Unsorted array:" << endl;
117     displayElements( data, 0, data.size() - 1 );
118     cout << endl;
119
120     mergeSort( data, 0, data.size() - 1 ); // sort the array data
121
122     // display data's values after mergeSort
123     cout << "Sorted array:" << endl;
124     displayElements( data, 0, data.size() - 1 );
125  } // end main
```

```
Unsorted array:
 30 47 22 67 79 18 60 78 26 54

split:      30 47 22 67 79 18 60 78 26 54
            30 47 22 67 79
                           18 60 78 26 54

split:      30 47 22 67 79
            30 47 22
                    67 79

split:      30 47 22
            30 47
                  22

split:      30 47
            30
               47

merge:      30
               47
            30 47

merge:      30 47
                  22
            22 30 47

split:            67 79
                  67
                     79

merge:            67
                     79
                  67 79

merge:      22 30 47
                     67 79
            22 30 47 67 79

split:                18 60 78 26 54
                      18 60 78
                               26 54

split:                18 60 78
                      18 60
                            78
```

图 20.6(续)   使用归并排序法对数组进行升序排序

```
split:                    18 60
                          18
                             60

merge:                    18
                             60
                          18 60

merge:                    18 60
                                78
                          18 60 78

split:                          26 54
                                26
                                   54

merge:                          26
                                   54
                                26 54

merge:                    18 60 78
                                   26 54
                          18 26 54 60 78

merge:     22 30 47 67 79
                          18 26 54 60 78
           18 22 26 30 47 54 60 67 78 79
Sorted array:
 18 22 26 30 47 54 60 67 78 79
```

图 20.6(续)　使用归并排序法对数组进行升序排序

### 函数 mergeSort

递归函数 mergeSort(第 24 ~ 29 行)接收的参数包括要排序的 array 对象、指定了要排序 array 对象元素范围的开始索引 low 和结束索引 high。第 28 行检测了基本情况。如果 high 索引减去 low 索引等于 0(即单元素的子 array 对象),那么函数只需要立即返回即可。如果这两个索引的差大于或等于 1,函数将 array 对象分为两部分,注意,第 30 ~ 31 行确定了划分点。接下来,第 43 行递归地对 array 对象的前半部分调用 mergeSort 函数,第 44 行递归地对 array 对象的后半部分调用 mergeSort 函数。当这两个函数调用返回时,每一部分的 array 对象都已经排好序了。第 47 行对两半部分调用函数 merge(第 52 ~ 98 行)将这两个排好序的 array 对象归并为一个更大的排序后的 array 对象。

### 函数 merge

在第 69 ~ 77 行,函数 merge 不断循环直至程序达到任何子 array 对象的末端。第 73 行测试两个子 array 对象中哪一个的第一个元素更小。如果左边子 array 对象的第一个元素较小或者两个第一元素相等,第 74 行就将该元素放在归并后的 array 对象中;如果右边子 array 对象的第一个元素较小,第 76 行则将该元素放在归并后的 array 对象中。当 while 循环结束时,两个子 array 对象中的一个会完整地放在归并后的 array 对象之中。但是另外的一个子 array 对象仍然包含数据。第 79 行测试左边的子 array 对象是否已经达到末端。如果是,第 81 ~ 82 行将右边子 array 对象的剩余元素放入归并后的 array 对象中。如果左边的子 array 对象尚未结束,那么右边的子 array 对象一定已经到了末端,此时,第 86 ~ 87 行将左边子 array 对象的剩余元素放入归并后的 array 对象中。最后,第 91 ~ 92 行将归并后的 array 对象复制到原始的 array 对象中。

### 归并排序法的效率

归并排序法的效率要远远高于选择排序法和插入排序法(尽管在图 20.6 的忙忙碌碌的输出中还似乎不太容易看出这点)。考虑第一次(非递归)调用 mergeSort 函数的情况(第 120 行)。这次函数调用导致了两次 mergeSort 函数的递归调用(各自对差不多原 array 对象一半的元素进行排序)和对 merge 函数的一次单独调用。在最坏情况下,对 merge 函数的调用需要 $n - 1$ 次比较才能填充原始的 array 对象,也就是 $O(n)$ 的运行时间。(回想一下,array 对象中的每个元素都是通过对两个子 array 对象的某个元素进行相互比较而得到的。)对 mergeSort 函数的两次调用又引起另外 4 个对 mergeSort 函数的递归调用(这样的每个函数调用处理的子 array 对象大约是原始 array 对象的 1/4 大小），并且还调用了两次 merge 函数。在最坏情况下，这两次 merge 调用的每一个需要 $n/2 - 1$ 次比较，因此对 merge 函数的这两个调用最多需要 $O(n)$ 次比较。该过程持续进行，每次对 mergeSort 函数的调用产生两次新的对 mergeSort 函数的调用及对 merge 函数的一次调用，直到算法已将 array 对象划分成单元素的子 array 对象为止。在每个递归层次，都需要 $O(n)$ 次比较来归并子 array 对象。每个层次也都将 array 对象均分为两部分。这样一来，如果 array 对象的大小加倍，递归的层次也会增加一层。将 array 对象增至 4 倍就意味着会多出两个层次。层数的增加是呈对数模式的，算法将产生 $\log_2 n$ 个层次，所以总效率是 $O(n\log n)$。

**查找和排序算法效率的总结**

图 20.7 总结了本章所涵盖的各种查找和排序算法，并列出了它们各自大 O 表示法的表示。图 20.8 列出了本章涉及的大 O 类别情况，其中用一些 $n$ 值来说明各个类别增长速率的差异。

| 算法 | 位置 | 大 O |
|---|---|---|
| **查找算法** | | |
| 线性查找法 | 20.2.1 节 | $O(n)$ |
| 二分查找法 | 20.2.2 节 | $O(\log n)$ |
| 递归线性查找法 | 练习题 20.8 | $O(n)$ |
| 递归二分查找法 | 练习题 20.9 | $O(\log n)$ |
| **排序算法** | | |
| 插入排序法 | 20.3.1 节 | $O(n^2)$ |
| 选择排序法 | 20.3.2 节 | $O(n^2)$ |
| 归并排序法 | 20.3.3 节 | $O(n \log n)$ |
| 冒泡排序法 | 练习题 20.5 和练习题 20.6 | $O(n^2)$ |
| 快速排序法 | 练习题 20.10 | 最坏情况：$O(n^2)$ |
| | | 平均情况：$O(n\log n)$ |

图 20.7　查找和排序算法的大 O 表示值

| $n$ | 近似的十进制值 | $O(\log n)$ | $O(n)$ | $O(n\log n)$ | $O(n^2)$ |
|---|---|---|---|---|---|
| $2^{10}$ | 1000 | 10 | $2^{10}$ | $10 \times 2^{10}$ | $2^{20}$ |
| $2^{20}$ | 1 000 000 | 20 | $2^{20}$ | $20 \times 2^{20}$ | $2^{40}$ |
| $2^{30}$ | 1 000 000 000 | 30 | $2^{30}$ | $30 \times 2^{30}$ | $2^{60}$ |

图 20.8　常见大 O 表示的近似比较数

## 20.4　本章小结

本章讨论了数据的查找和排序算法。我们从查找开始讨论，首先介绍简单但效率不高的线性查找算法，然后介绍比线性查找法更为快捷但也更为复杂的二分查找算法。接下来讨论数据的排序。首先，学习两个简单但效率欠佳的排序技术——插入排序法和选择排序法。然后学习归并排序算法，这种算法的效率既高于插入排序法，也优于选择排序法。贯穿本章，我们还介绍了大 O 表示法，它有助于程序员表示算法的效率，这通过衡量算法在最坏情况下的运行时间来完成。大 O 值在比较算法以从中选择最有效率的一个算法时是非常有用的。在下一章，我们将讨论由类模板 basic_string 提供的一些典型的字符串操作功能。同时，还将介绍字符串的流处理能力，它们允许从内存输入或向内存输出字符串。

## 摘要

### 20.1 节　简介

● 查找数据包括判定某个查找关键字是否存在于数据中，如果存在还要确定它所在的位置。

- 排序就是将数据按顺序排列起来。
- 一种描述算法效率的方式就是使用大 O 表示法，它表示算法解决问题的难易程度。

## 20.2 节　查找算法

- 不同查找算法间的主要差异体现在返回一个结果所需的工作量上。

### 20.2.1 节　线性查找法

- 线性查找法将数组的每一个元素与查找关键字进行比较。因为 array 对象不是有序的，所以查找关键字出现在任何一个位置都是有可能的。平均情况下，算法必须将查找关键字与一半的 array 对象元素进行比较。为了得出查找关键字不在 array 对象中这一结论，算法必须将查找关键字与 array 对象的每一个元素进行比较。
- 大 O 表示法描述了算法的工作量和数据中元素个数之间的变化关系。
- $O(1)$ 的算法具有常数运行时间，也就是说比较的次数并不会随 array 对象的增大而增加。
- $O(n)$ 的算法被认为是需要线性运行时间。
- 大 O 表示法就是要突出占主导地位的因素，并忽略随着 $n$ 的增大而变得越来越不具影响力的因素。
- 大 O 表示法关心的是算法运行时间的增长率，因此常量被忽略了。
- 线性查找算法的运行时间是 $O(n)$ 的。
- 线性查找算法的最坏情况就是必须对每一个元素进行检查，来确定查找关键字是否存在于 array 对象中。这种情况发生在查找关键字是 array 对象中的最后一个元素或者不存在时。

### 20.2.2 节　二分查找法

- 二分查找算法比线性查找算法更加高效，但它要求首先对 array 对象进行排序。只有当一旦排序后将查找很多次时，才值得这样去做。
- 二分查找算法的第一次迭代将检测 array 对象的中间元素。如果这个元素和查找关键字相匹配，那么算法返回这个元素的位置。如果查找关键字比中间元素小，那么二分查找算法只从前半部分的元素继续下去。如果查找关键字比中间元素大，那么二分查找算法仅从后半部分的元素继续下去。每次迭代都将测试 array 对象剩余部分的中间元素的值。如果元素不与查找关键字相匹配，算法就会抛弃一半剩余的元素。
- 二分查找算法比线性查找算法更加高效，因为每一次迭代都会排除 array 对象中差不多一半的元素。
- 二分查找算法的运行时间是 $O(\log n)$ 的。
- 如果 array 对象的大小加倍，二分查找算法只需要另外加一次比较就能成功完成查找。

### 20.3.1 节　插入排序法

- 插入排序算法的第一次迭代取 array 对象的第二个元素，如果它小于第一个元素，那么把它与第一个元素进行交换(即算法把第二个元素插入到第一个元素之前)。第二次迭代查看第三个元素，和前两个元素相比较后插入到恰当的位置。因此，这三个元素已经是有序的了。在算法的第 $i$ 次迭代时，原始数组的前 $i$ 个元素将排好序。对于小规模的数组，插入排序法是可以接受的。但是对于大规模的数组，若同其他更复杂的排序算法相比，它的效率不佳。
- 插入排序算法的运行时间是 $O(n^2)$ 的。

### 20.3.2 节　选择排序法

- 选择排序算法的第一次迭代选择数组中值最小的元素，然后把它和第一个元素交换。第二次迭代选择次小的元素(即在剩余元素中是最小的元素)，然后把它和第二个元素交换。算法一直进行，直到最后一次迭代选择出第二大的元素，并把它和倒数第二个元素交换，剩下最大的元素为最后一个元素。经过第 $i$ 次迭代后，数组中最小的 $i$ 个值按升序排放在数组的前 $i$ 个元素中。
- 选择排序算法的运行时间是 $O(n^2)$ 的。

### 20.3.3 节　归并排序法(递归实现)

- 归并排序算法是比选择排序算法、插入排序算法更为快速但实现也更加复杂的排序算法。
- 归并排序算法通过将 array 对象分成两个一样大小的子 array 对象来实现排序。对每一个子 array 对象进行排序后,再把它们归并到一个大一些的 array 对象中。
- 归并排序的基本情况是单元素的 array 对象。一个单元素的 array 对象当然是已排好序的。归并排序的归并部分取两个已排好序 array 对象(它们可以是单元素的 array 对象),然后将它们归并在一个更大的排好序的 array 对象中。
- 归并排序算法通过查看每个子 array 对象中的第一个元素来进行归并,第一个元素也是它所在的子 array 对象中最小的元素。归并排序算法把两个第一个元素中最小的那个元素取出来并把它放在一个较大的已排序的 array 对象中第一个元素的位置上。如果子 array 对象(即现在保持这个最小元素的子 array 对象)中还有元素,那么归并排序算法会查看这个子 array 对象的第二个元素,然后把它与另一个子 array 对象的第一个元素进行比较。归并排序会继续执行这个过程直到这个较大的 array 对象被填满为止。
- 在最坏情况下,对归并排序的第一次调用需要 $n-1$ 次比较才能填充最终 array 对象的 $n$ 个元素。
- 归并算法的归并部分是在两个子 array 对象上操作的,这两个子 array 对象的大小大约都是 $n/2$。对于这样的每一个子 array 对象,生成子 array 对象都需要 $n/2-1$ 次比较,所以全部比较次数为 $O(n)$ 次。这种模式在每个递归层次都相同。虽然随着层次增加 array 对象个数加倍,但 array 对象大小也只是上一层 array 对象的一半。
- 与二分查找算法类似,归并排序算法的二分导致了 $\log n$ 个层次,每一个层次都要进行 $O(n)$ 次比较,所以总的效率为 $O(n\log n)$。

## 自测练习题

20.1　填空题。

a)一个选择排序程序在一个 128 个元素的 array 对象上运行的时间,大概是在一个 32 元素的 array 对象上的运行时间的_____倍。

b)归并排序算法的效率是_____。

20.2　请问二分查找法和归并排序法中可以用于解释它们各自大 O 表示对数部分的关键点是什么?

20.3　请问插入排序法相对于归并排序法优点在什么地方? 反过来,归并排序法相对于插入排序法,优点在什么地方?

20.4　本章中提到"归并排序法在把一个 array 对象分成两个子 array 对象以后,它对这两个子 array 对象进行排序并且归并它们",为什么有些人对这句话中的"它对这两个子 array 对象进行排序"感到困惑呢?

## 自测练习题答案

20.1　a)16,因为一个 $O(n^2)$ 的算法需要花费 16 倍的时间来对 4 倍的信息排序。b)$O(n\log n)$。

20.2　这两个算法都包含了"对分"的思想,即将某东西减少一半。二分查找算法在每次比较之后就排除一半的元素。归并排序算法在每次被调时就将 array 对象分为两半。

20.3　插入排序算法比归并排序算法较容易理解和实现。归并排序算法[$O(n\log n)$]远远比插入排序算法[$O(n^2)$]的效率高。

20.4　从某种意义上说,并不是真正地对两个子 array 对象排序。它是简单地不断对原始 array 对象进行分割,直到得到单元素的子 array 对象为止,单元素的子 array 对象当然已排好序了。接着将这些单元素的 array 对象归并为较大的子 array 对象,而较大的子 array 对象也将被归并,依次类推,来构建原始的两个子 array 对象。

## 练习题

**20.5**　**(冒泡排序)**请实现冒泡排序算法,它是另一种简单的低效率的方法。之所以称为冒泡排序法或者沉降排序法,是因为小的值逐渐地"冒泡"到 array 对象的顶端(即向着第一个元素),就像气泡在水中上升一样,同时大一些的值下沉到 array 对象的底部。这个方法使用了嵌套循环来进行对 array 对象的多遍扫描。每遍扫描比较相邻的一对元素。如果这对元素是升序(或者相等)的,冒泡排序法不对这对值的位置进行更改。如果它们是降序排列的,冒泡排序法会交换它们在 array 对象中的位置。

第一遍扫描比较 array 对象中的第一个和第二个元素,如果有必要则交换它们的位置。然后比较 array 对象中的第二个、第三个元素。在这遍扫描的最后比较 array 对象中的最后两个元素并且如果有必要就交换它们。在第一遍扫描后,最大的元素已经在最后了。在第二遍扫描后,最大的两个元素将处于最后两个位置。请解释为什么冒泡算法是 $O(n^2)$ 的算法。

**20.6**　**(增强的冒泡排序)**请做以下的简单修改,来提高你在练习题 20.5 中开发的冒泡排序算法的效率。

　　a)在第一遍扫描后,最大的值保证是在 array 对象的最大编号的元素中;在第二遍扫描后,第二大的数也在适当的位置了;依次类推。在每次扫描中,不用做 9 次比较(对于一个有 10 个元素的 array 对象),而是修改冒泡排序法,使得在第二次扫描中仅需要 8 次比较,在第三次扫描中为 7 次,依次类推。

　　b)array 对象中的数据可能已经是排好序的或者已经是接近正确的顺序了,因此如果更少的扫描遍数已经足够,为什么还需要进行 9 遍扫描(对于一个有 10 个元素的 array 对象)?请修改这个排序程序,在每次扫描的最后检查是否有交换发生。如果没有发生交换,那么数据一定是已经有正确的顺序了,则程序应该终止。如果有交换发生,至少还需要一遍或多遍的扫描。

**20.7**　**(桶排序)**桶排序算法将从一个一维的包含被排序的正整数的 array 对象和一个二维的整数 array 对象(它的行下标范围是 0 ~ 9,列下标范围是 0 ~ n − 1)开始,n 是要被排序的正整数的个数。二维 array 对象的每一行将作为一个桶。请编写一个包含成员函数 sort 的名为 BucketSort 的类,该函数实现以下要求:

　　a)根据值的"个位"(最右边的位)数字,将一维 array 对象的每个值放置在桶 array 对象的一行中。例如,将 97 放置在第 7 行,3 放置在第 3 行,而 100 放置在第 0 行。这个过程称为分布扫描。

　　b)对桶 array 对象进行一行行的循环遍历,并且将值复制到原始的 array 对象中。这个过程称为聚集扫描。该过程之后,以前的值在一维 array 对象中的新顺序是 100、3 和 97。

　　c)对每个后续数字位(即十位、百位、千位等)重复上述过程。

在第二轮(即对十位)扫描之后,将 100 放置在 0 行,3 放置在 0 行(因为 3 没有十位),97 放置在 9 行。在聚集扫描过程完毕后,一维 array 对象中值的顺序是 100、3 和 97。在第三轮(即对百位)扫描之后,100 被放置在一行,3 被放置在 0 行,97 被放置在 0 行。这是最后一次聚集扫描过程,之后原始的 array 对象已排好序了。

请注意,桶排序法的二维 array 对象长度是被排序的整数 array 对象长度的 10 倍。这个排序方法的性能比冒泡排序法要好,但是需要更多的内存。相比而言,冒泡法仅仅需要一个额外数据元素的空间。这个比较是一个时空权衡的例子:桶排序法需要更多的内存空间,但是效率高。这个版本的桶排序法需要在每次扫描过程中将所有的数据复制回原始的 array 对象中。还可以有另一个版本,它创建另一个二维的桶 array 对象,并且在两个桶 array 对象间不断交换数据。

**20.8**　**(递归的线性查找法)**请修改练习题 20.2,使用递归函数 recursiveLinearSearch 来实现一个 array 对象的线性查找。函数应该接收这个 array 对象、查找关键字和开始索引作为其参数。如果找到查找关键字,则返回关键字在 array 对象中的索引,否则返回 −1。递归函数的每次调用应该检查 array 对象中的一个元素值。

20.9 （**递归的二分查找法**）请修改图 20.3，使用递归函数 recursiveBinarySearch 来实现一个 array 对象的二分查找。函数应该接收这个 array 对象、查找关键字、开始索引和结束索引作为其参数。如果找到查找关键字，则返回它在 array 对象中的索引，否则返回 −1。

20.10 （**快速排序算法**）名为 quicksort 的递归排序方法对一个一维的 array 对象使用下列基础算法：

a）分割步骤：取出没有排序的 array 对象的第一个元素，并且确定它在排序后 array 对象中的最终位置（也就是，所有 array 对象中放在左边的值都比它小，并且所有 array 对象中放在右边的值都比它大。下面将展示如何做到这一点）。现在有一个在正确排序位置的元素和两个未排序的子 array 对象。

b）递归步骤：在每个未排序的子 array 对象中实现上述的分割步骤。

每次对子 array 对象执行步骤 1，就有一个元素被放置在它在排序后 array 对象中的最终位置上，同时创建两个未排序的子 array 对象。如果一个子 array 对象只由一个元素组成，那么该元素就在它的最终位置上（因为一个元素的 array 对象已经是排好序的）。

这个基础算法看起来很简单，但是怎么决定每个子 array 对象的第一个元素最终所在的位置呢？举一个例子，考虑以下值的集合（其中的粗体元素是分割的元素，也就是将被放置在排序后 array 对象中的最终位置上的元素）

**37**  2  6  4  89  8  10  12  68  45

从这个 array 对象中最右边的元素开始，将每个元素和 **37** 比较，直到找到一个比 **37** 小的元素，然后将 **37** 和那个元素交换位置。第一个比 **37** 小的元素是 12，所以将 **37** 和 12 交换，现在 array 对象中的值是：

*12*  2  6  4  89  8  10  **37**  68  45

用斜体字表示元素 12，表明刚刚是和 **37** 交换了。

接着从 array 对象的左边开始，但是从元素 12 之后起，将每个元素和 **37** 比较，直到找到比 **37** 大的元素，然后将 **37** 和这个元素交换。第一个比 **37** 大的元素是 89，所以将 **37** 和 89 交换。现在 array 对象中的值是：

12  2  6  4  **37**  8  10  *89*  68  45

从 array 对象右边开始，但是从 89 之前起，将每个元素和 **37** 比较，直到找到比 **37** 小的元素，然后交换它们。第一个比 **37** 小的是 10，所以将 **37** 和 10 互换，现在 array 对象中的值是：

12  2  6  4  *10*  8  **37**  89  68  45

再从左边开始，但是从元素 10 之后起，将每个元素和 **37** 比较，直到找到比 **37** 大的元素，然后交换它们。现在，没有比 **37** 更大的元素了。所以当 **37** 和它自己比较时，我们就知道 **37** 已经放在排序后 array 对象的最终位置上了。

一旦对原始的 array 对象应用了上述分割策略后，就有了两个未排好序的子 array 对象。比 37 小的子 array 对象包含 12、2、6、4、10 和 8，比 37 大的子 array 对象包含 89、68 和 45。接下来对这两个子 array 对象继续按照上述对原始 array 对象的排序方式进行排序。

基于前面的讨论，请编写一个递归函数 quickSort，对一维的整数数组进行排序。函数应该接收一个整数数组、一个开始下标和一个结束下标作为其参数。quickSort 应该调用函数 partition 来执行分割步骤。

# 第 21 章　string 类和字符串流处理的深入剖析

*Suit the action to the word, the word to the action; with this special observance, that you o'erstep not the modesty of nature.*

—William Shakespeare

*The difference between the almost - right word and the right word is really a large matter — it's the difference between the lightning bug and the lightning.*

—Mark Twain

*Mum's the word.*

—Miguel de Cervantes

*I have made this letter longer than usual, because I lack the time to make it short.*

—Blaise Pascal

## 学习目标

在本章中将学习：

- 对字符串进行赋值、连接、比较、搜索和交换处理
- 确定字符串的特征
- 在字符串中对字符进行查找、替换和插入操作
- 将 string 转换成 C 风格的字符串，反之亦然
- 使用 string 迭代器
- 从内存中对字符串执行输入和输出操作
- 使用 C++ 11 数值转换函数

## 提纲

## 21.1　简介

C++ 的类模板 basic_string 提供了典型的字符串处理操作，如复制、搜索等。模板定义和所有支持字符串处理的操作都可在命名空间 std 中找到。下面的 typedef 语句

```
typedef basic_string< char > string;
```

为 basic_string < char > 创建了 string 类型的别名。同样，typedef 也可以为 wchar_t 类型提供别名。wchar_t

类型存储字符①(例如，双字节字符、四字节字符等)用来支持其他的字符集。我们在这一章中只使用 string。如果要使用 string，需要包含头文件 < string >。

### 初始化 string 对象

　　string 对象可以使用带有一个参数的构造函数进行初始化：

```
string text( "Hello" ); // creates a string from a const char *
```

上述语句创建了包含"Hello"的字符串。也可以使用带有两个参数的构造函数进行创建，例如：

```
string name( 8, 'x' ); // string of 8 'x' characters
```

创建了包含 8 个'x'字符的字符串。string 类同时提供了一个默认构造函数(创建空串)和一个拷贝构造函数。

　　string 对象也可以通过定义来初始化，例如：

```
string month = "March"; // same as: string month( "March" );
```

记住，前面声明中的运算符 = 不是赋值操作。更确切地说，它是一个对 string 类构造函数的隐式调用，并完成了这个转化。

### 字符串不一定以 Null 结尾

　　与 C 风格中的 char * 字符串不同，string 类不一定是用空字符终止的。注意，C++ 标准文档只提供了对 string 类接口的描述，实现是与平台相关的。

### 字符串的长度

　　一个字符串的长度可以用其成员函数 size 和 length 来获得。下标运算符[ ]（不执行边界检查）可以用来获取和修改单个字符。字符串的第一个下标为 0，最后一个下标为 size( ) – 1。

### 字符串处理

　　大多数 string 成员函数把开始下标位置和操作的字符数作为参数，对字符串进行相关的操作。

### 字符串输入和输出

　　可以重载流提取运算符 >> 来支持字符串操作。语句

```
string stringObject;
cin >> stringObject;
```

声明了一个 string 对象并从标准输入设备中读取一个字符串。输入用空格字符结束，当遇到结束标志时，输入操作就会结束。同样重载了函数 getline，假设 string1 是一个字符串，语句

```
getline( cin, string1 );
```

从键盘读取一个字符串到 string1。输入用一个换行符('\n')结束，所以 getLine 函数可以读取一行文本到一个 string 类对象中。你可以指定另一个分隔符作为 getline 函数可选的第三个参数。

### 验证输入

　　在较早的章节中，我们提到了在工业生产环境下验证用户输入的必要性，在本章中提到的功能(和 24.5 节正则表达式的功能)经常被用作验证。

## 21.2　字符串的赋值和连接

　　图 21.1 演示了字符串的赋值和连接。第 4 行为 string 类包含了头文件 < string >。字符串 string1、string2 和 string3 在第 9 ~ 11 行中创建。第 13 行将 string1 赋给了 string2。赋值语句执行之后，string2 将是

---

① 类型 wchar_t 通常用于表示 Unicode? 字符的数据类型，但是早期标准中并未规定 wchar_t 的字节大小。为了更好地支持 Unicode，C + + 11 新增了类型 char16_t 和类型 char32_t。Unicode 标准为世界上所有文字和符号提供了一致的字符编码方案。若需要进一步了解 Unicode 标准，请访问 www.unicode.org。

string1 的一份副本。第 14 行使用成员函数 assign 把 string1 复制到 string3 中。这样就生成了一个单独的副本(也就是说, string1 和 string3 是不相关的对象)。string 类同时提供了成员函数 assign 的一个重载版本, 用它来复制指定数目的字符, 如下面的语句:

```
targetString.assign( sourceString, start, numberOfCharacters );
```

sourceString 是被复制对象, start 是开始下标, numberOfCharacters 是要复制的字符个数。

第 19 行使用下标运算符将'r'赋给 string3[2](形成"car"), 将'r'赋给 string2[0](形成"rat"), 然后输出这些字符串。

```cpp
1   // Fig. 21.1: Fig21_01.cpp
2   // Demonstrating string assignment and concatenation.
3   #include <iostream>
4   #include <string>
5   using namespace std;
6
7   int main()
8   {
9      string string1( "cat" );
10     string string2; // initialized to the empty string
11     string string3; // initialized to the empty string
12
13     string2 = string1; // assign string1 to string2
14     string3.assign( string1 ); // assign string1 to string3
15     cout << "string1: " << string1 << "\nstring2: " << string2
16        << "\nstring3: " << string3 << "\n\n";
17
18     // modify string2 and string3
19     string2[ 0 ] = string3[ 2 ] = 'r';
20
21     cout << "After modification of string2 and string3:\n" << "string1: "
22        << string1 << "\nstring2: " << string2 << "\nstring3: ";
23
24     // demonstrating member function at
25     for ( size_t i = 0; i < string3.size(); ++i )
26        cout << string3.at( i ); // can throw out_of_range exception
27
28     // declare string4 and string5
29     string string4( string1 + "apult" ); // concatenation
30     string string5; // initialized to the empty string
31
32     // overloaded +=
33     string3 += "pet"; // create "carpet"
34     string1.append( "acomb" ); // create "catacomb"
35
36     // append subscript locations 4 through end of string1 to
37     // create string "comb" (string5 was initially empty)
38     string5.append( string1, 4, string1.size() - 4 );
39
40     cout << "\n\nAfter concatenation:\nstring1: " << string1
41        << "\nstring2: " << string2 << "\nstring3: " << string3
42        << "\nstring4: " << string4 << "\nstring5: " << string5 << endl;
43  } // end main
```

```
string1: cat
string2: cat
string3: cat

After modification of string2 and string3:
string1: cat
string2: rat
string3: car

After concatenation:
string1: catacomb
string2: rat
string3: carpet
string4: catapult
string5: comb
```

图 21.1　演示字符串的赋值和连接

第 25 ~ 26 行通过函数 at 一次一个字符地输出 string3 的内容。成员函数 at 提供溢出检查(或称范围检查)。例如,如果超出字符串末尾将抛出 out_of_range 异常下标运算符[ ]不提供溢出检查,这与它在数组上的使用是一致的。注意,你也可以使用 C++11 中的基于范围的方法来遍历字符串中的字符,如下:

```
for ( char c : string3 )
    cout << c;
```

这就确保你不会访问到字符串边界外的字符。

 **常见的编程错误 21.1**

使用下标运算符访问超出 string 边界的字符将不会报出逻辑上的错误。

声明字符串 string4(第 29 行),同时使用重载的加号运算符(用于字符串连接)连接 string1 和"apult"来初始化它。第 33 行使用重载的加号赋值运算符( += )将 string3 和"pet"连接起来。第 34 行使用成员函数 append 连接 string1 和"acomb"。

第 38 行将字符串"comb"添加到空串 string5 中。append 成员函数通过字符串中的开始下标(4)和要添加的字符数(值由 string1.length( ) −4 返回)来检索字符。

## 21.3　字符串的比较

string 类提供了对字符串进行比较的成员函数。图 21.2 演示了 string 类的字符串比较功能。

```
 1   // Fig. 21.2: Fig21_02.cpp
 2   // Comparing strings.
 3   #include <iostream>
 4   #include <string>
 5   using namespace std;
 6
 7   int main()
 8   {
 9      string string1( "Testing the comparison functions." );
10      string string2( "Hello" );
11      string string3( "stinger" );
12      string string4( string2 ); // "Hello"
13
14      cout << "string1: " << string1 << "\nstring2: " << string2
15         << "\nstring3: " << string3 << "\nstring4: " << string4 << "\n\n";
16
17      // comparing string1 and string4
18      if ( string1 == string4 )
19         cout << "string1 == string4\n";
20      else if ( string1 > string4 )
21          cout << "string1 > string4\n";
22      else // string1 < string4
23         cout << "string1 < string4\n";
24
25      // comparing string1 and string2
26      int result = string1.compare( string2 );
27
28      if ( result == 0 )
29         cout << "string1.compare( string2 ) == 0\n";
30      else if ( result > 0 )
31         cout << "string1.compare( string2 ) > 0\n";
32      else // result < 0
33         cout << "string1.compare( string2 ) < 0\n";
34
35      // comparing string1 (elements 2-5) and string3 (elements 0-5)
36      result = string1.compare( 2, 5, string3, 0, 5 );
37
38      if ( result == 0 )
39         cout << "string1.compare( 2, 5, string3, 0, 5 ) == 0\n";
40      else if ( result > 0 )
41         cout << "string1.compare( 2, 5, string3, 0, 5 ) > 0\n";
42      else // result < 0
43         cout << "string1.compare( 2, 5, string3, 0, 5 ) < 0\n";
44
```

图 21.2　比较字符串

```
45        // comparing string2 and string4
46        result = string4.compare( 0, string2.size(), string2 );
47
48        if ( result == 0 )
49           cout << "string4.compare( 0, string2.size(), "
50              << "string2 ) == 0" << endl;
51        else if ( result > 0 )
52           cout << "string4.compare( 0, string2.size(), "
53              << "string2 ) > 0" << endl;
54        else // result < 0
55           cout << "string4.compare( 0, string2.size(), "
56              << "string2 ) < 0" << endl;
57
58        // comparing string2 and string4
59        result = string2.compare( 0, 3, string4 );
60
61        if ( result == 0 )
62           cout << "string2.compare( 0, 3, string4 ) == 0" << endl;
63        else if ( result > 0 )
64           cout << "string2.compare( 0, 3, string4 ) > 0" << endl;
65        else // result < 0
66           cout << "string2.compare( 0, 3, string4 ) < 0" << endl;
67     } // end main
```

```
string1: Testing the comparison functions.
string2: Hello
string3: stinger
string4: Hello

string1 > string4
string1.compare( string2 ) > 0
string1.compare( 2, 5, string3, 0, 5 ) == 0
string4.compare( 0, string2.size(), string2 ) == 0
string2.compare( 0, 3, string4 ) < 0
```

图 21.2(续)    比较字符串

这个程序声明了 4 个字符串(第 9～12 行),并且在后面分别输出各个字符串(第 14～15 行)。在第 18 行中的条件语句使用重载的等于运算符对 string1 和 string4 进行了相等测试。如果条件为真,输出为 "string1 == string4";如果条件为假,将测试第 20 行中的条件。所有的 string 类重载的关系和等于运算符函数都将返回 bool 类型的值。

第 26 行使用 string 类的成员函数 compare 比较 string1 和 string2。如果这两个字符串是相等的,变量 result 被赋值为 0。按照字典顺序,如果 string1 大于 string2,则赋值为正数;如果 string1 小于 string2,则赋值为负数。每当说一个字符串按照字典顺序小于另一个字符串时,是指 compare 方法使用的是每个字符串中的字符数值(见附录 B "ASCII 字符集")来确定第一个字符串小于第二个字符串。因为按照字典顺序,一个以 'T' 开头的字符串比以 'H' 开头的字符串要大,所以 result 被赋为比 0 大的值,如输出结果所示。词典也就是字典。

第 36 行使用重载的成员函数 compare 比较 string1 和 string3 的一部分。前两个参数(2 和 5)分别代表 string1("sting")中要跟 string3 比较的那部分的开始下标和长度。第三个参数是被比较的字符串。后两个参数(0 和 5)分别代表被比较的字符串的要比较部分(仍旧是 "sting")的开始下标和长度。如果相等,则变量 result 被赋值为 0;如果 string1 按照字典顺序大于 string3,则 result 被赋值为正数;如果小于 string3,则赋值为负数。因为在这里比较的字符串的两个部分是相同的,所以 result 为 0。

第 46 行使用另一个重载的 compare 函数来比较 string4 和 string2。前两个参数是一样的——开始下标和长度,最后一个参数是被比较的字符串。返回值也是一样的:如果相等则为 0,如果 string4 按照字典顺序小于 string2 则为正数,如果 string4 小于 string2 则为负数。因为在这里比较的字符串的两段是相同的,所以 result 为 0。

第 59 行调用成员函数 compare 来比较 string2 的前三个字符和 string4。因为 "Hel" 小于 "Hello",所以返回一个小于 0 的值。

## 21.4　子串

string 类提供了成员函数 substr 来从字符串中获取一个子串，结果返回一个从源字符串中复制的新的 string 对象。图 21.3 中演示了 substr，该程序在第 9 行声明和初始化了一个字符串。第 13 行使用成员函数 substr 从 string1 获得一个子串。第一个参数指定想获取的子串的开始下标，第二个参数指定子串的长度。

```cpp
1  // Fig. 21.3: Fig21_03.cpp
2  // Demonstrating string member function substr.
3  #include <iostream>
4  #include <string>
5  using namespace std;
6
7  int main()
8  {
9     string string1( "The airplane landed on time." );
10
11    // retrieve substring "plane" which
12    // begins at subscript 7 and consists of 5 characters
13    cout << string1.substr( 7, 5 ) << endl;
14 } // end main
```

```
plane
```

图 21.3　演示 string 类的成员函数 substr

## 21.5　交换字符串

string 类提供了成员函数 swap，用于交换字符串。图 21.4 示例了如何交换两个字符串。第 9 ~ 10 行声明并初始化了字符串 first 和 second，随后分别输出这两个字符串。第 15 行使用 string 类的成员函数 swap 交换了 first 和 second 的值。这两个字符串再次被输出以证实它们的确交换了。string 类的成员函数 swap 对于实现字符串排序是很有用的。

```cpp
1  // Fig. 21.4: Fig21_04.cpp
2  // Using the swap function to swap two strings.
3  #include <iostream>
4  #include <string>
5  using namespace std;
6
7  int main()
8  {
9     string first( "one" );
10    string second( "two" );
11
12    // output strings
13    cout << "Before swap:\n first: " << first << "\nsecond: " << second;
14
15    first.swap( second ); // swap strings
16
17    cout << "\n\nAfter swap:\n first: " << first
18       << "\nsecond: " << second << endl;
19 } // end main
```

```
Before swap:
 first: one
second: two

After swap:
 first: two
second: one
```

图 21.4　使用 swap 函数交换两个字符串

## 21.6  string 类的特征

　　string 类提供了收集字符串的大小、长度、容量、最大长度和其他特性的成员函数。一个字符串的大小或长度是当前存储在这个字符串中的字符数目。一个字符串的容量(capacity)是指在不获取更多内存的情况下字符串所能存储的最大字符数。一个字符串的容量至少必须等于字符串当前的大小,尽管它可以更大。确切的字符串的容量取决于实现情况。最大长度是一个字符串所能拥有的最大字符数目。如果超出这个值,将抛出一个 length_error 异常。图 21.5 演示了利用 string 类的成员函数获取字符串的各个特性的过程。

```cpp
1   // Fig. 21.5: Fig21_05.cpp
2   // Printing string characteristics.
3   #include <iostream>
4   #include <string>
5   using namespace std;
6
7   void printStatistics( const string & );
8
9   int main()
10  {
11     string string1; // empty string
12
13     cout << "Statistics before input:\n" << boolalpha;
14     printStatistics( string1 );
15
16     // read in only "tomato" from "tomato soup"
17     cout << "\n\nEnter a string: ";
18     cin >> string1; // delimited by whitespace
19     cout << "The string entered was: " << string1;
20
21     cout << "\nStatistics after input:\n";
22     printStatistics( string1 );
23
24     // read in "soup"
25     cin >> string1; // delimited by whitespace
26     cout << "\n\nThe remaining string is: " << string1 << endl;
27     printStatistics( string1 );
28
29     // append 46 characters to string1
30     string1 += "1234567890abcdefghijklmnopqrstuvwxyz1234567890";
31     cout << "\n\nstring1 is now: " << string1 << endl;
32     printStatistics( string1 );
33
34     // add 10 elements to string1
35     string1.resize( string1.size() + 10 );
36     cout << "\n\nStats after resizing by (length + 10):\n";
37     printStatistics( string1 );
38     cout << endl;
39  } // end main
40
41  // display string statistics
42  void printStatistics( const string &stringRef )
43  {
44     cout << "capacity: " << stringRef.capacity() << "\nmax size: "
45        << stringRef.max_size() << "\nsize: " << stringRef.size()
46        << "\nlength: " << stringRef.size()
47        << "\nempty: " << stringRef.empty();
48  } // end printStatistics
```

```
Statistics before input:
capacity: 15
max size: 4294967294
size: 0
length: 0
empty: true
Enter a string: tomato soup
The string entered was: tomato
```

图 21.5　输出字符串的特性

```
Statistics after input:
capacity: 15
max size: 4294967294
size: 6
length: 6
empty: false
The remaining string is: soup
capacity: 15
max size: 4294967294
size: 4
length: 4
empty: false
string1 is now: soup1234567890abcdefghijklmnopqrstuvwxyz1234567890
capacity: 63
max size: 4294967294
size: 50
length: 50
empty: false
Stats after resizing by (length + 10):
capacity: 63
max size: 4294967294
size: 60
length: 60
empty: false
```

图 21.5(续)　输出字符串的特性

　　程序中声明了空字符串 string1(第 11 行)并把它传递给函数 printStatistics(第 14 行)。函数 printStatistics(第 42 ~ 48 行)使用一个 const string 类型的引用作为参数,输出字符串的容量(使用成员函数 capacity)、最大的大小(使用成员函数 max_size)、大小(使用成员函数 size)、长度(使用成员函数 length)和字符串是否为空(使用成员函数 empty)。对 printStatictics 的初始调用指明了 string1 的大小和长度的初始值都为 0。

　　大小和长度为 0 表示字符串中没有存储字符。回想一下,大小和长度总是相同的。这里最大的大小为 4 294 967 294。string1 对象是个空字符串,所以函数 empty 返回“真”(ture)。

　　第 18 行从控制台命令行读取一个字符串。在这个例子中,输入为“tomato soup”。因为空格是分隔符,所以只有“tomato”被存储在 string1 中。尽管如此,“soup”仍保留在输入缓存中。第 22 行调用函数 printStatistics 输出 string1 的统计信息。注意,输出中长度为 6,而容量为 15。

　　第 25 行从输入缓存中读取“soup”,并把它存储到 string1 中,以替换“tomato”。第 27 行将 string1 传递给 printStatistics。

　　第 30 行使用重载的 += 运算符将长度为 46 个字符的字符串与 string1 相连接。第 32 行将 string1 传递到 printStatistics。此时容量增加到 63 个元素而长度是 50。

　　第 35 行使用成员函数 resize 将 string1 的长度增加 10 个字符。增加的元素都被设置为空字符。输出中的容量没有改变,但其长度为 60。

## 21.7　查找字符串中的子串和字符

　　string 类提供了 const 成员函数,用来在字符串中查找子串和字符。图 21.6 演示了这些查找函数。

```
1    // Fig. 21.6: Fig21_06.cpp
2    // Demonstrating the string find member functions.
3    #include <iostream>
4    #include <string>
5    using namespace std;
6
```

图 21.6　演示字符串的查找函数

```
 7   int main()
 8   {
 9       string string1( "noon is 12 pm; midnight is not." );
10       int location;
11
12       // find "is" at location 5 and 24
13       cout << "Original string:\n" << string1
14          << "\n\n(find) \"is\" was found at: " << string1.find( "is" )
15          << "\n(rfind) \"is\" was found at: " << string1.rfind( "is" );
16
17       // find 'o' at location 1
18       location = string1.find_first_of( "misop" );
19       cout << "\n\n(find_first_of) found '" << string1[ location ]
20          << "' from the group \"misop\" at: " << location;
21
22       // find 'o' at location 28
23       location = string1.find_last_of( "misop" );
24       cout << "\n\n(find_last_of) found '" << string1[ location ]
25          << "' from the group \"misop\" at: " << location;
26
27       // find '1' at location 8
28       location = string1.find_first_not_of( "noi spm" );
29       cout << "\n\n(find_first_not_of) '" << string1[ location ]
30          << "' is not contained in \"noi spm\" and was found at: "
31          << location;
32
33       // find '.' at location 13
34       location = string1.find_first_not_of( "12noi spm" );
35       cout << "\n\n(find_first_not_of) '" << string1[ location ]
36          << "' is not contained in \"12noi spm\" and was "
37          << "found at: " << location << endl;
38
39       // search for characters not in string1
40       location = string1.find_first_not_of(
41          "noon is 12 pm; midnight is not." );
42       cout << "\nfind_first_not_of(\"noon is 12 pm; midnight is not.\")"
43          << " returned: " << location << endl;
44   } // end main
```

```
Original string:
noon is 12 pm; midnight is not.

(find) "is" was found at: 5
(rfind) "is" was found at: 24

(find_first_of) found 'o' from the group "misop" at: 1

(find_last_of) found 'o' from the group "misop" at: 28

(find_first_not_of) '1' is not contained in "noi spm" and was found at: 8

(find_first_not_of) '.' is not contained in "12noi spm" and was found at: 13

find_first_not_of("noon is 12 pm; midnight is not.") returned: -1
```

图 21.6(续)  演示字符串的查找函数

在第 9 行, string1 被声明和初始化。第 14 行试图使用函数 find 在 string1 中找到字符串"is"。如果找到, 则返回该字符串在 string1 中的开始下标。如果未被找到, 那么返回值 string::npos(一个定义在 string 类中的 public 静态常量)。这个值将由字符串的相关查找函数返回, 表示一个子串或字符在该字符串中没有找到。

第 15 行使用成员函数 rfind 反序搜索 string1(也就是从右到左)。如果找到"is", 那么将返回下标位置; 如果没有找到, 则返回 string::npos。注意, 出现在本节中的其他查找函数将返回相同的类型, 除非另有说明。

第 18 行使用成员函数 find_first_of, 查找"misop"中的字符最先在 string1 中出现的位置。从 string1 的头部开始完成搜索。字符'o'在元素 1 中被找到。

第 23 行使用成员函数 find_last_of, 查找"misop"中的字符最后出现在 string1 中的位置。从 string1 的尾部开始完成搜索。字符'o'在元素 29 中被找到。

第 28 行使用成员函数 find_first_not_of, 查找在 string1 出现的、第一个不属于"noi spm"的字符, 即没有找到元素 8 中的字符'1'。从 string1 头部开始完成搜索。

第 34 行使用成员函数 find_first_not_of，查找第一个不属于"12noi spm"的字符，即没有找到在元素 13 中的字符'.'。从 string1 头部开始完成搜索。

第 40～41 行使用成员函数 find_first_not_of，查找第一个不属于"noon is 12 pm; midnight is not."的字符。这里，被搜索的字符串包含字符串参数中指定的每一个字符。由于没有找到相应的字符，因此返回 string::npos（这种情况下的值为 −1）。

## 21.8　在字符串中替换字符

图 21.7 演示了替换和删除字符的 string 类的成员函数。第 10～14 行声明并初始化了字符串 string1。第 20 行使用 string 类的成员函数 erase 删除从（包含）位置 62 到 string1 末尾的所有内容。注意，每个换行符在字符串中占用一个元素位置。

```cpp
1   // Fig. 21.7: Fig21_07.cpp
2   // Demonstrating string member functions erase and replace.
3   #include <iostream>
4   #include <string>
5   using namespace std;
6
7   int main()
8   {
9      // compiler concatenates all parts into one string
10     string string1( "The values in any left subtree"
11        "\nare less than the value in the"
12        "\nparent node and the values in"
13        "\nany right subtree are greater"
14        "\nthan the value in the parent node" );
15
16     cout << "Original string:\n" << string1 << endl << endl;
17
18     // remove all characters from (and including) location 62
19     // through the end of string1
20     string1.erase( 62 );
21
22     // output new string
23     cout << "Original string after erase:\n" << string1
24        << "\nAfter first replacement:\n";
25
26     size_t position = string1.find( " " ); // find first space
27
28     // replace all spaces with period
29     while ( position != string::npos )
30     {
31        string1.replace( position, 1, "." );
32        position = string1.find( " ", position + 1 );
33     } // end while
34
35     cout << string1 << "\nAfter second replacement:\n";
36
37     position = string1.find( "." ); // find first period
38
39     // replace all periods with two semicolons
40     // NOTE: this will overwrite characters
41     while ( position != string::npos )
42     {
43        string1.replace( position, 2, "xxxxx;;yyy", 5, 2 );
44        position = string1.find( ".", position + 1 );
45     } // end while
46
47     cout << string1 << endl;
48  } // end main
```

```
Original string:
The values in any left subtree
are less than the value in the
```

图 21.7　演示函数 erase 和 replace

```
parent node and the values in
any right subtree are greater
than the value in the parent node

Original string after erase:
The values in any left subtree
are less than the value in the

After first replacement:
The.values.in.any.left.subtree
are.less.than.the.value.in.the

After second replacement:
The;;alues;;n;;ny;;eft;;ubtree
are;;ess;;han;;he;;alue;;n;;he
```

图 21.7(续)　演示函数 erase 和 replace

第 26 ~ 33 行使用 find 获取每个空格字符出现的位置。然后成员函数 replace 将每个空格字符替换为一个句点。函数 replace 有三个参数：字符串中替换操作开始处的字符下标、要替换的字符数和替换的字符串。如果没有找到要查找的字符，那么函数 find 返回 string::npos。在第 32 行，position 加 1，从而使程序能从下一个字符处继续进行搜索。

第 37 ~ 45 行使用函数 find 查找每个句点，并通过另一个重载函数 replace，利用两个分号替换每个句点和它后面的字符。传递给这个 replace 函数的参数是进行替换的开始元素的下标、要替换的字符数及作为替换字符的字符串子串，将会使用该字符串中替换子串所在的开始元素及字符串中用来替换的字符数目。

## 21.9　在字符串中插入字符

为将字符插入到字符串中，string 类提供了成员函数。图 21.8 演示了字符串的插入功能。

程序声明、初始化并输出了字符串 string1、string2、string3 和 string4。第 19 行使用 string 类成员函数 insert 将 string2 的内容插入到 string1 的第 10 个元素前面。

第 22 行用 insert 把 string4 插入到 string3 的第 3 个元素前。最后两个参数指定要插入的字符串 string4 的开始位置和末尾位置。使用 string::npos 可以插入整个字符串。

```
1  // Fig. 21.8: Fig21_08.cpp
2  // Demonstrating class string insert member functions.
3  #include <iostream>
4  #include <string>
5  using namespace std;
6
7  int main()
8  {
9     string string1( "beginning end" );
10    string string2( "middle " );
11    string string3( "12345678" );
12    string string4( "xx" );
13
14    cout << "Initial strings:\nstring1: " << string1
15       << "\nstring2: " << string2 << "\nstring3: " << string3
16       << "\nstring4: " << string4 << "\n\n";
17
18    // insert "middle" at location 10 in string1
19    string1.insert( 10, string2 );
20
21    // insert "xx" at location 3 in string3
22    string3.insert( 3, string4, 0, string::npos );
23
24    cout << "Strings after insert:\nstring1: " << string1
25       << "\nstring2: " << string2 << "\nstring3: " << string3
26       << "\nstring4: " << string4 << endl;
27 } // end main
```

图 21.8　演示 string 类的 insert 成员函数

```
Initial strings:
string1: beginning end
string2: middle
string3: 12345678
string4: xx

Strings after insert:
string1: beginning middle end
string2: middle
string3: 123xx45678
string4: xx
```

图 21.8(续)　演示 string 类的 insert 成员函数

## 21.10　转换成 C 风格的基于指针的 char * 字符串

string 类提供了成员函数，可以将字符串对象转换为 C 风格的基于指针的字符串。正如在前面所提及的，与基于指针的字符串不同，C++ 中的 string 并不是必须以空字符结尾的。这些转换函数对于一个以基于指针的字符串作为参数的函数是很有用的。图 21.9 演示了 string 到基于指针的字符串的转换。

```cpp
 1  // Fig. 21.9: Fig21_09.cpp
 2  // Converting strings to pointer-based strings and character arrays.
 3  #include <iostream>
 4  #include <string>
 5  using namespace std;
 6
 7  int main()
 8  {
 9     string string1( "STRINGS" ); // string constructor with char * arg
10     const char *ptr1 = nullptr; // initialize *ptr1
11     size_t length = string1.size();
12     char *ptr2 = new char[ length + 1 ]; // including null
13
14     // copy characters from string1 into allocated memory
15     string1.copy( ptr2, length, 0 ); // copy string1 to ptr2 char *
16     ptr2[ length ] = '\0'; // add null terminator
17
18     cout << "string string1 is " << string1
19        << "\nstring1 converted to a pointer-based string is "
20        << string1.c_str()   << "\nptr1 is ";
21
22     // Assign to pointer ptr1 the const char * returned by
23     // function data(). NOTE: this is a potentially dangerous
24     // assignment. If string1 is modified, pointer ptr1 can
25     // become invalid.
26     ptr1 = string1.data(); // non-null terminated char array
27
28     // output each character using pointer
29     for ( size_t i = 0; i < length; ++i )
30        cout << *( ptr1 + i ); // use pointer arithmetic
31
32     cout << "\nptr2 is " << ptr2 << endl;
33     delete [] ptr2; // reclaim dynamically allocated memory
34  } // end main
```

```
string string1 is STRINGS
string1 converted to a pointer-based string is STRINGS
ptr1 is STRINGS
ptr2 is STRINGS
```

图 21.9　将字符串转换为 C 风格的字符串和字符数组

程序声明了一个 string 变量、一个 size_t 变量和两个 char 指针变量(第 9 ~ 12 行)。将字符串 string1 初始化为“STRINGS”，将 ptr1 初始化为空，将 length 初始化为 string1 的长度。动态分配足够存储等于字符串 string1 的基于指针的字符串的内存，并且将此内存关联到 char 指针 ptr2 上。

第 15 行使用成员函数 copy 将对象 string1 复制到由 ptr2 所指向的字符数组。第 16 行将一个终止空字符放到 ptr2 所指向的数组中。

第 20 行使用函数 c_str 复制对象 string1，并自动添加结束的空字符。这个函数返回一个常量字符指针（const char *），把这个指针传递给流插入运算符用于输出。

第 26 行将由 string 类的成员函数 data 所返回的值赋给 const char * ptr1。这个成员函数返回一个不以空字符结束的、C 风格的字符数组。注意，在这个例子中没有修改字符串 string1。如果修改 string1 数组（例如，由于调用成员函数 string1.insert(0,"abcd")，以至于改变了字符串动态分配的内存的地址），ptr1 将变为无效，这将导致不可预测的结果。

第 29 ~ 30 行使用指针运算输出 ptr1 所指向的字符数组。在第 32 ~ 33 行中，输出 ptr2 所指向的、C 风格的字符串，并且释放 ptr2 所指向的内存分配，以防止内存泄漏。

 **常见的编程错误 21.2**
带有一个空字符的 data 函数返回不带终止空字符的字符数组将导致一个运行时错误。

## 21.11　迭代器

string 类提供迭代器（在第 15 章介绍）来正向和反向遍历字符串。迭代器提供类似指针运算的语法来访问单个字符。迭代器是不进行范围检查的。图 21.10 中演示了迭代器的使用。

```cpp
1   // Fig. 21.10: Fig21_10.cpp
2   // Using an iterator to output a string.
3   #include <iostream>
4   #include <string>
5   using namespace std;
6
7   int main()
8   {
9      string string1( "Testing iterators" );
10     string::const_iterator iterator1 = string1.begin();
11
12     cout << "string1 = " << string1
13        << "\n(Using iterator iterator1) string1 is: ";
14
15     // iterate through string
16     while ( iterator1 != string1.end() )
17     {
18        cout << *iterator1; // dereference iterator to get char
19        ++iterator1; // advance iterator to next char
20     } // end while
21
22     cout << endl;
23  } // end main
```

```
string1 = Testing iterators
(Using iterator iterator1) string1 is: Testing iterators
```

图 21.10　使用迭代器输出一个字符串

第 9 ~ 10 行声明了字符串 string1 和 string::const_iterator iterator1。const_iterator 是一个不能修改字符串内容的迭代器，在本例中的字符串通过它进行迭代。迭代器 iterator1 用 string 类的成员函数 begin 初始化为 string1 的开始位置。begin 函数有两个版本：一个返回用于迭代一个非常量字符串的迭代器，一个返回用于迭代一个常量字符串的 const_iterator。第 12 行输出 string1。

第 16 ~ 20 行使用迭代器 iterator1"遍历"string1。string 类的成员函数 end 返回一个迭代器（或一个 const_iterator），它指示 string1 中最后一个元素之后的位置。通过间接引用每个迭代器来打印每个元素，就像是间接引用每一个指针一样，并且迭代器通过运算符 ++ 来实现自增。在 C ++11 中，第 10 行和第 16 ~ 20 行可以用基于范围的 for 语句代替，例如：

```cpp
for ( char c : string1 )
    cout << c;
```

string 类提供成员函数 rend 和 rbegin 来反序访问单个字符串字符。成员函数 rend 和 rbegin 能返回 reverse_ iterators 和 const_reverse_iterators（基于字符串是常量的还是非常量的）。在练习题 21.8 中，要求读者编写一个程序来演示这些性能。

**良好的编程习惯 21.1**

如果迭代器不能修改处理的数据，应该使用 const_iterator。这是符合最小特权原则的又一个例子。

## 21.12　字符串流处理

除了标准 I/O 流和文件 I/O 流之外，C++ I/O 流还包括了在内存中从字符串输入及输出到字符串的功能。这些功能涉及到内存中的 I/O 或者字符串流处理。

类 istringstream 支持从字符串输入，类 ostringstream 支持输出到一个字符串。类名 istringstream 和 ostringstream 实际上是由 typedef 定义的别名：

```
typedef basic_istringstream< char > istringstream;
typedef basic_ostringstream< char > ostringstream;
```

类模板 basic_istringstream 和 basic_ostringstream 提供与 istream 和 ostream 及其他用于内存中格式化的成员函数一样的功能。使用内存中格式化的程序必须包含 < sstream > 和 < iostream > 头文件。

**错误预防技巧 21.1**

这些技术的一个应用是数据验证。程序一次能从输入流中将一整行读取到一个字符串中。然后，验证规则可以仔细检查字符串的内容，如果有必要可以进行数据更正（或修复）。然后程序能够从字符串中输入，并知道所输入的数据已有正确的格式。

**错误预防技巧 21.2**

为了辅助数据验证，C++ 11 提供了丰富的正则表达式能力。例如，如果程序需要用户输入美国的电话号码的格式（例如：(800)555 – 1212），你可以用正则表达式模式去验证用户的输入是否符合预期。许多网站用正则表达式验证邮件地址、URL、电话号码、地址和其他流行的数据种类。我们将在第 24 章介绍正则表达式，并提供几个例子。

**软件工程知识 21.1**

输出到一个字符串是一个利用 C++ 流的、强大的格式化输出功能的好方法。在一个字符串中，数据预先准备来模拟编辑屏幕格式，可以将这个字符串写入磁盘以保存屏幕图像。

ostringstream 对象使用一个 string 对象来存储输出数据。类 ostringstream 的成员函数 str 返回字符串的副本。

### 演示 ostringstream

图 21.11 演示了 ostringstream 对象。这个程序创建了 ostringstream 的对象 outputString（第 10 行），并使用流插入运算符将一系列字符串和数值输出到这个对象。

第 22 ~ 23 行将字符串 string1、string2、string3，双精度数 double1、字符串 string4、整型变量 integer、字符串 string5 和整型变量 integer 的地址全部输出到内存中的 outputString。第 26 行使用流插入运算符调用 outputString. str( )，显示在第 22 ~ 23 行创建的 string 的副本。第 29 行演示通过在 outputString 中简单使用另一个流插入运算符，将更多的数据添加到这个字符串中。第 30 ~ 31 行输出添加额外字符后的字符串 outputString。

istringstream 对象从内存的字符串将数据输入到程序的变量中。数据以字符的形式存储在 istringstream 对象中。从 istringstream 对象输入与从文件中输入是相同的。在 istringstream 对象中字符串的结尾与文件尾结束符是一样的。

```
1   // Fig. 21.11: Fig21_11.cpp
2   // Using an ostringstream object.
3   #include <iostream>
4   #include <string>
5   #include <sstream> // header for string stream processing
6   using namespace std;
7
8   int main()
9   {
10     ostringstream outputString; // create ostringstream instance
11
12     string string1( "Output of several data types " );
13     string string2( "to an ostringstream object:" );
14     string string3( "\n         double: " );
15     string string4( "\n            int: " );
16     string string5( "\naddress of int: " );
17
18     double double1 = 123.4567;
19     int integer = 22;
20
21     // output strings, double and int to ostringstream outputString
22     outputString << string1 << string2 << string3 << double1
23        << string4 << integer << string5 << &integer;
24
25     // call str to obtain string contents of the ostringstream
26     cout << "outputString contains:\n" << outputString.str();
27
28     // add additional characters and call str to output string
29     outputString << "\nmore characters added";
30     cout << "\n\nafter additional stream insertions,\n"
31        << "outputString contains:\n" << outputString.str() << endl;
32  } // end main
```

```
outputString contains:
Output of several data types to an ostringstream object:
        double: 123.457
           int: 22
address of int: 0012F540

after additional stream insertions,
outputString contains:
Output of several data types to an ostringstream object:
        double: 123.457
           int: 22
address of int: 0012F540
more characters added
```

图 21.11    使用 ostringstream 对象

## 演示 istringstream

图 21.12 演示了从 istringstream 对象中输入的过程。第 10 ~ 11 行创建了包含数据的字符串 input,以及为了包含字符串 input 中的数据而构造的 istringstream 对象 inputString。字符串 input 包含数据:

```
Input test 123 4.7 A
```

每当读取并输入到程序中时,会包含两个字符串("Input"和"test")、一个整数(123)、一个双精度数(4.7)和一个字符('A')。第 18 行将它们提取到变量 string1、string2、integer、double1 和 character 中。

第 20 ~ 23 行的数据将被输出。程序试图在第 27 行从 inputString 中再次读取数据。在第 30 行中的 if 条件判断使用函数 good(见 13.8 节)来测试是否还有数据剩余。因为没有数据剩余,函数返回 false 并且执行 if...else 语句的 else 部分。

```
1   // Fig. 21.12: Fig21_12.cpp
2   // Demonstrating input from an istringstream object.
3   #include <iostream>
4   #include <string>
5   #include <sstream>
6   using namespace std;
```

图 21.12    由 istringstream 对象进行输入

```
7
8    int main()
9    {
10       string input( "Input test 123 4.7 A" );
11       istringstream inputString( input );
12       string string1;
13       string string2;
14       int integer;
15       double double1;
16       char character;
17
18       inputString >> string1 >> string2 >> integer >> double1 >> character;
19
20       cout << "The following items were extracted\n"
21          << "from the istringstream object:" << "\nstring: " << string1
22          << "\nstring: " << string2 << "\n   int: " << integer
23          << "\ndouble: " << double1 << "\n  char: " << character;
24
25       // attempt to read from empty stream
26       long value;
27       inputString >> value;
28
29       // test stream results
30       if ( inputString.good() )
31          cout << "\n\nlong value is: " << value << endl;
32       else
33          cout << "\n\ninputString is empty" << endl;
34    } // end main
```

```
The following items were extracted
from the istringstream object:
string: Input
string: test
   int: 123
double: 4.7
  char: A

inputString is empty
```

图 21.12(续)　由 istringstream 对象进行输入

## 21.13　C++11 数值转换函数

目前，C++11 包含从数值转换为字符串，以及从字符串转化为数值的函数。尽管在这之前你可以使用其他的方法进行类型的转换，本节增加的函数可以为大家提供更大的方便。

**把数值转化为字符串对象**

C++11 的 to_string 函数(在头文件 < string > 中)返回参数数值所代表的字符串，函数为 int、unsigned int、long、unsigned long、long long、unsigned long long、float、double 和 long double 类型进行了重载。

**把字符串对象转化为数值**

C++11 提供了 8 个用于将字符串对象转化为数值的函数(包含在 < string > 头文件中，见图 21.13)，每个函数都会把字符串的开始部分转化成数值，如果转化失败，将会抛出 invalid_argument 异常，如果返回的值超出了该类型对应的范围，将会抛出 out_of_range 异常。

| 函数 | 返回类型 | 函数 | 返回类型 |
|------|----------|------|----------|
| 转换成整型的函数 | | 转换成浮点型的函数 | |
| stoi | int | stof | float |
| stol | long | stod | double |
| stoul | unsigned long | stold | long double |
| stoll | long long | | |
| stoull | unsigned long long | | |

图 21.13　C++11 把字符串转化为数值类型的函数

### 把字符串转化为整型的函数

考虑把字符串转为整型值的例子。假设字符串:

```
string s( "100hello" );
```

下面的语句将字符串的开始部分 100 转化为数值 100,并且把 100 存储在 convertedInt 变量中:

```
int convertedInt = stoi( s );
```

每个将字符串转化为整型的函数实际上接受的是 3 个参数——包含最后的 2 个默认参数,这些参数是:

- 包含需转化字符的字符串。
- 一个指向 size_t 类型的变量的指针,函数通过这个指针记录第一个没有被转化的字符串的索引,默认是空指针,表示函数并不存储索引。
- 一个范围为 2~36 的 int 类型的变量用来记录进制数(默认是 10)。

因此,前面的处理语句等同于:

```
int convertedInt = stoi( s, nullptr, 10 );
```

给定名为 index 的 size_t 变量,下面的语句

```
int convertedInt = stoi( s, &index, 2 );
```

把二进制的数值 100 转化为整型(100 的十进制对应的数是 4),索引 index 中存储的是 h 的位置(因为 h 是第一个不能转换的字符)。

### 将字符串转为浮点数类型的函数

将字符串转化为浮点类型的函数接收两个参数:

- 一个接收包含转化字符的字符串。
- 一个指向 size_t 类型的变量的指针,函数通过这个指针记录第一个没有被转化的字符串的索引,默认是空指针,表示函数并不存储索引。

考虑把字符串转为浮点数类型的例子。假设字符串:

```
string s( "123.45hello" );
```

下面的语句将字符串的开头部分 123.45 转化为浮点数值 123.45,并且把 123.45 存储在 convertedDouble 变量中:

```
double convertedDouble = stod( s );
```

同样,第二个参数值是默认的空指针。

## 21.14  本章小结

本章介绍 C++ 标准库中的 string 类的细节。讨论了字符串的赋值、连接、比较、搜索和交换,也介绍了一些判定字符串特性的方法。我们学习了如何查找、替换字符,将字符插入到一个字符串,以及将字符串转换成 C 风格的字符串,反之亦然。同时学习了有关字符串的迭代器,并演示了在内存中从字符串输入及输出到字符串。最后,我们介绍了 C++11 新的功能:把数值转化为字符串,把字符串转化为数值。下一章将介绍结构体,结构体和类相似,并且讨论比特位、字符和字符串的操作。

## 摘要

### 21.1 节   简介

- C++ 类模板 basic_string 提供了典型的字符串处理操作。
- typedef 语句:

```
typedef basic_string< char > string;
```

为 basic_string < char > 创建别名 string。typedef 也为 wchar_t 类型创建别名(wstring)。

- 为了使用 string，需要包含 C++ 标准库头文件 < string >。
- 在一个赋值语句中，允许将单个字符赋给一个 string 对象。
- 字符串不一定是用空字符终止。
- string 类的大多数成员函数以要对它们进行操作的初始下标位置及字符个数为参数。

## 21.2 节　字符串的赋值和连接

- string 类提供了重载的运算符 = 和成员函数 assign 来对字符串进行赋值。
- 下标运算符［　］提供对一个字符串的任何元素的读/写访问。
- string 类的成员函数 at 提供溢出检查，超出字符串的任意边界都将抛出 out_of_range 异常。下标运算符［　］不提供溢出检查。
- string 类提供重载的 + 和 + = 运算符及成员函数 append 来执行字符串的连接操作。

## 21.3 节　字符串的比较

- string 类提供了重载的 == 、！ = 、< 、> 、< = 和 >= 运算符来进行字符串的比较。
- string 类的成员函数 compare 比较两个字符串（或子串），如果相等则返回 0；如果第一个字符串按照字典顺序大于第二个字符串，则返回正数；如果第一个字符串按照字典顺序小于第二个字符串，则返回负数。

## 21.4 节　子串

- 利用 string 类的成员函数 substr，可以得到该字符串中的一个子串。

## 21.5 节　交换字符串

- 利用 string 类的成员函数 swap，可以交换两个字符串的内容。

## 21.6 节　string 类的特征

- 利用 string 类的成员函数 size 和 length，可以返回当前存储在字符串中的字符数目。
- string 类的成员函数 capacity 返回不需要再增加内存分配的字符串所能存储的字符数目。
- string 类的成员函数 max_size 返回字符串能够达到的最大的大小。
- string 类的成员函数 resize 可以改变字符串的长度。
- string 类的成员函数 empty 返回字符串是否为空的真值。

## 21.7 节　查找字符串中的子串和字符

- string 类的查找函数 find、rfind、find_first_of、find_last_of 和 find_first_not_of 在一个字符串中查找子串或者字符。

## 21.8 节　在字符串中替换字符

- string 类的成员函数 erase 删除字符串中的元素。
- string 类的成员函数 replace 在一个字符串中替换字符。

## 21.9 节　在字符串中插入字符

- string 类的成员函数 insert 在一个字符串中插入字符。

## 21.10 节　转化成 C 风格的基于指针的 char *字符串

- string 类的成员函数 c_str 返回一个常量字符指针，指向一个包含 string 中所有字符的、以空字符结束的、C 风格的字符串。
- string 类的成员函数 data 返回一个常量字符指针，指向一个包含 string 中所有字符的、不以空字符结束的、C 风格的字符数组。

## 21.11 节　迭代器

- string 类提供成员函数 begin 和 end 来迭代每个元素。
- string 类提供成员函数 rend 和 rbegin，按照从尾部到头部的反序来访问字符串中的字符。

### 21.12 节　字符串流处理

- istringstream 类型支持从字符串中输入，ostringstream 类型支持输出到一个字符串。
- ostringstream 的成员函数 str 从字符串流中返回字符串。

### 21.13 节　C++11 数值转化函数

- C++11 的头文件 < string > 现在包含了将数值转化为字符串，将字符串转化为数值的函数。
- to_string 返回了作为参数的数值所对应的字符串，对 int、unsigned int、long、unsigned long、long long、unsigned long long、float、double 和 long double 类型进行了重载。
- C++11 提供了 8 个将字符串类型转化为数值类型的函数，每个函数都会把字符串参数的开始部分转化成数值，如果转化失败，将会抛出 invalid_argument 异常，如果返回的值超出了该类型对应的范围，将会抛出 out_of_range 异常。
- 每个将字符串转化为整型的函数都接受 3 个参数，一个包含转化字符的字符串，一个指向 size_t 类型的变量的指针，函数通过这个指针记录第一个没有被转化的字符的位置，默认是空指针，一个范围为 2 ~ 36 的 int 类型的变量用来记录进制数(默认是 10)。
- 将字符串转化为浮点类型的函数接收两个参数，一个接收包含转化字符的字符串，一个指向 size_t 类型的变量的指针，函数通过这个指针记录第一个没有被转化的字符的位置，默认是空指针。

## 自测练习题

21.1 填空题。

　　a) 使用 string 类必须包含头文件_____。

　　b) string 类属于命名空间_____。

　　c) _____函数从一个字符串中删除字符。

　　d) _____函数找到第一次出现的、一个字符串中的任意字符。

21.2 判断对错。如果错误，请说明理由。

　　a) 可以通过加赋值运算符 + = 来执行连接字符串对象的操作。

　　b) 字符串中字符的索引从 0 开始。

　　c) 字符串赋值运算符 = 将复制一个字符串。

　　d) 一个基于指针的字符串是一个 string 对象。

21.3 分别在下列各句中找到错误，并说明如何改正。

```
a)  string string1( 28 ); // construct string1
    string string2( 'z' ); // construct string2
b)  // assume std namespace is known
    const char *ptr = name.data(); // name is "joe bob"
    ptr[ 3 ] = '-';
    cout << ptr << endl;
```

## 自测练习题答案

21.1 a) <string>。b) std。c) erase。d) find_first_of。

21.2 a) 正确。

　　b) 正确。

　　c) 正确。

　　d) 错误。一个字符串是一个提供很多服务的对象。一个基于指针的字符串不提供任何服务。基于指针的字符串是以空字符结尾的，而字符串对象并不是必须以空字符结尾。基于指针的字符串是基于指针的，而字符串对象不是。

21.3 a) 以整型和字符为参数的 string 类构造函数是不存在的。可以使用其他有效的构造函数——如有必要则把参数转换成字符串。

b) 函数 data 没有增加空结束符。同时，代码试图修改一个常量字符。使用下面的语句替换所有的行：

```
cout << name.substr( 0, 3 ) + "-" + name.substr( 4 ) << endl;
```

## 练习题

21.4　填空题。

　　a) string 类的成员函数_____把字符串对象转换成基于指针的字符串。

　　b) string 类的成员函数_____是用来赋值的。

　　c) _____是函数 rbegin 的返回类型。

　　d) string 类的成员函数_____用于得到一个子串。

21.5　判断对错。如果错误，请说明理由。

　　a) 字符串总是以空字符结尾的。

　　b) string 类的成员函数 max_size 返回一个字符串的最大大小。

　　c) string 类的成员函数 at 能抛出 out_of_range 异常。

　　d) string 类的成员函数 begin 返回一个迭代器。

21.6　找出下列语句中的错误，并说明如何改正。

```
a)  std::cout << s.data() << std::endl; // s is "hello"
b)  erase( s.rfind( "x" ), 1 ); // s is "xenon"
c)  string& foo()
    {
        string s( "Hello" );
        ...   // other statements
        return;
    } // end function foo
```

21.7　(简单加密)一些 Internet 上的信息可以使用一个简单的算法"旋转 13"进行加密，它使得字母表中的每个字符旋转 13 个位置。因此，'a'变成了'n'，而'x'变成了'k'。旋转 13 算法是一个对称加密的例子。使用对称密钥进行加密，在加密和解密时使用相同的密钥。

　　a) 编写一个使用旋转 13 算法的加密消息的程序。

　　b) 编写一个使用 13 作为密钥来解密这个混乱消息的程序。

　　c) 编写完上面的 a) 部分和 b) 部分程序之后，请简单回答以下问题：如果不知道 b) 部分的密钥，想攻破这段代码有多难？如果你能获取强大的计算能力呢(如超级计算机)？在练习题 21.24 中，将要求读者编写一段程序来实现它。

21.8　(使用字符串迭代器)编写一个程序，使用迭代器来演示函数 rbegin 和 rend 的使用。

21.9　(以"r"或"ay"结尾的单词)编写一个程序，该程序读取几个字符串并打印出以"r"或者"ay"结尾的字符串。只考虑小写字母。

21.10　(字符串连接)编写一个程序，分别输入一个姓和一个名，并将这两个字符串连接为一个新的字符串。用两种方法完成这个任务。

21.11　(猜字游戏)编写一个关于 Hangman(刽子手)游戏的程序。这个程序需要选择一个单词(要么在代码中编写进去，要么从一个字符文件中读取进来)并显示如下：

```
Guess the word:   XXXXXX
```

每个×代表一个字母。用户试图猜测单词中的字母。每次猜测后对应的 yes 或 no 要显示出来。在每次不正确的猜测后，显示下面图示的身体被填充一部分的图。猜错 7 次后，图示中的小人要被绞死。显示如下：

每次猜测之后,显示所有用户的猜测。如果用户猜对了单词,程序显示:

Congratulations!!! You guessed my word. Play again? yes/no

21.12 (**反序打印字符串**)编写一个程序,它输入一个字符串并以反序打印出这个字符串。将所有的大写字母转换为小写字母,并将所有的小写字母转换为大写字母。

21.13 (**按字母表排序动物名字**)编写一个程序,使用本章介绍的比较功能来按字母表顺序排列一系列动物的名称。比较中只使用大写字母。

21.14 (**密码问题**)编写一个程序,为一个字符串创建一个密码。密码是一个其中的字母都被替换掉的消息或单词。例如,字符串

The bird was named squawk

可能被拼凑成

cin vrjs otz ethns zxqtop

注意,空格不能打乱。在这个特例中,'T'被换成'X',每个'a'被换成'h'。大写字母在密码中变成小写字母。使用类似于练习题21.7中所使用的技术。

21.15 (**解密**)修改练习题21.14,允许用户解密。用户每次输入两个字符,第一个字符指定密码中的一个字母,第二个字母指定替换字符。如果替换字母是正确的,使用大写字母替换密码中的字母。

21.16 (**数回文词**)编写一个程序,输入一个句子并计算它的回文个数。回文是一个按前序或后序读取都一样的单词。例如,"tree"不是一个回文,但是"noon"是一个回文。

21.17 (**数元音**)编写一个程序,计算一个句子中总的元音字母数。输出每个元音出现的频率。

21.18 (**字符串插入**)编写一个程序,在一个字符串的正中间插入字符"******"。

21.19 (**从字符串中删除字符序列**)编写一个程序,从一个字符序列中删除序列"by"和"BY"。

21.20 (**使用迭代器反序字符串**)编写一个程序,输入一行文本并反序打印文本。在程序中使用迭代器。

21.21 (**按递归的方法使用迭代器反序字符串**)为练习题21.20编写一个递归版本的程序。

21.22 (**使用迭代器为参数的 erase 函数**)编写一个程序,演示用迭代器参数的 erase 函数。

21.23 (**字母金字塔**)编写一个程序,根据字符串"abcdefghijklmnopqrstuvwxyz{"生成下列格式:

```
            a
           bcb
          cdedc
         defgfed
        efghihgfe
       fghijkjihgf
      ghijklmlkjihg
     hijklmnonmlkjih
    ijklmnopqponmlkji
   jklmnopqrsrqponmlkj
  klmnopqrstutsrqponmlk
 lmnopqrstuvwvutsrqponml
mnopqrstuvwxyxwvutsrqponm
nopqrstuvwxyz{zyxwvutsrqpon
```

21.24 (**简单解密**)在练习题21.7中,要求读者写一个简单的加密算法。编写一个程序试图使用简单的频率置换来解密一个"旋转13"消息(假设不知道密钥)。密文中最常用的字母替换成英语中使用频率最高的字母(a、e、i、o、u、s、t、r 等)。把可能的结果写到一个文件中。什么原因使得代码这么容易被破解?怎样改进加密机制?

21.25 (**加强的 Employee 类**)通过增加一个 private 工具函数 isValidSocialSecurityNumber 来修改图 12.9 ~ 图 12.10 的类 Employee。这个成员函数要验证一个社会保险号的格式(例如###-##-####,其中#是一个数字)。如果格式是有效的,返回 true,否则返回 false。

## 社会实践题

21.26 (**用更健康的配料烹饪**)在美国,肥胖正在以一个令人警示的速度不断增加。在 www.cdc.gov/nc-cdphp/dnpa/Obesity/trend/maps/index.htm 上查看一幅来源于疾病控制与预防中心(CDC)的图表,

它显示了近 20 年来美国的肥胖趋势。随着肥胖的增加，与它相关的一些疾病（比如心脏病、高血压、高胆固醇以及 II 型糖尿病）的发病率也随之增加。编写一个帮助用户在做饭时选择更健康的原料的程序，它能帮助那些对某些食物过敏的人找到合适的食物（例如坚果、面筋）。这个程序能从用户那里得到食谱，然后建议用户用某些更健康的原料替换其中一些原料。简化起见，你的程序假定食谱中没有茶匙、杯子、汤匙等计量的缩写词，使用数值数字表示数量，而不是将数字拼写出来，例如 1 个鸡蛋、2 个杯子。一些常见的代替品在图 21.13 中。你的程序要显示类似于"在改变你的食谱之前，要去咨询你的医师"的警告。

| 原料 | 替代品 |
| --- | --- |
| 1 杯酸奶油 | 1 杯酸奶 |
| 1 杯牛奶 | 1/2 杯淡奶和 1/2 杯水 |
| 1 茶匙柠檬汁 | 1/2 茶匙醋 |
| 1 杯糖 | 1/2 杯蜂蜜、1 杯蜜或 1/4 杯龙舌兰花蜜 |
| 1 杯黄油 | 1 杯人造奶油或酸奶 |
| 1 杯面粉 | 1 杯黑麦或黑麦米粉 |
| 1 杯蛋黄酱 | 1 杯干酪或 1/8 杯蛋黄酱和 7/8 杯酸奶 |
| 1 个鸡蛋 | 2 汤匙生粉、藕粉或马铃薯淀粉或 2 个蛋白或 大香蕉的 1/2（捣碎） |
| 1 杯牛奶 | 1 杯豆奶 |
| 1/4 杯油 | 1/4 杯苹果酱 |
| 白面包 | 全谷物面包 |

图 21.14　常见原料的代替品

你的程序要考虑到代替品可能不是一个对一个的，比如一块蛋糕需要 3 个鸡蛋，这时你可能需要用 6 个蛋白来代替。代替品和计量的转换数据可以在下面的网站上获得：

chinesefood.about.com/od/recipeconversionfaqs/f/usmetricrecipes.htm
www.pioneerthinking.com/eggsub.html
www.gourmetsleuth.com/conversions.htm

你的程序也要考虑到用户的健康情况，比如高胆固醇、高血压、体重下降、谷蛋白过敏等。对于高胆固醇者，程序要建议用鸡蛋和乳制品代替；如果用户希望减轻体重，程序应建议用低热量物品代替像糖之类的高热量物品。

21.27　（垃圾邮件扫描器）美国有关机构每年要在垃圾邮件预防软件、设备、网络资源、带宽以及低生产率上花费数十亿美元。在线研究一些常见的垃圾邮件消息和词语，查看你自己的垃圾邮件文件夹。建立一个有 30 个垃圾邮件消息中常出现的词或短语的列表。写一个程序，在这个程序中，用户输入一个邮件消息，然后扫描这个消息文本中的这 30 个关键词或短语。这些词在这个邮件中每出现一次，就给邮件的"垃圾邮件分数"加 1 分。接下来根据计算出的"垃圾邮件分数"来判断这个邮件是垃圾邮件的可能性。

21.28　（SMS 语言）短消息服务（SMS）是一种通信服务，它允许在两个手机用户之间发送小于或等于 160 个字的文本消息。随着手机用户在世界范围内的不断增加，SMS 在很多发展中国家中广泛用于政治应用（比如：表达观点或反对），以及报道有关自然灾害的新闻等。可以到 comunica. org/radio2.0/archives/87 上查看例子。因为 SMS 消息的长度有限，SMS 语言（手机文本消息、电子邮件、即时消息等中的常见词或短语的缩写）被广泛使用。比如，"in my opinion"的 SMS 语言是"IMO"。在线研究 SMS 语言，编写一个程序，在这个程序中，用户用 SMS 语言输入一个消息，然后程序要将它翻译为英语（或者你自己的语言）。同时，程序还要提供将英语（或者你自己的语言）转化为 SMS 语言的机制。一个潜在的问题是一个 SMS 缩略词可以转换为不同的短语。比如，IMO 也可以代表"International Maritime Organization"、"in memory of"等。

# 第22章 位、字符、C字符串和结构体

*The same old charitable lie Repeated as the years scoot by Perpetually makes a hit—"You really haven't changed a bit!*

—Margaret Fishback

*The chief defect of Henry King Was chewing little bits of string.*

—Hilaire Belloc

*Vigorous writing is concise. A sentence should contain no unnecessary words, a paragraph no unnecessary sentences.*

—William Strunk, Jr.

## 学习目标

在本章中将学习：

- 创建和使用结构体，理解结构体和类的相似等价性
- 使用 typedef 为数据类型创建别名
- 使用位运算符操作数据及为简洁存储数据建立位域
- 字符处理库 <cctype> 中函数的使用
- 通用库 <cstdlib> 中字符串转换函数的使用
- 字符串处理库 <cstring> 中字符串处理函数的使用

## 提纲

## 22.1 简介

本章讨论结构体，其与类的相似等价性及对位、字符和 C 风格字符串的操作，这里展示的很多技术是为了让 C++ 程序员能够对 C 及早期 C++ 的遗留代码有更好的利用。

和类相似，C++ 结构体可以包含成员访问说明符、成员函数、构造函数和析构函数。事实上，C++ 中结构体与类的唯一不同是当未使用成员访问说明符时，结构体的成员默认为 public 访问，而类成员默认为 private 访问。本章中对结构体的说明主要集中于在工业界的 C 及早期 C++ 的遗留代码中结构体的典型应用。

我们使用包含 C++ string 对象的结构体对象来表示纸牌，以展示一个高性能的洗牌及发牌模拟。还将讨论位运算符，它能使程序员访问并操作数据字节中单独的位。还将展示位域，即能够用来指定变量

在内存中占据精确位数的特殊结构体。这些位操作技术在与具有有限内存空间的硬件设备直接交互程序中十分普遍。本章最后列举几个使用许多字符及 C 风格字符串操作函数的例子，其中一些用来处理作为字节数组的内存块。这里详细介绍 C 风格字符串的主要原因是考虑对遗留代码的支持，因为在 C++ 中还有很多 C 风格字符串的遗留代码，例如命令行参数（见附录 F）。不过在新的开发中应该使用 C++ 字符串对象，而不是 C 风格字符串。

## 22.2　结构体的定义

考虑下面的结构体定义：

```
struct Card
{
    string face;
    string suit;
}; // end struct Card
```

关键字 struct 引入了结构体 Card 的定义。标识符 Card 是结构体名，它用于在 C++ 中声明结构体类型的变量（在 C 中，上述结构体的类型名为 struct Card）。Card 的定义包含两个 string 类型的成员——face 和 suit。

以下声明：

```
Card oneCard;
Card deck[ 52 ];
Card *cardPtr;
```

声明了一个 Card 结构体类型的变量 oneCard，具有 52 个 Card 类型元素的数组 deck 和一个指向 Card 结构体的指针 cardPtr。给出结构体类型的多个变量也可以声明在右括号和结构体结尾分号之间，名字用逗号隔开。例如，先前的声明可以被合并为如下的 Card 结构体定义：

```
struct Card
{
    string face;
    string suit;
} oneCard, deck[ 52 ], *cardPtr;
```

与类相同，结构体成员并不一定存储于内存的连续字节中。有些时候在结构体中存在“洞”，因为有些计算机出于性能上的考虑，仅使用某种内存边界来存储特定的数据类型，如半字、字或双字边界。字是计算机中存储数据的标准内存单元——通常为 2 字节、4 字节或 8 字节，在现今流行的 64 位系统中典型的为 8 字节。考虑下面的结构体定义，Example 结构体类型对象 sample1 和 sample2 的声明：

```
struct Example
{
    char c;
    int i;
} sample1, sample2;
```

使用 2 字节字的计算机可能要求每个 Example 成员都以字边界对齐（即在字的开始——这是机器相关的）。图 22.1 显示了一个 Example 类型对象的存储对齐的例子，它被赋值为字符‘a’和整数 97（显示值的位表示）。如果成员存储于字边界的开始，那么存储 Example 对象时就有 1 字节的“洞”（图中字节 1）。这 1 字节的“洞”的值是未定义的。如果 sample1 和 sample2 的成员值在事实上相等，结构体对象并非必然相等，因为未被定义的 1 字节“洞”很可能不包含相同的值。

**常见的编程错误 22.1**

比较结构体是一个编译错误。

**可移植性提示 22.1**

因为特定类型数据元的大小是机器相关的，存储对齐也是机器相关的，所以结构体的表示也是如此。

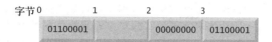

图 22.1　Example 类型的对象的存储格式，显示了没有被定义的比特的位

## 22.3　typedef

关键字 typedef 提供了一种为以前定义的数据类型创建同义名（或别名）的机制。结构体类型的名字经常使用 typedef 来定义，以使其更加可读。例如，语句

```
typedef Card *CardPtr;
```

定义了一个与 Card ＊同义的新类型名 CardPtr。

使用 typedef 创建名字并没有创建新的类型，而只是简单地创建了新的类型名以作为已存在类型名的别名在程序中使用。

## 22.4　示例：洗牌和发牌模拟

图 22.2 ～ 图 22.4 中的洗牌和发牌模拟程序与练习题 9.23 中描述的程序类似。程序将一副纸牌表示为一个结构体的数组。

```
 1   // Fig. 22.2: DeckOfCards.h
 2   // Definition of class DeckOfCards that
 3   // represents a deck of playing cards.
 4   #include <string>
 5   #include <array>
 6
 7   // Card structure definition
 8   struct Card
 9   {
10      std::string face;
11      std::string suit;
12   }; // end structure Card
13
14   // DeckOfCards class definition
15   class DeckOfCards
16   {
17   public:
18      static const int numberOfCards = 52;
19      static const int faces = 13;
20      static const int suits = 4;
21
22      DeckOfCards(); // constructor initializes deck
23      void shuffle(); // shuffles cards in deck
24      void deal() const; // deals cards in deck
25
26   private:
27      std::array< Card, numberOfCards > deck; // represents deck of cards
28   }; // end class DeckOfCards
```

图 22.2　代表一副纸牌的 DeckOfCards 类的定义

构造函数（图 22.3 的第 12 ～ 31 行）按顺序为每一花色 A ～ K 的字符串初始化 deck 数组。shuffle 函数中执行了高性能的洗牌算法。函数在所有的 52 张牌中循环（数组下标为 0 ～ 51）。对于每一张牌从 0 到 51 中随机挑取一个数。然后，当前 Card 和随机挑选的 Card 在数组中对调。总共 52 次对调之后，整个数组便完成了一遍对调，这样数组中的牌便洗好了。因为 Card 结构体在数组中被对调，所以在函数 deal 实现的发牌算法只需传递数组一次就可以将洗过的牌发出。

```cpp
 1  // Fig. 22.3: DeckOfCards.cpp
 2  // Member-function definitions for class DeckOfCards that simulates
 3  // the shuffling and dealing of a deck of playing cards.
 4  #include <iostream>
 5  #include <iomanip>
 6  #include <cstdlib> // prototypes for rand and srand
 7  #include <ctime> // prototype for time
 8  #include "DeckOfCards.h" // DeckOfCards class definition
 9  using namespace std;
10
11  // no-argument DeckOfCards constructor intializes deck
12  DeckOfCards::DeckOfCards()
13  {
14     // initialize suit array
15     static string suit[ suits ] =
16        { "Hearts", "Diamonds", "Clubs", "Spades" };
17
18     // initialize face array
19     static string face[ faces ] =
20        { "Ace", "Deuce", "Three", "Four", "Five", "Six", "Seven",
21        "Eight", "Nine", "Ten", "Jack", "Queen", "King" };
22
23     // set values for deck of 52 Cards
24     for ( size_t i = 0; i < deck.size(); ++i )
25     {
26        deck[ i ].face = face[ i % faces ];
27        deck[ i ].suit = suit[ i / faces ];
28     } // end for
29
30     srand( static_cast< size_t >( time( nullptr ) ) ); // seed
31  } // end no-argument DeckOfCards constructor
32
33  // shuffle cards in deck
34  void DeckOfCards::shuffle()
35  {
36     // shuffle cards randomly
37     for ( size_t i = 0; i < deck.size(); ++i )
38     {
39        int j = rand() % numberOfCards;
40        Card temp = deck[ i ];
41        deck[ i ] = deck[ j ];
42        deck[ j ] = temp;
43     } // end for
44  } // end function shuffle
45
46  // deal cards in deck
47  void DeckOfCards::deal() const
48  {
49     // display each card's face and suit
50     for ( size_t i = 0; i < deck.size(); ++i )
51        cout << right << setw( 5 ) << deck[ i ].face << " of "
52           << left << setw( 8 ) << deck[ i ].suit
53           << ( ( i + 1 ) % 2 ? '\t' : '\n' );
54  } // end function deal
```

图 22.3　DeckOfCards 类成员函数定义

```cpp
 1  // Fig. 22.4: fig22_04.cpp
 2  // Card shuffling and dealing program.
 3  #include "DeckOfCards.h" // DeckOfCards class definition
 4
 5  int main()
 6  {
 7     DeckOfCards deckOfCards; // create DeckOfCards object
 8     deckOfCards.shuffle(); // shuffle the cards in the deck
 9     deckOfCards.deal(); // deal the cards in the deck
10  } // end main
```

```
King of Clubs         Ten of Diamonds
Five of Diamonds      Jack of Clubs
Seven of Spades       Five of Clubs
Three of Spades       King of Hearts
```

图 22.4　高性能的洗牌及发牌模拟

```
   Ten of Clubs          Eight of Spades
 Eight of Hearts           Six of Hearts
  Nine of Diamonds        Nine of Clubs
 Three of Diamonds       Queen of Hearts
   Six of Clubs          Seven of Hearts
 Seven of Diamonds        Jack of Diamonds
  Jack of Spades         King of Diamonds
 Deuce of Diamonds       Four of Clubs
 Three of Clubs          Five of Hearts
 Eight of Clubs           Ace of Hearts
 Deuce of Spades          Ace of Clubs
   Ten of Spades        Eight of Diamonds
   Ten of Hearts          Six of Spades
 Queen of Diamonds        Nine of Hearts
 Seven of Clubs          Queen of Clubs
 Deuce of Clubs          Queen of Spades
 Three of Hearts         Five of Spades
 Deuce of Hearts         Jack of Hearts
  Four of Hearts          Ace of Diamonds
  Nine of Spades         Four of Diamonds
   Ace of Spades          Six of Diamonds
  Four of Spades         King of Spades
```

图 22.4(续)   高性能的洗牌及发牌模拟

## 22.5   位运算符

　　C++ 为那些需要深入到所谓的"位和字节"级别的操作提供了可扩展的位操作能力。操作系统、设备测试软件、网络软件及其他许多软件都要求"直接与硬件"交流。下面介绍 C++ 中众多的位运算符,然后讨论如何使用位域来节省内存。

　　所有的数据均在计算机内部以位序列的形式表示,每一位可以为 0 或 1。在大多数系统中,8 位构成 1 个字节(byte)——字符型变量的标准存储单位。其他数据类型以更多的字节存储。位运算符用来操作整型操作数(char、short、int 和 long,包括 signed 的和 unsigned 类型的)中的位。通常使用位运算符来处理 unsigned 类型的整数。

**可移植性提示 22.2**
位操作是机器相关的。

　　注意本节讨论的位运算符显示了整型操作数的二进制表示。关于二进制(也称为基数 2)计数系统的详细解释请参见附录 D。由于位操作的机器相关特性,这些程序中的某些如果没有经过修改可能无法在读者的系统上正常运行。

　　位运算符有:位与(&),位或(|),位异或(^),左移( << ),右移( >> ),位取反( ~ )——也就是通常说的取补。注意,前面已经使用过 &、<< 和 >>,这是运算符重载的经典例子。位与(&)、位或(|)和位异或(^)运算符按位比较两个操作数。如果两个操作数中的相应位均为 1,则位与运算符将该位置 1;如果两个操作数中的相应位有一个为 1(或均为 1),则位或运算符将该位置为 1;如果两个操作数中的相应位有一个为 1 且不均为 1,则位异或运算符将该位置 1。左移运算符将其左边的操作数左移右边操作数所指定的位数;右移运算符将其左边的操作数右移右边操作数所指定的位数。位取反( ~ )运算符在结果中将所有的 0 位置为 1,将所有的 1 位置为 0。在下面的例子中将对位运算符进行详细讨论。位运算符总结在图 22.5 中。

**打印一个整数值的二进制表示**

　　当使用位运算符时,使用它们的二进制来表示其精确效果是十分有用的。图 22.6 的程序将 unsigned 类型的整数以其二进制形式按 8 位一组打印出来。

| 运算符 | 名称 | 描述 |
|---|---|---|
| & | 位与 | 如果相关的两个操作数都是 1，那么结果中的位设置为 1 |
| \| | 位或 | 如果相关两个操作数中有一个或者都为 1，那么结果中的位设置为 1 |
| ^ | 位异或 | 如果相关两个操作数中有且仅有一个为 1，那么结果中的位设置为 1 |
| << | 左移 | 将第一个操作数中的各个位向左移动第二个操作数指定的位数，右边空的用 0 填充 |
| >> | 带符号扩展的右移 | 将第一个操作数中的各个位向右移动第二个操作数指定的位数，左边空的填充是机器相关的 |
| ~ | 位取反 | 所有 0 的位设置为 1，所有 1 的位设置为 0 |

图 22.5　位运算符

### 打印整型数值的二进制表示

使用位运算符时，打印数值的二进制表示来显示精确的影响是非常有用的。图 22.6 中的程序打印了 unsigned 类型整数的 8 位二进制表示。

```cpp
1    // Fig. 22.6: fig22_06.cpp
2    // Printing an unsigned integer in bits.
3    #include <iostream>
4    #include <iomanip>
5    using namespace std;
6
7    void displayBits( unsigned ); // prototype
8
9    int main()
10   {
11      unsigned inputValue = 0; // integral value to print in binary
12
13      cout << "Enter an unsigned integer: ";
14      cin >> inputValue;
15      displayBits( inputValue );
16   } // end main
17
18   // display bits of an unsigned integer value
19   void displayBits( unsigned value )
20   {
21      const int SHIFT = 8 * sizeof( unsigned ) - 1;
22      const unsigned MASK = 1 << SHIFT;
23
24      cout << setw( 10 ) << value << " = ";
25
26      // display bits
27      for ( unsigned i = 1; i <= SHIFT + 1; ++i )
28      {
29         cout << ( value & MASK ? '1' : '0' );
30         value <<= 1; // shift value left by 1
31
32         if ( i % 8 == 0 ) // output a space after 8 bits
33            cout << ' ';
34      } // end for
35
36      cout << endl;
37   } // end function displayBits
```

```
Enter an unsigned integer: 65000
     65000 = 00000000 00000000 11111101 11101000
```

```
Enter an unsigned integer: 29
        29 = 00000000 00000000 00000000 00011101
```

图 22.6　按位打印 unsigned 类型的整数

函数 displayBits(第 19～37 行)使用位与运算符合并变量 value 和常量 MASK。通常位与运算的一个操作数为掩码(mask)，即一个某些特定位置为 1 的整数。掩码用来在选择某些位时隐藏其他位。在 displayBits 中，第 22 行将 1 左移 SHIFT 位后赋值给常量 MASK。常量 SHIFT 在第 21 行中使用下面的表达式计算得到：

```
8 * sizeof( unsigned ) - 1
```

它将一个 unsigned 类型的对象在内存中所需的字节数乘以 8(1 字节中包含 8 位),以得到存储一个 un-signed 类型的对象所需要的总位数,然后减 1。在计算机上 1 << SHIFT 的位表示,指的是 unsigned 类型的对象在内存中以 4 字节表示为

```
10000000 00000000 00000000 00000000
```

左移运算符将 MASK 中的值 1 从低序(最右边)位移到高序(最左边)位,从右面填补 0 位。第 29 行决定了当前变量 value 的最左边位的打印结果是 0 还是 1。假设变量 value 为 65 000(00000000 00000000 11111101 11101000)。当 value 和 MASK 使用 & 来合并时,除了变量 value 中的高序位之外所有的位均被隐藏,因为任何位与 0 进行与运算的结果都为 0。如果最左位为 1,则 value & MASK 求值为:

```
00000000 00000000 11111101 11101000   (value)
10000000 00000000 00000000 00000000   (MASK)
-----------------------------------
00000000 00000000 00000000 00000000   (value & MASK)
```

这将解释为 false,并打印出 0。第 30 行使用表达式 value <<= 1(即 value = value << 1)将变量 value 左移 1 位。这些步骤对变量 value 的每一位重复进行,最终将值为 1 的位移到最左边的位置,位操作如下:

```
11111101 11101000 00000000 00000000   (value)
10000000 00000000 00000000 00000000   (MASK)
-----------------------------------
10000000 00000000 00000000 00000000   (value & MASK)
```

| 位 1 | 位 2 | 位1& 位2 |
| --- | --- | --- |
| 0 | 0 | 0 |
| 1 | 0 | 0 |
| 0 | 1 | 0 |
| 1 | 1 | 1 |

图 22.7  使用位与运算符(&) 将两个位合并的结果

因为两个最左位都是 1,所以表达式结果非零,打印出 1。图 22.7 概括了使用位与运算符将两个位合并时的结果。

**常见的编程错误22.2**
使用逻辑与运算符(&&)代替位与运算符(&)或是反过来用位或运算符(&)代替逻辑或运算符(&&)均为逻辑错误。

图 22.8 所示的程序演示了位与、位或、位异或、位取反运算符的使用。函数 displayBits(第 48 ~ 66 行)打印 unsigned 类型的整数值。

```cpp
1  // Fig. 22.8: fig22_08.cpp
2  // Bitwise AND, inclusive OR,
3  // exclusive OR and complement operators.
4  #include <iostream>
5  #include <iomanip>
6  using namespace std;
7
8  void displayBits( unsigned ); // prototype
9
10 int main()
11 {
12    // demonstrate bitwise &
13    unsigned number1 = 2179876355;
14    unsigned mask = 1;
15    cout << "The result of combining the following\n";
16    displayBits( number1 );
17    displayBits( mask );
18    cout << "using the bitwise AND operator & is\n";
19    displayBits( number1 & mask );
20
21    // demonstrate bitwise |
22    number1 = 15;
23    unsigned setBits = 241;
24    cout << "\nThe result of combining the following\n";
25    displayBits( number1 );
```

图 22.8  位与、位或、位异或及位取反运算符

```
26        displayBits( setBits );
27        cout << "using the bitwise inclusive OR operator | is\n";
28        displayBits( number1 | setBits );
29
30        // demonstrate bitwise exclusive OR
31        number1 = 139;
32        unsigned number2 = 199;
33        cout << "\nThe result of combining the following\n";
34        displayBits( number1 );
35        displayBits( number2 );
36        cout << "using the bitwise exclusive OR operator ^ is\n";
37        displayBits( number1 ^ number2 );
38
39        // demonstrate bitwise complement
40        number1 = 21845;
41        cout << "\nThe one's complement of\n";
42        displayBits( number1 );
43        cout << "is" << endl;
44        displayBits( ~number1 );
45   } // end main
46
47   // display bits of an unsigned integer value
48   void displayBits( unsigned value )
49   {
50        const int SHIFT = 8 * sizeof( unsigned ) - 1;
51        const unsigned MASK = 1 << SHIFT;
52
53        cout << setw( 10 ) << value << " = ";
54
55        // display bits
56        for ( unsigned i = 1; i <= SHIFT + 1; ++i )
57        {
58           cout << ( value & MASK ? '1' : '0' );
59           value <<= 1; // shift value left by 1
60
61           if ( i % 8 == 0 ) // output a space after 8 bits
62              cout << ' ';
63        } // end for
64
65        cout << endl;
66   } // end function displayBits
```

```
The result of combining the following
2179876355 = 10000001 11101110 01000110 00000011
         1 = 00000000 00000000 00000000 00000001
using the bitwise AND operator & is
         1 = 00000000 00000000 00000000 00000001

The result of combining the following
        15 = 00000000 00000000 00000000 00001111
       241 = 00000000 00000000 00000000 11110001
using the bitwise inclusive OR operator | is
       255 = 00000000 00000000 00000000 11111111

The result of combining the following
       139 = 00000000 00000000 00000000 10001011
       199 = 00000000 00000000 00000000 11000111
using the bitwise exclusive OR operator ^ is
        76 = 00000000 00000000 00000000 01001100

The one's complement of
     21845 = 00000000 00000000 01010101 01010101
is
4294945450 = 11111111 11111111 10101010 10101010
```

图 22.8(续)　位与、位或、位异或及位取反运算符

**位与运算符(&)**

图 22.8 的第 13 行将 2 179 876 355(10000001 11101110 01000110 00000011)赋给变量 number1，第 14 行将 1(00000000 00000000 00000000 00000001)赋给变量 mask。当在表达式 number1 & mask(第 19 行)中使用位与运算符将 mask 和 number1 合并时，结果为 00000000 00000000 00000000 00000001。变量 number1 中除最低位外所有的位通过和常量 MASK 位进行位与运算而被隐藏。

**位或运算符( | )**

位或运算符用来将操作数中某些特定位置设为 1。在图 22.8 的第 22 行中，将 15(00000000 00000000 00000000 00001111) 赋值给变量 number1，第 23 行将 241(00000000 00000000 00000000 11110001) 赋值给变量 setBits。当 number1 和 setBits 在表达式 number1 | setBits(第 28 行)中使用位或运算符合并时，结果为 255(00000000 00000000 00000000 11111111)。图 22.9 概括了使用位或运算符将两个位合并时的结果。

**常见的编程错误22.3**

使用逻辑或运算符 || 代替位或运算符 |，或是反过来用位或运算符 | 代替逻辑或运算符 || 均为逻辑错误。

**位异或运算符( ^ )**

当两个操作数中的相应位有且仅有一个为 1 时，位异或运算符(^)将该位置为 1。图 22.8 中第 31 ~ 32 行将变量 number1 和 number2 分别赋值为 139(00000000 00000000 00000000 10001011) 和 199(00000000 00000000 00000000 11000111)。当它们通过在表达式 number1 ^ number2(第 37 行)中使用位异或运算符合并时，结果为 00000000 00000000 00000000 01001100。图 22.10 概括了位异或运算符将两个位合并时的结果。

| 位 1 | 位 2 | 位 1 | 位 2 |
| --- | --- | --- |
| 0 | 0 | 0 |
| 1 | 0 | 1 |
| 0 | 1 | 1 |
| 1 | 1 | 1 |

图 22.9　使用位或运算符(|)合并两个位

| 位 1 | 位 2 | 位 1 ^ 位 2 |
| --- | --- | --- |
| 0 | 0 | 0 |
| 1 | 0 | 1 |
| 0 | 1 | 1 |
| 1 | 1 | 0 |

图 22.10　使用位异或运算符(^)合并两个位

**位取反运算符( ~ )**

位取反运算将所有 1 位置为 0，将所有 0 位置为 1，并保留在结果中(或称为"取补")。图 22.8 中第 40 行将变量 number1 赋值为 21 845(00000000 00000000 01010101 01010101)。当计算表达式 ~ number1 时，结果为 11111111 11111111 10101010 10101010。

**位移运算符**

图 22.11 演示了左移( << )及右移( >> )运算符的使用。函数 displayBits(第 27 ~ 45 行)打印 unsigned 类型的整数值。

```cpp
1  // Fig. 22.11: fig22_11.cpp
2  // Using the bitwise shift operators.
3  #include <iostream>
4  #include <iomanip>
5  using namespace std;
6
7  void displayBits( unsigned ); // prototype
8
9  int main()
10 {
11     unsigned number1 = 960;
12
13     // demonstrate bitwise left shift
14     cout << "The result of left shifting\n";
15     displayBits( number1 );
16     cout << "8 bit positions using the left-shift operator is\n";
17     displayBits( number1 << 8 );
18
19     // demonstrate bitwise right shift
20     cout << "\nThe result of right shifting\n";
21     displayBits( number1 );
22     cout << "8 bit positions using the right-shift operator is\n";
23     displayBits( number1 >> 8 );
24  } // end main
```

图 22.11　位移运算符

```
25
26   // display bits of an unsigned integer value
27   void displayBits( unsigned value )
28   {
29       const int SHIFT = 8 * sizeof( unsigned ) - 1;
30       const unsigned MASK = 1 << SHIFT;
31
32       cout << setw( 10 ) << value << " = ";
33
34       // display bits
35       for ( unsigned i = 1; i <= SHIFT + 1; ++i )
36       {
37           cout << ( value & MASK ? '1' : '0' );
38           value <<= 1; // shift value left by 1
39
40           if ( i % 8 == 0 ) // output a space after 8 bits
41               cout << ' ';
42       } // end for
43
44       cout << endl;
45   } // end function displayBits
```

```
The result of left shifting
      960 = 00000000 00000000 00000011 11000000
8 bit positions using the left-shift operator is
   245760 = 00000000 00000011 11000000 00000000

The result of right shifting
      960 = 00000000 00000000 00000011 11000000
8 bit positions using the right-shift operator is
        3 = 00000000 00000000 00000000 00000011
```

图 22.11(续)　位移运算符

**位左移运算符**

位左移运算符( << )将运算符左面的操作数左移右面操作数所指定的位数。空出的位由 0 填补,移出的位将丢失。图 22.11 中的第 11 行将变量 number1 赋值为 960(00000000 00000000 00000011 11000000)。表达式 number1 << 8(第 17 行)将变量 number1 左移 8 位,其结果为 245 760(00000000 00000011 11000000 00000000)。

**位右移运算符**

位右移运算符( >> )将运算符左面的操作数右移右面操作数所指定的位数。在 unsigned 类型的整型上执行位右移时,空出的位由 0 填补,右移出去的位将丢失。在图 22.11 的程序中,表达式 number1 >> 8(第 23 行)将 number1 右移 8 位,其结果为 3(00000000 00000000 00000000 00000011)。

**常见的编程错误 22.4**

当右操作数为负或是右操作数大于或等于左操作数的位数时,位移运算的结果是未定义的。

**可移植性提示 22.3**

右移一个有符号数时的结果是与机器相关的。有些机器用 0 填补,有些用符号位填补。

**位赋值运算符**

每一个位运算符(除了位取反)都有一个对应的赋值运算符。这些位赋值运算符在图 22.12 中展示,与第 4 章介绍过的算术赋值运算符使用方法相似。

图 22.13 简要说明了介绍至此的所有运算符的优先级及结合律。这些运算符从上到下按优先级降序排列。

| 位赋值运算符 | |
| --- | --- |
| & = | 位与赋值运算符 |
| \| = | 位或赋值运算符 |
| ^ = | 位异或赋值运算符 |
| <<= | 位左移赋值运算符 |
| >>= | 位右移赋值运算符 |

图 22.12　位赋值运算符

| 运算符 | 结合律 | 类型 |
|---|---|---|
| ::(一元;从右到左) | 从左至右 | 最高 |
| ::(二元;从左到右) | | |
| () | 请见图 2.10 中关于括号的注意事项 | |
| ()　[ ]　.　->　++　--　static_cast < type > ( ) | 从左至右 | 后缀 |
| ++　--　+　-　!　delete　sizeof | 从右至左 | 前缀 |
| *　~　&　new | | |
| *　/　% | 从左至右 | 乘除法 |
| +　- | 从左至右 | 加减法 |
| <<　>> | 从左至右 | 位移 |
| <　<=　>　>= | 从左至右 | 关系 |
| ==　! = | 从左至右 | 相等 |
| & | 从左至右 | 位与 |
| ^ | 从左至右 | 位异或 |
| && | 从左至右 | 逻辑与 |
| \|\| | 从左至右 | 逻辑或 |
| ?: | 从右至左 | 条件 |
| =　+= -=　*=　/=　%=　&=\|=^=　<<=　>>= | 从右至左 | 赋值 |
| , | 从左至右 | 逗号 |

图 22.13　运算符的优先级及结合律

## 22.6　位域

C++ 允许设定类或结构体的 int 类型或枚举类型成员的存储位数,这样的成员称为位域。位域能够以最少的位数存储数据,从而可以更有效地使用内存。位域成员必须声明为整型或枚举类型。

**性能提示 22.1**
位域可以帮助节约存储空间。

考虑下面的结构体定义:

```
struct BitCard
{
    unsigned face : 4;
    unsigned suit : 2;
    unsigned color : 1;
}; // end struct BitCard
```

其中包含了 3 个 unsigned 位域——face、suit 和 color,用来代表 52 张牌中的一张。位域的声明组成中包含一个 int 类型或枚举类型的成员加上冒号(:),后面跟着一个表示位域宽度(即该成员所占据的位数)的整型常量。宽度必须是一个整型常量。

前面的结构体定义表明成员 face 用 4 位存储,suit 用 2 位存储,color 用 1 位存储。位数的设定基于每个结构体成员的期望值域。成员 face 的值域为 0(A)~ 12(K),4 个位可以存储 0 ~ 15 的值。成员 suit 存储 0 ~ 3(0 = 方块,1 = 红心,2 = 梅花,3 = 黑桃),2 个位可以存储 0 ~ 3 的值。最后,成员 color 存储 0(红)或 1(黑),1 个位可以存储 0 或 1。

图 22.14 ~ 图 22.16 中的程序创建了一个 deck 数组,它包含 52 个 BitCard 结构体(见图 22.14 中的第 25 行)。构造函数将 52 张牌插入到 deck 数组中,函数 deal 打印 52 张牌。注意,位域的访问同其他结构体的成员完全相同(图 22.15 的第 14 ~ 16 行和第 25 ~ 30 行)。成员 color 用来表明牌的花色。

可以指定一个未命名的位域,用来在结构体中进行填充(padding)。例如,结构体定义中使用 3 位的未命名的位域作为填充,这 3 个位不存储任何内容。成员 b 就被存储在另一个存储单元中:

```
1   // Fig. 22.14: DeckOfCards.h
2   // Definition of class DeckOfCards that
3   // represents a deck of playing cards.
4   #include <array>
5
6   // BitCard structure definition with bit fields
7   struct BitCard
8   {
9      unsigned face : 4; // 4 bits; 0-15
10     unsigned suit : 2; // 2 bits; 0-3
11     unsigned color : 1; // 1 bit; 0-1
12  }; // end struct BitCard
13
14  // DeckOfCards class definition
15  class DeckOfCards
16  {
17  public:
18     static const int faces = 13;
19     static const int colors = 2; // black and red
20     static const int numberOfCards = 52;
21
22     DeckOfCards(); // constructor initializes deck
23     void deal() const; // deals cards in deck
24  private:
25     std::array< BitCard, numberOfCards > deck; // represents deck of cards
26  }; // end class DeckOfCards
```

图 22.14 代表一副纸牌的类 DeckOfCards 的定义

```
1   // Fig. 22.15: DeckOfCards.cpp
2   // Member-function definitions for class DeckOfCards that simulates
3   // the shuffling and dealing of a deck of playing cards.
4   #include <iostream>
5   #include <iomanip>
6   #include "DeckOfCards.h" // DeckOfCards class definition
7   using namespace std;
8
9   // no-argument DeckOfCards constructor intializes deck
10  DeckOfCards::DeckOfCards()
11  {
12     for ( size_t i = 0; i < deck.size(); ++i )
13     {
14        deck[ i ].face = i % faces; // faces in order
15        deck[ i ].suit = i / faces; // suits in order
16        deck[ i ].color = i / ( faces * colors ); // colors in order
17     } // end for
18  } // end no-argument DeckOfCards constructor
19
20  // deal cards in deck
21  void DeckOfCards::deal() const
22  {
23     for ( size_t k1 = 0, k2 = k1 + deck.size() / 2;
24        k1 < deck.size() / 2 - 1; ++k1, ++k2 )
25        cout << "Card:" << setw( 3 ) << deck[ k1 ].face
26           << "  Suit:" << setw( 2 ) << deck[ k1 ].suit
27           << "  Color:" << setw( 2 ) << deck[ k1 ].color
28           << "   " << "Card:" << setw( 3 ) << deck[ k2 ].face
29           << "  Suit:" << setw( 2 ) << deck[ k2 ].suit
30           << "  Color:" << setw( 2 ) << deck[ k2 ].color << endl;
31  } // end function deal
```

图 22.15 DeckOfCards 的成员函数定义

```
1   // Fig. 22.16: fig22_16.cpp
2   // Card shuffling and dealing program.
3   #include "DeckOfCards.h" // DeckOfCards class definition
4
5   int main()
6   {
7      DeckOfCards deckOfCards; // create DeckOfCards object
8      deckOfCards.deal(); // deal the cards in the deck
9   } // end main
```

图 22.16 存储一副纸牌的位域

```
Card:  0  Suit: 0  Color: 0    Card:  0  Suit: 2  Color: 1
Card:  1  Suit: 0  Color: 0    Card:  1  Suit: 2  Color: 1
Card:  2  Suit: 0  Color: 0    Card:  2  Suit: 2  Color: 1
Card:  3  Suit: 0  Color: 0    Card:  3  Suit: 2  Color: 1
Card:  4  Suit: 0  Color: 0    Card:  4  Suit: 2  Color: 1
Card:  5  Suit: 0  Color: 0    Card:  5  Suit: 2  Color: 1
Card:  6  Suit: 0  Color: 0    Card:  6  Suit: 2  Color: 1
Card:  7  Suit: 0  Color: 0    Card:  7  Suit: 2  Color: 1
Card:  8  Suit: 0  Color: 0    Card:  8  Suit: 2  Color: 1
Card:  9  Suit: 0  Color: 0    Card:  9  Suit: 2  Color: 1
Card: 10  Suit: 0  Color: 0    Card: 10  Suit: 2  Color: 1
Card: 11  Suit: 0  Color: 0    Card: 11  Suit: 2  Color: 1
Card: 12  Suit: 0  Color: 0    Card: 12  Suit: 2  Color: 1
Card:  0  Suit: 1  Color: 0    Card:  0  Suit: 3  Color: 1
Card:  1  Suit: 1  Color: 0    Card:  1  Suit: 3  Color: 1
Card:  2  Suit: 1  Color: 0    Card:  2  Suit: 3  Color: 1
Card:  3  Suit: 1  Color: 0    Card:  3  Suit: 3  Color: 1
Card:  4  Suit: 1  Color: 0    Card:  4  Suit: 3  Color: 1
Card:  5  Suit: 1  Color: 0    Card:  5  Suit: 3  Color: 1
Card:  6  Suit: 1  Color: 0    Card:  6  Suit: 3  Color: 1
Card:  7  Suit: 1  Color: 0    Card:  7  Suit: 3  Color: 1
Card:  8  Suit: 1  Color: 0    Card:  8  Suit: 3  Color: 1
Card:  9  Suit: 1  Color: 0    Card:  9  Suit: 3  Color: 1
Card: 10  Suit: 1  Color: 0    Card: 10  Suit: 3  Color: 1
Card: 11  Suit: 1  Color: 0    Card: 11  Suit: 3  Color: 1
Card: 12  Suit: 1  Color: 0    Card: 12  Suit: 3  Color: 1
```

图 22.16(续)　存储一副纸牌的位域

```
struct Example
{
    unsigned a : 13;
    unsigned   : 3; // align to next storage-unit boundary
    unsigned b : 4;
}; // end struct Example
```

具有 0 宽度的未命名的位域用来将下一位域与新的存储单元边界对齐。例如,下面的结构体定义

```
struct Example
{
    unsigned a : 13;
    unsigned   : 0; // align to next storage-unit boundary
    unsigned b : 4;
}; // end struct Example
```

使用一个未命名的 0 位域跳过了 a 所在存储单元的剩余位数(有多少就跳过多少),然后将 b 与下一存储单元的边界对齐。

**可移植性提示 22.4**

位域操作是机器相关的。例如,一些计算机允许位域跨越字边界,有一些则不允许。

**常见的编程错误 22.5**

试图像使用数组元素一样通过下标来访问位域中的单独位是编译错误。位域不是“位的数组”。

**常见的编程错误 22.6**

尝试对位域取地址(不能对位域使用 & 运算符,因为指针只能指向内存中的特定字节,而位域可以从字节的中间开始)是一个编译错误。

**性能提示 22.2**

尽管位域可以节省空间,但是会导致编译器产生低效的机器语言代码。因为需要额外的机器语言操作来访问可寻址存储单元的一部分。这是众多计算机科学的时空权衡问题之一。

## 22.7　字符处理库

　　大部分数据在计算机中以字节形式表示,包括字母、数字和各种特殊的符号。本节将讨论 C++ 检查操作单个字符的功能。在本章的剩余部分,将继续讨论第 8 章开始介绍的字符与字符串操作。

　　字符处理库包括一些执行测试和操作字符数据的函数。每一个函数都接收一个字符(以一个整数代表)或是 EOF 作为参数。经常将字符作为整数进行处理。记住，通常 EOF 的值为 −1，是因为一些硬件体系不允许在字符变量中存储负值。因此，字符处理函数以整数形式操作字符。图 22.17 列出了字符处理库中的函数。当使用字符处理库中的函数时，需要包含 <cctype> 头文件。

| 描述 | 原型 |
| --- | --- |
| int isdigit( int c) | 如果 c 是数字则返回 1, 否则返回 0 |
| int isalpha( int c) | 如果 c 是字母则返回 1, 否则返回 0 |
| int isalnum( int c) | 如果 c 是数字或字母则返回 1, 否则返回 0 |
| int isxdigit( int c) | 如果 c 是一个十六进制数字字符则返回 1, 否则返回 0(附录 D 对数字系统中的二进制、八进制、十进制和十六进制数进行了详细说明) |
| int islower( int c) | 如果 c 是小写字母则返回 1, 否则返回 0 |
| int isupper( int c) | 如果 c 是大写字母则返回 1, 否则返回 0 |
| int tolower( int c) | 如果 c 是大写字母，则 tolower 返回 c 相应的小写字母，否则 tolower 返回原来的参数 c |
| int toupper( int c) | 如果 c 是小写字母，则 toupper 返回 c 相应的大写字母，否则 toupper 返回原来的参数 c |
| int isspace( int c) | 如果 c 是空白字符：换行符('\n')、空格符('')、换页符('\f')、回车符('\r')、水平制表符('\t')和垂直制表符('\v')，则返回 1, 否则返回 0 |
| int iscntrl( int c) | 如果 c 是控制字符：换行符('\n')、换页符('\f')、回车符('\r')、水平制表符('\t')、垂直制表符('\v')、响铃符('\a')和退格符('\b')，则返回 1, 否则返回 0 |
| int ispunct( int c) | 如果 c 是除空格、数字和字母之外的可打印字符则返回 1, 否则返回 0 |
| int isprint( int c) | 如果 c 是可打印字符(包括空格)则返回 1, 否则返回 0 |
| int isgraph( int c) | 如果 c 是除空格外的可打印字符则返回 1, 否则返回 0 |

图 22.17　字符处理库函数

　　图 22.18 演示了函数 isdigit、isalpha、isalnum 及 isxdigit。函数 isdigit 判断参数是否为数字(0 ~ 9)；函数 isalpha 判断参数是否为一个大写字母(A ~ Z)或是小写字母(a ~ z)；函数 isalnum 判断参数是否是大写字母、小写字母或数字；函数 isxdigit 判断参数是否是十六进制数字(A ~ F, a ~ f, 0 ~ 9)。

```
1   // Fig. 22.18: fig22_18.cpp
2   // Character-handling functions isdigit, isalpha, isalnum and isxdigit.
3   #include <iostream>
4   #include <cctype> // character-handling function prototypes
5   using namespace std;
6
7   int main()
8   {
9      cout << "According to isdigit:\n"
10        << ( isdigit( '8' ) ? "8 is a" : "8 is not a" ) << " digit\n"
11        << ( isdigit( '#' ) ? "# is a" : "# is not a" ) << " digit\n";
12
13     cout << "\nAccording to isalpha:\n"
14        << ( isalpha( 'A' ) ? "A is a" : "A is not a" ) << " letter\n"
15        << ( isalpha( 'b' ) ? "b is a" : "b is not a" ) << " letter\n"
16        << ( isalpha( '&' ) ? "& is a" : "& is not a" ) << " letter\n"
17        << ( isalpha( '4' ) ? "4 is a" : "4 is not a" ) << " letter\n";
18
19     cout << "\nAccording to isalnum:\n"
20        << ( isalnum( 'A' ) ? "A is a" : "A is not a" )
21        << " digit or a letter\n"
22        << ( isalnum( '8' ) ? "8 is a" : "8 is not a" )
23        << " digit or a letter\n"
24        << ( isalnum( '#' ) ? "# is a" : "# is not a" )
25        << " digit or a letter\n";
26
27     cout << "\nAccording to isxdigit:\n"
28        << ( isxdigit( 'F' ) ? "F is a" : "F is not a" )
29        << " hexadecimal digit\n"
30        << ( isxdigit( 'J' ) ? "J is a" : "J is not a" )
31        << " hexadecimal digit\n"
32        << ( isxdigit( '7' ) ? "7 is a" : "7 is not a" )
```

图 22.18　字符处理函数 isdigit、isalpha、isalnum 及 isxdigit

```
33          << " hexadecimal digit\n"
34          << ( isxdigit( '$' ) ? "$ is a" : "$ is not a" )
35          << " hexadecimal digit\n"
36          << ( isxdigit( 'f' ) ? "f is a" : "f is not a" )
37          << " hexadecimal digit" << endl;
38     } // end main
```

```
According to isdigit:
8 is a digit
# is not a digi

According to isalpha:
A is a letter
b is a letter
& is not a letter
4 is not a letter

According to isalnum:
A is a digit or a letter
8 is a digit or a letter
# is not a digit or a letter

According to isxdigit:
F is a hexadecimal digit
J is not a hexadecimal digit
7 is a hexadecimal digit
$ is not a hexadecimal digit
f is a hexadecimal digit
```

图 22.18(续)　字符处理函数 isdigit、isalpha、isalnum 及 isxdigit

　　图 22.18 在每个函数中使用了条件运算符( ?:)来判断字符测试的打印结果中应包含字符串"is a"还是"is not a"。例如,第 10 行指出如果 8 是数字,即如果 isdigit 返回 true(非零)值,那么将打印字符串"8 is a";如果 8 不是一个数字,即如果 isdigit 返回 0,则将打印字符串"8 is not a"。

　　图 22.19 演示了函数 islower、isupper、tolower 及 toupper 的用法。函数 islower 判断其参数是否是一个小写字母(a ~ z);函数 isupper 判断其参数是否是一个大写字母(A ~ Z);函数 tolower 将一个大写字母转化为对应的小写字母并返回它,如果参数不是大写字母,那么 tolower 不改变参数值而返回该值;函数 toupper 将一个小写字母转化为对应的大写字母并返回它,如果参数不是一个小写字母,那么 toupper 不改变参数值而返回该值。

```
1   // Fig. 22.19: fig22_19.cpp
2   // Character-handling functions islower, isupper, tolower and toupper.
3   #include <iostream>
4   #include <cctype> // character-handling function prototypes
5   using namespace std;
6
7   int main()
8   {
9      cout << "According to islower:\n"
10        << ( islower( 'p' ) ? "p is a" : "p is not a" )
11        << " lowercase letter\n"
12        << ( islower( 'P' ) ? "P is a" : "P is not a" )
13        << " lowercase letter\n"
14        << ( islower( '5' ) ? "5 is a" : "5 is not a" )
15        << " lowercase letter\n"
16        << ( islower( '!' ) ? "! is a" : "! is not a" )
17        << " lowercase letter\n";
18
19     cout << "\nAccording to isupper:\n"
20        << ( isupper( 'D' ) ? "D is an" : "D is not an" )
21        << " uppercase letter\n"
22        << ( isupper( 'd' ) ? "d is an" : "d is not an" )
23        << " uppercase letter\n"
24        << ( isupper( '8' ) ? "8 is an" : "8 is not an" )
25        << " uppercase letter\n"
26        << ( isupper( '$' ) ? "$ is an" : "$ is not an" )
27        << " uppercase letter\n";
28
```

图 22.19　字符处理函数 islower、isupper、tolower 及 toupper

```
29      cout << "\nu converted to uppercase is "
30          << static_cast< char >( toupper( 'u' ) )
31          << "\n7 converted to uppercase is "
32          << static_cast< char >( toupper( '7' ) )
33          << "\n$ converted to uppercase is "
34          << static_cast< char >( toupper( '$' ) )
35          << "\nL converted to lowercase is "
36          << static_cast< char >( tolower( 'L' ) ) << endl;
37  } // end main
```

```
According to islower:
p is a lowercase letter
P is not a lowercase letter
5 is not a lowercase letter
! is not a lowercase letter

According to isupper:
D is an uppercase letter
d is not an uppercase letter
8 is not an uppercase letter
$ is not an uppercase letter

u converted to uppercase is U
7 converted to uppercase is 7
$ converted to uppercase is $
L converted to lowercase is l
```

图 22.19(续)  字符处理函数 islower、isupper、tolower 及 toupper

图 22.20 演示了函数 isspace、iscntrl、ispunct、isprint 及 isgraph 的用法。函数 isspace 判断参数是否为一个空白字符，如空格符('')、换页符('\f')、换行符('\n')、回车符('\r')、水平制表符('\t')、垂直制表符('\v')；函数 iscntrl 判断参数是否为一个控制符，如水平制表符('\t')、垂直制表符('\v')、换页符('\f')、响铃符('\a')、退格符('\b')、回车符('\r')或换行符('\n')；函数 ispunct 判断其参数是否为一个打印字符而不是空格、数字或字母，如 $、#、(、)、[、]、{、}、;、:或%；函数 isprint 判断其参数是否是一个能在显示器显示的字符(包括空格符)；函数 isgraph 测试的字符与 isprint 相同，但它不包括空格符。

```
1   // Fig. 22.20: fig22_20.cpp
2   // Using functions isspace, iscntrl, ispunct, isprint and isgraph.
3   #include <iostream>
4   #include <cctype> // character-handling function prototypes
5   using namespace std;
6
7   int main()
8   {
9      cout << "According to isspace:\nNewline "
10         << ( isspace( '\n' ) ? "is a" : "is not a" )
11         << " whitespace character\nHorizontal tab "
12         << ( isspace( '\t' ) ? "is a" : "is not a" )
13         << " whitespace character\n"
14         << ( isspace( '%' ) ? "% is a" : "% is not a" )
15         << " whitespace character\n";
16
17     cout << "\nAccording to iscntrl:\nNewline "
18         << ( iscntrl( '\n' ) ? "is a" : "is not a" )
19         << " control character\n"
20         << ( iscntrl( '$' ) ? "$ is a" : "$ is not a" )
21         << " control character\n";
22
23     cout << "\nAccording to ispunct:\n"
24         << ( ispunct( ';' ) ? "; is a" : "; is not a" )
25         << " punctuation character\n"
26         << ( ispunct( 'Y' ) ? "Y is a" : "Y is not a" )
27         << " punctuation character\n"
28         << ( ispunct( '#' ) ? "# is a" : "# is not a" )
29         << " punctuation character\n";
30
31     cout << "\nAccording to isprint:\n"
32         << ( isprint( '$' ) ? "$ is a" : "$ is not a" )
```

图 22.20  字符处理函数 isspace、iscntrl、ispunct、isprint 及 isgraph

```
33          << " printing character\nAlert "
34          << ( isprint( '\a' ) ? "is a" : "is not a" )
35          << " printing character\nSpace "
36          << ( isprint( ' ' ) ? "is a" : "is not a" )
37          << " printing character\n";
38
39    cout << "\nAccording to isgraph:\n"
40          << ( isgraph( 'Q' ) ? "Q is a" : "Q is not a" )
41          << " printing character other than a space\nSpace "
42          << ( isgraph( ' ' ) ? "is a" : "is not a" )
43          << " printing character other than a space" << endl;
44 } // end main
```

```
According to isspace:
Newline is a whitespace character
Horizontal tab is a whitespace character
% is not a whitespace character

According to iscntrl:
Newline is a control character
$ is not a control character

According to ispunct:
; is a punctuation character
Y is not a punctuation character
# is a punctuation character

According to isprint:
$ is a printing character
Alert is not a printing character
Space is a printing character

According to isgraph:
Q is a printing character other than a space
Space is not a printing character other than a space
```

图 22.20(续)　字符处理函数 isspace、iscntrl、ispunct、isprint 及 isgraph

## 22.8　C 字符串操作函数

字符串处理库提供了很多有用的函数,用于操作字符串数据、比较字符串、查找字符串中的字符和其他字符串、拆解字符串(将字符串分解为逻辑块,譬如句中的各个单词)及确定字符串的长度等。本节介绍一些(C++标准库中)字符串处理库中常用的字符串操作函数。图 22.21 总结了这些函数,每个函数都在一个活代码例子中使用。这些函数的原型在头文件 < cstring > 中。

| 函数原型 | 函数说明 |
| --- | --- |
| char * strcpy( char * s1, const char * s2 ); | |
| | 将字符串 s2 复制到字符数组 s1 中,返回 s1 的值 |
| char * strncpy( char * s1, const char * s2, size_t n ); | |
| | 将字符串 s2 中至多 n 个字符复制到字符数组 s1 中,返回 s1 的值 |
| char * strcat( char * s1, const char * s2 ); | |
| | 将字符串 s2 追加到 s1 中, s1 的终止空字符由 s2 的第一个字符改写,返回 s1 的值 |
| char * strncat( char * s1, const char * s2, size_t n ); | |
| | 将字符串 s2 中至多 n 个字符追加到字符串 s1 中, s1 的终止空字符由 s2 的第一个字符改写,返回 s1 的值 |
| int strcmp( const char * s1, const char * s2 ); | |
| | 比较字符串 s1 和字符串 s2。该函数在 s1 等于、小于或者大于 s2 时分别返回0、小于0 的值、大于 0 的值 |
| int strncmp( const char * s1, const char * s2, size_t n ); | |
| | 将字符串 s1 的前 n 个字符和字符串 s2 进行比较,如果 s1 的 n 个字符部分等于、小于或者大于 s2 相应的 n 个字符部分,该函数分别返回0、小于 0 的值、大于 0 的值 |

图 22.21　字符串处理库中的字符串操作函数

| 函 数 原 型 | 函数说明 |
|---|---|
| char * strtok( char * s1, const char * s2 ); | 对 strtok 的一系列调用将字符串 s1 拆分成一个个"记号"(诸如一行文本中的各个单词之类的逻辑部件)。s1 的分解是根据字符串 s2 中包含的字符进行的。例如,如果打算将字符串"this：is：a：string"根据字符":"来分解成一个个记号,那么所得到的记号分别是"this"、"is"、"a"和"string"。然而,函数 strtok 每次调用只返回一个记号。第一次调用将 s1 作为第一个参数,接下来的调用继续对相同的字符串记号化,只是第一个参数为 NULL。每次调用返回当前记号的指针。如果函数调用时不再有记号,那么返回 NULL |
| size_t strlen( const char * s ); | 确定字符串 s 的长度。返回终止空字符之前的字符个数 |

图 22.21(续)　字符串处理库中的字符串操作函数

图 22.21 的几个函数包含了数据类型为 size_t 的参数,类型被定义在头文件 < cstring > 中,为无符号整形,例如 unsigned int 或者 unsigned long。

 **常见的编程错误 22.7**
当从字符串处理函数库中使用函数时,忘记包含头文件 < cstring > 会产生编译错误。

### 使用 strcpy 和 strncyp 来复制字符串

函数 strcpy 将它的第二个参数(一个字符串)复制到它的第一个参数(一个字符数组)中,该字符数组必须足够大,以便存储字符串和终止空字符。函数 strncpy 除了要指定从字符串复制到数组的字符数之外,它和 strcpy 是一样的。请注意,函数 strncpy 不一定会复制它的第二个参数的终止空字符,只有当要复制的字符串至少比字符串的长度大 1 时才写入终止空字符。例如,如果"test"是第二个参数,那么只有当 strncpy 的第三个参数至少为 5("test"中的 4 个字符加上一个终止空字符)时,才会写入一个终止空字符。如果第三个参数比 5 大,就会在数组中一直添加终止空字符,直到写入的总字符数达到第三个参数所指定的数值。

 **常见的编程错误 22.8**
当使用 strncpy 时,如果 strncpy 第三个参数所指定要复制的字符数不大于第二个参数的长度,那么第二个参数(一个 char *字符串)的终止空字符就不会被复制。在那样的情况下,如果程序员不用一个空字符人为地终止得到的 char *字符串,就会导致一个致命的错误。

图 22.22 使用 strcpy(第 13 行)把数组 x 中的整个字符串复制到数组 y 中,而使用 strncpy(第 19 行)把数组 x 中的前 14 个字符复制到数组 z 中。第 20 行追加一个空字符('\0')到数组 z,因为程序中对 strncpy 的调用并没有写入一个终止空字符(第三个参数比第二个参数的字符串字面长度加 1 要小)。

### 使用 strcat 和 strncat 连接字符串

函数 strcat 把它的第二个参数(一个字符串)追加到第一个参数(包含一个字符串的字符数组)中。第二个参数的第一个字符替换了终止第一个参数字符串的空字符('\0')。程序员必须保证用于存储第一个字符串的数组足够大,以便存储第一个字符串、第二个字符串和终止空字符(从第二个字符串复制过来)的联合体。函数 strncat 把第二个字符串中指定数目的字符追加到第一个字符串,并添加一个终止空字符到结果中。图 22.23 的程序演示了函数 strcat(第 15 行和第 25 行)和函数 strncat(第 20 行)的使用情况。

### 使用 strcmp 和 strncmp 比较字符串

图 22.24 使用 strcmp(第 15 ~ 17 行)和 strncmp(第 20 ~ 22 行)比较三个字符串。函数 strcmp 逐个字符地比较它的第一个字符串参数和第二个字符串参数。如果这两个字符串相等,函数返回 0;如果第一个字符串小于第二个字符串,函数返回一个负值;如果第一个字符串大于第二个字符串,函数返回一个正值。函数 strncmp 和 strcmp 是等价的,只是 strncmp 仅比较到指定数目的字符。如果遇到其中一个字符串参数的终止空字符,那么函数 strncmp 就停止进行字符的比较。程序打印每次函数调用所返回的整数值。

```
1   // Fig. 22.22: fig22_22.cpp
2   // Using strcpy and strncpy.
3   #include <iostream>
4   #include <cstring> // prototypes for strcpy and strncpy
5   using namespace std;
6
7   int main()
8   {
9      char x[] = "Happy Birthday to You"; // string length 21
10     char y[ 25 ];
11     char z[ 15 ];
12
13     strcpy( y, x ); // copy contents of x into y
14
15     cout << "The string in array x is: " << x
16        << "\nThe string in array y is: " << y << '\n';
17
18     // copy first 14 characters of x into z
19     strncpy( z, x, 14 ); // does not copy null character
20     z[ 14 ] = '\0'; // append '\0' to z's contents
21
22     cout << "The string in array z is: " << z << endl;
23  } // end main
```

```
The string in array x is: Happy Birthday to You
The string in array y is: Happy Birthday to You
The string in array z is: Happy Birthday
```

图 22.22    strcpy 和 strncpy

```
1   // Fig. 22.23: fig22_23.cpp
2   // Using strcat and strncat.
3   #include <iostream>
4   #include <cstring> // prototypes for strcat and strncat
5   using namespace std;
6
7   int main()
8   {
9      char s1[ 20 ] = "Happy "; // length 6
10     char s2[] = "New Year "; // length 9
11     char s3[ 40 ] = "";
12
13     cout << "s1 = " << s1 << "\ns2 = " << s2;
14
15     strcat( s1, s2 ); // concatenate s2 to s1 (length 15)
16
17     cout << "\n\nAfter strcat(s1, s2):\ns1 = " << s1 << "\ns2 = " << s2;
18
19     // concatenate first 6 characters of s1 to s3
20     strncat( s3, s1, 6 ); // places '\0' after last character
21
22     cout << "\n\nAfter strncat(s3, s1, 6):\ns1 = " << s1
23        << "\ns3 = " << s3;
24
25     strcat( s3, s1 ); // concatenate s1 to s3
26     cout << "\n\nAfter strcat(s3, s1):\ns1 = " << s1
27        << "\ns3 = " << s3 << endl;
28  } // end main
```

```
s1 = Happy
s2 = New Year

After strcat(s1, s2):
s1 = Happy New Year
s2 = New Year

After strncat(s3, s1, 6):
s1 = Happy New Year
s3 = Happy

After strcat(s3, s1):
s1 = Happy New Year
s3 = Happy Happy New Year
```

图 22.23    strcat 和 strncat

**常见的编程错误 22.9**

假定函数 strcmp 和 strncmp 在其参数相等时返回 1(一个 true 值)是一个逻辑错误。这两个函数都返回 0(C++ 的 false 值)表示其参数相等。因此,当检测两个字符串是否相等时,应该把 strcmp 或 strncmp 函数的结果与 0 进行比较,以确定这两个字符串是否相等。

```cpp
1   // Fig. 22.24: fig22_24.cpp
2   // Using strcmp and strncmp.
3   #include <iostream>
4   #include <iomanip>
5   #include <cstring> // prototypes for strcmp and strncmp
6   using namespace std;
7
8   int main()
9   {
10      const char *s1 = "Happy New Year";
11      const char *s2 = "Happy New Year";
12      const char *s3 = "Happy Holidays";
13
14      cout << "s1 = " << s1 << "\ns2 = " << s2 << "\ns3 = " << s3
15         << "\n\nstrcmp(s1, s2) = " << setw( 2 ) << strcmp( s1, s2 )
16         << "\nstrcmp(s1, s3) = " << setw( 2 ) << strcmp( s1, s3 )
17         << "\nstrcmp(s3, s1) = " << setw( 2 ) << strcmp( s3, s1 );
18
19      cout << "\n\nstrncmp(s1, s3, 6) = " << setw( 2 )
20         << strncmp( s1, s3, 6 ) << "\nstrncmp(s1, s3, 7) = " << setw( 2 )
21         << strncmp( s1, s3, 7 ) << "\nstrncmp(s3, s1, 7) = " << setw( 2 )
22         << strncmp( s3, s1, 7 ) << endl;
23   } // end main
```

```
s1 = Happy New Year
s2 = Happy New Year
s3 = Happy Holidays

strcmp(s1, s2) =  0
strcmp(s1, s3) =  1
strcmp(s3, s1) = -1

strncmp(s1, s3, 6) =  0
strncmp(s1, s3, 7) =  1
strncmp(s3, s1, 7) = -1
```

图 22.24 strcmp 和 strncmp

为了理解一个字符串“大于”或者“小于”另一个字符串的含义,考虑按字母顺序排列一系列姓氏的过程。毫无疑问,我们会把“Jones”放在“Smith”之前,因为在字母表中“Jones”的第一个字母在“Smith”的第一个字母之前。字母表不仅仅是 26 个字母的清单,它还是这些字符的一个有序表。在表中,每个字母都处在特定的位置。“Z”不仅仅是字母表中的一个字母,更明确地说,它是字母表中的第 26 个字母。

计算机如何知道一个字母排在另一字母之前呢?因为所有的字符在计算机内部都表示为数字代码,当计算机比较两个字符串时,它实际上是在比较字符串中字符的数字代码。

注意,在一些编译器中,函数 strcmp 和 strncmp 总是返回 −1、0 或 1,如图 22.24 中的输出所示。而在另外一些编译器中,这些函数返回 0 或所比较字符串中第一个不同字符的数字代码之差。例如,比较 s1 和 s3 时,它们之间第一个不同的字符是两个字符串各自第二个单词的第一个字符,在 s1 中是 N(数字代码是 78),在 s3 中是 H(数字代码是 72)。在这种情况下,返回值将是 6(而比较 s3 和 s1 时是 −6)。

**使用 strtok 记号化字符串**

函数 strtok 把字符串分解为一系列记号(token)。记号是用分隔符(通常是空格或标点符号)分离出来的一个字符序列。例如,在一行文本中,可以把每一个单词看作一个记号,把分隔单词的空格看作分隔符。

要把一个字符串分解成一个个记号,需要多次调用 strtok(假设该字符串包含多于一个的记号)。第一次对 strtok 的调用包含两个参数。一个要被记号化的字符串和一个包含用于分隔记号的字符,即分隔符的字符串。图 22.25 的第 15 行把一个指向 sentence 中第一个记号的指针赋给 tokenPtr。第二个参数“ ”

指示 sentence 中的记号被空格分隔。函数 strtok 在 sentence 中查找第一个不是分隔符(即空格)的字符。这是第一个记号的开头。然后,该函数在字符串中查找下一个分隔符,并用一个空字符(' \0')替换它。这个空字符就是当前标记的结束。函数 strtok 将指向 sentence 中该记号后面下一个字符的指针保存起来(在一个静态变量中),并返回一个指向当前记号的指针。

```cpp
1   // Fig. 22.25: fig22_25.cpp
2   // Using strtok to tokenize a string.
3   #include <iostream>
4   #include <cstring> // prototype for strtok
5   using namespace std;
6
7   int main()
8   {
9      char sentence[] = "This is a sentence with 7 tokens";
10
11     cout << "The string to be tokenized is:\n" << sentence
12        << "\n\nThe tokens are:\n\n";
13
14     // begin tokenization of sentence
15     char *tokenPtr = strtok( sentence, " " );
16
17     // continue tokenizing sentence until tokenPtr becomes NULL
18     while ( tokenPtr != NULL )
19     {
20        cout << tokenPtr << '\n';
21        tokenPtr = strtok( NULL, " " ); // get next token
22     } // end while
23
24     cout << "\nAfter strtok, sentence = " << sentence << endl;
25  } // end main
```

```
The string to be tokenized is:
This is a sentence with 7 tokens

The tokens are:

This
is
a
sentence
with
7
tokens

After strtok, sentence = This
```

图 22.25　使用 strtok 记号化字符串

随后对 strtok 的调用将 NULL 作为它的第一个参数(第 21 行),继续进行 sentence 的记号化。NULL 参数表示本次 strtok 调用应该从上一次 strtok 调用保存的 sentence 中的位置继续开始记号化。请注意,strtok 以程序员不可见的方式维护这个保存信息。如果调用 strtok 时已经没有剩余的记号了,strtok 返回 NULL。图 22.25 的程序使用 strtok 来记号化字符串"This is a sentence with 7 tokens"。程序分行打印每一个记号。第 24 行输出记号化之后的 sentence。请注意,strtok 修改了输入的字符串。因此,如果程序在 strtok 调用之后需要原始的字符串值,就应该复制该字符串。当在记号化之后输出 sentence 时,注意只打印了单词"This",因为在记号化的过程中,strtok 使用空字符(' \0')替换了 sentence 中的每一个空白。

 **常见的编程错误 22.10**
没有意识到 strtok 修改了正在被记号化的字符串,然后试图使用该字符串,就像它是未被修改过的原始字符串一样,这是一个逻辑错误。

**确定字符串的长度**

函数 strlen 以一个字符串作为参数,并返回在该字符串中的字符数,字符串长度不包括终止空字符。该长度值也就是终止空字符在字符串中的索引值。图 22.26 的程序演示了函数 strlen 的用法。

```
 1   // Fig. 22.26: fig22_26.cpp
 2   // Using strlen.
 3   #include <iostream>
 4   #include <cstring> // prototype for strlen
 5   using namespace std;
 6
 7   int main()
 8   {
 9      const char *string1 = "abcdefghijklmnopqrstuvwxyz";
10      const char *string2 = "four";
11      const char *string3 = "Boston";
12
13      cout << "The length of \"" << string1 << "\" is " << strlen( string1 )
14         << "\nThe length of \"" << string2 << "\" is " << strlen( string2 )
15         << "\nThe length of \"" << string3 << "\" is " << strlen( string3 )
16         << endl;
17   } // end main
```

```
The length of "abcdefghijklmnopqrstuvwxyz" is 26
The length of "four" is 4
The length of "Boston" is 6
```

图 22.26 strlen 返回一个 char *字符串的长度

## 22.9 C 字符串转换函数

22.8 节中讨论了几个 C++ 最常见的 C 字符串处理函数,接下来的几节将讲解剩下的函数,包括将字符串转化为数字值,字符串查找,字符串处理、比较及内存块的搜索等函数。

本节将介绍通用工具库(general – utilities library)< cstdlib > 中基于指针的字符串转换函数,这些函数将基于指针的字符串转换成为整数或浮点值。在新的代码开发中,C++ 程序员一般会使用第 21 章中介绍的字符串流处理功能来进行这些转换。图 22.27 概括了这些基于指针的字符串转换函数。当使用通用工具库中的函数时,需要包含头文件 < cstdlib > 。

| 描述 | 原型 |
|---|---|
| double atof( const char * nPtr) | |
| | 将字符串 nPtr 转换为双精度浮点型,转换失败则返回 0 |
| int atoi( const char * nPtr) | |
| | 将字符串 nPtr 转换为 int 类型,转换失败则返回 0 |
| long atol( const char * nPtr) | |
| | 将字符串 nPtr 转换为 long int 类型,转换失败则返回 0 |
| double strtod( const char * nPtr, char ** endPtr) | |
| | 将字符串 nPtr 转换为双精度浮点型,endPtr 是指向该双精度浮点数后面剩余的字符串的指针,转换失败则返回 0 |
| long strtol( const char * nPtr, char ** endPtr, int base) | |
| | 将字符串 nPtr 转换为 long 类型,endPtr 是指向该 long 类型后面剩余的字符串的指针,转换失败则返回 0。形参 base 表示要转化的数的进制(例如,八进制为 8,十进制为 10,十六进制为 16),默认为十进制 |
| unsigned long strtoul( const char * nPtr, char ** endPtr, int base) | |
| | 将字符串 nPtr 转换为无符号 long 类型,endPtr 是指向该无符号 long 类型后面剩余的字符串指针,转换失败则返回 0。形参 base 表示要转化的数的进制(例如,八进制为 8,十进制为 10,十六进制为 16),默认为十进制 |

图 22.27 通用工具库中基于指针的字符串转换函数

函数 atof( 如图 22.28 的第 9 行所示)将一个用字符串表示的浮点数的参数转换为一个双精度 double 的值,函数返回此双精度值。如果不能转换这个字符串,例如字符串不是以数字字符开始,那么函数返回 0。

```
 I   // Fig. 22.28: fig22_28.cpp
 2   // Using atof.
 3   #include <iostream>
 4   #include <cstdlib> // atof prototype
 5   using namespace std;
 6
 7   int main()
 8   {
 9      double d = atof( "99.0" ); // convert string to double
10
11      cout << "The string \"99.0\" converted to double is " << d
12         << "\nThe converted value divided by 2 is " << d / 2.0 << endl;
13   } // end main
```

```
The string "99.0" converted to double is 99
The converted value divided by 2 is 49.5
```

图 22.28　字符串转换函数 atof

函数 atoi(如图 22.29 的第 9 行所示)将一个用字符串表示的整数的参数转换为一个 int 类型的值,函数返回此 int 类型的值。如果不能转换这个字符串,则函数返回 0。

```
 I   // Fig. 22.29: fig22_29.cpp
 2   // Using atoi.
 3   #include <iostream>
 4   #include <cstdlib> // atoi prototype
 5   using namespace std;
 6
 7   int main()
 8   {
 9      int i = atoi( "2593" ); // convert string to int
10
11      cout << "The string \"2593\" converted to int is " << i
12         << "\nThe converted value minus 593 is " << i - 593 << endl;
13   } // end main
```

```
The string "2593" converted to int is 2593
The converted value minus 593 is 2000
```

图 22.29　字符串转换函数 atoi

函数 atol(如图 22.30 的第 9 行所示)将一个用字符串表示的 long 类型数的参数转换为一个 long 类型的值,函数返回此 long 类型的值。如果不能转换这个字符串,例如字符串不是以数字字符开始,那么函数返回 0。如果 int 类型与 long 类型都以 4 字节形式存储,则函数 atoi 和 atol 是按照相同方式工作的。

```
 I   // Fig. 22.30: fig22_30.cpp
 2   // Using atol.
 3   #include <iostream>
 4   #include <cstdlib> // atol prototype
 5   using namespace std;
 6
 7   int main()
 8   {
 9      long x = atol( "1000000" ); // convert string to long
10
11      cout << "The string \"1000000\" converted to long is " << x
12         << "\nThe converted value divided by 2 is " << x / 2 << endl;
13   } // end main
```

```
The string "1000000" converted to long int is 1000000
The converted value divided by 2 is 500000
```

图 22.30　字符串转换函数 atol

函数 strtod(见图 22.31)将一个用字符序列表示的浮点数转换为一个双精度的值。函数 strtod 接收两个参数:一个字符串(char *)和一个指向 char *地址的指针(即 char **)。该字符串包含了将要转换的字符序列，第二个参数使函数 strtod 能够在其调用过程中修改 char *的指针，使之能够指向该字符串已被转换的部分后面的第一个字符的地址。第 12 行说明字符串表示的数在转换成 double 类型的值后赋给了 d，而被转换的值(51.2)后的第一个字符的地址赋给了 stringPtr。

```
1   // Fig. 22.31: fig22_31.cpp
2   // Using strtod.
3   #include <iostream>
4   #include <cstdlib> // strtod prototype
5   using namespace std;
6
7   int main()
8   {
9      const char *string1 = "51.2% are admitted";
10     char *stringPtr = nullptr;
11
12     double d = strtod( string1, &stringPtr ); // convert to double
13
14     cout << "The string \"" << string1
15        << "\" is converted to the\ndouble value " << d
16        << " and the string \"" << stringPtr << "\"" << endl;
17  } // end main
```

```
The string "51.2% are admitted" is converted to the
double value 51.2 and the string "% are admitted"
```

图 22.31  字符串转换函数 strtod

函数 strtol(见图 22.32)将一个用字符序列表示的长整数转换为一个 long 类型的值。函数 strtol 接收 3 个参数：一个字符串(char *)、一个指向 char *地址的指针(即 char **)和一个整数。该字符串包含了将要转换的字符序列，第二个参数能够指向该字符串已被转换部分后面的第一个字符的地址，最后的整数说明了被转换的数值的基数。第 12 行表明字符串表示的数转换成 long 类型后赋给了 x，而被转换的值( −1 234 567)后的第一个字符的地址赋给了 remainderPtr，第二个参数使用空指针表示剩余部分可以忽略。第三个参数 0，表示被转换的值可以是八进制(基数为 8)、十进制(基数为 10)或者十六进制(基数为 16)，这由该字符串的首字符决定，0 表示八进制，0x 表示十六进制，1 ~ 9 的数则表示十进制。

```
1   // Fig. 22.32: fig22_32.cpp
2   // Using strtol.
3   #include <iostream>
4   #include <cstdlib> // strtol prototype
5   using namespace std;
6
7   int main()
8   {
9      const char *string1 = "-1234567abc";
10     char *remainderPtr = nullptr;
11
12     long x = strtol( string1, &remainderPtr, 0 ); // convert to long
13
14     cout << "The original string is \"" << string1
15        << "\"\nThe converted value is " << x
16        << "\nThe remainder of the original string is \"" << remainderPtr
17        << "\"\nThe converted value plus 567 is " << x + 567 << endl;
18  } // end main
```

```
The original string is "-1234567abc"
The converted value is -1234567
The remainder of the original string is "abc"
The converted value plus 567 is -1234000
```

图 22.32  字符串转换函数 strtol

当调用函数 strtol 时，可以将基数指定为 0 或者 2 ~ 36 中的任意数(附录 D 详细说明了八进制、十六进制、十进制和二进制计数系统)。基数 11 ~ 36 的整数数字表示使用字符 A ~ Z 代表 10 ~ 35 的值。例如，十六进制数由数字 0 ~ 9 和字符 A ~ F 组成，十一进制数由数字 0 ~ 9 和字符 A 组成，二十四进制数由数字 0~9 和字符 A~N 组成,三十六进制数由数字 0~9 和字符 A~Z 组成。注意:使用的字母大小写是被忽略的。

函数 strtoul(见图 22.33)将一个用字符序列表示的长整数转换为一个无符号 long 类型(unsigned long)的值。函数的使用和 strtol 相同。第 13 行说明字符串表示的数转换成无符号 long 类型后赋给了 x,而被转换的值(1 234 567)后的第一个字符的地址赋给了 remainderPtr,第二个参数使用空指针表示剩余部分可以忽略。第三个参数 0 表示被转换的值可以是八进制、十进制或者十六进制,它由该字符串的首字符决定。

```cpp
1   // Fig. 22.33: fig22_33.cpp
2   // Using strtoul.
3   #include <iostream>
4   #include <cstdlib> // strtoul prototype
5   using namespace std;
6
7   int main()
8   {
9      const char *string1 = "1234567abc";
10     char *remainderPtr = nullptr;
11
12     // convert a sequence of characters to unsigned long
13     unsigned long x = strtoul( string1, &remainderPtr, 0 );
14
15     cout << "The original string is \"" << string1
16        << "\"\nThe converted value is " << x
17        << "\nThe remainder of the original string is \"" << remainderPtr
18        << "\"\nThe converted value minus 567 is " << x - 567 << endl;
19  } // end main
```

```
The original string is "1234567abc"
The converted value is 1234567
The remainder of the original string is "abc"
The converted value minus 567 is 1234000
```

图 22.33  字符串转换函数 strtoul

## 22.10  C 字符串操作库中的搜索函数

本节将介绍字符串处理函数库中用于查找字符或其他字符串的函数,这些函数总结在图 22.34 中。注意,函数 strcspn 和 strspn 的返回值类型为 size_t。size_t 类型是由标准定义的整型,它的值由 sizeof 运算符返回。

函数 strchr 查找字符在字符串中第一次出现的位置。如果找到该字符,则 strchr 返回该字符在串中的地址,否则返回空指针。图 22.35 中的程序使用 strchr 函数(第 14 行和第 22 行),查找字符'a'和'z'在字符串"This is a test"中第一次出现的位置。

| 描述 | 原型 |
|------|------|
| char * strchr( const char * s, int c ) | |
| | 找出字符 c 在字符串 s 中第一次出现的位置。如果找到 c,则返回 c 的地址,否则返回空指针 |
| char * strrchr( const char * s, int c ) | |
| | 从末尾开始找出字符 c 在字符串 s 中最后出现的位置。如果找到 c,则返回 c 的地址,否则返回空指针 |
| size_t strspn( const char * s1, const char * s2 ) | |
| | 确定并返回字符串 s1 中仅由字符串 s2 包含的字符所组成的起始字段的长度 |
| char * strpbrk( const char * s1, const char * s2 ) | |
| | 找出字符串 s2 中任一字符在字符串 s1 第一次出现的位置。如果找到字符串 s2 中的某一个字符,则返回它在字符串 s1 中的地址,否则返回空指针 |

图 22.34   C 字符串操作库中的搜索函数

| 描述 | 原型 |
|---|---|

size_t strcspn( const char * s1 , const char * s2 )

确定并返回字符串 s1 中不含有任何字符串 s2 所含有的字符所组成的起始字段的长度

char * strstr( const char * s1 , const char * s2 )

确定字符串 s2 在字符串 s1 中第一次出现的位置。如果找到字符串，则返回它在 s1 中的地址，否则返回空指针

图 22.34(续)　C 字符串操作库中的搜索函数

```cpp
 1  // Fig. 22.35: fig22_35.cpp
 2  // Using strchr.
 3  #include <iostream>
 4  #include <cstring> // strchr prototype
 5  using namespace std;
 6
 7  int main()
 8  {
 9     const char *string1 = "This is a test";
10     char character1 = 'a';
11     char character2 = 'z';
12
13     // search for character1 in string1
14     if ( strchr( string1, character1 ) != NULL )
15        cout << '\'' << character1 << "' was found in \""
16           << string1 << "\".\n";
17     else
18        cout << '\'' << character1 << "' was not found in \""
19           << string1 << "\".\n";
20
21     // search for character2 in string1
22     if ( strchr( string1, character2 ) != NULL )
23        cout << '\'' << character2 << "' was found in \""
24           << string1 << "\".\n";
25     else
26        cout << '\'' << character2 << "' was not found in \""
27           << string1 << "\"." << endl;
28  } // end main
```

```
'a' was found in "This is a test".
'z' was not found in "This is a test".
```

图 22.35　字符串查找函数 strchr

函数 strcspn(如图 22.36 的第 15 行所示)确定第一个字符串参数中不含有第二个字符串参数的任何字符所组成的起始字段的长度，函数返回这个字段的长度。

```cpp
 1  // Fig. 22.36: fig22_36.cpp
 2  // Using strcspn.
 3  #include <iostream>
 4  #include <cstring> // strcspn prototype
 5  using namespace std;
 6
 7  int main()
 8  {
 9     const char *string1 = "The value is 3.14159";
10     const char *string2 = "1234567890";
11
12     cout << "string1 = " << string1 << "\nstring2 = " << string2
13        << "\n\nThe length of the initial segment of string1"
14        << "\ncontaining no characters from string2 = "
15        << strcspn( string1, string2 ) << endl;
16  } // end main
```

```
string1 = The value is 3.14159
string2 = 1234567890

The length of the initial segment of string1
containing no characters from string2 = 13
```

图 22.36　字符串查找函数 strcspn

函数 strpbrk 找出第二个字符串参数中的任意字符在第一个字符串参数中首次出现的位置。如果找到第二个字符串参数中的某一字符,则返回它在第一个字符串参数中的地址,否则返回空指针。图 22.37 中的第 13 行确定了 string1 中第一次出现 string2 中任一的字符的位置。

```
1   // Fig. 22.37: fig22_37.cpp
2   // Using strpbrk.
3   #include <iostream>
4   #include <cstring> // strpbrk prototype
5   using namespace std;
6
7   int main()
8   {
9      const char *string1 = "This is a test";
10     const char *string2 = "beware";
11
12     cout << "Of the characters in \"" << string2 << "\"\n'"
13        << *strpbrk( string1, string2 ) << "\' is the first character "
14        << "to appear in\n\"" << string1 << '\"' << endl;
15  } // end main
```

```
Of the characters in "beware"
'a' is the first character to appear in
"This is a test"
```

图 22.37　字符串查找函数 strpbrk

函数 strrchr 从末尾开始找出特定字符在字符串中最后出现的位置。如果找到这个字符,则函数返回它的地址,否则返回空指针。图 22.38 的第 15 行找出了字符串"A zoo has many animals including zebras"中最后出现的'z'的位置。

```
1   // Fig. 22.38: fig22_38.cpp
2   // Using strrchr.
3   #include <iostream>
4   #include <cstring> // strrchr prototype
5   using namespace std;
6
7   int main()
8   {
9      const char *string1 = "A zoo has many animals including zebras";
10     char c = 'z';
11
12     cout << "string1 = " << string1 << "\n" << endl;
13     cout << "The remainder of string1 beginning with the\n"
14        << "last occurrence of character '"
15        << c << "' is: \"" << strrchr( string1, c ) << '\"' << endl;
16  } // end main
```

```
string1 = A zoo has many animals including zebras

The remainder of string1 beginning with the
last occurrence of character 'z' is: "zebras"
```

图 22.38　字符串查找函数 strrchr

函数 strspn(如图 22.39 的第 15 行所示)确定第一个字符串参数中只包含第二个字符串参数中的任何字符所组成的起始字段的长度,函数返回这个长度。

```
1   // Fig. 22.39: fig22_39.cpp
2   // Using strspn.
3   #include <iostream>
4   #include <cstring> // strspn prototype
5   using namespace std;
6
7   int main()
8   {
9      const char *string1 = "The value is 3.14159";
10     const char *string2 = "aehils Tuv";
11
```

图 22.39　字符串查找函数 strspn

```
12      cout << "string1 = " << string1 << "\nstring2 = " << string2
13          << "\n\nThe length of the initial segment of string1\n"
14          << "containing only characters from string2 = "
15          << strspn( string1, string2 ) << endl;
16   } // end main
```

```
string1 = The value is 3.14159
string2 = aehils Tuv

The length of the initial segment of string1
containing only characters from string2 = 13
```

图 22.39(续) 字符串查找函数 strspn

函数 strstr 确定第二个字符串参数在第一个字符串参数中首次出现的位置。如果找到这个字符串,则返回它在第一个参数中的地址,否则返回空指针。图 22.40 的第 15 行使用 strstr 找到字符串"def"在字符串"abcdefabcdef"中的位置。

```
1    // Fig. 22.40: fig22_40.cpp
2    // Using strstr.
3    #include <iostream>
4    #include <cstring> // strstr prototype
5    using namespace std;
6
7    int main()
8    {
9       const char *string1 = "abcdefabcdef";
10      const char *string2 = "def";
11
12      cout << "string1 = " << string1 << "\nstring2 = " << string2
13          << "\n\nThe remainder of string1 beginning with the\n"
14          << "first occurrence of string2 is: "
15          << strstr( string1, string2 ) << endl;
16   } // end main
```

```
string1 = abcdefabcdef
string2 = def

The remainder of string1 beginning with the
first occurrence of string2 is: defabcdef
```

图 22.40 字符串查找函数 strstr

## 22.11  C 字符串操作库中的内存函数

这一节讲述的字符串处理库中的函数,使得对内存块的操作、比较和查找变得简单。函数将字符块当作字节数组,并且能够处理任何数据块。图 22.41 总结了字符串处理库中的内存函数。在下面的函数讨论中,"对象"表示一个数据块。注意,前面几节介绍的字符串处理函数是对'\0'字符结尾字符串的操作,本节介绍的函数是对字节数组的操作。空字符值(也就是包含 0 的字节)在本节的函数中没有意义。

| 原型 | 描述 |
| --- | --- |
| void * memcpy( void * s1, const void * s2, size_t n) | |
| | 从数据对象块 s2 中复制 n 个字符到数据对象块 s1 中,并返回结果块的指针。被复制的数据对象区域不能覆盖要复制的字符块区域 |
| void * memmove( void * s1,    const void * s2, size_t n) | |
| | 从数据对象块 s2 中复制 n 个字符到数据对象块 s1 中,这种复制首先将数据对象块 s2 复制到一个临时的数组中,然后再从这个临时数组复制到数据对象块 s1 中,并返回结果块的指针。被复制的数据对象块区域可以与要复制的字符块区域重叠 |
| int memcmp( const void * s1, const void * s2, size_t n) | |
| | 比较数据对象块 s1 和 s2 的前 n 个字符,当 s1 等于、小于或大于 s2 时,分别返回等于 0、小于 0 和大于 0 的值 |

图 22.41  C 字符串操作库中的内存函数

| 原型 | 描述 |
|---|---|
| void * memchr( const void * s, int c, size_t n) | |
| | 确定 c(转化为 unsigned 字符)在数据对象块 s 的前 n 个字符中出现的位置。如果找到 c,则返回 c 在数据对象块中的地址,否则返回空指针 |
| void * memset( void * s, int c, size_t n) | |
| | 将 c(转化为 unsigned 字符)复制到数据对象块 s 的前 n 个字符中,并返回结果块的指针 |

图 22.41(续) C 字符串操作库中的内存函数

函数的指针参数被声明为 void *。在第 8 章中,我们发现一个指向任何数据类型的指针都能直接赋值为 void *类型。因此函数能够接收任何数据的指针。记住,void *指针不能直接赋值为其他数据类型的指针,因为不能对 void *指针进行间接引用。每一个函数所接收的大小参数都被认为是所要处理的字符的数目。简单地说,本节处理的是字符数组(字符块)。

函数 memcpy 从第二个实参数据对象块中将一定数量的字符(字节)复制到第一个实参数据对象块中。函数可以接收指向任何数据对象的指针,如果两个对象在内存中有重叠(比如,有部分相同的对象),则返回未定义的结果。图 22.42 的程序使用函数 memcpy(第 14 行)将字符数组 s2 复制到 s1。

```
 1   // Fig. 22.42: fig22_42.cpp
 2   // Using memcpy.
 3   #include <iostream>
 4   #include <cstring> // memcpy prototype
 5   using namespace std;
 6
 7   int main()
 8   {
 9      char s1[ 17 ] = {};
10
11      // 17 total characters (includes terminating null)
12      char s2[] = "Copy this string";
13
14      memcpy( s1, s2, 17 ); // copy 17 characters from s2 to s1
15
16      cout << "After s2 is copied into s1 with memcpy,\n"
17         << "s1 contains \"" << s1 << '\"' << endl;
18   } // end main
```

```
After s2 is copied into s1 with memcpy,
s1 contains "Copy this string"
```

图 22.42 内存处理函数 memcpy

函数 memmove 类似于 memcpy,它从第一个实参数据对象块中将一定数量的字符复制到第二个实参数据对象块中,这种复制首先将第二个数据块复制到一个临时的数组中,然后再从这个临时数组复制到第一个数据对象块中。被复制的数据对象块区域可以与要复制的字符块区域重叠。

**常见的编程错误 22.11**

除了 memmove 之外的字符串处理函数在两个具有相同部分的字符串间复制字符时,将会产生未定义的结果。

图 22.43 的程序使用函数 memmove(第 13 行)将数组 x 的最后 10 个字节复制到数组 x 的前 10 个字节中。

函数 memcmp(如图 22.44 的第 14～16 行所示)比较第一个参数和第二个参数中开始的一定数量的字符串,当第一个参数大于第二个参数时函数返回大于 0 的值,相等时函数返回 0,小于时返回小于 0 的值。注意,在某些编译器中,如图 22.44 所示,函数 memcmp 返回 –1、0 或 1,而在其他一些编译器中,函数返回 0,或者两个比较的字符串第一个不同的字符所表示的数字码的差值。例如,当比较 s1 和 s2 时,第一个不同的字符出现在两字符串的第五个字符的位置,s1 为字符 E(数字码 69),而 s2 为 X(数字码 72)。在这种情况下,函数的返回值为 19(当 s2 与 s1 相比较时是 –19)。

```
 1   // Fig. 22.43: fig22_43.cpp
 2   // Using memmove.
 3   #include <iostream>
 4   #include <cstring> // memmove prototype
 5   using namespace std;
 6
 7   int main()
 8   {
 9      char x[] = "Home Sweet Home";
10
11      cout << "The string in array x before memmove is: " << x;
12      cout << "\nThe string in array x after memmove is:  "
13         << static_cast< char * >( memmove( x, &x[ 5 ], 10 ) ) << endl;
14   } // end main
```

```
The string in array x before memmove is: Home Sweet Home
The string in array x after memmove is:  Sweet Home Home
```

图 22.43   内存处理函数 memmove

```
 1   // Fig. 22.44: fig22_44.cpp
 2   // Using memcmp.
 3   #include <iostream>
 4   #include <iomanip>
 5   #include <cstring> // memcmp prototype
 6   using namespace std;
 7
 8   int main()
 9   {
10      char s1[] = "ABCDEFG";
11      char s2[] = "ABCDXYZ";
12
13      cout << "s1 = " << s1 << "\ns2 = " << s2 << endl
14         << "\nmemcmp(s1, s2, 4) = " << setw( 3 ) << memcmp( s1, s2, 4 )
15         << "\nmemcmp(s1, s2, 7) = " << setw( 3 ) << memcmp( s1, s2, 7 )
16         << "\nmemcmp(s2, s1, 7) = " << setw( 3 ) << memcmp( s2, s1, 7 )
17         << endl;
18   } // end main
```

```
s1 = ABCDEFG
s2 = ABCDXYZ

memcmp(s1, s2, 4) =   0
memcmp(s1, s2, 7) =  -1
memcmp(s2, s1, 7) =   1
```

图 22.44   内存处理函数 memcmp

函数 memchr 确定某一字节(转化为 unsigned 字符)在数据对象块首次出现的位置。如果找到这个字节,则返回该字符在数据对象块中的地址,否则返回空指针。图 22.45 的第 13 行找出了字符(字节)'r'在字符串"This is a string"中的位置。

```
 1   // Fig. 22.45: fig22_45.cpp
 2   // Using memchr.
 3   #include <iostream>
 4   #include <cstring> // memchr prototype
 5   using namespace std;
 6
 7   int main()
 8   {
 9      char s[] = "This is a string";
10
11      cout << "s = " << s << "\n" << endl;
12      cout << "The remainder of s after character 'r' is found is \""
13         << static_cast< char * >( memchr( s, 'r', 16 ) ) << '\"' << endl;
14   } // end main
```

```
s = This is a string

The remainder of s after character 'r' is found is "ring"
```

图 22.45   内存处理函数 memchr

函数 memset 将第二个参数的字节的值复制到第一个参数指定数量的数据对象块中，图 22.46 使用函数 memset 将'b'字符复制到 string1 的前 7 个字节中(第 13 行)。

```
1   // Fig. 22.46: fig22_46.cpp
2   // Using memset.
3   #include <iostream>
4   #include <cstring> // memset prototype
5   using namespace std;
6
7   int main()
8   {
9      char string1[ 15 ] = "BBBBBBBBBBBBBB";
10
11     cout << "string1 = " << string1 << endl;
12     cout << "string1 after memset = "
13        << static_cast< char * >( memset( string1, 'b', 7 ) ) << endl;
14  } // end main
```

```
string1 = BBBBBBBBBBBBBB
string1 after memset = bbbbbbbBBBBBBB
```

图 22.46    内存处理函数 memset

## 22.12    本章小结

本章介绍了结构体的定义及其初始化，以及它们在函数中的使用。讨论了 typedef，用它创建别名来提高函数的可移植性。也介绍了使用位运算符来处理位数据及使用位域以便节约存储空间。我们学习了 <cstlib> 库中的字符串转换函数和 <cstring> 库中的字符串处理函数。在下一章中，我们将讨论额外的 C++ 话题。

## 摘要

### 22.2 节    结构体的定义

- 任何结构体的定义都从关键字 struct 开始，在结构体定义的花括号中是结构体成员的声明。
- 定义结构体便创建了一个新的可用来声明变量的数据类型。

### 22.3 节    typedef

- 使用 typedef 创建新的类型名并没有产生新的类型，它只是产生了一个与原有类型相同的别名。

### 22.5 节    位运算符

- 位与运算符(&)用于两个整型操作数，当每个操作数的对应位都为 1 时结果的位被置为 1。
- 使用位与运算符(&)进行掩码操作是用来隐藏某些位而保留其他位。
- 位或运算符(|)用于两个操作数，当两个操作数的对应位有一个为 1 时结果的位被置为 1。
- 每一个位运算符(除了取反运算)都有一个对应的赋值运算符。
- 位异或运算符(^)用于两个操作数，当两个操作数的对应位有且仅有一个为 1 时结果的位被置为 1。
- 左移位运算符( << )将左操作数中的各个位向左移动右操作数所指定的位数，右面的空位填补 0 位。
- 右移位运算符( >> )将左操作数中的各个位向右移动右操作数所指定的位数。对 unsigned 整数执行右移位时，左面空出的位由 0 填补；对于有符号整数则填充 0 或 1。
- 位取反运算符( ~ )用于一个操作数并将操作数的位取反——此过程称为操作数的取补。

## 22.6 节　位域

- 位域通过以最少的位数存储数据而减少了内存的使用。位域成员必须声明为 int 类型或 unsigned 类型。
- 一个位域的声明在 int 或 unsigned 类型的成员名之后，接着是分号和这个域的宽度。
- 位域的宽度必须是一个整型常量。
- 如果没有为结构体中的位域指定名字，则它是用来填充结构体的。
- 宽度为 0 的未命名的位域，可以用来使下一个位域和一个新的机器字边界对齐。

## 22.7 节　字符处理库

- 函数 islower 判断其实参是否是小写字母（a ~ z）。函数 isupper r 判断其实参是否是大写字母（A ~ Z）。
- 函数 isdigit 判断其实参是否是数字（0 ~ 9）。
- 函数 isalpha 判断其实参是否是大写字母（A ~ Z）或小写字母（a ~ z）。
- 函数 isalnum 判断其实参是否是大写字母（A ~ Z）或小写字母（a ~ z）或是否为数字（0 ~ 9）。
- 函数 isxdigit 判断其实参是否是十六进制数字（A ~ F，a ~ f，0 ~ 9）。
- 函数 toupper 将小写字母转换为大写字母。函数 tolower 将大写字母转换为小写字母。
- 函数 isspace 判断其参数是否是下列空白字符：' '（空格）、'\f'、'\n'、'\r'、'\t' 或 '\v' 之一。
- 函数 iscntrl 判断其参数是否是下列控制字符 '\t'、'\v'、'\f'、'\a'、'\b'、'\r' 或 '\n' 之一。
- 函数 ispunct 判断其参数是否是一个除了空格、数字或字符之外的可打印字符。
- 函数 isprint 判断其参数是否是一个包含空格的可打印字符。
- 函数 isgraph 判断其参数是否是一个除了空格之外的可打印字符。

## 22.8 节　C 字符串操作函数

- 函数 strcpy 将它的第二个参数复制到它的第一个参数中。程序员必须保证目标数组足够大，以便存储字符串和它的终止空字符。
- 函数 strncpy 除了调用它时要指定从字符串复制到数组的字符数之外，和 strcpy 是一样的。只有当要复制的字符数至少比字符串的长度大 1 时，才会复制终止空字符。
- 函数 strcat 把它的第二个字符串参数（包括终止空字符）追加到它的第一个字符串参数之后。第二个参数的第一个字符替换了终止第一个参数字符串的空字符（'\0'）。程序员必须保证用于存储第一个字符串的目标数组足够大，以同时存储第一个字符串和第二个字符串。
- 函数 strncat 把第二个字符串中指定数目的字符追加到第一个字符串，除了这一点，strncat 和 strcat 是一样的。一个终止空字符要追加到结果中。
- 函数 strcmp 逐个字符比较它的第一个字符串参数和第二个字符串参数。如果两个字符串相等，函数返回 0；如果第一个字符串小于第二个字符串，函数返回一个负值；如果第一个字符串大于第二个字符串，函数返回一个正值。
- 函数 strncmp 和 strcmp 一样，只是 strncmp 仅比较到指定数目的字符。如果其中一个字符串的字符数小于所指定的字符数，那么当遇到较短字符串中的终止空字符时，strncmp 就停止比较。
- 一系列对 strtok 的调用把一个字符串分解为若干记号，这些记号在字符串中以第二个字符串参数所包含的字符分隔开。第一次调用将要被记号化的字符串指定为第一个参数，后面的调用指定 NULL 为第一个参数，继续对同一字符串进行记号化。函数返回指向每次调用得到的当前记号的指针。如果没有标记了，则返回 NULL。
- 函数 strlen 以一个字符串作为参数，并返回在该字符串中的字符数，在此字符串长度中不包括终止空字符。

## 22.9 节　C 字符串转换函数

- 函数 atof 将其参数（一个表示浮点数的以一系列数字开头的字符串）转换成一个 double 类型的值。

- 函数 atoi 将其参数(一个表示整数的以一系列数字开头的字符串)转换为一个 int 类型的值。
- 函数 atol 将其参数(一个表示长整数的以一系列数字开头的字符串)转换为一个 long 类型的值。
- 函数 strtod 将一个用字符序列表示的浮点数转换为一个 double 类型的值。函数接收两个参数:一个字符串(char *)和一个指向字符串的指针(即 char **)。该字符串包含了将要转换的字符序列,指向 char *的指针赋值为该字符串已被转换的部分后面的第一个字符的地址。
- 函数 strtol 将一个用字符序列表示的整数转换为一个 long 类型的值。函数接收 3 个参数:一个字符串(char *)、一个指向字符串的指针(即 char **)和一个整数。该字符串包含了将要被转换的字符序列,指向 char *的指针赋值为该字符串已被转换的部分后面的第一个字符的地址,最后的整数规定了被转换的数值的基数。
- 函数 strtoul 将一个用字符序列表示的整数转换为一个无符号的 long 类型的值。函数接收 3 个参数:一个字符串(char *)、一个指向字符串的指针(即 char **)和一个整数。该字符串包含了将要被转换的字符序列,指向 char *的指针赋值为该字符串已被转换的部分后面的第一个字符的地址,最后的整数规定了被转换的数值的基数。

### 22.10 节　C 字符串操作库中的搜索函数

- 函数 strchr 查找字符在字符串中第一次出现的位置。如果找到这个字符,则 strchr 返回该字符在字符串中的地址,否则返回空指针。
- 函数 strcspn 确定第一个字符串参数中不含有第二个字符串参数中的任何字符所组成的起始字段的长度,函数返回这个字段的长度。
- 函数 strpbrk 找出第二个字符串参数中的任意字符在第一个字符串参数首次出现的位置。如果找到第二个字符串参数中的某一字符,则返回它在第一个字符串参数中的地址,否则返回空指针。
- 函数 strrchr 从末尾开始找出特定字符在字符串中最后出现的位置。如果找到这个字符,则函数返回它的地址,否则返回空指针。
- 函数 strspn 确定第一个字符串参数中只包含第二个字符串参数的任意字符所组成的起始字段的长度,函数返回这个长度。
- 函数 strstr 确定第二个字符串参数在第一个字符串参数中首次出现的位置。如果找到这个字符串,则返回它在 s1 中的地址,否则返回空指针。

### 22.11 节　C 字符串操作库中的内存函数

- 函数 memcpy 从第二个实参数据对象块中将一定数量的字符复制到第一个实参数据对象块中。函数能接收指向任何数据对象的指针,memcpy 接收了 void 指针后,将其转化为一个字符指针。函数 memcpy 使用处理字符的方法来处理其参数字节。
- 函数 memmove 从第二个参数数据对象块中将指定个数的字符复制到第一个参数的数据对象块中。这种复制首先将第二个数据块复制到一个临时的数组中,然后再从这个临时数组复制到第一个数据对象块中。
- 函数 memcmp 比较第一个参数和第二个参数指定数量的字符串。
- 函数 memchr 确定某一字节(作为 unsigned char)在数据对象块的指定字节数中出现的位置,并返回该字节在数据对象块中的地址,否则返回空指针。
- 函数 memset 将第二个参数(作为 unsigned char)复制到第一个参数指向的对象的指定字节中。

## 自测练习题

22.1　填空题。

a)当两个操作数的对应位都为 1 时,使用_____运算符将结果的位置为 1,否则置为 0。

b)当两个操作数的对应位有一个为 1 时,使用_____运算符将结果的位置为 1,否则置为 0。

c) 关键字_____产生一个结构体的声明。

d) 关键字_____产生一个前面定义过的数据类型的同名类型。

e) 当两个操作数的对应位不同时，使用_____运算符将结果的位置为 1，否则置为 0。

f) 使用位与运算符(&)能够_____某些位(例如，在一个位串中选定某些位而让其他位为 0)。

g) _____和_____运算符分别是对值进行依次向左或向右移位操作。

22.2　编写一条简单的语句或几条语句来完成下列操作。

　　a) 定义一个称为 Part 的结构体，它包含一个名为 partNumber 的整型成员和一个名为 partName 的字符数组，它的值最多可能有 25 个字符。

　　b) 定义 PartPtr 为类型 Part *的别名。

　　c) 分别定义下列关于 Part 的变量 a、Part 数组 b[ 10 ] 和指向 Part 的指针变量 ptr。

　　d) 从键盘上读入 Part 结构体变量 a 的 part Number 和 part Name。

　　e) 将 a 赋值给数组 b 的元素 3。

　　f) 将数组 b 的地址赋值给指针变量 ptr。

　　g) 打印出数组 b 的元素 3 的结构体成员值，使用指针 ptr 和结构体指针运算符来引用其结构体的成员。

22.3　按下列要求写出语句。假设变量 c 存储一个字符；x、y、z 为 int 类型；d、e、f 为 double 类型；ptr 是 char *类型；s1[ 100 ] 和 s2[ 100 ] 是 char 数组。

　　a) 将变量 c 所存储的字符转换为大写，将结果赋值给 c。

　　b) 判断字符 c 是否是一个数字，显示结果时，使用图 22.18 ~ 图 22.20 的条件运算符来打出形如 "is a" 或 "is not a" 的表达式。

　　c) 将字符串 "1234567" 转化为 long 类型，显示结果。

　　d) 判断字符 c 是否为一个控制字符，显示结果时，使用条件运算符来打出形如 "is a" 或 "is not a" 的表达式。

　　e) 将 c 在 s1 中最后出现的位置的地址赋给 ptr。

　　f) 将字符串 "8.63582" 转化为 double 类型，并显示结果。

　　g) 判断字符 c 是否是一个字母字符，显示结果时，使用条件运算符打印出形如 "is a" 或 "is not a" 的表达式。

　　h) 将 s2 在 s1 中首次出现的位置的地址赋给 ptr。

　　i) 判断字符 c 是否是一个可显示字符，显示结果时，使用条件运算符来打出形如 "is a" 或 "is not a" 的表达式。

　　j) 将 s2 中的任意字符在 s1 中首次出现的位置的地址赋给 ptr。

　　k) 将 c 在 s1 中首次出现的位置的地址赋给 ptr。

　　l) 将字符串 " -21" 转化为 int 类型，并显示结果。

# 自测练习题答案

22.1　a) 位与(&)。b) 位或(|)。c) struct。d) typedef。e) 位异或(^)。f) 掩码。g) 左移位运算符( << )，右移位运算符( >> )。

22.2　a)
```
struct Part
{
    int partNumber;
    char partName[ 26 ];
};
```
　　b) `typedef Part * PartPtr;`

　　c) `Part a;`
　　　`Part b[ 10 ];`
　　　`Part *ptr;`

```
   d) cin >> a.partNumber >> a.partName;
   e) b[ 3 ] = a;
   f) ptr = b;
   g) cout << ( ptr + 3 )->partNumber << ' '
           << ( ptr + 3 )->partName << endl;
22.3 a) c = toupper( c );
   b) cout << '\'' << c << "\' "
           << ( isdigit( c ) ? "is a" : "is not a" )
           << " digit" << endl;
   c) cout << atol( "1234567" ) << endl;
   d) cout << '\'' << c << "\' "
           << ( iscntrl( c ) ? "is a" : "is not a" )
           << " control character" << endl;
   e) ptr = strchr( s1, c );
   f) out << atof( "8.63582" ) << endl;
   g) cout << '\'' << c << "\' "
           << ( isalpha( c ) ? "is a" : "is not a" )
           << " letter" << endl;
   h) ptr = strstr( s1, s2 );
   i) cout << '\'' << c << "\' "
           << ( isprint( c ) ? "is a" : "is not a" )
           << " printing character" << endl;
   j) ptr = strpbrk( s1, s2 );
   k) ptr = strchr( s1, c );
   l) cout << atoi( "-21" ) << endl;
```

## 练习题

22.4 (**定义结构体**)写出下列每一个结构体的定义。

a)结构体 Inventory，包含字符数组 partName[30]、整型 partNumber、浮点数 price、整型 stock，以及整型 reorder。

b)结构体 Address，包含字符数组 streetAddress[25]、city[20]、state[3]和 zipCode[6]。

c)结构体 Student，包含字符数组 firstName[15]和 lastName[15]，加上 b)中定义的 Address 结构体类型变量 homeAddress。

d)结构体 Test，包含宽度为 1 的 16 个位域，每一个位域的名字是字母 a～p。

22.5 (**洗牌和发牌**)修改图 22.14 的程序，使用图 22.3 所示的高性能的洗牌算法来取代图 22.14 的洗牌算法，分两列打印出洗牌的结果，每张牌的花色在前。

22.6 (**移动并打印整数**)编写将一个整数右移 4 位的程序，以位的形式显示出在程序移位前后的整数值，判断你的系统是用 0 还是 1 来填充空余的数位。

22.7 (**通过位移动来操作**)将一个 unsigned 类型的整数左移 1 位相当于将它乘以 2。编写一个 power2 函数，它接收两个参数：number 和 pow，计算 number * 2^pow 的值。请使用左移位运算符来计算结果，并使用整数和位的形式来显示结果。

22.8 (**将字符打包成无符号整型**)使用左移位运算符能够将 4 个字符包装成一个 4 字节的 unsigned 类型的整数。编写一个程序，从键盘输入 4 个字符，传递给函数 packCharacters，并将它们转化为一个 unsigned 类型的整数。函数首先将第一个字符值赋给 unsigned 类型的整数，然后将其值左移 8 位，再与第二个输入字符进行位或运算。程序必须以位的形式输出转化为 unsigned 整型前后的字符，以证实这两个字符已经正确地包装在 unsigned 类型的变量中。

22.9 (**将字符从无符号整型中解包**)使用右移位运算符、位与运算符和掩码方法编写函数 unpackCharacters，使之能够将练习题 22.8 所得到的 unsigned 类型的整数解码成 4 个字符。为了从 unsigned 类型中解包字符，需要结合 unsigned 整型和掩码，并将结果右移。要得到掩码，需解包 4 个字符，把掩码中的值 255 左移 8 位，这个操作需要进行 0、1、2 或 3 次（根据正在解包的字节数来判断）。然后将每次得到的结合后的结果，以相同的次数向右移 8 位。把每个结果值赋给 char 类型的变量。函数在执行前必须以位形式首先显示出 unsigned 类型的整数，然后显示出解码的字符以确保解码过程的正确性。

22.10　(反转比特位)编写一个能够颠倒 unsigned 类型的整数位序的程序。程序通过用户输入一个整数然后调用 reverseBits 函数来颠倒该整数的位序。按位显示颠倒位序前后的值，保证颠倒的位序是正确的。

22.11　(使用 <cctype> 函数测试字符)编写一个使用字符处理库中的函数来测试从键盘输入字符的程序，并显示每一个函数的返回值。

22.12　(确定数值)下列程序使用函数 multiple 判断从键盘上输入的整数是否是某一整数 X 的倍数。检查函数 multiple，确定 X 的值。

```
1   // Exercise 22.12: ex22_12.cpp
2   // This program determines if a value is a multiple of X.
3   #include <iostream>
4   using namespace std;
5
6   bool multiple( int );
7
8   int main()
9   {
10      int y = 0;
11
12      cout << "Enter an integer between 1 and 32000: ";
13      cin >> y;
14
15      if ( multiple( y ) )
16         cout << y << " is a multiple of X" << endl;
17      else
18         cout << y << " is not a multiple of X" << endl;
19   } // end main
20
21   // determine if num is a multiple of X
22   bool multiple( int num )
23   {
24      bool mult = true;
25
26      for ( int i = 0, mask = 1; i < 10; ++i, mask <<= 1 )
27         if ( ( num & mask ) != 0 )
28         {
29            mult = false;
30            break;
31         } // end if
32
33      return mult;
34   } // end function multiple
```

22.13　下面的程序做了哪些事情？

```
1   // Exercise 22.13: ex22_13.cpp
2   #include <iostream>
3   using namespace std;
4
5   bool mystery( unsigned );
6
7   int main()
8   {
9      unsigned x;
10
11     cout << "Enter an integer: ";
12     cin >> x;
13     cout << boolalpha
14          << "The result is " << mystery( x ) << endl;
15   } // end main
16
17   // What does this function do?
18   bool mystery( unsigned bits )
19   {
20      const int SHIFT = 8 * sizeof( unsigned ) - 1;
```

```
21        const unsigned MASK = 1 << SHIFT;
22        unsigned total = 0;
23
24        for ( int i = 0; i < SHIFT + 1; ++i, bits <<= 1 )
25          if ( ( bits & MASK ) == MASK )
26            ++total;
27
28        return !( total % 2 );
29    } // end function mystery
```

22.14　编写一个程序,使用 istream 成员函数 getline(见第 13 章)输入一行文字到字符数组 s[100]。分别以大写和小写形式输出该行。

22.15　(将字符串转化为整型)编写一个程序,输入 4 个表示整数的字符串,将它们转化为整数,求出并显示它们的和。只能使用本章介绍的 C 形式的字符串处理函数。

22.16　(将字符串转化为浮点数)编写一个程序,输入 4 个表示浮点数的字符串,将它们转化为双精度浮点数,求出并显示它们的和。只能使用本章介绍的 C 形式的字符串处理函数。

22.17　(搜索子串)编写一个程序,从键盘上输入一行文字和要查找的字符串,使用函数 strstr,确定该字符串在文字中第一次出现的位置,并将其地址赋给 char *类型变量 searchPtr。如果找到字符串,则打印出以字符串开始的这行文字剩下的内容,然后使用 strstr 继续找出剩下文字中字符串出现的位置。如果能找到第二次出现的位置,则再次打出以第二次字符串出现位置开始的这行文字的剩下内容。提示,第二次调用 strstr 必须将 searchPtr + 1 表达式作为第一个参数。

22.18　(搜索子串)编写一个基于练习题 22.17 的程序,程序输入几行文字和一个要查找的字符串,使用函数 strstr,确定该字符串在这些文字中出现的总的次数,并显示结果。

22.19　(搜索字符)编写一个程序,输入几行文字和要查找的字符,然后使用函数 strchr 来判断字符在文中出现的总数。

22.20　(搜索字符)编写一个基于练习题 22.19 的程序,程序输入几行文字,然后使用函数 strchr 判断文字中每个字母出现的次数,字母忽略大小写。将每一字符出现的次数用数组存储,再按照表格的形式输出。

22.21　(ASCII 字符集)附录 B 中的图表显示了 ASCII 字符集中每一个字符对应的数字码,学习这个图表,判断下列语句的对错。

a)字母 A 在字母 B 的前面。

b)数字 9 在数字 0 的前面。

c)常用的加、减、乘、除符号都在数字符号前面。

d)数字在字母的前面。

e)如果一个排序程序对字符串按递增顺序排序,则程序会把右括号放在左括号的前面。

22.22　(以 b 开头的字符串)编写一个程序,可以读入一系列字符串并且打印出其中以"b"开头的字符串。

22.23　(以 ED 结尾的字符串)编写一个程序,可以读入一系列字符串并且打印出其中以"ED"结尾的字符串。

22.24　(打印给定 ASCII 码的字符)编写一个能通过输入的 ASCII 码打印出相关字符的函数。修改你的程序使它能够产生所有 000~255 的三数字码,并尝试打印出对应的字符。注意程序运行时发生了什么情况。

22.25　(编写你自己的字符串处理函数)借助附录 B 的 ASCII 字符表,自己写出关于图 22.17 的字符处理函数版本。

22.26　(编写你自己的字符串转换函数)自己写出关于图 22.27 字符串转换为数字的函数版本。

22.27　(编写你自己的字符串搜索函数)自己写出关于图 22.34 的字符串查找函数版本。

22.28　(编写你自己的内存处理函数)自己写出关于图 22.41 的内存块处理函数版本。

22.29　(程序做了什么)下面的程序做了什么?

```
1    // Ex. 22.29: ex22_29.cpp
2    // What does this program do?
3    #include <iostream>
4    using namespace std;
5
6    bool mystery3( const char *, const char * ); // prototype
7
8    int main()
9    {
10       char string1[ 80 ], string2[ 80 ];
11
12       cout << "Enter two strings: ";
13       cin >> string1 >> string2;
14       cout << "The result is " << mystery3( string1, string2 ) << endl;
15   } // end main
16
17   // What does this function do?
18   bool mystery3( const char *s1, const char *s2 )
19   {
20       for ( ; *s1 != '\0' && *s2 != '\0'; ++s1, ++s2 )
21
22           if ( *s1 != *s2 )
23               return false;
24
25       return true;
26   } // end function mystery3
```

22.30　(字符串比较)编写一个程序, 利用函数 strcmp 比较用户输入的两个字符串。该程序应该指出第
　　　　一个字符串是否小于、等于或大于第二个字符串。

22.31　(字符串比较)编写一个程序, 利用函数 strncmp 比较用户输入的两个字符串。该程序应该输入要
　　　　比较的字符个数, 还应该指出第一个字符串是否小于、等于或大于第二个字符串。

22.32　(随机创造句子)编写一个程序, 利用随机数生成创建语句。该程序应该使用 4 个 char 类型的指
　　　　针数组, 它们分别是 article、noun、verb 和 preposition。该程序应当按照如下顺序从每个数组中分
　　　　别随机选取一个单词来创建语句：article、noun、verb、preposition、article 和 noun。选出每个单词
　　　　时, 应该在一个足够大的、可以存放整个句子的数组中把它和上一个单词连接。单词之间应该用
　　　　空格隔开。当输出最终的句子时, 应该以一个大写字母开头, 并以一个句号结束。该程序应该生
　　　　成 20 个这样的句子。
　　　　这些数组各自填充的内容如下：article 数组包含冠词"the"、"a"、"one"、"some"和"any"; noun
　　　　数组包含名词"boy"、"girl"、"dog"、"town"和"car"; verb 数组包含动词"drove"、"jumped"、
　　　　"ran"、"walked"和"skipped"; preposition 数组包含介词"to"、"from"、"over"、"under"和"on"。
　　　　完成这个程序后, 修改它, 使其产生由几个句子组成的一个小故事。怎么样? 有没有兴趣编写一
　　　　个学期报告随机生成程序呀?

22.33　(打油诗)5 行打油诗是由 5 行组成的诙谐诗, 其中第 1 行、第 2 行和第 5 行押韵, 第 3 行和第 4 行
　　　　押韵。使用类似于练习题 22.32 中的技术, 编写一个 C++ 程序, 随机产生 5 行打油诗。继续优化
　　　　该程序以生成更好的打油诗, 这的确是一个富有挑战性的问题, 但值得付出努力。

22.34　(儿童黑话游戏)编写一个程序, 把英语短语编码成 pig Latin 形式。pig Latin 是一种编码的语言形
　　　　式, 通常用来娱乐。形成 pig Latin 短语有很多种不同的方法。为简单起见, 使用如下算法：要把
　　　　一个英语短语转换成一个 pig Latin 短语, 首先用函数 strtok 短语记号化为一个个单词。然后把每
　　　　个英语单词转换成相应的 pig Latin 单词, 这通过把英语单词的第一个字母放到该英语单词的末
　　　　端, 并加上字母"ay"来实现。因此, 单词"jump"变为"umpjay", 单词"the"变为"hetay", 单词
　　　　"computer"变为"omputercay"。单词之间的空格保持不变。假设组成英语短语中的单词由空格分
　　　　隔, 没有其他标点符号, 并且所有的单词都至少有两个字母。函数 printLatinWord 应该显示每个
　　　　单词。提示, 当每次调用 strtok 找到一个记号时, 把指向该记号的指针传递给函数 printLatin-
　　　　Word, 并打印相应的 pig Latin 单词。

22.35　(记号化电话号码)编写一个程序, 按(555)555-5555 的形式输入电话号码字符串。该程序应该
　　　　利用函数 strtok 把区号、电话号码前 3 位和后 4 位号码分别作为记号提取出来。电话号码的 7 位

数字应该连接成一个字符串。最后打印区号和电话号码。

**22.36** （记号化并反转一个句子）编写一个程序，输入一行文本，然后利用函数 strtok 记号化这行文本，并按相反的顺序输出这些记号。

**22.37** （将一个句子按照字母顺序排列）利用 22.8 节中讨论的字符串比较函数和第 7 章中开发数组排序所用的技术编写一个程序，按字母顺序排列字符串序列。使用读者所在区域中的 10 个城市名作为程序数据。

**22.38** （编写你自己的字符串复制和连接函数）为图 22.21 中的字符串复制和字符串连接函数编写两个实现版本。第一个版本使用数组下标法，第二个版本使用指针和指针算术运算。

**22.39** （编写你自己的字符串比较函数）为图 22.21 中的字符串比较函数编写两个实现版本。第一个版本使用数组下标法，第二个版本使用指针和指针算术运算。

**22.40** （编写你自己的字符串长度函数）为图 22.21 中的函数 strlen 编写两个实现版本。第一个版本使用数组下标法，第二个版本使用指针和指针算术运算。

## 专题章节：高级的字符串操作练习

前面的练习题是本书的关键部分，用于测试读者对基本字符串操作概念的理解。这一节包括了一组中高级的字符串操作练习。读者会发现这些问题都具有挑战性，却又十分有趣。这些问题的难度不一，一些可能只需要一两个小时就完成了编写和实现，另一些则可能需要两三个星期来研究和实现。有些难度很大，甚至可以作为一学期的课程项目。

**22.41** （文本分析）通过具有字符串操作功能的计算机，已产生了一些特别有趣的方法来分析大作家的作品。很多人把注意力集中到莎士比亚是否真有其人。一些学者相信，有重要证据表明莎士比亚实际上是 Francis Bacon、Christopher Marlowe 或者其他作家的笔名。研究人员使用计算机来寻找这些作家在写作中的相似性。本题研究 3 种用计算机分析文本的方法。请注意，成千上万的文本资料，包括莎士比亚的，都可以在 www.gutenberg.org 上在线获得。

a）编写一个程序，从键盘读入几行文本，并打印一个表格。此表格显示字母表中每个字母在文本中出现的次数。例如，对于以下句子：

`To be, or not to be: that is the question:`

包含一个 "a"、两个 "b"、没有 "c"，等等。

b）编写一个程序，读入几行文本，并打印一个表格。此表格显示单字符单词、双字符单词、三字符单词及依次类推的其他单词在文本中出现的次数。例如，句子

`Whether 'tis nobler in the mind to suffer`

包含以下单词长度和出现次数：

| 单词长度 | 出现次数 |
| --- | --- |
| 1 | 0 |
| 2 | 2 |
| 3 | 1 |
| 4 | 2（包括 'tis） |
| 5 | 0 |
| 6 | 2 |
| 7 | 1 |

c）编写一个程序，读入几行文本，并打印一个表格。此表格显示每个不同单词在文本中出现的次数。程序的第一个版本应该按照单词在文本中出现的顺序把它们列在表中。例如，以下文本行

`To be, or not to be: that is the question:`
`Whether 'tis nobler in the mind to suffer`

包含单词"to"3 次、单词"be"2 次、单词"or"1 次，等等。然后第二版可以尝试更有趣的(且更有用的)按字母顺序的打印输出。

22.42　(字处理)字处理系统的一个重要功能就是输入对齐，即将单词与页面的左右边界对齐。这会产生专业格式的文档，看起来就像是经过排版的，而不是直接输入的。通过在行中单词之间插入空格而让最右边的单词与右边界对齐，可以在计算机系统上实现输入对齐。

编写一个程序，读入几行文本，并按输入对齐的格式打印这些文本。假设文本要在 8.5 英寸①宽的纸上打印，左右边界留下 1 英寸的边距。假设计算机在水平方向每英寸打印 10 个字符，那么，程序应该打印 6.5 英寸的文本，或者是每行打印 65 个字符。

22.43　(以不同格式打印日期)在商务信件中，日期通常可以按几种不同的格式打印。两种比较常用的格式如下：

```
07/21/1955
July 21, 1955
```

编写一个程序，读入一个第一种格式的日期，然后按第二种格式打印该日期。

22.44　(支票保护)计算机经常用在工资与账号支付应用之类的支票开写系统中。许多怪事经常出现，如每周工资支票上错误地多开出 100 万美元。由于人为的或者机器的错误，使支票开写系统打印出不可思议的数值。系统设计人员在系统中建立控制，防止这种错误支票的发行。

另外一个严重的问题是有些人故意改变支票金额，想欺骗性地兑现支票。为了防止篡改支票金额，大多数计算机化的支票开写系统采用了称为支票保护的技术。

设计给计算机打印的支票包含固定的可以打印金额的空间。假设一张工资支票包含有 8 个空位的空间供计算机打印每周工资支票的金额。如果金额太大，则 8 个空位都会被填满。例如，

```
1,230.60  （支票金额）
--------
12345678  （位置编号）
```

另一方面，如果金额小于 1000 美元，则部分空位空间会空在那里。例如，

```
   99.87
--------
12345678
```

包含 3 个空位空间。如果打印一张支票时留下空位空间，就很容易被人篡改支票金额。为了防止支票被篡改，许多支票开写系统插入引导的星号来保护金额，如下所示：

```
***99.87
--------
12345678
```

编写一个程序，输入要打印在支票上的金额数，然后用支票保护格式打印金额，必要时加上星号。假设提供 9 个空格间用于打印金额。

22.45　(写明支票金额的单词形式)继续前一个例子的讨论，我们重申设计支票保护系统以防止篡改支票金额的重要性。一个常用的安全方法就是要求把支票金额的数字形式和它的"言语"单词形式都写出来。即使一些人能够修改支票金额的数字表示，但是修改金额的单词形式是极其困难的。

编写一个程序，输入支票的数字金额，然后写出该金额对应的单词形式。程序应该可以处理大于99.99 美元形式的支票金额。例如，金额 112.43 应该写成如下形式：

```
ONE HUNDRED TWELVE and 43/100
```

22.46　(莫尔斯代码)最著名的编码机制大概要算莫尔斯码(Morse Code)了，它是 Samuel Morse 在 1832年开发的用于电报系统的编码。莫尔斯码用一系列圆点和破折号来表示字母表中的每个字母、每个数字和一些特殊字符(如句号、逗号、冒号和分号)。在面向声音的系统中，圆点表示短音，破折号表示长音。圆点和破折号的其他表示方法用在面向光的系统和信号旗系统中。

单词之间用空格分隔，或者非常简单地不出现圆点或破折号。在面向声音的系统，空格是通过短

---

①　1 英寸 =2.54 厘米。——译者注

时间不传输任何声音来表示的。图 22.47 中显示的是莫尔斯码的国际化版本。

编写一个程序，读入一个英语短语，然后把它编码成莫尔斯码。再编写一个程序，读入一个莫尔斯码的短语，然后把它转换成相应的英语。每个莫尔斯编码字母之间用一个空格，每个莫尔斯编码单词之间用三个空格。

| 字符 | 莫尔斯码 | 字符 | 莫尔斯码 | 字符 | 莫尔斯码 |
| --- | --- | --- | --- | --- | --- |
| A | .- | N | -. | 数字 | |
| B | -... | O | --- | 1 | .---- |
| C | -.-. | P | .--. | 2 | ..--- |
| D | -.. | Q | --.- | 3 | ...-- |
| E | . | R | .-. | 4 | ....- |
| F | ..-. | S | ... | 5 | ..... |
| G | --. | T | - | 6 | -.... |
| H | .... | U | ..- | 7 | --... |
| I | .. | V | ...- | 8 | ---.. |
| J | .--- | W | .-- | 9 | ----. |
| K | -.- | X | -..- | 0 | ----- |
| L | .-.. | Y | -.-- | | |
| M | -- | Z | --.. | | |

图 22.47　用国际版本的莫尔斯码表示的字母和数字

22.47 **（公制换算程序）**编写一个程序，帮助用户进行公制换算。程序应该允许用户指定单位的名字(它们都是字符串)。对于公制系统，也就是"centimeters"(厘米)、"liters"(升)、"grams"(克)，等等，对于英制系统，就是"inches"(英寸)、"quarts"(夸脱)、"pounds"(磅)等，并能回答一些简单的问题，例如：

```
"How many inches are in 2 meters?"
"How many liters are in 10 quarts?"
```

你的程序应该识别不合法的换算。例如，问题

```
"How many feet are in 5 kilograms?"
```

是没有意义的，因为"feet"(英尺)是长度单位，而"kilograms"(千克)是重量单位。

## 富于挑战性的字符串操作项目

22.48 **（纵横字谜游戏生成器）**大多数人都玩过纵横填字谜游戏，但很少有人曾经试图实现这种游戏。生成一个纵横填字谜游戏是一个困难的问题。在此我们把它作为一个字符串操作的项目，建议大家尝试一下，当然这需要坚实的基础并付出相当多的努力。即使程序员要编写一个最简单的纵横填字谜程序，也要解决很多问题。例如，如何在计算机中表示纵横填字谜的网格？是应该采用一系列字符串呢，还是应该使用一个二维数组？程序员需要可以被程序直接引用的单词源(即一个计算机化的字典)。这些单词应该以什么形式存储，以便有利于程序所需要的复杂操作？那些真正雄心勃勃的读者还想生成字谜的线索部分，为解谜者显示每个"横向"单词和每个"纵向"单词的简短提示。仅仅打印一个空的纵横填字谜本身就不是一件简单的事情。

22.49 **（拼写检查程序）**许多流行的文字处理软件都含有内置的拼写检测器，在我们使用拼写检测功能准备这本书的时候发现，无论每一章编写得有多么仔细，这个软件总是能找出比手工查找更多的拼写错误。

在这个项目里，邀请读者开发自己的拼写检测器实例，我们可以对编程的开始阶段提供帮助，然后需要考虑加上更多的功能，同时你也可以使用一个计算机的词典作为单词的来源。

为什么我们会键入这么多拼写不正确的单词呢？某些情况下是因为我们并不知道正确的单词该

怎么拼写，所以只能做一个"最佳猜测"。其他一些情况，例如颠倒了两个字母（将"default"拼成了"defualt"），或者有时偶然双写了一个字母（例如，将"handy"拼成了"hanndy"），或者是用一个类似的字母代替正确的字母（例如，将"birthday"拼成了"biryhday"），等等。

设计并实现一个拼写检查器的程序，你的程序需要维护一个字符串形式的 worldList 数组，并且能够输入这些字符串或从一个计算机词典里得到。

你的程序需要用户输入一个单词，然后程序在存储的 worldList 数组里查找，如果数组里有这个单词，程序需要打印出"Word is spelled correctly."。

如果数组里没有这个单词，程序需要打印出"Word is not spelled correctly."。然后程序需要找出在 worldList 里实际上是用户想要输入的那个单词。例如，需要试出单字母与相邻的字母发生置换产生的所有可能情况，然后发现"default"与 wordList 中的单词可以直接匹配。当然，这表示程序需要检查所有可能的单字母置换，比如"edfault"、"dfeault"、"deafult"、"defalut"和"defautl"。当你发现一个新的词和单词序列的词相同时，打印出信息"Did you mean "default?"."。

实现其他的检测，例如把每一对重复的字母替换为单字母，或者增加其他的检测方法，以使你的拼写检查器更有价值。

# 第23章 其他主题

*What's in a name? that which we call a rose*
*By any other name would smell as sweet.*

—William Shakespeare

*O Diamond! Diamond! thou little knowest the mischief done!*

—Sir Isaac Newton

## 学习目标

在本章中将学习：

- 使用 const_cast 临时把 const 对象当非 const 对象使用
- 使用命名空间
- 使用 operator 关键字
- 在 const 对象中使用 mutable 成员
- 使用类成员指针运算符".*"和"–>*"
- 使用多重继承
- virtual 基类在多重继承中的作用

## 提纲

## 23.1 简介

现在来考虑一下 C++ 的一些其他特征。我们首先要讨论的是 const_cast 运算符，它允许程序员增加或者删除一个变量的 const 限定。接下来将讨论命名空间，可以用来保证程序中的每一个标识符都是唯一的，并且能够帮助解决因使用了具有相同变量名、函数名和类名的库而引起的命名冲突的问题。然后会介绍几个运算符关键字，如果程序员的键盘不支持运算符中的一些特殊字符，如"!"、"&"、"^"、"~"和"|"，这将是非常有用的。我们还将讨论 mutable 存储类别说明符，程序员通过它就可以指明一个数据成员应该总是可被修改的，即便它出现在目前被程序视为是一个 const 对象的对象中。接着会介绍两个可以和类成员的指针一起使用的特殊运算符，来访问类的数据成员或者成员函数，而无须事先知道它们的名字。最后将介绍能使一个派生类继承多个基类成员的多重继承。在这部分的介绍中，还将讨论一些多重继承潜在的问题，以及如何使用 virtual 继承来解决这些问题。

## 23.2 const_cast 运算符

C++ 提供了 const_cast 运算符，从而可以强制去除 const 和 volatile 的限定。当程序员期望程序的某个变量被某些编译器未知的因素如硬件或者其他程序等更改时，就可以用 volatile 限定符声明这个变量。声明一个 volatile 变量是为了指出编译器应该不能对它的使用再进行优化，因为这样会影响到其他程序对 volatile 变量进行访问和修改的能力。

一般情况下，使用 const_cast 运算符是一件危险的事情，因为它允许程序修改一个声明为 const 的变量。当然，在有些情况下是值得的，甚至是有必要强制去除 const 性质的。例如，一些旧的 C 或者 C++ 的库可能会提供一些具有非 const 参数的函数，且这些函数不会修改参数。如果想要对这样的函数传递 const 数据，就需要强制去除这些数据的 const 性质；否则，编译器就会报告错误信息。

同样，程序员可能会向函数传递非 const 数据，但是这个函数却把该数据当作常量来用，然后又以常量来返回它。在这种情况下，正如图 23.1 所示，程序员可能需要强制去除返回数据的 const 性质。

```cpp
1   // Fig. 23.1: fig23_01.cpp
2   // Demonstrating const_cast.
3   #include <iostream>
4   #include <cstring> // contains prototypes for functions strcmp and strlen
5   #include <cctype> // contains prototype for function toupper
6   using namespace std;
7
8   // returns the larger of two C strings
9   const char *maximum( const char *first, const char *second )
10  {
11     return ( strcmp( first, second ) >= 0 ? first : second );
12  } // end function maximum
13
14  int main()
15  {
16     char s1[] = "hello"; // modifiable array of characters
17     char s2[] = "goodbye"; // modifiable array of characters
18
19     // const_cast required to allow the const char * returned by maximum
20     // to be assigned to the char * variable maxPtr
21     char *maxPtr = const_cast< char * >( maximum( s1, s2 ) );
22
23     cout << "The larger string is: " << maxPtr << endl;
24
25     for ( size_t i = 0; i < strlen( maxPtr ); ++i )
26        maxPtr[ i ] = toupper( maxPtr[ i ] );
27
28     cout << "The larger string capitalized is: " << maxPtr << endl;
29  } // end main
```

```
The larger string is: hello
The larger string capitalized is: HELLO
```

图 23.1 演示运算符 const_cast

在这个程序中，maximum 函数（第 9 ~ 12 行）的两个 const char *参数分别接收两个 C 风格的字符串，并返回一个 const char *指针，指向两个字符串中的较大者。main 函数以非 const char 数组的方式声明了两个 C 风格字符串（第 16 ~ 17 行），因此这两个数组是可修改的。在 main 函数中，我们希望输出两个 C 风格字符串中较大的一个，然后把它转换成大写字母。

函数 maximum 中的两个形参类型是 const char *，所以函数返回类型也必须被声明为 const char *。如果返回类型被指定为 char *，编译器会报告一条错误信息，指出正在被返回的值不能从 const char *转换成 char *，这是一个危险的转换，因为它试图把函数中的 const 数据视作非 const 数据。

即使 maximum 函数认为数据是常量，但是我们知道 main 中的原始数组并不包含常量数据。因此，在需要的时候，main 应该能够修改那些数组的内容。由于我们知道这些数组是可以修改的，在这里使用 const_cast（第 21 行）来强制去除 maximum 返回的指针的 const 性质，这样就可以接着修改表示了较大字符串的数组中的数据了。我们在 for 语句中(第 25～26 行)可以把指针当作字符数组的名字来用,将较大字符串的内容都转换成大写字母。如果第 21 行没有 const_cast,这个程序将不能通过编译,因为不允许将类型为 const char *的指针赋值给类型为 char *的指针。

**错误预防技巧 23.1**

通常,const_cast 只有在预先知道原始数据不是常量的情况下才使用,否则会出现意想不到的结果。

## 23.3　mutable 类成员

在 23.2 节中我们介绍了 const_cast 运算符,它可以强制去除一个类型的 const 性质。通过一个 const 对象类的 const 成员函数,同样可以对这个 const 对象的数据成员进行 const_cast 操作。这让 const 成员函数修改数据成员成为可能,即使在函数体内这个对象被认为是 const 类型。在一个对象的绝大多数数据成员都需要是 const 的,而某个特殊的数据成员却需要被修改的情况下,可以执行这样的操作。

现在举一个例子,考虑一个内部元素已排序的链表。我们知道,在这个链表上进行查找并不需要改变它的数据,因此查找函数可以是这个链表类的一个 const 成员函数。尽管如此,为了使以后的查找更加有效,我们很容易想到让链表对象可以记录最近一次成功匹配的位置。如果下一个查找的目标将出现在链表上次查找结果的后面,就可以不从链表头部开始查找,而从上一次成功匹配的位置开始即可。为了实现这样的查找方案,执行查找的 const 成员函数必须可以修改记录最后一次成功查找位置的数据成员。

如果一个数据成员像上述的数据成员那样总是要被修改的话,C++ 提供了一个可以代替 const_cast 的存储类别说明符 mutable。也就是说,一个 mutable 数据成员总是可以修改的,甚至在 const 成员函数或者在 const 对象中。

**可移植性提示 23.1**

尝试修改被定义为常量的对象的效果随编译器的不同而不同,不管是不是通过 const_cast 还是 C 风格的强制转换实现了修改。

mutable 和 const_cast 在不同的上下文环境中使用。对于一个没有 mutable 数据成员的 const 对象,每次修改成员时必须使用 const_cast 运算符。这种做法减少了意外修改一个数据成员的可能性,因为这个数据成员不会是永久改变的。包含 const_cast 的操作一般隐藏在成员函数的实现中。类的用户可能不会意识到成员在被修改。

**软件工程知识 23.1**

mutable 成员在有"秘密"实现细节的类中非常有用,这些"秘密"实现细节是针对使用这个类的对象的客户而言的。

**mutable 数据成员的演示**

图 23.2 演示了 mutable 成员的用法。程序定义了 TestMutable 类(第 7～21 行),其中包含一个构造函数、getValue 函数和一个声明为 mutable 的 private 数据成员 value。第 15～18 行定义了 const 成员函数 getValue,它返回一个 value 的副本。请注意,这个函数在 return 语句里自增了 mutable 数据成员 value。一般情况下,一个 const 成员函数是不能修改数据成员的,除非函数操作的对象(即 this 指向的对象)(使用 const_cast)强制转换成非 const 类型。但因为 value 是 mutable 的,所以这个 const 成员函数就可以修改这个数据。

第 25 行声明了 const TestMutable 对象 test 并将其初始化为 99。第 27 行调用了 const 成员函数 getValue,它将 value 加 1,并返回它以前的内容。请注意,编译器允许对象 test 调用 const 成员函数 getValue,因为 test 是一个 const 对象而 getValue 是一个 const 成员函数。不过,getValue 修改了变量 value 的值。因此,当第 28 行再次调用 getValue 时,变量 value 输出新值 100,证明这个 mutable 数据成员确实被修改了。

```
1   // Fig. 23.2: fig23_02.cpp
2   // Demonstrating storage-class specifier mutable.
3   #include <iostream>
4   using namespace std;
5
6   // class TestMutable definition
7   class TestMutable
8   {
9   public:
10     TestMutable( int v = 0 )
11     {
12        value = v;
13     } // end TestMutable constructor
14
15     int getValue() const
16     {
17        return ++value; // increments value
18     } // end function getValue
19  private:
20     mutable int value; // mutable member
21  }; // end class TestMutable
22
23  int main()
24  {
25     const TestMutable test( 99 );
26
27     cout << "Initial value: " << test.getValue();
28     cout << "\nModified value: " << test.getValue() << endl;
29  } // end main
```

```
Initial value: 99
Modified value: 100
```

图 23.2　演示一个 mutable 数据成员

## 23.4　命名空间

一个程序可能包含了很多在不同范围内定义的标识符。有些时候一个范围的变量会与另外一个在不同范围内定义的同名变量发生"重叠"(即"相撞"),从而引起一个命名上的冲突。这样的重叠可能会发生在多个层次上。标识符的重叠频繁地发生在第三方库中,它们使用了相同名字的全局标识符(比如说函数),这将导致编译错误。

C++ 标准试图使用命名空间(namespace)来解决这一问题。每一个命名空间都定义了一个放置标识符和变量的范围。在使用一个命名空间成员时,每个成员的名字前必须加一个命名空间名和二元作用域分辨运算符( :: )来限定,例如:

*MyNameSpace*::*member*

或者在使用名字之前,在程序中使用一条 using 指令。通常,在那些使用命名空间成员的文件的开始处加这样的 using 语句。例如,下面的 using 指令会放在一个源文件的开头:

**using namespace** *MyNameSpace*;

它表明命名空间 MyNameSpace 的成员可以在这个文件中使用,而不用在每个成员前面都加上 MyNameSpace 和作用域分辨运算符( :: )。

下面形式的一条 using 指令:

**using** std::cout;

把一个名字加入到该指令出现的范围中。而下面形式的另一条 using 指令:

**using** namespace std;

把指定的这个命名空间(std)的所有名字都带入了该指令所在的范围中。

**错误预防技巧 23.2**
如果存在命名冲突的可能,尽可能在成员前面加上命名空间的名字和二元作用域分辨运算符( :: )。

    并不是所有的命名空间都能保证唯一性。两个第三方供应商可能在命名他们的命名空间时使用了相同的标识符。图 23.3 演示了命名空间的用法。

```cpp
 1  // Fig. 23.3: fig23_03.cpp
 2  // Demonstrating namespaces.
 3  #include <iostream>
 4  using namespace std;
 5
 6  int integer1 = 98; // global variable
 7
 8  // create namespace Example
 9  namespace Example
10  {
11     // declare two constants and one variable
12     const double PI = 3.14159;
13     const double E = 2.71828;
14     int integer1 = 8;
15
16     void printValues(); // prototype
17
18     // nested namespace
19     namespace Inner
20     {
21        // define enumeration
22        enum Years { FISCAL1 = 1990, FISCAL2, FISCAL3 };
23     } // end Inner namespace
24  } // end Example namespace
25
26  // create unnamed namespace
27  namespace
28  {
29     double doubleInUnnamed = 88.22; // declare variable
30  } // end unnamed namespace
31
32  int main()
33  {
34     // output value doubleInUnnamed of unnamed namespace
35     cout << "doubleInUnnamed = " << doubleInUnnamed;
36
37     // output global variable
38     cout << "\n(global) integer1 = " << integer1;
39
40     // output values of Example namespace
41     cout << "\nPI = " << Example::PI << "\nE = " << Example::E
42        << "\ninteger1 = " << Example::integer1 << "\nFISCAL3 = "
43        << Example::Inner::FISCAL3 << endl;
44
45     Example::printValues(); // invoke printValues function
46  } // end main
47
48  // display variable and constant values
49  void Example::printValues()
50  {
51     cout << "\nIn printValues:\ninteger1 = " << integer1 << "\nPI = "
52        << PI << "\nE = " << E << "\ndoubleInUnnamed = "
53        << doubleInUnnamed << "\n(global) integer1 = " << ::integer1
54        << "\nFISCAL3 = " << Inner::FISCAL3 << endl;
55  } // end printValues
```

```
doubleInUnnamed = 88.22
(global) integer1 = 98
PI = 3.14159
E = 2.71828
integer1 = 8
FISCAL3 = 1992

In printValues:
integer1 = 8
PI = 3.14159
E = 2.71828
doubleInUnnamed = 88.22
(global) integer1 = 98
FISCAL3 = 1992
```

图 23.3    演示命名空间的用法

**定义 std 命名空间**

　　第 9 ~ 24 行使用关键字 namespace 定义了命名空间 Example。命名空间的体用一对花括号({｜})进行限定。命名空间 Example 的成员是由两个常量(第 12 ~ 13 行的 PI 和 E)、一个 int 变量(第 14 行的 integer1)、一个函数(第 16 行的 printValues)和一个嵌套的命名空间(第 19 ~ 23 行的 Inner)组成的。请注意,它的成员 integer1 和全局变量 integer1(第 6 行)同名。具有相同名字的变量必须处在不同的作用域中,否则将会产生编译错误。一个命名空间可以包含常量、数据、类、嵌套的命名空间、函数,等等。命名空间的定义必须在全局作用域里出现或者嵌套在其他的命名空间里。与类不一样的是,不同的命名空间成员可以被定义在单独的命名空间块中,每个标准库头文件都有一个命名空间块,把它的内容放置在命名空间 std 中。

　　第 27 ~ 30 行创建了一个未命名的命名空间,含有成员 doubleInUnnamed。一个未命名的命名空间中的变量、类和函数只能在当前的转化单元(translation unit)(即 .cpp 文件和它包含的文件)中访问。但是,与具有 static 链接的变量、类或者函数不同,在未命名的命名空间里的内容可以用作模板参数。未命名的命名空间具有一条隐式的 using 指令,因此它的成员出现在全局命名空间里,直接可以访问,不必用一个命名空间名来限定。全局变量同样是全局命名空间的一部分,可以在文件中声明后的所有范围中访问。

　　**软件工程知识 23.2**
　　每个独立的编译单元都有它自己唯一的未命名的命名空间,也就是说这个未命名的命名空间取代了 static 链接说明符。

**使用限定名访问命名空间成员**

　　第 35 行输出变量 doubleInUnnamed 的值,该变量是未命名的命名空间的一部分,可直接访问。第 38 行输出的是全局变量 integer1 的值。对于这两个变量,编译器首先会从 main 中局部变量的声明中寻找。因为它们不在局部声明中,所以编译器假定它们在全局的命名空间里。

　　第 41 ~ 43 行输出的是命名空间 Example 中的 PI、E、integer1 和 FISCAL3 的值。请注意,每个名字前面必须加上 Example:: 来限定,因为程序并没有提供任何 using 声明或者 using 指令,来表明它将使用命名空间 Example 的成员。另外,由于一个全局变量和成员 interger1 具有相同的名字,必须给成员 integer1 加上限定;否则程序将输出全局变量 interger1 的值。还请注意 FISCAL3 是嵌套的命名空间 Inner 的成员,所以必须加上 Example::Inner:: 进行限定。

　　函数 printValues(定义在第 49 ~ 55 行)是 Example 的一个成员,所以它不用使用命名空间的限定就可以直接访问 Example 命名空间里的其他成员。第 51 ~ 54 行的输出语句将输出 integer1、PI、E、doubleInUnnamed,以及全局变量 integer1 和 FISCAL3。请注意,PI 和 E 并没有用 Example 来限定。变量 doubleInUnnamed 依然是可访问的,因为它在未命名的命名空间中,并且它的名字和 Example 命名空间的任何其他成员没有冲突。全局变量 integer1 必须加上一个一元作用域分辨运算符(::)进行限定,因为它和命名空间 Example 的成员发生了命名冲突。同样,FISCAL3 必须使用 Inner:: 来限定。当访问嵌套的命名空间的成员时,这些成员必须用命名空间的名字进行限定(除非它们是在嵌套的命名空间里使用)。

　　**常见的编程错误 23.1**
　　把 main 放置在一个命名空间中是一个编译错误。

**using 指令不应该放在头文件中**

　　命名空间在使用很多类库的大规模应用程序中特别有用。在这种情况下,发生命名冲突的可能性会更大。在开发这样的项目时,记住不应该在头文件中使用 using 指令。否则,会将相应的名字带入包含这个头文件的任何文件中,这可能导致命名冲突,并产生微妙且难以发现的错误。相反,应该在头文件中只使用完全限定的名称(例如, std::cout 或 std::string)。

**命名空间的别名**

命名空间可以使用别名。例如，语句

```
namespace CPPHTP = CPlusPlusHowToProgram;
```

为 CPlusPlusHowToProgram5E 创建了命名空间别名 CPPHTP。

## 23.5　运算符关键字

C++ 标准提供了一些运算符关键字（如图 23.4 所示），可用来代替相应的 C++ 运算符。如果程序员所用的键盘不支持像"！"、"&"、"^"、"～"和"|"之类的某些字符时，可以使用这些运算符关键字。

| 运算符 | 运算符关键字 | 描述 |
|---|---|---|
| **逻辑运算符关键字** | | |
| && | and | 逻辑与 |
| \|\| | or | 逻辑或 |
| ！ | not | 逻辑非 |
| **不等运算符关键字** | | |
| ！= | not_eq | 不等 |
| **位运算符关键字** | | |
| & | bitand | 按位与 |
| \| | bitor | 按位或 |
| ^ | xor | 按位异或 |
| ～ | compl | 按位取反 |
| **按位赋值运算符关键字** | | |
| & = | and_eq | 按位与赋值 |
| \| = | or_eq | 按位或赋值 |
| ^ = | xor_eq | 按位异或赋值 |

图 23.4　代替运算符符号的运算符关键字

图 23.5 演示了运算符关键字的用法。Microsoft Visual C++ 2010 要求在使用运算符关键字前，必须包含头文件＜ciso646＞（第 4 行）。在 GNU C++ 和 LLVM 中，运算符关键字一直被定义，所以不需要这个头文件。

```cpp
1   // Fig. 23.5: fig23_05.cpp
2   // Demonstrating operator keywords.
3   #include <iostream>
4   #include <ciso646> // enables operator keywords in Microsoft Visual C++
5   using namespace std;
6
7   int main()
8   {
9      bool a = true;
10     bool b = false;
11     int c = 2;
12     int d = 3;
13
14     // sticky setting that causes bool values to display as true or false
15     cout << boolalpha;
16
17     cout << "a = " << a << "; b = " << b
18        << "; c = " << c << "; d = " << d;
19
20     cout << "\n\nLogical operator keywords:";
21     cout << "\n    a and a: " << ( a and a );
22     cout << "\n    a and b: " << ( a and b );
23     cout << "\n     a or a: " << ( a or a );
24     cout << "\n     a or b: " << ( a or b );
```

图 23.5　演示运算符关键字的用法

```
25      cout << "\n    not a: " << ( not a );
26      cout << "\n    not b: " << ( not b );
27      cout << "\na not_eq b: " << ( a not_eq b );
28
29      cout << "\n\nBitwise operator keywords:";
30      cout << "\nc bitand d: " << ( c bitand d );
31      cout << "\n c bitor d: " << ( c bitor d );
32      cout << "\n   c xor d: " << ( c xor d );
33      cout << "\n   compl c: " << ( compl c );
34      cout << "\nc and_eq d: " << ( c and_eq d );
35      cout << "\n c or_eq d: " << ( c or_eq d );
36      cout << "\nc xor_eq d: " << ( c xor_eq d ) << endl;
37   } // end main
```

```
a = true; b = false; c = 2; d = 3

Logical operator keywords:
   a and a: true
   a and b: false
    a or a: true
    a or b: true
     not a: false
     not b: true
a not_eq b: true

Bitwise operator keywords:
c bitand d: 2
 c bitor d: 3
   c xor d: 1
   compl c: -3
c and_eq d: 2
 c or_eq d: 3
c xor_eq d: 0
```

图 23.5(续) 演示运算符关键字的用法

程序声明和初始化了两个 bool 类型的变量和两个 int 类型的变量(第 9～12 行)。第 21～27 行对这两个布尔变量 a 和 b 运用各种逻辑运算符关键字来执行相应的逻辑运算。同样,第 30～36 行对这两个 int 变量 c 和 d 运用各种按位运算符关键字来执行相应的按位运算。每个运算的结果都被输出出来。

## 23.6 指向类成员的指针(.*和 ->*)

C++ 提供了".*"和"->*"运算符,可以通过指针来访问类成员。这是一个除高级 C++ 程序员外其他程序人员很少问津的功能。我们在这里只是提供一个使用指向类成员的指针的简单例子。图 23.6 演示了类成员指针运算符的用法。

```
 1  // Fig. 23.6: fig23_06.cpp
 2  // Demonstrating operators .* and ->*.
 3  #include <iostream>
 4  using namespace std;
 5
 6  // class Test definition
 7  class Test
 8  {
 9  public:
10     void func()
11     {
12        cout << "In func\n";
13     } // end function func
14
15     int value; // public data member
16  }; // end class Test
17
18  void arrowStar( Test * ); // prototype
19  void dotStar( Test * ); // prototype
20
```

图 23.6 演示".*"和"->*"运算符

```
21    int main()
22    {
23       Test test;
24       test.value = 8; // assign value 8
25       arrowStar( &test ); // pass address to arrowStar
26       dotStar( &test ); // pass address to dotStar
27    } // end main
28
29    // access member function of Test object using ->*
30    void arrowStar( Test *testPtr )
31    {
32       void ( Test::*memberPtr )() = &Test::func; // declare function pointer
33       ( testPtr->*memberPtr )(); // invoke function indirectly
34    } // end arrowStar
35
36    // access members of Test object data member using .*
37    void dotStar( Test *testPtr2 )
38    {
39       int Test::*vPtr = &Test::value; // declare pointer
40       cout << ( *testPtr2 ).*vPtr << endl; // access value
41    } // end dotStar
```

```
In test function
8
```

图 23.6(续)  演示 ".*" 和 "->*" 运算符

程序在第 7 ~ 16 行声明了类 Test，该类提供了 public 成员函数 test 和 public 数据成员 value。第 18 ~ 19 行提供函数 arrowStar(定义在第 30 ~ 34 行)和 dotStar(定义在第 37 ~ 41 行)的原型，这两个函数分别演示 ".*" 和 "->*" 运算符的用法。第 23 行创建了对象 test，第 24 行把它的数据成员 value 赋值为 8。第 25 ~ 26 行通过对象 test 的地址来调用函数 arrowStar 和 dotStar。

第 32 行的函数 arrowStar 声明并初始化变量 memPtr 为指向成员函数的指针。在这个声明中，Test::* 表明变量 memPtr 是一个指向类 Test 成员的指针。在声明一个指向函数的指针时，需要在指针名前面加上 "*" 并用圆括号括起来，就像(Test::* memPtr)一样。一个指向函数的指针必须指定它所指向的函数的返回类型和函数的参数表，这也是它的类型的一部分内容。函数的返回类型出现在左括号的左侧，而参数表则以单独的圆括号集合形式出现在指针声明的右侧。在这个例子中，函数的返回类型是 void 且没有形参。指针 memPtr 由 Test 类的成员函数地址进行初始化。这个函数的头部必须与函数指针的声明相匹配，也就是函数 func 必须要有 void 的返回值且没有参数。请注意，赋值运算符的右侧使用取地址运算符 "&" 来获得成员函数 func 的地址。同时，还要注意第 32 行中赋值运算符的左侧和右侧都没有引用 Test 类的特定对象，只有类的名字和二元作用域分辨运算符(::)一起使用。第 33 行使用 "->*" 运算符，调用存储在 memPtr(也就是 test)中的成员函数。因为 memPtr 指向的是类的一个成员，所以必须使用 "->*" 运算符而不是 "->" 运算符来调用函数。

第 39 行声明和初始化了一个指向 Test 类的 int 数据成员的指针 vPtr。赋值运算符的右侧指定了数据成员 value 的地址。第 40 行间接引用指针 testPtr2。然后，使用 ".*" 运算符访问 vPtr 所指向的成员。请注意，客户代码可以创建指向类成员的指针，但是这些类成员只能是客户代码可访问的。在这个例子中，成员函数 test 和数据成员 value 都是具有 public 可访问权限的。

**常见的编程错误 23.2**
声明一个成员函数指针而不把指针名字括在一对圆括号里是一个语法错误。

**常见的编程错误 23.3**
声明一个成员函数指针而不在指针名字前面加上类名和作用域分辨运算符是一个语法错误。

**常见的编程错误 23.4**
试图对指向类成员的指针使用 "->" 或 "*" 运算符将产生语法错误。

## 23.7 多重继承

在第 11 章和第 12 章，我们讨论了单一继承，其中每一个类都仅仅从一个基类派生出来。在 C++ 里，一个类可以从不止一个类派生出来。这种技术被称为多重继承，其中一个派生类继承两个或更多个基类的成员。这种强大的功能为促进软件重用提供了非常有趣的形式，但是也引起了各种各样二义性的问题。多重继承是一个比较难的概念，只有经验十足的程序员才能用好它。事实上，一些和多重继承相关的问题都是十分微妙的，以至于一些较新的编程语言（例如 Java 和 C#等）都不支持从多个基类派生类。

**软件工程知识23.3**

如果想要在系统设计中正确地使用多重继承则必须格外小心。当单一继承和（或）组合能解决问题的时候，应该不要使用多重继承。

在使用多重继承时的一个常见问题是，每一个基类都有可能包含了具有相同名字的数据成员或成员函数。这在试图编译时会导致二义性问题。我们可以考虑一下如图 23.7 ~ 图 23.11 所示的多重继承的例子。类 Base1（如图 23.7 所示）包含了一个名为 value 的 protected int 数据成员（第 20 行）、一个设置 value 值的构造函数（第 10 ~ 13 行）和一个返回 value 值的 public 成员函数 getData（第 15 ~ 18 行）。

```
1    // Fig. 23.7: Base1.h
2    // Definition of class Base1
3    #ifndef BASE1_H
4    #define BASE1_H
5
6    // class Base1 definition
7    class Base1
8    {
9    public:
10      Base1( int parameterValue )
11         : value( parameterValue )
12      {
13      } // end Base1 constructor
14
15      int getData() const
16      {
17         return value;
18      } // end function getData
19   protected: // accessible to derived classes
20      int value; // inherited by derived class
21   }; // end class Base1
22
23   #endif // BASE1_H
```

图 23.7　演示多重继承——Base1.h

Base2 类（如图 23.8 所示）和 Base1 很相似，除了它的 protected 数据是一个名为 letter 的 char 类型数据外（第 20 行）。和 Base1 一样，Base2 也有一个 pubic 成员函数 getData，但这个函数返回的是 char 数据成员 letter 的值。

```
1    // Fig. 23.8: Base2.h
2    // Definition of class Base2
3    #ifndef BASE2_H
4    #define BASE2_H
5
6    // class Base2 definition
7    class Base2
8    {
9    public:
10      Base2( char characterData )
11         : letter( characterData )
12      {
13      } // end Base2 constructor
```

图 23.8　演示多重继承——Base2.h

```
14
15    char getData() const
16    {
17       return letter;
18    } // end function getData
19 protected: // accessible to derived classes
20    char letter; // inherited by derived class
21 }; // end class Base2
22
23 #endif // BASE2_H
```

图 23.8(续)　演示多重继承——Base2. h

　　Derived 类(如图 23.9～图 23.10 所示)以多重继承的方式从 Base1 类和 Base2 类继承而来。Derived 类有一个名为 real 的 double 类型的 private 数据成员(图 23.9 的第 20 行),一个初始化 Derived 类所有数据的构造函数,以及一个返回 double 变量 real 值的 public 成员函数 getReal。

```
 1  // Fig. 23.9: Derived.h
 2  // Definition of class Derived which inherits
 3  // multiple base classes (Base1 and Base2).
 4  #ifndef DERIVED_H
 5  #define DERIVED_H
 6
 7  #include <iostream>
 8  #include "Base1.h"
 9  #include "Base2.h"
10  using namespace std;
11
12  // class Derived definition
13  class Derived : public Base1, public Base2
14  {
15     friend ostream &operator<<( ostream &, const Derived & );
16  public:
17     Derived( int, char, double );
18     double getReal() const;
19  private:
20     double real; // derived class's private data
21  }; // end class Derived
22
23  #endif // DERIVED_H
```

图 23.9　演示多重继承——Derived. h

```
 1  // Fig. 23.10: Derived.cpp
 2  // Member-function definitions for class Derived
 3  #include "Derived.h"
 4
 5  // constructor for Derived calls constructors for
 6  // class Base1 and class Base2.
 7  // use member initializers to call base-class constructors
 8  Derived::Derived( int integer, char character, double double1 )
 9     : Base1( integer ), Base2( character ), real( double1 ) { }
10
11  // return real
12  double Derived::getReal() const
13  {
14     return real;
15  } // end function getReal
16
17  // display all data members of Derived
18  ostream &operator<<( ostream &output, const Derived &derived )
19  {
20     output << "    Integer: " << derived.value << "\n  Character: "
21        << derived.letter << "\nReal number: " << derived.real;
22     return output; // enables cascaded calls
23  } // end operator<<
```

图 23.10　演示多重继承——Derived. cpp

　　请注意,指出是多重继承(如图 23.9 所示)是非常简单的,即在第 13 行"class Derive"之后加冒号(:)和一个逗号分隔的基类列表。在图 23.10 中,通过使用成员初始化器语法(第 9 行),Derived 构造函数显式地对它的每一个基类调用它们各自的基类构造函数。各个基类构造函数的调用顺序是多重继承指定时的顺序, 而不是它们的构造函数被提及的顺序。请注意, 如果在成员初始化列表中没有显式地调用基类构造函数, 那么会隐式地调用它们的默认构造函数。

重载的流插入运算符(如图 23.10 的第 18~23 行所示)用它的第二个参数(即一个 Derived 对象的引用)来显示一个 Derived 对象的数据。这个运算符函数是 Derived 类的友元, 因此运算符"<<"可以直接访问 Derived 类的所有 protected 和 private 成员, 包括 protected 数据成员 value(从 Base1 类继承)、protected 数据成员 letter(从 Base2 类继承)及 private 数据成员 real(在 Derived 类中声明)。

现在让我们来查看一下测试图 23.7~图 23.10 中各个类的 main 函数(如图 23.11 所示)。第 11 行创建了一个 Base1 对象 base1, 并用 int 类型的值 10 对它进行初始化。第 12 行创建了一个 Base2 对象 base2, 并用 char 类型的值'Z'对它进行初始化。第 13 行创建了一个 Derived 对象 derived, 并用 int 类型的值 7、char 类型的值 'A'和 double 类型的值 3.5 对它进行初始化。

```cpp
// Fig. 23.11: fig23_11.cpp
// Driver for multiple-inheritance example.
#include <iostream>
#include "Base1.h"
#include "Base2.h"
#include "Derived.h"
using namespace std;

int main()
{
   Base1 base1( 10 ); // create Base1 object
   Base2 base2( 'Z' ); // create Base2 object
   Derived derived( 7, 'A', 3.5 ); // create Derived object

   // print data members of base-class objects
   cout << "Object base1 contains integer " << base1.getData()
      << "\nObject base2 contains character " << base2.getData()
      << "\nObject derived contains:\n" << derived << "\n\n";

   // print data members of derived-class object
   // scope resolution operator resolves getData ambiguity
   cout << "Data members of Derived can be accessed individually:"
      << "\n   Integer: " << derived.Base1::getData()
      << "\n Character: " << derived.Base2::getData()
      << "\nReal number: " << derived.getReal() << "\n\n";
   cout << "Derived can be treated as an object of either base class:\n";

   // treat Derived as a Base1 object
   Base1 *base1Ptr = &derived;
   cout << "base1Ptr->getData() yields " << base1Ptr->getData() << '\n';

   // treat Derived as a Base2 object
   Base2 *base2Ptr = &derived;
   cout << "base2Ptr->getData() yields " << base2Ptr->getData() << endl;
} // end main
```

```
Object base1 contains integer 10
Object base2 contains character Z
Object derived contains:
    Integer: 7
  Character: A
Real number: 3.5

Data members of Derived can be accessed individually:
    Integer: 7
  Character: A
Real number: 3.5

Derived can be treated as an object of either base class:
base1Ptr->getData() yields 7
base2Ptr->getData() yields A
```

图 23.11　演示多重继承

第 16~18 行显示了每一个对象的数据值。对于对象 base1 和 base2, 我们分别调用它们的成员函数 getData。尽管在这个例子中有两个 getData 函数, 但是调用并不存在二义性。在第 16 行, 编译器知道

base1 是类 Base1 的一个对象,所以调用类 Base1 的 getData 函数。在第 17 行,编译器知道 base2 是类 Base2 的一个对象,所以调用类 Base2 的 getData 函数。第 18 行使用重载的流插入运算符( << )来显示对象 derived 的内容。

### 解决派生类从多个基类继承同名的成员函数而引发的二义性问题

第 22 ~ 25 行使用类 Derived 的获取成员函数,再次输出对象 derived 的内容。不过,这里存在一个二义性的问题,因为这个对象包含了两个 getData 函数,一个从类 Base1 继承而来,另一个从类 Base2 继承而来。当然,使用二元作用域分辨运算符可以很容易解决这个问题。表达式 derived. Base1 :: getData( ) 获得从类 Base1 继承的变量的值(也就是名为 value 的 int 类型变量),表达式 derived. Base2 :: getData( ) 获得从类 Base2 继承的变量的值(也就是名为 letter 的 char 类型变量)。调用 derived. getReal( ) 进行 double 类型变量 real 的输出不存在任何二义性问题,因为在这个继承层次上没有其他成员函数和它重名。

### 多重继承中"是一个"关系的演示

单一继承的"是一个"关系同样可以应用在多重继承关系中。为了演示这个关系,第 29 行把对象 derived 的地址赋值给类 Base1 指针 base1Ptr。这是可行的,因为一个类 Derived 的对象是一个类 Base1 的对象。第 30 行通过 base1Ptr 调用类 Base1 的成员函数 getData,获得对象 derived 中只属于 Base1 部分的值。第 33 行把对象 derived 的地址赋值给类 Base2 指针 base2Ptr,这也是可行的,因为一个类 Derived 的对象也是一个类 Base2 的对象。第 34 行通过 base2Ptr 调用类 Base2 的成员函数 getData,获得对象 derived 中只属于 Base2 部分的值。

## 23.8 多重继承和 virtual 基类

在 23.7 节中,我们讨论了一个类从两个或者两个以上类继承的多重继承过程。例如,通过使用多重继承,可以构成 C++ 标准库的 basic_iostream 类( 如图 23.12 所示)。

类 basic_ios 是两个由单一继承形成的类:basic_istream 和 basic_ostream 的基类。类 basic_iostream 是从 basic_istream 和 basic_ostream 多重继承而来的。这使得类 basic_iostream 具有了类 basic_istream 和 basic_ostream 的功能。在多重继承的层次结构中,如图 23.12 所示的继承关系称为菱形继承。

因为类 basic_istream 和 basic_ostream 都是从类 basic_ios 继承而来的,在类 basic_iostream 中就可能存在一个潜在的问题。类 basic_iostream 可能包含了类 basic_ios 成员的两个

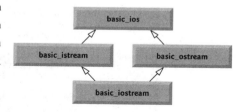

图 23.12 多重继承生成 basic_iostream 类

副本:一个通过继承 basic_istream 而得到,另一个通过继承 basic_ostream 而得到。这种情况将会产生二义性并由此导致编译错误,因为编译器不知道使用哪个版本的类 basic_ios 成员。在本节中,大家会看到如何通过使用 virtual 基类,来解决间接继承一个基类的多个副本的问题。

### 菱形继承中的二义性导致的编译错误

图 23.13 演示了在菱形继承中可能引发的二义性问题。类 Base(第 8 ~ 12 行)包含了一个纯 virtual 函数 print(第 11 行)。类 DerivedOne(第 15 ~ 23 行)和类 DerivedTwo(第 26 ~ 34 行)均 public 继承了类 Base,并分别重载了 print 函数。类 DerivedOne 和类 DerivedTwo 都包含了一个基类子对象,也就是这个例子中类 Base 的成员。

类 Multiple(第 37 ~ 45 行)从类 DerivedOne 和类 DerivedTwo 继承而来。在类 Multiple 中,重载了函数 print 来调用 DerivedTwo 的 print 函数(第 43 行)。请注意,我们必须用类名 DerivedTwo 限定这个 print 调用,以确定调用哪个版本的 print。

函数 main(第 47 ~ 61 行)分别在第 50 行、第 51 行和第 52 行声明了类 Multiple、类 DerivedOne 和类 DerivedTwo( )的对象。第 52 行声明了一个 Base *指针数组。每个数组元素都分别被一个对象地址进行了

初始化(第 54~56 行)。当把 both(是一个类 Multiple 的对象)的地址赋值给 array[0]时产生一个错误。对象 both 实际上包含了类 Base 的两个子对象,因此编译器不知道指针 array[0]应该指向哪个子对象,进而产生一个编译错误,表明是一个二义性的转换错误。

```cpp
1   // Fig. 23.13: fig23_13.cpp
2   // Attempting to polymorphically call a function that is
3   // multiply inherited from two base classes.
4   #include <iostream>
5   using namespace std;
6
7   // class Base definition
8   class Base
9   {
10  public:
11      virtual void print() const = 0; // pure virtual
12  }; // end class Base
13
14  // class DerivedOne definition
15  class DerivedOne : public Base
16  {
17  public:
18      // override print function
19      void print() const
20      {
21          cout << "DerivedOne\n";
22      } // end function print
23  }; // end class DerivedOne
24
25  // class DerivedTwo definition
26  class DerivedTwo : public Base
27  {
28  public:
29      // override print function
30      void print() const
31      {
32          cout << "DerivedTwo\n";
33      } // end function print
34  }; // end class DerivedTwo
35
36  // class Multiple definition
37  class Multiple : public DerivedOne, public DerivedTwo
38  {
39  public:
40      // qualify which version of function print
41      void print() const
42      {
43          DerivedTwo::print();
44      } // end function print
45  }; // end class Multiple
46
47  int main()
48  {
49      Multiple both; // instantiate Multiple object
50      DerivedOne one; // instantiate DerivedOne object
51      DerivedTwo two; // instantiate DerivedTwo object
52      Base *array[ 3 ]; // create array of base-class pointers
53
54      array[ 0 ] = &both; // ERROR--ambiguous
55      array[ 1 ] = &one;
56      array[ 2 ] = &two;
57
58      // polymorphically invoke print
59      for ( int i = 0; i < 3; ++i )
60          array[ i ] -> print();
61  } // end main
```

*Microsoft Visual C++ compiler error message:*

```
c:\cpphtp9_examples\ch23\fig23_13\fig23_13.cpp(54) : error C2594: '=' :
   ambiguous conversions from 'Multiple *' to 'Base *'
```

图 23.13　试图多态性地调用一个多重继承的函数

**使用 virtual 基类继承消除多重子对象**

通过 virtual 继承可以解决多重子对象的问题。当一个基类是以 virtual 方式被继承时,只有一个子对象会出现在派生类中,这个过程称为 virtual 基类继承。图 23.14 修改了图 23.13 中的程序,其中使用了 virtual 基类。

```cpp
 1   // Fig. 23.14: fig23_14.cpp
 2   // Using virtual base classes.
 3   #include <iostream>
 4   using namespace std;
 5
 6   // class Base definition
 7   class Base
 8   {
 9   public:
10      virtual void print() const = 0; // pure virtual
11   }; // end class Base
12
13   // class DerivedOne definition
14   class DerivedOne : virtual public Base
15   {
16   public:
17      // override print function
18      void print() const
19      {
20         cout << "DerivedOne\n";
21      } // end function print
22   }; // end DerivedOne class
23
24   // class DerivedTwo definition
25   class DerivedTwo : virtual public Base
26   {
27   public:
28      // override print function
29      void print() const
30      {
31         cout << "DerivedTwo\n";
32      } // end function print
33   }; // end DerivedTwo class
34
35   // class Multiple definition
36   class Multiple : public DerivedOne, public DerivedTwo
37   {
38   public:
39      // qualify which version of function print
40      void print() const
41      {
42         DerivedTwo::print();
43      } // end function print
44   }; // end Multiple class
45
46   int main()
47   {
48      Multiple both; // instantiate Multiple object
49      DerivedOne one; // instantiate DerivedOne object
50      DerivedTwo two; // instantiate DerivedTwo object
51
52      // declare array of base-class pointers and initialize
53      // each element to a derived-class type
54      Base *array[ 3 ];
55      array[ 0 ] = &both;
56      array[ 1 ] = &one;
57      array[ 2 ] = &two;
58
59      // polymorphically invoke function print
60      for ( int i = 0; i < 3; ++i )
61         array[ i ]->print();
62   } // end main
```

```
DerivedTwo
DerivedOne
DerivedTwo
```

图 23.14  使用 virtual 基类

程序中关键的改变是类 DerivedOne（第 14 行）和类 DerivedTwo（第 25 行）都通过指定 virtual public Base 来继承类 Base。因为这两个类均由类 Base 继承而来，它们都包含了一个 Base 子对象。virtual 继承的优点直到类 Multiple 从类 DerivedOne 和类 DerivedTwo 继承（第 36 行）时才显现出来。因为这两个基类都使用了 virtual 继承来继承类 Base 的成员，所以编译器保证只有一个 Base 子对象继承到类 Multiple 中。这样就消除了图 23.13 中编译器产生的二义性错误。编译器现在允许第 55 行 main 函数中的派生类指针（&both）向基类指针 array[0] 的隐式转换。第 60~61 行的 for 语句对每个对象多态性地调用 print 函数。

**使用 virtual 基类的多重继承层次结构中的构造函数**

如果对基类使用默认的构造函数，那么使用 virtual 基类实现继承层次结构就比较简单了。图 23.13 和图 23.14 使用的就是编译器产生的默认构造函数。如果一个 virtual 基类提供的构造函数需要参数，那么派生类的实现会变得复杂起来，因为最低层的派生类必须显式地调用 virtual 基类的构造函数。

 **软件工程知识 23.4**
为 virtual 基类提供一个默认的构造函数可以简化层次结构的设计。

## 23.9　本章小结

本章介绍了如何使用 const_cast 运算符来取消一个变量的 const 限定。我们展示了如何使用命名空间来确保程序里的每个标识符都是唯一命名的，并且解释了命名空间如何有助于解决命名冲突的问题。大家看到了如果程序员的键盘不支持像"!"、"&"、"^"、"~"和"|"之类的某些运算符符号，那么就可以使用一些运算符关键字。我们说明了如何对一个数据成员使用 mutable 存储类别说明符，指明它总是可修改的，甚至它所在的对象目前是 const 的。本章还展示了指向类成员的指针，以及".*"和"->*"运算符的用法。最后介绍了多重继承，并讨论了由于允许派生类继承多个基类的成员而引起的问题。在讨论的时候，我们演示了如何使用 virtual 继承来解决这些问题。

## 摘要

### 23.2 节　const_cast 运算符

- C++ 提供了 const_cast 运算符，从而可以强制去除 const 和 volatile 的限定。
- 当程序希望变量能被其他程序修改时，就可以用 volatile 限定符声明这个变量。声明一个 volatile 变量，表明编译器不会对变量的使用进行优化，因为这样会影响到其他程序对 volatile 变量进行访问和修改的能力。
- 一般情况下，使用 const_cast 运算符是一件危险的事情，因为它允许程序修改一个声明为 const 的变量，但其本不应该被修改。
- 在有些情况下是值得、甚至是有必要强制去除 const 性质的。例如，一些旧的 C 或者 C++ 的库可能会提供一些具有非 const 参数的函数，且这些函数不会修改参数。如果想要对这样的函数传递 const 数据，就需要强制去除这些数据的 const 性质；否则，编译器就会报告错误信息。
- 如果将非 const 数据传送到那些把数据视为常量且将数据作为常量返回的函数中，那么可能需要强制去除返回数据的 const 性质，以访问和改变这个数据。

### 23.3 节　mutable 类成员

- 如果一个数据成员应该总是可以被修改的，C++ 提供了可以取代 const_cast 运算符的存储类别说明符 mutable。一个 mutable 数据成员总是可以被修改的，甚至在 const 成员函数或者 const 对象中。这减少了强制去除"const 性质"的需要。
- 无论是 const_cast 和 mutable，都允许修改数据成员，但是它们在不同的环境下使用。对于一个没有

mutable 数据成员的 const 对象，每次修改成员时必须使用 const_cast 运算符。由于这个数据成员不会是永久改变的，因此大大减少了意外修改一个数据成员的可能性。

- 包含 const_cast 的操作一般隐藏在成员函数的实现中。类的用户可能不会意识到成员在被修改。

### 23.4 节　命名空间

- 一个程序包含了许多在不同范围内定义的标识符。有些时候一个范围的变量会与另外一个在不同范围内定义的同名变量发生"重叠"，这可能会引起一个命名上的冲突。C++ 标准使用命名空间来解决这一问题。
- 每一个命名空间定义了一个放置标识符的范围。为了使用命名空间的成员，要么在每个成员的名字前必须加一个命名空间名和二元作用域分辨运算符（::）来限定，要么在使用名字之前，在程序中使用一条 using 指令或声明。
- 通常，在那些使用命名空间成员的文件的开始处加 using 语句。
- 并不是所有的命名空间都可以保证唯一性。两个第三方供应商可能在命名他们的命名空间时无意中使用了相同的标识符。
- 一个命名空间可以包含常量、数据、类、嵌套的命名空间、函数，等等。命名空间的定义必须在全局范围里出现或者嵌套在其他的命名空间里。
- 未命名的命名空间具有一条隐式的 using 指令，因此它的成员出现在全局命名空间里，直接可以访问，不必用一个命名空间名来限定。全局变量同样是全局命名空间的一部分。
- 当访问一个嵌套的命名空间的成员时，必须对这个成员加以命名空间的限定（除非这个成员正在此嵌套的命名空间内使用。）
- 命名空间可以有别名。

### 23.5 节　运算符关键字

- C++ 标准提供了一些运算符关键字，可用来代替相应的 C++ 运算符。这些运算符关键字对于那些键盘不支持像"~"、"!"、"&"、"^"和"|"之类的某些字符的程序员非常有用。

### 23.6 节　指向类成员的指针（.*和 −>*）

- C++ 提供了".*"和"−>*"运算符，可以通过指针来访问类成员。这是一个除高级 C++ 程序员外其他程序人员很少问津的功能。
- 在声明一个指向函数的指针时，需要在指针名前面加上"*"并用圆括号括起来。一个指向函数的指针必须指定它所指向的函数的返回类型和函数的参数表，这也是它的类型的一部分内容。

### 23.7 节　多重继承

- 在 C++ 中，一个类可以从不止一个基类派生而来。这种技术被称为多重继承，其中一个派生类继承两个或更多个基类的成员。
- 在使用多重继承时的一个常见问题是，每一个基类都有可能包含了具有相同名字的数据成员或成员函数。这在试图编译时会导致二义性问题。
- 单一继承的"是一个"关系同样可以应用在多重继承关系中。
- 通过使用多重继承，可以构成 C++ 标准库的 basic_iostream 类。类 basic_ios 是类 basic_istream 和类 basic_ostream 的共同基类。类 basic_iostream 是从类 basic_istream 和类 basic_ostream 多重继承而来的。在多重继承的层次结构中，这里所描述的情况称为菱形继承。

### 23.8 节　多重继承和 virtual 基类

- 菱形继承的二义性发生在一个派生类对象继承两个或者两个以上基类的子对象的时候。通过 virtual 继承可以解决多重子对象的问题。当一个基类是以 virtual 方式被继承时，只有一个子对象会出现在派生类中，这个过程称为 virtual 基类继承。
- 如果对基类使用默认的构造函数，那么使用 virtual 基类实现继承层次结构就比较简单了。如果一个 virtual 基类提供的构造函数需要参数，那么派生类的实现会变得复杂起来，因为最低层的派生类必须显式地调用 virtual 基类的构造函数，来初始化从 virtual 基类继承的成员。

## 自测练习题

23.1 填空题

a)_____运算符限定了成员的命名空间。

b)_____运算符允许强制去除对象的 const 性质。

c)因为未命名的命名空间具有一个隐式的 using 指令，所以它的成员出现在_____里，直接可以访问，不必用一个命名空间名来限定。

d)不等于的运算符关键字是_____。

e)_____允许一个类可以从一个以上的基类派生而来。

f)当以_____的方式继承基类时，只有一个基类子对象会出现在派生类中。

23.2 判断对错。如果错误，请说明理由。

a)当把一个非 const 实参传递到一个 const 函数时，应该使用 const_cast 运算符来强制去除这个函数的 const 性质。

b)在一个 const 成员函数中不能修改 mutable 成员数据。

c)命名空间可以确保唯一性。

d)和类的体一样，命名空间的体同样用分号结束。

e)命名空间不可以有命名空间成员。

## 自测练习题答案

23.1 a)二元作用域分辨运算符( :: )。b)const_cast。c)全局命名空间。d)not_eq。e)多重继承。f)virtual。

23.2 a)错误。把一个非 const 实参传递到一个 const 函数是合法的。然而把一个 const 引用或者指针传递到一个非 const 函数，则应该使用 const_cast 运算符 lai 强制去除这个引用或者指针的 const 性质。

b)错误。就算在一个 const 成员函数中，mutable 数据成员也总是可以改变的。

c)错误。程序员可能无意中选择了已在用的命名空间。

d)错误。命名空间的体不用分号结束。

e)错误。命名空间可以嵌套。

## 练习题

23.3 填空题

a)_____关键字指定使用的命名空间或者命名空间成员。

b)_____是逻辑与的运算符关键字。

c)_____存储类别说明符允许修改 const 对象的成员。

d)_____限定符指示一个对象可以由其他程序修改。

e)如果存在范围冲突的可能，可以在一个成员前面加上它的_____名和作用域分辨运算符。

f)命名空间的体是用_____来限定的。

g)对于一个没有_____数据成员的 const 对象，在每次修改成员时都要使用_____运算符。

23.4 (命名空间 Currency)请编写一个命名空间 Currency，它定义了常量成员 ONE、TWO、FIVE、TEN、TWENTY、FIFTY 和 HUNDREDR。然后编写使用 Currency 的两个小程序：一个程序应该使所有常量都可用，而另一个程序应该只能用常量成员 FIVE。

23.5 **(命名空间)**给定图 23.15 中的命名空间,判断下面的每一句话是否都正确,如果错误请说明理由。

a)变量 kilometers 在命名空间 Data 中是可见的。

b)对象 string1 在命名空间 Data 中是可见的。

c)常量 POLAND 在命名空间 Data 中是不可见的。

d)常量 GERMANY 在命名空间 Data 中是可见的。

e)函数 function 对于命名空间 Data 是可见的。

f)命名空间 Data 对于命名空间 CountryInformation 是可见的。

g)对象 map 对于命名空间 CountryInformation 是可见的。

h)对象 string1 在命名空间 RegionalInformation 中是可见的。

```
1   namespace CountryInformation
2   {
3       using namespace std;
4       enum Countries { POLAND, SWITZERLAND, GERMANY,
5                        AUSTRIA, CZECH_REPUBLIC };
6       int kilometers;
7       string string1;
8
9       namespace RegionalInformation
10      {
11          short getPopulation(); // assume definition exists
12          MapData map; // assume definition exists
13      } // end RegionalInformation
14  } // end CountryInformation
15
16  namespace Data
17  {
18      using namespace CountryInformation::RegionalInformation;
19      void *function( void *, int );
20  } // end Data
```

图 23.15 练习题 23.5 的命名空间

23.6 **(mutable 与 const_cast)**比较 mutable 和 const_cast。对各自优于对方之处请至少举一个例子来说明(注意:这道练习题不要求编写任何代码)。

23.7 **(修改 const 变量)**请编写一个程序,要求使用 const_cast 运算符来修改一个 const 变量(提示:在你的解决方案中使用指针指向 const 标识符)。

23.8 **(virtual 基类)**请问 virtual 基类解决什么问题?

23.9 **(virtual 基类)**请编写一个程序,要求使用 virtual 基类。继承层级结构中最高层的类应该提供一个至少有一个参数的构造函数(也就是不提供默认的构造函数)。这对于继承层次结构来说有什么挑战?

23.10 找出下面语句中的错误。如果可能的话,请指出如何纠正这些错误。

```
a)  namespace Name {
        int x;
        int y;
        mutable int z;
    };
b)  int integer = const_cast< int >( double );
c)  namespace PCM( 111, "hello" ); // construct namespace
```

# 附录 A 运算符的优先级与结合律

运算符按优先级从高到低的排列情况如图 A.1 所示。

| 运算符 | 类型 | 结合律 |
|---|---|---|
| :: | 二元作用域分辨 | 从左至右 |
| :: | 一元作用域分辨 | |
| ( ) | 圆括号［请参阅图 2.10 中给出的相关注意事项］ | |
| ( ) | 函数调用 | 从左至右 |
| [ ] | 数组下标 | |
| . | 通过对象的成员选择 | |
| –> | 通过指针的成员选择 | |
| ++ | 一元后置自增 | |
| – – | 一元后置自减 | |
| typeid | 运行时类型信息 | |
| dynamic_cast < 类型 > | 运行时检查类型的强制类型转换 | |
| static_cast < 类型 > | 编译时检查类型的强制类型转换 | |
| reinterpret_cast < 类型 > | 非标准强制类型转换 | |
| const_cast < 类型 > | 通过强制类型转换除去 const 属性 | |
| ++ | 一元前置自增 | 从右至左 |
| – – | 一元前置自减 | |
| + | 一元加（正号） | |
| – | 一元减（负号） | |
| ! | 一元逻辑非 | |
| ~ | 一元按位取反 | |
| sizeof | 确定字节大小 | |
| & | 取地址 | |
| * | 间接引用 | |
| new | 动态内存分配 | |
| new[ ] | 动态数组分配 | |
| delete | 动态内存释放 | |
| delete[ ] | 动态数组释放 | |
| （类型） | C 风格的一元强制类型转换 | 从右至左 |
| .* | 通过对象的成员指针 | 从左至右 |
| –>* | 通过指针的成员指针 | |
| * | 乘 | 从左至右 |
| / | 除 | |
| % | 取模 | |
| + | 加 | 从左至右 |
| – | 减 | |
| << | 按位左移 | 从左至右 |
| >> | 按位右移 | |

图 A.1 运算符的优先级与结合律表

| 运算符 | 类型 | 结合律 |
|--------|------|--------|
| < | 小于关系 | 从左至右 |
| <= | 小于等于关系 | |
| > | 大于关系 | |
| >= | 大于等于关系 | |
| == | 等于关系 | 从左至右 |
| ！= | 不等于关系 | |
| & | 按位与 | 从左至右 |
| ∧ | 按位异或 | 从左至右 |
| \| | 按位或 | 从左至右 |
| && | 逻辑与 | 从左至右 |
| \|\| | 逻辑或 | 从左至右 |
| ？： | 三元条件运算 | 从右至左 |
| = | 赋值运算 | 从右至左 |
| += | 加法赋值 | |
| -= | 减法赋值 | |
| *= | 乘法赋值 | |
| /= | 除法赋值 | |
| %= | 取模后赋值 | |
| &= | 按位与后赋值 | |
| ∧= | 按位异或后赋值 | |
| \|= | 按位或后赋值 | |
| <<= | 按位左移后赋值 | |
| >>= | 按位右移后赋值 | |
| , | 逗号运算 | 从左至右 |

图 A.1(续)　运算符的优先级与结合律表

# 附录 B  ASCII 字符集

| | 0 | 1 | 2 | 3 | 4 | 5 | 6 | 7 | 8 | 9 |
|---|---|---|---|---|---|---|---|---|---|---|
| 0 | nul | soh | stx | etx | eot | enq | ack | bel | bs | ht |
| 1 | nl | vt | ff | cr | so | si | dle | dc1 | dc2 | dc3 |
| 2 | dc4 | nak | syn | etb | can | em | sub | esc | fs | gs |
| 3 | rs | us | sp | ! | " | # | $ | % | & | ' |
| 4 | ( | ) | * | + | , | - | . | / | 0 | 1 |
| 5 | 2 | 3 | 4 | 5 | 6 | 7 | 8 | 9 | : | ; |
| 6 | < | = | > | ? | @ | A | B | C | D | E |
| 7 | F | G | H | I | J | K | L | M | N | O |
| 8 | P | Q | R | S | T | U | V | W | X | Y |
| 9 | Z | [ | \ | ] | ^ | _ | ` | a | b | c |
| 10 | d | e | f | g | h | i | j | k | l | m |
| 11 | n | o | p | q | r | s | t | u | v | w |
| 12 | x | y | z | { | \| | } | ~ | del | | |

ASCII 字符集

图 B.1  ASCII 字符集

图 B.1 左侧的数字是字符编码对应的十进制值(0～127)的高位数字,而图 B.1 顶部的数字是字符编码的低位数字。例如,"F"的字符编码是 70,"&"的字符编码是 38。

# 附录 C 基本数据类型

图 C.1 列出了 C++ 所有的基本数据类型。对于这些类型而言，C++ 标准文档并没有规定其变量在内存中存储究竟需要几个字节。但是，它明确指出了基本类型间所需内存大小的相互关系。按照内存需求量递增的顺序进行排列，有符号整数类型依次是 signed char、short int、int、long in 和 long long int。这意味着 short int 类型的数据所需的内存空间必须至少和 signed char 类型的一样多，int 类型必须至少和 short int 类型的一样多，long int 类型必须至少和 int 类型的一样多，long long int 类型必须至少和 long int 类型的一样多。每种有符号整数类型都各自对应一个无符号整数类型，它们所需的内存大小相同。虽然无符号类型不可以表示负数，但与相对应的有符号类型相比，它能够表示的正数范围扩大了一倍。同理，按照内存需求量递增的顺序，浮点类型依次为 float、double 和 long double。和整数类型一样，double 类型的内存大小至少与 float 类型相同，而 long double 类型的内存大小至少与 double 相同。

| 整数类型 | 浮点类型 |
| --- | --- |
| bool | float |
| char | double |
| signed char | long double |
| unsigned char | |
| short int | |
| unsigned short int | |
| int | |
| unsigned int | |
| long int | |
| unsigned long int | |
| long long int | |
| unsigned long long int | |
| char16_t | |
| char32_t | |
| wchar_t | |

图 C.1 基本数据类型

至于这些基本类型确切地占多大的内存空间，以及可表示的值的范围究竟是多少，则完全依赖于系统实现。头文件 < climits >（针对整数类型）和 < cfloat >（针对浮点类型）详细说明了系统支持的值的范围。

某种类型所支持的值的范围依赖于表示该类型所用的字节数。例如，考虑一个系统，它的 int 类型占 4 个字节（也就是 32 位），那么对于 signed int 类型而言，它的非负值的范围是 $0 \sim 2\,147\,483\,647(2^{31}-1)$；负值的范围是 $-1 \sim -2\,147\,483\,648(-2^{31})$。所以，总共有 $2^{32}$ 个可能的取值。在相同的系统中，unsigned int 类型表达数据将采用同样的位数，但是不表示任何负值。这样，unsigned int 类型的取值范围是 $0 \sim 4\,294\,967\,295(2^{32}-1)$。然而，在相同的系统中，short int 类型表示数据的位数不可能超过 32 位，并且 long int 至少必须是 32 位。

C++ 为变量提供 bool 数据类型，该类型只有两个取值：true 和 false。C++11 典型地针对 64 位整数值（尽管不是标准所要求的），增加了 long long int 类型和 unsigned long long int 类型。同时，为了表示 Unicode 编码的字符，C++11 还加入了 char16_t 和 char32_t 两种新的字符类型。

# 附录 D 计 数 系 统

*Here are only numbers ratified.*

—William Shakespeare

## 学习目标

在本附录中将学习：

- 理解计数系统的基本概念，如基数、位置值和符号值
- 理解怎样处理使用二进制、八进制和十六进制计数系统表示的数
- 将二进制数简化为八进制或十六进制数
- 将八进制和十六进制数转换为二进制数
- 十进制数与二进制、八进制、十六进制数之间的相互转换
- 理解二进制数的算术运算及怎样用二进制的补码方式表示二进制的负数

## 提纲

D.1 简介
D.2 将二进制数简化为八进制和十六进制数
D.3 将八进制和十六进制数转换为二进制数
D.4 将二进制、八进制或十六进制数转换为十进制数
D.5 将十进制数转换为二进制、八进制或十六进制数
D.6 二进制负数：补码表示法

摘要 | 自测练习题 | 自测练习题答案 | 练习题

## D.1 简介

在本附录中，我们介绍 C++ 程序员使用的重要的计数系统，特别是当他们工作在那些需要与机器硬件有密切交互关系的软件项目时。这样的项目包括操作系统、计算机网络软件、编译器、数据库系统和高性能要求的应用。

当我们在 C++ 程序中写出一个像 227 或 −63 这样的整数时，这个数被认为是十进制计数系统（基数为 10）中的数。在十进制计数系统中的数字有 0、1、2、3、4、5、6、7、8 和 9。最小的数字是 0；最大的数字是 9，比基数 10 小 1。对于内部而言，计算机使用的是二进制计数系统（基数为 2）。二进制计数系统只有两个数字，即 0 和 1。最小的数是 0；最大的数是 1，比基数 2 小 1。

就像我们将要看到的，二进制数通常要比它们等价的十进制数长。汇编语言和更高级的语言（如 C++）使程序员能够进行机器级层次的编程，但是他们发现使用二进制数实在太麻烦了。因此，另外两种计数系统——八进制系统（基数为 8）和十六进制计数系统（基数为 16），由于它们能够方便地简化二进制数而受到大家的欢迎。

在八进制计数系统中，数字范围是从 0 到 7。因为二进制和八进制计数系统的数字都比十进制的少，所以它们的数字和十进制中对应的数字相同。

十六进制计数系统有个问题：它需要十六个数字——最低数字是 0，而最高数字的值等价于十进制的数 15（比基数 16 小 1）。按照惯例，我们使用字母 A 到 F 来表示十六进制数字，分别对应十进制数值 10 ～ 15。因此，在十六进制计数系统中，我们有像 876 那样只包含和十进制计数系统中一样数字的数，也有像 8A55F 那样包含数字和字母的数，以及像 FFE 那样只包含字母的数。有时，一个十六进制数能拼写成像 FACE 或 FEED 这样的常用单词，这对习惯于使用数字的程序员来说看起来很奇怪。二进制、八进制、十六进制计数系统的数字总结在图 D.1 和图 D.2 中。

| 二进制数字 | 八进制数字 | 十进制数字 | 十六进制数字 |
|---|---|---|---|
| 0 | 0 | 0 | 0 |
| 1 | 1 | 1 | 1 |
| | 2 | 2 | 2 |
| | 3 | 3 | 3 |
| | 4 | 4 | 4 |
| | 5 | 5 | 5 |
| | 6 | 6 | 6 |
| | 7 | 7 | 7 |
| | | 8 | 8 |
| | | 9 | 9 |
| | | | A(十进制值是 10) |
| | | | B(十进制值是 11) |
| | | | C(十进制值是 12) |
| | | | D(十进制值是 13) |
| | | | E(十进制值是 14) |
| | | | F(十进制值是 15) |

图 D.1    二进制、八进制、十进制、十六进制计数系统的数字

| 属性 | 二进制 | 八进制 | 十进制 | 十六进制 |
|---|---|---|---|---|
| 基数 | 2 | 8 | 10 | 16 |
| 最小数字 | 0 | 0 | 0 | 0 |
| 最大数字 | 1 | 7 | 9 | F |

图 D.2    二进制、八进制、十进制、十六进制计数系统的比较

以上计数系统的每一个都使用位置计数法,每个数字所写的位置都有一个不同的位置值。例如,在十进制数 937 中(9、3 和 7 都称为符号值),我们说 7 是写在个位,3 是写在十位,9 是写在百位。注意,每个位置都代表了基数(基数为 10)的一个幂,并且这些幂从 0 开始,数中每向左移动一位数字,相应的幂就增 1(如图 D.3 所示)。

| 十进制计数系统中的位置值 | | | |
|---|---|---|---|
| 十进制数字 | 9 | 3 | 7 |
| 位置名称 | 百位 | 十位 | 个位 |
| 位置值 | 100 | 10 | 1 |
| 以基数(10)的幂表示的位置值 | $10^2$ | $10^1$ | $10^0$ |

图 D.3    十进制计数系统中的位置值

对于更长的十进制数,左边的下一个数位是千位(10 的 3 次幂)、万位(10 的 4 次幂)、十万位(10 的 5 次幂)、百万位(10 的 6 次幂)、千万位(10 的 7 次幂),等等,依次类推。

在二进制数 101 中,最右边的 1 是写在个位的,0 是写在 2 位的,最左边的 1 是 4 位。注意,每个数位都是基数的一个幂(基数为 2),这些幂从 0 开始,并且数中每向左移一位,相应的幂加 1(如图 D.4 所示)。因此,$101 = 22 + 20 = 4 + 1 = 5$。

对于更长的二进制数,左边的下一个数位是 8 位(2 的 3 次幂)、16 位(2 的 4 次幂)、32 位(2 的 5 次幂)、64 位(2 的 6 次幂),等等,依次类推。

在八进制数 425 中,我们说 5 是写在个位的,2 是写在 8 位的,4 是写在 64 位的。注意,每个数位都是基数的一个幂(基数为 8),这些幂从 0 开始,并且数中每向左移 1 位,则相应的幂加 1(如图 D.5 所示)。

| 二进制计数系统中的位置值 | | | |
| --- | --- | --- | --- |
| 二进制数字 | 1 | 0 | 1 |
| 位置名称 | 4 位 | 2 位 | 个位 |
| 位置值 | 4 | 2 | 1 |
| 以 2 的幂表示的位置值 | $2^2$ | $2^1$ | $2^0$ |

图 D.4　二进制计数系统中的位置值

| 八进制计数系统中的位置值 | | | |
| --- | --- | --- | --- |
| 八进制数字 | 4 | 2 | 5 |
| 位置名称 | 64 位 | 8 位 | 个位 |
| 位置值 | 64 | 8 | 1 |
| 以 8 的幂表示的位置值 | $8^2$ | $8^1$ | $8^0$ |

图 D.5　八进制计数系统中的位置值

对于更长的八进制数，左边的下一个数位是 512 位（8 的 3 次幂）、4096 位（8 的 4 次幂）、32 768 位（8 的 5 次幂），等等，依次类推。

在十六进制数 3DA 中，我们说 A 是写在个位的，D 是写在 16 位的，3 是写在 256 位的。注意，每个数位都是基数的一个幂（基数为 16），这些幂数从 0 开始，并且数中每左移一位，相应的幂增 1（如图 D.6 所示）。

对于更长的十六进制数，左边的下一个数位是 4096 位（16 的 3 次幂）、65 536 位（16 的 4 次幂），等等，依次类推。

| 十六进制计数系统中的位置值 | | | |
| --- | --- | --- | --- |
| 十六进制数字 | 3 | D | A |
| 位置名称 | 256 位 | 16 位 | 个位 |
| 位置值 | 256 | 16 | 1 |
| 以 16 的幂表示的位置值 | $16^2$ | $16^1$ | $16^0$ |

图 D.6　十六进制计数系统中的位置值

## D.2　将二进制数简化为八进制和十六进制数

在计算领域，八进制和十六进制数最主要的用途就是简化冗长的二进制数，缩短它们的长度。图 D.7 突出反映了较长的二进制数可以用基数更高的计数系统进行简洁表示的事实。

八进制计数系统和十六进制计数系统均与二进制计数系统存在一种特别重要的关系，那就是八进制和十六进制的基数（分别为 8 和 16）是二进制基数（基数为 2）的幂。

仔细观察一下下面的 12 位二进制数及其等价的八进制和十六进制数，你是否可以从中确定出这种关系如何使二进制数简化为八进制或十六进制数变得十分容易呢？这个答案之后给出。

```
Binary number    Octal equivalent   Hexadecimal equivalent
100011010001     4321               8D1
```

要知道二进制数如何轻易地转换为八进制，只需把这 12 位二进制数按照从右到左的顺序，每连续 3 位为一组，简单地进行划分，然后把这些组写成相应的八进制数字即可，如下所示：

```
100     011     010     001
4       3       2       1
```

注意，在各个由 3 位数构成的组之下，所写的八进制数字正好对应了图 D.7 所示的 3 位二进制数等价的八进制数。

从二进制到十六进制的转换也存在同样的关系。将 12 位二进制数按从右到左、每连续 4 位为一组进行划分，然后把这些组的数写成如下对应的十六进制数：

| 十进制数 | 二进制表示 | 八进制表示 | 十六进制表示 |
|---|---|---|---|
| 0 | 0 | 0 | 0 |
| 1 | 1 | 1 | 1 |
| 2 | 10 | 2 | 2 |
| 3 | 11 | 3 | 3 |
| 4 | 100 | 4 | 4 |
| 5 | 101 | 5 | 5 |
| 6 | 110 | 6 | 6 |
| 7 | 111 | 7 | 7 |
| 8 | 1000 | 10 | 8 |
| 9 | 1001 | 11 | 9 |
| 10 | 1010 | 12 | A |
| 11 | 1011 | 13 | B |
| 12 | 1100 | 14 | C |
| 13 | 1101 | 15 | D |
| 14 | 1110 | 16 | E |
| 15 | 1111 | 17 | F |
| 16 | 10000 | 20 | 10 |

图 D.7　等价的十进制、二进制、八进制和十六进制数

```
1000    1101    0001
8       D       1
```

注意，在各个由四位数字组成的组之下，所写的十六进制数字正好对应了图 D.7 所示的四位二进制数等价的十六进制数。

## D.3　将八进制和十六进制数转换为二进制数

在前一节中，我们看到了怎样将二进制数转换为与它们等价的八进制和十六进制数，即首先通过把二进制数字分组，然后简单地把每组写成等价的八进制或十六进制的数字值。这个方法可以反过来使用，以便把给定的八进制或十六进制数转换为等价的二进制数。

例如，若将八进制数 653 转换成二进制，只要把 6 写成等价的 3 位二进制数 110，5 写成等价的 3 位二进制数 101，3 写成等价的 3 位二进制数 011，由此就形成了 9 位二进制数 110101011。

在十六进制数 FAD5 转换成二进制数时，只要把 F 写成等价的 4 位二进制数 1111，A 写成等价的 4 位二进制数 1010，D 写成等价的 4 位二进制数 1101，5 写成等价的 4 位二进制数 0101，由此就形成了 16 位的数 1111101011010101。

## D.4　将二进制、八进制或十六进制数转换为十进制数

我们习惯于使用十进制计数系统，因此通常把二进制、八进制或十六进制数转换为十进制数，这样更便于感觉这个数"真正"的数值是多少。我们在 D.1 节的图中表示了十进制计数系统的位置值。要将数从其他数制转换为十进制数，需把各个符号值等价的十进制值乘以它们的位置值，然后把结果相加即可。例如，二进制数 110101 转换为十进制数 53，如图 D.8 所示。

| 二进制数转换为十进制数 | | | | | |
|---|---|---|---|---|---|
| 位置值： | 32 | 16 | 8 | 4 | 2 | 1 |
| 符号值： | 1 | 1 | 0 | 1 | 0 | 1 |
| 乘积： | $1 \times 32 = 32$ | $1 \times 16 = 16$ | $0 \times 8 = 0$ | $1 \times 4 = 4$ | $0 \times 2 = 0$ | $1 \times 1 = 1$ |
| 总和： | $= 32 + 16 + 0 + 4 + 0 + 1 = 53$ | | | | | |

图 D.8　二进制数转换为十进制数

把八进制数 7614 转换为十进制数 3980，我们使用相同的技术，这次使用合适的八进制位置值，如图 D.9 所示。

| 八进制数转换为十进制数 | | | |
| --- | --- | --- | --- |
| 位置值: | 512 | 64 | 8 | 1 |
| 符号值: | 7 | 6 | 1 | 4 |
| 乘积: | $7 \times 512 = 3584$ | $6 \times 64 = 384$ | $1 \times 8 = 8$ | $4 \times 1 = 4$ |
| 总和: | $= 3584 + 384 + 8 + 4 = 3980$ | | | |

图 D.9　八进制数转换为十进制数

把十六进制数 AD3B 转换为十进制数 44347，我们也使用相同的技术，这次使用相应的十六进制位置值，如图 D.10 所示。

| 十六进制数转换为十进制数 | | | |
| --- | --- | --- | --- |
| 位置值: | 4096 | 256 | 16 | 1 |
| 符号值: | A | D | 3 | B |
| 乘积: | $A \times 4096 = 40960$ | $D \times 256 = 3328$ | $3 \times 16 = 48$ | $B \times 1 = 11$ |
| 总和: | $= 40960 + 3328 + 48 + 11 = 44347$ | | | |

图 D.10　十六进制数转换为十进制数

## D.5　将十进制数转换为二进制、八进制或十六进制数

D.4 节所示的转换是从位置计数法中自然得出的。从十进制数转换为二进制、八进制或十六进制数也同样遵循这样的法则。

假设我们想把十进制数 57 转换为二进制数。我们首先从右到左依次写出各个位置值，直到某个位置值比要转换的十进制数更大。我们不需要这个位置值，所以把它丢弃。因此，首先写下：

位置值: 64　　32　　16　　8　　4　　2　　1

然后丢弃位置值是 64 的数位，剩下：

位置值: 　　32　　16　　8　　4　　2　　1

接着从最左边开始向最右边进行转换。我们用 32 去除 32，得到商为 1，余数 25，所以在 32 位上写下 1。用 16 去除 25，得到商是 1，余数 9，所以在 16 位上写下 1。用 8 去除 9，得到商为 1，余数 1。接下来的两位的位置值除以 1 得到的商都是 0，所以 4 位和 2 位上都写 0。最后，1 除以 1，所以在 1 位上写 1，于是产生了如下结果：

位置值: 　　32　　16　　8　　4　　2　　1
符号值: 　　1　　1　　1　　0　　0　　1

因此，十进制数 57 等价于二进制数 111001。

要把十进制数 103 转换成八进制数，首先把每个位的位置值写出来，直到某个位的位置值比这个十进制数大。我们不需要那个位，所以把它丢弃。因此，首先写下：

位置值: 512　　64　　8　　1

然后丢弃位置值是 512 的位，得到：

位置值: 　　64　　8　　1

接下来从最左边位开始往右进行转换。我们用 64 去除 103，得到商为 1，余数 39。所以在 64 位上写 1。然后用 8 去除 39，得到商为 4，余数 7，因此在 8 位上写 4。最后，用 1 去除 7，得到商为 7，除尽，所以在 1 位上写 1。于是得到：

位置值: 64　　8　　1
符号值: 1　　4　　7

因此，十进制 103 等价于八进制的 147。

要把十进制数 375 转换为十六进制数,首先把每个位的位置值写出来,直到某个位的位置值比这个十进制数大为止。我们不需要那个位,所以丢弃它。因此,首先写下:

位置值:    4096      256       16        1

然后丢弃位置值是 4096 的位,得到:

位置值:              256       16        1

下一步,我们从最左边的位开始向右进行转换。我们用 256 去除 375,得到商为 1,余数 119,所以在 256 位上写 1。用 16 去除 119,得到商为 7,余数 7,所以在 16 位上写 7。最后,用 1 去除 7,得到商为 7,没有余数,所以在 1 位上写 7。于是得到:

位置值:    256       16        1
符号值:    1         7         7

因此,十进制数 375 和十六进制数 177 等价。

## D.6    二进制负数:补码表示法

到现在为止,本附录所讨论的内容都集中在正数上。本节将解释计算机是怎样使用二进制的补码形式表示负数的。首先,我们解释二进制数的补码是怎样形成的,然后将解释为什么它表示了给定的二进制数的负值。

考虑 32 位整数的机器。设有

```
int value = 13;
```

那么,value 的 32 位表示是

```
00000000 00000000 00000000 00001101
```

要得到 value 的负值,首先用 C++ 的按位取反运算符( ~ )得到它的反码:

```
onesComplementOfValue = ~value;
```

其中, ~value 是现在的 value 每位取反,即 −1 变成 0, 0 变成 1,如下所示:

```
value:
00000000 00000000 00000000 00001101

~value (即值的反码):
11111111 11111111 11111111 11110010
```

要得到 value 的补码,仅仅在 value 的反码上加 1 就可以了:

```
Two's complement of value:
11111111 11111111 11111111 11110011
```

现在,如果上面的补码实际上等于 −13,应该能够将它加上二进制的 13,得到结果 0。下面就来试试:

```
  00000000 00000000 00000000 00001101
+ 11111111 11111111 11111111 11110011
-----------------------------------
  00000000 00000000 00000000 00000000
```

从最左边来的进位被丢弃了,的确得到了结果 0。如果把某个数的反码和它相加,结果是每个位都为 1。得到全为 0 结果的关键是补码比反码多 1,因为多出来的 1 导致了每个对应位相加得 0 而又产生了 1 个进位。进位一直向左边移动,直到左边最高位后才放弃,因此结果值是全 0。

实际上计算机在执行一个减法运算,例如:

```
x = a - value;
```

时,是通过把 value 的补码加到 a 上来完成的,如下所示:

```
x = a + (~value + 1);
```

假设 a 是 27,value 和以前一样是 13。如果 value 的补码事实上是负的 value,那么把 value 的补码加到 a 应当得到 14。我们来试试:

```
a (即, 27)          00000000 00000000 00000000 00011011
+(~value + 1)     + 11111111 11111111 11111111 11110011
                  -----------------------------------
                    00000000 00000000 00000000 00001110
```

的确,结果等于 14。

## 摘要

- C++ 程序中像 19、227 或 – 63 这样的整数被认为是属于十进制计数系统（基数为 10）的数。在十进制计数系统中的数字有 0、1、2、3、4、5、6、7、8 和 9。最小的数字是 0，最大的数字是 9——比基数 10 小 1。
- 计算机使用的是二进制计数系统（基数为 2）。二进制计数系统只有两个数字，即 0 和 1。最小的数字是 0，最大的数字是 1——比基数 2 小 1。
- 八进制（基数为 8）和十六进制（基数为 16）计数系统受到欢迎，主要是因为它们使得简化二进制数的工作更为简便。
- 八进制计数系统的数字范围是从 0 到 7。
- 十六进制计数系统有个问题，因为它需要 16 个数字——最小的数是 0，最大的数相当于十进制的 15（比基数 16 小 1）。按照惯例，我们使用字母 A ~ F 来表示对应的十进制值为 10 ~ 15 的十六进制数字。
- 每个计数系统都使用位置计数法——每个数字所书写的位置都有一个不同的位置值。
- 八进制和十六进制计数系统都与二进制计数系统有一个特别重要的关系，那就是它们的基数（分别是 8 和 16）都是二进制计数系统基数（基数为 2）的幂。
- 要把八进制数转换为二进制数，只要将每个八进制数字替换为等价的 3 位二进制数即可。
- 要把十六进制数转换为二进制数，只要将每个十六进制数字替换为等价的 4 位二进制数即可。
- 因为我们习惯于使用十进制数，所以把二进制、八进制或十六进制数转换为十进制数可便于我们理解这个数的"真正"值是多少。
- 要将其他基数的数转换为十进制数，需把这个数每位等价于十进制的值和它的位置值相乘，然后把所有的乘积相加。
- 计算机用补码表示法来表示负数。
- 要得到二进制数的负数，先通过使用 C++ 的按位取反运算符（~）形成反码。这使每位的值取反。要得到一个值的补码，只要在这个值的反码上加 1 即可。

## 自测练习题

D.1　十进制、二进制、八进制和十六进制计数系统的基数分别是＿＿＿＿＿、＿＿＿＿＿、＿＿＿＿＿和＿＿＿＿＿。

D.2　总的来说，对于给定的二进制数，它相应的十进制、八进制和十六进制表示要比二进制表示形式包含（更多/更少）的数字。

D.3　（对/错）使用十进制计数系统的一个普遍原因是：它是简化表示二进制数的一种非常方便的表示法，只需要把每四位二进制数字替换成一个十进制数字即可。

D.4　用（八进制/十六进制/十进制）表示法来表示大的二进制数（在给定的方法中）是最简洁的。

D.5　（对/错）任何计数系统中最大的数字都比基数大 1。

D.6　（对/错）任何计数系统中最小的数字都比基数小 1。

D.7　无论是在二进制、八进制、十进制还是十六进制，任何数最右边位的位置值总是＿＿＿＿＿。

D.8　无论是在二进制、八进制、十进制还是十六进制，任何数最右边位的左边一位的位置值总是＿＿＿＿＿。

D.9　请把表中每个计数系统最右边四位的位置值补全：

| 十进制 | 1000 | 100 | 10 | 1 |
|---|---|---|---|---|
| 十六进制 | ... | 256 | ... | ... |
| 二进制 | ... | ... | ... | ... |
| 八进制 | 512 | ... | 8 | ... |

D.10    把二进制数 110101011000 分别转换成八进制和十六进制数。

D.11    把十六进制数 FACE 转换为二进制数。

D.12    把八进制数 7316 转换为二进制数。

D.13    把十六进制数 4FEC 转换为八进制数。提示：首先把 4FEC 转换为二进制数，然后再把二进制数转
换为八进制数。

D.14    把二进制数 1101110 转换为十进制数。

D.15    把八进制数 317 转换为十进制数。

D.16    把十六进制数 EFD4 转换为十进制数。

D.17    把十进制数 177 分别转换为二进制、八进制和十六进制数。

D.18    给出十进数 417 的二进制表示，然后给出它的反码和补码。

D.19    当一个数和它的补码相加时结果是什么？

## 自测练习题答案

D.1    10，2，8，16。

D.2    更少。

D.3    错误。十六进制才是这样。

D.4    十六进制。

D.5    错误。任何计数系统的最大数字都比基数少 1。

D.6    错误。任何计数系统的最小数字都是 0。

D.7    1(基数的 0 次幂)。

D.8    这个计数系统的基数。

D.9    请把表中每个计数系统最右边四位的位置值补全：

| 十进制 | 1000 | 100 | 10 | 1 |
|---|---|---|---|---|
| 十六进制 | 4096 | 256 | 16 | 1 |
| 二进制 | 8 | 4 | 2 | 1 |
| 八进制 | 512 | 64 | 8 | 1 |

D.10    八进制 6530，十六进制 D58。

D.11    二进制 1111 1010 1100 1110。

D.12    二进制 111 011 001 110。

D.13    二进制 0 100 111 111 101 100，八进制 47754。

D.14    十进制 $2+4+8+32+64=110$。

D.15    十进制 $7+1\times8+3\times64=7+8+192=207$。

D.16    十进制 $4+13\times16+15\times256+14\times4096=61396$。

D.17    十进制 177 转换为

二进制：

```
256 128 64 32 16 8 4 2 1
128 64 32 16 8 4 2 1
(1×128)+(0×64)+(1×32)+(1×16)+(0×8)+(0×4)+(0×2)+(1×1)
10110001
```

八进制：

```
512 64 8 1
64 8 1
(2×64)+(6×8)+(1×1)
261
```

十六进制：

```
256 16 1
16 1
(11×16)+(1×1)
(B×16)+(1×1)
B1
```

D.18 二进制：

```
512 256 128 64 32 16 8 4 2 1
256 128 64 32 16 8 4 2 1
(1×256)+(1×128)+(0×64)+(1×32)+(0×16)+(0×8)+(0×4)+(0×2)+(1×1)
110100001
```

反码：001011110

补码：001011111

检查：原来的二进制数 + 它的补码。

```
110100001
001011111
---------
000000000
```

D.19 零。

## 练习题

D.20 有些人认为许多的计算在基数为 12 的计数系统下会比基数为 10 的计数系统更简单，因为 12 比 10（基数为 10）能被更多的数除尽。基数为 12 的计数系统的最小数字是多少？它的最大数字的符号是什么？对基数为 12 的计数系统中的任意数而言，最右边 4 位的位置值是多少？

D.21 请补全下表中每个计数系统最右边四位的位置值：

| 十进制 | 1000 | 100 | 10 | 1 |
|---|---|---|---|---|
| 基数 6 | ... | ... | 6 | ... |
| 基数 13 | ... | 169 | ... | ... |
| 基数 3 | 27 | ... | ... | ... |

D.22 把二进制数 100101111010 分别转换为八进制和十六进制数。

D.23 把十六进制数 3A7D 转换为二进制数。

D.24 把十六进制数 765F 转换为八进制数。提示：先把 765F 转换为二进制数，然后把二进制数转换为八进制数。

D.25 把二进制数 1011110 转换为十进制数。

D.26 把八进制数 426 转换为十进制数。

D.27 把十六进制数 FFFF 转换为十进制数。

D.28 把十进制数 299 分别转换成二进制、八进制和十六进制数。

D.29 给出十进制数 779 的二进制表示，然后给出它的反码和补码。

D.30 在一个 32 位整数的机器上给出整数值是 –1 的数的补码。

# 附录 E　预 处 理 器

*Hold thou the good; define it well.*

—Alfred, Lord Tennyson

*I have found you an argument; but I am not obliged to find you an understanding.*

—Samuel Johnson

*A good symbol is the best argument, and is a missionary to persuade thousands.*

—Ralph Waldo Emerson

*Conditions are fundamentally sound.*

—Herbert Hoover [December 1929]

## 学习目标

在本附录中将学习：

● 使用#include 开发大型程序
● 使用#define 建立宏和带参数的宏
● 理解条件编译
● 在条件编译时显示错误信息
● 使用断言来测试表达式的值是否正确

## 提纲

## E.1　简介

本附录将介绍预处理器(preprocessor)。预处理发生在程序编译之前。一些可能的处理包括将其他文件包含到正在编译的文件中，定义符号常量(symbolic constant)和宏(macro)，以及程序代码的条件编译和预处理指令的条件执行。所有的预处理指令都以"#"开头，并且在一行中的预处理指令之前只能出现空白字符。预处理指令不是 C++ 语句，所以不用分号(;)结尾。预处理指令在编译开始之前就已经处理完毕。

**常见的编程错误 E.1**
在预处理指令后增加分号会产生各种错误，这些错误取决于预处理指令的类型。

**软件工程知识 E.1**
许多预处理器的特性(特别是宏)更适合 C 程序员而不是 C++ 程序员使用。C++ 程序员之所以应该熟悉预处理指令，是因为他们可能会处理 C 语言遗留代码。

## E.2 预处理指令#include

预处理指令#include 已经在本书广泛使用。预处理指令#include 使用指定文件的一份副本来取代这条预处理指令。#include 预处理有如下两种形式：

```
#include <filename>
#include "filename"
```

这两种形式的差别在于预处理器查找文件的路径不同。如果文件名包含在尖括号里面（< 和 >，用于查找标准库头文件），那么预处理器根据其实现方式的不同查找指定的文件，一般是从预先指定的目录中查找。如果文件名是在引号中的，预处理器首先查找在和被编译文件同一个目录中的文件，然后再使用与查找尖括号中的文件名相同的相关方式进行查找。这种方法通常用于程序员自定义的头文件。

#include 预处理指令是用于包含像 < iostream > 或者 < iomanip > 这样的标准头文件的。#include 预处理指令也用于那些要一起编译的多个源代码文件的程序。程序员经常创建和使用头文件，该头文件包含了通用于各个程序的声明和定义。这样声明和定义的例子有：类、结构体、联合体、枚举和函数原型、常量和流对象（例如，cin）。

## E.3 预处理指令#define：符号常量

预处理指令#define 用来建立符号常量（用符号表示的常量）和宏（用符号定义的操作）。#define 预处理指令的格式是：

```
#define  标识符  替换文本
```

当这一行出现在一个文件中时，所有以后在那个文件中出现的这个标识符（除了那些在字符串中）在编译前将被替换为替换文本。

例如：

```
#define PI 3.14159
```

把所有以后出现的符号常量 PI 代替为数值常量 3.141 59。符号常量使得程序员能为常量创建一个名字，并在整个程序中使用这个名字。之后，如果需要修改整个程序中用到的该常量，我们只要在#define 预处理指令中修改一次，然后再重新编译程序就可以修改所有出现的这个常量了。［注意：符号常量用符号常量名右边的文本替换。例如：#define PI = 3.14159 预处理器将所有出现 PI 的地方替换为 3.141 59。这样的替换会产生很多隐蔽的逻辑和语法错误。］在没有解除定义之前重定义一个符号常量也是一个错误。注意，C++ 中的 const 变量比符号常量更好。常量变量具有特定数据类型，对于调试器来说它的名字是可见的。而当一个符号常量被它的替换内容所替换的时候，只有被替换的内容对于调试器来说是可见的。对 const 变量来说有一个缺点是他们需要占用数据类型长度的内存位置，而符号常量则不需要额外的内存。

**常见的编程错误 E.2**
在定义符号常量的文件之外使用该符号常量是个语法错误（除非它们包含在头文件中）。

**良好的编程习惯 E.1**
为符号常量取有意义的名字能提高程序的可读性。

## E.4 预处理指令#define：宏

［注意：本节内容有助于 C++ 程序员处理 C 语言遗留代码。在 C++ 中，宏通常可以被模板和内联函数所取代。］宏是在预处理指令#define 中定义的一种操作。和符号常量一样，宏标识符（macro-identifier）在程序编译前被替换文本（replacement-text）所替换。可以定义带有或者不带参数的宏。不带参数的宏就像符号常量一样处理。对于带参数的宏的处理方式，即首先在替换文本中替换参数，然后再把宏展开，即程序中

替换文本将替换标识符和参数列表。[注意：宏参数不做任何数据类型检查，宏仅仅用作文本替换。]

考虑下面这个带有一个参数的计算圆面积的宏定义：

```
#define CIRCLE_AREA( x ) ( PI * ( x ) * ( x ) )
```

无论在文件的什么位置出现 CIRCLE_AREA(y)，替换文本中的 x 都会由 y 的值替换，符号常量 PI 被替换成之前定义的值，然后展开程序中的宏。例如，语句

```
area = CIRCLE_AREA( 4 );
```

展开成为

```
area = ( 3.14159 * ( 4 ) * ( 4 ) );
```

因为该表达式只由常量组成，所以在编译时就能算出该表达式的值，并将结果在运行时赋给 area。使用括号把替换文本中的 x 括起来，是为了在宏参数是表达式的时候强制编译器以正确的顺序计算表达式的值。例如，语句

```
area = CIRCLE_AREA( c + 2 );
```

展开成为

```
area = ( 3.14159 * ( c + 2 ) * ( c + 2 ) );
```

其结果是正确的，因为括号使得表达式能够以正确的顺序计算。如果括号被省略了，宏就会展开成为

```
area = 3.14159 * c + 2 * c + 2;
```

结果被错误地计算成

```
area = ( 3.14159 * c ) + ( 2 * c ) + 2;
```

这样的错误是运算符的计算优先规则所导致的。

**常见的编程错误 E.3**

忘记在替换文本中把宏参数包在圆括号内是一个错误。

可以把宏 CIRCLE_AREA 定义成函数。对于函数 circleArea，例如：

```
double circleArea( double x ) { return 3.14159 * x * x; }
```

和宏 CIRCLE_AREA 完成相同的计算，但是函数 circleArea 有函数调用的开销。CIRCLE_AREA 的优点在于宏是直接把代码插入到程序中（避免了函数调用的开销），而且保持了程序的可读性（因为 CIRCLE_AREA 是单独定义的，并且命名也是有意义的）；缺点是它的参数被计算了两次。而且，在程序中每出现一次宏，就需要展开一次宏。如果宏很大，就会使程序规模变大。因此，在执行速度和程序大小之间需要权衡（如果磁盘空间较小）。注意，内联函数（参见第 6 章）既实现宏的性能又实现函数的软件工程优势。

**性能提示 E.1**

有时通过宏替换用内联代码实现的函数调用。这消除了函数调用的开销。内联函数比宏更好，是因为其提供了函数的类型检查服务。

以下是一个带有两个参数的宏定义，用于求长方形的面积：

```
#define RECTANGLE_AREA( x, y ) ( ( x ) * ( y ) )
```

不论在程序的什么位置出现 RECTANGLE_AREA(a, b)，a 和 b 的值都会被宏的替换文本所替换，并且用展开后的宏来取代宏名。例如，语句

```
rectArea = RECTANGLE_AREA( a + 4, b + 7 );
```

展开成为

```
rectArea = ( ( a + 4 ) * ( b + 7 ) );
```

计算出表达式的值并赋给变量 rectArea。

宏或符号常量的替换文本通常可以是 #define 指令后的任意文本。如果宏或符号常量的替代文本比一行中余下的空间更长，那么必须在宏的每行的最后（除了最后一行）放上反斜杠符号（\），表示替代内容将在下一行继续。

可以使用#undef 预处理器指令来结束符号常量和宏的作用。指令#undef 将"取消定义"一个符号常量或者宏。符号常量或者宏的作用范围是从它的定义到使用#undef 取消定义或到文件的结尾。一旦取消定义，这个名字可以用#define 重新定义。

注意，有副作用的表达式（例如变量值被修改）不应该传给宏，因为宏的参数可能被计算不止一次。

**常见的编程错误 E.4**

宏经常会替换并不想将其替换的名字，仅仅因为它们的写法刚好相同。这将会导致不可预计的编译和语法错误。

## E.5　条件编译

条件编译能够让程序员控制预处理指令的执行和程序代码的编译。每个条件的预处理指令计算一个常量整数表达式，以决定代码是否需要编译。不能在预处理指令中计算强制类型转换表达式、sizeof 表达式和枚举常量，因为这些是由编译器决定的并且预处理在编译前发生。

条件预处理指令的结构和 if 选择结构非常相似。考虑下面的预处理代码：

```
#ifndef NULL
    #define NULL 0
#endif
```

这些预处理指令确定是否定义了符号常量 NULL。如果 NULL 没有被定义，表达式#ifndef NULL 包含了到#endif 的代码，如果 NULL 被定义就跳过这段代码。每个#if 结构以#endif 结束。指令#ifdef 和#ifndef 是#if defined(*name*) 和#if !defined(*name*) 的缩写。多条件的条件预处理结构可以用#elif（相当于 if 结构中的 else if）和#else（相当于 if 结构中的 else）指令来测试。

在程序开发过程中，程序员经常发现需要注释掉大段的程序以防止它被编译。如果代码用的是 C 语言风格的注释，那么"/*"和"*/"是不能用来完成这项任务的，因为在遇到第一个"*/"时注释会终止。程序员可以利用下面的预处理结构：

```
#if 0
    防止被编译的代码
#endif
```

实现不编译一些代码。要让编译器编译这段代码，只要把前面结构的 0 改为 1。

条件编译通常用来帮助调试程序。通过输出语句打印变量值来确认控制流的正确性。这些输出语句可以写在条件预处理指令之间，因此这些语句在调试操作完成之后才编译。例如：

```
#ifdef DEBUG
    cerr << "Variable x = " << x << endl;
#endif
```

使得符号常量 DEGUG 在指令#ifdef DEBUG 之前定义才编译 cerr 语句。这个符号常量通常是通过命令行编译器或者 IDE（如 Visual Studio）来设置的，而不是通过显式的#define 定义的。在完成调试后，#define 指令将从源文件中删除，而为了调试而设置的输出指令在编译时将被忽略。在大型程序中，也许要定义多个符号常量来控制源文件中部分代码段的条件编译。

**常见的编程错误 E.5**

把用于调试的多个条件编译输出语句放在 C++ 只要求一条语句的地方，会导致语法和逻辑错误。在这种情况下，条件编译语句应该使用组合语句。当编译程序时，程序的控制流没有变化。

## E.6　预处理指令#error 和#pragma

预处理指令#error

**#error** *tokens*

打印一个与程序实现相关的消息，包含了指令中指定的标记。标记是一串用空格隔开的字符序列。例如：

**#error** 1 - Out of range error

包含了 6 个标记。在流行的 C++ 编译器中，当预处理器处理#error 指令时，指令中的标记就会作为出错消息显示出来，终止预处理并且不编译这个程序。

预处理指令#pragma：

**#pragma** *tokens*

使程序实现定义的动作。忽略不能被程序实现所识别的程序。例如，C++ 编译器可能识别多个程序，从而使程序员充分利用编译器的特定功能。关于#error 和#pragma 的更多信息，可以参见相关的 C++ 手册。

## E.7 运算符"#"和"##"

预处理器的"#"和"##"运算符用于 C++ 和 ANSI/ISO C。运算符"#"把替换文本的标记转换为带引号的字符串。考虑以下的宏定义：

```
#define HELLO( x ) cout << "Hello, " #x << endl;
```

当 HELLO(John)出现在程序文件中时，展开成为

```
cout << "Hello, " "John" << endl;
```

字符串"John"取代了替换文本中的#x。因为空格隔开的字符串会在预处理过程中连接起来，所以上面的语句等价于

```
cout << "Hello, John" << endl;
```

注意，因为运算符"#"的操作数引用了宏的参数，所以"#"必须与带有参数的宏一起使用。

"##"运算符把两个标记连在一起。考虑下面的宏定义：

```
cout << "Hello, John" << endl;
#define TOKENCONCAT( x, y ) x ## y
```

当 TOKENCONCAT 出现在程序中时，将其参数连接起来并用来替换这个宏。例如，TOKENCONCAT(O,K)在程序中被 OK 代替。"##"运算符必须有两个操作数。

## E.8 预定义的符号常量

预定义的符号常量有 6 个(参见图 E.1)。这些标识符由两个下画线开始和结束(除了__cplusplus)。这些标识符和 defined 预处理标识符(参见 E.5 节)不能用在#define 或#undef 指令中。

| 符号常量 | 描述 |
|---|---|
| __LINE__ | 当前源代码文件的行号(一个整数常量) |
| __FILE__ | 假定的源文件名(一个字符串) |
| __DATE__ | 源文件编译的日期(字符串格式为" Mmm dd yyyy"，例如" Aug 19 2002" ) |
| __STDC__ | 指出程序是否符合 ANSI/ISO C 标准。如果完全符合，则值为 1；否则就是未定义的 |
| __TIME__ | 源文件编译的时间(字符串格式" hh：mm：ss" ) |
| __cplusplus | 如果文件被 C++ 编译器编译则包含值 199711L(ISO C++ 标准被核准的日期)，否则不被定义<br>允许将文件当作 C 或者 C++ 文件来创建和编译 |

图 E.1　预定义的符号常量

## E.9 断言

在 < cassert > 头文件中定义的宏 cassert(断言)用来测试表达式的值。如果表达式的值是 0(false)，那么 assert 就打印出错信息，并调用 abort 函数(在通用应用库 < cstdlib > 中)来终止程序执行。这是一个有用的调试工具，可以测试一个变量值是否正确。例如，假设变量 x 在程序中永远不应该比 10 大。那么断言就可以用来测试 x 的值，并当 x 的值不对时打印出错信息。所用表达式是

```
assert( x <= 10 );
```

如果前面的表达式在程序中遇到的 x 比 10 大,那么就会打印一个包含行号和文件名的出错信息并终止程序的执行。然后程序员把查找错误的重点放在这个代码区域中。如果定义了符号常量 NDEBUG,其后的断言将被忽略。因此,当断言不再需要时(如当调试完成后),我们在程序文件中插入行:

```
#define NDEBUG
```

而不是手动删除每个断言。就像 DEBUG 符号常量,NDEBUG 经常通过编译器命令行选项或 IDE 进行设定。

大多数 C++ 编译器包含了异常处理。C++ 程序员喜欢使用异常而不是断言。但是在 C++ 程序员处理 C 语言遗留代码时,断言还是很有价值的。

## E.10 小结

本附录讨论了#include 指令,可用来开发大型程序。还讨论了#define 指令,可用来创建宏。我们引入了条件编译,并打印出错信息和使用断言。

## 摘要

### E.2 节 预处理指令#include

- 所有的预处理指令以"#"开头并在程序编译之前进行处理。
- 一行预处理指令之前只能出现空白字符。
- 预处理指令#includ 包含了指定文件的副本。如果文件名用双引号括起来,那么预处理器从被编译文件所在目录中查找包含的文件。如果文件名用尖括号( < 和 > )括起来,那么预处理器就以实现时定义的方式查找包含的文件。

### E.3 节 预处理指令#define:符号常量

- 预处理指令#define 用来创建符号常量和宏。
- 符号常量是常量的名字。

### E.4 节 预处理指令#define:宏

- 宏是预处理指令#define 中定义的操作。可以定义带有或者不带参数的宏。
- 宏或者符号常量的替换文本是同一行中#define 指令标识符之后的所有剩余内容(和宏的参数列表)。如果替换文本超过一行,那么在该行最后加上反斜杠(\),表示替换文本继续到下一行。
- 可以使用预处理指令#undef 终止符号常量和宏的作用。指令#undef"取消定义"符号常量或者宏名。
- 符号常量或宏的作用范围是从定义开始到用#undef 取消定义处或到文件结束为止。

### E.5 节 条件编译

- 条件编译使程序员能够控制预处理指令的执行和程序代码的编译。
- 条件预处理指令计算常量整数表达式的值。不能在预处理指令中计算强制类型转换表达式、sizeof 表达式和枚举表达式的值。
- 每个#if 结构以#endif 结束。
- 指令#ifdef 和#ifndef 是#if defined( *name* )和#if !defined( *name* )的缩写。
- 多个部分的条件预处理结构可以用##elif 和#else 指令测试。

### E.6 节 预处理指令#error 和#pragma

- #error 指令打印与其实现有关的消息,消息中包含了指令中指定的标记并终止预处理和编译。
- #pragma 指令引起实现所定义的动作。如果程序不能被该实现所识别,就将忽略程序。

### E.7 节 运算符"#"和"##"

- 运算符"#"把替换文本的标记转换为带引号的字符串。因为运算符"#"的操作数引用了宏的参数,所以"#"必须与带有参数的宏一起使用。

- 运算符"##"连接两个标记,它必须有两个操作数。

### E.8节　预定义的符号常量

- 预定义的符号常量有6种,常量__LINE__是当前源代码文件的行号(一个整数常量)。常量__FILE__是假定的源文件名(一个字符串)。常量__DATE__是源文件编译的日期(一个字符串)。常量__TIME__是源文件编译的时间(一个字符串)。注意,这些标识符由两个下画线开始和结束(除了__cplusplus)。

### E.9节　断言

- assert 宏定义在 < assert > 头文件中,用于测试表达式的值。如果一个表达式的值为 0(false),那么 assert 打印错误消息并调用 abort 函数以终止程序执行。

## 自测练习题

E.1　填空题:

　　a)每个预处理指令必须以_____开头。

　　b)可以用_____和_____指令扩展条件编译结构来测试多种条件。

　　c)_____指令建立宏和符号常量。

　　d)只有_____字符能在一行的预处理指令之前出现。

　　e)_____指令取消符号常量和宏名的作用。

　　f)_____和_____指令是#if defined(*name*)和#if !defined(*name*)的缩写。

　　g)_____使程序员能控制预处理指令的执行和程序代码的编译。

　　h)如果宏_____计算表达式的值为 0,那么它就打印出一条消息并终止程序执行。

　　i)_____指令把一个文件插入到另一个文件中。

　　j)运算符_____连接两个它的参数。

　　k)运算符_____把它的操作数转换成字符串。

　　l)字符_____表示符号常量或宏的替换文本继续到下一行。

E.2　编写一个程序,打印图 E.1 中预定义符号常量__LINE__、__FILE__、__DATE__和__TIME__的值。

E.3　编写预处理指令以完成下面的要求。

　　a)定义符号常量 YES 的值为 1。

　　b)定义符号常量 NO 的值为 0。

　　c)包括头文件 common. h,该文件和编译的文件在同一个目录中。

　　d)如果定义了符号常量 TRUE,则取消它的定义并重新定义为 1。不使用#ifdef。

　　e)如果定义了符号常量 TRUE,则取消它的定义并重新定义为 1。使用#ifdef。

　　f)如果符号常量 ACTIVE 不等于 0,定义符号常量 INACTIVE 为 0;否则定义 INACTIVE 为 1。

　　g)定义宏 CUBE_VOLUME 来计算立方体的体积(带一个参数)。

## 自测练习题答案

E.1　a)#。b)#elif, #else。c)#define。d)空白。e)#undef。f)#ifdef, #ifndef。g)条件编译。h)assert。i)#include。j)##。k)#。l)\。

E.2　(见下面。)

```
 1    // exE_02.cpp
 2    // Self-Review Exercise E.2 solution.
 3    #include <iostream>
 4    using namespace std;
 5
 6    int main()
 7    {
 8       cout << "__LINE__ = " << __LINE__ << endl
```

```
 9                << "__FILE__ = " << __FILE__ << endl
10                << "__DATE__ = " << __DATE__ << endl
11                << "__TIME__ = " << __TIME__ << endl
12                << "__cplusplus = " << __cplusplus << endl;
13     }  // end main
```

```
__LINE__ = 9
__FILE__ = c:\cpp4e\ch19\ex19_02.CPP
__DATE__ = Jul 17 2002
__TIME__ = 09:55:58
__cplusplus = 199711L
```

E.3　a) `#define YES 1`

　　b) `#define NO 0`

　　c) `#include "common.h"`

　　d) `#if defined(TRUE)`
```
         #undef TRUE
         #define TRUE 1
     #endif
```

　　e) `#ifdef TRUE`
```
         #undef TRUE
         #define TRUE 1
     #endif
```

　　f) `#if ACTIVE`
```
         #define INACTIVE 0
     #else
         #define INACTIVE 1
     #endif
```

　　g) `#define CUBE_VOLUME( x ) ( ( x ) * ( x ) * ( x ) )`

## 练习题

E.4　编写一个程序，定义带一个参数的宏来计算球体的体积。程序要能计算半径 1 ~ 10 的球体体积，
并以表格的格式打印出来。球体体积计算公式：

$( 4.0 / 3 ) * \pi * r^3$

其中 $\pi$ 等于 3.141 59。

E.5　编写一个程序，输出如下结果：

```
The sum of x and y is 13
```

在程序中定义带有两个参数 x 和 y 的宏 SUM，并使用 SUM 来产生输出结果。

E.6　编写一个程序，使用宏 MINIMUM2 计算两个数值中的最小值（从键盘输入数据）。

E.7　编写一个程序，使用宏 MINIMUM3 计算三个数值中的最小值，宏 MINIMUM3 要使用在练习题 E.6
中定义的宏 MINIMUM2 来确定最小数（从键盘输入数据）。

E.8　编写一个程序，使用宏 PRINT 来打印字符串的值。

E.9　编写一个程序，使用宏 PRINTARRAY 打印整数数组。宏要接收数组和数组元素作为参数。

E.10　编写一个程序，使用宏 SUMMARY 计算数值型数组中元素的和。宏要接收数组和数组元素作为
参数。

E.11　将练习题 E.4 ~ 练习题 E.10 的答案改写为内联函数。

E.12　对下面每个宏，指出当预处理器展开宏时可能发生的问题（如果有）：

　　a) `#define SQR( x ) x * x`

　　b) `#define SQR( x ) ( x * x )`

　　c) `#define SQR( x ) ( x ) * ( x )`

　　d) `#define SQR( x ) ( ( x ) * ( x ) )`

# 索　引